LA LIGNICULTURE

AU SECOURS DES FORÊTS NATURELLES

UAIC - Congo (1989). Une des premières futaies monoclonales d'eucalyptus hybride "PF1" à l'âge de 10 ans.

Dr. Bernard MARTIN, Ingénieur agronome et forestier

Éditeur: Upway Books

Auteurs: Dr. Bernard MARTIN

Titre: LA LIGNICULTURE AU SECOURS DES FORÊTS NATURELLES

ISBN: 978-1-917916-07-3

Couverture réalisée sur: www.canva.com

NB : Toute photo ou illustration sans origine indiquée, est de l'auteur

AVANT - PROPOS

Ce livre n'est pas seulement le fruit de 3 ans de travail, c'est celui de toute une carrière au service des plantations forestières. Au fil des pages et des références à nos résultats, ainsi qu'à celles de nombreux chercheurs dans le monde entier, le lecteur pourra suivre nos pérégrinations surtout en régions tropicales.

Démarrée dans la Recherche le 15 mars 1968 au CTFT-Congo à Pointe Noire (Congo-Brazzaville), l'aventure s'est poursuivie tant en France dans l'enseignement (ENGREF-Nancy) que dans plusieurs pays, dans la Recherche-développement (Maroc, Congo), le Développement (Cameroun, Gabon), le Conseil (Côte d'Ivoire) et, pour finir, comme consultant, dans plusieurs pays, pendant les dix années qui suivirent notre départ en retraite fin 2003.

Poussé par un enthousiasme grandissant, suite à la réussite du bouturage des eucalyptus en 1973 et de l'introduction des provenances d'*Eucalyptus urophylla* des Iles de la Sonde en 1974, nos étapes ont été nombreuses en suivant cependant toujours le même fil conducteur : l'Amélioration génétique des espèces à croissance rapide et en particulier des Eucalyptus, ainsi que la promotion de la "Ligniculture".

Le développement extraordinaire des plantations clonales au Brésil et au Congo, dans les années 70, fut vécu avec une grande intensité et parfois une forte tension lors de l'attaque des jeunes plantations du Congo par l'hélopeltis en 1985, suivi d'un grand réconfort, après remédiation par le choix des clones tolérants. L'histoire s'est répétée en Espagne avec le mycosphaerella sur l'*Eucalyptus globulus* et le clonage, "objet de tous les dangers", fut à nouveau le remède.

Tout au long de cette longue expérience nous avons pu approfondir le concept de Ligniculture dans tous ses aspects, jusqu'à le présenter aujourd'hui à tous ceux qui souhaitent gérer avec objectivité la double nécessité, apparemment contradictoire, de pouvoir, en même temps, satisfaire tous nos besoins en bois et répondre à la nécessité de conserver le plus possible de forêts naturelles.

Afin d'aider le lecteur à mieux nous suivre, nous lui donnons aux pages suivantes le résumé de nos activités passées.

***

Bernard Eugène MARTIN

(Né le 4 décembre 1941 à Plainfaing - Vosges)

1965 : Ingénieur Agronome (INA - 87ème promotion).

1966 : Ingénieur du Génie rural des Eaux et des Forêts (ENEF-Nancy - 138ème et dernière promotion).

1987 : Docteur en Sciences de l'Université de Paris XI - ORSAY (Amélioration des plantes).

Activités professionnelles :

Sept-Oct. 1966 : Stage auprès du Service forestier de la République Centrafricaine.

1968-69. Ingénieur de Recherches au Centre technique Forestier tropical. Affecté au Centre du CONGO (Pointe-Noire) - Recherche sur les espèces à croissance rapide en savane. Etude de la Forêt dense. Plantations en zone forestière.

1969-75. Directeur du CTFT-CONGO (35 personnes). Lancement des recherches ayant abouti à la création de l'UAIC (devenu ECO-CONGO). En particulier amélioration génétique et clonage des Eucalyptus et étude génécologique de l'*Eucalyptus urophylla.*

1975-81. Professeur de Génétique et Reboisement au Centre de Nancy de l'Ecole Nationale du Génie rural des Eaux et des Forêts (ENGREF). Enseignement - Exercices de terrain - Animation de nombreuses sessions de formation continue pour les Ingénieurs du GREF.

1981-82. Détaché au CTFT. Conseiller scientifique du Directeur Ivoirien du CTFT-Côte d'Ivoire. Plantations en Zone forestière. Etudes sur l'Aménagement de la Forêt dense. Projet papetier.

1982-87. Professeur au Centre de Nancy de l'ENGREF. Directeur du Laboratoire de Reboisement du Centre. Responsable de l'Enseignement de l'Amélioration des arbres forestiers pour le DEA "Biologie Végétale et forestière à l'Université de Nancy. Professeur vacataire pour la spécialité tropicale au centre de l'ENGREF à Montpellier et au Centre Universitaire de TCHANG (Cameroun).

1987-88. Détaché à l'Association Forêt Cellulose (AFOCEL), comme Directeur du Développement. Affecté au Maroc comme Chef du Projet "Développement de la Culture clonale de l'Eucalyptus au Maroc", en liaison étroite avec la Cellulose du Maroc et la Direction Générale des Eaux et Forêts. Lancement du projet et Organisation du Centre de Sidi Amira (100 personnes). 300 ha de plantations clonales installées fin 1988.

1988-91. Détaché à l'AFOCEL. Conseiller aux affaires internationales. Mis à la disposition de l'Unité d'Afforestation Industrielle du Congo (UAIC) comme Directeur du Développement (montage organisation et gestion de la Recherche-Développement, responsabilité des projets de développement). UAIC. 700 permanents, 2.500 ouvriers en sous-traitance, 4.000 ha/an de nouvelles plantations clonales, exportation annuelle de 320.000 t de rondins écorcés d'eucalyptus.

1991-92. En France. Rattaché à l'AFOCEL, puis au Conseil Général du GREF. Mission Banque mondiale au GABON (Volet formation du Projet Forêt Environnement - PFE). Mission OIBT/Coopération Française sur l'Aménagement durable des Forêts Tropicales Africaines (RCA, Cameroun, Congo, et Gabon).

1992-94. En disponibilité. Directeur Forêt de la Cameroon pulp and Paper Company (CPPC) à Edéa au Cameroun (ex Cellucam -120.000 t de pâte en 1992). Réhabilitation du Site industriel et des cités d'habitation (130 personnes). Inventaire du matériel forestier et réhabilitation d'une partie des machines. Bilan de la Gestion forestière passée. Inventaire du permis forestier Cellucam (100.000 ha de Forêt dense). Schéma directeur d'aménagement pour une gestion durable, intégrant les diverses possibilités d'alimenter l'usine en bois de pâte et d'énergie. Forte participation à l'étude d'impact environnemental pour la Banque mondiale. Projet de mise en valeur des savanes de Yangben, stratégiques pour l'entreprise. Projet d'association CPPC (Cameroun) - UAIC (Congo) et de développement d'une coopération Sud-Sud, autour d'un même grand projet industriel. Recherches des meilleures voies de pénétration au Cameroun pour l'importation des bois d'Eucalyptus du Congo.

1994-95. En disponibilité. Expert consultant à titre privé. Foresterie tropicale. Nombreuses études pour le compte de diverses organisations publiques et privées :

- OIBT. Evaluation du projet IROKO avec l'Université de Koumassi au Ghana ("development of genetic resistance to *Phytolyma lata*"). Intérêt des biotechnologies pour la gestion durable des bois tropicaux (avec le Dr. Haines du Queensland-FRI Australie).
- OIBT-ONADEF. Directives d'Aménagement durable pour les forêts naturelles productives du Cameroun.
- Banque mondiale. Supervision du projet sectoriel forestier de Côte d'ivoire (PSF). Réorganisation de la SODEFOR et Aménagement des Forêts classées. Développement des plantations pour le bois d'œuvre.
- FAO - Centre des Investissements. Projet de gestion concertée des ressources forestières du Moyen Ogooué pour le compte de la BAD.
- Groupe THANRY. Examen des possibilités de gestion durable des permis forestiers du groupe, au Gabon (CEB), au Cameroun (SEBC), en Centrafrique, en Côte d'Ivoire (SIT).
- SNIACE (Espagne). Lancement d'un projet de développement de la culture intensive (intégrant le clonage industriel) des Eucalyptus en Cantabrie.

1995-96. En disponibilité. Directeur scientifique du Groupe THANRY. Affecté à Libreville (Gabon), à la compagnie Equatoriale des Bois (CEB). Responsable des projets forestiers du Groupe. Aménagement forestier des permis CEB (500.000 ha) et de la SEBC (200.000 ha au Cameroun). Projet de reboisement de la SIT (Guiglo Côte d'Ivoire). Consultant à titre privé pour 20% du temps. Réussite du projet CEB (mais accord du Gouvernement obtenu en juin 97 seulement), instituant une nouvelle forme de partenariat entre l'Etat et les Entreprises forestières. Conception de la nouvelle loi forestière du Gabon, en phase avec cette nouvelle orientation et mettant les 12 grandes entreprises forestières du Gabon sur la même voie que la CEB.

1996-2001. Détaché à la Coopération. Conseiller du Directeur Général de la SODEFOR (Abidjan Côte d'Ivoire). Conseils au Directeur Général. Analyse de la situation. Nouvelle stratégie de l'Entreprise d'Etat. Proposition pour un apurement efficace des Forêts classées. Restructuration de l'Entreprise. Modernisation de la gestion des plantations de Teck (clonage industriel et intensification de la sylviculture). SODEFOR. 950 personnes, gestion de 3,6 millions d'ha de Forêts classées, comprenant 130.000 ha de plantations dont 40% de Teck).

2001-2003. Réintégré au Ministère de l'Agriculture de l'Alimentation de la Pêche et des Affaires Rurales (MAAPAR). Affecté à l'Inspection générale de la Coopération Internationale (IGCI) et chargé de Mission à l'Ecole Nationale du Génie Rural des Eaux et des Forêts (ENGREF) Centre de Nancy.

2004-2013. Retraité - Missions de consultations pour le compte de divers organismes :

- IFIA. Conditions d'installation du PEFC au Gabon.
- Pépinières NAUDET (France). Projet de plantations au Brésil et au Venezuela.
- FRM. Projets de développement de plantations forestières (RDC, RCA, Nouvelle Calédonie, Inde, Rwanda, Gabon, Congo Brazzaville).
- BOSQUES-2000 / SNIACE (Espagne). Projet d'amélioration de l'*Eucalyptus globulus* pour la Cantabrie.

Autres missions :

Nombreuses autres missions en Afrique, en Asie et en Amérique du Sud, pour le compte d'organisations diverses : CTFT (Australie, Indonésie, Timor oriental), FAO (Australie, N[elle] Zélande, Mexique, Congo), FAC (Algérie, Cameroun), ENGREF (Espagne, Canada, Brésil, Algérie, Allemagne, Belgique), AFOCEL (France, Maroc, Argentine, Chine, Afrique du Sud), Innoprise Corporation (Sabah-Malaisie), UAIC (Portugal, Brésil, Chili), PFE Gabon (Nouvelle loi forestière du Gabon).

Participation (très souvent en tant qu'invité) à des Congrès forestiers mondiaux, et à des réunions du groupe de l'IUFRO (Union Internationale des Instituts de Recherche Forestière), en particulier sur les essences forestières à croissance rapide (Norvège, Australie, Brésil, France, Argentine, Thaïlande, Afrique du Sud, Chine, etc.).

Principaux résultats :

Résultats scientifiques :

- Lancement de l'amélioration génétique des arbres forestiers au Congo
- Mise au point du greffage d'espèces forestières tropicales (Eucalyptus, Pins, Terminalia, Okoumé).
- Mise au point du bouturage **des Eucalyptus adultes.**
- Multiplication rapide par culture in vitro du Teck et de l'Aulne
- Nombreux résultats de provenances et de descendances chez diverses espèces d'Eucalyptus et de Pins tropicaux. Croisements contrôlés chez *Pinus caribaea*. Grand intérêt des fortes ASC.
- **Intérêt des hybrides d'Eucalyptus pour les zones marginales** et procédés de multiplication.
- **Etude génécologique détaillée des Eucalyptus des Iles de la Sonde** (*E. urophylla* et *E. alba*).
- **Promotion de l'*E. urophylla* pour la zone tropicale humide**.
- Nombreux résultats sur la sylviculture des Eucalyptus et des Pins tropicaux (croissance, production, fertilisation, traitement en taillis des Eucalyptus).
- **Synthèse sur l'"Amélioration des Eucalyptus tropicaux, contribution majeure à la foresterie clonale**". Thèse de doctorat soutenue le 26 mai 1987 à ORSAY (Université de PARIS XI).

Autres résultats :

- "Intégrer la conservation des ressources génétiques, à l'aménagement des Forêts" (CFM, Mexico 1985).
- **Lancement du projet de clonage de l'Eucalyptus au** Maroc (AFOCEL 87/88).
- **Faisabilité et lancement des croisements contrôlés industriels**. (Projet AFOCEL au Maroc et UAIC au Congo). Mise en place d'une nouvelle stratégie de développement des plantations d'eucalyptus, en complément au système purement clonal.
- Création de la **Recherche-Développement de l'UAIC au Congo** (1988).
- Sélection massale et clonage rapide à partir des "landraces", pour répondre rapidement à la demande industrielle (Développement au Maroc).

- Lancement de l'aménagement des plantations clonales de l'UAIC.
- Directives d'aménagement durable des forêts naturelles productives du Cameroun (Projet OIBT-1994).
- Projet d'aménagement durable du permis CEB (600.000 ha au GABON - 1996). **Aménagement forestier des forêts tropicales par les concessionnaires eux-mêmes** (Nouveaux rapports entre Administration des Eaux et Forêts et Entreprises forestières).
- **Conception de la nouvelle loi forestière du Gabon** (1997).
- Nouvelle stratégie SODEFOR (1997) et participation à la mise en place d'une nouvelle politique forestière en Côte d'Ivoire avec Partenariats Administration/Compagnies privées (1998-99).
- **Développement de variétés d'*Eucalyptus globulus* résistantes au *Mycosphaerella* en Cantabrie (Espagne).**

***

Remerciements

Je tiens à remercier tous ceux, de près ou de loin, qui m'ont aidé dans ma carrière, récapitulée dans cet ouvrage, et bien sûr à tous ceux qui m'ont aidé à l'écrire. Je dois cependant d'abord dire qu'Internet et Google méritent une mention particulière. Grâce à eux, j'ai pu communiquer avec de nombreux amis et collègues du monde entier et avoir accès à beaucoup de données, alors que lorsque j'ai débuté en 1968, on ne disposait que de piètres machines à calculer et de liaisons téléphoniques très difficiles, notamment en Afrique !

Je remercierai en premier lieu **Jacques GROULEZ**, ancien Directeur général adjoint du CTFT qui m'a accueilli en 1968 au CTFT-Congo et qui m'a chargé du programme d'amélioration génétique des arbres forestiers. On lui doit les premières études de descendances de "12ABL" (*E. tereticornis*) et les bases de la sylviculture en savane. Je le remercie aussi pour son impulsion décisive lors du lancement de la mission de récolte de graines d'eucalyptus en Australie, Timor et Indonésie en 1971.

J'ai une pensée très reconnaissante envers mon ancien ami et très regretté, **André FRANCLET**, spécialiste visionnaire du rajeunissement des arbres et qui m'a mis sur la bonne voie, en 1970, à Tunis, pour mes essais de bouturage du CTFT-Congo, et avec qui j'ai toujours coopéré étroitement.

Je remercie ensuite mes amis et anciens collaborateurs les plus proches en commençant par **Georges QUILLET** mon Aide le plus précieux au CTFT-Congo dans les années 70, puis collègue à l'UAIC-Congo dans les années 90 et qui m'a beaucoup aidé pour la rédaction de la 5ème partie. Je remercierai ensuite **Henry CHAPERON,** qui m'a succédé à Pointe Noire en 1975 et a brillamment réussi à l'AFOCEL de Bordeaux puis comme DG de la CAFSA, pour avoir si bien poursuivi l'œuvre commencée et pour sa reconnaissance et son soutien aussi précieux qu'indéfectible. Je remercie aussi beaucoup **Christian COSSALTER** pour son aide, sa grande confiance, sa vaillance et son enthousiasme lors de la remarquable mission graines du CTFT en 1972, poursuivie par une carrière internationale au service des plantations. Je remercie très chaleureusement **Olivier MONTEUUIS**, disciple d'André FRANCLET à l'AFOCEL et spécialiste du rajeunissement des arbres, avec qui j'entretiens des échanges depuis très longtemps et qui m'a fourni, avec générosité et précision, une aide très précieuse pour tout ce qui touche à sa spécialité et plus particulièrement pour le développement des plantations clonales de Teck dans le monde notamment à partir du Projet qu'il a su développer au Sabah avec **Doreen GOH**, responsable du Projet YSB que nous remercions également pour toutes les informations disponibles. Merci à **Denis Xavier DESTREMAU**, ancien Directeur des Recherches à l'AFOCEL et initiateur du Projet de développement des plantations clonales d'Eucalyptus au Maroc en 1987, pour ses échanges très fructueux et son soutien constant. Merci à **Bertrand CAUVIN,** ancien de l'AFOCEL et brillant phytotechnicien et grand novateur en matière de croisements contrôlés qui m'a apporté son précieux concours. Je remercie beaucoup **Bernard CASSAGNE**, PDG de FRM Mauguio-Montpellier, pour sa grande confiance et pour nos nombreux échanges toujours passionnants sur le développement des projets de plantation en Afrique ainsi qu'à ses responsables de Projets de Plantations, en particulier **Michel TAPONO** puis **Paul BERTAUX** sans oublier **Nicolas BAYOL** mon aménagiste à la CEB- Gabon en 1995 et **Jean-François CHEVALIER,** mon ancien élève, pour son aide et son excellente collaboration lors de missions en Nouvelle Calédonie. Merci à **Guillaume CHANTRE**, ancien collaborateur à la R&D de l'UAIC, aujourd'hui DGA de FCBA, pour nos échanges toujours très fructueux, son aide précieuse et sa grande confiance. Merci enfin à **Vincent NAUDET** célèbre pépiniériste avec lequel j'ai eu de nombreux échanges concernant les Projets de plantations intensives en région tropicales et plus particulièrement de Teck au Brésil.

Je remercie **JOANNY GUILLARD** ancien Directeur de l'ENGREF-Nancy qui m'a accueilli en 1975 à l'Ecole forestière, qui m'a soutenu dans l'idée de redémarrer de la Recherche à l'Ecole et qui m'a encouragé à présenter une thèse de doctorat. Je remercie **Daniel PRAT,** aujourd'hui retraité, Professeur de l'Université Claude Bernard (Lyon I), ainsi que **Jean GUILLOT** son assistant, mes deux anciens collaborateurs dans mon "Laboratoire de Reboisement", ouvert au début des années 80 et orienté sur l'amélioration des Aulnes. J'ai également une pensée particulière pour **Jean GARBAYE** et **François LE TACON** mon camarade à l'Ecole Forestière de Nancy en 1965, chercheur émérite à l'INRAE de Nancy-Champenoux et dont la renommée est mondiale et qui m'a toujours fait confiance et assuré de son soutien. Ils m'ont souvent éclairé de toute leurs connaissances sur les symbioses racinaires, en particulier.

Je remercie **Yves LAPLACE,** mon très dynamique ancien élève et rapidement adepte du clonage et amoureux de l'Afrique, premier directeur de l'UAIC à qui l'on doit ce remarquable lancement d'un projet pionnier et tellement enrichissant pour tous, et qui m'a toujours fait confiance et a réussi à me faire revenir au Congo en 1988. Nous avons partagé la "fièvre" du début des grandes plantations clonales d'eucalyptus.

Je voudrais ensuite remercier tous mes anciens collaborateurs congolais, du CTFT-Congo puis de l'UAIC, des plus humbles aux Directeurs, car tous ont en quelque sorte contribué à ce livre qui rassemble les données acquises, et retrace l'histoire du concept de ligniculture moderne et mondialisée. Je ne citerai que les noms des plus proches (certains, malheureusement disparus). **Faustin Joseph DEMBI** mon précieux chercheur en Génétique forestière, sur le point de prendre sa retraite, Gabriel **M'PASSI**, Nicodème **KIMBOUMA**, **Jean LIBA**, **Nazaire BIKOUMOU**, **Maurice DIABANGOUAYA**, sans oublier **Romuald OUENABANTOU** fidèle dessinateur. Ils avaient tous une grande confiance en moi et travaillaient sans compter avec cœur et intelligence. Je citerai aussi mes collaborateurs français. **Marc CHAUVIERE** qui m'a beaucoup apporté lors de la création de cette unité, **Jean-Louis DREYER** rapidement nommé Directeur commercial, sans oublier le chef de l'unité nutrition, **Peter LEE** chercheur anglais du département forestier de la Shell Petroleum Company, alors partenaire de l'UAIC. Merci aussi à **Stéphane PERREAU** chef de la Station 5 pour sa sympathie, son professionnalisme et sa grande disponibilité lors des visites sur son Périmètre. Je n'oublie pas non plus mon ami et très regretté **José Estima REIS,** ancien PDG de la Société BSL de commerce international de bois basée à Porto, exportateur des bois du Congo et ardent défenseur des plantations clonales. Merci pour son indéfectible amitié, son soutien et sa plus grande confiance.

Au Maroc, j'ai beaucoup apprécié la collaboration avec **M. KARMOUNI,** alors directeur général des Eaux et Forêts à Rabat et de **M. MEZZOUR**, directeur général de la Cellulose du Maroc ainsi que de mes proches collaborateurs, du Centre de Sidi Amira, à commencer par **Mourad TAROQ** alors responsable de la sélection des ortets et qui m'a beaucoup aidé, mais également **Bénali MTARJI** responsable de la pépinière de bouturage et **Mme Hayat MESBAH** responsable des croisements contrôlés sans oublier **Jean Noël MARIEN** chercheur à l'AFOCEL, mon successeur et que j'ai accueilli en 1988 lors de sa visite de l'UAIC-Congo, avec toute son équipe. Merci beaucoup également à **Ahmed IDRISSI AZAMI** mon ancien élève, Directeur d'Eucaforest en 2007, pour son accueil chaleureux lors de ma mission de consultation.

En Afrique du Sud, je remercie le regretté **Neville DENISON**, ancien directeur de la R&D de Mondi Forest et à sa collaboration aussi amicale qu'efficace, lors de l'étude AFOCEL de 1991, sur les nouveaux potentiels forestiers dans le monde et en particulier sur le chapitre des plantations en Afrique du Sud dont j'avais la charge, sans oublier son parfait accueil lors du Congrès IUFRO de Durban de septembre 1991, sur les espèces à croissance rapide.

En 1992-1994, au Cameroun, bien que le projet de redémarrage de l'usine Cellucam ait échoué, j'ai beaucoup apprécié la collaboration avec **Georges CARDI**, ancien fondateur de Jaakko Pöyry-France et responsable de la partie industrielle du Projet, et je tiens à le remercier pour sa confiance et sa stimulation constante dans un projet difficile mais oh, combien instructif pour moi, tant au niveau industriel qu'en matière de technologie de la pâte à papier. C'est lui qui m'a lancé dans le maniement de l'outil informatique et je lui en suis très reconnaissant. Je n'oublie pas non plus **Bernard Oisel**, le DRH pour son amitié, sa confiance et son précieux appui, logistique et moral.

En 1995-96, à la Compagnie Equatoriale des Bois (Gabon), je remercie pour leur confiance, **Pierre CHIRON** alors directeur général, et **Jean-Marie PASQUIER**, directeur d'exploitation, qui vient malheureusement de nous quitter. Félicitations à **Benoît DEMARQUEZ**, successeur de Nicolas Bayol et rapidement fondateur du Bureau d'études "TEREA", pour la finalisation réussie de l'Aménagement durable de la CEB, en 2000, le premier du genre en Forêt dense humide africaine. Je n'oublie pas non plus, **Faustin LEGAULT**, **Martin MABALA**, ancien Ministre des Eaux et Forêts et **Paul KOUMBA ZAOU**, mon ancien élève, tous trois ex directeur généraux des Eaux et Forêts, pour leur bienveillance à mon égard et leur appui à l'occasion du Projet de rénovation de l'Ecole forestière du Cap Estérias en 1991, du lancement de l'Aménagement durable des Forêts par les concessionnaires eux-mêmes et de la révision de la loi forestière en 1997.

En Côte d'Ivoire, je remercie mes anciens collègues de la SODEFOR, **Koffi OFFI** ancien chef du Service des Reboisements et **Adjumane KADIO**, responsable de la R&D, que j'ai accompagné au séminaire régional sur le Teck à Chiang Maï, en janvier 1999, suivi par une visite au Centre technologique du Teck à CEPU au Central Java. Je leur dois beaucoup d'informations sur les plantations à la SODEFOR et en particulier sur les premiers tests clonaux ainsi que sur la possibilité de créer des futaies sur souches de Teck.

Je remercie très vivement **Yuanzhao HOU**, mon ancien et très brillant élève, chercheur reconnu à l'Académie Forestière de Pékin et ardent défenseur de la ligniculture avec l'immense développement que l'on connaît en Chine. Je le remercie tout particulièrement de sa très grande confiance et pour la parfaite compréhension qu'il a eu du rôle et de la place de la ligniculture dans son pays.

En Colombie, je remercie **Guillermo RESTREPO URIBE**, mon ancien stagiaire de l'ENGREF, devenu chercheur reconnu dans son pays, spécialiste des aulnes andins, pour l'excellente visite qu'il m'avait organisée en 1987 auprès de l'université nationale et des compagnies forestière de son pays. Au Venezuela, j'adresse tous mes remerciements à **Carlos CONTRERAS** Professeur à l'université nationale de Caracas pour son accueil lors de ma mission de 2004 et l'excellente préparation du voyage exploratoire auprès de diverses compagnies forestières du pays.

En Cantabrie (Espagne), j'adresse bien sûr mes remerciements très chaleureux à **Carlos TEJEDOR**, Directeur de "Bosques 2000", devenu SNIACE Forestal (maintenant racheté par l'ENCE). C'est avec lui et avec mon ami André FRANCLET que nous avons lancé, dès 1996, la R&D forestière de la SNIACE. J'entretiens avec mon ami Carlos des relations très amicales et je tiens à souligner qu'il a magnifiquement appliqué mon programme de R&D et développé le projet dans toutes les directions souhaitables avec de remarquables résultats ce qui m'a permis d'enrichir de nombreux chapitres.

Ma pensée va ensuite vers le **Dr Garth NIKLES**, ancien chercheur forestier émérite du Queensland, que je remercie pour sa confiance, sa grande sympathie, son merveilleux accueil lors de visites dans la région de Gympie, pour la grande richesse de nos échanges ainsi que pour les réponses, toujours positives et très documentées, à mes nombreuses questions. Merci à **Ian LAST**, directeur scientifique de HQPlantations,

Merci également à **Edgard CAMPHINOS JR.** et **Yara IKEMORI**, respectivement Directeur Forestier et chercheur à Aracruz SA, auxquels on doit le développement de la "Nouvelle Forêt d'Eucalyptus" et avec qui j'ai eu de nombreux échanges dans les années 80 à l'occasion de rencontres au Brésil et même en France. Outre les nombreuses informations sur le développement des plantations clonales d'Eucalyptus en Espirito Santo, ainsi que les magnifiques photographies reçues régulièrement, ces relations furent pour moi un constant encouragement car les plantations d'Aracruz SA faisaient "figure de proue" de la "nouvelle ligniculture".

Plus récemment je voudrais tout spécialement remercier **Fernando TORRES**, dirigeant de Bioteca et de Proteca au Mato Grosso pour son aimable et excellente coopération et son apport décisif dans la rédaction des chapitres relatifs aux plantations clonales de teck avec les photographies de nombreuses opérations dans ses admirables plantations que nous considérons comme un modèle de ligniculture. Tous mes remerciements également à **Ricardo VILELA,** directeur général de la Société Bela Vista Florestal au Minas Gerais, qui m'a communiqué d'excellentes photographies et qui m'a autorisé à insérer dans mon ouvrage de nombreuses informations relatives à son exceptionnelle entreprise sur l'acajou australien.

Merci à mon ami **Luis CARPINETTI** adepte des plantations clonales d'eucalyptus en Argentine et pionnier du sylvopastoralisme ainsi qu'à **Teresa CERILLO** et **Maria Elena ATENCIA** qui m'ont beaucoup aidé pour le chapitre sur la sélection des clones hybrides de Saules.

Merci à **Neville HOWCROFT**, **Braden JENKIN** et **Julian BATESON** pour leur confiance et leur apport photographique.

J'en ai sans doute oublié et je leur présente toutes mes excuses. Merci à tous ceux qui m'ont aidé à progresser dans la conceptualisation de la ligniculture, dans la définition de son rôle, à la fois économique et écologique sur les forêts mondiales, et de la place qu'elle doit occuper au sein de la foresterie mais aussi de l'agriculture.

En 1991, avec mon équipe de la R&D de l'UAIC à Pointe Noire (Congo). A ma droite : Faustin Joseph DEMBI, Charles MOUANDA, Jean Claude MAZOUMBOU, Gabriel M'PASSI, Augustine KOUDIATOUKA, Henriette NSIEMO, Nicodème KIMBOUMA, Jean LIBA, Charles LOUSSIOBO, Madeleine TAMBAUD, Nazaire BIKOUMOU, Maurice DIABANGOUAYA et Marc CHAUVIERE.

Gratitude envers le Congo

Le Congo fut notre grand champ expérimental, il nous reste à lui témoigner toute notre gratitude car tout au long de ces années de recherches et de développement, nous n'avons jamais rencontré d'opposition à tous nos travaux ainsi qu'à ceux de tous nos collègues, bien au contraire, preuve en est la lettre de son Président qui honore la plaquette publicitaire de l'UAIC de 1987 et que nous reproduisons ci-après, en témoignage de cette période d'enthousiasme qui a suivi la réussite du bouturage des eucalyptus.

Le Président de la République

PREFACE

Le développement de la forêt d'Eucalyptus du Congo au cours des dernières années constitue un évènement majeur dans la vie de la nation.

Ces forêts d'aujourd'hui et de demain sont le résultat d'une alliance remarquable entre la créativité et l'esprit d'entreprise de l'homme et la puissance de la nature. Il est significatif que cette alliance favorise l'arbre, source de vie.

Cette forêt dont les possibilités d'extension sont immenses, marque le début d'une aventure exaltante : celle d'une nouvelle coopération scientifique et industrielle de grande envergure sur le plan international.

Je suis convaincu que ce défi sera compris et relevé par tous ceux qui croient, en Afrique et dans le monde entier, que l'arbre et la forêt sont des vecteurs privilégiés de progrès économique et social et de solidarité.

Octobre 1987

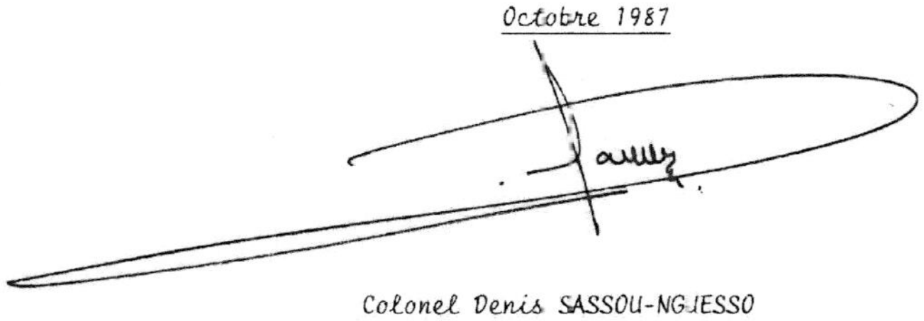

Colonel Denis SASSOU-NGUESSO
Président de la République Populaire du Congo

Table des matières

1ÈRE PARTIE
LA PROBLÉMATIQUE DU REBOISEMENT

Aracruz (Espirito Santo Brésil 1983). ARACRUZ Florestal - 1ère plantations clonales industrielles d'eucalyptus. Photo courtoisie Edgard Campinhos. Jr.

1 - LE MONDE MANQUERA-T-IL DE BOIS ?

11 - Le bois, matériau universel

Depuis la nuit des temps l'homme ne peut se passer du bois. Ce précieux combustible fut nécessaire à la fabrication des premières armes et demeura la ressource indispensable au développement de toutes les populations humaines (constructions, supports, poteaux, échafaudages, mobilier, ustensiles de toutes sortes et divers moyens de transport, bateaux, charrettes, traîneaux, etc.).

Plus tard, la fabrication des objets en métal ou en verre exigea beaucoup de bois de feu et l'insuffisance locale de la ressource forestière en limita rapidement la production. Au XIXème siècle, la révolution industrielle, déclenchée par l'usage de la machine à vapeur et du charbon, libéra ces forêts d'une pression souvent excessive. Puis vint l'ère du moteur thermique et du pétrole qui permirent le développement que l'on connaît aujourd'hui, sans cependant jamais exclure le bois, comme moyen de chauffage, en particulier dans les zones rurales.

Au cours du XXème siècle, bien que d'autres matériaux de substitution se soient largement développés (métal, béton, plastique), le bois d'œuvre reste toujours très utilisé pour la fabrication des meubles et la construction des maisons. De plus, avec le développement de l'industrie, certains emplois des petits bois se sont fortement développés comme les pâtes de bois (papiers, carton et viscose), suivis depuis le début des années 60, par les panneaux de particules[1], en complément du bois d'œuvre.

12 - Conjoncture actuelle

Aujourd'hui, la demande globale en bois continue à suivre l'accroissement de la population mondiale, laquelle augmente en moyenne de 1,2% depuis 1800, après un pic à 2% entre 1965 et 1970 (voir ci-après, les courbes et scénarios de l'ONU).

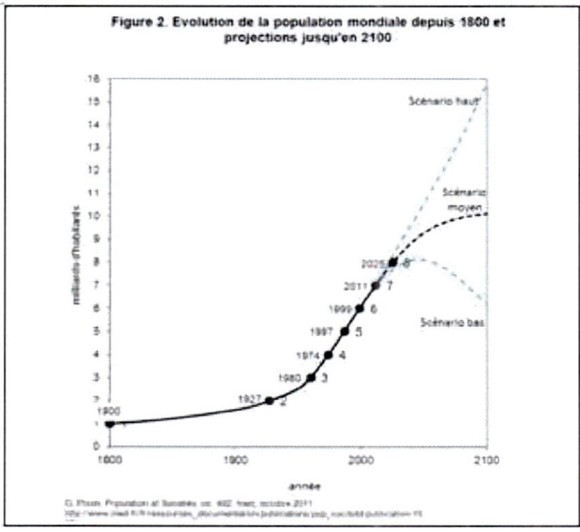

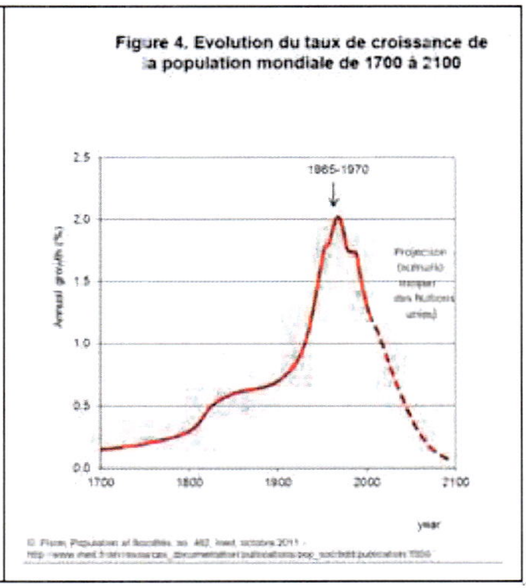

Les cartes de la page suivante montrent que le continent africain, encore à l'écart du développement mondial, a la population la plus dynamique. La corrélation entre pauvreté et forte démographie est une constante sociologique que l'on rencontre partout.

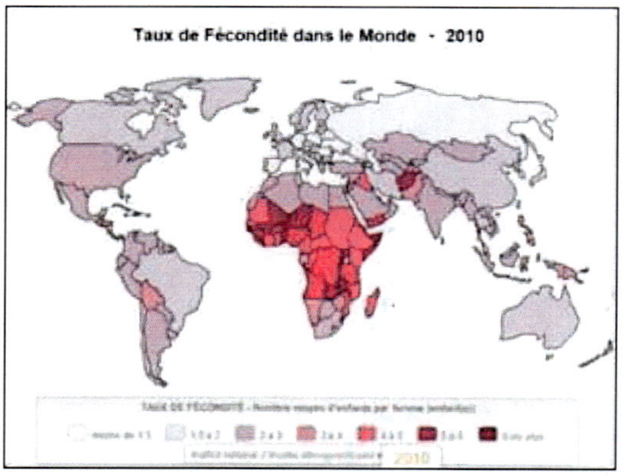

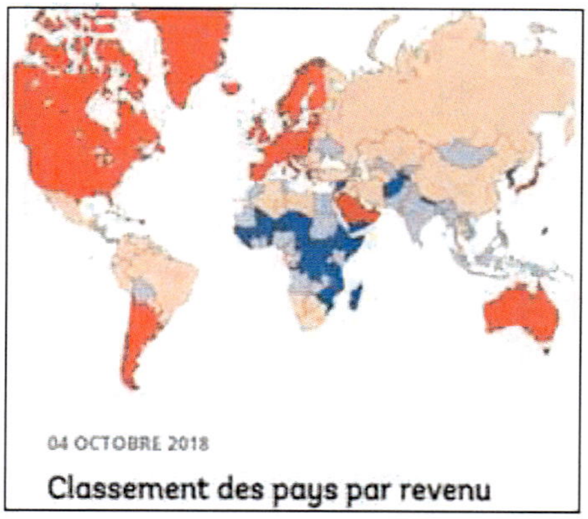

Le graphique ci-après, issu des prévisions de l'ONU, montre que c'est surtout en Afrique, continent le moins avancé, que la population augmente le plus. Les prévisionnistes y annoncent même une croissance démographique sans précédent, jusqu'à égaler la population asiatique en 2100.

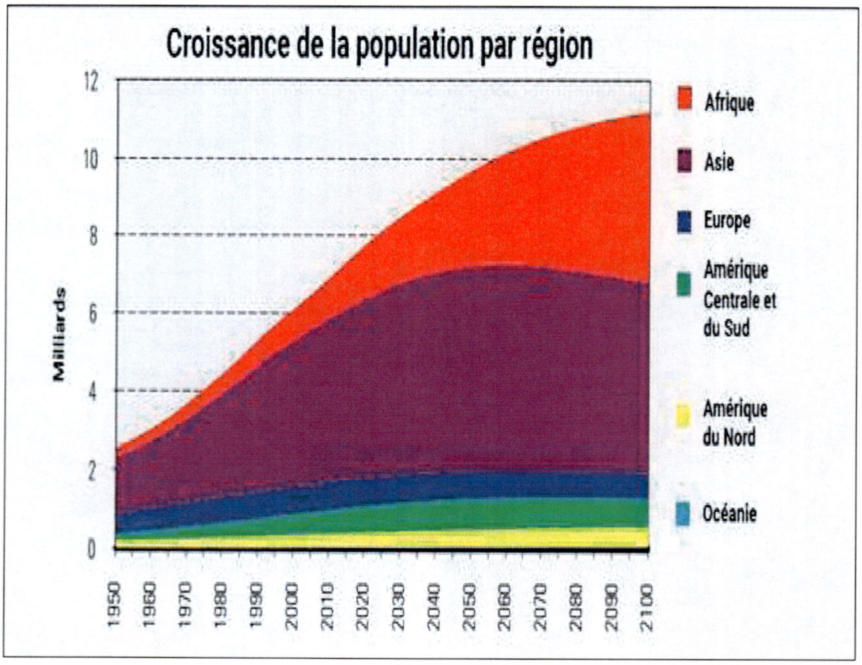

Parallèlement, les populations européennes et américaines, sont maintenant à peu près stables et même régressent dans certains pays très avancés. En Asie, la population commence à se stabiliser, résultat de l'augmentation du niveau de vie de ce continent qui se développe à grande vitesse.

Dans ces conditions, tant que la natalité africaine ne baissera pas, en réponse à l'augmentation du niveau de vie, le besoin en bois de feu continuera à croître, entraînant une pression toujours plus grande sur les formations forestières naturelles. Par contre avec le développement, les besoins changeront, poussant, comme ailleurs, les consommateurs vers les autres types de bois et dérivés (papiers, panneaux, bois d'œuvre, etc.).

Parallèlement, le développement actuel rapide des pays émergeants (Inde, Brésil) et de la nouvelle puissance qu'est la Chine, accroît la demande mondiale en bois d'œuvre et d'industrie ainsi qu'en produits manufacturés issus du bois, de plus en plus diversifiés (pâtes, papiers tissues, cartons, panneaux de bois et de fibres, etc.).

Enfin, dans les pays développés, en plus de la consommation courante accrue des nouveaux produits, on assiste à un regain de l'usage du bois à cause de son aspect très écologique et moins énergivore (isolation, maisons en bois, granulés pour le chauffage, etc.).

En résumé, comme le montrent les courbes ci-après (à partir des chiffres de la FAO), le bois est toujours très demandé, tant en bois de feu qu'en bois d'œuvre et d'industrie. Avec une croissance moyenne de 1,22% par an depuis 1960, la demande en bois semble aujourd'hui s'accélérer malgré la réduction du gaspillage (meilleure récupération des déchets, et recyclage du papier et du bois) comme le montrent les deux graphiques suivants :

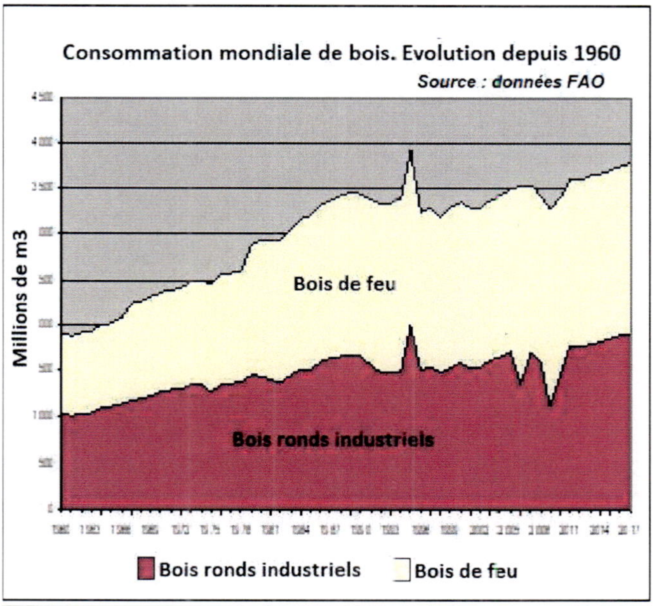

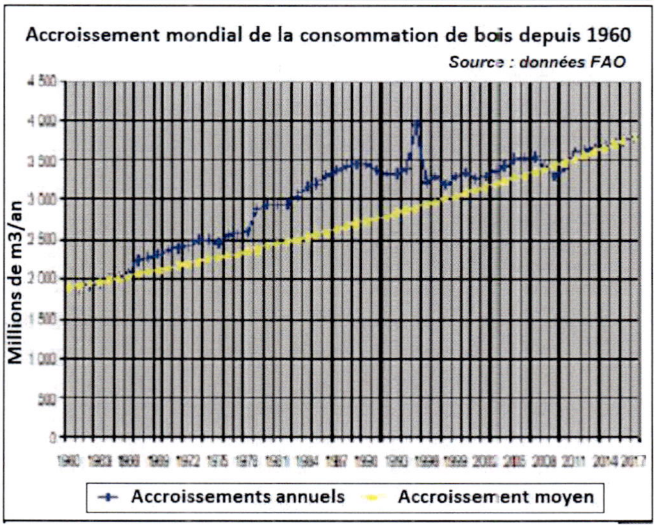

Il s'agit donc de satisfaire une demande en bois croissante alors que la surface forestière mondiale continue à décroître et que les efforts de gestion durable des forêts s'intensifient, limitant la production des forêts naturelles à leurs strictes possibilités.

C'était déjà le cas de beaucoup de forêts tempérées mais cela touche maintenant de plus en plus de forêts tropicales, en particulier depuis "l'aménagement des concessions forestières par les concessionnaires eux-mêmes" (Projet CEB-Gabon que nous avons lancé en 1995 et 1996 et qui a été adopté par le Gouvernement Gabonais en 2000[2, 3, 4]).

La forte demande en bois s'applique donc sur des surfaces de plus en plus réduites car les efforts de protection des forêts primaires et de la biodiversité s'intensifient également. Les zones de protection concernent des espaces forestiers toujours plus étendus ; certains pays comme la Chine ont même interdit toute exploitation en forêt naturelle. Dans le reste du monde, les zones de protection, qui représentaient 11,5% des surfaces forestières en 2010, sont passées à 16,3% en 2015 et continuent à s'étendre de 2% par an. Parallèlement les plantations forestières ne représentent que 7% des surfaces forestières, soit 280 millions d'ha et toutes ne sont pas très productives.

Le graphique ci-après (sur la base des données FAO) résume la situation. Avec ses 8 milliards d'habitants (+1,22%/an) et ses 4 milliards d'ha de Forêts (0,5 ha/hab.), le monde produit environ 3,8 milliards de m3 de bois (+ 1,22% /an depuis 1960), soit seulement 0,47 m3/hab/an et 0,95 m3/ha/an ou 1,85m3/ha/an, rapportée aux seules forêts productives).

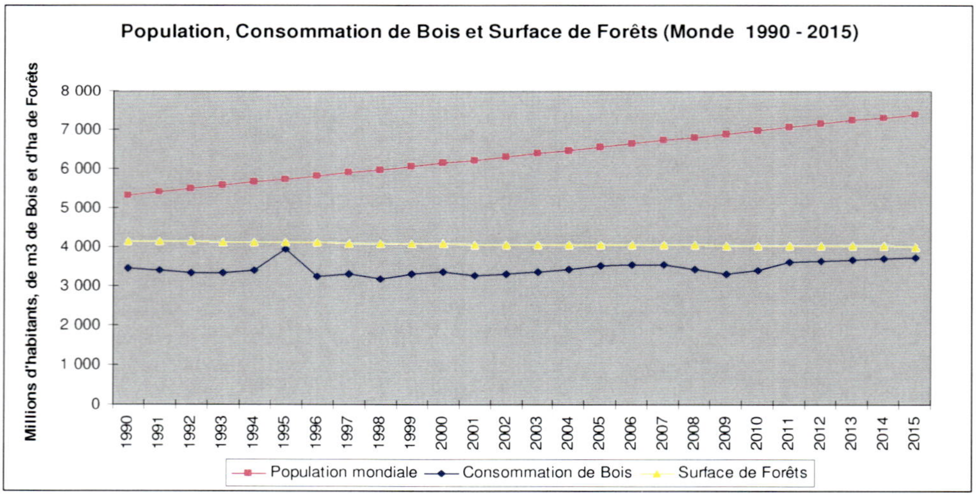

Chaque année, le monde doit donc produire un supplément de **46 Millions de m3 de bois** et il apparaît alors clairement, puisque l'on ne peut intensifier les prélèvements en Forêt naturelle, qu'une telle demande ne pourra continuer à être satisfaite que par l'augmentation de la productivité des plantations forestières existantes et, surtout, par de nouvelles plantations, toujours plus productives. Cette demande annuelle supplémentaire correspond à 4,6 millions d'ha à 10 m3/ha/an et si cette situation dure encore 50 ans, l'effort futur de reboisement devra être de 230 millions d'ha, ce qui reviendrait à doubler la surface des meilleures plantations actuelles.

Un tel effort est-il possible ? Notre objectif est justement de montrer que les plantations forestières peuvent répondre à une telle demande et comment elles peuvent y parvenir.

Après un bref historique des reboisements dans le monde, nous examinerons ce que regroupent les termes de reboisements et de plantations forestières, puis nous poserons les divers principes de bases et paramètres définissant le cadre et le contexte actuel du secteur des plantations forestières. Nous examinerons ensuite la demande mondiale en bois et l'évolution de la filière.

Enfin, avant de passer à la présentation des espèces les plus aptes à la ligniculture (4ème partie) et à la description des plantations forestières intensives ainsi qu'à l'élaboration du projet lignicole (5ème et dernière partie), nous étudierons plus en détail les aspects de la physiologie des arbres qui sous-tendent l'Amélioration génétique des espèces forestières et le développement des pépinières, points clés du développement actuel et potentiel de la ligniculture.

***

2 - LA DEMANDE EN BOIS
EVOLUTION DE LA FILIÈRE

Avec ses 8 milliards d'habitants, le monde consomme (et produit) annuellement environ 4 milliards de m3 de bois, soit 0,5 m3/hab/an. Rapporté à une couverture forestière de 30%, soit à peine plus de 4 milliards d'ha, la production moyenne est donc de 1 m3/ha/an ou de 1,13 m3/ha/an en excluant les forêts protégées (13% de la surface totale, soit 520 millions d'ha) alors que la réduction de la couverture forestière se poursuit encore à un rythme de 4,7 millions d'ha/an. Cette consommation comprend 50% de bois de chauffage (2 milliards de m3) et 50% de bois rond industriel (2 milliards de m3) comme nous le rappelle le graphique ci-dessous, tiré des chiffres de la **FAO**.

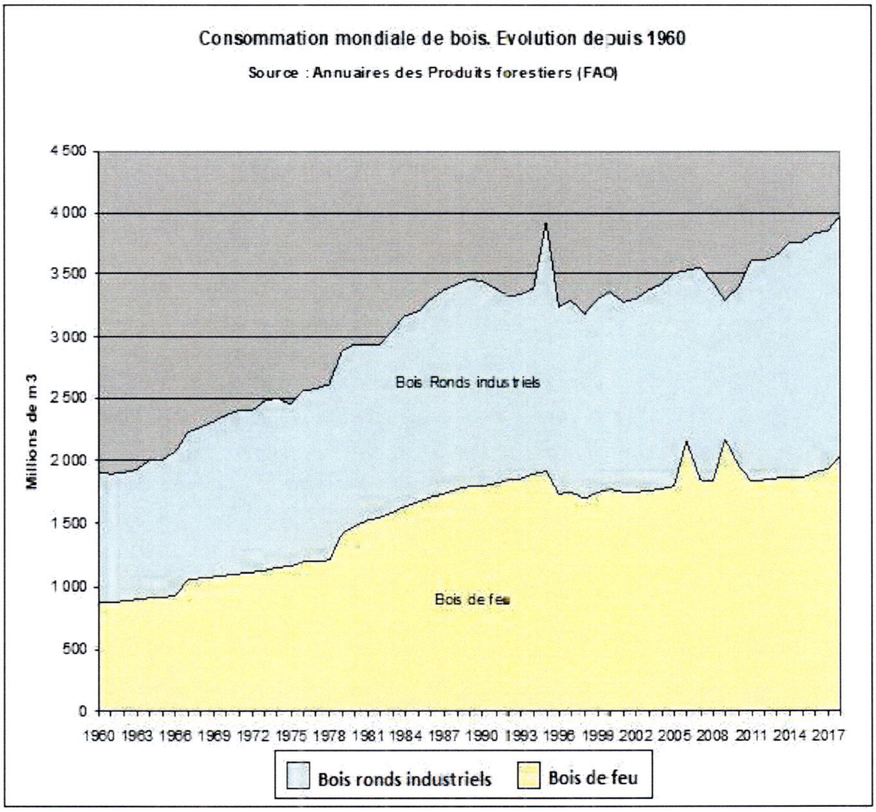

21 - Problématique de la filière Forêt-bois

Globalement, les entreprises géantes et intégrées en amont de l'exploitation, sont les seules qui peuvent espérer peser sur le prix du bois dont le marché est libre et toujours très tendu. Pour une petite entreprise, le prix du bois transformé à la sortie de l'usine est fixé par le marché et elle ne peut en modifier le prix. Dans les pays développés, à coût de main d'œuvre élevé, le salut financier réside avant tout dans l'accroissement de la capacité (meilleur amortissement des coûts) et l'automatisation (réduction du nombre d'ouvriers). Le point crucial reste cependant le prix du bois brut et son coût de transport. Ces deux paramètres conditionnent totalement l'économie des entreprises éloignées de la ressource. C'est la raison première de la recherche par les grandes entreprises, de s'intégrer en amont de la transformation (plantations propres ou en partenariat avec des producteurs locaux).

En France

Le développement de la capacité des entreprises de la filière bois se heurte au manque de ressources proches, principalement en bois de résineux. Il s'agit d'un facteur très contraignant car l'approvisionnement des usines de pâte (industrie lourde en tête de filière) impose le transport d'environ un tiers du bois sur de longues distances (de 200 à 450 km !).

Une des revendications, jamais satisfaite, de ces industriels était de pouvoir disposer de plantations propres dans un rayon de 100 km autour de leurs usines, afin de sécuriser 1/3 de leurs besoins et de mettre fin à un tel surcoût de transport. Dans cette optique, des études montrent que le développement, en partenariat avec une petite partie des agriculteurs, de taillis à courtes rotations, de peupliers (Nord) ou d'eucalyptus (Sud), pouvait résoudre l'équation. En effet, à raison de 10 m3/ha/an, 33.000 ha suffisent pour produire 330.000 m3 de bois/an, ne représentant qu'environ 2,2% de la surface agricole contenue dans un cercle de 100 km de rayon (environ 1,5 million d'ha).

Ce qui est vrai pour la pâte l'est aussi pour les autres grandes industries de la filière bois (panneaux, sciages). Les avantages d'un tel système auraient été nombreux :

- Conforter l'industrie en réduisant les frais de transport et en s'intégrant en amont de l'exploitation (plantations propres ou partenariat avec les propriétaires ou les agriculteurs).
- Diversifier la production d'une petite partie des agriculteurs locaux.
- Intéresser certains agriculteurs dans la vente de bois à prix garantis.
- Ouvrir de nouveaux sites industriels dans les zones forestières trop éloignées des usines.

Mais, par crainte d'une trop forte concurrence au niveau de l'offre de bois, les forestiers, tant publics que privés, se sont toujours opposés au développement des plantations forestières dans la zone agricole. Les taillis à courte rotation, voire même les plantations de conifères, n'ont jamais pu obtenir un statut de production agricole, comme c'est souvent le cas en Allemagne et dans d'autres pays (Brésil) pour le plus grand bénéfice d'une partie des agriculteurs et des éleveurs (sylvopastoralisme).

L'auto-renforcement de la filière bois n'a donc pu se faire et le désinvestissement se poursuit dans un secteur pourtant très déficitaire au niveau de la balance commerciale. Le bois est en effet, le premier poste de déficit de la balance commerciale française, après le pétrole (-6,7 milliards d'euros en 2017/2018[5]) et cela, bien que la France dispose de la plus grande surface forestière en Europe (hors pays scandinaves).

Dans les nouveaux potentiels forestiers

Le problème y est traité à l'envers. A partir d'une potentialité suffisamment forte des plantations, bien étudiée et donc bien connue, l'approvisionnement par les forêts naturelles est considéré comme secondaire. Il faut dire qu'en dehors des forêts de Diptérocarpacées du Sud-Est asiatique, très riches en bois d'œuvre de valeur, les forêts subtropicales et tropicales ne sont que très peu productives en essences commercialisables* (de 0,2 à 0,4 m3/ha/an pour les forêts sempervirentes et 0,8 à 1m3/ha/an pour les forêts semi-décidues) et que leur gestion durable n'est pas facile.

Dans un tel contexte, le moteur est l'Industrie, l'Etat n'étant que le facilitateur, pouvant apporter des aides fiscales substantielles aux planteurs, en accord avec sa politique forestière. Les projets sont tous intégrés (usine + plantations). Pour les très grands projets industriels, les sites côtiers sont privilégiés pour une orientation vers l'export, les marchés intérieurs des pays en début de développement étant toujours insuffisants. Ce sont les industries qui choisissent leurs sites et qui dessinent les contours de leur approvisionnement, à proximité immédiate de leurs installations industrielles. Le transport terrestre étant très rapidement prohibitif, une bonne disponibilité foncière locale est cruciale pour l'économie du Projet.

Très souvent les plantations propres ne correspondent qu'à une faible partie des besoins (de 20 à 30%) le reste étant les plantations des agriculteurs, réalisées en partenariat avec les industriels. L'Etat intervient alors pour limiter les surfaces de plantations dans les exploitations agricoles (souvent 20% de la surface des exploitations).

Les contrats avec les agriculteurs s'organisent autour d'un prix du bois bord de route, fonction de la distance à l'usine. Au-delà de 100 km, la production de bois par un agriculteur n'est plus rentable. Les plants sont fournis par l'industriel qui dispose de sa propre Recherche-Développement (R&D) et maîtrise lui-même la création de ses variétés d'arbres, ainsi que leur production en pépinière (clonage en général).

Un des avantages des plantations propres à proximité des usines réside dans l'inutilité des très grands parcs à bois, comme c'est toujours le cas en Europe où il est indispensable de disposer d'un grand stock de bois à côté des usines ; cela afin de pouvoir réguler la production en cas de fluctuation du marché. Les stocks sont très grands lorsque le prix des pâtes est bas et s'évanouissent quand les prix flambent. Dans le cas de plantations propres à proximité des usines intégrées, le stock régulateur est très faible, voire inutile ; il se fait principalement en forêt et n'a pas d'incidence financière sur le fonctionnement de l'entreprise

22 - Dynamisme de l'offre et de la demande en bois

52.1 - Caractéristiques générales

Une partie de ce dynamisme vient de l'augmentation de la population mondiale. C'est bien le cas du bois de feu consommé par les pays les plus pauvres, ceux dont la population augmente le plus vite. Cependant, ces quantités énormes de bois de feu ne pèsent pas sur le marché mondial. L'impact est par contre très sérieux sur la couverture forestière des pays concernés. Il est certain que des plantations intensives dédiées devraient être réalisées en périphérie des grandes villes. Les réalisations sont souvent très en deçà des projets qui manquent de terres disponibles, de financements, de bon matériel génétique, de savoir-faire et d'organisation.

Quant au marché mondial du bois, il est surtout dépendant de la croissance économique de la Chine et des autres pays asiatiques émergeants (Inde, Indonésie, Malaisie, Viêt-Nam), des nouvelles

*Dans les forêts tropicales et subtropicales, un grand nombre d'espèces d'arbres s'avèrent non commercialisables (et ne sont donc pas récoltés) à cause de la mauvaise qualité technologique de leurs bois et/ou de la faiblesse des ressources correspondantes (petit nombre d'arbres très dispersés), en accord avec la très grande diversité des espèces d'arbres.

capacités de production en Europe de l'Est, ainsi que de la demande en nouveaux produits (panneaux) et en bioénergie (isolants et pellets).

Pour la septième année consécutive, la production mondiale des principaux produits ligneux s'est envolée en 2016, atteignant un taux de croissance de 3 à 6 %, selon les nouvelles données publiées récemment par la FAO. La croissance la plus rapide des principaux produits ligneux (bois rond industriel, sciages, panneaux à base de bois, granulés de bois) a été enregistrée en Asie-Pacifique, en Amérique du Nord et en Europe. Elle a été tirée par une croissance économique positive et de nouvelles capacités de production en Europe de l'Est (notamment la production de panneaux de particules et de panneaux à copeaux orientés), ainsi que par la demande croissante en bioénergie. Selon Mats NORDBERG, forestier principal de la FAO, *«la production de tous les principaux produits ligneux s'est progressivement rétablie en 2010-2016 après la crise économique de 2008-2009»*[6]. En 2016, le rythme de croissance dans le secteur du bois a doublé par rapport à l'année précédente et cette tendance positive s'est poursuivre en raison du développement économique mondial et de la demande accrue d'énergie renouvelable.

22.2 - Particularité de la filière bois européenne

Les 3 tableaux qui suivent, largement inspirés des statistiques européennes (Eurostat), permettent de se faire une idée précise de l'importance des forêts européennes, de leur capacité de production ainsi que des critères de productivité que sont la répartition résineux/feuillus et la propriété (public/privé). Nous n'avons fait état que des 10 plus grands pays producteurs de bois de l'Union européenne. Avec 161 millions d'ha, la couverture forestière varie fortement du Nord (2/3) au Sud (1/3) de l'Union. Le Royaume Uni apparaît comme très peu boisé (13%) Le rapprochement entre surface de forêts et surface de forêts productives donne l'importance des forêts protégées. Celles-ci représentent 16,4% pour toute l'Union, avec de fortes disparités entre les pays (c'est la Roumanie et les pays scandinaves qui possèdent les plus grandes surfaces de forêts de conservation). Avec 134,5 millions d'ha de forêts de production (83,6% des surfaces forestières), l'UE produit 423,3 millions de m3/an, soit environ 15% de la production mondiale, La productivité moyenne est de 3,14 m3/ha/an soit 2,24 plus que la moyenne mondiale.

Production de bois de l'Union Européenne en 2014 (EU 28)

	Surf.pays	Surf. Forêts en millions d'ha (2015)						Production Bois	
	millions d'ha	Tot. Forêts	Taux boist	F. de Protec.	%	Forêt de Prod.	% UE	millions m3/an	m3/ha/an
Suède	40,7	**28,1**	68,9%	8,2	29,4%	19,8	14,7%	**70,1**	2,5
Finlande	33,8	**22,2**	65,6%	2,8	12,4%	19,5	14,5%	**57,0**	2,6
Espagne	50,6	**18,4**	36,4%	3,7	20,1%	14,7	10,9%	**15,9**	0,9
France	55,2	**17,0**	30,8%	1,0	5,7%	16,0	11,9%	**51,7**	3,0
Allemagne	35,7	**11,4**	32,0%	0,5	4,7%	10,9	8,1%	**54,4**	4,8
Pologne	31,3	**9,4**	30,2%	1,2	12,7%	8,2	6,1%	**40,6**	4,3
Italie	30,2	**9,3**	30,8%	1,1	11,6%	8,2	6,1%	**7,7**	0,8
Roumanie	23,8	**6,9**	28,8%	2,2	32,6%	4,6	3,4%	**15,1**	2,2
UK	24,3	**3,1**	13,0%	0,0	0,0%	3,1	2,3%	**11,2**	3,6
Tchéquie	7,9	**2,7**	33,8%	0,4	13,7%	2,3	1,7%	**15,5**	5,8
T. 10 pays	333,5	**128,5**	38,5%	21,1	16,4%	107,4	79,9%	**339,2**	2,6
Total UE	446,0	**160,9**	36,1%	26,4	16,4%	134,5	100%	**423,3**	2,6

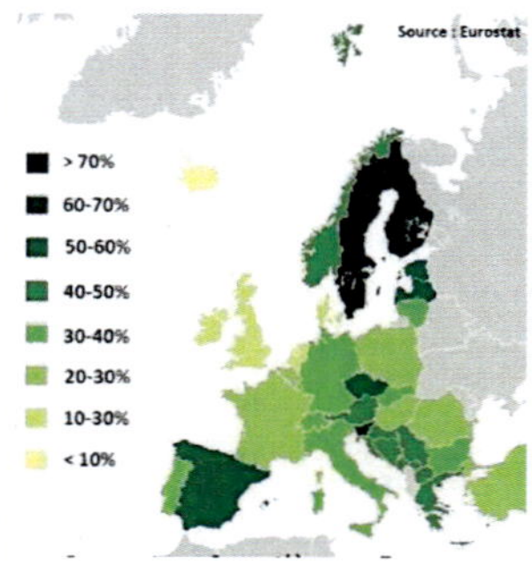

D'après les Statistiques de l'UE (Eurostat)

En rapportant la production annuelle de chaque pays à la surface de ses forêts de production, on en tire les productivités forestières nationales. Il apparaît que la République Tchèque présente la plus haute productivité, suivie par l'Allemagne, la Pologne et la Grande Bretagne. Le graphique et le tableau suivants montrent qu'en Europe la productivité forestière tient d'abord à l'importance des forêts de conifères, même pour les pays scandinaves à climat plus froid. Le graphique ci-après, tiré d'Eurostat, montre bien la forte liaison entre productivité et richesse en bois de conifères ("softwood"), très demandé par l'industrie et représentant plus des 2/3 de la production forestière.

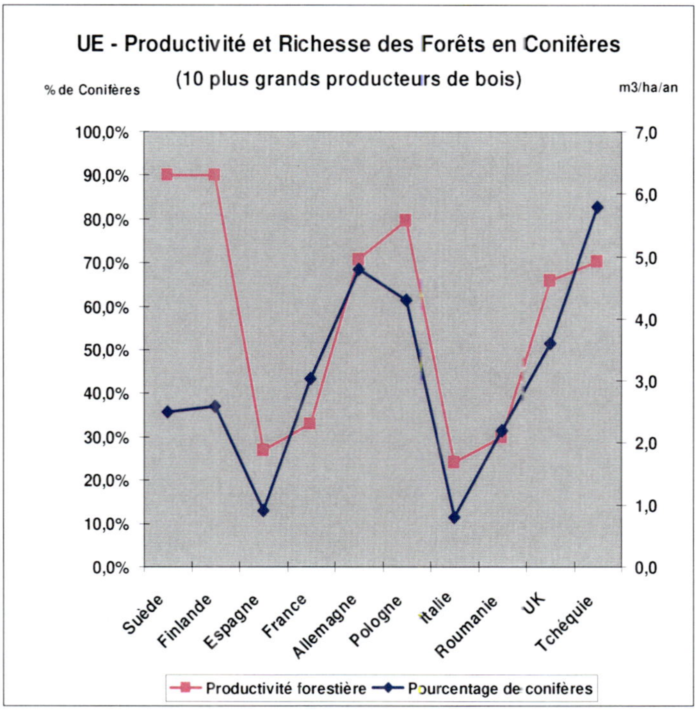

Sa disponibilité entraine directement le développement de la filière bois ; c'est grâce à l'importance de cette ressource et malgré la faible croissance des arbres en zone boréale* que la Suède et la Finlande ont réussi à développer leur filière bois, jusqu'à en faire un des éléments majeurs de leur économie.

Forêts de l'UE - Conifères et Feuillus - Public et Privé (Surfaces en millions d'ha)

	Conifères	%	Feuillus	%	TOTAL	Public	%	Privé	%
Suède	25,266	90,0%	2,807	10,0%	28,1	24,3%	6,822	75,7%	21,251
Finlande	19,996	90,0%	2,222	10,0%	22,2	30,4%	6,754	59,6%	13,242
Espagne	4,973	27,0%	13,445	73,0%	18,4	29,2%	5,378	70,8%	13,040
France	5,606	33,0%	11,383	67,0%	17,0	24,7%	4,196	75,3%	12,793
Allemagne	8,096	70,9%	3,323	29,1%	11,4	52,0%	5,938	48,0%	5,481
Pologne	7,510	79,6%	1,925	20,4%	9,4	81,9%	7,727	18,1%	1,708
Italie	2,231	24,0%	7,066	76,0%	9,3	33,6%	3,124	68,4%	6,359
Roumanie	2,058	30,0%	4,803	70,0%	6,9	67,0%	4,597	33,0%	2,264
UK	2,075	66,0%	1,038	33,0%	3,1	28,4%	0,893	71,6%	2,251
Tchéquie	1,877	70%	0,790	29,6%	2,7	76,6%	2,043	23,4%	0,624
Total 10 pays	**79,689**	**62,0%**	**48,800**	**38,0%**	**128,5**	**36,9%**	**47,472**	**61,5%**	**79,013**
Total UE					**160,9**				

* La productivité forestière des forêts boréales est en réalité nettement plus faible. Les pays scandinaves qui bénéficient du réchauffement par le "Gulf stream" ont de ce fait une productivité beaucoup plus élevée qu'au Québec.

La Suède et la Finlande sont classées parmi les premiers pays du monde pour l'exportation des produits de transformation du bois (pâtes à papier, papiers et sciages). On doit remarquer qu'avec seulement 8 millions d'ha de forêts résineuses, l'Allemagne se classe juste derrière ; c'est le résultat de l'alliance d'un climat favorable (Europe moyenne) à une forte industrie.

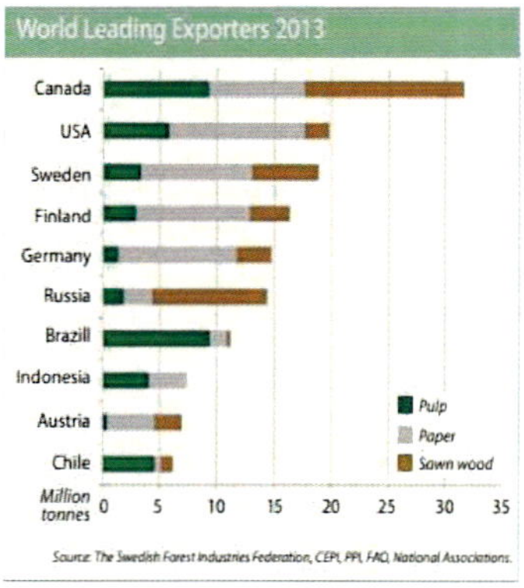

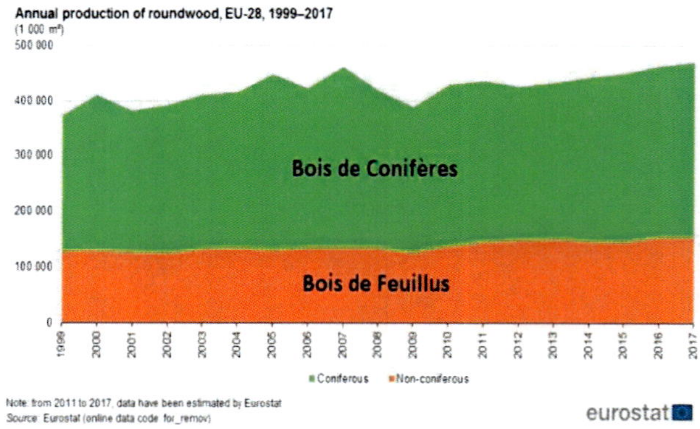

Selon Eurostat, le rapport arithmétique :

$$\frac{\text{Valeurajoutéegénéréeparle secteurforestier}}{\text{Superficiedesforêtsde productia}}$$

est un bon indicateur de la productivité des activités du secteur forêt-bois en Europe. Appliqué en 2005 et 2013, il se traduit par le graphique ci-après emprunté au document en ligne "Forestry statistics, in Detail Statistics explained"[7].

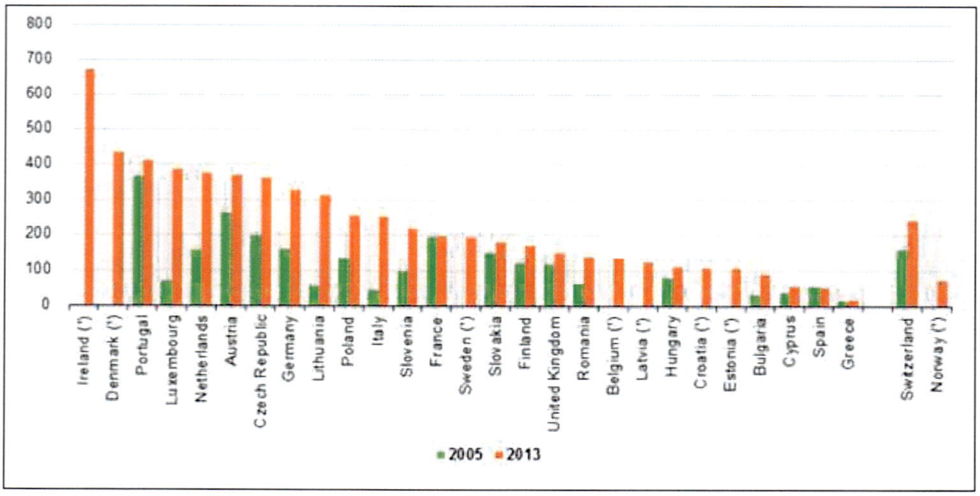

Valeur ajoutée à l'hectare de forêt de production (2005 et 2013 en €/ha). Source. Conférence ministérielle pour la protection des forêts en Europe (Forest Europe) - État des forêts d'Europe, 2011, complétée par "Eurostat estimations" (forarea) et (forieeafcp).

Ce graphique nous montre que beaucoup de valeur ajoutée a été créée dans le secteur au cours de la période 2005-2013 soulignant un important développement industriel de la filière bois dans la plupart des pays européens et tout particulièrement en Irlande, au Danemark, au Portugal, au

Luxembourg, aux Pays-Bas et en Autriche. Il souligne aussi qu'avec environ 200 euros/ha/an la France est dans la moyenne européenne mais il dénonce également une stagnation de la filière bois française, seule dans ce cas au cours de la période.

23 - Remarquable essor du marché des panneaux

Les panneaux se diversifient toujours d'avantage et sont devenus le secteur le plus dynamique. L'essor est très grand, tant au plan de l'innovation (R&D très développée) que de la production.

Le marché des panneaux de particules et des panneaux à fibres orientées (OSB = Oriented Strand Board), maintenant couramment utilisés dans la construction et la fabrication des meubles, a connu la croissance la plus rapide parmi toutes les catégories de produits ligneux. Le taux de croissance de la production de panneaux de particules est passé de 0,3% en 2015 à 8% en 2016, alors que la production mondiale de panneaux à copeaux orientés a augmenté de 10% en 2017 contre 7% en 2015.

Panneaux OSB. Photo shutterstock_1846851541

La hausse est due principalement à la construction de nouvelles usines en Europe de l'Est, y compris la Fédération de Russie, et à une production accrue en Chine et en Amérique du Nord. La Russie a récemment dépassé le Canada et l'Allemagne pour devenir le troisième producteur et consommateur de panneaux dérivés du bois après la Chine et les Etats-Unis. Durant la période 2014-2016, le Canada a connu une croissance à deux chiffres de la production et des exportations de panneaux à base de bois grâce à l'augmentation de ses ventes aux Etats-Unis en raison de la reprise de l'économie américaine et du redressement du marché de l'immobilier. La Chine, quant à elle, a enregistré la plus forte augmentation (+42%) de la production de panneaux à base de bois entre 2012 et 2016.

Un nouveau panneau, le CLT (Cross Laminated Timber) ou "Panneau massif lamellé croisé" est apparu. Ce bois lamellé-croisé, appelé aussi "Panneau massif bois contrecollé", est composé de planches en bois massif croisées à 90° et collées, formant des panneaux de grande dimension industrialisés et pré-usinés pour constituer des parties de parois comme des planchers, des murs, ou des supports de couverture et toitures en terrasses.

Il permet la réalisation de bâtiments très stables et résistants compatibles avec toutes les solutions modernes d'isolation thermique et acoustique. Le CLT est très intéressant du point de vue de la thermique d'été sans que les performances thermiques d'hiver ne soient dégradées vis-à-vis des constructions à ossature bois, traditionnelles. De même, les panneaux CLT mis en œuvre en plancher constituent une masse intéressante du point de vue acoustique tant au niveau des bruits de chocs que des bruits aériens.

Panneaux de bois CLT assemblés croisés collés.
Photo shutterstock_1962425560

Soulignons ici que les panneaux, fabriqués à partir de bois d'industrie, c'est à dire à partir d'arbres de petits diamètres, qu'il s'agisse du bois final des plantations à croissance rapide ou des bois d'éclaircies, remplacent peu à peu le bois d'œuvre classique, plus difficile à utiliser et sensiblement plus coûteux car beaucoup plus long à produire.

24 - Problème du bois énergie

24.1 - Boom des "pellets" de bois

La production de granulés de bois ou pellets a beaucoup augmenté ces dernières années, sous l'effet de la politique de l'Union européenne aux objectifs contraignants en matière de bioénergie*.

Pellets. Photo shutterstock_2178958411

Entre 2017 et 2018, la production mondiale de pellets a augmenté de 14%, atteignant 55 millions de tonnes dont plus de la moitié a été commercialisée à l'échelle internationale.

* La directive 2009/28/CE a fixé comme objectif contraignant qu'une part de 20 % de la consommation énergétique au sein de l'Union provienne de Sources d'Energies Renouvelables (SER) d'ici à 2020. De plus, il est exigé de tous les États membres qu'ils fassent en sorte que 10 % de leurs carburants utilisés dans les transports proviennent de SER d'ici à 2020.

Comme le montre le graphique ci-après, en 2016, l'Europe et l'Amérique du Nord représentaient ensemble une grande partie de la production mondiale de pellets (58% et 32% respectivement) ainsi que la plus grande part de la consommation mondiale (31% et 8% respectivement). Cependant la Chine rattrape rapidement son retard (accroissement de 20% de sa production entre 2017 et 2018).

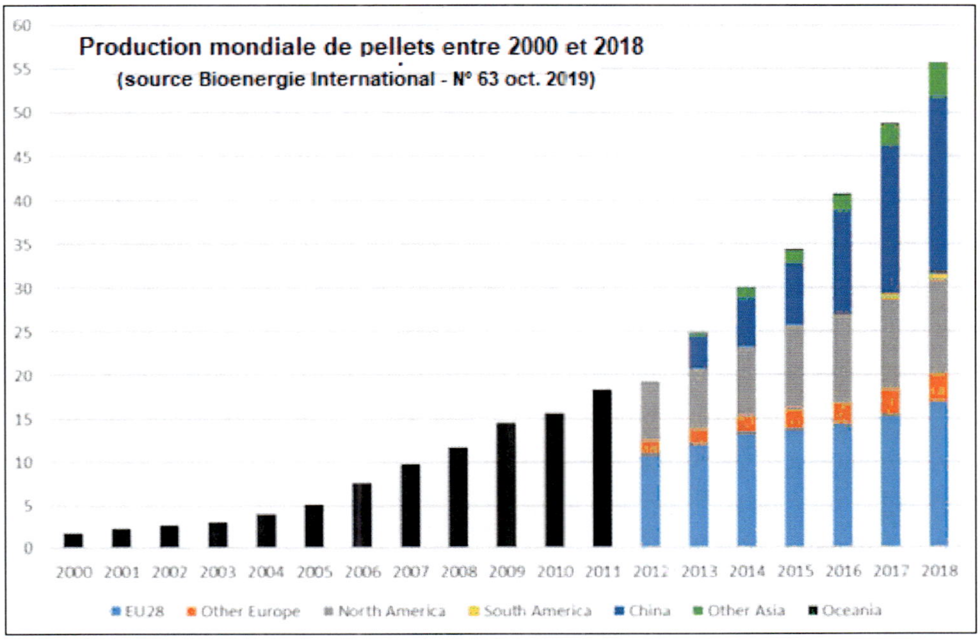

L'augmentation des importations et de la consommation du Royaume-Uni et de la République de Corée a également contribué à accroître la consommation et les importations mondiales. Ces deux pays ont, en effet, lancé des politiques nationales d'énergie renouvelable. La République de Corée est devenue le troisième importateur de granulés de bois après le Royaume-Uni et le Danemark, entraînant, par ricochet, l'augmentation de la production de granulés de bois au Viet Nam, en Malaisie, en Indonésie et en Thaïlande. Les importations de granulés de bois ont également augmenté au Japon et en Chine.

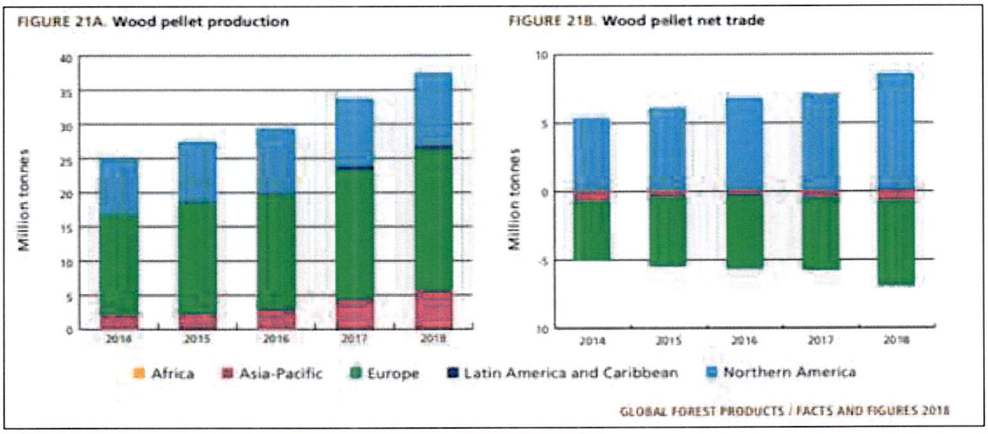

Production et consommation mondiale de pellets (2014 - 2018). Source : Global Forest Product FAO 2018

Il faut cependant noter quelques effets pervers d'une telle politique. D'une part, la concurrence entre bois énergie et bois d'industrie se fait de plus en plus au détriment du bois de trituration. Or la plus-value apportée par la fabrication de pellets est très éloignée de celle crée lors de la fabrication de panneaux ou de pâtes (l'écart pouvant aller de 1 à 10 selon la conjoncture !) et la fabrication de pellets en Europe risque de conduire à importer davantage de panneaux et de pâte du Brésil.

Même pour les pellets, le risque d'importation est grand car les Brésiliens sont capables de répondre à la demande européenne à des prix très concurrentiels, ce qui pourrait nuire à la filière bois énergie en Europe. D'ailleurs les statistiques montrent une production croissante de pellets en Amérique du Sud. Cela pourrait bien être encouragé lorsque la Chine intensifiera sa production de pâte ce qui est prévisible vu l'importance des programmes de plantations dans ce pays (devenu récemment le premier producteur mondial de papier à partir de pâtes importées notamment du Brésil).

24.2 - Problème du charbon de bois dans le tiers-monde

Dans les pays en voie de développement (pvd), l'usage du charbon de bois pour la cuisson des aliments est une tradition très ancrée. Cependant, ce combustible apparait très peu satisfaisant, sans oublier que les charbonniers sont très mal payés et très exposés aux gaz toxiques.

Selon Roger LOOZEN (1991[8]), puis Frédéric DOUARD (2010[9] : « *Le charbon de bois libère 27.000 Kj lors de sa combustion, soit 2 fois plus que le bois (13.400 kj), mais, comme il faut en moyenne 10 kg de bois pour fabriquer 1 kg de charbon, on consomme finalement 10 fois 13.400 kJ pour obtenir 1 fois 26.750 kJ sous forme de charbon. Les 4/5 de l'énergie disponible dans le bois sont donc perdus dans la pyrolyse* ». De plus les fourneaux à bois étant très économes en bois, on pourrait arriver avec le bois à un pouvoir calorifique proche de celui du charbon, mais en économisant près de 90% du bois.

Dans les pays pauvres la carbonisation artisanale du bois conduit donc à de gigantesques pertes d'énergie, pesant énormément sur la ressource en bois. Il serait beaucoup plus judicieux d'optimiser une filière bois de feu et dans cette perspective les pellets pourraient jouer un grand rôle car leur fabrication n'exige que de petites installations. En ajoutant la construction locale de foyers simples et bien adaptés aux pellets[♣], une filière artisanale de récupération de tous les déchets ligneux serait utile à de nombreux pvd.

En premier lieu de petites unités de fabrication de pellets devraient être systématiquement ajoutées aux usines de transformations du bois ce qui éviterait le brûlage de quantités énorme de résidus après chaque transformation (sciage en particulier). Les aides internationales pourraient contribuer à l'émergence d'une telle filière avec un peu de R&D au départ.

Il existe bien sûr des freins à un tel développement (lobby de la filière charbon de bois, vente du charbon à des prix très inférieurs au prix de revient, habitudes et traditions, etc.) mais cela ne semble tout de même pas insurmontable car les pellets sont un nouveau matériau pouvant devenir très attractif ; ils sont en effet faciles à transporter, à conditionner en petites quantités, et à utiliser.

[♣] En 2010, les Nations unies ont élevé la diffusion de ces foyers au rang de cause planétaire en créant la *Global Alliance for Clean Cookstoves* (l'Alliance globale pour des cuisinières propres) chargée de pousser les pouvoirs publics, les associations et le secteur privé de tous les pays à installer 100 millions de foyers améliorés d'ici 2020

25 - Progression de la construction bois

Le marché de la construction bois et notamment des maisons en ossatures bois (MOB), poursuit sa progression. Elle tarde cependant à changer d'échelle. En 2018 elle ne représentait encore que 6,3% des nouveaux logements. L'Enquête nationale de la Construction bois donnait les chiffres suivants pour l'année 2018*comparativement à 2016 (l'année 2017 ayant été mauvaise pour ce secteur) :

- Construction logements collectifs bois :.... ....+20%
- Construction maisons individuelles bois :
  - (secteur diffus) :........................... +49%
  - (secteur groupé :.......................... + 9,1%
- Activité d'extensions-surélévations en bois :................. + 9,2%
- Bâtiments tertiaires privés et publics en bois :........... .....+31, 5%

Sachant que la production d'éléments en bois pour la construction nécessite 4 fois moins d'énergie fossile que le béton et 130 fois moins que l'aluminium, les politiques européennes en faveur des économies d'énergie devraient donner un nouvel élan à la MOB. D'autre part, le bois alliant des performances thermiques très intéressantes, présente une grande facilité de mise en œuvre, liée à sa légèreté. De plus, la préfabrication gagne en importance et l'assemblage sur site se révèle rapide et sans nuisance pour le voisinage. Au-delà des maisons individuelles en bois, classiques en Amérique du Nord et en Scandinavie, ce type de construction commence à gagner du terrain en zone urbaine avec des immeubles de grande hauteur (IGH), limités pour l'instant à 9 étages (immeuble Stadthaus à Londres), puis à 10 étages (Résidence à Forte Living à Melbourne, Australie) mais des projets beaucoup plus hardis sont déjà programmés, en particulier au Japon**.

Construction de Maison en bois. *Photo shutterstock_177436833*

En France, les procédés les plus récents sont intégrés au *Code de la Construction et de l'Habitation*. Un bon degré de technicité est donc requis par les entreprises d'où l'émergence de bureau d'études

*Voir le site internet : "http ://afcobois.fr/wp-content/uploads/2019/07/ENQUETE_CONSTRUCTIONBOIS_JUIN_2019.pdf"

** Site internet : "https ://www.ga.fr/actualites/et-demain/le-bois-un-materiau-de-construction-qui-a-de-lavenir-ga-smart-building/"

spécialisés et la mise en place d'un important système de contrôle qualité. Cela retarde cependant la croissance du secteur, d'autant que les entreprises françaises sont de petite taille, peu compétitives et assez peu intéressées par la construction bois qui n'entre que faiblement dans leur chiffre d'affaires. Cependant, face à une demande en hausse, le mouvement semble venir des grandes entreprises du bâtiment et des promoteurs immobiliers qui créent des départements bois.

En résumé, l'essor de la construction bois dans le monde accompagne la reconnaissance du matériau bois comme matériau écologique d'avenir et contribue à accroître significativement la demande en bois (panneaux, bois d'œuvre, fibres de bois, etc.).

26 - Situation française paradoxale

Signalons au passage que la France, qui dispose, par sa surface, de la plus grande forêt médio-européenne, a un déficit commercial de sa filière bois qui continue à se creuser comme l'indique le tableau ci-après (figurant à la page 10 du mémento FCBA 2018) et qui est très élevé dans le déficit général (en milliards d'euros) :

- Déficit total 2017. 62,3 milliards
- Pétrole. 39 milliards (62,6%)
- Bois et dérivés. 6,3 milliards (10,1%), dont 2,32 milliards de "pâtes, papiers et cartons", soit 36,8% du déficit bois.

Economie de la filière bois française Memento FCBA 2018

Balance du commerce extérieur, bois et produits dérivés, en 2016 et 2017 (en millions d'€)

Matériaux ou produits	2016 Export	2016 Import	2016 Solde	2017 Export	2017 Import	2017 Solde
Bois brut (0220)	282,8	124,6	158,2	305,1	123,3	181,8
Autres produits sylvicoles (0210 et 0230)	123,7	126,4	-2,6	127,5	125,0	2,5
Sciages et rabotage (1610)	451,4	1 059,6	-608,2	489,9	1 099,3	-609,4
Panneaux à base de bois (1621)	882,0	1 028,7	-146,7	860,4	1 117,9	-257,5
Parquets assemblés (1622)	20,6	82,7	-62,1	20,5	97,5	-77,0
Charpentes et menuiseries (1623)	123,1	451,7	-328,6	119,8	489,2	-369,4
Emballages en bois (1624)	466,7	242,0	224,7	532,8	266,1	266,7
Objets divers en bois (1629)	203,7	782,6	-578,9	217,0	825,1	-608,1
Pâte à papier (1711)	378,1	1 048,3	-670,2	396,0	1 127,0	-731,0
Papiers-cartons (1712)	3 699,7	4 065,8	-366,1	3 772,8	4 136,2	-363,4
Articles en papier-carton (partie du 172)	1 800,9	3 007,4	-1 206,6	1 821,6	3 054,3	-1 232,7
Meubles en bois (partie du 31)	866,3	3 205,1	-2 338,8	859,7	3 358,1	-2 498,4
Total	9 298,9	15 224,9	-5 926,0	9 523,1	15 819,1	-6 296,0

Source : CPF4, e-Douanes 2018, données 2016 et 2017

Les importations s'élèvent ainsi à 15,82 milliards d'euros (+5,5 % sur un an) tandis que les exportations atteignent 9,52 milliards d'euros (+2,2 % sur un an) selon les statistiques du ministère de l'Agriculture[10]. Ce déficit a plusieurs composantes :

Produits	**Taux de couverture**
Pâtes, papiers et cartons	74%
Meubles et sièges en bois	25-27%
Sciages	48%

À l'inverse, l'excédent commercial des bois d'œuvre et de trituration de feuillus continue de s'accroître (+23 % sur les 12 derniers mois) confirmant la demande extérieure de matière première feuillue (+20 %) et le manque de débouchés industriels locaux dans ce secteur.

L'essentiel des transactions s'effectue au sein de l'Union européenne (80 % des importations et 74 % des exportations), avec un déficit commercial qui s'aggrave passant de -5,3 à -5,9 milliards d'euros. La moitié des importations proviennent de seulement cinq pays. 19 % de l'Allemagne, 11 % de l'Italie, 8 % de la Belgique, 8 % de l'Espagne et 6 % de la Chine. Les quatre premiers pays absorbent aussi la moitié des exportations avec respectivement 17 %, 10 %, 11 % et 13 %. La Chine n'achète que 3 % du total. Le solde commercial est nettement déficitaire avec l'Allemagne, l'Italie et la Chine (respectivement -1,5 ; -0,9 et -0,8 milliards). Il est excédentaire avec le Royaume-Uni, la Suisse et les États-Unis (0,3 milliards d'euros chacun). Les échanges avec l'Espagne sont à l'équilibre.

La filière bois française parait sous-développée. Le nombre de scieries est passé de 15.000 en 1980 à 1.494 en 2016 soulignant leur faible capacité, en particulier pour les bois feuillus. Sur les 37,9 millions de tonnes (Mt) de bois commercialisés, 19,3 Mt relèvent du bois d'œuvre dont 5.4 Mt de feuillus et 13,9 Mt de conifères. La filière compte 450 000 emplois, contre plus d'un million en Allemagne, où la surface forestière est plus petite.

Cette faiblesse de la filière bois française tient à divers facteurs :

- Beaucoup de taillis de piètre qualité, surtout dans le Sud,
- Ressource difficile à mobiliser (beaucoup de petits propriétaires),
- Faiblesse relative de l'offre de bois résineux (surtout des feuillus),
- Petites usines très dispersées, répondant très mal à l'export,
- Approvisionnement coûteux à cause de trop longs transports routiers, en particulier pour 1/3 des bois de pâte, trop éloignés des usines,
- Faible valeur des produits résiduels (coûts de transport trop élevés).

En France, la forte demande extérieure et les exportations croissantes de bois feuillus, principalement en direction de la Belgique (26%) et de la Chine (17%), induisent un malaise croissant chez les scieurs français, lesquels ont créé le "Collectif Scieries de France". Dans un manifeste intitulé « *Le patrimoine forestier national vendu à l'Asie. Appel au sursaut national* », ils engagent l'État à utiliser tous les moyens à sa disposition pour trouver des formules en faveur des producteurs français. Le Président de la République, Emmanuel Macron a lui-même déclaré le 18 avril 2017. « *La France a une des plus grandes forêts d'Europe mais importe du bois pour construire, c'est donc qu'il y a un problème ! On doit réorganiser la filière, elle créera beaucoup plus d'emplois* », a-t-il déclaré le mercredi 18 avril 2017, en visite dans les Vosges. « *Le bois est une filière que nous devons développer en France, a-t-il poursuivi. Il faut donc mettre en place une* *politique volontariste, sur laquelle nous allons travailler avec la filière.* ***Cela suppose qu'on reboise massivement, qu'on investisse davantage !*** »[11].

Un tel sursaut n'est pas facile à concrétiser car les acteurs sont divisés (les producteurs de bois feuillus préfèrent vendre au plus offrant et les scieurs ne peuvent guère payer plus cher pour approvisionner leurs usines). De plus, les industriels français, peu habitués à l'exportation, souffrent d'un manque de notoriété sur le marché mondial. Il est certain que l'essor forestier ne pourra venir que d'une meilleure coopération (/intégration) au sein de la filière forêt-bois car la plus-value sur le bois ne se fait pas à la sortie des forêts mais des usines. L'Allemagne réussit mieux que nous dans ce domaine parce que, d'une part sa ressource en bois résineux est bien plus grande, suite aux importantes transformations opérées dans les forêts feuillues au XIXème siècle (remplacement des feuillus par des épicéas dans bon nombre de forêts de plaines) et d'autre part son industrie est souvent organisée en "Combinats industriels" (associations d'industries complémentaires) installés au cœur des secteurs forestiers tant il est vrai que le transport terrestre du bois devient vite une aberration économique lorsque les distances sont excessives.

Ce qui se passe en France n'est en fait que le reflet de la situation mondiale. La demande en bois est croissante et les forêts naturelles ne peuvent à elles seules y faire face. Dans les nouveaux potentiels forestiers (AFOCEL, 1991), les grandes industries de la filière bois (pâte et panneaux), fortes de leurs investissements dans des plantations propres aux portes de leurs usines, font la promotion des bois de trituration (panneaux) au détriment des bois d'œuvre en influençant fortement le marché, tant au niveau des qualités produites que des prix[12]. De plus l'énorme trafic de containers vides vers l'Asie met la Chine à nos portes en réduisant très significativement les coûts de transport.

***

3 - HISTOIRE DES PLANTATIONS FORESTIÈRES

31 - En France et en Europe

Le climax en France est presque partout forestier. Après une phase romaine et médiévale très longue de défrichement continu, la couverture forestière européenne et particulièrement française n'a cessé de décroître (jusqu'à 16% en France au début du XVIIIème siècle) ainsi que le montre le schéma suivant, de Paul ARNOULD, Pierre DERIOZ et Micheline HOTYAT.

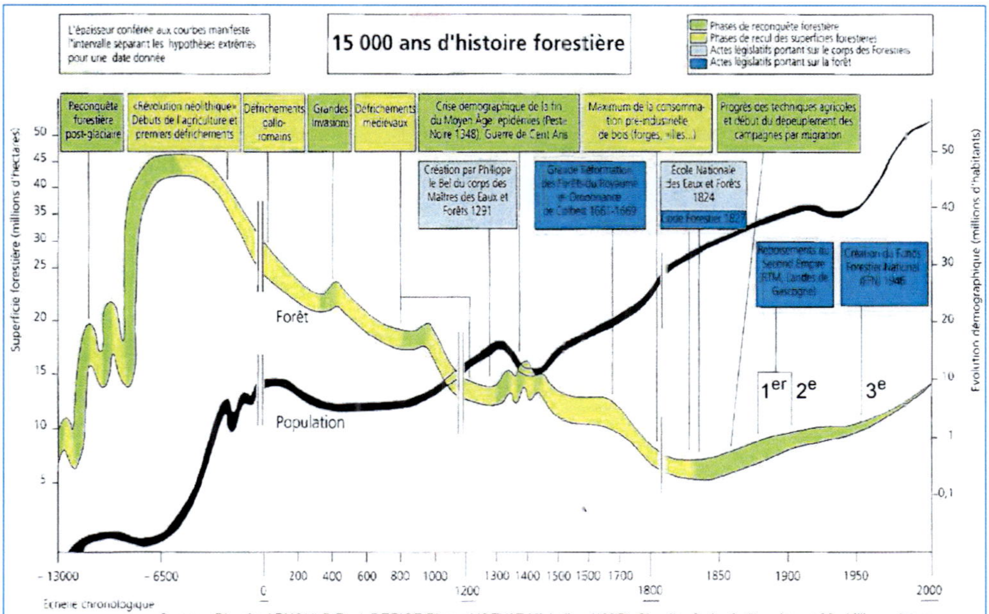

Source : D'après ARNOULD Paul, DERIOZ Pierre, HOTYAT Micheline (1995). Chapitre 3 : La forêt, volume n°6 : Milieux et ressources. In : BRUNET Roger, AURIAC Franck (dir.). Atlas de France. Paris : GIP RECLUS, Montpellier/La Documentation Française, pp. 53-72.

Initié à l'aube de l'agriculture (vers -6500 ans), le défrichement a suivi l'augmentation de la population et s'est poursuivi presque continuellement jusqu'à la fin du XVIIIème siècle. Les seuls épisodes de "regradation forestière" furent des périodes de crise démographique parmi les plus sombres de l'histoire (grandes invasions (375-568), famines (941-989) et guerre de 100 ans (1337-1453) avec l'épidémie de peste noire (1347-1352).

Aujourd'hui la couverture forestière en France est de 17 millions d'ha (31%), ce qui représente près du doublement depuis le début du XIXe siècle, c'est-à-dire depuis la création de l'Ecole forestière de Nancy (1824) et l'instauration d'un nouveau Code Forestier (1827), lequel a réduit entre autres, fortement les "droits d'usage" sur les forêts. Le schéma qui suit, communiqué sur internet par l'Inventaire forestier (IGN 2018), le présente de façon très pédagogique alors que souvent le grand public pense que la surface forestière continue à diminuer en France. Sur un total de 8 millions d'ha de couverture forestière regagnée en 2 siècles, le reboisement volontaire ne compte guère que pour

43% de cette surface (environ 3,5 millions d'ha), selon nos estimations de 1978[13], résumées par le tableau ci-après.

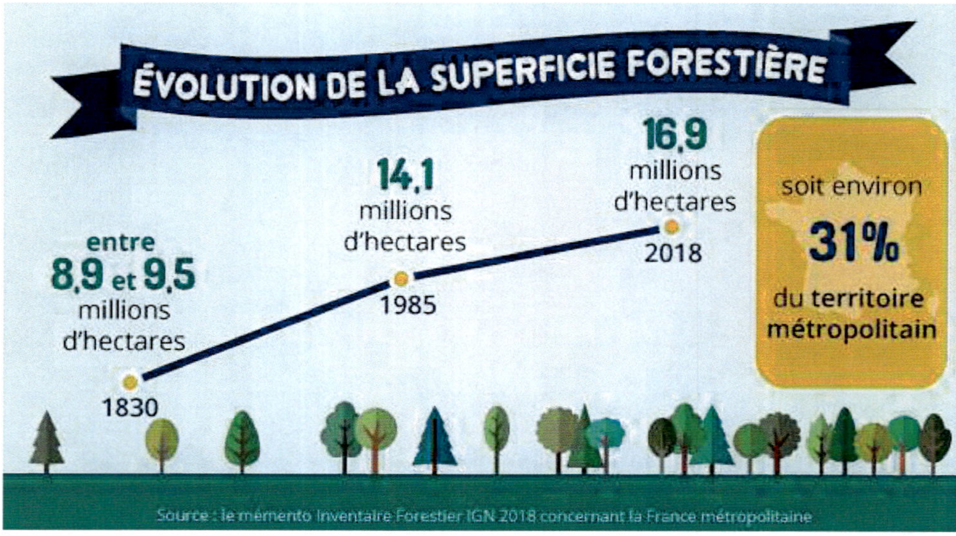

Celles-ci semblent cependant trop optimistes, bien que beaucoup de plantations feuillues anciennes soient maintenant assimilées aux forêts naturelles et que les regarnis de régénération naturelle ne soient pas toujours comptabilisés.

Reboisements en France depuis 2 siècles (surfaces en ha)

Fixation des dunes (1810-1862).	100.000
Enrésinement des forêts médiocres de plaine (1830-1880.	100.000
Plantation des Landes de Gascogne (depuis 1857).	1.000.000
Plantation de la Sologne (1880-1914).	120.000
Restauration des terres en montagne (1860-1882).	250.000
Développement de la peupleraie (à partir de 1870).	200.000
Reconstitution des forêts dévastées par la 1ère guerre mondiale (1923-1939).	40.000
Plantations d'extension du Fonds Forestier National (1946-1999).	1.500.000
Regarnis des régénérations naturelles en forêts domaniale (estimé).	50.000
Reboisements privés non aidés par l'Etat (estimé).	40.000
TOTAL Forêts plantées en France (en 2 siècles)	**3.500.000 ha**

Ce total de 3,5 millions d'ha apparait surestimé si on le compare au résultat de l'inventaire forestier national[14] qui donne un chiffre de 1,17 millions d'ha soit seulement 13% des 16,7 millions d'ha de la couverture forestière de 2017 et 27% des 8 millions d'ha d'extension forestière.

Quoiqu'il en soit, la valeur économique de ces plantations est cependant sans commune mesure avec les 60-70% restant des extensions qui correspondent à une "regradation" naturelle de la végétation, suite aux mises en défens, puis à la déprise agricole. Ces "accrus" naturels n'ont pas grande valeur économique, les anciennes friches étant souvent très pauvres en bois de qualité et constituant un obstacle au reboisement, car très coûteuses à détruire et impossible à dessoucher sans abîmer le sol.

A l'opposé, les plantations forestières bien réussies représentent un capital intéressant pour leurs propriétaires surtout lorsqu'elles se trouvent à faible distance des industries utilisatrices. Dans certains pays, (Allemagne et pays de l'Est et du Nord de l'Europe mais aussi dans des pays comme le Brésil), et pour certains agriculteurs et agro-sylviculteurs, elles représentent une culture très complémentaire des cultures annuelles, sans matériel supplémentaire et avec des travaux forestiers à morte saison agricole. En forte concentration elles peuvent contribuer à développer localement des industries de transformation pouvant même se grouper en véritables "combinats industriels" évitant de transporter les résidus de transformation sur de longues distances (lesquels peuvent passer automatiquement d'une usine à l'autre) ce qui permet donc d'en optimiser la valorisation.

En Europe, le XIXème siècle fut une période très dynamique en matière de reboisement. En Allemagne, beaucoup de forêts de plaines ont été transformées en pessière et en France, l'impulsion fut renforcée par Napoléon III, lui-même. Au XXème siècle, en France, deux phases sont à distinguer :

1. Restauration des zones dévastées par la 1ère guerre mondiale (40.000 ha),
2. Plantation des terres abandonnées par l'agriculture avec l'aide du FFN, après la 2ème guerre mondiale.

Si les plantations de la première phase correspondaient surtout à de la restauration de terrains dégradés, celles réalisées avec l'aide du FFN avaient toutes un objectif économique avec une limite inférieure de 5m3/ha/an pour les conifères. La remarquable institution que fut le Fonds Forestier National (FFN), de 1946 à l'an 2000, contribua à planter 2,3 millions d'ha, principalement dans les zones de moyenne montagne, abandonnées par l'agriculture (Massif central, Morvan, etc.) ainsi que le montre le graphique suivant, tiré d'internet.

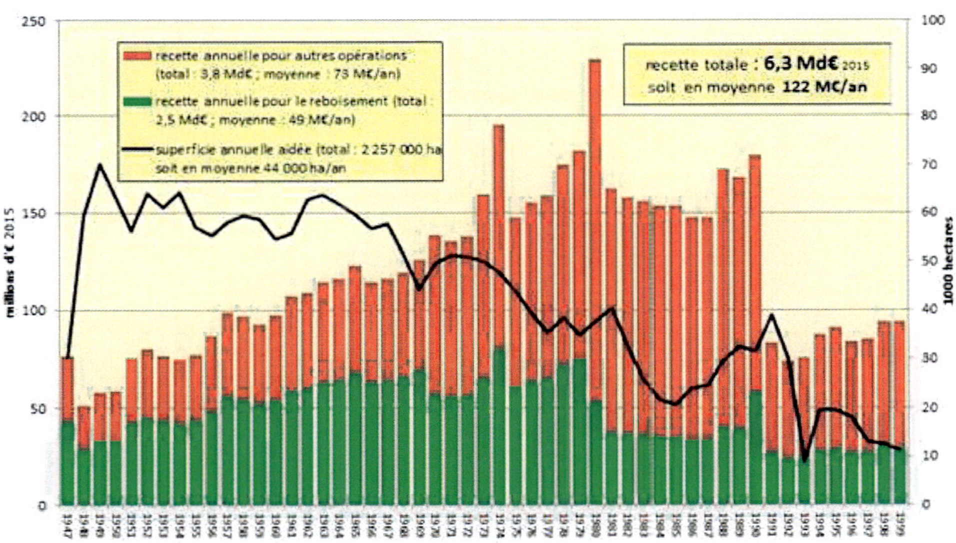

Action du Fonds Forestiers National (FFN) en France de 1947 à 1999
(2,25 Millions d'ha reboisés en 50 ans)

On estime que 50% de ces surfaces (soit 1,15 millions d'ha) correspondent à une extension des surfaces forestières, le reste correspondant à des replantations (tout particulièrement dans le massif landais). Les espèces plantées furent surtout des conifères qui manquaient cruellement à la filière bois française et qui convenaient le mieux aux plantations privées (croissance rapide et entretiens réduits). Aidé par la recherche (amélioration génétique) le Douglas, avec 400.000 ha aujourd'hui devint ainsi la première essence de reboisement en France en particulier dans la zone du Massif Central (du Limousin au Beaujolais). Les peupliers, très productifs et bénéficiant d'une aide importante des chercheurs (hybridation et clonage) ont aussi largement bénéficié de cette aide de l'Etat. D'autres conifères furent également appréciés, chaque fois que les chercheurs avaient pu mettre de bonnes provenances (ou variétés), à la disposition des planteurs (Pin maritime, Epicéa commun, Sapins pectiné et de Nordmann, Mélèze d'Europe, Pins laricio de Corse, Cèdre de l'Atlas.).

Cependant, sous diverses pressions, notamment écologistes, les conifères, très prisés par l'industrie du sciage ont cédé une place croissante aux feuillus (hêtre et chêne, feuillus précieux) à partir du milieu des années quatre-vingt. Or, ces espèces, qui ne disposaient alors d'aucun programme d'amélioration génétique, ont vite posé de nombreux problèmes (pollution des massifs feuillus par des origines exogènes mal contrôlées, faible croissance, mauvaises formes suite à une mauvaise qualité génétique et des espacements trop grands, entretiens difficiles, coût très élevés, etc.). Ce désenchantement des planteurs vis-à-vis des plantations feuillues a finalement contribué, en l'an 2000, à l'abandon par l'Etat de ce remarquable service que représentait le FFN.

Aujourd'hui le reboisement en France se limite surtout à des replantations et sa reprise reste problématique à cause des coûts, devenus exorbitants (obligation de défricher après une longue déprise agricole, coût très élevé d'une main d'œuvre devenue rare, nécessaire protection contre le gibier en surpopulation, réduction voire interdiction d'utiliser les phytocides en forêt, mécanisation difficile sur terrains en pente, opposition écologiste toujours forte, etc.).

L'arrêt du FFN et la baisse du rythme des plantations n'ont cependant pas réduit l'augmentation de la surface forestière en France. La déprise agricole à partir de 1980 combinée à la réduction des aides du FFN puis à sa suppression, ainsi qu'à l'opposition constante des écologistes aux plantations résineuses ont conduit à près de 3 millions d'ha d'accrus forestiers sans grande valeur dans un pays qui importe d'énormes quantités de bois de conifères ou de produits dérivés.

32 - Dans les autres pays

Après la seconde guerre mondiale, et après une phase plus ou moins longue d'essais d'introduction d'essences exotiques, d'autres pays se lancèrent également dans les plantations forestières.

- **Les Etats-Unis**, après une phase de surexploitation des forêts naturelles et plus particulièrement dans le Sud-Est avec les Pins subtropicaux (*Pinus taeda* et *Pinus elliottii*).
- **L'Indonésie**, très encouragée par la réussite exceptionnelle à Java, du Teck (*Tectona grandis*) et du Pin de Sumatra (*Pinus merkusii).*
- **L'Afrique du Sud**, qui manquait de bois pour ses mines et son développement et dont les importations furent contrariées par les blocus maritimes allemands pendant les deux guerres mondiales. Là aussi, un très fort encouragement est venu de la très bonne réussite de *Pinus patula* dans l'Eastern-Transvaal et de l'*Eucalyptus grandis* dans le Kwazulu-Natal.
- **L'Australie, et la Nouvelle Zélande**, manquant de bois de conifère et encouragées par la réussite exceptionnelle de *Pinus radiata.*
- **Le Brésil**, poussé par la réussite exceptionnelle des eucalyptus dans la région de Sao Paulo et qui, manquant de bois de conifère, a vite préféré *Pinus taeda* à l'Araucaria local (*A. angustifolia),* dont la croissance était jugée trop lente) puis *P. elliottii* et même *P. caribaea* pour les régions nordiques plus tropicales.

- **Le Chili**, poussé par les remarquables réussites de l'*Eucalyptus globulus* et de *Pinus radiata*.

Les excellents résultats enregistrés, dûs autant aux conditions naturelles très favorables, qu'à la forte productivité des espèces subtropicales sélectionnées, encouragèrent très fortement ces Etats et les planteurs dans cette voie. Leur avancée en matière de reboisement en fit les pionniers de la culture des essences forestières à croissance rapide, jusqu'à devenir ce que l'AFOCEL a appelé en 1991. "les nouveaux potentiel forestiers dans le monde[15]". Par la suite, l'introduction et la sélection des eucalyptus subtropicaux, puis tropicaux, couronnées par l'hybridation entre les espèces et le clonage industriel, les a directement menés à la "ligniculture" (la culture du bois).

Depuis deux siècles, les plantations forestières ont sans cesse évolué, sous des pressions variées (volonté des gouvernements et des développeurs) et face à de nombreux freins, fonciers, financiers, écologiques et politiques. Peu à peu, les Etats, tournés vers d'autres priorités, se sont désintéressés des reboisements, de plus en plus critiqués par les groupes de pression écologistes. Heureusement, les grandes entreprises de la filière bois ont su prendre le relais avec la culture à court terme des espèces qui alliaient une croissance très rapide à des qualités de bois satisfaisantes et améliorables.

33 - Développement récent en Chine

Un phénomène nouveau, et tout à fait considérable, marque aujourd'hui l'histoire mondiale des plantations forestières. Depuis l'an 2000, la Chine réalise un gigantesque effort de reboisement. C'est le pays qui développe le plus ses plantations forestières. Démarré significativement en 1968 à un rythme moyen de 4 millions d'ha/an, le reboisement en Chine, incluait tous les aspects (y compris agro-forestiers et arboricoles) et comprenait surtout des replantations après exploitation et des reconstitutions de forêts très dégradées. Le boisement proprement dit s'est beaucoup intensifié à partir de l'an 2000, les programmes annuels ayant presque doublés. Les campagnes annuelles de plantations strictement forestières sont indiquées sur le graphique suivant, construit à partir des chiffres de Yuanzhao HOU (communication personnelle).

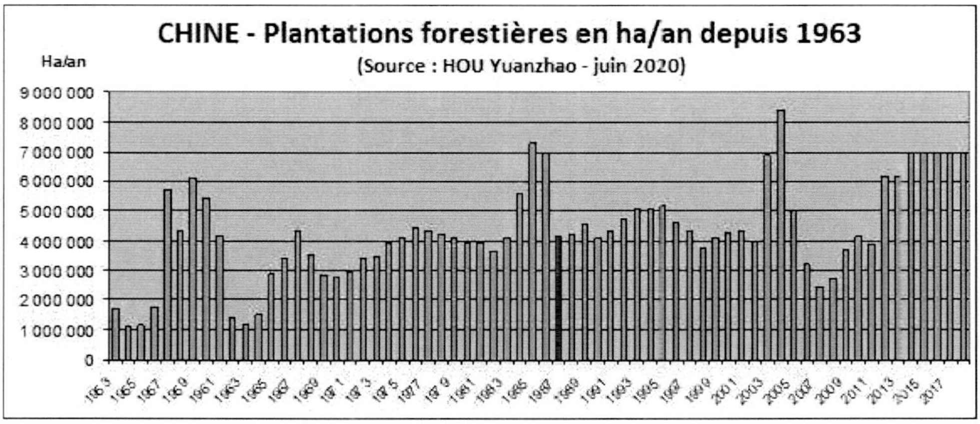

Depuis l'an 2000, la Chine s'est doté d'un très ambitieux programme de nouvelles plantations forestières. L'objectif est d'arriver à un couvert forestier de 26% en 2035, ce qui est considérable car la superficie de la Chine, avec 9,597 millions de Km^2, équivaut à 17,4 fois celle de la France et un gain de 1 point de couvert forestier correspond à afforester 9,6 millions d'ha, soit plus de la moitié de la forêt française !

Le tableau précédent fait état de toutes les plantations et non seulement des extensions forestières par plantation sur d'anciennes zones agricoles. Ces plantations comprennent toutes les plantations agroforestières et probablement arboricoles (palmiers, hévéas, bambous, etc.). Le tableau suivant établit la progression des boisements et du couvert forestier depuis 2005

Reboisement en Chine (calculé depuis 2005)		unités	2005	2010	2015	2020	2035 (estimée)
Plantations	Surf, Tot. plantée	M ha	64,00	73,32	79,00	84,70	122,52
	Extentions (moy ha/an)	M ha/an	2,000	1,865	1,135	1,139	2,522
	Importance relative /STF	%	33,5%	36,6%	38 3%	40,0%	49,1%
Total Forêt	Surf, Totale forestière	M ha	191,000	200,325	206,000	211,695	249,525
	Taux de boisement	%	19,9%	20,9%	21 5%	22,1%	26,0%

Selon plusieurs sources dont la FAO, les plantations chinoises s'étendaient en 2005 sur 64 millions d'ha, pour arriver à 84 millions en 2020. Les chiffres de ce second tableau sont plus proches de ceux de la FAO, (3ème tableau ci-après), lesquels font état d'une moyenne de 1,351 million d'ha/an d'extensions des plantations, au cours des 30 dernières années (FRA 2020)[16], ce qui est considérable, d'autant plus qu'une partie non négligeable consiste en plantations intensives. L'augmentation annuelle moyenne est passée de 1 million d'ha /an entre 1990 et 2000 à 1,849 millions d'ha/an entre 2000 à 2010 pour revenir à 1,137 millions d'ha/an au cours de la dernière décennie.

ST des plantations forestières (2020)		1990	2000	2010	2020	1990-2020	ha/an	2010-2020	ha/an
MONDE	(Mha)	**178,666**	**210,655**	**261,957**	**292,588**	**113,922**	**3,797**	**30,631**	**3,063**
Monde sans Chine	(Mha)	134,514	155,825	188,633	207,892	73,378	2,446	19,259	1,926
CHINE	(Mha)	**44,152**	**54,830**	**73,324**	**84,696**	40,544	1,351	11,372	1,137
	% Monde entier	24,7%	26,0%	28,0%	28,9%	35,6%	35,6%	37,1%	37,1%
	% Monde sans la Chine	32,8%	35,2%	38,9%	40,7%	55,3%	55,3%	59,0%	59,0%

Source. FRA 2020 (FAO)

La superficie des plantations existantes en Chine représente déjà 29% de toutes les plantations mondiales soit plus de 40% du total planté par le reste du Monde, ce qui tout à fait exceptionnel.

Région autonome de Guangxy (District de Xiangzhou, Préfecture de Laibin). Photo M. Huang Yao-Gao, journaliste. Plantations clonales d'eucalyptus.

D'autre part, il semble très probable que la Chine puisse parvenir à atteindre son objectif de 26% de taux de boisement en 2035, grâce à de très fortes accélérations des campagnes annuelles de plantation comme ce fut souvent le cas depuis 2015. Un rythme moyen de 2 millions d'ha/an suffira. Un tel effort tient aussi à la diversification des programmes sous la ferme volonté du Gouvernement (Yuanzhao HOU, comm. pers.).

- Programme de conversion des terres agricoles en terres forestières,
- Programme de création de forêts brise-vent (tels que le long du bassin du fleuve Yangtsé),
- Programme de la création de forêts brise-vent "trois nords",
- Programme de création de bases de plantation "FGHY",
- Programme national de plantation obligatoire d'arbres (« *jusque fin 2007, le nombre cumulé de personnes ayant participé à la plantation obligatoire d'arbres approchait 11 milliards !* »).

Remarque. Un récent article diffusé sur internet fait état de ce gigantesque effort, avec l'annonce de 28 millions d'ha, en 10 ans, de conversion de champs en forêt plantée[*]

34 - Le bilan mondial

Il peut être examiné à partir des statistiques de la FAO et plus particulièrement des états de la ressource forestière mondiale réalisés tous les 10 ans par cet organisme.

Evolution des reboisements dans le monde depuis 1990 (FAO 2020)

REBOISEMENTS MONDE (FAO)		1990	2000	2010	2020	ha/30 ans	ha/an	ha/10 ans	ha/an
AFRIQUE	Est et Sud	6,161	6,214	6,758	7,139	0,978	0,033	0,381	0,038
	Nord	1,383	1,471	1,849	1,983	0,600	0,020	0,134	0,013
	Ouest et Centr	9,560	1,230	2,017	2,269	-7,291	-0,243	0,252	0,025
	TOTAL	**17,104**	**8,915**	**10,624**	**11,391**	**-5,713**	**-0,190**	**0,767**	**0,077**
ASIE	Est et Sud	57,483	68,296	86,882	98,139	40,656	1,355	11,257	1,126
	Nord	12,949	21,503	27,781	31,469	18,520	0,617	3,688	0,369
	Ouest et Centr	3,757	4,206	4,976	5,621	1,864	0,062	0,645	0,065
	TOTAL	**74,189**	**94,005**	**119,639**	**135,229**	**61,040**	**2,035**	**15,590**	**1,559**
EUROPE	Sans la Russie	41,743	46,572	52,080	55,004	13,261	0,442	2,924	0,292
	Russie	12,651	15,360	19,613	18,880	6,229	0,208	-0,733	-0,073
	TOTAL	**54,394**	**61,932**	**71,693**	**73,884**	**19,490**	**0,650**	**2,191**	**0,219**
AMERIQUE DU NORD et CENTRALE	Caraïbe	0,479	0,501	0,731	0,851	0,372	0,012	0,120	0,012
	Centrale	0,074	0,133	0,267	0,391	0,317	0,011	0,124	0,012
	Am. du Nord	22,596	31,986	39,646	45,785	23,189	0,773	6,139	0,614
	TOTAL	**23,149**	**32,620**	**40,644**	**47,027**	**23,878**	**0,796**	**6,383**	**0,638**
AMERIQUE DU SUD	TOTAL	**7,046**	**9,406**	**14,866**	**20,245**	**13,199**	**0,440**	**5,379**	0,538
OCEANIE	TOTAL	**2,784**	**3,775**	**4,491**	**4,812**	**2,028**	**0,068**	**0,321**	**0,032**
TOTAL MONDE ENTIER		**178,666**	**210,653**	**261,957**	**292,588**	**113,922**	**3,797**	**30,631**	3,063

[*] La Chine a reconverti 28 millions ha de champs en forêts en 10 ans – MAGAZINE ET PORTAIL FRANCOPHONE DES BIOÉNERGIES (bioenergie-promotion.fr)

Le tableau précédent, réalisé à partir des données de "FRA 2020" nous permet de tirer les conclusions suivantes :

- La surface totale des plantations forestières mondiales approche de 300 millions d'ha mais selon la FAO, seulement 131 millions d'ha (soit 45% de la surface totale des forêts plantées) sont des plantations forestières "intensives" assez proches de ce que nous appelons "ligniculture".
- Le reste (163 millions d'hectares, soit 55%) est classé comme autres forêts plantées car assimilé aux forêts naturelles. La part la plus élevée des plantations intensives se trouve en Amérique du Sud, où cette sous-catégorie représente environ 99% de la superficie totale des forêts plantées.
- Les plantations intensives représentent également 91% du total de la superficie forestière plantée en Océanie, environ les deux tiers (67%) en Afrique et plus de la moitié (59%) en Asie (tableau 22, figure 11).
- Les autres forêts plantées (assimilées aux Forêts naturelles) prédominent en Europe, (représentant 94% du total des forêts plantées), mais aussi en Amérique du Nord et Centrale (avec 68% du total planté).

***

4 - REBOISEMENT OU PLANTATIONS ?

41 - Définir le Reboisement

Alors que le mot "Reboisement" évoque le retour au bois, c'est à dire à un stade forestier antérieur, le mot "Plantation" a une connotation nettement plus artificielle, pouvant aussi concerner l'arboriculture et l'ornementation. On doit alors préciser "forestières" pour les plantations pour le bois. D'autre part, les plantations les plus intensives, d'arbres forestiers, peuvent ressembler à des plantations arboricoles. Dans ce cas on parlera plutôt de plantations que de reboisements ces derniers correspondant plutôt à la création de peuplements pouvant s'intégrer aux forêts naturelles ou pseudo-naturelles.

Notion de climax. L'équilibre naturel de la végétation sur terre (ou climax) conduit à des formations boisées plus ou moins denses, sauf en cas de trop grande aridité (zones steppiques et désertiques) ou de températures trop basse (limite altitudinale, allant de quelques centaines de mètres dans l'Arctique à près de 5.000 m sous l'équateur). Le climax est très résilient quel que soit le niveau de dégradation de la végétation, l'abandon par l'homme d'une zone défrichée, conduit inexorablement, à plus ou moins long terme, au retour à l'équilibre d'origine, par le processus naturel de "regradation végétale".

Dans ce cas, si la forêt se reconstitue toute seule par enfrichement naturel, alors, pourquoi planter ? La plantation d'arbres est en effet une opération coûteuse, aléatoire et peu rentable ; elle permet cependant d'accélérer très significativement la "regradation forestière" et surtout d'orienter sa production. C'est l'objectif recherché des "Plantations forestières", par ailleurs souvent dénommées "Reboisement" même si l'état forestier antérieur est mal connu car très ancien. Par ailleurs, lorsqu'elles sont réalisées dans des zones non arborées (savanes) le vocable "Afforestation" est parfois employé, soulignant l'apport forestier dans des zones naturellement sans arbres.

Origine et évolution du Reboisement. Le Reboisement, est un phénomène récent. Il fut au départ l'œuvre des Etats, en vue de reconstituer le capital bois d'œuvre après exploitation (zones tempérées et dans une moindre mesure, tropicales), de l'agrandir ou de le diversifier, afin de pouvoir faire face à la demande industrielle tout en réduisant les importations (plantations résineuses dans les régions de forêt feuillues).

Par la suite (à partir de 1990), avec l'évolution du niveau de vie et la mondialisation croissante, la plupart des Etats, dont les priorités ont changé, a pratiquement abandonné le Reboisement. Alors que dans les forêts publiques on s'est mis à favoriser la "regradation forestière" plus ou moins assistée, dans les zones subtropicales très favorables, les grandes sociétés forestières (surtout pâte à papier et panneaux) se lancèrent avec grand succès dans les plantations forestières.

Les plantations forestières, plus ou moins intensives, peuvent être réalisées avec des espèces autochtones ou exotiques mais toujours avec un objectif économique et à plus ou moins court terme.

Dans les zones favorables (régions subtropicales), la réussite des plantations très intensives à très court terme, a abouti à la production économique, intégrée, de bois d'industrie à la porte des usines, répondant très favorablement à la demande croissante en bois à laquelle les forêts naturelles ne pouvaient répondre et a conduit aux "nouveaux potentiels forestiers".

Par la suite, depuis le début du XXIe siècle, un nouveau facteur est entré en œuvre. le développement ultrarapide de la Chine. Cette nouvelle puissance s'est en effet dotée d'un gigantesque programme de reboisement, en même temps qu'un vaste projet d'investissement dans sa filière bois. L'effet est double. D'une part l'augmentation considérable de sa consommation de bois a un effet dopant pour les marchés du bois. Le Brésil mais aussi les autres grands pays producteurs (USA, Canada, Chili, Nouvelle Zélande, etc.), fournissent à la Chine des quantités considérables de pâtes et de panneaux. Parallèlement, grâce au développement de ses industries du bois, la Chine arrive déjà au 1er rang des producteurs de papiers et cartons. Enfin, sa nouvelle politique forestière, très favorable aux plantations (1,5 million d'ha/an) et ouvrant une large place à la ligniculture, en particulier dans le sud tropical avec les eucalyptus, conduit à une production croissante de bois d'industrie et donc de panneaux et de pâte à papier.

En résumé, le modèle des plantations industrielles concentrées autour d'une grande unité de transformation a fait ses preuves. Il est aujourd'hui le modèle de développement des très grandes industries de la filière bois et tend à se répandre dans le monde, à proximité des ports pour l'exportation de la production, ou plus loin des côtes pour la consommation intérieure.

42 - Grande variété des Reboisements

Le Reboisement est donc "l'action qui permet de retourner à l'état boisé", mais cette simple définition recouvre donc des orientations aussi nombreuses que diverses, allant de la simple "regradation" naturelle de la végétation à des interventions de plus en plus complexes, pouvant aller jusqu'à une sorte d'agriculture pour la production de bois (la ligniculture).

Les objectifs forestiers peuvent donc être variés, depuis le simple aspect écologique (laisser se recréer plus ou moins naturellement le couvert forestier) jusqu'à l'optimisation économique de la production de bois amélioré.

On peut lister ces divers objectifs comme suit.

- la conservation,
- la restauration,
- la production extensive de bois
- la production de bois feuillus,
- la production de bois résineux,
- la production de bois d'œuvre,
- la production de bois d'industrie,
- la production de bois de feu,
- l'optimisation économique,
- la lutte contre l'érosion,
- la protection des sols,
- la récréation,
- le paysage,
- l'optimisation faunistique,
- l'optimisation cynégétique,
- un compromis de toutes ces orientations, appelé objectif "muti-usages".

Le reboisement, qu'il s'agisse d'un nouveau massif à créer, ou d'une ou plusieurs parcelles d'une forêt aménagée, doit s'intégrer dans un aménagement forestier (notion très ancienne puisque lancée en France pour la première fois par Philippe de Valois en 1346[17]), appelé aujourd'hui aménagement durable, orientant la gestion forestière vers un ou plusieurs de ces objectifs à la fois.

En matière de Reboisement, l'état initial du terrain est donc plus ou moins nu (champs, friches, prairie, savane, etc.), que le défrichement soit ancien ou récent, d'origine naturelle (volcanisme, ouragans, incendies, etc.) ou humaine (exécuté par l'agriculteur, l'éleveur, l'arboriculteur ou parfois le forestier).

Plus rarement, il peut s'agir d'espaces naturellement sans arbres que l'on souhaite voir boisés pour des raisons variées (paysage, protection, ou production). On parlera alors d'afforestation, laquelle, en l'absence d'espèces autochtones capables de s'adapter aux conditions locales, nécessite le recours à certaines essences exotiques adaptées, si l'on en trouve.

Les interventions humaines correspondant à ce que l'on nomme reboisement, varieront donc suivant l'objectif recherché et avec ce dernier :

- les variétés choisies (en fonction des conditions écologiques des sites correspondants),
- la durée de rotation,
- le degré d'artificialisation requis.

42.1 - Regradation naturelle de la végétation

Sous pluviométrie suffisante, le climax, qui est l'état d'équilibre final de la végétation à un site donné, est très généralement forestier. Hors intervention humaine, les zones non forestières de notre planète tiennent à des conditions inhospitalières pour la végétation arborée.

- Zones froides (haute altitude et latitude élevées),
- Zones désertiques (correspondant aux 2 ceintures tropicales),
- Zones de savanes ou de steppes (savanes herbeuses et arborées) insuffisamment arrosées pour permettre un couvert forestier*,
- Zones à climat favorable mais dont le sol, trop superficiel ou trop pauvre, ne permet pas l'installation des arbres.

Après destruction du manteau forestier (de façon anthropique ou non), et sans intervention humaine, une lente "regradation" naturelle de la végétation a toujours lieu, laquelle demande plusieurs siècles pour revenir au climax. Les trois grandes étapes sont toujours les mêmes :

- **Colonisation par des plantes pionnières,** très rustiques et avides d'espace, à croissance rapide mais peu longévives,
- **Installation de la forêt secondaire,** constituées d'essences moins exigeantes en lumière et moyennement longévives,
- **Remplacement progressive par la forêt primaire,** constituée d'essences d'ombres, à croissance lente mais très longévives, s'abritant dans la forêt secondaire, pour finalement la remplacer.

---

* En fait, l'absence d'arbres dans ces savanes n'a pas toujours pour origine l'aridité du climat ; la fréquence des feux de brousse (le plus souvent d'origine humaine) et/ou l'abondance des herbivores (domestiques ou sauvages) entretiennent constamment la strate herbacée en détruisant tous semis d'arbustes ou d'arbres.

Ce processus constitue donc un "reboisement naturel" mais celui-ci demande beaucoup trop de temps pour pouvoir être significativement économique. A court et moyen terme, l'enfrichement des terres agricoles conduit à des peuplements sans valeur économique et le retour à des activités agronomiques rentables (agricoles, arboricoles ou lignicoles) exigerait alors des travaux lourds de défrichement. Pour les plantations forestières, un tel surcoût ne permettrait pas toutefois d'éliminer la difficulté supplémentaire que constitue l'ensouchement (le dessouchage est à la fois très coûteux et très préjudiciable au sol).

42.2 - Réparation des "trous de régénérations"

Dès que l'homme intervient, on parle alors de "régénération naturelle, plus ou moins assistée". En forêt "naturelle" productive aménagée, la régénération naturelle provoquée par l'homme (coupe d'ensemencement) conduit souvent à des "vides", sans semis de l'essence objectif. Différentes options se présentent alors au sylviculteur.

- **Laisser les vides se remplir avec un mélange d'essences** au risque de voir s'installer des espèces sans grande valeur commerciales mais qui pourront apporter une plus grande biodiversité si l'on juge minime la perte de production. Cette pratique est la plus courante aujourd'hui à cause du coût très élevé de ces regarnis, par ailleurs très sensibles aux dégâts de gibier.
- **Combler les vides en y installant des plants de la même espèce** à une densité suffisante pour obtenir un peuplement plein et de qualité homogène. On veillera alors à utiliser des semences récoltées localement pour ne pas altérer la qualité génétique du peuplement.
- **Combler les vides avec une autre espèce de qualité** (capable de rattraper le retard de croissance avec les semis déjà installés dans le restant de la parcelle) conduisant à un mélange par bouquets, pouvant être à la fois productif et esthétique (mélange feuillus conifères en particulier). Cette technique a notamment été utilisée avant 1914 sur les plateaux calcaires de Lorraine par les Allemands. L'espèce utilisée pour boucher les trous de régénération des hêtraies était le Mélèze d'Europe. Il faut dire que le gibier était beaucoup plus rare qu'aujourd'hui et que les Allemands disposaient, pour cette espèce, des excellentes provenances de basse altitude (Pologne, Sudètes, Tatras, etc.).

42.3 - Les "transformations" en Forêt aménagée

Lorsque la parcelle arrive en fin de révolution et que l'espèce n'est pas assez productive ou que le bois est de trop mauvaise qualité (hêtraies sur terrain acide, chênaies de versant sud sur terrain calcaire, pins de mauvaise forme, etc.), l'aménagiste peut décider de changer d'espèce (transformation) sur une partie de la forêt, créant ainsi une nouvelle série de production du nom de la nouvelle essence objectif, dont le choix, ainsi que celui de la provenance (ou de la variété), ne peut être fait à la légère. Le plan de transformation, inscrit à l'aménagement, prévoit alors d'exploiter les parcelles dans un ordre rationnel. Les exploitations sont suivies de préparation des sols et de replantation avec des plants de la nouvelle espèce. Il s'agit alors d'un véritable reboisement.

Aujourd'hui, en Europe, ce type d'opérations est devenu très rare à cause des mouvements écologistes qui s'opposent depuis longtemps aux défrichements, aux coupes rases sur de grandes surfaces et aux plantations forestières à allure homogène (en particulier les conifères et les eucalyptus), contrastant avec les forêts naturelles plus diversifiées. En plus de ne pas reconnaître aux plantations leur intérêt économique, ces mêmes actions médiatiques ont conditionné peu à peu le public, jusqu'à le pousser à s'opposer à tout abattage d'arbres, aussi bien en zone urbaine que rurale.

42.4 - Plantations semi-intensives en zone de collines

En zone collinaire et de moyenne montagne, les anciens pâturages abandonnés se prêtent bien aux plantations forestières, surtout en zones siliceuses, très favorables aux conifères, voire aux eucalyptus dans les régions à climat doux et suffisamment arrosées (Pays Basque, Nord-Ouest Espagnol et Portugal pour ce qui est de l'Europe). Par contre, les pentes souvent fortes n'autorisent généralement pas la mécanisation des travaux ce qui limite les interventions aux seules opérations manuelles.

De plus, dans les pays développés ce type de plantation rencontre de nombreuses contraintes :

- Opposition des écologistes à des implantations à fort impact paysager,
- Coût de plus en plus élevé et rareté de la main d'œuvre en zone rurale,
- Danger et interdiction de débroussaillage par brûlage,
- Impossibilité de préparation des terrains au bulldozer au-dessus de 25% de pente,
- Limitation, voire interdiction d'emploi des phytocides (débroussaillants en particulier),
- Risque élevés de dégâts de gibier et protection très coûteuse des plants,
- Au final, rentabilité réduite à cause des coûts élevés et d'une maîtrise imparfaite.

Les réalisations se limitent donc aux essences à croissance très rapide, ne nécessitant qu'un nombre très réduit de passages en entretien (eucalyptus, peupliers, pins, mélèzes hybrides, épicéa, douglas, en zone tempérée ; eucalyptus, pins, acacias, gmélina et teck en zone tropicale.). L'essence doit être parfaitement adaptée au site et les plants doivent très vite surpasser le recru naturel. Le seul facteur sur lequel on peut jouer est donc la qualité génétique des plants qui doit être aussi bonne que possible. Il est certain qu'en l'absence de variétés améliorées ou d'excellentes provenances, il est économiquement risqué de se lancer dans de telles opérations avec un objectif de production.

Enfin l'aspect paysager d'une campagne arborée, en particulier en zone collinaire, est important. Généralement reconnu, accepté et encouragé, le traitement du paysage impose cependant une planification des plantations pour en minimiser les effets de masse et en optimiser les panoramas. Un paysage apprécié sera la meilleure publicité pour la promotion d'un système.

42.5 - Ligniculture

La ligniculture, ou culture du bois, correspond aux plantations très intensives, d'essences à croissance rapide, sur terrain plat ou à faible pente, permettant la mécanisation des diverses opérations. On peut alors réduire le besoin en main d'œuvre et remplacer les traitements herbicides par le travail mécanique. Malgré la sophistication croissante des travaux, le prix de revient du reboisement tend alors à diminuer pour une récolte maximale, de plus en plus précoce, et un bois plus homogène mais de qualité globalement moindre (croissante cependant, grâce à l'amélioration génétique) dénommés par certains des "fastwoods"[18].

Il est alors possible de retrouver des taux de rentabilité plus élevés, attirant les investisseurs privés et en premier lieux les grands industriels de la pâte à papier et des panneaux, cherchant à s'intégrer (au moins en partie) en amont de leur production, à partir de plantations proches de leurs usines.

D'un point de vue écologique, les plantations "lignicoles" se distinguent des forêts plus ou moins naturelles (forêt strictement d'origine naturelles ou anciennes plantations redevenues naturelles).

La ligniculture dont il est question est un système intermédiaire entre l'agriculture et la sylviculture, Certains parlent de champs d'arbres d'autres la considèrent comme des forêts plantées. Dans ce domaine écologique très sensible, tout amalgame conduit à des polémiques stériles c'est pourquoi, le terme de ligniculture nous semble tout à fait approprié.

Ligniculture au Congo (UAIC -1990). *Jeune plantation monoclonale d'Eucalyptus hybride "PF1" à 1 an.*

Soyons clairs : il s'agit de produire le supplément de bois dont nous avons besoin, et que les forêts naturelles ne peuvent pas produire, dans des parcelles de type agricole, en dehors des massifs forestiers, en partenariat avec les paysans et les industriels. Les techniques sont héritées de la sylviculture et de la recherche forestière, tout particulièrement dans les domaines de la physiologie des arbres et de l'amélioration génétique mais aussi dans des domaines plus appliqués comme ceux de la technologie des pépinières et de la mécanisation des travaux tant pour la plantation que pour l'exploitation.

En matière de ligniculture, l'amélioration génétique des plants est une absolue nécessité, qu'il s'agisse de clones ou de familles contrôlées. A une forte vigueur et une très bonne forme, s'ajouteront graduellement, une meilleure qualité du bois et la résistance à certains parasites (champignons en particulier).

De plus, la recherche d'une plus grande plasticité et donc de certains gènes de résistance (froid, sécheresse, parasites, etc.) conduira souvent à la sélection de clones hybrides (interspécifiques) alliant les caractéristiques d'espèces différentes et cela d'autant que les sites seront plus marginaux par rapport aux exigences des espèces pures.

Pour les industriels ligniculteurs ce sera alors l'occasion d'investir dans la Recherche-Développement (R&D), à commencer par l'amélioration génétique et la production des plants. Il est à noter que certaines très bonnes espèces de bois d'œuvre se prêtent déjà parfaitement à la ligniculture. Il y a bien sûr les peupliers mais on doit maintenant ajouter certaines essences tropicales très réputées comme le Teck (*Tectona grandis*) que l'on peut produire en 20 ans et certains acajous (*Khaya ivorensis* et *K. anthoteca* ainsi que *Toona ciliata* au Brésil ; *Khaya senegalensis* en Australie). Le "Mogno" (*Khaya sp.)* est d'ores et déjà considéré par certains planteurs brésiliens comme l'espèce forestière la plus rentable.

On ne peut cependant pas tout demander à la ligniculture. Il est certain que la biodiversité sera très inférieure à celle des forêts naturelles, quoique supérieure à celles des parcelles agricoles, cultivées chaque année. Par contre, couvertes d'arbres à la rotation de 6 à 30 ans et reconstituées très rapidement après exploitation, les parcelles lignicoles assureront le couvert et joueront donc leur rôle de protection contre l'érosion et la dégradation des sols, ainsi que le souligne François Le Tacon dans son récent ouvrage sur "La Déforestation"[19]. Elles abriteront même une certaine faune et l'on verra y apparaître des espèces qui s'étaient raréfiées. Il s'agit bien d'un système intermédiaire qu'il faut reconnaître comme tel :

- **Pour l'agriculteur** c'est un nouveau type de production à long terme, complémentaire aux productions annelles.
- **Pour l'industriel** c'est la meilleure façon d'approvisionner au moins partiellement son usine au meilleur prix à partir d'une source très proche donc à faible coût de transport.
- **Pour le Forestier** c'est un relais de production permettant de réduire la pression de la demande en bois sur les forêts naturelles, et facilitant donc le développement des autres usages forestiers (conservation, protection, récréation et multi-usages).

Tel est l'enjeu de la ligniculture[20].

42.6 - Afforestation

L'afforestation, en opposition à la "reforestation", correspond au développement de plantations forestières dans des sites naturellement sans arbres (savanes herbeuses ou peu arborées) ou déboisés depuis très longtemps, qu'il s'agisse de savanes humides d'origine anthropiques (entretenues par les feux de brousse), ou de zone agricoles suite à d'anciens défrichement et aujourd'hui abandonnées par l'agriculture.

1 - Afforestation en régions chaudes, des savanes herbeuses ou arbustives

Savanes humides. C'est le cas de bon nombre de savanes africaines comme les Plateaux Batéké en Afrique centrale qui s'étendent sur plusieurs millions d'ha du Gabon à l'Angola, en passant par les deux Congo, ou encore les savanes du Transvaal (province actuelle du Mpumalanga) en Afrique du

Sud ou 400.000 ha de *Pinus patula* ont apporté un réel développement à cette région. Peu aptes à l'agriculture à cause de leurs sols souvent pauvres, et très secs pendant une grande partie de l'année (saison sèche) ils présentent cependant une excellente vocation forestière pour les espèces à croissance rapide (pins, eucalyptus et acacias).

Savanes sèches. Dans les zones sèches africaines (bande sahélo soudanienne), il existe de vastes étendues de savanes plus ou moins arborées qui pourraient faire l'objet de plantations forestières énergétiques, en particulier sur d'immenses zones périurbaines, complètement déboisées et souvent en proie à l'érosion. Cependant, une productivité élevée exige des variétés très améliorées, suffisamment résistantes à la saison sèche, et qui manquent dans ces régions. Les eucalyptus et les acacias ainsi que leurs hybrides peuvent y répondre à partir de l'isohyète 650 mm, à condition toutefois d'investir sérieusement dans la Recherche-développement. Le Neem (*Azadirachta indica*) peut s'adapter, bien au-delà, jusqu'à l'isohyète 300 mm, mais il présente un sérieux déficit en matière d'amélioration génétique et de clonage.

2 - Afforestation d'autres zones non arborées

Dans les landes, sèches ou humides, les zones steppiques, voire même désertiques l'afforestation est souvent possible, à partir d'au moins 300 mm de pluie par an. Par ailleurs, on peut chercher à installer des arbres au-delà de la limite supérieure de la forêt pour des raisons de protection, en particulier pour réduire les risques d'avalanches. Enfin les zones abandonnées par l'agriculture peuvent présenter un excellent potentiel forestier mais ce ne sont pas de réelles zones d'afforestation car il s'agit très généralement d'anciens défrichements.

S'il est assez rare de réussir de tels boisements avec des essences autochtones, il est plus probable d'y parvenir à partir d'essences exotiques, adaptées à des conditions aussi difficiles dans d'autres régions du monde. Dans tous les cas on n'échappera pas à certains grands travaux préalables, comme le drainage ou le sous-solage, et l'amélioration génétique, restera indispensable pour optimiser de nombreux caractères (vigueur, forme, résistances, etc.).

Zones arides. Il faut citer le cas particulier des "grandes barrières vertes", destinées à stopper l'avancée des déserts. On peut citer les Projets, algérien (nord Sahara), sénégalais (zone sahélienne) et chinois (déserts de Gobi et de Taklamakan). Il s'agit plus souvent d'actes de propagande politique que d'opérations réellement techniques. Elles sont généralement vouées à l'échec pour de nombreuses raisons. En premier lieu, le reboisement massif rencontre des sites très divers, demandant chacun une variété très adaptée. De plus, l'absence de R&D préalable, notamment en matière d'amélioration génétique (choix des espèces et des provenances), conduit souvent à des mortalités importantes à la plantation et/ou des échecs cuisants au bout de quelques années. Enfin, s'agissant d'adaptation à un environnement local très difficile, les essences autochtones (à croissance souvent très lente) constituent souvent le meilleur choix mais la mise en défens (contre le bétail) sur de longues périodes, peut (lorsqu'elle est possible) se révéler plus efficace que le reboisement. Par contre, la croissance lente ne conduit pas à des résultats spectaculaires et ne convainc guère les populations locales.

La réussite de telles plantations dépendra toujours des conditions pluviométriques locales, de la qualité des sols et de l'avancée des recherches. De tels reboisements massifs ne peuvent être que le résultat d'une longue expérience, tant au niveau du choix des espèces et des provenances les plus adaptées, des techniques d'installation et de protection des plantations, qu'à celui de la stratégie des mélanges des variétés les plus résistantes. Il semble bien que des réussites significatives existent dans les déserts chinois.

Landes. Un remarquable exemple de reboisement réussi dans une zone de landes est constitué par le massif de pin maritime des Landes de Gascogne, en France (illustrations ci-après).

Photo Pexels.
A gauche : Dune du Pyla. Effet sur la forêt de pins.
A droite : Carte du massif de Gascogne

Source : internet : "La Forêt de Pins maritimes aujourd'hui" https.//www.wikiwand.com/fr/For%C3%AAt_des_Landes

A la fin du 18ème siècle, il y avait à peine 250.000 hectares plus ou moins boisés dans la région. Beaucoup de terrains étaient très humides et, en approchant de la côte, l'arrière-pays était envahi par le sable (comme le montre encore aujourd'hui la dune du Pilat).

Tout commença par une phase de fixation des dunes côtières, sous l'impulsion de Nicolas-Thomas BREMONTIER, imitant les travaux des Frères DESBIEY. Par la suite, CHAMBRELENT, montra l'efficacité du drainage sur la réussite des semis de pin. A partir de 1855, d'immenses travaux de drainage furent entrepris sous l'impulsion de l'Empereur Napoléon III qui s'investit lui-même dans son domaine de Solférino (7.400 hectares). Une loi datant de 1857 obligea les communes à assainir et ensemencer leurs landes. Les communes furent plus réticentes que les propriétaires fonciers, qui, profitant du réseau de collecteurs, poursuivirent de leur côté des travaux analogues. Au 20ème siècle, la culture des pins bénéficia des nombreux résultats de la Recherche, tant en amélioration génétique qu'en travaux sylvicoles (travail du sol, traitements herbicides et fertilisation). Aujourd'hui, la Forêt productive de pin maritime couvre 1.000.000 ha auxquels s'ajoutent 100.000 ha de forêt domaniale dunaire à objectif principal de protection.

Zones abandonnées par l'agriculture. C'est le cas des plantations industrielles brésiliennes qui se sont magnifiquement développées sur les anciens champs de canne à sucre. La technique du clonage, copiée du CTFT Congo en 1973 par la société Aracruz florestal, a conduit à un développement très rapide de la ligniculture au profit des industries de la pâte mais aussi des agriculteurs les plus proches. L'engouement pour cette culture de bois a d'ailleurs obligé certains Etats à en limiter l'extension dans chaque exploitation à 25% de la SAU. Il est certain que l'abandon des terres par l'agriculture est un moment privilégié pour passer à la ligniculture. En effet les terrains sont libres et propres pour recevoir les plants forestiers et l'investissement est minimal. De plus l'agriculteur lui-même est le premier intéressé par une telle diversification, souvent aidée par l'Etat et, au final, plus rémunératrice. Plus tard, avec un enfrichement plus ou moins avancé, les problèmes croissants peuvent conduire à l'impossibilité du reboisement (défrichement trop coûteux, dégâts de gibier, blocage par les écologistes, désintérêt du propriétaire, absence d'aide gouvernementales, etc.).

42.7 - Plantations linéaires

Les plantations linéaires correspondent aux plantations le long des routes, des canaux ou des rivières. Les objectifs peuvent être d'ordre paysager, microclimatique (ombrage) et/ou antiérosif (protection des berges).

Plantations linéaires de peupliers le long du canal de l'Espierres (Belgique). Par Floche 2001. Travail personnel, CCBY-SA 3.0 - https://commons.wikimedia.org/w/index.ph?curid=25680918

Notons que les zones ripicoles (le long des cours d'eau) sont généralement occupées par des bandes forestières naturelles, appelés "galeries forestières" en zone tropicales. Lorsqu'ils existent, ces cordons forestiers sont évidemment à protéger à des fins écologiques (protection contre l'érosion, respect du milieu aquatique et conservation de la biodiversité).

1 - Plantations le long des voies fluviales

Ce type de plantations ne s'entend qu'en cas d'absence de végétation arborée le long des rives. C'est le plus souvent le cas des canaux, souvent bordés de peupliers (en Europe) dont la production est très significative. Il faut dire que l'on dispose pour ces espèces d'excellents clones et qu'une telle situation leur convient bien (photo précédente).

2 - Plantations le long des axes routiers

Bien que généralement éloignées des nappes phréatiques et à condition d'une largeur suffisante (arbres à 4 m des chaussées), les bordures de routes peuvent constituer des sites intéressants pour produire du bois. La croissance y est souvent bonne du fait de la présence de fossés recueillant l'eau de ruissellement et d'une concurrence réduite. Il faut toutefois disposer de bonnes variétés, bien adaptées aux divers sites rencontrés. Les bons clones éventuels seront donc toujours les bienvenus et l'exploitation pourra être l'occasion de changer de variété avec replantation entre les souches. Cependant, l'objectif de ces plantations est surtout paysager.

Bel alignement, apparemment non clonal, de platanes (quoiqu'un peu trop près de la chaussée). Photo : shutterstock_707936701

De plus, la tendance actuelle est cependant au non remplacement après exploitation de ces "plantations routières" pour des raisons de sécurité. En effet, depuis plusieurs décennies, la politique officielle française en la matière est d'établir une zone de sécurité dépourvue de tout obstacle en bord de chaussée. Ailleurs dans le monde, les arbres plantés le long des routes sont souvent considérés comme faisant partie du programme forestier national. Ces arbres peuvent produire des fruits comestibles, des gousses pour l'alimentation animale, des aliments et un abri pour les oiseaux ou, lorsqu'ils sont en fleur, favoriser l'apiculture, etc.

42.8 - Sylvopastoralisme et agroforesterie

Objectifs

Les zones pastorales peuvent être complantées d'arbres forestiers avec divers objectifs (amélioration des pâtures par effet brise vent, apport d'ombrage pour le bétail, meilleure économie par ajout d'une production ligneuse à la production animale). Dans la zone cultivée, l'équilibre est plus difficile. Une agroforesterie moderne est possible mais reste à définir pour chaque région et chaque culture.

Plusieurs conditions indispensables restent cependant à réunir :

1. Disposer d'excellentes variétés clonales, bien adaptées aux sites,
2. Trouver la juste densité de plantation pour ne pas nuire à la croissance de l'herbe,
3. Adopter de bons dispositifs de plantation,
4. Protéger les jeunes plants de la dent du bétail,
5. Assurer un élagage artificiel assurant la valorisation optimale des billes de pied,
6. Produire un bois de bonne qualité et disposer d'un marché local suffisant.

Remarques importantes :

Les variétés clonales sont indispensables car tous les arbres doivent présenter un fort potentiel de production. Les arbres de mauvaise qualité et les éclaircies non rentables n'ont guère de place dans les systèmes agricoles ; l'agriculteur n'en verrait pas l'intérêt. Bien plus, les éleveurs déçus ne reviendraient pas facilement au sylvopastoralisme et, au contraire, en resteraient longtemps des adversaires. L'amélioration génétique et le clonage sont donc encore des préalables indispensables.

A l'intérêt économique, s'ajoute un intérêt écologique. L'arbre adoucit le microclimat et permet de lutter efficacement contre l'érosion. Il évite l'impact de la pluie sur le sol, régularise l'écoulement des cours d'eau et réduit sensiblement l'entraînement des sédiments. En zone collinaire, il réduit les risques de glissement de terrain.

Enfin il faut souligner que **l'aspect paysager** d'une campagne arborée, en particulier en zone collinaire, est important. Un paysage reconnu, accepté et encouragé, impose une planification des plantations pour en optimiser les points de vue. Un paysage apprécié sera la meilleure publicité pour une bonne promotion du système forestier. Les pentes boisées sont les éléments les plus marquants du paysage car le regard s'y arrête immédiatement et les plantations n'y sont en général pas très appréciées et y trouveront rarement leur place, la pente devenant d'ailleurs très vite un obstacle à la mécanisation.

Quelques bons exemples de dispositifs sylvopastoraux modernes

Le sylvopastoralisme moderne est une technique qui mêle les plantations forestières au pâturage avec beaucoup d'avantages en saison sèche et peu d'inconvénients pour l'éleveur. L'ombrage apporté par les arbres constitue un refuge pour les animaux en leur évitant le stress de saison sèche et permet à l'herbe de conserver une bonne qualité. On améliore donc à la fois la qualité du fourrage, la santé du bétail, et la qualité de la viande. De plus l'exploitation graduelle des arbres (suivi de la repousse du taillis) fournit au propriétaire de façon continue une production très appréciable de bois, lequel peut alors profiter d'un revenu supplémentaire sans détérioration de ses pâturages. Certaines espèces d'arbres, comme les peupliers, peuvent d'ailleurs fournir un complément de fourrage à l'occasion des élagages réalisés en saison sèche (voir photo ci-après réalisée par André FRANCLET dans sa ferme des Bonneaux en Puisaye (Yonne).

Ferme des Bonneaux en Puisaye (Yonne, France). Photo André FRANCLET (1996). Moutons sous les peupliers, broutant le feuillage après élagage des arbres en plein été.

La difficulté sera de trouver des espèces d'arbres "fourragers", fournissant du bois de qualité et aptes au bouturage, permettant la sélection rapide de bons de clones. Cette technique est surtout adaptée aux pâturages extensifs des régions tropicales à saison sèche marquée, mais son succès ne peut être complet que s'il existe une forte demande locale en bois. C'est en particulier le cas au Brésil où l'on voit se développer le syvolpastoralisme. C'est beaucoup plus difficile dans les pampas argentines où la tradition d'élevage est très ancrée et la demande industrielle locale en bois, faible, parfois nulle.

Remarque : Les éleveurs, souvent réticents à se lancer dans un tel investissement, succombent plus facilement à l'attrait de crédits carbone liés aux plantations d'arbres. Cela a parfois conduit à un effet négatif sur l'élevage, comme ce fut le cas en Nouvelle Zélande où l'on a vu une diminution des effectifs de moutons face à un engouement trop grand pour les plantations de pins radiata dans les pâturages, y compris dans des zones peu propices à une production économique de bois.

Il existe dans le monde quelques très bons exemples de sylvopastoralisme moderne. Nous citerons cinq cas, illustrés par les images ci-après :

1 - Nouvelle Zélande, Australie et Chili

***Pinus radiata* pour le bois d'œuvre dans les pâturages à moutons et bovins**. Selon l' Association des fermes forestières (NZ FFA), les plantations à très faibles densités, suivant les courbes de niveau, (voir photos sur internet*), n'ont pas eu grand succès du fait de la mauvaise qualité des bois obtenus. Le modèle utilisé par les éleveurs est plutôt celui représenté sur la photo ci-après, avec des bandes boisées ou des parcelles plantées dans des zones moins favorables à l'élevage, pour un objectif mixte de production (bois et moutons) sur des parcelles distinctes.

NOUVELLE ZÉLANDE. «Bois et moutons à la ferme» dans le Sud de la Nouvelle Zélande. Photo courtoisie Association des fermes forestières de Nouvelle Zélande (NZFFA). https.//www.nzffa.org.nz/

* On pourra trouver de telles photos sur le site suivant : https ://www.gettyimages.fr/detail/photo-d%27actualit%C3%A9/view-shows-newly-planted-pine-trees-next-to-a-stand-photo-dactualit%C3%A9/103448264?adppopup=true

2 - Argentine (Misiones)

Bovins sous futaie de pins pour le bois d'œuvre

Montecarlo (Misiones Argentine - 2009). Establecimiento La Pera S.R.L. Elevage sous les pins. Le troupeau ne peut être introduit qu'au bout de 7 à 8 ans, après les premières éclaircies. Il faut des pins de très bonne qualité (ici des hybrides australiens *P. elliotti elliottii x P. caribaea hondurensis*).

3 - Brésil (Minas Gerais et Mato Grosso)

Lignes clonales d'*Eucalyptus* dans les pâturages *(E. grandis* et hybrides) :

Vazante (Minas Gerais - Brésil). Photo courtoisie Laércio COUTO. Sylvopastoralisme avec des lignes clonales d'eucalyptus dans les pâturages. Les formules actuelles se font en espaçant les interlignes mais en remplaçant les lignes uniques par des groupes de 2 à 3 lignes (dispositif mieux adapté pour une meilleure qualité de l'ombrage).

4 - Brésil (Sao Paulo)

Lignes clonales d'*Eucalyptus* dans les champs de soja (*E. grandis* et hybrides)

Plantation agroforestière, Etat de Sao Paulo (Brésil). Photo shutterstock_2160019931. Culture de soja entre des bandes de plantations clonales d'eucalyptus.

5 - Brésil (Minas Gerais)

Culture du caféier sous les cèdres australiens (*Toona ciliata*)

Campo Belo (Minas Gerais - Brésil). Photos courtoisie Ricardo VILELA, Directeur Général de Bela Vista Florestal. Parcelles clonales agroforestière de *Toona ciliata* complantée de caféiers. Objectif : supprimer les petits bois d'éclaircie tout en augmentant la rentabilité grâce à la production de café.

Pour conclure, il apparaît donc que le reboisement, ballotté entre pressions sociétales et environnementales, et devant toujours répondre à des besoins économiques et écologiques, peut prendre des formes très variées mais toujours durables. C'est pourquoi, même dans ses modalités les plus intensives, le forestier doit, obstinément, tenir le plus grand compte des conditions naturelles car aucune plantation forestière ne peut s'affranchir de sa dimension principale qui est l'adaptation au milieu dans toutes ses composantes.

Le reboisement classique, plus ou moins extensif, trouvera toujours sa place dans la gestion des espaces forestiers "naturels" mais les plantations industrielles très intensives (ligniculture), en association croissante avec les agriculteurs, seront les seules à pouvoir faire face à la demande croissante en bois.

***

5 - PRINCIPES DE BASE DES PLANTATIONS FORESTIÈRES

Il apparait clairement que l'on ne peut traiter des questions de gestion forestière sans y intégrer une certaine réflexion génétique[21]. Il s'agit d'une prise de conscience indispensable qui doit se traduire par une grande attention à apporter à la qualité des matériels forestiers de reproduction existants ou utilisés au cours de l'évolution des peuplements.

Les documents d'aménagement forestier doivent être les plus complets possible et stipuler les origines précises des matériels utilisés, tout particulièrement lorsque des semis ou des plantations sont réalisés avec du matériel exogène. Cette donnée (parfois manquante) est indispensable à l'analyse de la croissance des peuplements, de leur résistance aux attaques parasitaires, et de leur sensibilité aux éléments climatiques (froid, sécheresse, vents, etc.).

En effet lorsque l'on ignore l'origine des matériels génétiques, certains dépérissements peuvent être attribués à des facteurs considérés comme principaux (attaques parasitaires, sécheresse, changements climatiques, etc.) alors que le manque de résistance peut tout simplement avoir comme origine première une moins bonne adaptation de matériels génétiques exogènes, trop éloignés des écotypes locaux pour être gérés à long terme comme des forêts naturelles.

D'autre part, en matière de reboisement, on doit ajouter à la réflexion génétique, une réflexion culturale, déterminant le niveau d'assistance à apporter aux plants mis en place, en fonction de leur valeur unitaire et de leur rusticité. De plus, la prudence doit conduire le gestionnaire à réduire les rotations, non seulement dans un souci d'augmenter la rentabilité mais avant tout pour minimiser les risques face aux diverses adversités potentielles. Les rotations longues ne pourront être envisagées qu'avec les écotypes locaux ou les variétés qui ont fait localement leur preuve sur le long terme, ce qui est plutôt rare, même dans des pays de longue tradition forestière comme la France.

En fin de compte, la réussite des plantations forestières étant liée à de nombreux paramètres (objectifs recherchés, surfaces concernées, longueur des rotations, complexité des sites, multiplicité des solutions etc.), les décisions doivent respecter de nombreuses règles et la réflexion devra tenir le plus grand compte des 10 points suivants :

51 - La règle agronomique de base

Le progrès en agronomie s'appuie sur 2 grandes composantes :

- **l'amélioration culturale**
- **l'amélioration génétique**.

Aussi indispensables l'une que l'autre, elles restent cependant liées comme le montre le schéma ci-contre appliqué à la foresterie.

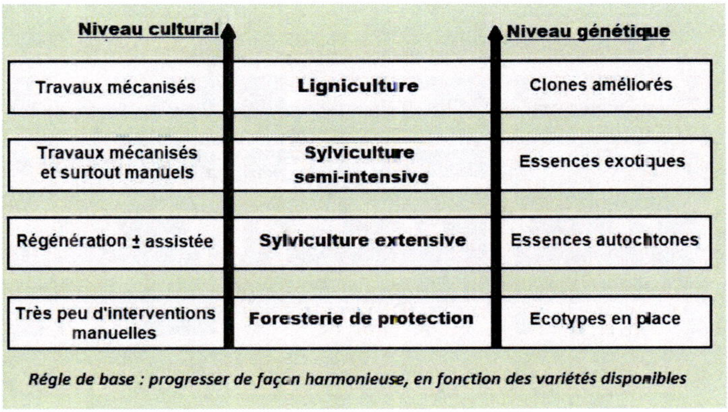

Une progression harmonieuse veut qu'elle se fasse à la même vitesse sur chacun de ces deux axes. Autrement dit le progrès cultural doit accompagner le progrès génétique et inversement. Planter des clones performants en milieu sauvage est très risqué car la probabilité de perdre ce matériel coûteux est très grande ou tout au moins de ne pas pouvoir en bénéficier. De même, réaliser des plantations très sophistiquées en utilisant du matériel sauvage n'aurait aucun sens puisqu'il entraînerait la perte d'une grande partie de l'investissement. Dans chacun des systèmes on a un objectif forestier, un niveau d'amélioration du matériel génétique et un niveau cultural bien défini.

52 - Le dilemme du généticien

L'outil principal du généticien est la sélection. Cependant, si son application offre un gain génétique, elle réduit drastiquement la variabilité de la population concernée. Comme le montre le graphique ci-après, tout gain génétique entraîne une perte de variabilité, ce qui peut avoir de graves conséquences sur la stabilité de la nouvelle population.

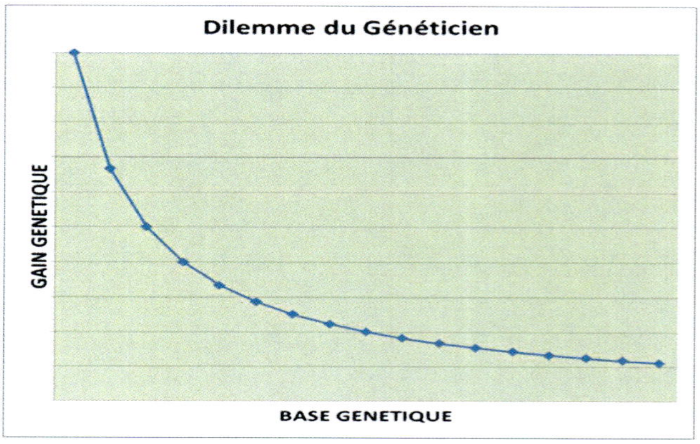

L'effet du reboisement étant limité dans l'espace (surfaces limitées) et le temps (rotations courtes), on peut supprimer sans grand risque une partie de la charge génétique des populations naturelles. Cependant, la réduction de la population au seul clone du meilleur arbre ne pourrait s'imaginer qu'en contrôlant totalement le milieu et en particulier les adversités, ce qui est une illusion. L'amélioration génétique sera donc le plus souvent le résultat d'un compromis.

Des mesures peuvent cependant compenser en partie cette perte de variabilité. En ligniculture, l'usage d'un nombre réduit de clones performants sera compensé par un haut degré d'artificialisation culturale et la nature hybride (souvent interspécifique) des clones concentrant des gènes d'adaptation de plusieurs provenances et/ou espèces.

Enfin, en recherchant des rotations très courtes, on réduira d'autant les risques environnementaux avec en plus la possibilité éventuelle de bénéficier du progrès génétique en fin de rotation (occasion de changer de clone ou de famille).

53 - Le Handicap de l'investissement forestier

L'économie forestière est liée à la vitesse de croissance des arbres. La production de bois se fait lentement et l'investisseur ne peut espérer un retour qu'à terme plus ou moins long. Ce très lourd handicap du temps nuit beaucoup au secteur forestier. D'un point de vue strictement économique, la rentabilité (r) d'un investissement à long terme s'exprime par la formule suivante :

$$r = \sqrt[n]{Vol \times Prix / Investissement} - 1$$

avec n = temps de production

Il est clair que la productivité et le prix du bois ont un poids identique alors que le temps de production, en pesant très lourdement sur la rentabilité, est un véritable handicap pour l'investisseur.

Avec une main d'œuvre bon marché, on pouvait jadis se concentrer sur des travaux strictement manuels et maintenir l'investissement forestier à des niveaux bas. C'est ainsi que le 19ème siècle fut la période des grandes plantations forestières. La France, avec la création du massif landais de pin maritime et des périmètres de restauration des terres en montagne (RTM) était devenue un des leaders dans le domaine du reboisement. C'est aussi à cette époque que l'Allemagne transforma une grande partie de ses forêts feuillues en pessières très productives et bien adaptées à l'industrie.

Après la 2ème guerre mondiale, de nombreux pays développèrent de vastes forêts artificielles, comme l'Afrique du Sud, le Brésil, le Chili, la Nouvelle Zélande, l'Australie, l'Espagne et le Portugal. La France poursuivit son effort grâce au fonds forestier national (FFN), dans un environnement socio-économique en rapide évolution. Mais, après le second million d'ha plantés, au début des années 90, l'Etat finit par abandonner cet investissement à long terme comme ce fut le cas d'ailleurs de beaucoup d'autres pays (voir graphique de la page 49).

54 - La course à l'intensification

Avec l'augmentation des coûts de la main d'œuvre, le prix de revient de l'hectare planté n'a cessé d'augmenter et ce, malgré la recherche constante d'améliorations techniques (mécanisation, emploi des phytocides, fertilisation, meilleure qualité génétique et physiologique des plants, etc.). Il fallait surtout trouver le moyen de raccourcir le terme de la production.

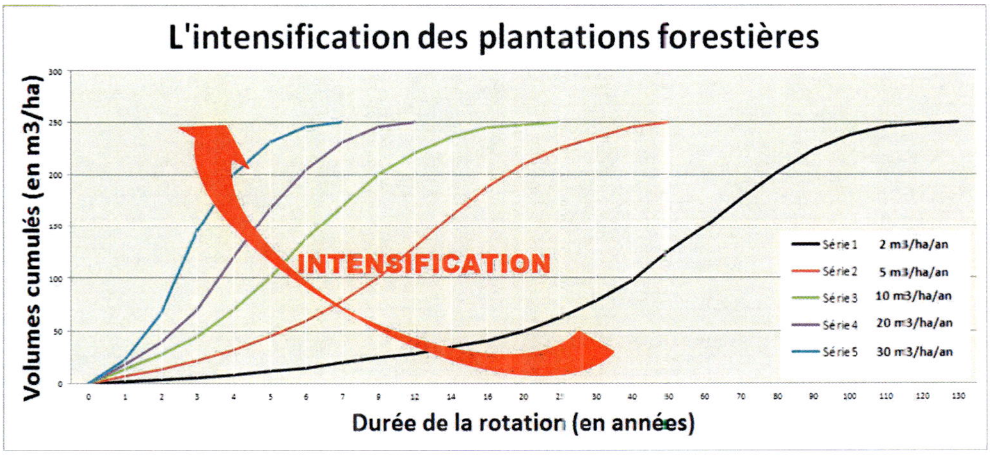

L'intensification peut donc se définir par la recherche d'une productivité de plus en plus élevée (façons culturales de plus en plus sophistiquées) et d'un temps de production le plus court possible (essences à croissance très rapide et variétés de plus en plus améliorées).

Finalement, comme le montre le graphique précédent, la recherche des meilleures performances en respectant la règle agronomique de base, conduit à la ligniculture et ce sont les grands industriels de la pâte qui ont relevé le défi en s'intégrant avec les propriétaires dans la culture des pins subtropicaux, à terme relativement courts (15 à 20 ans) et surtout en se lançant dans les plantations clonales d'eucalyptus à très court terme (7 ans) à grand renfort de Recherche-Développement.

Aujourd'hui, la ligniculture est la seule spéculation qui attire significativement l'investissement privé, grâce à des révolutions très courtes, des productivités très élevées, la possibilité d'améliorer significativement la qualité du bois ainsi que de récolter les arbres de façon complètement mécanisée. On doit alors remarquer que cette spéculation ressemble plus à de l'agriculture qu'à de la sylviculture classique. On parle d'ailleurs de "champs d'eucalyptus" et une grande partie de cette culture est faite par les agriculteurs et les éleveurs eux-mêmes, en partenariat avec les industriels.

Remarque. Si la plupart de ces industriels possèdent leurs propres plantations papetières, certains se sont orientés vers une production très partielle de bois d'œuvre. Au Brésil, ce fut le cas d'ARACRUZ SA (devenu FIBRIA et racheté aujourd'hui par SUZANO) qui avait développé une production annexe de sciages d'eucalyptus (nom commercial : "Lyptus") pour une rentabilité supérieure. Par contre c'est presque toujours le cas avec les espèces à plus longue révolution (pins subtropicaux, gmélina, acacias. 12-20 ans ; teck. 17-25 ans). L'objectif est alors toujours mixte (bois d'œuvre et bois d'industrie).

55 - Les limites écologiques de l'investissement forestier

Comme on vient de le voir, la rentabilité des plantations forestières dépend des possibilités d'un retour sur investissement suffisamment rapide. Un problème supplémentaire vient du fait que la qualité du bois, et donc son prix, exige un minimum de temps de production. Les faibles rotations débouchent très généralement sur la production de bois de trituration (pâtes et panneaux). Des exceptions existent comme le Balsa (*Ochroma lagopus*) ou le Paulownia (*Paulownia imperialis*) dont la croissance très rapide (4 à 6 ans) reste compatible avec une production de grumes à bois très léger, recherché pour des emplois particuliers (maquettes, isolants des bateaux méthaniers, divers éléments de construction navale, pales d'éoliennes etc.). La production de bois d'œuvre reste possible à condition que la qualité du bois soit acceptable, que la productivité soit forte (20-40 m3/ha/an) et que la rotation n'excède pas 20-25 ans, date limite pour une rentabilité décisive.

Il faut aussi que le bois produit se situe à une distance raisonnable du lieu de transformation ou d'embarquement. Le transport routier devient vite un fardeau insupportable. L'intensification est donc la seule solution mais, dépendant de la rapidité de croissance des arbres, elle implique des choix incontournables :

- **Espèces à croissance rapide**,
- **Amélioration génétique** maximale,
- **Climats favorables** (sans facteurs limitants),
- **Sites proches** d'une industrie de transformation et/ou d'un port en eau profonde,
- **Terrains suffisamment plats** pour être mécanisables,
- **Sols profonds et assez riches** pour une bonne croissance des essences retenues.

Il n'est donc pas étonnant que la ligniculture se développe surtout en zone subtropicale et tempérée douce, avec des climats favorables et sur des sols fertiles et plats. L'amélioration génétique permet de gagner peu à peu les zones tropicales, mais d'autant plus difficilement que la saison sèche est longue. Par contre vers les fortes latitudes, l'investissement devient vite non rentable à cause de la productivité trop faible et donc du temps trop long pour atteindre le diamètre d'exploitabilité. Dans les zones boréales, la rotation minimale est proche du siècle. Dans de telles conditions, il est très difficile de rentabiliser des plantations dont le coût à l'hectare atteint vite plusieurs milliers d'euros. Le tableau ci-après montre bien les limites de l'investissement forestier. La comparaison Teck-rapide/eucalyptus montre bien que la qualité du bois compense difficilement le temps de rotation.

Rentabilité des Reboisements selon la Zone climatique (B. MARTIN, révisé en 2018)

Zone climatique		Z. boréale	Z. tempérée	Zones tropicales	
Objectif principal		BI + BO	BO	BI	BO
Espèce - type		Epinette	Douglas	Eucalyptus	Teck
Types de travaux		mécanisés	semi-mécanisés	mécanisés	mécanisés
Investissement initial	€/ha	3000	3000	1500	2000
Productivité	m3/ha/an	3	15	30	15
Révolution	années	**80**	**40**	**7**	**20**
Récolte totale	m3/an	240	600	210	300
Prix moyen sur pied	€/ha	30	40	15	50
Valeur totale à terme	€/ha	7 200	24 000	3 150	15 000
Taux de rentabilité (TRI)	**% par an**	1,12%	5,48%	13,16%	11,19%

56 - Ecart entre besoin en bois et ressource forestière

L'augmentation rapide de la population mondiale pèse lourdement sur les ressources naturelles. Seul l'augmentation du niveau de vie est capable de faire baisser la natalité. Celle-ci diminue dans les pays émergeants et stagne dans les pays développés alors qu'elle reste très élevée dans les pays pauvres (Afrique en particulier). Elle est marquée par sa lenteur depuis l'aube de l'humanité puis son emballement récent au cours des quelques siècles passés (graphique ci-après).

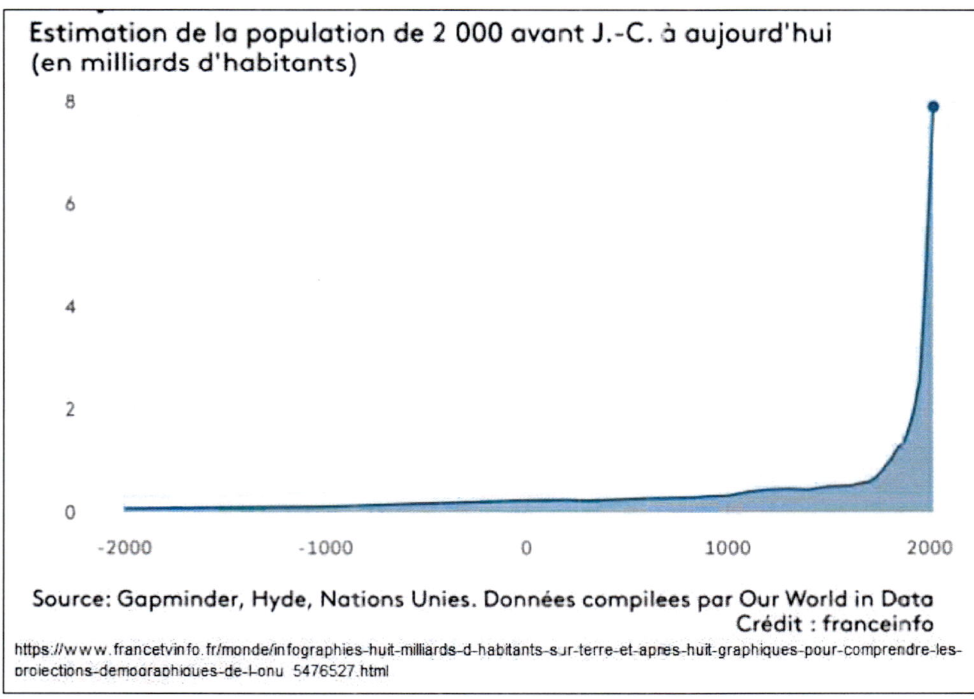

L'augmentation de la population mondiale devrait cependant trouver son équilibre à partir de 2050 avec le développement rapide des pays asiatiques. Comme le montre la courbe ci-après correspondant aux statistiques depuis 1950 aux prévisions de l'ONU à 2100.

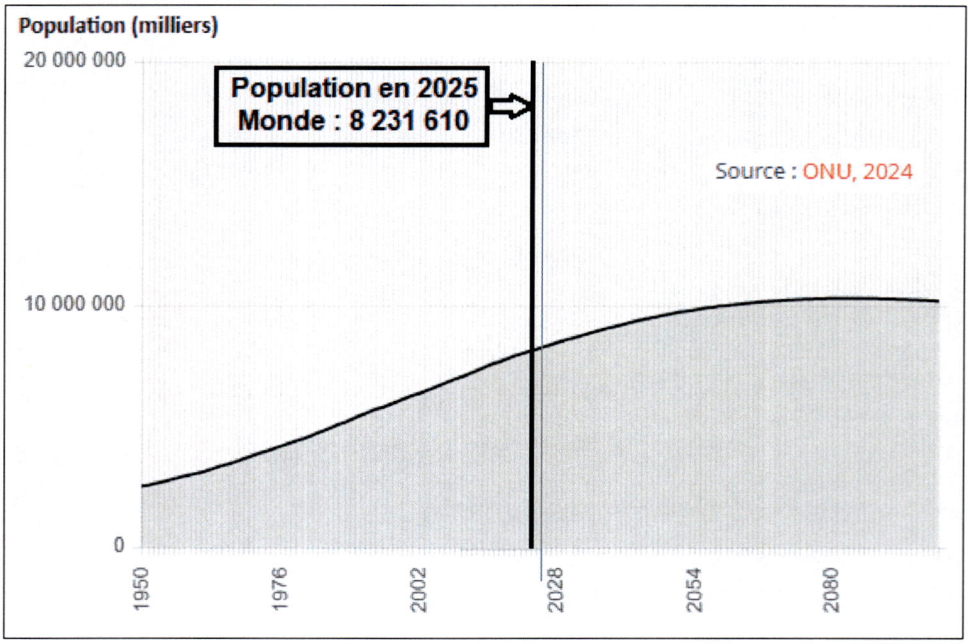

Comme on le voit sur le graphique suivant, seule l'Afrique continue son accroissement continu, ce qui n'est pas sans poser de sérieux problèmes au niveau des ressources naturelles de ce continent, à commencer par les forêts. Il est en effet important de souligner que la moitié du bois mondial est consommé sous forme de bois de feu. C'est en effet l'énergie des pays pauvres (africains en particulier) et l'augmentation de la population aggrave la déforestation notamment autour des villes.

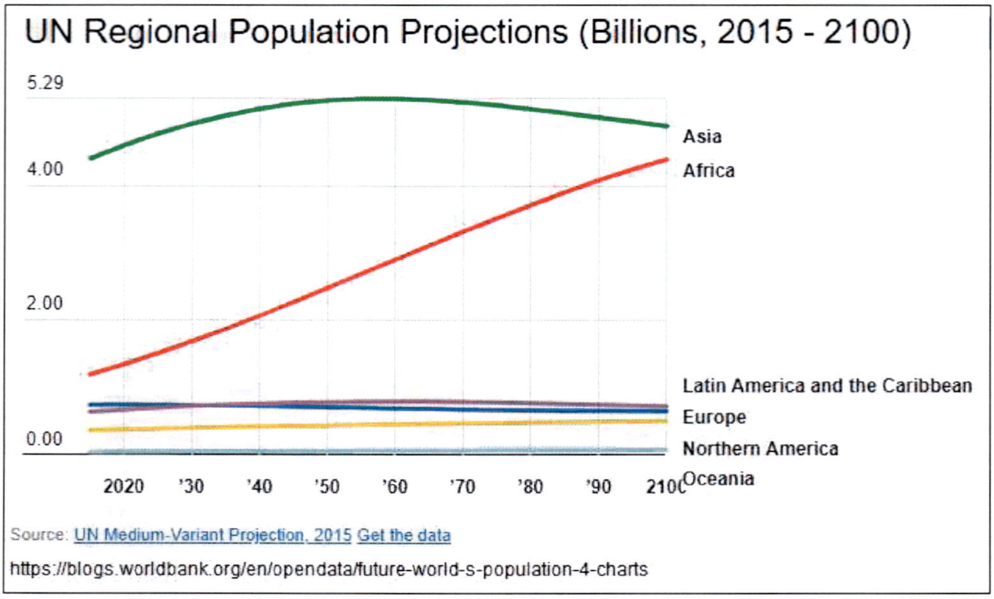

Par ailleurs, dans les pays développés, les besoins en bois sont très variés (charpentes, menuiseries, panneaux, papiers, bois ronds, bois énergie, etc.) et augmentent avec la reconnaissance du bois comme matériau écologique par excellence (bois énergie sous forme de granulés, constructions en bois, etc.) ainsi qu'avec l'innovation technologique croissante dans la filière bois (nouveaux panneaux, éléments composites, isolants en fibres de bois et papier recyclé, etc.).

Le schéma ci-après, inspiré de celui de Jean GORSE pour les forêts tropicales (1982), présente la situation au niveau mondial :

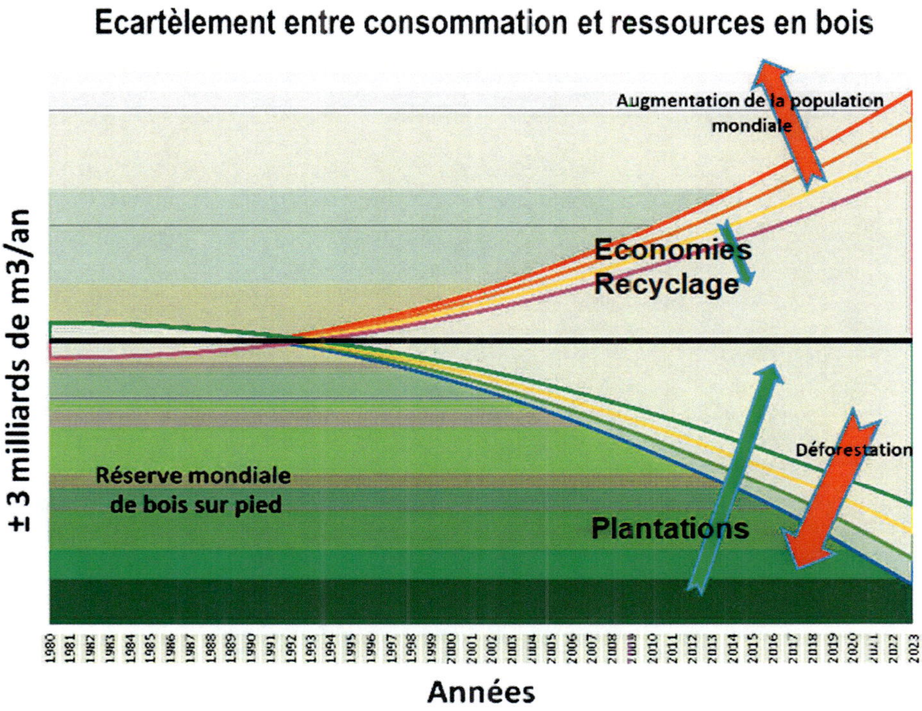

Face à cette consommation croissante, certains se demandaient déjà en 1996[22] si nous aurions assez de forêts. Aujourd'hui, malgré la réduction du gaspillage et le recyclage du papier et du bois, et étant donné la faiblesse relative des programmes nationaux de reforestation, il est devenu évident que seules les nouvelles plantations intensives peuvent répondre à cet accroissement de la demande.

De plus, on doit distinguer la replantation après exploitation, des nouvelles extensions forestières sur terres agricoles abandonnées ou savanes anthropiques. En effet, la replantation est inscrite dans la durabilité des aménagements forestiers et ne contribue à l'augmentation globale de la production forestière que si la productivité augmente, ce qui ne correspond qu'aux transformations ou aux changements de variétés (intégration du gain génétique). Les plantations industrielles (ligniculture) et le sylvopastoralisme sont donc les deux seules grandes possibilités d'augmenter significativement la production de bois dans le monde. Bien que décriés par les partisans des forêts naturelles à multiples usages et les écologistes adorateurs de forêts naturelles vierges, force est de voir dans cette nouvelle agriculture pour le bois, le seul moyen de réduire les pressions sur les forêts "naturelles" si l'on souhaite satisfaire la demande mondiale.

57 - Foresterie multiple conciliant écologie et économie

Tiraillé entre deux forces contraires, économiques d'une part et écologiques de l'autre, le forestier est au cœur d'un dilemme plus ou moins aigu selon les pays et le niveau de leur foresterie[23].

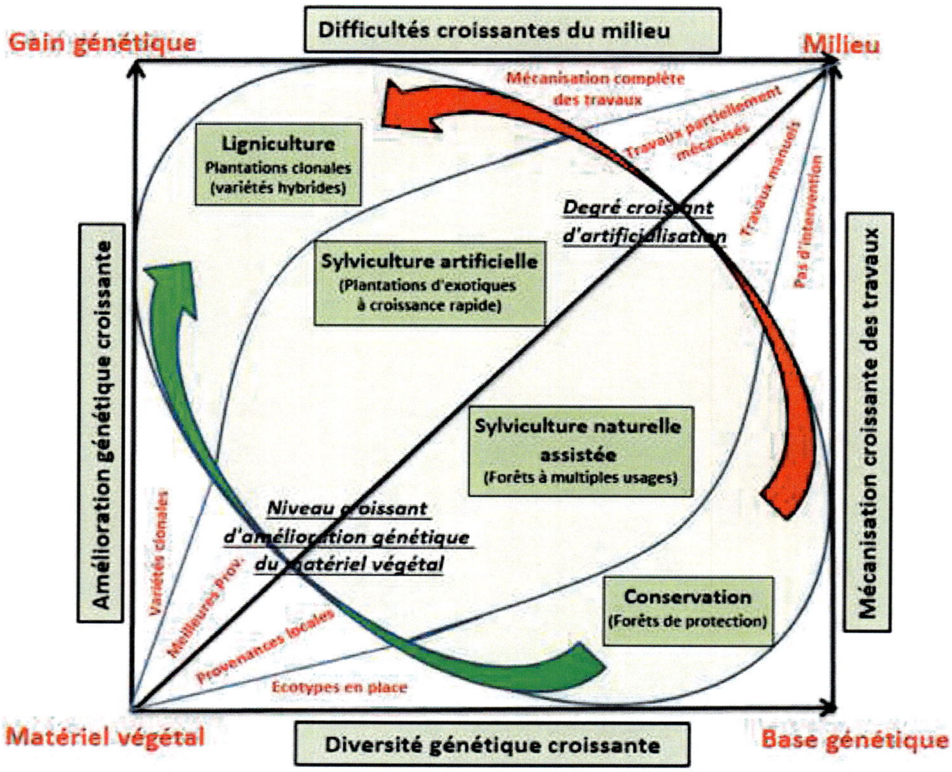

Les multiples facettes de la foresterie

Le schéma précédent représente les composantes écologiques et économiques de la "Foresterie à multiples facettes". On a distingué quatre grandes facettes selon le degré d'artificialisation du milieu et d'amélioration génétique du matériel végétal. La diagonale du carré sépare le monde des forêts naturelles de celui des plantations.

58 - Autres usages, Types de forêts, Mosaïque forestière

Outre la production et la conservation, les forêts ont deux autres fonctions majeures, la protection et la récréation, ce dernier rôle devenant très important dans les pays à niveau de vie élevé, avec l'accroissement des agglomérations et le besoin croissant de nature qui s'en fait sentir.

Dans ces conditions, il est chaque jour plus difficile de tout concilier dans un seul modèle de "forêt à multiples usages" c'est pourquoi il est devenu nécessaire, pour répondre à tous les besoins de la société, de spécialiser une grande part des forêts en leur attribuant un rôle principal (Production, Protection, Conservation, Récréation,). Cela, par ailleurs, n'empêchera pas chaque forêt d'assumer plus ou moins partiellement les autres rôles. Une plantation lignicole abritera toujours une certaine faune et protégera les sols, une forêt récréative continuera à produire un peu de bois et certaines forêts de conservation pourront toujours accueillir un peu de public.

En ajoutant les Forêts à multiples usages, on arrive ainsi au schéma suivant, applicable à chaque région ou à chaque pays avec certaines déformations pour s'adapter aux contraintes naturelles et humaines locales (conditions climatiques, histoire forestière, importance des forêts naturelles, demande en bois, potentialités lignicoles, population, habitat, niveau sociétal, etc.).

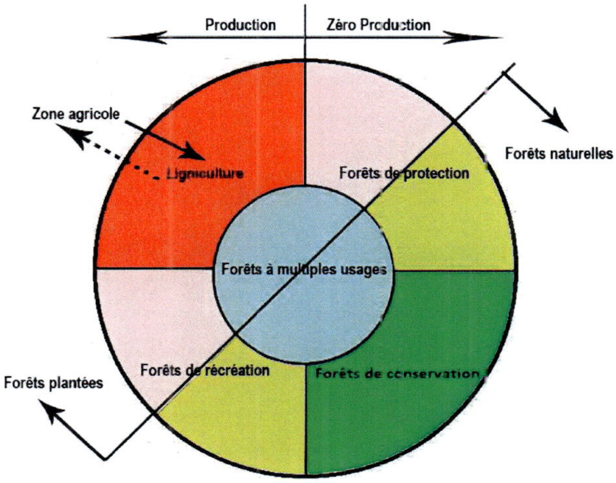

Les 5 types de Forêts

La cartographie des différents types forestiers (existants ou potentiels) conduira alors à une couverture forestière en **mosaïque**, élément majeur de l'aménagement du territoire.

Une fois définies, les limites intérieures et extérieures des massifs forestiers seront relativement stables car on ne change pas facilement les objectifs de zones forestières fixées par les "Aménagements". Toutefois, certains changements seront possibles (ligniculture développée en zone agricoles marginales, forêts récréatives et forêts de conservation développées au détriment des forêts à multiples usages, etc.). Le besoin de forêt de conservation s'accroit avec l'augmentation du niveau de vie et de l'urbanisation, lesquels font émerger un besoin profond de nature authentique. Un échantillon de formation climacique intégralement protégée, pour chaque petite région naturelle, parait un objectif intéressant et légitime en matière de conservation.

59 - Surfaces forestières et évolution des usages

Chaque pays a une évolution forestière propre, même si les grandes tendances sont les mêmes. On peut se représenter l'évolution des surfaces forestières avec le schéma simplifié suivant :

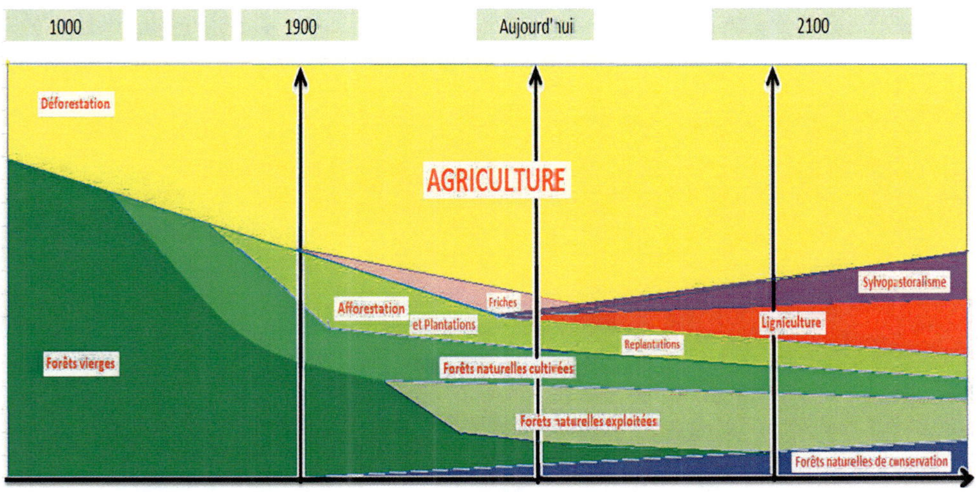

Schéma évolutif de l'agriculture et de la sylviculture dans le monde

Au départ, les formations climaciques sont forestières (forêts vierges) et couvrent environ 9 milliards d'ha. Puis l'homme invente l'agriculture (en Mésopotamie, il y a environ 10.000 ans) et commence à défricher la forêt pour y installer ses champs. L'agriculture se développe donc au détriment des formations forestières jusqu'à arriver aujourd'hui à environ 5 Milliards d'ha dont près de 70% sont des pâturages plus ou moins extensifs (3,46 Milliards d'ha). Les terres arables ne couvrent que 1,4 Milliards d'ha soit 28%, le restant (0,14 Milliard d'ha) étant dévolu à l'arboriculture.

La sylviculture, originaire d'Europe, est beaucoup plus récente. Elle correspond à l'idée de cultiver la forêt, tout au moins de la gérer durablement au moyen d'éclaircies sélectives améliorantes pour arriver à des taillis sous futaies ou des futaies. La reconstitution des parcelles se fait sous forme d'ensemencements plus ou moins assistés appelés "régénération naturelle".

C'est la sylviculture en forêt naturelle qui est surtout le propre de l'Europe. Le reste du monde pratique surtout des coupes rases (zones boréales) ou des coupes dites "sélectives" en récoltant les arbres utiles au-dessus d'un certain diamètre (forêts tropicales) ce qui entraine une régénération beaucoup plus aléatoire.

Les défrichements, souvent mal contrôlés, ont culminé en 1990 avec 16 millions d'ha/an et se poursuivent toujours à la cadence de 11 à 12 millions d'ha par an (surtout en Amazonie jusqu'en 2010 et toujours à forte cadence en Afrique). En Amérique du Sud, l'objectif est surtout l'élevage alors qu'en Afrique c'est surtout pour des raisons vivrières (culture itinérante sur brûlis). Ces terres sont donc gagnées par l'agriculture, laquelle perd chaque année des surfaces à peu près équivalentes par dégradation des sols, salinisation, sécheresse, etc.

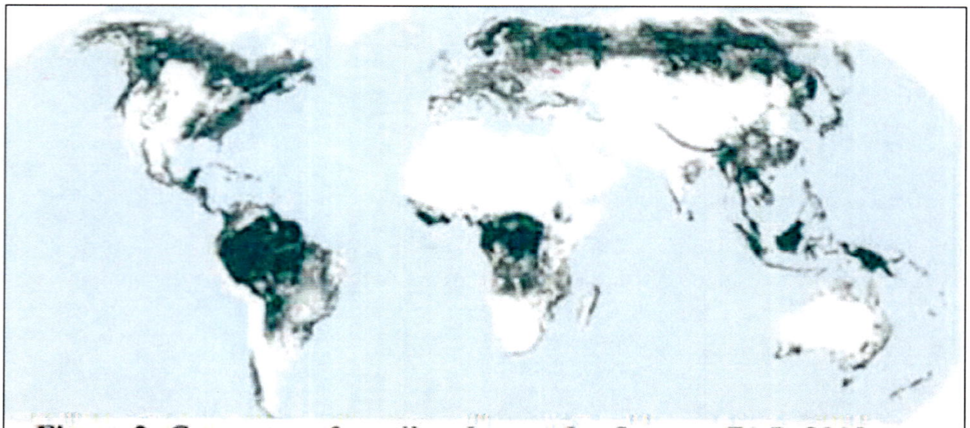

Figure 2. ***Couverture forestière du monde*** - Source : FAO, 2010

La surface des forêts naturelles de production continue donc à diminuer d'autant plus que, parallèlement, des surfaces importantes sont mises sous protection (parcs nationaux, réserves naturelles, zones de conservation).

Quant à la création de forêts artificielles par plantation, elle est beaucoup plus récente. Commencée au 19ème siècle, elle est restée active jusque vers 1980, date à partir de laquelle, beaucoup d'Etats ont abandonné leurs programmes de reboisement, jugés trop coûteux face à d'autres priorités et décriés par les organisations écologistes rejetant les interventions humaines en forêt.

Si une partie de ces forêts artificielles est peu à peu assimilée aux forêts naturelles, pour beaucoup d'entre-elles, la replantation des parcelles après exploitation est obligatoire, ce qui entretien l'activité de reboisement. De plus, après l'arrêt des financements publics, le relais a été pris dans bon nombre de pays (Brésil, Chili, Afrique du Sud, Argentine Uruguay, Australie, Indonésie, Espagne, Portugal, Nouvelle Zélande, etc.) par les grandes entreprises forestières (pâte à papier, panneaux) qui développent des plantations très intensives non loin de leurs usines (ligniculture). Enfin, plus récemment, les éleveurs commencent à planter des lignes d'arbres dans les pâturages (Sylvopstoralisme) ce qui leur permet de produire du bois sans nuire à leurs troupeaux.

Aujourd'hui, avec seulement 280 millions d'ha, soit à peine 7% de la couverture forestière mondiale, les plantations forestières produisent déjà plus de la moitié de nos besoins en bois et cette part ne cesse d'augmenter pour répondre à la demande croissante en matériau ligneux puisque l'on ne peut augmenter la productivité des forêts naturelles.

En définitive, on compte actuellement un peu moins de 4 milliards d'ha de Forêts, surface qui ne devrait pas se stabiliser à cause des défrichements récurrents, en Afrique pour la quête du bois de feu et l'agriculture vivrière, mais aussi en Amérique latine pour d'autres raisons, souvent plus commerciales, agricoles ou minières.

5.10 - Très grande variabilité dans l'espace-temps

Le domaine forestier se caractérise par la très grande variabilité des conditions naturelles, aussi bien dans l'espace (milieu naturel) que dans le temps (climat) à laquelle correspond une très grande biodiversité et, pour ce qui est des arbres, une très grande variabilité génétique, tant au niveau spécifique qu'intra-spécifique. Les composantes de cette variabilité sont nombreuses :

- **Site** (latitude, longitude, altitude, substrat géologique, pente, exposition, qualité du sol),
- **Climat** (précipitations, température, hygrométrie, insolation, vents, adversités météoriques, brouillards, durées des jours et des nuits, etc.),
- **Faune** (Diversité faunistique, terrestre, en particulier mammifères prédateurs des jeunes arbres, aérienne, et microbienne en particulier du sol),
- **Flore (**Arbres, arbustes, herbacées, cortège floristique et station écologique),
- **Génétique des arbres** (Genres souvent diversifiés en espèces, parfois très nombreuses et représentées par des continuums d'écotypes en place, les provenances, parfaitement adaptés à leur milieu au sein des forêts naturelles).

Les espèces ne sont pas des entités fixes mais évoluant considérablement au cours des temps géologiques.

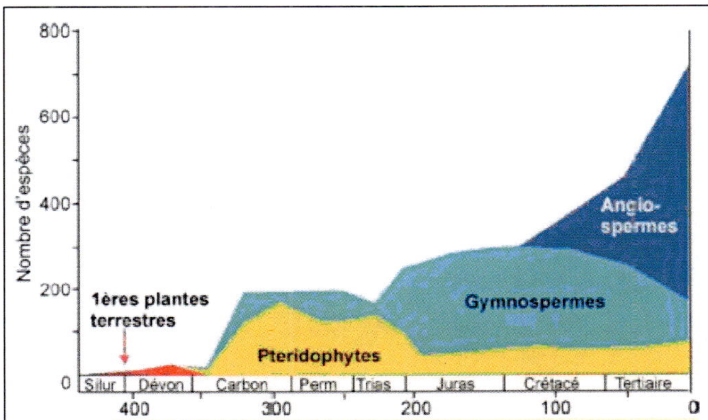

Colonisation des continents par les végétaux
Source : Willis et McElwain, Oxford University Press

Source : http://www.fossiliraptor.be/Explosion-des-vegetaux.htm

La spéciation a trois origines : la mutation, la migration et l'hybridation. Par la suite, seules les espèces trouvant un certain avantage (ou niche écologique) peuvent subsister localement. C'est dans les zones chaudes et humides de la planète, que les résultats de la spéciation sont les plus visibles car le milieu, très favorable à la végétation, conserve et accumule une plus grande partie de la diversité apparue.

Par la suite, au cours de leur migration vers les zones désertiques, vers le nord ou en altitude, les espèces doivent affronter des climats beaucoup plus limitant (froid, sécheresse, etc.). Elles doivent donc s'adapter ou disparaître. Cette adaptation des espèces aux conditions difficiles se fait par une perte considérable de diversité génétique et génique. Ainsi, les forêts boréales et les forêts de montagne, sont très pauvres en espèces d'arbres (moins de 5 par station écologique) alors que les forêts équatoriales en renferment plusieurs centaines.

Les forêts boréales et de montagne sont surtout constituées de conifères, appartenant au groupe végétal très anciens des gymnospermes, apparus sur terre depuis le début du carbonifère avec une apogée à la fin du jurassique, il y a 150 millions d'années (voir graphique précédent). Ces conifères des régions froides ont subi une sélection très sévère et perdu beaucoup de gènes lors de leur longue migration, laquelle fut répétitive au cours du quaternaire du fait des 4 glaciations successives anéantissant à chaque fois la quasi-totalité des forêts.

Photo courtoisie Riccardo CELLERE (/www photo shelter.com) 2013. Grand Nord Canadien. Forêt boréale d'Epinette noire (*Picea mariana*) aux arbres columnaires, typiques de l'adaptation aux hivers rigoureux

Leurs reconstitutions se sont faites à partir d'ilots résistants, à l'avant du front des inlandsis. Cette hyper-sélection, subie par les conifères en régions froides, a abouti à des arbres à tronc très droit, cime étroite et nombreuses petites branches courtes au départ horizontal puis incurvées vers le bas (arbres columnaires) ce qui leur permet de résister à la neige, au givre, à la glace et au vent (voir photo ci-dessus).

Les glaciations quaternaires dans les Alpes

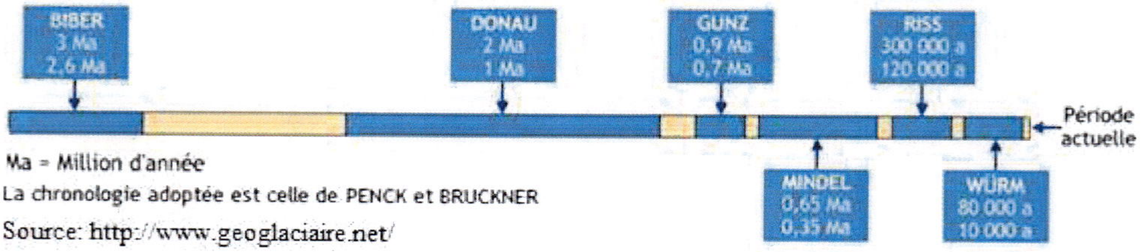

Source: http://www.geoglaciaire.net/

Les forêts tempérées, méditerranéennes et subtropicales, sont intermédiaires et soumises à des influences diverses, le gel et la sécheresse, réduisant le nombre d'espèces d'arbres. Leur richesse floristique est moyenne (moins de 30 à 100 espèces d'arbres par station). Selon la latitude, elles ont pu subir les glaciations qui furent nombreuses au cours du quaternaire comme l'atteste le graphique ci-dessus. A chaque fois leur reconstitution fut plus ou moins lente à partir du stock génétique résiduel. **Les forêts tropicales** sont globalement très riches en espèces d'arbres avec cependant de fortes différences régionales. La répartition est donnée par la carte suivante, fournie par la FAO.

C'est le Sud-Est asiatique qui présente la plus grande richesse floristique (8.000 espèces d'arbres), suivi par l'Amazonie (5.000 espèces d'arbres). L'Afrique apparaît plus pauvre bien que l'on puisse tout de même y trouver 1000 espèces d'arbres. Au niveau stationnel et comparativement avec les forêts des régions tempérées, la richesse reste élevée quelque-soit le continent (environ 300 espèces, soit 10 fois plus qu'en région tempérée et 100 fois plus qu'en région boréale).

Number of native forest tree species

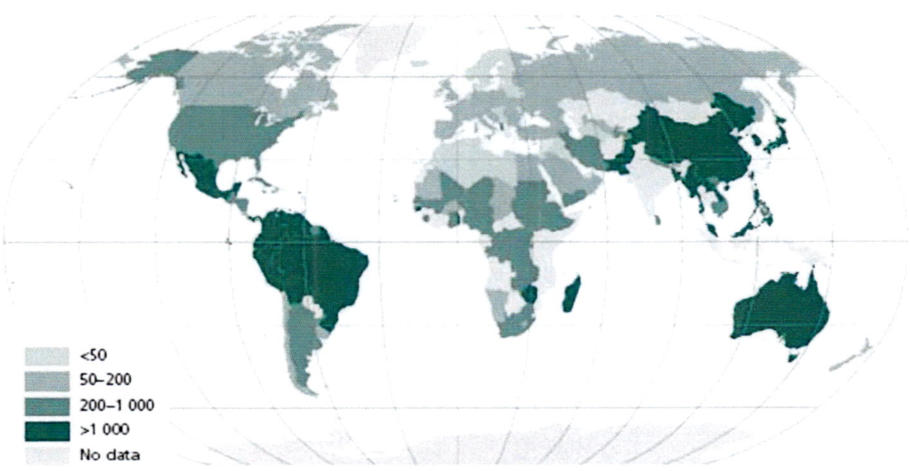

Source: FAO Global Forest Resources Assessment 2005.

Il est à noter que quelques conifères ont survécu en régions tropicales (les Podocarpacées et les Araucariacées). La première famille, la plus diversifiée (100 espèces), comprend les genres. *Podocarpus* représenté sur tous les continents sauf en Europe et *Dacrydium* avec 20 espèces dont certaines sont de très grands arbres comme le "Rimu" de Nouvelle Zélande (*D. cupressinum*). La seconde famille est beaucoup mieux connue grâce au genre *Araucaria* avec 19 espèces très anciennes (ère primaire). Les agathis (20 espèces) sont des Araucariacées plus récentes (ère secondaire) que l'on trouve en Australasie, en forêt tropicale humide jusqu'à une altitude de 2 500 mètres. Les "Kaoris" sont souvent de très gros arbres, à bois excellent, comme *Agathis robusta* (Australie), *A. australis* (N^{elle} Zélande), *A. dammara* (Indonésie) et *A. lanceolata* (N^{elle} Calédonie).

La productivité forestière est très variable. Les statistiques mondiales (FAO-2010) le montrent conformément au tableau ci-après. Au niveau global, seuls 71% des forêts sont ouvertes à la production dont 7% correspondent à des plantations. La productivité globale est faible (1,2 m3/ha/an) mais cache de très grandes variations puisque cela englobe des forêts à très faible productivité de bois d'œuvre (boréales et tropicales humide) et des plantations dont certaines peuvent atteindre plus de 50 m3/ha/an.

L'Asie apparaît comme la zone la plus productive parce que les surfaces correspondent surtout à des plantations. En Afrique par contre, la productivité élevée cache une extraction non durable de bois de feu (déforestation). La productivité européenne est masquée par celle des forêts boréales de la fédération de Russie. Sur l'ensemble du Continent américain la très grande étendue des forêts naturelles efface la productivité souvent élevée des plantations.

Statistiques mondiales	Surfaces forestières	Surfaces Forêts de production		Surfaces Forêts protégées		Production de bois			Productivité	
						de feu	rd industriel	totale	brute**	nette***
FAO - 2010	.	1000 ha	%	1000 ha	%	1000 m3	1000 m3	1000 m3	m3/ha/an	m3/ha/an
Afrique	674 419	472 093	70%	202 326	30%	615 636	72 059	687 695	1,02	1,46
Asie	592 512	361 432	61%	231 080	39%	754 627	244 515	999 142	1,69	2,76
Europe et Russie*	1 005 001	482 400	48%	522 601	52%	149 702	507 442	657 144	0,65	1,36
Océanie	191 384	179 901	94%	11 483	6%	15 881	52 378	68 259	0,36	0,38
Amérique (N + Centre)	705 393	606 638	86%	98 755	14%	131 324	480 192	611 516	0,87	1,01
Amérique du Sud	864 351	743 342	86%	121 009	14%	201 216	185 385	386 601	0,45	0,52
Total monde	**4 033 060**	**2 845 807**	**71%**	**1 187 253**	**29%**	**1 868 386**	**1 541 971**	**3 410 357**	**0,85**	**1,20**

* dont 809.090.000 ha de la Fédération de Russie
** Productivité rapportée à la ST forestière
*** Productivité rapportée à la ST des Forêts productives

Les plantations étant en moyenne 10 fois plus productives que les forêts naturelles, il en découle que 400 millions d'ha de plantations à 10 m3/ha/an produiraient 4 milliards de m3 de bois par an soit largement plus que la demande actuelle. C'est bien l'enjeu de la ligniculture développée par les grandes entreprises de la filière bois, d'autant plus que le prix de revient du "bois planté" est déjà plus bas que celui du "bois naturel", toujours plus coûteux. Dans cette perspective, il ne resterait aux forêts naturelles que la production à très long terme du bois de très grande valeur (tranchage). Les plantations, en abaissant les pressions sur les forêts naturelles, apparaîtraient définitivement comme des éléments de sauvegarde.

5.11 – Nécessité pour les ligniculteurs : Minimiser les risques grâce à la R&D

En dehors des grands phénomènes naturels et à une échelle de temps plus humaine, les forêts et les plantations forestières sont soumises aux aléas de nombreuses adversités extérieures (tempêtes et cyclones, volcanisme, grands froids, sécheresse, incendies, prédateurs variés, attaques parasitaires, etc.) très variables selon les zones géographiques. Il peut en découler des atteintes plus ou moins graves aux massifs, pouvant aller jusqu'à leur destruction complètes. De plus, des perturbations d'origine humaine sont possibles (pollutions atmosphériques, changement climatique, conflits avec les populations ou les groupes de pressions, etc.). Enfin, pour les plantations intensives, la durabilité de la production nécessite le maintien de la fertilité des sols et le bon état sanitaire des peuplements.

Les conséquences sont multiples pour les gestionnaires, les chercheurs et les investisseurs. En matière de plantation, les investisseurs se détourneront des zones à trop faible croissance ou à risques trop élevés (cyclones, volcanisme). Le tableau de la page 75 qui estimait la rentabilité des reboisements en fonction de la zone climatique montre pourquoi la ligniculture s'est développée préférentiellement dans les régions subtropicales au climat le plus favorable.

D'autre part, une faible croissance entraîne une révolution longue et donc une faible rentabilité et des risques accrus. C'est pourquoi les investisseurs sont surtout des géants de la pâte à papier ou des panneaux (cherchant à produire très vite un maximum de bois de trituration à proximité de leurs usines) se tournent en priorité vers les zones subtropicales et particulièrement vers les pays qui disposent d'une bonne tradition dans ce secteur (Brésil, Chili, Uruguay, Argentine et Australie). Ce tableau montre également qu'en théorie la faible valeur du bois de trituration n'est pas un facteur de rentabilité et que l'objectif bois d'œuvre reste beaucoup plus intéressant, même avec une rotation trois fois plus longue. Il n'en reste pas moins que le gigantisme actuel des usines de pâtes et la réduction du transport terrestre sont des éléments incontournables pour les grandes entreprises.

Pour éviter certaines difficultés, on pourra s'adresser à l'amélioration génétique. Certains caractères pourront être en effet intégrés dans les programmes de sélection comme la résistance aux parasites, à la sécheresse ou au froid. On pourra aussi rechercher des clones rustiques c'est-à-dire des génotypes économes en minéraux du sol et ne demandant qu'un minimum de fertilisation. En matière d'azote, élément présentant souvent le plus grand déficit dans les sols forestiers, en particulier dans les régions chaudes, on s'orientera vers les légumineuses dont la culture enrichit le sol en azote ce qui pourra s'avérer comme décisif notamment dans les sols pauvres et acides.

Concernant le maintien de la capacité des sols à produire, la fertilisation fera l'objet d'études approfondies en relation avec les types de sols concernés et les variétés utilisées. L'optimisation des formules conduira à économiser les fertilisants en réduisant les pertes par exportation (écorçage en forêt) vaporisation et infiltration (engrais à diffusion lente, microgranulés, engrais azotés avec retardateur de nitrification, spécialités d'oligoéléments chélatés ou complexés apportées à doses réduites, etc.). Il est à noter qu'une réduction des apports d'engrais passe par l'optimisation de la mycorhization et de la nodulation pour les arbres fixateurs d'azote, et que dans ce domaine, beaucoup reste à faire.

Enfin, pour les autres adversités on adoptera des stratégies particulières de défense (lutte contre l'incendie, respect de l'équilibre forêt-gibier, respect des galeries forestières, investissement dans un réseau local de réserves forestières naturelles, recrutement local de la main d'œuvre, développement de l'artisanat et du savoir-faire local, information du public, etc.).

Le futur des grandes entreprises forestières, dépend avant tout de leur capacité à innover et pour cela, chacune dispose aujourd'hui d'une unité de Recherche-Développement (R&D). Il est en effet essentiel que les plantations puissent faire face aux variations environnementales, qu'elles soient de nature sociale, économique ou écologique. Au sein de cette unité, la section amélioration génétique tient souvent une place privilégiée, mais confidentielle. Par contre les pépinières, avec les semis automatisés ou le clonage, sont souvent très sophistiquées car utilisées aussi à des fins publicitaires.

6 - CONCLUSIONS DE LA 1ERE PARTIE

En conclusion de cette problématique générale, si nous voulons pouvoir faire face à la demande en bois, fortement croissante de nos sociétés tout en stoppant la déforestation et en étendant autant que possible les forêts de conservation, il nous faut impérativement produire le bois en dehors des forêts naturelles. En effet, celles-ci ne peuvent pas produire au-delà de leur possibilités forestières définies par leurs aménagements. Nous devons donc définir de nouveaux sites, suffisamment productifs ("savanes humides", forêts très dégradées ou zones agricoles abandonnées) ainsi que des acteurs (entreprises, propriétaires privés, agriculteurs) pour développer une nouvelle forme de culture, la ligniculture, intermédiaire entre sylviculure et agriculture, dans le but de produire le bois futur sur des surfaces aussi réduites que possibles, donc de façon aussi intensive que peut nous permettre le progrès technologique, tout en respectant les règles élémentaires du reboisement. Il nous faut donc maintenant, examiner les avancées techniques permettant de mettre en pratique la ligniculture et cela dans les domaines de la physiologie des arbres et de la génétique forestière.

***

2ÈME PARTIE
ELÉMENTS DE PHYSIOLOGIE DES ARBRES

Pointe Noire 1971 - CTFT-Congo. Photo historique des Premières boutures enracinées, issues de rejets de souche d'eucalyptus hybrides naturels "PF1" **adultes**. Longues boutures à 4 feuilles ("macroboutures").

PHYSIOLOGIE DES ARBRES
POINTS CLES POUR L'AMELIORATEUR ET LE PEPINIERISTE

1 - PHÉNOLOGIE DES ARBRES

Cet aspect fait rarement l'objet de recherches importantes car il n'apparaît pas comme crucial au début des programmes d'amélioration surtout si l'on commence un tel programme par l'importation de collection de graines, le souci des récoltes de semences n'étant pas alors un problème local.

Toutefois, dès que le besoin d'une production locale de fleurs ou de graines se fait sentir, alors se posent immédiatement des questions d'ordre phénologique (âge des premières floraisons, période de floraison et de fructification, cycles de reproduction, etc.), d'autant plus que l'attente des floraisons semble quelquefois très longue, suivant les espèces. A ces questions relatives à la reproduction sexuée, s'ajoutent aussi celles concernant les cycles végétatifs, souvent liés aux floraisons (débourrement, phase de croissance actives, ralenties et de repos, rythme de formation des verticilles, etc.).

Les réponses à ces divers points peuvent être trouvées dans la littérature, pas toujours très abondante sur ces aspects, mais il est également indispensable de faire de nombreuses observations dans les plantations expérimentales ou commerciales. Celles-ci doivent être notées et enregistrées avec soin dans une base de données accompagnées de séries photographiques qui seront alors très utiles pour garder en mémoire les divers événements se succédant sur les espèces étudiées.

11 - Cycles végétatifs

En zone tempérée, les hivers marquant un arrêt brutal de croissance induisent la formation de verticilles (plus ou moins réguliers) à chaque débourrement printanier ainsi que des anneaux de croissance dans les tiges, bien visibles sur rondelles ou carottes de sondage.

Sous climat tropical, ces cycles sont beaucoup plus discrets et cela d'autant plus que la saison sèche est courte. En région équatoriale, en zone de forêt sempervirente, la croissance est généralement continue et les cernes de croissance n'existent pas ou sont très difficilement visibles. Toutefois, en forêt semi-décidue, certaines espèces décidues comme le Terminalia perdent leurs feuilles en saison sèche (même si celle-ci est très courte) et la lecture des anneaux de croissance est possible comme l'a montré Alain Mariaux à la fin des années 60 sur les plantations de Limba du Mayombe (Congo)[24]. Il en est de même au débourrement, quand après une phase de repos très courte, l'arbre forme de superbes verticilles, longs et réguliers.

Cependant, les verticilles ne sont pas toujours liés au rythme des saisons. En effet, chez les Araucarias les plus tropicaux, *A. cunninghamii* et *A. hunsteinii* (introduits au Congo en 1969), bien que ne présentant ni arrêt de croissance ni chute brutale d'aiguilles, tout au moins pendant leur phase de jeunesse, le développement est toujours très rythmé avec des verticilles et des entre-nœuds très réguliers, avant que l'architecture ne se modifie avec l'âge (EDELLIN 1986[25]).

Enfin, chez les conifères, certaines réitérations de branches existent, entraînant des repousses après élagage pouvant reconstituer des branches complètes (comme chez les Mélèzes par exemple). Il est important de connaître ce type de réaction qui peut poser problème lors d'élagages artificiels.

12 - Début de fructification

L'âge d'entrée en floraison varie beaucoup suivant les espèces. Cet âge est un réel problème pour l'améliorateur et peut même devenir un lourd handicap quand il est trop élevé. Heureusement, chez les espèces à croissance rapide, il peut être beaucoup plus réduit, en particulier chez les eucalyptus (1 à 5 ans) et les acacias (2 ans) et un peu moins chez les pins (8 à 15 ans). Cette date, très spécifique et variable avec la provenance et le site de plantation, est mal connue, parfois même des améliorateurs qui ne l'apprennent alors que par l'expérience.

Il faut dire que la date d'entrée en floraison peut se trouver avancée, soit de façon naturelle (floraisons précoces), soit artificiellement par induction de la floraison (greffage et divers traitements physiques et chimiques), sujet que l'on examinera plus loin (point 33, p. 98). Le greffage qui est une technique généralisée pour l'installation des vergers à graines de clones permet en effet d'accélérer significativement la mise à fleur des arbres sélectionnés et d'intensifier la production de graines.

13 - Précocité de la Floraison

C'est un phénomène général mais qui ne précède souvent que d'une année l'entrée en pleine fructification. Par contre chez les pins, on assiste fréquemment à une certaine protogynie (floraison femelle (♀) avancée). C'est ce que nous avons observé au Congo sur *Pinus caribaea var. hondurensis*, aussi bien à Loudima (vallée du Niari) qu'à Pointe Noire (savanes côtières). Dans ces deux stations cette espèce produit des fleurs ♀, dès l'âge de 2 ans 1/2. Cette particularité est intéressante car elle permet soit de mettre au point la technique de fécondation, soit de réaliser les premiers croisements contrôlés à 2 ans ½ sur des arbres sélectionnés précocement et en l'absence de tout parc à clones greffés.

14 - Cycles reproductifs

La connaissance du cycle reproductif complet de l'espèce à améliorer est essentielle car elle permet de choisir les dates d'intervention et donc de planifier chacune des manipulations envisagées au niveau des bourgeons floraux, des fleurs et des fruits. La connaissance de ces cycles est le résultat de très nombreuses observations pouvant s'avérer fastidieuses. Aujourd'hui, il existe des techniques modernes de suivi de la phénologie "en continu" (JEAN 2017[26]), par cameras enregistreuses mais ces moyens peuvent paraître surdimensionnés pour les résultats attendus, surtout pour une petite unité de R&D.

Nous conseillons donc le suivi de rameaux florifères étiquetés à l'avance, ainsi que nous l'avons pratiqué en 1969 à Pointe Noire sur *Pinus caribaea*.

Dès l'entrée en floraison massive de parcelles âgées de 7ans ½, nous avons repéré, en bordure de celles-ci, une centaine d'arbres portant des fleurs ♀. Sur chacun d'eux, nous avons étiqueté l'extrémité florifère de quelques rameaux (situés dans la partie supérieure des houppiers). Par la suite nous avons récolté, chaque mois, quelques-uns de ces rameaux étiquetés, et ce, jusqu'à la complète maturation des cônes et la dissémination des graines, ce qui nous a permis d'établir le tableau de la page suivante faisant état du cycle reproductif complet de *Pinus caribaea* à Pointe Noire.

Les fleurs ♀ naissent à l'extrémité des rameaux apicaux, très près du bourgeon terminal et sont dressées verticalement. Cette position les rend très réceptives aux grains de pollen transportés par le vent (anémophilie). Au bout de 15 jours, les pédoncules s'incurvent vers le bas et font un véritable basculement de 180° plaçant le futur fruit la tête en bas, ce qui rend opérationnelle la dissémination des graines dès l'ouverture du fruit. On a donc pu vérifier que *P. caribaea*, comme tous les pins, avait un cycle de reproduction très long (18 mois entre l'éclosion de la fleur ♀ et la déhiscence des cônes).

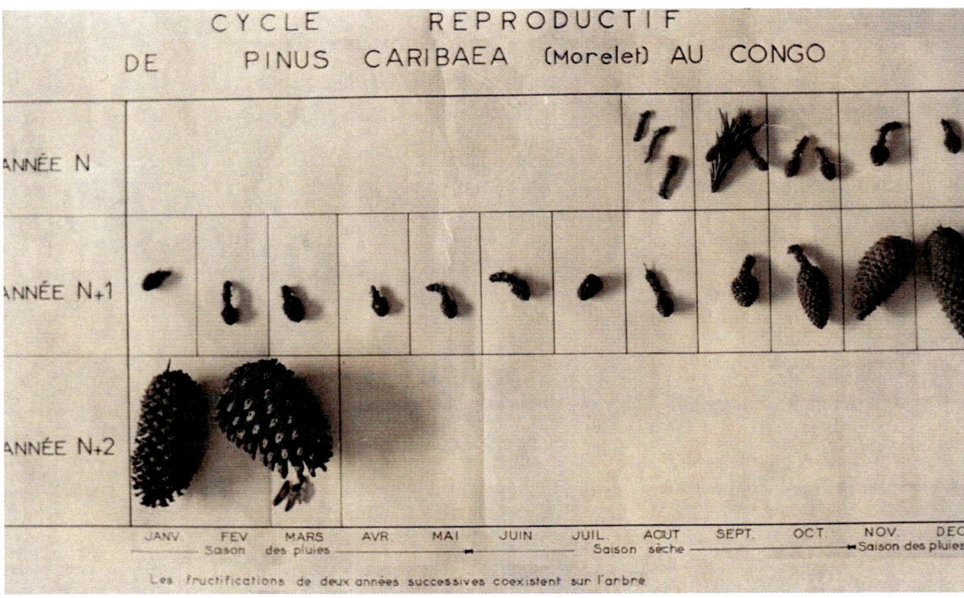

Pointe Noire (Congo) 1969. Etablissement du cycle reproductif de *Pinus caribaea hondurensis* par récoltes mensuelles successives

Ce cycle est à cheval sur 3 ans et les fructifications de 2 années consécutives coexistent sur l'arbre. Souvent même on trouve à partir du mois d'août en même temps que les 2 fructifications, les vieux cônes secs et ouverts nés de fleurs ♀ de l'année N-1 c'est-à-dire 3 ans auparavant.

Les fleurs mâles (♂), ou chatons, apparaissent début juillet c'est-à-dire en pleine saison sèche, et précèdent l'ouverture des fleurs ♀ de 15 jours environ. Elles tiennent environ 1 mois ½ sur les rameaux. Les chatons sont nombreux, de forme allongée et de couleur violette tant qu'ils sont fermés et d'un beau jaune soufre à maturité. Ils répandent alors un pollen lourd et très abondant. Certains arbres, à peine âgés de 10 ans, peuvent en produire jusqu'à plusieurs centaines de cm^3. Les chatons, contrairement aux fleurs ♀, se trouvent généralement sur des rameaux de la base du houppier, et jamais en position d'extrémité.

Les fleurs ♂ et ♀ persistent ensemble pendant 2 à 3 semaines ce qui assure une excellente fécondation. Très vite les fleurs ♀ se ferment, basculent vers le bas et perdent leur belle couleur violine. Dans les mois qui suivent, elles grossissent un peu, se lignifient puis ne subissent apparemment plus aucune modification. C'est après la mise à fleur suivante que les connelets commencent à changer dès le début des pluies (fin octobre) ; ils grossissent alors rapidement et se transforment en véritables cônes lesquels ne seront mûrs qu'en février de la 3ème année c'est-à-dire en pleine saison des pluies.

Des observations microscopiques avaient déjà été signalées dans les années 50 par les chercheurs coréens (S.K. HYUN en particulier) qui étudiaient à cette époque l'hybridation de *Pinus rigida* avec en particulier *Pinus taeda*. Ils ont vérifié que l'embryon ne commençait à se développer qu'à partir du 13ème mois après la pollinisation, le pollen ne faisant alors que germer dans les tissus de l'ovule, jusqu'à atteindre une oosphère qu'il ne fécondera qu'à cette date très tardive après plus d'un an d'attente.

***

2 - SEMENCES ET TECHNOLOGIE

21 - Récolte

Tout commence par la graine et les bonnes viennent toujours d'arbre de grande qualité. Le forestier n'est pas un arboriculteur, ce qu'il recherche ce sont des arbres élancés à grand développement et à très bonne forme (fût droit, sans fourche, bon élagage naturel, cime fournie et bien équilibrée). Le généticien sera encore plus exigeant. Outre un excellent état sanitaire, il y ajoutera des critères de qualité du bois, appréciables de l'extérieur (absence de défauts comme la fibre torse ou les picots) ou mesurables à partir d'instruments de pénétration (densité au pilodyn) ou sur carotte de sondage (âge, vitesse de croissance, homogénéité du bois, etc.).

Sur de tels grands arbres sans branches (arbres +), la récolte des graines ou des cônes est difficile. Le métier de grimpeur s'apparente à celui d'alpiniste ; il exige de ne pas être sujet au vertige et demande du matériel de sécurité (échelles forestières, harnais, cordes et ceintures spéciales). La récolte de greffons et l'installation de vergers à graines dit "de clones" (pour la récolte en grande quantité) ou de parcs à clones greffés (pour la réalisation des croisements contrôlés entre arbres +) permet de s'affranchir plus ou moins rapidement de ces grimpages contraignants.

22 - Extraction, nettoyage et conditionnement

Après la récolte, les graines doivent être extraites des cônes, désailées, nettoyées, séchées convenablement et conditionnées pour être stockées en chambre froide. Pour les grandes quantités, ces traitements se font dans des centres spécialisés comme celui de l'ONF qui possède à Supt dans le Jura une usine et un laboratoire (Sécherie de la Joux)*. Ce centre reçoit les graines récoltées en France, les conditionne et les stocke avant contrôles et distribution aux diverses agences de l'ONF ou vente aux pépiniéristes. Les températures de stockage varient de -15°C à +4°C selon l'espèce et la durée de conservation.

23 - Teneur en eau

On distingue les graines "orthodoxes" qui supportent bien le séchage et se conservent ensuite sans difficulté dans des récipients étanches (*Abies, Fagus, Cedrus, Pinus, Picea Prunus, Fraxinus, Populus, Robinia, Acacia, Eucalyptus*, etc.) et les graines "récalcitrantes" qui ne résistent pas à la déshydratation, même modérée, et craignent également l'atmosphère confinée (*Quercus, certains Acer et Ulmus, Castanea, Juglans, Aesculus, Araucaria sauf cunninghamii, Hopea, Dipterocarpus*, etc.).

---

* ONF. Semences forestières : choisir la qualité ONF.
https ://www.onf.fr/produits-services/+/63 : :semences-forestieres-choisir-la-qualite-onf.html

Les graines récalcitrantes sont souvent grosses (Gland, châtaignes, noix, etc.). La conservation des glands, rendue nécessaire par la rareté des fructifications, a demandé une longue mise au point et des installations particulières. Après une phase de nettoyage et de ressuyage, ils font l'objet d'un traitement fongicide par thermothérapie (trempage dans l'eau à 42°C pendant environ 2 heures). Après ressuyage jusqu'à environ 40 % d'humidité, la conservation doit se faire à - 1°C. Les glands ne supportent ni la déshydratation ni le gel mais la température de -1° est nécessaire pour tenir compte d'un certain échauffement de ces grosses graines dont la respiration reste très active. Le contrôle des lots et des chambres froides reste délicat et coûteux.

Dans le domaine tropical, les graines d'eucalyptus, très fines (moyenne de 500.000 graines /kg) et de type orthodoxe, sont faciles à conditionner et à stocker. En récipients étanches (avec peu d'oxygène) elles peuvent se conserver durant de nombreuses années en chambre froide à + 4°C alors qu'à l'air chaud et humide, elles perdent tout pouvoir germinatif au bout d'un an. Il en est de même des pins dont les graines sont environ 20 fois plus grosses (moyenne de 25.000 graines/kg). Les graines d'acacias sont souvent plus petites que celle des pins (on compte 60.000 graines /kg pour *Acacia mangium*) mais elles présentent souvent des dormances tégumentaires importantes. Certaines graines comme celles de la plupart des araucarias sont récalcitrantes et ont un pouvoir germinatif très fugace (guère plus d'un mois) ce qui complique beaucoup les échanges internationaux. Toutefois, *Araucaria cunninghamii*, essence de reboisement au Queensland, a des graines tout à fait orthodoxes qui peuvent se conserver très longtemps à basse température.

24 - Dormance et prétraitement

Il existe plusieurs types de dormance qu'il faut nécessairement lever avant de pratiquer le semis et que l'on peut classer comme suit :

1. **Dormance tégumentaire** (tégument de la graine ou péricarpe du fruit)
   - Imperméabilité à l'eau ou résistance mécanique du tégument (*Acacia, Acer platanoïdes, Robinia*, etc.).
   - Inhibiteurs dans le péricarpe ou le tégument (dormance apparente, ne concernant pas l'embryon).

2. **Dormance embryonnaire**
   - Développement incomplet de l'embryon (graines immatures comme chez *Abies nordmanniana*)
   - Inhibition physiologique de l'embryon, plus ou moins forte.
     - o dormance légère (*Abies, Cedrus, Pseudotsuga, Eucalyptus, Pinus*, etc.)
     - o intermédiaire (*Fagus, Acer pseudoplatanus*, etc.)
     - o dormance profonde (forte inhibition)

3. **Dormances combinées.** Combinaison de dormances tégumentaires et embryonnaires.

   Exemples :

   - o *Tilia cordata* : imperméabilité physique du tégument et une profonde dormance physiologique,
   - o *Fraxinus excelsior :* immaturité des embryons à la récolte et une profonde dormance embryonnaire,
   - o *Prunus avium* : inhibition tégumentaire et dormance embryonnaire.

25 - Levée de dormance

Les graines dormantes doivent nécessairement subir un prétraitement afin d'obtenir, en pépinière, une germination acceptable et homogène dans le meilleur temps.

Pour les graines à dormance tégumentaire (comme *Acacia mangium, A. auriculiformis, Robinia pseudacacia*, etc.), la scarification ou le trempage dans l'eau bouillante (2 heures pour le robinier, 30 secondes pour les acacias) suivi d'une immersion pendant 24 heures à température ambiante sont des techniques classiques donnant de bons résultats. On peut aussi mettre les graines dans de l'acide sulfurique concentré pendant 10 minutes. Enfin, il faut signaler qu'en forêt, le passage du feu dans la litière lève la dormance. C'est une bonne technique de régénération naturelle après une coupe rase.

Pour les dormances embryonnaires (vraies ou apparentes), les seuls traitements efficaces sont ceux qui imitent la nature en période hivernale, avec des expositions au froid humide (stratification), opérations qui peuvent durer de quelques semaines à plusieurs mois (selon la force d'inhibition de ces dormances profondes) et qui peuvent être suivies ou entrecoupées de réchauffements.

Si pour des espèces comme *Pinus taeda* (USA) une stratification au froid humide pendant 60 jours est suffisante, d'autre recourent à des techniques plus sophistiquées comme le trempage dans l'eau oxygénée pendant 4 heures suivi d'une exposition au froid pendant 15 jours pour *Pinus elliotti* en Australie. En France, certaines espèces à dormances combinées nécessitent des traitements encore plus compliqués. Ainsi pour *Fraxinus excelsior* on a des séquences différentes, selon qu'il s'agisse du fruit ou de la graine (fruits sans le péricarpe) et pour *Prunus avium*, alternances de phases chaudes et de phases froides :

Fraxinus excelsior *Immaturité des embryons à la récolte et dormance profonde*		**Prunus avium** *Inhibition tégumentaire et dormance embryonnaire*	
16 semaines à 20°C sur milieu humide	fruits (samare)	2 semaines à 20 ou 25°C sur milieu humide	graines
16 semaines à 3 ou 4 °C sur milieu humide		2 semaines à 3°C	
10 semaines à 20°C	graines	2 semaines à 25°C	
16 semaines à 3 ou 4 °C sur milieu humide		3 à 10 semaines à 3°C jusqu'à la germination	

Il est certain que ces prétraitements sont d'autant plus contraignants que leur durée est longue et leurs modalités variées, mais aussi que les lots à traiter sont volumineux et nombreux.

***

3 - RÉGULATEURS DE CROISSANCE

31 - Généralités

Le développement et la croissance des végétaux sont sous contrôle des phytohormones. Celles- ci sont synthétisées dans les plantes en des endroits variés, en fonction de l'âge de la plante, du milieu et d'événements environnementaux très divers. En plus de ces hormones végétales, certains produits chimiques se sont révélés avoir une action sur le développement des végétaux, soit qu'ils interagissent sur les phytohormones, soit même qu'ils agissent directement sur les plantes.

Contrairement aux hormones animales dont on a une très grande connaissance, les phythormones sont encore incomplètement connues. En particulier leur rôle dans la croissance des végétaux ainsi que leur métabolisme, apparaissent encore bien complexes. On pourra se reporter à l'excellent PWP «Les Régulateurs de croissance végétaux», présenté en 2003 par G. JAOUEN du CIRAD Kourou[27].

Le tableau de la page suivante tente de récapituler les principales caractéristiques des 4 grands groupes de régulateurs de croissance et produits de synthèses qui ont des effets significatifs sur la croisance des végétaux.

Les effets de ces divers régulateurs ne sont pas connus avec une grande précision et leur emploi est encore très aléatoire. Cette difficulté pour l'expérimentateur, vient de l'absence de moyen pratique pour mesurer les taux d'hormones dans la plante, réduit à une estimation visuelle d'après la morphologie des organes considérés.

Il faut également souligner le fait que ces diverses substances de croissance n'agissent jamais seules dans la plante mais toujours sous forme d'équilibre entre plusieurs d'entre-elles. A cela s'ajoute une grande sensibilité toujours sous forme d'équilibre entre plusieurs hormones ainsi qu'une grande sensibilité de réaction aux doses utilisées

Le savoir-faire en matière d'hormones végétales et de régulateurs de croissance reste donc encore le plus souvent du domaine expérimental et cela constitue un lourd handicap pour les praticiens, malgré quelques applications essentielles utilisées par les pépiniéristes pour la multiplication végétative (**bouturage**) et par les améliorateurs pour la mise à fleurs des sujets greffés (**induction de la floraison** dans les parcs à clones).

Brésil. Bouturage de l'Eucalyptus. Trempage de la base des boutures dans du talc additionné d'auxine (AIB).

Différents régulateurs de croissance et effets sur les plantes

Les régulateurs de croissance sont des produits de synthèse proches des hormones végétales

Classification	Produits de synthèse	Hormones naturelles	Lieux de synthèse dans les plantes	Juvénilité	Sénescence	Mitoses	Allongement cellulaire	Bourgeons axillaires	Apex	Tiges		Racines	Feuilles	Fleurs	Fruits	Dormance graines	Résistance	
										dominance apicale	croissance en épaisseur						Parasites	Froid
Grandissement cellulaire	AIB, AIA, ANA	Auxines	Bourgeons terminaux Jeunes feuilles			+++ ds les bourgeon s	+++ à FC	---- à Forte C	+++ à FC	+++ à FC		+++ à faible C	empèche la chute		+++ fructificatio n			
	GA	Gibbérellines GA1 à GA89	Méristèmes Jeunes feuilles Embryons			++ Méristème subapical	+++++ Entrenoeuds	+++		+++ (hampes florales)	+++			+++	+++	levée		
Multiplication cellulaire	BAP, Zéatine, IPA, Kinétine	Cytokinines	Apex racinaire embryons fruits	+++	---	+++++ à FC		+++ forte interaction avec auxines	--							levée		
Autres substances hormonales	ABA	Acide Abscissique	Parenchyme des racines, feuilles matures, bourgeons	--	+++	rôle antogoniste des GB	------	--	--	----		tubérisation	chute, fermeture stomates		chute			
	C_2H_4	Ethylène	Fruits mûrs						favorise les GA	stimule allongt.	+++	tubérisation	chute	retarde la floraison	chute et maturation			
	BR	Brassino-stéroïdes	Toute la plante		+ protègent contre le froid et la sécheresse	en synergie avec auxines et GB +++ (à faible C)				différenciation vasculaire				allongement tubes polliniques				
Autres molécules		Acide jasminique	Toute la plante		+++							-----	chute	inhibe la chlorophylle	chute et maturation	+++	++	
		Acide salicylique			inhibe l'ABA									inhibe l'éthylène			+++	
		Systémine															+++	
		Polyamines			++	++								++	++			
	PBZ	Paclobutrazol (antigibbérellines)	Produit chimique			--	-------	--		--		++++		+++++				+++

+++ stimulation | ---- inhibition

La présentation ci-après, relative à des expériences in vitro sur le tabac et empruntée au site. http.//col89-larousse.ac-dijon.fr/IMG/pdf/culture_in_ vitro.pdf illustre bien l'importance des hormones végétales :

L'IMPORTANCE DES HORMONES VÉGÉTALES

EXPÉRIENCE SUR DES EXPLANTS DE TABAC : comment on "oriente" une culture à l'aide de deux hormones : l'auxine et la cytokinine. On joue sur le rapport Auxine / Cytokinine :

R= concentration en auxine/concentration en cytokinine

Si R =1 : formation de cal uniquement ;
R <1 : formation de fleurs ou de feuilles sur le cal ;
R > 1 : formation de racines sur le cal.

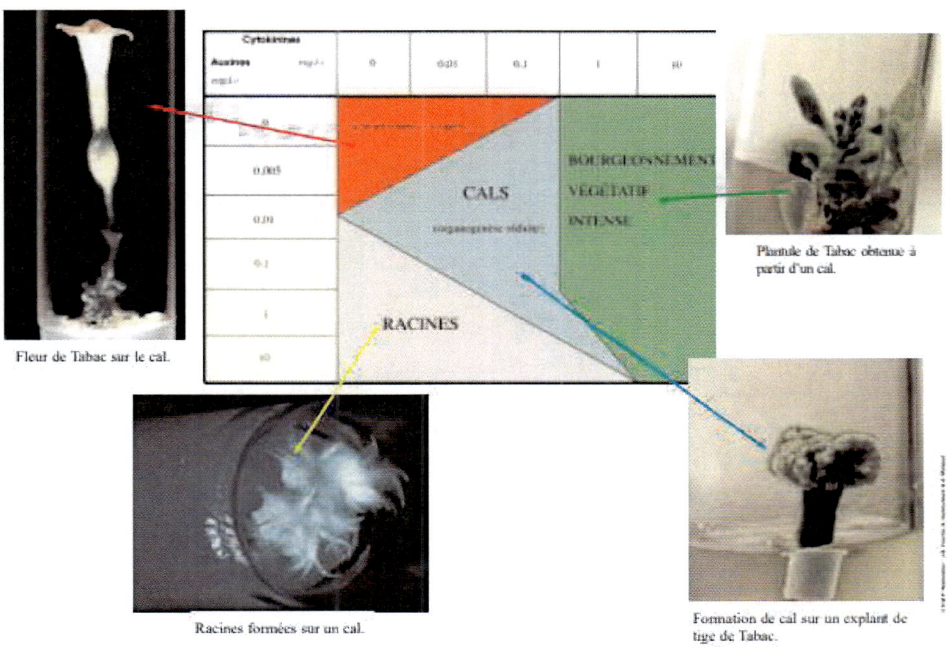

Fleur de Tabac sur le cal.

Plantule de Tabac obtenue à partir d'un cal.

Racines formées sur un cal.

Formation de cal sur un explant de tige de Tabac.

Comme le montre très pédagogiquement le schéma, le rapport Cytokinines / Auxines (R) dans le milieu de culture est déterminant pour l'évolution des explants. Bien que les deux types d'hormones soient indispensables, les plus fortes concentrations en cytokinines, influent fortement sur le bourgeonnement des tiges alors que les racines sont favorisées par des concentrations élevées en auxines. Par contre, les bourgeons floraux, ne se développent qu'avec des concentrations très faibles en ces deux régulateurs de croissance, voire en leur absence.

Il est intéressant également de constater que les cals se développent à l'optimum pour un rapport R voisin de 1 et proche de 0,1 µmole/litre, tant pour les cytokinines que pour les auxines avec cependant un pic vers les fortes concentrations, ce que l'on observe dans le bouturage herbacé des arbres forestiers.

Il faut souligner que si le schéma est globalement valable pour tous les végétaux, chaque espèce présente des réactions propres et variables selon le type d'explant utilisé.

32 - Hormones de bouturage

Le bouturage des arbres[28], qui sera traité au chapitre suivant, ne se fait pas toujours en utilisant des auxines. Dans les pratiques anciennes (avant 1980), il était rare d'utiliser des hormones de bouturage car les espèces ainsi multipliées étaient celles qui présentaient une grande aptitude à la multiplication végétative, comme les peupliers et les saules. De telles stimulations de l'enracinement n'étaient pratiquées que pour la multiplication de certains arbustes récalcitrants.

Ce n'est qu'en s'attaquant aux arbres forestiers difficiles à bouturer, à commencer par les eucalyptus (Martin *et al*, 1973), que l'usage des auxines s'est répandu dans les pépinières forestières. La pratique est courante aujourd'hui pour ceux qui pratiquent le bouturage à grande échelle. Comme l'AIA (acide indole 3-acétique), qui est l'hormone naturelle synthétisée par les plantes, est très fragile et peu stable à la lumière et à la chaleur, on se sert principalement de produits de synthèse : l'AIB (acide béta indole butyrique) à des concentrations comprises entre 0,1 et 2% (souvent proche de 0,5%) ou l'ANA sous forme d'acide naphtalèneacétique ou d'acétamide de naphtalène (2 - (1-naphtyl) acétamide). Dans la pratique, on utilise des poudres hormonées ("exubérone" ou "rootone"), constituées de talc dans lequel sont dispersées les matières actives. Les spécialités du commerce comprennent aussi des mélanges de tous ces produits à des doses variées, soit en poudre, soit sous forme liquide ou de gel, ce qui ouvre des possibilités de traitement par trempage plus ou moins rapide de la base des boutures et permet de simplifier leur mise en place, toujours un peu délicate pour ne pas laisser la poudre en surface du substrat. Dans tous les cas, le choix du produit et de la méthode ne peut être que le fruit d'une longue expérience et, pour des raisons de coût et de simplicité, les acides AIB ou ANA sont généralement utilisés seuls et en poudre.

La base des boutures est trempée dans cette poudre sur 1 à 3 cm de haut. Cette opération manuelle minutieuse a un coût relativement élevé est n'est pas toujours nécessaire pour obtenir un bon enracinement des boutures. En effet, la stimulation par un ajout d'hormone n'est indispensable que lorsque la bouture n'est pas en condition physiologique optimale lors de sa récolte. Cependant, en dehors des salicacées qui possèdent naturellement cette aptitude, cela reste une mesure de sécurité pour les pépiniéristes, à cause des lots de boutures jamais parfaitement homogènes. Cet usage est considéré comme une garantie d'obtention d'un enracinement rapide et abondant avec en plus une bonne cicatrisation de la base des boutures.

33 - Maîtrise de la mise à fleurs des arbres

33.1 - Organisation et historique des travaux

En matière d'amélioration génétique des arbres, la sélection des arbres de grande qualité (arbres +) en forêt naturelle, en plantations industrielles ou expérimentales, est suivie de leur mobilisation par greffage. La récolte des greffons sur ces arbres très droits, sans branches et souvent très hauts, se fait par grimpage à l'échelle forestière ou par tir de branches à la carabine.

L'étape suivante consiste à greffer les pousses prélevées sur de jeunes sujets de la même espèce, issus de semis et élevés en pots pour un contrôle précis de l'irrigation et de la fertilisation (parcs à clones). Dans les pays tempérés, cet élevage se fait souvent sous serre pour protéger les plants des intempéries et pour un meilleur contrôle des conditions climatiques. En zone tropicale les parcs à clones sont généralement conduits en plein-air.

La conduite des pieds greffés en parc à clones comprend les opérations suivantes :

1. Fertilisation équilibrée, souvent faite avec des engrais à diffusion lente (type osmocote ou nutricote),
2. Irrigation, généralement appliquée au goutte à goutte, méthode automatique, simple et précise.
3. Taille de formation en recherchant une forme en gobelet pour optimiser l'éclairage des rameaux.
4. Induction de la floraison pour obtenir un maximum de fleurs, le plus tôt possible.

Pour l'améliorateur, la possibilité de manipuler les fleurs des arbres "à portée de main" dans les parcs à clones, a toujours été un des points clé de la faisabilité des croisements contrôlés donc de l'amélioration génétique. Le greffage de scions pris dans la cime d'arbres adultes (et donc "maturés") permet de raccourcir la période d'attente avant la floraison. Toutefois, ce délai reste encore souvent trop long pour beaucoup d'espèces et c'est pourquoi on a cherché à hâter la mise à fleurs y compris chez de très jeunes arbres.

Au début, connaissant mal les régulateurs de croissance, on a d'abord essayé d'agir sur les facteurs externes (taille des arbres et techniques culturales). Il est apparu très vite qu'il fallait, pour tout type d'intervention, trouver la période optimale de stimulation florale, laquelle coïncide avec le débourrement des méristèmes axillaires des feuilles (M. BONNET-MASIMBERT 1986[29]). Une bonne induction doit donc faire évoluer une bonne part de ces "primordia" vers des fleurs et non des feuilles. Ces stades sont très précis et varient en fonction des espèces et des individus mais aussi selon les années, avec parfois une amplitude phénologique considérable. Les observations doivent donc être répétées afin de déclencher les traitements au bon moment (en général au moment du débourrement) et plutôt en avance qu'en retard. Dans les vergers à graines de la zone tempérée, on prend souvent comme période optimale le stade du demi-débourrement qui reste à prévoir pour chaque verger.

Beaucoup d'efforts ont été consentis pour tenter d'accroître et de régulariser la production des vergers à graines tout en améliorant la panmixie (meilleures recombinaisons génétiques par augmentation des croisements dans les vergers). L'irrigation contrôlée avec arrêt à certaines périodes estivales (stress hydrique), la fertilisation, le contrôle de la concurrence herbacée, le cernage racinaire, les annélations, sont des techniques qui ont donné d'assez bons résultats et qui sont toujours employées dans la conduite des vergers.

En parc à clones, on peut associer la fertilisation à l'arrosage, bien qu'à des fréquences différentes. Les engrais sont alors ajoutés périodiquement sous forme liquide dans l'eau d'arrosage (fertirrigation). Cette formule, plus difficile à maîtriser, est surtout réservée aux grands parcs à clones (croisements contrôlés industriels). Remarquons qu'elle est également utilisée pour la conduite des parcs à pieds-mères dans la pratique du bouturage (voir au chapitre suivant).

33.2 - Facteurs externes. Floraison et Production de graines

1 - Choix du site

Pour l'installation d'un verger à graines de clones, le choix du site est important. En mauvais site, la fertilisation est obligatoire mais risque de rester insuffisante pour parvenir à une fructification élevée, homogène et régulière. D'autre part, le froid et l'humidité étant des facteurs climatiques défavorables, les vergers à graines de clones seront de préférence installés dans des sites chauds et bien ensoleillés. La pente restera cependant assez faible pour ne pas représenter d'obstacle au passage des engins et à la mécanisation des opérations culturales.

2 - Opérations culturales

Divers facteurs externes influent sur la floraison.

Taille des arbres. Il s'agit d'éviter aux arbres un trop grand développement, en particulier en hauteur. Il est vrai que le greffage facilite la taille puisque les ramets greffés présentent souvent un manque de dominance apicale surtout au début de leur croissance. Cependant, avec le développement des racines des porte-greffes, l'orthotropie finit par se rétablir. Cela est plus ou moins accentué suivant les espèces (surtout chez les sapins dont les pousses sont souvent plagiotropes). Avec la taille, et en commençant par éliminer les pousses terminales, on favorise la croissance des rameaux latéraux qui sont taillés à leur tour. Par la suite, on enlève systématiquement toute velléité de dominance apicale et on donne ainsi peu à peu aux arbres une forme en pommier ou en gobelet. La hauteur des arbres dépendra des moyens d'intervention. Avec des nacelles ou des appareils surélevés on peut façonner des arbres plus haut, à houppiers plus volumineux, présentant donc un meilleur potentiel florifère. La multiplication des rameaux augmente le nombre de fleurs, lesquelles sont plus faciles à atteindre et à polliniser. La taille des vergers forestiers reste néanmoins une opération difficile et coûteuse, au résultat aléatoire. Pour cette raison, on s'oriente de plus en plus vers des vergers à forte densité d'arbres de petites dimensions, plus faciles à contrôler.

Fertilisation. Des essais anciens ont montré une grande efficacité de la fertilisation, tant sur des peuplements en place que sur des plantations expérimentales, des vergers à graines ou des parcs à clone. Dès 1977, LE TACON *et al.*[30] ont montré que l'on pouvait tripler la production de faînes viables dans des hêtraies naturelles (*Fagus sylvatica*), même âgées ou très productives, en assurant une fertilisation, surtout azotée et phosphorée, l'azote semblant montrer un rôle prépondérant. Il est à noter que le nitrate de chaux est souvent utilisé sur le douglas (*Pseudotsuga menziesii*).

En vergers à graines de clones (arbres greffés) l'effet positif de l'azote était déjà connu par quelques chercheurs en 1977, notamment en Nouvelle Zélande avec *Pinus radiata*[31] Toutefois les difficultés ont perduré car la réponse à l'azote s'est avérée clonale. Comme il est difficile de faire des traitements clone par clone dans les vergers, un tel résultat pousse à la création de vergers spécialisés (♂ et ♀) avec récolte de pollen dans l'un et pollinisations dirigées dans l'autre. Cela va d'ailleurs de pair avec l'optimisation des gains génétiques qui débouche sur la production des meilleures familles d'espèces pures ou d'hybrides interspécifiques. C'est en particulier le cas au Queensland (Australie) avec la production d'hybrides *Pinus elliottii x Pinus caribaea*. La fertilisation complète supplémentée en azote est appliquée par épandage en plein.

Contrôle de la végétation herbacée. Les vergers sont en général bien entretenus. Afin d'éviter le passage répété d'engins à disques, ce contrôle se fait le plus souvent avec des herbicides (glyphosate). On peut aussi faucher les herbes au gyrobroyeur, ce qui permet de laisser le terrain propre, peu poussiéreux (pelouse) et peu sensible à l'érosion. Toutefois, il ne limite pas complètement la concurrence et doit être réalisé avant la saison sèche si l'on veut éviter les incendies.

Cernage des racines. Le cernage des racines a un effet positif sur la floraison à condition de le réaliser à la bonne époque et au niveau des petites racines. Il peut se faire par passage croisé d'un coutre circulaire au milieu de l'interligne. L'effet est proche de celui d'un stress hydrique.

Annélations semi-circulaires. Ces pratiques sont fréquentes sur les arbres des vergers de conifères. Il s'agit de pratiquer, à l'aide d'une scie de jardinier, deux incisions semi-circulaires et opposées dans les 2 premiers mètres du tronc. Ces annélations ne doivent pas être très profondes est s'arrêter au bois. L'important est de couper les vaisseaux du phloème pour éviter la descente de la sève élaborée.

Pratiquées au moment de l'induction florale elles se seraient révélées comme le traitement le plus efficace (CEMAGREF 2008) lequel est à renouveler tous les 2 ou 3 ans.

33.3 - Facteurs internes. Régulateurs de croissance

1 - Traitements aux Gibbérellines

Bien que les premiers effets soient déjà anciens sur les Cupressacées et les Taxodiacées (PHARIS 1967 ; FRAZER 1970), ce n'est que plus tard que des résultats furent étendus aux Pinacées (KATO 1958, PHARIS *et al.* 1976 et ROSS 1975) en particulier.

Ce n'est que 10 ans plus tard que l'ouvrage D'OWENS ET BLAKE (1985[32]) a véritablement lancé les chercheurs dans cette voie.

Restés longtemps dans le domaine de la recherche, les traitements aux gibbérellines ont fini par déboucher sur des applications pratiques. Aujourd'hui, les injections de GA4/7, juste avant la période d'induction de la floraison, sont devenus classiques et donnent de bons résultats chez beaucoup de conifères tempérés (*Chamaecyparis, Cryptomeria, Cupressus, Larix, Picea, Pinus, Pseudotsuga, Thuja, Tsuga*). Les résultats dépendant cependant de la date précise d'application, propre à chaque individu, sont encore irréguliers (sauf pour le Cryptomeria étudié depuis longtemps au Japon). Les traitements en vergers à graines sont plus rares qu'en parcs à clones, plus faciles à contrôler.

Ces régulateurs sont appliqués sur des plants bien fertilisés, en combinaison avec un ou plusieurs autres traitements et en tout premier lieu l'annélation d'écorce mais aussi le cernage racinaire. On utilise des produits du commerce comme le Régulex (10 g/l de GA4/7) que l'on dissout dans de l'éthanol (200 mg/l). La solution est déposée à la seringue dans des trous pratiqués dans le tronc à la perceuse (en biais vers le bas sur 2 à 3cm de profondeur) lesquels sont ensuite rebouchés avec du mastic. Ces trous sont pratiqués un peu au-dessus de l'annélation.

Pour les essences feuillues c'est une toute autre question. En dehors du bouleau et de l'aulne qui font l'objet de vergers à graines sous serre dans les pays nordiques (la Finlande est très avancée). Les vergers à graines d'essences feuillues sont rares en région tempérées et quand ils existent, l'induction de la floraison est peu pratiquée. Il faut dire qu'en Allemagne les résultats des vergers à graines de chênes (*Quercus petraea et Q. robur*) sont décourageants (faible productivité et faible longévité, suite à de nombreux rejets de greffes). Pour le Hêtre (*Fagus sylvatica*) c'est encore pire, les Allemands ont renoncé aux vergers à graines. En France, il existe quelques vergers de feuillus dit "précieux" et en particulier de Merisier (*Prunus avium*) et Frêne (*Fraxinus excelsior*), espèce dont l'intérêt s'est effondré depuis les très importantes attaques de chalarose dont il est l'objet.

2 - Effet du Paclobutrazol

Depuis une trentaine d'année, un produit chimique issu du pétrole est venu s'ajouter à la liste des régulateurs de croissance. Il s'agit du Paclobutrazol (PBZ) vendu dans le commerce sous le nom de "Cultar" ou de "Bonzi", sous forme de solution dosée à 250g de matière active par litre. Le PBZ est un retardateur de croissance végétale. Il est considéré comme un "antigibbérellines" car il inhibe leur biosynthèse. Il a pour effet de réduire la croissance des entre-nœuds des tiges et d'augmenter la croissance des racines. Il a également été montré que le Paclobutrazol réduisait la sensibilité au gel. En arboriculture fruitière il limite l'alternance biennale chez le manguier et le pomelo. Par ailleurs, sur les arbres et les arbustes, il améliore la résistance à la sécheresse, renforce la couleur verte des feuilles, améliore la résistance contre les champignons et les bactéries, et développe les racines.

Pour les améliorateurs forestiers et en particulier en zone tropicale, l'emploi du PBZ facilite grandement la mise à fleur, en particulier des feuillus (eucalyptus). Il est d'un emploi facile (injection du Cultar dans le tronc, comme pour les gibbérellines ou application par arrosage autour des pieds) mais ce qui en fait son grand intérêt, en comparaison avec les gibbérellines, est que sa réponse est beaucoup plus sûre et très régulière. La seule difficulté est de connaître le bon dosage en fonction de l'espèce et de l'âge des pieds greffés. On doit prendre garde aux doses trop élevées qui sont dangereuses pour les arbres (blocage de la croissance). On devra donc s'attacher à trouver les bonnes doses, les bonnes dates d'application et la bonne fréquence ce qui reste encore assez empirique car cela dépend du génotype, du niveau de développement des sujets et de la qualité des greffes.

Sur les eucalyptus, selon WILLIAMS[33], on peut commencer à traiter dès la 1ère année après le greffage pour une floraison importante dès la 2ème année. Le praticien acquerra rapidement de l'expérience (CAUVIN 1992[34]).

L'arrosage apparaît le plus souvent comme le procédé le plus simple, sans occasionner de blessure aux arbres greffés. Cette méthode est particulièrement bien adaptée en parcs à clones, sur des plants greffés éduqués en gros conteneurs, sous serre (régions tempérées) ou à l'extérieur. On peut cependant utiliser aussi le PBZ en plein champ avec des résultats tout à fait acceptables mais dans ce cas, l'injection à la base des troncs paraît plus efficace (GRIFFIN 1993[35]).

Les doses sont en principe calculées par pied et ajustées en fonction du diamètre de l'arbre. Les doses souvent pratiquées, sont de l'ordre de 250mg par cm de circonférence de l'arbre à traiter. Pour un arbre de 5 cm de diamètre, la dose à appliquer est donc d'environ 4 g, lesquels sont dilués dans un litre d'eau avant arrosage. En injection les doses peuvent être réduites à 1 à 2g/pied.

L'effet du Cultar est d'abord un raccourcissement des entre-nœuds avant la mise à fleurs, ce qui se traduit par une certaine nanisation des plantes, effet plutôt avantageux pour les manipulateurs puisque cela réduit les besoins de taille. Au Congo, en 1993 (DEMBI [36]), un traitement en plein champ sur 4 espèces d'eucalyptus (*E. grandis, E. pellita, E. urophylla* et *E. tereticornis*) a permis une amélioration très significative de la floraison, une réduction de la longueur des entrenœuds et des feuilles. Le traitement s'est fait sentir pendant plusieurs années.

En Cantabrie (Espagne), les travaux de Carlos TEJEDOR (SNIACE) montrent une bonne efficacité de ce traitement sur *E. globulus,* en parc à clones (aussi bien sur des plants élevés, en pots sous serre, qu'en plein champ). Les croisements réalisés chaque année montrent des niveaux de fécondation élevés avec des taux de graines par fruit pouvant aller jusqu'à 35 graines/capsule contre 20 en pollinisation libre.

De plus, aucun effet toxique sur les descendants n'a été détecté. Sur *E. nitens*, espèce peu florifère, les traitements en vergers à graines de plein champ ont permis une mise à fleur des arbres greffés, rapide (2 ou 3 ans), importante et assez régulière. Enfin, depuis 201[illegible], grâce à cette technique, Carlos TEJEDOR réalise des croisements contrôlés industriels entre *E. globulus* résistants au *Mycosphaerella* ce qui lui permet d'alimenter une pépinière de production de familles de plants de très grande qualité génétique à faible coût par rapport à celui, très élevé, des plants issus de boutures pour la production de clones résistants au *Mycosphaerella*.

33.4 - Remarque finale

L'induction artificielle de la floraison n'est pas encore parfaitement maîtrisée et sa compréhension est loin d'être acquise. Toutefois, un savoir-faire empirique s'est finalement construit grâce à l'expérience croissante des opérateurs qui combinent toujours plusieurs traitements. Non seulement, cette nouvelle technologie permet aux améliorateurs de réaliser leurs programmes de croisements contrôlés mais elle permet aussi à certains d'améliorer très sensiblement la floraison des vergers à graines de conifères. Enfin, quelques-uns ont déjà pu se lancer avec succès dans de nouvelles filières de croisements contrôlés industriels (avec les pins et les eucalyptus souvent hybrides).

***

4 - POLLEN ET POLLINISATION ARTIFICIELLE

41 - Croisements contrôlés. Intérêt et étapes pratiques

Les croisements contrôlés englobent différentes techniques utilisées par les améliorateurs et/ou les producteurs de semences améliorées. On peut classer ces opérations comme suit.

<table>
<tr><th>Site de pollinisation</th><th colspan="2">Type d'opération</th><th>Protection des fleurs femelles</th><th>Risques d'autofécondation</th><th>Type d'espèces et abondance du pollen</th><th>Technique de pollinisation</th></tr>
<tr><td>Verger à graines de plein champ</td><td colspan="2" rowspan="2">Pollinisation dirigée</td><td rowspan="2">sans protection</td><td rowspan="2">grands</td><td rowspan="2">anémophiles (conifères)</td><td rowspan="2">Pulvérisation d'un mélange de pollen</td></tr>
<tr><td>Verger à graines sous serre (Bouleaux, etc.)</td></tr>
<tr><td rowspan="3">Parcs à clones greffés</td><td rowspan="3">Croisements contrôlés</td><td>stricts</td><td>avec protection</td><td>pratiquement nuls</td><td rowspan="3">entomophiles (feuillus)</td><td>Mini pulvérisation</td></tr>
<tr><td rowspan="2">moins stricts</td><td rowspan="2">sans protection</td><td rowspan="2">faibles</td><td>Application au pinceau</td></tr>
<tr><td>Technique OSP*</td></tr>
</table>

* La technique OSP (one stop pollination) consiste à couper le style et à en saturer aussitôt la section avec du pollen

Les croisements contrôlés sont devenus indispensables dans les programmes avancés d'amélioration génétique, qui ne peuvent se limiter aux croisements libres et aux seules descendances maternelles, sans contrôle de l'arbre père. En matière de ligniculture il faut passer aussi vite que possible aux descendances contrôlées qui sont le résultat de croisements effectués manuellement entre couples d'arbres sélectionnés.

Ces croisements sont en général réalisés dans le cadre de l'amélioration génétique mais ils peuvent également être utilisés pour la production à grande échelle des graines améliorées. Lorsqu'elle est possible, cette technique est un complément très intéressant au clonage industriel car elle est beaucoup moins coûteuse et fait passer directement à la génération suivante avec le gain génétique correspondant (B. MARTIN 1991[37]).

Dans les programmes d'amélioration génétique, ces croisements suivent en général un plan fixé à l'avance, appelé "plan de croisements". Les lots de graines obtenus sont des descendances contrôlées qui sont comparées entre elles (et par rapport à un ou plusieurs témoins) au moyen de tests de descendances contrôlées, extrêmement utiles pour l'améliorateur.

Ces tests plus ou moins sophistiqués (selon les plans de croisements), permettent d'accélérer l'amélioration par les opérations suivantes.

1. Détermination de nombreux paramètres génétiques,
2. Sélection des meilleures familles et donc des meilleurs parents,
3. Production à grande échelle de ces meilleures descendances,
4. Sélection, et mobilisation par greffage, des arbres + dans ces meilleures familles pour les croiser à nouveaux et passer ainsi à la génération avancée suivante,
5. Mobilisation des meilleurs arbres + par bouturage en vue de les comparer dans des tests clonaux,
6. Plantation à grande échelle des meilleurs clones de cette génération.

En pratique, la réalisation des croisements contrôlés consiste à effectuer des fécondations artificielles en déposant le pollen des arbres-pères sélectionnés sur le stigmate des fleurs femelles des arbres-mères sélectionnés.

Cette technique requiert les diverses opérations suivantes, à effectuer avec précision :

1. Récolte du pollen séparément pour chacun des arbres-pères sélectionnés,
2. Conditionnement et conservation du pollen par petites quantités fractionnées,
3. Emasculation et ensachage des fleurs femelles sur les arbres-mères greffés,
4. Détection de la maturité des stigmates,
5. Pollinisation par dépôt de pollen sur les stigmates réceptifs,
6. Etiquetage et suivi des fleurs pollinisées,
7. Récolte des fruits à maturité et séchage,
8. Extraction des graines, ensachage étiquetage et conservation.

Les pollinisations artificielles exigent une bonne observation des floraisons ainsi qu'une bonne connaissance de la biologie florale afin de réduire le nombre d'interventions tout en dirigeant le pollen sur un maximum de fleurs ♀ réceptives.

Il est certain que la technique est beaucoup plus facile chez les conifères que chez la plupart des feuillus. En effet, chez les espèces monoïques, l'émasculation est sans objet au niveau des fleurs, mais seulement au niveau des inflorescences mâles (chatons). Il suffit donc de couper les branches (basses en général) porteuses de chatons avant leur maturation pour éliminer toute production de pollen par l'individu correspondant. Cette opération est facile à réaliser dans les parcs à clones de conifères greffés et taillés. C'est aussi le cas chez les arbres feuillus anémophiles appartenant aux deux groupes suivants :

- **Espèces dioïques :** Moracées (Morus) et Salicacées (Peupliers et Saules).
- **Espèces monoïques :** Bétulacées, Platanacées, Fagacées, Ulmacées Juglandacées (Noyers), et Casuarinacées (Aulnes, Bouleaux, Hêtres, Chênes, Noyers et Casuarinas).

Cependant, l'immense majorité des espèces feuillues présente des fleurs hermaphrodites et l'émasculation est alors beaucoup plus difficile. Cette opération reste cependant nécessaire avant l'application du pollen sur le stigmate, lorsque l'on cherche à éviter tout risque d'autofécondation. Cette difficulté, d'autant plus grande que la fleur est petite et la production de pollen très réduite, freine beaucoup l'usage des croisements contrôlés dans les programmes d'amélioration. Des efforts sont cependant à consentir car cette voie conduit à des gains rapides surtout si on est capable de cloner les meilleurs individus de ces descendances hybrides, notamment interspécifiques.

Remarque : Lorsque l'on cherche simplement à fabriquer des descendances avec une forte probabilité d'y trouver des individus exceptionnels particulièrement intéressants pour le clonage, l'émasculation n'est pas absolument nécessaire pour plusieurs raisons :

- **Protandrie ou protogynie.** L'autofécondation est un système très souvent combattu naturellement chez les arbres forestiers qui sont très généralement des espèces hermaphrodites et allogames. Le fait que chez ces espèces, les organes sexuels présentent un décalage dans les dates de maturité est considéré comme une première barrière à l'autofécondation.
- **Concurrence entre tubes polliniques**. Le mélange sur le stigmate, d'auto-pollen et d'hétéro-pollen, conduit rarement à des produits d'autofécondation étant donné que l'auto-pollen se trouve éliminé par une croissance préférentielle des "tubes allo-polliniques" dans les tissus du style ainsi que cela a été montré chez les peupliers (GURIEZ *et al,* 1976[38]) mais

aussi chez l'*Eucalyptus urophylla* et l'*Eucalyptus grandis* (HORSLEY, 2008[39]), phénomène observé grâce à la microscopie à épifluorescence, après pollinisation (auto et croisée).

- **Autres obstacles.** Des barrières génétiques, chimiques, etc , peuvent compléter cet arsenal.

Chez les eucalyptus, l'autofécondation entraîne fréquemment une diminution de la production de capsules, du nombre de graines et de la vigueur des semis eux-mêmes (HODGSON, 1976[40]). Elle est généralement défavorisée bien qu'il subsiste un certain pourcentage de produits d'autofécondation dans les descendances naturelles (ELDRIDGE *et al.*, 1993[41]). Malgré les barrières existantes, ces taux résiduels sont assez variables et dépendent du nombre et de la densité des arbres, et même au sein d'une espèce, certains individus peuvent être, soit entièrement autofertiles, soit presque incapables de s'autofertiliser. C'est bien ce que nous avons observé à Pointe Noire dans les années 70 avec l'*Eucalyptus* "12ABL", (descendance consanguine d'*E. tereticornis* originaire de Madagascar) mais avec d'énormes variations annuelles selon les pollinisations par les arbres voisins (voir le chapitre "le cas du 12ABL au Congo", p. 108 à 112, in thèse B. MARTIN 1987)[42].

42 - Pollinisation dirigée chez les espèces anémophiles

La maîtrise de la technologie du pollen (récolte, séchage conditionnement, conservation) exige une bonne connaissance de chaque espèce et l'utilisation de matériels adaptés. On se reportera à l'excellent livre de G. PHILIPPE, P. BALDET, B. HEOÏS et C. GINISTY (CEMAGREF)[43] qui fait le point de la situation en France en 2006, pour les principaux conifères français de plantation (douglas, mélèzes, épicéa commun et pin maritime).

Pour les améliorateurs, la manipulation du pollen des espèces anémophiles n'a jamais constitué un véritable goulot d'étranglement. La récolte est suivie du séchage en étuve, du tamisage et du conditionnement sous vide. Les stocks de pollen, identifiés pour chaque arbre +, sont fractionnés en petit petits flacons et conservés au congélateur à -20°C.

Si les opérations sont toujours manuelles pour tout ce qui relève de l'expérimentation (travaux d'amélioration génétique), la production industrielle en vergers est, par contre, de plus en plus dépendante de l'utilisation de machines spécialisées pour la récolte de pollen par aspiration et pour la pollinisation artificielle qui peut se faire par voie sèche (pollen mélangé à du talc ou diverses poudres) ou par voie humide (liquides pulvérisés sous pression). Cette pollinisation dirigée est utilisée pour la production industrielle de familles performantes, de demi-frères ou de pleins-frères.

Signalons enfin que depuis quelques années, l'utilisation de drones comme vecteur de pollinisation est tentée au japon et aux USA. En Californie, le drone permettrait même d'augmenter significativement les rendements d'exploitations agricoles, renforçant ainsi l'action des insectes pollinisateurs de plus en plus déficients. La société "Drocopter" serait devenue la première véritable entreprise à polliniser de cette manière des vergers d'amandiers, de cerisiers et de pommiers. La société aurait mis au point un brevet permettant à son drone de pulvériser avec précision la quantité nécessaire de pollen* La récolte de pollen doit cependant être suffisante pour assurer la réussite de l'opération. Il en est de même en matière forestière. Ainsi chez certaines espèces comme les mélèzes, les quantités de pollen récoltées restent un problème pour la réalisation des pollinisations dirigées en vergers à graines (CEMAGREF 2006).

---

* Site internet :_https ://www.futura-sciences.com/tech/actualites/drone-drones-pollinisateurs-feront-ils-mieux-abeilles-66273/

43 - Techniques de Croisements contrôlés

Manipuler le pollen n'est pas une opération très difficile à réaliser lorsqu'il s'agit de produire un nombre limité de graines, même quand on s'adresse à des espèces avares en pollen. Il est cependant beaucoup plus facile de collecter du pollen de Pin ou d'Acacia que d'Eucalyptus, de Teck, de Gmélina, de Terminalia ou d'Okoumé. La collecte du pollen d'espèces entomophiles est en effet beaucoup plus délicate et les quantités récoltées infiniment plus faibles. L'opération reste cependant envisageable pour un nombre limité de croisements, grâce en particulier à des techniques améliorées, plus rapides et souvent suffisamment efficaces que nous allons examiner plus loin ("OSP", "AIP").

43.1 - Chez les espèces anémophiles

1 - Récolte et conditionnement du pollen

Chez ces espèces, le pollen, très abondant, est facile à récolter. Il suffit de prélever les chatons mâles un peu avant maturité, de les maintenir en sac jusqu'à libération du pollen. Pour l'extraction, on se sert d'un entonnoir muni d'un tamis qu'il faut nettoyer minutieusement à chaque changement d'arbre +. Dans toutes ces manipulations, on agira avec précautions pour éviter tout mélange entre pollens des différents arbres. Il faut de l'espace et si le mauvais temps impose un travail à l'intérieur, on devra disposer de vastes locaux et des aménagements seront nécessaires.

Une fois extrait, le pollen sera mis à sécher en étuve sèche, à 45°C maximum, puis fractionnés en petits flacons et placé au congélateur à -20°C pour une conservation qui peut durer au moins un an à condition que le pollen soit bien sec. Pour cela on peut ajouter un peu de silicagel* dans chaque flacon.

2 - Fécondations artificielles

Les fleurs femelles, obtenues en parcs à clones sur arbres greffés, cultivés en pot, taillés et traités au Cultar, sont ensachées bien avant la floraison.

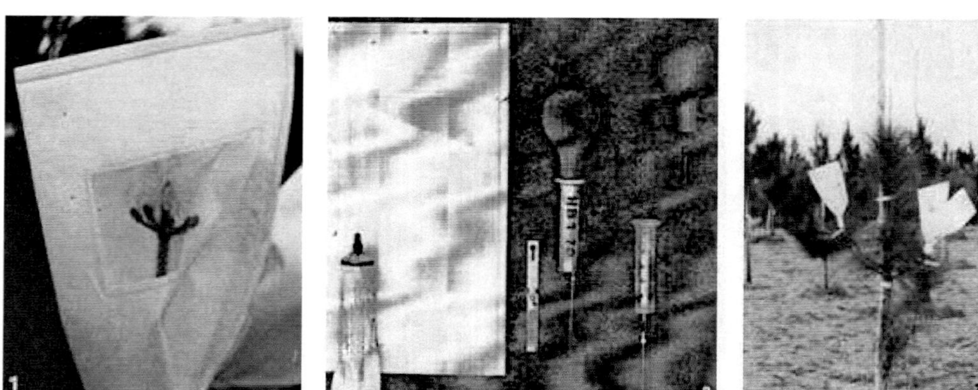

CTFT-Congo (Pointe-Noire 1970). 1. Sacs à pollinisation avec fenêtre transparente. **2.** Petit matériel de pollinisation (sac, seringue, aiguille, poire, valve, étiquette et colle), **3.** Pose des sacs sur parc à clones greffés en plein champ.

* Silicagel ou Gel de silice : hydroxyde de silicium $Si(OH)_4$

On utilise classiquement des sacs à pollinisation, équipés d'une fenêtre transparente permettant d'observer l'évolution des fleurs (photo n°1, précédente) et de polliniser au bon moment sans avoir à enlever le sac.

La pollinisation elle-même se fait avec de petits équipements faciles à fabriquer à moindre frais à partir de seringues hypodermiques et de poires en caoutchouc équipées d'une valve (photo n° 2 ci-dessus). Les opérations se succèdent comme suit :

- On perce la fenêtre avec l'aiguille de la seringue et on effectue une ou 2 soufflées de pollen sur les fleurs, visiblement réceptives,
- On referme le trou avec une colle épaisse à séchage rapide (avant de passer au sac suivant),
- On appose une étiquette sur la branche, comportant la date et les références du pollen appliqué.
- On ajoute une banderole colorée pour ne pas oublier de branches étiquetées, une fois les sacs enlevés.
- On doit utiliser autant d'appareils que de pollens différents.

En 1970, au Congo, sur *Pinus caribaea*, nous pratiquions 2 pollinisations espacées d'une semaine sur des parcs à clones installés en plein champ (photo n° 3 ci-dessus).

A condition que les croisements ne soient pas consanguins, les résultats sont en général supérieurs à ce que l'on obtient en "open" dans la nature (jusqu'à 100 graines par cône, contre 60 environ par fécondation libre).

43.2 - Chez les espèces entomophiles

1 - Récolte et conditionnement du pollen

Méthode classique. Les espèces entomophiles produisent très peu de pollen. On devra donc travailler avec parcimonie et récolter de nombreuses fleurs pour satisfaire aux besoins en pollen (voir photos suivantes).

Photos courtoisie Carlos Tejedor - SNIACE-Forestal (2005). Récolte de pollens en parcs à clones greffé. **1 :** Récolte de fleurs en parc à clones. **2 :** Transport des fleurs en flacons de verre. **3 :** Séchage des fleurs en étuve, sur lit de silicagel. **4 :** Pollens déshydratés et conditionnés en minitubes.

S'agissant d'arbres hermaphrodites, les fleurs sont à la fois équipées d'un pistil et d'étamines et, comme il est très rare de pouvoir utiliser les étamines éliminées lors des émasculations, on doit donc nécessairement disposer de nombreux pieds greffés pour être capable de faire face aux besoins en pollen pour la réalisation du plan de croisements.

Les fleurs une fois récoltées sont mises à sécher en étuve sèche, à 45°C maximum, puis le pollen une fois extrait, est fractionné et mis en plusieurs petits flacons, placés au congélateur à -20°C pour une conservation qui doit durer au moins un an, à condition qu'il soit bien sec, d'où l'ajout d'un peu de silicagel dans chaque flacon pour en optimiser la dessiccation.

Lorsque les quantités de pollen sont très faibles, il est important de s'assurer d'une excellente conservation sur la durée (au moins 1 an). On pourra alors améliorer les conditions de séchage en faisant le vide dans les flacons mais pour cela, on devra s'équiper d'une pompe à vide, de récipients à flacons multiples ("Multitainers"), de flacons et bouchons adaptés, outils de sertissage des flacons (et de dessertissage) et d'un système adapté d'étiquetage (voir photos suivantes). On devra également disposer d'un bon congélateur.

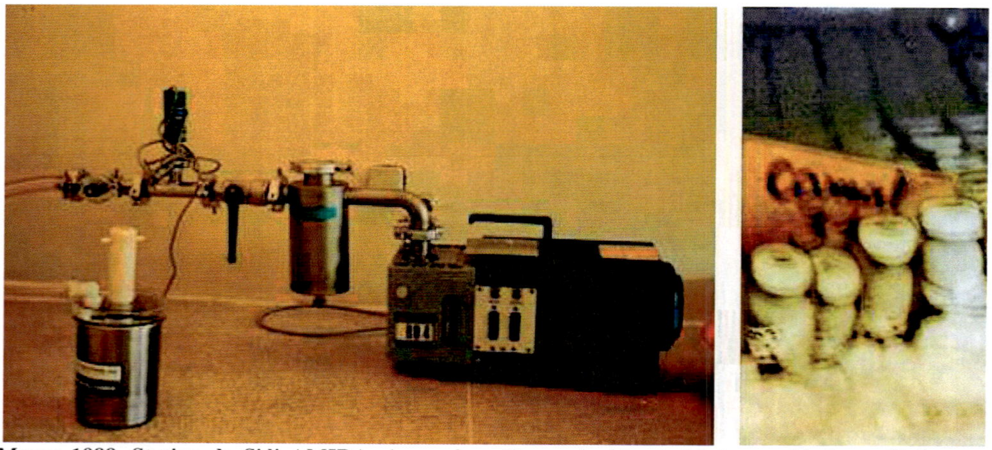

Maroc 1988. Station de Sidi AMIRA. A gauche : Pompe à vide et récipient multitainer utilisés pour conditionner le pollen en flacons en verre avant conservation à -18°C. **A droite :** Flacons de pollen sertis puis placés au congélateur, après mise sous vide.

Comme il n'est pas question de recongeler une seconde fois le pollen, chaque flacon sera à usage unique. Il est donc particulièrement important de bien fractionner le pollen récolté en de nombreux petits flacons afin de pouvoir répondre efficacement à tous les croisements prévus dans les plans (photo de droite, ci-dessus).

Chez les eucalyptus, la technique de récolte des branches florifères, de leur mise en vase, de la récolte des fleurs (qui peut durer 1 semaine) et de l'extraction du pollen a été particulièrement bien décrite au Congo par SINOIR (1985[44]). Les fleurs récoltées sont celles dont l'opercule est juste déhiscent, les étamines sont coupées au cutter et placées en une couche peu épaisse (pour éviter tout échauffement) sur un tamis (Tamisor) à la maille de 0,112 mm puis placées à l'étuve sèche, à 45°C pendant 24 heures. Selon l'auteur, 0,2 ml de pollen permet de polliniser une cinquantaine de fleurs.

Carlos TEJEDOR (SNIACE-Forêt, Torrelavega-Espagne) dispose également d'une très bonne technique, mise au point depuis 2005 sur *E. globulus*.

Alternative à la méthode classique.

Une technique de conditionnement du pollen dite de "lyophilisation par voie humide" (WL en anglais) mise au point en Inde par V. GIRIJASHANKAR (2011[45]) apparaît, selon l'auteur, nettement plus avantageuse que la technique classique de "tamisage à sec" (DS en anglais).

GIRIJASHANKAr décrit en détail la technique employée. Nous en résumons les principaux points dans le tableau suivant, en comparaison avec l'extraction classique à sec (DS) de la poudre de pollen.

Comparaison entre deux méthodes d'extraction du pollen

WL	DS
Couper les étamines des fleurs et les recueillir.	Ecrêter les étamines des fleurs matures non ouvertes
Broyer doucement avec de l'eau ; répéter une fois	Sécher les têtes d'étamines à l'ombre
Filtrer à travers un tissu en nylon à mailles de 70 µm	Frotter doucement les étamines sèches contre un tamis en nylon à mailles de 70 µm
Centrifuger à 4000 tours/mn pendant 5mn	Le filtrat de pollen peut souvent entraîner des tapis de cellules mortes et des débris
Jeter le surnageant	Stocker la poudre de pollen séchée
Lyophiliser le culot	

Source. Girijashankar (2011)

Les résultats, présentés dans le tableau suivant, montrent un gain moyen variable suivant les croisements, respectivement de 15,6% avec le pollen d'*E. pellita*, 24,8% avec celui d'*E. globulus* et 26,4% pour celui d'*E. urophylla*, soit un gain de 22% en moyenne, ce qui représente un progrès très significatif, en particulier pour les croisements à grande échelle.

Rendement des hybridations sur *E. camaldulensis* en nb de graines pour 10 capsules (comparaison entre WL et DS)

Arbres-mères *E. camaldulensis*	WL (Lyophilisation par voie humide) Pollens de 3 espèces traités par WL						DS (Tamisage à sec) Pollens des 3 espèces traites par DS		
	E. globulus	WL/DS %	*E. pellita*	WL/DS %	*E. urophylla*	WL/DS %	*E. globulus*	*E. pellita*	*E. urophylla*
clone 3	29,6	**29,8%**	23,0	**4,5%**	26,0	**18,2%**	22,8	22,0	22,0
clone 27	37,0	**12,8%**	31,0	**0,0%**	34,0	**25,9%**	32,8	31,0	27,0
clone 71	33,0	**36,4%**	35,0	**45,8%**	31,0	**34,8%**	24,2	24,0	23,0
Moyenne 3 clones	**33,2**	**24,8%**	**29,7**	**15,6%**	**30,3**	**26,4%**	**26,6**	**25,7**	**24,0**
Moyenne par méthode	**31,1**						**25,4**		
Gain moyen WL/DS	**22,2%**								

Source : **Ginjashankar V.** (2006) ITC R&D Centre, Shameerpet, Hyderabad, Andhra Pradesh, India,

Selon l'auteur, les pollens extraits dans les deux techniques ne présentaient pas de différence de viabilité. Les extraits de pollen lyophilisés présentaient cependant moins de débris et une plus grande densité de pollen sur les stigmates réceptifs. Cette technique mérite donc beaucoup d'attention. En particulier dans le cas des programmes de croisements contrôlés industriels.

2 - Contrôle de la valeur germinative du pollen

Bien que non indispensable, on peut vouloir s'assurer de la capacité de germination du pollen et de son évolution dans le temps, ce qui permettra d'en améliorer les conditions de préparation et de stockage. On trouvera facilement sur internet des protocoles de germination in vitro du pollen*. Les points les plus importants sont, le pH contrôlé le plus souvent avec de l'acide borique, la pression osmotique contrôlée par la teneur en sucre ainsi que la présence de certains minéraux comme le Calcium, le Magnésium, le Potassium, etc. (VERDEIL *et al.* 1990[46]). Selon une étude récente sur le palmier dattier (LAIADI *et al.* [47]), « *l'acide borique (H_3BO_3) augmente le taux de germination, le nitrate de calcium ($CaNO_3$) influe sur la germination et beaucoup plus sur l'allongement du tube*

---

* http ://acces.ens-lyon.fr/acces/thematiques/biodiversite/accompagnement-pedagogique/accompagnement-au-lycee/la-pomme-de-terre-a-toutes-les-sauces/tp-histologie-observation-germination-in-vitro/Germination-in-vitro-de-grains-de-pollen-de-fleurs-de-pomme.pdf

pollinique, alors que le nitrate de potassium (KNO_3) et le sulfate de magnésium ($MgSO_4$) amplifient l'action du nitrate de calcium ».

Elaborer un protocole précis est toujours difficile (très spécifique) et coûteux en personnel spécialisé, en temps, et en moyens (laboratoire). De plus, la relation entre la germination in vitro et in vivo lors de la réalisation des croisements contrôlés n'est pas absolument garantie puisque les conditions ne sont pas les mêmes. Les observations sont donc à poursuivre sur le terrain, en comparaison avec les résultats obtenus dans l'application des programmes, ce qui fait qu'en pratique, les améliorateurs forestiers ne procèdent pas toujours à ces contrôles.

On peut cependant donner quelques résultats obtenus chez les arbres forestiers, en particulier avec les eucalyptus. Selon SINOIR (1985), un contrôle effectué en 1982 sur milieu gélosé contenant 20% de saccharose, a montré que le pollen (conservé sous vide) germait encore à 50% au bout d'un an et à 25% au bout de 2 ans et que ces très bons résultats avaient, en pratique, mis fin à ces tests, le pollen n'étant pas conservé au-delà d'un an et demi.

Remarque : Il est très important de souligner que l'aptitude maximale du pollen à germer (correspondant à la période optimale de prélèvement) correspond au moment où il est libéré par les étamines. Cette période est souvent très courte. Par exemple pour le colza (MESQUIDA *et al.*[48]), elle est maximale, immédiatement après la déhiscence des anthères, peu après l'ouverture de la fleur, les taux de germination régressant ensuite rapidement avec son vieillissement. A la chute des pétales, soit 3 ou 4 jours après l'anthèse, le pollen perd presque toute sa faculté germinative. Chez les arbres forestiers, les eucalyptus sont faciles à manipuler, grâce aux opercules, excellents marqueurs de l'anthèse à leur déhiscence, alors que chez les autres espèces, la tâche peut se révéler beaucoup plus complexe par le fait que les fleurs présentent peu d'étamines et qu'elles ne s'ouvrent pas toutes en même temps. La bonne observation est alors, décisive, pour réussir la récolte de pollen.

3 - Emasculation

Elle n'est pas toujours indispensable. D'une part, la crainte des autofécondations, en général réduite chez les espèces allogames, peut devenir négligeable lorsque la pollinisation est faite au bon moment et avec une grande quantité d'allo-pollen. D'autre part certaines techniques permettent d'éviter l'émasculation et même l'ensachage des fleurs émasculées, tout en simplifiant la pollinisation (voir plus loin la technique OSP ou AIP).

Quoiqu'il en soit, l'émasculation consiste à éliminer les étamines des fleurs à polliniser afin d'éviter tout risque de fécondation par du pollen non choisi et tout particulièrement par l'auto-pollen conduisant à l'autofécondation. Cette élimination doit se faire avant la maturité des étamines coïncidant en principe avec la déhiscence des opercules. Chez les Eucalyptus, l'émasculation se fait donc un peu avant cette déhiscence avec la garantie que les étamines ne sont pas encore fonctionnelles c'est-à-dire qu'elles n'ont donc pas encore émis de grains de pollen. La coupe des étamines peut se faire, au scalpel, au cutter ou encore à la pince améliorée "type Aracruz" (avec deux lames demi-circulaires) ou d'autres types plus sophistiqués, mais le danger est grand de blesser les fleurs. Aussi le travail se fait souvent au doigt, ou plutôt à l'ongle, sans instrument (comme c'était le cas au CTFT-Congo). Dans ce cas, la réussite de l'émasculation dépend avant tout de la dextérité de l'opérateur, laquelle s'améliore avec la pratique.

Cette opération d'émasculation, suivie de la pose de sacs de protection, a lieu de façon optimale en parcs à clones (à l'air libre ou sous serre), sur arbres élevés en pots (donc facilement manipulables), greffés, taillés et traités au Cultar pour induire la floraison (photo n° 4 de la série ci-après). Elle est plus difficile à réaliser sur arbres de plus grandes dimensions, en vergers à graines de clones par exemple, où l'on devra utiliser des échelles ou confectionner des échafaudages auprès de certains arbres très florifères comme ce fut le cas au Maroc en 1988 (photo n° 2 de la série ci-après).

Au Congo, les opérations se déroulaient comme suit :

- élimination des fleurs ayant perdu leur opercule,
- repérage des fleurs proches de la déhiscence de l'opercule,
- déhiscence forcée de l'opercule,
- élimination des étamines à l'ongle,
- pose d'une armature et d'un sac en tissu fin, sur chaque groupe de fleurs émasculées.

4 - Fécondation artificielle sur fleurs émasculées

Cette technique classique appelée depuis peu : "***3 stop pollination***", est attribuée (sur eucalyptus) à Gerrit VAN WYK (1977)[49].

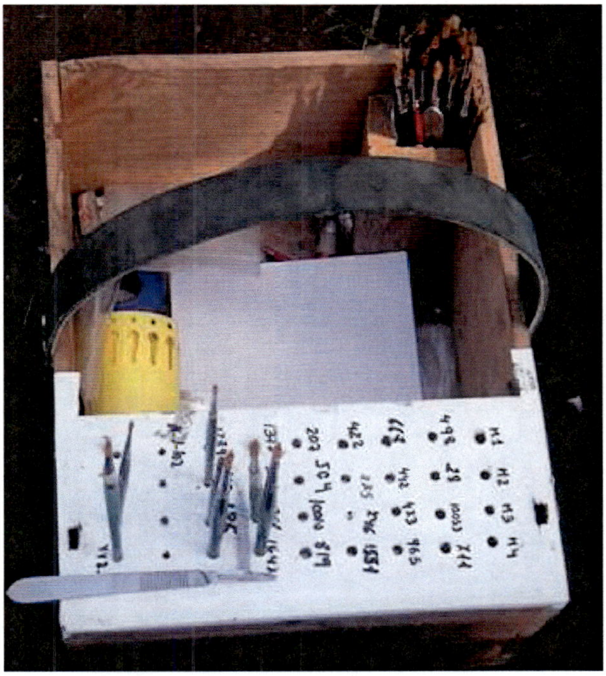

Matériel de pollinisation (pinceaux, pince, étiquettes)

Les fleurs femelles, émasculées et protégées du pollen extérieur par des sacs font alors l'objet de fécondations artificielles, selon les plans de croisements prévus, en accord avec l'inventaire des fleurs présentes sur les arbres-mères et le stock des pollens disponibles. Il s'agira de déposer un peu de pollen viable sur chacun des stigmates. Chez les espèces entomophiles, les très faibles quantités extraites de pollen, obligent à une pollinisation très minutieuse et économe. On utilise en général de petits pinceaux ou de fines spatules dont la forme et la dimension sont choisies en fonction de la taille des stigmates. Cependant, comme il est difficile d'apprécier très précisément la maturité de chaque stigmate, on assure la pollinisation en passant 2 à 3 fois de suite (d'où l'appellation "3 stop pollination"), ce qui conduit inévitablement à une surconsommation de pollen. Enfin l'ouverture et la fermeture des sacs, à chaque passage, accroît automatiquement les risques de pollution.

5 - Coulure des fleurs

Une fécondation réussie se solde rapidement par l'abscission du style et le gonflement de l'ovaire. C'est le stade de la nouaison qui, lors des travaux de fécondation artificielle, ne se produit que si les manipulations ont été correctement effectuées, c'est à dire très peu traumatiques pour les fleurs. En réalité la nouaison est souvent remplacée par la chute de la fleur ou "coulure" qui signe l'échec de la fécondation.

Pollinisation artificielle. 1 : ARACRUZ Florestal SA (1980 Brésil). Pose d'une Armature avant ensachage d'un groupe de fleurs émasculées. **2 : Projet AFOCEL de Sidi Amira (1988 Maroc).** Travaux de croisements contrôlés sur échafaudage. **3 : UAIC, Pointe Noire (1980 Congo).** Pollinisation artificielle de fleurs émasculées. **4 : SNIACE-Forêt Torrelavega (2021 Cantabrie).** Parc à clones, greffé, intensif, à l'air libre.

Les causes d'une telle évolution peuvent être très variées, mais, en dehors du mauvais état physiologique des pieds-mères, les plus fréquentes sont les blessures lors de l'émasculation. Viennent ensuite, les échauffements à l'intérieur des sacs, puis la mauvaise qualité du pollen et enfin la mauvaise application de celui-ci. L'importance des coulures a donc conduit à rechercher des techniques nouvelles pouvant conduire à une meilleure faisabilité des croisements contrôlés, aux plans pratique et financier. On parle aussi de "rétention" des capsules qui est l'inverse de la coulure puisqu'elle caractérise les fleurs qui ont bien évolué en fruits.

6 - Nouvelles techniques de fécondations artificielles

L'amélioration des techniques a été prioritairement orientée vers une réduction significative des traumatismes infligés aux fleurs (torsion, blessure, etc.). On a cherché à simplifier drastiquement les manipulations pour des rendements plus élevés et des coûts réduits. Les orientations ont été les suivantes :

- Suppression de l'émasculation,
- Suppression de l'ensachage,
- Réduction de la pollinisation à 1 seul passage.

1 - Fécondation sans émasculation préalable. Cette pratique est théoriquement possible lorsqu'une ou plusieurs des conditions suivantes sont réunies :

- Coulure systématique après émasculation,
- Allogamie stricte (autopollen incompatible),
- Négligence délibérée de la pollution pollinique (simple recherche d'individus hybrides remarquables, à multiplier par bouturage).

Contrairement aux idées reçues, les réussites dans ce domaine sont assez fréquentes car, soulignons-le une fois encore, chez les arbres forestiers qui sont des espèces allogames préférentielles, (plus rarement strictes), l'allo-pollen est très généralement avantagé par rapport à l'auto-pollen.

2 - Technique OSP.

Description de la technique OSP. Cette technique inventée en 1988 par Bertrand CAUVIN de l'AFOCEL qui travaillait sur l'*Eucalyptus gunnii*, [50] est attribuée à HARBARD *et al.* (1999) [51] et à

TRINDADE *et al.*, (2001)[52] qui l'appelèrent OSP ("***One stop pollination***") alors qu'ils travaillaient pour le Département forestier de la SHELL, engagé dans un vaste projet papetier au Chili en 1990.

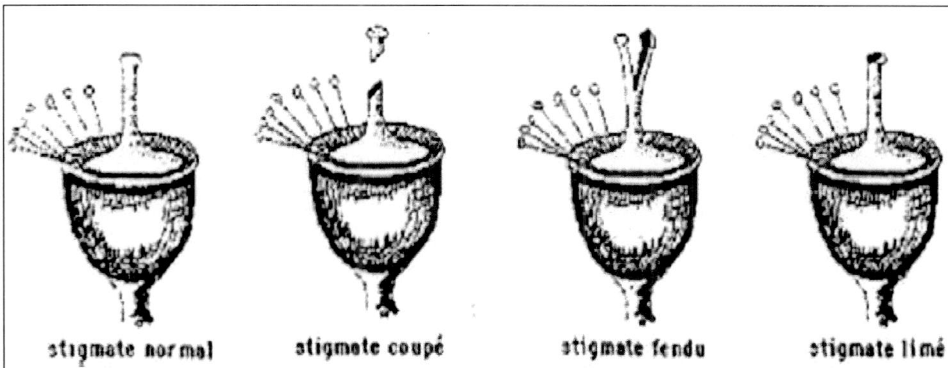

♀ \ ♂	E. ovata (n°67)			
	normal	limé	fendu	coupé
E. gunnii n°309	0 0	* *	* *	* *
E. gunnii n°310	0 0	5 0,33	0 0	8 0,61
E. gunnii n°311	2 0,18	* *	12 0,67	16 1

B. CAUVIN
1988

* Traitements non réalisés

"Pour chaque croisement, le chiffre supérieur indique le nombre de plants obtenus et le chiffre inférieur, le rapport entre le nombre de plants et le nombre de fleurs pollinisées".

Il s'agit d'une technique tout à fait révolutionnaire qui a amélioré de façon très significative la faisabilité des fécondations artificielles chez les eucalyptus mais aussi chez d'autres espèces comme le Gmélina en particulier (Stock *et al.* 2004[53]). Elle est sans doute applicable à d'autres espèces. Elle consiste à couper le style avant, ou juste au moment de l'anthèse, et à appliquer aussitôt le pollen choisi sur la section. Très curieusement, cette opération, pourtant très traumatisante, est suivie de succès comme le montrent les schémas et le tableau précédent, extraits de la publication de B. CAUVIN de 1988.

On voit que la modalité "stigmate coupé" affiche le meilleur résultat. Selon l'auteur, la modalité "stigmate normal" a très peu fonctionné, le stigmate n'étant pas encore fonctionnel au moment de l'anthèse, à cause de la protandrie*, processus naturel renforçant l'allogamie chez les eucalyptus.

<u>Faisabilité de l'OSP</u>. La pollution par du pollen étranger ou par de l'auto-pollen, s'avère très faible, bien que l'on ne procède ni à l'émasculation des fleurs, ni à leur ensachage.

---

* Protandrie : fait d'une espèce hermaphrodite dont les fleurs mâles sont réceptives avant les fleurs femelles.

Il semble bien que la masse du pollen collé sur la section humide, crée une sorte de barrage s'opposant au pollen étranger et que le pollen ainsi déposé semble trouver immédiatement les conditions favorables à sa germination, conduisant à la fécondation du pistil, sans qu'il soit nécessaire d'attendre la réceptivité du stigmate.

BOSQUES 2000 (2009). Technique OSP sur *E. globulus*. De gauche à droite : **1 :** Boutons floraux bien avancés. **2 :** fleur fécondée (stigmate coupé, sans émasculation ni sac). **3 :** En bas. fécondation réussie (stigmate tombé, pistil gonflé) et flèche jaune : coulure. **4 :** Fruits mûrs, bons à récolter.

Les photos de la série ci-dessus (SNIACE 2009) présentent 4 étapes de la technique OSP. Au départ, la technique de B. CAUVIN ne s'affranchissait pas de l'émasculation ni de l'ensachage des fleurs. Cependant, cette protection fut rapidement supprimée et remplacée par de petits tubes plastique enfilés sur le reste des stigmates immédiatement après la pollinisation (photo ci-contre). On s'aperçut rapidement que même cette modalité n'était pas nécessaire et la technique "**OSP**" fut limitée à la seule coupe du style suivie d'une pollinisation unique par dépôt d'une couche de pollen sur la section fraîche et humide du style. Cette méthode, très simplifiée et peu coûteuse, vérifiée par PATTERSON *et al.* en 2004[54] fut rapidement appliquée au Chili par la SHELL mais aussi à plus grande échelle, par ARAUCO.

Bosques 2000 Cantabrie (Espagne). Fleurs d'E. globulus fécondées par la technique OSP puis protégées par un mini-tube plastique enfilé sur le style

En Espagne cette technique permet actuellement à la SNIACE-Forêt (ex Bosques 2000) de réaliser sur *Eucalyptus globulus*, non seulement ses croisements expérimentaux, mais également son programme de croisements contrôlés à grande échelle (500.000 graines en 2020).

<u>Rendement de l'OSP.</u> Les rendements obtenus sont élevés et permettent de réduire considérablement le coût des croisements contrôlés, allant jusqu'à rendre possible les croisements contrôlés à grande échelle (graines destinées aux plantations).

Il faut cependant que les fleurs soient assez grosses comme chez l'*Eucalyptus globulus,* espèce pour laquelle on peut comparer les rendements obtenus à SHELL Chili (HARBARD *et al.* 1999) et à la SNIACE (TEJEDOR 2012)[55] présentés dans le tableau suivant :

Résultats obtenus avec la technique OSP pour les croisements contrôlés sur *Eucalyptus globulus*	Technique utilisée		
	Classique	OSP (One Stop Pollination)	
		SHELL (Chili)	SNIACE (Espagne)
Période		1999	2012
Nombre de fleurs fécondées / nombre de fleurs pollinisées (%)	5%	69%	35%
Nombre moyen de semences par capsule	12	26	de 8 à 46
Facteur de coût de production des graines	7	1	?

Sources : HARBARD J. L. *et al*. (1999) ; BOSQUES-2000 (SNIACE-Forêt, Espagne) - Campagnes de croisements contrôlés de 2001 à 2012.

Le facteur d'abaissement de coût annoncé par SHELL-Chili en 1999 (de 1 à 7) est probablement au moins aussi important chez Bosques-2000, si l'on en juge par l'accroissement des réussites à la fécondation qui passent de 5 à 35%, le rendement montant souvent à 25 graines par capsule, ce qui est le double des productions obtenues par fécondation artificielle classique ("3 stop pollination"), souvent très supérieure à la pollinisation libre, naturelle (open).

3 - Technique AIP ("Artificially Induced Protogyny").

Cette technique dérivée de la technique OSP, plus récente et moins connue, est attribuée à Teotônio DE ASSIS *et al.* (2005) [56] qui la considèrent comme une induction artificielle de la protogynie (d'où son nom). La photographie ci-après tirée d'internet montre la pollinisation en cours, réalisée à l'aide d'un petit pinceau sur l'extrémité des boutons floraux non ouverts mais **<u>éboutés</u>**.

Fécondation artificielle - méthode AIP (T. de ASSiS *et al* 2005).
https://www.researchgate.net/figure/OSP-left-and-AIP-right-controlled-pollination-techniques_fig6_264914254

Elle évite l'émasculation et consiste à couper la pointe de l'opercule de la fleur encore fermée juste avant l'anthèse et à enlever en même temps l'extrémité du stigmate, puis à appliquer le pollen cible sur la coupe. Elle fut le résultat d'une double expérimentation très complète réalisée d'une part au Brésil (à la pépinière d'ARACRUZ Cellulose) où la technique a été conçue et d'autre part en Australie (dans les serres du CSIRO à Canberra) pour tester la technique et en confirmer la faisabilité. Ces essais se résument comme suit :

<u>Au Brésil</u>, il s'agissait des croisements ***"grandis-uro" x globulus, saligna x globulus, urophylla x globulus*** et ***urophylla x globulus***. D'une part les hybrides de globulus répondaient au besoin d'ARACRUZ SA, d'améliorer la qualité du bois des "*urograndis*" en ajoutant certains caractères de qualité du bois du *globulus*. D'autre part, au stade de semis, les hybrides de *globulus* se distinguent facilement des autres espèces ou hybrides ce qui permet un excellent contrôle de la pollution pollinique lors des croisements contrôlés. Soulignons enfin le volume de travaux tout à fait considérable puisqu'au total 42.000 fleurs ont été traitées dans ces expériences brésiliennes.

<u>En Australie</u>, il s'agissait de croisements ***grandis x camaldulensis*** et ***"uro-camal" x camaldulensis***, La pollution par du pollen étranger était contrôlé au moyen d'analyses ADN.

Certains points ont fait l'objet d'une très grande attention. Au Brésil, ce fut le cas en particulier du stade de maturité des boutons floraux, contrôlé par leur couleur (vert, vert-jaune et jaune), depuis (20-10 j) à (10-3 j) et (2-0 jours) avant l'ouverture de l'opercule.

Principaux résultats. Pour mieux les comparer, nous les avons rassemblés dans le tableau suivant :

Diverses techniques comparées de croisements contrôlés (*E. globulus, grandis et urocamal*)	Esais au Brésil			Esais en Australie					
					1 (*E. grandis*)			2 (*E. urocamal*)*	
	(3SP)	(OSP)	(AIP) vert-jaune	Témoin Open	(3SP)-1	(OSP)-1	(AIP)-1	(OSP)-2	(AIP)-2
Période	2000-2003			2003-2005					
Nb. de boutons pollinisés	479	1500	1500	243	264	622	250	159	117
Taux de coulure	60,2%	20,8%	21,9%	89,2%	78,8%	55,7%	69,8%	21,4%	41,9%
"Rétention" des capsules en %	39,8%	79,2%	78,1%	10,8%	21,2%	44,3%	30,2%	78,6%	58,1%
Nombre moyen de graines par capsule	25,7	24,3	23,1	1,7	7,5	5	7,3	36,1	45,4
Pourcentage de germination	97,5%	97,5%	82,0%		17,4%	36,10%	30,10%	81,60%	59,90%
Nb. de graines viables /fleur pollinisée	10,0	18,8	14,8	0,2	0,3	0,8	0,7	23,2	15,8
Nb. de boutons traités/personne/heure					75	133	240	133	240
Nb. de graines récoltées/personne/heure					96	240	528	3920	6530

Source : ASSIS T, WARBURTON P and HARWOOD C, (Australian Forestry, march 2005)

*Clone sélectionné en Chine dans la population hybride locale (*E. urophylla x camaldulensis*)

Les conclusions peuvent s'énoncer comme suit :

1. **En Australie** les taux de coulure des fleurs ont été particulièrement élevés (60 à 80%) sur *E. grandis* alors que le taux dans les autres essais était beaucoup plus faible (le plus souvent moins de 20%).
2. **Les rendements** (en nb de graines par capsule) des OSP et AIP sont très supérieurs aux témoins open (1,7) mais pas aux croisements classiques 3SP, avec émasculation et ensachage et dont les rendements se sont révélés identiques.
3. **Les écarts de rendements** (en nb de graines par capsule), entre AIP et **OSP**, ont été faibles dans chaque série d'essais, aussi bien au Brésil qu'en Australie. Les variations sont cependant fortes entre les essais (14 à 18 au Brésil, 2 à 29 en Australie), les facteurs probables étant l'environnement différent, et surtout les types d'hybrides.
4. **Par rapport aux méthodes OSP et 3SP** (classique), l'AIP a conduit à une productivité moyenne plus grande des opérateurs (respectivement, 2 et 3 fois plus de semences produites par heure d'opérateur). Tout dépend cependant de la façon dont on réalise l'OSP. L'écart de temps d'intervention entre les deux techniques correspond surtout au temps d'émasculation. L'OSP sans émasculation et l'AIP sont des opérations très proches.

Contaminations. Au Brésil, la fréquence des fécondations non souhaitées (par du pollen étranger) variait selon l'état d'avancement des boutons floraux au moment de la réalisation de l'AIP, comme indiqué au tableau ci-après, dans lequel nous avons également ajouté les rendements en graines par capsule et l'importance de la coulure enregistrée.

Couleur des boutons floraux au moment de l'intervention	Nb de jours avant l'anthèse	Importance de la contamination	Nb de graines/capsule	% de coulure des fleurs
jaune	2 à 0 jours	3,60%	23,5	21,10%
Vert-jaune	10 à 3 jours	1,60%	23,1	21,90%
vert	20 à 10 jours	0,77%	12,8	80,50%

En accord avec ces résultats, les auteurs en ont conclu que le stade vert-jaune des boutons floraux, soit, 10 à 3 jours avant l'anthèse, était optimal pour opérer, offrant le meilleur compromis entre une faible contamination et un bon rendement en graines.

Remarques finales sur l'AIP. La fécondation artificielle par protandrie induite artificiellement (AIP), n'apporte pas forcément plus d'avantages que la technique par pollinisation unique (OSP) sauf pour les espèces à petites fleurs dont l'émasculation est très difficile. Elle peut s'avérer également intéressante lorsque la contamination est trop importante.

L'AIP est surtout utile pour les espèces à petites fleurs car elle permet d'offrir des gains importants de productivité de la main-d'œuvre et donc une réduction significative des coûts.

Pour des espèces très difficiles à manipuler comme l'*E. nitens,* par exemple, elle peut tout simplement ouvrir la voie aux croisements contrôlés, c'est à dire à une accélération significative de l'amélioration génétique.

44 - Diverses stratégies de pollinisation

La pollinisation artificielle se fait dans des parcelles greffées, taillées, et induites à la floraison, appelées parc à clones. Selon que ces parcs soient en plein champ ou sous serre avec des conditions environnementales modulables (parcs dits intensifs), les stratégies de récolte et de pollinisation peuvent varier.

Il est certain qu'avec les parcs intensifs, les manipulations sont plus faciles, à condition toutefois de bien maîtriser l'éducation artificielle des pieds-greffés miniaturisés.

En plein champ, on peut cependant façonner un peu les arbres greffés afin de faciliter les interventions mais la maitrise de la floraison est plus délicate car fortement dépendante du climat local. Par contre on ne peut éviter une certaine pollution génétique (pollen exogène) dépendante cependant du degré d'isolement du parc.

44.1 - Parcs à clones en plein champ

1 - On réalise des éclaircies de fleurs dans le parc à clones

L'induction de la floraison par traitement au Cultar est possible en plein champ mais elle restera toujours plus aléatoire qu'en parc intensif, dans des conditions très contrôlées. En particulier on ne pourra pas réguler les écarts de température et les gels tardifs pourront causer des dégâts très importants aux fleurs en plein épanouissement. Quoiqu'il en soit, la floraison étant établie, on commencera par récolter les fleurs les plus avancées pour en extraire le pollen après quoi on peut revenir sur les mêmes pieds pour réaliser les croisements sur les fleurs les plus tardives (avec les pollens appropriés). Les écarts de maturité entre pollen et stigmates n'étant pas toujours adéquats, on peut avoir recours à du pollen récolté l'année précédente ce qui impose de très bonnes conditions de conservation du pollen.

2 - On dispose de deux types de parcs à clones

- **D'une part, des parcs à clones considérés comme "mâles"** utilisés uniquement pour la récolte de fleurs destinées à la production de pollen (on choisira des sites permettant des floraisons précoces et abondantes).

- **D'autre part, des parcs à clones considérés comme "femelles"** utilisés uniquement pour effectuer les croisements contrôlés. Les fleurs sont toutes émasculées puis pollinisées avec les pollens prévus par les plans de croisements (les sites choisis doivent optimiser les floraisons qui doivent être abondantes, robustes et, autant que possible, tardives).

C'est un peu le modèle que nous avions utilisé au Maroc en 1988 où les croisements sur *Eucalyptus camaldulensis* étaient réalisés sur les pieds greffés d'un ancien verger à graines, alors que le pollen était récolté directement sur les arbres + sélectionnés dans les plantations ou les arboretums.

44.2 - Parcs à clones intensifs

Les arbres greffés sont cultivés en pots, disposés sous abri ou sous serre (zone tempérée). Dans ces conditions, on peut donc, pour chacun des parcs "mâles" ou "femelles", optimiser les conditions de culture et tout particulièrement de microclimat. Un autre point important est que l'on peut s'assurer de l'isolement vis-à-vis des insectes butineurs. Notons que lorsque les risques d'autofécondation sont faibles on pourrait penser également à placer sous serre des couples d'arbres greffés florifères dans des cages avec des inscetes captifs assurant une interfécondation sans manipulation, donc à faible coût. On peut surtout optimiser la mise à fleurs par induction au Cultar afin de déclencher des floraisons abondantes et avec des décalages suffisants pour optimiser la réalisation des croisements. C'est ce qui est réalisé à la pépinière de la SNIACE-Forêt* à Torrelavega (Cantabrie) où Carlos TEJEDOR obtient d'excellents résultats sur *Eucalyptus globulus*, avec cependant des variations annuelles, les serres ne permettant pas d'éliminer tous les effets du climat local.

44.3 - Critère d'efficacité

Dans tous les cas c'est toujours le nombre moyen de graines viables par fruit (par cône chez les conifères). Il augmente avec l'efficacité des techniques mises en œuvre et l'expérience du personnel mais reste dépendant des variations climatiques et des arbres + utilisés. Pour les croisements effectués dans le cadre d'un programme d'amélioration génétique, ce critère ne peut cependant être apprécié qu'après le semis des divers lots obtenus (les tests germinatifs n'étant pas envisageables pour ces nombreux petits lots, très précieux). Il en est différemment pour les croisements contrôlés industriels pour lesquels la valeur germinative des lots récoltés peut être évaluée avant stockage.

***

* aujourd'hui ENCE

5 - SYSTEME RACINAIRE

En matière de reboisement la qualité du système racinaire est cruciale pour une bonne reprise des plants et une croissance initiale rapide, facteurs qui, ajoutés à la haute valeur génétique de la variété utilisée, conditionnent la réussite des plantations. Il était donc nécessaire de passer en revue les caractéristiques principales, anatomiques et physiologiques, des racines des arbres.

Pour ce chapitre nous nous sommes abondamment inspirés de différents documents trouvés sur internet mais surtout de l'excellent ouvrage multi-auteurs publié en 2013 par l'IDF, et coordonné par Christophe DRENOU[57]. Profondément enfoncé dans le sol, le système racinaire échappe à notre vue ; son étude est donc difficile. Très différent du système caulinaire par son rôle et son fonctionnement, il en diffère également par son architecture, sa structure interne, son géotropisme positif, l'absence de cuticule (pour mieux absorber l'eau du sol), la présence d'une coiffe terminale et de poils absorbants, et bien sûr, l'absence de feuilles et de bourgeons.

Nous avons aussi largement débordé des seules connaissances nécessaires aux ligniculteurs mais il était intéressant d'examiner la formidable capacité d'adaptation des racines à conquérir leur environnement pour atteindre leurs objectifs.

51 - Structure des racines

1 - Longitudinalement, de l'extrémité vers le collet

Toutes les racines se construisent sur le même modèle architectural, bien adapté à leurs différentes fonctions (pénétration, absorption) et à leur développement dans le sol (allongement et ramification).

Les schémas ci-après, empruntés à la littérature, rappellent bien la structure de la pointe racinaire. On distingue les 4 zones suivantes (schémas ci-après) :

1. **la coiffe** qui recouvre l'extrémité de la fine racine et la protège lors de sa pénétration dans le sol.
2. **la zone lisse ou zone de croissance,** réduite à quelques millimètres au-dessus de la coiffe. Elle contient le méristème responsable de la multiplication cellulaire et donc de l'allongement de la racine.
3. **la zone pilifère** recouverte de poils absorbants à paroi très fine, permet l'absorption de l'eau et des nutriments. Les poils absorbants ne mesurent que 10 microns de diamètre et quelques millimètres de long mais ils sont très nombreux et augmentent considérablement la surface d'échange avec le sol.
4. **la zone subéreuse** qui s'étend sur toute la racine (au-dessus de la zone pilifère) et la protège. C'est la partie la plus âgée ; elle porte les racines secondaires et le chevelu composé de nombreuses radicelles.

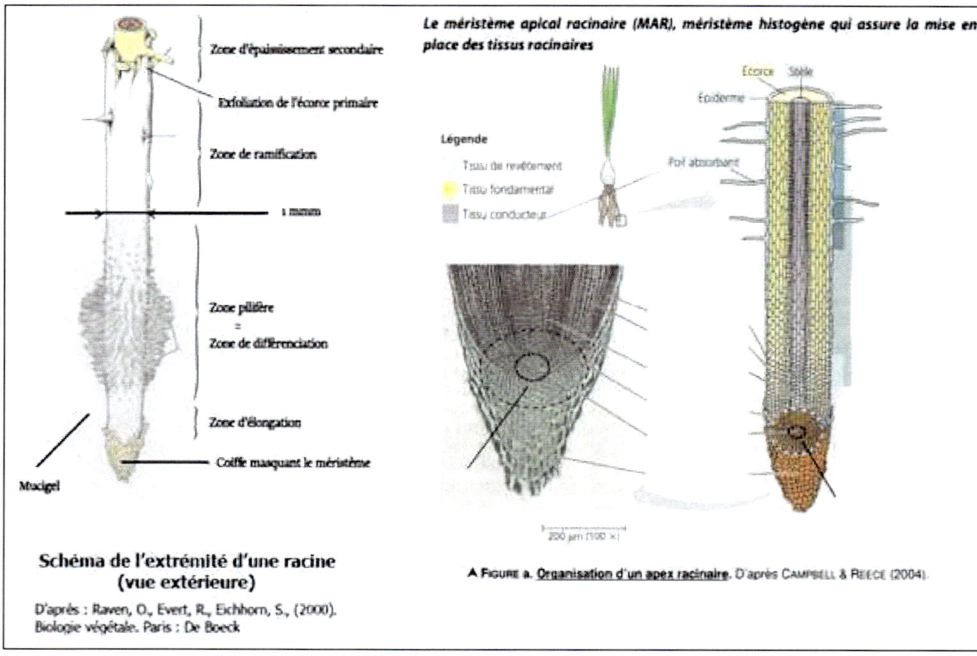

Struture de la racine. Source : Le développement post-embryonnaire des Angiospermes, page 5. Lycée Valentine LABBÉ (59). Classe préparatoire TB • SVT • Partie 3 • Chapitre 18. https://www.svt-tanguy-jean.com/uploads/1/2/0/4/120408978/tb-18-dpe-angiospermes.pdf

2 - Transversalement au niveau de la zone pilifère

Transversalement, la structure primaire de la racine est assez différente de celle de la tige (voir schéma ci-après, comparant les deux structures).

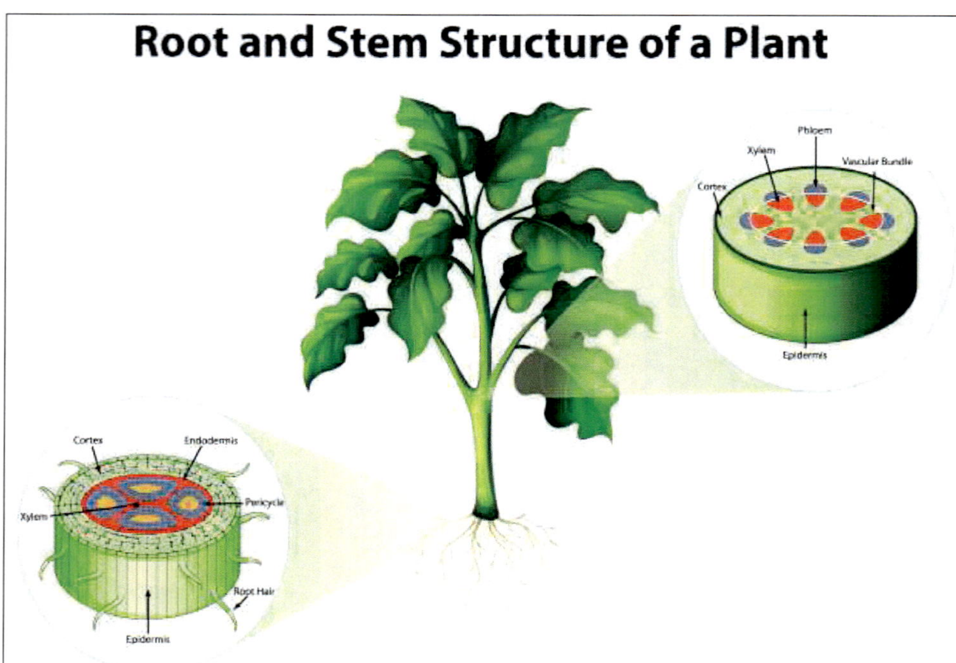

https://www.freepik.com/free-vector/diagram-showing-root-stem-structure-plant_7103673.htm

On distingue :

1. **l'épiderme,** portant les poils absorbants et qui devient peu à peu liégeux (assise subéreuse),
2. **le cortex** correspondant à une couronne de parenchyme assure le transport des éléments absorbés jusqu'au cylindre central. Il peut stocker des réserves pour l'arbre,
3. **l'endoderme** correspondant à la dernière couche du cortex après épaississement, assure le contrôle des molécules circulant dans la racine. Il devient lui aussi liégeux et constitue la véritable barrière entre l'extérieur et l'intérieur de la plante et joue un rôle décisif pour la diffusion de l'eau et des ions ainsi que pour toutes les interactions avec les microorganismes (J. GARBAYE in CH. DRENOU, 2006[57]). Il bloque le réseau de Hartig constitué par la colonisation du cortex racinaire par les champignons mycorhiziens. Ce blocage n'est cependant pas efficace contre tous les parasites.
4. **le cylindre central** assurant le transport de la sève et qui est composé de 3 éléments :
   - **le péricycle** qui correspond à une couche de cellules responsable des ramifications de la racine. Le péricycle participe également (par dédifférenciation) à créer le cambium racinaire libéro-ligneux assurant à la racine sa structure secondaire.
   - **les faisceaux du xylème primaire** (centripètes) qui conduisent la sève brute vers les feuilles, en alternance avec **les faisceaux du phloème primaire** (centrifuges) qui redistribuent la sève élaborée dans toute la plante.
   - **le parenchyme médullaire**, au centre, dont le rôle est un simple remplissage*

52 - Rôle des racines

Le rôle des racines est triple.

1. Fixer la plante au sol,
2. Accumuler des réserves permettant le redémarrage de la plante après la phase hivernale.
3. Absorber l'eau et les nutriments nécessaires à la plante,

1 - Fixer l'arbre au sol et assurer son exploration continue

Le développement du système racinaire des arbres peut être considérable (jusqu'à 90m de diamètre et 60m de profondeur)** Ce développement prend du temps et s'organise en racines pérennes dites **"racines ligneuses"**, constituées des **pivots** qui s'enfoncent profondément dans le sol et des **charpentières** plus ou moins horizontales. Leur croissance saisonnière (en longueur et en diamètre) et leur ramification se poursuivent tout au long de la vie de l'arbre. Elles constituent un véritable ancrage capable de soutenir l'arbre au sein du peuplement ou lorsqu'il pousse de façon isolée, jusqu'à résister à des vents violents avec toutefois des limites (ouragans) propres à chaque espèce et dépendant de l'état du sol, de sa profondeur et de son taux d'humidité. Les racines ligneuses assurent à la fois **le maintien de l'arbre** dont la masse augmente rapidement et « *l'accroissement permanent du volume de sol exploré et exploité par l'arbre* » (J. GARBAYE in CH. DRENOU[57]). Les racines participent activement à la pédogénèse en contribuant, avec toute la rhizosphère, à l'altération des roches-mères et donc à l'approfondissement des sols.

---

* https ://www.pinterest.com/pin/create/button/?url=https ://www.futura-sciences.com/planete/dossiers/botanique-anatomie-vegetalemicroscope781/page/6/&description=D%C3%A9tail%20d%27une%20coupe%20transversale%20de%20racine.%20%C2%A9%20DR&media=https%3A%2F%2Fcdn.futurasciences.com%2Fbuildsv6%2Fimages%2Fmediumoriginal%2F6%2F5%2F6%2F656be9c26e_50063238_4132-histo-032d.jpg

** https ://www.jardinsdefrance.org/le-systeme-racinaire-des-arbres/

2 - Mettre en réserve certains produits de la photosynthèse

Cette fonction est indispensable dans les zones climatiques à saisons hivernales ou sèches (tous les climats, sauf les climats équatoriaux). La poursuite de la respiration de l'arbre en phase de repos, le gonflement des bourgeons en fin d'hiver et le redémarrage printanier de la végétation, nécessitent en effet une mobilisation importante de substances accumulées pendant la phase végétative précédente. Bien que les études manquent, on sait que les grosses racines (tout comme le tronc et les grosses branches) participent à ce stockage d'éléments carbonés dans les parenchymes ligneux ainsi qu'azotés, dans le phloème (J. GARBAYE in CH. DRENOU 2006[57]).

3 - Alimenter l'arbre en eau et en nutriments

C'est le rôle du chevelu racinaire, porté par les racines ligneuses. Cet ensemble de fines racines à structure primaire (de 1 dixième à 1 millimètre de diamètre) prospecte la totalité du sol meuble disponible et assure l'alimentation de l'arbre en eau et en nutriments tirés du sol, directement ou plus généralement par l'intermédiaire des symbiotes de la rhizosphère.

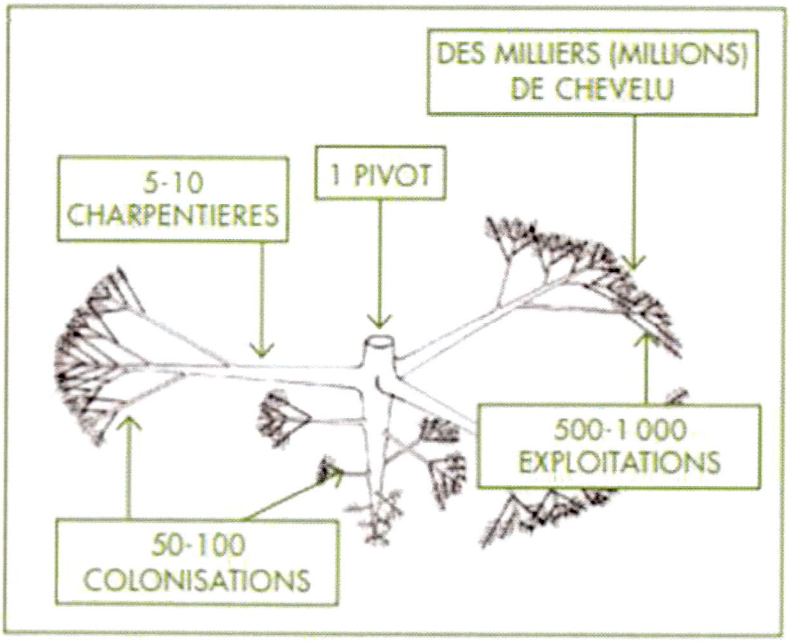

FIG. 1 : ORGANISATION GÉNÉRALE DE L'ENRACINEMENT SOUS L'HYPOTHÈSE LA PLUS BASSE DE 5-10 RACINES LATÉRALES/RACINE PRINCIPALE - © C. ATGER

Le chevelu, vital pour l'arbre, est éphémère. Il se renouvelle chaque année (mis à part le petit pourcentage de racines destiné à prolonger les charpentières). Bien qu'il soit surtout présent dans la partie superficielle du sol, il constitue pour l'arbre une très grande surface de contact avec le sol. Pourtant 99% du chevelu est subérisé (recouvert de liège). Seules les extrémités blanches (et des poils absorbants) échappent à cette transformation et ces dernières sont très abondantes et surtout situées vers la surface du sol riche en humus (BLAISE et GARBAYE ont dénombré 5 millions de pointes blanches par m^2 sur 30 cm de profondeur dans une futaie de hêtre (BLAISE *et al.*[58]) là où sont concentrées les ressources en matières minérales du sol. En période de sécheresse, l'alimentation en eau se fait principalement par le chevelu profond. Une bonne image (ci-dessus) du chevelu racinaire nous est donnée par Claire ATGER[59] pour qui le modèle architectural se hiérarchise à partir du pivot initial, suivant 4 niveaux de racines, en fonction de leur âge et de leur fonction (pivot, charpentières, colonisatrices et chevelus) pour arriver rapidement à de très nombreuses radicelles. En zones inondées ou en bordure de mer ou de cours d'eau, le cortex sert aussi à alimenter le système racinaire en oxygène.

En conclusion, en dehors de son rôle de fixation au sol, la racine se différencie de la tige par son cortex (plus ou moins colonisé par les champignons symbiotiques) dont le rôle, bien que passif, est de transporter et de filtrer (au niveau de l'endoderme) les solutions aqueuses du sol absorbées par les poils absorbants et/ou les hyphes des champignons mycorhiziens, ainsi que d'aérer les racines, en particulier chez les espèces de mangroves (circulation de l'air entre les cellules du cortex).

53 - Architecture racinaire

Architectures racinaires. Les racines sont en effet capables de fourchaison (division en deux des méristèmes) et de plus, selon C. ATGER « *le pivot est le centre organisateur et, en relais, le méristème terminal de chaque racine exerce sur ses ébauches latérales une dominance qui définit, dès leur formation, leur potentiel de développement dans l'architecture spécifique* ». Tout obstacle à la progression de la radicelle se traduit par une croissance de ces ébauches latérales, conduisant à contourner l'obstacle.

En l'absence de contraintes pédologiques (sol meuble et profond) ce modèle se différentie graduellement suivant un type spécifique, chaque espèce présentant en effet une architecture racinaire-type se rattachant plus ou moins à l'un des 3 systèmes présentés ci-après (voir ci-dessous les schémas de KÖSTLER[60]) :

1. **traçant** (hêtre, frêne commun, mûrier, peupliers, robinier, cyprès chauve),
2. **mixte** (charme, cédrèle de Chine, cytise, platane),
3. **pivotant** (sapin pectiné, tulipier de Virginie, poirier de Chine, chênes, séquoia géant),

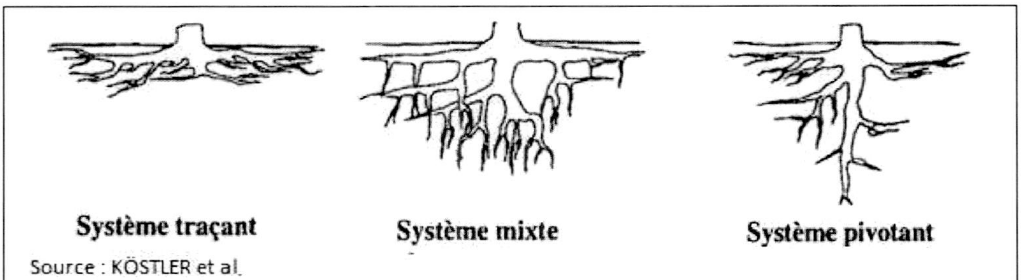

Source : KÖSTLER et al.

En 2013, Christophe DRENOU (IDF) a présenté une nouvelle typologie des systèmes racinaires. Après examen de nombreux systèmes racinaires d'arbres renversés par la tempête de 1999, la notion d'architecture a pu en être améliorée. On a dû tenir compte d'une part, de l'existence ou non de plusieurs générations de charpentières et d'autre part, de l'apparition de pivots ou de racines obliques supplémentaires, à la face inférieure des racines charpentières (ATGER *et al.*[61]) ou de façon adventives à la base du tronc. Finalement, après croisement de l'architecture racinaire en surface avec la direction de croissance des racines en profondeur, cette nouvelle typologie des systèmes racinaires remplace les 3 systèmes de base par 12 combinaisons théoriques auxquelles on peut tenter de rattacher chaque espèce d'arbres ainsi que présenté sur le schéma suivant :

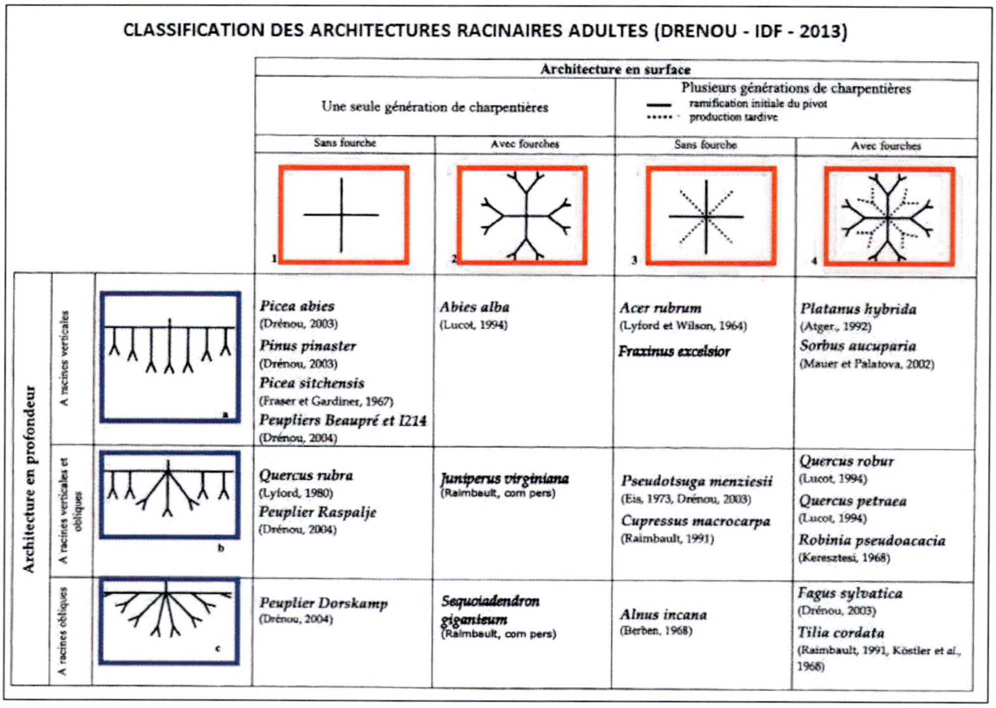

CLASSIFICATION DES ARCHITECTURES RACINAIRES ADULTES (DRENOU - IDF - 2013)

	Architecture en surface			
	Une seule génération de charpentières		Plusieurs générations de charpentières (— ramification initiale du pivot ; ····· production tardive)	
Architecture en profondeur	1 Sans fourche	2 Avec fourches	3 Sans fourche	4 Avec fourches
a A racines verticales	*Picea abies* (Drénou, 2003) *Pinus pinaster* (Drénou, 2003) *Picea sitchensis* (Fraser et Gardiner, 1967) *Peupliers Beaupré et I214* (Drénou, 2004)	*Abies alba* (Lucot, 1994)	*Acer rubrum* (Lyford et Wilson, 1964) *Fraxinus excelsior*	*Platanus hybrida* (Atger., 1992) *Sorbus aucuparia* (Mauer et Palatova, 2002)
b A racines verticales et obliques	*Quercus rubra* (Lyford, 1980) *Peuplier Raspalje* (Drénou, 2004)	*Juniperus virginiana* (Raimbault, com pers)	*Pseudotsuga menziesii* (Eis, 1973, Drénou, 2003) *Cupressus macrocarpa* (Raimbault, 1991)	*Quercus robur* (Lucot, 1994) *Quercus petraea* (Lucot, 1994) *Robinia pseudoacacia* (Keresztesi, 1968)
c A racines obliques	*Peuplier Dorskamp* (Drénou, 2004)	*Sequoiadendron giganteum* (Raimbault, com pers)	*Alnus incana* (Berben, 1968)	*Fagus sylvatica* (Drénou, 2003) *Tilia cordata* (Raimbault, 1991, Köstler et *al.*, 1968)

Ecarts aux modèles standards. Ces modèles sont cependant rarement rencontrés de façon parfaite dans la nature car les contraintes pédologiques entraînent des modifications d'architecture des systèmes racinaires, lesquels s'écartent plus ou moins fortement des modèles génétiquement déterminés. Au-delà des obstacles occasionnels rencontrés, le type de sol, s'il ne correspond pas aux préférences écologiques, prend le pas sur la génétique et contraint le système racinaire à s'adapter au mieux. Ainsi en zone hydromorphe on a pu observer les comportements suivants :

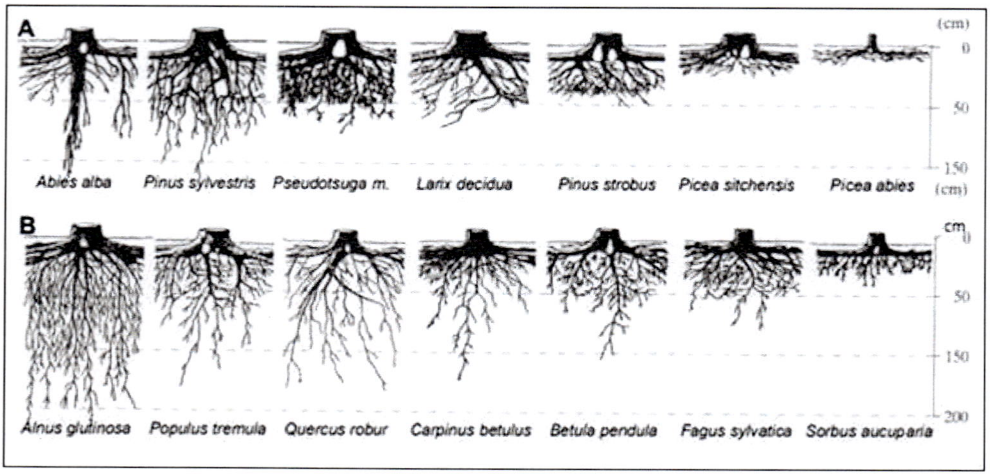

Appareils racinaires de différentes espèces d'arbres croissant dans une forêt bavaroise (Allemagne) sur sols de type pseudogley à humidité partiellement changeante. Précipitations. 800 mm **A :** conifères (25-50 ans). **B :** feuillus 35-38 ans. Référence. POLOMSKI et KUHN (1998). Wurzelsysteme. Haupt Verlag, Bern. (in P. VOLLENWEIDER AEF-Cours 4, page 4/68).

Cette comparaison entre les diverses espèces permet d'établir un classement suivant leurs aptitudes à s'adapter aux terrains hydromorphes. On voit que l'aulne glutineux est de loin le mieux adapté suivi du peuplier tremble et du chêne pédonculé. Du côté des conifères, moins bien adaptés en général, le pin sylvestre semble également assez bien s'accommoder des sols engorgés ainsi que le sapin pectiné qui maintient son pivot à travers le pseudogley au moins jusqu'à l'âge de 50 ans. A l'opposé, la stratégie des épicéas est très différente : bien que considérés comme résistants aux sols hydromorphes, l'ensemble de leurs racines reste en surface ce qui n'assure pas un bon ancrage, ne correspond pas à une bonne exploitation du sol et rend l'espèce sensible à la sécheresse.

Reprenons les termes de Claire ATGER (1993). « *En sol forestier, 80% de la biomasse racinaire (biomasse ligneuse) occupent les horizons de surface riches en matière organique (0-50 cm). Le record d'extension horizontale est de 90 m (rayon) en forêt tropicale et de progression verticale est de 60m (désert). Si la stratégie de développement est spécifique, le tracé des racines est fortement influencé par le sol hétérogène et anisotrope. La trajectoire des racines est opportuniste, chacune réduisant sa prospection des zones contraignantes et accentuant son déploiement dans les parties plus favorables (croissance compensatrice). L'enracinement est rarement rectiligne et symétrique de part en part. Malgré l'existence de relation spécifique entre stade de développement aérien et souterrain, toute recherche de corrélation entre rayons du houppier et du système racinaire est illusoire. Les contours racinaires très irréguliers ne peuvent être devinés sans observation directe* ».

54 - Différents types de racines

Les racines ont un incroyable pouvoir d'adaptation. Non seulement elles sont capables de s'adapter à des environnements souterrains extrêmement variés, comme on vient de le voir, mais, selon les espèces, elles présentent de nombreuses adaptations face à des conditions écologiques particulières.

On distingue notamment :

- les racines contreforts (surtout en forêts tropicales),
- les racines échasses, qui soutiennent le tronc au-dessus du sol ou de l'eau (palétuviers),
- les racines aériennes, racines lianes, racines piliers (ficus, en particulier le ficus étrangleur),
- les racines respiratoires, les pneumatophores (taxodiums, arbres des mangroves sauf *Rhizophora*),
- les racines aquatiques (saules).

Les racines-contreforts. Dans toutes les forêts tropicales, beaucoup d'espèces forment des contreforts. Selon une étude réalisée en 2013 dans une forêt à Diptérocarpacées du Sud-Ouest de la Chine, HE ZHIYUAN *et al.* [62], ont trouvé que 32% des arbres présentaient des contreforts avec une préférence pour les très grands arbres. De plus, 51% des espèces étaient concernées.

C'est également le cas en Afrique et en Amérique latine où ce phénomène concerne bon nombre de genres et d'espèces appartenant souvent aux légumineuses (très fréquentes dans ces forêts) mais aussi aux Combrétacées, Moracées, Irvingiacées, Sterculiacées, etc.). Le tableau de la page suivante, limité à l'Afrique centrale, en donne un aperçu non exhaustif.

En Afrique, les contreforts les plus remarquables semblent ceux du Fromager (*Ceiba pentandra*, photo suivante) et du Limba (*Terminalia superba*).

Bien que n'étant pas une caractéristique fixe des espèces, la morphologie des contreforts est suffisamment spécifique pour apporter une aide précieuse à leur détermination.

Arbres à contreforts des forêts denses d'Afrique centrale

Développés mais bas (<1m)	Taille modeste (1 à 4m)	Grands, équilibrés et/ou ailés (4 à 10 m)	Etroits et dressés très hauts (>10m)
LEGUMINEUSES CESALPINIACEES			
Aphanocalyx margininervatus	*Afzelia sp., Berlinia sp.*	*Cynometra hankei*	*Crudia gabonesis*
Microberlinia bisulcata	*Brachystegia cynometroides*	*Guibourtia sp.*	*Gilbertiodendron sp.*
	Distemonanthus benthamianus	*Librevillea klainei*	*Guibourtia sp.*
	Julbernardia sp.	*Mildbraediodendron excelsum*	*Hylodendron gabunense*
	Hymenostegia sp.	*Plagiosiphon emarginatus*	*Stemonocoleus micranthus*
	LEGUMINEUSES MIMOSEES		
	Albizia sp.	*Aubrevillea sp.*	*Calpocalyx heitzii, Newtonia sp.*
		Piptadeniastrum africanum	**LEGUMINEUSES FABACEES**
		Parkia bicolor	*Amphimas sp., Pterocarpus sp.*
	BIGNONIACEES	**BOMBACACEES**	**ACHARIACEES**
	Spathodea campanulata	*Ceiba pentandra*	*Scotellia klaineana*
		BURSERACEES	**APOCYNACEES**
		Aukoumea klaineana	*Alstonia boonei*
		CHRYSOBALANACEES	**BALANITACEES**
		Parinari sp.	*Balanites wilsoniana*
	COMBRETACEES		**CLUSIACEES**
	Terminalia ivorensis	*Terminalia superba*	*Mammea africana*
	Stephonema pseudocola	**IRVINGIACEES**	**MORACEES**
		Desbordesia glaucescens	*Treculia sp.*
		Irvingia sp., Klainedoxia sp,	*Antiaris sp.*
	MELIACEES		**PHYLLANTACEES**
	Trichilia sp.	*Khaya ivorensis*	*Keayodendron sp.*
	Stephonema pseudocola	**MORACEES**	**SAPOTACEES**
		Ficus mucuso	*Chrisophyllum africanum*
		STERCULIACEES	**ULMACEES**
		Nesogordonia sp.	*Celtis sp.*
		Pterigota sp., Sterculia sp.	

Source : J. VIVIEN et J. J. FAURE. Arbres des Forêts denses d'Afrique centrale

Le rôle et la formation des contreforts restent cependant assez mal expliqués. Les études sont rares ou anciennes. Selon les auteurs, les avis divergent sur leur rôle premier qui serait, soit mécanique (maintien de l'arbre), soit trophique (eau et nutriments). Il aurait été expérimentalement montré que les contreforts renforcent beaucoup la stabilité des arbres, (en comparaison avec les arbres sans contreforts)♣.

Cependant, pour certains auteurs, le rôle trophique l'emporte largement, contribuant à décupler (par rapport à un arbre à tronc circulaire) la surface de xylème secondaire et donc de vaisseaux de l'aubier conduisant la sève brute vers les feuilles. Si l'on s'en tient au Fromager et au Limba, les contreforts ne s'enfoncent pas profondément dans le sol, bien qu'ils assurent la stabilité à ces arbres de grand développement (jusqu'à 60 m de haut et 2m50 de diamètre pour le fromager).

Ils ne reprennent leur fonction de racines obliques qu'après avoir parcouru le sol sur une certaine distance (variable suivant l'âge de l'arbre et l'espèce concernée mais sur un cercle d'au moins 10 m de diamètre). Par contre, selon F. KAHN (1977)[63], de leurs bases partent de très nombreuses racines de prospection, souvent traçantes et parfois pivotantes.

♣ http ://ekladata.com/wRK8w8HR_p2fGZPLb8mVUED-Fbk/6-ARBRES.pdf

Beau spécimen de Fromager. Anguédédou 1982 (Côte d'Ivoire).
T : tronc en forme de cône renversé, inséré entre les contreforts.
C : contreforts. **D** : divarication.

D'autre part, la formation de ces gros ailerons plus ou moins plats est plutôt tardive. Nous l'avons constaté chez des limbas de plantation âgés de 19 ans, quand l'arbre commence à prendre vraiment de la hauteur et donc du poids et de l'instabilité ; certains auteurs disent que c'est à partir du moment où le houppier de ces arbres commence à dépasser de la canopée. De plus, chez ces deux espèces, les contreforts se divisent par divarication, plus ou moins fréquemment, et si l'on coupe l'arbre âgé au niveau du sol, on constate que la partie centrale a disparu : la trace de la souche est une étoile aux branches plus ou moins "divariquées". Il n'y a pratiquement plus de tronc au niveau du collet alors que, rez-terre, l'arbre mesurait environ 60 cm de diamètre au début de la formation des contreforts. De la base de ceux-ci partent, dans toutes les directions, de

Section rez-terre étoilée d'un arbre à contreforts. Notez qu'au centre, le diamètre n'est pas nul, soit qu'il s'agisse d'un jeune arbre, soit que cela tienne à l'espèce.

Source : https://fr-wikipedia.org/wiki/ Racine_(botanique)

nombreuses racines horizontales porteuses d'un abondant chevelu racinaire, assurant la prospection des horizons fertiles superficiels du sol et donc la nutrition de l'arbre. Le pivot lui-même a complètement disparu et la partie du tronc, enserrée entre les contreforts, a la forme d'un cône renversé dont le sommet se situe au niveau du collet alors que la base, correspondant au diamètre maximum de l'arbre, se trouve reléguée à plusieurs mètres de hauteur (raison pour laquelle l'abattage traditionnel des arbres à contreforts se fait au-dessus des contreforts, depuis un échafaudage créé à chaque pied d'arbre à couper). On doit alors se demander comment se crée une telle structure car se pose la question suivante : les racines-contreforts parviennent-elles à remonter tout l'arbre au-dessus du sol ?

On manque d'observations décrivant la modification morphologique globale du cambium libéro-ligneux, depuis le collet jusqu'à l'extrémité supérieure des contreforts. On comprend mal comment se fait cette remontée sur le fût, comment les contreforts s'intègrent à la structure du tronc. On sait seulement que la croissance en épaisseur des contreforts, initialement concentrique, se transforme graduellement en croissance de plus en plus elliptique voire pratiquement rectangulaire (cœur en bas au niveau du sol, cambium en haut). Les contreforts prennent peu à peu la forme de gros triangles plats et peu épais (guère plus de 15cm) pour ressembler aux ailerons d'une fusée profilée vers l'arrière. L'abatteur peut les enlever rapidement à la scie à chaîne (égobelage) mais, suivant l'absence ou non de tronc au niveau du collet, l'abattage rez-terre reste délicat et donc dangereux.

En région tempérée, les arbres à contreforts existent aussi. Les vieux chênes pédonculés présentent de très forts empattements avec des racines qui se prolongent loin du tronc en donnant des fûts à base plus ou moins étoilée. Quant à l'orme blanc (*Ulmus laevis)* qui pousse dans les zones inondables (TIMBAL 1981[64]), il présente des racines-contreforts ressemblant à celles d'arbres tropicaux.

Racines échasses sans pneumatophores. Certaines espèces comme les parasoliers (*Musanga cecropioides*) très communs en Afrique, ou certains palmiers à échasses comme le *Cyphophoenix fulcita* de Nouvelle Calédonie ou mieux encore le palmier marcheur d'Amérique latine (*Socratea exorrhizza)* possèdent de véritables échasses, en dehors de toute zone marécageuse. Les arbres apparaissent véritablement dressés sur leurs échasses. On peut penser que là aussi les échasses parviennent à soulever l'arbre au-dessus du sol. Le *Socratea exorrhizza*, en particulier, possède de grandes racines-échasses (jusqu'à 2m) formant un cône soutenant le stipe d'une vingtaine de mètres au-dessus du sol. Son nom de "palmier marcheur" vient de sa capacité étonnante à pouvoir se déplacer dans la forêt à la recherche d'un meilleur site. Il n'avance guère qu'à raison de 1m /an sous l'effet de l'implantation de nouvelles racines-échasses vers le bon site. L'ensemble des racines échasses maintient bien tout l'arbre verticalement et le font probablement "grandir" un peu lors de leur croissance. Les anciennes racines situées à l'arrière meurent, tandis que le palmier continue de se développer vers l'avant. C'est ainsi que l'arbre marcheur "avance peu à peu"[♣]. Des observations manquent pour contrôler les variations de niveau du stipe par rapport au sol.

Racines échasses avec pneumatophores. Ce sont les racines adventives des Pandanacées (*Pandanus sp.)* et des Rhizophoracées de la Mangrove. Ces racines se forment sur le tronc, à faible hauteur, et s'ancrent dans les sols inondés des bords de mer ou de cours d'eau proches des embouchures.

♣https ://www.gralon.net/articles/maison-et-jardin/jardin/article-le-palmier-a-echasses---un-arbre-qui-marche-8368.htm

La stratégie de beaucoup d'espèces, pour s'adapter aux conditions très difficiles des estuaires tropicaux (forte salinité, manque d'oxygène, marées, vagues et vent), est de former un grand tapis horizontal de racines à faible profondeur, à partir duquel se développent verticalement de très nombreux pneumatophores, véritables tubas respiratoires dont la hauteur (selon D.O.R.I.S[65]) « *semble conditionnée par leur temps d'immersion moyen : plus l'inondation est importante, plus ils sont hauts* ».

D'autres espèces transforment leurs racines adventives en véritables échasses, lesquelles par leur nombre et leur architecture (racines en arceaux) parviennent à stabiliser les arbres en zones inondées ou marécageuses (substrat instable) sans pour autant former de pneumatophores (*Rhizophoras, sp.*). Dans les embouchures des fleuves et en bordure de mer, ils parviennent à constituer des barrières inextricables réduisant l'impact des vagues (voire des tsunamis). En zone inondée ou en bordure de mer et de rivière, les parties émergées des pneumatophores et/ou des racines aériennes sont recouvertes de lenticelles en communication avec des lacunes remplies de gaz en contact direct avec les cellules du cortex racinaire (aérenchyme).

Un tel dispositif permet les échanges gazeux indispensables aux racines et donc à la plante toute entière. De plus, concernant le problème du sel (NaCl), chaque genre a sa propre stratégie. Chez les *Avicennia* et les *Laguncularia*, l'excédent de sel est excrété, au niveau des feuilles, par des glandes spécialisées (glandes à sel). Quant aux *Rhizophora* ils bloquent l'absorption du NaCl au niveau de leurs racines, grâce à l'absorption sélective des ions potassium mais un des facteurs les plus contraignants est l'acidité du sol et sa charge en métaux lourds (BOUDOURESQUES 2010[66]). Selon le niveau des marées, le taux de salinité de l'eau, la nature des sols sous aquatiques, et l'importance des boues, les racines-échasses des arbres des mangroves se sont diversifiées en de nombreux types. Le tableau qui suit tiré de JOJU P & ALAPPATT (2008[67]), tente d'en faire la synthèse.

Situation par rapport à la mer	**Espèce**	**Famille**	**Particularités**	
			Racines	**Pneumatophores**
Position frontale (la plus basse)	*Porteresia coarctata (herbacée)*	Poacées	Plante herbacée (sorte de riz sauvage halophyte tétraploïde)	
	Avicennia (alba, marina, officinalis)	Avicenniacées	Racines-outils, en cône	Nombreux, en crayons
Position intermédiaire	*Sonneratia (apetala, caseolaris)*	Lythracées	Tapis de racines	Nombreux, coniques
	Bruguiera (gymnorrhiza cylindrica, parviflora)	Rhizophoracées	Racines de corde Racines genoux (se pliant vers le haut)	Assez nombreux
	Rhizophora (mucronata, apiculata, stylosa)	Rhizophoracées	Racines pileuses, diffuses, sur pilotis	Contreforts planeurs,
Position haute	*Xylocarpus (granatum, mekongenesis)*	Méliacées	Contreforts ailés	
	Ceriops (decandra, tagal)	Rhizophoracées	Racines sur pilotis	Contreforts basaux
	Aegiceras corniculatum	Primulacées	Racines longeant la surface du sol	
	Lumnitzera (littorea, racemosa)	Combrétacées	Racines émergeantes sans genoux	Petits pneumatophores
	Excoecaria agallocha	Euphorbiacées	Racines hors d'eau protectrices des rives	
Position haute	*Heritiera fomes*	Malvacées	Racines étalées en surface	Pneumatophores et contreforts
	Phoenix paludosa	Arécacées		

Racines aériennes. Toutes commencent comme des espèces épiphytes à partir de graines déposées par les oiseaux sur les branches, dans les houppiers des grands arbres où ils trouvent la lumière nécessaire à leur germination et à leur croissance aérienne. Dès que les racines aériennes touchent le sol, la croissance du figuier s'accélère et les racines se soudent pour former un réseau dense qui enserre le tronc de l'arbre support jusqu'à l'étrangler pendant que les branches du figuier se développent rapidement et remplacent peu à peu celles de l'arbre hôte jusqu'à sa mort. Une fois mort, le tronc de l'hôte continue à supporter le figuier. Le treillis de racines finit par être suffisamment solide pour assurer au figuier son auto-portance.

C'est le cas des racines des Figuiers étrangleurs qui appartiennent à de nombreuses espèces du genre Ficus (famille des Moracées) et dont le développement peut être spectaculaire. Les plus célèbres d'entre eux sont asiatiques avec le banian (*Ficus benghalensis*) arbre sacré d'origine indienne qui émet de très nombreuses racines aériennes, le figuier des pagodes (*Ficus religiosa*), originaire d'Asie du Sud et du Sud-Est et le faux fromager (*Tetrameles nudiflora*) qui envahissent de nombreux temples du complexe d'Angkor, comme le Prasat Pram et le Ta Prohm (photos ci-après).

Célèbre Banian (*Ficus benghalensis*) du Jardin botanique de Calcutta (recouvre 1,4 ha)

Figuier étrangleur (*Ficus religiosa*) PASSAT PRAM (Cambodge)

Faux fromager (*Tetrameles nudiflora*) TA PROM (Cambodge)

D'autres figuiers étrangleurs sont australiens (*Ficus macrophylla* et *F. watkinsiana*) et américains (*Ficus aurea, citrifolia, nymphaeifolia*). En Afrique il y a de nombreuses espèces de ficus épiphytes et semi-épiphytes. J. VIVIEN et J.J.FAURE en citent 15 espèces (*Ficus barteri, chlamydocarpa, craterostoma, cyatistipula, dryepondtiana, eslasticoïdes, exasperata, kamerunensis, lingua, lutea, mallotoïdes, saussureana, subcostatathonningii, tricopoda, wildemaniana*).

Racines respiratoires ou pneumatophores. Nous avons déjà vu que dans les mangroves, les espèces d'arbres les plus côtières étaient généralement équipés de pneumatophores pour aider leurs racines à "respirer".

En dehors de ces espèces il faut citer le Cyprès chauve (*Taxodium disticum*) du Sud-Est des USA qui a la particularité de vivre en zone terrestre marécageuse et de former des pneumatophores. Ces excroissances racinaires respiratoires, émergent verticalement de l'eau et permettent d'assurer les échanges gazeux. (voir photos ci-après).

En résumé, l'adaptation des racines à l'environnement est étonnante, même dans les pires conditions (eau salée, air). Ce n'est cependant pas une raison pour leur infliger des traumatismes en pépinière, bien au contraire.

Pneumatophores de *Taxodium distichum*.
Photo shutterstock_1809112804

Pneumatophores d'*Avicennia sp*.
(Mangroves des Sandarbans)

55 - Réaction des racines face aux contraintes

55.1 - Contraintes rencontrées dans les sols

En fonction de ses préférences écologiques, chaque espèce d'arbre possède une capacité particulière d'adapter son enracinement au sol. Connaître à l'avance la réaction des racines face aux nombreux obstacles présents dans le sol, permet d'orienter le choix des espèces et d'optimiser le travail du sol avant plantation.

La connaissance de chacune des espèces de reboisement doit intégrer le comportement des racines face aux contraintes du sol (sols profonds ou superficiels, sols acides, calcaires, ou pauvres, sols argileux, sableux, caillouteux ou rocheux fissurés ou non, avec poches d'argiles ou non, sols humides ou secs, etc.) et en particulier aux hétérogénéités rencontrées (hydromorphie temporaire et permanente, passage brutal d'un horizon riche à des zones pauvres et siliceuses, etc.).

Il n'est pas facile d'observer le comportement des systèmes racinaires et les études correspondantes sont peu nombreuses. On se reportera aux publications très intéressantes de Claire ATGER (2011[68]) qui a étudié de très nombreux systèmes racinaires. Selon elle : « *Chaque essence a une sensibilité propre à chaque propriété du sol, tolère une gamme donnée de variations de chacune d'entre elles et des combinaisons auxquelles elles peuvent donner lieu. La diversité des seuils de sensibilité des racines composant un enracinement détermine certainement la plasticité racinaire et l'adaptabilité de l'essence aux hétérogénéités des* sols ».

Face aux contraintes, les diverses essences sont plus ou moins sensibles et leur plasticité se manifeste par une certaine compensation du développement racinaire dans les zones du sol qui leur sont les plus favorables. Elle distingue alors :

- ***Les essences hypersensibles*** dont le développement est bloqué, sans compensation.
- ***Les essences sensibles*** qui compensent par un développent dans les zones favorables.
- ***Les essences "obstinées"*** dont les racines semblent peu sensibles aux diverses contraintes.

Pour elle, « ***la croissance compensatrice*** *(qui opère à l'échelle de la racine et de l'enracinement dans son ensemble) est certainement le mécanisme essentiel de la plasticité racinaire* ».

Ces considérations mettent en relief tout l'intérêt de la préparation des sols avant plantation. Quel que soit le pouvoir de compensation des racines, on devra s'efforcer de briser ou d'éloigner les obstacles qui pourraient s'opposer à une croissance rapide et aussi continue que possible des jeunes plants (compacités diverses, zone hydromorphe, planchers argileux, couches d'alios, etc.), tout en évitant d'en créer de nouveaux lors des préparations mécanisées des terrains (semelles de labour, lissage des parois des trous, etc.). On cherchera donc à ameublir le sol (en plein ou localement) au moyen de diverses modalités de travail mécanique (labour, pseudolabour, sous-solage, billonnage, potets travaillés, etc.).

Cependant, ce travail mécanique sera rendu compliqué par la nécessité de respecter également le plus possible les horizons superficiels humifères, notamment en région tropicale. En particulier, et en dehors des sols très sableux, le dessouchage sera proscrit car impossible à réaliser sans un décapage très appauvrissant pour les sols. La faisabilité du travail mécanique du sol avant plantation devra donc faire l'objet d'études précises relatives à la conception des machines les mieux adaptées en relation avec l'action réelle de chaque prototype de machine sur chaque type de sol.

On voit bien qu'il s'agit donc d'un programme de R&D long et coûteux qui concerne autant les concepteurs de machines que les applicateurs expérimentés.

55.2 -Traumatismes infligés en pépinière

Le développement racinaire de jeunes plants a fait l'objet d'assez nombreuses études dans les années 70 et 80, suite aux déformations racinaires engendrées par l'élevage des plants en godets. On cherchait à connaître les conséquences de la présence d'une paroi rigide sur l'architecture racinaire.

Aujourd'hui tous les bons planteurs connaissent l'enroulement des racines provoqué par un élevage en godets à parois dures. C'est en particulier le cas des grands plants d'ornement, dont l'élevage prolongé conduit à des enroulements sévères, calquant la forme du conteneur et appelés "chignons racinaires" (voir photos ci-après). Le problème vient du fait que cet enroulement se poursuit après plantation ; la croissance en rond des racines latérales continue à inhiber la production et la croissance des racines latérales secondaires tout en provoquant leur coalescence et l'étranglement du pivot lorsque celui-ci arrive au contact du chignon. Les principales conséquences sont triples :

1. **faible alimentation minérale** et donc faible croissance,
2. **grande sensibilité au vent** par manque d'ancrage,
3. **grande sensibilité à la sécheresse** par manque de développement racinaire.

D'autres inconvénients peuvent apparaître. l'étranglement du pivot provoque une accumulation de sève élaborée au-dessus du collet ce qui peut conduire à des attaques par les animaux nuisibles (mulots en particulier). Il y a en effet un déficit trophique racinaire chez les plants "chignonés".

André FRANCLET mesurait l'importance du chignon en comparant (à 10 cm du collet), la surface terrière du tronc à la somme de celles des racines, le rapport devant être égal à 1 chez les plants sains et toujours inférieur à 1 chez les plants "chignonés".

Divers types de chignons racinaires et effets néfastes sur la croissance des jeunes arbres

De gauche à droite : 1 : Spiralisation des racines des plants d'ornement élevés en pots plastiques. **2 : Chignon typique** sur jeune plant d'eucalyptus ; enroulement des racines latérales. **3 : Renversement** par le vent suite au manque d'enracinemnt latéral. 4 : **Evolution extrême** sur jeune plant d'épicéa avec formation d'une rotule et mort de l'arbre.

Pour les plants d'ornement, en particulier pour les arbustes à faible développement, on peut tenter de remédier aux chignons par déroulement et "habillage" des racines au moment de la plantation mais pour les arbres d'ornement ou les arbres fruitiers, on doit préférer les plants à racines nues, surtout s'il s'agit de grands plants. Pour les plants en godets, on préférera des plants jeunes dont l'enroulement racinaire est encore limité et donc facile à dérouler et à tailler (habiller). On préférera surtout les pots ajourés qui provoquent un auto-cernage racinaire, comme on le verra plus loin.

Chez les arbres forestiers, les plants "chignonés" sont rédhibitoires car ils condamnent l'avenir de la plantation. En effet leur développement est alors souvent ralenti, voire fortement compromis, par manque de croissance, renversement par le vent ou mortalité en cas de sécheresse. Bien que certaines espèces soient capables de fabriquer assez souvent des racines adventives au-dessus du collet et donc de s'affranchir partiellement des chignons les plus graves, il n'est pas question de produire des plants forestiers présentant le moindre risque de mauvais développement racinaire.

Aussi, en région tempérée, on préférera toujours une production de plants à racines nues à un élevage en godet douteux. Toutefois, en cas de culture en godet, la durée d'élevage des plants forestiers, restera toujours limitée à une seule saison de végétation, la plus courte possible (quelques mois au maximum).

55.3 - Remèdes

55.31 - Principes à respecter

Les procédés utilisés s'appuient également sur un résultat physiologique très important :

Dès que les racines se trouvent au contact de l'air libre, elles arrêtent leur croissance et forment des pointes blanches appelées "boutons racinaires"

Ces boutons racinaires, dont la morphologie varie selon l'humidité de l'air et le degré de luminosité, sont prêts à une reprise de croissance racinaire dès que les conditions sont à nouveau remplies, ce qui est réalisé dès la mise en terre des plants. Les plants équipés de boutons racinaires présentent donc un avantage par rapport aux plants dont les racines ont subi un habillage (racines nues ou même certains godets dont il faut couper les racines qui en sortent) car ils démarrent immédiatement après plantation, assurant la reprise et optimisant la croissance initiale.

Dans le cas des espèces à croissance rapide ou plus généralement en région chaude, l'élevage en godet étant fortement souhaitable ou obligatoire, les chercheurs ont mis au point diverses techniques permettant d'éviter les chignons, soit à partir de conteneurs remplis de substrat, soit à partir de mottes formées d'une enveloppe contenant le substrat, à planter avec le plant.

Chacune de ces 2 techniques présente plusieurs options, plus ou moins avantageuses suivant les essences avec cependant des contraintes spécifiques de mise en œuvre et des coûts très variables.

55.32 - Godets «antichignon»

En utilisant des "minirhizotrons" pour visualiser en continu la croissance des racines, RIEDACKER (1974[69] et 1978[70]) a décrit les mécanismes de déformations racinaires conduisant à la formation d'un chignon par spiralisation du pivot chez bon nombre d'essences ornementales et surtout forestières. Il résume ses résultats comme suit :

« Des études expérimentales ont montré que les racines issues de boutures de Peuplier rencontrant,

- ***un dièdre**, ne sont généralement déviées dans le sens de l'arête de ce dièdre que lorsque son angle est aigu,*
- ***un obstacle court**, conservent après l'obstacle une direction de croissance proche de celle qu'elles avaient avant de rencontrer l'obstacle,*
- ***un obstacle long**, prennent une direction plus ou moins parallèle à celui-ci,*
- ***une succession d'obstacles**, le dernier étant court et ne formant pas un angle aigu avec le précédent, prennent généralement une direction parallèle à celle qu'elles avaient avant de rencontrer le dernier obstacle. »*

L'utilisation de ces résultats l'a conduit à concevoir des conteneurs "antichignons", appelés "pots M" (visant surtout la production des grands plants feuillus), constitués de feuilles de plastiques pliées en forme de M, ou plutôt de "pots WM" faits de 2 feuilles emboitées, obligeant les racines latérales à descendre verticalement après leurs déviations par les angles aigus de ces dièdres (voir schéma ci-contre extrait du site de THERMOFLAN[*]. Outre la difficulté de mise en œuvre industrielle, le système racinaire des plants obtenus restait cependant assez différent d'un système naturel.

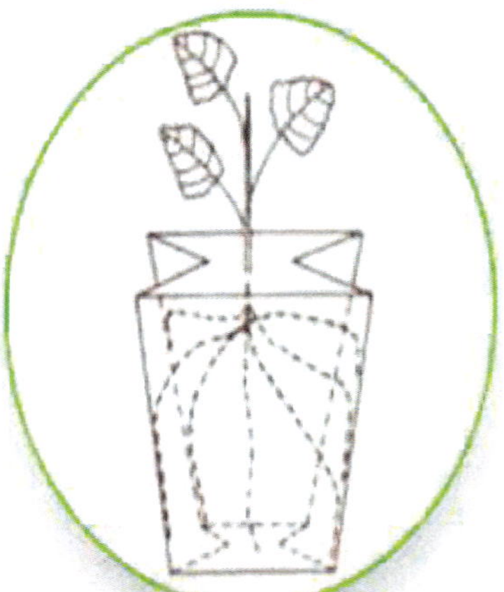

Pot WM, fait de 2 feuilles emboitées.
https://conteneurswm.com/

De plus, leur bon développement après plantation exigeait souvent une taille des racines sortant du fond des pots (manipulation exigeant une main d'œuvre qualifiée et beaucoup de temps, donc coûteuse). On pouvait cependant éviter cet habillage racinaire, en plaçant ces conteneurs sur un grillage surélevé afin de provoquer un autocernage des racines à leur sortie.

---

[*] Se reporter sur le site de THERMOFLAN. (https ://conteneurwm.com/)

D'ailleurs, dès la fin des années 60, certains planteurs de plants en conteneurs coupaient déjà le fond du pot lors de la plantation pour éviter toute déformation du ou des pivots. C'était le cas au Congo pour toutes les plantations d'eucalyptus et de pins élevés en sachets plastique.

Plus tard, MARIEN & DROUIN (1977[71]) ont démontré l'influence de la section et de la profondeur du récipient de culture sur l'importance du système racinaire. Cela reste essentiel lors de la mise en place des plants élevés en sachets plastique, encore très nombreux aujourd'hui dans le monde, en particulier dans les pépinières volantes fréquentes en régions chaudes. En pratique l'opération est assez rapide à condition de disposer d'une lame tranchante, laquelle doit être impérativement réaffûtée une ou deux fois par jour.

La coupe des racines basses élimine beaucoup de déformations mais retarde un peu le démarrage des plants qui doivent refaire des boutons racinaires avant de reprendre leur croissance. Notons aussi, qu'avec ce type d'élevage, les racines latérales (souvent spiralées) méritent également d'être taillées ce qui complique beaucoup l'opération (donc pas souvent réalisée convenablement). Pour éviter, ou tout au moins réduire, les déformations induites par l'élevage en conteneurs à parois dures, de très nombreux types de conteneurs ont été étudiés dans le monde.

Finalement, les systèmes utilisés aujourd'hui sont de deux types :

- **les plaques alvéolées**
- **les godets individuels**.

Il est à noter que ce second choix implique l'usage de caisses ou portoirs bien adaptées à chaque type de godet. Tous les systèmes ont finalement opté pour des modèles avec rainures étroites, plus ou moins nombreuses, obligeant les racines horizontales à descendre verticalement. Les modèles les plus perfectionnés comprennent des parois ajourées (surtout à la partie inférieure) visant à provoquer un cernage aérien[72] au contact de l'air et de la lumière.

Cantabrie - Pépinière BOSQUES 2000 (SNIACE). Photos Carlos TEJEDOR (nov. 2020). A gauche : Plaque CETAP, pulvérisée à la peinture au cuivre, destinée à l'élevage des plants d'eucalyptus. **Au centre :** plant d'*E. nitens* en fin d'élevage en Hiko non cuivré (déformation des racines latérales). **A droite :** Plant d'*E. nitens* en fin d'élevage en Hiko cuivré. Pas de racines latérales apparentes et quelques petits boutons racinaires

55.33 - Application de peintures au cuivre

Dans tous les cas, les plaques ou les portoirs doivent être posées sur des surfaces grillagées éloignées du sol (ou des câbles tendus au-dessus du sol), afin de provoquer le cernage aérien des racines à la sortie basse de chaque alvéole, godet ou tubes. Lorsque l'on craint un cernage défectueux, la durée d'élevage doit être réduite au plus juste afin d'éviter la formation de "manchons racinaires" à la sortie des tubes qu'il serait alors nécessaire de couper avant plantation.

.Dans la recherche de systèmes racinaires sains et sans déformation, et pour simplifier les opérations de pépinières, certains ont appliqué des peintures contenant du cuivre, à l'intérieur de conteneurs à parois dures avec ou sans cannelures. Il s'est avéré que le cuivre stoppait la croissance des racines au contact de la paroi, provoquant alors le démarrage de nouvelles racines latérales.

André FRANCLET signalait déjà ce résultat dans les années 80 et Carlos TEJEDOR (BOSQUES-2000) applique ce procédé dans sa pépinière de Torrelavega avec de bons résultats sur semis d'*E. globulus* et d'*E. nitens*. Le chevelu racinaire est plus abondant et ne présente pas de déformation.

Il faut, à ce sujet, signaler les travaux des chercheurs forestiers espagnols A. HEVIA CABAL *et al.*[73]) des Asturies (SERIDA)*. Leur présentation PWP, lors du Congrès forestier catalan de Tarragona (26-28 septembre 2007), montrait bien tout l'intérêt de l'application de peintures cuivrées sur les parois intérieures des conteneurs (ci-après les profils morphologiques des plants de pin maritime, obtenus avec des peintures dosant de 0 à 4,5% de cuivre).

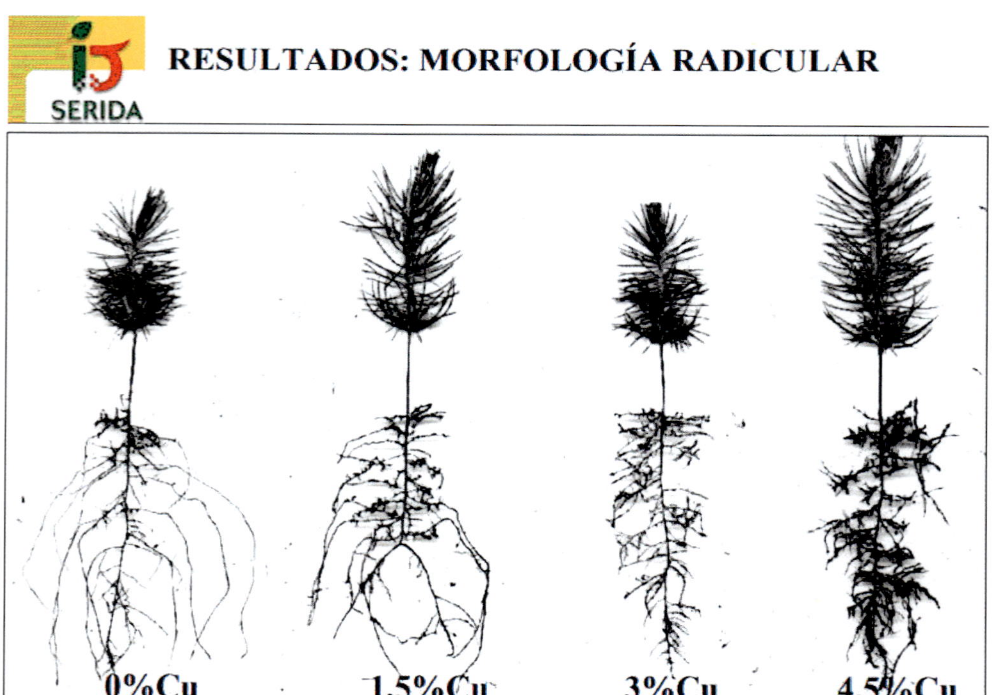

Efecto de la poda química sobre la morfología de la raíz en plantas de ***Pinus pinaster* Ait.** producidas en contenedor **Forest Pot 250** a los **120 días** de edad.

---

* **SERIDA** : Estación Experimental "La Mata", Sección Forestal, Servicio Regional de Investigación y Desarrollo Agroalimentario. Principado de Asturias.

L'image précédente, qui correspond à une de leurs diapositives, montre clairement que la peinture à 4,5% de cuivre présente un effet très positif sur le chevelu et l'absence de déformation des racines latérales. C'est tout à fait ce que l'on cherche et l'utilisation de conteneurs peu onéreux et faciles à remplir est un avantage certain en production industrielle. Malheureusement, ce procédé pourtant très intéressant n'a pas été développé. Il faut dire que d'une part, le cuivre fait partie des métaux lourds donc de plus en plus banni par les nouvelles règles plus respectueuses de l'environnement et que d'autre part, il est de plus en plus difficile de trouver de telles peintures, par ailleurs très chères (de l'ordre de 50 euros/litre actuellement) autrefois vendues couramment comme peinture antifouling pour la protection des coques de navire contre les dépôts d'algues et de coquillages.

55.34 - Elevage en mottes

La motte MELFERT. André FRANCLET chercheur à l'AFOCEL connaissait depuis longtemps ces déformations racinaires, souvent rédhibitoire pour les plants forestiers. Il fut l'un des premiers à proposer des mottes d'élevage évitant ces déformations (FRANCLET 1980[74]), en particulier sa fameuse "motte roulée MELFERT" développée par la Société française FERTIL (site : https.//www.fertil.fr/fertil/).

Congo 1988 - Bouturage des eucalyptus en mottes MELFERT à la pépinière de Kissoko. De gauche à droite. **1 :** Enroulement des mottes MELFERT autour des boutures. **2 :** Transport à la brouette des plateaux jusqu'aux aires de bouturage. **3 :** installation des boutures en mottes sur le sol des aires de brumisation. **4 :** Pépinière industrielle ; phase d'enracinement sous brouillard.

La motte MELFERT ("mélange fertile") a été imaginée pour s'adapter au bouturage tout en évitant les déformations racinaires. Il s'agissait d'un sachet en matériau non-tissé, rempli d'un substrat riche en vermiculite et fermé ("chaussette"). Ce sachet aplati et fortement humidifié, était enroulé autour de la bouture (voir photos ci-après) et maintenu par auto collage. Rappelons que c'est en mottes MELFERT que les boutures d'eucalyptus avaient été produites industriellement au Congo pour l'installation de la majeure partie d'un massif de 42.000 ha d'eucalyptus, par l'UAIC[*], en savanes côtière de Pointe Noire, entre 1978 et 1995.

---

[*] **UAIC** : Unité d'Afforestation industrielle du Congo. Société d'Etat congolaise financée de 1978 à 1985 par la Coopération française puis par Shell Pétroleum Company jusqu'en 2000.

Ces mottes, bien que chères, ont grandement simplifié les opérations de pépinière qui bénéficiaient d'une main d'œuvre féminine, abondante et minutieuse. Leur remplissage, à 100% de vermiculite, a permis d'éviter leur agrégation (en condition chaude et humide) dans les containers de transport. Signalons que le choix des mottes MELFERT impliquait également l'usage de portoirs adaptés (les portoirs STAMP), très ajourés, ne maintenant que légèrement les mottes en place afin d'éviter les déformations racinaires. Ces portoirs fabriqués en petites quantités étaient très coûteux et ils ne se fabriquent plus.

Congo (Pépinière de Kissoko – 1988)
Bouturage des eucalyptus en mottes MELFERT.
Enracinement en 21 jours

En dehors des applications truffières (CHEVALIER G.[75]) ou pour des emplois particuliers (grands plants de reprise difficile), la motte MELFERT n'est pratiquement plus utilisée aujourd'hui à cause de sa difficulté de mise en œuvre et donc de son coût élevé. Elle est remplacée par la motte Fertiss ou ELLEPOT, la motte de tourbe compressée ou le Jiffy-pot, plus simples à utiliser.

La motte "FERTISS". Cette motte, principalement utilisée en horticulture, est commercialisée par la Société FERTIL de Saint Amé (Vosges). Elle se présente comme une grosse cigarette enfermant le substrat dans un boyau de papier non tissé, puis coupé en segments de la longueur souhaitée.

FORELITE-ALLIANCE, Pépinière de NAUTON
Elevage de plants 1-0 en mottes ELLEPOT
A gauche : cèdre de l'Atlas et à droite : douglas

Plus simple et moins chère que la motte MELFERT, elle est cependant beaucoup plus fragile et donc plus délicate à manipuler. Elle doit également respecter des conditions d'installation sur portoirs adaptés pour éviter les enchevêtrements de racines d'un plant à l'autre.

Il existe aujourd'hui des machines plus ou moins automatisées, capables de fabriquer, à des cadences variées, ce type de mottes, en pépinière, à partir d'un substrat local ou importé. Le Système ELLEPOT*

*Le système **ELLEPOT** est produit par la société danoise Ellegaard a/s. Il comprend, outre l'assistance technique nécessaire, la machine à fabriquer les mottes de capacité adaptée et la fourniture du papier.
https ://pdf.agriexpo.online/fr/pdf/ellepot/ellepot/177493-12884.html

d'origine danoise est sans doute le plus élaboré (voir la publicité ci-dessous), avec des versions adaptées aux plantations forestières.

Dans sa pépinière de NAUTON (landes), FORELITE* (du Groupe ALLIANCE) produit des plants feuillus (Eucalyptus, Chênes, Robiniers) et des plants résineux (Cèdres, Douglas), en "mottes ELLEPOT" très proches des anciennes "mottes FERTISS" (voir photos ci-après). Les mottes sont fabriquées sur place, à l'aide d'une machine de forte capacité (30.000 mottes/jour). Le substrat est importé des Pays baltes et de Belgique.

Source : publicité ELLEPOT. Site : https://www.youtube.com/watch?v=GaLSCOYSWN4

Les racines des plants élevés dans ce type de mottes, comme avec les MELFERT, traversent facilement la paroi latérale non tissée sans se déformer et créent des boutons racinaires qui démarrent dès la mise en terre des plants en assurant leur reprise.

La motte de tourbe. C'est la plus simple des mottes car elle ne comprend aucune enveloppe. Le mélange tourbeux qui la compose doit cependant être très étudié afin de rester perméable aux racines tout en conservant une cohésion suffisante pour permettre les manipulations.

Au Congo, dans les années 60, on utilisait des mottes de terre argileuse compressées, les "pots-terre", confectionnés manuellement avec un outil rustique, le "presse-pots-terre" à partir d'un mélange argileux local, puis séchées au soleil (voir plan et photo ci-après). Cette technique très artisanale ne convenait qu'aux eucalyptus, capables de transpercer facilement cette boue durcie avec leurs jeunes racines, ce dont les pins étaient tout à fait incapables.

*https ://www.allianceforetsbois.fr/wp-content/uploads/2016/09/Plaquette-Forelite.pdf

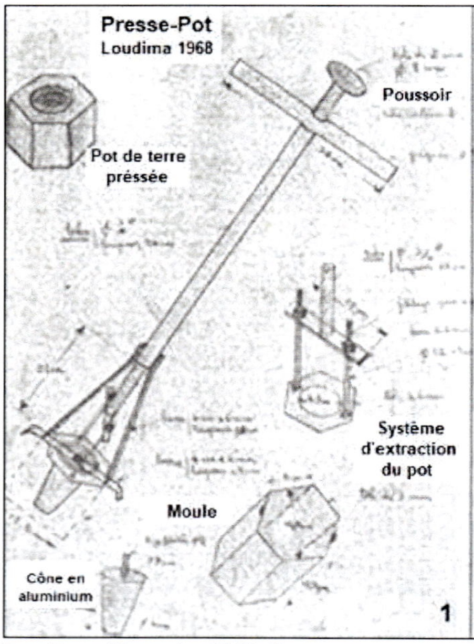

Loudima (Congo) - 1968. Pots en terre pour l'élevage des plants d'eucalyptus. 1 : Plan du Presse-pot (François GONIN), **2 :** Confection de "pot-terres" pour l'éducation des plants d'eucalyptus.

Aujourd'hui, les mottes de tourbe en sont des versions modernes et très mécanisées à destination des jardineries pour la vente d'excellents plants de légumes, sans "chignon" et avec boutons racinaires. L'élevage en motte est un bon procédé mais exige du savoir-faire, une tourbe savamment dosée et des temps d'élevage bien programmés, dans des conditions très contrôlées.

Photos Alliance Cefb (Pépinière FORELITE de Nauton) - Plants en mottes de tourbe compressées de 200cc. **1 :** Pin maritime. **2 :** Pin à l'encens, **3 :** Eucalyptus.

Les pépinières forestières utilisent rarement ce type de mottes, en dehors de la pépinière FORELITE d'Alliance à NAUTON (Landes), qui apparaît comme une exception. La qualité du système racinaire est assurée, à condition de respecter avec le plus grand soin, les proportions et le conditionnement du mélange tourbeux. Les photos précédentes montrent des plants d'excellente qualité, d'espèces variées, produits par cette unité industrielle de FORELITE.

Le Jiffy-pot[*]. C'est une pastille de tourbe compressée placée dans une enveloppe de non tissé extensible et biodégradable, très proche finalement des mottes MELFERT.

Ces pastilles prennent leur forme définitive par hydratation, et, comme elles comportent des trous préformés à leur partie supérieure, on peut facilement y introduire les boutures.

Les jiffys pots doivent être installés sur des portoirs qui ne doivent pas présenter le défaut des conteneurs à parois lisses conduisant à la spiralisation des racines latérales. Les portoirs proposés par la Société Jiffy sont de simples plateaux sur lesquels les plants manquent de stabilité et le choix d'un autre modèle est difficile.

BOSQUES 2000 (SNIACE), Cantabrie (2006) - Jiffy pots "7 forestry" : De la gauche vers la droite : **1 :** Cartons de pastilles. **2 :** Pastille de tourbe compressée et emballée en sachet de non tissé extensible et perméable aux racines. **3 :** Pastilles après gonflement par humidification et rangement en portoirs STAMP. **4 :** Bouturage de l'*Eucalyptus globulus* en Jiffy pots. **5 :** Enracinement des boutures après 1 mois de brumisation ; nombreux boutons racinaires.

Les caisses STAMP conçues pour les mottes MELFERT se sont révélées parfaitement adaptées aux Jiffys 7 Forestry (technique testée par BOSQUES 2000), les mieux adaptés pour les petits plants forestiers produits par bouturage (eucalyptus, teck, etc.). Le problème est que ces caissettes ne sont plus fabriquées. Sans être aussi difficile que pour les mottes MELFERT, leur mise en œuvre nécessite de la main d'œuvre et comme leur coût reste assez élevé, les Jiffys pots semblent mieux adaptés à des projets de taille modeste et à des espèces à haute valeur comme les plantations clonales de Teck ou d'Acajous.

Par rapport aux godets rainurés ou même ajourés, les mottes présentent l'avantage de conserver des racines latérales horizontales avec des boutons racinaires à la sortie des parois latérales, assurant

[*] de la société hollandaise **Jiffy Products International B.V.** site : http ://www.jiffypot.com/en/imprint.html.

l'absence de choc à la plantation et donc une reprise immédiate après mise en place en terrain propice (fertile et humide).

Le prix relativement élevé (de l'ordre de 9 centimes d'euros l'unité) impose de bons taux de réussite au semis ou au bouturage (18 centimes si le taux d'enracinement des boutures n'est que de 50%).

Signalons enfin que les substrats de culture peuvent entraîner des croissances racinaires anormales et même des déformations, certes moins importantes que celles provoquées par la paroi rigide du conteneur, mais dont les conséquences sur l'avenir des jeunes arbres doivent être étudiées. Ainsi, selon F. LEMAIRE[76] : « *durant la phase de culture en godets, la tortuosité augmente quand on passe d'un matériau à structure fibreuse (tourbe) ou lamellaire (vermiculite) à un matériau à structure granulaire (sable, perlite) ; ce qui s'explique par une résistance à la pénétration plus élevée. Une orientation presque verticale du système racinaire est notée dans la tourbe alors qu'elle est presque horizontale dans la vermiculite. Ces différences d'orientation sont reliées à la structure des matériaux, qui engendre une anisotropie, dans le cas de la vermiculite, et une indéformabilité plus grande* ».

L'exploration moins complète et plus superficielle de la vermiculite par les racines peut donc engendrer des problèmes de nutrition minérale suivant les techniques d'irrigation utilisées. Lors de la réinsertion dans le milieu naturel des plantes cultivées en conteneurs, l'orientation des racines induite par le substrat peut conditionner le type et la rapidité de la colonisation racinaire dans le sol, d'où une possible crise de transplantation.

Le tableau ci après récapitule les principaux avantages et inconvénients de chaque système :

Système	Avantages	Inconvénients
Plaques alvéolées	Simplicité de mise en œuvre, Mécanisation complète possible. Accompagne les plants jusqu'à la mise en place sur le terrain.	Emplacements vides perdus d'où nécessité d'utiliser des graines à haut pouvoir germinatif. Possibilité de déformations racinaires résiduelles en styroblocs.
Petits godets et tubes rainurés	Assez faciles d'emploi, Permet d'obtenir des planches complètes en remplaçant les tubes vides par des pleins.	Nécessitent l'usage de portoirs bien adaptés, souvent coûteux. Besoin parfois d'un cernage basal avant plantation (en cas d'élevage trop prolongé).
Petits godets ajourés	Se rapproche de la qualité d'élevage en mottes tout en étant moins coûteux. Convient bien aux petits plants résineux.	Exige des précautions en fin d'élevage pour éviter les interpénétrations racinaires entre plants. Ne convient pas aux grands plants feuillus.
Motte FERTISS ou de type ELLEPOT	Evite les déformations racinaires à condition d'avoir des portoirs bien adaptés.	Mottes assez fragiles. Pertes de substrat possible par manque de structure. Coût assez élevé.
JIFFY-7 Forestry	Evite les déformations racinaires. Système bien étudié qui évite les inconvénients des FERTISS, grâce à l'usage de tourbe gonflante.	Demande de la manipulation pour l'installation en portoir. Coût élevé malgré un transport assez bon marché (faible volume).
Plaques alvéolées ou godets à parois dures enduits de peinture cuivrée	Se rapproche de la qualité d'élevage en mottes. Création de boutons racinaires. Augmentation du chevelu racinaire. Absence de déformation.	La peinture cuivrée (antifouling) devient rare et très chère à cause de sa relative toxicité pour l'environnement. Peindre les plaques ou les godets, au moins tous les 2 ans, est une opération coûteuse.

***

6 - Symbioses racinaires

L'adaptation des végétaux sur terre s'est faite grâce à des associations symbiotiques racinaires avec des champignons ou des bactéries. Le but de telles associations est un échange nutritionnel entre une plante et un microorganisme. Elles sont de deux types selon la nutrition concernée (nutrition minérale grâce aux mycorhizes, nutrition azotée avec les actinorhizes et les associations rhizobiennes ou le microorganisme impliqué (champignon pour les mycorhizes ou bactérie pour la fixation de l'azote) et de trois types, selon la plante bénéficiaire :

1. **Symbioses mycorhiziennes** qui concernent presque toutes les plantes à l'exception de quelques rares familles (*Brassicaceae, Chenopodiaceae, Polygonaceae, Caryophyllaceae, Juncaceae, Proteaceae).*
2. **Symbioses actinorhiziennes** qui concernent un nombre restreint d'arbres (Aulnes, Casuarinas, etc.) et d'arbustes (*Eleagnus*, *Ceanothus* etc.).
3. **Symbioses rhizobiennes** qui ne concernent que les légumineuses.

61 - Les mycorhizes (*Le Tacon et al.* 1997)[77]

Les microorganismes responsables sont les champignons mycorhiziens. Il s'agit d'une association de type mutualiste, le champignon recevant de la plante des sucres élaborés par la photosynthèse en échange d'eau et de sels minéraux qu'il puise dans le sol avec une grande efficacité, même lorsqu'il s'agit de minéraux peu solubles comme le phosphore. De ce fait, la mycorhization concourt à la pédogénèse en facilitant l'installation des végétaux ligneux sur les sols minéraux très pauvres et donc en aidant à l'altération des roches mères.

61.1 - Diversité des symbioses mycorhiziennes

Ce type d'associations avec des champignons concernent plus de 90% des plantes actuelles. On distinguee schématiquement :

Les endomycorhizes à arbuscules (MA), les plus anciennes, qui datent des premiers végétaux terrestres (nécessaires à leur colonisation des milieux terrestres). Elles dominent dans les zones tropicales, sauf chez certains genres, pourtant très répandus : Diptérocarpacées en Asie du Sud et Cesalpiniées en Afrique et en Amérique du Sud (Louisiana 2003[78]),. Les champignons concernés appartiennent à la famille des Phycomycètes (genre *Glomus* en particulier). En région tempérées, les endomycorhizes (MA) concernent des espèces comme le Cyprès, le Thuya et, chez les feuillus, les érables, les noyers les merisiers et les frênes.

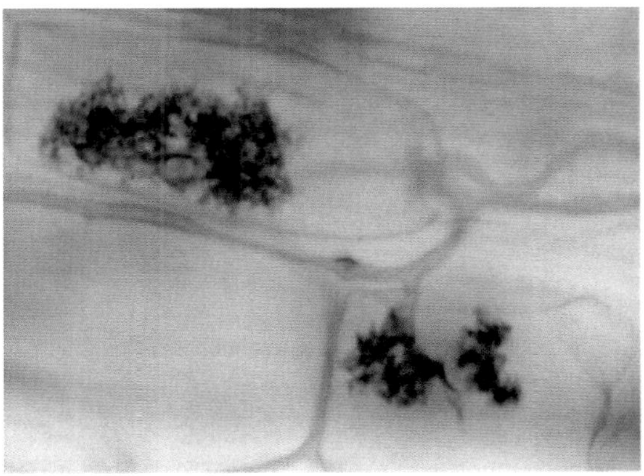

Endomycorhize à arbuscule. Glomus sp,. et oignon. Photographie Inrae. François Le Tacon

Les ectomycorhizes (EM), plus récentes, sont apparues avec l'adaptation des arbres au froid. Le mycélium est inter et intra cellulaire mais ne pénètre jamais dans les cellules des racines de l'hôte. On distingue 2 types d'association, suivant les champignons concernés qui forment tous des manchons autour des racines courtes des arbres :

- avec des ascomycètes (groupe comprenant les 2/3 des espèces de champignons supérieurs). Les spores sont produites à l'intérieur d'un sac ou asque (d'où le nom d'ascospores).
- avec des basidiomycètes (1/3 des espèces de champignons supérieur). Les spores, externes, sont appelées basidiospores.

Photographies INRAE, courtoisie François LE TACON. A gauche : Ectomycorhize coralloïde de pin sylvestre et de *Laccaria bicolor*. **A droite :** Ectomycorhize dichotome de pin sylvestre et de *Laccaria bicolor*.

Quelle que soit l'espèce, les arbres à ectomycorhizes s'associent à des basidiomycètes ou des ascomycètes. Certains arbres comme les Eucalyptus, les Aulnes, les Peupliers et les Saules, présentent les deux types de mycorhizes (endomycorhizes et ectomycorhizes).

61.2 - Intérêt de la mycorhization des plants

L'utilité de la mycorhization artificielle réside essentiellement dans l'éducation des plants en pépinière. En effet dans certaines régions du monde, la plantation d'espèces exotiques comme les pins est impossible. C'est en particulier le cas des Pins tropicaux en Afrique qui ne peuvent croître sans mycorhize. Par exemple, la réussite de l'introduction de *P. caribaea* au Congo (1959) est due à l'introduction de plants mycorhizés en provenance de la pépinière de Foumban au Cameroun. Par la suite, toutes les plantations de Pointe Noire (1000 ha) de la vallée du Niari (2000 ha) et des plateaux Batéké (1000 ha) doivent leur succès à l'introduction de plants mycorhizés dans chacune de ces stations et à la création préalable de petits "peuplements mycorhiziens" à proximité immédiate des pépinières. Chaque année dans les pépinières, l'inoculation des plants était faite grâce à de la terre prélevée dans ces peuplements et mélangée au substrat de repiquage.

Cependant, la mycorhization n'est pas toujours d'une nécessité aussi criante. En général les plants trouvent à se mycorhizer là où on les plante. Cependant, un choix judicieux de souches fongiques très performantes peut apporter une vigueur initiale très significative, justifiant un coût supplémentaire en pépinière. La démonstration d'un tel gain fut faite au Congo en 1980 par l'équipe de l'INRA Champenoux*) qui disposait de souches performantes du champignon ectomycorhizien *Pisolithus tintorius,* en cultures pures de mycélium (DELWAULLE *et al.* 1987[79]). Par la suite, ce

* En collaboration avec le CTFT-Congo.

champignon s'est montré rapidement très supérieur au champignon local reconnu pour appartenir au genre *Rhizopogon*. Le Pisolithe introduit a rapidement envahi tout l'essai puis toute la Station de Pointe Noire et même, 4 ans après, la Station de Loudima (Niari) située à 160 km de Pointe Noire. Il fut démontré également que l'inoculation en pépinière restait d'autant plus nécessaire qu'elle était très peu coûteuse puisqu'il suffisait de mélanger des spores à raison d'environ 0,3 g/litre lors de la confection du substrat de repiquage pour s'assurer de plants bien verts, vigoureux et homogènes.

61.3 - Autres avantages

La mycorhization en pépinière par des souches ectomycorhiziennes est maintenant relativement bien étudiée depuis plusieurs dizaines d'années. On connaît donc beaucoup mieux cette pratique en pépinière forestière, d'autant plus que des souches ectomycorhiziennes performantes sont peu à peu sélectionnées et mises sur le marché en cultures pures. Bien que le gain espéré de vigueur à la sortie de pépinière ne soit pas toujours au rendez-vous, les avantages sont finalement nombreux et variés :

- **Bonne homogénéité des lots de plants et régularité des productions** annuelles successives,
- **Protection vis-à-vis des champignons pathogènes** avec stimulation des défenses naturelles,
- **Réduction des traitements sanitaires**, les plants étant mieux alimentés et plus résistants,
- **Utilisation de sols pauvres** pour y installer les pépinières,
- **Réduction de la fertilisation**, les mycorhizes permettant une meilleure alimentation minérale,
- **Réduction de l'arrosage**, les plants étant plus résistants à la sécheresse,

Enfin il faut souligner que pour le planteur qui ne connaît pas l'inoculum naturel des terrains à planter, l'utilisation de plants bien mycorhizés sera toujours une grande sécurité.

62 - La fixation biologique de l'azote atmosphérique

62.1 - Généralités

Laissons François LE TACON nous exposer les modalités naturelles de la fixation de l'azote atmosphérique.

« *C'est la source de toute vie sur terre, elle implique l'existence d'une chaîne d'enzymes dont la première est la nitrogénase. Or, cette enzyme, apparue d'abord chez les cyanobactéries libres autotrophes dans les océans il y a environ trois milliards d'années ne peut fonctionner en présence d'oxygène. On estime donc que la fixation de l'azote atmosphérique s'est développée dans les océans très tôt après l'apparition de la vie et avant l'oxygénation de l'atmosphère. Les cyanobactéries libres des océans produisant de l'oxygène ont ensuite réussi à mettre en place un système de fixation de l'azote atmosphérique protégé de l'oxygène qui s'est accumulé dans l'eau et l'atmosphère. Bien ultérieurement, d'autres bactéries libres terrestres dites diazotrophes et hétérotrophes (Azotobacter, Pseudomonas, Azomonas, Clostridium, etc.) ont pu acquérir la capacité de fixer l'azote atmosphérique dans les sols suivant la même réaction.*

$$N_2 + 8\,e^- + 8\,H^+ \rightarrow 2\,\underline{NH_3} + H_2\uparrow$$

L'ammoniac NH_3 est transformé en ammonium NH_4 puis fixé sur un squelette carboné sous forme de glutamate. Chez les cyanobactéries autotrophes l'énergie nécessaire à la réaction et les squelettes carbonés sont fournis par les produits de la photosynthèse alors que chez les bactéries hétérotrophes des écosystèmes terrestres l'énergie nécessaire et les squelettes carbonés proviennent de la décomposition de matière organique morte.

L'apparition de lá fixation symbiotique de l'azote atmosphérique dans les écosystèmes terrestres chez certaines familles de plantes est relativement récente (environ 80 millions d'années) alors que l'apparition des endomycorhizes à arbuscules date d'environ 450 millions d'années et celles des ectomycorhizes date d'environ 150 millions d'années. Il existe deux grands types de fixation symbiotique d'azote : la fixation par les Rhizobium chez les légumineuses ou fabacées et la fixation par des Frankia ou bactéries filamenteuses chez les plantes dites actinorhiziennes (Casuarina, Aulne et autres). Dans la fixation symbiotique de l'azote, l'énergie et les squelettes carbonés sont fournis par la photosynthèse de la plante hôte ».

Depuis le début du 20e siècle, grâce à l'invention du procédé industriel de Haber-Bosch, les hommes savent également transformer l'azote atmosphérique en ammoniac puis en engrais azotés (urée et nitrate d'ammonium) utilisés en agriculture. Cette production, qui se fait aujourd'hui à un rythme presque équivalent à celui de la biosphère (de l'ordre de 100 millions de tonnes d'N par an), est cependant très coûteuse en énergie fossile car la molécule de N_2 ($N \equiv N$) contient une triple liaison très énergétique, demandant donc beaucoup d'énergie pour être rompue. De plus, la moitié de ces engrais ne sont pas absorbés par les plantes et se retrouvent dans les nappes sous forme de nitrates et dans l'atmosphère sous forme de composés instables (NO, NO_2, NO_x) à cause de la dénitrification.

Un des avantages des bactéries libres, fixatrices d'azote, tient à leur particularité de pouvoir stocker et transformer l'azote, pour pouvoir le restituer à la plante sous une forme assimilable et au bon moment. L'utilisation agronomique de ces microorganismes sous forme de "bio-fertilisants", ou la culture des plantes fixatrices d'azote, aujourd'hui possible, permet de diminuer l'apport d'intrants chimiques dans le sol et donc d'économiser les énergies fossiles tout en réduisant les pertes par lessivage et la pollution des nappes qui en dérive.

En foresterie, la fixation azotée correspond aux plantations d'arbres fixateurs d'azotes (AFN, selon l'appellation de DOMMERGUES *et al* (1999[80]). Ils sont de plus en plus utilisés en plantations intensives papetières ou énergétiques (*Acacias, Casuarina*, etc.) ou en plantations de restauration des sols.

62.2 - La Symbiose rhizobienne

C'est l'association symbiotique des légumineuses. Les symbioses rhizobiennes associent de nombreuses légumineuses avec de nombreuses bactéries des genres *Rhizobium* et *Bradyrhizobium.*

Le siège de la symbiose se situe dans des nodules racinaires plus ou moins nombreux, développés sur les fines racines (photo suivante).

Au sein de ces nodules, la plante crée un environnement favorable *aux Rhizobium* et *Bradyrhizobium*, lesquels peuvent alors se multiplier et fixer l'azote de manière abondante. Pour cela, elle met à disposition des bactéries une grande quantité d'ATP et de squelettes carbonés issus de la photosynthèse. Elle maintient aussi dans le nodule un micro-environnement anoxique grâce à ses molécules de leghémoglobine qui fixent l'O_2. En effet, la nitrogénase serait détruite en présence d'O_2. De cette manière, l'association bénéficie aux deux partenaires. Les bactéries obtiennent l'accès à une source d'énergie ainsi qu'à des squelettes carbonés et les plantes utilisent les composés azotés produits dans les nodules. Les légumineuses peuvent ainsi couvrir l'intégralité de leurs besoins grâce à la fixation symbiotique.

Nodules fixateurs d'azote de Soja. (Photo shutterstock_677912590).

Cette source supplémentaire d'azote les rend moins dépendantes que les autres plantes de la disponibilité en azote inorganique du sol. D'autre part, la biomasse de ces arbres (en particulier les fines branches, les feuilles, les écorces, les fines racines et les nodules) est riche en azote et son recyclage (litières et sol) permet d'enrichir le sol en azote. Ce phénomène très intéressant est utilisé en agriculture pour réduire les besoins en fertilisation azotée (engrais vert, cultures de légumineuses, etc.), en arboriculture (arbres d'ombrage, plantes de couverture), en agroforesterie (fourrage de saison sèche et bois de feu) et en foresterie (bois de feu et de trituration d'arbres légumineux). Les quantités d'azote fixées par les plantations de légumineuses sont très variables suivant les espèces, les climats, les sols et les conditions de culture.

Quantité d'azote fixé dans les sols par diverses legumineuses arborescentes*

Espèce	Pays	Dens./ha	âge (ans)	N_2 fixé (Kg/ha)	Référence
Acacia holocericea	Australie		3	**12**	Langkamp et al. (1979)
Acacia mangium	Congo	800	7	**120**	B. Reversat (1996)
Acacia mearnsii	Afrique du Sud			**200**	Orchard, Darby (1956)
Cajanus cajan (pois d'Angole)	Inde	55 000	6 mois	**120-170**	Tobita et al. (1994)
Gliricidia sepium	Sri Lanka	5 000		**87-308**	Liyanage et al. (1994)
Leucena leucocephala	Puerto Rico	10 000	2	**103**	Parrota et al. (1994°
.//	Nigeria			**133**	Sanginga et al. (1989)
Paraserianthes falcataria	Hawaï			**100**	in Dommergues (1999)
Prosopis glandulosa	Californie		1	**40**	Shearer, Kohl (1991)
Robinia pseudoacacia	Autriche	5 700	2	**110**	Danso et al. (1995)
Sesbania rostrata	Philippines	500 000	1mois	**458**	Ladha et al. (1990)
* d'après le tableau 6.5 de l'ouvrage de Y. Dommergues* et al : "LES AFN" (1999)				**Moy : 150**	

Le tableau précédent, tiré du tableau de la page 167 du livre de DOMMERGUES *et al.*, donne une idée des quantités fixées à l'hectare par les principales légumineuses forestières lorsqu'elles sont utilisées en plantation. S'agissant de mesures faites au champ, on voit que les quantités sont assez élevées et sans doute voisines des maximas potentiels annoncés (de l'ordre de 100 à 200 Kg/ha selon l'auteur).

62.3 - La Symbiose actinorhizienne

C'est le second système de symbiose fixatrice d'azote, connue chez les plantes. Comme chez les légumineuses, le siège de cette symbiose est un ensemble de nodosités développées sur les racines de la plante mais les rhizobiums sont remplacés par des *Frankia*, bactéries de type actinomycète (d'où le nom d'actinorhizes). Il s'agit de bactéries filamenteuses et septées. Les plantes actinorhyziennes sont assez nombreuses parmi lesquelles, il faut citer 2 groupes d'arbres importants :

Les Aulnes. Ils sont intéressants en régions tempérées pour la qualité de leur bois et leur aptitude à supporter les terrains difficiles : éboulis (*A. viridis*, terrains miniers (*A. cordata*), secs et calcaires (*A. incana*), ou au contraire, hydromorphes (*A. glutinosa*).

Les Casuarinas. Ils sont utilisés en région chaudes pour la recolonisation des terres érodées comme les zones minières de Nouvelle Calédonie (*C. collina*) ou pour la fixation des dunes au Sénégal (*C. equisetifolia*) ou encore pour la production de bois de feu avec les diverses espèces (bois très dense et à haut pouvoir calorifique, jusqu'à 5000 Kg calories/Kg).

Nodules racinaires d'Aulne glutineux, siège de la symbiose actinorhizienne à Frankia,
Source: GNU Free Documentation License, Auteur Lebrac.

Concernant les arbustes, les 2 genres suivant sont les plus employés dans la lutte contre l'érosion :

- **Les *Eleagnus*,** dont on connaît environ 60 espèces, surtout en Asie. Ce sont des plantes pionnières très résistantes, utilisées pour lutter contre l'érosion et supportant le froid et les sols salés (*E. angustifolia* ou olivier de Bohème). On les plante aussi pour leurs fruits riches en oligo-éléments et en vitamines (en particulier en Chine).
- **L'*Hypophae rhamnoïdes* ou argousier,** très utilisé pour les travaux de RTM (Restauration des terrains en montagne) et de DRS (Défense et Restauration des Sols). On le plante aussi pour ses fruits très riches en vitamine C. La Chine est le pays qui en possède la plus grande surface (plus de 900.000 ha) suivi de la Russie (200.000 ha).

Les nodules de *Frankia* ont une morphologie caractéristique (voir photo ci-dessus) et s'accroissent en nombre et en volume avec l'âge de la plante hôte jusqu'à atteindre des dimensions très importantes (jusqu'à 50 cm de diamètre chez *Allocasuarina verticillata*). La biomasse des nodules peut être considérable (jusqu'à 450 Kg/ha pour des peuplements monospécifiques d'aulnes). Les quantités fixées d'azote par les actinorhizes semblent, en revanche, beaucoup plus faibles qu'avec le rhizobium des légumineuses (1 à 108 Kg/ha). Le tableau ci-après en donne quelques résultats extraits du livre de DOMMERGUES *et al.*

Quantité d'azote fixé dans les sols par divers plantes actinorhiziennes *

Espèce	Pays	Dens./ha	âge (ans)	N_2 fixé (Kg/ha)	Référence
Alnus rubra	Amérique du Nord		1-40	**1-40**	Hibbs, Cromack (1990)
Alnus incana	Suède	7 700	1-2	**2-22**	Huss-Danell *et al.* (1992)
Casuarina equisetifolia	Sénégal	1600-2500	3-38	**15-75**	in Dommergues (1999)
.//	Puerto Rico	5000 -10000	2	**39-94**	Parrota *et al.* (1994)
.//	Inde			**60-90**	Srivasta Ambasht (1994)
Ceanothus sp.	Amérique du Nord		1-17	**1-108**	Hibbs, Cromack (1990)
Hyppophae rhamnoïdes	Angleterre		3-16	**1,5-57,5**	Stewart, Pearson (1967)

* d'après le tableau 6.5 de l'ouvrage de Y. Dommergues* *et al.* : "LES AFN" (1999) **Moy : 43**

Bien que le Frankia soit connu depuis longtemps, l'isolement d'une souche et sa culture ne date que de 1978 (CALLAHAM *et al.* 1978[81]). Différents milieux de culture ont été mis au point (page 76 du livre de DOMMERGUES *et al.*). L'inoculation des plants à partir de ces souches maintenues en milieu liquide et à faible concentration, se fait par arrosage.

D'autre part, chez les Aulnes, on n'a pas réussi à mettre en évidence de différences d'efficience entre les souches (PRAT 1989[82]), et le mélange des souches est souvent supérieur aux souches pures. Pour s'assurer d'une bonne nodulation en pépinière, il suffit donc d'arroser les plants avec un broyat dilué de divers nodules. On peut aussi, et plus facilement, utiliser des billes d'alginate dans lesquelles sont encapsulées les souches sélectionnées. Cette méthode est surtout intéressante pour les Casuarinas et Allocasurinas, chez qui les souches de Frankia sont spécifiques (DOMMERGUES *et al.*).

Remarque. La réponse en plantation des plants inoculés avec des souches de *Rhizobium* ou de *Frankia*, même sélectionnées pour leur compétitivité et leur efficience, est cependant loin d'être prédictible. En effet l'efficacité d'une souche sur le terrain tient à de nombreux facteurs parmi lesquels, la richesse du sol en azote et en autres minéraux (phosphore en particulier), la présence et l'abondance d'inoculum naturel dans le sol, l'importance de la mycorhization naturelle (qui interagit avec la fixation d'azote), etc. C'est pourquoi, comme pour les mycorhyzes, l'intérêt du planteur sera toujours de s'assurer que ses plants sont bien nodulés (et bien mycorhizés), si possible avec des souches réputées pour leur spécificité (voire leur efficience). Pour lui, il s'agira d'une condition nécessaire mais non suffisante pour conférer à ses plants une certaine supériorité, mais, par sécurité, il ne peut s'en priver.

***

7 - ELÉMENTS DE BIOLOGIE DE LA REPRODUCTION DES ARBRES

71 - Systèmes de reproduction

Ce chapitre est abondamment décrit dans la littérature. Toutefois, au cours de nos expérimentations passées, certains faits nous obligent à revenir sur quelques points essentiels, pas toujours connus des forestiers et notamment des planteurs, voire même des améliorateurs.

Un des préalables à l'amélioration génétique des arbres est de s'assurer de leur modalité de reproduction. Si cela semble assez bien étudié chez les espèces tempérées, c'est moins le cas en régions tropicales.

Les arbres sont le fruit d'une longue évolution terrestre. Ils sont apparus au Dévonien (entre 350 et 420 millions d'années) avec l'*Archaeopteris*, et se sont développés au Carbonifère (fougères et prêles géantes puis conifères avec les Cordaïtes). Au secondaire, après le cataclysme de la fin du primaire, les nouvelles forêts étaient peuplées de conifères (Ginkgos, Araucarias, Cyprès, Ifs, etc.). Les feuillus sont apparus à la fin du secondaire et depuis l'ère tertiaire, les plantes à fleurs (arbustes, arbres et plantes herbacées) ont conquis tous les milieux de la planète.

Concernant les systèmes de reproduction, l'évolution tend plutôt vers l'hermaphroditisme mais cela ne veut pas dire autogamie. Au contraire, chez les arbres forestiers l'allogamie est générale alors que beaucoup d'espèces tempérées et boréales sont monoïques (*Pinus, Abies, Thuya, Cupressus, Larix, Cedrus, Agathis*, certains araucarias, *Alnus, Fagus, Quercus, Castanea, Betula, Carpinus, Juglans, Platanus*, etc.) ou dioïques (*Populus, Salix, Taxus, Gingko, Juniperus, Araucaria sp.*).

Quant aux arbres à fleurs hermaphrodites, on les trouvent en zones tempérées (*Sorbus, Ulmus, Prunus, Pirus, Crataegus, Robinia, Cytisus, Acer, Tilia, etc.*) et surtout tropicales, comme l'a montré BAWA *et al.* (1995[83]) avec les chiffres du tableau de la page suivante qui montre qu'en forêt tropicale dense humide du Costa Rica, 65% des arbres présentent **Source :** des fleurs hermaphrodites. Les espèces monoïques et dioïques ne représentant respectivement que 11 et 23% de la population.

DIGEST REPRODUCTIVE BIOLOGY. I. 333

TABLE 1. *Floral sexuality and canopy position*[a]

Floral sexuality	% Species in Canopy	% Species in Sub-canopy	% Species overall
Hermaphroditic ($N = 218$)	63.2	66.4	65.5
Monoecious ($N = 38$)	9.5	12.2	11.4
Dioecious ($N = 77$)	27.4	21.4	23.1

[a] Deviations from overall frequency were measured by χ^2 statistic; χ^2 (for canopy species) = 0.911, N.S.; χ^2 (for subcanopy species) = 0.144, N.S.

Bawa *et al.* (1995)

En Afrique, il semble que ce soit la même chose. En forêt dense, les fleurs hermaphrodites seraient plus fréquentes, plus exposées aux insectes qu'au vent. Certaines d'entre elles sont cependant dioïques, comme l'Iroko (*Cholorophora excelsa*) et même anémophile (les arbres mâles portent de longs chatons). Il faut dire que cette espèce peuple les galeries forestières et s'aventure même en savane et se trouve donc plus exposée aux vents. Il est surprenant, pour des essences surtout allogames (fécondations croisées obligatoires) que les arbres soient majoritairement à fleurs hermaphrodites. En fait, l'évolution vers les fleurs hermaphrodites n'a pas forcément conduit à l'autogamie.

Chez les arbres, au contraire, de très nombreux systèmes d'incompatibilité empêchent les autofécondations permettant d'éviter la consanguinité en obligeant les fécondations croisées entre individus éloignés génétiquement. Un bon exemple est donné au Gabon par l'Okoumé (*Okoumea klaineana*) qui présente apparemment des fleurs hermaphrodites mais qui en fait est dioïque les pistils des fleurs mâles avortant précocement et les étamines des fleurs femelles se desséchant très vite (F. GRISON 1978[84]). C'est un peu le cas du frêne, bien que moins strictement, encore que de nombreuses vérifications restent à faire.

Nous avons nous-même constaté l'impossibilité naturelle des autofécondations chez plusieurs espèces très différentes (*Pinus caribaea*, nombre d'espèces d'Eucalyptus, *Alnus cordata*). On vérifie en général que les arbres isolés ne fructifient pas ou que leur descendance est de mauvaise qualité (peu de germinations, semis manquant de vigueur et comprenant souvent des individus malformés ou sans chlorophylle correspondant aux "dwarfs" des anglo-saxons). Cette incompatibilité, en obligeant à un minimum de recombinaison génétique, réduit grandement les dépressions de consanguinité.

Cependant, malgré ces barrières d'incompatibilité bloquant les autofécondations, on constate souvent en Forêt naturelle des "cercles de consanguinité", liés au fait que la régénération naturelle se fait par taches et que les arbres se fécondent souvent entre voisins les plus proches, lesquels peuvent être apparentés. Il existe donc un niveau de consanguinité souvent assez élevé en forêt naturelle (F_0) que l'on brise en récoltant des semences sur des arbres éloignés, ce qui est la règle en matière de sélection d'arbres (choix d'arbres phénotypiquement d'excellentes qualté, dits "arbres +"). Le mélange de ces familles de demi-frères donnera des peuplements (F_1) constitués d'individus beaucoup plus distants génétiquement que dans la forêt d'origine. Leurs descendances (F_2) pourront alors présenter un gain substantiel de vigueur (supériorité des "provenances artificielles" sur les provenances naturelles).

Une autre conséquence de ce phénomène est qu'il est généralement vain de maintenir en forêt dense des semenciers très isolés d'espèces devenues rares, avec un objectif de conservation des ressources génétiques car ces semenciers resteront souvent stériles, à moins que l'on ne les mobilise par greffage en vue de les rassembler dans des vergers à graines de clones de "restauration génétique".

La dispersion du pollen est accompagnée de beaucoup de pertes. Pour compenser celles-ci, les plantes (anémophiles) produisent d'énormes quantités de pollen. C'est souvent le cas des arbres monoïques et dioïques dont les fleurs mâles sont groupées en chatons, lesquels, à maturité, laissent échapper des nuages de pollen. En ce sens, les fleurs hermaphrodites représentent un réel progrès car chez ces espèces, le plus souvent entomophiles, la pollinisation, cette fois très précise, se fait grâce à des agents pollinisateurs qui sont surtout des insectes et parfois des oiseaux, voire des chauves-souris (cas du baobab). L'économie de pollen est alors considérable et les distances de pollinisation peuvent être très grandes. Si l'on ajoute le fait que la compétition pour la fécondation, entre les divers grains de pollen, peut favoriser les grains les plus éloignés génétiquement, il devient clair que les fleurs hermaphrodites deviennent alors très avantageuses pour l'espèce.

72 - Barrières à l'hybridation

72.1 - Recherche de la vigueur hybride

Dans la recherche de gains très supérieurs, l'amélioration génétique débouche souvent sur des variétés hybrides interspécifiques. En effet, les essais spécifiques (comparaison entre diverses espèces introduites), lancés en tout début de programme d'amélioration, conduisent souvent à l'avènement fortuit d'hybrides interspécifiques. Nombre d'expérimentateurs ont détecté des plants hybrides très vigoureux apparaissant naturellement dans leurs pépinières ou leurs plantations. Ces hybrides, parfois exceptionnellement vigoureux, ont poussé à se lancer dans la recherche de croisements entre espèces pour trouver d'éventuelles nouvelles combinaisons mieux adaptées et plus productives, pouvant combiner des caractères intéressants venant de deux espèces différentes. Les exemples sont très nombreux, à commencer par les peupliers et les saules. Mais beaucoup d'autres espèces sont capables de donner des hybrides intéressants. Dans notre document de 1988, invité par l'IUFRO[85], nous avions relevé 56 formules hybrides relatives à 7 genres en dehors des peupliers et des saules (*Juglans, Eucalyptus, Alnus, Betula, Pinus, Larix, Picea*). On peut y ajouter les genres suivants. *Acacia, Cupressus, Ulmus.*

L'hétérosis dépend des espèces parentes, des individus choisis dans chaque espèce et du site de plantation. Le génome des espèces allogames que sont les arbres forestiers contient beaucoup de gènes délétères cachés par des phénomènes de dominance et d'épistasie. Ce fardeau génétique se révèle lors des croisements. En cas de distances génétiques trop réduites entre géniteurs (individus apparentés), ou trop grandes (espèces parentes trop éloignées), les croisements sont en général peu fertiles et les descendances obtenues de mauvaise qualité (souvent très hétérogènes). La distance entre les géniteurs doit rester proche d'un certain optimum que l'on ne sait pas définir. C'est en particulier le cas de l'hybride *E. urophylla x E. grandis* qui est relativement homogène, soulignant la très grande affinité génétique des espèces *urophylla* et *grandis* pourtant éloignées géographiquement l'une de l'autre, puisque l'*E. urophylla* limité aux îles de la Sonde est un des deux seuls eucalyptus non australiens. Quoiqu'il en soit, le résultat obtenu avec les hybrides reste toujours très dépendant des conditions de milieu (avant tout climatiques).

72.2 - Problème des sorties variétales

A l'image de ce qui se fait pour les peupliers (meilleure image de la ligniculture en région tempérée) on a tenté de rechercher de bons hybrides de façon plus systématique, à partir de genres plurispécifiques. Les résultats des hybridations interspécifiques sont variés mais en général les descendances, quand elles sont possibles, sont moins nombreuses et relativement hétérogènes.

Il n'est pas évident de trouver des géniteurs de deux espèces différentes qui donnent des descendances abondantes et homogènes (on doit citer l'hybride *Pinus rigida x Pinus taeda* qui donne une F2 homogène en Corée). C'est la raison pour laquelle, les variétés hybrides sont plus souvent clonales que familiales, d'autant plus qu'il est facile de détecter de très beaux arbres très vigoureux dans les descendances hybrides, alors que la recherche de parents à bonne aptitude à l'hybridation dans chacune des deux espèces serait sans nul doute plus difficile et beaucoup plus longue. Chez les mélèzes, des vigueurs hybrides considérables ont été souvent détectées mais seulement 2 pays ont réussi à mettre sur pied des formules de production de graines hybrides (formule danoise et formule écossaise). La France produit des graines hybrides à partir de la formule danoise (voir point 55, 3ème partie).

En dehors de quelques cas de familles hybrides homogènes produites par graines, les descendances obtenues par croisements contrôlés, souvent hétérogènes, permettront alors des sélections individuelles très fortes et c'est la possibilité de reproduction par bouturage qui donnera tout son intérêt à ces individus hybrides remarquables. D'ailleurs, lorsque la technique de bouturage est bien au point, l'usage des clones sélectionnés peut être préféré, même en cas de familles hybrides homogènes, comme c'est le cas pour l'*E. urograndis* (= *E. urophylla x E. grandis*).

72.3 - Franchissement des Barrières à l'hybridation

1 - Tenter de comprendre le phénomène pour passer outre

La recherche systématique d'hybridations intéressantes peut se heurter à des barrières génétiques importantes, voire insurmontables. Ces barrières sont nombreuses. Il y a d'abord le simple décalage phénologique entre les floraisons ♂ et ♀ des deux espèces qui ne permettent par l'hybridation naturelle. En cas de bonne descendance hybride, on pourrait toutefois envisager sa production par pollinisation dirigée sur un clone femelle autostérile. Sinon, la production d'une famille hybride par croisements contrôlés industriels reste envisageable mais à la condition que le croisement soit suffisamment fertile et la descendance homogène. Un gros travail expérimental de choix des géniteurs est alors nécessaire.

Lorsque les barrières entre espèces sont plus fortes (barrières génétiques) on peut cependant chercher à les briser ou à les contourner (technique du "pollen mentor") mais les résultats peuvent se révéler décevants et de nombreux rétrocroisements pourraient s'avérer nécessaires pour affiner ces génotypes. Remarquons que pour récupérer quelques gènes intéressants d'une espèce pour l'insérer dans le génome d'une autre espèce, il semble préférable de faire appel à la technique des OGM, déjà bien au point, notamment au Brésil avec quelques clones d'*E. urograndis*, actuellement en plantation d'observation chez FIBRIA (absorbé par Suzano Papel e Celulose SA en 2019).

2 - Technique du "pollen mentor"

Elle consiste à réaliser les pollinisations artificielles en ajoutant au pollen incompatible du pollen compatible inactivé (par chocs thermiques, radiation, mortalité naturelle, etc.), Les substances contenues dans les grains de pollen mort permettraient de tromper celles contenues dans les tissus du stigmate et du style et donc de permettre la reconnaissance du pollen incompatible. En 1971, l'équipe de PRYOR et WILLING[86] à Canberra a pu contourner certaines barrières à l'hybridation en utilisant la technique du pollen mentor. En particulier, ils ont réussi à produire des descendances de *Populus deltoïdes* x *P. alba* appartenant à des sections taxonomiques du genre *Populus* (Aigeiros et Leuce) considérées pourtant comme incompatibles. Is ont également pu obtenir des résultats voisins en traitant les stigmates avec des solvants organiques[87]. Pour tenter une explication à de tels résultats les auteurs ont pensé à des substances de reconnaissances contenues dans les grains de pollen et capables de contrôler les réactions d'incompatibilité sur les stigmates.

3 - Recours à la génétique moléculaire

Le peuplier fait partie des arbres pour lesquels les études de génétique moléculaire sont les plus avancées. De récentes analyses ADN (chloroplastique, ribosomique et nucléaire) ont tenté d'y voir plus clair en proposant des arbres phylogénétiques du genre *Populus*. Sans donner une réponse définitive, ces études ont permis de préciser les relations phylogéniques entre les diverses sections de peupliers en apportant un début de réponse aux phénomènes biochimiques de reconnaissance entre grains de pollen et stigmates, lors de la croissance des tubes polliniques.

Nous citerons l'étude de M. WANG *et al.* (2020[88]) basée sur des analyses ADN nucléaires qui a bien confirmé la nette séparation entre les sections Abaso, Turanga et Populus mais les trois sections principales (Aigeiros, Tacamahaca et Leucoïdes) sont restées plus ou moins intriquées surtout Aegeiros au sein de Tacamahaca, ce qui explique la facilité d'hybridation entre ces deux sections et les possibilités de croisements avec la section Leucoïdes, laquelle est cependant relativement isolée. Les auteurs en déduisent un schéma évolutif pour le genre Populus. Ils suggèrent que la section Abaso est apparue la première en Amérique du Nord, suivie de la section Turanga puis de la section Populus. Les intrications entre les 3 autres sections sont plus difficiles à expliquer, les peupliers deltoïdes étant situés à l'intérieur des Tacamahaca américains et les peupliers noirs, à l'intérieur des Tacahamaca eurasiens.

Concernant l'effet mentor (voir schéma ci-dessous), M. GAGET *et al.* (1989[89]) avaient signalé les nombreuses interactions à 2 niveaux successifs, entre grains de pollen à la surface du stigmate, puis, entre tubes polliniques dans les tissus du style, la présence des tubes polliniques compatibles étant indispensable à l'effet mentor.

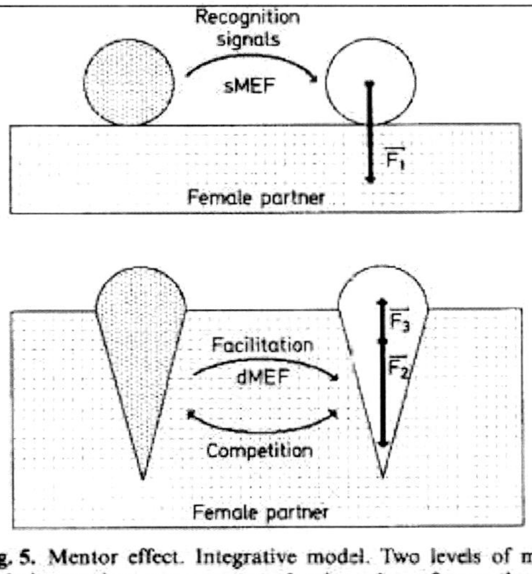

Fig. 5. Mentor effect. Integrative model. Two levels of male-male interactions are represented: stigmatic surface and stylar tissues. F_1 and F_2 represent the promoting effect of compatible pollen on incompatible pollen. F_3 represents the competition force between tubes. Mentor effect efficiency is described as the result of several forces which apply on incompatible pollen. $ME = F_1 + F_2 + F_3$. ▩ compatible pollen □ incompatible pollen

Source : GAGET M. *et al.* TAG (1989)

***

8 - Le Clonage,
un outil puissant et indispensable

Le clonage correspond à la mise en œuvre de la multiplication végétative. Pour les arbres forestiers, le clonage est un outil utilisé à des fins variées et qui revêt plusieurs modalités selon l'aptitude de l'espèce à ce type de multiplication et en fonction de l'objectif poursuivi.

Les deux modalités de clonage les plus importantes pour le forestier sont.

- **Le greffage**, indispensable pour la production de graines
- **Le bouturage**, clé de la "révolution verte" en foresterie

Cependant, chacune de ces modalités se heurte aux phénomènes de la maturation et de la juvénilité qui caractérisent l'état du matériel végétal chez les arbres forestiers. La compréhension de ces deux notions, étroitement liées au développement des arbres, est un préalable indispensable au bon discernement de toutes les applications du greffage et du bouturage. En effet, ces états de maturation et de juvénilité peuvent présenter des avantages mais aussi des inconvénients parfois rédhibitoires, selon l'objectif poursuivi.

81 - Maturation et juvénilité

Les arbres peuvent atteindre des dimensions et des âges considérables (plus de 100m de haut et 2500 ans pour les séquoias). Ces êtres vivants de grandes dimensions présentent la particularité d'accumuler dans leurs troncs, année après année, l'historique de leur vie passée. Ils sont des représentations graphiques de l'Espace-Temps.

D'une part, en deçà de la pousse de l'année en cours, ils gardent potentiellement en réserve des niveaux de jeunesse relative sous forme de bourgeons enfouis, lesquels peuvent se réveiller à la suite d'accidents (réitérations) ou après coupe (rejets de souches et drageons). Selon leurs positions dans l'arbre, ces rejets pourront donc se former dans la couronne, sur la charpente, sur le tronc, sur une souche vivante, ou au collet (rejets basaux) et même sur les racines (drageons), leur fonction étant essentiellement d'assurer la survie, de reconstruire les parties cassées, ou de permettre au houppier l'exploitation de nouveaux espaces.

D'autre part, chaque année, les nouvelles pousses présentent une différentiation physiologique supplémentaire, les rapprochant de l'âge de floraison, ce qui leur fait perdre peu à peu leurs caractères juvéniles pour finalement porter des bourgeons floraux et donc passer à l'état adulte puis peu à peu à l'état sénescent. Cette "maturation" se fait avec des changements morphologiques plus ou moins marqués sur de nombreux caractères (feuilles, bourgeons, écorce, épines, ramification, dimension des trachéides, résistance aux maladies et au froid, aptitude à produire des racines et des bourgeons adventifs, etc.).

Eucalyptus globulus. **A gauche :** jeune plant avec ses feuilles juvéniles larges et bleutées, caractéristiques. **A droite :** feuilles adultes, vertes et très allongées, typiques des eucalyptus (portant des fruits mûrs ou capsules).

Une longue histoire sépare donc, les racines, des pousses de l'année qui ne ressemblent plus au semis initial. De plus, en cas de réitération, le rejet "tient compte" de sa position pour refaire la partie de l'arbre manquante (pour une raison quelconque). C'est ainsi que les rejets de souche redonnent des feuilles beaucoup plus juvéniles, bien visibles chez les arbres à feuilles de jeunesse très différenciées comme par exemple les acacias et les eucalyptus (voir photos ci-dessus et ci-après).

Espagne *(Eucalyptus globulus)*. SNIACE 2005. En haut à gauche : jeune souche avec rejets naissants déjà porteurs de feuilles juvéniles très caractéristiques. **En bas à gauche :** taillis de 3 ans après sélection de 2 ou 3 rejets par souche (feuilles adultes et repousses juvéniles à la base), **A droite :** jeune taillis de 1 an, en feuilles juvéniles.

En fait, chez toutes les espèces qui rejettent bien, le jeune taillis a une forte croissance et présente des caractères foliaires différents, plus proches de ceux des jeunes plants mais avec des feuilles souvent beaucoup plus grosses, parfois très spécifiques du stade juvénile (photos précédentes). Ainsi, lorsque dans un arbre on prélève une pousse ou un rejet, on "embarque" une certaine différenciation morphologique et physiologique (une certaine induction de la floraison en particulier, ou un certain niveau de rajeunissement), en fonction de l'éloignement des racines et du site de récolte.

Cette différenciation aura des conséquences importantes et variées selon l'utilisation de l'élément prélevé en vue du bouturage ou du greffage comme le montre le tableau de la page suivante. Le greffage apparaît comme l'outil principal de l'arboriculture fruitière car cette activité se fonde sur le maintien de l'état maturé des greffons conduisant à une fructification précoce sur des arbres de petites dimensions, faciles à récolter (arbres fruitiers).

Inversement, les forestiers qui produisent essentiellement des tiges (grumes) utilisent le bouturage pour reproduire des arbres exceptionnels et tout à fait conformes pour l'ensemble de leur développement. Cependant, les arboriculteurs s'intéressent aussi au bouturage pour la production homogène de porte-greffes compatibles, adaptés à des sols variés et avec des effets particuliers sur le développement des greffons (hautes tiges ou arbres nains).

Champs d'application du Greffage et du Bouturage

Paramètres	Greffage	Bouturage
Culture type	**arboriculture**	**ligniculture**
Production	fruits	bois (= tige)
Objectif	production précoce et abondante de fruits	production rapide de tiges de qualité
Type d'arbres souhaités	taille réduite	très grande dimension
Croissance souhaitée	rapide	très rapide
Type d'explant utilisé	greffons	boutures
Niveau physiologique	maturé	juvénile
Type de clonage recherché	**clonage de cimes rapidement fructifères**	**clonage conforme**
inconvénient majeur à éviter	rejets de greffe	non-conformité (perte de croissance)
Intérêt en arboriculture	production de clones de production	production de clones de porte-greffes
Intérêt en ligniculture	parcs à greffes et de vergers à graines	production de clones de production

Pour les forestiers, la production de pieds greffés rapidement florifères permettra la création de parcs à clones (croisements contrôlés nécessaires à l'amélioration génétique) ou de vergers à graines (production de graines améliorées).

82 - Greffage

82.1 - Intérêt et techniques utilisées

Le greffage est une vieille pratique horticole qui est indispensable pour la multiplication des arbres fruitiers et de la vigne. Bien que souvent plus difficile, son application aux arbres forestiers ne pose pas de problème particulier, sauf pour quelques espèces. L'intérêt premier est la mobilisation et la multiplication des arbres + mais l'objectif est la maîtrise de la floraison et de la fructification des arbres sélectionnés. Le respect des dates optimales est important aussi bien en régions tempérées que tropicales :

Région tempérées : La récolte des greffons doit se faire à la fin de l'hiver en période de repos, avant la montée de sève. La conservation sous plastique, à +4°C est possible durant 1 ou 2 mois. Le greffage se fait dès le début du printemps juste au moment de la montée de sève.

Régions tropicales : Le greffage est une opération de saison sèche même pour les espèces à croissance continue comme l'eucalyptus. La saison des pluies est beaucoup moins favorable car l'afflux de sève trop important conduit à des échecs par "noyage" des greffons. Pour les espèces décidues comme le Limba (*Terminalia superba*) ou l'Okoumé, *Aukoumea klaineana* (MARTIN 1970[90]), la récolte des greffons doit se faire en saison sèche et le greffage dès la reprise de croissance des porte-greffes.

Les greffons sont récoltés par grimpage à l'échelle forestière. Des branches relativement fines sont coupées à l'échenilloir. Elles sont ensuite découpées en portions aptes à la fabrication d'un ou plusieurs "scions", puis conservées sous protection au réfrigérateur.

Le choix de ces branches est important. Plus elles sont âgées, et donc plus les pousses sont courtes, moins les pourcentages de réussites seront élevés. D'autre part, les scions doivent avoir une certaine substance (les arbres aux rameaux très fins sont toujours difficiles à greffer).

Le découpage des greffons et leurs incisions doivent se faire au dernier moment. L'usage de mastic à greffer est souvent avantageux surtout quand il s'agit de gros porte-greffes (greffes en fente ou en couronne en plein champ).

De nombreux ouvrages traitent du greffage avec grande précision. Les techniques utilisées varient selon les essences et les types de porte greffes :

- greffage en tête et placage de côté (avec ou sans talon) pour les conifères et les feuillus, sur plants en pots,
- greffage en couronne ou en fente sur de gros porte greffes (en pots ou en plein champ) pour les feuillus,
- greffage en écusson sur plants en pots ou sur "stumps" (Teck, Hévéa...),
- greffage à l'anglaise compliquée sur jeunes plants avec greffons de même diamètre (espèces fruitières et forestières variées).

Pépinière d'Agroforesteca (Brésil). Greffage du Teck sur stumps. Préparation des greffons et des stumps. 1 : Extrémités de rameaux avec bourgeons axillaires (greffons). **2 :** Gros stumps = porte-greffes. **3 :** Prélèvement d'un greffon.

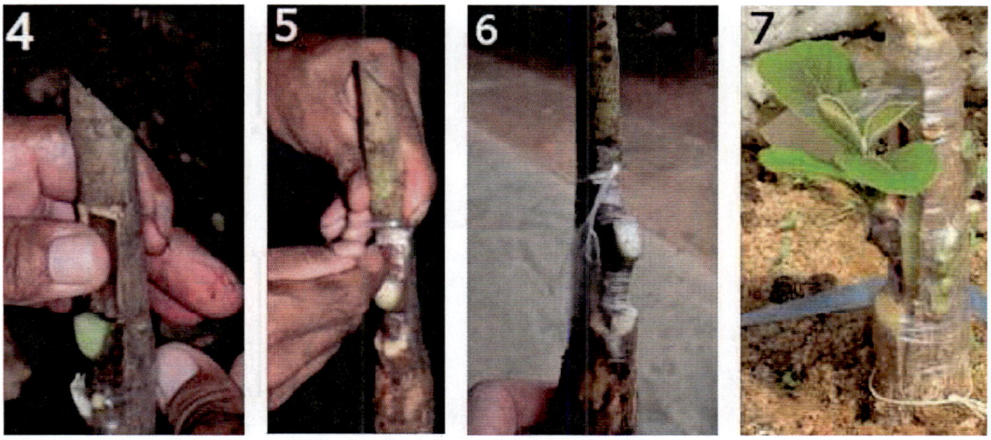

Pépinière d'Agroforesteca (Brésil). Greffage du Teck (suite). Greffage sur stumps. 4 : Insertion du greffon sur la partie-tige du stump (écussonage). **5 :** Ligature du greffon au moyen de bandes plastiques. **6 :** Greffe terminée. **7 :** Débourrement du greffon à 13 jours.

Les opérations de greffage peuvent se faire en plein champ, sur plants déjà bien établis ou plus facilement sur table, à l'abri, dans de bien meilleures conditions.

Le greffage sur stumps est une technique intéressante et facile qui se pratique sur table. Elle concerne les espèces à gros pivot et qui peuvent se planter "en stumps", comme le Teck (photos précédentes).

82.2 - Réussites et échecs rencontrés

Les pourcentages de réussite dépassent rarement 70%, certains arbres restant très difficiles, voire impossibles à greffer. L'obtention d'un parc à clones ou d'un verger complet peut donc s'étaler sur plusieurs campagnes de greffage successives, les arbres rebelles pouvant en être exclus.

Quelques espèces forestières sont difficiles à greffer. C'est en particulier le cas de l'*Acacia mangium* dont le greffage classique, d'arbres adultes en pépinière, réussit très mal. On peut cependant contourner la difficulté par des microgreffages in vitro (MONTEUUIS 1984[91]) à partir d'apex greffés sur plantules éduquées in vitro. Les résultats ne dépasseraient pas 50%, ce qui reste élevé en comparaison avec les multiples échecs enregistrés par le greffage en pépinière, lesquels pourraient venir d'une trop forte incompatibilité entre porte-greffes et greffons de trop grande dimension.

D'autres espèces comme l'Okoumé du Gabon (*Aukoumea klainea*) présentent des taux de reprises assez faibles à cause de leur sécrétion de résine. On peut cependant compter sur le greffage pour mobiliser les okoumés âgés, à condition toutefois d'apporter le plus grand soin aux opérations.

82.3 - Le Greffage pour la mise à fleur ("vieillissement")

C'est le cas général car on récolte le plus souvent des greffons sur des pieds matures en vue d'obtenir des ramets rapidement florifères. Dans ce cas, l'effet du greffage sur le greffon varie selon :

- l'âge et le type de greffon
- l'âge et le type de porte-greffe.

Il faut revenir à la notion ancienne de topophysie pour avoir une idée de ce que l'on hérite lorsque l'on coupe un scion dans la cime d'un arbre. Le "compteur génétique est loin d'être remis à zéro". Plus on s'écarte du bourgeon terminal de l'arbre + (ou ortet), plus on a de chance de voir le scion démarrer de façon plagiotrope et, plus on se rapproche de la cime, plus le scion risque d'avoir un démarrage orthotrope. Toujours est-il que dans tous les cas le scion sera plus ou moins fortement "maturé" et, une fois greffé sur de jeunes porte-greffes de la même espèce, il donnera naissance à des pousses de type adulte avec une potentialité à fleurir plus ou moins forte, parfois dès la saison suivante. Tout se passe comme si le greffon emportait avec lui une différenciation génétique acquise au cours du temps par la branche sur laquelle il est prélevé.

Cet effet de maturation des greffons est en général accentué par l'emploi de porte-greffes éloignés génétiquement des greffons. Ainsi, le noyer commun (*Juglans regia*) greffé sur "francs" c'est-à-dire sur des porte-greffes de la même espèce, a un développement et une longévité comparable à ceux d'arbres non greffés ("francs de pieds"), le délai de mise à fruits étant écourté (12 à 15 ans). Lorsqu'il est greffé sur noyer noir (*Juglans nigra*), il fructifie dès l'âge de 4 à 8 ans (MARTIN[92] ; GARAVEL[93]).

Le développement des scions après greffage dépend donc aussi de la nature du porte-greffe. Les horticulteurs savent aujourd'hui produire des arbres fruitiers greffés sur divers porte-greffes, induisant des développements plus ou moins réduits, selon le type de verger souhaité (arbres à grands développements, arbres de faible hauteur et faciles à récolter, arbres fruitiers miniaturisés cultivés en pots proposés pour la culture sur balcon).

Pour les forestiers, les principes sont les mêmes lors de l'installation des vergers à graines, en plein champ ou sous serre pour une gestion mieux contrôlée des pieds-greffés comme le montre la photo ci-après, de pieds greffés d'*Eucalyptus globulus* éduqués en pots, sous serre, en vue d'y effectuer des croisements contrôlés (Bosques-2000, SNIACE, Cantabrie, Espagne).

Floraison de plants greffés d'*Eucalyptus globulus*, éduqués en pots sous serre. SNIACE - Cantabrie (Espagne)

82.4 - Inconvénients et avantages du greffage "vieillissant"

Le problème le plus sérieux posé par le greffage est celui des "rejets de greffe" qui conduisent à la mortalité plus ou moins rapide des pieds greffés. Pour éviter de telles "incompatibilités" entre greffons et porte-greffes, le choix des porte-greffes requiert beaucoup d'attention. Les rejets de greffe sont liés à l'éloignement génétique entre greffons et porte-greffe. Le greffage sur des espèces différentes (hétérogreffes) est le plus souvent voué à l'échec mais il existe des exceptions. Par exemple, le greffage du pommier sur aubépine est possible mais son succès diffère suivant les variétés de pommier et les greffes réussies sont beaucoup moins longévives.

En arboriculture, l'hévéa s'apparente plus à un arbre forestier que fruitier. En effet, on ne s'intéresse pas aux fruits. On ne recherche donc pas à avancer l'âge de la fructification. Bien au contraire, on cherche à fabriquer des clones conformes, ce qui paraît impossible pour des clones issus de greffe. Ceux-ci présentent plus ou moins vite des problèmes d'incompatibilité avec apparition de la "black line" au niveau de la greffe ce qui conduit à des rotations courtes (35 ans au plus) à cause des baisses de production et des mortalités croissantes avec l'âge des plantations.

Les rejets de greffe n'ont pas que des inconvénients : chez le noyer, le greffage du noyer commun sur noyer noir (*Juglans nigra*) permet de créer ce que Louis GARAVEL (1959[93]) a appelé des "noyeraies intensives" à faibles espacements, moins longévives mais plus productives. La résistance au pourridié est excellente, l'aptitude fruitière remarquable avec une grande précocité (fruits dès la 4ème ou 5eme année après greffage). Cependant, l'arbre présente un développement réduit et une longévité beaucoup plus faible (35 ans au lieu de 100 ans), suite à une incompatibilité de greffage et au rejet systématique du greffon.

Chez les arbres forestiers, certaines espèces comme *Pinus radiata* et *Pseudotsuga menziezii* présentent des symptômes d'incompatibilité dans les vergers à graines à des taux pouvant se révéler rédhibitoire pour certains clones. Les praticiens ont eu alors recours aux deux solutions suivantes :

1. **Greffer l'ortet sur ses descendants (F1 ou F2).** Cette voie a été explorée avec succès par H.A. VAN der SIJDE en Afrique du Sud qui travaillait sur *Pinus patula*. L'apparentement entre greffon et porte-greffes réduit l'incompatibilité de greffage. La production de plants de la F1 est possible lorsque l'ortet est fructifère. Le greffage sur F1 devient alors une mesure préventive puisque l'on ne connaît pas encore l'importance de l'incompatibilité de greffage que peut présenter cet arbre. La récolte des greffons doit cependant attendre que les porte-greffes soient élevés. Lorsque l'incompatibilité survient tardivement en verger à graines, toute nouvelle multiplication par greffage des clones les plus susceptibles à l'incompatibilité pourra se faire sur des plants issus de la F2 à partir de graines récoltées dans le verger.

2. **Multiplier les ortets par bouturage ou par marcottage.** Cette pratique est fréquente pour les espèces qui présentent des taux rédhibitoires d'incompatibilité (Douglas, Pin radiata, etc.). Cette voie nécessite une sélection précoce des arbres + car la réussite du bouturage de rameaux devient difficile chez les arbres âgés.

En conclusion, pour l'améliorateur forestier, le greffage est le meilleur outil pour la production de semences. Il est donc utilisé pour :

- obtenir des ramets rapidement florifères pour pratiquer des croisements contrôlés (parcs à clones)
- produire massivement des graines destinées aux plantations (vergers à graines).

82.5 - Utilisation du greffage pour le rajeunissement

Bien que le greffage soit surtout utilisé pour ses propriétés de maintenir un certain niveau de maturation du greffon, le conduisant à une floraison rapide, on peut aussi en faire un outil de rajeunissement.

Des observations précises faites au moment du débourrement des greffons (MONTEUUIS 2012[94]) montrent la fréquente apparition de caractères juvéniles, plus ou moins fugaces, attribués à l'action du porte greffe, toujours beaucoup plus jeune (ontologiquement) que le greffon. L'importance et la durabilité de cet effet, varient selon l'espèce et le type de greffon utilisé. Les observations de cette phase juvénile sont facilitées par l'existence d'un dimorphisme foliaire très marqué comme c'est le cas chez beaucoup d'eucalyptus (CAUVIN 1981[95]).

On peut profiter de cette petite poussée juvénile au moment du débourrement du greffon (t1) pour prélever la pousse rajeunie et la transférer par greffage sur un nouveau porte greffe jeune (t2), et ainsi de suite (t3, t4, ...). On réalise alors une cascade de greffes rajeunissantes («greffage en cascade»). A chaque étape, on peut tester le niveau de rajeunissement obtenu en testant l'aptitude au bouturage des pousses obtenues. Bien qu'insuffisant, l'enracinement des boutures est un bon marqueur de juvénilité.

1 - Mini-greffage en cascade

Illustration du rajeunissement de l'*E. camaldulensis* par greffage en cascade (Photo André FRANCLET)

Cette technique s'adresse aux espèces les plus récalcitrantes ou aux espèces ayant une bonne aptitude au bouturage mais lorsqu'on s'adresse à des arbres exceptionnels que l'on ne peut couper parce que très âgés et/ou protégés (parcs). La technique initiée par André FRANCLET en 1972, en Tunisie, a été relatée par l'auteur dans les publications de l'AFOCEL (1977[96]) à propos du rajeunissement de l'*Eucalyptus camaldulensis*. La technique consiste à greffer des méristèmes d'un ortet âgé (83 ans) sur de jeunes semis issus de graines de l'ortet (afin de réduire les problèmes d'incompatibilité).

La jeunesse des porte greffes est sensée influencer au maximum le greffon. Le greffage induit, dès le départ de la pousse greffée, une action rajeunissante plus ou moins fugace. On prélève alors les pousses au moment où elles présentent des formes plus ou moins juvéniles et on les regreffe à nouveau sur des porte-greffes très juvéniles. A. FRANCLET observait une augmentation graduelle de la juvénilité (feuilles de jeunesse et orthotropie croissante - photo précédente).

2 - *Micro-greffage en cascade*

Pour optimiser ce rajeunissement, on peut réduire le greffon à un méristème et le porte greffe à une plantule. Ce fut le travail d'André FRANCLET à l'AFOCEL à la fin des années 78[97]. L'effet est alors maximum. Pour améliorer les conditions de réussite, l'élevage des plantules se fait in vitro donc dans des conditions axéniques. C'est ce que les chercheurs ont appelé le 'microgreffage en cacade". C'est ainsi que Olivier MONTEUUIS, élève d'André FRANCLET[98], est parvenu à rajeunir significativement quelques clones âgés de Séquoia géant pour pouvoir les cloner en grand nombre. L'opération reste cependant assez délicate et coûteuse et c'est pourquoi elle reste un outil de laboratoire. Nous ne connaissons pas de développement industriel utilisant cette technique.

83 - Bouturage

Le Reboisement nécessite des arbres améliorés pour de nombreux caractères : adaptation, résistance aux parasites, vigueur, forme du fût, qualité du bois, etc. Si dans les pays tempérés on trouve généralement sur le marché des semences améliorées pour les principales essences de reboisement, c'est plus rarement le cas dans les pays tropicaux, lesquels présentent souvent un fort déficit de Recherche-Développement, voire de Recherche Forestière.

Le clonage par bouturage peut alors devenir un raccourci très efficace, permettant de multiplier très vite les meilleurs individus sélectionnés dans les plantations existantes. C'est surtout intéressant avec les espèces à croissance rapide et tout particulièrement les eucalyptus dont les "races locales" contiennent très souvent des hybrides interspécifiques très vigoureux que l'on ne sait pas reproduire par graines (Congo, Brésil, Maroc, Venezuela, etc.).

Beaux hybrides dans les descendances locales. De gauche à droite, 1 : Congo (1975) - Hybrides "PF1" supposés *E. alba x (urophylla x grandis).* **2 : Maroc (1987)** - Bel hybride E. *grandis x E. camaldulensis.* **3 : Venezuela (2004)** - Mapire, Sujet hybride de mère *E. urophylla.* **3 : Malaisie (1990)** - Etat de Johor, Acacia hybride *mangium x auriculiformis*

Un bon exemple fut celui du Projet AFOCEL de Sidi AMIRA au Maroc, en 1987. La sélection de nombreux arbres + dans les plantations d'eucalyptus, suivie de leur clonage, a débouché très rapidement sur des gains élevés en matière d'adaptation et de productivité[99]. Signalons que ce fut aussi le cas des acacias, bien que plus rarement, avec les hybrides d'*A. mangium x A. auriculiformis* (Malaisie, Vietnam, etc.).

Remarque importante. La maîtrise du clonage industriel des espèces de reboisement est un véritable atout quand on dispose d'arbres + exceptionnels. Cette technologie exige cependant beaucoup de savoir-faire en matière de rajeunissement des arbres. De plus, comme le prix de revient des plants bouturés est nettement plus élevé que celui des plants issus de graines, le clonage industriel des arbres se limite finalement aux cas suivants :

1. On dispose de génotypes supérieurs,
2. L'espèce ne produit pas ou très peu de graines (Samba en Afrique),
3. On souhaite éviter les inconvénients du greffage en bouturant les clones sélectionnés (Hévéa).

En principe, le clonage est un outil qui vient en aval du programme d'amélioration génétique. En effet cloner l'arbre moyen est sans d'intérêt. C'est prendre des risques et dépenser beaucoup d'argent pour un gain nul. Le clonage des génotypes apparemment supérieurs est un raccourci de départ qui permet de fabriquer de bons clones à partir des individus hybrides les plus aptes au bouturage parmi tous ceux que l'on peut sélectionner dans les plantations existantes. On pourra ainsi bénéficier d'un gain initial élevé, sans pour autant s'affranchir de tests clonaux parallèles, ni d'un programme d'amélioration plus classique.

83.1 - Bouturage conforme après rajeunissement

1 - Bouturage des arbres

Un problème se pose lorsque l'on cherche à cloner de beaux arbres sélectionnés (arbres +) pour en faire des plantations forestières. L'objectif étant de produire du bois, il est indispensable d'obtenir des copies physiologiquement conformes, c'est-à-dire ayant un développement semblable à celui de l'arbre sélectionné, depuis la germination de la graine initiale.

Le forestier, contrairement à l'arboriculteur (qui préfère un maximum de fruits sur des arbres de petite dimension), a besoin de tout le développement de l'arbre pour récolter, à terme, les plus gros troncs possibles. C'est pourquoi, non seulement les boutures prélevées doivent s'enraciner mais il est essentiel qu'elles soient "totipotentes". Si c'est bien le cas, chaque bouture enracinée ("ramet") se développera comme l'arbre d'origine ("ortet"), l'ensemble des ramets formant un clone conforme.

Or dans la pratique c'est rarement le cas, même chez les espèces ayant une très grande aptitude à la multiplication végétative comme les peupliers et les saules. En effet, tous les arbres présentent un gradient de maturation plus ou moins fort qui va du collet (point le plus juvénile) jusqu'aux bourgeons les plus éloignés (points les plus maturés). Généralement, au-delà d'un mètre ou deux, à partir du collet, les rejets produits ne s'enracinent plus.

Même chez les Salicacées, les boutures prélevées dans la cime des arbres ne sont pas parfaitement rajeunies. En particulier l'écorce est de type adulte et il n'est pas sûr que le développement de ces ramets soit parfaitement conforme. Une certaine perte de production est toujours possible et il est plus prudent, même avec ces espèces, de produire les boutures à partir de rejets issus de souches recepées très bas (très près des racines).

2 - Chez les Salicacées (Peupliers et Saules)

Les rejets utilisés sont le plus souvent les pousses issues de boutures et récoltées à 1 an. Ces pousses de l'année sont découpées en boutures sans feuilles de 30 à 40 cm ("boutures ligneuses"), lesquelles, une fois enracinées, constituent des "barbatelles" (appellation italienne). En France, on récolte plutôt ces pousses à 2 ans pour en faire de très grandes boutures, appelées "plançons" (non enracinés et seulement élagués) pour un usage direct en plantation. En terrain propice, et bien que la manutention de ces grosses tiges exige de la main d'œuvre, les plançons sont faciles à planter et font gagner 1 an d'entretien (photo ci-dessous). L'enracinement et la reprise sont bons, grâce aux réserves existant dans ces grosses tiges.

Peuplier. Transport en grande longueur de plançons ébranchés de 2 ans. Photo courtoisie Antony LORENZATO. Ets Lorenzato 47200 - Coussan. www.pepinieres-lorenzato.fr

3 - Chez les autres espèces

Pour les autres espèces, les boutures ligneuses ne réussissant pas, on a dû recourir aux boutures herbacées (avec feuilles) mais les nombreux échecs décourageaient les expérimentateurs. C'est alors que dans les années 60, au Maroc, André FRANCLET réussit à bouturer de jeunes plants d'eucalyptus à partir d'enracinements fortuits survenus en pépinière, suite à la taille de plants trop âgés. Il poursuivit l'expérience en Tunisie au début des années 70[100] et utilisa le bouturage pour multiplier les semis des lots en sous-effectif, dans son vaste essai d'espèces et de provenances d'eucalyptus à l'Institut de Reboisement de Tunis ; l'intérêt du bouturage restait cependant limité.

Après une courte visite des essais d'A. FRANCLET à Ariana près de Tunis en juillet 1970, nous avons, (aidé de Georges QUILLET) mis au point le **bouturage** des eucalyptus adultes à partir des rejets de souche, en 1973 à Pointe Noire, au CTFT-Congo. La diffusion intermittente d'un fin brouillard ("mist system") évitait le dessèchement des feuilles pendant l'enracinement des boutures (de 3 à 6 semaines). L'originalité de notre travail tient à l'utilisation de rejets de souche, forme rajeunie des arbres adultes et dont la capacité d'enracinement s'est révélée très grande, parfois supérieure à celle des semis.

Dès lors, le programme commença par l'abattage des arbres + ce qui semblait aller à contre-courant des pratiques d'amélioration génétique car, jusque-là, les arbres sélectionnés, hautement conservés, ne servaient que de pourvoyeurs de greffons. Les arbres qui ne rejetaient pas étaient perdus mais c'était une première sélection pour l'aptitude à la multiplication par bouturage.

Pointe Noire (Congo) 1973. Photo historique de nos premières boutures enracinées, issues de rejets de souche d'eucalyptus hybrides "PF1" adultes. Longues boutures à 4 feuilles ("macroboutures").

A la suite de notre publication sur Bois et Forêts des tropiques[101], les brésiliens d'ARACRUZ Florestal SA (devenu Aracruz Cellulose puis FIBRIA et récemment rachetée par Suzano Papel e Celulose pour devenir Suzano S.A.) réussirent très vite (1975) à adapter la technique sur des hybrides naturels d'*E. urophylla x grandis*, ce qui sauva leur projet d' Espirito Santo (relaté en 2009 dans l'article d'Edgard CAMPINHOS JR[102]) et fut le départ d'une véritable révolution dans le secteur des plantations à croissance rapide en région chaude. De son côté, la Coopération française finança le projet de l'UAIC* au Congo en 1977, lequel entraîna la plantation de 42.000 ha d'Eucalyptus hybrides mais ne déboucha sur aucune industrialisation. Il est à noter que l'équipe d'Aracruz obtint en 1984, des mains du Roi de Suède, le prix de la Fondation Marcus Wallenberg, sorte de Nobel forestier pour la réussite de "The New Eucalypt Forest[103]. Nous avons regretté de ne pas y avoir été associé.

Notre technique consistant à tailler d'assez grosses boutures herbacées (2 à 4 feuilles) dans des rejets de 1,5 mois, sur des souches de 2 ans, (appelée plus tard "technique des macroboutures") fut mise en œuvre à grande échelle à Pointe Noire par l'UAIC à partir de 1978 (photos ci-après). Cette nouvelle technologie permit la multiplication à grande échelle de très beaux arbres adultes, généralement des hybrides interspécifiques, parfaitement adaptés localement, présents dans les plantations, les arboreta ou les plantations comparatives. Il est à noter que, seuls les génotypes les plus aptes à la multiplication végétative étaient ainsi multipliés, ce qui représentait une faible part des candidats initialement sélectionnés. De ce fait, le clonage induit un sérieux biais à la sélection.

La sélection a lieu à des stades variés (capacité des souches à rejeter, aptitude des boutures à s'enraciner, vigueur des clones comparés en test clonaux, etc.). De nombreux clones se trouvent éliminés pour absence d'enracinement mais aussi pour croissance insuffisante, alors qu'ils sont issus d'ortets splendides et très vigoureux. La raison en est un manque de rajeunissement des boutures.

---

* **UAIC** : Unité d'Afforestation Industrielle du Congo (1978-2003) remplacée par ECO puis EFC puis diverses sociétés forestières.

Congo (UAIC - 1989). Macro-bouturage du PF1. A gauche : E. PF1 issus de graines, âgés de 10 ans et sélection d'arbres + (ortets). **A droite :** Parc à Pieds-Mères extensif à grands espacements. Rejets de souches âgés de 1 mois et demi, prêts pour la récolte des rejets et leur découpage en boutures.

Congo (UAIC - 1989). Macro-bouturage et plantations clonale de PF1. A gauche : Pépinière industrielle de Kissoko et production des plants de PF1 en motte Melfert (réalisation Georges QUILLET). **A droite :** Plantations clonales d'E. PF1 âgées de 1 an (1er plan) et 2 ans (2[éme] plan).

4 - Juvénilité

A l'évidence, elle vient des racines et le drageonnage, qui est une sorte de clonage naturel conforme, en est la preuve. Pour cloner valablement un arbre +, il faudrait donc partir des racines (boutures de racines) ou de rejets produits le plus près possible des racines. Si l'arbre ne rejette pas (trop âgé ou appartenant à une espèce n'ayant pas cette aptitude) le bouturage d'arbres adultes est impossible comme c'est le cas de la plupart des conifères. Signalons au passage que si les pousses des arbres adultes représentant autant de "réitérations" montrent bien une architecture ressemblant fortement à celle des jeunes arbres[104], leur niveau de juvénilité n'a rien de commun et aucune de ces réitérations, même prises très tôt, n'a la capacité d'enracinement des jeunes arbres. On doit alors partir d'arbres plus jeunes, moins intéressants au plan de la sélection car les critères de sélection s'expriment souvent tardivement (adaptation, vigueur, forme, qualité du bois, résistance aux adversités).

Le bouturage de racines est un excellent procédé qui convient bien aux espèces qui drageonnent (nombreux arbrisseaux, merisier, peuplier, robinier, orme, ailante, fruitiers, paulownia, etc.).

De gauche à droite : 1. Drageon de peuplier grisard. Rapide développement naturel sur les racines de l'arbre-mère après sa coupe. **2 et 3. Bouturage du Merisier (INRA Orléans 1982). 2 :** Bouture de racine (mobilisation des arbres +) et production de petites racines pour la production de boutures (Pied-mère). **3 :** clone issu d'un pied-mère (plants bouturés prêts pour la plantation).

Dans cette technique on utilise de petits segments de racines placés verticalement (partie distale en bas) et capables de produire des feuilles en haut puis des racines en bas, sur la partie enterrée. Cette aptitude existe aussi chez les arbres tropicaux (Iroko, Tulipier du Gabon, etc.) mais elle est très mal connue et non utilisée. Elle mériterait d'être beaucoup plus étudiée. Elle donne naissance à des plants très juvéniles comme le sont les drageons. Ce fut la technique utilisée en France par l'INRA pour le bouturage du merisier (photos ci-dessus).

Le cas du Teck (*Tectona grandis*) est intéressant. Il s'agit d'une espèce qui rejette puissamment de souche, ce qui pose d'ailleurs des problèmes lors du renouvellement des parcelles après exploitation puisque l'on est obligé de dévitaliser les souches avant la replantation comme nous le verrons dans la dernière partie.

Par ailleurs, certains rejets sont issus du départ des racines (photos suivante), très près du tronc, si bien qu'on peut les confondre avec les rejets classiques. Ces rejets sont d'un très grand intérêt. D'une part, ils permettent de passer à la "futaie sur souche" après exploitation puisqu'ils s'affranchissent très vite de la souche en réduisant les risques sanitaires (ce qui arrive souvent avec les brins de taillis classiques) et d'autre part, la proximité des racines garantit aux tous premiers éléments prélevés sur de tels rejets, un maximum de juvénilité, ce qui est essentiel pour démarrer un clone. Enfin, la sélection de ces seuls rejets de racines, suivi de leur dépressage (1 brin par souche), conduit à la futaie sur souche, permettant à la fois de bénéficier d'une vigueur initiale accrue et d'éviter la replantation.

Problème de la conformité des clones issus de boutures. A ce stade, il faut bien souligner que la possibilité d'enraciner des boutures ne signifie pas que les ramets soient parfaitement conformes. Des comparaisons entre descendances et clones issus des mêmes ortets montrent souvent une infériorité systématique des clones. C'est la preuve que le clonage présente des risques si le matériel végétal n'est pas bien rajeuni.

Sodefor – Côte d'Ivoire 1998. Souche de Teck. Rejets venant du départ des racines (à sélectionner pour rajeunissement ou pour créer une futaie sur souche)

En Espagne, avec l'*Eucalyptus globulus*, des techniques de bouturage différentes (suivant les compagnies), donnent naissance à des clones aux feuillages très différents (comme le montrent les 2 photos ci-sessous).

Un tel résultat met en évidence un besoin de rajeunissement supplémentaire pour certains clones soupçonnés d'une perte de production. Il est par contre certain que les clones maturés échapperont au *Mycosphaerella* puisque ce champignon ne s'attaque qu'aux feuilles de jeunesse. La maturation peut dans ce cas devenir un atout, surtout si la vigueur de ces clones finit par s'accentuer avec le développement des racines des ramets (voir plus loin, page 341) ; mais dans ce cas, le problème se posera à nouveau pour le taillis, toujours sensible au champignon, donc très difficile à conduire économiquement.

Région de Santander (Cantabrie - Espagne). Jeunes plantations clonales d'*Eucalyptus globulus*. A gauche : clone bien rajeuni avec son feuillage juvénile bleuté, classique. **A droite :** clone mal rajeuni (maturé) avec un feuillage adulte dès le début de la croissance.

En fait, la maturation des clones est un phénomène très général et mal connu. Lorsqu'il est trop prononcé, il peut conduire à condamner le bouturage. En dehors du cas de l'*Eucalyptus globulus*, nous avons aussi rencontré ce problème au Congo sur *Eucalyptus urophylla* où la conformité était très variable suivant le clone, certains arbres + ne donnant que des arbres à faible développement (photos suivantes, en particulier celle de droite).

Pointe Noire (Congo) *Eucalyptus urophylla* 10 ans (Clones d'arbres +). **A gauche : 1** : Clone semblant conforme **2 :** Clone maturé (non-conforme). A droite : Clone très maturé (non-conforme). I

Parmi les espèces tempérées, nos boutures de rejets de souches d'*Alnus glutinosa* (B. MARTIN 1981 [105]), pourtant très faciles à enraciner, sont restées le plus souvent plagiotropes avec un développement non-conforme, problématique. Il est certain que dans ces cas difficiles, la première chose à faire et de revoir la méthode de clonage, un mini-bouturage bien fait pouvant s'avérer tout à fait bénéfique.

Il n'y a pas de processus clairement établi pour obtenir un rajeunissement complet des ramets. Elle peut se faire par de nombreuses voies que l'on peut classer en 6 types, suivant leur puissance de rajeunissement mais aussi leur degré croissant de difficulté d'application :

1. manipulations des pieds-mères,	4. microgreffage en cascade,
2. bouturage en cascade,	5. culture in vitro,
3. minibouturage,	6. embryogénèse somatique

5 - Mobilisation des ortets (arbres +)

A partir des rejets de souche. Pour les espèces faciles à bouturer, les ramets initiaux sont les boutures découpées dans les rejets de souche de l'ortet. L'enracinement de ces premières boutures varie fortement à cause d'une grande variabilité génétique de l'aptitude au bouturage. Cette variation est bien visible chez l'*E. globulus,* espèce difficile à bouturer.

***Eucalyptus globulus* : A gauche :** jeune souche avec rejets naissants déjà porteurs de feuilles juvéniles très caractéristiques (tiges carrées et très orthotropes, feuilles de couleur bleue). **A droite :** jeune souche avec rejets de type "pré-juvénile" (tiges rondes et peu orthotropes, feuilles de couleur vert-jaune).

Chez l'*E. globulus*, alors que la plupart des arbres émettent des rejets à section carrée et à feuilles bleues (dites "juvénile"), très orthotropes et généralement difficiles à enraciner, certains individus présentent, au tout début, des rejets que l'on peut qualifier de "pré-juvéniles", peu orthotropes, à tige ronde à feuillage vert et qui s'enracinent bien.

Il existe donc chez cette espèce, une grande variabilité intraspécifique des rejets et donc de l'aptitude au bouturage (photos suivantes).

De gauche à droite : *Eucalyptus globulus* : 1. jeune souche avec rejets de type "pré-juvénile" (feuilles de couleur vert clair mais tiges à section intermédiaire et relativement orthotropes). **2 :** rejets à tige carrée et de couleur bleu-vert ; aptitude réduite au bouturage. **3** : souche morte pas de rejet, aptitude nulle au bouturage.

Passage par le greffage. S'il est impossible d'obtenir des rejets de souches de l'arbre +, seul le greffage permettra la mobilisation de l'ortet et ce n'est pas une fois la souche morte qu'on pourra tenter cette pratique. Comme l'aptitude à rejeter de souche est un critère souvent essentiel de sélection, on abandonne les ortets qui ne rejettent pas et on ne teste l'aptitude au bouturage que chez les ortets qui rejettent.

Par contre, lorsque l'on dispose d'arbres + très précieux, que l'on ne veut pas couper ou dont on n'est pas sûr qu'ils rejettent, le greffage est une nécessité. Dans ce cas, le rajeunissement des pousses greffées, plus ou moins fortement "maturées", sera toujours délicat. Les ramets mobilisés par greffage devront subir des manipulations importantes en vue du rajeunissement, lequel sera optimisé par culture in vitro.

6 - Manipulation des pieds-mères

Une fois enracinées, les premières boutures sont considérées comme des Pieds-Mères (PM) que l'on peut alors manipuler pour en améliorer le rajeunissement, l'objectif étant une production de boutures à haut pouvoir d'enracinement (au moins 80%), et à développement conforme (boutures dites "totipotentes"). Il existe de nombreuses possibilités de manipuler ces PM (tailles répétées, bouturage en cascade, cernage racinaire, traitements hormonaux, mini-bouturage, etc.).

Tailles répétées, de plus en plus basses. L'idée est d'obtenir des rejets le plus bas possible puisque le rajeunissement vient des racines (action probable des cytokinines).

Pour certaines espèces assez faciles à cloner comme l'*Eucalyptus grandis*, l'usage de Parcs à Pieds-Mères (PPM), en pleine terre était une pratique donnant de bons résultats en Afrique du Sud et au Brésil. Les tailles répétées conduisent à des PM "en boule" et les récoltes journalières de boutures entretiennent cette forme. Les boutures qui en sont issues sont cependant de type "macroboutures".

Eucalyptus tropicaux hybrides. A gauche : Aracruz-Florestal (Brésil 1985), PPM d'*E. urophylla x grandis*. Pieds-mères cultivés en pleine terre, avant récolte (arrière-plan) et après récolte des boutures (1er plan). Technique maintenant remplacée par celle du "minibouturage" avec des "minipieds-mères". **A droite : CTFT-Congo (1973),** boutures d'E. PF1 issues de rejets de souche (grosses boutures à 4 feuilles = "macroboutures").

Bouturage en cascade. Certains ont réussi à mettre au point la technique du bouturage en cascade, réduisant ainsi la surface de PPM. Ce fut le cas à l'AFOCEL-Bordeaux (CHAPERON 1983[106]) avec l'*E. gunnii*. Dans cette technique, les plants issus de bouturage sont utilisés comme PM♣.

♣ Après la coupe des parties terminales, utilisées comme boutures, les plants refont souvent 2 pousses, c'est pourquoi, en fin d'élevage, une taille supplémentaire doit être pratiquée pour éviter les fourches basses.

Cela ne fonctionne qu'avec les espèces très faciles à bouturer. Avec les autres espèces, ce fut souvent l'échec : les boutures terminales prélevées sur les jeunes plants, souvent trop orthotropes et trop riches en auxine, ne s'enracinaient pas (cals à la base des boutures, comme sur la photo suivante).

Congo 1973. Mauvaise évolution des boutures. Production généralisée de cals sur des boutures récoltées trop tardivement (excès d'auxine).

Au Congo, par exemple, le bouturage en cascade des eucalyptus n'a jamais réussi malgré plusieurs tentatives réalisées en 1991 à l'UAIC.

Cernage racinaire. Le développement des racines, et en premier lieu du pivot, induit plus ou moins rapidement la dominance apicale de la tige. C'est particulièrement net et rapide chez certaines espèces, comme le Teck (*Tectona grandis*). La tige devient vite carrée avec une très forte orthotropie, accompagnée d'une perte aussi rapide d'aptitude au bouturage. La production de pousses herbacées aptes à l'enracinement ne peut donc se faire qu'en contraignant le système racinaire pour éviter la formation du pivot, très puissant chez cette espèce. Le cernage des pieds-mères a un effet positif sur l'aptitude à l'enracinement des boutures produites. Une des recettes du minibouturage tient à l'éducation des pieds-mères dans de très petits conteneurs. En limitant fortement le développement des racines, on obtient une production ralentie de pousses peu vigoureuses mais faciles à enraciner.

C'est un des résultats obtenus par l'ENCE à Huelva sur l'*E. globulus*. La culture des pieds-mères en petits tubes permettait d'obtenir de meilleurs taux d'enracinement qu'à la SNIACE à Torrelavega avec des pieds-mères élevés en grands bacs.

Mini-bouturage. Cette technique fut l'objet d'une recherche très active entre 1990 et 2000. Les orientations visant à développer le système racinaire pivotant conduisirent à des échecs car ils déclenchaient une très forte orthotropie de la tige avec maturation rapide des pousses et l'impossibilité d'enracinement des boutures dont la base évoluait toujours vers la formation de cals. Il a fallu longtemps pour améliorer significativement le système congolais des macro-boutures d'eucalyptus.

En 1990 au Brésil, on est passé à une éducation de PM miniaturisés ou mini-pieds-mères (De Assis 2001[107]) en culture hydroponique hors sol avec les hybrides *E. 'urograndis'* (c'était 17 ans après nos macroboutures du Congo).

Les photos suivantes montrent les diverses étapes de cette technique très avantageuse, tant au plan physiologique (bonne juvénilité des boutures qui s'enracinent bien), que pratique (réduction des surfaces de PPM, boutures terminales sans taille, taux élevé de multiplication et simplification des opérations). Les boutures sont beaucoup plus petites et les récoltes sont nettement plus fréquentes, voire journalières. La gestion des PPM est plus précise et plus sophistiquée (fertirrigation, réglages automatiques, etc.).

Photos courtoisie Edgard Campinhos. Brésil 1996 (Minibouturage industriel d'*E. 'urograndis'* - ARACRUZ SA). De gauche à droite : 1 : PPM en bacs hydroponiques avec mini-pieds-mères. **2 :** Confection des mini-boutures après récoltes des jeunes pousses dans les PPM. **3 :** Mini-bouture terminale, à repiquer et à placer sous brumisation. **4 :** Plant issu de mini-bouture enracinée et sevrée, bientôt prêt pour la plantation.

En 1991 au Congo, à la R&D de l'UAIC, nous avions obtenu la miniaturisation de rejets issus de vieilles souches, suite à des pulvérisations foliaires d'auxines, à un stade très précoce.

Les miniboutures issues de ces pousses s'enracinèrent très bien malgré la saison sèche (photos ci-après). Ces essais n'ont malheureusement pas été suivis.

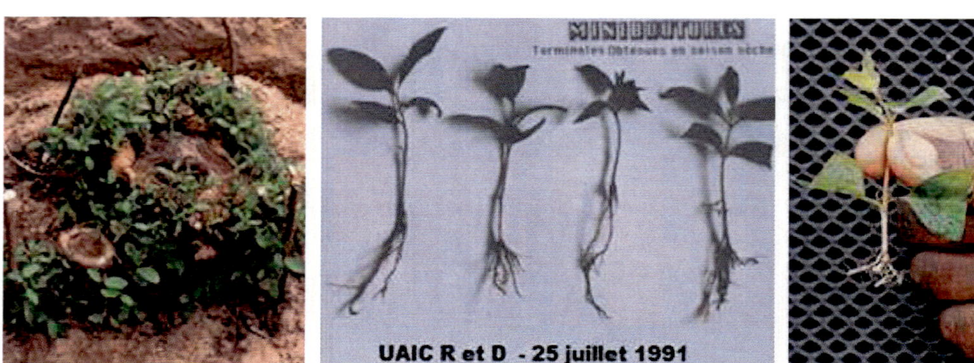

Congo 1991 (UAIC-RD). De gauche à droite : 1 : Miniaturisation des rejets de vieille souche d'E. PF1 après pulvérisation foliaire de solutions auxiniques. **2 et 3.** Mini-boutures obtenues (très petites boutures terminales).

A partir de 1997 en Cantabrie (Espagne), Carlos Tejedor (SNIACE Forestal, ex Bosques 2000), a tenté d'adapter la technique brésilienne à l'*Eucalyptus globulus*, espèce difficile à bouturer. Seuls quelques clones ont donné de bons résultats ; mais même avec ces clones particulièrement aptes, l'industrialisation du clonage est restée trop coûteuse pour rencontrer l'engouement des planteurs.

Espagne - Cantabrie, Torrelavega 2002 (BOSQUES 2000). De gauche à droite : 1. PPM du clone d'*E. globulus* Cz-11-281 avec PM traités en boules de petits rejets. **2 :** Mini PM avec feuilles arrondies de type juvénile. **3 :** Boutures installées en Jiffy-pots et placées sous brumisation. **4 :** Plant issu de bouture enracinée et sevrée, prêt pour la plantation.

La miniaturisation des PM était sans aucun doute insuffisante et des essais complémentaires semblent nécessaires en prenant comme modèle la technique développée par le CIRAD au Congo (SAYA *et al.* 2008[108]).

Congo - 2013. Pépinière industrielle de Kissoko. 1 : Mini pied-mère d'eucalyptus 'urograndis', peu orthotrope mais produisant 1 à 2 boutures par jour. **2 :** boutures en cours d'enracinement puis d'élevage en conteneurs. **3 :** Plant prêt pour la plantation.

Pour miniaturiser un pied-mère avec cette technique très performante, on part d'une bouture enracinée que l'on installe dans un petit conteneur peu profond ce qui facilite l'auto-cernage des racines. On peut y ajouter une peinture au cuivre sur les parois intérieures pour éviter le développement des pivots et réduire la dominance apicale caulinaire. Après reprise, on élimine la moitié supérieure de la tige et on réduit de moitié les feuilles restantes pour activer le bourgeonnement axillaire.

Dès l'apparition des rejets, on continue à recouper la tige pour ne laisser finalement que les quelques pousses peu orthotropes, les plus proches du collet et les mieux rajeunies. Le pied-mère est alors constitué ; on peut alors commencer à récolter régulièrement les pousses qui en sont issues, à raison d'au moins 1 bouture par jour (photos précédentes). Le taux de production de ces mini pieds-mères est en moyenne d'au moins 1 bouture racinée par jour pendant 200 jours/an, pour 100 cm^2, soit 20.000 boutures/an/m^2. La production industrielle d'1 million de boutures racinées par an n'exige donc guère plus de 50 m2 de PPM. Le coefficient de multiplication est donc de 200 à chaque campagne de 200 jours/an. Un PPM d'environ 5.000 PM (soit 50 m2), suffit donc à la production annuelle de 1 million de plants.

La faisabilité industrielle de cette technologie des miniboutures est beaucoup plus simple et plus économique que notre technique des macroboutures qui nécessitait 2,5 ha de PM pour produire 1 million de plants/an (2,5 x 2000 PM/ha x 200 bout/an/PM = 1.000.000).

7 - Cas particulier du clonage des pins par "bulkpropagation"

Au Queensland (Australie), le bouturage des Hybrides *Pinus elliottii x Pinus caribaea* fut appliqué à grande échelle mais uniquement à partir des semis des meilleures familles contrôlées.

Toolara - Queensland (Australie) 2007. Bouturage des pins hybrides *Pinus elliottii var. elliottii x Pinus caribaea var. hondurensis* (PEE x PCH). De la gauche vers la droite : 1. Planche familiale de jeunes pieds-mères (PM). **2 :** Planche de PM en pleine production de boutures. **3.** Mauvaise bouture (à gauche) et bonne bouture, avec aiguilles secondaires bien sorties (à droite). **4 :** Pépinière hors sol de plants issus de boutures.

2007 - Queensland (Australie) avec le Dr. Garth NIKLES. Diverses formules hybrides de pins et clones hybrides entre les espèces et variétés *Pinus caribaea* var. *hondurensis* (Pch), *var. caribaea* (Pcc) et *var. bahamensis* (Pcb) ainsi qu'avec *Pinus tecunumanii* (Ptec). **A gauche :** Famille hybride intra-spécifique Pch x Pcb. **A droite :** Parcelle monoclonale du très beau clone 545 (hybride inter-spécifique Pee x Pch).

En effet leur clonage à partir d'arbres adultes est impossible, ces arbres ne rejetant pas de souche et les boutures de rameaux adultes ne s'enracinant pas. On bouture donc les jeunes plants en appliquant la technique d'enracinement de repousses issues des brachyblastes, mise au point par Henry CHAPERON au Congo en 1977[109] sur *Pinus caribaea* puis en France sur *Pinus Pinaster*[110].

Cependant, comme la sélection individuelle (intrafamiliale) n'est pas possible à ce stade, les familles sont bouturées en vrac ("bulkpropagation"). Il en résulte des effectifs déséquilibrés par la forte variabilité individuelle à la multiplication végétative conforme.

Ce procédé, coûteux en main d'œuvre, méritait d'être comparé à la technique des croisements contrôlés industriels. La perte rapide d'aptitude des clones au bouturage, rendant leur renouvellement obligatoire tous les 6 à 7 ans, rapproche de la technique que J. KLEINSCHMIT[111] utilisait en Allemagne, sur *Picea abies* dans les années 80.

Pour aller à la sélection clonale, les tests clonaux (sélection intrafamilliale) sont réalisés parallèlement à la bulkpropagation. Cependant, la perte rapide de juvénilité, imposant une sélection des meilleurs clones à 6 ans, limite le développement aux quelques clones à longue juvénilité.

De telles contraintes conduisent finalement à planter pendant un temps limité et donc sur des surfaces réduites, des clones qui ne sont pas toujours les plus performants. Dans ce système, le clonage des meilleurs individus des meilleures familles étant rapidement mis en échec, le niveau d'amélioration pour les plantations industrielles s'arrêtait à celui des meilleures familles produites par bulkpropagation (encore opérationnel en 2007) ce qui n'était pas très grave car l'écart entre ces deux niveaux d'amélioration est assez faible.

2006. Pépinière FORELITE (Groupe Alliance Forêt-Bois) - Sivaillan (Gironde). Production annuelle de 13 millions de plants de Pin maritime dont une partie à partir de graines obtenues par croisements contrôlés et dirigés.

Ce qui, par contre, était plus problématique, c'était sans aucun doute le prix élevé du bouturage. C'est pourquoi, depuis 2005, d'importants efforts de Recherche avaient été consentis au FIRC de Gympie* sur l'embryogénèse somatique. Cependant, la privatisation, en 2010, du secteur plantations au Queensland (HQPlantations)** a remis en question le coût des plantations, à commencer par celui des plants.

On a fini par abandonner la bulkpropagation et même la recherche sur l'embryogénèse somatique (voir au paragraphe suivant), pour finalement revenir à la production de graines hybrides améliorées par vergers à graines hybrides avec pollinisation dirigée[112].

En France, la même évolution a eu lieu pour le Pin maritime. La CAFSA (aujourd'hui ALLIANCE) est passée du bouturage industriel aux croisements contrôlés industriels (meilleurs hybrides intraspécifiques Landes x Corse) suivi d'une production industrielle de semis dans les pépinières FORELITE de Sivaillan (Gironde - photo précédente) - et Nauton (Landes).

83.2 - Rajeunissement et multiplication par culture in vitro

Depuis les années 70, l'application aux arbres forestiers des techniques de multiplication in vitro a mobilisé de nombreux chercheurs et des moyens importants.
Les résultats en restent cependant limités principalement par des considérations économiques. Le vitro-plant reste très cher et seule la robotisation des opérations peut faire basculer dans l'opérationnel une technologie qui a tout de même comme avantage de rajeunir le matériel végétal, sous condition de bonnes pratiques. De ce point de vue A. FRANCLET était un visionnaire car il parlait déjà d'automatisation avant 1990.

1 - Intérêts de la culture in vitro

L'intérêt de ce procédé de laboratoire est triple car on peut à la fois :

- partir de très petits explants, prélevés sous binoculaire,
- travailler en conditions axéniques, grâce aux flux laminaires
- contrôler tous les paramètres de la culture (milieu de repiquage, lumière et température).

2 - Historique et évolution de la culture in vitro

Cette pratique est ancienne. C'est en effet depuis la fin du XIXème siècle, que les biologistes tentent de multiplier des cellules en conditions artificielles. L'idée de départ est la totipotence des cellules végétales, chacune d'elles pouvant redonner une plante. On s'est vite aperçu cependant que cette possibilité était loin de concerner toutes les cellules.

Aujourd'hui, la culture de suspensions cellulaires se fait à partir de cals cultivés in vitro que l'on dissocie mécaniquement. De plus, la culture in vitro ne part pas seulement de cellules mais aussi d'organes (fragments de tissus, bourgeons, apex et méristèmes).

Dans les années 1952 à 1963, G. MOREL et C. MARTIN, [113 et 114] à l'INRA de Versailles ont développé avec succès la culture d'apex avec régénération de plantes entières pour les dahlias, les pommes de

---

* **FIRC** : The Forest Industries Research Centre. Gympie, Queensland (Australie).
** **HQPlantations** (Hancock Queensland Plantations Pty Limited) : La plus grande compagnie au Queensland ; gère 330.000 ha de plantations (feuillus et conifères) et produit annuellement 2, 3 millions de m3 de bois rond tant pour la consommation intérieure que pour l'export.

terre et les orchidées. Outre la multiplication, le grand intérêt de cette technique est de régénérer des plantes exemptes de maladies virales, les virus n'affectant pas les méristèmes.

C'est ainsi qu'aujourd'hui en France, les pommes de terre sont issues de culture in vitro ce qui permet, outre de multiplier rapidement les meilleures variétés, de purger celles-ci des principales maladies. Dans le domaine tropical, il en est de même au Kenya pour le bananier.

Malgré les nombreux obstacles, la micropropagation d'espèces cultivées et horticoles est maintenant à la base d'un important secteur commercial qui compte des centaines de laboratoires dans le monde (notamment en Belgique).

Outre les avantages d'une multiplication très rapide, cette technologie apporte des améliorations significatives dans le domaine de la sélection où de multiples applications sont possibles, celles-ci restant cependant très spécifiques. Par exemple, pour la production des variétés hybrides, on obtient rapidement des parents diploïdes homozygotes à partir d'une cellule haploïde femelle (gynogénèse) ou mâle (androgénèse) dont on double ensuite le nombre de chromosome, alors qu'il faudrait 6 à 8 générations par la voie classique.

Cette méthode est très souvent utilisée chez les céréales et les brassicacées. Elle permet aussi d'accélérer les générations d'amélioration (trois dans l'année, deviennent possibles pour le tournesol et le maïs).

Chez les ligneux et en particulier les arbres forestiers cette technique s'est révélée beaucoup plus difficile. Depuis les travaux de C. JACQUIOT, forestier français, qui a réussi au début des années 70, à isoler de nombreuses souches cellulaires à partir de diverses espèces ligneuses[115] et après la phase très enthousiaste des années 80-90, beaucoup d'espoirs ont été déçus.

D'une part les problèmes de rajeunissement sont difficiles à résoudre chez ces espèces ligneuses à grand développement et d'autre part, le coût très élevé de production des plants est vite apparu comme un très lourd handicap. En effet si un plant produit in vivo par bouturage revient 4 à 5 fois plus cher qu'un plant issu de graines, ce facteur multiplicatif est de 8 à 10 pour des plants produits entièrement par in vitro.

Ce surcoût très important, pouvant conduire à doubler le prix de revient d'une plantation, apparaît prohibitif pour beaucoup de producteurs forestiers surtout quand le bois produit n'a pas une très grande valeur (bois de trituration). Cependant, plus les gains espérés portent sur un nombre élevé de caractères (vigueur, forme, branchaison, épaisseur d'écorce, densité du bois, qualité du bois, résistance aux maladies, etc.) plus l'utilisation de tels matériels a de chances d'être rentable, d'autant que les densités de plantation sont à réviser à la baisse.

Remarquons au passage que ce coût élevé pousse à la création d'OGM permettant d'ajouter aux meilleurs clones des caractères particuliers (résistance aux adversités, bois à forte teneur en cellulose, etc.).

Il est certain que pour les grands Groupes papetiers, un gain de 10% de cellulose peut représenter 100 euros/t de pâte, soit environ 10.000 euros/ha de plantation (Brésil). C'est pourquoi les plus grands groupes investissent dans ce domaine de la recherche.

Il faut ajouter que la diminution des coûts de production fait partie des objectifs (enracinement des explants allongés in vivo et robotisation des opérations in vitro).

3 - Principe de la culture in vitro

La multiplication par culture in vitro ou "micropropagation" comprend 3 voies possibles, selon le type d'explant initial :

- par bourgeons axillaires, existants sur l'arbre (terminaux ou à l'aisselle des feuilles).
- par bourgeons adventifs (B.A.), apparaissant à la suite de blessures (rejets de souche en particulier).
- par embryons somatiques (E.S.).

On distingue 2 grandes étapes dans la culture in vitro. Une première étape d'installation des explants est suivie d'une seconde étape de culture proprement dite des explants.

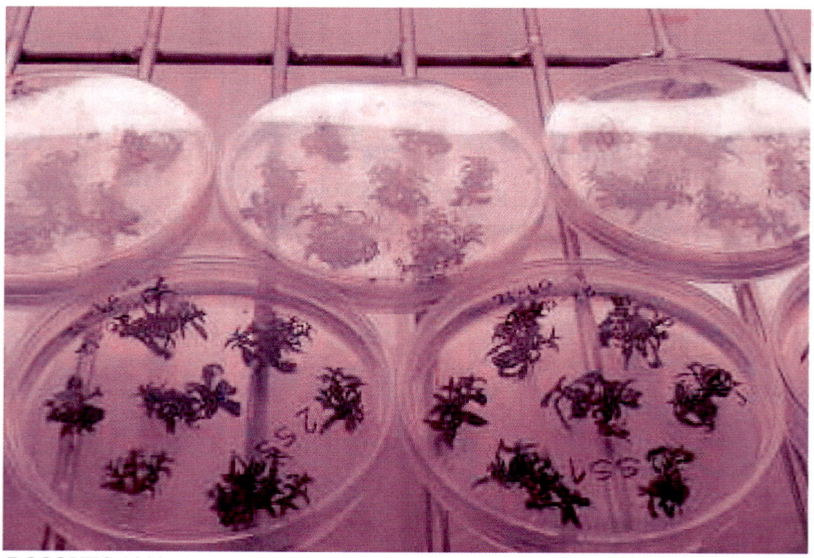

BOSQUES 2000 (SNIACE) - Torrelavega (Cantabrie - Espagne), septembre 2012 : Culture in vitro de clones d'*Eucalyptus globulus*. Phase de bourgeonnement des explants (à partir de bourgeons axillaires).

Chacune de ces étapes comprend 5 opérations successives présentées dans les 2 encadrés suivants :

Etape 1 - Installation des explants (5 opérations) :

1. **Sélection, extraction et préparation des explants** (bourgeons).
2. **Désinfection des explants** (trempages successifs dans divers produits antiseptiques)♣.
3. **Rinçage à l'eau stérile**.
4. **Préparation des milieux de culture** (solidifié par adjonction de gélose d'origine végétale).
5. **Mise en place des explants en flacons**, (dans le milieu gélosé, en conditions stériles, sous hotte à flux laminaire).

♣ Les produits utilisés sont variés : éthanol, eau oxygénée, hypochlorite de sodium (eau de javel), ou de calcium, mercryl laurylé, etc.).

Etape 2 - Culture des explants (5 opérations ou phases) :

1. **Mise en place des flacons de culture en salle de culture** avec photopériode et thermopériode, programmables.
2. **Phase d'initiation** (réactivation de l'explant avec plusieurs transplantations avec changement de milieu) :
   - **2-A** - sans dédifférenciation (allongement de bourgeons axillaires et début de multiplication).
   - **2-B** - avec dédifférenciation (cas des cultures de cellules subissant une cure de rajeunissement).
     - **2-B_1** - formation d'un cal produisant des bourgeons adventifs (B.A.)
     - **2-B_2** - cultures de cellules jusqu'à obtention d'embryoïdes (E.S.).
3. **Phase de multiplication intense** (découpe des explants allongés, nouveaux BA, séparation des ES).
4. **Phase d'enracinement in vitro** (enracinement de chaque explant sous traitement auxinique et forte lumière).
5. **Sortie des explants racinés** (sevrage et éducation en pépinière classique).

Milieux de culture. Chacune des phases nécessite des milieux différents milieux d'activation, de multiplication et d'enracinement. De plus, ces milieux changent d'une espèce à l'autre et pour constituer chacun d'eux, on part en général de milieux de bases aux compositions précises (MURASHIGE et SKOOG, GAMBORG, KNOP, WHITE et GAUTHERET, etc.) et que l'on peut facilement trouver sur internet. Le plus connu est celui de MURASHIGE et SKOOG proposée en 1962 ; largement utilisé il n'est cependant pas universel.

Tous ces milieux sont constitués de sels minéraux, de substances organiques et de phytohormones. On peut y ajouter des extraits naturels (lait de coco, jus de fruit, hydrolysât de caséine). Pour la plupart des plantes supérieures les sels minéraux sont de 2 types : les **macroéléments** (N, P, K, S, Mg et Ca) et les **oligoéléments** (B, Mn, Zn, Cu, Ni, Co, Mo, Al, I, Fe). Ces derniers sont indispensables ; par exemple, sans le fer on n'obtient pas de croissance.

Vitesse de multiplication. En phase industrielle, la multiplication proprement dite correspond à une succession de cycles comprenant les 3 phases suivantes que l'on peut répéter N fois, jusqu'à obtenir le nombre d'explants allongés souhaités :

1. Allongement des explants,
2. Découpage en explants,
3. Repiquage des explants,

Si l'on considère qu'un explant allongé peut être découpé en moyenne en **x** micro-boutures, il faut au moins **n** repiquages successifs pour arriver à **N** plants avec la relation suivante.

$$N = x^n \text{ ou : } n = \text{Log } N/\text{Log } x$$

Le tableau qui suit donne une idée du nombre théorique de transferts nécessaires pour atteindre des capacités de 10.000, 100.000 et 1.000.000 d'explants pour **x = 4** (découpage de chaque explant allongé en 4 nouveaux explants bons à repiquer, à chaque transfert).

x	n	N
nombre d'explants à chaque transfert	logN/logx	x^n
	nb de transferts	nb final d'explants allongés
4	5	1 000
4	8	65 000
4	10	1 000 000

Lorsque **N** est atteint, on enracine alors tous les explants allongés obtenus. Cet enracinement a lieu généralement in vivo (en pépinière) pour des raisons pratiques et économiques mais aussi parce que les milieux gélosés utilisés en culture in vitro ne sont pas favorables à la croissance des racines.

Laboratoire de BIOTECA, DG : Fernando TORRES (Brésil) 2004. Micropropagation du Teck (*Tectona grandis*). **1 :** Opératrices en action. **2 :** Fabrication de nouveaux explants (nœuds avec bourgeons axillaires, par découpage des explants allongés. **3 :** Explants repiqués dans le milieu gélosé (12 par flacon). **4 :** explants allongés au bout de 6 semaines de croissance.

4 - Pratique de la culture in vitro

Comme pour le bouturage classique, on distingue 3 phases :

Phase de rajeunissement. Cette phase est indispensable pour que le clonage soit conforme. Pour rajeunir les arbres +, la théorie voudrait que l'explant 0 soit un méristème de très jeune pousse greffée, permettant à la fois de rajeunir le plus possible l'ortet et d'éviter les contaminations.

Cependant, pour les espèces relativement aptes au bouturage on pourra également partir de rejets de souches produits très près des racines alors que pour les espèces relativement rebelles on sera obligé de partir de jeunes semis issus de très bonnes familles. Dans ces deux cas, on appliquera un processus de rajeunissement par **subcultures en cascades** à partir des très jeunes pousses sans être obligés de recourir aux méristèmes.

Le nombre de subcultures sera d'autant plus grand que l'aptitude au bouturage sera faible et que l'explant 0 sera physiologiquement âgé (MONTEUUIS et GOH 2015[116]).

Phase de multiplication. Une fois la phase de rajeunissement jugée suffisante, la multiplication peut commencer. Les explants sont alors allongés en 6 semaines puis redécoupés en explants avec 1 axillaire, lesquels sont à nouveau allongés puis redécoupés et ainsi de suite jusqu'à atteindre le nombre souhaité d'explants allongés qui sont autant de microboutures.

Pépinière Agroforesteca, DG Fernando TORRES (Brésil, juin 2006). Production industrielle de plants de clones de Teck 1 : Sortie d'in vitro des explants allongés (= microboutures produites par le laboratoire BIOTECA ci-dessus) et repiquage en tubes plastiques, puis installation en serre de bouturage. **2 :** Phase d'enracinement sous nébulisation. **3.** Microboutures enracinées (80% de réussite environ).

Phase d'enracinement. Pour les arbres forestiers, l'enracinement des microboutures ne se fait généralement pas in vitro. D'une part cela augmenterait les coûts qui sont déjà relativement élevés et, d'autre part, les milieux gélosés ne sont pas favorables à la croissance racinaire. On préfère donc diriger les microboutures vers des serres de bouturage sous nébulisation comme c'était le cas à Cuiaba (Brésil) à la pépinière d'Agroforesteca en 2006 (photos précédentes) :

5 - Conditionnement et expédition des microboutures

Dans le cas du Teck, la Fondation "YSB Bioscape Sdn Bhd" (Groupe Yayasan Sabah) en coopération avec le CIRAD (O. MONTEUUIS), a inauguré une procédure de conditionnement et de vente à longue distance de ces microboutures, permettant à des utilisateurs de pays souvent très éloignés (Afrique de l'Est et centrale, Australie, Amérique latine, etc.) de disposer de clones sélectionnés de grande valeur.

A partir d'un conditionnement relativement simple (barquettes plastiques de 100 microboutures) placées dans des conteneurs en polystyrène, l'expérience a montré que ces transports aériens, par expédition de type DHL, permettaient de disposer dans des temps records de boutures parfaitement aptes à un bon enracinement (voir photographies ci-après).

Il est à noter que ces microboutures issues d'in vitro et donc exemptes de parasites pouvaient franchir assez facilement les barrières phytosanitaires, ce qui n'est pas le cas des autres types de matériels (greffons, boutures classiques, voire graines). A l'arrivée, les microboutures sont alors rapidement déballées et enracinées en pépinière. Ces jeunes explants allongés sont fragiles et doivent subir une certaine acclimatation au début de la phase d'enracinement.

YSB Bioscape Sdn Bhd" (Groupe Yayasan Sabah) en coopération avec le CIRAD (O. MONTEUUIS), 2005. De gauche à droite : 1 : Sortie d'in vitro des explants allongés et installation en flacons d'allongement. **2 :** Conditionnement des vitro-explants allongés (microboutures) par barquettes de 100. **3 :** Base des microboutures présentant des cals et quelques racines adventives.

L'opération demande de la minutie et a nécessairement lieu sous abri plastique avec un contrôle de l'humidité par brumisation contrôlée. Les microboutures présentent à leur base des cals et quelques racines adventives, rapidement dégradées pour laisser la place à un puissant système racinaire (O. MONTEUUIS communication personnelle).

Cet enracinement est acquis après un mois environ, avec un taux de réussite généralement très élevé ; les plants ainsi obtenus passent ensuite en pépinière d'élevage classique.

M'Voum (Gabon) 2013. Projet PFM sous contrat FRM (Photos courtoisie O. MONTEUUIS). 1 : Microboutures en provenance de Malaisie. Trempage dès réception dans une solution fongicide (Thirame à 1g/l). **2 :** Enracinement des microboutures installées dans du sable et sous brumisation. **3 :** Jeunes microboutures sous nébulisation. On remarquera les tiges très juvéniles, rondes et poilues.

Pour le Teck, le clonage in vitro, suivi de son enracinement in vivo, est justifié par la grande valeur de son bois et sa croissance rapide. De plus, cette technique permet de contourner deux difficultés majeures : une faible productivité des vergers à graines (nombreux parasites) et des graines difficiles à faire germer (forte dormance).

Chez les autres espèces forestières de grande culture la micropropagation (avec rajeunissement) se limite le plus souvent à la production des pieds-mères. C'est en particulier le cas des eucalyptus au Brésil où les grandes compagnies disposent le plus souvent d'un laboratoire de culture in vitro orienté vers le rajeunissement (ou "réactivation") des clones, l'élimination des agents pathogènes et la multiplication très rapide des pieds-mères nécessaires à la diffusion des nouveaux clones.

C'est également le cas de FCBA (France) qui multiplie les pieds-mères de l'hybride d'eucalyptus "Gundal" (*E. gunnii x dalrympleana*), résistant au froid. On se reportera à la Fiche FCBA info du 28 août 2018 qui donne une description précise de la technique appliquée (Reymond *et al.* 2018[117]).

6 – Rajeunissement des arbres en culture in vitro.

Les cycles "découpages ⇆ allongements" successifs ne contribuent pas spécialement au rajeunissement du matériel végétal. Tout dépend de l'espèce et de l'explant initial qui peut être un bourgeon axillaire (cas du Teck) mais qui, plus généralement, doit être un méristème prélevé sur une jeune pousse greffée ou un jeune plant bouturé. C'est à ce niveau que l'on peut rajeunir significativement le matériel en pratiquant dès le départ une cascade de subcultures à partir d'un méristème prélevé sur les explants précédents en début de croissance.

Cette technique, moins sophistiquée que le microgreffage, peut s'avérer aussi efficace. Elle est indispensable avant la propagation en masse des clones sélectionnés car le matériel mal rajeuni conduit toujours à des pertes de vigueur, à de l'hétérogénéité intraclonale et/ou à de la plagiotropie, ce qui enlève tout intérêt au clonage.

Ces pertes de croissance surviennent en particulier chez les clones dont les ortets initiaux sont mobilisés par greffage. Nous les avons observées chez plusieurs espèces. Eucalyptus, Terminalia (Koyo 1985[118]), Teck, Aulnes (Prat 1986[119]). Il faut rester prudent et s'efforcer de mesurer le degré de maturation des clones produits avant toute diffusion à grande échelle.

Le fait de ne pouvoir mesurer le degré de juvénilité des boutures, miniboutures ou microboutures est un sérieux handicap pour le multiplicateur. Il serait intéressant de pouvoir mesurer les taux hormonaux des tissus concernés.

La pratique d'une telle mesure, restée jusqu'ici très difficile, semble cependant se faire jour si l'on en croît l'article récent paru dans la revue "Nature" du 7 avril 2021 (Ole Herud-Sikimic *et al.*[120]) qui indique que des chercheurs de l'Institut Max Plank ont réussi à mettre au point un outil de marquage fluorescent permettant d'observer l'activité de l'auxine et sa concentration à l'échelle tissulaire et cellulaire, in vivo et en temps réel. Un tel outil pourrait apporter une aide significative aux multiplicateurs dans leur recherche sur le clonage conforme.

83.3 - Systèmes racinaires des arbres issus de boutures

Un point très sensible de la conformité des arbres issus de boutures (donc du bon état de rajeunissement des boutures au moment de leur prélèvement) correspond à la morphologie de leur système racinaire. Ce point a fait l'objet de nombreuses observations dans les années 70, lors des recherches sur le bouturage.

Des doutes sérieux sur la viabilité de ces arbres avaient été émis dès les premières observations car les systèmes racinaires des boutures étaient très différents des systèmes des semis qui commencent tous par l'émission d'un pivot très orthotrope, alors que les plants issus de boutures fabriquent d'abord des racines adventives plus ou moins plagiotropes sur lesquelles viennent se greffer des pseudo-pivots plus ou moins nombreux par la suite.

1 - Chez les eucalyptus.

Les pseudo-pivots apparaissent assez rapidement constituant un système racinaire très solide, souvent plus puissant que chez les semis (voir photos ci-après). Par contre, on a constaté que le développement de ces pseudo-pivots était très dépendant de l'espacement, en particulier dans les parcelles monoclonales où la concurrence est rude. En 1990, nous avions réalisé une étude dans un essai d'espacement monoclonal du CTFT à Pointe-Noire.

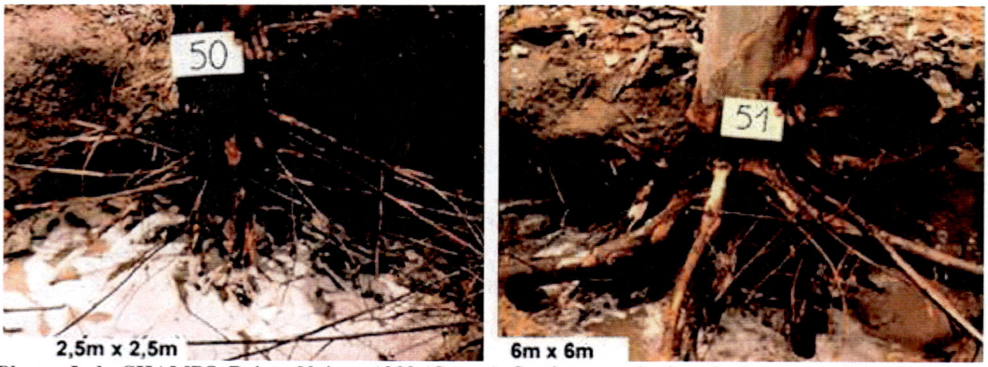

Photos J. de CHAMPS. Pointe-Noire - 1989 (Congo). Systèmes racinaires des boutures d'eucalyptus en fonction de l'espacement de plantation. A gauche, 2,5m x 2,5m : Nombreuses petites racines horizontales pseudo-pivots rares et faibles. **A droite, 6m x 6m :** Très fort développent racinaire avec de nombreux pseudo-pivots et de grosses racines horizontales, en absence de concurrence intra-clonale.

Les observations avaient été faites après creusement au tractopelle sur le côté des souches suivi d'un dégagement des racines à la lance à eau sous pression. Il était particulièrement intéressant de constater que les faibles espacements entraînaient une très forte concurrence intra-parcelle réduisant très fortement la croissance individuelle des arbres, lesquels étaient incapables de développer leurs pseudo-pivots. Il en résultait un enracinement superficiel, très sensible au manque d'eau en saison sèche d'où la faible croissance, voire même les mortalités élevées, en particulier au centre des placettes à très faible espacement (1m x 1m).

Au contraire, tous les arbres des placettes à larges espacements (jusqu'à 6m x 6m) présentaient de très puissants pseudo-pivots accompagnant une très grande vigueur des tiges. Il semble que le bon espacement soit celui qui permet un développement équilibré des pseudo-pivots et qu'il est en liaison avec la nature du sol et en particulier avec ses capacités de stockage de l'eau pour la saison sèche.

Il est certain que les sols filtrants (cas de Pointe-Noire), sans réserve en eau, exigent des espacements de plantation beaucoup plus grands, permettant aux arbres de développer des pseudo-pivots (photos précédentes).

2 - Chez le Limba (Terminalia superba)

Nous avions constaté (photo précédente) que les plants issus de boutures de ce grand arbre à contreforts ne produisaient que des racines plagiotropes, même lorsque les boutures étaient prélevées sur des arbres très jeunes.

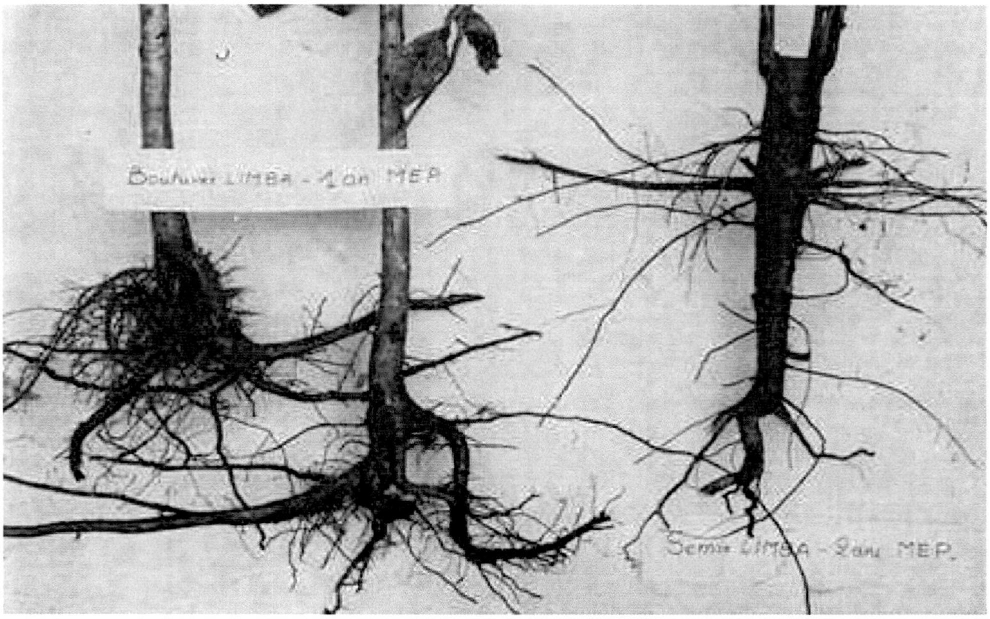

Bouturage des arbres forestiers au Congo, (Martin et Quillet BFT n°157, sept-oct, 1974). Bouturage du Limba (*Terminalia superba*). A gauche : 2 jeunes arbres de 1 an, issus de boutures (absence de pivots). **A droite :** semis âgé de 2 ans (fort pivot).

Il restait donc un doute sur le développement conforme de ces arbres issus de boutures et dont le rajeunissement n'était pas parfait, ce que semblent avoir confirmé les essais de Ngoua II (Congo).

Cependant, il semble possible, comme nous l'avons observé chez l'*Eucalyptus globulus* en Cantabrie, que des arbres issus de boutures mal rajeunies, puissent corriger leur développement, suite à l'apparition de pseudo-pivots depuis les racines latérales, comme c'est d'ailleurs le cas chez les limbas naturels avec la croissance des contreforts.

La concurrence intra-clonale apparaît donc comme un sérieux obstacle au développement racinaire, les pseudo-pivots ne se formant que sur des racines horizontales très puissantes. Des études complémentaires seraient nécessaires pour confirmer ces hypothèses et l'on peut déplorer le manque général d'observations des racines, lacune préjudiciable à la bonne compréhension du développement des arbres, plus particulièrement quand il s'agit de boutures.

83.4 - Embryogénèse somatique (ES)

1 - Aspect théorique

Pour certaines espèces de grand développement et pour éviter les problèmes de rajeunissement rencontrés en multiplication végétative, tant in vivo qu'in vitro, on a tenté depuis une trentaine d'année de revenir au niveau embryonnaire à partir des très petits implants pris dans les tissus haploïdes de la graine (Hévéa) où des embryons prélevés dans les cônes immatures (Pins).

Le point de départ (explant 0) de l'Embryogénèse somatique (ES) détermine le génotype du clone final. Théoriquement, le premier explant peut avoir l'une des deux origines suivantes :

1. **Tissu de la graine** (même ADN que l'arbre mère) auquel cas, on développera le clone de l'arbre mère, ce qui peut être très intéressant, l'arbre mère étant en principe génétiquement supérieur. La multiplication industrielle (développement) pourra alors avoir lieu immédiatement.
2. **Tissu de l'embryon extrait de la graine**. Les embryoïdes obtenus seront zygotiques et non somatiques. On développera alors un clone dont on ne connaîtra pas vraiment la valeur, laquelle dépendra aussi du père de l'embryon extrait.

Dans le cas n° 2, il faudra tester le clone obtenu avant de pouvoir le diffuser à grande échelle avec la garantie du produit final. Chez les arbres forestiers, ce testage prend entre 5 et 10 ans ; on devra donc conserver un petit échantillonnage de ce clone pendant la durée du test afin de le sélectionner définitivement ou de l'éliminer. Heureusement, cette conservation au froid est possible jusqu'à -200°C dans l'Azote liquide. Il s'agit de la cryoconservation qui est pratiquée par tous les laboratoires de biotechnologie travaillant sur les conifères, chez lesquels seule la voie 2 semble possible. L'Hévéa est la seule espèce d'arbre pour laquelle la voie 1 a donné de bons résultats avec au moins deux clones (O. MONTEUUIS, communication personnelle), ce qui est particulièrement intéressant pour cette espèce difficile à améliorer et pauvre en clones sélectionnés.

En fait, dans le vocabulaire habituel, quel que soit l'explant de départ (1 ou 2), les embryoïdes produits sont tous appelés "embryons somatiques" (ES). Le processus qui conduit de la culture des cellules de l'explant 0 (nombreuses divisions cellulaires) aux ES, est lui-même théoriquement double :

A. **Embryogenèse somatique directe**, quand les ES sont induits directement à partir des cellules somatiques de l'explant,

B. **Embryogenèse somatique indirecte**, qui passe par l'intermédiaire de cals (amas de cellules indifférenciées).

En fait, chez les arbres forestiers on passe toujours par la voie de cals intermédiaires. Il n'en reste pas moins que les cellules somatiques (et non germinales) doivent être totipotentes ("compteur génétique remis à zéro"). Au bout d'un certain nombre de subcultures et sous des conditions bien spécifiques et très précises (choc auxinique au 2, 4-D)[♣], les cultures cellulaires s'organisent en cals. Ces derniers sont alors transférés sur un milieu dit "d'expression" ne contenant aucune hormone. Les ES, que le 2, 4-D inhibait, peuvent alors se développer au sein des cals. Ils apparaissent sous forme de petits massifs à structure bipolaire avec un méristème de racine et un méristème de tige. La production de ces ES peut être massive. Ainsi, T. MARUYAMA (FFPRI, Japon) parvient à produire plus de 15.000 embryons par gramme de masse embryogène avec *Pinus thunbergii (*Tsuyosh *et al.* 2019[121]).

Ces ES néoformés forment bien un clone, identique ou différent de l'arbre mère, selon l'explant 0. Après un développement de quelques semaines, l'ES va germer pour donner une plantule somatique. A l'âge de 4 mois environ, ces plantules pourront entrer en pépinière classique pour poursuivre leur éducation. Toutes ces opérations sont cependant très coûteuses en main d'œuvre, ce qui en limite le champ d'application.

♣ Le milieu est complémenté par de fortes doses d'auxine (2, 4-D) et de cytokinines. Le 2, 4-D est une auxine de synthèse. Elle est perçue comme une auxine par la plante mais n'est pas dégradée. Son accumulation provoque alors un choc auxinique : les cellules prolifèrent et forment un cal cellulaire.

D'autre part, dans la multiplication par ES du pin maritime (à partir d'embryons immatures prélevés dans les cônes verts), le problème majeur est le manque de vigueur des plants produits. Les raisons semblent venir à la fois d'un manque de substances de réserves pour assurer une bonne germination à l'embryon et d'un manque de microorganismes symbiotiques pour assurer une bonne absorption des minéraux (Luc HARVENGT, communication personnelle). Les recherches se poursuivent (LELU-WALTER *et al.* 2013[122]) et (TRONTIN *et al*, 2016[123]).

Enfin, selon J.F TRONTIN (communication personnelle), les coûts de production, en 2021, pour des plants prêts à être plantés, varieraient de 0,25 €/plant aux USA à 0,90 €/plant en N^elle^ Zélande. Ce serait 2 fois plus que pour les mêmes plants produits par bouturage horticole et 3 fois plus que pour les plants issus de semis classiques. Un effort technologique est donc encore nécessaire avant de pouvoir bénéficier de ce potentiel considérable de multiplication et de rajeunissement que représentent les ES.

2 - Applications pratiques

Dans le domaine forestier, le développement de l'embryogénèse somatique est le fait de quelques sociétés de biotechnologie (ArborGen, FuturaGen, FG, RPBC, SCION). Il faut ajouter le groupe européen MULTIFOREVER, de création plus récente et qui coopère sur l'ES. Tous ces organismes travaillent surtout sur les conifères et en premier lieu sur les pins. Les sites internet nous permettent d'en apprendre un peu plus sur chacune d'elles.

ArborGen (USA)[♣]. Créé en 2000 en partenariat avec WestRock, International Paper et Rubicon. Aujourd'hui, en coopération étroite avec la Weyerhaeuser, le groupe est devenu le premier producteur de clones d'arbres génétiquement améliorés (non OGM et OGM). Il produit ces plants forestiers améliorés et conseille les propriétaires. Siège mondial à Ridgeville (Caroline du Sud), possède un centre de R&D, 7 pépinières, 6 vergers et des installations supplémentaires pour distribuer des plants dans le Nord-Ouest (Douglas) et le Sud-Est des Etats-Unis (*Pinus taeda*). L'amélioration porte sur la vigueur, les rendements, la tolérance aux stress, la résistance aux maladies et la qualité du bois. Concernant la résistance au froid, le clone "AGEH427" serait un hybride *Eucalyptus urophylla x grandis* du Brésil auquel on aurait ajouté un gène de résistance au froid. Des tests sont en cours aux USA ; les résultats seraient proches de ceux obtenus au Brésil avec en plus la résistance au froid et une fibre plus riche en cellulose. Une demande de dérégulation a été présentée au gouvernement américain. Toutefois, le prix toujours trop élevé du plant produit par ES refroidit les ardeurs des Investisseurs. Un essai de délocalisation de la production d'ES vers des pays à main d'œuvre bon marché comme l'Inde, serait lancé par la Weyerhaeuser qui aurait renoncé à l'automatisation.

ArborGen-Brésil. Créé en 2004. Siège à Campinas (État de Sao Paulo). Spécialisé dans la production et la commercialisation d'arbres forestiers génétiquement supérieurs pour diverses espèces d'*Eucalyptus* et le *Pinus taeda,* les deux essences les plus plantées au Brésil. De plus la société établit des tests de terrain avec des AGM d'eucalyptus tolérants aux herbicides, résistants à la sécheresse, à haute densité et à forte croissance. Site. https.//arborgen.com.br/

ArborGen-Australasia. basée à Wakkatane en Nouvelle-Zélande, exploite quatre pépinières de racines nues et une pépinière de conteneurs en Nouvelle-Zélande. Espèces principales. *Pinus radiata*

♣ Site ArborGen : https ://www.arborgen.com/.

et *Eucalyptus sp.* Site. https.//supertreeseedlings.co.nz/. Cette société se concentre plutôt sur la micropropagation par organogénèse (bourgeonnement axillaire) que par embryogénèse somatique.

Forest Genetic (FG). Créée en 1999 cette société néozélandaise, basée à Rotorua, ne propose que des plants de *Pinus radiata* de type conventionnel (non OGM). Outre la production classique issue de croisements contrôlés, la société produit des plants issus de multiplication végétative. L'in vitro (ES) sert à créer des pieds-mères pour le bouturage industriel. Site. http.//www.forest-genetics.com/. Selon Mike Carson, directeur commercial, les résultats sont déjà très intéressants et font gagner beaucoup de temps dans l'obtention du gain génétique (CARSON *et al* 2015 [124]).

Radiata Pine Breeding Company Ltd (RPBC- https.//www.rpbc.co.nz/.**).** Créée en 1988, cette société privée est la seule entreprise spécialisée dans la sélection du pin radiata en Nouvelle Zélande. Elle a pour objectif le développement des plantations de Pinus radiata avec la production industrielle des meilleures familles et clones (incluant l'ES), en coopération avec FG et Arborgen-NZ. La société est très impliquée dans le conseil et l'aide à la gestion des plantations auprès des propriétaires forestiers. Très développée dans le domaine de la génomique forestière et en coopération avec SCION, elle a développé en 2019 la première puce SNP (marqueur ADN) viable sur le pin radiata, ce qui ouvre un large champ à l'amélioration génétique de cette espèce (aide à la sélection, sélection précoce, gestion des ES en cryoconservation, suivi des clones, suivi généalogique, gestion de la consanguinité, contrôles variés, etc.). La production annuelle (développée par "Kaingaroa Timberland") est de l'ordre de 2 millions de plants/an issus d'ES (2,5%) ce qui reste faible par rapport aux 18 millions de plants produits annuellement par bouturage, soit 22,5% (in vitro et in vivo) et des 60 millions de plants classiques (75%) produits par semis en Nouvelle Zélande. Cette production est destinée au massif de Pinus radiata qui couvrait 1,557 million d'ha, fin 2019. A la densité de 1000 plants/ha, cela correspond à 80.000 ha de plantation pour une surface de replantation d'environ 60.000 ha (rotation moyenne. 26 ans), et une extension annuelle du massif de 20.000 ha/an.

SCION. Basée à Rotorua, Scion est le nouveau nom commercial du Centre de Recherche Forestière de Nouvelle Zélande (FRI) basée à Rotorua. En 1992, cet Institut est devenu un des "New Zealand Crown Research Institute". Bien que propriété du gouvernement il a acquis le statut de société à responsabilité limitée, en vertu de la "New Zealand Companies Act" de 1993. SCION a pour objectif de stimuler l'innovation et la croissance de la foresterie, des produits du bois et des matériaux dérivés des plantations forestières et de la forêt naturelle ainsi que d'autres biomatériaux au profit de la Nouvelle Zélande. Il est responsable de l'amélioration génétique, en particulier de la sélection pour la qualité du bois en coopération avec RPBC, la filière bois et les propriétaires forestiers. Site. https.//www.scionresearch.com/

FuturaGene. Acquise par la Société brésilienne Suzano Papel e Celulose en 2010, la société comprend aujourd'hui 4 filiales. (Israël, Brésil, Chine, USA) La création d'OGM est une spécialité de la filiale chinoise de Shangaï. Le détail des partenariats et les programmes de chaque filiale est consultable sur le site suivant. http.//ri.suzano.com.br/enu/4598/FGN_GoldmanSachs_0827 2013upd.pdf

En Europe. Les programmes de développement semblent moins avancés. Cependant les recherches sur l'embryogénèse somatique se poursuivent. En France, c'est le programme de la plate-forme XYLOBIOTECH une association entre INRAE Orléans et FCBA Cestas-Pierroton (Lelu-Walter *et al* 2016[125]), axé sur les biotechnologies forestières en vue de "*la production, la caractérisation et la conservation du matériel végétal forestier à destination des chercheurs, des sélectionneurs, des multiplicateurs et des acteurs de la gestion durable des ressources génétiques sauvages ou améliorées*". Des progrès importants ont été obtenus pour la maîtrise de l'embryogénèse somatique[126]

De plus cette double cellule coopère avec les chercheurs de 5 autres pays (Espagne, Suède, Finlande, Allemagne et Argentine). L'ensemble appelé "MULTIFOREVER" travaille sur au moins 8 essences et hybrides : Epicéa commun, Pin maritime, Pin taeda et hybrides. Pin radiata, Mélèze d'Europe et hybride, Douglas. Il est à signaler que l'Université de Copenhague (Danemark) travaille sur le Sapin de Nordmann avec pour objectif la production de sapins de Noël de qualité supérieure. L'organisation et ses objectifs sont présentés sur le site :

(https.//forestvalue.org/wpcontent/uploads/2019/11/GAUCHAT_MULTIFOREVER1_compressed.pdf)

On doit d'abord signaler l'excellent article de 2013 sur l'état d'avancement des recherches sur l'embryogénèse somatique des conifères en Europe par Marie-Anne LELU-WALTER[127].

Quant à ULRIKA EGERTSDOTTER[128], elle décrit précisément le procédé d'ES utilisé en Suède sur *Picea abies* ainsi que la stratégie de développement incluant les tests clonaux et la cryoconservation.

Les chercheurs insistent sur le fait qu'il est essentiel de travailler à partir de cônes issus du "top" des meilleurs croisements (meilleures aptitudes spécifiques à la combinaison) afin de réduire les risques de développer des ES de mauvaise qualité. La production d'ES s'oriente radicalement vers la culture de cellules en milieu liquide au moyens de bioréacteurs. La robotisation commence à partir du tri des ES car il est très important de ne sélectionner que les meilleurs ES issus de ces cultures. Il est fait appel à la robotique des tissus mous utilisée dans les procédures médicales.

3 - Cas particulier de l'Hévéa

L'hévéa (*Hevea braziliensis*) est un grand arbre de la famille des euphorbiacées, originaire d'Amazonie. C'est l'arbre à caoutchouc, planté pour la production du latex par incision de l'écorce. Depuis la fin des années 90, on utilise le bois dans l'ameublement, ce qui améliore l'économie de la culture en finançant une partie de la replantation. La production des plants d'Hévéa présente de nombreuses difficultés.

- Grande hétérogénéité des plants issus de graines.
- Croisements contrôlés peu productifs (fleurs petites, très peu de pollen, seulement 3 graines par fruit).
- Bouturage très difficile (impossible pour beaucoup de clones).

De ce fait le seul procédé utilisé dans les plantations industrielles est le greffage qui se fait par écussonnage bas. Cependant, le greffage conduit souvent à des rejets de greffes (maladie de la "ligne noire") avec dégénérescence précoce des arbres. Comme pour les "noyeraies intensives" greffées sur noyer noir, la rotation des plantations d'hévéa est courte (25-30 ans). Surtout, on pense qu'elle est très probablement accompagnée d'une réduction de la production de latex. D'autre part, le manque d'aptitude de l'espèce au bouturage réduit encore la base génétique, déjà très faible, puisque cette technique se limite aux quelques clones les moins rebelles à la multiplication végétative.

Toutes ces raisons poussent à investir dans l'embryogénèse somatique qui semble donner de bons résultats à partir d'explants juvéniles extraits des étamines (androgenèse) et surtout du tissu interne des graines (second pôle juvénile possible en dehors du pôle racinaire). En effet, chez cette espèce, on parvient, à partir de cals issus de tégument interne des graines, à produire de vrais embryons somatiques[129] ce qui permet de propager directement des clones bien connus.

Selon Olivier MONTEUUIS (communication personnelle), l'hévéa est la seule espèce d'arbre pour laquelle la voie n° 1 (tissus de la graine) a donné de bons résultats (avec seulement deux clones…) ce qui devrait encourager à poursuivre les recherches pour cette espèce difficile à améliorer et pauvre en clones sélectionnés. Le coût de ces ES reste cependant très élevé. D'autre part, ce procédé n'excluant pas les variations somaclonales, on est conduit à en réduire l'impact en ayant recours au microbouturage d'ES transformés en pieds-mères (MONTEUUIS et MASSON 2017[130]).

Finalement, malgré l'importance économique de l'hévéa, le transfert réel à la pratique de cette technologie, reste encore incertain.

83.5 - Arbres génétiquement modifiés (AGM)

1 - Généralités

Un OGM est obtenu par l'introduction dans le génome d'un individu, d'un ou plusieurs gènes provenant d'un autre organisme vivant. On peut ainsi obtenir des variétés plus productives, résistantes à un insecte, à une maladie, à la sécheresse ou améliorées d'un point de vue qualitatif : coton aux fibres plus longues, riz enrichi en vitamines, etc.

Tous les pays n'admettent pas le principe de cette modification génétique, largement diabolisée par les groupes de pression écologistes.

Selon BAYER (2019[131]), héritier de MONSANTO, « *la culture des OGM a démarré au milieu des années 1990 pour atteindre 185,1 millions d'ha dans le monde en 2016, essentiellement avec 4 cultures : soja, maïs, coton et colza. En 2016, 5 pays représentaient plus de 90 % de la surface en OGM : les Etats-Unis, le Brésil, l'Argentine, le Canada et l'Inde* ».

L'Europe, où le débat public est vif sur ce sujet, en totalise moins de 1 %. Pour qu'un OGM soit cultivé ou commercialisé en Europe, il doit faire au préalable l'objet d'une procédure d'autorisation spécifique, demandée par le pétitionnaire, basée sur une évaluation des risques pour la santé et l'environnement, et accompagnée d'un plan de surveillance. Quant à la France, elle ne cultive plus d'OGM depuis 2008 (sauf en laboratoire) par décision gouvernementale.

2 - Arbres génétiquement modifiés (AGM)

Les arbres n'ont pas échappé au processus de modification génétique. Cependant comme les AGM sont très décriés par les écologistes, les réalisations dans ce domaine restent confidentielles et les annonces de plus en plus rares. Seuls quelques clones d'*Eucalyptus urophylla x grandis* semblent avoir débouché jusqu'ici sur des plantations expérimentales (voir plus haut, Arborgen et FuturaGene). Les gènes que l'on cherche à ajouter codent généralement pour des caractères de résistance aux herbicides, au froid, à la sécheresse aux insectes, aux maladies, pour une plus grande richesse du bois en cellulose, et plus rarement pour la vigueur.

Les AGM partent toujours d'individus appartenant à des clones (ramets) déjà très améliorés et auxquels on souhaite ajouter des caractères déterminants, pouvant leur apporter une supériorité définitive et une grande rentabilité. La culture in vitro et vraisemblablement l'embryogénèse somatique sont des voies accompagnant la création d'AGM. Les expériences en cours au Brésil et aux USA devraient bientôt apporter des conclusions sur l'utilisation de ce nouveau type d'arbres.

***

9 - CONCLUSIONS DE LA 2ÈME PARTIE

Les nombreux éléments examinés, relatifs à la physiologie des arbres forestiers, sont tous indispensables à la qualité des plants forestiers, soit directement (qualité physiologique des graines, qualité des racines et des symbioses racinaires), soit indirectement par le biais de l'amélioration génétique et de tous les outils nécessaires à sa mise en œuvre (greffage, bouturage et croisements contrôlés).

Il est certain que la qualité des plantations tient pour une grande part dans la qualité physiologique et génétique des arbres que l'on plante (fort potentiel d'adaptation et de croissance, haute valeur génétique, excellent état sanitaire) et que tous ces éléments se trouvent réunis dans les seuls plants que l'on installe sur le terrain.

Cette grande qualité est indispensable en matière de ligniculture qui impose le plus grand respect de la règle agronomique de base : à niveau cultural élevé, niveaux génétique et physiologique élevés, des plants.

Tout progrès dans ces domaines phyto-techniques, peut influencer la stratégie d'amélioration génétique et peut devenir décisif en matière de ligniculture. C'est pourquoi le besoin de R&D en matière de Physiologie des arbres ne peut être sous-estimé.

Il n'en reste cependant pas moins vrai que ces aspects apparemment techniques reposent le plus souvent sur des élément plus fondamentaux (comme le rajeunissement des arbres par exemple) et dépendent souvent de la Recherche pure. C'est alors que la coopération entre les Centres nationaux de Recherche et les Unités de Recherche-développement des entreprises devient indispensable.

***

3ÈME PARTIE
AMÉLIORATION GÉNÉTIQUE

SNIACE-Forestal, Torrelavega (Cantabrie - Espagne). Ortet du clone Cz-11-281 résistant au *Mycosphaerella*. Hommage à Jaime GUTIERREZ, technicien émérite.

Notre objectif n'est pas ici de rédiger un précis d'amélioration génétique. On se reportera pour cela aux divers ouvrages existant dans ce domaine et tout particulièrement à l'excellent livre en français d'Alphonse NANSON (2005[132]). Au delà de la nécessaire revue bibliographique, notre intention est, au travers de notre expérience personnelle acquise en particulier au Congo Brazzaville de 1968 à 1975 puis dans d'autres pays à partir de 1987 (Maroc, Congo, Cameroun, Gabon, Côte d'Ivoire, Espagne), ainsi qu'au cours de nombreuses missions et visites à travers le monde, de donner un aperçu des principales espèces et de leur degré d'avancement dans la domestication mais aussi de guider les programmes de R&D des entreprises désireuses de se lancer dans de vastes programmes de plantations lignicoles et plus particulièrement en région tropicales.

AMELIORATION GENETIQUE

1 - INTRODUCTION

On a vu que pour répondre à la demande mondiale croissante en bois la seule alternative était de créer de nouvelles plantations de plus en plus productives. Cependant, planter pour produire en abondance un bois demandé par le marché rencontre de nombreuses contraintes. Il est nécessaire, non seulement de trouver les investisseurs et les sites bien adaptés mais il faut aussi disposer de sols suffisamment fertiles et à faible pente pour faciliter les travaux mécaniques, tout en étant sûr de pouvoir y produire la qualité de bois demandée par l'industrie. Enfin on devra être capable de faire face en permanence aux diverses adversités qui ne manqueront pas de survenir tôt ou tard dans le massif planté (climatiques, trophiques et parasitaires).

Le savoir-faire nécessaire, toujours important, sera d'autant plus facile à acquérir que l'expérience locale en matière de plantations forestières sera grande. Cependant, dans les pays en voie de développement, cette expérience peut être plus ou moins réduite ou perdue et l'entreprise devra alors se doter d'une unité de Recherche-Développement aussi réduite que possible mais avant tout pragmatique et efficace, l'urgence étant toujours à l'amélioration génétique des essences convoitées pour parvenir aux objectifs envisagés.

En effet, en matière de production intensive de bois, le niveau cultural, bien qu'important, y tient une place moindre qu'en agriculture, du seul fait de l'aspect pluriannuel des plantations, même à courtes rotations. En matière de plantations forestières, l'optimisation des façons culturales se fait principalement au début de la culture et surtout avant plantation. D'ailleurs, en dehors de fertilisations complémentaires, les interventions après plantation sont coûteuses et apparaissent souvent comme des opérations de correction ou de rattrapage. Dans de telles conditions, l'essentiel tient dans le plant à mettre en place dont la qualité génétique revêt une importance capitale. La qualité physiologique des plants est, certes, indispensable, mais elle ne vaut vraiment que si le matériel végétal est de grande valeur. Par contre, la disponibilité en bonnes variétés est si importante qu'elle est le point clé dans la décision d'investir.

Produire beaucoup, plus vite, et mieux, tout en réduisant les risques ; voilà donc l'équation posée aux nouveaux adeptes de la ligniculture. S'agissant de plantations forestières à croissance rapide, le progrès est possible et beaucoup plus rapidement qu'on ne l'imagine. Nous avons l'exemple de l'agriculture qui, depuis la dernière guerre mondiale, a fait des progrès considérables puisqu'elle parvient à nourrir le monde malgré l'accroissement continu de la population. Cela tient autant aux **progrès culturaux** facilités par une mécanisation de plus en plus sophistiquée et l'application d'intrants divers (engrais et pesticides) qu'aux progrès considérables réalisés en **amélioration génétique** offrant des variétés toujours plus performantes sur de nombreux plans (adaptation, productivité, résistances aux parasites, qualités alimentaires, etc.). C'est le résultat de la sélection et de la recombinaison, toujours plus poussées, alors que la variabilité initiale des plantes cultivées était plutôt réduite. A priori, les forestiers sont dans ce domaine relativement avantagés car, contrairement aux plantes cultivées, les arbres, encore sauvages pour la plupart, présentent dans leurs aires naturelles, lorsqu'elles ne sont pas détruites, d'énormes réservoirs de variabilité génétique avec un fort potentiel de sélection.

2 - OBJECTIFS DE L'AMELIORATION GENETIQUE

S'agissant de ligniculture, les 4 objectifs principaux ont déjà été énumérés plus haut.

1. **Excellente adaptation**
2. **Haute productivité**
3. **Qualité des tiges et du bois**
4. **Résistance aux adversités**

L'adaptation est primordiale car la durabilité des massifs plantés en dépend. De plus, une bonne adaptabilité des variétés plantées réduira les risques sanitaires. Il faudra la rechercher dans la sélection des populations naturelles les mieux adaptées aux sites concernés.

La productivité des plantations influence directement la rentabilité économique des investissements et cela à double titre.

1. D'une part, la vitesse de croissance permet de réduire la rotation. Le temps de production, on l'a vu est essentiel ; c'est le principal facteur économique de la ligniculture.
2. D'autre part, la productivité (en m3/ha/an) qui intègre à la fois :
   - la résistance à la concurrence entre les arbres, mesurée par la surface terrière à l'hectare traduisant la capacité d'accumulation de volume de bois à l'unité de surface.
   - la vitesse de croissance en volume = k *(hauteur) * (Surface terrière)

La qualité des tiges et du bois, mesurées par la valeur des arbres sur pied à la récolte, est un facteur essentiel, influant directement sur la rentabilité industrielle de la transformation. Son poids économique est identique à celui de la productivité des plantations, ce qui est considérable. L'amélioration génétique ayant prise sur la qualité du bois, on devra donc très rapidement prendre en compte les critères de forme des tiges et de qualité du bois dans les programmes de sélection.

La résistance aux adversités, correspond à des critères qu'il n'est pas facile d'évaluer précocement, les problèmes arrivant plus ou moins tardivement et sans prévenir. S'agissant des modifications climatiques, les réponses peuvent être difficiles et radicales comme les changements d'espèces avec un redémarrage complet des programmes d'amélioration génétique. Concernant les attaques parasitaires, plusieurs voies sont envisageables et si la sélection de variétés résistantes est souvent possible contre les champignons, pour ce qui est des insectes, on devra plutôt s'adresser à la lutte biologique (introduction contrôlée d'hyperparasites), laquelle rend aujourd'hui de grands services. Cet aspect de l'amélioration génétique impose une veille phytosanitaire depuis le départ du programme de plantation, ce qui exige au moins la mise sur pied d'une équipe spécialisée de surveillance des plantations avec analyse des attaques subies et évaluation de leur dynamique et de leur importance.

3 - SCHEMA GENERAL

L'amélioration génétique est basée sur les divers niveaux de variabilité des essences forestières qui sont les suivants :

- Les essences ou les genres
- Les espèces,
- Les familles ou descendances
- Les individus ou "arbres +" (arbres plus).

L'amélioration génétique classique des arbres forestiers suit le schéma opérationnel ci-après qui est celui que l'on doit adopter en ligniculture.

GENERATIONS D'AMELIORATION SUCCESSIVES

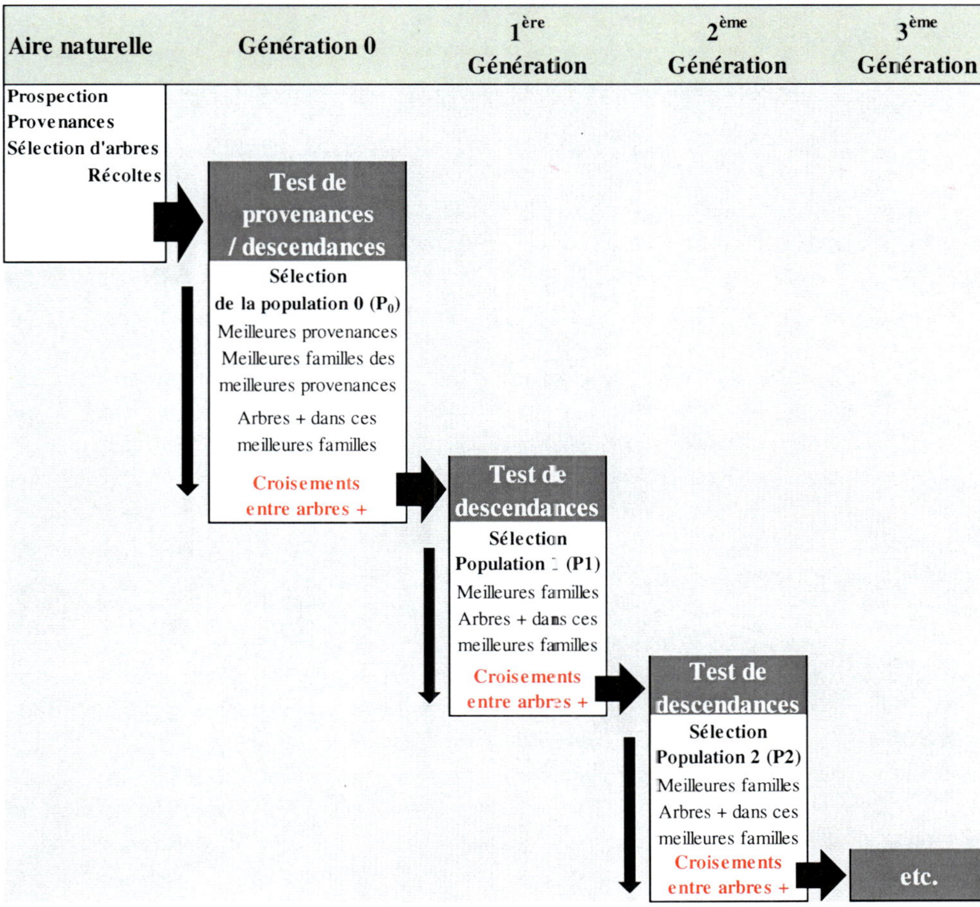

Elle s'obtient par une succession de générations comprenant chacune des tests de descendances, la sélection d'arbres + et des croisements contrôlés. La maîtrise des diverses opérations suivantes est donc indispensable :

$n^{ème}$Génération :

- Tests de terrain,
- Mensurations et observations régulières,
- Traitement des données,
- Sélection des arbres +,
- Mobilisation des arbres + par greffage,
- Conduite des parcs à greffes,
- Croisements contrôlés,

Après obtention des collections issues des aires d'origine, tout commence par l'installation des essais de provenances, en distinguant autant que possible les diverses descendances qui les composent (provenances par descendances séparées). La sélection des meilleures familles au sein des meilleures provenances nous donne la population d'amélioration zéro (P_0).

Dans cette génération 0, on sélectionne dans chacune d'elles des arbres + et on passe alors, par croisements contrôlés entre arbres +, à la génération suivante (1ère génération d'amélioration = P_1).

Remarquons que les croisements contrôlés entre arbres +, nous donnent :

- **des familles de provenance pure,** si les arbres + appartiennent à la même provenance,
- **des familles hybrides intraspécifiques,** si les arbres + appartiennent à des provenances différentes,
- **des familles hybrides interspécifiques,** s'il s'agit d'arbres + d'espèces différentes.

Les familles de 1ère génération ainsi obtenues sont comparées entre elles dans de nouveaux tests de descendances. Les meilleures d'entre elles permettent de sélectionner de nouveaux arbres + lesquels conduisent, par croisements entre eux, à la 2ème génération de sélection (P_2) et ainsi de suite. La sélection est donc faite de façon récurrente (Amélioration par "Voie récurrente").

Lorsque les caractères sélectionnés sont de type additif, le gain génétique est prévisible et donc estimable. En cas de vigueur hybride, les gains obtenus sont en général supérieurs aux prévisions, du fait de phénomènes non additifs (dominance et/ou épistasie) et peuvent être facilement détectés par simple observation visuelle. Dans ce cas, les calculs ne sont pas vraiment nécessaires pour progresser rapidement, tout au moins au début du programme d'amélioration. Pour progresser avec des générations avancées successives, la voie récurrente doit tenir compte du fait que les croisements, à chaque génération, sont interspécifiques (en évitant tout croisement consanguin). On parle alors de "Voie récurrente réciproque".

Enfin, à chaque génération avancée, les meilleurs individus peuvent être clonés ce qui permet la capture d'un gain supplémentaire très significatif tout en uniformisant l'ensemble des parcelles. Cela concerne les espèces possédant une bonne aptitude au bouturage chez lesquelles on peut multiplier les meilleurs arbres + (pures ou hybrides) sélectionnés à chaque génération. On obtient alors des populations monoclonales (1 seul clone par parcelle) ou multiclonales (plusieurs clones en mélange par parcelle). On maximise ainsi le gain génétique mais au prix d'une forte réduction de la variabilité et c'est pourquoi la possession d'une large base génétique (multiplicité des bons clones et des bonnes populations de base) est, dans tous les cas, indispensable pour offrir la meilleure réponse possible vis-à-vis des adversités éventuelles.

Toute sélection entraîne un gain génétique mais réduit la variabilité de la population initiale. Le nombre de sélections successives opérées accroît le gain mais réduit à chaque fois la diversité des génotypes avec le risque de consanguinité venant de croisements entre individus apparentés. Diverses stratégies permettent de maintenir pendant le plus longtemps possible un bon niveau de variabilité (grande diversité d'arbres + dès le départ, généalogie avec séparation entre familles non apparentées, hybridations intra et interspécifiques, etc.).

En résumé et pour fixer les idées, nous représentons, ci-après, le schéma général de l'amélioration génétique des arbres forestiers et tout particulièrement dans le cadre de la ligniculture.

Ce schéma qui reste théorique est cependant le plus adapté à l'amélioration rapide des espèces utilisées en ligniculture où l'objectif est un gain maximum dans des délais aussi brefs que possible. On brûle les étapes en prenant des raccourcis, dès que possible. On compte sur la vigueur hybride intra et si-possible interspécifique, ce qui permet de minimiser les pertes de variabilité en allant chercher des gènes dans d'autres provenances, voire d'autres espèces (diversité génique au secours de la diversité génotypique). Par contre l'étape de départ conduisant à disposer d'une large base génétique est incontournable.

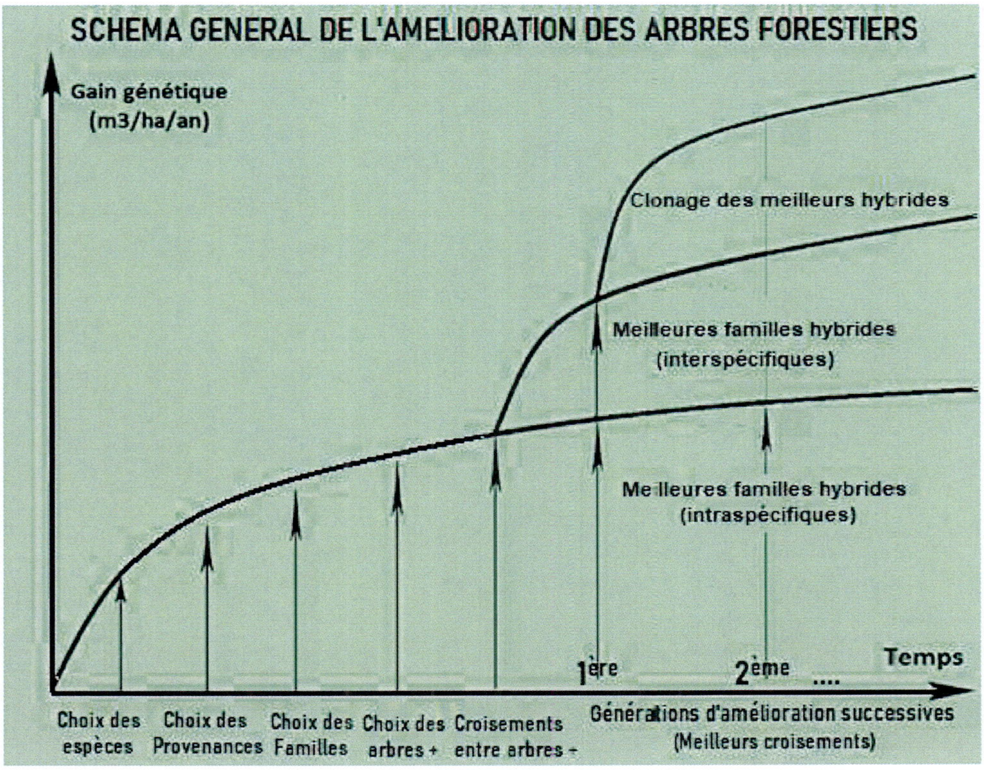

Remarque. Les réalités de terrain et les contraintes locales, toujours nombreuses et multiples, ne manqueront pas de venir perturber tous les schémas prévisionnels. Cependant la souplesse dans les opérations d'amélioration est toujours très grande et il sera toujours possible d'utiliser de nombreux raccourcis. La nécessité d'aller vite et de trouver des solutions faute de moyen, forcent l'imagination.

Plus tard, l'amélioration classique pourra rattraper les gains obtenus par les raccourcis. On pourra alors modifier à nouveau les itinéraires, pour des espoirs de gains encore supérieurs.

4 - CHOIX DES ESPECES ET DES PROVENANCES

En matière forestière, ces premières étapes de l'amélioration génétique et tout particulièrement le choix des bonnes provenances, correspondent véritablement à ce que l'on appelle couramment l'"**acclimatation**" des espèces, la "**domestication**" se référant plutôt aux étapes suivantes lesquelles modifient plus profondément les populations naturelles par des sélections plus poussées et de nombreuses recombinaisons entre génotypes sélectionnés.

41 - Trouver les bonnes espèces

Au sens strict, il s'agit de sélectionner les meilleures espèces et les mieux adaptées au site déterminé. Le problème peut consister à choisir des genres mono ou pauci spécifiques parmi un grand nombre d'essences potentiellement intéressantes mais cela peut aussi correspondre à trouver la ou les meilleures espèces au sein de genres plus ou moins plurispécifiques comme par exemple les pins (111 espèces), les eucalyptus (800 espèces), les acacias (1360 espèces pour les 7 nouveaux genres actuels), les épicéas (43 espèces) ou les peupliers (35 espèces). A ce niveau de l'étude, la question que l'on se pose peut donc être plus ou moins vaste, notamment lorsqu'il s'agit d'un projet d'afforestation en savane humide comme ce fut le cas dans les savanes du Congo vers 1950, ou du Brésil 40 ans plus tôt.

Lorsque l'on connaît mal les possibilités d'adaptation des essences forestières aux conditions écologiques du site considéré (climat et sols) et que l'on souhaite disposer d'un choix d'essences aussi large que possible, il faut s'engager dans ce que l'on appelle des essais spécifiques qui se traduisent sur le terrain par la mise en place de tests comparatifs d'espèces. Ces expérimentations peuvent alors dépasser le cadre d'un seul genre. On comparera alors aussi bien des essences locales que des essences introduites appelée couramment "exotiques".

Toutefois, en matière de ligniculture, seules les essences à croissance rapide ont des chances d'être admises car en dessous d'un certain niveau de productivité, la rentabilité financière des investissements ne pourra être assurée. C'est la raison principale qui amène très généralement les ligniculteurs à rejeter les espèces autochtones, mieux adaptées mais à croissance beaucoup trop lente. Il y a des exceptions et le Pin maritime dans les landes de Gascogne en est une, bien qu'avec le temps, des changements de choix se font peu à peu (Pin à l'encens dans les zones les plus riches ; Hybrides corse x landais dans les zones moyennes).

42 - L'expérience congolaise

Avant de poursuivre plus loin ce très important chapitre, il nous semble intéressant de présenter l'historique des premiers boisements dans les savanes congolaises.

42.1 - Installation des stations de reboisement

Le Congo a sans aucun doute une vocation de reboisement du fait de l'existence de grandes surfaces de savanes plates, souvent sableuses et impropres ou difficiles pour l'agriculture (Savanes côtières et Plateaux Batéké) mais aussi sur terrain plus argileux (vallée du Niari). Il était d'autant plus tentant d'y essayer des plantations forestières, que ces savanes étaient situées à proximité immédiate des grandes villes (Brazzaville, Pointe Noire et Dolisie) manquant souvent de bois de feu et de service. Cela a été entrepris dès 1947 non loin de Dolisie (périmètres de Loubomo et Mafoubou) puis à partir de 1953, à la station forestière de Loudima (Niari), en 1957, à la station côtière de Loandjili (NW de Pointe Noire) et enfin en 1963, au PK 45 de Brazzaville, sur la route du nord, au début des Plateaux Batéké.

Ces travaux n'ont cependant pas été limités aux seules régions des savanes. Parallèlement, de 1950 à 1961, de grands travaux de reboisement avaient lieu dans le massif du Mayombe (chaîne montagneuse côtière) où 6.500 ha de plantations de Limba (*Terminalia superba*) ont été réalisés (M'Boku N'Situ et Guéna). Enfin de 1982 à 1989, on a mis en place 150 ha environ d'essais génétiques sur le Limba à Ngoua II (au Nord de la vallée du Niari), accompagné de plusieurs centaines d'ha de plantations de développement.

Plus tard le SNR (Société nationale de Reboisement) a installé de nombreuses petites stations dans les régions pour tenter de répondre à des demandes locales en plants et en bois de feu et de service. Ces petites stations ont évolué diversement. Les surfaces totales ainsi plantées sont estimées à 15.000 ha mais n'ont donné lieu nulle part à des développements industriels.

42.2 - Développement des Recherches sur les plantations

1 - Réussir l'installation des plantations

Si, aujourd'hui, on peut avoir le sentiment d'une certaine réussite de ces boisements, voire même de réussite exceptionnelle si on se réfère aux eucalyptus, le fait est que ce succès résulte finalement de nombreux échecs successifs. Ces contraintes et les efforts pour les contourner ont peu à peu obligé les chercheurs et les développeurs à définir les conditions de réussites des plantations forestières, tant en savane qu'en zone forestière. Les difficultés rencontrées ont été nombreuses et variées :

- Mauvaise qualité des sols.
- Attaque des jeunes plants par les insectes.
- Forte concurrence des jeunes plants par l'abondance du recru.
- Choix difficile des espèces.
- Mauvaise qualité génétique des graines.

En savanes les premiers essais de Dolisie ont souligné l'obligation de bien choisir les sites de plantation et de travailler mécaniquement les sols de savane pour éliminer le tapis graminéen puissant, bloquant le développement des jeunes plants. Le manque de moyens mécaniques du Service forestier l'avait d'abord orienté vers des "contrats de reboisement" avec les colons agricoles de la vallée du Niari avant de créer sa propre station forestière à Loudima. C'est là que se sont forgées les techniques de reboisement, indispensables à la réussite des plantations dans les savanes congolaises (GROULEZ, 1961[133] ; [134]) :

- Planning précis des travaux
- Mise en place des plants en début de saison des pluies.
- Nettoyage complet et préparation mécanisée des terrains,
- Fertilisation indispensable dans les savanes sableuses,
- Lutte nécessaire contre les grillons coupe tige et les termites,
- Entretiens très suivis, mécanisées dans l'interligne et manuels sur les lignes de plantation.

2 - Bien choisir les espèces et les provenances

Par la suite, malgré le respect des consignes sylvicoles, les échecs furent encore nombreux, d'ordre génétique, cette fois. Les espèces, même pionnières, pouvant réussir sous climat sub-équatorial chaud et humide se montrèrent très peu nombreuses. En 1958, la 2ème Conférence Forestière Interafricaine qui s'était réunie à Pointe Noire avait souligné la difficulté de trouver des espèces bien adaptées à cette zone écologique (CTFT[135]).

Il fallut beaucoup d'efforts pour y parvenir. Après la mauvaise réussite des essences forestières locales, on s'est tourné vers des espèces exotiques sans grand résultat, en dehors du filao (*Casuarina equisetifolia*), malheureusement abandonné à cause de sa grande sensibilité au pourridié du manioc.

Finalement on s'est concentré sur les eucalyptus et les pins. De 1953 à 1970, on a introduit 41 espèces d'eucalyptus et 29 espèces de pins. A cette époque la question des provenances ne se posait pas et les échecs furent nombreux notamment celui de 1961, à Pointe Noire, relatifs aux 500 premiers hectares d'*E. saligna (ou grandis ?)* importé d'Afrique du Sud. Après 3 ans de forte croissance, l'espèce montrait des signes de dépérissement, rapidement généralisés, soulignant une inadaptation au climat, ce qui nécessitait de trouver un matériel génétique mieux adapté aux régions tropicales.

Il faut signaler également les premiers essais de descendances d'E. '12 ABL', mis en place par Jacques GROULEZ, mon prédécesseur à Pointe Noire. Le '12ABL' s'est révélé être une famille unique d'*Eucalyptus tereticornis* importée de Madagascar en 1956 et impossible à améliorer sans un élargissement significatif de la base génétique.

Avec le début des essais de provenances et donc une meilleure représentativité des lots de semences, on a fini par trouver les bonnes espèces d'eucalyptus (*E. tereticornis, E. pellita, E. cloeziana* et surtout *E. urophylla* introduit pour la 1ère fois en 1970) et de pins (*Pinus caribaea, P. oocarpa* et *P. tecunumanii* introduit en 1970). Quant aux acacias, ils ne furent introduits qu'en 1979.

43 - Essais spécifiques anciens

Historiquement l'idée de planter des arbres d'espèces variées est ancienne. Dans de nombreux pays européens, des collections d'arbres furent réalisées à partir du XVIe siècle avec les plants et les graines rapportées par les navigateurs et les explorateurs. D'abord conservées dans des jardins botaniques, en vue de leur étude et de leur acclimatation, de nombreuses espèces exotiques furent rassemblées, à partir du XIXe siècle, dans des collections particulières qui continuèrent longtemps à s'agrandir avec les nouveaux arrivages. Ce fut la mode des arboretums dits "de collection" souvent réalisés par de riches propriétaires qui se constituaient des parcs autour de leurs châteaux.

Parmi tous les arboretums européens nous citerons en particulier celui de Quinta de Sao Francisco à Eixo près d'AVEIRO au Portugal, non loin de la côte atlantique. Il a été créé en 1902 par Jaime DE MAGALHAES LIMA qui introduisit près de 70 espèces et variétés d'eucalyptus dont le développement fut souvent spectaculaire. Il faut dire que le climat doux de ce site assez régulièrement arrosé (883 mm) convient particulièrement bien à ce genre. Devenue propriétaire en 1984, la société papetière Portucel en compléta les collections. Après plus de 120 ans, les plus beaux arbres appartiennent aux espèces suivantes : *E. globulus. E. maïdeni. E. botryoïdes. E. obliqua. E. smithii. E. ovata. E. pauciflora. E. punctata. E. viminalis. E. pilularis. E. tereticornis. E. microcorys.* Le domaine est devenu un parc attirant de nombreux visiteurs et, depuis 1996, il héberge l'Institut privé RAIZ, Centre de Recherches sur la forêt et le papier. Les espèces du groupe globulus (*E. globulus et E. maïdeni*) sont classées en tête de ces réussites, présumant bien de leur avenir dans la péninsule ibérique.

En France, on dénombre plus d'une trentaine d'arboretums dont certains, prisés du grand public, sont très renommés comme ceux des Barres (45) et de Pézanin (71) créés par la famille de Vilmorin, de Chèvreloup (78), de Balaine (03) ou d'Harcourt (27). Ce fut le début de l'apprentissage de l'acclimatation des arbres et de l'étude de leur capacité d'adaptation (POURTET 1979[136]) mais l'approche scientifique sérieuse de l'adaptation des espèces d'arbres en dehors de leurs aires naturelles s'est révélée beaucoup plus complexe. Les étapes sont nombreuses et souvent assez lentes. Il s'agit d'un vaste programme qui peut demander beaucoup de temps et de moyens, selon la variabilité écologique des sites et l'importance des problèmes posés. A partir des années 60 les anciennes collections se révélèrent insuffisantes pour juger de l'adaptabilité des espèces forestières et les organismes de Recherche (INRA devenu INRAE et AFOCEL devenu FCBA) et de Gestion (Administration des EF puis ONF) prirent le relais avec des objectifs de plus en plus forestiers.

C'est ainsi qu'en France, dans les années 70, les besoins étaient les suivants :

- Etablir pour chaque grande zone de reboisement la liste des espèces les plus intéressantes économiquement afin de disposer d'un "portefeuille d'espèces" permettant à la fois :
    - d'éviter la monoculture,
    - de disposer d'espèces de remplacement en cas de catastrophe,
- Trouver des espèces pour les sites difficiles ou des objectifs particuliers :
    - Zones méditerranéennes sensibles au feu,
    - Zones de très haute altitude (lutte contre l'érosion et les avalanches),
    - Mauvais taillis (transformation par envahissement, sans coupe rase, avec des essences d'ombre)
    - Plateaux calcaires du Nord-Est,
    - Champagne crayeuse,
    - Plateau du Forez aux confins de plusieurs zones écologiques,
    - Landes de Gascogne,
    - Zones mal drainées,
    - Forêts récréatives,
    - Zones polluées,
    - Agroforesterie en zones agricoles marginales,
    - Sylvopastoralisme,

A la fin des années 80, en plus des arboretums anciens, on comptait au moins 93 sites de collections d'arbres avec un nombre croissant de dispositifs comparatifs d'espèces, répartis comme suit :

FRANCE 1987 - Etat des collections et essais comparatifs d'espèces d'arbres

N°	Type de collection	Gestionnaires ou propriétaires								
		INRAE	ONF	Agro ParisTech	DDT	Muséum	Conservatoire du littoral	FCBA	Privé	Total
1	Arboretums de collection spécialisées		4		1					5
2	Arboretums mixtes (de collection et forestiers)		8							8
3	Sites et Stations écologiques		10	1		1	1			13
4	Arboretums forestiers	1	19		1				2	23
5	Arboretums spécialisés (eucalyptus)	6	5						5	16
6	Plantations comparatives d'espèces	7								7
7	Essais modernes d'espèces d'eucalyptus (1973-74)							6		6
8	Arbrétum écologiques (pollution, sécheresse, montagne)	10								10
9	Essais d'introduction de résineux de haute altitude	10								10
	Total 9 types de dispositifs	**29**	**46**	**1**	**2**	**1**	**1**	**6**	**7**	**93**

Aujourd'hui, avec le changement climatique et en particulier la succession d'années sèches, le choix des espèces de reboisement se pose à nouveau avec une grande acuité et souligne bien que cette première étape de l'Amélioration génétique est la plus longue et sans doute la plus difficile.

On peut donc ajouter tout en haut de la liste précédente, la résistance à la sécheresse. Malgré l'importance du dispositif* force est de constater que ces essais spécifiques ne sont guère suffisants car le plus souvent trop anciens, abandonnés ou mal suivis par manque de moyens, déresponsabilisation des gestionnaires, mais également par changement d'orientation vers des objectifs moins "artificiels". Aujourd'hui la question semble à nouveau d'actualité avec le changement climatique et les dépérissements suite aux attaques parasitaires (orme, platane, frêne, hêtre) et les attaques de scolytes sur l'épicéa et le sapin.

En Afrique

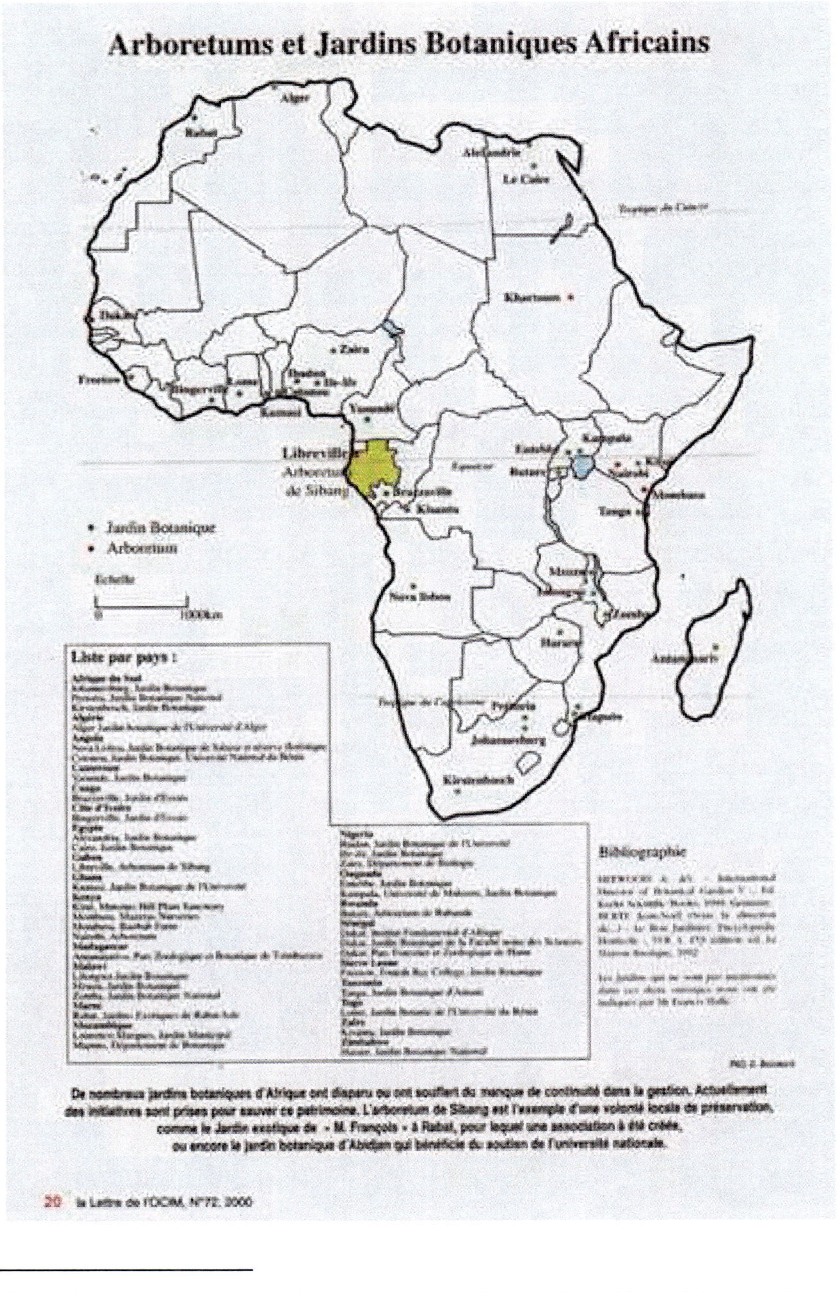

* Un tableau détaillé de tous ces dispositifs peut être consulté à la Bibliothèque d'AgroParisTech à Nancy dans nos archives du cours de Reboisement distribués aux élèves, de 1982 à 1987.

Bon nombre d'arboretums furent installés par les administrations forestières coloniales comme le montre la carte précédente, publiée par l'OCIM (Office de Coopération et d'Information Muséales) et relaté par Samuel CORDIER dans son article sur l'arboretum de Sibang au Gabon (CORDIER 2000[137]).

Il en subsiste encore quelques-uns aujourd'hui. On y comparait les essences locales très nombreuses à un certains nombres d'essences exotiques connues et utilisées par les forestiers du monde entier. Ces dispositifs ont souvent servi de référence initiale pour les programmes locaux de reboisement.

En Afrique francophone, citons les principales collections :

Le parc forestier de Hann à Dakar (Sénégal) créé en 1903, avec notamment quelques *Eucalyptus alba* dont la descendance hybride (avec des *E. camaldulensis*) avait donné des individus remarquables en région sahélienne, près de Ouagadougou, mais aussi en Forêt classée des Bayottes sous climat guinéen maritime (Casamance, Sénégal), cité par JC DELWAULLE (1979[138]).

Les essais de M'Balmayo au Cameroun (1956) où les peuplements de Bété (*Mansonia altissima*), de Framiré (*Terminalia ivorensis*), et de Wengé (*Milletia laurentii*), présentent une bonne production ligneuse augurant de belles perspectives pour le reboisement en particulier pour de petites plantations individuelles ou pour des boisements collectifs ou communaux (OWONA NDONGO *et al.*[139]).

L'arboretum de Sibang au Gabon**,** installé en bordure de Libreville (aujourd'hui en pleine ville) donne une bonne idée des possibilités de plantation dans ce pays très humide. Cet arboretum souligne aussi l'extrême besoin en pharmacopée locale des populations désormais éloignées des massifs forestiers à cause du développement tentaculaire de la capitale.

L'arboretum de M Boku-N'situ (1937) cité par J GUILLARD (2016[140]), au kilomètre 81 du chemin de fer Congo-Océan, soit 20 hectares en 80 parcelles de 0,25 hectare, installées sur une zone rocheuse à sol superficiel. Ces essais, en condition très difficile, ont montré la grande supériorité du Limba (*Terminalia superba*) sur toutes les autres espèces, ce qui entraîna le démarrage des grandes plantations de limba du Mayombe de 1950 à 1961 (6500 ha dont 3500 réussies, le reste ayant surtout manqué d'entretien suite à l'arrêt brutal des chantiers.).

Le jardin botanique de Kisantu, en RDC (100 km au Sud de Kinshasa), créé en 1900 par le frère Justin Gillet est très réputé. Il comprend un arboretum de 200 espèces indigènes dont certaines ont connu un fort développement.

Jardin de Kisantu (RDC), 18 mars 2004. De gauche à droite : 1 : Dibétou (*Lovoa trichilioïdes*). **2 :** ligne très puissante espèce non étiquetée (*Pterygota sp* ?). **3 :** Noyer du Brésil. **4 :** Ligne d'*Agathis robusta*, abattue par la tempête du 17 mars 2004, la veille de notre visite.

Lors de notre visite du 18 mars 2004, nous avons remarqué les excellentes performances de quelques espèces locales et plus particulièrement, le Sobu (*Cleistopholis glauca*), le Koto (*Pterygota macrocarpa*) lequel présente un très fort développement, les Méliacées (Khaya, Sapelli, Kossipo, Dibétou), l'Afrormosia (*Pericopsis elata*) avec un pied tout à fait remarquable. Il faut signaler une ligne d'arbres spectaculaires allant jusqu'à se toucher sur la ligne (énorme surface terrière), mais dont l'espèce reste à préciser. Quant au Limba (*Terminalia superba*) il avait un bon développement mais des problèmes d'élagage (gros nœuds). C'est la seule espèce qui ait fait l'objet dans ce pays de plantations agro-forestières (Sylvo-bananiers) à grande échelle de 1948 à 1960, au Nord de BOMA sur la rive droite du fleuve Congo (BAUWENS [141]). Certaines espèces introduites montrent également un développent remarquable. *l'Eucalyptus deglupta,* le noyer du Brésil *(Bertholletia excelsa*), le Courbaril au bois recherché (*Hymenaea courbaril*), l'*Arauracria bidwillii* et surtout l'*Agathis robusta*, cette dernière espèce avait subi de très graves dommage lors d'un violent orage survenu la veille de notre passage ce qui nous a permis de constater la très bonne qualité des grumes et du bois, rose et très homogène, On trouve d'ailleurs cet Agathis en assez grand nombre dans les rues de Kinshasa avec là aussi un excellent développement.

Les arboretums du Maroc. De nombreux arboretums ont été installés dans ce pays, à commencer par celui qui fait partie du jardin d'essai de **Rabat** et qui date de 1914. D'autres arboretums existent ("arboretum MENAGER", en particulier), souvent très riches en eucalyptus, genre réussissant très bien au Maroc. Les espèces les mieux adaptées sont l'*E. camaldulensis* (et ses hybrides avec *E. grandis)* ainsi qu'*E. gomphocephala,* très intéressant car il produit du bois d'œuvre et tolère le calcaire.

En Afrique anglophone, il existe également de nombreuses collections. Certaines sont toujours présentes et bien entretenues comme l'arboretum de Nairobi (Kenya) créé en 1907. Grâce au climat de type subtropical du fait de l'altitude (1700 m), on peut y observer une riche collection d'arbres, tant en espèces locales (*Podocarpus falcatus*, *Tamarindis indica*, *Croton sp.* etc.) qu'exotiques (*Araucaria columnaris, Eucalyptus maculata*, *Jacaranda mimosifolia*, *Pinus patula*, etc.).

En Asie, il existe des parcs et jardins botaniques réputés depuis longtemps.

L'arboretum tropical de Xishuangbanna en Chine (Province du Yunnan). De création relativement récente (1959), ce Centre de Recherche sur la biodiversité des espèces tropicales a acquis une sérieuse réputation du fait de la richesse de ses collections ; il possède en outre un arboretum de 10 ha comprenant 1200 espèces de plantes ligneuses venant de Chine et de l'étranger dont 23 espèces et variétés de rotins.

Le jardin botanique de Calcutta (Inde). Ce célèbre jardin botanique qui date de 1787 est le plus grand et le plus ancien de son genre en Inde et même en Asie du Sud-Est. En dehors de son célèbre Banian (voir plus haut, point 54, 2ème partie), sa réputation vient du grand rôle qu'il a joué en Inde dans le développement des plantations agricoles comme le thé, ou forestières comme le teck et l'acajou.

Le jardin botanique de Bogor (Indonésie) créé en 1817 par le gouvernement des Indes néerlandaises est devenu centre de promotion de l'agriculture et de l'horticulture en Indonésie. Lors de notre visite en 1972, il renfermait deux rares exemplaires d'*Eucalyptus urophylla* étiquetés "*E. alba"* ce qui était l'appellation courante indonésienne à cette époque alors qu'en Australie on l'a appelé *E. decaisneana* jusqu'en 1975, date de sa description officielle par ST. BLAKE, botaniste australien du Queensland. Cette espèce tropicale des îles de la Sonde était alors encore inconnue des forestiers et manquait vraiment aux planteurs tropicaux. Depuis notre collecte de 1973, elle a connu un formidable développement, plus particulièrement grâce à ses hybrides (MARTIN, COSSALTER 1975-76[142]).

<u>En Amérique du Sud</u>. Les jardins botaniques sont nombreux et anciens comme celui de Rio de Janeiro qui date de 1808 et qui est très réputé avec 6500 espèces végétales. Mais pour les forestiers brésiliens, l'arboretum le plus célèbre est sans aucun doute celui de Rio Claro (170 km au Nord de Sao Paulo) dont le plan est donné ci-après :

Arboretum Navarro de ANDRADE Rio Clao (SP) Brésil
Plan de la collection des placettes de 1919
(tel que distribué aux participants de la réunion IFRO de 1980)

Créé en 1919 par Navaro de Andrade, directeur de la Société de Chemin de fer Paulista et qui étudiait les eucalyptus dans le but très particulier de produire du bois de feu le long des voies ferrées afin d'alimenter les locomotives à vapeur. L'arboretum (voir copie du plan ci-dessus) comprend une soixantaine d'espèces d'eucalyptus, installées en placeaux avec plusieurs répétitions, ce qui en a fait un essai très moderne pour l'époque. Lors de notre visite en 1980, beaucoup d'arbres atteignaient de grandes dimensions (jusqu'à 53 m pour un *E. grandis*), cependant, l'élément le plus intéressant, pour nous, était la présence de 3 placettes d'*E. urophylla* (en vert sur le plan), longtemps étiquetées "*E. alba*", appellation indonésienne de l'époque. De plus, selon les archives, il est spécifié que les graines venaient du Jardin botanique de Bogor et avaient donc été récoltées sur les deux arbres dont on a parlé précédemment (avec, probablement, un niveau élevé de consanguinité des descendances).

44 - Essais spécifiques modernes
(niveaux espèces et provenances, intégrés)

44.1 - L'espèce, une entité complexe

Si les jardins botaniques et les arboretums anciens peuvent donner de bonnes indications sur le choix des espèces de reboisement, ils restent le plus souvent très insuffisants et l'on doit s'appuyer ensuite sur toute l'expérience locale en matière de reboisement. Selon les pays, cette expérience peut être très faible ou, au contraire, très riche et comprendre un véritable réseau d'essais d'espèces réalisé, aussi bien par les Centres de recherche que par des Sociétés privées. Dans les pays à grande tradition de plantations forestières c'est souvent suffisant pour faire le bon choix en fonction des objectifs envisagés. Cependant, bien que cela soit de plus en plus rare, il arrive que l'expérience locale soit très réduite et l'on doit alors se lancer dans une expérimentation, toujours longue et assez décourageante. En effet, à ce niveau, le temps est un paramètre incontournable puisque le premier critère de sélection est l'adaptation c'est-à-dire l'épreuve des espèces aux facteurs climatiques et pédologiques. On doit, de plus, tenir compte de deux contraintes majeures.

1 - Dans son aire naturelle, l'espèce n'est pas une entité fixe

D'un point de vue théorique, la loi de Hardy Weinberg, base de la génétique des populations, nous apprend d'abord que la structure génétique d'une population panmictique* est stable c'est-à-dire que les fréquences géniques et génotypiques ne changent pas d'une génération à la suivante. Cependant, en matière forestière, cette loi s'applique rarement à une espèce entière mais plutôt aux sous-ensembles que sont les provenances. En effet, les aires naturelles des espèces forestières sont le plus souvent des mosaïques d'écotypes, chacun de ces écotypes étant le résultat de la lente migration évolutive de l'espèce et de son adaptation à de nouvelles niches écologiques. En résumé, l'aire naturelle est constituée d'un ensemble d'écotypes évolutifs, continus ou juxtaposés, et possédant des valeurs adaptatives écologiquement différentes et des variabilités géniques et génotypiques propres.

Face à de tels ensembles, l'expérimentateur se voit donc, au niveau spécifique, dans la nécessité de représenter l'espèce par plusieurs provenances pour éviter d'éliminer une excellente espèce sous-représentée seulement par une mauvaise provenance, comme ce fut parfois le cas. Par exemple, au Congo dans les années 50 l'introduction de l'*E. grandis* à partir de graines importées d'Afrique du Sud, s'est soldée par un échec alors que les provenances tropicales du Nord Queensland (inconnues à cette époque) introduites beaucoup plus tard, se sont révélées nettement mieux adaptées.

2 - La représentation des espèces dans les essais est toujours très faible

Le grand nombre d'espèces à tester, oblige à réduire la surface des placettes unitaires de chaque espèce (avec donc très peu d'arbres). Il sera difficile de demander à de tels dispositifs de pouvoir répondre à beaucoup de questions. En particulier, à partir d'effectifs réduits, la sélection intra-

---

* La panmixie s'applique si les conditions suivantes sont réunies : population d'au moins 100 individus participant tous à part égale à la génération suivante ; croisements entre individus au hasard ; absence de croisements entre individus appartenant à des générations différentes ; absence de sélection, de migration ou de mutation. Il est clair que c'est très rarement le cas en matière forestière.

placette sera très peu efficace et le passage rapide à l'étape suivante ne pourra pas se faire dans de bonnes conditions (choix des arbres + et des meilleures descendances). Il est donc clair que pour gagner du temps à chaque stade de l'amélioration génétique il faut anticiper au moins partiellement l'étape suivante. Au niveau spécifique et concernant la représentativité des espèces sur le terrain, les expérimentateurs distinguent souvent deux niveaux :

1. Essais d'élimination d'espèces, menés à court terme (petites placettes),
2. Essais de comportement, à long terme (grandes parcelles des meilleures provenances).

Ces grandes parcelles permettent une bonne observation de l'espèce et au moins des meilleures provenances, lesquelles constituent des populations de sélection d'arbres + (seconde étape de l'amélioration) mais comme l'installation de ces grandes parcelles prend du temps, on commence souvent par sélectionner les premiers arbres + dans les placettes de l'essai spécifique.

3 - Cas particulier du choix d'une espèce dans un seul genre

Lorsque l'expérience consiste à choisir la, ou les, meilleures espèces au sein d'un seul genre (par exemple, si l'on cherche à installer des pins pour répondre à un objectif précis, comme produire du bois d'œuvre), le choix peut être assez rapide. De plus, en région tropicale et avec les espèces à croissance accélérée comme les eucalyptus ou les acacias, les problèmes d'inadaptation surviennent le plus souvent à partir de la 3ème année. On pourra alors passer assez rapidement à la seconde étape, c'est-à-dire aux essais de provenances, de façon beaucoup plus approfondie.

44.2 - Installation des essais d'espèces et de provenances

1 - Etudes préalables aux essais d'espèces et de provenances

L'installation d'essais spécifiques modernes doit s'appuyer sur des études préalables et des dispositifs particuliers de terrain. Pour ne pas perdre trop de temps on devra, de plus, intégrer en même temps autant que possible la seconde étape qui est celle du choix des provenances. L'étude complète comporte de nombreuses étapes :

1. Définition de l'objectif général,
2. Etude écologique du milieu destiné aux plantations commerciales,
3. Choix des sites expérimentaux,
4. **Choix des espèces à essayer**
5. Données sur les espèces
6. Aperçu des moyens disponibles,
7. Définition du dispositif,
8. **Obtention de la collection de semences**,
9. Travaux de pépinière,
10. Travaux de terrain et mise en place des plants,
11. Entretien et protection des essais,
12. Mensuration et observations régulières,
13. Tenue des archives et diffusion des résultats.

Dans le cas d'un projet de ligniculture, les objectifs sont en principe définis par l'investisseur. Pour le forestier responsable, les deux points cruciaux seront alors le choix des espèces à tester et l'obtention de la collection de semences.

2 - Objectif général

On s'attachera aux principaux paramètres. Le type de production envisagé, la capacité annuelle industrielle, la durée maximale de rotation économiquement possible, la surface maximale du massif souhaité (à hauteur de l'investissement).

3 - Etude écologique du milieu

On commencera par rassembler toutes les données climatiques, pédologiques et phyto-sociologiques disponibles. On poursuivra par une étude de terrain incluant la cartographie des stations forestières afin de découper les zones à planter en **sites relativement homogènes** quant à la potentialité de croissance des espèces.

4 - Choix des sites expérimentaux

En principe on devra installer un dispositif de comparaison d'espèces dans chacun des grands sites précédemment définis.

5 - Choix des espèces à tester

Les espèces à essayer seront celles pouvant à la fois répondre à l'objectif général et s'adapter aux conditions écologiques locales. Le rapprochement entre les données écologiques locales et l'autoécologie des espèces potentielles (à commencer par l'homologie climatique) permettra de dresser la liste des espèces à essayer. L'aire naturelle des espèces est un des aspects très important de l'autécologie des espèces, sinon le plus important. La répartition naturelle des espèces permet en effet de se faire une idée rapide de leur capacité d'adaptation, au moins au niveau provenance. Il existe aujourd'hui des descriptifs plus ou moins complets, avec carte des aires naturelles, des espèces forestières présentant un intérêt plus ou moins grand en plantation. On commencera donc par consulter les ouvrages de référence, à commencer par les documents relatifs aux Ressources génétiques forestières et à leur Conservation, tels que recommandés par la FAO depuis 2010 dans le but de faire le point sur la diversité génétique des forêts, de leur état actuel, de leur utilisation et du développement durable de ces ressources, tant au niveau inter qu'intra-spécifique, et en distinguant :

- **les espèces prioritaires** (rôles, valeurs et importance).
- **les espèces menacées** ou en danger (menaces, opportunités et défis relatifs à la conservation)

Il faut citer le remarquable ouvrage français datant de 2014 et intitulé. "Etat des Ressources génétiques forestières mondiales, le rapport national France", en 12 tomes[143] :

- TOME 1. France métropolitaine (Aurore RICHARD et Pierre BOUILLON, MAAF)
- TOME 2. Guadeloupe, Saint-Martin et Saint-Barthélémy (François KORYSKO, ONF)
- TOME 3. Guyane (Ivan SCOTTI, INRA)
- TOME 4. Martinique (Metty TREBEAU, Jean-Baptiste SCHNEIDER, Rodrigue DORE, ONF)
- TOME 5. Nouvelle-Calédonie (Christine FORT, Préfecture-DEAFE Nouvelle-Calédonie)
- TOME 6. Wallis et Futuna (Bénédicte HOUGRON, Préfecture-SEAFP Wallis et Futuna)
- TOME 7. Polynésie (Laurent GEORGE, Ministère de l'économie Rurale, SDR-FOGER)
- TOME 8. Saint-Pierre-et-Miquelon (Franck URTIZBEREA, DAF Saint-Pierre et Miquelon)
- TOME 9. Île de la Passion (Christian JOST, Université de Polynésie française)
- TOME 10. Mayotte (Laurent MERCY et Julien TRIOLO, ONF)
- TOME 11. Réunion (Julien TRIOLO, ONF)
- TOME 12. Îles Éparses et Île Amsterdam.

On pourra y trouver, pour chaque zone écologique, de très nombreux renseignements sur les espèces forestières indigènes et introduites, et plus spécialement sur leur utilisation éventuelle ainsi que sur les menaces qui pèsent sur leur durabilité. D'autre part, concernant une utilisation plus forestière de ces ressources, il existe aujourd'hui certains ouvrages spécialisés de grand intérêt.

Pour les eucalyptus et les espèces tropicales océaniennes :

- **Les Eucalyptus dans les Reboisements**, dont la 1ère édition fut rédigée par André METRO en 1954 et révisée en 1982[144].
- **Forest Trees of Australia**, qui date de 1957 et qui a fait l'objet de cinq éditions successives, la dernière datant de 2006[145]. Ce document rassemble les données de plus de 300 espèces australiennes et notamment des espèces les plus importantes d'eucalyptus. En plus des données morphologiques et autécologiques, on y trouvera la carte de l'aire naturelle et les principales caractéristiques technologique du bois.
- **Forest for Farm, 22 Promising species,** qui date de 2009[146]
- **Australian Trees and Shrubs Species,** for land rehabilitation and farm planting in the tropics. Une monographie de l'ACIAR[147] (Australie) de 164 espèces australiennes pouvant intéresser les agriculteurs des tropiques pour de nombreux usages.
- **Trees for Life in Oceania**, de l'ACIAR et qui date de 2018[148] et qui présente 45 fiches espèces des essences tropicales les plus intéressantes que l'on retrouve dans toute la zone océanienne comprenant la Micronésie, la Mélanésie, la Polynésie, l'Australie, la Nelle Zélande, la Nouvelle Guinée et l'Insulinde avec des extensions en Asie du Sud.

Pour les espèces européennes :

- **EUFORGEN –** "Dynamic conservation and utilization of forest tree genetic resources. Indicators for in situ and ex situ genetic conservation and forest reproductive material" [149], avec 45 "fiches "espèces forestières européenne" [150], comprenant les divers aspects suivants : Biologie, Ecologie, Distribution, Importance et usage, Connaissance génétique, Diversité génétique, Guide pour la conservation et l'utilisation.
- **Graines et plants forestiers. conseils d'utilisation des ressources génétiques forestières,** Publication du Ministères de l'Agriculture (France)[151] avec 53 fiches espèces comprenant les divers points. Répartition, Autécologie, Régions de provenances françaises, Diversité génétique, Conseils d'utilisation.

Lorsque l'on possède de tels documents, applicables à la zone d'introduction, on peut se dispenser de réaliser un essai spécifique et passer directement au niveau provenance. Dans les autres cas, on pourra difficilement brûler cette étape, malheureusement la plus longue de toutes.

A défaut d'ouvrages aussi complets, il existe localement des publications sur les plantations forestières et les espèces à utiliser. Véritables guides pour les propriétaires ou les développeurs qui voudraient se lancer dans la production de bois, de tels documents font partie du bagage de départ indispensable. Nous citerons en particulier et à titre d'exemple l'ouvrage suivant :

- **Forest Plantations and Woodlots in Uganda**[152], rédigé en 2011 par le Professeur John. KABOGGOZA et publié sous l'égide de la FAO

6 - Plasticité des espèces

L'adaptation des espèces à des conditions de milieux plus ou moins éloignés de celles qui règnent dans leurs aires naturelles dépend de leur plasticité. Cette notion de plasticité est essentielle, bien que difficile à appréhender.

Des aires naturelles très petites et peu variées écologiquement peuvent correspondre à des espèces endémiques à faible capacité d'adaptation et qui ne pourront se développer que dans des milieux aux conditions très proches de celles qui règnent dans leurs aires naturelles. C'est cependant aussi le cas d'espèces très plastiques capables de coloniser de nombreux milieux plus ou moins éloignés de leur aire naturelle comme le pin laricio de Corse (*Pinus nigra var. corsica*) limité naturellement à la Corse mais qui s'adapte bien à de nombreux pays en situation plus ou moins continentale (France, Allemagne, Belgique, Grande Bretagne, Nouvelle Zélande, USA, etc.) et le pin de Monterey (*Pinus radiata)* dont l'aire naturelle californienne est très réduite et qui réussit bien dans tous les pays tempérés doux (Nouvelle Zélande, Australie, Chili, Argentine, Brésil, Afrique du Sud, Espagne, Portugal, Italie, etc.).

Inversement, des aires naturelles très étendues, sont toujours des mosaïques d'écotypes et c'est alors que la notion de provenances prend toute sa dimension. Les essais de provenances installés dans des sites variés montrent généralement que les écotypes se classent en 2 grands types :

- **Les provenances plastiques**, vigoureuses quel que soit le site et présentant donc peu d'interaction génotype-milieu. Ces populations, qui présentent une grande diversité génique et génotypique avec un haut niveau d'hétérozygotie, sont en principe les plus proches du centre de diversification de l'espèce. Elles sont peu sensibles aux variations de milieu.
- **Les provenances spécialisées,** peu plastiques, avec beaucoup d'homozygotie et une faible variété génique correspondent à des écotypes éloignés du centre de diversification de l'espèce, en bout de migration, incluant une certaine dérive génétique. Ces provenances présentent une forte interaction génotype milieu, ne réussissent bien que dans des sites aux conditions écologiques très proches et sont très sensibles aux variations éventuelles de milieu.

Entre ces deux extrêmes, on trouve des provenances aux propriétés intermédiaires avec des interactions G-E variées. On ne peut donc prédire leur adaptation sans test préalable. Pour les espèces à grande aire naturelle et qui ont fait l'objet d'essais de provenances, les plus plastiques d'entre elles, bien connues, sont à tester en priorité.

Cas de l'*Eucalyptus camaldulensis* (carte de l'aire naturelle, page suivante).

Dans les zones tempérées, la provenance "lac Albacutya" fut la plus vigoureuse et cela, dans presque tous les essais comparatifs de provenances installés en région méditerranéenne (1er essai international de Provenances organisé par la FAO en 1966). En fait, c'est tout le Nord-Ouest du Victoria, englobant également le lac Hindmarsh qui correspond à cette bonne région de provenance pour des plantations sous climats méditerranéens.

Notons aussi que la distribution de cette espèce s'étend également en zone tropicale et, pour cette partie de l'aire naturelle située au Nord du Tropique du Capricorne, la réponse est très différente, les arbres ne s'adaptant pas en région tempérée. En région tropicale, les essais ont montré la supériorité des provenances (Katherine (N.T.), Gibb River (W.A.) auxquelles il faut ajouter Petford (Nord

QLD.) Relativement à cette dernière provenance, il faut signaler qu'elle provient d'une zone d'introgression avec l'*E. tereticornis* ; les arbres de cette provenance ressemblent en effet plus à l'*E. tereticornis qu'à l'E. camaldulensis*. Signalons enfin que selon R.J. Arnold et J. Luo (2018, p. 94-99 in ACIAR "Trees For Live in Oceania"), l'espèce *camaldulensis* a été récemment subdivisée en 7 sous espèces (*camldulensis, arida, acuta, minima, obtusa, simula*, et *refulgens*), ce qui n'est pas étonnant étant donné l'immense étendue de son aire naturelle.

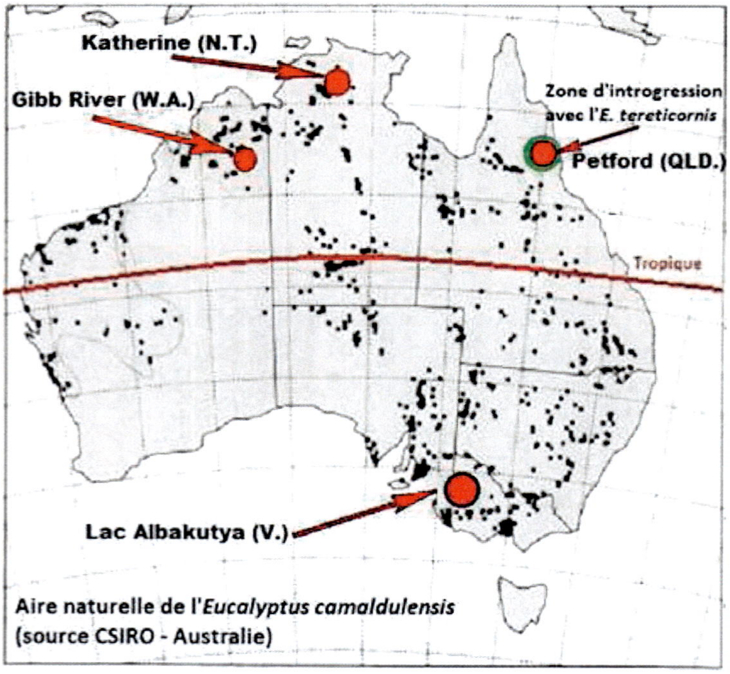

On retrouve un peu la même situation chez ***Pinus caribaea*** (carte suivante de l'aire naturelle) :

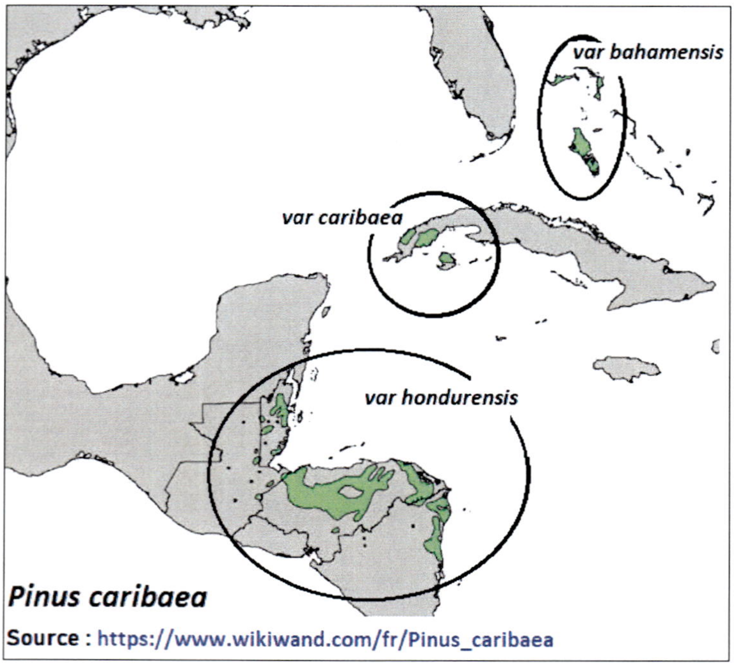

Cette espèce centrale américaine de pin, probablement la plus testée dans la zone intertropicale, montre une grande variation entre ses 3 variétés, depuis la variété continentale '*hondurensis*' jusqu'aux variétés insulaires, '*caribaea*' de Cuba et '*bahamensis*' des Iles Bahamas.

La variété '*hondurensis*' s'est toujours montrée la plus vigoureuse, dans tous les sites tropicaux humides de basse altitude mais avec une forme souvent défectueuse et une fréquence élevée d'arbres fourchus. A l'intérieur de cette variété, les provenances côtières du Honduras, du Nicaragua et du Belize se sont révélées les meilleures (plus vigoureuses et plus plastiques). A l'opposé, les provenances de l'intérieur, plus en altitude, étaient généralement moins vigoureuses et moins bien adaptées. Quant aux variétés insulaires, elles se sont montrées moins plastiques et moins vigoureuses mais avec moins de défauts (bonne rectitude et peu de fourches) mais présentant une meilleure résistance aux vents violents.

Concernant les espèces dont on connaît peu de choses, voire jamais testées, on ne sait pas à l'avance où se situent les populations à pools génétiques élevés et on ne peut donc échapper à un essai de provenances multi-sites, les régions de basse altitude étant cependant, à priori, les plus intéressantes.

7 - Notion de provenances

Le schéma ci-après représente très schématiquement l'aire naturelle des espèces forestières et leur découpage en provenances.

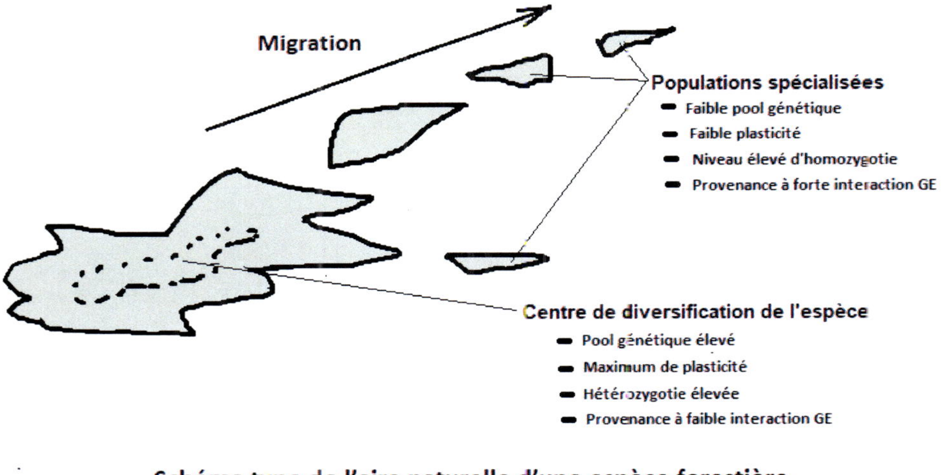

Schéma type de l'aire naturelle d'une espèce forestière

Au cours de leur longue évolution, les espèces forestières se sont diversifiées en écotypes parfaitement adaptés aux variations environnementales rencontrées et cela s'est traduit par des changements dans la structure génétique des populations tout au long de leurs migrations. En principe, plus on se rapproche du centre de diversification de l'espèce, plus la variété génique est grande, avec des arbres souvent plus vigoureux mais aussi avec une plus grande fréquence d'arbres tordus et fourchus, soulignant un plus lourd fardeau génétique mais aussi une plus grande capacité d'adaptation. Inversement, en s'éloignant du centre de diversification de l'espèce, on trouve des structures génétiques de plus en plus spécialisées par l'adaptation au milieu et donc appauvries par la sélection naturelle, voire la consanguinité (dérive génétique). La réduction du fardeau génétique s'accompagne généralement de meilleures formes (moins de fourches et meilleure rectitude) mais d'une perte de plasticité.

Cette évolution a été particulièrement nette au cours des migrations vers les zones plus froides, plus élevées, plus ventées ou plus sèches. Même chez les espèces tropicales, l'altitude est souvent un facteur de sélection déterminant dans la structure génétique des populations d'arbres. À part quelques exceptions liées le plus souvent aux régimes pluviométriques les provenances de haute altitude ne s'adaptent généralement plus en plaine. Au niveau climatique le régime des pluies est également très discriminant car les zones tempérées (pluies d'hiver) s'opposent nettement aux zones tropicales (pluie d'été). Un bon exemple nous a été fourni lors de l'essai international de Provenance d'*E. camaldulensis* qui a été réalisée principalement dans les pays méditerranéens mais avec des répétitions au Nigeria et au Congo.

Ce dernier essai a montré l'inadaptation aux zones tropicales humides de basse altitude de la très grande majorité de toutes les provenances originaires de zones tempérées à l'exception de la provenance KATHERINE (tropicale) laquelle restait toutefois très inférieure à la Provenance PETFORD (Nord Queensland) très proche de l'*E. tereticornis* (introgression) beaucoup mieux adaptée à la forte hygrométrie. PETFORD restait cependant nettement inférieure au "12ABL" local (*E. tereticornis* introduit de Madagascar au Congo en 1956).

On peut donc conclure que les espèces à tester doivent nécessairement être représentées par plusieurs provenances largement réparties dans l'aire naturelle en liaison directe avec l'homologie climatique entre aire naturelle et zones d'introduction. Lorsque le nombre d'espèces à tester est faible et les moyens suffisants, on pourra aussi intégrer directement le niveau provenance au niveau spécifique ce qui fera gagner un temps précieux.

Remarque. Les récoltes par provenances ne correspondent pas obligatoirement à des récoltes par écotypes. Ce n'est qu'après de nombreux tests dans divers sites, voire divers pays, que les provenances peuvent être considérées comme appartenir à des écotypes particuliers. Dans ces conditions, lorsqu'elles présentent des réponses adaptatives similaires, plusieurs provenances peuvent être regroupées dans un même ensemble écotypique. L'identification au moyen de marqueurs génétiques peut alors le confirmer.

8 - Données sur les espèces/provenances

La liste des espèces à essayer étant établie, on commencera à réunir un maximum d'informations sur chacune d'elles. Ces informations seront autant bibliographiques que locales. Lorsque l'espèce a été utilisée localement, il est très important de se rapprocher des chercheurs éventuels et des utilisateurs. Si les essais sont anciens et que l'espèce n'est plus utilisée, on s'efforcera de rechercher les documents encore existants et l'on visitera les plantations résiduelles qui peuvent devenir de précieux points de départ pour de nouvelles recherches et programmes d'amélioration génétique.

9 - Aperçu des moyens disponibles

Les essais d'espèces/provenances peuvent s'avérer plus ou moins lourds, selon les zones à couvrir et leur variété écologique. On doit donc s'assurer que les moyens seront suffisants. Il sera bon de recenser les collaborations locales éventuelles (pépiniéristes et propriétaires éventuellement intéressés). Dans le cas d'un projet industriel isolé, un devis devra être présenté à l'entreprise.

10 - Dispositifs expérimentaux

Les dispositifs expérimentaux dépendent beaucoup de l'hétérogénéité des sites. En terrain plat et dans le cas de sols relativement homogènes, on adopte le plus souvent un dispositif en blocs complets randomisés avec 3 à 5 répétitions, les parcelles unitaires (p.u.) étant les plus grandes possibles (10 x 10 plants pour mesurer 8 x 8 = 64 plants). Bien que grandes, ces p.u. n'autoriseront cependant qu'une sélection de 1 arbre + pour 500 (maximum pour 5 répétitions). De grandes p.u. posent le problème de disposer d'effectifs complets pour toutes les structures testées. Réussir à obtenir 500 plants pour chacune d'elles peut être problématique et peut conduire à réduire le nombre de répétitions mais aussi la dimension des p.u. pour finalement se retrouver malgré tout avec des effectifs déséquilibrés donc à des blocs incomplets. Le traitement statistique devient alors plus compliqué et le résultat moins précis.

D'autre part, se pose le problème de la concurrence intra-p.u. qui augmente avec l'âge des arbres. Pour réduire cette compétition jusqu'à l'âge de la dernière mesure (que nous appellerons l'âge critique), on peut appliquer la règle d'Alphonse NANSON (p. 208 de son livre). Le côté des p.u. doit être au moins égal à la hauteur des arbres à l'âge critique (par exemple 20m pour des épicéas atteignant 20m de haut à 50 ans). Dans le cas de ligniculture en région tropicale, la règle est la même avec des espèces à croissance rapide comme les eucalyptus qui peuvent atteindre 20m à 3-4 ans (âge critique pour des rotations de 7 ans). Avec des espacements de 3m x 3m (1.100/ha), les p.u. de 21 m de côté contiennent 7 x 7 = 49 arbres dont 5 x 5 = 25 sont mesurés. Ce type de dispositif, adopté au Congo par le CTFT puis le CIRAD (de 1960 et 1992) a toujours donné satisfaction. Il faut dire que les sols sableux des savanes côtières de la région de Pointe Noire sont relativement homogènes.

En terrain accidenté et donc hétérogène, la précision statistique oblige à augmenter le nombre de répétitions tout en réduisant la dimension des parcelles unitaires. A la limite, on arrive rapidement à des parcelles unitaires à 1 arbre (dispositifs "monoarbre"). De tels dispositifs monoarbre à 25 répétitions sont adoptés avec satisfaction chaque année depuis plus de 20 ans par Carlos TEJEDOR (BOSQUES 2000) en Cantabrie (Espagne). Avec des densités de 3m x 3m (1.100/ha) et des rotations de 12 à 15 ans, l'âge critique pour les *Eucalyptus globulus* et *E. nitens* est de 2 à 5 ans avant que la concurrence ne soit trop forte. Signalons qu'avec l'arrivée des familles de pleins frères et des clones, le besoin d'identifier clairement ces structures génétiques a conduit l'expérimentateur à ajouter une répétition en ligne de 5 plants, dite "didactique". Cette répétition est plus coûteuse en plants (29 plants au lieu de 25 par structure, soit 16% de plus) et donc en surface, mais cela facilite beaucoup les observations de terrain et facilite grandement la description de chacune des structures génétiques testées. Au total l'essai complet ne requiert donc que 29 plants pour chaque structure, tout en gardant une précision suffisante malgré la grande hétérogénéité des sites. Par contre il ne permet pas une sélection importante d'arbres + pour passer à l'étape suivante.

11 - Obtention des collections de semences

C'est sans aucun doute le point le plus important, souvent le plus difficile. Dans les régions tropicales, les préoccupations en matière de génétique forestière sont plutôt récentes, les essais de provenances ne datant que des années 60. Auparavant, l'obtention de graines forestières originaires de zones tropicales était très difficile et très aléatoire Seuls quelques marchands internationaux proposaient des graines pour les espèces les plus courantes mais avec des qualités médiocres et parfois très mauvaises (simples descendances, arbres isolés ou de très mauvaise forme, etc.).

Pour obtenir des collections représentatives, la seule solution était de s'adresser à des instituts de recherche mais dans ce cas il fallait être capable de proposer des collections locales en échange, ce qui était rarement possible. Soulignons ici que les lots de graines provenant souvent de plantations (dites "provenances artificielles") parfois très éloignées de l'aire naturelle étaient donc assez peu représentatives des espèces. Pour toutes ces raisons, l'idée est venue d'organiser des prospections dans les aires naturelles et de réaliser des collections plus ou moins complètes de certaines espèces. La FAO et quelques organisations nationales organisèrent des récoltes pour les principales espèces forestières :

Le Groupe d'experts des ressources génétiques forestières (FAO)

En suivant la voie de l'IUFRO pour les pays tempérés développés, la FAO fut le premier incitateur à l'organisation de récoltes de collection de semences suivies d'essais de provenances dans les pays en voie de développement.

En région chaude, ce concept s'est concrétisé en 1966, comme nous l'avons vu précédemment, lors du 1er essai international de Provenances organisé par la FAO avec l'*Eucalyptus camaldulensis*. Par la suite, les années 70 furent une période faste pour l'organisation des collections de graines à haute valeur génétique suivies d'essais internationaux encouragés par les instances internationales et les aides bi et multilatérales.

Ce fut aussi une période d'échanges nombreux de lots de graines de diverses espèces, voire de collections complètes entre les centres de recherche. D'autre part, la publication des résultats publiés par la FAO et son "Groupe d'experts des ressources génétiques forestières" intéressa beaucoup de professionnels, même en dehors des pays participants. Ces publications ont constitué sans aucun doute une excellente publicité pour de nombreuses espèces de reboisement et un vif encouragement au développement des plantations.

Cette phase semble aujourd'hui lointaine. Le Groupe d'experts, s'oriente désormais graduellement vers les essences autochtones, la gestion durable des forêts naturelles, la biodiversité forestière et la conservation in situ des Ressources génétiques, abandonnant les essences à croissance rapide aux organisations privées et en particulier aux grandes entreprises de la Filière bois, de plus en plus intégrées en amont de l'exploitation.

Parallèlement, certaines organisations qui considéraient, à juste raison, le "germplasm"* comme un élément stratégique du développement économique forestier, prirent une place très importante dans l'étude, la gestion et la conservation des Ressources forestières les plus utiles aux plantations industrielles et donc au développement de la Ligniculture.

Ces organisations sont aujourd'hui devenues des points de passage presqu'obligés pour tous les ligniculteurs en déficit de germplasm.

Le CTFT (France) et les Eucalyptus

Nous avons eu la chance d'organiser en 1972, pour le compte du CTFT**, une importante collecte de graines, en Australie subtropicale et tropicale, à Timor portugais et en Indonésie (carte suivante). Cette opération qui a duré 1 an et demi s'est faite grâce à l'aide du FTB (Forestry and Timber Bureau - absorbé en 1978 par le CSIRO) et les divers Services forestiers des Etats australiens ainsi qu'avec l'accord des autorités indonésiennes et de la Province portugaise de Timor (aujourd'hui Timor Leste).

Pour le CTFT, l'objectif était d'organiser pour divers pays africains un vaste essai d'espèces et de provenances d'eucalyptus mais aussi d'acacias et de certains araucarias. Cette collecte réalisée de 1972 à 1974 par Christian COSSALTER, a permis de rassembler 2.200 lots de graines (carte ci-après).

---

* **Germplasm ou germoplasme** : matériel génétique constitué de ressources génétiques vivantes (graines, boutures ou tissus) conservés à des fins d'élevage, de préservation des plantes ou à d'autres fins de recherche Site : www.aquaportail.com/definition-9208-germoplasme.html

** **CTFT** : Centre Technique Forestier Tropical, aujourd'hui partie intégrante du CIRAD.

Les récoltes ont été faites par zones écologiques distinctes (principalement sur bases géographiques et climatologiques).

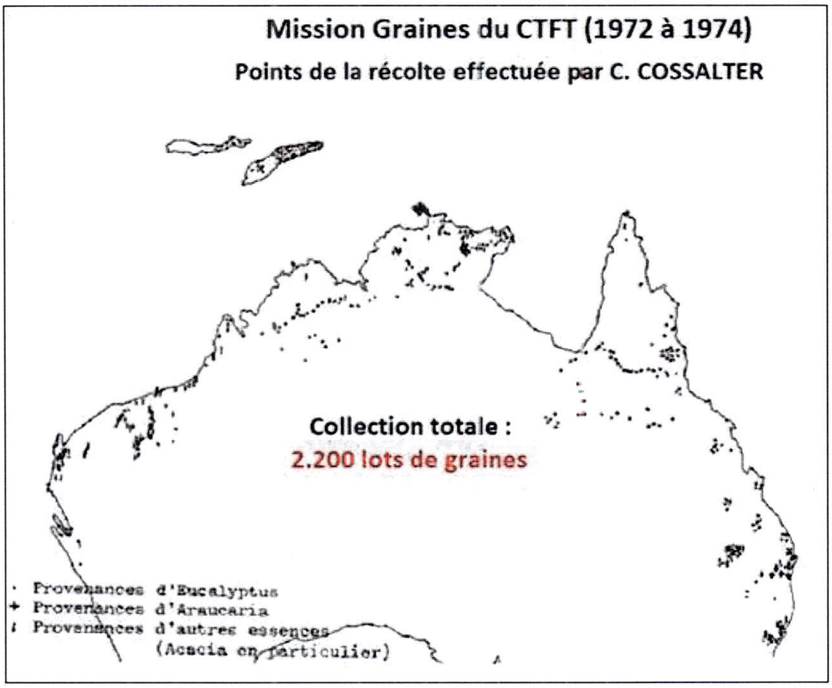

Dans chaque zone, 10 arbres dominants, distants les uns des autres de 100 à 1000 mètres (pour éviter au mieux la proximité génétique), sélectionnés autant que possible sur la forme (rectitude et équilibre du houppier) ont été récoltés par prélèvement de branches fructifères à la carabine à lunette. Chaque provenance (écotype supposé) était donc constituée de 10 descendances issues des plus beaux arbres.

E. urophylla.

La récolte fut exceptionnelle, surtout pour cette espèce, seul eucalyptus non australien (avec l'*E. deglupta*) et qui, pour les planteurs des tropiques humides, constituait un véritable "chaînon manquant".

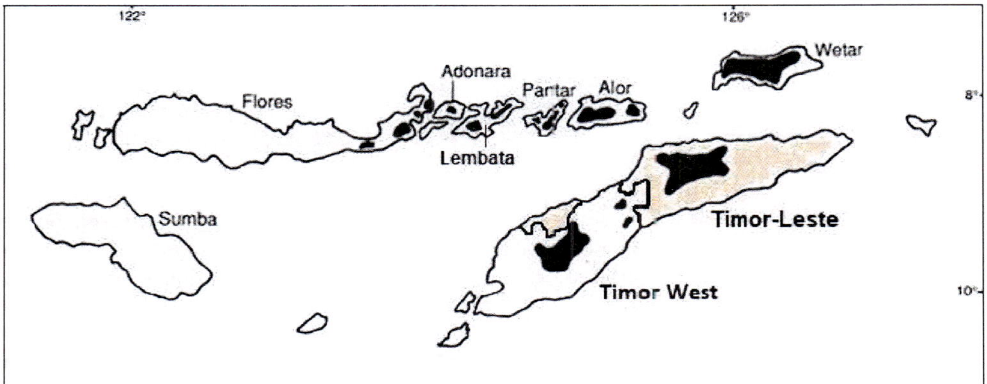

Fig. 16.1. Natural distribution of *E. urophylla* (after Martin and Cossalter 1976, No. 165, p. 9 and Gunn and McDonald 1991). **(in Eucalyptus Domestication and Breeding. K. Eldridge, J. Davidson, Ch. Harwood and G. Van Wick)**

De 1973 à 1974, nous avons eu la chance de pouvoir en faire l'étude génécologique (MARTIN, COSSALTER 1976), juste avant la guerre de Timor, alors que l'espèce était presque inconnue des scientifiques. La collecte, qui a couvert toute son aire naturelle, s'est déroulée en **1973** dans toute l'île de Timor (Timor-Leste et Timor West) ainsi que dans la plupart des îles de l'arc Nord des îles de la Sonde (Flores, Adonara, Lomblen, Pantar, Alor et Wetar). Les îles de Pantar, d'Alor et de Wetar, très difficiles à joindre à cette époque, n'ont pu être atteintes qu'en 1975 au cours d'une seconde mission. La carte précédente fait état de l'aire naturelle de l'espèce telle que nous avons pu l'esquisser.

A Timor-Leste, où nous avons pu bénéficier des cartes d'état-major de l'armée portugaise, lesquelles mentionnaient les peuplements naturels d'eucalyptus, la collection fut particulièrement riche mais, par contre, chaque Provenance ne comprenait que 5 descendances.

Dans les îles de l'arc Nord, la récolte fut plus difficile, les rares cartes ne mentionnant pas les forêts d'eucalyptus. De plus, aux difficultés de transport s'est ajoutée celle de devoir trouver des grimpeurs car, en Indonésie, la mission ne disposait pas de carabine à lunette et l'on a dû se tourner vers des arbres de moins bonne forme mais plus facile à escalader.

Ces collections furent envoyées dans de nombreux pays africains francophones pour y établir des essais de provenances et de descendances. Pour l'*E. urophylla*, les résultats furent excellents dans tous les pays humides (Congo, Côte d'Ivoire, Cameroun, Gabon) avec une remarquable plasticité pour les provenances de basse altitude de l'arc Nord et tout particulièrement celles de Flores, celles de Lembata pouvant cependant les surpasser, en vigueur, mais pas en forme. Les photos des pages suivantes, des meilleurs peuplements naturels d'urophylla, aimablement transmises par Christian COSSALTER, illustrent ces campagnes pionnières remarquables.

En **1979** et **1980**, deux nouvelles missions furent organisées dans les îles de Flores et d'Alor pour y effectuer une vaste collecte des meilleurs peuplements (identifiés à la suite des essais issus des récoltes précédentes). L'objectif, cette fois, était d'installer des parcelles conservatoires, utilisables comme population de sélection pour des programmes d'amélioration génétique de cette importante espèce.

Au total les missions de 1973 et 1975 permirent de rassembler 512 descendances de 105 provenances pour les 2 espèces d'eucalyptus présentes dans cette région, *E. urophylla* et *E. alba*. Cette collection se répartit comme l'indique le tableau ci-contre :

Espèce	Ile ou Région	Nombre de	
		Provenances	Descendances
E. urophylla	Timor portugais	48	240
	Timor Indonésien	6	31
	Flores	10	40
	Adonara	2	6
	Lomblen	4	20
	Alor	11	55
	Pantar	3	15
	Wetar	2	14
	TOTAL	86	421
E. alba	Timor portugais	15	73
	Timor Indonésien	1	5
	Adonara	1	5
	Pantar	1	3
	Wetar	1	5
	TOTAL	19	91
TOTAL 2 espèces		105	512

Les cartes ci-après font état de ces récoltes :

- en 1973, à Flores, Adonara et Lomblen (Lembata),
- en 1975, à Pantar, Alor et Wetar.

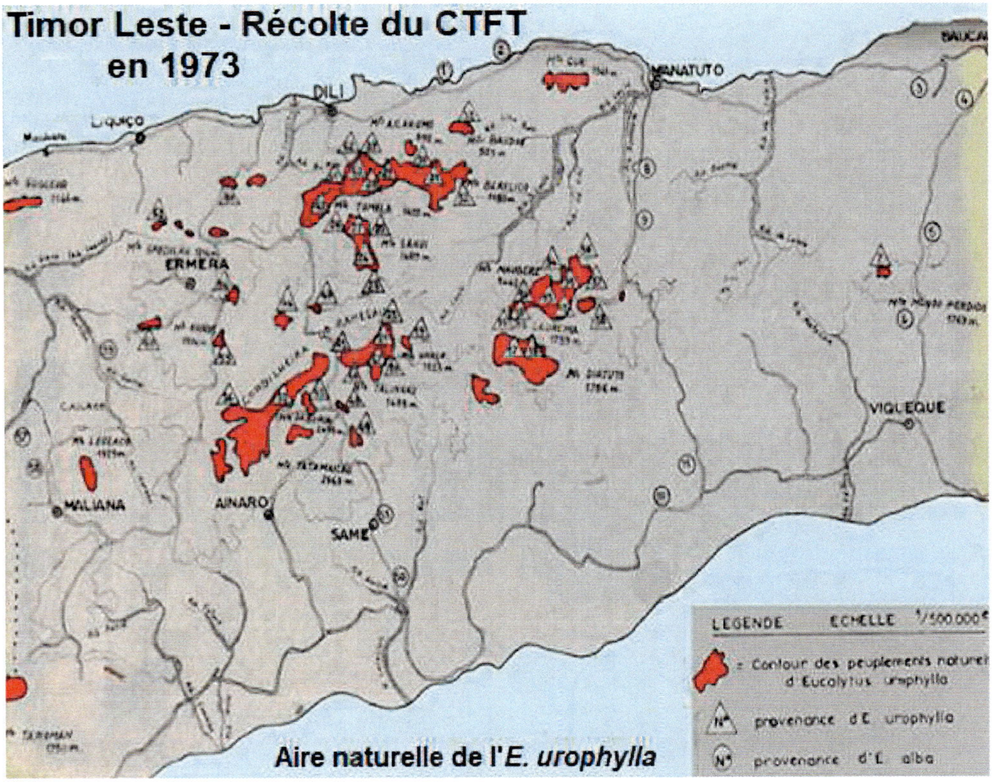

Photos Christian Cossalter. De gauche à droite. 1 et 2 : TIMOR Portugais - 1973, **1 :** Sur la route de Maubisse (alt. 1600m). **2 :** Gros urophylla sur la route de Remexio (alt. 300m).

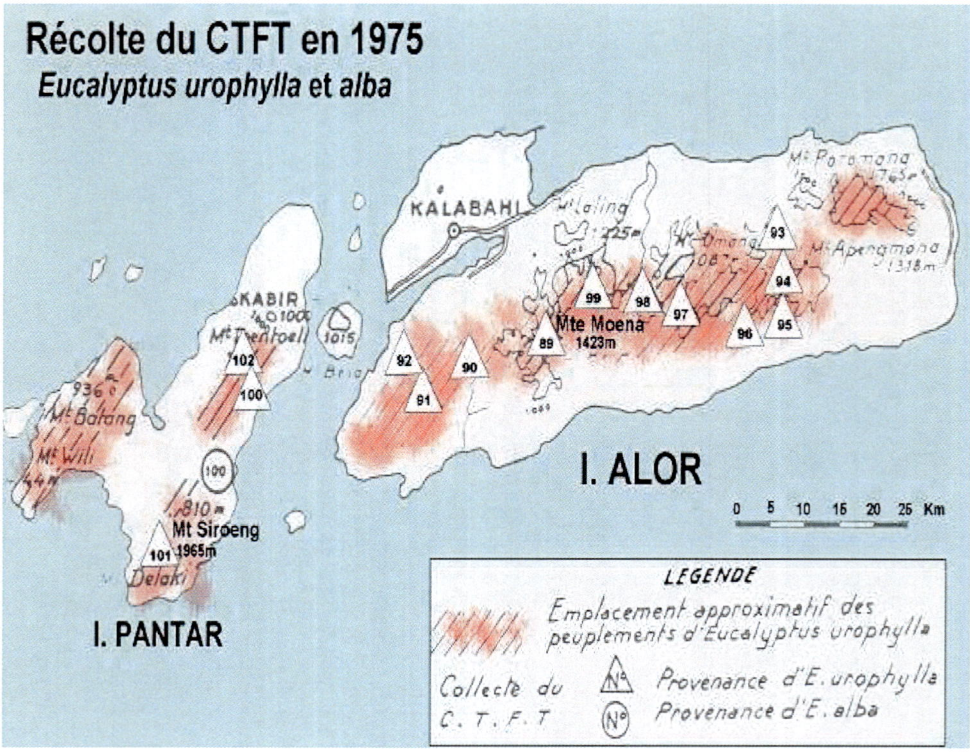

Photos Christian COSSALTER. De gauche à droite. 1 et 2 : ALOR-1975 : 1 : Vallée d'Ulanu, uro+ n° 2028, (alt. 665m). **2 :** Alor face à l'île de Besar, (alt. 400m), mélange urophylla / alba

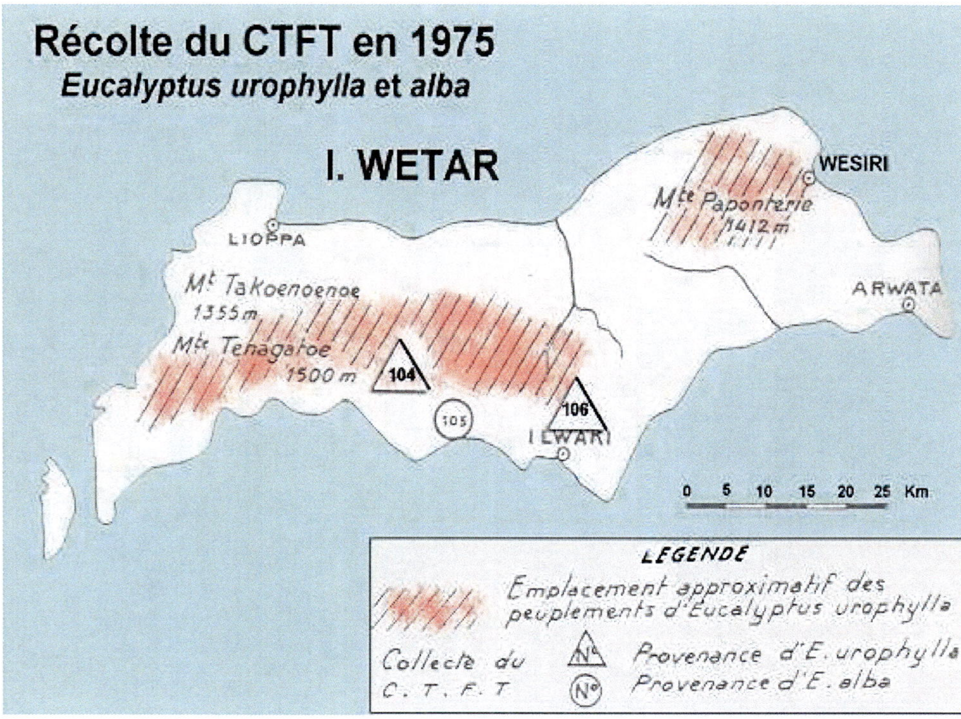

La série de photos suivantes illustrent l'avant-dernière récolte effectuée en 1979 par le CTFT dans les îles de l'arc-Nord de la Sonde, heureusement en dehors du conflit de Timor (1975-1999).

***E. urophylla*, Ile de Flores - Monte LEWOTOBI, 3ème récolte, août 1979 (Photos C. COSSALTER). De gauche à droite : 1.** Peuplement au pied du Volcan. **2 :** Gros arbres émergeant de la Forêt dense. **3.** Tir de branches à la carabine à lunette. **4 :** Séchage des lots de capsules récoltées.

***Eucalyptus alba*.**

Cette espèce à croissance médiocre et de très mauvaise forme, sans intérêt pour beaucoup de planteurs, est cependant remarquablement plastique puisqu'elle peut s'adapter à presque tous les climats tropicaux, de l'équateur à la zone sahélienne (jusqu'à l'isohyète 700 mm). De plus, elle est très résistante à la sécheresse et aux incendies (grâce à son écorce épaisse) et son bois est très lourd, excellent pour l'énergie.

Elle résiste à l'hydromorphie en saison des pluies mais aussi aux sols squelettiques y compris sur roche-mère calcaire peu fissurée, comme le montre la photo plus loin, page 235, à gauche.

***Eucalyptus alba*. A gauche : Djakarta (Indonésie - 1972)**. Le n°1 des 9 *E. alba* appelés *"platyphylla"*, de l'avenue Ancol de Djakarta, arbre-mère des P0 de Pointe-Noire (selon les chercheurs de l'Institut de Bogor). **A droite : Pointe Noire (Congo - 1988)**, 2 des 3 PO (= "*platyphylla* d'origine" ou P0 = *"platyphylla" génération 0*), descendants de l'arbre ci-dessus à gauche et arbres-mères des fameux hybrides PF1.

Au Congo les P0 ("platyphylla d'origine") qui sont en fait des *E. alba* issus d'un arbre de l'avenue Ancol de Djakarta (photo ci-dessus, à gauche) ont été à l'origine des fameux hybrides que nous avons appelés "PF1" (= F1 des platyphylla), très productifs et donnant un excellent bois de feu mais aussi pour la fabrication de pâte à dissoudre et de viscose, grâce à sa faible teneur en hémicellulose.

Signalons enfin que dans les aires naturelles, dans leur zone de contact, vers 500 m d'altitude, les deux espèces, pourtant très différentes à tous points de vue, présentent curieusement, des **formes d'introgression.** Il est vrai que dans l'aire naturelle, les hybridations sont assez fréquentes comme le montre la présence d'individus à écorce blanche observés dans les descendances d'urophylla mais il s'agit peut-être moins d'hybrides que de formes introgressives, ce qui reste à démontrer.

La découverte la plus remarquable, au cours de la mission de 1973, fut celle de deux peuplements exceptionnels d'*E. alba* situés sur la côte Sud de Timor-Est (provenances 10 et 11 sur la carte de Timor-Leste) non loin de Natar Bora. Ces peuplements sont atypiques car situés à basse altitude sur le versant Sud de Timor, très arrosé et couvert de forêt dense, dépourvus d'eucalyptus, donc dans une situation où l'on n'attend pas du tout l'*E. alba*. Celui-ci est en effet toujours situé en basse altitude et dans des sites plutôt arides sur la côte Nord. Il s'agit peut-être de deux peuplements issus de plantation mais il est difficile d'en expliquer l'extraordinaire développement puisque certains phénotypes récoltés étaient tout à fait exceptionnels (très droits, dépassant 50m de haut et 90cm de diamètre et ressemblant à des *E. grandis – photo ci-dessous à droite*).

***Eucalyptus alba*, Timor-Leste (1973). A gauche :** Peuplement naturel de l'arrière-pays de Dili, en saison sèche, sur calcaire dur superficiel. **A droite : Photo courtoisie C. COSSALTER.** Peuplement naturel de **Natar Bora** (côte Sud) avec arbres exceptionnels de 45 à 48 m de haut.

Essayées à Pointe Noire en 1974, nous avons eu la surprise de constater que ces descendances d'arbres magnifiques ressemblaient en tous points à des populations classiques d'*E. alba*, les meilleurs de toutes, certes, mais sans comparaison possible avec des *E. grandis* ou des *E. urophylla*. L'idée que ces deux peuplements de Natar Bora puissent être le résultat d'une introgression vers l'*E. urophylla* semble difficile à admettre et seule des analyses ADN pourraient permettre de trancher.

Quoiqu'il en soit, nous pensons que cette provenance (si elle existe encore)* pourrait être à l'origine d'hybrides à haut potentiel pour des "projets bois de feu" en zones tropicales moyennement sèches et pourrait aussi intéresser les producteurs (de pâte à dissoudre) en zones tropicales et subtropicales.

Collectes de CAMCORE

Suite à la reconnaissance de l'*E. urophylla* comme espèce de premier intérêt pour les plantations forestières tropicales, et tout particulièrement papetières, une nouvelle collecte, encore plus complète fut réalisée de 1996 à 2003 par l'organisation américaine CAMCORE (DVORAK *et al.* 200[153]), en coopération avec la compagnie forestière indonésienne PT Sumalindo Lestari Jaya. Au

---

* Dans l'Histoire de Timor, on peut lire que de septembre 1978 à mars 1979, Natar Bora, qui faisait partie des bastillons de la résistance timoraise, a fait l'objet d'intenses pilonnement d'artillerie.
(https ://www.sciencespo.fr/mass-violence-war-massacre-resistance/fr/document/trois-siacles-de-violences-et-de-luttes-au-timor-oriental-1726-2008.html)

total, cette collection rassembla, pour les 7 îles de l'aire naturelle, 1104 descendances en 62 provenances. Les essais furent installés, au Brésil, en Colombie, au Venezuela, au Mexique ainsi qu'en Afrique du Sud.

Le CFI (Grande Bretagne) et les Pins tropicaux d'Amérique centrale

C'est à peu près à la même période (1970 et 1971) que le CFI d'Oxford (Commonwealth Forestry Institute), en coopération avec la FAO, réalisa deux récoltes similaires sur les Pins d'Amérique Centrale (*Pinus caribaea* et *Pinus oocarpa*). Le tableau suivant fait état des collections obtenues lors de ces missions du CFI.

Il est à noter que les provenances étaient représentées par des lots uniques de graines (mélange des descendances). R.H. KEMP, responsable du projet et P.J. WOOD, organisèrent ensuite des essais internationaux de provenances pour ces deux espèces, auxquels participèrent 42 pays.

Nb de Provenances récoltées	Pinus caribaea			Pinus oocarpa			Total 2 espèces
	1969/70	1970/71	**Total**	1969/70	1970/71	**Total**	
Guatémala	3		**3**	4	5	**9**	**12**
Honduras	2	6	**8**	6	3	**9**	**17**
Nicaragua	5	4	**9**	5	4	**9**	**18**
Total	**10**	**10**	**20**	**15**	**12**	**27**	**47**

De nombreux détails sont donnés dans le rapport de R.H. KEMP (1973[154]). On y trouve, en outre, la liste des collections réalisées (avec l'aide financière de la FAO), par l'IUFRO et les Centres de Recherches forestières des Etats possédant les ressources génétiques correspondant aux espèces les plus intéressantes :

- **F.R.I.** puis **C.S.I.R.O.** Canberra (Eucalyptus, *Araucarias cuninghamii* et *A, bidwillii* etc.),
- **C.F.I.,** Oxford (Pins d'Amérique centrale),
- **INIF** Mexico (Pins mexicains),
- **IUFRO** (Conifères d'Amérique du Nord),
- **UNDP/FAO/Brazil** (*Araucaria angustifolia*, feuillus tropicaux),
- **F.R.I. Nigeria**/CTFT France (feuillus tropicaux),
- **I.S.S.** Arezzo (Conifères méditerranéens, eucalyptus),
- **Seed Centre Macon**, USA (Seed to developing countries),
- **Papua New Guinea** (Eucalyptus, *Araucaria hunsteinii* et *A, cuninghamii* etc.).

Le DANIDA (Danemark) pour *Pinus merkusii*, le Teck et le Gmélina

Enfin, le DANIDA (Danemark) organisa les récoltes en Asie du Sud pour 3 espèces majeures (*Pinus merkusii*, *Tectona grandis* et *Gmelina arborea)* ainsi que les essais internationaux de provenances correspondants.

12 - Travaux de pépinière

Une fois la collection de graines acquise, on peut passer aux travaux de pépinière. Ces semences étant très précieuses, il est nécessaire de disposer du savoir-faire et de moyens spécifiques pour parvenir à en tirer des plants de bonne qualité, en quantité suffisante, permettant l'installation d'essais conformes aux plans établis. Si l'on ne dispose pas d'une pépinière convenable, on doit confier la collection à un pépiniériste expérimenté. Le travail doit faire l'objet d'un contrat avec cahier des charges précis.

Diverses questions sont à traiter avec le plus grand soin (substrats, drainage, couverture, ombrage, etc.). Pour les espèces ayant des dormances importantes comme le teck ou les acacias, des protocoles de levées de dormance doivent être suivis avec rigueur et appliqués à chaque lot. Soulignons, au passage, l'importance de l'étiquetage des lots de semis et de plants. Chaque lot doit être constamment accompagné de son numéro et cela jusqu'à la mise en place définitive sur le terrain. L'identification de chaque lot de graines doit être une préoccupation constante et pour éviter toute erreur en fin de production, le mieux est d'étiqueter les plants en enroulant l'étiquette plastique autour du collet de chaque plant. Il existe aujourd'hui des systèmes d'étiquettes plastiques très performants (Système FELGA par exemple) avec des étiquettes à boucle qui ne peuvent se détacher des plants. En matière plastique, de couleurs variées, résistantes aux rayons UV et aux intempéries ainsi qu'aux produits chimiques, ces étiquettes sont utilisables, aussi bien avec les moyens informatiques (imprimante adaptée) que manuels (marqueurs permanents).

Une surveillance constante est nécessaire en cours d'élevage et des interventions immédiates sont à prévoir en cas de problème (fonte de semis, attaque d'insectes, etc.). Chaque lot de plants doit être suivi, tant au niveau du semis que du repiquage. Pouvoirs germinatifs, morphologie des plants et vitesse de croissance. En fin d'élevage, une mesure des plants peut être intéressante. Toutes ces données sont à compiler dans une base de données constamment mise à jour jusqu'au terme de l'expérience.

Il est à noter que pour les eucalyptus, le dénombrement des individus anormaux ("dwarfs") peut donner une idée du degré de consanguinité de chaque lot. Dans les années 70, des essais de croisements artificiels consanguins (en particulier d'autofécondation) ont montré que chez les eucalyptus, la consanguinité entraînait de nombreuses déficiences dans les descendances, (manque de chlorophylle, pousses étiolées, faible croissance, aspect rampant, etc. (VAN WYK 1980[155]).

13 - Travaux de terrain ; préparation et mise en place des plants

L'installation sur le terrain des essais comparatifs comprend plusieurs opérations successives. :

- Piquetage des bordures, des parcelles unitaires et des emplacements,
- Transport et dépôts des plants à chaque emplacement,
- Trouaison et plantation,
- Vérification des numéros et éventuellement récupération des étiquettes,
- Corrections éventuelles,
- Mise à jour des plans des essais avec notice détaillée,
- Regarnis rapides en cas d'accident, pendant ou après plantation.

Il est à noter que de tels essais sont à installer en période optimale de plantation, c'est-à-dire en début de saison des pluies pour les régions tropicales (ou à l'automne pour les régions tempérées). En cas de période très sèche après la mise en place des plants, un arrosage pendant cette phase de sécheresse est plus que nécessaire. Les regarnis éventuels ne peuvent se faire trop tardivement pour éviter une trop grande concurrence de la part des plants déjà installés ; c'est la raison pour laquelle on doit s'attacher à obtenir un taux de reprise aussi élevé que possible.

La photo ci-après, montre l'essai d'*E. urophylla* de provenances par descendances séparées, installé par le CTFT-Congo à Pointe Noire, fin 1973, suite aux récoltes de C. COSSALTER dans les îles de la Sonde. La parcelle occupait 15 ha et la hauteur moyenne des arbres à 1 an ½ était d'environ 5m.

Pointe Noire (Congo) 1975 - 1er essai de provenances d'*E. urophylla* à 1an1/2,. HT moy. des arbres : 5 m, Surface totale : 15 ha

14 - Entretien et protection des essais

L'entretien des essais doit être réalisé avec soin et de manière uniforme, en veillant à éviter la concurrence herbacée souvent très dommageable en début de croissance et pouvant induire des biais considérables, intra-parcelles et surtout inter-répétitions (lorsque certaines d'entre elles sont moins bien entretenues que les autres). Une protection efficace contre le gibier et/ou le bétail peut se révéler nécessaire. Si c'est le cas, le mieux est toujours la pose d'une clôture, seule mesure vraiment efficace, mais très coûteuse. Cette clôture doit être régulièrement surveillée pendant toute la durée de l'essai, sinon jusqu'à ce que les arbres échappent, par leur dimension, à la dent des herbivores. On devra aussi s'inquiéter des risques d'incendie et veiller éventuellement à ce que les parcelles correspondantes disposent de pare-feux de largeurs suffisantes.

15 - Mensuration et observations régulières

Les essais doivent faire l'objet d'observations et de mensurations régulières. Les critères à prendre en compte sont les suivants.

Observations :

- Manquants, morts, cassés,
- Plants anormaux (chétifs, dwarfs, déficients chlorophyliens, etc.),
- Présence de maladies et d'attaques d'insectes (zones attaquées),
- Changement de feuilles pour les eucalyptus (jeunes/adultes),
- Forme (note de rectitude),
- Queue de renard (*Pinus caribaea*)
- Fourchaison,
- Régularité de la ramification et équilibre du houppier,
- Masse foliaire (importance),
- Précocité de la floraison (nb d'arbres, âge)
- etc.

Mensurations :

- Circonférence à 1m30 (C_{130} en cm),
- Hauteur totale (m),
- Epaisseur d'écorce,

- Densité du bois au Pilodyn,
- Degré d'attaque.
  - dommage aux feuilles (en % de la surface foliaire),
  - dommage aux houppiers (en % de défoliation),
  - autres dommages éventuels,
- Hauteur totale au changement de feuille.

Les prises de mesure sur le terrain exigent certaines précautions. Bien que les données puissent être enregistrées directement sur papier, ce qui présente certains avantages notamment au niveau des contrôles, l'enregistrement se fait de plus en plus directement sur ordinateur de poche. Le choix du matériel et la construction des applications correspondant à chaque essai exige une étude préalable*. Utiliser des ordinateurs pour collecter des données sur le terrain ne s'improvise pas ; il faut préparer ses formulaires, charger les données et les plans, être sûr que les applications soient bien fonctionnelles, avoir testé la récupération des données, etc. A chaque sortie, il faut donc bien préparer ses appareils et les applications correspondantes. Des batteries de secours ou des dispositifs de rechargement des batteries en cours de journée peuvent s'avérer nécessaires. Les équipes de mensurations doivent bénéficier d'une formation adaptée et un certain rodage est nécessaire. Des contrôles sont indispensables. Ces mêmes équipes doivent s'adapter aux divers essais conduits par l'unité de R&D mais aussi aux grandes parcelles de production en vue du contrôle de la croissance et du suivi de l'aménagement des plantations. Pour l'estimation des volumes, de nombreux tarifs de cubage adaptés sont nécessaires, en particulier pour les jeunes peuplements.

16 - Tenue des archives et diffusion des résultats

Après chaque campagne de mesures, les données sont transférées automatiquement dans une base de données (généralement sous formats Excel et Access). Ces données, supposées suivre une loi de distribution normale, seront alors facilement traitées avec un logiciel de statistique. Il en existe aujourd'hui de nombreux types, pour toute sorte d'application, de plus en plus faciles d'emploi et conviviaux. Les améliorateurs forestiers utilisent fréquemment StatView ou JMP (SAS) mais aussi, SPSS (IBM), XLSTAT et moins fréquemment, Tanagra, GenStat, Statistica, Stats iQ, etc.). Ces logiciels comprennent divers outils simples, efficaces et rapides, indispensables aux améliorateurs :

- Importation, recodage et restructuration des données,
- Calculs simplifiés des régressions et des analyses de variances (ANOVA),
- Analyses multivariées (composantes principales et classifications).

Ces analyses peuvent être facilement couplées à des graphiques pour une compréhension rapide des relations entre variables. De plus, il existe des fonctionnalités pour créer rapidement des visualisations de données efficaces et démonstratives, lesquelles peuvent être enregistrées en format standard, mais aussi en HTLM pour des échanges entre chercheurs sur le Web.

L'analyse de variance à un facteur (ANOVA) ou à plusieurs facteurs (MANOVA) permet de comparer les diverses structures génétiques testées et les tendances en quantifiant les éventuels effets blocs et les effets espèces (ou provenances) :

- Les effets blocs soulignent tout l'intérêt de la différenciation des sites étudiés,
- Les effets génétiques (espèces et/ou provenances) sont ceux qui intéressent l'améliorateur,
- Les effets parcelles unitaires sont en général assez faibles car dans un même site,

* https ://oreme.org/app/uploads/Carnet_terrain_OSU_4_Guide_Technique.pdf

- Les effets résiduels (notamment la variabilité des arbres intra-placettes et les microvariations de terrain).

Différents tests de sensibilité sont réalisés de façon plus ou moins automatique (en particulier le test F ou de Fischer) afin de vérifier l'importance relative de ces effets et leur signification statistique.

Au niveau espèces, qui est l'étape du tri entre genres ou espèces différentes, l'adaptation au milieu d'introduction est le point essentiel ce qui se traduit souvent par de très grands écarts entre essences, très visibles dès les premières observations de terrain, bien avant les mesures et les traitements de données. Toutefois, le choix final ne peut se faire très rapidement car la confirmation d'une bonne adaptation prend du temps. Dans le cas du choix de la meilleure espèce au sein d'un genre plurispécifique, le diagnostique peut-être plus rapide (3 ou 4 ans dans le cas des eucalyptus en zone tropicale humide de basse altitude) à condition que les espèces soient représentées par un éventail de plusieurs provenances bien choisies.

Au niveau provenances, L'altitude est en général un très grand facteur de différenciation. La liaison, entre altitude des provenances et vigueur-adaptation, est particulièrement nette dans le cas de l'*E. urophylla* au Congo (graphique ci-contre, extrait de nos publications de 1976).

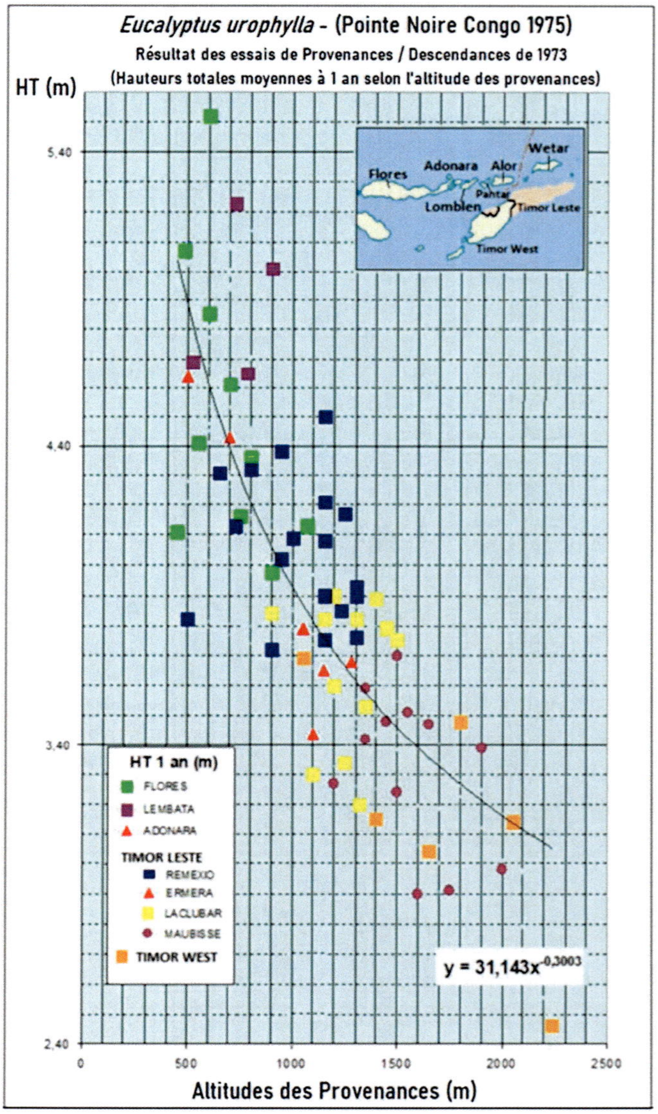

Les résultats à 1 an n'ont fait que se renforcer. On peut voir sur les photos qui suivent les très bons résultats de la provenance Monte Lewotobi (Flores), de basse altitude, alors qu'avec les provenances les plus élevées de Timor Ouest, les arbres dépérissent rapidement, laissant place au recru herbacé.

D'autre part, à ce niveau des provenances, l'appréciation de l'interaction GE (génotypes-milieu) qui est une mesure de la plasticité de chacune des diverses populations testées, est indispensable. Cette évaluation sera d'autant plus facile à réaliser que les divers sites d'expérimentation seront nombreux et variés. Les essais internationaux sont, à ce sujet, très intéressants car ils permettent de désigner les provenances à la fois les plus vigoureuses et les plus plastiques, celles qui présentent donc très peu d'interaction GE et qui peuvent être utilisées dans des zones à spectre écologique assez large, sans grand risque d'erreur, à l'inverse des provenances qui ne réussissent bien que dans certaines zones particulières et pour lesquelles des essais préalables sont indispensables.

Pour les régions tropicales humides de basse altitude et les régions subtropicales, l'absence de facteurs très limitants comme le froid et la sécheresse fait que l'on trouve souvent des provenances à la fois très vigoureuses et très plastiques qui s'adaptent dans toute la zone climatique (à condition de ne pas trop s'élever en altitude), ce qui est très avantageux pour les planteurs de ces régions.

Pour l'*Eucalyptus urophylla*, les provenances suivantes de basse altitude des îles de l'arc nord de l'archipel de la Sonde : Flores (Monte Lewotobi, Monte Egon, Monte Mandiri), Alor (Ulanu river, Ouest Alor), Lomblen (Bakan) Pantar (Côte Est) et Wetar, se sont montrées rapidement les meilleures dans de nombreux pays africains francophones (CTFT[156]) ainsi qu'au Malawi (NGULUBE MZOMA 1989[157]) et en Afrique du Sud, au Brésil, en Colombie, au Mexique et au Venezuela (CAMCORE, HODGE and DVORAK 2015[158]) mais aussi dans d'autres pays tropicaux.

***E. urophylla* de bonnes et mauvaises provenances à San Pedro (zone forestière - Côte d'Ivoire) et à Pointe Noire (zone de savane - Congo). De gauche à droite : 1 et 3 :** Provenance de Flores (Monte Lewotobi, 500 m d'altitude) à 7 ans à San Pedro (**1**) et à 12 ans à Pointe Noire (**3**). **2 et 4 :** Très mauvaise provenance de Timor indonésien (Monte Moutis, 2300 m d'altitude) à 7 ans à San Pedro (**2**) et à 12 ans à Pointe Noire (**4**).

Des différences existent cependant entre des provenances relativement proches, quand on s'écarte trop des conditions écologiques des milieux d'origine. Quant aux Provenances de Timor, situées à des altitudes nettement supérieures, jusqu'à 2300m (Monte Moutis), elles supportent beaucoup moins bien les transferts vers la basse altitude. Seules quelques provenances de basse montagne (Ermera et surtout Remexio) peuvent rivaliser avec les meilleures provenances de l'arc Nord de cet archipel.

En Afrique du Sud, sous climat subtropical et jusqu'à 1500m d'altitude les provenances de Timor se sont par contre très bien adaptées avec des performances pouvant même dépasser celles des autres îles. Un tel résultat souligne la spécialisation des populations lors de leur migration en altitude.

C'est une confirmation des résultats enregistrés en région tempérée. Un bon exemple nous en est donné avec le Mélèze d'Europe dont les provenances originaires du Sud des Alpes (c'est-à-dire de la partie haute de l'aire naturelle) sont incapables de s'adapter en plaine où elles sont très sensibles à certains parasites comme la pézize du mélèze. De ce fait, en France, les reboiseurs ont très tôt rejeté l'espèce alors que les provenances de basse altitude (Sudètes et Plaine polonaise), très plastiques, pouvaient parfaitement répondre aux plantations en terrain difficile, en particulier sur les plateaux calcaires. C'est ce qu'ont fait les Allemands, qui avaient accès plus facilement aux provenances de basse altitude, ne se privant pas d'installer le mélèze partout en plaine avec de bons résultats.

Ces résultats renforcent la nécessité de prospecter largement toutes les parties de l'aire naturelle et surtout celles situées à basse altitude en y récoltant de nombreux arbres, non isolés, et de la meilleure forme possible, ce qui exige des moyens de grimpage appropriés, si l'on ne dispose pas d'une arme à feu bien adaptée et des autorisations nécessaires.

Aujourd'hui, pour l'afforestation des savanes tropicales, on bénéficie de beaucoup d'expérience et d'informations sur les espèces. Cela ne permet cependant pas d'éviter le stade des essais spécifiques dans les zones où peu d'introductions ont été réalisées, en particulier dans les zones les plus marginales comme par exemple dans les llanos du Venezuela ou dans de nombreux sites africains, à cause de facteurs souvent extrêmes (sol très argileux, très sableux et donc très acides, très longue saison sèche, longue période d'inondation en saison des pluies, etc.). Dans tous les cas, on ne peut échapper aux essais de provenances, si possible, dès le départ sous forme de descendances séparées, ce qui fera gagner beaucoup de temps pour l'étape suivante (sélection des meilleures familles) et élargira largement la base génétique pour l'amélioration de l'espèce pure (provenance pure ou variété synthétique) ou encore de la création de variétés hybrides interspécifiques, hautement productives.

45 - Réflexions relative au choix de l'espèce

45.1 - Aspect stratégique du Matériel forestier de reproduction

Les essais internationaux de Provenances ont souvent mis en évidence pour chaque espèce testée, des provenances de très grande qualité à la fois vigoureuses et très plastiques. L'accès à ces sources exceptionnelles de MFR est devenu stratégique pour les pays tropicaux intéressés mais il faut reconnaître que bien peu surent prendre les mesures conservatoires nécessaires. La perte de ces collections est d'autant plus dramatique que les échanges de semences ou l'accès aux régions de provenances est devenu de plus en plus difficile. En effet, les principaux bénéficiaires des résultats sur les provenances étant les grandes entreprises de la filière bois, les groupes de pression écologistes poussèrent les pays à fermer leurs frontières aux échanges de MFT par crainte du "pillage des ressources nationales" et il s'en suivit un affaiblissement de la conservation ex situ. Ces conséquences furent d'autant plus négatives que la plupart des régions forestières concernées présentent des risques élevés de déforestation.

1 - Position particulière des Australiens

Dans cette conjoncture, l'Australie fait partie des rares pays qui restèrent ouverts aux échanges de matériels génétiques d'origine subtropicale et tropicale. Son activité dans ce domaine est tout à fait remarquable avec la création en 1961, à Canberra, de la "Seed Section" au sein du Forestry and Timber bureau (FTB), devenue aujourd'hui l'Australian Tree Seed Center (ATSC), au sein du CSIRO (MIDGLEY and BUSH 2009[159]). L'Australie, considérant que les Eucalyptus intéressaient le monde entier, décida, en partenariat avec la FAO, de mettre cette ressource au service de tous les planteurs et en priorité des pays en voie de développement. L'ATSC est une vaste banque de graines, consultable par internet et accessible à tous*. Il concerne surtout certains genres (*Eucalyptus, Acacia, Grevillea et Casuarina*) lesquels s'étendent aussi à quelques pays voisins comme la Papouasie-Nouvelle Guinée, l'Indonésie et Timor. La collection très vaste et de très grande qualité est accompagnée d'une importante base de données pour chaque espèce. Les récoltes sont individualisées par arbre (descendances) et l'obtention des provenances par descendances séparées, est possible à la demande, bien que beaucoup plus chères. Les collections les plus demandées sont remplacées régulièrement au fur et à mesure des expéditions effectuées par les équipes de récolte du CSIRO. Certaines espèces et provenances reconnues de grande valeur sont maintenant produites en vergers à graines de familles à haute valeur génique. Peu à peu l'Australie s'est ainsi rendue maître de son matériel génétique et en a fait un outil stratégique comme ce fut le cas pour sa coopération avec la Chine qui comprenait, outre la fourniture des experts et des conseils en amélioration génétique, l'offre de toute la collection d'eucalyptus de l'ATSC pour la mise en place d'essais modernes d'espèces et de provenances.

2 - Intérêt des grandes entreprises et Organisation américaine

Pour les grandes entreprises forestières, la maîtrise du MFR fut vite considérée comme stratégique et il n'est pas étonnant que c'est aux USA que cette question se soit rapidement développée avec l'important programme coopératif pour l'amélioration des pins du Sud-Est (*Pinus taeda, P. elliottii, P. echinata* et *P. palustris*) développé à la fin des années 50 par l'Université de Raleigh (Caroline du Nord) en partenariat avec les entreprises forestières de la région.

A partir de 1980 cet intérêt fut élargi au monde tropical avec la création de CAMCORE (Central America and Mexico Coniferous Resources Cooperative[160]) à partir d'un groupe de 5 membres fondateurs : Smurfit Kappa Carton de Colombia (Colombie), Aracruz Florestal (Brésil), International Paper Company (USA), Weyerhaeuser Company (USA) et National Seed Bank (Guatemala). Aujourd'hui, l'organisation compte 38 membres dans les 4 continents d'hémisphère Sud. L'objectif, affiché à but non lucratif, est l'amélioration des arbres et le maintien d'une large base génétique pour les espèces les plus performantes et les mieux adaptées utilisées dans les plantations forestières. CAMCORE travaille sur 4 genres (Pinus, Eucalyptus, Gmélina et Tectona) et 50 espèces en zones tropicales et subtropicales. Son programme inclut l'établissement de plantations conservatoires ex situ ce qui lui donne une bonne image auprès des organisations écologistes. L'organisation compte 9 cadres, employés de l'Université de Raleigh qui aident les membres dans le développement de leur programme (Conservation, Amélioration, Analyses ADN et Nouvelles Technologies). Aujourd'hui, CAMCORE s'appuie sur une base de 11.000 arbres (+), sélectionnés dans 500 sites différents et dispose de plus de 2.500 ha d'essais et de plantations conservatoires. Sa base de données sur les pins tropicaux et les eucalyptus non australiens est la plus large.

3 - Position stratégique de CAMCORE

CAMCORE a su profiter de la désorganisation de la recherche forestière dans un grand nombre de pays tropicaux pour occuper une place stratégique en développant une coopération avec les pays propriétaires de la ressource d'origine (Pays d'Amérique centrale, d'Asie du Sud et d'Australasie). Ces relations particulières, lui donnent accès aux meilleures sources de MFR, ce qui est devenu très difficile, voire impossible, pour toute entreprise isolée.

---

* Site ATSC : http ://www.csiro.au/ATSCOrdering/GetSpecies.aspx

Les grandes entreprises de la pâte (brésiliennes en particulier) ont chacune leur propre programme d'amélioration, indépendamment de CAMCORE, mais en tant que membres, elles peuvent bénéficier de l'aide et du MFR de l'organisation pour améliorer leur compétitivité. Une telle situation est très différente de ce qui se passe en Europe (en dehors de l'Espagne et du Portugal) où les Etats sont les seuls maîtres du MFR, les entreprises de la filière bois, très éloignées de la production forestière, sont entièrement dépendantes d'une ressource génétique sur laquelle elles n'ont aucune prise. Cette absence d'intégration les prive d'un des moteurs importants de leur développement. Une mention particulière est cependant à faire pour le Sud-Ouest de la France avec la coopérative Alliance, située entre les entreprises et les propriétaires, et qui, en coopération avec l'INRAE, maîtrise son MFR pour ce qui est du Pin maritime.

45.2 - Comparaison provenances naturelles / variétés améliorées

Dans les essais de provenances actuels, on se trouve maintenant confronté, d'une part, à la nécessité de réintroduire une vaste collection représentative de l'espèce pour disposer d'une large base génétique afin de pouvoir faire face aux défis futurs, mais, d'autre part, on se trouve aussi tenté de pouvoir bénéficier directement du gain génétique obtenu par des programmes développés dans d'autres pays depuis plus ou moins longtemps. Il est alors fréquent d'ajouter des lots de graines issus de vergers à graines, généralement de familles (SSO = Seedling Seed Orchards).

En général les variétés améliorées sont au moins aussi bonnes, sinon supérieures, aux meilleures provenances naturelles (pour un ou plusieurs caractères, dont la forme) et l'on peut décider d'utiliser immédiatement ces sources dans des plantations commerciales, plutôt que de recommencer localement un programme basique.

Si ces bonnes sources de graines peuvent effectivement rendre de très grands services, on peut s'interroger sur leur réelle valeur adaptative. Tout dépendra des écarts de milieu entre celui de la variété améliorée introduite et celui de la zone d'essai. Si ces écarts sont importants, il semble préférable de recommencer, parallèlement aux plantations commerciales, un programme à partir des meilleures provenances définies par les essais que l'on vient d'entreprendre, même si ce sont les mêmes que celles qui sont à l'origine de la variété améliorée en question.

En effet, à ce niveau de l'amélioration génétique, la prise en compte de l'adaptation aux conditions locales est capitale, notamment au niveau de la sélection individuelle dans les meilleures populations d'origine. A ce niveau les effets d'interaction GE seront à observer avec beaucoup d'attention, surtout si la région est montagneuse et donc écologiquement variée. Quant à la variété déjà améliorée, on peut toujours l'intégrer dans la sélection locale en y ajoutant les meilleurs individus trouvés.

Inversement, il arrive que de nouveaux essais de provenances beaucoup plus complets, réalisés dans des pays où le niveau provenances avait été plus ou moins négligé lors des introductions anciennes, mettent en évidence des provenances naturelles nouvelles, capables de se hisser à des niveaux presque aussi bons, voire supérieurs à ceux des variétés améliorées locales. De tels résultats imposent des changements dans les programmes d'amélioration (tout au moins pour y incorporer les sélections réalisées dans les nouvelles populations introduites, voire à repartir de ces meilleures familles open pour réaliser de nouveaux programmes accélérés).

Ce fut le cas par exemple pour *Pinus patula* à l'occasion des essais de provenances effectués en Afrique du Sud et en Amérique latine par l'organisation américaine CAMCORE (DVORAK 2009[161]) à la suite d'une prospection complète de l'aire naturelle de l'espèce au Mexique. Certaines familles "open" de l'aire naturelle se sont en effet montrées supérieures aux familles locales améliorées de *Pinus patula* de 1ère génération, et même pour certaines de 2ème génération.

45.3 - Choix des sources de graines et changements climatiques

Il est certain que tout changement climatique durable a une implication forte sur le choix des sources de graines et donc sur le choix des provenances et même des espèces. L'orientation actuelle d'un certain nombre de programmes de recherche va vers la prévision des modifications climatiques des régions de plantation et à leur comparaison avec les conditions climatiques des provenances naturelles au moment des sélections et des récoltes dans les aires naturelles (LEIBING 2013[162]).

Cette confrontation peut alors conduire à choisir des provenances adaptées, non pas aux climats actuels, mais aux climats prévisionnels futurs (généralement plus chauds et plus secs selon les prévisionnistes). Dans ces conditions on pourrait être amenés à privilégier des espèces moins résistantes au froid mais plus tolérantes à la sécheresse.

Il n'en demeure pas moins que les provenances les plus plastiques, celles qui présentent les plus faibles interactions G-E, sont en principe les moins sensibles aux variations de climat. Dans cette optique, il est probable qu'un sacrifice de productivité devra être fait pour permettre une meilleure tolérance à la sécheresse ce qui peut aller jusqu'au changement d'espèce.

Remarquons que, s'agissant de ligniculture, un des points essentiels est la réduction maximale des rotations. C'est en effet le meilleur moyen de minimiser les risques face aux adversités de toutes sortes. La recherche de croissance très rapide, tout en conservant une qualité de bois acceptable par l'industrie, reste un objectif intéressant, d'autant plus que l industrie actuelle s'adapte très rapidement aux arbres de petits diamètres, pourvu qu'ils soient de bonne forme et de qualité suffisante. Cela n'empêche pas de choisir des populations très plastiques capables de s'adapter à des modifications d'environnement.

Disposer d'un bon "portefeuille" d'espèces et de provenances est sans aucun doute une excellente assurance face aux risques futurs, d'autant plus qu'il sera possible de changer assez rapidement de variété à chaque rotation.

Les changements climatiques renforcent la nécessité d'une bonne recherche de base en génétique forestière et de l'impérieuse nécessité de disposer d'une base génétique très large (espèces et provenances). Ces essais, installés dans des sites variés doivent être protégés et faire l'objet de constantes observations afin d'y enregistrer tous les événements climatiques et biotiques ainsi que les impacts sur les collections.

Face aux changements environnementaux éventuels, non seulement climatiques, mais aussi d'origines diverses (économiques, industriels, commerciaux, etc.), on doit constamment chercher à compléter et enrichir ses collections.

45.4 - Aptitudes particulières des espèces à la ligniculture

Certaines caractéristiques des espèces à croissance rapide constituent de véritables atouts pour développer une ligniculture efficace et rentable. Deux aspects physiologiques spécifiques sont à examiner avec la plus grande attention.

1 - Aptitude aux croisements contrôlés industriels

Certaines espèces se prêtent beaucoup mieux que d'autres aux croisements contrôlés. La séparation des arbres de même sexe (dioécie) ou des fleurs mâles et femelles sur un même arbre (monoécie), en évitant l'émasculation, facilite grandement la pollinisation contrôlée. La production de pollen en grande quantité comme chez les pins est aussi très avantageuse.

Cependant une des caractéristiques les plus importantes est sans aucun doute le nombre de graines produites par fruit, lequel peut varier d'une à plusieurs milliers. Ce nombre peut d'ailleurs significativement augmenter par la pratique des fécondations contrôlées dont le rendement est en général très supérieur à celui des fécondations libres. Lorsqu'à partir d'une seule pollinisation on peut obtenir 500 à 2000 graines, comme c'est le cas avec le Balsa et le Paulownia, il est certain que le pollinisateur peut devenir rapidement un producteur industriel de semences. A l'inverse, lorsque le fruit ne donne que de 3 à 5 graines, comme chez l'Hévéa, cela devient un lourd handicap, y compris pour l'améliorateur puisque cela freine considérablement l'obtention des familles de plein-frères par croisements entre arbres +.

2 - Aptitude au bouturage

Cette possibilité a été largement présentée précédemment (point 83, p. 203). Certaines espèces comme les salicacées sont très faciles à multiplier par voie végétative et cela a conduit à la populiculture, laquelle reste le meilleur exemple de ligniculture par son ancienneté et son grand développement, en particulier en Europe.

Les nouvelles possibilités de clonage par in vitro sont également à prendre en considération à condition que cette capacité soit forte (taux de réussite très élevé), sans manquer d'examiner avec soin certaines aptitudes pas toujours très connues comme le bouturage racinaire qui peut grandement faciliter les opérations. C'est le cas pour des essences comme le Paulownia ou l'Iroko (*Milicia excelsa*).

3 - Remarque finale

Lorsqu'une espèce à croissance rapide présente de bonnes aptitudes à la fois pour les croisements contrôlés et pour la multiplication par bouturage, il est certain qu'elle a toutes les chances d'entrer tôt ou tard en ligniculture, même si son bois ne présente pas au départ toutes les qualités recherchées. C'est le cas en particulier pour le Paulownia dont la pratique est ancienne en Chine mais que les européens découvrent actuellement♣.

***

♣ Documentaire à l'adresse suivante : https ://www.youtube.com/watch?v=QJd6ycT6RDA

5 - L'AMELIORATION PAR VOIE SEXUEE

Nous ne traiterons pas de l'aspect théorique de l'Amélioration génétique pour laquelle nous invitons le lecteur à consulter le remarquable livre en Français d'Alphonse NANSON (2005). Nous donnerons simplement les orientations principales, à la lumière de notre expérience personnelle relative à l'amélioration des Eucalyptus (Congo, Espagne) et des pins tropicaux (Congo). Nous ferons également appel à quelques publications de chercheurs de pays variés pour étayer nos propos.

Après le choix de la ou des meilleures provenances, et avant d'examiner les diverses voies d'amélioration des arbres forestiers, penchons-nous sur la sélection des arbres + qui est l'acte principal et le point de départ de l'amélioration des arbres forestiers.

51 - La Sélection des arbres +

51.1 - Considérations générales

Cette sélection se fait au sein d'une population de base, dite population d'amélioration (PA) considérée comme la (ou les) meilleure provenance et à partir de laquelle on souhaite créer une variété améliorée permettant d'atteindre les objectifs fixés. Cette PA peut être un écotype naturel plus ou moins proche de la zone du projet mais ce peut-être aussi une (ou plusieurs) provenances introduites venant de régions étrangères très éloignées et donc représentées localement par des plantations de dimensions variées, allant d'anciennes forêts plantées largement étendues ("landrace") à des parcelles expérimentales de surfaces plus ou moins restreintes.

Pour la sélection des arbres +, les premiers critères à considérer sont évidemment ceux relatifs à l'adaptation aux conditions locales, et bien qu'ils soient en principe intégrés dans le choix de la PA, on doit prendre le plus grand soin à ne choisir que des arbres + à l'état sanitaire irréprochable. Par exemple, au démarrage du programme sur l'*E. gobulus* de BOSQUES-2000 (SNIACE-Cantabrie), le protocole était le suivant :

1. Sélection de 100 parcelles de 10 ha répondant aux critères suivants :

1. Dispersion géographique maximale dans la Province,
2. Variations écologiques maximales (altitude, versants, sols),
3. Bonne qualité phénotypique générale (seulement les plus beaux peuplements),
4. Vieux taillis (5° ou 6° rotation témoignant de leur excellente adaptation).

2. Sélections de 10 arbres candidats par parcelle (1/ha) sur les critères suivants :

1. Forme (rectitude, régularité du houppier, branches fines et horizontale, élagage),
2. Vigueur (hauteur, diamètre),
3. Adaptation (bon état sanitaire, importance du houppier, qualité du feuillage),
4. Epaisseur de l'écorce et mesure au Pilodyn.

3. Abattage des 3 candidats ayant les meilleures notes et récoltes des éléments suivants.

1. Récolte de 4 carottes de sondage et d'1 rondelle, tous les 4 mètres,
2. Récolte de greffons,
3. Récolte de la totalité des fruits existants.

Le choix des arbres + s'est fait dans la "landrace" locale. Nous avions fixé un objectif de 100 arbres + à choisir parmi 1000 candidats (1 arbre + pour 10 arbres candidats) représentatif des meilleurs peuplements de la Province qui se trouvaient sous forme de taillis et pour y parvenir, le

Pour les autres critères, la difficulté vient du fait que l'observateur ne voit que le phénotype (P) de l'arbre et non pas le génotype (G) qui reste masqué par l'influence du milieu (E), toujours plus ou moins forte et qui se complique encore par des phénomènes d'interaction (GE) entre la génétique de l'arbre et le milieu dans lequel il se trouve. Il est classique d'exprimer cet écart par la formule suivante :

$$P = G + E + GE$$

La sélection proprement dite se fait en parcourant la PA et en repérant les arbres répondant à certains critères fixés à l'avance. Certains des caractères observés sont plus dépendants du milieu que d'autres. En particulier, la forme du fût et la grosseur des branches ainsi que leur angle d'insertion sont peu dépendants du milieu, contrairement au diamètre ou au volume du tronc qui pourront être beaucoup plus grands si l'arbre se trouve dans un endroit où le sol est plus riche et plus profond et au contraire beaucoup plus petits sur sol pauvre ou superficiel.

Lorsque l'on multiplie des arbres par clonage, grâce au grand nombre de copies végétatives placées les unes à côté des autres (répétitions) et donc facilement comparables, on est alors capable de mémoriser la véritable morphologie de l'arbre ; on fait alors la part de la génétique dans l'expression de son phénotype. De même, pour des caractères moins visibles, comme ceux relatifs à la qualité du bois, les répétitions que sont les ramets permettent une meilleure approche du génotype.

D'autre part, si tous les caractères du génotype se retrouvent bien chez les ramets d'un clonage conforme, cela n'est pas tout à fait le cas pour la génération sexuée suivante à cause des recombinaisons, lors des méioses (formation des gamètes), puis des fécondations, au sein des stocks chromosomiques parentaux. Chaque caractère se transmet avec une héritabilité propre que les améliorateurs s'efforcent d'estimer avec plus ou moins de précision. On parle d'héritabilité au sens large (sl) chez le clone et d'héritabilité au sens strict (ss) pour la descendance.

51.2 - Critères de sélection

Lors de la sélection des arbres +, on doit donc différencier les caractères à prendre en compte suivant la probabilité qu'ils ont de se retrouver à la génération suivante c'est à dire leur héritabilité au sens strict (Hss). Rappelons ici qu'il s'agit de la sélection d'arbres + devant entrer dans un cycle d'amélioration génétique par voie sexuée. Cette discrimination des caractères serait très différente s'il s'agissait de choisir de très beaux ortets destinés au clonage et pour lesquels la vigueur serait au contraire, un des premiers critères de choix. Bien que l'héritabilité dépende aussi des conditions expérimentales, l'expérience accumulée par les améliorateurs forestiers nous permet cependant de classer les critères de sélection présentés dans le tableau ci-après.

D'une manière générale, c'est la vigueur qui présente l'héritabilité (ss) la plus faible car elle dépend d'un grand nombre de gènes qui interagissent entre eux. On parle de phénomènes d'hétérosis, de dominance et d'épistasie qui dépendent avant tout du niveau d'hétérozygotie et donc de l'éloignement génétique entre parents. Certains résultats récents le montrent (HARDNER C. & TIBBITS W. 1998[163]).

Types de critères	Vigueur Production		Forme	Verticilles	Branchaison	Ecorce	Qualités physiologiques	Qualités du bois	
Héritabilité (sens strict)	MOYENNE	FAIBLE	FORTE	MOYENNE	MOYENNE	FORTE	TRES FORTE	FORTE	MOYENNE
Caractères observables sur l'arbre sur pied	Hauteur		Rectitude	Régularité	Grosseurs des branches	Type	Débourement	Densité	
		Volume	Cylindricité du fût	Nb de branches	Angle d'insertion	Epaisseur	Floraison	Longueur des fibres	Epaisseur de l'aubier
		Diamètre	Equilibre du houppier	Longueur des entre-nœuds	Elagage naturel			Module d'élasticité	
			Absence de défauts	% de queues de renard*				Angle des microfibrilles	Retrait

* ou foxtails : Assez fréquent chez certaines espèces de pins tropicaux chez lesquels la croissance initiale a lieu sans se ramifier (caractère sensible à la fertilisation)

Les autres critères dits "quantitatifs" ont une héritabilité (ss) beaucoup plus forte, voire très forte, comme certains traits physiologiques (débourrement en particulier) mais aussi ceux relatifs à la forme des arbres. Pour certains caractères, une plus faible héritabilité (hauteur, verticilles, épaisseur d'aubier, retrait du bois, etc.), est le signe d'une influence plus marquée

du milieu.

51.3 - Pratique de la sélection

Nous relatons ci-après notre expérience personnelle. Pour nous, le point le plus important est de choisir autant que possible des arbres sans défaut apparent, car tout défaut a de bonnes chances d'être le reflet de l'existence de gènes récessifs au sein du génotype. Il nous semble tout à fait crucial d'éviter le moindre défaut y compris au détriment du volume de l'arbre. Il faut rechercher des arbres dominants mais à forme parfaite et ne pas hésiter à les retenir comme arbres +, même si leur diamètre paraît un peu faible et ce, d'autant plus que la recombinaison pour la génération suivante se fera en combinaison avec des arbres + d'autres provenances.

Cette sélection n'est pas toujours simple car en forêt naturelle, les très beaux arbres peuvent être âgés et de ce fait peuvent cacher des défauts de jeunesse qui réapparaitront dans les descendances. Dans les plantations la difficulté peut venir de la grande rareté des arbres sans défaut. Le choix n'est alors jamais sûr et finit par être le résultat d'un compromis.

A cette occasion, nous relatons le cas de l'arbre + "HB1" qui est le premier arbre que nous avons sélectionné en 1968, à Pointe Noire (Congo). Il s'agit d'un individu de *Pinus caribaea* originaire du Honduras britannique (Belize aujourd'hui) qui se trouvait en bordure de parcelle et dont le diamètre n'était que moyen alors que sa forme était exceptionnelle, contrairement à certains de ses voisins dans la même situation, mais à fort diamètre et à forme plus ou moins défectueuse (grosses branches et flexuosité). Malgré ses branches très fines et donc son assez faible aptitude au greffage, nous avons réussi à le faire entrer en parc à clones et en vergers à graines de clones (Pointe Noire et Malolo). Dès l'entrée en floraison, nous avons pu réaliser des croisements contrôlés, suivis de tests de descendances. Il est apparu rapidement que les descendances du HB1 présentaient fréquemment une grande supériorité sur les autres croisements et sur le témoin local.

Plus tard, à la suite des premières récoltes de graines dans le verger de Malolo (faites par descendances séparées), et l'envoi d'échantillons au Queensland, la surprise fut très grande de voir que dans une région aussi éloignée et écologiquement différente, la descendance open du HB1 de Malolo était classée, pour la vigueur et la forme, en tête de toutes les autres sélections locales. Ce résultat nous fut présenté en 1994 par le Dr Garth NIKLES, à l'occasion d'une mission sur place. Les données recueillies sont rassemblées sur le nuage de points du graphique ci-après :

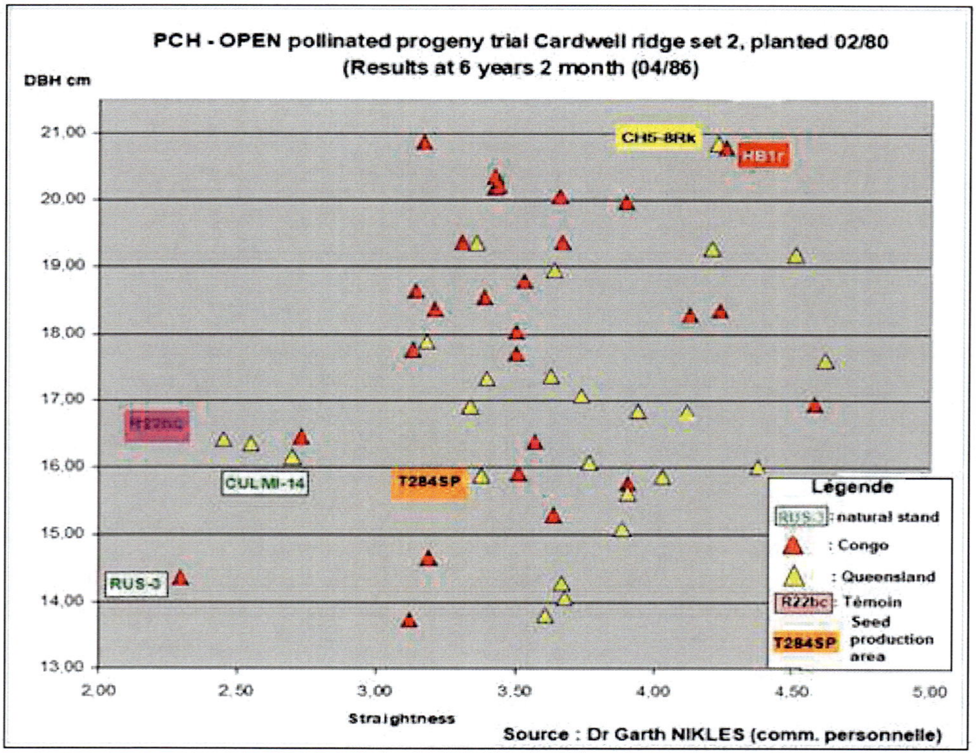

Bien que les deux meilleures descendances, HB1 du Congo et CH5-8rK du Queensland, aient des performances très proches, les résultats par groupe (tableau suivant) montrent que les descendances du verger de Malolo sont supérieures en diamètre à celles du Queensland, notamment les 10 meilleures.

Par contre c'est l'inverse pour la rectitude, les descendances du QLD étant toujours un peu mieux classées que celle du Congo, sauf le HB1 dont la rectitude est légèrement meilleure.

Résultats par groupe de descendances	DBH cm	mean straigtness
Meilleure QLD	20,85	4,23
Meilleure Congo (HB1)	20,79	4,26
10 meilleures du Congo	20,00	3,58
10 meilleures du QLD	17,05	3,81
Moyenne Congo	18,18	3,49
Moyenne QLD	17,57	3,70
Aire de Production de graines	15,91	3,51
Peuplement naturels	15,16	2,51
Témoin	16,41	2,45

Source : S107/464 Ex 567/éa Genetics - G, NIKLES (comm pers,)

Notre interprétation est que la très forte sélection des arbres sans défaut nous pousse vers le choix de génotype à taux élevés d'homozygotie. D'une part on retrouve bien les caractères les plus quantitatifs à la génération suivante et d'autre part ce sont d'excellents combineurs avec d'autres structures du même type, mais éloignées génétiquement, ce qui engendre alors une vigueur élevée et peu d'effets délétères venant de loci à doubles gènes récessifs.

Une des difficultés supplémentaires lors de la sélection des arbres + vient d'une corrélation génétique négative fréquente entre les critères de vigueur (diamètre et volume) et les autres caractères à forte héritabilité. Le sélectionneur poussé vers le choix d'arbres très vigoureux contre sélectionne souvent pour les caractères les plus intéressants comme la forme ou la densité du bois.

Cela a bien été signalé par WU H.X. *et al.* (2008[164]) pour *Pinus radiata* en Nouvelle Zélande et Australie. Il s'agit d'un inconvénient majeur orientant l'améliorateur vers l'une des 3 stratégies suivantes :

1. Sélectionner des arbres exceptionnels très écartés des nuages de points et passer au clonage,
2. Sélectionner sur caractères héritables dans des lignages séparés et récupérer la vigueur lors des croisements entre lignages.
3. Sélectionner sur la vigueur puis ajouter des caractères particuliers par création d'AGM.

Remarque : Dans les croisements contrôlés, cet arbre a montré une très bonne AGC. En effet le HB1 a souvent donné de très bonnes descendances avec d'autres géniteurs. De plus, il est à l'origine de certaines descendances exceptionnelles (HV16 x HB1 et HV12 x HB1). Ce résultat est conforme à ceux de Wu et Matheson (1991) sur *Pinus radiata* et à ceux de COTTERILL (1987) sur *P. pinaster*, *P. elliottii*, et *P taeda*, démontrant que les meilleures ASC étaient obtenues avec les arbres ayant la meilleure AGC.

Des résultats proches ont été obtenus par l'AFOCEL sur *Pinus pinaster* à Bordeaux. Dans ces conditions, l'utilisation de l'AGC comme élément de prédiction des bonnes ASC, facilite beaucoup les plans de croisements orientés vers la recherche des meilleures ASC.

Si des résultats semblables ont pu être trouvés lors de croisements intraspécifiques, cela peut cependant ne pas s'appliquer aux cas des croisements interspécifiques pour lesquels, nous le verrons plus loin page 302, l'AGC est un mauvais prédicteur de l'AGH. Les résultats de l'hybridation interspécifique dépendent avant tout des distances génétiques entre-espèces.

51.4 - Sélection sur la qualité du bois

Les caractères du bois sont peu visibles directement par l'observateur, en dehors des nombreux défauts du fût, immédiatement repérables et qu'il faut bien sûr éviter (fibre torse, mauvais élagage, picots, etc.). Cette préoccupation est ancienne, en particulier au niveau de l'exploitation en forêt naturelle tropicale (FOURNIER *et al.* [165]) car l'abattage d'arbres de mauvaise qualité conduit à un gaspillage tant économique qu'écologique et la formation du personnel chargé de l'évaluation de la ressource est fondamentale.

Pour l'améliorateur la question se pose autrement car il doit se déterminer devant les arbres "candidats" à la classe + en évitant autant que possible de les abattre pour en analyser la qualité du bois (l'abattage pouvant être réservé éventuellement aux seuls arbres + mais en aucun cas à tous les arbres candidats). Heureusement on dispose aujourd'hui de techniques spécifiques pour prélever des échantillons de bois sur arbres sur pied. Nous distinguerons successivement trois types d'estimation :

1. la densité du bois,
2. la qualité papetière,
3. la qualité de bois d'œuvre.

1 - Densité du bois

Bien corrélée avec de nombreuses caractéristiques du bois, la densité est un important critère d'appréciation de la qualité du bois, et même le plus important chez certaines espèces papetières comme l'*Eucalyptus globulus* chez qui, le poids de matière sèche à l'unité de volume de bois vert est directement lié au rendement du bois en pâte. Deux éléments renforcent encore l'intérêt du sélectionneur pour la densité du bois :

- les usines de pâte tendent de plus en plus à acheter le bois à la tonne de matière sèche,
- la densité est sous contrôle génétique fort, avec une héritabilité élevée (de 0,6 à 0,8 chez les eucalyptus, pour beaucoup d'auteurs). Il faut cependant insister sur le fait que la densité du bois est un critère très délicat à mesurer.

En effet, son degré d'humidité est continuellement variable (environ 12% pour le bois sec à l'air en région tempérées contre 20% en régions tropicales humides) et son volume dépend lui-même du degré d'humidité (le séchage entraîne un certain "retrait" dont on doit tenir compte). Signalons que la densité à l'état sec ("bone dry") n'est qu'une mesure de laboratoire très controversée car le bois déshydraté se déforme énormément (et éclate) ce qui le rend très difficile à estimer et ne permet pas ensuite de se référer à une mesure réelle pratique (arbre sur pied, bois sur coupe, bois sur parc de l'usine, etc.).

Le meilleur critère est l'infradensité (ou densité basale) qui rapporte le poids de matière sèche au volume entièrement hydraté. C'est la mesure qui estime le mieux la densité du bois vert de l'arbre sur pied en période de végétation active et qui permet les meilleures comparaisons d'un arbre à l'autre. On se reportera au document de G. CHANTRE de l'AFOCEL, aujourd'hui FCBA (1993[166]).

D'autre part, la densité du bois d'un arbre, outre de son génotype, dépend de très nombreux facteurs (âge, diamètre, hauteur, vitesse de croissance, région, qualité de la station, traitement sylvicole). De plus, la variation de la densité du bois à l'intérieur de l'arbre est très grande avec un bois de cœur souvent plus dense que l'aubier ou parfois l'inverse.

Un bon exemple nous est fourni par le schéma de la page suivante ("Plus Model tree") réalisé en 2004 par Carlos TEJEDOR à partir de l'analyse des tiges de 68 arbres + d'eucalyptus globulus âgés de 14 ans. Sur cet arbre-type, la densité moyenne serait à rechercher à une hauteur avoisinant le tiers de la hauteur totale (soit 12m). On voit que dans ce cas, la mesure à hauteur de poitrine minore la densité moyenne sauf si on est capable d'ajouter un correctif basé sur des corrélations fiables. Enfin, une autre difficulté vient du fait que la densité moyenne augmente avec l'âge de l'arbre. Pour le globulus, c'est à partir de 14 ans que l'augmentation de densité commence à s'infléchir ce qui a conduit à fixer les rotations à cet âge en Cantabrie. La mesure de la densité du bois des jeunes arbres ne peut donc être une bonne prédiction de la densité à la récolte que si la corrélation juvénile adulte (JA) est bonne. Pour le sélectionneur devant examiner de très nombreux arbres pour n'en choisir que quelques-uns, la mesure de la densité du bois est un problème délicat. Plusieurs méthodes existent, des plus simples au plus sophistiquées, mais aucune n'est parfaite c'est-à-dire, à la fois immédiate et précise.

Mesure de la densité du bois sur carottes de sondage. Classiquement, la mesure de la densité du bois des arbres sur pied se fait à partir de carottes de sondages extraites à hauteur de poitrine. Cependant, l'extraction des carottes est assez longue et il est difficile d'atteindre le cœur de l'arbre. De plus, la mesure de densité n'est pas immédiate. Cette technique n'est donc envisageable que pour la sélection finale et pas pour le tri rapide parmi un ou plusieurs milliers de candidats. A la fin de la sélection, si l'on procède à l'abattage des arbres + ce sera l'occasion de prélever des carottes (ou des disques) à différentes distances de la base du fût et donc d'analyser en particulier les variations de densité dans l'arbre, comme on vient de le voir.

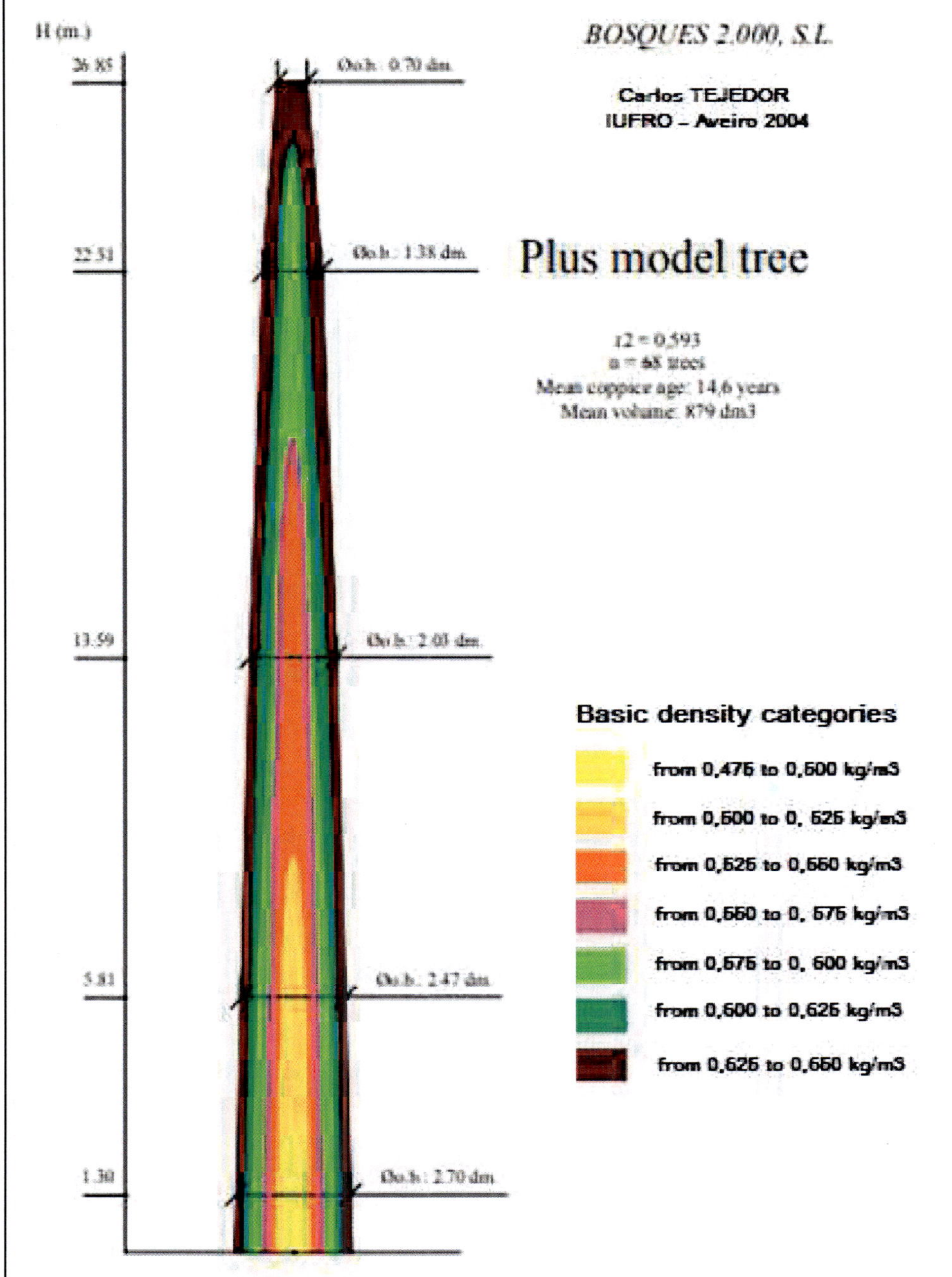

Within-tree variation of *Eucalyptus globulus* basic density. Plus model tree.

Concernant l'examen des carottes, il est certain que les instituts de recherche disposent de traitements puissants pour analyser les carottes de sondage qui sont d'abord radiographiées. Toutefois, ces analyses, outre leur coût élevé, sont peu adaptées au sélectionneur malgré la conception, dès 1984, d'appareillages permettant l'automatisation des mesures (PERRIN, FERRAND 1984[167]).

Pour une petite station de R&D, la mesure de densité du bois à partir de carottes extraites à cœur est assez longue. On peut d'abord découper les carottes en tronçons d'égales longueurs* en distinguant si possible l'aubier du bois de cœur (photo suivante).

Chaque tronçon doit être ensuite immergé dans l'eau pendant une durée assez longue (au moins 1 heure) de manière à saturer complètement le bois. Puis il faut étiqueter chaque tronçon, en mesurer le diamètre et la longueur avec le plus de précision possible et le sécher à l'étuve (40°C) sans le détériorer. Enfin, il faut le peser.

Coupe-carotte d'André Franclet utilisé depuis 1999 par Bosques 2000 - SNIACE - Cantabria (Espagne)

La densité basale de chaque tronçon sera donc égale au rapport entre son poids et son volume saturé. Ces deux mesures sont délicates et des erreurs sont donc possibles (sur le volume à cause des déformations et sur le poids à cause du séchage). Le rapprochement avec des mesures réalisées dans des laboratoires spécialisés, sur des échantillons très proches, permettront de fiabiliser cette méthodologie de terrain.

Mesure de la densité du bois au "pilodyn". La densité du bois des arbres sur pied peut également être estimée beaucoup plus rapidement au pilodyn (pénétromètre), à hauteur de poitrine et sans prélèvement d'échantillon. Après avoir enlevé un morceau d'écorce à l'emporte-pièce, et mesuré à cette occasion l'épaisseur de l'écorce, l'opération consiste à projeter avec une énergie constante, une pointe d'acier dans le bois à l'aide d'un appareil muni d'un puissant ressort et à en mesurer la profondeur d'enfoncement (qui en général ne dépasse pas 2 cm).

Cet appareil utilisé surtout pour tester l'état sanitaire des poteaux et d'autres structures en bois est utilisé depuis près de 30 ans par les améliorateurs forestiers. Un étalonnage est indispensable pour vérifier la bonne corrélation entre mesures au pilodyn et densités réelles du bois mesurées avec précision sur carottes de sondage, ce qui est généralement le cas, comme le montre le nuage de points suivant, réalisé en 2004 avec les mesures faites sur les arbres + du programme de SNIACE-Forestal. On voit que dans ce cas, la corrélation est très bonne (R2 = 85,49) entre prédictions au pilodyn et mesures sur carotte.

---

* La photo jointe correspond au "coupe carotte" utilisé par Carlos TEJEDOR. Conçu par André FRANCLET, il permet de maintenir parfaitement la carotte dans toute sa longueur et la trancher en plusieurs tronçons, de 3cm (1 passage) ou de 1,5 cm (2 passages décalés).

Les mesures au pilodyn ne sont donc que des mesures indirectes mais qui peuvent se montrer tout à fait suffisantes dans certains programmes♣.

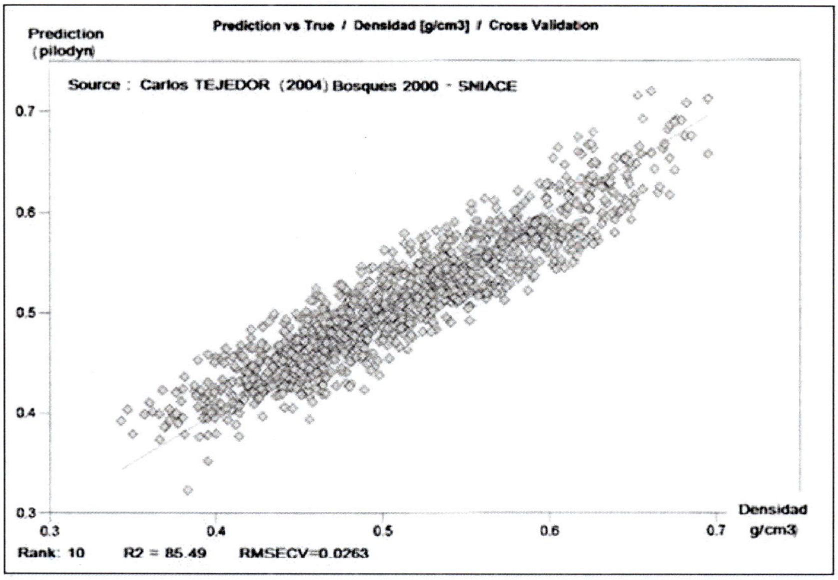

Lors de la sélection des arbres + elles sont extrêmement utiles car elles permettent d'éliminer très rapidement les arbres les moins denses pour se concentrer sur un petit nombre d'arbres candidats qui feront l'objet de mesures complémentaires beaucoup plus précises.

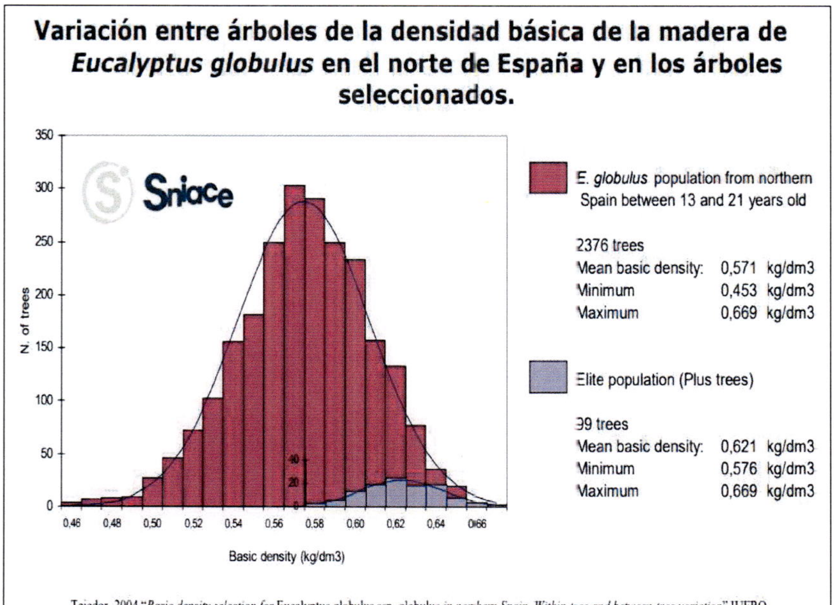

Tejedor, 2004 "*Basic density selection for* Eucalyptus globulus ssp. globulus *in northern Spain. Within-tree and between-tree variation*" IUFRO Conference, Aveiro

---

♣ Dans les plantations clonales du Congo, à partir de 1991, on avait commencé à intégrer l'usage du pilodyn aux inventaires pour connaître l'évolution des densités du bois selon le clone, l'âge, la station et la parcelle. Le bois étant exporté par le port de Pointe-Noire, un des objectifs était d'estimer, à partir du dernier inventaire avant récolte et en fonction des temps de séchage à l'air des rondins écorcés, le poids des cargaisons pour les comparer au poids annoncé par les relevés de tirants d'eau du navire.

D'ailleurs, dans un document de 1995 présenté au Congrès IUFRO de Hobart, GREAVES B.L. *et al.* indiquent que l'estimation au pilodyn est la seule mesure capable d'apporter un gain très significatif sur la densité du bois (19%) pour un coût 5 fois moins élevé que toute autre technique (GREAVES 1995[168]).

A titre d'exemple le graphique ci-dessus, présenté en 2004 par Carlos TEJEDOR à la conférence IUFRO d'Aveiro, fait état de la sélection sur la densité du bois au pilodyn, de 99 arbres + d'*E. globulus* en Cantabrie à partir de 2376 arbres candidats. L'écart de densité est de 8,7% en moyenne entre la moyenne des candidats (0,571) et celle des arbres + (0,621), la plus forte densité étant de 0,669. Ce gain est très important car c'est un facteur multiplicatif du volume pour la production de matière sèche produite.

Autres appareils utilisables. Il existe d'autres outils plus sophistiqués pour ausculter le tronc des arbres sur pied :

- **Résistographes :** Ce sont des appareils dérivés du pilodyn qui permettent l'auscultation du tronc en profondeur (jusqu'à 40 cm) en enfonçant une mèche de 3mm de diamètre capable de détecter les anomalies du bois. Toutefois ces appareils ne peuvent se comparer au pilodyn, beaucoup plus facile d'emploi, mais ils permettent de détecter les pourritures internes et donc d'estimer l'état sanitaire des arbres et leur dangerosité.
- **Tomographes à ultrasons :** Ces appareils permettent d'établir une coupe transversale du tronc avec la place des anomalies éventuelles. Les résultats, couplés à des mesures de pilodyn peuvent permettre d'analyser certains critères de qualité du bois comme l'angle des microfibres (MFA) et plus particulièrement le module d'élasticité (MOE).

Ils sont cependant rarement utilisés pour les mesures de densité seule, mais servent surtout à estimer d'autres paramètres tels que l'angle des micro fibrilles de cellulose dans la paroi cellulaire, très élevé dans le bois juvénile (second facteur influençant les propriétés mécaniques du bois, en particulier sa rigidité et sa résistance (GUITARD, GACHET 2004[169]), le module d'élasticité (CHEN *et al.* 2015[170]), et les variations induites par la sylviculture (effet des éclaircies).

Mesure de la densité du bois au NIRS. La mesure de la densité du bois à partir des carottes de sondage, peut se faire très rapidement au moyen d'un analyseur par rayonnement dans le proche infrarouge (NIRS = Near Infrared Spectroscopy).

L'analyse au NIRS des carottes de sondage est simple et rapide. Elle se fait à partir des surfaces planes de deux demi-carottes de 1,5 cm de long, placées l'une à côté de l'autre sur l'appareil. L'ambiance de travail doit être bien contrôlée (température et humidité constantes), les conditions devant rester identiques pour toutes les mesures. Les manipulations sont les suivantes :

- Sectionnement des carottes en petits cylindres de 15 mm de long,
- Séchage des petits cylindres à l'étuve à 40°C, sans altérer le bois
- Découpage longitudinal des cylindres avec un appareil adapté.
- Rangement par deux des demi-cylindres dans un petit moule en téflon bien adapté à l'appareil
- Mesure de la densité et du taux d'α-cellulose

2 - Qualité papetière

En dehors de la densité du bois, le plus important critère de sélection des arbres pour la production de bois de pâte est sans aucun doute le rendement en pâte qui intègre de nombreux facteurs.

Il est calculé classiquement dans les laboratoires des usines de pâte à partir d'analyses chimiques par des méthodes standard comme par exemple la méthode SEIFERT (telle qu'utilisée en 2005 par le laboratoire de la SNIACE, orienté vers la production de pâte à dissoudre donc vers la seule production d'α-cellulose).

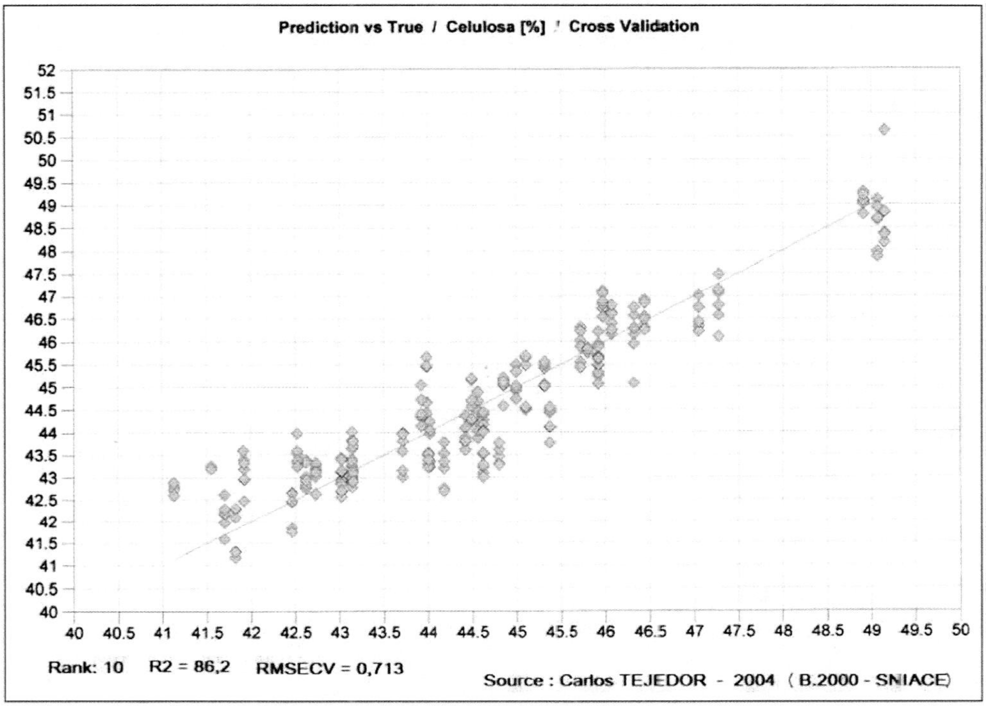

Cette méthode est non seulement, longue et coûteuse, mais dépend des cuissons qu'il est difficile de rendre parfaitement reproductibles. Aussi, chaque type de bois doit faire l'objet de 3 cuissons différentes, le résultat final étant la moyenne des 3 cuissons donnant des résultats plutôt dispersés (jusqu'à 30% de part et d'autre de la moyenne).

Un tel protocole ne peut convenir au sélectionneur, mais depuis une bonne décennie, la spectrométrie dans le proche infrarouge (NIRS) est devenue une technique très utilisée dans la sélection des arbres car elle est rapide et suffisamment fiable pour évaluer le rendement en pâte du bois d'un arbre à partir de carottes de sondage extraites sur les arbres.

Ainsi en 2005 à la SNIACE, à la suite d'une étude de calibration de l'appareil NIRS réalisée sur 56 échantillons de bois d'*Eucalyptus globulus*, on avait trouvé une variation, inter-arbres, de la teneur moyenne en α-cellulose allant de 32,6% à 49,1% du bois sec, soit un écart de 8 points de part et d'autre de la moyenne (40,8% ± 20,2%) ce qui est beaucoup.

La corrélation entre la teneur en α-cellulose et la lecture NIRS restant très bonne (R2 = 86,2), on en a conclu que l'on pouvait utiliser le NIRS pour une détermination très rapide et très simple de la teneur en α-cellulose avec une précision équivalente à la méthode chimique (voir graphique précédent) et cela, avec la même carotte de bois que pour la mesure de densité.

Les gains espérés par une telle sélection sur la teneur en cellulose peuvent se calculer comme suit, pour 2 types de population (arbres à bois de densité moyenne et arbres à bois très dense) :

Globulus à bois de densité moyenne

- Densité moyenne du bois. 0,55 = 550 kg/m3 de bois sec.
- Teneur moyenne en α-cellulose. 550 x 40,87% =225 kg/m3 de bois sec.
- Teneur maximum en α-cellulose. 550 x 49,13% =270 kg/m3 de bois sec.
- Teneur minimum en α-cellulose. 550 x 32,61% =179 kg/m3 de bois sec.
- Espoir de gain moyen. **20,2%**

Globulus à bois très dense

- Densité maximum. 0,66 = 660 kg/m3 de bois sec.
- Espoir de gain maximum : 660 x 49,13% = 324 -225 kg/m3 = + 99 kg/m^3, soit **44%.**
- Espoir de gain minimum : 660 x 32,61% = 215 -225 kg/m3 = - 10 kg/m^3, soit - 4,4%

Le gain probable est plus proche du maximum que du minimum, étant donné la corrélation faible mais positive entre densité du bois et teneur en α-cellulose (voir graphique ci-après) et l'absence de corrélation entre densité et croissance,

En plantant des arbres à bois à la fois plus vigoureux, plus dense et plus riches en cellulose, le gain calculé en tonnes par hectare d'α-cellulose, se cumule avec le gain sur la croissance en volume que l'on peut estimer à 20% (10% venant de l'amélioration génétique et 10% de l'amélioration culturale).

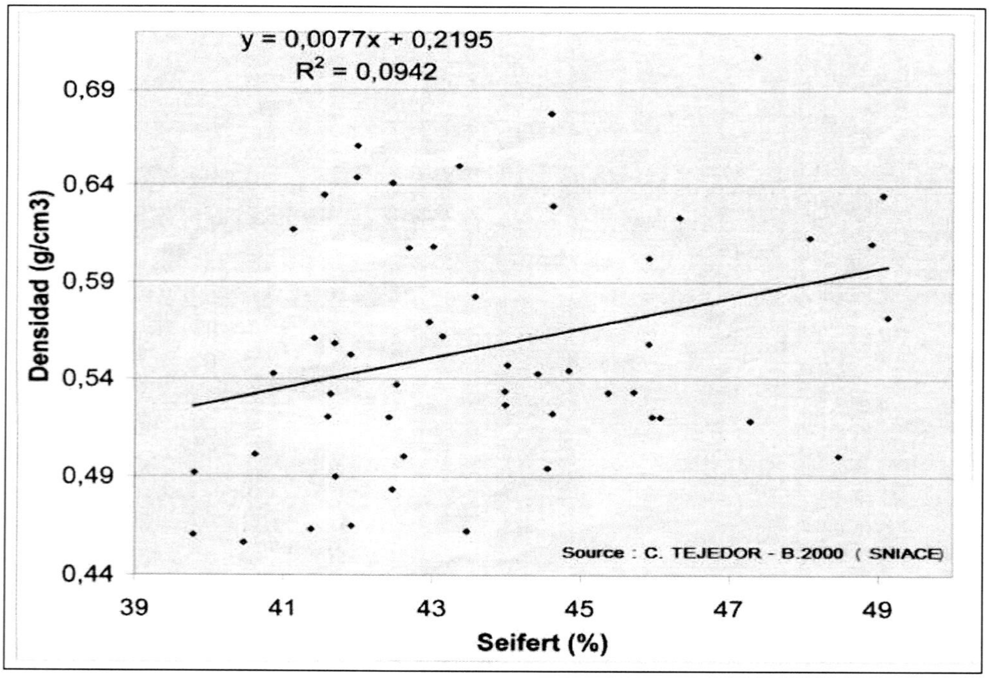

Le gain total de productivité en α-cellulose pourrait donc être compris entre 20 et 72% comme l'indique le tableau ci-dessous, soulignant bien tout l'intérêt de sélectionner sur le rendement en cellulose et le gros avantage d'utiliser la technique du NIRS.

Type de plantation	Volume de bois		Densité	Poids de bois sec		Rendement en α-cellulose		
	m3/ha/an	gain %	kg/m3	t/ha/an	gain %	t/m3	t/ha/an	gain %
non améliorée	**20**	**0%**	0,550	**11**	**0%**	0,411	4,5	**0%**
améliorée	**24**	**20%**	0,660	**15,84**	**44,0%**	0,491	7,8	**72,1%**
	24	**20%**	0,605	**14,52**	**32,0%**	0,451	6,5	**44,8%**
	24	**20%**	0,550	**13,20**	**20,0%**	0,411	5,4	**20,0%**

3 - Qualités de bois d'œuvre

L'idée générale la plus répandue est que la fabrication de bois d'œuvre de grande qualité exige du temps et qu'un tel objectif est réservé aux forêts naturelles ou aux plantations à longue révolution. L'outil du forestier est alors la conduite pendant longtemps de peuplements relativement serrés suivis très régulièrement en éclaircies relativement légères et nombreuses, C'est en particulier le modèle traditionnel du chêne de tranchage des forêts françaises. Cette essence de croissance lente doit en effet présenter des cernes fins et très réguliers pour accéder aux qualités supérieures.

Il existe cependant des possibilités d'améliorer ce type de production chez bon nombre d'espèces à croissance rapide. Nous avons vu plus haut que le premier critère de sélection des arbres était la forme du fût et l'absence de défauts visibles. Pour beaucoup d'espèces, ces critères intègrent déjà de nombreux critères de qualité de mise en œuvre des grumes produites.

Pour aller plus loin, il faut prendre en compte des critères de qualité intrinsèque du bois à l'intérieur de l'arbre. En dehors de la densité du bois, les critères de qualité concernent les cernes de croissance, les fibres et les fibrilles.

En dehors des aspects sylvicoles (densité de plantation et programmation des éclaircies), l'amélioration génétique sur la qualité du bois d'œuvre, développée depuis déjà bon nombre d'années, permet d'améliorer sensiblement la qualité du bois produit sans que l'accélération de la croissance n'ait un effet trop négatif sur la qualité finale des produits. Nous prendrons pour exemple les pins d'une part et parmi les feuillus le cas du Teck est particulièrement intéressant à examiner puisque les plantations clonales de Teck peuvent être considérées aujourd'hui comme des plantations de "bois précieux à croissance rapide".

Cas du Pin radiata en Nouvelle Zélande. Malgré des programmes particulièrement performants et souvent cités en exemple, l'amélioration des qualités du bois de cette espèce est considérée comme relativement décevante, tout au moins insuffisante, du fait d'une recherche excessive sur la productivité au dépend de la qualité du bois à cause d'une liaison génétique négative entre ces deux orientations de sélection avec les coefficients de corrélation suivants :

- Diamètre - Densité = - 0,48,
- Diamètre - Angle des microfibrilles = +0,26,
- Diamètre - Module d'élasticité = - 0,48,
- Diamètre - Fibre torse = + 0,34.

Les industriels du bois de ce pays, à la recherche de plus de valeur ajoutée à leurs produits d'exportation, en sont à réorganiser leurs outils de transformation pour une meilleure adaptation à l'hétérogénéité des approvisionnements (BAYNE 2015[171]).

Dans leur conclusion H. X. WU *et al.* (2008) ont fait des propositions de trois types :

1. Réviser le rythme des éclaircies pour contraindre les arbres à produire des cernes plus étroits,
2. Mieux utiliser la variance génétique non additive dans les programmes d'amélioration,
3. Ré-examiner les essais de provenances vis-à-vis de la qualité du bois.

Pour le 3ème point il avait été observé que la variabilité pour la densité du bois semblait plus grande dans les populations indigènes que dans les variétés locales et les sélections. De même, l'interaction GxE était plus grande en Australie qu'en Nouvelle Zélande. Quand le Pin radiata rencontre des conditions de développement vraiment exceptionnelles, comme c'est le cas en Nouvelle Zélande, les écarts de variabilité des caractères liés négativement à sa forte vigueur (comme la qualité du bois) se réduisent, tout comme les interactions avec le milieu.

Cas des plantations clonales de Teck. Le meilleur exemple de sélection pour la qualité du bois de teck est, selon nous, la sélection faite par le projet du Groupe Yayasan Sabah en Malaisie insulaire développé par O. MONTEUUIS du CIRAD et D. K. S. GOH (2007[172]), orienté vers les plantations clonales à court terme. Pour le bois d'œuvre, de très nombreuses caractéristiques peuvent être prises en compte. Une liste très intéressante de ces caractères classés selon 5 facteurs nous est présentée dans cet article, laquelle est issue d'un précédent article très complet publié en 2000 par BAILLERES et DURAND (2000[173]) et qui se résume comme suit :

1. mécaniques (élasticité, résistance, dureté, contraintes de croissance),
2. physiques (densité, retrait, anisotropie, point de saturation des fibres),
3. biologiques (durabilité naturelle),
4. esthétiques (couleur, fil, grain, texture),
5. structurels (pourcentage aubier/duramen, forme du fût, nœuds, direction du fil).

Les auteurs soulignent que les méthodes destructives ont laissé la place aux méthodes non destructives beaucoup plus rapides et surtout parfaitement adaptées à la sélection qui nécessite l'auscultation d'un grand nombre d'arbres candidats.

La technique du CIRAD utilisée pour le teck comprend une tarière australienne entrainée par un moteur thermique de type tronçonneuse. Les carottes de 15 mm de diamètre et de 40 à 60 cm de long sont extraites sans effort en 2 à 5 minutes. Les trous de 22 mm de diamètre sont rebouchés avec des tourillons traités au fongicide-insecticide.

Enfin, et surtout, la méthode employée a été grandement facilitée grâce à l'utilisation du NIRS, capable également de fournir immédiatement des mesures indirectes de plusieurs caractéristiques du bois très liées aux qualité de bois d'œuvre et plus particulièrement :

- la densité de base,
- le module d'élasticité,
- la contrainte de rupture,
- les retraits (radial et tangentiel),
- la durabilité naturelle,
- le contenu en extractibles.

Concernant la durabilité naturelle, Gilles CHAIX (communication personnelle) *et al.* sont arrivés à prédire la durabilité (résistance aux champignons) selon deux voies :

- Prédire la perte de masse relative et en déduire la classe de durabilité (méthode utilisée au Sabah),
- Prédire la teneur en 4,5-Dihydroxy-epiisocatalponol liée à la masse perdue (NIAMKE 2012[174] et 2014[175]).

Naturellement une calibration est indispensable pour chaque caractère ce qui est une moindre dépense puisque selon les auteurs : « *le NIRS est un outil rapide, peu coûteux, facile à utiliser, bien adapté à une méthode analytique non destructive, fiable et polyvalente qui peut accueillir des échantillons de bois hétérogènes et signalent de légères variations du bois induites chimiquement* ». Le NIRS apparaît donc comme un outil idéal de prédiction dans la sélection sur la qualité du bois.

Ajoutons que les valeurs données par le NIRS sont surtout intéressantes en valeur relative, par rapport aux autres arbres-candidats. L'important n'est pas de connaître la valeur absolue de chacun des critères pris en compte mais de déterminer quels sont les meilleurs candidats. Le milieu conservera quoiqu'il en soit une influence sur le résultat final, à la récolte des arbres sélectionnés.

Au sujet de la sélection des arbres + de Teck au Sabah, malgré des densités inférieures de 12% par rapport à des bois de forêt naturelle, les ortets sélectionnés affichent des épaisseurs d'aubier relativement réduites et des retraits très inférieurs (retraits radial et tangentiel réduits respectivement de 50% et 75%) avec un T/R qui passe de 1,8 à 1 correspondant à une grande stabilité physique. De plus, le bois de ces arbres dont la durabilité ne semble pas altérée, présente une bien meilleure résistance à la flexion (module de rupture > de 25%).

S'agissant d'héritabilité au sens large, les caractères ainsi sélectionnés devraient donc être conservés par le bouturage, ce qui devrait conduire à des plantations clonales, très productives et à bois de grande valeur.

Signalons que ce type de sélection a été également engagé en 2007 au Togo pour tenter de rénover les 50.000 ha de plantations de Teck vieillissantes, en les remplaçant graduellement par des clones sélectionnés au sein de ce massif (AKPENE *et al.*[176]).

52 - L'amélioration des espèces pures par voie récurrente

Bien que les ligniculteurs utilisent le plus souvent des espèces introduites, on doit faire la distinction entre espèces autochtones et espèces exotiques. Chez les espèces autochtones, la logique voudrait que les essais de provenances désignent la provenance locale comme meilleure provenance mais ce n'est pas toujours le cas.

Un des meilleurs exemples est fourni par l'Epicéa au Sud de la Suède, beaucoup moins vigoureux que les provenances d'Europe centrale (Pologne notamment) car après la dernière glaciation, l'espèce qui avait trouvé refuge en Europe centrale et en Russie a dû faire le tour du Golfe de Botnie (TOLLEFSRUD *et al.* 2008[177]) et affronter les rigueurs arctiques avant de pouvoir recoloniser toute une grande partie du Sud de la Suède* sous forme d'écotype boréaux à faible croissance.

Ces écarts entre conditions locales et adaptations des espèces autochtones sont soulignés par MATYAS (2002) qui parle de décalage d'adaptation "adaptation lag" *in* NANSON, page 246.

Le choix de la (ou des) meilleures provenances étant fait, l'amélioration génétique des espèces pures peut alors se poursuivre par un programme de sélection intraprovenance (s) conduisant à des générations successives dites avancées. On entre alors dans des cycles récurrents d'amélioration qui peuvent s'inscrire dans l'une des trois voies suivantes :

---

* Toute la population d'épicéa du Sud de la Suède n'est cependant pas homogène. On a trouvé ces poches avec une diversité plus grande, renforçant l'hypothèse de "clusters" de recolonisation par arrivées aériennes de graines par-dessus la mer baltique.

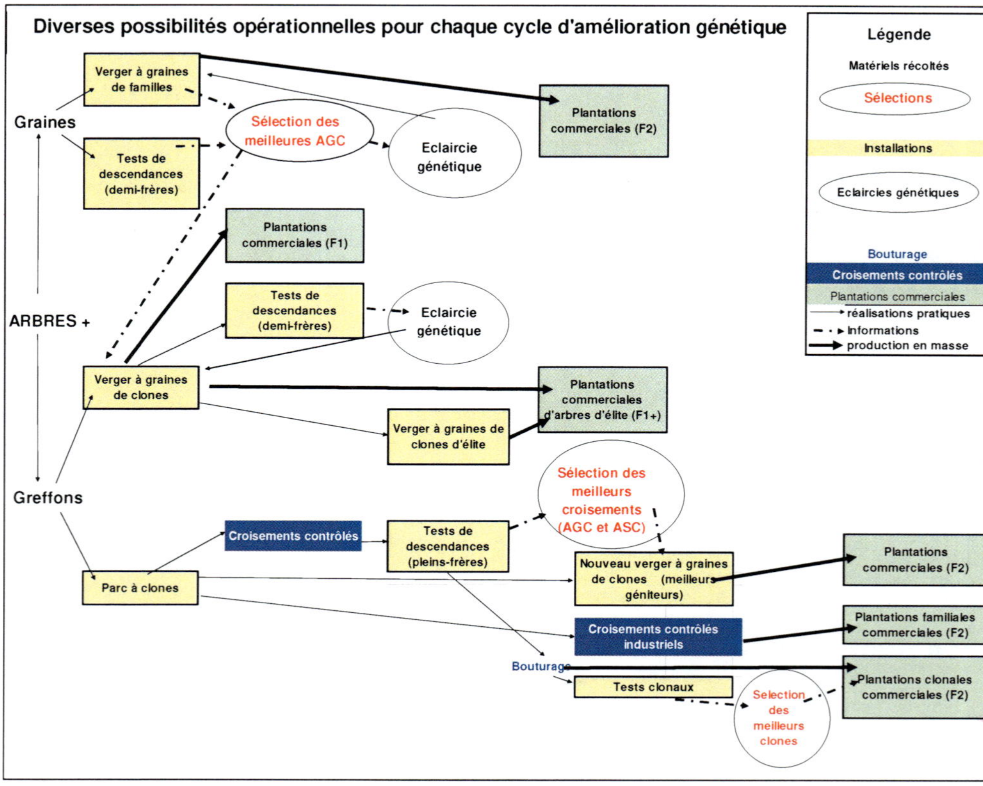

1. Voie récurrente simple dans le cas d'une seule provenance sélectionnée,
2. Voie récurrente multiprovenances (cas de plusieurs provenances améliorées conjointement),
3. Voie récurrente réciproque (cas de plusieurs provenances sélectionnées et améliorées séparément).

52.1 - Principes et méthodes

Les principes de l'Amélioration par voie réciproque ont été bien définis par différents auteurs et en particulier par DEMARLY (1977[178]). C'est une succession de cycles de sélections individuelles d'arbres + utilisés comme géniteurs et dont l'interfécondation conduira à une nouvelle génération dite "avancée".

A chaque cycle, les modalités de passage à la génération suivante varient selon :

- le type de matériel récolté sur les arbres + (graines, greffons ou les deux à la fois),
- la façon d'utiliser les graines (test de descendances + ou verger à graines, ou les deux à la fois),
- la façon d'utiliser les greffons (verger à graines de clones ou parc à clones, ou les 2 à la fois).

Chaque cas est différent et dépend de l'espèce, des objectifs poursuivis, des conditions locales, des moyens disponibles et des résultats obtenus. Les sorties commerciales peuvent se compliquer selon que l'on se limite aux récoltes dans les vergers à graines à fécondation libre ou que l'on se lance dans les croisements croisés industriels, voire le clonage des plus beaux individus.

Le Schéma qui suit donne une idée des opérations possibles à chaque cycle d'amélioration. Il existe, on le voit de très nombreuses possibilité opérationnelles à chaque cycle de la voie récurrente.

Dans la pratique on rencontre souvent l'une des 4 modalités A, B. C et D, ci-après :

A **Verger à graines de clones sans éclaircie.** Mobilisation des arbres + par récolte de scions et greffage sur de jeunes plants. Installation d'un verger à graines de clones (VGC ou CSO en anglais*), constitué par un mélange pied à pied des plants greffés dans un dispositif monoarbre (1 ramet greffé de chacun des arbres + par parcelle unitaire contenant l'ensemble des arbres + sélectionnés). La descendance d'un tel verger correspondra bien à la génération avancée n° 1.

B **Verger à graines de familles.** Mobilisation Récolte de graines sur les arbres + sélectionnés (s'ils sont fructifères). Elevage des descendances d'arbres + et installation d'un verger à graines de familles (VGF ou SSO** en anglais) avec le même dispositif monoarbre, en remplaçant les ramets greffés par des semis de chacune des descendances. Dans ce cas, le verger lui-même correspond à la génération avancée n°1 et sa descendance, à la génération avancée n° 2. Le verger lui-même est un test de descendances. Le verger sera éclairci génétiquement en éliminant les moins bonnes familles au fur et à mesure de la croissance du verger.

C **Verger à graines de clones d'arbres + puis d'arbres d'élite après éclaircie génétique.** Récolte de greffons et de graines sur les arbres +. Elevage des descendances de chacun des arbres + et réalisation de tests de descendances dans des sites variés. Parallèlement, greffage des scions sur de jeunes plants et installation d'un verger à graines de clones qui produira à terme la génération avancée n°1. Eclaircie du verger d'après les résultats des tests de descendances, lesquels peuvent être réalisés plus tardivement en récoltant les graines du verger par clones d'arbre + séparés (dans le cas où la récolte initiale ne concerne que des greffons).

D **Verger à graines de clones d'arbres d'élite après sélection sur test de descendances.** Récolte de greffons et de graines sur les arbres +. Elevage des descendances de chacun des arbres + et réalisation de tests de descendances dans des sites variés. Greffage des scions sur de jeunes plants et installation d'un parc à clones permettant de conserver les arbres + et d'y récolter des greffons à la demande. A terme, installation d'un VGC limité aux meilleurs arbres + (arbres d'élite jugés sur leurs descendances) et production d'une génération avancée n° 1.

Le tableau de la page suivante résume et compare ces 4 modalités.

Le fait que les arbres greffés fructifient plus précocement que ceux issus de graines, est un gros avantage pour les VGC. Il demeure cependant des problèmes de rejets de greffes qui perturbent la qualité des graines produites par ce type de vergers. Les VGF permettent de gagner 1 génération d'amélioration ; par contre la gestion de ces vergers de semis est plus complexe puisqu'ils sont en fait des tests de descendances soumis à éclaircies.

Il faut signaler que les vergers à graines de clones nécessitent des entretiens constants. Pour les espèces qui rejettent facilement de souche, il faut en particulier supprimer tout rejet des porte-greffes. Ces gourmands viendraient en effet fortement perturber la qualité des graines produites. Un tel défaut semble grossier ; il est cependant fréquent dans tous les vergers à graines gérés très extensivement.

---

* Clonal seed orchard (CSO)
** Seedling seed orchard (SSO)

Amélioration génétique par voie récurrente. Particularités suivant les modalités

Type de verger	opérations pratiques	Usage des pieds greffés	Testage des arbres +	Sélection entre arbres +	Type de sélection	Eclaircie génétique	Temps d'obtention de la génération avancée	nb de sélections réalisées	n° de génération produite
VGC arbres +	Greffage de tous les arbres +	Installation immédiate du VGC	Sélection sur AGC possible avec les graines du verger				3 à 7 ans	1	F1
VGF (sélection)	Semis des arbres + d'origine	0 greffage	le verger sert de test de descendances	en cours de croissance du verger	AGC (au sein de la F1 des arbres +)	suppression des moins bonnes familles dans le verger	7 à 12 ans	2	F2
VGC arbres d'élite	Greffage de tous les arbres + Semis des graines d'arbres + d'origine	Installation immédiate VGC et TDD	sur tests de descendances séparés	indépendant de l'entrée en production du verger	AGC (au sein de la population d'origine)	suppression des moins bons géniteurs dans le verger	au moins 10 ans	2	F1
VGC arbres d'élite	Greffage après sélection des meilleurs arbres + Semis des graines d'arbres + d'origine	Installation immédiate PC et TDD (VGC différé)	sur tests de descendances séparés	avant la constitution du verger	AGC (au sein de la population d'origine)	0 éclaircie greffage uniquement des meilleurs arbres +	au moins 10 ans	2	F1

52.2 - La Voie récurrente simple

Cette voie est utilisable pour l'amélioration d'une provenance pure, pouvant être la provenance locale. Elle consiste à effectuer une succession récurrente de cycles de sélection, partant d'une population d'amélioration à la génération n (PA_n) et se terminant par une population améliorée d'ordre n+1 (PA_{n+1}) à la génération suivante.

Les diverses générations avancées successives descendent donc toutes les unes des autres, l'amélioration venant de la sélection et de la recombinaison entre arbres +. A chaque génération, les génotypes sélectionnés sont regroupés et "mis à reproduire" dans une parcelle spéciale appelée verger à graines (VAG) destinée à la production des graines améliorées de la nouvelle génération avancée (ordre n+1).

Lorsque les arbres + sont mobilisés par greffage, les vergers à graines sont des vergers à graines de clones (VGC) ce qui est le cas du schéma de la page suivante (à gauche).

La génération 0 (G_0) correspond à la provenance naturelle (ou à l'écotype) dans laquelle on sélectionne phénotypiquement un certain nombre d'arbres sur des critères de forme, de hauteur, de qualité de ramification et de vigueur. Ce sont les "arbres +" dont l'ensemble constitue la population d'amélioration de départ (PA_0). Sur ces arbres +, on peut récolter des graines et des greffons (facilement si l'on dispose de la provenance locale).

Les greffons vont servir à installer un premier verger à graines de clones (VGC A+) en installant les arbres + en dispositif monoarbre, dans un site plus ou moins isolé (afin d'éviter trop de pollution génétique par du pollen extérieur). Ce verger qui correspond à la population d'amélioration PA_0 pourra être taillé et conduit de façon optimale pour une fructification abondante et aussi précoce que possible.

Sa descendance, produit de l'interfécondation entre les divers arbres +, correspondra à la 1ère génération avancée (G_1) et servira aux plantations commerciales.

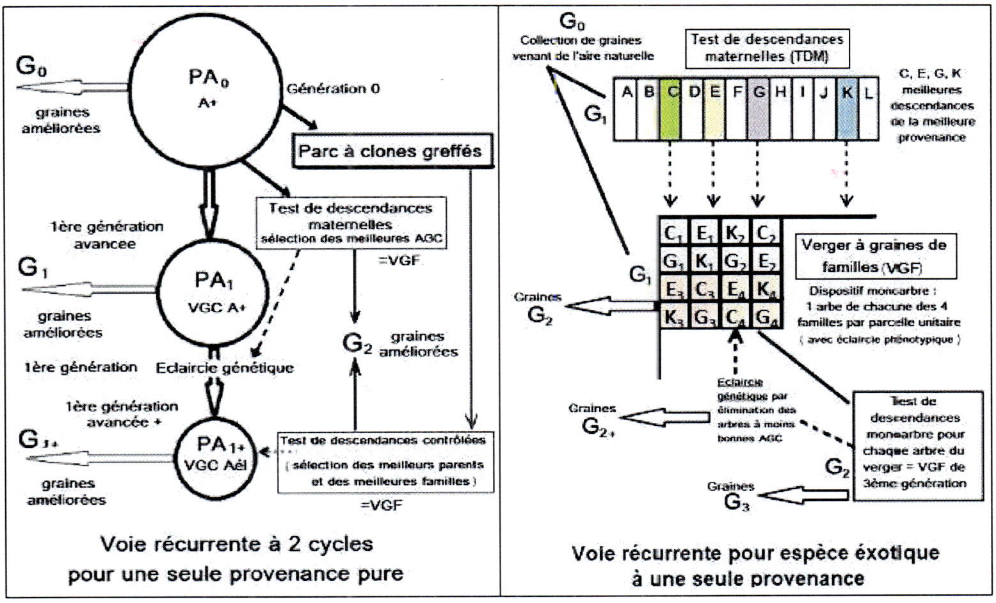

Voie récurrente à 2 cycles pour une seule provenance pure

Voie récurrente pour espèce éxotique à une seule provenance

Les graines récoltées sur les arbres + sont destinées en priorité à l'installation de tests de descendances maternelles (TDM) et les surplus pourront également alimenter directement les plantations commerciales avec un gain attendu d'environ 20%. Les TDM permettront d'évaluer les arbres + sur leur aptitude générale à la combinaison (AGC) c'est à dire leur valeur en croisement avec le reste de la population surtout constituée par les arbres non sélectionnés les plus proches (donc en principe, inférieurs en qualité). En effet, les règles de la sélection en forêt naturelle* imposent que les arbres + soient éloignés les uns des autres pour éviter que plusieurs arbres + appartiennent au même cercle de consanguinité.

D'un point de vue théorique, l'AGC n'est que la moitié de la valeur d'amélioration de chaque arbre mère mais cela permet d'éliminer les moins bonnes AGC et donc d'éclaircir le verger correspondant à la population PA_1 ce qui permet de passer au Verger éclairci PA_{1+}, de même niveau générationnel mais ne contenant plus que les meilleurs arbres +, dits "arbres d'élite". On pourra également créer un nouveau verger avec ces seuls arbres d'élite. Ces deux vergers sont identiques et leur fructification donnera la 1ère génération avancée (G_{1+}).

On peut naturellement compliquer ce schéma pour de meilleures performances. Tout d'abord, le dispositif du test de descendances maternelles peut être de type monoarbre et correspondre en fait à un verger à graines de semis (ou de familles). Sa fructification fournira la génération avancée n° 2. L'évaluation des meilleurs AGC au sein du verger-TDM, lui-même, conduira à une éclaircie génétique et donc à une génération avancée G_{2+}.

On pourra aussi utiliser les greffons pour installer un parc à clones (proche des installations de recherche) permettant de conserver les arbres +, de produire des greffons supplémentaires et, dès

* Selon NAMKOONG *et al.* (1980), la provenance est définie par le choix de 50 à 200 beaux arbres dispersés dans tout le peuplement.

l'entrée en floraison de ces arbres greffés, réaliser des croisements contrôlés destinés à la recherche des meilleurs arbres +, ceux conduisant aux meilleures familles.

Certaines familles exceptionnelles pourront présenter de fortes aptitudes spécifiques à la combinaison (ASC) et mériteront une attention particulière. On pourra par exemple réaliser des vergers pauciclonaux (les 5 à 10 meilleurs arbres + par exemple), voire des vergers biclonaux (1 mère et 1 père). La difficulté pour de tels vergers étant la simultanéité de floraison des géniteurs, on pourra contourner le problème en réalisant de petits vergers monoclonaux permettant la récolte du pollen sur les uns et la pollinisation artificielle dirigée sur les autres, conformément aux résultats des tests de descendances contrôlés. Cette dernière technique ne concerne bien sûr que les espèces anémophiles, à commencer par les conifères et tout d'abord par les pins.

Les possibilités sont donc variées et lorsque l'on dispose des arbres + au début d'un programme, il est important de récolter à la fois des graines et des greffons lors des grimpages. Ce ne peut être le cas pour les programmes relatifs aux espèces exotiques pour lesquels force est de débuter par l'importation de collections de provenances, si possible par descendances séparées.

Application aux espèces exotiques. Le schéma précédent (figure de droite) décrit sommairement les opérations d'une sélection par voie récurrente à partir de 4 familles retenues au cours des essais de provenances-descendances.

La 1ère phase consiste en un essai de provenances par descendances séparées qui se termine par le choix des meilleures familles au sein de la meilleure provenance. Si l'on dispose d'une quantité suffisante de graines pour ces bonnes descendances (en stock où venant d'une nouvelle récolte), on peut alors installer un verger à graines de familles (limité strictement à ces familles sélectionnées) et dont le dispositif sera de type monoarbre (1 arbre de chaque famille dans chaque parcelle unitaire) avec un grand nombre de répétitions.

L'exemple représenté sur le schéma ne comprend que 4 familles ce qui semble trop réduit pour une seule provenance. Ce verger correspond déjà à la génération G1 et produira, dès fructification, la 2ème génération avancée (G2).

52.3 - Cas particulier des Eucalyptus

52.31 - Problème de l'autofécondation

La particularité des eucalyptus est de tolérer une part importante d'autofécondation (25% en moyenne pour de nombreux auteurs, en particulier ELDRIDGE (1976[179]) avec un effet dépressif très net.

Nous l'avons également constaté chez l'*Eucalyptus tereticornis*-12ABL du Congo qui est une famille de demi-frères introduite de Madagascar en 1956 (voir plus loin) dont la descendance était forcément consanguine. Outre la dépression de vigueur, souvent citée, la consanguinité dans les descendances d'eucalyptus est facile à mesurer du fait de la présence de formes anormales plus ou moins létales, les "dwarfs". Dans nos premiers travaux du Congo (1977[180]), nous avons souligné la présence de ces plants anormaux, considérés alors comme des phénomènes pathologiques mais désignés comme la conséquence de la consanguinité par P. BOUVAREL en 1965. Quelques essais de greffage nous avaient conduit à éliminer l'hypothèse pathologique dès 1968 et l'origine consanguine de ces plants fut démontrée en Afrique du Sud sur *E. grandis* par HODGSON (1976). Il a décrit 15 types différents de dwarfs (numérotés de 1 à 15), facilement reconnaissables car atteints de nanisme caractérisé. La tige est souvent multiple avec perte de dominance apicale. Les feuilles sont difformes, linéaires ou très arrondies, courbées, cloquées avec les bords du limbe souvent irréguliers. Ces anomalies sont assorties de défauts de pigment chlorophyllien. La durée de vie de ces différents dwarfs est en général courte, depuis le stade du repiquage jusqu'à une dizaine d'années.

En utilisant quelques dwarfs comme marqueurs, HODGSON a pu mesurer un taux d'autofécondation de 37% dans les descendances open d'*E. grandis* en Afrique du Sud ce qui est considérable mais ne nous étonne pas. Il va plus loin et fait l'hypothèse du déterminisme génétique de ces dwarfs. La mère autofécondée étant de type Aa, seuls les doubles récessifs sont de type dwarfs c'est-à-dire 25% de la population, ce qui est vérifié par le ratio normaux/dwarfs de 3 pour 1

De plus HOGDSON a proposé d'utiliser la dépression sur la hauteur pour estimer le pourcentage d'autofécondation en utilisant la formule :

$$\frac{C - O}{C - S} \, x\, 100$$

avec :

- C = hauteur des plants obtenus par croisements contrôlés
- O = hauteur des plants obtenus par fécondation libre,
- S = hauteur des plants obtenus par autofécondation

Il a trouvé des dépressions sur la hauteur de 2 à 26% pour les familles de ½ frères (fécondation libres) par rapport aux familles de plein-frères (croisements contrôlés), les dwarfs étant largement responsables de cette perte de hauteur.

Il est donc apparu clairement que seule la fécondation croisée artificielle pouvait assurer un maximum de vigueur et une absence complète de dwarfs. Ce phénomène extrêmement important chez les eucalyptus a deux conséquences immédiates :

1. un avantage : le dénombrement des dwarfs en pépinière, puis sur le terrain, permet d'estimer rapidement le niveau de consanguinité. Plus tard, le pourcentage d'emplacement non productifs (ENP%) dûs en majorité à la disparition des dwarfs, donne également une estimation de la consanguinité
2. un inconvénient : la recherche du gain maximum risque d'être toujours limitée par l'existence d'un taux assez élevé et variable d'autofécondation restreignant la panmixie et réduisant plus ou moins la vigueur.

Le 12ABL du Congo illustre bien ce chapitre. En effet, la descendance des 12ABL isolés présente beaucoup de dwarfs et certains même presque pas de descendants, comme l'arbre de Bas Kouilou isolé à 30 km du premier eucalyptus (83% de manquants dans la descendance et une très faible vigueur des plants restants). Ce cas est loin d'être unique, même parfois en présence d'autres arbres

Enfin, bien qu'un taux élevé d'autofécondation soit la règle chez les eucalyptus, celle-ci n'entraîne pas toujours une très forte dépression de consanguinité. Il existe des individus qui admettent l'autogamie complète. Dans notre thèse (1987) nous avons signalé le cas de l'arbre + 1140 de 12ABL sélectionné à Loudima et dont la descendance est restée bonne et stable quel que soit son environnement (parcelle 6B1 d'origine, pied greffé complètement isolé, pieds greffés dans le verger à graines de clones de Malolo). Cet arbre accepte donc l'autofécondation sans dépression à la F1. Il est donc fort probable qu'il soit fortement homozygote avec peu de gènes récessifs. Nous pensons que c'est ce genre d'individus qu'il faudrait sélectionner comme géniteurs pour bénéficier de gains génétiques élevés.

On comprend donc pourquoi la Sélection Génomique (GS) fait actuellement l'objet d'une recherche active par les Centres de recherche et les services de R&D des grandes entreprises (10% des communications de la conférence internationale sur l'Eucalyptus de Montpellier en 2018). Elle permet en effet de détecter sans détour les génotypes les plus intéressants et les plus utiles dans les programmes d'amélioration. Il n'en reste pas moins vrai que toute sortie variétale par fécondation libre pourra s'avérer décevante à cause des autofécondations, comme avec les eucalyptus.

Michel BARTOLI (1970). Tests de descendances d'Eucalyptus 12ABL
Forte disparité des performances des arbres + selon les années de fructification

N° de semencier	Années					
	1963	1964	1965	1966	1967	1968
49	moyen		moyen		mauvais	
138	moyen			bon	mauvais	
167		mauvais		bon		bon
174		mauvais	moyen	bon	moyen	
192		moyen		moyen		moyen
198				bon	mauvais	
221			bon	mauvais		
224			bon	mauvais	moyen	

52.32 - Conséquences pour la voie récurrente

Il n'est donc pas étonnant que chez les eucalyptus, les vergers à graines de clones, monoprovenance, installées dans les années 80 (Afrique du sud, Nouvelle Zélande, Brésil, Congo, Floride) avaient conduit à des F1 inférieures aux prévisions, sauf pour ceux de Floride mais nous verrons plus loin pourquoi. Parallèlement, les essais de provenances de plus en plus complets faisaient émerger des populations naturelles dépassant parfois les F1 des vergers issus des sélections dans les landraces locales, parfois anciennes, remettant en cause les programmes d'amélioration.

Plusieurs exemples illustrent bien ce résultat :

Cas du 12ABL au Congo

Dans notre article de 1971, nous avons largement décrit le premier cycle de sélection récurrente lancé dès 1962 par J. GROULEZ et qui s'est terminé en 1969 par l'installation de 2 vergers à graines de 15 et 30 clones greffés (Pointe Noire-Nanga et Loudima-Malolo, respectivement). La sélection de ces géniteurs, d'abord massale dans les parcelles d'introduction de 1956, avait été complétée par une sélection sur de nombreux tests de descendances maternelles, réalisés avec précision, sur des terrains homogènes, dans chacune des deux stations. Il est à souligner que chaque semencier avait été testé 2 ou 3 fois au cours des 6 années successives de ce programme.

Les résultats de ces tests, donnés en 1970 par BARTOLI (1970[181]) ont montré une forte variation dans les classements selon les années, y compris pour les dwarfs dénombrés en pépinières (22% en moyenne avec une variation annuelle pouvant aller de 0 à 100%), rendant très difficile la sélection finale comme le montre bien le tableau suivant extrait du document de l'auteur (1970).

Des résultats similaires avaient été publiés par HODGSON (1974[182]) qui avait montré que l'autofécondation était variable d'un individu à l'autre et d'une année sur l'autre.

On peut se demander pourquoi l'autofécondation partielle existe chez les eucalyptus. Nous pensons qu'ayant évolué pendant longtemps à l'abri des fortes concurrences, le genre a fini par accumuler une charge génétique excessive et l'autofécondation est devenue une façon de se purger régulièrement des gènes récessifs sans toutefois y parvenir compétemment puisqu'ils restent stockés chez les hétérozygotes. Dans les aires naturelles, une telle modalité reste sans conséquence car la part des plants issus d'autofécondation est éliminée par les effets de compétition.

Par contre, cela est beaucoup plus gênant pour les vergers à graines puisque d'une part, il est très difficile de connaître la valeur exacte des AGC et que d'autre part, l'autofécondation subsistera toujours en fécondation libre. On devra recourir aux croisements contrôlés (test polycross) mais

outre le fait que cela peut s'avérer très lourd pour les espèces à petites fleurs, difficiles à manipuler comme l'*E. nitens* par exemple, cela n'empêchera pas les autofécondations dans les vergers à graines et les AGC risquent de demeurer de mauvais prédicteurs du gain réel espéré.

Puisque la reproduction dans les vergers à graines a lieu par fécondation libre entre les différents arbres + sélectionnés, c'est cependant bien dans cette même situation que les descendances devraient permettre de prévoir le gain final avec le minimum d'erreur mais, outre le délai supplémentaire nécessaire à la sélection en retour sur la valeur des descendances du verger, la voie récurrente classique trouvera rapidement sa limite. On s'efforcera alors nécessairement de trouver des sorties commerciales, autres que par les fécondations libres quand c'est possible (croisements contrôlés clonage industriels).

Ce fut bien le cas pour l'E. 12ABL du Congo pour lequel la sélection par voie récurrente n'a pas abouti. On peut évoquer la base génétique trop réduite de cette population pourtant classée parmi les meilleures provenances d'*E. tereticornis*. Cependant d'autres résultats tendent à faire de cet échec un cas plus général.

Cas de *l'E. grandis* en Afrique du Sud

Dans ce pays, VAN WYK (1980) a montré l'importance de l'autofécondation dans les vergers à graines. Dans un essai de diverses provenances, il met en évidence la supériorité des croisements contrôlés sur les fécondations libres. Il montre également la perte de vigueur en relation avec le degré de consanguinité de la descendance.

Le graphique précédent, extrait de sa publication, montre la très faible performance des autofécondés (S) par rapport aux croisements entre pleins-frères (FS), eux-mêmes très largement dépassés par les fécondations libres, lesquelles sont inférieures aux croisements contrôlés avec un mélange de 5 pollens non apparentés (Polymix M). Les témoins sont plus ou moins bien classés. famille de pleins-frères (GC), vergers à graines de familles (SO), lot commercial (GC). Il apparaît sur le graphique que les croisements entre demi-frères donnent des familles d'assez bonne qualité, parfois supérieure aux descendances de vergers à graines, ce qui peut paraître étonnant mais reste bien conforme au point de vue de HODGSON qui dit que la principale source de dégradation vient des autofécondations par fécondation libre. Cette expérience a été suivie par une recherche sur les dispositifs de vergers à graines pour tenter de réduire les taux d'autofécondation qui restent le problème majeur.

Dans son document, VAN WYK, donne également les résultats d'un diallèle incomplet. Selon l'auteur, les héritabilités calculées sont faibles pour le volume qui est largement sous contrôle non additif. Par contre, les héritabilités de la forme du fût ainsi que de celle du houppier sont relativement élevées. Sa conclusion était qu'en utilisant les meilleures ASC on pouvait compter sur un gain maximum en volume de 51% alors qu'en sélectionnant sur l'AGC, on ne pouvait dépasser un gain théorique de 26%. En réalité les gains réels risquent d'être beaucoup plus faibles que les gains théoriques du fait des autofécondations inévitables par fécondation libre.

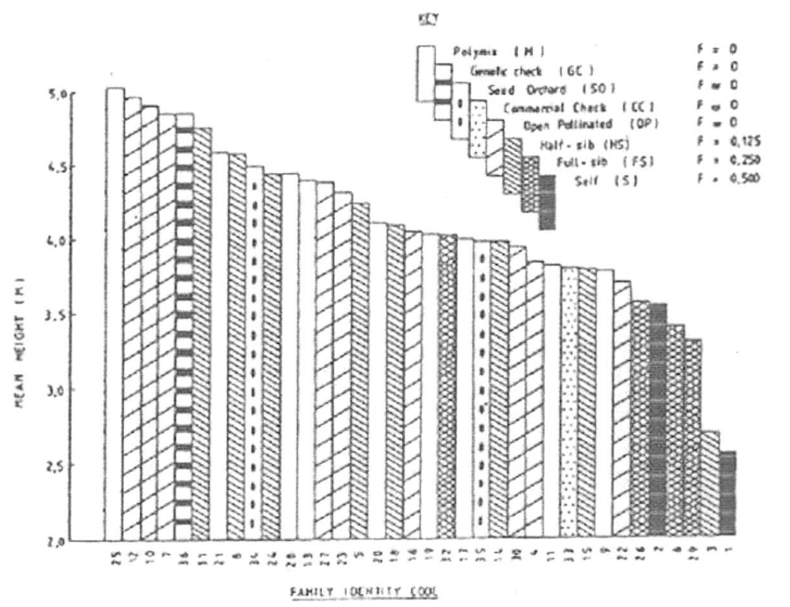

Hauteurs moyennes de familles variées d'E. grandis avec différents degrés de consanguinité (VAN WYK - 1980)

Cas de *l'E. grandis* au Brésil

Dans un document de 1983, (KAGEYAMA[183]) au Brésil nous donne des estimations de l'héritabilité de différents caractères et des prévisions de gain. Il étudie des descendances maternelles à partir d'arbres sélectionnés phénotypiquement dans une population d'*E. grandis* appartenant à la provenance Coffs Harbour. Les héritabilités restent faibles et les gains estimés qui en découlent ne dépassent pas 8% pour le volume et 13% pour la rectitude. Par contre il indique un gain de 25% sur le taux de survie quel que soit le site alors qu'il signale de fortes interactions GE au niveau familial pour les autres caractères (rectitude, surface terrière et volume), On peut interpréter cette nette augmentation du taux de survie par une forte réduction des dwarfs, c'est-à-dire une diminution importante des autofécondations. Cela fait penser à la rupture des cercles de consanguinité existant dans l'aire naturelle de la provenance. On peut alors penser qu'une partie au moins des 8% de gain sur le volume serait à attribuer à des effets non additifs.

Cas de *l'E. grandis* en Floride

Dans cet état des USA, des travaux d'amélioration de l'*E. grandis* ont été conduits par voie récurrente pendant 4 générations successives dont 3 avancées à partir d'une population de base installée en 1961 (1ère génération). MESKINEN (1983[184]) faisait état de gains très importants prévus à chaque génération en se basant sur une forte héritabilité (0,17 à 0,37) pour la production à 30 mois.

Eucalyptus grandis (Floride)	Gains de production à 30 mois		Héritabilités	
	prévus	observés	théoriques	réalisées
Génération 1 à 2	0,47	0,57	0,17	0,10
Génération 2 à 3	1,12	0,23	0,44	0,11
Génération 3 à 4	0,61	0,14	0,37	0,09

Sources : Meskinen (1983), Meskinen et Franklin (1984) et Franklin (1986)

Cependant, FRANKLIN, dans un document de 1986[185], compare très objectivement les gains effectivement enregistrés aux prévisions de gain et découvre un écart assez considérable dès la seconde génération avancée, comme l'indique le tableau suivant tiré de sa publication.

Il faut ajouter que des hybrides interspécifiques existaient déjà dans la deuxième génération (notamment avec *E. camaldulensis* et *E. tereticornis*) et que de nouvelles descendances en provenance de l'aire naturelle enrichissaient la 3ème génération (MESKINEN et FRANKLIN 1984[186]). En complément et en accord avec ces gains plus modestes, les héritabilités vraies, calculées à postériori étaient beaucoup plus faibles sauf pour le passage à la 3ème génération. Franklin a conclu que finalement les phénomènes non additifs rendaient le mieux compte des résultats.

Pour nous, l'augmentation des gains à la première génération avancée ne peut s'expliquer que par la pollution génétique des vergers à graines par du pollen d'autres espèces et donc par la présence d'individus hybrides dans les descendances (ce qui est très fréquent avec les eucalyptus). De même, la dépression qui suit vient à la fois de la disjonction des hybrides choisis comme arbres + et des autofécondations toujours très présentes. Nous ajoutons également qu'en présence d'une grande variété de pollens compatibles, les autofécondations sont probablement défavorisées. Il est par exemple possible que lors de la croissance des tubes polliniques, l'hétéropollen soit avantagé par rapport à l'autopollen et ce, d'autant plus que le degré de consanguinité de chaque géniteur est élevé.

Cas de l'*E. globulus* en Cantabrie (Espagne).

A la fin des années 90, la SNIACE* s'est dotée sa Société forestière (BOSCAN)** d'un Service de R&D ("Bosques 2000")***dans le domaine forestier. L'objectif était d'améliorer les plantations d'*Eucalyptus globulus* de l'Entreprise, tant d'un point de vue génétique que cultural. Dans le Nord de l'Espagne, on disposait d'une landrace de bonne qualité et les plantations, gérées à la rotation de 14 ans, pouvaient durer au maximum 56 ans, soit 4 rotations (dont 3 de taillis).

Parallèlement à l'introduction de nouvelles espèces et de nouvelles provenances d'*E. globulus*, le programme d'amélioration génétique que nous avons lancé en 1995 a commencé par la sélection appelée "FDV" (forme, densité, volume) d'une centaine d'arbres + dans les 6.000 ha gérés par l'entreprise. Ces arbres + ont fait l'objet de récoltes de graines et de greffons ce qui a permis de mettre en place des tests de descendances maternels (de type monoarbre) et d'un parc à clones proche des installations. Les familles open de ces arbres + se sont montrées souvent supérieures aux témoins

* SNIACE - Sociedad Nacional Industrias Aplicación Celulosa Española. Torrelavega, Cantabria (Espagne).

** BOSCAN : "Bosques de Cantabria", Sociétéforestière de la SNIACE à Torrelavega (Cantabrie – Espagne)

*****Bosques 2000** était l'Unité forestière de R&D de la SNIACE. Longtemps intégré dans **BOSCAN** (Bosques de Cantabria) la Société forestière de la SNIACE, elle est devenue en 2020 : "Société Forestière de la SNIACE" ou "**SNIACE Forestal**" en reprenant toutes les fonctions forestières de BOSCAN et de R&D de B. 2000. Carlos TEJEDOR en est le Directeur.

locaux (montrant une bonne efficacité de la sélection) ainsi qu'aux provenances importées comme le montrent les résultats globaux ci-après à 9 ans.

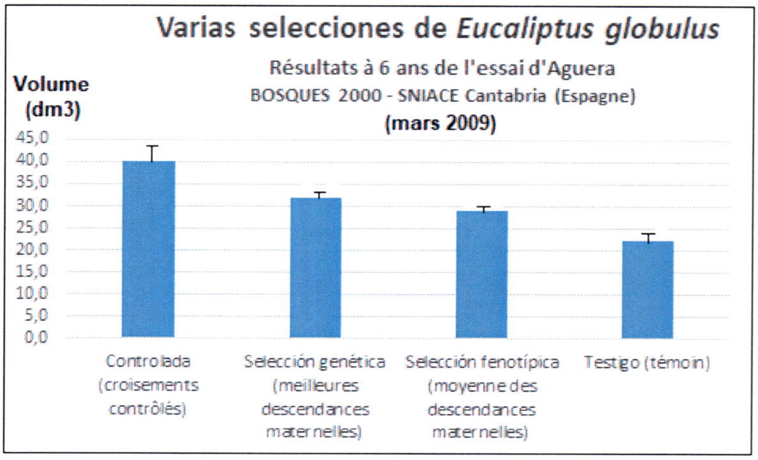

Le programme s'est poursuivi par l'installation chaque année d'un nouveau test monoarbre incluant successivement les structures génétiques suivantes :

- nouvelles descendances maternelles d'arbres +,
- nouvelles espèces et nouvelles provenances,
- premières descendances contrôlées entre arbres + (dès l'entrée en floraison du parc à clones),
- premiers clones d'arbres + (dès que les plus aptes d'entre-eux aient pu être mobilisés et rajeunis).

Concernant les essais d'espèces, seul l'*E. nitens* s'est montré vraiment supérieur à l'*E. globulus* pour toutes les caractéristiques sauf la densité du bois. Malgré un certain désintérêt des industriels pour le bois de nitens, sa meilleure croissance, sa grande résistance au *Mycosphaerella*, au Goniptère et au froid, ont obligé B. 2000 à prendre en compte cette magnifique espèce, malheureusement difficile à bouturer et présentant de petites fleurs très difficiles à manipuler.

Ce programme sur l'*E. globulus*, après un très bon départ, s'est malheureusement heurté, dès 2001, à l'attaque massive, sur les jeunes arbres, de la maladie des taches foliaires (*Mycosphaerella sp.*). Les plantations comparatives, antérieures à 2003 ayant perdu tout intérêt, le programme a dû être réorienté vers la sélection de génotypes résistants, présents à faible fréquence dans la landrace locale.

Le graphique ci-après de Carlos TEJEDOR nous indique l'évolution des diverses composantes du programme globulus au cours des 8 premières années. Il apparaît clairement que c'est en 2005 que la plupart des programmes se sont arrêtés pour laisser la place aux seuls croisements contrôlés entre génotypes tolérants à la maladie, et aux clones les plus résistants. Très vite, les premiers croisements contrôlés entre arbres + ont affiché une certaine supériorité sur leurs descendances maternelles, elles-mêmes supérieures aux témoins locaux, ce qui montre la bonne efficacité de la sélection

Malgré une altération due à la maladie, le second graphique de la page suivante le montre bien avec les volumes à 11 ans et demi (soit juste avant l'exploitation) des 3 structures génétiques en bleu. (croisement contrôlé entre arbres + > arbre + "open" > témoin local "open"). Il faut rappeler que les croisements contrôlés permettent aussi d'échapper aux autofécondations, inévitables dans les vergers à graines (voie récurrente classique) comme le précisent J. FAIA *et al* (2022[187]).

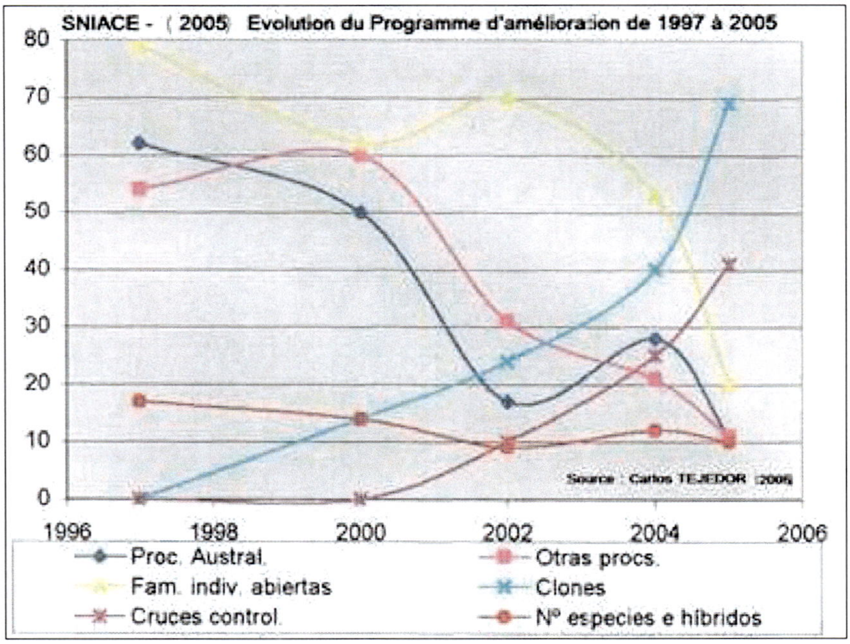

Ces essais ont été installés peu après l'arrivée de la maladie, avec du matériel génétique majoritairement sensible. Il s'agit d'essais en bloc (Serdio 2003) et de monoarbres, installés en 2004 et 2005 et mesurés respectivement, à 11,6 ans pour les blocs et à 9 et 9,5 ans pour les monoarbres. Malgré la sensibilité au *Mycosphaerella* des arbres concernés, les croisements contrôlés présentent, respectivement, des gains de 39%, 12% et 3% sur les descendances open des mêmes arbres +, et de 72%, 63% et 25% sur le témoin commercial, et ce, malgré une forte perturbation par la maladie.

Mejora de los cruces sensibles sobre el testigo y sobre la F1 de polinización abierta

Source : Carlos TEJEDOR. SNIACE-Forêt, Cantabria (Espagne)

Serdio (2003), 2 bloques de 7x7 (11,6 años)

					Number	Vol mar15 (dm3)	Std Dev	Std Err Mean	Mejora cruce s/	Mejora cruce s/
A	A			Clon 12620	40	234	122	19,3		
A	A			**C.I 379 (controlado sensible)**	**50**	**220**	**148**	**21,0**	72,16%	39,25%
	B			Clon 207	49	174	71	10,1		
	B	C		**C.I 222 (fenotípica abierta)**	**49**	**158**	**126**	**17,9**	23,64%	0,00%
	B	C		Clon 110	39	152	97	15,5		
		C	D	**C.I 100 (testigo abierta)**	**46**	**128**	**115**	**17,0**	0,00%	
		C	D	Clon 10057	45	121	89	13,3		
			D	Clon 8015	50	100	56	7,9		

las diferencias son significativas entre testigo, FDV abierta y FDV controlada

los clones se ordenan por su sensibilidad a la enfermedad, siendo Ence 8015 el más sensible y Ence 10620 es más resistente

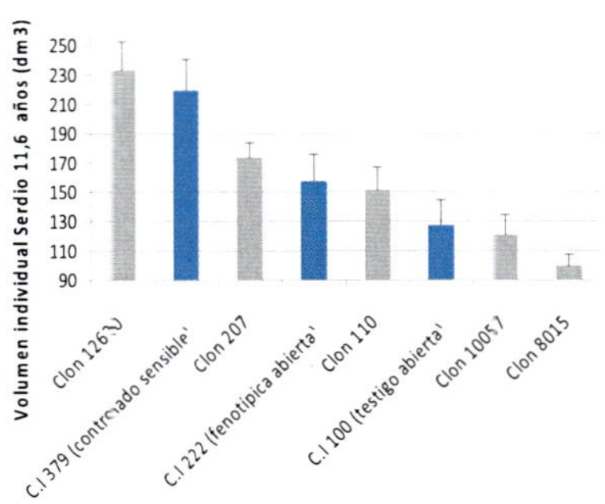

Nous présentons ci-après d'autres résultats de Carlos TEJEDOR (communication personnelle) :

Mejora de los cruces sensibles sobre el testigo y sobre la F1 de polinización abierta
Eucalyptus globulus - SNIACE Cantabria
(Carlos TEJEDOR (SNIACE - 28-01-2022)

Arenal (9 años)

	Number	Vol medio (dm3)	Mejora cruce s/
cruce controlado	384	112	
selec abierta	1 130	100	12%
testigo	57	69	62%
	1 571		

No está hecho el análisis estadístico

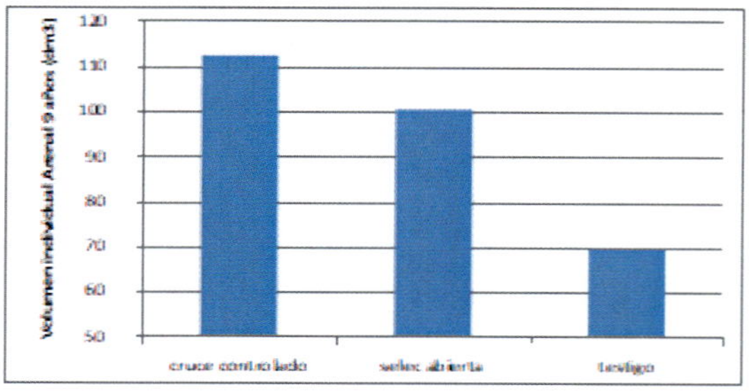

Pámanes (9,5 años)

	Number	Vol medio (dm3)	Std Dev	Std Err Mean	Mejora cruce s/
A Clon Mycos	103	81,1	[illegible]	4,3	
C Cruce controlado	508	24,4	24	1,0	
C Seleccionada abierta	315	23,7	24	1,4	3%
C Testigo	38	19,6	15	2,4	25%

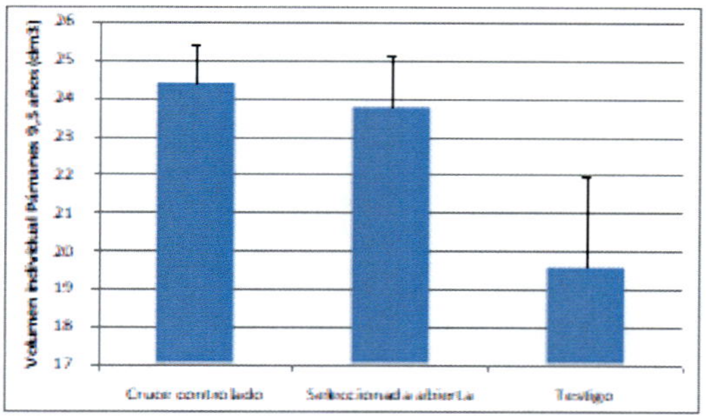

La mejora del cruce controlado sensible no es estadísticamente significativa
Todos los sensibles se quedan muy pequeños en Pámanes, como referencia los clones Mycos hacen 3 veces más

Remarque : C'est dans l'essai monoarbre de Pamanes (2005), que les premiers clones résistants/tolérants avaient été essayés. La très grande supériorité des meilleurs d'entre eux, sur toutes les autres structures génétiques d'*E. globulus* testées, fut à la fois la preuve de l'existence d'arbres résistants au *Mycosphaerella* et l'occasion de relancer, malgré son coût élevé, le clonage de cette espèce difficile à bouturer.

Dans l'essai ci-dessus, réalisé à la même station de Pamanes, le clone le plus résistant avait, à 2ans ½, un volume moyen 3,3 fois plus grand que les croisements contrôlés. La "seleccionada abierta" arrive en seconde position ou même parvient à surpasser les croisements contrôlés parce que l'on sait aujourd'hui que certains arbres + étaient tolérants à la maladie (avec 25 % de leurs descendants plus ou moins tolérants).

On peut donc en conclure que malgré la grande sensibilité du globulus à la maladie des taches foliaires, la bonne résistance de quelques arbres sélectionnés (et leur clonage) a permis de relancer le programme en prenant cette fois la résistance à la maladie comme critère principal de sélection et ce sont les croisements contrôlés entre arbres résistants qui ont fini par l'emporter, à la fois comme processus d'amélioration et de sortie commerciale, comme le montre le schéma de stratégie ci-après.

Il est à noter que les bonnes corrélations juvéniles-adultes et la manipulation, sous serre, des arbres + greffés, ont heureusement permis de raccourcir les générations avancées.

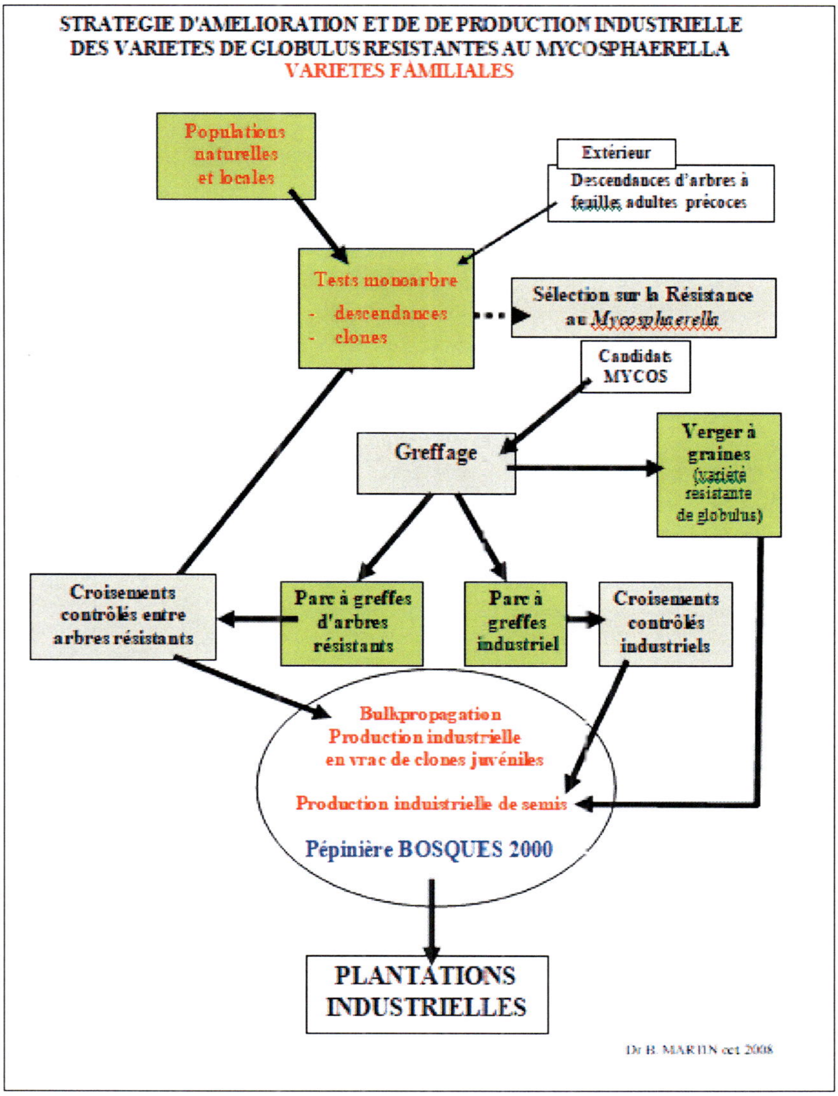

Cas de l'*E. nitens* en Cantabrie

Pour cette espèce, dont les meilleures provenances résistent à la fois au froid, au Goniptère et au *Mycosphaerella* et rejettent bien de souche, le problème vient de la petitesse des fleurs ne facilitant pas la réalisation des croisements contrôlés comme avec le globulus.

On utilise donc la technique classique des vergers à graines de clones greffés pour produire, par fécondation libre, des semences commerciales et pour passer à la génération avancée suivante. Le problème des vergers tient à leurs floraisons, très variables d'une année sur l'autre, ainsi qu'aux autofécondations toujours présentes chez les eucalyptus, sans oublier les inévitables pollutions par du pollen extérieur par manque de contrôle des pollinisations.

Plusieurs vergers ont ainsi été mis en place par la SNIACE et les premières récoltes n'ont commencé qu'à l'âge de 4 ans. Dans ces conditions, les descendances (open) en verger, se sont montrées souvent moins bonnes qu'en forêt (open). La valeur de ces descendances s'est cependant améliorée avec l'augmentation des floraisons. D'autre part, des éclaircies génétiques ont commencé dans les vergers (suppression des arbres aux moins bonnes AGC), tout en veillant cependant à maintenir une grande variabilité génétique. On tend également à ne récolter que sur les arbres + testés génétiquement et qui ont montré les meilleures AGC.

Avec le nitens et les fécondations open, les générations avancées sont beaucoup plus lentes (environ 12 à 14 ans contre 5 à 6 ans pour le globulus). De plus, pour la densité du bois, la corrélation juvénile adulte n'est pas bonne et il faut attendre au moins 8 ans pour faire des prédictions (contre 2 ans pour le globulus).

SNIACE - R&D Forestal. Amélioration de l'*Eucalyptus nitens*, Premiers résultats

Forêt	date	Parcelle d'essai	N° de Prov ou de desc.	Code la descendance	Sélection arbre +	Génération	Gain en Volume		Gain en densité
							/ moy nitens	/ témoin com.	
Aguera	1997	Essai Monoarbre	Moyenne tous nitens			F1	0%		
			Victoria (P.)	Témoin commercial				0%	0%
			Barrington Tops (P.)	37	A-2-37				+9,0%
Arenal	2004	Essai Monoarbre	Desc. open A-2-37	Cl - 444	Ar-7-444	F2	+8,9%	+41,4%	+8,2%
Torrelavega	2004	Parc à clones	Arbre + greffé						+15,7%
Pamanes	2021	Essai Monoarbre	Desc. open Ar-7-444	Cl - 1915		F3	gain espéré :	+50%	+14%

Le gain est cependant intéressant, comme le montre le tableau ci-dessus. La première famille F3 d'*E. nitens* a été testée en 2021. On espère un gain en volume de 50% par rapport à la moyenne de tous les *E. nitens* testés et de 14% en volume par rapport au témoin commercial qui est la Provenance Victoria du CSIRO.

Ces gains sont cependant différents de ceux obtenus par les descendances des vergers à graines, en général plus faibles à cause des autofécondations toujours présentes.

52.4 - La Voie récurrente multiprovenances

Elle est conseillée lorsque plusieurs provenances différentes sont retenues à la fin des essais de provenances. Dans ces conditions, on peut s'orienter vers la création d'une espèce améliorée dite "espèce synthétique", correspondant à l'hybridation intraspécifique entre les diverses provenances sélectionnées par croisements interprovenances. L'objectif est d'établir dès la F1 un fort taux d'hétérozygotie avec si possible la capture en F2 d'hétérosis résultant des croisements entre arbres de provenances différentes.

De plus, ces croisements interprovenances peuvent prendre le pas sur ceux entre arbres génétiquement plus proches, voire apparentés, à condition que la floraison soit générale et que les arbres du verger ne soient pas trop espacés.

Cette voie est intéressante car, outre la capture d'éventuelles vigueurs hybrides, elle permet d'éloigner les risques de consanguinité. C'est souvent le cas en région tropicale avec les eucalyptus, les pins ou les acacias chez qui plusieurs provenances s'avèrent satisfaisantes pour une même zone d'introduction. Un des meilleurs exemples est constitué par l'*Eucalyptus urophylla* introduit en région tropicale et dont la plupart des provenances de basse altitude donnent d'excellents résultats, alors que ces provenances sont originaires des nombreuses Petites îles de la Sonde de l'Est (Timor, Flores, Adonara, Lomblen, Pantar, Alor et Wetar).

Cas de l'Eucalyptus urophylla au Congo

A la recherche du père potentiel de l'hybride naturel que nous avons appelé "**PF1**" et après la récolte COSSALTER de 1973 dans les îles de la Sonde (1975-1976) suivie de l'installation fin 1973, à Pointe Noire (parcelles 73.$_1$ à 73.$_8$), et à Loudima (parcelle 7R), d'un vaste essai de provenances par descendances séparées, nous avions installé fin 1974, dans chaque station, un verger à graines de familles à partir des 26 meilleures descendances (sur 316) à Pointe Noire et des 17 meilleures à Loudima.

Congo 1974 - Création d'une variété synthétique d'*E. urophylla*
Constitution de 2 vergers à graines de familles multiprovenances

Îles	Stations expérimentales			
	Pointe Noire		Loudima	
	nb. prov.	nb. desc.	nb. prov.	nb. desc.
Lomblen	3	3	2	2
Flores	4	7	5	6
Timor-Est	9	16	8	9
TOTAL	16	26	15	17

L'idée était de créer localement et le plus vite possible une source de graines améliorées à partir des graines récoltées dans l'aire naturelle à l'occasion des essais de provenances. La récolte par descendances séparées permettait d'y parvenir dans un temps très court (hormis le délais nécessaire à l'entrée en floraison des arbres qui est d'environ 5 ans pour l'*Eucalyptus urophylla*). Ce délai permettait d'améliorer la sélection au moyen d'éclaircies massales et génétiques. Le mélange de provenances différentes, plus ou moins éloignées, devait conduire à l'obtention d'une variété synthétique de l'espèce, bien adaptée aux conditions locales.

Le choix de ces familles était le résultat d'une sélection juvénile (à 6 mois) sur la hauteur. Les vergers à graines de familles étaient des parcelles de 2 ha avec un dispositif monoarbre, à 77 répétitions à Pointe Noire (parcelle 74$_{10}$) et à 112 répétitions à Loudima (parcelle 1U$_9$). Plantées à la densité de 1100 plants/ha, ce qui est faible pour une espèce dont la croissance peut atteindre 7m/an, la densité de ces parcelles devait diminuer rapidement sous l'effet des éclaircies.

Ces éclaircies complémentaires devaient être fréquentes, massales (suppression des mauvais individus à l'état jeune), puis génétiques sur la base des résultats des tests de descendances de la parcelle 73$_{1à8}$ (suppression des plus mauvaises familles) et enfin phénotypiquement à l'intérieur des familles restantes en y intégrant un critère de densité du bois (suppression des individus aux moindres performances) jusqu'à atteindre une densité finale de 300 à 400 tiges/ha.

La somme de ces trois séries d'éclaircies prévues sur une période d'environ 6 ans représentait une sélection supplémentaire d'un arbre sur 3 (suppression de 2 arbres sur 3 pour arriver à la densité d'environ 350 arbres/ha). On attendait les premières graines en 1981, soit 6 ou 7 ans depuis la collecte des provenances dans les aires d'origine, ce qui est extrêmement court pour la seconde génération avancée d'une espèce forestière.

Bien qu'aucune éclaircie n'ait été réalisée avant la première fructification significative, survenue à l'âge de 6 ans (1981), il a été récolté des graines sur 15 des 26 familles de cette parcelle 74.$_{10}$ de Pointe Noire et un test de descendances maternelles fut installé (parcelle 81.$_{35}$). Cette parcelle a été mesurée à 3 ans ½ et Ph. VIGNERON en donne les résultats en (1986[188]). Les familles sont toutes hétérogènes et présentent des différences considérables de productivité. La meilleure d'entre elles (L-384) affiche un gain moyen de +40% par rapport à la moyenne de cette F1, et la moins bonne, un déficit de 48% (TP-137), soit un écart total moyen allant presque du simple au triple !

Par ailleurs, les corrélations entre F1 et F2, à âge sensiblement identique, ne sont pas très fortes et sont meilleures pour la hauteur (0,51) que pour la circonférence (0,32).

Différentes simulations d'éclaircies génétiques ont été faites pour des intensités de 25,50 et 75% avec dans chaque cas, une estimation des pertes encourues par la consanguinité. L'importance estimée de ces pertes a conduit à la prudence en conservant un maximum de familles et l'intensité de 25% a été retenue pour l'opération réalisée en 1982 qui a combiné une éclaircie génétique interfamiliale (suppression des 4 moins bonnes familles) et des éclaircies massales intrafamiliales dans les familles restantes.

Le verger de Loudima qui a subi une très forte éclaircie (168 pieds/ha) existe toujours et contient en principe 27 arbres + appartenant à 8 très bonnes provenances venant de 3 îles (Flores, Lomblen et Timor basse altitude). Il est crucial de protéger cette excellente source de graines.

Le tableau de la page suivante résume les résultats moyens pour la Mortalité, la Hauteur, la Surface terrière et la Productivité. Nous y avons ajouté des données sur l'origine des descendances étudiées.

Nos commentaires sont les suivants :

1. Le témoin qui est un croisement contrôlé entre deux arbres + appartenant à d'excellentes familles des deux meilleures provenances de Flores (Mte Lewotobi et Mte Egon) n'est classé que 11^{ème}sur 16, voire même sur 14 en éliminant les deux dernières familles anormalement faibles. Cet étonnant résultat montre l'existence très probable de forts hétérosis dans les croisements entre provenances éloignées (inter-îles) ce qui n'est pas le cas du croisement entre les deux provenances de Flores qui seraient finalement assez proches bien que de récentes études ADN ne semblent pas aller dans ce sens (voir plus loin). Par ailleurs, la sélection juvénile sur la hauteur apparaît relativement efficace,

2. Il est intéressant de souligner le changement important de rang de classement de ce croise ment contrôlé, selon le critère étudié :

   15ème sur 16 pour la mortalité (avec 4% d'emplacements vides).
   4^{ème}sur 16 pour la hauteur
   14ème sur 16 pour la surface terrière
   11ème sur 16 pour la productivité,

3. Ce croisement contrôlé intra-île serait donc peu concerné par l'hétérosis, d'où sa faiblesse en diamètre et donc en volume, malgré une excellente hauteur (nettement plus sous contrôle additif que le diamètre et le volume) et une très faible mortalité signe d'un très bon niveau de fécondation et d'une consanguinité réduite par absence de produits d'autofécondation,

4. Il y a un effet marqué des provenances de basse altitude qui se sont révélées les meilleures provenances dans toutes les régions tropicales humides de basse altitude,

5. En regroupant les descendances suivant leur niveau de productivité, il y a également un effet assez net de l'altitude de la provenance,

Pointe Noire - *Eucalyptus urophylla (Parc. 81 $_{35}$). Descendances du VGF de 1981, classées suivant leur productivité à 3 ans 1/2* (2ème génération avancée)

d'après Ph. VIGNERON, CTFT-Congo (1986)

N° Desc. par productivité décroissante	Appréciation par groupe de productivité	N° de Provenance par Île			Nom de la provenance	Altitude (m)		Mortalité		Moy. par groupe	Hauteur		Moy. par groupe	Surface terrière		Moy. par groupe	Productivité		Moy. par groupe
		Lomblen	Flores	Timor		par prov.	moy par groupe	(%)	rang		(m)	rang		(cm2)	rang		(m3/ha/an)	rang	
Lo-384	TB	**78**			Bakan	800-930m	673	3%	1	11,5%	**16,6**	1	**16,5**	**149,9**	2	**154,7**	20,5	1	19,5
Fl-399			81		Mte Lewotobi	480 m		**20%**	10		**16,3**	2		**159,6**	1		18,4	2	
Lo-377		**78**			Bakan	700-750m		9%	5		**15,3**	6		**136,3**	6		17,0	3	
Fl-405			82		Mte Lewotobi	600m		6%	3		**14,5**	11		**134,7**	8		16,7	4	
Fl-435	Moyennes		88		Mte Egon	700m	825	6%	3	11,0%	**14,6**	10	**15,1**	**135,1**	7	**139,0**	16,6	5	16,6
TP-144				29	Remexio	1130m		15%	8		**15,4**	5		**141,6**	4		16,3	6	
TP-198				39	Remexio	970m		**19%**	9		**15,8**	3		**147,6**	3		16,3	7	
TP-153				31	Remexio	830		7%	4		**14,9**	9		**122,9**	9		15,4	8	
TP-199				40	Remexio	1130m		**19%**	9		**15,0**	8		**138,6**	5		15,1	9	
TP-141				29	Remexio	1130m		10%	6		**15,1**	7		**121,3**	11		15,0	10	
U9U*	Médiocres	Témoin = Croisement contrôlé (Flores x Flo				?	927	4%	2	14,6%	**15,7**	4	**14,5**	**108,8**	14	**121,5**	14,0	11	13,7
Fl-403			82		Mte Lewotobi	600m		12%	7		**13,7**	12		**119,0**	12		13,3	12	
TP-130				27	Remexio	1170m		**25%**	11		**13,5**	13		**122,0**	10		12,0	13	
Fl-428			88		Mte Egon	700m		**25%**	11		**13,3**	14		**117,7**	13		11,1	14	
TP-123	Mauvaises			26	Remexio	1320m	1135	**36%**	13	31,0%	**11,5**	15	**10,9**	**107,1**	15	**99,4**	7,89	15	7,7
TP-137				28	Remexio	950		**26%**	12		**10,2**	16		**91,7**	16		7,54	16	
Moyenne des 16 familles								**15%**			**14,5**			**128,4**			14,57		

*U9U Témoin = Croisement contrôlé entre deux arbres + originaires de l'île de Flores (Mte Lewotobi x Mte Egon)

6. Par ailleurs on observe de fortes variations entre familles d'une même provenance, à commencer par la mortalité, souvent liée à une forte consanguinité ce qui, chez les eucalyptus est le signe d'un niveau élevé d'autofécondation. La preuve en est que le témoin, fécondé artificiellement, n'a que 4% de mortalité,
7. Concernant la hauteur et la surface terrière, les classements par groupe de productivité restent les mêmes, malgré quelques changements pour certaines familles. Il en est de même pour la mortalité qui est très forte chez les 4 familles les plus faibles, signe d'une forte dépression de consanguinité,
8. Dans ce verger, constitué avec les reliquats de la collecte COSSALTER de 1973, les cinq meilleures familles sont originaires des îles de Lomblen et de Flores. Il y a sans aucun doute trop de familles d'altitude élevée (venant de Timor). Il faut dire que nous ne disposions pas à cette époque des très bonnes provenances d'Alor et de Wetar.
9. La consanguinité semble plus élevée qu'à la génération précédente. Certaines familles, pourtant sélectionnées parmi les meilleures à 6 mois, montrent une très faible productivité. La mauvaise floraison n'y est sans doute pas étrangère.
10. Les croisements entre provenances éloignées (inter-îles) semblent générer de l'hétérosis (ce qui peut expliquer en particulier les très bons résultats de la descendance 144 appartenant à la provenance d'altitude n° 29 (1130 m). Par contre, la forte hétérogénéité générale des descendances, semble plutôt à mettre du côté de la mauvaise floraison car le croisement contrôlé est lui, très homogène.

Analyses ADN de l'E. urophylla

Il faut signaler, à cette occasion, l'étude de PAYN (2008[189]) qui a réalisé des analyses microsatellites à partir de 19 échantillons d'*E. urophylla* répartis sur les 7 îles de la Sonde (Timor, Flores, Adonara, Lomblen, Pantar, Alor et Wetar) et a établi le phénogramme de la page suivante.

Il est intéressant de noter que les distinctions entre les îles sont faiblement significatives, parfois moins qu'entre populations d'une même île. Il apparaît cependant une division possible entre 2 sous-espèces (Timor-Wetar d'un côté et les 5 autres îles de l'autre). Les provenances de Timor et de Wetar seraient donc proches et plus éloignées des provenances des autres îles.

Cela pourrait indiquer que les croisements entre les provenances de Timor et celles de Lomblen d'une part et celles de Flores d'autre part, auraient de bonnes chances d'engendrer de l'hétérosis, ce qui semblait bien être le cas des vergers à graines de familles du Congo.

Conclusions. Cette expérience congolaise, malheureusement abandonnée depuis longtemps, montre que l'amélioration des espèces forestières peut être extrêmement rapide, en particulier pour les eucalyptus en région tropicale. Les vergers à graines de familles, tels que nous les avions installés en 1974, permettaient de produire une variété synthétique d'*Eucalyptus urophylla* à haut niveau d'hétérozygotie dès la seconde génération avancée c'est-à-dire 6 ans seulement après la récolte des descendances dans les aires naturelles. La poursuite de l'amélioration devait se faire en continuant la voie récurrente commencée, l'optimisation de la variété passant nécessairement par la réduction de la consanguinité tout en favorisant la panmixie (floraison abondante) et les croisements entre arbres génétiquement éloignés.

Phénogramme pour 19 populations naturelles d'*E. urophylla*

Source : PAYN K. G. *et al.* (2008).

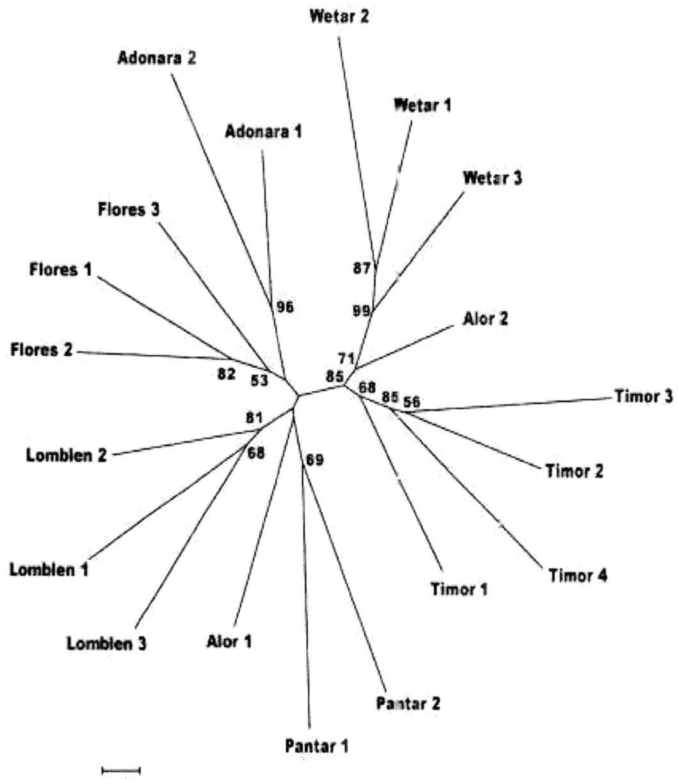

Numbers indicate nodes with bootstrap support of more than 50% for 10,000 replications

Fig. 2 Unrooted neighbor-joining (NJ) phenogram based on Nei D_A (Nei et al. 1983) genetic distance for 19 *Eucalyptus urophylla* populations.

Remarque finale. Dans le cas de l'*E. urophylla*, le fait que de nombreuses provenances de basse altitude originaires d'îles différentes, se soient montrées très performantes, incite l'améliorateur à une sélection par sous-populations séparées, puis à rechercher les meilleurs croisements possibles entre les meilleurs individus de provenances éloignées, ce qui conduit directement à la voie récurrente réciproque.

52.5 - La Voie récurrente réciproque inter-provenances

Cette voie plus complexe est adaptée aussi bien aux cas des variétés hybrides intraspécifiques qu'interspécifiques. Elle se distingue de la voie récurrente par le fait que l'on croise les arbres + de deux "sublines" pour créer, à chaque génération avancée, de bonnes familles hybrides (F1). C'est la méthode appliquée sur le maïs. S'agissant ici d'hybrides intra-spécifiques les risques de disjonction à la F2 n'existent pas. On doit donc pouvoir décider de poursuivre (si on le souhaite) l'amélioration d'une lignée hybride en voie récurrente simple, à partir d'une génération avancée donnée, lorsque l'on juge le niveau d'hétérozygotie suffisamment élevé ou que la progression des gains sur la vigueur est moins importante que celle sur les autres caractères (résistances aux parasites, qualité du bois, etc.). Il s'agit de programmes beaucoup plus lourds et donc plus rarement appliqués chez les arbres forestiers.

Pour fixer les idées, nous présentons ci-après (B. MARTIN 1987) différents types de voies récurrentes multiprovenances et récurrentes réciproques, applicables à l'*E. urophylla.*

Dans le cas du type n°1, la 1ère génération avancée donnera ce que l'on appelle une F1 hybride très hétérozygote laquelle pourra donner entière satisfaction, sans nécessairement devoir entrer dans un cycle récurrent à cause des autofécondations.

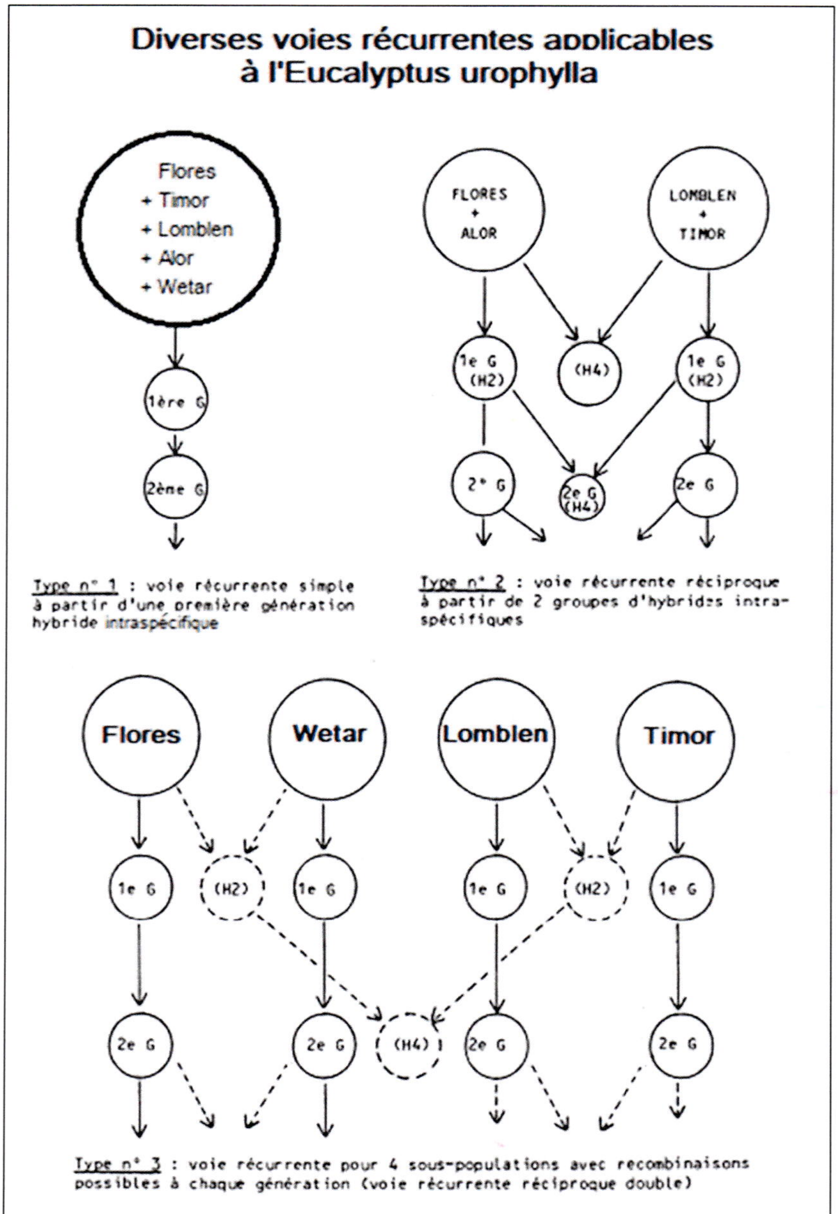

Pour espérer poursuivre un tel programme pendant longtemps, on n'a d'autre choix que de réaliser les sélections dans des populations séparées. Le programme, beaucoup plus lourd, emprunte alors la voie récurrente réciproque (type n°2 et n°3). Il est certain que les croisements contrôlés, associés à une généalogie précise des arbres +, s'imposent pour mener un tel programme capable de déboucher rapidement sur une variété très performante.

Pour l'*Eucalyptus urophylla*, avec des "sublines" bien séparées dès le départ et un contrôle strict de la généaologie on peut réaliser plusieurs cycles sans être contraint de croiser des arbres génétiquement proches. Il n'en demeure pas moins qu'avec les eucalyptus la question des sorties commerciales par vergers à graines restera toujours problématique (à cause des autofécondations) et c'est pourquoi certains préfèreront se lancer dans les croisements contrôlés industriels, à condition que cette technique soit relativement facile à réaliser et avec des rendements élevés (gros fruits avec de nombreuses graines, comme chez l'*E. globulus*).

Enfin, la vigueur étant en principe obtenue lors des croisements entre "sublines", la sélection récurrente à l'intérieur de chaque lignée se fera en priorité sur les critères les plus héritables (forme du fût et du houppier, masse foliaire, tolérances aux parasites, finesse de l'écorce, densité du bois, autres caractéristiques du bois, teneur du bois et des écorces en matières minérales, etc.). Toutefois, une telle voie récurrente réciproque ne trouvera vraiment sa place que dans le cas des hybrides interspécifiques pour lesquels les espèces parentes ont des caractéristiques souvent très différentes.

Remarques : Les améliorateurs cherchent à contourner ces risques. Récemment les Néozélandais (avec le Pin radiata), imitant les Suédois (avec l'épicéa), ont innové par un doublage des tests de descendances avec des tests clonaux des meilleurs individus de chaque famille contrôlée, ce qui évite d'éliminer trop de familles en donnant une certaine préférence aux sélections intrafamiliales (SHELBOURNE 2019[190]). Ils ont démontré, que la descendance des vergers constitués des meilleurs clones, présentait bien le gain attendu. On voit donc que la sophistication devient extrême et qu'elle nécessite la maitrise d'un clonage conforme, au moins à l'état de jeunes plants.

Il est certain que lorsque les croisements contrôlés sont assez faciles à réaliser, il est bien préférable de travailler directement à partir de croisements contrôlés pour choisir, en retour, les meilleurs géniteurs sur la qualité de leur descendance avant la réalisation des vergers à graines. Cela oblige à faire de la généalogie mais permet d'éviter la consanguinité aussi longtemps que possible.

En matière forestière, la plupart des programmes d'amélioration génétique a commencé par cette voie dont l'avancement est arrivé à des stades très différents selon les pays et les espèces. Dans les pays les plus avancés on arrive à la 5ème génération comme c'est le cas en Nouvelle Zélande avec *Pinus radiata*, ou aux USA avec *Pinus elliottii* (WHITE et al 2017[191]). En France on en est à la 4ème génération avec *Pinus pinaster*. Par contre, dans de nombreux pays, en particulier tropicaux, on s'est souvent arrêté à la première génération, parfois même pas aboutie pour des questions très diverses (manque de moyens, de personnels scientifiques, abandon des projets, etc.). Il y a aussi des projets où il n'y a pas de poursuite au-delà du choix des provenances, les graines commerciales étant récoltées dans le meilleur des cas dans des parcelles conservatoires des meilleures provenances.

Pour celui qui veut un gain rapide sans trop d'efforts, il est tentant de prendre des raccourcis. Par exemple l'importation de clones performants peut s'avérer payante à court terme comme c'est le cas actuellement avec le Teck. Le stade des essais de provenances semble cependant incontournable ne serait-ce que pour disposer d'une base génétique suffisamment large permettant de faire face aux adversités futures, ce qui n'empêche pas l'importation simultanée de matériels étrangers déjà bien améliorés mais dont la bonne adaptation aux conditions locales demande à être vérifiée.

Enfin, avec les progrès très rapides en génétique moléculaire, il semble que la sélection par analyses ADN des arbres géniteurs, appelée sélection génomique (GS) sera bientôt utilisable et opérationnelle pour les arbres forestiers (GRATTAPAGLIA *et al.* 2011)[192]. Le plus grand intérêt serait de raccourcir très significativement les cycles d'amélioration en pratiquant les sélections en pépinière, à des stades très juvéniles (AHMARS *et al.* - 2011[193]). Selon DENIS et BOUVET (2013)[194], le gain génétique avec la sélection génomique serait de 1,5 à 3 fois plus rapide qu'avec la sélection phénotypique (pour les populations d'élevage et de clones).

Plusieurs pays, comme l'Afrique du Sud (O'NEILL *et al.* 2018[195]), ont désormais des programmes d'analyse plus ou moins systématique de leurs espèces plantées les plus importantes.

53 - Les Hybrides interspécifiques d'eucalyptus

53.1 - Considérations générales

Une façon radicale de restituer une forte hétérozygotie dès la première génération est de produire des hybrides interspécifiques. Cependant de tels croisements ne sont pas toujours possibles à cause de barrières génétiques fortes, lesquelles ne concernent heureusement que les espèces les plus éloignées génétiquement. Dans les genres multispécifiques, les distances entre espèces sont très variées et il est alors fréquent de rencontrer des espèces assez proches pour que l'hybridation soit possible. Ces croisements entre espèces différentes assez proches et vivant sur le même territoire (sympatriques) sont cependant plutôt rares dans les aires naturelles où il existe des barrières variées s'opposant à l'hybridation et conservant donc l'équilibre entre les espèces en place.

L'absence de ces barrières n'aurait pas maintenu les espèces dans leur état d'équilibre naturel et aurait conduit à un essaim d'hybrides conduisant peu à peu à une nouvelle espèce intermédiaire. D'ailleurs de tels essaims d'hybrides existent naturellement dans les zones sympatriques d'espèces compatibles, fortement perturbées comme ce peut être le cas chez les eucalyptus (PRYOR 1976[196]) mais aussi en dehors de perturbations, dans les cas d'introgression qui est une forme d'hybridation naturelle, fréquente chez certaines espèces comme par exemple celles du groupe *Globulus* qui se fondent imperceptiblement l'une dans l'autre (KIRKPATRICK 1975[197]) dans leurs zones de contact. L'hybridation est d'ailleurs considérée comme un des leviers naturels de l'évolution (cas de nombreuses espèces en dehors des eucalyptus, comme les chênes, les frênes, les saules, les pins, les sapins, etc.).

Les barrières naturelles à l'hybridation peuvent-être dues à l'éloignement géographique du fait d'auto-écologies trop différentes ou tout simplement à cause des écarts phénologiques, les deux espèces se côtoyant mais ne fleurissant pas aux mêmes périodes. Pour les espèces suffisamment proches, les hybrides, lorsqu'ils sont faciles à créer artificiellement, intéressent les ligniculteurs car ils présentent souvent une grande vigueur (hétérosis) lequel écart de vigueur, par rapport aux espèces pures parentes, est d'autant plus grand que le milieu est plus marginal pour celles-ci. Nous avons vu que la populiculture s'était établie grâce à la vigueur hybride des peupliers "euraméricains". Il en est de même pour les plantations de mélèzes hybrides "eurolepis", des saules, des aulnes, etc. Mais c'est dans le domaine tropical et subtropical que les exemples de cultures récentes d'hybrides sont la plus marquante et tout particulièrement avec les eucalyptus. Nous avons participé à cette aventure du développement des hybrides d'eucalyptus ce qui nous a conduit sur le chemin du bouturage, voie reprise avec un très grand succès par la Société ARACRUZ S.A. au Brésil (devenue FIBRIA S.A. elle-même absorbée par SUZANO S.A.) et suivie par de nombreuses entreprises et organisations dans le monde.

53.2 - Les Hybrides naturels d'eucalyptus

53.21 - Hybridation et Adaptation

A l'occasion des introductions d'espèces, il n'est pas rare de voir apparaître spontanément des hybrides interspécifiques qui ne manquent pas d'attirer l'attention en particulier par leur vigueur.

De nombreux utilisateurs ont signalé des hybrides interspécifiques paraissant bien adaptés et à croissance très rapide mais difficiles à identifier et à reproduire. Les chercheurs ont cependant rarement tenté de les multiplier, attachés par principe à la pureté des espèces.

La pression de sélection de ces hybrides naturels est d'autant plus forte que l'écart écologique entre les conditions locales d'utilisation et celles de l'aire naturelle est grand. Cet écart n'est pas facile à mesurer car il intègre l'ensemble des données auto-écologiques et écologiques locales. On peut l'évaluer grossièrement par les différences de performances selon les sites (notamment entre les meilleurs et les moins bons).

Certains ont pu déclarer, que les Hybrides étaient la solution pour les zones marginales. Il semble cependant que le problème de l'hybridation soit à prendre au sens le plus large possible et que les hybrides interprovenances soient la solution en cas d'écarts écologiques réduits comme nous avons tenté de le représenter sur le schéma ci-dessous, présenté en mai 1987 à Buenos-Aires, lors du

Congrès de l'IUFRO-CIEF sur les essences à croissance rapides. Dans l'aire naturelle, la recherche d'un maximum d'hétérozygotie intrapopulation sera également à rechercher par croisements entre individus non apparentés (ELDRIDGE et GRIFFIN, 1983[198]).

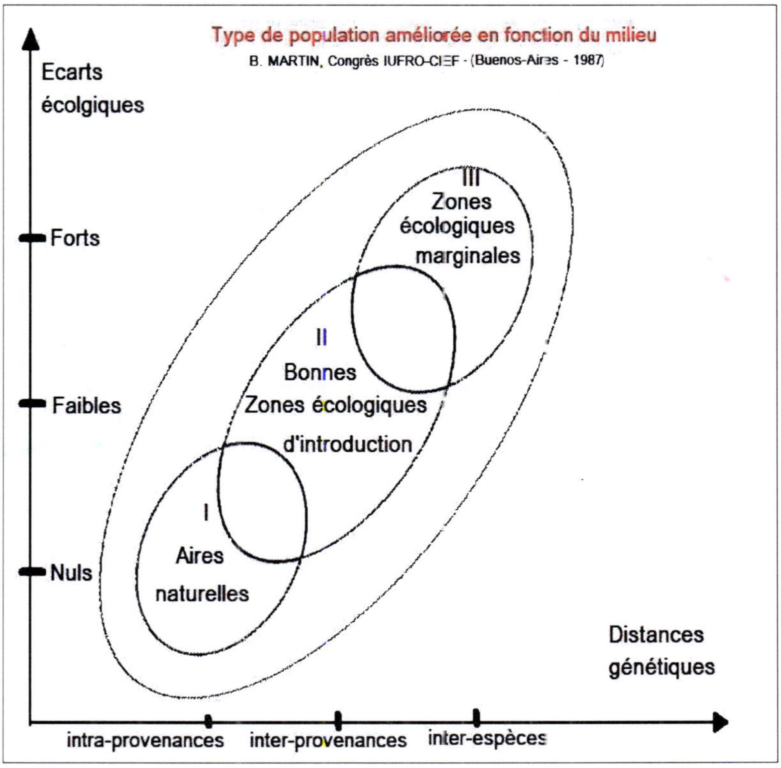

53.22 - Les hybrides naturels d'eucalyptus au Congo

Au Congo, en particulier dans les savanes côtières, où les conditions sont très marginales pour les eucalyptus, l'apparition spontanée d'hybrides interspécifiques a été vivement remarquée dès les premiers essais effectués avec les graines produites localement. En effet, les premières parcelles correspondaient aux essais spécifiques et les possibilités d'hybridation étaient grandes.

Alors que la plupart des chercheurs négligeait ces formes hybrides, nos travaux, commencés dès 1968, ont porté, au contraire, sur ces hybrides tant l'hétérosis était grand, comparé aux faibles performances des espèces parentes.

Le problème posé apparaissait comme un défi. Les espoirs de gain par amélioration des espèces pures restaient limités (30% au niveau des provenances et 20% au niveau individuel), alors que le seul fait d'utiliser ces hybrides naturels pouvait doubler, voire tripler la production sans compter le gain de plasticité et de forme des arbres.

Enfin, dans une étude de 1971 (MARTIN *et al.*[199]) nous avons montré que ces hybrides était déterminants car sans cette solution, les perspectives d'industrialisation papetière étaient nulles, quel que soit le site utilisé.

Histoire du PF1

Dans un document de 1972[200] présenté au 7ème Congrès forestier mondial, nous avions fait état d'un hybride naturel que nous avions appelé "PF1" et des possibilités de production en masse de cet hybride par voies végétative et générative. Son histoire est la suivante :

1957. Introduction de quelques graines en provenance de l'Institut de Bogor (Java Indonésie), et rapportées au CTFT par M. BÉGUÉ, sous le nom d'*E. platyphylla* (nom donné en Indonésie à l'*E. alba*). Les arbres-mères, plantés sur l'avenue Ancol de Djakarta, (photo plus haut, page 234) étaient bien des *E. alba*. Germination très réduite et plantation de 5 individus (que nous avons appelé "**P0**") en bout de parcelle **576** avec des résidus de pépinière). Cette parcelle contenait 10 autres espèces dont l'"*E. alba* du Brésil", qui est un essaim d'hybrides d'*E. urophylla* originaires de l'une des 3 placettes d'*E. urophylla* existant dans l'arboretum de Rio-Claro.

1963 : Très mauvais résultats d'ensemble. Beaucoup d'espèces disparaissent. Par contre, les 5 *E. platyphylla* sont bien venants, peu vigoureux mais très résistants, même aux feux. Idée de Jean MOREL, directeur de l'ONAF de récolter des graines. Mise en place de la descendance ("PF1") dans la parcelle n° 636. Excellente réponse (croissance très rapide et très bonne forme sauf pour quelques individus ressemblant aux arbres-mères). Production double de celle du 12 ABL, seule espèce alors utilisable.

1966 : Récolte de graines sur les PF1 (parc. 636) et installation des "PF2" (parc. 6610). Mauvais résultat. Disjonction des caractères à la F2. Retour aux P0 mais très faibles récoltes de graines et très grande disparité annuelle des PF1 (plus ou moins hétérogènes suivant les pollinisations). Si les arbres-mères P0 sont bien des *E. alba*, espèce bien connue pour sa mauvaise forme son tronc blanc et sa grande résistance à la sécheresse et aux feux, le père des PF1 est beaucoup plus difficile à identifier. Après de nombreuses observations des arbres de l'entourage des P0, il est apparu que les pollinisations les plus probables venaient d'*E."alba* du Brésil" c'est-à-dire d'hybrides d'*Eucalyptus* *urophylla* et très probablement d'"*urophylla x grandis*". Le PF1 serait donc un hybride "*alba x urograndis*" sans que cela n'ait jamais vraiment été prouvé.

Congo - Pointe Noire (1988). A gauche : P0 (branchus et mauvaise forme). **Au centre :** desc. P0 = **PF1** (grande vigueur et bonne rectitude). **A droite : HS2** (*E. tereticornis x grandis*).

1966 : Récolte de graines sur les PF1 (parc. 636) et installation des "PF2" (parc. 6610). Mauvais résultat. Disjonction des caractères à la F2. Retour aux P0 mais très faibles récoltes de graines et très grande disparité annuelle des PF1 (plus ou moins hétérogènes suivant les pollinisations). Si les arbres-mères P0 sont bien des *E. alba*, espèce bien connue pour sa mauvaise forme son tronc blanc et sa grande résistance à la sécheresse et aux feux, le père des PF1 est beaucoup plus difficile à identifier. Après de nombreuses observations des arbres de l'entourage des P0, il est apparu que les pollinisations les plus probables venaient d'*E."alba* du Brésil" c'est-à-dire d'hybrides d'*Eucalyptus urophylla* et très probablement d'"*urophylla x grandis*". Le PF1 serait donc un hybride "*alba x urograndis*" sans que cela n'ait jamais vraiment été prouvé.

La seule solution de développement était donc, soit de multiplier les plus beaux PF1 par bouturage, ce qui était réputé comme impossible en 1968, soit de créer un verger à graines hybrides d'*E. alba x urograndis*.

Finalement c'est le bouturage qui a réussi à Pointe Noire en 1973 et ce fut une grande première. Elle permit, à partir de 1975, le lancement d'un grand projet de sélection de clones, lequel déboucha en 1978 sur de vastes plantations clonales industrielles.

Parallèlement, au Brésil, la Société ARACRUZ SA qui avait rencontré les mêmes problèmes que nous lors de ses premières campagnes de plantations (inadaptation de l'*E. grandis* de Rio Claro), a découvert des arbres très vigoureux dans ses parcelles de grandis (hybrides de *grandis x urophylla)* et a fini par réorienter complètement son programme à la suite de notre article sur le bouturage des arbres forestiers au Congo (MARTIN & QUILLET 1973).

Elle a également réalisé les premiers hybrides contrôlés *urophylla x grandis* de haute qualité (mettant en évidence la très grande affinité génétique existant entre ces deux espèces) et à installer quelques petits vergers à graines relativement bien fonctionnels avec cependant des descendances assez hétérogènes.

Finalement c'est l'adaptation de notre procédé de bouturage par ARACRUZ SA qui fut la clé du succès et qui a complètement révolutionné la culture de l'eucalyptus au Brésil et dans le monde.

L'Histoire du PF1 et du bouturage des eucalyptus, schématisée par la carte suivante (publiée en 1980 dans notre compte-rendu de mission au Brésil) avait trouvé son épilogue au Brésil.

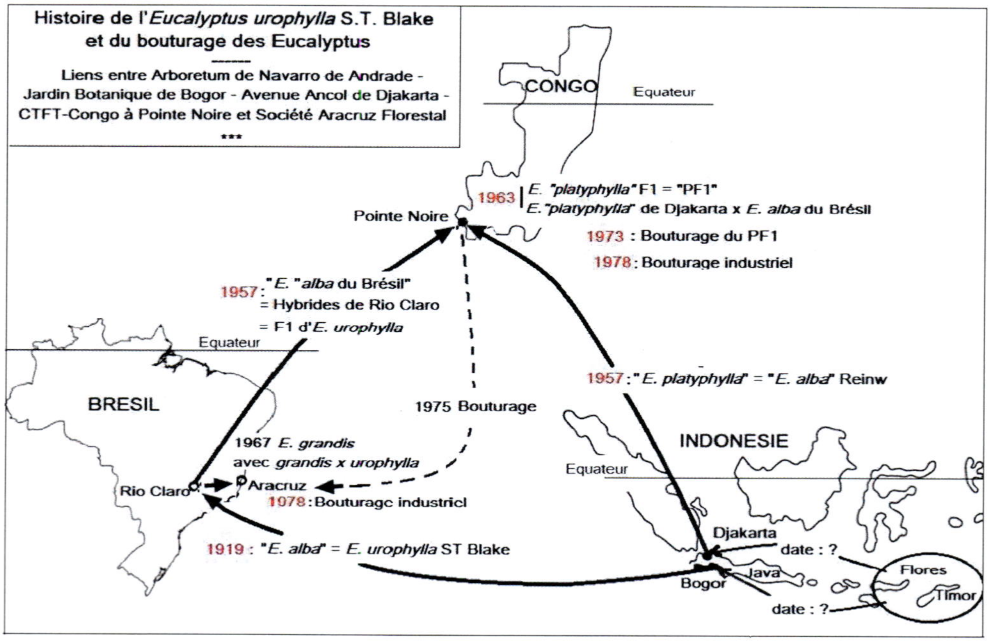

Histoire du HS2

Un autre hybride naturel très productif est également apparu très tôt au Congo. Il s'agit de l'hybride dit. "Hybride de saligna" ("HS2") que l'on trouvait à l'état très disséminé dans les parcelles de 12ABL. Il s'agissait donc très probablement d'un hybride *E. tereticornis x E. grandis*. Etant assez facilement reconnaissable en pépinière, on a pu, à partir des descendances de certains 12ABL, mettre en place une petite parcelle de cet hybride.

Le HS2 s'est révélé très productif et assez bien adapté (malgré la présence de gommose sur certains d'entre eux venant du père grandis d'Afrique du Sud, donc mal adapté localement).

Il a fallu attendre la mise au point du bouturage pour réaliser des tests clonaux à partir des plus beaux individus. Par la suite, les meilleurs clones furent utilisés (en partage égal avec les clones de PF1) dans les 42.000 ha de plantations industrielles de l'UAIC réalisés dans la région de Pointe Noire entre 1978 et 1999.

Pointe Noire (Congo) 1988 - Plantations UAIC à 7 ans. A gauche. un clone de la variété **HS2** ("hybride de saligna"), à l'écorce de "type tereticornis". **A droite.** un clone de la variété **PF1** à l'écorce de type alba ("Hybride platyphylla F1") âgés de 7 ans, juste avant exploitation.

53.23 - Les hybrides naturels d'eucalyptus au Brésil

Les hybrides naturels sont nombreux dans ce pays car les Brésiliens récoltaient au début leurs graines dans les arboretums locaux et en particulier dans celui de Rio Claro. En particulier, les graines d'*E. grandis*, utilisées par la Société ARACRUZ Florestal entre 1967 et 1970 venaient de cet arboretum et renfermaient des individus ayant pour pères plusieurs espèces mal identifiées. Parmi ceux-ci, les *E. grandis x urophylla* (naturels) puis les *E. urophylla x grandis* (artificiels) ont permis la poursuite du projet car la population d'*E. grandis* purs, issue de provenances du Sud de l'aire naturelle et donc mal adaptée en Espirito Santo, s'est mise à dépérir dès l'âge de 4 ou 5 ans, laissant bien vigoureux les seuls hybrides interspécifiques.

Plus largement, les trois placeaux d'*E. urophylla* de Rio Claro ont souvent été utilisés pour approvisionner les reboisements en Eucalyptus dans les zones subtropicales du Brésil. Ne revenant pas toujours aux sources, de générations en génération, cette population hybride appelée "alba du Brésil" (de son appellation indonésienne d'origine) s'était fortement dégradée et le Prof. PRYOR, appelé pour identifier ces essaims d'hybrides, avait signalé le problème dès les années 70.

53.24 - Les hybrides naturels d'eucalyptus dans les autres pays

Un peu partout dans le monde, les utilisateurs d'eucalyptus ont décrit des hybrides naturels interspécifiques à forte croissance. Nous avions signalé les plus importants d'entre eux dans notre document invité pour la 3ème Consultation mondiale sur l'Amélioration des arbres forestiers (1977[201]). Nous en complétons la liste dans le tableau qui suit. Quelle que soit la zone climatique, l'hybridation naturelle existe et elle est d'autant plus fréquente que la consanguinité des populations utilisées localement est forte, ce qui est souvent le cas.

Principaux hybrides d'eucalyptus à fort hétérosis, par zone climatique

Zone tropicale sèche	*E. alba x camaldulensis*
Zone tropicale subhumide	*Corymbia torelliana x citriodora** *E. camaldulensis x tereticornis* *E. tereticornis x grandis*
Zone subtropicale et tropicale humide	*E. grandis x robusta* *E. urophylla x grandis* *E. grandis x urophylla*
Zone méditerranéenne sèche	*E. grandis x camaldulensis* *E. grandis x viminalis* *E. maïdeni x camaldulensis* *E. occidentalis x astringens* *E. gomphocephala x occidentalis* *E. viminalis x camaldulensis*
Zone tempérée	*E. viminalis x dalrympleana* *E. gunnii x dalrympleana*

**autrefois classés dans le genre Eucalyptus*

Dans les années 70, au Congo, on récoltait systématiquement des arbres en position d'hybridations interspécifiques (bordures de parcelles dans les essais spécifiques) et la fréquence d'apparition dans les descendances était grande. Plus généralement, l'observation des plantations locales permet très souvent de déceler des individus anormalement vigoureux dans des populations réputées comme pures. MESKINEN (1984) faisait état d'hybridations de l'*E. grandis* utilisé en Floride, jusqu'à une fréquence de 31% dans les sites les plus hybridogènes.

Exemples d'hybrides à très fort hétérosis :

Hybrides naturels d'eucalyptus dans les essais d'introduction d'espèces. 1 : Congo, Pointe Noire 1986 : *Corymbia torelliana x C. citriodora* au sein d'une descendance de *C. torelliana*. **2 : Brésil, Aracruz 1980 :** Ortet d'*E. urophylla x grandis* sélectionné au sein d'une descendance d'"*alba* du Brésil" originaire de Rio Claro. **3 : Maroc, Sidi Yahia el Gharb 1987** Très gros hybride *E. maïdeni x camaldulensis*. **4 : Maroc, Larache 1987 :** Bel hybride *E. grandis x camaldulensis*.

La vigueur de certains de ces hybrides était souvent spectaculaire, au sein de leur famille de demi-frères de l'espèce pure, soulignant, d'une part, la vigueur hybride et, d'autre part, la meilleure adaptation aux conditions locales de l'hybride cumulant les qualités des deux espèces parentes. Ce fut en particulier le cas des *Corymbia torelliana x citriodora* apparus dans les descendances *de C. torelliana*, au Congo, au Nigéria, en Inde, au Brésil. On peut également citer certains hybrides émergeant des plantations au Maroc (*E. grandis x camaldulensis* et *E. maïdeni x camaldulensis)* comme le montrent les photos précédentes.

Remarque : La présence fortuite de tels hybrides naturels dans la "landrace" locale peut être une occasion unique de gains génétiques très significatifs lors du démarrage d'un programme d'amélioration des plantations.

Au Maroc, en 1987, le grand nombre de ces hybrides, présents dans les plantations, fut l'occasion pour nous, de lancer dans ce pays le ***Projet d'amélioration rapide des eucalyptus***, que nous présenterons plus loin au chapitre des plantations clonales. Nous l avons également observé en 2005 au Venezuela avec la Compagnie DEFORSA (Desarrollos Forestales San Carlos S.A) qui avait introduit massivement des graines de Vergers d'eucalyptus hybrides du Brésil pour y sélectionner un grand nombre d'ortets hybrides avant de passer aux plantations clonales.

Lorsque cela est possible, ce genre de programme est un précieux raccourci, tant par l'importance des gains auxquels il permet d'accéder, que par la vitesse à laquelle ces gains sont intégrés dans les chaines de production commerciales mais aussi par l'aspect spectaculaire des plantations clonales qu'il engendre et qui représente un vif encouragement pour les décideurs et les bailleurs de fonds.

Soulignons au passage que la mise sur pied de ce genre de raccourcis dans l'amélioration génétique ne nécessite nullement la mise en place d'un centre de R&D important. Une petite équipe de techniciens pilotée par un jeune ingénieur suffit amplement à une telle réussite, à condition que l'espèce étudiée soit suffisamment apte au bouturage.

53.3 - Voie récurrente réciproque entre espèces d'eucalyptus

53.31 - Vergers à graines de F1 hybrides en "open"

Lorsque l'on dispose d'une bonne formule hybride (descendance homogène) mais que le clonage est difficile et que les croisements contrôlés industriels ne sont pas envisageables, il ne reste plus qu'une solution : faire fonctionner un verger à graines hybrides pour produire des graines F1 par fécondations libres. Cependant, avant de se lancer dans une voie récurrente réciproque longue et problématique, il est préférable de suivre de petits modèles expérimentaux, simples, à faible nombre de géniteurs. On peut s'orienter vers l'une des voies suivantes :

1. Utiliser un géniteur femelle auto-incompatible ou hétéro préférentiel,
2. Utiliser un géniteur mâle unique mais fleurissant en même temps que l'arbre-mère,
3. Utiliser plusieurs géniteurs mâles présentant une période de dissémination du pollen encadrant largement la période de réceptivité des stigmates des fleurs de l'arbre-mère.

Avec les eucalyptus, lorsque les conditions sont réunies, un verger à graines de clones de dimension modeste peut permettre la production d'une importante quantité de graines F1. Il faut cependant reconnaitre que très peu de vergers de ce type fonctionnent dans le monde. On se trouve en effet le plus souvent devant le dilemme suivant :

- Soit on connaît une source naturelle de graines hybrides mais on ne connaît pas le père de la descendance (remarquons qu'aujourd'hui, cette recherche peut se faire par analyse ADN).

- Soit on dispose d'une bonne formule de croisement (arbre-mère et arbre-père parfaitement déterminés) mais les géniteurs présentent des décalages phénologiques importants ce qui rend impossible ou trop aléatoire la fécondation en open et ne permet donc pas la création d'un verger.

En dehors d'une approche futuriste par sélection génomique (GS), le choix de ces géniteurs ne peut-être que le résultat d'essais de croisements contrôlés. Les seuls essais de descendances maternelles ne suffiront pas. Mais même dans le cas où la désignation de formules hybrides exceptionnelles ait pu être faite par croisements contrôlés, il n'est pas certain que celles-ci fonctionnent en libre fécondation. Il est probable que la production de graines hybrides restera aléatoire avec de fortes fluctuations annuelles au niveau de la floraison et de la production de graines. C'est une des raisons pour essayer au départ avec de petits vergers, voire très petits, mais bien isolés. Nous pouvons relater les deux expériences pratiques suivantes.

Vergers du Congo. En dehors de diverses parcelles plus ou moins hybridogènes, nous avions installé, en 1969, deux types de vergers à graines hybrides de clones (greffés) :

- Un verger de type E. P0 x E. 12ABL transformé en 1975-76 en E. P0 x *E. urophylla*. La première floraison de ce verger en 1972 a fourni de très bonnes graines hybrides (*E. alba x tereticornis),* les 12 ABL ayant fleuri très précocement après le greffage, ce qui ne s'est malheureusement pas renouvelé par la suite d'où la transformation du verger en remplaçant les 12ABL par des *E. urophylla*. La production de ce verger, jugée trop disparate, n'a pas été utilisée.
- Un verger de type E. 12ABL x *E. saligna* qui produisait chaque année une assez grande quantité d'hybrides mais il restait dans les descendances un pourcentage non négligeable de 12ABL purs qui échappaient au tri en pépinière. Une bonne partie de ces plants avaient probablement pour père l'arbre 1140 que l'on sait auto compatible (voir plus haut p. 320). En utilisant au contraire un clone très résistant à l'autofécondation on aurait sans doute eu de bien meilleurs résultats.

Vergers de la Société Aracruz au Brésil. Une excellente formule d'hybridation avait pu être mise au point à Aracruz dès la fin des années 70 (CAMPINHOS, comm. pers.). Après avoir sélectionné 10 très beaux phénotypes dans la meilleure provenance d'*E. grandis* (Atherton Nord QLD), l'autofécondation de chacun de ces 10 arbres a été pratiquée (utilisation d'une nacelle). Après examen en pépinière des 10 descendances autofécondées obtenues, le plus rebelle à l'autofécondation des arbres-mères (très peu de graines viables) a été greffé et installé au milieu d'une parcelle d'une bonne provenance d'*E. urophylla*. Le résultat a surpris par la vigueur et l'homogénéité de la descendance obtenue.

Il semble donc que la sélection d'arbres-mères non auto-compatibles soit la meilleure formule pour détecter les arbres à forte aptitude à l'hybridation (AGH) ce qui ouvrirait la voie d'un testage systématique des arbres + en autofécondation, avant de procéder aux hybridations proprement dites. D'ailleurs il est possible que, pour certaines espèces, l'ensachage de branches florifères soit une technique suffisante pour réaliser ce genre de test. Quoiqu'il en soit, l'autopollinisation est une technique de pollinisation assez simple puisque l'émasculation est à exclure et que, seul l'ajout d'autopllen est à envisager en dehors de l'ensachage.

Remarquons qu'une telle technique peut très bien s'appliquer pour l'amélioration des espèces pures multiprovenances (point 52.4). D'autre part, pour les espèces faciles à bouturer, le besoin en graines hybrides reste relativement faible puisqu'il s'agit seulement d'installer des populations de sélection pour y choisir de bons ortets.

Pour conclure : Il n'est pas facile de créer des vergers à graines hybrides d'eucalyptus qui fonctionnent, mais leur régime d'autofécondation partielle semble pouvoir être utile pour y parvenir.

53.32 - Voie récurrente réciproque hybride inter-espèces (RRH)

Les hybrides interspécifiques d'eucalyptus sont très généralement signalés comme très intéressants en F1 mais très désavantageux en F2 à cause des disjonctions après la F1. Il faut toutefois souligner que le plus souvent ces F2 sont des croisements entre arbres apparentés (plein-frères ou demi-frères) car les essais de F2 sont réalisés en récoltant des graines dans les parcelles de F1 lesquelles sont très souvent des descendances d'un seul arbre. Dans une voie classique récurrente, on doit en principe sélectionner des arbres + éloignés génétiquement, sauf si l'on cherche justement à réaliser des lignées consanguines (comme dans le cas du maïs) lesquelles seront alors obligatoirement intraspécifique, les croisements interspécifiques n'étant réalisés, à chaque génération avancée, que pour récupérer l'hétérosis, sans perdre les caractères héritables sélectionnés dans chaque lignée.

On peut décrire un schéma d'amélioration par voie RRH mais sa viabilité peut être mise en échec à chaque génération si la production des graines hybrides ne peut se faire qu'en verger par fécondation libre. Aussi le schéma que nous proposons est réalisé par croisements contrôlés et devra être développé par voie clonale ou par CCI dans le cas où les vergers à graines hybrides ne fonctionneraient pas. S'agissant d'une sélection sur deux espèces suivi d'une recombinaison sous forme hybride à chaque génération avancée, la particularité principale est la sélection sur un petit nombre de caractères autre que la vigueur dans chacune des espèces puisque la vigueur est attendue comme le résultat de l'hybridation. L'adaptation sera bien sûr un critère important pour chacune des espèces mais elle est surtout prise en compte au niveau provenance qui était l'étape précédente. La priorité peut donc être donnée à des caractères plus particuliers, à déterminisme génétique plus simple, moins polygénique et présentant généralement une forte héritabilité au sens strict que l'on peut hiérarchiser comme suit :

- Caractères morphologiques. Ils restent valables quel que soit l'espèce : absence de défaut, forme du fût, architecture générale, élagage naturel, qualité de cime, abondance du feuillage, épaisseur de l'écorce, etc.
- Caractéristiques du bois. On se reportera plus haut, page 251 (paragraphe 51.4). Outre la densité, les divers critères à prendre en compte varieront suivant l'objectif (bois de pâte ou bois d'œuvre),
- Caractéristiques sanitaires. En dehors de la résistance polygénique horizontale qui est prise en compte au niveau espèce et provenance et qui est une des composantes majeures de l'adaptation, la sélection individuelle portera sur des résistances verticales à certains stress ou à certains parasites particuliers (insectes ou champignons). Ainsi au Brésil, la sélection a porté sur la résistance au chancre (*Diaporthe cubensis*), au Congo sur la résistance à la punaise (*Helopeltis bergrothi*), au Maroc sur la résistance au *Phoracanta semipunctata* et en Espagne sur la résistance au *Mycosphaerella sp.*

La voie récurrente réciproque hybride inter-espèces présente alors un grand intérêt car elle divise l'effort de sélection en trois compartiments distincts pour cumuler ensuite tous les gains au moment de l'hybridation. La supériorité est considérable par rapport à une sélection multi caractères intégrant prioritairement la vigueur et débouchant forcément sur des compromis difficiles étant donné la fréquence des corrélations défavorables entre caractères et en particulier avec la vigueur. Ces trois compartiments sont les suivants :

1. **Espèce A :** choix d'un petit nombre de critères très héritables (par exemple : forme, branches, résistance verticale à un champignon).
2. **Espèce B :** choix d'un petit nombre de critères très héritables (par exemple : forme, qualité du bois, résistance verticale à un insecte).
3. **Hybridation A x B :** vigueur hybride, résultat de l'aptitude générale à l'hybridation entre les espèces A et B. Récupération des caractères héritables de chacune des deux espèces.

Le produit final est donc le cumul d'effets strictement additifs (sélectionnés en A et en B) et d'effets non additifs par l'hybridation. Les gains d'origine additive peuvent être très élevés car ils se font à chaque fois à partir d'une sélection sur un petit nombre de caractères héritables pour lesquels on pourra sélectionner avec une très grande intensité sans être trop limité par des questions de corrélations défavorables.

Le dernier problème à résoudre est celui du choix des géniteurs en vue d'obtenir une hétérosis maximale. Pour l'instant, seule l'expérimentation permet d'y répondre mais on constate fréquemment que les individus très consanguins (P0, 12ABL) devenus souvent très rebelles à l'autofécondation, sont des producteurs d'hybrides particulièrement performants. A l'inverse les croisements consanguins peuvent également engendrer des individus de plus en plus tolérants à l'autofécondation (comme le 12ABL n° 1140 par exemple).

Notre interprétation personnelle est la suivante :

Le régime mixte de la reproduction des eucalyptus, acceptant en moyenne 25% d'autofécondation, est une sorte de régulation permettant d'éviter une trop forte accumulation de gènes récessifs défavorables. En effets, les doubles récessifs, à certains loci particuliers, sont assez souvent létaux (dwarfs). Par contre, la fréquence de cette autogamie entraîne l'existence fréquente d'individus fortement homozygotes avec beaucoup de loci en position de double dominants, ce qui n'est pas forcément bon pour la vigueur mais peut-être excellent pour d'autres caractères.

Dans la voie récurrente réciproque, les sélections intra-espèce (ou intra population) devront s'efforcer de produire des individus les plus fortement possibles double dominants de type :

$$\frac{AA}{CC} \text{ et } \frac{BB}{DD}$$

Dans chaque lignée, l'augmentation à chaque génération de la consanguinité intra population permettra l'élimination des gènes récessifs les plus défavorables et on s'acheminera peu à peu vers des hybrides supérieurs, très hétérozygotes avec le minimum de gènes récessifs, de type :

$$\frac{AB}{CD}$$

Très grossièrement, on aurait le schéma de la page suivante :

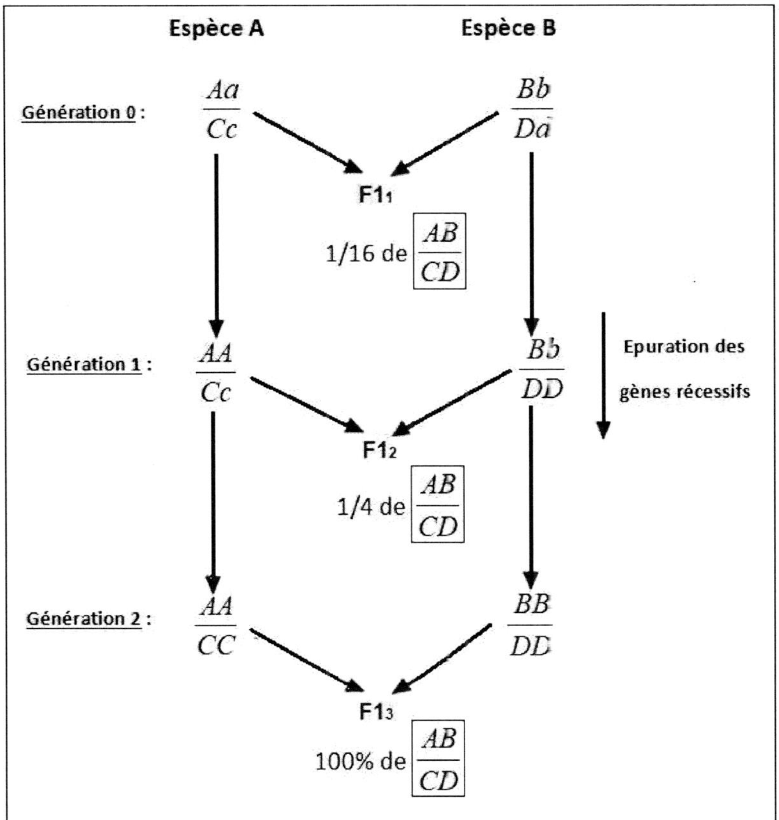

B. MARTIN (1987) Schéma de la Voie Récurrente Réciproque interspécifique
Vers une réduction de la fréquence des gènes récessifs à chaque génération

L'autofécondation est un moyen simple et rapide d'augmenter le taux de consanguinité à chaque génération et cette pratique devrait être largement utilisée à des fins de contrôle et éventuellement pour produire de nouvelles populations de sélection.

Enfin, la voie végétative que nous allons développer au chapitre 6 est un complément très efficace à la voie récurrente réciproque qui peut déboucher sur des populations hybrides plus ou moins homogènes, ou sur des populations hybrides hétérogènes mais renfermant des individus très supérieurs ou encore sur des F1 impossibles à amplifier par voie générative (trop grands écarts phénologiques et/ou taux d'autofécondations trop élevés).

L'utilisation du clonage des meilleurs individus de chacune des F1 successives peut alors conduire vers un schéma récurrent réciproque à base de croisements contrôlés uniquement.

53.4 - Créations d'hybrides artificiels d'eucalyptus

53.41 - A la recherche de nouvelles formules

De la découverte d'hybrides naturels remarquables à la production régulière de familles hybrides interspécifiques améliorées, le chemin est très long et il faut reconnaître que le clonage de très beaux individus fut souvent un raccourci qui mit fin aux stratégies classiques, longues et plus ou moins sophistiquées mais qui a encouragé à se tourner définitivement vers la voie de l'hybridation, très souvent recherchée aujourd'hui, ainsi que le montre un document de l'OCDE de 2014[202] dans lequel figure un recensement des hybrides d'Eucalyptus, tant naturels qu'artificiels et que nous résumons dans le tableau suivant :

Types d'hybrides	à partir des principales espèces d'eucalyptus						
	globulus	*nitens*	*grandis*	*pellita*	*dunnii*	*camaldulensis*	**Total**
Naturels	15	1	4	4	0	14	**38**
Artificiels	14	32	14	9	4	15	**88**
Total	**29**	**33**	**18**	**13**	**4**	**29**	**126**

Source : OCDE Environnement : ENV/JM/MONO (2014)27

Sans le clonage, la production artificielle d'hybrides n'aurait sans doute pas abouti car c'est une voie difficile aléatoire et coûteuse. De plus, la plupart des chercheurs ne voyait pas l'intérêt des hybrides interspécifiques, recommandait de revenir aux espèces pures, contestait souvent l'existence même de l'hétérosis.

A l'opposé, le clonage, en récupérant facilement toute la vigueur hybride a presque fait oublier les espèces pures, surtout lorsque celles-ci se trouvaient en situation marginale. De plus, les progrès réalisés dans les années 70 et 80 en matière de croisements contrôlés ont largement poussé les améliorateurs vers une prospection plus systématique de l'hybridation interspécifique.

53.42 - Variabilité des familles hybrides

Les diagammes ci-dessous, extraient de BOUVET (1982) nous donnent une bonne représentation du degré d'hétérogénéité des populations hybrides rencontrées par rapport à deux clones locaux issus des meilleures populations hybrides naturelles (PF1 et HS2).

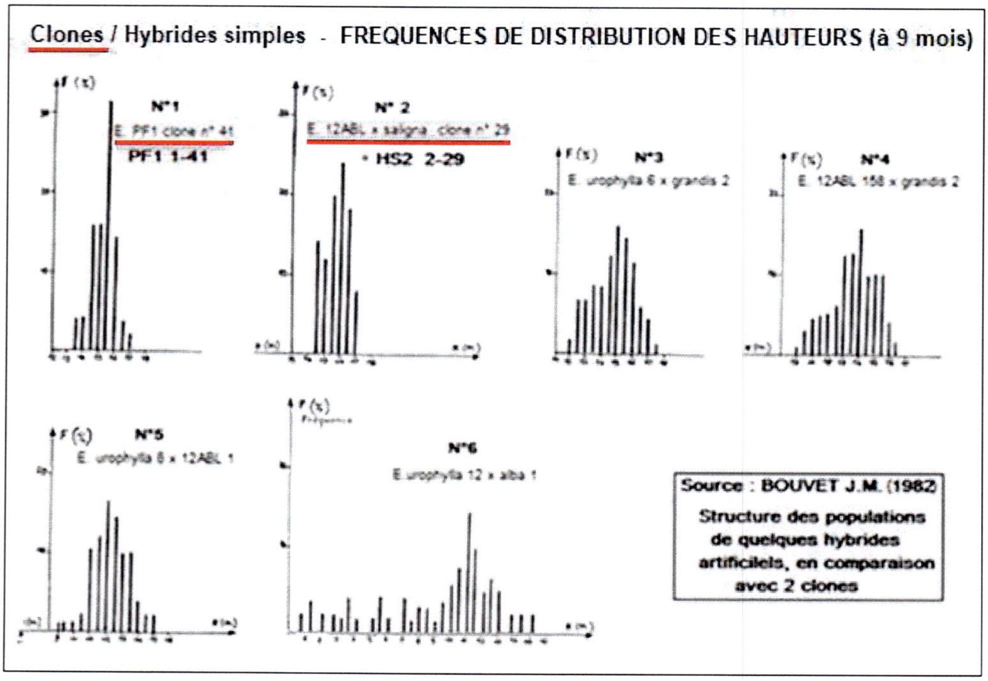

Il est étonnant de trouver une telle hétérogénéité dans les populations hybrides entre *E. urophylla* et *E. alba* (N°6). Ces deux espèces sont en effet très proches dans la classification de PRYOR and JOHNSON (1971), et présentent, comme on l'a vu plus haut (p. 236) de nombreuses formes introgressives dans leur aire naturelle. A l'inverse, bien que plus éloignés dans la classification, *E. urophylla* et *E. grandis*, donnent cependant des hybrides homogènes.

Chez les eucalyptus, on a pu créer de nombreuses formules hybrides, en plus des hybrides naturels. Au Congo, BOUVET (1982)[203] a bien étudié la structure des différentes populations hybrides obtenues et les a classées en trois catégories selon leur degré d'hétérogénéité (tableau ci-après).

Types d'hybrides	Exemples
1 - Hybrides homogènes	*E. urophylla x E. resinifera* *E. urophylla x E. grandis* *E. 12ABL x E. grandis* *E. urophylla x pellita* *E. urophyla x 12ABL* *E. alba x E.grandis* *E. PO x E. grandis* *E. 12ABL x pellita*
2 - Hybrides hétérogènes (avec quelques dwarfs)	*E. alba x E. urophylla* *E. PO x E. urophylla*
3 - Populations de dwarfs	*E. deglupta x E. PO* *E. deglupta x E. kirtoniana** *E. urophylla x E. deglupta*

* hybride naturel venant de NSW (?)

On doit à ce niveau faire appel à la notion de distances génétiques évoquée par le Prof. DEMARLY en 1982, lors de sa visite au Congo (DELWAULLE, comm. pers.). Ces distances entre espèces sont encore mal connues et la systématique disponible rend compte encore assez mal des résultats effectivement enregistrés par les améliorateurs.

Mesurer les distances génétiques et examiner plus précisément le génome des structures potentiellement candidates aux croisements contrôlés, sont des vœux ressentis comme des nécessités, en particulier pour les hybridations interspécifiques, aux résultats peu prédictibles.

Soulignons cependant que l'homogénéité des descendances hybrides dépend aussi des géniteurs utilisés (à l'intérieur de chaque espèce). C'est ainsi que SINOIR (1984)[204]signale une excellente descendance E.P0 x *E. urophylla* (P0 3 x 14.11), ce qui est plutôt rare chez ce type d'hybride.

L'important est donc la constitution génique de chaque géniteur et l'affinité génétique entre géniteurs. Lorsque la distance est trop grande, on obtient des "dwarfs" comme c'est aussi le cas avec les croisements consanguins quand la distance génétique est trop faible (autofécondation en particulier). Le tableau précédent donne quelques exemples de chaque type d'hybrides et les photographies ci-après montrent d'excellents hybrides avec les espèces *E. grandis E. pellita et E. urophylla,* trois espèces, géographiquement très distantes, mais génétiquement assez proches.

Hybrides artificiels homogènes. ARACRUZ (Brésil 1980). A gauche : *E. grandis x E. pellita*, 5 ans. **Au centre :** *E. urophylla x E. pellita 5 ans.* **A droite, Pointe Noire (Congo 1986) :** *E. urophylla x grandis* 9 ans.

53.43 - Vigueur hybride

Il n'a pas été facile de convaincre la communauté scientifique de la supériorité des hybrides. En particulier, en l'absence de témoins, la démonstration est impossible surtout face à un public persuadé que l'amélioration des espèces pure est une meilleure voie.

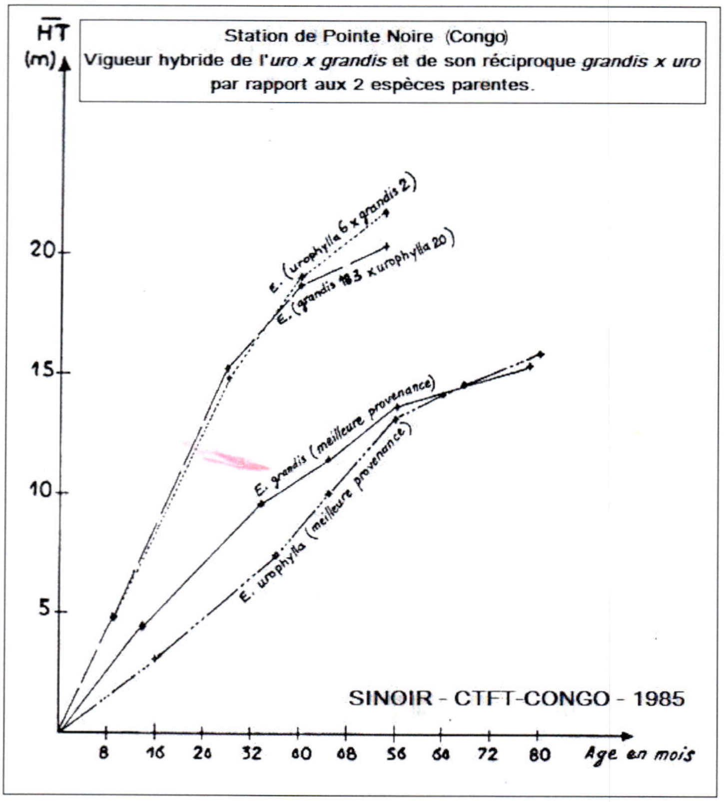

La visite de la Société ARACRUZ Florestal SA en août 1980 par l'IUFRO (suite au Congrès d'Aguas de Sao Pedro) en fut un parfait exemple. La société n'ayant présenté aux chercheurs que des descendances ou des clones n'a pu montrer l'effet d'hétérosis et nombre de participants déclaraient qu'il fallait revenir aux espèces pures alors que celles-ci étaient, soit plus ou moins mal adaptées, soit nettement moins productives. L'hétérosis se mesure par rapport aux espèces pures parentes. SINOIR (1985) fait état de quelques résultats spectaculaires avec l'hybride *E. urophylla x E. grandis* et son réciproque *E. grandis x E. urophylla* (graphique précédent).

A l'âge de 4 ans ½, il n'y a pas de différence entre les deux hybrides réciproques dont la hauteur est d'environ 20m, contre seulement 13,5m pour les deux espèces pures parentes, soit un gain sur la croissance en hauteur de 48%, ce qui est considérable.

Remarquons également que les populations hétérogènes ne sont pas forcément à rejeter si elles contiennent de très beaux individus pouvant être multipliés par clonage et notamment si ces individus réunissent des caractères intéressants, mais rares et dispersés au sein des espèces (résistances aux parasites et qualités du bois par exemple).

53.44 - Récents progrès avec les hybrides de Corymbia

En Australie. Les espèces du Genre *Corymbia* réputées très hybridogènes (voir photo plus haut, point 53.24) constituent le groupe des "Spotted gum" (*Corymbia maculata, C. citriodora, C. Henryi* et *C. torelliana*) plantés depuis 1997 dans le sud du Queensland pour produire du bois d'œuvre, mais malheureusement tous très sensibles à la "Brûlure des rameaux à Ramularia" ou "Ramularia Shoot Blight" (*Ramularia pitereka*), sauf *C. torelliana*, originaire du Nord Queensland qui est résistant[205].

F1 hybrides de Corymbia avec le Dr. G. NIKLES (janv.2007)

Les F1 d'hybrides *C. citriodora ssp variegata x C. torelliana* sont donc d'un grand intérêt car ils sont à la fois, très plastiques, vigoureux, droits et résistants à *Ramularia* mais aussi à *Mycosphaerella sp*, ainsi qu'à divers insectes, (photo ci-contre). De très beaux individus ont été sélectionnés dans les meilleures familles hybrides mais le développement clonal se heurte aux difficultés de clonage. Le minibouturage améliorerait un peu l'enracinement des boutures mais l'aptitude au clonage reste sous contrôle familial et individuel[206].

Il faut cependant signaler que *C. torelliana* (et ses hybrides) serait invasif dans certaines conditions et présenterait une interaction négative avec les abeilles sans dard qui propageraient très largement les graines et dont les colonies pourraient s'effondrer à cause de la résine des hybrides de torelliana incorporée dans ces structures d'où son bannissement dans certaines régions pour les plantations forestières et d'agrément[207].

En Inde. Des résultats récents ont été obtenus avec les hybrides *Corymbia torelliana* x *C. citriodra*[208], lesquels intéressent les sociétés papetières et les petits paysans pour leur grande vigueur et la qualité de leur pâte mais aussi pour leur grande plasticité, leur résistance à la sécheresse et aux parasites ainsi qu'à leur bonne aptitude aux multiples usages.

Un plan de croisements contrôlés semi-diallèle, a été réalisé entre 9 génotypes CT maternels et 6 génotypes CC paternels pour développer 28 familles hybrides de 150 à 500 descendances chacune, suivies de tests de descendances installés dans 3 sites très différents en comparaison avec des clones commerciaux témoin d'*E. camaldulensis*. Les meilleurs combineurs ont été identifiés (plus fortes ASH) et 10 familles ont montré des qualités papetières supérieures du bois (+32% de biomasse, +13,6% de densité basale par rapport aux témoins avec des rendements en pâte allant de 50 à 51,6%),

Remarque : Le clonage des meilleurs individus sélectionnés dans ces familles hybrides permettrait probablement d'améliorer encore ces excellentes performances mais les difficultés d'enracinement des boutures restent un problème. Dans cette perspective des essais de micropropagation à partir d'explants apicaux nodaux, semblent avoir donné des résultats significatifs THALIYAKULA (2018)[209]. Signalons qu'il serait peut-être préférable de partir de méristèmes comme cela fut fait pour les clones de Teck de Malaisie.

53.45 - Hybrides 3 voies

Dans le but d'ajouter d'autres qualités importantes, on peut tenter d'apporter des gènes venant d'une troisième espèce. On arrive aux hybrides "3 voies".

Recherche d'une meilleure adaptation à la sécheresse. Certains hybrides "3 voies" ont pu être développés au Brésil. Painel Florestal a signalé un grand intérêt pour les formules suivantes, obtenues par croisements contrôlés réciproques, lesquelles ont fourni des clones commerciaux :

Formules d'eucalyptus hybrides Clones commerciaux brésiliens

E. (camaldulensis x grandis) x E. urophylla	*AEC 2197, AEC 2111, AEC 2115*
E. urophylla x E. (camaldulensis x grandis)	*AEC 2034*

Il est certain que l'apport génétique de l'*Eucalyptus camaldulensis* dans les formules, renforce significativement la résistance à la sécheresse des clones correspondants.

Recherche d'une meilleure qualité du bois. Afin d'améliorer encore la qualité papetière du bois de ses clones élites hybrides d'*E. grandis x urophylla*, la société Aracruz a lancé en 2007, en coopération avec l'Université Fédérale de Lavras (MG) un essai de croisement réalisé en semi-diallèle de 10 de ces clones avec 6 bons clones d'*Eucalyptus globulus*, espèce réputée produire la meilleure pâte d'eucalyptus. Les combinaisons hybrides résultantes ainsi que 4 clones témoins ont été testés en dispositifs monoarbre à 40 répétitions sur 3 sites brésiliens subtropicaux, Aracruz et São Mateus (Espírito Santo) et Caravelas (Bahia). A 2 ans, ces nouveaux hybrides restaient nettement moins vigoureux que les clones témoins (-31,9% en circonférence) mais restaient supérieurs pour la densité du bois (+5,5%). D'autre part la variabilité de ces nouvelles populations hybrides était faible et aucun arbre ne s'est montré plus vigoureux que les clones témoins[210].

Il est certain que l'*E. urograndis* (tropical) et l'*E. globulus* (tempéré) sont très distants écologiquement et probablement trop, génétiquement, pour entraîner un effet d'hétérosis dans cette nouvelle combinaison à 3 voies. D'autre part la densité n'est pas le seul facteur de qualité papetière.

Ainsi que le soulignent les auteurs, la faible teneur du bois en lignine de l'*E. globulus* est un facteur très important de rendement en pâte et des tests de type NIRS devraient être faits pour détecter les meilleurs individus pouvant être croisés en retour avec un urograndis pour gagner en vigueur en essayant de ne pas perdre en qualité de bois. Toutefois, selon les auteurs, cette perspective semble contrariée par une corrélation phénotypique négative (-0,75) entre circonférence et densité du bois. Les essais de terrain pourraient également être réalisés dans le Sud du Brésil dans une zone qui conviendrait mieux au globulus ; à l'exemple d'un autre essai réalisé en Uruguay avec un hybride *E. grandis x E. globulus* qui s'est montré supérieur car beaucoup mieux adapté que l'*E. globulus* aux conditions écologiques locales (TORRES-DIN - 2016[211]).

On peut conclure en affirmant qu'avec l'eucalyptus, la création variétale n'en est qu'à ses débuts grâce à la très grande variabilité du genre et la possibilité de clonage industriel.

53.46 -Stratégie d'amélioration des eucalyptus hybrides artificiels

Il n'y a pas réellement de stratégie établie. Les chercheurs tentent diverses voies en suivant des axes dictés par les nombreuses contraintes rencontrées, parmi lesquelles le temps d'obtention des variétés hybrides est sans doute la plus lourde.

1 - Tenter de raccourcir le temps de sélection

Cinquante ans après les premiers travaux sur l'utilisation des hybrides naturels d'eucalyptus, on a développé un peu partout dans le monde des millions d'ha de plantations clonales hybrides mais on ne dispose toujours pas d'une bonne stratégie pour trouver les meilleures formules hybrides et pour les améliorer de façon optimale et le plus rapidement possible. La thèse récente (2017) de G. J. Van den Berg[212] (Université de Pretoria) a fait le point pour l'Hybride *E. grandis x E. urophylla* développé en Afrique du Sud, en tentant d'améliorer la stratégie classique employée jusqu'ici (début de voie récurrente réciproque) et dont le premier cycle comprenait la succession des opérations suivantes :

1. **Sélection** d'arbres +dans chacune des deux espèces,
2. **Réalisation** de croisements contrôlés entre arbres +de chaque espèce,
3. **Installation** de tests de descendances multi-sites avec les familles hybrides obtenues,
4. **Sélection** à partir de l'âge de 4 ans des plus beaux phénotypes dans les meilleures familles hybrides,
5. **Multiplication** par bouturage et installation de tests clonaux multi-sites,
6. **Choix des meilleurs clones et multiplication à grande échelle** pour les plantations commerciales.

L'alternative proposée à cette stratégie d'amélioration conventionnelle employée nommée CHBS (Conventional Hybrid Breeding Strategy) fut une stratégie accelérée ou AHBS (Accelerated Hybrid Breeding Strategy) qui consistait simplement à choisir les ortets à 1 an ½ (au lieu de 4 ans) dans un seul dispositif à faible espacement proche de la pépinière, conformément au tableau de la page suivante qui présente de façon comparative les paramètres des dispositifs de terrain pour chacune des deux stratégies.

Il est certain que cette stratégie accélérée est non seulement moins coûteuse en temps mais aussi en espace (6 fois moins de surface), en déplacements (1 seul site proche, au lieu de 7) et en heures de technicien (mensurations remplacées par le choix visuel des ortets à 1 an ½).

Sélection de Clones hybrides *E. grandis* x *E. urophylla*. Stratégies comparées

Stratégie	CHBS	AHBS
Temps d'obtention des graines	0,5 an	0,5 an
Type d'essai	Essai de descendances hybrides	Bloc de sélection de semis hybrides
Nombre de répétitions	6 à 12	1 seule
Espacements	3m x 2m = 6m2/plant	1m x 1m = 1m2/plant
Placettes unitaires	6 arbres/PU	100 arbres/bloc
Nombre de sites	7 sites	1 seul site (proche pépinière)
Mesures	Vol., forme, qualité du bois, résist	Aucune ; sélection visuelle seulement
Age des ortets sélectionnés	4 ans	1 an 1/2
Temps de testage des clones	4 ans	4 ans
Temps de multiplication des variétés clonales	1 an 1/2	1 an 1/2
Temps total d'obtention des variétés clonales	10 ans = 0,5+1,5 + (2 x 4)	7,5 ans = 0,5 + 1,5 + 4 + 1,5

Source. VAN DEN BERG G. J. PHD 2017

En ajoutant les tests clonaux indispensables sur des dispositifs classiques proches de ceux réalisés pour les semis hybrides (4 ans), il faut compter en tout 10 ans (CHBS) et 7,5 ans (AHBS), pour obtenir les variétés clonales améliorées. Le résultat final est un gain génétique en volume par unité de temps, plus élevé pour l'AHBS (+3,7 % par an) que pour la CHBS (+1,9 % par an seulement).

Un tel résultat est rendu possible par le fait que la variation génétique est majoritairement d'origine non additive tant du côté *grandis* que du côté *urophylla* (88 % et 71 % respectivement) et que les héritabilités au sens strict pour les effets arbres-mères (*E. grandis*) et arbres-pères (*E. urophylla*) sont négligeables pour les deux populations. La conclusion de l'auteur est double :

1. **Le temps passé à tester le matériel hybride GU en tant que semis doit être minimisé,**
2. **La bonne stratégie de sélection hybride est de capturer la variation génétique non additive.**

S'agissant de la Voie Récurrente Réciproque, on passe à la génération suivante au niveau de chacune des espèces pures par la voie Récurrente Simple (gain prévisible de 28% en volume chez l'*E. grandis*) et on recommence les croisements entre espèces avec la stratégie hybride accélérée définie précédemment (AHBS). Cependant, comme l'AGC (aptitude générale à la combinaison) n'est pas, selon l'auteur, un bon prédicteur de l'AGH (aptitude générale à l'hybridation) dans les populations observées, le choix des géniteurs dans chaque espèce ne peut se faire qu'au vu des descendances, les plans de croisements restant assez empiriques.

Concernant la possibilité de capturer la variation génétique non additive, l'auteur a souligné l'intérêt d'une orientation vers la sélection génomique (**SG**) afin d'apporter des solutions radicales en optimisant le choix des partenaires selon leur génome et a renvoyé le lecteur aux travaux de D. GRATTAPAGLIA (2014)[213]. Cependant, si la **SG** a révolutionné l'industrie bovine, elle est encore loin d'être opérationnelle pour les arbres forestiers. Heureusement, la concentration actuelle d'un certain nombre d'efforts vers cette voie futuriste permet d'espérer des progrès assez rapides. Par contre, c'est dans le domaine de la prédiction de l'hétérosis que cela risque d'être le plus lent à cause du très grand nombre de gênes concernés, à moins que le génotype des meilleurs géniteurs pour de bonnes AGH les rendent facilement repérables, les plus homozygotes (ou les moins hétérozygotes) par exemple (?).

2 - Bénéficier de la génération avancée hybride

Les meilleures formules hybrides étant trouvées, se pose alors le problème de leur multiplication à grande échelle pour alimenter les plantations commerciales. Selon les aptitudes de l'espèce au bouturage ou aux croisements contrôlés, on se tournera vers l'une des 2 voies suivantes avec pour chacune d'elles les étapes nécessaires :

A. Plantations des meilleurs clones hybrides :

1. Sélection d'ortets dans les meilleures familles,
2. Bouturage des ortets,
3. Installation de tests clonaux (comparaison entre ortets),
4. Sélection des meilleurs clones,
5. Multiplication industrielle des meilleurs clones.

B. Plantations des meilleures familles hybrides (graines issues de croisements contrôlés) :

1. Installation d'un parc à clones greffés intensif,
2. Elevage optimisé des pieds greffés et induction de la floraison,
3. Poursuite des recherches des meilleures combinaisons hybrides,
4. Croisements contrôlés industriels avec les meilleures formules hybrides,
5. Production industrielle des semis hybrides contrôlés.

Chaque voie présente des avantages et des inconvénients mais, contrairement aux apparences, lorsque l'espèce ne présente pas une très forte aptitude au bouturage, la voie **B** peut se révéler la plus facile, la plus rapide et la moins coûteuse. Passons rapidement en revue ces deux voies.

Voie A : Voie clonale

Elle fera l'objet du chapitre suivant. Elle présente de très gros avantages à condition de disposer d'ortets à très forts potentiels et très faciles à bouturer. Au choix des ortets, doit succéder leur multiplication puis leur testage avant de promouvoir les meilleurs d'entre eux en variétés commerciales. Cette phase des tests clonaux, comme on le verra plus loin, n'est pas sans surprise car généralement, de nombreux clones doivent être abandonnés par manque d'aptitude au bouturage ou par manque de conformité au clonage (faible corrélation ortet-ramets). Comme assez souvent, le nombre de clones promus n'est finalement qu'un faible pourcentage des ortets sélectionnés, on doit sélectionner beaucoup d'ortets et il est donc important que les descendances hybrides soient homogènes. D'autre part le coût des plants issus de bouturage est toujours beaucoup plus élevé (voire beaucoup plus) que celui des semis, facilement automatisables aujourd'hui.

Voie B : Croisements contrôlés industriels (CCI)

Les croisements contrôlés industriels sur eucalyptus ont longtemps été considérés comme infaisables, les techniques étant considérées comme du domaine de la recherche. Toutefois, convaincu du grand intérêt de cette technologie, nous avons été à l'origine du lancement de plusieurs projets de CCI avec plus ou moins de succès :

CCI sur *E. camaldulensis* au Maroc. Lors du démarrage, en 1987, du "Projet d'Amélioration des Eucalyptus au Maroc" (AFOCEL 1993), nous avons lancé un programme d'hybridation contrôlée en utilisant un ancien verger à graines d'*Eucalyptus camaldulensis* de la provenance "Lac Albacutya". Après quelques mois d'ajustements techniques (nombreux sacs perdus au début) les croisements avec du pollen d'espèces variées (surtout d'*E. grandis*), se sont vite montrés assez productifs malgré un maximum de 4 graines par capsule. L'*E. camaldulensis* a en effet de petites capsules, ce qui accroît encore les difficultés de manipulation. Les résultats de cette première campagne peuvent être trouvés dans notre rapport du 31 août 1988[214] et se résument comme suit :

Sacs posés	Sacs perdus	Sacs réussis	Fleurs ensachées	Capsules récoltées	Capsules /sac	réussites
390	220*	170	8550	1530	9	18%

Par la suite, cette création variétale s'est fortement amplifiée pour parvenir en 1992 à sa vitesse de croisière. Les croisements étaient de 2 types :

- **Les croisements prospectifs** (75.000 plants/an pour 200 formules) destinés à la recherche de nouvelles formules hybrides,
- **Les croisements supérieurs** (25.000 plants/an pour 10 formules, principalement *E. camaldulensis x grandis*) destinés à alimenter les plantations de production et à permettre la sélection phénotypique d'un grand nombre d'arbres + dans chacune des meilleures familles.

Dans ces 2 types de plantation la sélection de nouveaux ortets était réalisée à l'âge de 3 ans, ce qui est classique pour des rotations de 10 ans.

CCI sur *E. urophylla* au Congo. Sur les bases de ce projet, nous avions lancé un vaste programme de CCI au Congo dans le cadre de la R&D de l'UAIC (1988 -1991).

Après l'installation en plein champ d'un vaste parc à clones greffés à proximité de la pépinière de Kissoko (Pointe Noire), le programme avait commencé par l'induction de la floraison des pieds greffés au Cultar et les premiers croisements contrôlés entre arbres + d'*E. urophylla* et d'*E. grandis* commençaient à produire des semences mais les descendances devaient encore être testées pour ne planter à grande échelle que les meilleures familles (photo ci-contre).

Pointe Noire (Congo) 1990. Croisement contrôlés

L'objectif était double :

1. Alimenter une partie des plantations industrielles,
2. Disposer de vastes familles améliorées pour y sélectionner de nouveaux ortets.

Localement, les plantations industrielles de l'UAIC étaient toutes des plantations clonales et notre objectif était d'y ajouter une voie familiale très complémentaire de la voie clonale. C'était l'objet de notre papier volontaire présenté au Xème Congrès Forestier Mondial (Paris-1991)[215] et qui se résume par le schéma ci-après (réalisé pour l'UAIC et légèrement adapté par rapport à l'original). Lorsque les CCI sont possibles ils présentent de nombreux avantages et conduisent à planter des familles contrôlées tout à fait complémentaires des plantations clonales.

Dans le cas de l'UAIC en 1991, les CCI pouvaient couvrir (sous la forme de plantations de semis) entre un tiers et la moitié des programmes, et avec de nombreux avantages :

1. Augmentation de la productivité moyenne des plantations,
2. Augmentation de la variabilité génétique des plantations,
3. Elargissement de la période de plantation,
4. Agrandissement des programmes annuels,
5. Réduction sensible des coûts de pépinière

6. Allégement de la gestion des PPM extensifs en saison sèche,
7. Constitution d'énormes populations de sélection,
8. Possibilité de sélectionner intensivement sur la densité du bois
9. Utilisation commerciale à très court terme des nouvelles variétés
10. Accélération de la recherche des nouvelles combinaisons hybrides.

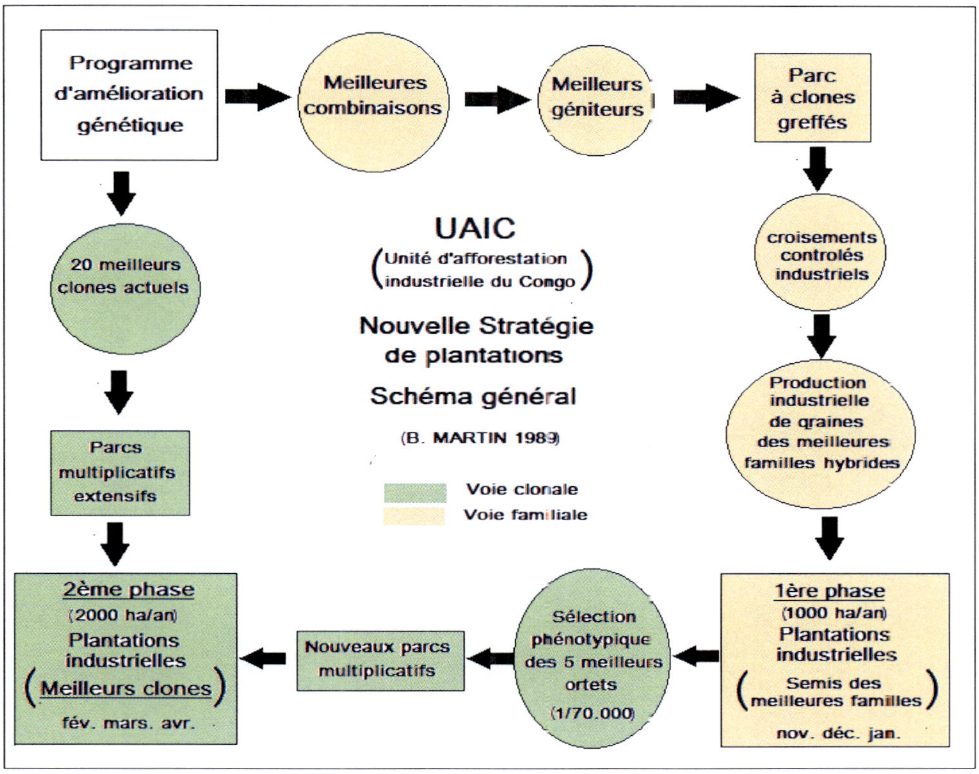

Sur ce schéma, les deux voies, clonale et familiale, apparaissent complémentaires. Elles concourent toutes les deux aux programmes de plantations commerciales.

A terme, la branche descendante de la voie clonale, alimentée par les anciens clones (meilleurs clones actuels) devrait s'effacer devant la seule voie issue des nouvelles familles hybrides (en bas). Le temps nécessaire à la sélection des clones (tests clonaux) est un temps additionnel plus ou moins long et la voie familiale permet d'intégrer très rapidement le gain génétique présenté par ces nouvelles familles, en général équivalent à celui associé aux anciens clones.

Remarquons pour finir que si la production de graines par CCI n'atteint pas le niveau prévu, une partie des avantages reste acquis en particulier tout ce qui touche à l'accélération des sélections de nouveaux clones. Par contre, il faudra amplifier la voie clonale pour parvenir à boucler le programme.

CCI sur globulus en Espagne (R&D Forestal-SNIACE, Cantabria (Espagne). A partir de 2005, les attaques très sévères de *Mycosphaerella* sur l'*E. globulus* dans le Nord de l'Espagne et les difficultés de clonage présentées par cette espèce, nous ont orienté une nouvelle fois vers les CCI.

Ce qui s'était révélé possible au Maroc avec l'*Eucalyptus camaldulensis* comme arbre-mère, semblait alors encore plus facile à réaliser avec l'*E. globulus* en Cantabrie. En effet les grosses fleurs de cette espèce produisent environ 10 graines/capsule en fécondation libre mais ce chiffre moyen monte à 25 en croisements contrôlés et peut même aller jusqu'à 45 en OSP et pour certains croisements très fertiles. D'autre part, la découverte d'arbres résistants ou tolérants à la maladie incitait fortement à cloner ces arbres ou à les croiser pour obtenir des familles de résistance croissante.

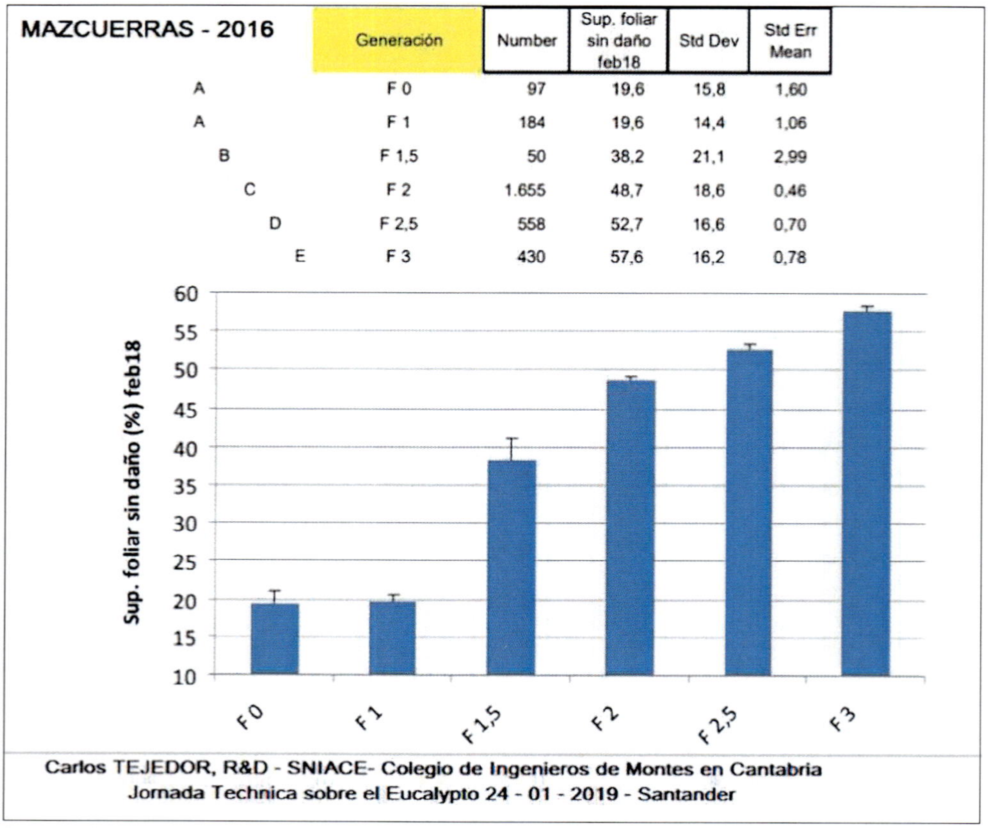

MAZCUERRAS - 2016

	Generación	Number	Sup. foliar sin daño feb18	Std Dev	Std Err Mean
A	F 0	97	19,6	15,8	1,60
A	F 1	184	19,6	14,4	1,06
B	F 1,5	50	38,2	21,1	2,99
C	F 2	1.655	48,7	18,6	0,46
D	F 2,5	558	52,7	16,6	0,70
E	F 3	430	57,6	16,2	0,78

Source : Carlos TEJEDOR, BOSQUES 2000-SNIACE, Cantabrie (Espagne). Croisements contrôlés entre individus résistants, Evolution de la Résistance au *Micosphaerella* en fonction des générations avancées.

Les résultats obtenus par de tels croisements sont particulièrement intéressants. Le graphique précédent montre bien la valeur croissante de ces variétés résistantes. Il faudra cependant encore plusieurs générations avancées pour parvenir à un taux de tolérance à la maladie voisin de 75%, largement suffisant pour assurer l'avenir des plantations, car à un tel niveau, les attaques sont très faibles et les dégâts négligeables. C'est ce que réalise, en Cantabrie, depuis 2010, Carlos TEJEDOR (R&D-SNIACE), afin d'alimenter aussi vite que possible les plantations commerciales en plants d'*E. globulus* résistants au *Mycosphaerella*.

Les campagnes de CCI n'ont réussi à décoller qu'en 2015 (graphique suivant) et restent encore assez aléatoires malgré la production de 110.000 plants de grande qualité en 2017 et la bonne campagne de 2020 qui a fourni 87.000 plants issus de croisements contrôlés, ce qui ne représente que 50% des graines produites. On peut donc affirmer que cette voie est la bonne, tant au plan technique qu'économique, pour assurer la production de ces variétés résistantes qui ont fait la renommée de la petite entreprise.

D'ailleurs, l'amélioration pour la résistance à la maladie se poursuit activement comme nous le montre le graphique ci-après qui trace la courbe des croisements entre arbres résistants ou tolérants, réalisés annuellement à la pépinière de la SNIACE.

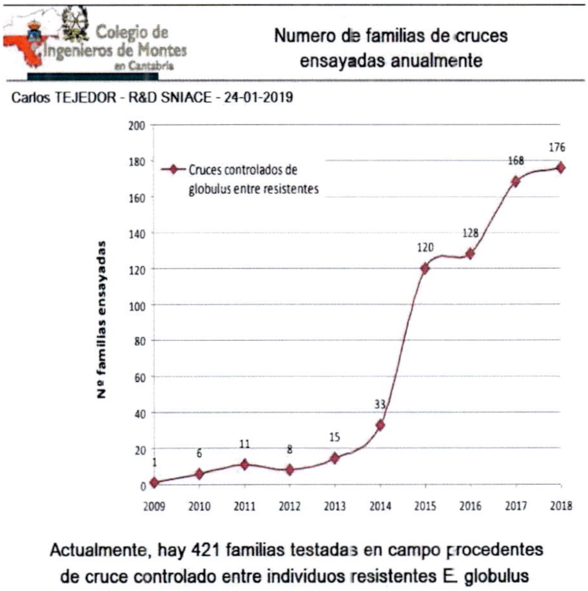

Cette sélection sur la résistance n'est pas indépendante de la sélection initiale "FDV" (Forme, densité, volume) et même "FCV" (forme cellulose, volume) puisqu'une partie des premiers arbres résistants a été découverte dans les familles issues de ces programmes.

Enfin, le graphique ci-après, retrace l'évolution des productions de plants à la pépinière de la SNIACE depuis 1999.

On peut remarquer que les CCI entre arbres résistants au *Mycosphaerella*, ("Cruce Mycos", courbe rose) n'ont pas éliminé complètement la voie clonale, réservée uniquement à un clone d'élite, "Cabanzon" (courbe bleue) et qui pourra toujours reprendre une plus grande part de la production en fonction des circonstances.

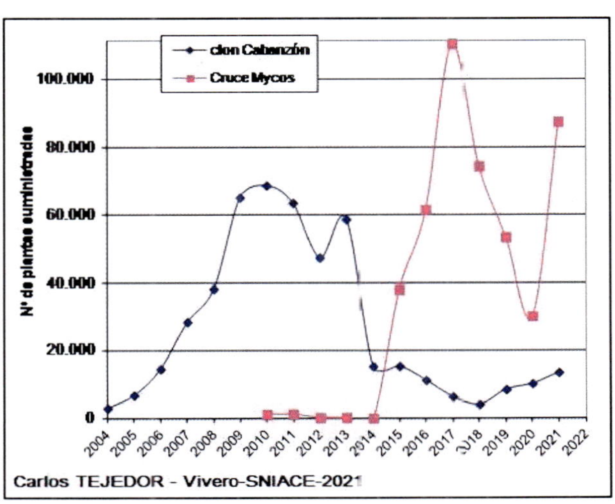

Cette évolution est bien conforme à la nouvelle stratégie que nous avions imaginée en 1991 à l'UAIC (Congo), On peut même dire que la R&D-Sniace en est devenue un modèle, même si l'échelle y est réduite. La difficulté de bouturage du globulus a encouragé le développement de la filière des CCI mais celle-ci donnera du temps à la filière clonale pour se développer à nouveau, dès lors que la technologie sera meilleure et que des clones résistants et plus faciles à enraciner seront identifiés.

Remarque : L'offre de plants d'*E. globulus* tolérants à la maladie doit encore être consolidée (niveau résistance et stabilisation de l'offre) pour faire face à la demande en plants d'*E. nitens* amélioré qui est constamment croissante malgré la préférence des industriels pour le bois de globulus.

54 - Les Hybrides interspécifiques de Pins tropicaux

54.1 - Considérations générales

Les exemples de développement de populations hybrides en plantations forestières commerciales sont beaucoup plus rares avec les Pins qu'avec les Eucalyptus, du fait de leur moins bonne aptitude au bouturage. L'expérience australienne du Queensland, avec les hybrides *Pinus elliottii* x *Pinus caribaea* est exceptionnelle. Seul le développement de l'hybride *Pinus rigida x Pinus taeda*, en Corée du Sud date d'une période aussi ancienne et a une histoire un peu comparable, sans toutefois en avoir pris l'ampleur (15.000 ha en Corée contre 112.000 ha au Queensland). Plus récemment d'autres pays tentent cette voie (Afrique du Sud, Zimbabwe, Argentine, Nouvelle-Zélande).

54.2 - Amélioration génétique des pins au Queensland

Grâce à notre ami le Dr. Garth NIKLES, nous avons pu examiner, en 2007, le programme d'amélioration développé sur les Pins par le Département forestier du Queensland pendant 80 ans, puis par HQPlantations* depuis 2010. Il s'agit d'un programme développé principalement en zone subtropicale, à tendance tropicale vers le Nord. Il se caractérise par l'importance des moyens mis en œuvre, la grande dimension des programmes annuels (5.000 ha/an), la facilité des terrains à reboiser (plaines sableuses, en dehors de zones hydromorphes) et la mécanisation croissante des opérations.

Les principales étapes en ont été les suivantes :

1920 : (S-E QLD) Intoduction de *P. elliottii elliottii* (Pee),

1930 : (N-QLD) Essais spécifiques. Introduction de *P. caribaea hondurensis* (Pch),

1936 : Production de graines locales effective pour les 2 espèces,

1943 : Premiers croisements contrôlés sur Pee trop sensibles à la sécheresse,

1948 : Importations de graines de Pch du Belize (Honduras Britannique),

1950 : Installation du 1er verger de Pee,

1955 : Premiers plants hybrides contrôlés Pee x Pch (plantés en 1958),

1958 : Installation du **2ème verger de Pee**,

* Voir la video de l'entreprise **HQP** au site suivant : https ://www.hqplantations.com.au/

1965 : Entrée en production industrielle des Vergers à graines de Pee,

1970 : Nombreux croisements interspécifiques. Installation du **3ème verger de Pee**,

1970 : Installation du **1er verger à graines hybrides Pee x Pch F1** (pour produire la F2).

1980 : Premières plantations opérationnelles de F1 et F2 hybrides,

1982 : Premier bouturage des semis de Pins (1977 au Congo). Bouturage en vrac (bulkpropagation),

1986. Début d'individualisation des clones. 1er test clonal (300 clones juvéniles). Début du bouturage du Pch,

1990 : Recherche d'une bonne stratégie d'hybridation,

1992 : Production clonale industrielle (1000.000 de boutures produites),

1993 : Production de 1.900.000 boutures,

1994 : Second test clonal (480 clones),

1995 : **1ères plantations commerciales de clones supérieurs testés**,

2000 : Application de la Stratégie par "hybridation synthétique". Début de la foresterie clonale (2.500 ha/an),

2005 : Début d'embryogénèse somatique et de cryoconservation,

2006 : Généralisation des plantations clonales (4000 ha/an) à partir des meilleurs clones F1 et F2.

BEERHWAH (Queensland) - 2007. Plantations commerciales et expérimentales de Pins hybrides (Pinus *caribaea* x *P. elliottii*) âgés d'une quinzaine d'années.

Les caractéristiques principales des espèces *P. elliottii var. elliottii* (**Pee**) *P. caribaea var. hondurensis* (**Pch**) et leur hybride, se résument cmme suit :

Caractéristiques principales des variétés de pins utilisées au Queensland

Variété	Région	Plasticité	Productivité	Hydromorphie	Forme	Fibre torse	Branches	Vent	Bois	
									densité	homogénéité
Pee	Sud QLD	+	+	+	+	-		+	++	-
Pch	Nord QLD	++*	++	–	-	+	--	-	-	+
Pee x Pch	QLD	+++*	+++	-	+	-	-	+	+	+

Pee : *Pinus elliottii* variété *elliottii'* ; **Pch** : *Pinus caribaea* variété *'hondurensis'*

* La plasticité de *Pinus caribaea* est plus vaste si l'on ajoute celle de chacune de ses sous-espèces.

**La plasticité de l'hybride est encore plus grande

Les écarts de production ne sont cependant pas très élevés. Ainsi, selon DIERTS *et al.* (2007[216]) on aurait les résultats suivants dans le Sud-Est du Queensland :

Espèce ou hybride	**Productivité (m3/ha/an)**
Pee.	17,6
Pch.	23,0
F1 ***Pee x Pch.***	23,7
F2 ***Pee x Pch.***	23,5

L'hybride *Pee x Pch*, qui est de plus en plus défavorisé à mesure que l'on monte vers le Nord, a été comparé à de nombreux autres croisements intra (*Pch x Pch*), et inter-variétés (*Pch x Pcb, Pcc x Pch*) ainsi que d'autres formules hybrides interspécifiques (*Pch x P. tecunumanii = Ptec*) dans des stations de latitudes variant du Sud (subtropical) vers le Nord (plus tropical) du Queensland, depuis 25°40 (TUAN), 22°50 (BYFIELD) jusqu'à 18°16 (CARDWELL).

On peut résumer les résultats comme suit :

1. Le climat tropical favorise *Pch*, par rapport à *Pcc* et à *Pcb*, plus subtropicaux, ce qui n'empêche pas les hybrides (*Pcc x Pch* et *Pcb x Pch*) d'être également très performants (et donc très supérieurs à *Pee*). Il faut signaler la bonne résistance au vent de *Pcc*.
2. Par rapport à *Pee, P. caribaea*, présente globalement un bois moins dense mais nettement moins hétérogène, avec moins de fibre torse, une proportion plus faible de bois de cœur et une écorce plus épaisse. *Pcc*, bien que moins vigoureux que *Pch*, présente souvent un bois de bonne qualité et apparaît comme génétiquement très complémentaire à *Pch* avec des hybrides souvent très intéressants.
3. L'hybridation (avec *Pee, Pcb* ou *Pcc*) est un moyen rapide d'améliorer la rectitude du *Pch*, ainsi que sa qualité de bois, mais le choix des croisements reste essentiel. Les croisements *Pch x Pcb* et *Pch x Pcc* (ou leurs réciproques) peuvent conduire à des gains immédiats en rectitude, en résistance au vent et en qualité de bois mais également en vigueur, en liaison avec la latitude, donc avec la tendance tropicale du climat plus ou moins affirmée.

A la Station de BEERHWAH (**26° 51' Sud**), légèrement plus subtropicale que Tuan, les résultats sont les suivants :

- Meilleure formule pour la vigueur. ***Pee x Pch*** **(F1).**
- Meilleure formule pour la rectitude. ***Pee x Pch*** **(F2)**
- 3ème position. ***Pch x Pch*** (OCC) et ***Pch x Pch*** (CSO), ***Pcc x Pch*** (Assez bonne vigueur et bonne forme).
- 4ème position. ***Pee x Pee*** (Bonne rectitude mais vigueur moyenne).

Ce sont des résultats similaires (enregistré aussi en Argentine, au Brésil, en Chine, en Afrique du Sud et aux Etats-Unis) qui ont entraîné le programme actuel pour le Sud-QLD et tout particulièrement dans les zones hydromorphes (plaines côtières mal drainées).

BEERHWAH, Queensland (Australie) - 2007. Croisements intra-spécifiques de *Pinus caribaea*. **A gauche :** *Pcc x Pch*. **A droite 3 :** *Pch x Pcb*

En zone subtropicale, l'hybride ***Pee x Pch*** est très avantagé par rapport aux deux espèces parentes, en particulier par rapport à ***Pee***, nettement moins vigoureux. ***Pch*** est un peu moins vigoureux que l'hybride, mais présente surtout une forme nettement plus mauvaise. L'hybride (*Pee x Pch*) est supérieur car il permet de cumuler les bonnes performances des deux parents (vigueur du *Pch* + rectitude et résistance au vent du *Pee*). Il y a peu de différence entre les 2 générations successives d'hybrides. La F1, un peu moins vigoureuse que la F2, est un peu plus droite. Ces résultats sont des moyennes de descendances mais dans le détail, on peut trouver des familles à fortes performances, tant dans la F1 que dans la F2 (effets non additifs - photos ci-après).

Il est à noter que les hybrides Pch x Ptec, franchement tropicaux, ont été déclassés à cause de leur mauvaise forme et à un manque de résistance au vent mais il est possible que ce soit très lié à la présence de déformations racinaires induites en pépinière, fréquentes avec cette espèce sensible aux chignons racinaires, ce qui entraine évidemment un manque important de stabilité (voir point 55.2, 2ème partie).

Dans le programme australien, la sélection puis le clonage des meilleurs individus des meilleures familles, permet d'amplifier ces résultats, tout en optimisant la vigueur, la rectitude, la résistance au vent et la qualité du bois (voir au chapitre suivant, ainsi que les articles du Dr Garth NIKLES - 2009[217]).

BEERHWAH (QLD - 2007). Hybrides de *P. caribaea variété hondurensis* avec *Pinus tecunumanii* et avec *Pinus elliottii*. **A gauche :** Pch x Ptec. **A droite :** Pee x Pch

Il ne s'agit pas d'une stratégie classique par voie récurrente réciproque (VRR produisant une nouvelle F1 à chaque génération avancée), mais d'une stratégie par voie hybride synthétique récurrente (VSHR produisant une succession de générations hybrides avancées (schéma ci-après).

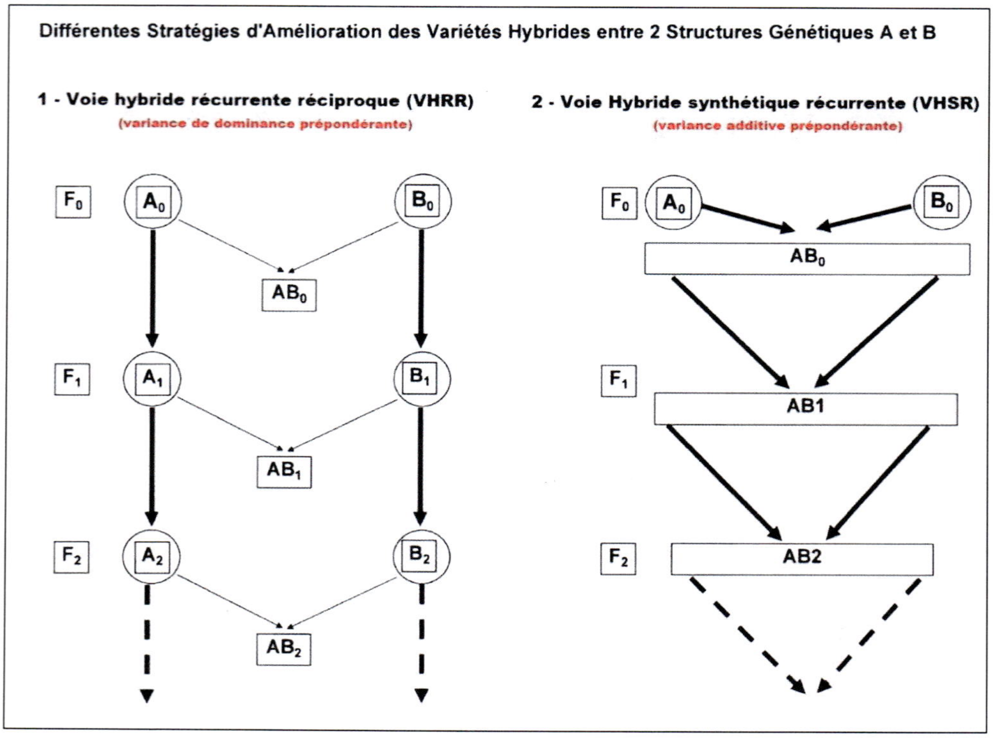

La F2 hybride (*Pee x Pch*) est obtenue en croisant des individus sélectionnés dans la F1. D'habitude les F2 conduisent à de fortes disjonctions et donc à des descendances très hétérogènes. Selon Garth NIKLES, on évite ce problème au QLD en choisissant, à chaque génération les géniteurs dans des lignées non apparentées définies dans chaque espèce.

Pour produire la F2, les géniteurs sont donc choisis à la F1, dans chacune de ces lignées. Un important effort de généalogie est nécessaire. Le programme prévoit d'aller jusqu'à la F4, laquelle, selon Garth NIKLES, devrait être génétiquement stabilisée.

La voie 2 correspond à la création d'une variété synthétique en croisant des hybrides de générations avancées successives. Selon BRAWNER *et al.* (2005)[218], elle s'est avérée fournir le plus de gain génétique par cycle de reproduction quand la variance additive reste prépondérante.

Remarques :

1 - Si l'hybride inter spécifique ***Pee x Pch*** donne entière satisfaction au Queensland, aussi bien en F1 qu'en F2, ce n'est pas tant par sa vigueur hybride, qui n'est pas considérable, mais avant tout par sa grande plasticité et parce qu'il cumule plusieurs qualités des deux espèces parentes (bonne forme, bonne résistance au vent et bonne qualité du bois). De plus, le clonage à grande échelle (par bulkpropagation) des seuls individus les plus performants (transgressifs) permet d'accéder à gain supplémentaire très significatif.

S'il semble difficile de généraliser une technologie aussi avancée, en particulier pour les petits programmes de plantation, les meilleures descendances de cet hybride (et probablement d'autres hybrides et/ou des hybrides inter-variétés), peuvent, par contre, s avérer être d'excellentes formules à développer en croisements dirigés ou en croisements contrôlés industriels ce qui est relativement facile avec les pins.

2 - Avec la privatisation des plantations, le clonage fut abandonné au profit des vergers à graines hybrides en fécondation libre. Actuellement HQP utilise des vergers à graines de clones de F1 pour y produire de la F2 hybride. La récolte ne concerne que des cônes bien mûrs et se fait par descendances maternelles séparées ainsi que nous l'indique Ian LAST, Directeur scientifique, dans une communication personnelle récente :

"Chaque clone du verger à graines de clones greffés (CSO) est identifié par une combinaison de couleurs unique à 3 bandes (photo ci-après), le nombre de ramets d'un clone individuel variant en fonction de sa valeur génétique et de sa parenté avec d'autres clones du verger".

« La pollinisation est libre (tous les clones peuvent théoriquement apporter du pollen aux cônes femelles du CSO). Les anciens vergers étaient généralement situés à l'écart des plantations de routine voisines (sources de pollen) afin de minimiser les risques de contamination. Comme cela n'est pas possible de nos jours en raison de l'expansion du domaine de pins, les environs de nos nouveaux vergers (appelées zones d'enrichissement de pollen ou PEZ) sont plantés avec un lot de semences mixte contenant nos meilleurs lots de semences. Ainsi, le nuage de pollen contribuant au CSO est "amélioré", ou du moins pas dégradé ».

« Il n'y a pas d'émasculation des chatons polliniques. Bien qu'il puisse y avoir 30 ou 40 clones différents dans un CSO, la collecte de cônes femelles est limitée aux meilleurs clones, chacun identifié par sa combinaison de couleurs unique. Les cônes des nombreux ramets d'un même clone sont collectés et traités comme un seul lot, les graines résultantes ayant les mêmes mères et des

pères identiques composés des nuages de pollen générés par le CSO dans son ensemble + toute contribution du PEZ (le cas échéant) sont considérées comme des descendances maternelles (demi-frères). La valeur d'élevage de ce lot de semences est basée sur le nuage de pollen moyen de la mère et du CSO. Nous collectons par famille individuelle (à maturité optimale des cônes) et les traitons comme des lots de semences séparés. Les lots de semences individuels sont classés en fonction d'un objectif de valeur d'élevage pondéré ou d'un indice de valeur de sélection (SVI) qui combine la croissance, la forme et la qualité du bois (plus quelques autres caractéristiques). Chaque lot de semences est attribué à une catégorie (élevée, moyenne ou faible - H, M, L), les seuils étant revus chaque année en fonction des derniers SVI et du programme de plantation prévu. Les lots de semences de catégorie H, M, et L sont attribués aux sites de productivité H, M, et L, les sites H étant plantés à une densité plus élevée que les sites M, et ceux-ci à une densité plus élevée que les sites L ».

Toolara Queesland. Courtoisie Ian LIST and Kate CLAPSON (credit photo to HQPlantations). Verger à graines hybrides *Pinus elliottii var. elliottii* X *P. caribaea var.* hondurensis (PEE x PCH). Il s'agit d'arbres greffés en 2014, sélectionnés dans des F1 et produisant des F2. Chaque ramet porte les couleurs de son clone. La fécondation est libre. Les récoltes individuelles sont regroupées par clone et correspondent donc à des descendances hybrides F2.

54.3 - Hybride Pinus rigida x Pinus taeda en Corée du Sud

Après la guerre (1950-1953) au cours de laquelle les destructions forestières furent massives, l'effort de reboisement fut considérable. Plus de 2,5 millions d'ha furent plantés en un peu moins de 40 ans (1953-1990) ce qui est à peu près équivalent à l'effort du FFN en France. Le tableau qui suit, de K.H. KIM et L. ZSUFFA (1994[219]), résume les statistiques des plantations coréennes.

Les plantations couvrent désormais 1/3 des terres forestières. Ce programme est considéré comme une réussite car l'objectif premier qui était de lutter contre l'érosion par rétablissement du couvert forestier a bien été atteint. D'autre part, il n'a pas engendré de problème particulier et les forêts ainsi créées ont conduit à une gestion durable et souvent productive, ce qui souligne le choix judicieux des essences et la bonne qualité du travail réalisé par l'institut de Génétique Forestière de SUWON créé en 1956.

Corée du Sud (Surfaces plantées de 1953 à 1990, en ha)

Essences		autochtones	exotiques	hybrides	Total	%
Principales	Conifères (Pins)	412 369	615 072	16 193	1 044 634	41,3%
	Feuillus	-	666 945	500 112	1 167 057	46,1%
Total principales		**412 369**	**1 283 017**	**516 305**	**2 211 691**	**87,4%**
Essences secondaires					320 072	12,6%
Total Reboisements					**2 531 763**	**100,0%**

Les feuillus hybrides correspondent aux peupliers hybrides

Selon Lee et al (1987)[220] L'hybride *P. rigida x P. taeda* présentait les conditions écologiques préférentielles suivantes :

- Température. isotherme de janvier > -8°C,
- Altitude : < à 600m,
- Humidité du sol. modérée et zones à faibles pentes,
- Pentes faibles.

Dans de telles conditions, l'hybride peut présenter à 20 ans, une production supérieure de 12 à 134% par rapport aux espèces parentes. La question est de pouvoir effectivement produire en masse les graines hybrides correspondantes. Concernant cette production massive de graines, les vergers à graines classiques n'ayant pas fonctionné à cause de l'écart entre périodes de floraison des deux espèces parentes et, profitant des bas salaires des années 50, les pollinisations croisées étaient réalisées manuellement directement dans les vergers à graines greffés. Par la suite on s'est orienté vers la pollinisation dirigée sur des clones greffés installés dans des vergers à graines d'arbres-mères (BYUN *et al.* 1989[221]).

Remarque. Les croisements contrôlés industriels (CCI) en parc à clones greffés intensifs et très contrôlés nous paraît un meilleur système et semblent plus faciles à réaliser avec les pins qu'avec les eucalyptus.

54.4 - Emergence des pins hybrides en Afrique du Sud

Au cours des 20 dernières années, un programme de développement et de commercialisation de l'hybride *Pinus patula x Pinus tecunumanii (Pp x Ptec)*, en remplacement de *P. patula*, a été mis en œuvre. Selon A. KANZLER *et al.* (2014[222]), suite aux attaques de chancre résineux des pins (*Fusarium circinatum*), auquel *Pinus patula* s'est révélé très sensible, on a tenté, à partir de 1990, les hybrides avec des espèces réputées tolérantes (*P. tecunumanii* et *P. oocarpa* ainsi que *P elliottii*).

Parmi ces hybrides, *Pp x Ptec*, à partir de provenances de *Pinus tecunumanii* (LE = de basse altitude), s'est avéré être le plus intéressant car il alliait une bonne tolérance à la maladie à un gain en volume par rapport à *Pinus patula*. Par contre, cet hybride est plus sensible au froid et doit être proscrit dans les zones à gelées ce qui impose une cartographie microclimatique précise. Les pollinisations contrôlées à grande échelle et le clonage sont maintenant utilisés commercialement pour produire l'hybride *P. patula x P. tecunumanii* (LE) comme alternative à *P. patula*.

54.5 - Supériorité des hybrides de pins au Zimbabwe

Dans ce pays subtropical à tropical, des travaux d'hybridation entre les espèces de pins tropicaux adaptés localement (*P. caribaea variété hondurensis* (*Pch*), *P. oocarpa* (*Pooc*) et *Pinus tecunumanii* (*Ptec*), ont mis en évidence la supériorité des hybrides *Pch x Pooc* (26 croisements étudiés) d'une part et *Pch x Ptec* (29 croisements étudiés) d'autre part[223]. Les familles ont été évaluées à 5,8 et 15 ans, sur deux sites et comparée à un témoin *Pinus elliottii var elliottii (Pee).* Selon les auteurs, les principaux résultats se résument comme suit :

1. L'hybride *Pch* × *Ptec* a été le plus productif (+ 37 % en diamètre que le témoin *Pee* et + 21 % que les espèces parentales).
2. L'hybride *Pch* × *Pooc* était, en moyenne, supérieur de 16% à l'une ou l'autre espèce parentale pour le diamètre.
3. Les estimations de l'héritabilité au sens strict étaient faibles à modérées pour les caractères de croissance (moyenne de 0,27) et de rectitude (0,16).
4. La forte proportion de variance génétique additive estimée par rapport à la variance de dominance dans les F1 hybrides incitent à sélectionner sur les caractères de vigueur pour le choix des parents des hybrides.
5. L'interaction G×E pour les hybrides est plutôt faible sauf pour la croissance en hauteur chez *Pch* × *Ptec*. Les auteurs en déduisent qu'une seule population reproductrice multi-hybride semble appropriée au Zimbabwe.

54.6 - Réussite de l'hybride Pee x Pch en Argentine

En 1996 des essais de descendances hybrides de *Pinus elliottii x Pinus caribaea* (Pee x Pch) importées du Queensland (Australie) ont été réalisés dans la Province des Misionnes (Argentine). Certains dispositifs avaient été utilisés pour tester le sylvopastoralisme en associant l'élevage des bovins aux peuplements bien éclaircis. Certains blocs de l'Establecimiento La Pera S.R.L, âgés de 13 ans, avaient été visités en 2009 par une tournée du Congrès forestier mondial (voir point 32.82, 1ème partie). Le résultat est considéré comme intéressant mais l'utilisation commerciale de cet hybride semble exiger un complément de recherches. En effet, la forte proportion de variance génétique additive estimée par rapport à la variance de dominance dans les F1 hybrides incite à choisir une stratégie orientée vers la production d'une lignée hybride synthétique. Dans ces conditions, la population de sélection est considérée comme trop étroite pour *Pinus caribaea var hondurensis* pour y parvenir. Il y a en effet un fort déséquilibre entre le niveau d'amélioration du Pee et celui du Pch. Pour le Pee, on dispose de plus de 400 familles contrôlées testées dans de nombreux sites de la Mésopotamie, alors que pour le Pch, on ne dispose que de sélections phénotypiques issues des plantations commerciales et des essais de provenances (BELABER *et al.* 2018[224]).

54.7 - Hybride Pinus radiata x Pinus attenuata en Nelle Zélande

Si *Pinus radiata* est l'essence reine dans l'Île du Nord, il n'en n'est pas de même dans l'Île du Sud à cause du climat plus froid et du relief beaucoup plus marqué. Depuis 1990 la Société Scion[225] propose des hybrides ***Pinus radiata x P. attenuata*** combinant la résistance au froid et à la neige de *P. attenuata* et la croissance plus rapide *de P. radiata*. Le comportement de cet hybride est excellent entre 300 et 800 mètres d'altitude, là où aucune des espèces parentes ne pousse bien. Cet hybride beaucoup plus plastique est donc très encourageant notamment en période de changement climatique et, bien que les plus vieux essais n'aient que 15 ans, les propriétaires l'utilisent déjà dans les zones à risque de neige d'autant plus que l'élevage enregistre un sérieux déclin ce qui pousse au reboisement. Les chercheurs s'intéressent maintenant à la qualité du bois. L'utilisation de cet hybride en foresterie commerciale sera probablement très importante, plus particulièrement dans l'île du Sud où le potentiel serait très élevé (environ 2 millions d'ha).

55 - Les Hybrides interspécifiques de Mélèzes en Europe

Il est difficile de passer sous silence l'utilisation en Europe de variétés forestières hybrides interspécifiques que sont les variétés hybrides de *Larix x eurolepis* entre le Mélèze d'Europe et le Mélèze du Japon (*Larix decidua x Larix kaempferi*). Cet hybride apparu en Ecosse de façon fortuite dans un parc, il y a plus d'un siècle, a vite intéressé les forestiers car il présentait à la fois une forte vigueur (hétérosis), une plus grande résistance au chancre (*Lachnellula willkommii*) que le Mélèze d'Europe et une meilleure forme que le Mélèze du Japon. Dès lors, plusieurs pays européens se sont lancés dans la recherche de variétés performantes d'hybrides de Mélèzes. Si les variétés obtenues sont souvent intéressantes dans de nombreux pays d'Europe grâce à une bonne plasticité et une assez bonne résistance à la sécheresse, leur intérêt est grandissant dans le contexte de changement climatique. En France, cet hybride est devenu une excellente alternative au Douglas en particulier sur les roches mères calcaires et dans les sites sensibles au point de vue paysagers.

Photo courtoisie FCBA (Martin CHAUMET), Test clonal de Mélèze hybride, Nogent sur Vernisson (20 ans), Notez la belle forme générale mais aussi la variabilité

Si les créations de variétés artificielles par croisements contrôlés sont d'excellentes qualité, par contre, leur obtention par fécondation libre en vergers à graines reste difficile (voire problématique) et peu ont pu être inscrites aux catalogues des variétés utilisables en Europe. Selon G. PHILIPPE *et al.* (2006[226]), bien que des dizaines de vergers d'hybridation aient été implantés dans plusieurs pays européens leurs productions sont très différentes, variables selon les années et souvent faibles. Ils diffèrent par le choix de l'espèce mère (Ld, Lk, les deux), le nombre de clones utilisés, tant du côté maternel que paternel, et par le dispositif de plantation.

Les semences produites ne sont jamais pures et contiennent un certain pourcentage de graines d'espèces pures issues de croisements intraspécifiques ou d'autopollinisation. Le taux de graines hybrides peut varier de 10 à 90% suivant les sites les épisodes climatiques et les variétés. Selon les mêmes auteurs (2012)[227], le pourcentage d'hybride est d'une importance majeure pour la production de bois et son impact varie donc beaucoup selon les variétés.

.En France, suite aux travaux de l'INRA, démarrés sur cette espèce en 1979, on considère que la meilleure variété actuelle est le FH 201 produite dans le verger de Lavercantière installé dans le Lot en 1978. Il s'agit en fait de la formule danoise qui s'est montrée très performante dans les conditions françaises avec un excellent compromis entre la forme et la vigueur. Le verger français a la particularité d'être séparé en deux vergers distincts :

- un verger femelle composé d'un seul clone femelle de mélèze d'Europe et qui doit être pollinisé
- un verger mâle comprenant de nombreux clones de mélèze du Japon produisant le pollen.

La pollinisation dirigée, très abondante, permet d'obtenir un taux d'hybridation très élevé (de 90 à 95%). Il est à noter qu'une variété issue des meilleures familles contrôlées et testées de FH201 (appelée "*REVE-VERT*") est désormais disponible sous forme de plants bouturés en vrac au stade juvénile (bulkpropagation).

On se reportera au livre du CEMAGREF (PHILIPPE *et al.* 2006) qui fait le bilan des recherches sur la production de graines améliorées de conifères en France et en particulier de Mélèze hybride. Ainsi qu'à la fiche correspondante du document du Ministère de l'Agriculture "Graines et plants forestiers. conseils d'utilisation des ressources génétiques forestières"[228].

Des efforts sont donc encore nécessaires pour optimiser cette variété hybride ainsi que pour pouvoir répondre régulièrement à la demande des pépiniéristes.

***

6 - La voie clonale

61 - Considérations générales

Il faut, en premier lieu, souligner que l'intérêt du clonage vient à la fois de la supériorité génétique de l'ortet sélectionné et de l'homogénéité des plantations (monoclonales en particulier). Il est certain que le clonage d'un arbre moyen n'a pas d'intérêt car ce procédé augmenterait sensiblement les risques et le coût des plantations, pour un bénéfice nul.

Il faut ensuite bien insister sur le fait que l'aptitude au bouturage doit être très grande pour que ce procédé en vaille la peine. Les plants issus de boutures seront en général plus coûteux et les variétés clonales devront présenter une grande supériorité pour être acceptées des planteurs, malgré un coût plus élevé. A l'inverse la très grande facilité du clonage pourra fortement inciter les planteurs à se tourner vers l'utilisation des variétés clonales et la ligniculture correspondante.

Lorsque l'aptitude à la multiplication végétative par bouturage (herbacé en particulier) est grande, et qu'un clonage conforme a pu être mis au point (en particulier par mini-bouturage), on peut alors tenter de capturer immédiatement un fort gain génétique escompté lors de la sélection d'ortets phénotypiquement très supérieurs.

On doit alors commencer à évaluer la valeur les clones correspondants et les comparer entre eux. Théoriquement les seules variables à éliminer sont les effets du milieu (en particulier les interactions G-E). En fait, de nombreuses mauvaises surprises attendent l'améliorateur au niveau de ces tests clonaux à cause des problèmes de rajeunissement. En effet, de nombreux clones ne parviennent pas à passer ces tests à cause de leur niveau trop élevé de maturation. On dit alors que leur clonage est non-conforme car leur génotype ne parvient pas à s'exprimer complètement, en particulier au niveau du développement de la tige principale (voir point 83.1, 2ème partie). Une bonne technique de rajeunissement et de clonage peut cependant transformer un échec en brillante réussite.

L'aptitude au bouturage étant un critère très individuel, les tests clonaux élimineront en priorité tous les clones dont le développement n'est pas conforme. Le problème est que l'on ne connait pas le niveau de conformité de chaque clone. On se bornera donc à sélectionner les meilleurs clones sachant qu'il pourra toujours rester une part masquée de maturation dans l'expression des génotypes au travers du clonage.

Les clones qui franchissent avec succès le cap des tests clonaux sont ceux qui confirment les bons critères enregistrés lors de la sélection des ortets et qui n'interagissent pas trop négativement avec les variations locales de milieu. Ces clones deviennent alors de nouvelles variétés et peuvent être dirigés directement vers le clonage industriel et les plantations commerciales. Ils peuvent aussi être proposés pour une inscription au livre national des variétés améliorées aux fins de protection mais aussi de publicité. Ils devront alors probablement subir des tests supplémentaires conformément à la réglementation locale en vigueur.

62 - Le développement d'un projet clonal

62.1 - La stratégie clonale

L'objectif d'un projet de développement de plantations clonales est, avant tout, économique. Le clonage est utilisé pour récupérer le plus rapidement possible un maximum de gain génétique en utilisant l'héritabilité au sens large c'est à dire toute la part génétique du phénotype qui est en général très grande, surtout lorsqu'il s'agit de réaliser des plantations industrielles dans un milieu proche des zones d'expérimentation.

Nous avons présenté le clonage comme l'éventuelle ultime étape du processus d'amélioration, s'appliquant tout particulièrement aux meilleurs individus hybrides (interspécifiques) que l'on ne sait pas produire facilement par voie générative mais on peut l'appliquer également dans d'autres cas comme les suivants :

- **L'essence sélectionnée est très peu fructifère**. C'est le cas du Samba, ou Ayous (*Triplochyton scleroxylon*), bel arbre décidu de la forêt dense semi-décidue africaine au bois léger et très homogène particulièrement apte au déroulage et à la fabrication de lattes et de moulures. Comme sa fructification est très erratique, le clonage est un procédé de multiplication qui a rendu de grands services dans les pays d'Afrique de l'Ouest (Ghana, Nigeria et Côte d'Ivoire). Remarquons qu'en général, les plantations clonales de Samba ne furent pas réalisées avec du matériel éprouvé en tests clonaux, l'important étant de pouvoir produire des plants. Certaines plantations étaient d'ailleurs souvent de très bonne qualité. Soulignons aussi que les ortets étaient souvent sélectionnés à l'état jeune ce qui facilitait le bouturage, lequel n'est pas particulièrement facile et a demandé beaucoup de mise-au point[229].

- **On souhaite créer rapidement des variétés d'espèces pures très homogènes en capturant les meilleurs caractères (meilleurs arbres +).** C'est le cas de certains clones de Peupliers comme par exemple le "Carolin" qui est un clone de *Populus deltoïdes*. C'est également le cas de certains clones très rares, résistants aux maladies. Le clonage devient alors une technique de sauvetage d'une espèce en voie de disparition. La très faible variabilité initiale peut s'accroître par la suite par ajout de nouveaux clones résistants et par recroisements.

- **On souhaite aller très vite et court-circuiter le programme d'amélioration génétique**. De tels projets ont été lancés par différents chercheurs comme en particulier M. STEENACKERS de l'institut de Grammont en Belgique dans les années 80.

(Grammont Belgique). Mai 81 - M.V. Steenackers et ses essais de bouturage de divers feuillus.

M. STEENACKERS tentait de trouver de bons clones au sein de descendances de divers feuillus (éduqués en terrain agricole homogène) comme les Frênes par exemple. Les plus beaux individus étaient alors abattus et les rejets de souches, utilisés pour développer des clones qui faisaient alors l'objet de tests clonaux. L'aptitude au clonage conforme et la valeur génétique étaient intégrée dans le résultat final.

En 1982, nous avons nous-même proposé un tel schéma d'amélioration rapide pour les feuillus divers les plus intéressants de Côte d'Ivoire (schéma ci-après). Les sources de matériels peuvent être très variées et venir en priorité de plantations diverses dans lesquelles les plus beaux individus seront mobilisés par prélèvement de rejets ou de méristèmes en vue de rajeunissement puis de multiplication par bouturage. On pourra aussi utiliser des graines récoltées en forêt naturelle dans le but de cloner les plus beaux individus mais dans ce cas un test précoce sera nécessaire, retardant d'autant la sélection d'ortets. Dans tous les cas, les tests clonaux seront indispensables.

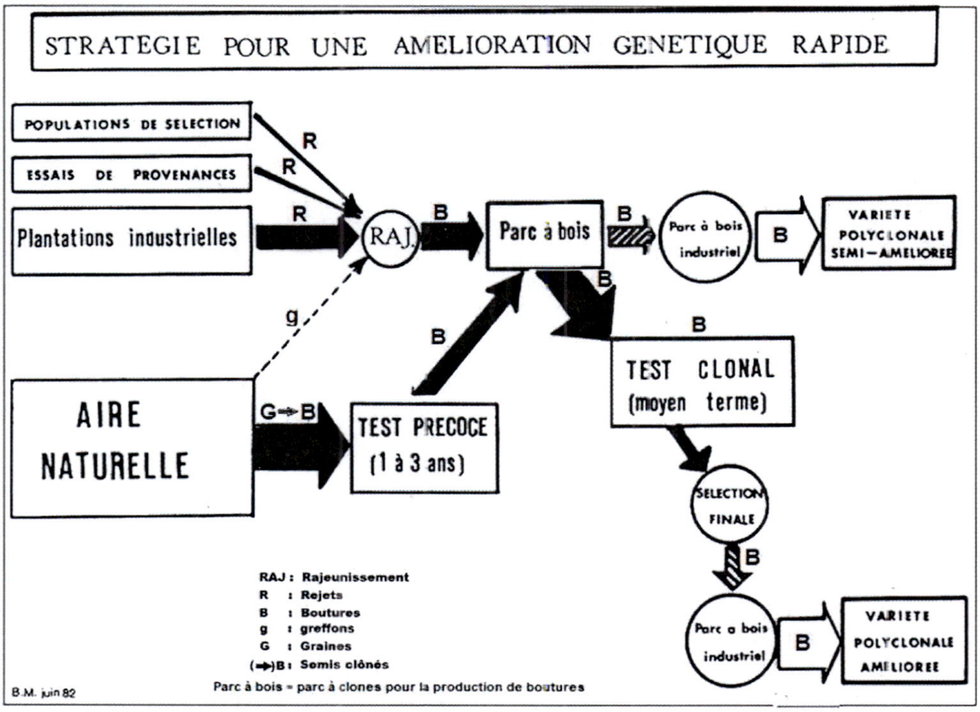

62.2 - Les Plantations clonales d'Eucalyptus

Au Congo. C'est avec l'Eucalyptus que le clonage a pu être étendu à des espèces autres que les salicacées ou d'autres rares espèces comme le Cryptomeria. Nous avons eu la chance de participer, au Congo, à cette véritable révolution forestière qui a provoqué un énorme développement lignicole dans certains pays, à commencer par le Brésil et qui s'est étendu à de nombreuses entreprises de la filière bois à commencer par les industries de la pâte à papier puis a gagné d'autres secteurs de l'industrie (panneaux et sciage) et d'autres essences comme on l'a vu précédemment (pins, teck, acacias, gmélina, etc.). Bien que cette innovation ait été réalisée au Congo par le Centre-Technique Forestier Tropical (CTFT), dans les années 70, les 42.000 ha de plantations clonales qui avaient été réalisées de 1988 à 1994 dans la région de Pointe Noire, n'ont malheureusement pas débouché sur un investissement industriel et cet ensemble a fini par être plus ou moins abandonné après de nombreuses années d'exportation de bois de pâte, sous forme de fardeaux de rondins écorcés, puis sous forme de copeaux papetiers. Il faut signaler l'écoulement local des résidus d'exploitation sous forme de bois de service (poteaux, perches, piquets, etc.) et de feu. L'expérience accumulée par l'UAIC, en charge des plantations (Unité d'Afforestation Industrielle du Congo), mérite d'être connue.

Au Brésil. Parallèlement aux travaux du CTFT-Congo, la Société Aracruz Florestal S.A. qui cherchait à réaliser des plantations d'eucalyptus dans l'Etat Côtier d'Espirito Santo (au Nord de Rio de Janeiro) se trouvait stoppée par l'inadaptation de l'*Eucalyptus grandis* dans des zones à climat un peu trop tropical, alors que de nombreux arbres hybrides naturels de très bonne qualité existaient dans ses premières tranches de plantation. La technique de bouturage, transposée de notre expérience congolaise publiée dans Bois et Forêts de Tropiques en 1974, fut rapidement utilisée par l'équipe de E. CAMPINHOS et Y, IKEMORY, pour débloquer la situation et lancer l'industrialisation de l'entreprise, laquelle devint très rapidement leader de cette "nouvelle forêt d'eucalyptus" et champion de la production mondiale de pâte d'eucalyptus pour finir plus gros producteur mondial de pâte (après rachat par Suzano).

Au Maroc. En 1987 nous avons été appelé à lancer un projet d'amélioration des plantations d'eucalyptus au Maroc. Il s'agissait d'accroitre très significativement la production des plantations pour remédier à l'insuffisance de l'alimentation de l'usine de pâte à papier de la Cellulose du Maroc de Sidi Yaya du Gharb qui manquait de bois et qui était obligée d'importer à grands frais des rondins d'eucalyptus du Congo (PF1 et HS2) et du Portugal (*E. globulus*). Ce projet, fruit de la coopération entre la Direction Générale des Eaux et forêts, la Cellulose du Maroc et l'Association Forêt Cellulose (France), dirigé par J.N. MARIEN à partir de 1988, connut très rapidement un grand succès et déboucha sur la création d'un domaine privé de 30.000 ha de plantations clonales, ce qui malheureusement ne fut pas suffisant pour conforter l'industrie papetière marocaine qui finit par fermer. Ce projet est un modèle intéressant de développement rapide des plantations clonales et qui peut servir d'exemple à bon nombre de pays disposant de plantations locales plus ou moins anciennes et dont la productivité, devenue trop faible, ne peut plus faire face aux besoins.

En Espagne. En 1996, à la demande de la SNIACE qui produisait de la pâte à dissoudre à Torrelavega (Cantabrie), et avec l'aide de mon ami André FRANCLET, nous avons lancé un programme de sélection clonale de l'*Eucalyptus globulus* avec la création de "BOSQUES 2000", cellule de R&D auprès de la Société forestière de l'entreprise. Ce fut l'occasion de développer un programme de lutte génétique contre la maladie des taches foliaires survenue en 2000. Malgré des moyens limités, les résultats obtenus par Carlos Tejdor, directeur de cette cellule, furent tout à fait remarquables pour un programme qui n'a jamais cessé de produire du gain génétique.

62.21 - L'UAIC au Congo (1978-2000)

Depuis le lancement du projet en 1978, un certain nombre d'articles ont été écrits. On pourra se reporter à DELWAULLE, LAPLACE, QUILLET (1980)[230], DELWAULLE, GARBAYE, LAPLACE (1981)[231], COSSALTER (1982)[232], MARTIN et PRAT (1985)[233], MARTIN (1989)[234]. LAPLACE Y. *et al.* UAIC (1987)[235].

Conçue à l'origine en 1978 comme une opération pilote destinée à mettre en application pratique, en vraie grandeur, les techniques du CTFT-Congo en matière de bouturage de l'eucalyptus et de plantations clonales d'hybrides à forte productivité, l'objectif a rapidement évolué vers la constitution d'un important massif permettant l'approvisionnement d'une grande unité de pâte à papier, sous la remarquable impulsion d'Yves LAPLACE, un de mes anciens élèves.

L'UAIC, société d'Etat congolaise, a bénéficié d'aides bilatérales importantes françaises (FAC) de 1979 à 1981, et (CCCE) de 1982 à 1984, lesquelles se sont arrêtées car aucun investissement industriel n'avait pu être trouvé. En 1985 le programme de plantation a continué grâce au seul financement national. En 1986 le programme a été fortement réduit, laissant place à la recherche de diversification des objectifs (exportation de bois de trituration, production de poteaux traités, bois énergie, pâte thermomécanique, etc.). Les exploitations à grande échelle ont commencé en 1987 pour l'exportation de bois vers les ports européens sous forme de fardeaux de rondins écorcés, secs à l'air.

Finalement, en 1988, un accord a pu être trouvé avec le Département forestier de Shell Petroleum Company pour un doublement des surfaces, l'UAIC restant opérateur pour la Congolaise de Développement forestier (CDF). Cependant, l'UAIC fut racheté par la CDF en 1997 qui se transforma en ECO SA (Eucalyptus du Congo SA) mais le projet fut définitivement abandonné en 2002 suite à la dissolution du département NBC (Non Traditional Business) de Shell. Différents repreneurs se sont succédés (sud-africain, canadien, chinois, marocain) sans toutefois trouver d'issue industrielle.

Principales données :

Sites : savanes côtières peu élevées entrecoupées de galeries forestières (forêts naturelles sur les rives de petits cours d'eau, plus ou moins encaissés dans les sables).

Terrains : assez plats, facilement mécanisables, en respectant toutes les forêts galeries.

Sols : sables ocracés profonds (15 m) très pauvres, carencés en potasse et en matière organique.

Climat : tropical humide (1300 mm de pluie) avec longue saison sèche de 5 mois (de début juin à fin octobre). Hygrométrie très élevée toute l'année et ciel couvert pendant toute la saison sèche.

Croissance des eucalyptus : continue toute l'année bien que ralentie en saison sèche (jusqu'à 7 m/an au cours des 2 premières années). La productivité moyenne était assez faible (20m3/ha/an environ) soit toutefois le double de la production du 12ABL (*E. tereticornis*), seule espèce pure possible pour des extensions en 1978.

Surfaces plantées avant 1987 pour le compte de l'Etat congolais 22.389 ha (stations I, II et III) en plus des anciennes parcelles (essais du CTFT-Congo et parcelles de production de l'ONAF) qui totalisaient environ 2.700 ha avant 1978. Il est à noter que la station II comprenait 1000 ha de *Pinus caribaea* et que la station III, moins côtière était la plus riche en galeries forestières.

Surfaces plantées après 1987 pour le compte de la CDF : environ 20.000 ha (Station IV et V au Nord du fleuve Kouilou).

Parcelles : le dispositif adopté a été le suivant :

1. **1978 et 1980**. Blocs de 50 ha (parcelles carrées de 224 m de côté),
2. **1981 à 1986**. Parcelles allongées de 150 m à 300 m de large et de 50 ha maximum facilitant l'exploitation. Piste d'accès à chaque extrémité de chaque parcelle. Réseau routier principal et secondaire parfaitement entretenu grâce à l'"unité gros matériel".

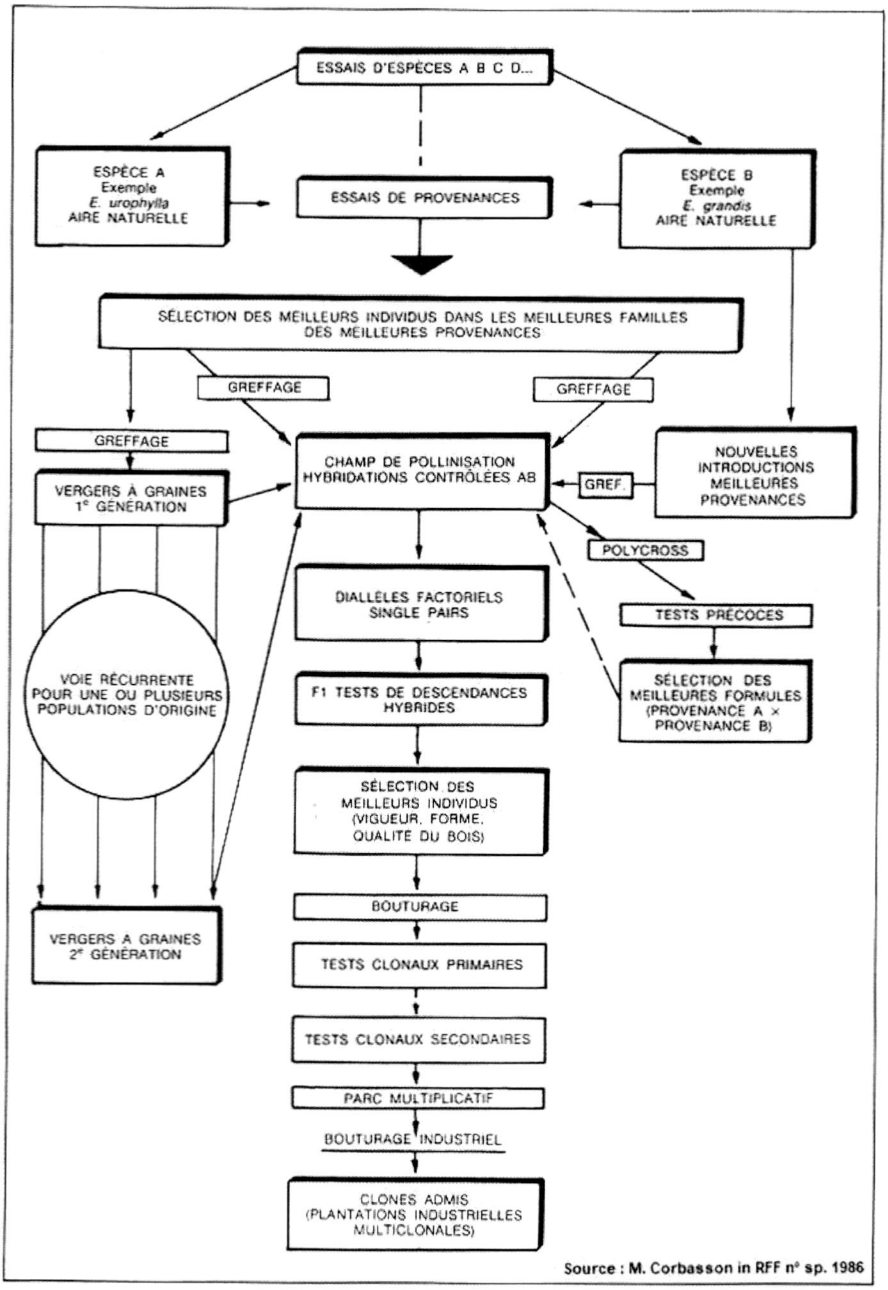

Source : M. Corbasson in RFF n° sp. 1986

SCHÉMA SIMPLIFIÉ DE LA STRATÉGIE D'AMÉLIORATION GÉNÉTIQUE DES EUCALYPTUS HYBRIDES AU CONGO

Variétés utilisées et disposition des clones sur le terrain : Au cours des 10 premières années du Projet seules les 2 variétés d'hybrides naturels PF1 (*alba x urograndis*) et HS2 (*tereticornis x grandis)* ont été utilisées. La variété HS2 a fait l'objet d'une utilisation croissante. Elle est donc plus fréquente en station III qu'en station I (qui comprenait 80% de PF1). Cela s'est révélé positif lors des attaques d'hélopeltis en 1986, insecte local venant des forêts galeries proches. Les clones de l'hybride artificiel *uro x grandis* (assez sensible à l'insecte) n'ont été disponibles qu'à partir de 1988. Les plantations correspondantes n'ont commencé qu'en station IV et V sous contrat avec la compagnie Shell Petroleum.

Le système adopté était celui d'une mosaïque de parcelles monoclonales, évolutive dans l'espace et le temps. En fait, beaucoup de parcelles furent pluriclonales, les clones constituant alors chacun une sous-parcelle. Ils n'ont pas été mélangés intimement, sauf à des fins expérimentales. Cette préférence était justifiée par les raisons suivantes :

1. Meilleure observation et estimation de la production de chaque clone,
2. Possibilité de vente par clone individuel, selon la préférence du client,
3. Lutte plus facile contre les éventuels parasites en exploitant précocement les parcelles trop endommagées et en remplaçant les clones sensibles par les clones les plus résistants.

A partir de 1981, la préférence aux longues parcelles et la diversification des clones ont conduit à des éléments monoclonaux parfois très allongés (bandes clonales) quelques lignes seulement, selon la disponibilité de la pépinière.

Stratégie d'amélioration génétique. Nous en avons présenté le schéma en 1983[236] lors du Congrès AFOCEL/CSIRO/IUFRO de Bordeaux (voir page précédente). Il fut repris par M. CORBASSON dans le numéro spécial de la R.F.F. sur l'amélioration génétique des arbres forestiers (1986[237]).

Approvisionnement en nouveaux clones par la Recherche. La fourniture à l'UAIC des nouvelles variétés par le CTFT a été continu de 1978 à 1986 conformément au schéma suivant, en adéquation avec l'avancée du programme d'amélioration génétique. En 1986, bien que s'appuyant sur 4 espèces (*E. alba*, E. *urophylla*, *E. tereticornis* et *E. grandis*) la diversité génétique était considérée comme trop réduite à cause du trop petit nombre de géniteurs consanguins des hybrides naturels PF1 et HS2.

	Chaîne de sélection	Volume des essais et fourniture des clones à l'UAIC
	espèces ↓	de 1957 à 1980 ↓
Hybrides naturels ← (espèces)	provenances ↓	10 à 20 provenances /an (5ha/an en moyenne) ↓
	descendances ↓	5 à 100 descendances /an ↓
	choix des géniteurs ↓	100 arbres + utilisés sur 200 sélectionnés en 1986 ↓
	familles **hybrides artificielles** ↓	10 000 arbres/an les bonnes années (14 ha/an) (63 000 arbres testés au 1-1-86, soit 90ha) ↓
→ (Hybrides naturels)	tests clonaux "primaires" ↓	711 clones testés ↓
	tests clonaux "secondaires" ↓	185 clones testés ↓
	clones utilisés par l'UAIC	**37 clones constituent 65% des surfaces.** (63 000/37 = 1 702 ha/clone en moyenne)

Par contre, pour le futur, la base génétique était considérable, même en se limitant au seul hybride "urograndis". Remarquons toutefois, qu'en dehors des attaques d'hélopeltis en 1986, très vite oubliées après l'élimination en pépinière des clones les plus sensibles (voir plus loin, point 64.11), aucun problème liè à cette pauvreté génétique n'est venu perturber ces plantations qui ont fini par être abandonnées au bout de 40 ans, par manque d'investisseur.

Clones plantés par l'UAIC entre 1978 et 1986. Le tableau ci-après fait état de 19.374 ha de plantations clonales d'eucalyptus.

Rang par surface plantée	PF1			HS2			Total Surf. par variété (1978 - 1986)	
	clone	surface (ha)	% du total planté	clone	surface (ha)	% du total planté	ha	%
1	Polyclonal	4 030	20,8%				4 030	20,8%
2	PF1 2e choix	2 170	11,2%				2 170	11,2%
3	1-45	1 810	9,3%				1 810	9,3%
4	PF1 3e choix	1 303	6,7%				1 303	6,7%
5				2-37	1 301	6,7%	1 301	6,7%
6	1-59	977	5,0%				977	5,0%
7	PF1 1e choix	558	2,9%				558	2,9%
8				2-32	555	2,9%	555	2,9%
9				2-13	541	2,8%	541	2,8%
10	1-48	475	2,5%				475	2,5%
11	1-60	468	2,4%				468	2,4%
12				L 2-130	447	2,3%	447	2,3%
13				HS2 1e choix	444	2,3%	444	2,3%
14				2-58	359	1,9%	359	1,9%
15	1-96	291	1,5%				291	1,5%
16	1-3	287	1,5%				287	1,5%
17	1-26	276	1,4%				276	1,4%
18				HS2 2e choix	257	1,3%	257	1,3%
19				2-121	233	1,2%	233	1,2%
20				2-6	214	1,1%	214	1,1%
21				L 2-73	182	0,9%	182	0,9%
22				L 2 mél. +	180	0,9%	180	0,9%
23				2-35	162	0,8%	162	0,8%
24	1-13	157	0,8%				157	0,8%
25				L 2-70	145	0,7%	145	0,7%
26				2-86	145	0,7%	145	0,7%
27	1-35	142	0,7%				142	0,7%
28	1-50	139	0,7%				139	0,7%
29	1-38	123	0,6%				123	0,6%
30				2-51	114	0,6%	114	0,6%
31	1-117	107	0,6%				107	0,6%
32				L 2-123	99	0,5%	99	0,5%
33	1-21	84	0,4%				84	0,4%
34				L 2-103	74	0,4%	74	0,4%
35	1-55	74	0,4%				74	0,4%
36				2-79	73	0,4%	73	0,4%
37	1-114	71	0,4%				71	0,4%
38	1-67	70	0,4%				70	0,4%
39				L 2-52	63	0,3%	63	0,3%
40				2-29	62	0,3%	62	0,3%
41				2-73	61	0,3%	61	0,3%
42	1-62	52	0,3%				52	0,3%
TOTAL	Mél. clones	8 061	41,6%	Mél. clones	880	4,5%	8 941	46,1%
	17 clones	5 603	28,9%	18 clones	4 829	24,9%	10 433	53,9%
	TOTAL	13 664	70,5%	TOTAL	5 710	29,5%	19 374	100%

*Pour le HS2, la lettre L devant le chiffre indique une sélection de l'ortet à Loudima

On doit également ajouter 1000 ha de pins (station II) et les parcs multiplicatifs qui repassaient en parcelles de production pour des raisons diverses (changement de clones ou souches trop âgées).

Les plantations réalisées après 1986 ont été faite par l'UAIC mais pour le compte de la CDF (succursale de Shell Petroleum Company).

Le démarrage d'un tel programme avait nécessité au départ l'utilisation de mélanges polyclonaux avant que les parcs multiplicatifs monoclonaux ne soient suffisamment productifs. La surface de ces mélanges a surtout été importante pour le PF1 qui était considéré au début comme la variété la mieux adaptée, d'où la prudence initiale des plantations de HS2 qui n'atteignaient que 4,5% du total planté contre 41,6% pour les mélanges polyclonaux de PF1.

Un certain rattrapage a eu lieu par la suite car les industriels européens de la pâte à papier (TOFTE en particulier) préféraient de loin cette variété, laissant le PF1 plus dense et moins riche en hémicelluloses aux producteurs de pâte à dissoudre et de viscose (Chimica del Friuli en Italie et SNIACE en Espagne). Pour les seules parcelles monoclonales, on a finalement un assez bon équilibre entre les 2 variétés :

- 17 clones de PF1 pour 5603 ha (28,9% des surfaces plantées)
- 18 clones de HS2 pour4829 ha (25% des surfaces plantées).

62.22 - ARACRUZ Florestal au Brésil (depuis 1967)

Le développement de cette société fut rapide et passionnant. On trouvera quelques données dans B. MARTIN (1980 et 1987) et Marcus Wallenberg Price (1984). En 1967, la Société forestière est constituée et elle décide de s'installer à Aracruz (à 400 km au Nord-Est de Rio de Janeiro) et plante le premier eucalyptus dans un domaine de 70 000 ha. Les graines ont été récoltées principalement dans l'Arboretum de Rio Claro (Etat de Sao Paulo), sur des *E. grandis*, *E. saligna* et "***E. alba* du Brésil**" (= *E. urophylla*).

Ces graines étaient en partie hybridées naturellement entre ces 3 espèces mais aussi avec d'autres, en particulier *E. robusta*, *E. kirtoniana*, *E. tereticornis*, etc. La cadence de plantation était très rapide (26 650 ha dès 1973). La productivité moyenne était alors estimée à environ 32 m3/ha/an (de 26 à 39) mais, dès l'âge de 5 ans, la généralisation de la gommose et d'attaques de chancre sur un grand nombre d'arbres a obligé l'entreprise à stopper les reboisements et à surseoir à la construction de l'usine de pâte (460.000t/an), en attendant de trouver un meilleur matériel végétal.

Ce matériel donnait satisfaction dans les états brésiliens plus au Sud, à régime subtropical (voire à tempéré doux), mais la réussite très relative à Aracruz tenait principalement à l'hybridation avec l'*E. urophylla*, seule espèce réellement adaptée à ce site nettement plus tropical.

En particulier, les *E. grandis*, originaires du Sud de l'aire naturelle (Nouvelles Galles du Sud) étaient en grande majorité tous très sensibles au chancre *Diaporthe cubensis*. On en a déduit que les graines originaires du Brésil étaient de qualité insuffisante et on a importé massivement des graines d'*E. grandis* d'Afrique du Sud et du Zimbabwe mais cette source très pure (et bien que partiellement améliorée) ne s'est pas mieux adaptée. Ce fut l'impasse ! Le problème était très similaire (bien que moins aigu) à celui que nous avions rencontré à Pointe-Noire !

Il apparaissait une très bonne corrélation entre la latitude des provenances et la sensibilité au chancre ainsi que le montre le graphique ci-après fourni par la Société Aracruz-floresta S.A.

Espèce	latitude Sud (degrés)	altitude (m)	Chancre (%)
cloeziana	18,2		0%
pheotricha	12,0		0%
nesophylla	12,0		0%
exserta	26,0		0%
torelliana	17,2		0%
urophylla	9,4	1 230	0%
urophylla	8,4	1 021	0%
urophylla	8,4	570	0%
urophylla	8,4	420	0%
urophylla	8,5	1 530	0%
tereticornis	18,2		2%
cloeziana	23,6		2%
tereticornis	21,3		2%
microcorys	26,1		2%
camaldulensis	17,2		2%
citriodora	17,2		2%
urophylla	8,5	2 040	2%
pilularis	26,3		8%
propinqua	26,4		12%
dunnii	28,2		12%
grandis	26,5		18%
grandis	26,5		24%
saligna	32,2		32%
grandis	28,6		34%
grandis	30,2		34%
grandis	26,0		34%
saligna	32,6		36%

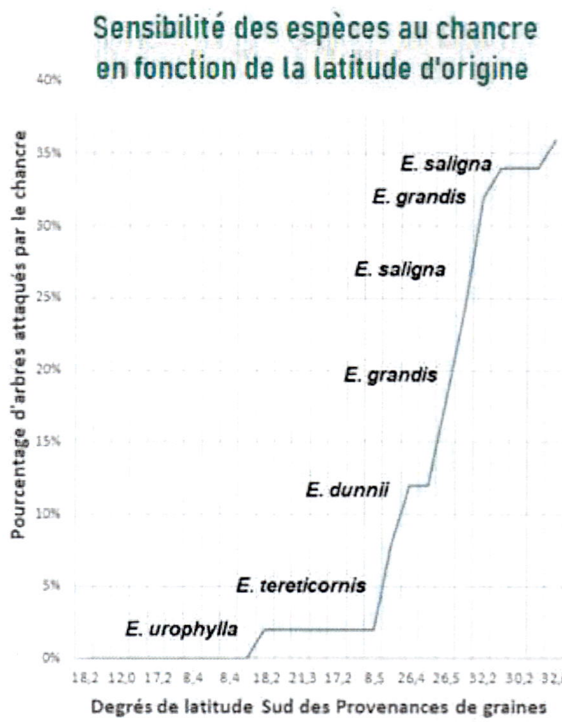

ARACRUZ - La latitude des provenances est très corrélée avec la sensibilité au Chancre
Source : E. Campinhos Jr. and Y. K. Ikemori (1976)

C'est alors que le bouturage des meilleurs hybrides sélectionnés dans la première génération brésilienne d' "*E. alba* du Brésil" sauva l'entreprise en lui faisant faire un pas de géant comme le montre le graphique suivant, extrait de la courte publication d'Edgard CAMPINHOS en 1986[238].

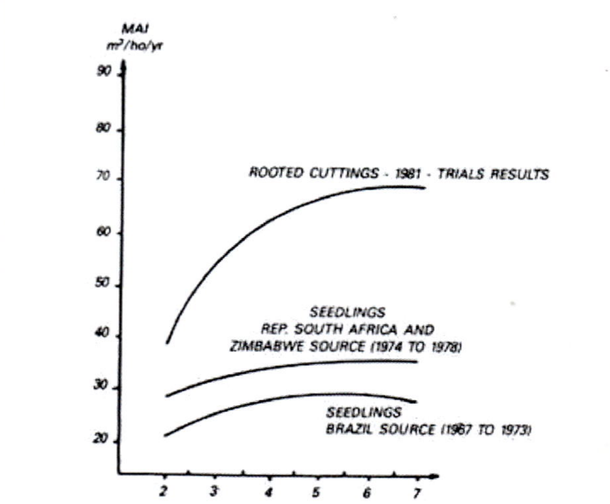

Figure 1. Development of Eucalyptus plantation. Mean annual increment (m³/ha/year)

Source : Edgard Campinhos Jr. (mars 1986). Aracruz Floresta S.A.)

Remarquons que le graphique semble montrer que le doublement de la production ne vient que du clonage. En fait, il faut considérer que la moitié du gain vient de l'hybridation de l'*E. grandis* avec l'*E. urophylla*, le clonage ne jouant que sur le choix des meilleurs hybrides et la très grande homogénéité des parcelles (quasi absence d'emplacements improductifs). Par ailleurs, les introductions en provenance du Nord-Queensland (Atherton) se sont révélées mieux adaptées mais ont été faites tardivement (1977).

Le document présenté à la Conférence de l'IUFRO à Oslo en 1976 par Edgard CAMPHINOS et Yara IKEMORY[239] souligne bien la liaison étroite entre la latitude des provenances et la sensibilité au chancre *Diaporthe cubensis*, directement lié à la mauvaise adaptation des provenances sous climats plus tropicaux (en particulier pour *E. grandis* et *E. saligna*). Le tableau précédent et le graphique associé ont été réalisés à partir cette publication.

L'histoire de la société Aracruz SA est d'autant plus remarquable qu'elle n'est partie, en 1967, que d'un simple projet forestier. Sept ans plus tard (1974) devant l'inadaptation de son matériel génétique, la société décide de se lancer dans la Recherche et tente d'adapter la technique du CTFT-Congo en transposant exactement notre publication de 1973 dans Bois et Forêts des Tropiques. Le 8 avril 1975, à peine nommé à l'ENGREF-Nancy, nous recevions la première lettre d'Edgard CAMPINHOS, Directeur forestier d'Aracruz SA ; il n'avait pas encore réussi le bouturage et nous annonçait être en train de transférer notre technique grâce à notre publication et nous demandait des renseignements concernant la possibilité de s'abonner à BFT et d'acquérir de l'exubérone W qu'il ne trouvait pas sur le marché brésilien. Le succès fut rapide, confirmé dès la 1ère publication de la R&D d'Aracruz (Yara K. IKEMORY, nov. 1975[240]).

La décision fut rapidement prise (1976) de construire une usine ultramoderne de pâte chimique d'une capacité de 400.000 t/an en bordure de côte avec la construction d'un port spécialisé dans l'exportation de cette production.

Dix ans plus tard (1986) une deuxième usine est venue s'ajouter à la première, faisant passer la production de pâte à 1 million t/an, laquelle fut boostée en 1995 à 1,2 million de t/an sur le même site avec des usines ultramodernes très automatisées (télécommande intelligente Foxboro), ainsi que l'a expliqué Luiz RENATO CHAGAS FIGUEIREDO, responsable automatisation de Fibria (2018[241]). Par la suite, Une flotte spéciale fut également acquise pour assurer l'exportation de la pâte en particulier vers la Chine.

Par la suite, la Société Aracruz SA n'a cessé de croître et de se transformer en suivant les étapes suivantes :

- **1967 :** Premier arbre planté par Aracruz Floresta S.A.,
- **1972 :** Création d'Aracruz cellulose intégrant Aracruz Floresta,
- **1975 :** Réussite du bouturage des eucalyptus (novembre),
- **1976-1978 :** Construction de l'usine et étude de création d'un port (Silveira[242]),
- **1979 :** Premières plantations clonales industrielles,
- **1979 :** Entrée en production de l'usine. 500 000 t/an,
- **1985 :** Construction du port privé de "Portocel",
- **1988-1991 :** Construction d'une deuxième usine sur le même site,
- **1991 :** Production de l'ensemble des 2 usines. 1 M de t/an de pâte blanchie,
- **1997 :** Création de la Société TecFlor à San Mateus (Bahia), Sciage d'Eucalyptus,
- **1998 :** Augmentation de la capacité de 200.000 t/an (passage à 1,2 million t/an),
- **2000 :** Construction d'une nouvelle usine : capacité de 1.3 M t. puis 2,5 M de t,
- **2000 :** Participation au Projet VERACEL (Bahia) à hauteur de 45% avec Stora Enzo,

- **2001 :** Association à Votorantim Celulose et Papel pour acquérrir la majorité de CeNiBra,
- **2003 :** Doublement de l'Usine de Veracel avec Stora Enzo,
- **2003 :** Acquisition de l'Usine Riocel de Klabin (Rio Grande do Sul),
- **2009 :** Rachat d'Aracruz par VCP (Votorantim Celulose e Papel) et création de Fibria, leader mondial de pâte marchande d'eucalyptus. Ouverture de l'usine de Très Lagoas (Mato Grosso do Sul) à la capacité de 1,3 M t/an et plantations pour une seconde usine au même site,
- **2010 :** Fibria entre dans le nouveau marché BM & F Bovespa,
- **2015 :** Investissement dans la lignine et rachat de la société Lignol qui devient "Fibria innovation",
- **2017 :** Ouverture d'une usine pilote de nanocellulose à Aracruz à la capacité de 2t/jour.
- **2019 :** Fusion entre et Fibria et son 1er concurrent, Suzano Papel et Cellulose qui devient Suzano S.A. 1er producteur mondial de pâte (11 M t/an et 1,4 M t/an de papier)

Le dynamisme et la volonté d'innover ont toujours été les préoccupations principales des dirigeants, tant à Aracruz, à Fibria, qu'à Suzano. L'histoire de **Suzano** est plus ancienne mais assez comparable* bien que le départ fut plus classique, sous forme d'une usine de papier crée à São Paulo par Léon FEFFER, émigré d'Ukraine en 1924. Il faut signaler à l'actif de Suzano :

- **1956**. Début de la production de pâte à papier d'eucalyptus qui a révolutionné l'industrie de la pâte, au Brésil et dans le monde,
- **1984.** Acquisition de la technologie de la culture in-vitro et production des plants par micropropagation,
- **2010**. Acquisition complète de FuturaGen Ld., une entreprise de biotechnologie qui dispose de laboratoires en Israël, en Chine et au Brésil et la création d'AGM à partir des meilleurs clones d'*urograndis* de l'entreprise (voir plus haut p. 159),
- **2014.** Lancement de l'unité "Imperatriz" (Etat du Maranhao) considérée comme l'une des usines de production de pâte à fibre courtes les plus grandes et les plus modernes au monde équipée en particulier d'un "DD washer" par ANDRITZ (Spectrum No. 41 / 2-2020[243]), l'objectif étant une réduction sensible de la consommation de produits chimiques.

Soulignons que, bien qu'oublié aujourd'hui, c'est la réussite du bouturage permettant la production à grande échelle des eucalyptus hybrides qui est à la base d'un tel développement. En effet sans le bouturage, Aracruz Florestal SA n'aurait jamais construit sa première usine en Espirito Santo.

Principales données :

<u>Conditions naturelles</u> : Bien meilleures à Aracruz qu'à Pointe Noire.

<u>Climat</u> : nettement plus subtropical. Pour une même pluviométrie (1364 mm/an) les pluies sont beaucoup plus régulières (pas 3 semaines consécutives sans pluie et saison sèche peu marquée). L'Hygrométrie y est un peu plus faible.

<u>Sols</u> : Plus argileux. Beaucoup plus riches en matière organique et en sels minéraux. Meilleure capacité hydrique. Le domaine correspond à d'anciennes zones forestières défrichées lors de la colonisation, d'abord plus ou moins cultivées extensivement (canne à sucre, élevage extensif, etc.) puis abandonnées et maintenues en savanes par les feux de brousse. Il faut noter cependant que sur

* Histoire de Suzano : https ://www.suzano.com.br/en/the-suzano/history/

l'ensemble des zones plantées, certaines présentent des couches indurées en profondeur qui réduisent énormément la prospection racinaire (André FRANCLET, Communication personnelles).

Potentiel : En bon site, la croissance y est extrêmement rapide et la production très élevée, Alors que la hauteur plafonne à 28 m à Pointe Noire, la hauteur à 7 ans à Aracruz atteint 38 m et le diamètre moyen est supérieur malgré une densité de plantation beaucoup plus élevée (1100/ha contre 600 à 700/ha à Pointe Noire).

Surfaces plantées : En 1980 les surfaces plantées étaient de 59.100 ha sur l'ensemble de la Station d'Aracruz qui en comptait 70.000. Sept ans plus tard, l'ensemble était exploité et remplacé par des clones performants et la station fut étendue à 110 000 ha dont 80% plantés. La "nouvelle forêt d'eucalyptus" couvrait donc 90.000 ha en 1987 en vue d'alimenter les deux usines dont la capacité totale devait passer à 1 million de tonnes de pâte à partir de l'an 2000. La capacité de plantation de l'entreprise est considérable. en 1990, CAMPINHOS Jr *et al.*[244], annonce la plantation de 20 000 ha/an, soit 22,5 millions d'arbres plantés par an !.

Rendement du bois en pâte : selon CAMPINHOS *et al.* (1990), le rendement pour les meilleurs clones d'*urograndis* était de 3,71 m3/t de pâte contre 4,87 m3/t pour le témoin *grandis* commercial. Pour 1 million de tonnes de pâte, le besoin en bois est donc de 3,71 millions de m3 de bois correspondant à une productivité moyenne de 41,2 m3/ha/an de bois écorcé, ce qui correspond bien à la productivité moyenne espérée. L'étude du bois de chaque clone montre des possibilités importantes de gain en rendement (jusqu'à 240 t/jour), souvent corrélées positivement avec la densité du bois.

Qualités papetières : Très tôt, la société s'est penchée sur l'étude des qualités papetières espérées, en fonction de la qualité individuelle (clonale) des fibres. Une telle approche n'avait jamais été faite, le papetier ne disposant que d'un mélange pâteux complexe de nombreux arbres. L'absence fréquente de corrélation entre densité du bois et qualités des fibres, ouvre de nouvelles perspectives pour les cultures monoclonales. D'une part la sélection sur la densité du bois ne sera plus une priorité et d'autre part, la sélection clonale peut s'adapter au souhait des producteurs de papiers, encore faut-il que ce souhait puisse s'exprimer clairement ; du moins c'était la conclusion d'E CAMPINHOS *et al.* dans sa présentation de 1990 sur la recherche de l'arbre du futur.

Organisation générale : Les plantations ont remplacé une zone improductive et sont complétées par une infrastructure totalement créée sur place : village, routes, magasins, ateliers, bureaux, usine, port, etc. En 1988, 8.000 emplois avaient été créés faisant vivre 22.000 personnes. L'aspect social est aussi important dans l'entreprise que l'aspect écologique (ARACRUZ CELLULOSE 1988[245]), deux priorités affichées dès le départ.

Coopération avec les populations riveraines : Pour mettre fin à de nombreux conflits, en particulier les vols de bois, la Société s'est très vite engagée vers un programme d'initiatives en faveur des communautés locales pour le développement de la production de bois d'eucalyptus par les agriculteurs proches de l'usine (épargne forestière, aménagement du Foncier rural, développement de fournisseurs locaux, foresterie durable). La gestion directe des plantations propres, sur des terrains appartenant à l'entreprise, a peu à peu été complétée par un approvisionnement en bois par les agriculteurs les plus proches. Dans le cadre d'une limite de 20% des surfaces cultivables, imposée par le gouvernement à chaque exploitation, les agriculteurs les plus proches de l'usine de cellulose de l'entreprise (à l'intérieur d'une zone d'attraction moyenne d'environ 75 km de rayon) ont pu se lancer dans la production de bois d'eucalyptus. Ces "fomentados", reçoivent un soutien sous forme de plants, de formation et d'assistance technique, pour s'assurer qu'ils maximisent les rendements tout en appliquant des pratiques de gestion durable des forêts. Enfin, Fibria s'engage à acheter aux "fomentados" le bois arrivé à maturité, au terme d'un contrat d'achat de bois garantissant le prix.

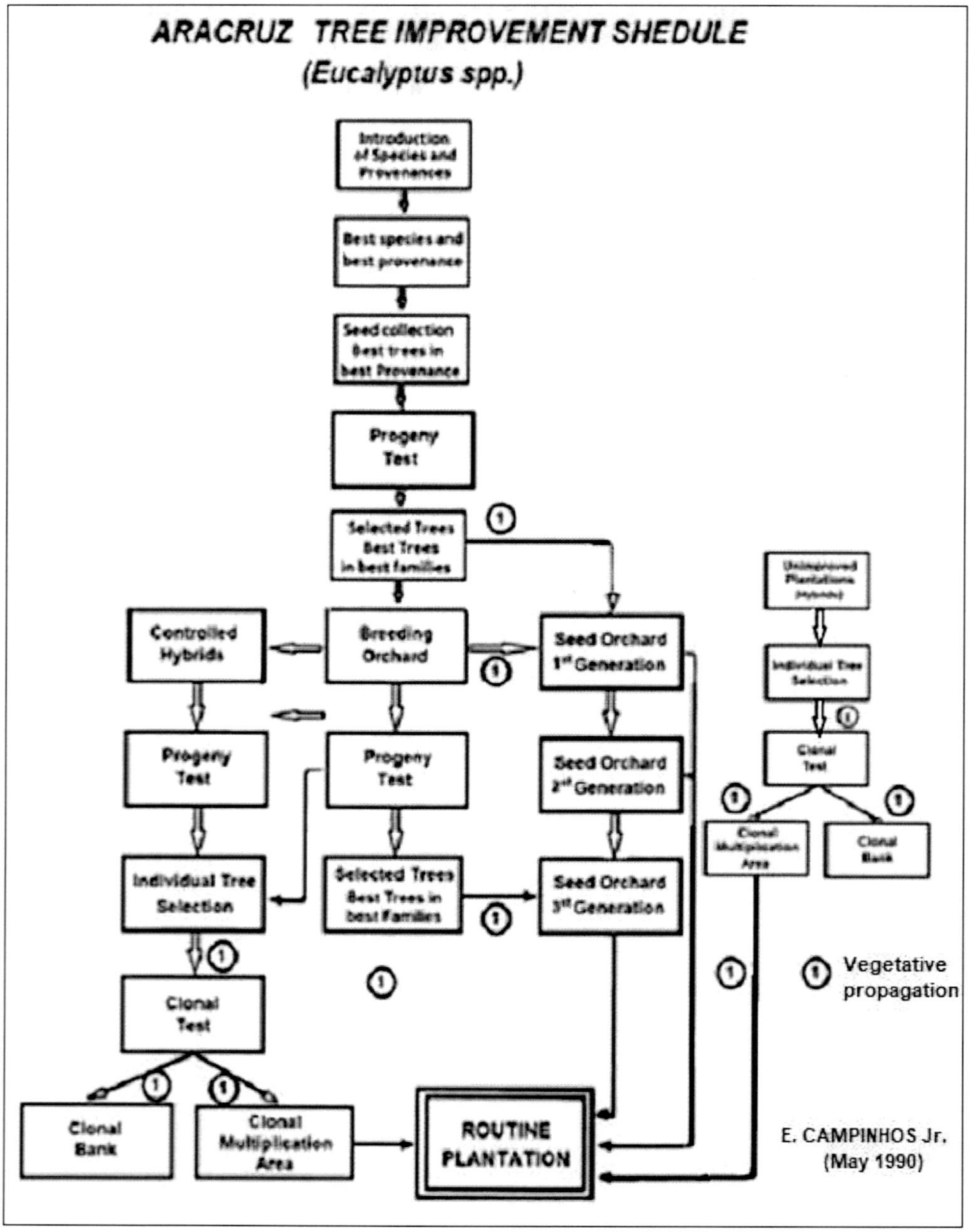

Ainsi, comme l'affirmait Carlos NASSUR, Directeur général des forêts de Fibria en 2016 : « *Les agriculteurs locaux font partie de notre chaîne d'approvisionnement. Nous ne pouvons pas réussir sans eux. Commencé avec un objectif de 5% des besoins en bois de l'usine d'Aracruz, la contribution des agriculteurs s'est établie à 20% en moyenne. En 2016, Fibria a économisé plus de 100 millions de reais (environ 30 millions de dollars) en intégrant les agriculteurs locaux dans sa chaîne d'approvisionnement. Des milliers de petits agriculteurs et leurs familles ont ainsi pu augmenter*

sensiblement leur revenu en vendant du bois à l'usine d'Aracruz (65% cultivent de 1 à 25 ha d'eucalyptus et 16% de 25 à 50 ha) et l'entreprise ajoute des millions de dollars à son résultat net. En 2016, l'hectare rapportait en moyenne 470 reais avec du bétail contre 1200 reais avec l'eucalyptus. Le récit dominant au Brésil est que les grandes entreprises cherchent à maximiser le profit au détriment de la société dans son ensemble ». Fibria démontre au contraire, qu'un modèle différent est possible, que les entreprises peuvent augmenter leurs profits en aidant à résoudre les problèmes.

Séries de conservation : Les 20% des surfaces non plantées correspondent aux galeries forestières, le long des cours d'eau et des dépressions, Sous la pression écologiste initiale qui dénonçait la monoculture et une trop forte artificialisation du milieu, puis de façon volontaire, la société a lancé une vaste opération de conservation de ces 22.000 ha de formations naturelles reliques. Ce programme comprend la mise en place d'éléments de protection de la faune et de la flore avec restauration des parties les plus dégradées et réintroduction des espèces autochtones les plus menacées (espèces fruitières en particulier). Le financement d'un tel programme est assuré par une partie des bénéfices de la culture clonale.

Aménagement des plantations : Le dispositif est assez proche de celui de l'UAIC avec une disposition des clones en mosaïque. Chaque compartiment monoclonal couvre 25 à 50 ha environ. Par contre, la densité y est beaucoup plus élevée. 1100 plants/ha, en adéquation avec la bonne fertilité des sols. En passant des familles aux clones, l'écartement n'a pas changé, ce qui montre que le sol n'est pas un facteur très limitant comme au Congo où on a diminué de moitié la densité, de plantation.

Matériel génétique initial (hybrides naturels) : Comme au Congo on a utilisé les hybrides naturels pendant au moins une rotation (7 ans) le temps de mettre au point les variétés artificielles. Au cours du stade initial on a sélectionné les plus beaux arbres dans 36.000 ha de plantations, soit 5.000 ortets, tous hybrides. Après différentes sélections très sévères, sur des critères variés (bonne adaptation, forme, résistance aux parasites, qualité du bois, etc.), l'objectif était de retenir 100 clones. A partir de 1979, 31 clones étaient utilisés pour réaliser tout le programme de plantation ce qui était nettement plus faible qu'au Congo. Finalement, la sélection à Aracruz a été beaucoup plus intense qu'à Pointe Noire du fait de la présence de grandes surfaces fortement hybridées dès le départ. Nous estimons à **1/10.000** l'intensité de la sélection massale initiale alors qu'à Pointe Noire, cette intensité ne devait pas dépasser 1/500 du fait des faibles surfaces disponibles comportant des hybrides naturels.

Hybrides artificiels. Stratégie d'amélioration : La volonté était d'aller jusqu'à 100 clones pour le seul site d'Aracruz en faisant appel aux nouvelles variétés (*'urograndis', 'uropellita'*).

Un vaste programme d'amélioration a alors été lancé dès 1980 avec l'assistance du Professeur ZOBEL, lui-même, devenu consultant d'Aracruz. Le schéma de la stratégie d'amélioration a été publié en 1990 par Edgard CAMPINHOS (voir page précédente).

62.23 - Le Projet d'amélioration rapide des eucalyptus au Maroc

En 1987, le Projet d'Amélioration de la culture des Eucalyptus au Maroc avait pour objectif d'améliorer significativement et rapidement la production des plantations d'Eucalyptus, en commençant par le clonage des meilleurs arbres de la "landrace". Un programme de 500 ha de ces nouvelles plantations avait été fixé dès la première année. Pour atteindre un objectif aussi ambitieux, il fallait partir d'un grand nombre d'ortets.

Série A : Une première sélection de 1.612 ortets d'arbres adultes fut la suivante :

- 377 phénotypes hybrides plus ou moins âgés des arboretums ou placettes de Recherche (5/1000),
- 1.235 arbres de jeunes futaies (7-10 ans) sélectionnés dans les périmètres de reboisement (1/1000).

Série B : Une seconde sélection de 3.065 semis supposés hybrides fut obtenue comme suit :

- Sélection de 344 arbres hybridogènes situés en limite de parcelles dans les arboretums,
- Semis de 193 descendances hybrides (sur 344),
- Sélection très juvénile de 3.065 semis dans les 193 familles obtenues, au taux de 1/100).

Il est à noter que si les ortets de la série A sont majoritairement (73%) des hybrides de type *camaldulensis x grandis* (notamment les 1.235 ortets des périmètres de reboisement qui sont de mères *camaldulensis*), ceux de la série B sont beaucoup plus diversifiés car issus de graines récoltées sur des arbres d'espèces bien adaptées mais très diverses se trouvant dans les arboretums (au moins 15 espèces).

Maroc (1987). Périmètre de reboisement. Sélection d'un ortet de la Série A (futaie de 10 ans).

Cette diversité s'accompagne naturellement de grandes différences d'aptitudes au bouturage d'où la baisse probable de rendement du bouturage de la série B (malgré la grande jeunesse des ortets) par rapport au rendement de l'hybride *camaldulensis x grandis dont* l'aptitude moyenne est très grande.

Les ortets de la série A ont tous été abattus durant l'hiver 1987-88 pour une production de rejets au printemps 1988. Peu de souches n'ont pas émis de rejets.

Le pourcentage de souches ayant donné des rejets fut plus élevé dans les arboretums (98,2%) que dans les périmètres (91%) ce qui semble anormal pour des arbres beaucoup plus âgés mais il faut dire que les périmètres ont subi quelques abroutissements par le bétail en divagation et ce, malgré les protections (comme le montre la photo ci-après).

Il est à remarquer que beaucoup de souches présentaient des rejets tardifs à faible croissance (40,2% dans les arboretums et 32% dans les périmètres) soulignant la plus grande difficulté des arbres âgés à se rajeunir. Tous les rejets ont été récoltés et transportés vers la Station de Sidi Amira (20 km au Nord de Rabat) qui regroupait toutes les installations, notamment celles de bouturage. On a réalisé de 30 à 570 boutures par souche (200 en moyenne).

Sidi Amira (Maroc - 1988). A gauche : Rejets de souche d'un des 1.235 ortets des périmètres de reboisement. On remarquera la protection en fil barbelé pour éviter la prédation par le bétail. **A droite :** Début du bouturage à grande échelle (brumisation sous ombrière).

L'enracinement des boutures a été très variable selon l'ortet et sa catégorie. Pour les arbres qui ont rejeté normalement, on a constaté que plus leur âge était avancé, plus leur capacité à produire des boutures était grande, mais plus leur enracinent était difficile.

Finalement, il fut beaucoup plus facile d'arriver à l'objectif initial à partir des semis qu'à partir des arbres + des périmètres, et nettement plus difficile encore d'y parvenir à partir des arbres + âgés, sélectionnés dans les arboretums. Le diagramme ci-après, extrait de notre rapport de 1988, montre la grande variabilité de l'aptitude au bouturage, selon les 2 catégories d'ortet :

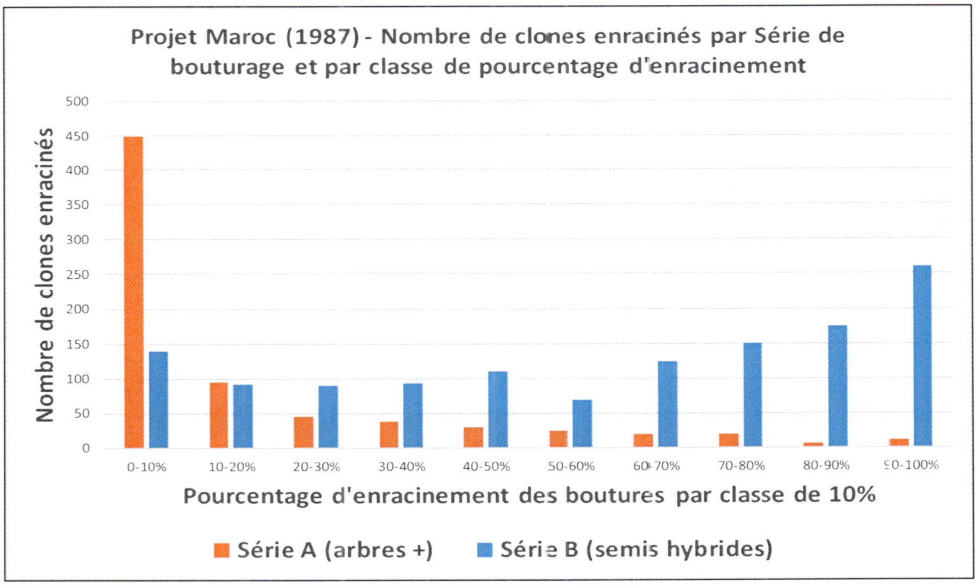

<u>Série A</u> (arbres + ; couleur orange) : Bien que les arbres + se bouturent plus difficilement (450 sur 1.635, soit 28,5%, se sont révélés complètement inaptes), certains se bouturent suffisamment bien pour passer à un bouturage industriel et 10 clones arrivent dès la mobilisation initiale à des taux de 90 à 100%, ce qui reste cependant très faible (0,62%). Au total le nombre d'arbres + qui ont pu être ainsi mobilisés ne dépassent cependant pas 50%.

Série B (semis ; couleur bleue). Bien que les semis appartiennent à des espèces beaucoup plus variées, le nombre de clones inaptes au bouturage s'est révélé beaucoup plus faible (140 sur 3.065, soit 4,5%). D'autre part, contrairement aux arbres +, le nombre de clones qui s'enracinent bien est nettement plus élevé (261/3.065 soit 8,5%).

Quoiqu'il en soit, le nombre de clones multipliés étant largement suffisant pour parvenir à sélectionner les 100 clones de la population multiclonale prévue dans le programme initial. Ces 100 clones, utilisés au départ, ont été choisis principalement sur leur grande aptitude au bouturage industriel, leur bonne croissance initiale et leur bonne forme. Les autres clones sont entrés dans les tests clonaux ce qui a permis de constater qu'un nombre élevé d'entre-eux présentait une certaine "plagiotropie" soulignant un très net manque de rajeunissement. A partir de 1992, le nombre de clones utilisés annuellement en pépinière industrielle a été ramené à une quarantaine pour des raisons pratiques et pour assurer une meilleure productivité, laissant la variété à 100 clones évoluer avec le temps en fonction d'une meilleure évaluation des clones et de l'entrée de nouveaux clones (remplacement des moins bons par de nouveaux, plus performants).

Remarque : En moyenne, bien que le taux d'enracinement des 40 clones n'était pas très élevé (75%) il était cependant bien au-dessus de la moyenne qui restait à 52%. Ces taux se sont améliorés progressivement grâce aux rajeunissements induits par les manipulations intensives des pieds-mères en pépinière et l'amélioration des conditions de bouturage (Marien in AFOCEL *et al* 1993).

Développement d'Eucaforest : A partir de 1995, la Société "Eucaforest" a été créée en tant que filiale de plantations privées de la Cellulose du Maroc, 7 ans après le lancement du projet de Sidi Amira, lequel a été brutalement arrêté sans qu'aucun de ses programmes n'ait été poursuivi par une structure locale. En 2007, 8 ans après cette fermeture et 15 ans après son lancement, Eucaforest manquait d'appui technique à son développement. Lors d'une mission d'évaluation en 2007, nous avons eu l'occasion d'évaluer cette Entreprise[246].

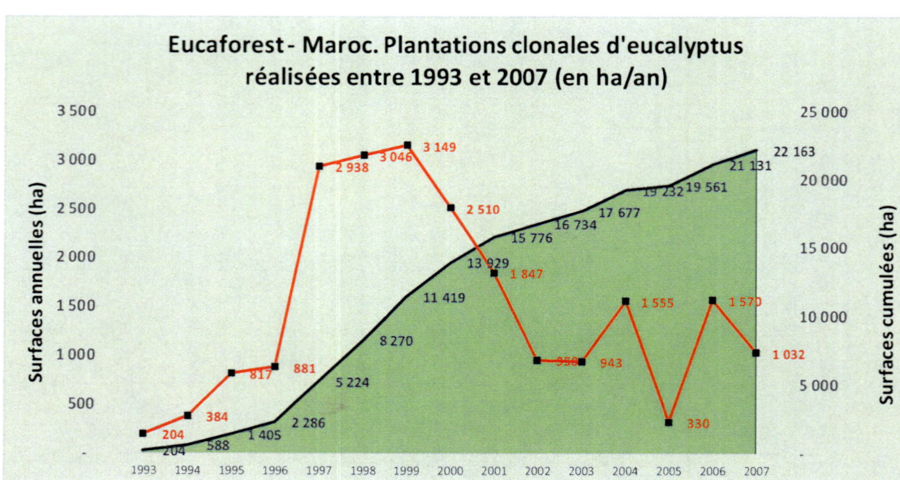

A partir des variétés clonales produites par le Centre de Sidi Amira, Eucaforest a pu rapidement créer un large domaine de plantations industrielles dont la surface atteignait 22.000 ha en 15 campagnes et répartie en 7 "Pôles de Développement Forestier" (PDF) créés par l'Entreprise, ce qui correspond à une moyenne de 1500 ha/an mais avec 3 années à 3.000 ha/an environ (1997, 1998 et 1999). Les courbes précédentes font état des surfaces plantées de 1993 à 2007 (en ha/an et en ha cumulés).

Composition des variétés clonales. Le tableau qui suit découle du rapprochement entre les numéros des ortets sélectionnés en 1987 et les numéros des clones utilisés par Eucaforest dans ses variétés initiales. On distingue 2 types de variétés :

- La **variété initiale** : Composée de **139 clones** sur les 4.699 ortets de départ, toutes catégories confondues, son taux de sélection est de **3%.**
- La **variété finale** : Sa composition a été réduite à **44 clones** par élimination des moins performants. Par rapport aux 4.699 ortets de départ, le taux de sélection est inférieur à **1%**.

Il est intéressant de constater que, dans les variétés utilisées, la participation de chacune des 3 catégories d'ortets reste voisine de ce qu'elle était au départ, (colonnes en rouge dans le tableau).

EUCAFOREST (Maroc - 2007) - COMPOSITION DES VARIETES POLYCLONALES

Type de Variété	Variété Polyclonale Initiale								Variété Polyclonale Finale			
Catégories	1	2		3			Total		1	2	3	Total
Origine des ortets	arboretums	plantations		semis			1+2+3		arboretums	plantations	semis	1+2+3
	SRF	SF		SRF			SRF, SF		SRF	SF	SRF	SRF, SF
âge	26 à 42 ans	6 à 12 ans		26 à 42 ans			26 à 42 ans		26 à 42 ans	6 à 12 ans	26 à 42 ans	26 à 42 ans
numéros	1 à 399	401 à 1635		2000 à 5100			1 à 5100		1 à 399	401 à 1635	2000 à 5100	1 à 5100
Nb d'ortets	399	1235		3065			3464		399	1235	3065	4699
Nb de clones	12	52		75			139		5	13	26	44
% du stock initial	3,0%	4,2%		2,4%			4,0%		1,3%	1,1%	0,8%	0,9%
N° des clones	19	400	970	2018	3196	4006			49	419	2042	
	49	413	973	2042	3213	4020			53	574	2081	
	53	415	977	2081	3257	4129			75	579	2215	
	73	419	981	2130	3258	4158			368	583	2413	
	75	433	983	2215	3284	4244			397	659	2414	
	366	522	1036	2302	3311	4254				699	2613	
	368	535	1041	2324	3353	4382				726	2895	
	371	565	1073	2326	3370	4387				733	3095	
	372	574	1097	2334	3375	4411				797	3169	
	374	575	1114	2384	3389	4420				809	3257	
	385	579	1115	2413	3395	4500				977	3311	
	397	583	1119	2414	3396	4511				1213	3353	
		653	1120	2550	3398	4689				1248	3395	
		659	1163	2613	3408	4724					3396	
		662	1202	2614	3745	4751					3398	
		699	1213	2665	3751	4766					3408	
		726	1218	2666	3758	5015					3751	
		732	1219	2764	3759	5050					3758	
		733	1248	2832	3765	5057					3759	
		742	1259	2894	3882	5100					3933	
		797	1326	2895	3933	5101					3997	
		809	1373	3021	3990						4020	
		840	1502	3095	3991						4420	
		898	1517	3096	3992						4511	
		941	1798	3109	3997						4689	
		949		3161	3998						4724	
		950		3169	3999							
Nb total	12	52		75			139		5	13	26	44

Les clones utilisés par Eucaforest en 2007 représentaient à peine 1% des ortets que nous avions sélectionnés en 1987. Le gain génétique correspondant aurait donc dû être très élevé mais il restait difficile à quantifier à cause de l'hétérogénéité des milieux et de l'imprécision des données, l'éventail des productivités allant de 1 à 29 m3/ha/an, selon les responsables de l'Entreprise.

Le diagramme de la page suivante montre bien la stabilité du pourcentage de chaque catégorie d'ortets dans les variétés clonales. Cette participation est corrélée négativement à l'âge des ortets mais aussi à leur nombre initial, ce qui ne permet pas de conclure que l'âge des ortets influe sur leur aptitude à un bouturage conforme.

Eucaforest (Maroc - 2007). Participation des catégories d'ortets aux variétés polyclonales

Catégorie d'ortets	Ages des ortets (ans)		Ortets initiaux		Variété initiale		Variété finale	
	minimum	maximum	nb	%	nb	%	nb	%
Arbres des arboretums	26	42	399	8,5%	12	8,6%	5	11,4%
Arbres des périmèrres de plantation	6	12	1 235	26,3%	52	37,4%	13	29,5%
Semis hybrides	0,25 ans		3 065	65,2%	75	54,0%	26	59,1%
Nb total de clones par variété	0,25	42	4 699	100%	139	100%	44	100%

On décèle seulement un léger avantage de la catégorie 2 dans la variété initiale à 139 clones, Ce sureffectif disparaît cependant dans la variété finale, la dernière sélection ayant été plus sévère dans cette seconde catégorie (passage de 52 clones à 13, ce qui correspond à un taux d'élimination de 75%). Seule la catégorie 1 est légèrement avantagée (élimination de 58% de l'effectif contre 65% pour la catégorie 3).

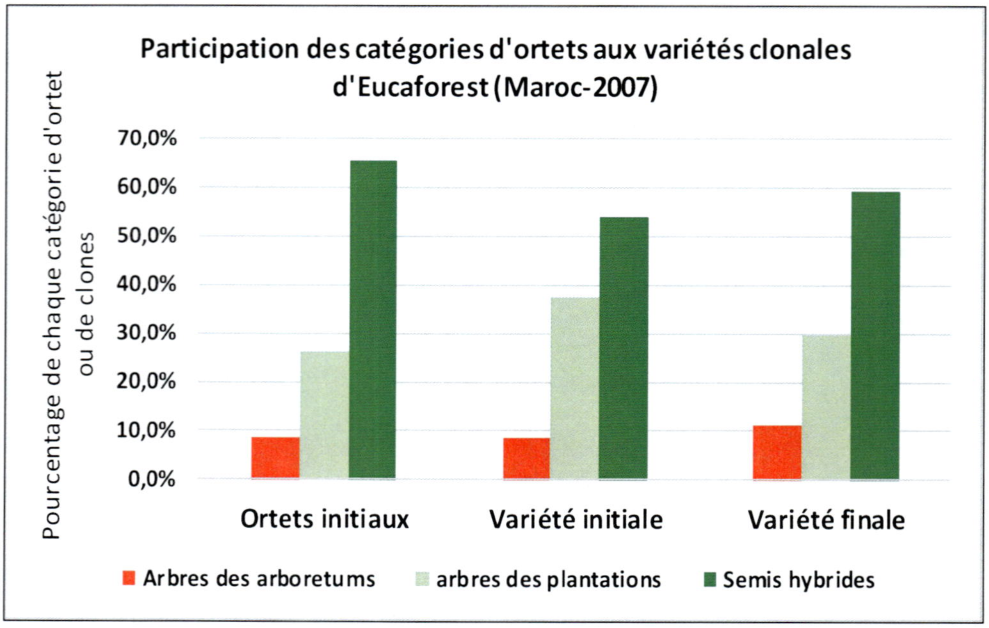

On aurait pu imaginer que la sélection faite à 3 mois sur les semis hybrides, serait pour le moins, risquée, et que les arboretums et les plantations auraient été les plus grands pourvoyeurs de bons clones. Ce n'est finalement guère le cas. L'interprétation d'un tel résultat est délicate.

En matière de clonage d'ortets d'âges variés (de 3 mois à 42 ans), comme il en était à Sidi Amira, on aurait dû s'attendre à rencontrer les problèmes suivants :

Age des Ortets	Aptitude au bouturage		Qualité génétique
	enracinement	Conformité des clones	
1 - Âgés	difficile	rare	très bonne
2 - Jeunes	moyenne	moyenne	moyenne
3 - Semis	facile	fréquente	faible

Nous pensons que dans le cas des clones de Sidi Amira, si on compare les catégories extrêmes d'ortets (1 et 3), la qualité du clonage et la qualité génétique sont diamétralement opposés et comme ces facteurs ont des effets inverses sur la vigueur des boutures, leur résultante est faible et n'affecte que peu la participation à la variété clonale par rapport à la structure initiale.

Sidi Yahya du Gharb (Maroc - 2007). Belles plantations polyclonales d'Eucaforest, âgée de 6 ans.

Par contre, le fait que de nombreux clones présentent de faibles performances, des formes de type "plagiotrope" et des fructifications précoces, est bien la preuve d'un manque de rajeunissement évident. Ce phénomène oblige à sélectionner un grand nombre d'ortets pour disposer d'une variété à la fois suffisamment variable génétiquement et "conforme" aux ortets sélectionnés, c'est-à-dire performante. C'est la raison pour laquelle de gros efforts sont nécessaires au départ pour améliorer les techniques de bouturage. La bonne pratique du minibouturage est indispensable, comme ce fut le cas, très tardivement au Congo (SAYA *et al.* 2008) ou, encore mieux en passant par la culture in-vitro pour la production des pieds-mères en s'efforçant de partir d'explants de très bonne qualité et si possible de méristèmes apicaux à l'exemple de ce qui a été réalisé par O. MONTEUUIS pour les clones de Teck du Sabah (MONTEUUIS and Goh - 2015).

Production et développement des plantations. Malgré la très grande réussite du projet, tant au niveau de la R&D du Projet de Sidi Amira (preuve en est l'excellent ouvrage publié par l AFOCEL en 1993, en coopération avec la Direction générale des Eaux et Forêts et la Cellulose du Maroc), que du développement par Eucaforest, comme on vient de le voir, la productivité moyenne était de 6 à 10m3/ha/an, si l'on en juge sur le résultat des exploitations (commencées en 2003 à la rotation de 10 ans) et qui était de 140.000 m3/an en 2007. Cette production qui parait plutôt faible correspond cependant au double de la production habituelle des plantations marocaines d'*E. camaldulensis*. Elle restait cependant très insuffisante relativement au besoin croissant (400.000 t/an) de l'Usine de Cellulose de Sidi Yahya du Gharb et les importations de bois ont perduré jusqu'à sa fermeture définitive en 2013, faute d'approvisionnement en bois à prix raisonnable. Cet événement fut annoncé sur internet par un article de Imane TRARI, dans le n° du 24 décembre 2013 de "La Vie Echo"[247], qui donne quelques éléments du rapport du Consultant Jaako Pöyry qui souligne en particulier que « *le prix du bois importé, qui constituait plus de 60% du coût de revient de la pâte, était beaucoup trop élevé et que sa production locale avait chuté, passant de 200.000 tonnes en 2000 à 40.000 tonnes en 2012, suite à la baisse des appels d'offres pour la coupe, lancés par le Haut-Commissariat aux Eaux et Forêts et à la Lutte contre la Désertification* ».

Cette fermeture est malheureusement arrivée au mauvais moment, car :

- une bonne structure de plantation avait été mise sur pied,
- les promesses des nouvelles variétés hybrides étaient excellentes,
- les nouveaux hybrides sélectionnés sur la qualité papetière du bois devaient contribuer à réduire les besoins en bois de l'usine par leur meilleur rendement en pâte.

Signalons que la fermeture de l'usine avait été précédée en 2008 par la transformation d'Eucaforest (avec la coopération de la CDC-France) en SFCDG (Société forestière de la Caisse de Dépôt et de Gestion), Eucaforest devenant un fonds forestier Selon J.N. MARIEN et A.A. IDRISSI (2011[248]), les programmes des plantations clonales se poursuivaient à la cadence de 2.000 ha/an et affichaient un périmètre de 26.000 ha en 2011 et une production de bois d'industrie de 220.000 m3/an correspondant à plus de 10 m3/ha/an en ajoutant le bois de feu. Il faut ajouter que la SFCDG n'a pas le monopole des plantations clonales d'eucalyptus qui, selon les auteurs, *"couvraient 42.200 ha au Maroc en 2013, répartis comme suit. Etat. 7.967 ha ; Société forestière CDG. 26.233 ha ; Divers Privés. 8.000 ha"*.

Soulignons enfin que l'abandon en 1999 de la R&D (fermeture du Centre de Sidi Amira) fut beaucoup trop rapide et il faudra sans aucun doute réinvestir dans ce domaine si l'on souhaite poursuivre ce développement. D'autre part les risques de détournements vers le marché informel sont grands étant donné l'énorme besoin en bois des populations locales et les prix beaucoup plus élevés proposés pour les bois droits (poteaux et perches) par rapport à celui réservé aux déchets d'exploitations que sont les bois de pâtes. Il est vrai que la fermeture de l'usine de pâte ouvre sans limite les bois clonaux bien droits, au marché des bois de service, très actif dans la région du Gharb. Enfin les objectifs de sélection seront libérés des contraintes liées à la qualité papetière.

62.24 - Le Projet "Bosques 2000" (R&D de la SNIACE) en Espagne

1 - Programme initial et démarrage du clonage d'arbres +

Comme on l'a vu précédemment, le Programme d'amélioration génétique de la SNIACE-forêt (Bosques 2000) avait commencé en 1995 par la sélection de 100 arbres + de l'espèce *E. globulus*. Outre l'orientation vers une amélioration par voie récurrente simple, l'abattage de chacun des arbres + avait permis l'analyse de tige et l'estimation de la qualité de leur bois. De plus, après estimation de la qualité des rejets produits, ceux-ci avaient fait l'objet de récolte à l'état juvénile et, après leur transport vers la pépinière, avaient été utilisés pour la production de boutures, lesquelles après enracinement et conduite des plants obtenus étaient introduites chaque année dans les "tests monoarbre" avec toutes les autres structures génétiques à tester. Chaque arbre + était donc testé comparativement sous forme de descendance maternelle et de clone. Ces tests se sont déroulés pendant une période de 6 à 7 ans, jusqu'à ce que la maladie des tache foliaires (*Micosphaerella sp.*) vienne y mettre fin.

Pour une centaine d'arbre +, âgés de 12 à 14 ans, la notation était la suivante :

- aptitude à rejeter
- aptitude au bouturage
- valeur de la descendance maternelle (en open)
- valeur du clone

D'une manière générale, l'aptitude à rejeter était bonne (90%) mais l'aptitude au bouturage nettement plus faible (50%), accompagnée pour tous ces arbres +, d'une difficulté à produire des clones conformes. En effet tous les clones présentaient la particularité d'un changement de feuilles plus ou moins précoce (juvénile/adulte) et cela était accompagné d'un retard de croissance initial par rapport aux descendances maternelles des mêmes arbres d'autant plus que ces arbres à cimes étroites couvraient mal le sol (voir ci-dessous la photo du clone '12620' qui ne présentait pratiquement pas de feuilles de jeunesse).

SNIACE-Bosques-2000 (sept. 2005). A gauche : Station de SERDIO, Clone '**12620**' à 2 ans. Clone maturé à feuilles adultes, bonne forme mais croissance réduite, cime étroite et mauvaise couverture du sol. **A Droite : Station de Cabanzon,** Clone'**275**' à 9 ans, mal rajeuni à 5 ans ½ mais présentant finalement une bonne homogénéité et une excellente production. On suppose que le développement de racines profondes (pseudo-pivots) a fini par en rétablir la vigueur.

L'examen des placettes monoclonales sur le terrain (station de Cabanzon) montraient cependant une assez bonne évolution. D'une part, l'apparition précoce des feuilles adultes les rendaient résistants à la maladie ce qui apparaissait très avantageux mais il semble également que chez certains clones, avec le développement des racines profondes, il y ait eu un retour à une certaine vigueur. Toujours est-il que les placettes monoclonales montraient une excellente productivité, résultat en particulier d'une bonne homogénéité intraparcelles (photo précédente du clone '275', à droite).

Les différences entre clones restaient cependant très grandes soulignant l'existence d'effets de maturation, sans que l'on sache en mesurer précisément l'importance ce qui était très gênant pour la poursuite du développement de la branche clonale du programme d'amélioration.

2 - Apparition du *Micosphaerella* et changement de stratégie (2004)

Comme on l'a signalé plus haut, l'apparition en 2001 de la maladie dite "des taches foliaires" (*Mycosphaerella sp.*) a été suivie en quelques années d'une attaque massive qui s'est rapidement étendue à l'ensemble du Nord-Ouest espagnol.

La maladie qui ne touche que les feuilles de jeunesse du globulus, ne se transmet pas aux feuilles adultes, mais concerne tous les jeunes arbres jusqu'à l'âge de 2 ans (y compris les rejets). Le degré d'attaque varie cependant beaucoup avec la sensibilité des arbres à cette maladie et un peu avec la richesse minérale du sol, en azote, en particulier (photos ci-après).

SNIACE-Bosques-2000. A gauche (1999) : Jeune plantation de globulus avant les attaques de *Mycosphaerella* aux feuilles de jeunesse bleutées, sans taches foliaires. **Au centre (2004) :** jeune globulus attaqué par la maladie des taches foliaires. **A droite (2005) :** Sélection d'un jeune globulus "résistant", dans les plantations très attaquées (fréquence : environ 1 pour 10.000).

Les feuilles très attaquées tombent rapidement entraînant une forte réduction de croissance des arbres suivant leur sensibilité (pouvant aller jusqu'à l'arrêt de croissance et la mortalité).

La perte des jeunes feuilles s'accompagne d'un découvert brutal du sol et d'un redémarrage rapide du matorral, ce qui augmente sensiblement les arrêts de croissance et les mortalités.

Les dégâts furent très importants puisque la maladie, qui concernait 17% de toutes les surfaces plantées en globulus, entraînait des surcoûts considérables d'entretien pour des résultats minimes, et interdisait en fait toute nouvelle plantation.

SNIACE-Bosques-2000 (sept. 2003). A gauche : Cabanzon. Ortet n° 11 de la descendance open de l'arbre + 281 à 2 ans. **A doite : Pamanes,** Clone Cz-11-281 à l'âge de 1 an. Premiers ramets installés dans le test comparatif de Pamanes après un rajeunissement par prélèvement de jeunes pousses de ce clone à très bonne aptitude au bouturage (répétition à 5 ramets. "five tree plot"). Le clone apparaît bien résistant.

A la suite de la découverte en 2003 de jeunes arbres plus ou moins résistants (tolérants), d'abord dans les plantations expérimentales, puis dans les plantations commerciales, la stratégie de BOSQUES-2000 a rapidement évolué vers le clonage de ces individus appelés "Mycos".

SNIACE-Bosques-2000 (sept. 2007), Pamanes. 1ère grande parcelle clonale d'E. globulus "Cz-11-281" à 1,3 an. Très belle allure de ce clone bien rajeuni, aux feuilles de jeunesse parfaitement saines. On remarquera la grande vigueur et l'excellente homogénéité de cette parcelle

L'effort s'est donc concentré sur la détection d'arbres résistants (photos ci-dessus), leur mobilisation par rejets de souche, leur rajeunissement en parc à pieds-mères et leur testage sur le terrain.

Le premier test clonal fut installé fin 2005 à Pamanes dans un site difficile (venté, froid et sous forte pression parasitaire). Dès l'année 2006, on pouvait se rendre compte du très grand intérêt des 9 clones tolérants testés et tout particulièrement du clone 'Cz-11-281', à la fois de très bonne forme, résistant et facile à bouturer.

Les premières plantations monoclonales de 'Cz-11-281', réalisées dès 2006 (photo précédente) ont rapidement confirmé la bonne qualité de ce type de sélection et relancé immédiatement le programme de Bosques-2000.

62.3 - Plantations clonales d'autres espèces

62.31 - Clones de pins hybrides au Queensland (Australie)

Ainsi que nous l'avons vu plus haut (p. 302) le programme d'amélioration génétique des pins au Queensland s'est poursuivi pendant de longues années et a fini par déboucher sur la généralisation des plantations clonales à partir de 2006 après les quelques étapes clé suivantes :

- 1982 : Mise au point du bouturage des pins au Congo par Henry. CHAPERON
- 1982 : Visite du Dr. Garth NIKLES au Congo,
- 1986 : 1er test clonal d'hybrides Pee x Pch au Queensland,
- 1990 : Résultat du 1er test clonal et 1ères plantations des meilleurs clones,
- 1991 : Plantations industrielles de clones en vrac issus des meilleures familles testées,
- 1994 : 2ème test clonal d'hybrides Pee x Pch,
- 1995 : 1ères plantations monoclonales commerciales de clones testés,
- 2006 : Généralisation des plantations clonales (4000 ha/an).

Etant donné la grande difficulté de rajeunissement des arbres adultes, le clonage ne peut s'adresser qu'à des arbres jeunes (moins de 5 ans). Il fallait donc garder les clones en pépinière sous forme de haies taillées sans toutefois dépasser une durée de 5 ans. L'approvisionnement du clonage en nouveaux clones par le programme d'amélioration génétique est donc une constante majeure d'un tel programme mais c'est aussi la garantie de disposer de clones de plus en plus performants.

Sud-QLD (Australie) - Pépinière de Toolara (2007). A gauche : Dr. Garth NIKLES au milieu du Parc à Pieds-Mères (PPM) de haies clonales en bandes. **A droite :** Bouturage industriel alimenté par les boutures produites par le PPM.

Au début, les plantations clonales commerciales n'étaient constituées que de boutures de semis appartenant aux meilleures familles, produites par "bulkpropagation", c'est-à-dire multipliés en vrac. Parallèlement, on cherchait à détecter les meilleurs clones au sein de ces familles et dès leur identification, on orientait la multiplication vers ces seuls clones sélectionnés, non seulement sur la vigueur et la forme mais aussi sur la résistance au vent et la qualité du bois.

Les contraintes de rajeunissement et l'exploitation à court terme des tests de descendances et clonaux ont fait que les populations multiclonales issues de bulkpropagation sont restées importantes au sein des plantations commerciales. Par la suite, le fait que les clones ne restaient pas longtemps en pépinière amenait à changer fréquemment de clones, ce qui présentait cependant un aspect positif : assurer la diversité génétique dans le temps et l'espace. Les pins s'étendaient sur 36 000 ha en 2007.

Depuis cette date et dans le but d'accélérer les programmes en contournant les problèmes de rajeunissement, la Recherche s'orientait vers l'embryogénèse somatique. Cependant la privatisation du secteur des plantations forestières, en 2010, a remis en question ce programme in-vitro considéré comme beaucoup trop coûteux. On a également abandonné le bouturage des arbres + et même la bulkpropagation au profit des seules familles contrôlées venant du programme d'amélioration génétique mais produites industriellement en vergers à graines par fécondation libre, comme on l'a déjà vu plus haut (3ème partie, point 54.2).

Australie. Région de Gympie (Sud QLD - 2007). Clonage de l'hybride Pee x Pch (*Pinus elliotti* var. *elliottii* x *Pinus caribaea* var. *hondurensis*). **A gauche :** Meilleur clone n° **545** ("five tree plots" en ligne). **A droite :** 1ère parcelle monoclonale du clone **545**.

Remarque. L'aspect économique des plantations est un facteur de plus en plus crucial influant sur la stratégie générale. Le clonage dont le surcoût peut se révéler excessif pour les espèces qui se bouturent mal, doit, pour être applicable, apporter des avantages de plus en plus élevés, ce qui peut encore être intéressant au niveau de la F1 et dans les cas suivants :

- Grande facilité de mobilisation et de rajeunissement des arbres +,
- Forte réduction de la densité de plantation et sylviculture moins chère,
- Grande supériorité des clones d'arbres + sur les descendances pour différents caractères :
    - Vigueur
    - Qualité du bois
    - Résistance aux maladies

Il est cependant certain qu'au fur et à mesure des générations avancées successives la concurrence entre la voie familiale et la voie clonale sera de plus en plus rude, d'autant plus que l'automatisation des chaînes de production de plants est beaucoup plus facile pour les semis que pour les boutures. Il faudra des progrès décisifs dans la maîtrise des problèmes de rajeunissement et de manipulation des pieds-mères pour maintenir ce type de production de pépinière à un coût raisonnable.

62.32 - Plantations clonales d'acacias hybrides au Vietnam

1 - Hybrides naturels entre Acacia mangium et A. auriculiformis

De tels hybrides ont été détectés pour la première fois en Malaisie (1972) et en Australie (1978). Nous en avons observé personnellement quelques beaux sujets en 1988, dans l'Etat de Johor, à l'occasion d'une visite en Malaisie (voir photo ci-dessous, au centre). Nous n'avions pas manqué de signaler à nos accompagnateurs tout l'intérêt qu'il y aurait à cloner ces arbres vigoureux et de bonne forme, semblant tout à fait intermédiaires entre *Acacia mangium* et *A. auriculiformis*.

Malaisie (1988). A gauche : Arbre + d'*Acacia mangium* au Sabah, avec G. QUILLET. **Au Centre :** Bel hybride d'*A. mangium x auriculiformis* dans l'Etat de Johor. **Vietnam (1994), à droite :** Professeur LE DINH KHA et les premières lignes monoclonales hybrides à 5 mois (Source : internet).

C'est cependant à Ba Vi, au Vietnam, en 1993, qu'une découverte identique intéressa réellement les chercheurs forestiers. La vigueur hybride affichée par ces arbres aux qualités apparemment intermédiaires entre les deux espèces parentales s'accompagnait d'une excellente adaptation (cumul des caractères adaptatifs des deux parents) et est à l'origine d'un important développement des plantations et de l'industrie du bois dans ce pays.

Les principales étapes de ce développement des clones d'acacias hybrides, démarré en 1993 par le Professeur Le Dinh Kha, sont présentées dans un diaporama (PWP) disponible sur internet (Ha Huy Thinh *et al.* 2008[249]).

2 - Intérêt des hybrides d'Acacias

Comme pour beaucoup d'hybrides cultivés en dehors des aires naturelles des espèces pures, c'est la vigueur hybride, la très grande plasticité et la meilleure tolérance aux parasites qui est recherchée. L'intérêt de cet hybride est de combiner la bonne forme d'*A. mangium* et son bon élagage naturel avec la faible sensibilité à la pourriture de cœur d'*A. auriculiformis* (GHAZALI *et al.* 2007[250]). Avec leur croissance rapide et leur grande efficacité à couvrir le sol, donc à lutter contre la végétation adventice, ces espèces d'acacias pour les zones tropicales humides, sont généralement utilisées pour produire du bois de pâte comme c'est le cas à Sumatra (Indonésie). Ils produisent cependant un bois de bonne qualité qui est même proposé pour la fabrication de mobilier de jardin* en remplacement du teck (beaucoup plus cher) et certains pays comme le Vietnam plantent des acacias hybrides pour la production de bois d'œuvre largement exporté aujourd'hui**.

3 - Qualité des bois selon les types d'hybrides

Les caractéristiques du bois des deux hybrides réciproques ont été données par WONOGIRI HARRY PRAPTOYO (2015[251]) et que nous résumons dans le tableau comparatif ci-après :

Qualités comparées du bois des deux hybrides réciproques d'Acacia

Type d'hybride	*A. mangium x auriculiformis*	*A. auriculiformis x mangium*
Apellation	Hybride "de mangium"	Hybride "auri"
Grain	Fin à légèrement grossier	
Epaisseur d'aubier	Moins d'aubier (3 à 4 cm)	5 à 6 cm
Densité du bois	Plus élevée	
Epaisseur des parois cellulaires	4,46 µ	1.80µ.
Diamètre des vaisseaux	Bois plus poreux (130-200µ)	113 à 120µ
Fibres	65,67%	Bois plus fibreux (75,38%)
Vaisseaux	11,14%	8,03%
Parenchyme axial	15,19%	9,03%
Parenchyme médulaire (écarts ns)	8,10%	8,90%
Longueur des fibres (écarts ns)	0,87	0,91
Qualité de bois d'oeuvre	supérieure	
Qualités papetières		supérieure

Source : WONOGIRI HARRY PRAPTOYO (2015)

On pourra en conclure que pour un objectif bois d'œuvre il est préférable de choisir l'hybride "de mangium", à la fois plus dense et plus poreux, alors que pour la pâte, l'hybride "auri", apparait supérieur car plus fibreux et avec moins de bois de cœur.

4 - Multiplication des hybrides d'acacias

On a longtemps considéré le clonage comme la seule façon de produire, à grande échelle, des plants d'Acacia hybrides. SEIN C.C. & MITLÖHNER (2011[252]), considèrent le bouturage des acacias comme assez délicat tout en restant cependant intéressant pour produire de la biomasse ou du bois de trituration, à condition de multiplier des génotypes supérieurs et de pratiquer le minibouturage.

Les difficultés de bouturage ont poussé les chercheurs à la propagation par "in vitro" laquelle fut souvent réussie. Toutefois, le côût élevé de cette technique a conduit à en restreindre l'usage aux

*https ://www.manomano.fr/p/salon-de-jardin-sydney-5-pcs-en-bois-dacacia-ensemble-table-et-chaise-pliable-7393379

**https ://www.alibaba.com/product-detail/BEST-PRICE-ACACIA-SAWN-TIMBER-FOR_62005126878.html plantations de bois d'œuvre et à la fabrication des pieds-mères comme c'était le cas au Vietnam en 2013 dans la Province de Quang Tri (voir les photographies suivantes de Olivier MONTEUUIS).

Photos courtoisie Olivier MONTEUUIS. Province de Quang Tri (Vietnam - 2013). Centre de multiplication des hybrides *A. mangium x A. auriculiformis*

5 - Nodulation des plants en pépinière

Dans les régions d'introduction de ces espèces d'Acacia, lorsque les plants en pépinière manquent visiblement de nodulation, on peut être amené à les inoculer avec des souches de *Rhizobium* reconnues pour leur efficience (voir plus haut, point 62.2, IIe Partie, p. 148-149). Signalons aussi que, selon GALIANA *et al.* (2003[253]), les souches de Rhizobium, efficaces sur acacias hybrides, semblent être spécifiques de cet hybride, les souches prélevées sur *A. mangium* paraissant inefficaces sur l'hybride.

6 - Disjonction à la F2

L'exploitation de ces hybrides par voie générative s'est heurtée à une forte disjonction à la F2, ce qui a grandement encouragé à cloner les meilleurs arbres des F1.

Vietnam - Photos Olivier MONTEUUIS. A gauche : Supériorité d'un hybride naturel *A. mangium x auriculiformis* (cime, aux feuilles étroites) est nettement dominant dans un peuplement d'*A. mangium* aux larges phyllodes. **Au centre, Vietnam 2013 :** Test clonal d'acacias hybrides. **A droite, Vietnam 2009 :** Peuplement de F2 avec une forte disjonction (Certains arbres sont de type mangium avec des feuilles larges ; d'autres sont de type auriculiformis avec des feuilles étroites et la plupart sont de type intermédiaire).

C'est bien ce qui avait été observé au Congo en 1966 avec les hybrides d'eucalyptus PF2 issus de graines récoltées au sein de parcelles de PF1. Il faut cependant remarquer que ces F1 sont des familles de pleins-frères ou de demi-frères et donc que les F2 qui en sont issues sont fortement consanguines (Dr. Garth NIKLES, communication personnelle). Il n'est donc pas étonnant que des dépressions de vigueur se manifestent dans ces F2 et il serait particulièrement intéressant de voir ce que valent les F2 issues de croisements contrôlés entre arbres de bonne qualité et **non apparentés**.

7 - Hybrides naturels et sens du croisement

D'après SON LE *et al.* (2019[254]) l'hybridation existe entre vergers à graines de chacune des deux espèces éloignés de 60 m, notamment sur les lignes de bordure. Elle est influencée par les périodes de floraisons des deux espèces et les distances entre arbres. Cela montre que la faisabilité des vergers à graines hybrides est probablement très grande et pourrait bien remplacer dans le futur le clonage assez difficile chez ces espèces. D'autre part, Zakaria (1991) et RUFELDS (1988) avaient découvert que le potentiel hybride est plus élevé lorsque *A. auriculiformis* est utilisé comme parent femelle. Pour nous, le taux d'hybrides dans les descendances naturelles, tient également au degré de consanguinité des arbres-mères qui préfèrent l'hétéropollen au pollen des arbres voisins, souvent pleins-frères ou demi-frères. Le choix de parents éloignés génétiquement (appartenant à de bonnes provenances éloignées) est à conseiller. D'ailleurs, selon QUYNH CHI, HARWOOD *et al* (2020[255]), il n'y a pas grandes différences morphologiques et de performance de croissance entre les deux types d'hybrides et il y a eu des clones hybrides commerciaux exceptionnels développés à partir de combinaisons dans les deux sens.

8 - Développement des clones d'Acacias hybrides au Vietnam

Des informations concernant cet hybride et son développement au Vietnam ont été données en 2000 par le Professeur Le Dinh Kha[256]qui indique que les hybrides de Ba Vi sont issus de la provenance Daintree (Queensland) d'*A. mangium* et de la provenance d'*A. auriculiformis* de Darwin (Territoire du Nord).

Au Vietnam, ces hybrides F1 ont des caractéristiques morphologiques intermédiaires entre celles des deux espèces parentales, et une vigueur hybride marquée dans la croissance. À 4,5 ans, la tige de cet hybride est, en moyenne, deux fois plus volumineuse que celle de l'*A. mangium* avec une densité du bois intermédiaire entre celles du bois des deux parents.

Selon Le Dinh Kha (2009), l'hybride présente de nombreux avantages par rapport aux espèces parentes :

- Plus facile à cloner,
- Beaucoup plus vigoureux,
- Bois à haute teneur en cellulose,
- Meilleur rendement papetier,
- Autres qualités du bois : intermédiaires,
- Densité du bois supérieure pour certains clones,
- Plus de nodules de *Rhizobium*,
- Meilleure résistance à la sécheresse.

Selon Le Dinh Kha, l'hybride d'acacia est très répandu au Vietnam, en particulier dans les régions des hauts plateaux du Centre et du Centre-Sud, sous pluviométrie de 2000 à 2500mm. Dans ces régions, la productivité des plantations de 5 ans a été signalée comme atteignant 30-40 m3/ha/an, soit 1,5 à 2 fois plus que celle des plantations d'*Acacia mangium* et d'*A. auriculiformis* au même âge et au même site.

L'extension de cet hybride a été très rapide, passant de 390 ha en 1996 à 182.000 ha en 2006. D'après Sein et MITLÖHNER (CIFOR - 2011) les plantations d'acacias couvraient 400.000 ha en 2011 dont 220.000 hectares de plantations clonales d'hybride *A. mangium* × *A. auriculiformis*, devenu, une des principales espèces pour les plantations industrielles pour laquelle le clonage a fait l'objet d'une normalisation technique nationale.

Performances à 5 ans des meilleurs clones d'acacias hybrides

Clone	Survival (%)	Productivity (m^3/ha/year)
BV10	84	41,1
BV32	73	33,8
BV33	87	39,8
TB12	73	32,8
TB6	83	35,2
BV16	79	33,5
Témoin mangium	41	14,5
BV5	83	26,3
Témoin auriculiformis	27	4,1

Source : Prof Le Dinh Kha (2009) BV : initiales de Ba Vi

La sélection des plus beaux arbres des F1 hybrides de Ba Vi, et leur clonage par bouturage de rejets de souche s'étant montrée plus facile que pour les espèces parentes on a pu installer des tests clonaux, lesquels ont permis de sélectionner rapidement (dès l'âge de 2 ans), d'excellents clones hybrides.

La croissance de ces clones était très supérieure à celles des boutures et des semis des deux espèces parentales, comme le montre le tableau précédent issu de l'article du Prof Le Dinh Kha (2009) qui fait état, pour le meilleur clone hybride, d'une productivité 10 fois supérieure à celle du témoin *auriculiformis.*

Selon LE DINH KHA (2000), « *l'évaluation de ces clones ne s'est pas faite seulement sur la croissance mais on y a intégré, l'état sanitaire des arbres, la rectitude des tiges, et la grosseur des branches, pour sélectionner les cinq meilleurs clones hybrides, dont l'un (BV10) est remarquable pour la croissance et la forme. Ces cinq meilleurs clones, propagés in vitro par culture tissulaire de méristèmes, furent alors testés dans les programmes d'essais des principales régions écologiques du Vietnam. De plus les vitroplants ont été utilisés pour l'installation de parcs à pieds-mères* ».

9 - Poursuite du Programme d'amélioration

Afin de ne pas se limiter à la dizaine de très bons clones utilisés jusqu'en 2018 pour les reboisements en acacias hybrides du Vietnam, la poursuite du programme d'amélioration s'est faite avec succès par de nouveaux croisements entre arbres + sélectionnés au sein de chacune des espèces pures.

Selon DH, HARWOOD *et al.* (2018)[257], la sélection des hybrides contrôlés, en pépinière, puis en plantation à 2 ans, s'est montrée très efficace et de nouveaux clones ont pu être sélectionnés nettement supérieurs aux témoins purs mais aussi aux clones industriels en cours d'utilisation, ce qui donne un espoir considérable de poursuivre longtemps l'amélioration.

10 - Essais de production industrielle de familles d'Acacias hybrides

En Australie, les techniques d'hybridation (avec émasculation), commencées par SCDGEY *et al.* (1992[258]) se sont révélées très chronophages et donc trop coûteuses.

GRIFFIN *et al.* (2010[259]) ont essayé la pollinisation artificielle sans émasculation afin de réduire les besoin en main d'œuvre. Comme souvent, ces espèces allogames ne produisent des graines autofécondées qu'en l'absence d'hétéro-pollen et de façon limitée avec comme conséquence une forte dépression de consanguinité. Selon les auteurs, les croisements sans émasculation (par saupoudrage de pollen du parent mâle sur les fleurs de l'arbre femelle) ne produisent qu'une petite quantité (5%) de semences autofécondées et seul 1/3 des arbres en sont responsables. De plus, ce saupoudrage de pollen entraîne une réduction des taux de contamination croisée de 19,1 à 8,7 %. Enfin, le rendement en graines saines par épi a sensiblement augmenté après l'application d'une solution sucrée sur les fleurs femelles immédiatement avant la pollinisation.

Au Japon, selon OTSUKA *et al.* (2010[260]) une émasculation efficace peut se faire par trempage des pointes dans l'eau chaude, de 50° à 56°C pendant des temps, de 45 à 10 secondes, respectivement.

En Malaisie, KATO K, *et al.* (2012[261]) a effectué la "Pollinisation en tube" utilisant du pollen stocké pour créer des hybrides d'*Acacia auriculiformis*. Dans cette méthode, le pollen a d'abord été collecté en insérant un tube dans des épis mâles adultes, immédiatement après la floraison. Le tube a ensuite été stocké pendant 1 à 2 mois à -18 °C. La pollinisation artificielle a été réalisée en insérant le tube stocké avec du pollen dans les épis floraux d'*A. auriculiformis* (témoin intraspécifique) et d'*A. mangium* (hybride interspécifique). Les résultats de la pollinisation interspécifique ont montré que la durée du stockage du pollen au froid améliorait sa fertilité (passage de 3 à 5 plants hybrides par épi pour des durées de stockage des tubes avec pollen allant de 1 jour à 2 mois). Cependant, l'analyse de l'ADN a révélé que 2,6 % des plantules étaient contaminées par *A. auriculiformis*. En revanche, moins de trois semis ont été acquis par pollinisation intraspécifique, quelle que soit la durée de stockage du pollen, et les auteurs en ont déduit que cette méthode en tube était appropriée pour produire des hybrides d'*A. auriculiformis* avec du pollen stocké.

En Indonésie, Sri SUNARTI *et al.* (2013[262]), la stratégie de sélection d'hybrides d'Acacia, développée grâce à des hybrides naturels sélectionnés dans les plantations s'est heurtée à l'impossibilité du clonage conforme de ces arbres + en raison de l'effet de vieillissement (maturation). On s'est donc orienté vers la création de familles hybrides contrôlées, suivies de bouturage des semis hybrides des meilleures familles et de tests clonaux. Selon les auteurs, la supériorité des meilleurs clones sélectionnés d'hybrides était de 17,28 % en termes de croissance en hauteur par rapport aux témoins parentaux purs (équivalant à la productivité théorique d'environ 48 m3/ha/an).

11 - Conclusion sur la ligniculture des acacias hybrides

La culture des acacias, dont la forme laisse souvent à désirer, ne peut donner réellement satisfaction sans l'Amélioration génétique dont l'hybridation est un élément important pour des résultats aussi rapides que performants en situations difficiles et pauvres. On peut affirmer que la voie de l'hybridation, suivie du clonage, développée chez les eucalyptus depuis les années 70, est tout à fait transposable aux acacias avec des résultats tout aussi spectaculaires mais avec l'atout supplémentaire de la grande rusticité liée à la fixation de l'azote atmosphérique.

On dispose de nombreux résultats pour rendre possible la production à grande échelle de graines d'acacias hybrides, par verger à graines ou par croisements contrôlés. Avec une amélioration génétique très active, il n'est pas indispensable de développer la voie clonale mais celle-ci reste avantageuse pour améliorer in fine la productivité des plantations tant en quantité qu'en qualité. Mais comme toujours en matière de plantations clonales, la condition essentielle sera de disposer de techniques de propagation performantes et fiables (production des pieds-mères par in vitro et des plants par minibouturage). L'exemple du Vietnam est sans aucun doute un excellent modèle pour développer la ligniculture des acacias tropicaux en région humide avec de nombreux avantages :

- Essence pionnière à forte productivité et à révolution courte,
- Essence améliorante pour le sol et peu coûteuse en fertilisation,
- Essence qui couvre bien le sol et dont l'entretien reste très limité,
- Bois polyvalent et de bonne qualité,
- Amélioration très prometteuse à partir d'une large variabilité génétique.

12 - Remarque finale

Il y a un décalage de temps entre l'amélioration des espèces pures et celle des hybrides interspécifiques qui représentent l'étape suivante. Au départ, le clonage des hybrides naturels rencontrés fortuitement, ou même des premiers hybrides artificiels, apparaît très avantageux puis cet avantage se réduit à mesure que l'on progresse sur l'amélioration des espèces pures. On peut même être tenté d'abandonner les hybrides au profit des meilleures familles d'espèces pures, d'autant plus que les plants issus de semis sont beaucoup moins coûteux à produire. Cependant en créant des hybrides améliorés à partir des géniteurs améliorés, on retrouvera l'avantage des hybrides, plus performants en matière d'adaptation et alliant les caractères de 2 espèces ce qui est souvent plus avantageux que de rester limités aux caractères d'une seule. Dans certains cas, les croisements contrôlés industriels (quand ils sont possibles) sont alors une remarquable solution pouvant éviter d'aller jusqu'au clonage. Mais même dans ce cas, le clone pourra rester le but ultime, en particulier pour la production de bois d'œuvre très exigeante au plan qualitatif.

62.33 - Plantations clonales d'espèces à bois précieux

Nous avons déjà assez largement évoqué précédemment le cas d'espèces de bois d'œuvre de valeur dont les possibilités récentes de clonage ont vivement intéressé les compagnies privées qui se sont lancées dans la création d'un patrimoine lignicole de qualité.

Produire à court terme du bois précieux de grande valeur à partir de variétés clonales présentant un minimum de défauts et toujours améliorables, n'est plus utopique. C'est déjà possible pour le Teck (Amérique latine), le Gmélina (Costa Rica), les "Acajous" (au Brésil) et le Caïlcédrat en Australie tropicale.

La rentabilité de ces plantations est sans doute beaucoup plus élevée que celle des plantations traditionnelles à long terme, à condition toutefois de s'appuyer sur une amélioration génétique efficace (avec tests clonaux) permettant le cumul des avantages suivants :

- Productivité plus élevée,
- Densité de plantation plus faible,
- Nombre d'éclaircies réduit,
- Meilleure forme des tiges,
- Qualité de bois supérieure,
- Rotation plus courte.

En dehors de quelques annonces publicitaires, il est très difficile d'avoir une bonne estimation de ces plantations récentes, privées pour la plupart. La concurrence est grande dans ce secteur et les sociétés correspondantes ne communiquent guère leurs programmes d'activité.

Ligniculture de bois précieux. Surfaces plantées (dont clonales)

Essence	Espèces	Région	Pays	Surfaces plantées (ha) total	Surfaces plantées (ha) dont clonal	%
Teck	*Tectona grandis*	Monde		7.000.000		
		Amérique latine*	Brésil,	150.000	35 000	75.000 (50%)
			Equateur		2 000	
			Panama		6 000	
			Costa Rica		14 500	
			Guatémala		6 000	
			Nicaragua		1 500	
			Mexique		10 000	
Gmélina	*Gmelina arborea*	Monde		800.000		
		Costa Rica		70.000	50.000	(71%)
Acajous	*Khaya grandifoliola* *K. anthoteca* *K senegalensis* *K. ivorensis* *Toona ciliata*	Brésil		50.000	50.000	(100%)
Caïlcédrat	*Khaya senegalensis*	Australie	Teritoire du Nord Queensland	16.000	5.000	31,2%

* Sources : Estimations du Dr. Luis UGDALE
Profesor en Manejo de Plantaciones. CATIE (Costa Rica)

Nous avons déjà fait état des surfaces plantées dans le monde avec ces essences et nous donnons (tableau précédent) une estimation des surfaces des plantations lignicoles de bois précieux, comprenant les plantations clonales.

Teck. on peut se référer à l'étude globale de KOLLERT et KLEINE (2017) rédigée dans le cadre de l'IUFRO. Ce document fait état des surfaces plantées dans le monde (voir point 43, 4ème partie) mais il ne distingue pas les plantations clonales qui sont surtout concentrées en Amérique latine (Brésil, Costa Rica, Panama) et l'œuvre de Compagnies privées. Pour cette région du Monde, les chiffres nous ont été aimablement communiqués par le Dr. Luis UGDALE, Professeur en Manejo de Plantaciones au CATIE (Costa Rica). On voit qu'en Amérique latine, les plantations clonales de Teck y sont très importantes puisqu'elles représentent environ la moitié de toutes les surfaces plantées avec cette espèce. Par contre toutes ne le sont pas avec de bons clones et certaines ne valent pas mieux que les plantations issues de semis, le clonage n'étant utilisé que comme simple moyen de multiplication, ce qui évite tous les problèmes liés aux graines (approvisionnement, stockage et levée de dormance).

Gmélina. L'article de DVORAK (2004[263]) souligne les facteurs limitants à surmonter qui sont la sensibilité à certains insectes, la densité du bois assez faible, et les maigres rendements des croisements contrôlés. Moya ROQUE[264] résume bien la situation en 2004 cet article mériterait une bonne actualisation quant aux surfaces plantées et aux programmes de plantations clonales qui semblent surtout le fait du Costa Rica.

Acajous. ANTONIO (2020[265]) nous indique qu'au Brésil, la superficie des plantations d'Acajous d'Afrique est d'environ 50.000 ha et qu'elle devrait augmenter, indépendamment des espèces choisies (dont les bois de plantation restent assez proches), avec l'aide éventuelle d'investissements en capitaux étrangers et l'intérêt croissant des producteurs ruraux pour des formes diverses d'agroforesterie (agrosylvopastoralisme en particulier) pour lesquelles l'existence de bonnes variétés clonales est déterminante. Selon l'auteur, l'insertion du bois d'acajou africain planté, d'origine brésilienne, sur le marché national et international est perçue comme une réussite. Celle de cèdre australien (*Toona ciliata*) en est une autre, tout à fait remarquable, comme on le verra au point 64 de la 4ème partie.

63 - La sélection clonale et les gains

63.1 - Les critères de sélection

La sélection des meilleurs clones n'est pas une entreprise simple car chaque individu repéré dans les populations de sélection doit satisfaire à une multitude de critères avant d'être introduit en tests clonaux où il est comparé avec d'autres clones, Il s'agit principalement d'une sélection en tandem, en partant d'un très grand nombre d'individus.

Par exemple pour le choix des ortets d'*Eucalyptus urograndis* à ARACRUZ, les critères étaient les suivants (Wallenberg F. - 1984) :

1. Volume
2. Résistance aux maladies (chancre)
3. Résistance aux insectes (fourmis)
4. Rectitude,
5. Elagage naturel
6. Architecture de la couronne,
7. Composition de l'écorce
8. Caractéristique de l'écorce,
9. Aptitude a à rejeter de souche,
10. Aptitude au bouturage,
11. Densité du bois,
12. Rendement papetier
13. Efficience métabolique,

Tests clonaux

---

14. Confirmation des caractéristiques forestières
15. Analyse morphologique et anatomique du bois

Au Congo, les critères étaient les suivants (DELWAULLE -1982[266] et 1985[267]) :

1. Volume (hauteur totale, diamètre),
2. Etat sanitaire
3. Rectitude
4. Elagage naturel
5. Epaisseur de l'écorce
6. Densité du bois,
7. Aptitude au bouturage
8. Aptitude a à rejeter de souche,
9. Aptitude au bouturage,

Tests clonaux

---

10. Confirmation des caractéristiques forestières
11. Rendement papetier
12. Longueur de rupture
13. Indice de déchirure
14. Indice papetier
15. Rendement du bois vert en tonnes de pâte (m3/t)
16. Production en tonnes de pâte par ha et par an

On remarque que ces critères étaient voisins, avec cependant quelques différences.

Au Congo : un programme spécial avait été ajouté pour la sélection de poteaux. De plus la sélection pour la résistance aux insectes (*Helopeltis sp.*) fut ajoutée en 1986, laquelle a consisté à éliminer tous les clones sensibles, tant dans la variété HS2 que PF1, la plus sensible.

A Aracruz : la sélection a rapidement porté sur la teneur de l'arbre en matière minérale et son "efficience métabolique". Une des priorités fut de rechercher des arbres sobres, gros producteurs de bois mais aux besoins réduits en matières minérales ce qui s'avéra tout à fait possible, les écarts entre clones s'étant montrés au départ très importants. D'autre part, concernant les qualités papetières, la société disposant sur place d'une grande usine de pâte ultramoderne était particulièrement bien placée pour réaliser de nombreux tests papetiers, fiables, variés, volumineux et parfaitement adaptés aux besoins de l'entreprise.

63.2 - Les tests clonaux

Avec les espèces non classiques (hors salicacées) le problème posé par les tests clonaux est d'abord celui de la conformité du clonage. En effet comme on l'a déjà plusieurs fois souligné précédemment, beaucoup de clones se trouvent éliminés par non-conformité du clonage par manque de juvénilité des boutures liées aux aspects de maturation du matériel végétal lors de son prélèvement. C'est pourquoi, après avoir éliminé un grand nombre de clones dont les ortets présentaient cependant un excellent phénotype, il devenait indispensable de tester une seconde fois les clones ayant franchi cette première barrière.

Au Congo, dans les années 80, on distinguait donc les deux niveaux suivants de tests clonaux :

- **Les tests primaires.** Constitués en général d'une seule parcelle de 25 arbres (au moins), ce premier test correspondait en fait à un essai rapide d'élimination de clones (les moins vigoureux mais très probablement les moins aptes au macro-bouturage de cette époque et donc les moins "conformes"). Il faut dire que le nombre de 25 ramets correspondait souvent au nombre de boutures enracinées que l'on était capable de fabriquer à partir de la souche de chacun des ortets (en dehors de quelques copies placées en parcs à clones pour archivage).
- **Les tests secondaires.** Constitués de 5 parcelles de 25 arbres disposés en lattices équilibrées avec également des tests en ligne permettant une meilleure comparaison des caractéristiques morphologiques entre clones.

A Aracruz, l'utilisation de la culture in vitro permettait, à partir de chacun des ortets, l'obtention rapide du nombre de plants bouturés nécessaires à la mise en place des tests clonaux. D'autre part, le meilleur rajeunissement, induit au cours des manipulations in vitro, conduisait à un clonage plus conforme et donc à une élimination clonale beaucoup plus réduite. Les tests clonaux primaires n'existaient pas, laissant la place à des tests clonaux classiques multi-sites avec au moins 3 répétitions. Enfin, grâce à la rapidité de la micropropagation, la constitution des parcs à pieds-mères pour le bouturage industriel était également très rapide, immédiatement après le choix des meilleurs clones.

63.3 - Les gains espérés et enregistrés

Dans un article de 1985[268], nous avions donné une idée de l'importance des gains finaux enregistrés à Pointe Noire (Congo) et à Aracruz (Brésil) sur les plantations clonales d'Eucalyptus.

Il s'agissait de résultats de parcelles expérimentales et non pas de moyennes de production des plantations industrielles, lesquelles sont toujours plus faibles pour des raisons évidentes de diversité des sites et d'échelle des cultures. Nos chiffres révisés et complétés sont présentés dans le tableau suivant :

Gains enregistrés dans les plantations clonales d'Eucalyptus au Congo (UAIC) et au Brésil (ARACRUZ SA)

Station	Matériel génétique	Productivité bois	Rendement en pâte		Prod. pâte
		m3/ha/an	m3/t	t/m3	t/ha/an
Pointe Noire (Congo)	*Eucalyptus tereticornis* (12ABL)*	12	5,2	0,19	2,3
	Familles hybrides (PF1)	18	4,0	0,25	4,5
	Meilleurs clones de PF1	30	3,3	0,30	9
	Gain dû à l'hybridation	50%	-23%	30%	96%
	Gain dû au clonage des meilleurs individus hybrides	67%	-17%	20%	100%
	Gain total permis par le bouturage	150%	-36%	57%	291%
*Seule solution valable en 1968 avant la mise au point du bouturage					
Aracruz (Brésil)	Plantations initiales (Pop. grandis x uro)	33	4,2	0,238	7,85
	Nouvelles plantations (meilleurs clones)	70	3,8	0,264	18,45
	Gain par le clonage des meilleurs individus	112%	-10%	11%	135%

Remarque : On assimile souvent le gain dû au clonage à la somme du gain venant de l'hybridation et du gain dû au clonage des meilleurs individus hybrides. Il est vrai que le clonage est souvent le seul moyen d'utiliser les hybrides en plantation. C'est aussi, et surtout, la possibilité de multiplier à grande échelle les meilleurs individus hybrides. On doit séparer comme suit ces deux sources pour une meilleure compréhension :

- **Le gain venant de l'hybridation** vient de la vigueur hybride et de l'association des qualités de deux espèces pour en créer une nouvelle, souvent beaucoup mieux adaptée et pouvant présenter des caractères qualitatifs très recherchés.
- **Le seul gain venant du clonage** tient à la qualité individuelle des ortets et à la très grande homogénéité des plantations qui ne présentent pratiquement plus d'emplacements improductifs.

Soulignons une fois de plus que la multiplication d'un ortet équivalent à l'arbre moyen ne présenterait que des inconvénients (aucun gain pour un coût supplémentaire).

Il faut ajouter que la concurrence intraclonale (intraparcelle monoclonale) est très forte puisque les individus ont tous la même puissance, ce qui oblige à réduire la densité de plantation sauf en cas de site très favorable (sol riche et profond et bonne pluviométrie) capable d'alimenter toute la population monoclonale dont la hauteur croît très rapidement (concurrence pour la lumière) accompagnée d'un excellent élagage naturel à cause du manque de lumière dans le peuplement.

Dans le cas du Congo, en 1968, la seule possibilité était de planter les meilleures descendances d'E. 12BL avec une productivité de 12m3/ha/an. L'usage des descendances de PF1 (hybride *alba x urograndis*) permettait de passer à 18m3/ha/an soit un gain de 50%, sauf qu'il était impossible de produire ces familles hybrides à grande échelle. Par contre le clonage des meilleurs individus hybrides sélectionnés dans ces populations permettait d'atteindre 30 m3/ha/an avec les meilleurs d'entre eux, représentant un nouveau bond de 67% par rapport aux populations hybrides. Au total, le gain était de 150% par rapport au 12ABL du début. Les rendements en pâte étant supérieure pour l'hybride, le gain en pâte était très supérieur (+291%) car les individus hybrides de la population PF1 présentaient des caractéristiques papetières très variables et la sélection des meilleurs clones a conduit au doublement de la productivité en pâte.

Dans le cas du Brésil, la population de *grandis x urophylla* était beaucoup plus homogène et les gains en matière de productivité pâte ont été relativement plus faibles. D'autre part, les espèces *grandis* et *urophylla* sont des espèces à bois relativement légers avec des rendements en pâte par m3 assez bas, contrairement au bois de PF1, très lourd avec un rendement en pâte par m3 pouvant dépasser celui du "grandis x uro". Par contre le gain de productivité bois, dû au bouturage des meilleurs individus hybride, est toujours resté très élevé (+112%). Il faut dire que la population de sélection était beaucoup plus vaste qu'au Congo avec des taux de sélection appliqués, très forts (5.000 ortets sur 36.000 ha plantés à 3m x 3m, soit sur environ 39 millions d'arbres soit 1/8.000 environ). A cette époque, la Société annonçait des chiffres de productivité pour les meilleurs clones dans les meilleurs sites pouvant dépasser 100 m3/ha/an (Edgard CAMPINHOS, communication personnelle).

Remarques : Avec des gains de cette importance, on comprend que le bouturage soit une pratique très attractive dont le surcoût se justifie facilement, y compris pour des bois de trituration. Pour être complet il faudrait ajouter les gains relatifs à la qualité du bois et donc de la pâte produite. Cet aspect qualitatif est encore plus grand pour le clonage des espèces de bois d'œuvre (teck par exemple) avec l'amélioration sur de nombreux critères de forme, de minceur de l'aubier, et de qualité du bois.

Concernant la qualité du bois, le clonage apparaît comme un changement de paradigme. En effet, le ligniculteur peut cette fois s'adresser à l'industriel en lui posant une question inhabituelle : Quel type de bois désirez-vous ? ou bien, plus précisément : Parmi toutes les caractéristiques du bois, quelles sont celles qu'il faut amplifier ou réduire ? La réponse est souvent difficile car l'industriel, habitué à un matériau hétérogène sur lequel personne n'a prise, ne s'est souvent jamais posé la question d'une façon aussi claire. La foresterie clonale nous fait entrer, on le voit dans une ère nouvelle où le matériau bois peut parfaitement s'adapter aux nécessités d'une industrie de plus en plus exigeante, cherchant à réduire ses "inputs" tout en produisant à moindre coût des produits de meilleure qualité, permettant l'accès à des marchés spécialisés, plus rémunérateurs.

Cette dimension nouvelle a été très rapidement intégrée par des Sociétés comme Aracruz SA et même largement anticipée par Suzano SA au moyen de ses nouveaux clones OGM, élargissant les qualités naturelles de ses meilleurs clones hybrides (plus forte croissance et taux beaucoup plus élevé de cellulose). On se reportera au très intéressant et complet document, intitulé "Eucalyptus", de LABATE, DE ASSIS *et al.* (2008[269]).

64 - Les risques et les assurances nécessaires

Tout système a ses avantages mais aussi ses inconvénients. La culture clonale des arbres, et en particulier des eucalyptus, permet des gains considérables de productivité mais présente deux types de risques importants : les risques phytosanitaires et les dangers de diminution rapide de fertilité des sols. Ces risques sont en effet très sérieux et doivent être impérativement pris en compte.

64.1 - Les risques phytosanitaires

On considère en foresterie qu'une grande variété génétique des peuplements est la meilleure assurance contre les adversités connues ou inconnues pouvant survenir brutalement au cours du temps et plus particulièrement lors de changements climatiques.

La sélection drastique d'un petit nombre de clones, réduisant considérablement la base génétique et uniformisant totalement le peuplement sur des surfaces relativement grandes, le fragilise grandement face à d'éventuels parasites. En particulier, en populiculture, on connaît des maladies foudroyantes s'attaquant brutalement à certains clones dans certains sites comme le Chancre bactérien, le marsonnina, la rouille du Mélèze ou encore le puceron lanigère.

Les Eucalyptus tropicaux, pour ne citer qu'eux, n'échappent pas à la règle et nous avons vécu deux expériences intéressantes auxquelles nous avons participé et que nous devons relater, Il s'agit de l'attaque d'un insecte (*Helopeltis sp.*) au Congo en 1984 (parasite local sur espèce exotique) et celle d'un champignon (*Mycosphaerella sp.*) sur *E. globulus* en Espagne en 2002 (parasite exotique sur espèce exotique).

64.11 - Le cas des attaques d'Helopeltis au Congo

Antérieurement à l'année 1984, l'état sanitaire des plantations clonales d'eucalyptus de la zone de Pointe Noire était jugé très satisfaisant. On ne connaissait pas de parasites sérieux s'attaquant aux eucalyptus introduits, il est vrai, depuis seulement une trentaine d'année. En octobre 1984, des dégâts sur jeunes pousses, se sont déclarés brutalement et se sont étendus sur 2000 ha de jeunes plantations (de 6 à 18 mois) ainsi qu'aux 3000 ha de la campagne suivante (1985).

L'identification du parasite fut difficile et nécessita beaucoup de temps, période pendant laquelle il s'étendit sur l'ensemble des jeunes plantations existantes. De même, l'établissement d'une stratégie de lutte se fit très tardivement.

1 - identification et observation du parasite

Les symptômes commencent par un flétrissement des extrémités qui, selon la sensibilité des arbres et la virulence des attaques, peut largement s'étendre et aller jusqu'au desséchement complet de la plante (aspect "grillé", comme on peut le voir sur la photo ci-après).

Ces desséchements peuvent être éventuellement accompagnés de chancres provoquant des déformations plus ou moins importantes des rameaux et parfois même de la tige principale car, en piquant la jeune pousse, l'insecte y injecte sa salive toxique, ce qui provoque d'importantes nécroses.

L'insecte identifié était un hémiptère de la famille des *Miridae*, *Helopeltis schoutedeni*, qui fait partie du groupe des parasites du Cacaoyer (voir photos suivantes). Ces parasites, connus au Cameroun et en Côte d'Ivoire, ont été bien étudiés par E.M. LAVABRE de l'Institut de Recherche sur le Café et le Cacao (IRCC, aujourd'hui intégré dans le CIRAD).

Pointe-Noire - Congo (1989). Attaques d'*Helopeltis schoutedeni*. Identification de l'insecte et divers stades de développement et symptômes correspondants.

Pointe Noire (Congo - 1986). Attaques d'*Helopeltis schoutedeni* sur eucalyptus. "Poche à capsides" = zones *de concentration des populations d'Helopeltis. Arbres complètement grillés.*

Les mirides présentent une importante variation saisonnière répétitive chaque année avec une période de progradation forte en saison des pluies et, après culmination et rétrogradation, une période de latence en saison sèche où ils disparaissent quasi-complètement.

Une autre caractéristique est de se concentrer sur de faibles surfaces (1ha environ) pour former des "poches à capsides" où les dégâts sont considérables et qui constituent des réservoirs très dangereux pour les plantations (voir photo précédente).

2 - Points essentiels

Alors que 5000 ha de jeunes plantations clonales avaient subi les attaques de ce minuscule insecte, des observations nombreuses ont été faites en particulier au cours de deux missions financées par la FAO et réalisée conjointement avec le Dr. LAVABRE. Celui-ci était chargé de l'étude générale des attaques ainsi que de la planification de la lutte chimique avec mise sur pied d'une équipe de surveillance et d'intervention appelée "équipe de détection". De notre côté, nous devions établir un plan de lutte génétique (MARTIN et LAVABRE 1986[270]).

Le second rapport a permis de souligner de nombreux points (MARTIN 1986[271]) énoncés comme suit :

1. Il existe de très grandes différences de sensibilité entre variétés hybrides et entre clones de chaque variété. Bien qu'aucun clone ne soit totalement indemne, on a pu classer tous les clones existant dans ces 5000 ha, depuis les très sensibles jusqu'aux très peu sensibles (voir tableau de la page suivante)
2. L'Eucalyptus PF1 (variété 1) bien que mieux adapté aux conditions congolaises est nettement plus sensible que l'Eucalyptus HS2, 12ABL x *saligna* (variété 2). Cependant dans chaque variété, on trouve des clones dans toute la gamme des sensibilités.
3. Selon notre second Rapport (MARTIN 1986), la surface plantée en 1985 avec des clones sensibles est malheureusement très grande (84,5% des 2947 ha), d'où l'importance des attaques mais les clones tolérants au parasite sont heureusement en nombre assez élevés (9 sur 21, soit 43%).
4. L'insecte est très vulnérable. Il était facilement détruit par les insecticides classiques, utilisables à l'époque (Lindane et Undène). A condition de traiter 2 fois de suite, séparées par un intervalle de 17 à 22 jours, on jugule parfaitement ces attaques. Les œufs en effet ne sont pas atteints par le produit et le second traitement permet d'éliminer les larves qui en sortent.
5. La disposition géographique des clones a beaucoup d'importance sur le degré des attaques, On a noté qu'un clone sensible, inséré entre 2 clones peu sensibles pouvait être épargné. On doit donc éviter de planter des unités monoclonales trop grandes. Cela peut militer en faveur des plantations multiclonales (mélange de clones sensibles et de clones résistants). Cependant les parcelles monoclonales fortement attaquées sont facilement identifiables et faciles à traiter.
6. Les insectes, qui sont de mauvais voiliers, viennent des galeries forestières voisines, considérées comme des foyers primaires d'infections où existent plusieurs plantes hôtes. On aura donc intérêt à planter les clones les plus tolérants le long des galeries forestières pour faire écran.
7. La sensibilité d'un clone est difficile à mesurer lorsqu'il est installé en petite surface, c'est pourquoi les tests de terrain, bien qu'indispensables, seront difficiles à réaliser et à interpréter.

Au Congo, les études furent poursuivies pendant longtemps et les attaques, parfaitement décrites (DIABANGOUAYA & GILLON 2001[272]).

Echelle de Sensibilité à l'*Helopeltis* des Clones d'Eucalyptus utilisés par l'UAIC à Pointe-Noire dans les plantations réalisées pendant les campages de 1984 et 1985 (environ 3000 ha)*		
Echelle au 31-12-1984 (30 clones utilisés en 1984) Surface : environ 2000 ha	Degré de sensibilité Dégré d'attaque (note sur 4)	Echelle au 31-05-86 (21 clones utilisés en 1985) Surface : 2947 ha
1-59	3,5	
1-117		
1-26		2-37
1-10		2-35
1-13	Très sensibles	1-96
1-63		1-59
1-41		2-121
2-13	2,5	
1-114	2,4	1-114
2-37		1-41
L1-9		2-13
1-118		L2-130
L1-0	Assez sensibles	2-32
2-49		1-121
2-86		1-26
1-97		
1-96	1,5	
2-35	1,4	L2-123
2-6		2-6
L2-101		2-86
L2-71	Peu sensibles	1-45
2-121		1-63
2-32		1-62
L2-130		
L2-52	1	
L2-123	0,9	1-118
L2-24		L2-103
1-121	Très peu sensibles	L2-101
2-51		
1-45	0	

*Les échelles de sensibilité ont été établies en 1984 et 1985 par Marc Chauvière du CTFT-Congo

Les clones 1 appartiennent à la variété hybride PF1 (*Eucalyptus "platyphylla* F1")

Les clones 2 appartiennent à la variété hybride HS2 ("hybride de saligna" = *E. tereticornis x grandis*)

La dénomination L signifie que les clones ont été sélectionnés à la Station de Loudima

3 - Possibilités de lutte contre l'Hélopeltis

Lutte chimique. D'un point de vue environnemental, la lutte chimique n'est pas une pratique que l'on a effectuée avec enthousiasme, même en 1984. De plus elle représente un surcoût élevé.

Heureusement, dans le cas présent, seules les jeunes plantations ou les très jeunes taillis étaient concernés. Après un traitement massif à l'hélicoptère, suivi d'un second traitement mécanisé par pulvérisation au sol sur l'ensemble des plantations endommagées, la lutte fut réduite au travail d'une équipe de terrain spécialisée, dite "de détection" afin de juguler toute nouvelle attaque éventuelle.

Suivant les précieux conseils du Dr Lavabre, cette lutte ponctuelle fut basée sur l'observation permanente de l'équipe de détection équipée d'un thermonébulisateur. La décision de traitement était prise par le chef de cette équipe à partir d'une note d'attaque de 1,5 sur une échelle de 5.

Lorsqu'elle est possible, il est impératif d'accorder une grande priorité à la lutte génétique, ce qui était le cas dans les plantations du Congo, en dehors de certaines productions plus nobles comme la production de poteaux pour lesquels certains clones sensibles pouvaient être à nouveau plantés et protégés chimiquement le cas échéant au cours de leurs 18 premiers mois de croissance.

Finalement comme nous allons le voir au paragraphe suivant, il a suffi de ne plus planter les clones les plus sensibles pour voir s'éteindre cette "peste" et même l'oublier rapidement.

Lutte génétique. Elle fut possible grâce aux grandes différences de sensibilité entre variétés et entre clones (voir tableau précédent). Les mesures envisagées comprenaient les deux aspects suivants :

Pour les nouvelles plantations, la priorité était de ne planter que les clones les plus tolérants, classés selon l'échelle de sensibilité établie ce qui fut rapidement fait et il faut dire qu'à la suite de la lutte chimique les populations d'insectes étaient parvenues à un niveau très bas et qu'aucune nouvelle attaque massive n'a été enregistrée.

Pour les plantations à exploiter, le risque était celui d'une recrudescence des attaques sur les jeunes taillis issus des souches des clones sensibles. Cela n'est heureusement pas arrivé et l'on n'a pas eu l'occasion de contrôler les taillis, en particulier ceux situés dans les zones les plus à risque, c'est-à-dire les plus proches de galeries forestières. Dans le cas contraire, la décision de changer de clone après exploitation n'aurait pas été facile à prendre car cela imposait une dévitalisation chimique des souches et leur remplacement par des plants de clones peu sensibles. Outre le coût important de l'opération, et un nouveau recours aux produits chimiques, c'eut été pour l'entreprise une importante perte de capital sur pied, la valeur d'avenir de ces taillis étant très grande puisque l'on espérait 3 rotations de taillis.

Difficultés de mesurer la sensibilité des arbres à l'insecte. En dehors de l'élimination des clones les plus sensibles nous n'avons donc pas eu à envisager d'autres actions dans le cadre de la lutte génétique et c'est une chance car un tel programme se heurte aux problèmes difficiles suivants :

- Nécessité de disposer d'un élevage d'hélopeltis pour tester les clones.
- Difficultés de déterminer la sensibilité du matériel génétique de base (espèces et provenances),
- Difficulté d'évaluer la sensibilité des arbres + figurant sous forme de pieds greffés dans les parcs à clones (testage sur jeunes greffes, sur vitro-plants ?).

A la suite d'observations réalisées dans les parcs multiplicatifs, beaucoup de variétés hybrides nouvelles, très productives, sont apparues assez sensibles avec cependant des variations considérables. Par exemple, l'hybride *E. urophylla x grandis* apparaissait assez résistant (note : 1,02) alors que l'hybride réciproque *E, grandis x urophylla* semblait assez sensible (note : 2,30). Il est probable que la sensibilité tient beaucoup à l'espèce et pour les hybrides à leurs formules spécifiques.

Profils terpéniques. Devant ces difficultés, on a cherché un moyen objectif de tester la sensibilité des jeunes pousses des arbres âgés de 1 à 2 ans. Profitant de la particularité des eucalyptus présentant des feuilles très riches en huiles essentielles, on a pensé à l'analyse terpénique des jeunes feuilles par chromatographie en phase gazeuse. Grâce à une extraction d'huiles essentielles réalisée localement au CTFT-Congo, suivie d'une analyse par le Laboratoire des Arômes de l'INRA à Dijon, nous avons pu obtenir les profils terpéniques de quelques échantillons, avec des résultats très intéressants.

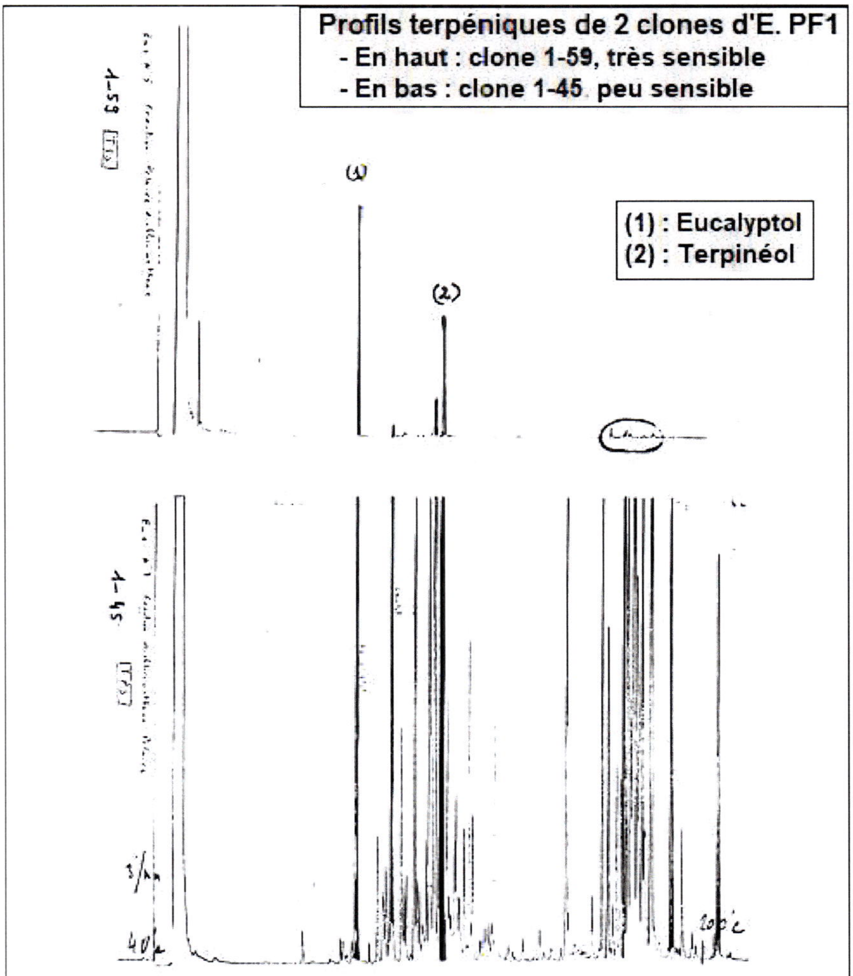

Congo (1986). Profils terpéniques de 2 clones d'E. PF1.
(Profils établis par le Laboratoire des Arômes de l'INRA à Dijon)

D'une part, le profil terpénique semble très clonal. Il serait même caractéristique d'un certain niveau physiologique du clone (André FRANCLET - comm. personnelle) ce qui impose des prélèvements très ciblés selon l'âge de l'arbre et le long des pousses. En effet, le feuillage adulte n'a pas le même profil terpénique que le feuillage juvénile souvent très différent, généralement pauvre en huiles essentielles.

D'autre part, les résultats nous ont permis d'émettre l'hypothèse suivante qui n'a pu être vérifiée mais qui mériterait des études complémentaires :

Le matériel jeune présenterait des profils terpéniques pauvres et c'est en particulier le cas des extrémités de jeunes pousses qui sont attaquées en priorité par les insectes adultes (début des attaques). On est en droit de se demander si l'insecte n'attaquerait pas en priorité les clones chez qui les systèmes terpéniques se développeraient plus tardivement, soit au niveau de la plante entière, soit au niveau des extrémités. D'ailleurs il n'attaque pas les arbres âgés et chez les arbres jeunes, il n'attaque que les extrémités pauvres en terpènes. Dans ce cas le profil terpénique pourrait être un excellent prédicteur de la sensibilité ou de la résistance, comme semble le montrer les deux profils ci-dessus du clone 1-59, très pauvre et très sensible et du clone 1-45, très riche et assez résistant (B, MARTIN 1987). Ces deux clones appartiennent à la même variété (PF1) mais, s'agissant d'hybrides naturels non contrôlés, l'analyse reste difficile car il est très probable que ces deux clones soient de pères différents.

Incidence de la sélection pour la résistance à l'hélopeltis, sur la productivité des plantations. Il ne semble pas que le choix des clones résistants réduise la productivité comme le montre le graphique suivant qui ne fait pas apparaître de liaison entre productivité et sensibilité, pas plus pour le PF1 que pour le HS2 ce qui autorise la poursuite des programmes d'amélioration en prenant en compte cette nouvelle contrainte, sans problème particulier.

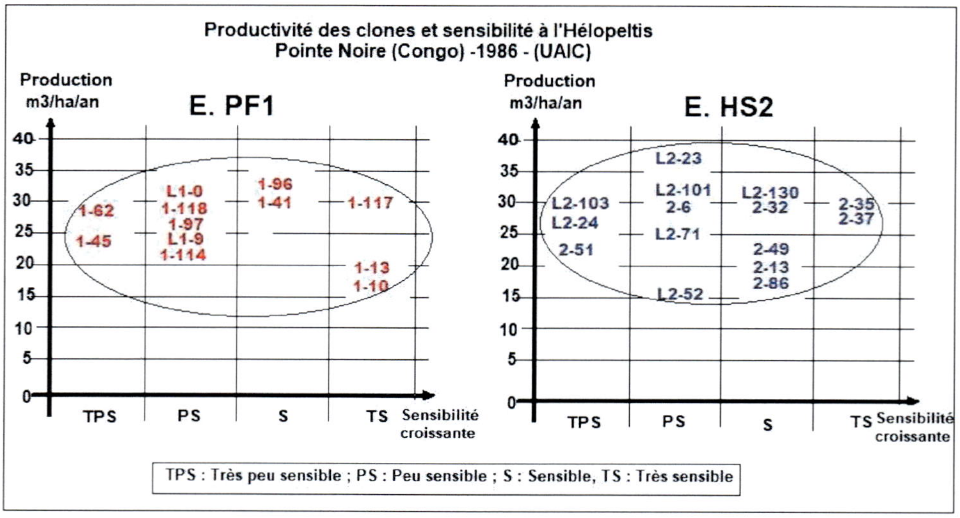

4 - Conclusion sur les attaques d'Helopeltis au Congo

Ces attaques survenues brutalement après l'établissement d'un massif de 20.000 ha d'eucalyptus hybrides, réalisé en seulement 8 campagnes de plantations (1978-1985) dans les savanes côtières du Congo, les premières dans le monde avec celles d'Aracruz SA au Brésil, avaient fortement impressionné les responsables de l'UAIC, d'autant plus que les détracteurs des plantations intensives ne manquaient pas de dénoncer les risques insensés de ces forestiers "apprentis sorciers" qui ne respectaient aucun des principes d'une sylviculture devant rester partout et à jamais proche de la nature.

Il est intéressant de noter que l'objet du délit (le clonage) fut la meilleure arme pour mener une lutte aussi efficace que rapide en utilisant uniquement les clones les plus tolérants au parasite. Il est vrai que la lutte chimique avait permis d'enrayer les attaques et de réduire les populations d'hélopeltis à un niveau acceptable permettant la reprise des plantations industrielles en ajoutant même aux clones retenus, des clones de l'hybride contrôlé *"urograndis"* souvent plus sensible que le PF1 à l'hélopeltis.

L'arrêt des attaques et les difficultés locales n'ont pas permis de poursuivre les études sur ce parasite potentiellement dangereux mais finalement oublié et dont il semble que des techniques efficaces de sélection pouvaient être mises au point (profil terpénique des géniteurs) puis intégrées aux programme d'amélioration génétique.

64.12 - Les récentes attaques sur Eucalyptus globulus en Espagne

1 - Etat sanitaire des plantations d'eucalyptus en Espagne

L'Eucalyptus a été introduit pour la première fois en Espagne en 1870 mais les premiers essais datent de 1918 (RUIZ & LOPEZ 2010[273]). Jusqu'en 1990, soit plus d'un siècle après les premières plantations, l'*E. globulus* ne connaissait toujours pas de prédateurs importants, en dehors de *Phorancanta semipunctata* qui s'attaque aux arbres souffrant d'un déficit hydrique, ce qui délimite l'aire potentielle de cette espèce tasmanienne redoutant les étés secs.

Arrivée du Goniptère. Au cours des années 90, on enregistra l'arrivée d'un nouvel insecte phytophage très virulent, le goniptère (*Gonipterus scutellatus*) qui s'étendit rapidement à la plupart des plantations d'eucalyptus d'Espagne et du Portugal. Cet insecte n'appartient pas à la faune locale mais fait partie du cortège de prédateurs de l'eucalyptus en Australie. Bien que ces attaques ne causent que très rarement la mort des arbres, il cause d'importants dommages, comptabilisés en réduction de la masse foliaire et se traduisant par des pertes de production de bois très significatives.

En Cantabrie, l'insecte a commencé à se manifester en 2001 et s'est progressivement étendu à toute la Province et en 2012 Bosques 2000 (SNIACE) estimait que 53% des parcelles étaient touchées avec une réduction de 18% du feuillage, accompagnée d'une perte de production moyenne de 30% ce qui est considérable.

Cet insecte est très robuste et l'on n'a pas identifié d'arbres résistants sauf à changer le globulus par le nitens dont certaines provenances du Nord des Nouvelles Galles du sud sont très peu attaquées. En dehors des traitements chimiques très coûteux et de plus en plus difficiles à réaliser à cause des interdictions des insecticides et des dangers pour l'apiculture, la seule possibilité de lutte est la lutte biologique. Celle-ci est réalisée par les Recherches forestières au Portugal (RAIZ et CELBI), L'introduction de l'*Anaphes nitens*, parasitoïde des œufs du goniptère, a donné d'assez bons résultats par dépôts sur les arbres d'oothèques infestées (pochettes grillagées, épinglées sur les arbres à raison d'une à l'hectare).

Cependant, le manque de dynamisme de ce superparasite ayant attiré l'attention des spécialistes, on s'est aperçu que le goniptère présent dans la Péninsule ibérique était mal identifié et qu'il s'agissait en réalité de *Gonipterus platensis* et non de *Gonipterus scutellatus* d'où la nécessité d'introduire une autre espèce d'*Anaphes* (*A. inexpectatus*) parfaitement adaptée à l'insecte présent et beaucoup mieux à l'environnement local notamment dans les régions nordiques trop froides pour *A. nitens*. L'autorisation d'importation de ce nouveau parasitoïde demandée à l'Union européenne a fini par être donnée pour un résultat nettement meilleur dans les zones traitées.

Arrivée du Mycosphaerella. C'est au début des années 2000 qu'est apparu dans le Nord de l'Espagne et notamment en Cantabrie où le climat est frais, humide et souvent nébuleux, un champignon s'attaquant aux jeunes feuilles des eucalyptus et surtout aux jeunes feuilles bleutées du globulus. Il s'agissait de la maladie des taches foliaires (*Mycosphaerella sp.*)*, qui s'étendit rapidement à toutes les plantations de globulus mais aussi à tous les jeunes taillis.

---

* On sait depuis quelques années que le champignon responsable n'appartiendrait pas au genre *Mycosphaerella* mais aurait été identifié comme ***Teratospheria nubilosa***. Néanmoins, nous continuons à utiliser l'ancien nom que chacun pratique en Espagne.

2- Identification et extension du Mycosphaerella

On se reportera plus haut (pages 271 à 275 et 305 à 307) dans lesquelles on a déjà traité ce sujet. Soulignons simplement qu'aucun moyen de traitement chimique ne semblant être applicable, la lutte chimique n'a jamais été envisagée alors que tous les jeunes peuplements aux feuilles juvéniles (jusqu'à l'âge de 18 mois environ) étaient très fortement endommagés et certains irrécupérables.

Le champignon ne s'attaque qu'aux feuilles juvéniles mais, pour autant, son impact fut tel que les planteurs ont presque tous abandonné l'*Eucalyptus globulus* au profit de l'*Eucalyptus nitens* qui cumule beaucoup d'autres avantages (plus productif, plus résistant au goniptère et au froid).

Pour Bosques 2000, l'intérêt du globulus restait important pour l'usine de la SNIACE qui ne souhaitait pas utiliser le bois de nitens ; c'est pourquoi, tout en renforçant son programme sur le nitens, la découverte d'arbres plus ou moins résistants fut l'occasion de réorienter l'amélioration génétique du globulus en prenant en compte cette tolérance et avec des sorties à la fois clonales (clones résistants) et familiales clonale (croisements contrôlés industriels entre arbres tolérants).

3 - Lutte génétique contre le Mycosphaerella

Stratégie de lutte génétique. Comme on l'a vu plus haut, la lutte génétique s'est concrétisée par la sélection d'arbres plus ou moins résistants (= tolérants appelés "Mycos"), les essais de bouturage et les croisements contrôlés entre arbres tolérants. La belle réussite du clone Cz-11-281, malgré sa production coûteuse, a fortement encouragé un tel programme.

A partir de 2010, la stratégie d'amélioration de l'*E. globulus* fut la suivante :

1. Améliorer la multiplication du Cz-11-281 en pépinière (éventuellement par in vitro).
2. Améliorer la mobilisation de nouveaux candidats "Mycos" (in vivo puis in vitro).
3. Améliorer la multiplication de ces nouveaux "Mycos" (éventuellement par in vitro).
4. Créer de nouvelles familles résistantes (en croisant des "Mycos" entre eux.)
5. Sélectionner de nouveaux "Mycos" dans les nouvelles familles résistantes.

On a vu que l'orientation vers les croisements contrôlés avait pris le pas sur la voie clonale du fait du manque d'aptitude du globulus à la multiplication végétative, de la rareté des clones à la fois résistants et faciles à bouturer, mais aussi d'un coût de pépinière très élevé pour les clones.

Toutefois, l'amélioration génétique en cours, par croisements contrôlés, permet de sélectionner des arbres de très grande qualité ("candidats Mycos") qui entrent dans les plans de croisements mais qui sont également testés en bouturage (voir photo ci-après).

Les meilleures familles "Mycos x Mycos" présentent une résistance accrue à chaque génération avancée (la 3ème aujourd'hui). Avec l'*E. globulus* on peut avancer d'une génération tous les 5 ou 6 ans grâce à une bonne corrélation entre le volume à 2 ans et le volume à 13 ans.

D'autre part, héritée des sélections réalisées dans le cadre du programme d'amélioration de départ (avant l'épidémie de *Mycosphaerella*) la majorité des gains sur la forme, la vigueur et même la densité du bois, ont été préservés (photo de droite, ci-après).

SNIACE - "Bosques 2000". Essais de croisements contrôlés (Serdio, septembre 2012). A gauche : Feuilles juvénile d'*E. globulus* résistant au mycosphaerella, sans aucune tache foliaire. **Au centre :** Feuilles juvéniles d'*E. globulus* sensible, très attaquées et dont la chute ne va pas tarder. **A droite (Photo L. JUEZ) :** Très beau sujet de l'excellente famille contrôlée 2933 x Cz-11-281, âgé de 1 an, sain, droit et vigoureux.

De plus, les meilleurs individus de ces familles, en particulier ceux qui descendent d'arbres ayant une bonne aptitude au bouturage, peuvent conduire à des clones de grande qualité, s'ajoutant au Cz-11-281 pour constituer la future variété polyclonale. On attend cependant encore des progrès sur le minibouturage de l'*E. globulus* pour améliorer la faisabilité et la rentabilité de la voie clonale.

Plantations d'*E. globulus* (SNIACE - Cantabrie - 2011). Clone Cz-11-281. A gauche : Parcelles de Cabanzon (6 mois). **A droite :** Parcelle de Cades (2 ans). On notera la régularité, l'excellente forme et surtout le feuillage bleu, indemne de mycosphaerella.

<u>Résultat de la lutte génétique sur le mycosphaerella</u> :

Vingt ans après l'arrivée du *Mycosphaerella* en Cantabrie, alors que la plupart des planteurs ont abandonné les plantations d'*E. globulus* au profit de l'*Eucalyptus nitens*, la petite unité de R&D de la SNIACE, grâce à ses efforts continus et efficaces, a réussi à mettre sur pied une très bonne variété familiale résistante, issue de croisements contrôlés industriels et à prix acceptable.

De plus, elle propose également des clones de très grande qualité sous forme d'une remarquable variété clonale, monoclonale au début mais s'enrichissant de nouveaux clones à chaque nouvelle génération avancée[274].

Plantations de globulus à Cades (Cantabrie). A gauche : Magnifique développement du clone Cz-11-281 à 5 ans ½, sur roche mère gréseuse. **A droite :** Témoin semis (même site, même âge) gravement endommagé par le mycosphaerella.

64.13 - Conclusion sur les risques parasitaires en plantations clonales

L'expérience acquise, tant au Congo qu'en Espagne, sur la lutte contre les parasites des plantations d'eucalyptus nous conduit aux remarques suivantes :

- Les plantations clonales présentent sans aucun doute des risques phytosanitaires élevés mais les possibilités de lutte génétique sont également très grandes à condition de s'appuyer sur un programme d'amélioration assis sur une large base génétique.
- Qu'il s'agisse d'insectes ou de champignons, la lutte génétique se révèle souvent efficace et le clonage apparaît comme un atout très précieux car il permet d'éliminer immédiatement les clones les plus sensibles des pépinières et d'intégrer les meilleurs génotypes résistants comme nouveaux géniteurs dans le programme d'amélioration.
- Lorsque la voie clonale est peu avancée, le clonage reste indispensable pour confirmer la résistance des arbres sélectionnés dans les jeunes plantations existantes. Le clonage peut alors permettre de transformer rapidement ces arbres résistants en variétés clonales résistantes afin de poursuivre le développement des plantations.

- Lorsque la résistance individuelle n'apparaît pas clairement, comme c'est le cas en Espagne avec le goniptère, la lutte biologique reste d'un précieux secours à condition de parfaitement identifier le ravageur concerné afin d'importer le bon parasitoïde.

64.2 - Les risques de perte de fertilité

64.21 - Les exportations de matières minérales

De même qu'en agriculture, le maintien d'une bonne fertilité est une règle essentielle en ligniculture, vitale même pour les entreprises impliquées. Cependant, en comparaison avec les productions agricoles, l'exportation de matières minérales par l'exploitation du bois est relativement faible, mais, étant donné le niveau de production atteint, la diminution des réserves minérales des sols est à étudier très sérieusement. Il s'agit là d'une préoccupation constante de la part des responsables.

Dans le document d'Aracruz "*L'eucalyptus et l'environnement*" de 2008, on trouve des éléments de comparaison relatifs à la consommation de nutriments par l'eucalyptus et diverses cultures locales brésiliennes et l'on peut voir (tableau ci-après) que la production de bois d'eucalyptus à courte rotation est très économe en matières minérales (9g/kg/an), par rapport aux autres productions agricoles qui consomment en moyenne au moins 150g/kg/an (et jusqu'à 354g/kg/an pour les haricots). C'est toutefois du même ordre de grandeur que la canne à sucre (6g/kg/an) ou la tomate (11g/kg/an), voire même les oranges (20g/kg/an).

Ces chiffres correspondent à l'exportation du seul bois des tiges (jusqu'à 6 cm de diamètre sous écorce) à l'exception des feuilles, des branches et des écorces qui doivent rester sur le terrain après l'exploitation. On voit également que dans les conditions d'Aracruz, pour une production de 22,14t/ha/an de bois soit 40m3/ha/an de bois avec écorce, il faudrait rajouter 1400 kg/ha de NPK, à chaque rotation de 7 ans*, pour maintenir la fertilité initiale. Cependant, en dehors de l'azote qui reste déficitaire après exploitation, l'accélération du recyclage des nutriments par les litières contribue à une amélioration de la disponibilité en nutriments dans les horizons supérieurs du sol.

ARACRUZ SA - Oct 2008. Besoins comparés en Macronutriments et efficience des cultures

Culture	Productivité (t/ha)	Rotation (années)	Macro-nutiments (kg/ha/an)	Macro-nutiments moyenne	Efficience de la culture (g de nutriments/Kg de produit/an)
Eucalyptus	155	7	192	192	9
Riz	3	1	334	378	111
Café	3	1	470		157
Canne à sucre	100	1	396		4
Haricots	1	1	354		354
Oranges	18	1	356		20
Blé	5	1	322		64
Soja	2,5	1	356		142
Tomates	40	1	436		11

Source : in "Eucalyptus trees and the environment in times of global warming". p. 26 (Aracruz - 2008)

* Le coût correspondant est voisin de 1000 euros/ha au tarif 2022 de l'engrais complet (transport et épandage non compris) soit environ 150 euros/ha/an. En 2022, le prix des engrais était très élevé ; il pourrait redescendre à un niveau un peu inférieur.

D'une part, Aracruz SA utilisait le phosphate naturel (mines locales) qui est justement l'élément le plus limitant de la croissance des eucalyptus dans ses terres d'Espirito Santo. Ainsi, lors de chaque plantation, on ajoutait 500 Kg/ha de phosphate broyé.

Au Brésil, les formules de fertilisation des cultures intensives d'eucalyptus se sont affinées. BARROS *et al.* (1991[275]) en donnent les principales orientations lors du Congrès IUFRO de Durban (août 1991) :

- Fertilisation localisée à la plantation à raison de 100 à 150 g/plant d'engrais complet (NPK),
- Apport de phosphate naturel, à raison de 1t/ha (en plein) ou de 0,5t/ha (en bande),
- Fertilisation potassique selon les réserves du sol (250kg/ha de K_2O),
- Fertilisation azotée indispensable dans les sols sableux pauvres en matière organique,
- Action souvent très positive de S sur les eucalyptus, appliqué sous forme de gypse,
- Parmi les oligo-éléments, le Bore semble être efficace sur *E. camaldulensis* en régions sèches.

En Espagne (Cantabrie), Bosques 2000 a réalisé de nombreux essais sur *E. globulus* et sur *E. nitens*. La zone étant très vallonnée, l'apport d'engrais est manuel et se fait par dépôt au pied de chaque plant. Afin d'économiser au maximum les éléments fertilisants C. TEJEDOR a été conduit à utiliser les engrais "retard" de type "multicote" en fertilisation initiale et à poursuivre la fertilisation la seconde année, voire la 3ème année (2ème année de croissance) dans les zones plantées les plus pauvres, c'est-à-dire dans les zones de moindre croissance, ce qui implique une bonne observation des jeunes plantations. En 2012, les modalités optimisées de fertilisation étaient les suivantes :

- Une fertilisation initiale au moment de la plantation (25g/plant de multicote 11-22-9),
- Une 2ème fertilisation au 1er printemps suivant la plantation (100g/plant de 8-24-16),
- Une 3ème fertilisation au 2ème printemps suivant la plantation (150g/plant de 15-15-15).

Les fabricants d'engrais complet proposent des formules de plus en plus performantes fondées sur l'équilibre entre azote nitrique et ammoniacal ainsi que sur l'adjonction d'activateurs divers. Cependant, ces formules ne rendent pas toujours l'effet escompté.

Parmi elles, le RHIZOVIT a été la plus appréciée. Son action serait triple :

- <u>Au niveau du sol.</u> Activation bactérienne de la Rhizosphère avec augmentation de la mobilisation des nutriments contenus dans l'humus,
- <u>Au niveau des racines</u>. Activation des racines en renforçant les mécanismes d'assimilation et de transport des nutriments,
- <u>Au niveau du bilan azoté</u>. Amélioration grâce au maintien de l'équilibre entre les différentes formes azotées disponibles pour la plante, ce qui réduit les pertes azotées.

Les conclusions de C. TEJEDOR sur la fertilisation étaient les suivantes :

- La fertilisation initiale est une nécessité. Son effet sur les plantations est considérable. Elle est systématiquement réalisée dans toute nouvelle parcelle plantée.
- Les fertilisations à 1 an et à 2 ans ont des effets similaires sur globulus (clone) et sur nitens (familles),
- La fertilisation à 1 an (1er printemps) semble un peu meilleure avec le RHIZOVIT (8-24-16),
- La fertilisation à 2 ans (2ème printemps) ne marque vraiment qu'en station pauvre. On peut utiliser aussi bien le 15-15-15 que le 20-10-10.

64.22 - Les mesures conservatoires et compensatrices

1 - Ecorçage en Forêt

Au Congo, la station de Pointe Noire étant très pauvre (sables ocracés carencés en potasse et très pauvres en azote), le problème du maintien de la fertilité s'est toujours posé de façon très aigüe. Outre les nombreux essais de fertilisation des plantations réalisés depuis les années 60, la thèse de LOUBELO (1990[276]) fut l'occasion d'analyser la teneur minérale dans chaque compartiment de l'arbre (feuilles, branches, écorce, bois, racines). Il a été le premier à confirmer l'importance de l'abandon sur le terrain, des rémanents d'exploitation (feuilles, branches et écorces) ce qui permet d'économiser environ la moitié des matières minérales de la partie aérienne des arbres. C'est ce qui a été fait par l'UAIC dès ses premières exploitations, en 1987. L'intérêt était aussi de ne pas transporter les écorces et de réduire sensiblement les volumes de bois exportés (-18 à -20% environ).

La thèse de LACLAU (2001[277]) est venue apporter de nombreux compléments et des éléments importants sur le fonctionnement des sols sous peuplements clonaux d'eucalyptus dans les savanes côtières congolaises, en comparaison avec les sols de la savane originelle. Les résultats montrent que les cycles biogéochimiques dans l'écosystème de savane ont été sérieusement dynamisés par les plantations. D'une part l'arrêt des brûlis de la savane évite les pertes récurrentes d'azote et de carbone et, d'autre part, les eucalyptus permettent un intense recyclage d'éléments nutritifs ainsi que l'affirme l'auteur : « *Les transferts internes de N, P, K dans la biomasse et les restitutions importantes de N, Ca et Mg avec les litières permettent de limiter la dépendance des arbres vis à vis des réserves du sol en fin de rotation* ». Les exportations d'azote restent cependant l'élément le plus important des compensations indispensables par fertilisation après exploitation.

Dans les zones acides, certains éléments sont apparus particulièrement importants. C'est ainsi que dans les plantations de Jari (embouchure de l'Amazone), SPANGENBERG *et al.* (1996[278]) ont attiré l'attention sur la rareté du calcium et sa concentration dans l'écorce des eucalyptus. Il est donc apparu indispensable aux auteurs d'écorcer les tiges au cours de l'exploitation.

Par la suite, de nombreuses études ont été réalisées par le CTFT puis le CIRAD en coopération avec l'INRAE-Nancy (LACLAU *et al.*[279]). Les résultats montrent différentes dynamiques de biomasse et d'accumulation de nutriments.

- L'accumulation de P et Ca est proportionnelle à la biomasse des arbres tout au long de la rotation,
- Le Mg s'accumule surtout au cours des 2 premières années, pendant l'établissement de la couronne,
- N et K se caractérisent par une dynamique intermédiaire (50% de N et 65% de K s'accumulent au cours des 2 premières années).

Concernant l'exportation de nutriments par les récoltes de bois, les résultats confirment la nécessité d'écorcer sur place ce qui réduit l'élimination de Ca et Mg de plus de 50 %. Les quantités exportées avec du bois à pâte et du bois de chauffage sont d'env. 100 kg N. 30 kg P, 39 kg K, 33 kg Ca et 19 kg Mg par hectare (soit au total 221 Kg/ha pour une productivité moyenne de l'ordre de 25 m3/ha/an ce qui reste sensiblement inférieur à ce qui a été annoncé au Brésil).

Remarques : D'une part, tous ces résultats semblent cohérents et montrent que c'est surtout au cours des 3 premières années de la croissance que les eucalyptus ont besoin de fertilisation. Par la suite, les apports par translocation et par les litières, mettent à disposition des peuplements la plupart des minéraux nécessaires. Le raccourcissement des rotations a donc une forte influence sur les besoins en nutriments et necessite donc une fertilisation plus importante.

D'autre part, l'écorçage lors de l'exploitation des eucalyptus est devenu classique du fait que les machines d'exploitation sont très généralement capables d'écorcer les tiges au cours de l'ébranchage. La seule difficulté est de bien veiller à ne pas concentrer les écorces à certains endroits des parcelles ce qui est résolu par une bonne organisation de l'exploitation.

2 - Compostage des écorces

Dans le cas des pins ou des autres espèces de bois d'œuvre, l'écorçage a lieu généralement à l'usine. Les écorces sont un sous-produit que l'on peut valoriser avec retour possible sur le terrain des éléments minéraux. Deux solutions existent : les composter pour en faire des substrats de pépinière, ou les brûler dans la chaudière de l'usine et en épandre les cendres dans les parcelles exploitées.

Objectif du compostage, Composter les écorces, à l'usine, à proximité immédiate de leur lieu de production, peut être doublement gratifiant lorsque les composts sont utilisés en pépinière. Un bon exemple nous en est fourni par SAPPI-Forest (voir photos suivantes).

En 1991, une vaste aire de compostage, jouxtant la pépinière industrielle (26 millions de plants /an dont 65% d'eucalyptus et 35% de pins) avait été aménagée à proximité de l'usine de pâte.

Août 1991 Pépinière SAPPI Forests de NGODWANA (Eastern Transvaal). A gauche : aire de compostage, alimentée en écorce de *Pinus patula* venant de l'usine de pâte proche. Manipulation au chargeur Bell à 3 roues. **A droite :** Pépinière industrielle équipée de styroblocks remplis du compost précédent ; Démariage et désherbage manuels en cours.

Modalité du compostage. Après broyage et tamisage à la maille de 20 mm les écorces sont arrosées avec un mélange d'urée à raison de 3kg/m3 d'eau et mises en tas de 30 m de long et 3 m de haut. Les tas sont remués pour aération lorsque la température atteint 75°C (1 fois par mois). Au bout de 4 mois, la température chute et le compost est enrichi avant usage avec la formule suivante pour 1m3.

2,5 kg	**de superphosphate**
+ 0,5 kg	**de KNO_3**
+ 0,150 kg	**d'oligo-éléments ajustés**
+ 0,5 Kg	**de $FeSO_4$**

Quant au brûlage des écorces à l'usine, il exige un dispositif de brûlage particulier, protecteur des cendres, ainsi qu'un système de récupération. Ce qui n'évite pas une double dépense de transport (écorce dans un sens et cendres dans l'autre).

En résumé, quel que soit le procédé, le recyclage des écorces conduit à une grande économie de nutriments. En ligniculture, cette pratique est devenue indispensable.

3 - Sélection de clones rustiques

HERBERT et ROBERSTON (1991[280]) ont mesuré les contenus minéraux par compartiment de la biomasse chez 10 espèces d'eucalyptus plantées dans le Transvaal du Sud (Afrique du Sud). Les résultats ont montré pour les 10 espèces, une remarquable stabilité des teneurs en éléments minéraux dans chaque compartiment de la biomasse (feuilles, branches, écorces, fût et branches mortes et lambeaux d'écorce). Les poids totaux de minéraux par arbre allant de pair avec leur biomasse, c'est-à-dire avec l'importance de leur développement (photo ci-contre, prise lors d'une présentation à l'occasion du Congrès de l'IUFRO de Durban (1991). Autrement dit les espèces à plus forte croissance comme l'*E. nitens* sont celles qui contiennent le plus de nutriments, donc celles qui exporteront le plus de matière minérale lors de leur exploitation. Ces résultats, par espèce, cachent cependant une grande variabilité individuelle.

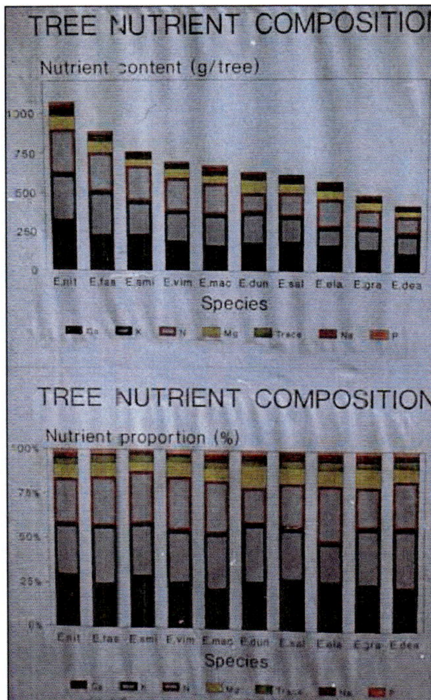

M.A Herbert and M.A. Robertson (1991) - Nutrient content (g/tree) and % per biomass component.

Depuis les premiers essais d'Aracruz dans les années 80, beaucoup de compagnies adeptes de la culture clonale des eucalyptus se sont lancées dans la sélection de clones rustiques, peu exigeants en nutriments. Cette sélection nécessite de nombreuses analyses pour caractériser les besoins en nutriments de chaque clone en fonction de la teneur du bois en éléments minéraux à l'âge d'exploitation. Ces variations, souvent fortes, ont fait de la frugalité des arbres, un élément à prendre en compte dans les programmes d'amélioration.

Il faut citer l'article de Saravanan (2019[281]) qui classe 6 clones indiens, sur les 24 étudiés, comme de faibles consommateurs de nutriments pour la production de biomasse. Il en est de même pour l'article récent de ZHANG (2022[282]) dans lequel les auteurs comparent la richesse en éléments minéraux de 10 clones d'eucalyptus cultivés dans la Péninsule de Leizhu (Sud de la Chine). Il s'agit de clones hybrides interspécifiques, issus d'espèces variées (*E. urophylla*, *E. grandis*, *E. camaldulensis* et *E. tereticornis*). Les résultats montrent que **les stocks** de matières minérales se classent comme suit.

Bois > Ecorce > Branches > Feuilles

Alors que **les teneurs** (%) en minéraux de ces différents compartiments varient en sens inverse, sauf pour les écorces dont la biomasse est à la fois élevée et la concentration forte :

Feuilles > Ecorce > Branches > Bois

D'autre part, les teneurs en éléments minéraux varient selon les clones et les compartiments. Les auteurs nous donnent les intéressants graphiques ci-après qui permettent de classer les clones selon leur **NUE** (efficience dans l'utilisation des nutriments).

En accord avec les autres chercheurs, outre l'abandon des rémanents d'exploitation (feuilles et branches) sur le parterre des coupes, l'écorçage sur place apparaît comme une nécessité dans l'optique d'une réduction optimale de la fertilisation. C'est capital pour le Ca et le Mg qui sont principalement stockés dans les écorces comme le montrent les graphiques suivants :

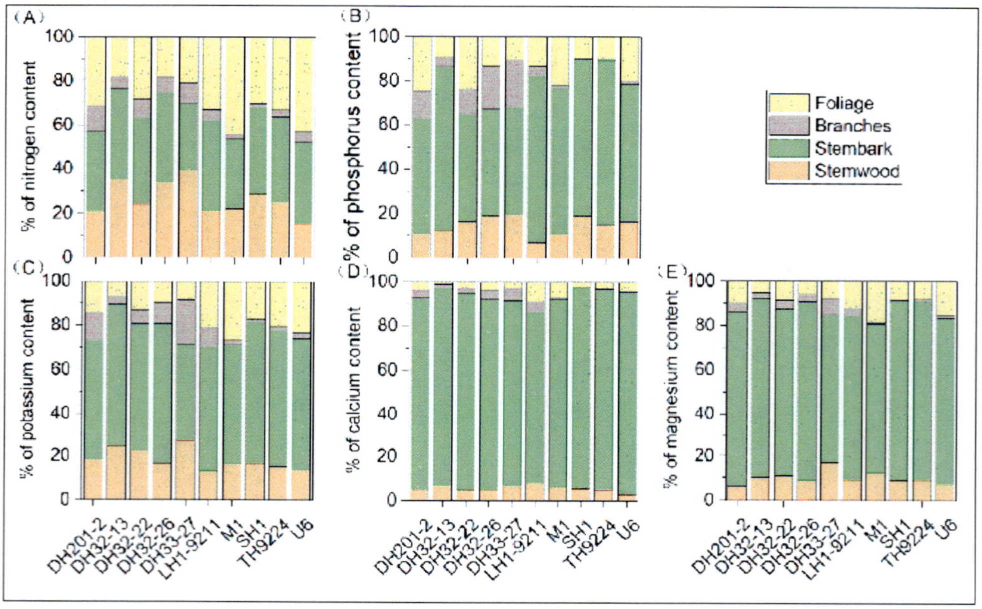

Graphique de Zhang et al (2022). Teneur en N, P, K, Ca et Mg de 10 clones d'eucalyptus pour chaque compartiment des arbres (feuilles, branches, écorce et bois).

Pour les auteurs, les clones LH1-9211, TH9224, DH32-13, M1 et DH32-22 réunissent à la fois la meilleure NUE et une bonne productivité. Leur choix conduit à des plantations très frugales et donc à une économie très significative de fertilisants. Ces résultats poussent à la structuration des plantations en parcelles monoclonales et à la programmation des fertilisations de chaque parcelle selon les besoins particuliers de chaque clone.

4 - Insertion de légumineuses dans les rotations

La ligniculture se fait généralement dans les sols pauvres et acides, délaissés ou abandonnés par l'agriculture. Le problème de la fertilisation azotée y apparait souvent de façon cruciale d'où l'idée d'intercaler dans les parcelles ou dans les rotations des légumineuses comme les acacias en particulier.

Mélanges eucalyptus / acacia. Ce type d'expérimentation a eu lieu dans diverses régions. A l'occasion d'une revue bibliographique, FORESTERS *et al* (2006[283]) ont montré que les plantations mixtes d'eucalyptus avec une espèce fixatrice d'azote (N_2) pouvaient présenter une meilleure productivité tout en maintenant la fertilité du sol, par rapport aux plantations pures d'eucalyptus mais que la prédiction des meilleures combinaisons d'espèces et de sites restait difficile.

Ils ont souligné le fait que les mélanges réussis présentent les caractéristiques suivantes :

- Canopées stratifiées (espèces ombrophiles sous les espèces héliophiles),
- Espèces fixatrices d'azote et litières se décomposant plus rapidement,
- Plus grand dynamisme des cycles de N et de P,
- Taux plus élevé d'azote dans les nutriments disponibles.

Bien que la dynamique de la fixation de N2 dans les peuplements d'arbres soit mal comprise il semble que les eucalyptus puissent bénéficier de l'azote fixé dès la première ou la deuxième année après plantation.

L'analyse de 18 études a révélé plusieurs essais dans lesquels les mélanges étaient significativement plus productifs que les monocultures, et aucun cas où les mélanges étaient moins productifs que les monocultures.

Plus récemment, dans un document concernant des plantations énergétiques sur 5 sites de fertilités variées, au Brésil et au Congo, HAKAMADA R. *et al.* (2014[284]) ont montré que les plantations mélangées (75% d'*Eucalyptus* et 25% d'*Acacia mangium*) présentaient une supériorité de rendement énergétique pouvant aller jusqu'à 36% par rapport à celui d'une plantation pure d'eucalyptus cultivée dans les mêmes conditions. S'agissant de culture de biomasse à des fins énergétiques, ce rendement était strictement lié au volume de bois des tiges.

Compagnie DEFORZA (Venezuela). Plantation alternée (1 ligne d'*Eucalyptus urograndis* et 1 ligne d'*Acacia mangium*

Pour des productions intensives, très spécialisées comme le bois de pâte, il semble plus difficile d'optimiser la qualité du bois d'une récolte en mélange de deux essences aussi différentes que l'eucalyptus et l'acacia. Toutefois, lors d'une visite dans les plantations de la Société DEFORSA au Venezuela, on nous a dit que le mélange 1 ligne sur 2 de clones d'eucalyptus et d'*Acacia mangium* (photo ci-contre), présentait d'excellentes caractéristiques de bois pour la production de mouchoirs en papier ("tissues"), les deux qualités de fibres se complétant bien.

Acacias en rotation des eucalyptus. L'assolement est le b.a.-ba de l'agriculture car la succession de diverses cultures complémentaires (rotations) présente 3 types d'avantages très importants pour la durabilité des exploitations[285] :

1. **Amélioration de la structure du sol** (complémentarité des systèmes racinaires),
2. **Augmentation de la fertilité** (cycle des éléments et en particulier de l'azote fixé par les légumineuses),
3. **Augmentation de la résistance aux bio-agresseurs** (lutte contre les adventices, maladies et ravageurs).

Dans les sols pauvres utilisés par la ligniculture, on ne peut guère y échapper. Plutôt que de réaliser des plantations mélangées difficiles à exploiter et pas forcément intéressantes pour certaines industries très spécialisées, on peut penser restituer la fertilité des sols par une plantation d'acacia en seconde rotation de la culture principale et en particulier d'eucalyptus.

Photo courtoisie Bernard Cassagne (avr. 2022) - Plateaux Batéké au Nord de Brazzaville (Congo) Puits de cabone de TotalEnergies-Congo. Jeunes plantations d'*Acacia mangium* âgées de 4 mois.

Dans les savanes côtières du Congo, la grande pauvreté des sols est un facteur très limitant de la production. Or les Acacias et en particulier l'*Acacia mangium* y est capable d'une très bonne croissance (voir photo page 45 de l'article du CTFT publié dans la revue BFT n° 213, 3ème trimestre, 1986).

On pourrait donc proposer une rotation d'*Acacia mangium* après 3 ou 4 rotations d'eucalyptus. En effet la plantation d'eucalyptus est faite pour durer environ 21 à 28 ans à raison de 7 ans de futaie (1ère rotation) et 2 ou 3 fois 7 ans de taillis (2ème, 3ème ou 4ème rotation).

Comme une rotation d'*Acacia mangium* peut durer de 7 à 14 ans selon l'objectif assigné à cette production (bois de feu ou bois d'œuvre), les acacias couvriraient de 20% à 28,5% des surfaces ce qui ne semble pas excessif pour un enjeu aussi important que celui de l'amélioration des sols et de la réduction des besoins en nutriments et en particulier en azote.

D'autre part, la diversification de la production aurait sans doute un impact intéressant sur le développement local. Pour un objectif bois d'œuvre, un programme d'amélioration de l'*Acacia mangium* est cependant indispensable mais dans un pays comme le Congo où cette espèce prend de plus en plus d'importance un tel programme est de toute façon, nécessaire. Signalons qu'un vaste programme de plantation de cette essence se déroule actuellement sur les Plateaux Batéké au Nord de Brazzaville avec en particulier le Projet de Puits de carbone de Total-Energie, dans le cadre du PRONAR* et en partenariat avec FRM (photo ci-dessus du 3 avril 2022).

65 - Conduite des peuplements clonaux

En dehors des questions générales relatives à la culture des clones que nous avons rappelées en 1986[286], certains points méritent une attention plus particulière et notamment sur les modalités de conduite des peuplements clonaux pour lesquels se posent la question du choix entre taillis ou futaie, non seulement pour la production de bois de trituration mais aussi pour celle de bois d'œuvre.

65.1 - Taillis ou Futaies ?

Cette importante question ne concerne que les espèces qui rejettent bien de souche mais c'est presque toujours le cas des espèces utilisées dans les plantations clonales.

UAIC - Congo 1988. Taillis monoclonaux de PF1, 4 mois après la coupe (juste après la vidange des rondins).

C'est en particulier le cas des eucalyptus pour la production de bois de trituration et cette propriété est très intéressante pour le ligniculteur puisque cela évite les frais de replantation et réduit le coût

* **PRONAR :** Projet National de Reboisement avec pour objectif la plantation de 1million d'ha au Congo Brazzaville**. Site Projet Total Energie /FRM :** https ://totalenergies.com/fr/medias/actualite/communiques-presse/congo-total-et-frm-lancent-la-plantation-d-une-foret

de l'entretien du fait d'une croissance extrêmement rapide des rejets après la coupe comme on peut le voir sur les photos qui suivent, prises au Congo en 1988, et qui montrent de jeunes taillis monclonaux de PF1 n'ayant subi aucune opération sylvicole depuis la coupe, ni entretien, ni dépressage. La photo précédente montre une parcelle juste après le débardage, les rondins écorcés, devant sécher pendant 4 mois sur le parterre des coupes (pour un bois à 25% d'humidité).

Par contre, cette reconstitution doit s'accompagner à l'âge de 4 à 6 mois (selon l'espacement) d'une opération de dépressage (sélection de brins de taillis sur les souches) afin de produire des rondins de taille marchande. En effet, trop de petits bois entraînerait des pertes de production ainsi qu'un surcoût à l'exploitation par excès de manipulations.

UAIC - Congo 1988. Taillis monoclonaux de PF1 âgé de 9 mois, sans sélection de brins.

Cependant, pour une bonne reconstitution de la parcelle initiale, le nombre de brins à sélectionner par souche peut poser problème car il dépend de la densité de plantation initiale et donc de la richesse des sites.

Par exemple, la conduite du taillis s'est vite montrée très différente au Brésil et au Congo et il est intéressant de comparer ces deux situations.

65.2 - Taillis clonaux

65.21 - Taillis d'Aracruz SA (Brésil)

Avec une plantation de 3m x 3m (densité 1100/ha) sur sol relativement riche, la productivité est très forte (moyenne de 40m3/ha/an), pour un peuplement atteignant, à l'âge de 7 ans, 35m de haut et un volume sur pied de 300 m3/ha.

Après exploitation, la sélection d'un seul brin (parfois 2) se fait manuellement à un âge très précoce (2 ou 3 mois). Les repousses à la base des brins enlevés sont faibles (photo ci-dessous) et se trouvent rapidement éliminées du fait de la densité élevée, de la forte concurrence et de l'ombrage très important à l'intérieur du taillis dont le couvert se referme en 4 ou 5 mois.

ARACRUZ S.A. - 1987 (Brésil). A gauche : Taillis monoclonal âgé d'1 an. Espacement initial 3m x 3m. La majorité des souches ne portent qu'un brin et il n'y a pas de repousses à la base. **A droite :** Taillis à 1 brin après sélection et éclaircie des brins ; faibles repousses dans de rares endroits lumineux.

La majorité de souches ne portant qu'un seul brin, le résultat s'apparente plus à une futaie monoclonale sur souche qu'à un véritable taillis (photos ci-dessus).

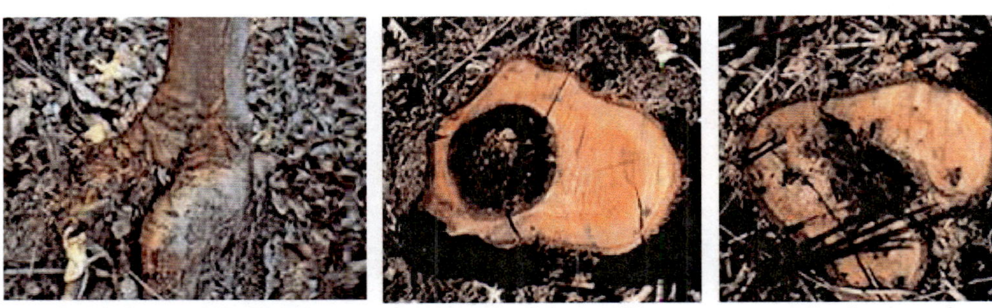

ARACRUZ S.A. - 1987 (Brésil). A gauche : Base d'un brin de taillis ayant recouvert l'ancienne souche par ses bourrelets cicatriciels. **A droite :** Coupe basale de brins de taillis d'1 an avec présence de pourriture à la base des brins, au niveau des anciennes souches. Les bourrelets cicatriciels ont rapidement englobé les zones en cours de décomposition.

Quoiqu'il en soit, la reconstitution du peuplement d'origine est très rapide et presque parfaite et l'on doit souligner que malgré la compétition intense intra-parcelle, la perte de souches est minime. On constate cependant (photos précédentes) quelques pourritures au pied des arbres, dues à la décomposition des souches avant leur recouvrement par les bourrelets cicatriciels.

Cela ne compromet toutefois pas la 2ème rotation, qualitativement proche de la 1ère, dont la productivité est souvent supérieure, les rejets poussant plus vite que les boutures de 1ère génération.

65.22 - Taillis de l'UAIC (Congo)

L'évolution était très différente. Avec une plantation très espacée (4m x 4m soit une densité de 625/ha) sur sol très pauvre, la productivité moyenne est limitée à 25 m3/ha/an pour un peuplement ne dépassant pas 28 m de haut et un volume sur pied de 175 m3/ha à l'âge de 7 ans.

Après exploitation, les souches rejettent très vigoureusement avec un grand nombre de rejets (6 ou 7 en moyenne). La culture du taillis monoclonal se décline alors suivant 5 variables :

1- Dépressage

Dans le cas de l'UAIC (taillis monoclonaux à courte rotation, sur sol pauvre) la question du dépressage du taillis se pose. Les deux photographies suivantes illustrent la nécessité de sélectionner un ou deux brins parmi les 6 ou 7 qui se forment systématiquement sur chaque souche. En effet, l'absence de sélection (photo de droite) amène une perte de bois commercial, malgré une production importante de biomasse.

UAIC (Congo 1990). Taillis sans sélection de rejets. Ci-dessus : souche avec tous ses brins (7 dont 2 gros diamétralement opposés). **A droite** Taillis de 5 ans ; forte biomasse mais beaucoup de petits bois d'où importante perte de production principale (bois de pâte).

2 - Souches à 2 pôles

Après la 1e rotation (futaie), les souches de la 2ème rotation (taillis) sont majoritairement bipolaires. En dehors de quelques brins uniques venant de très bas (des racines ?) et s'affranchissant rapidement de la souche, les brins de taillis sont en effet le plus souvent alimentés par 2 pôles diamétralement opposés sur la souche comme le montrent les photos ci-après. Les gros brins de taillis sont le plus souvent au nombre de 2 et, en général, diamétralement opposés. Ils concurrencent rapidement les petits moins vigoureux. Lorsque les souches sont plus grosses (arbres de bordure ou pieds corniers) elles peuvent présenter plus de 2 pôles. On peut avoir des souches tripolaires ou multipolaires dans le cas de très larges espacements.

UAIC-Congo (1990). Souches de 1ère rotation de taillis âgées de 6 mois. A gauche : Cas général ; souche à 7 brins dont 2 plus gros, diamétralement opposés (flèches blanches). **Au centre :** Souche à 4 brins dont 2 un peu plus gros, diamétralement opposés ; en fait cette souche plus grosse semble tripolaire. **A droite :** Souche à 2 brins diamétralement opposés montrant bien la structure bipolaire de la souche.

3 - Problème des repousses dans les taillis à 1 brin

La sélection d'un seul brin entraînait la formation systématique de repousses sur la souche ce qui gênait considérablement la conduite des taillis monoclonaux à grands espacements de l'UAIC car une partie non négligeable de la vigueur des souches était perdue pour la croissance des brins sélectionnés. Les photographies suivantes illustrent ce phénomène.

UAIC-Congo (1990). Taillis de 4 mois, 5 mois et 3 ans. "Repousses" après sélection d'1 brin par souche.

Il apparaît clairement que le pôle qui contient le brin sélectionné n'est pas capable de drainer toute l'alimentation racinaire ; le second pôle continue à fonctionner jusqu'à ce que le brin sélectionné se soit emparé de la totalité de la souche, ce qui prendra toute la seconde rotation c'est-à-dire 7 ans.

En dehors des coupes régulières à la machette, aucun moyen n'a permis d'éliminer ces repousses qui, bien que de plus en plus faibles, restaient actives pendant toute la 2ème rotation. De plus, ces coupes répétées réduisent la formation des bourrelets cicatriciels sur le second pôle des souches tout en augmentant les risques de pourriture à la base des rejets. Dans le cas de l'UAIC (larges espacements sur sols pauvres) la conduite du taillis à 1 seul brin n'est pas apparue comme un bon objectif puisque cela entrainait un surcoût, une perte de production et plus de risques sanitaires.

4 - Taillis à 2 brins

La sélection de 2 brins par souche permet d'éviter les repousses, comme le montre la photo ci-dessous, à droite :

UAIC-Congo (1990). Taillis monoclonal à 2 brins par souche. A gauche et au Centre : Lorsque les 2 brins sont sélectionnés sur le même pôle, le problème des repousses demeure. **A droite :** La sélection de 2 brins, diamétralement opposés sur la souche, est efficace.

Cependant elle présente aussi des inconvénients :

- D'une part, la sélection des 2 brins est plus technique car après avoir sélectionné le plus gros d'entre eux, il faut en choisir un second, diamétralement opposé, même si ce n'est pas le deuxième plus gros, ce qui peut arriver. Cela demande une formation supplémentaire pour les ouvriers chargés de l'opération. La sélection de deux brins proches (donc sur le même pôle) entraîne des repousses sur le pôle opposé, comme on peut le voir sur les photos précédentes (à gauche).

- D'autre part, la sélection de 2 rejets par souche présente l'inconvénient majeur de doubler le nombre de tiges à l'hectare et, même si la puissance des souches permet d'alimenter plus de tiges qu'à la densité initiale, le doublement conduit à un excès de petit bois à cause d'une trop forte concurrence intraclonale.

- Si le sol avait permis, par une fertilité suffisante, de continuer à alimenter les souches, la solution du taillis à deux brins eut été la bonne. Malheureusement, il est apparu que le nombre de souches (environ 500/ha) et donc de brins (1000/ha) était excessif pour aboutir en 7 ans à une production optimale de rondins papetiers.

Finalement, dans le cas des taillis de l'UAIC au Congo, réduire le nombre de souches (éclaircie de souches), semblait la seule façon de réduire le nombre de tiges à l'hectare pour que le taillis à 2 brins puisse continuer à se développer rapidement avec un accroissement significatif du diamètre des 2 brins et donc du volume des souches correspondantes.

On a pu le constater en observant des souches plus ou moins isolées issues d'anciens parcs multiplicatifs gérés très intensivement puis abandonnés. Les souches isolées peuvent se développer avec un nombre d'autant plus grand de gros brins que la densité en souches/ha est plus faible (photos suivantes) :

UAIC-Congo (1990). La force des souches dépend de leur densité à l'ha : A gauche et au centre : ligne isolée de souches à trois gros brins. **A droite :** très grosse souche isolée à 6 gros brins. Il faut remarquer l'absence de végétation herbacée malgré le faible couvert.

C'est à cette étape de l'observation que s'est posé très clairement le problème du taillis monoclonal pour les espèces qui rejettent puissamment de souche. On sait que lorsque l'on éclaircit une plantation de conifères, la croissance des tiges restantes est stimulée par la mortalité des souches des arbres enlevés, lesquelles libèrent de l'espace, immédiatement récupéré par les racines des arbres restants. Il n'en n'est pas du tout de même dans un peuplement de feuillus à forte aptitude à rejeter. Dans ce cas, les souches des arbres coupés restent vivantes et rejettent vigoureusement ce qui ne permet pas aux arbres restants de profiter pleinement de l'espace, lequel ne se libère pas, ou peu.

Ce phénomène est exacerbé dans le cas d'un taillis monoclonal dont les souches affichent très peu de mortalité et sont de forces égales. La grande densité à l'hectare engendre une très forte concurrence intraclonale ce qui freine énormément le développement des souches. Pour stimuler le développement de celles-ci en augmentant le nombre et la grosseur des brins portés il faudrait libérer de l'espace et donc réaliser une **éclaircie de souches**. Des observations et des essais de ce type avaient été réalisés par Jean MOREL (communication personnelle) dans les années 70 sur des plantations de *Gmelina arborea* proches de Bamako (Mali). Cela semble être également en accord avec l'observation faite sur les systèmes racinaires des boutures selon la densité de plantation (voir plus haut, IIe Partie, paragraphe 83.1).

Il faut ajouter que dans le cas de la station de Pointe Noire, présentant une couche très épaisse de sable (pouvant varier de 15 à 80m et d'autant plus profonde que l'on s'éloigne de la côte (MOUKANDI N'KAYA 2012[287]), le développement des souches est crucial car il correspond à la descente en profondeur des pseudo-pivots qui peuvent alors de mieux en mieux s'alimenter en eau dans les couches profondes, voire dans le sous-bassement argileux, à 15m de profondeur et peut-être plus.

5 - Programme d'études

Ces diverses observations et considérations sur les taillis monoclonaux de l'UAIC (27.000 ha installées de 1978 à 1990) nous avaient incité à lancer un programme d'études qui n'a malheureusement pu être poursuivi.

Evolution des densités de plantation à l'UAIC

Périodes	Densités de plantation	écartements	Surface unitaire	Surfaces plantées (ha)
1978 à 1980	400/ha	5m x 5m	25 m^2	5125
1981 et 1982	416/ha	6m x 4m	24 m2	3418
1983	666/ha	5m x 3m	15 m^2	5043
1984 et 1985	709/ha	4,7m x 3m	14,1 m^2	8174
1986 à 1990	532/ha	4,7m x 4m	18,8 m^2	5913
13 ans				27 673

Ce programme tenait compte des diverses densités d'installation des plantations qui ont varié, comme l'indique le tableau précédent. Compte tenu de la pauvreté du sol et de la longueur de la saison sèche (4-5 mois), la densité pratiquée au cours de ces 13 années est restée en dessous de 709/ha.

Notre vision de l'évolution possible du taillis était conforme au schéma ci-après. La diminution de la densité des souches à l'ha accompagnant l'accroissement et l'approfondissement du système racinaire ainsi que le nombre de brins productifs par souche.

UAIC -R&D (1990). Programme d'éclaircies de souches

N° de rotation	Nb de souches /ha	Nb de brins /souches	Nb de brins /ha
1	500	1	500
2	300	2	600
3	250	3	750
4	200	4	800
5	170	5	850

L'essai correspondant combinait les éclaircies de souches avec les éclaircies de brins de façon à maintenir un nombre de brins ne dépassant pas 850/ha. Le schéma ci-après fait état des objectifs qui étaient à atteindre à chacune des 4 rotations successives de taillis :

Il s'agissait d'une expérimentation à long terme sur la gestion du taillis monoclonal visant à préciser l'efficacité des éclaircies de souches et à en optimiser les taux.

La sélection des brins ne devait pas entraîner de repousse sur les souches qui devaient se recouvrir rapidement de bourrelets cicatriciels. On espérait vérifier un effet très positif sur la productivité en favorisant le développement continu du volume des souches et du développement racinaire en profondeur.

En pratique, les souches à enlever étaient dévitalisées chimiquement. Une équipe de dévitalisation devait opérer peu de temps après l'abattage. Le peu de souches manquantes et leur grande régularité permettait une désignation plus ou moins systématique par le chef d'équipe (éclaircie numérique condamnant en priorité les plus petites souches), suivie aussitôt d'un badigeonnage de la surface de coupe avec un débroussaillant commercial à base de Garlon (Triclopyr). Les souches dévitalisées étaient marquées en bleu (adjonction de bleu de méthylène, au produit commercial) ce qui permettait un contrôle de l'efficacité de l'opération.

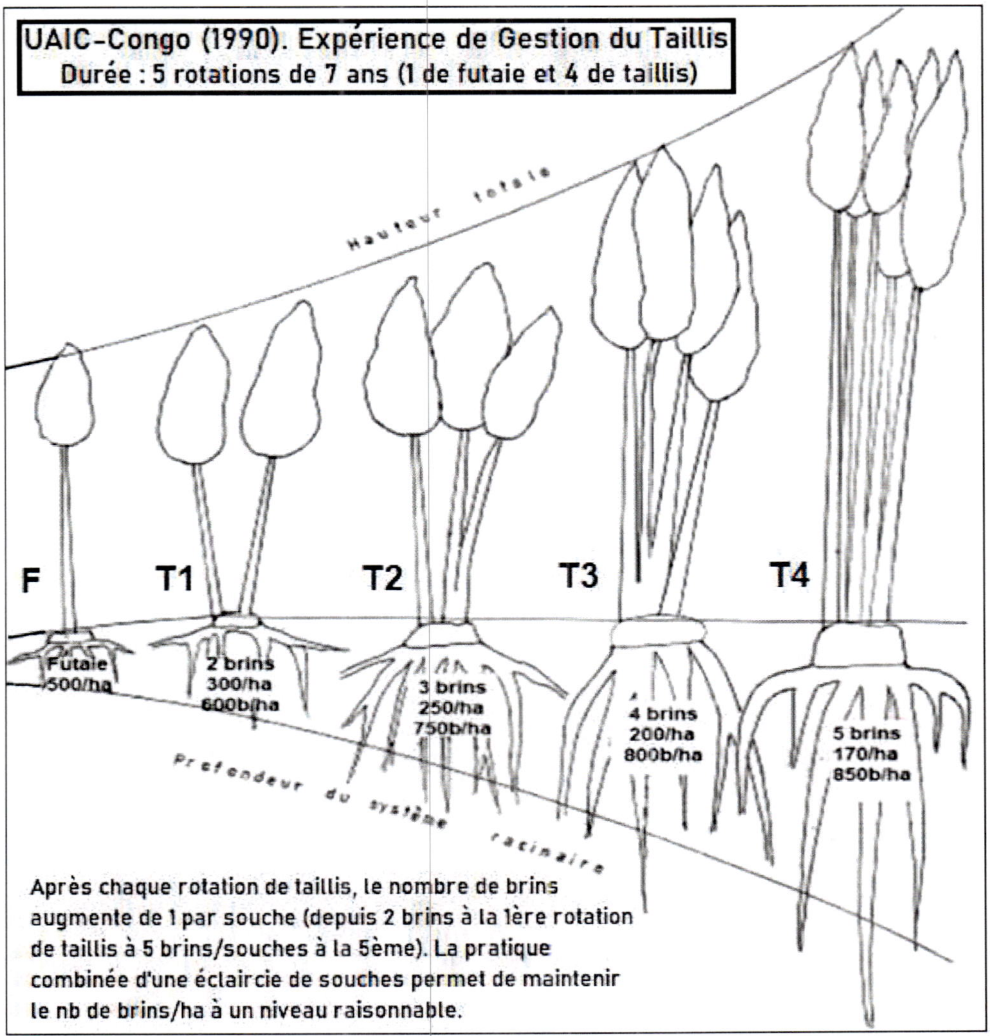

65.3 - Futaies clonales

Le modèle est celui de toutes les plantations de conifères, cultivés avant tout pour le bois d'œuvre. Comme ils ne rejettent pas de souche, en dehors de quelques exceptions (DESTREMAU 1981[288]), on doit replanter après chaque rotation et la rentabilité de ces cultures doit donc se calculer sur une seule rotation.

Le surcoût par rapport à une production de bois de trituration (ou d'énergie) issue de multiples rotations de taillis (après la première rotation de futaie) doit donc être compensé par la valeur plus élevée du bois d'œuvre. Cependant, comme ces rotations de futaies sont nettement plus longues que celles de taillis, le poids de l'investissement initial peut finalement se révéler trop lourd et donc décourager l'investisseur. On comprend donc pourquoi la recherche d'une rotation aussi courte que possible et d'un prix de vente élevé, sont les deux éléments clé de la ligniculture. C'est la raison du très grand intérêt des nouveaux "bois précieux à croissance rapide" que sont les plantations clonales de Teck ou d'Acajous, devenues très attractives pour certains investisseurs.

Pour la production de bois d'œuvre, les variétés clonales sont donc conduites en futaie (Teck, Gmélina, Acajous, Acacias, etc.) et la meilleure image classique que l'on ait est celle des peupleraies.

1 - Les leçons laissées par les populiculteurs

Nous rappelons ci-après les principales leçons de la populiculture :

1	Les plantations clonales sont plus fragiles face à d'éventuels parasites,
2	Le clonage reste cependant un moyen très efficace de lutte grâce aux clones résistants,
3	La réduction des risques est directement liée au raccourcissement des rotations
4	La qualité du bois ne doit pas être altérée par la vitesse de croissance,
5	L'appui permanent par la R&D est indispensable (surtout l'Amélioration génétique),
6	L'amélioration doit être multiple (vigueur, forme, qualité du bois et résistance aux adversités),
7	Produire à court terme permet d'intégrer fréquemment le gain génétique (après chaque rotation),
8	L'intégration avec l'industrie est un point essentiel pour les orientations de la R&D,
9	A défaut d'intégration, une bonne coopération avec les industriels est nécessaire,
10	Une certaine intégration avec l'agriculture est souhaitable pour mieux rentabiliser les premières années de croissance, avant fermeture du couvert, ou pour réduire (ou supprimer l'éclaircie),

Par rapport aux nouvelles plantations clonales, la très grande aptitude au bouturage des peupliers autorise l'usage de grands plançons ce qui permet de réduire la rotation d'au moins un an avec une réduction importante des frais d'entretien. Ces principes sont applicables à toutes les plantations clonales pour la production de bois d'œuvre. L'absence de soutien par un programme d'Amélioration génétique est risqué et l'apparition de parasites graves peut conduire à un changement radical d'espèce comme ce fut le cas au cours de la dernière décennie dans le Nord de l'Espagne (remplacement de l'*Eucalyptus globulus* par l'*E. nitens*).

2 - Les plantations clonales de conifères

Concernant les pins, elles sont de plus en plus rares dans le monde car beaucoup de programmes clonaux ont été abandonnés à cause des coûts élevés et des progrès de la production industrielle de familles exceptionnelles par croisements contrôlés (hybrides intraspécifiques de pin maritime en France) ou dirigés (hybrides interspécifique de pin des caraïbes en Australie). On doit cependant souligner l'exception de la Nouvelle Zélande qui poursuit son programme d'embryogénèse somatique avec *Pinus radiata* (voir plus haut, IIè partie, point 83.4).

3 - Les plantations clonales de Teck (Futaie sur souche possible)

Le cas du Teck mérite que l'on s'y attarde quelque peu pour signaler la possibilité de conduire des futaies sur souches après la première rotation. Cette particularité, testée en 1999 en Côte d'Ivoire, a montré de très nombreux avantages et avait fait l'objet d'une présentation au séminaire régional sur le Teck, organisé en janvier 1999 par la FAO à Chang-Maï (Thaïlande)[289].

Comparaison de Croissance entre Plants issus de semis et Rejets de souches

Teck de Côte d'Ivoire Résultats à 2 ans		Plantation (SOUNGOUROU)	Rejets de souche (BAMORO)*		
			1 rejet	2 rejets	témoin*
Hauteur moyenne	m	2,3	6,09	5,53	5,35
Circonférence moyenne	cm	8,7	19,3	17,5	18,2
Surface terrière	m2/ha	0,6	7,97	7,4	8,11

* âge à la coupe : 52 ans

Par rapport aux plantations ou aux semis naturels, les rejets ont une très forte croissance et une excellente rectitude. Des relevés, faits à 2 ans à SOUNGOUROU (plants) et à BAMORO (rejets), soulignent les performances exceptionnelles des rejets, comme l'indique le tableau précédent.

Teckeraies de la SODEFOR - Côte d'Ivoire (1999). A gauche : Souche bipolaire à 2 rejets et très faibles repousses. **Au centre :** Souche à 1 seul rejet (rejet de racine) pratiquement affranchi et sans repousse. **A droite.** Futaie sur souches, âgée de 4 ans (Bamoro), après dépressage à 2 ans.

La rapidité de croissance des rejets s'accompagne d'une excellente rectitude et d'un très bon élagage, à cause de la forte densité de brins ce qui permet des éclaircies commerciales très précoces. A 3 ans, les parcelles de SOUNGOUROU avaient déjà produit 916 perches sur 4,5 ha, avec une productivité de l'ordre de 20 m3/ha/an et laissant un brin par souche vivante. Il s'agit bien de ligniculture alors que cette plantation n'avait pas été faite avec du matériel génétique très performant. La forme des brins restants était tout à fait remarquable (comme le montre la photographie précédente, à droite).

En 1999, nos prévisions étaient les suivantes : « *Par rapport aux pratiques classiques des teckeraies à longue révolution (fortes densités initiales, nombreuses éclaircies faibles, absence de dévitalisation des souches après éclaircie), la ligniculture (grands espacements, très faible nombre d'éclaircies avec dévitalisation des souches), devrait permette de gagner, à la fois sur la production totale et sur la proportion de bois d'œuvre (jusqu'aux 2/3 de la production totale). Il est donc légitime d'espérer, grâce à la ligniculture, et par rapport aux tables de production actuelles, un gain minimum de productivité en bois d'œuvre de 50%, portant à la fois sur le volume produit et sur le temps de production. Le prix élevé des petits bois d'œuvre est une excellente occasion de s'y lancer. Le moyen le plus significatif d'y parvenir est le clonage, mais on peut compter également sur la conduite des rejets de souche en seconde rotation* ».

On peut ajouter que lorsque le clone choisi est d'excellente qualité, la futaie clonale sur souches devrait cumuler ces 2 avantages.

Concernant l'établissement de futaies sur souches, certains aspects restaient encore à étudier :

1. Affranchissement des rejets (*selon leur position sur la souche*),
2. Sélection et conduite des rejets (*après coupe rase*),
3. Dévitalisation *(après coupe rase et éclaircies).*

Affranchissement des rejets. L'observation des rejets de souche chez le Teck nous a montré que chez cette espèce, la présence de rejets très bas sur la souche était assez fréquente et que ceux-ci pouvaient même provenir du début des racines elles-mêmes (voir plus hait, point 83.14, IIe partie). Les rejets correspondants, une fois sélectionnés, s'affranchissent rapidement de la souche laquelle peut ne pas émettre de repousses (voir photos précédentes, au centre).

Il est nécessaire de continuer à étudier la formation des rejets en fonction des hauteurs de coupe puis de vérifier si des pourritures apparaissent à la base des rejets sélectionnés, avec quelle fréquence et pour quel type de rejets. Rappelons que des pourritures à la base de Tecks de plantations avaient été signalées en zone sempervirente en Côte d'Ivoire ce qui avait conduit à en limiter l'espèce à la zone semi-décidue.

Sélection et conduite des rejets. Il faut sélectionner les rejets les plus bas et semblant venir des racines. Pour chaque souche, le meilleur rejet de ce type étant repéré un second rejet diamétralement opposé (s'il existe) doit être sélectionné pour éviter les repousses et conduire à un peuplement aux tiges très droites grâce à une forte densité après enlèvement du second brin vers l'âge de 2 ans. La création de telles futaies sur souche sera d'autant plus intéressante que la première rotation sera constituée d'une plantation monoclonale de grande valeur. Ainsi la production de la seconde rotation sera moins coûteuse, plus rapide, plus productive, avec une éclaircie remplacée par un dépressage de rejets plus précoce. Il est également possible que le rejet de souche sur départ de racine soit unique. Dans ce cas le besoin de dépressage en sera moindre mais, avec un nombre réduit de souches à un brin et en tenant compte des pertes inéluctables de souche à l'exploitation, le peuplement plus clair qu'initialement, pourra alors nécessiter un élagage.

Dévitalisation en fin de rotation. Classiquement les plantations de Teck dont l'objectif est le bois d'œuvre sont conduites en futaies, lesquelles doivent être replantées après exploitation.

C'est le cas en Indonésie avec des révolutions de 70 ans. En fin de cycle, après l'exploitation des futaies, il faut replanter, mais comme l'espèce rejette vigoureusement de souche, la formation d'un taillis vigoureux à nombreux brins est un obstacle sérieux à la replantation et au développement des nouveaux plants (voir photo suivante, à gauche). Il est clair que la dévitalisation devient obligatoire. La pratique est d'ailleurs devenue courante dans certains projets brésiliens, comme nous le verrons dans la dernière partie.

A Java, avec la pratique presque systématique des "taungyas" (plantation en association avec les paysans, initiée pour le teck en Birmanie, par les Britaniques), la solution est venue des cultures paysannes accompagnant la replantation, elle-même réalisée par les paysans sous le contrôle de Perhum Perhutani. Les arbres de la coupe finale sont dévitalisés par ceinturage à la hache, 2 ans avant la coupe définitive, ainsi que nous avons pu le voir lors de notre visite en 1999 dans le District de Cepu (Central Java). Leur mortalité est rapide et le nettoyage du terrain commence dès la chute des feuilles. Certaines cultures peuvent avoir lieu 1 an avant la coupe définitive (photo ci-après, à droite). Il s'agit donc d'une exploitation d'arbres morts, non suivie de rejets.

A gauche : SODEFOR - Côte d'Ivoire (2000). Forêt classée de "La Téné" - Puissants rejets de teck quelques mois seulement après exploitation. **A droite : Perum Perhutani (Indonésie (1999). Cepu (Central Java) -** Dévitalisation des Teck par les paysans avant exploitation (système des "taungyas").

Nous avons mentionné dans notre rapport de 1999[290] que selon les responsables locaux, les avantages d'une telle technique étaient nombreux (pas de dévitalisation chimique des souches, réduction des éclatements à l'abattage, chute des écorces et des brindilles en forêt et donc retour au sol d'une grande partie des matières minérales, augmentation des surfaces à cultiver, etc.).

La replantation peut donc avoir lieu immédiatement après la vidange des bois et les cultures qui suivent assurent l'entretien de la nouvelle plantation (pendant 1 à 2 ans après le planting). Cette formule de taungya est évidemment une excellente solution évitant la dévitalisation chimique et assurant la création de la nouvelle futaie. Une telle technique demande un très bon savoir-faire et des paysans, intéressés et très disciplinés

66 - Culture clonale et agroforesterie moderne

Nous avons déjà souligné tout l'intérêt des plantations clonales dans les formes de coopération avec les éleveurs et les agriculteurs. Qu'il s'agisse de sylvopastoralisme ou d'agroforesterie, le fait de disposer de clones de grande valeur et à croissance rapide présente un avantage considérable dans la recherche d'une bonne intégration avec l'agriculture. Tout contrat entre forestiers et agriculteurs doit être de type "gagnant-gagnant". Chacun doit y trouver des avantages avec le minimum d'inconvénients. Dans cette sylviculture sans éclaircie, la qualité des arbres est cruciale et l'usage de bons clones, indispensable.

66.1 - Aspect sylvopastoral

Il s'est fortement développé au Brésil au cours de la précédente décennie pour les raisons suivantes :

1. Immenses étendues de pâturages extensifs,
2. Conditions difficiles pour le bétail en saison sèche (absence d'ombre et de pluie),
3. Forte demande locale en bois d'eucalyptus (pâte à papier et carbonisation)
4. Existences de clones hybrides bien adaptés et à croissance très rapide.

Diverses formules se sont imposées suivant, les régions, les clones et les éleveurs : lignes uniques ou bandes de 2 ou plusieurs lignes clonales, plus ou moins espacées et installées à des distances variées. Les avantages étant nombreux :

- **Pour l'herbe :**
  Ombrage et meilleure qualité de l'herbe en particulier en saison sèche,
- **Pour le bétail :**
  Ombrage et meilleure alimentation d'où production de viande plus élevée et de meilleure qualité,
- **Pour l'éleveur, en plus de la production de viande :**
  Production supplémentaire de bois apportant des recettes supplémentaires et une diversification de la production,
- **Pour l'industriel proche :**
  Augmentation de la ressource locale en bois, disponible sous faible investissement (apport des plants et de quelques conseils aux éleveurs).

Le teck est sans aucun doute une espèce particulièrement bien adaptée.

66.2 - Aspect agroforestier

1 - Agroforesterie traditionnelle

L'Agroforesterie est une pratique asiatique ancestrale des populations rurales forestières, ou riveraines des forêts naturelles. En Chine, par contre, à cause de la surpopulation, l'agroforesterie peut trouver en partie son origine dans les besoins élevés en bois de service et de chauffage lié aux faibles surfaces par exploitation. MOHAN KUMAR *et al.* (2012[291]), nous donne un aperçu des systèmes encore utilisés en Asie du Sud avec des cultures variées (thé, café, cacao, ananas, légumes, céréales, etc.) en association avec de nombreux genres d'arbres à usages multiples (*Acacia, Ailanthus, Alnus, Artocarpus, Casuarina, Cocos, Dalbergia, Eucalyptus, Grevillea, Hevea, Leucaena, Populus, Paulownia, Pinus, Shorea, Tectona*, etc.). Les auteurs nous livrent une réflexion sur l'évolution, au cours du temps, de l'Agroforesterie sous diverses pressions (augmentation de la population, accroissement de la demande en produits agricoles interdiction de l'exploitation des forêts d'Etat, etc.).

Il est à signaler une classification des systèmes agroforestiers chinois, réalisée par X. ZOU et R.L. SAFORD (1990[292]). Ces auteurs distinguent une dizaine de systèmes dans toute la Chine pour la seule agroforesterie avec autant d'espèces forestières et des cultures variées (céréales, riz, thé, coton, légumes, etc.). On se reportera aussi à l'intéressant et très complet document "Agroforestry sytems in China", qui mériterait d'être actualisé (ZHAOHUA *et al.* 1991[293]). On y trouve des informations sur les cultures intercalaires avec plusieurs espèces d'arbres fruitiers (Jujubier, Hévéa, Frêne, Eucalyptus, etc.). Enfin, on pourra consulter les informations rassemblées sur ce sujet par la "Librairie humanitaire" dont le siège est à Copenhague (FAO[294]), on y trouvera la description des systèmes utilisés dans toute l'Asie du Sud-Est (Chine, Indonésie, Philippines, Thaïlande et Vietnam).

2 - Agroforesterie moderne

MOHAN KUMAR *et al.* (2012) nous apprennent que la pratique traditionnelle ancestrale des jardins familiaux a tendance à être remplacée par des cultures mécanisées et par une agroforesterie moderne avec des rangées d'arbres et des cultures intercalaires. Parallèlement certaines formes de coopération se créent entre industriels et paysans pour la production de bois dans les champs (Inde).

Cependant, depuis les années 1990, le changement climatique et divers problèmes écologiques (érosion salinisation, sécheresse, etc.,) induisent un certain retour à des pratiques plus écologiques dont la mise au point précise tarde cependant à cause d'un manque de R&D. Il est par ailleurs souligné que la crise des engrais (prévue pour le début du XXIIème siècle) devrait probablement conduire vers des formes agroforestières, notamment avec des arbres fixateurs d'azote.

L'agroforesterie moderne consiste surtout en cultures d'interlignes plus ou moins espacés, de clones bien adaptés de Peupliers et de Paulownia mais aussi d'autres espèces. Les deux cultures semblent bénéficier de cette pratique, les arbres de sols fertiles et les cultures d'ombrage de brise-vent et donc d'économie d'eau. D'un point de vue lignicole, les systèmes agroforestiers modernes semblent assez proches du modèle sylvopastoral précédent mais leur mise au point reste plus difficile à cause de la multiplicité des cultures et donc des associations arbres-culture. L'ombrage, en particulier, est le premier facteur à étudier, la protection contre les vents dominants étant sans doute le second facteur important de l'agroforesterie, le troisième étant le maintien de la fertilité des terres.

La mise au point d'un bon système agroforestier moderne de type lignicole est longue car elle ne peut être que le résultat d'essais de terrains variés en liaison étroite avec le savoir-faire paysan ainsi qu'avec les clones d'arbres améliorés disponibles.

3 – Remarque :

L'étendue de ces pratiques serait cependant nettement plus restreinte que ne le laisse penser la très large publicité qui en est faite. Selon YU HONG *et al.* (2017[295]), qui se sont livrés en 2014 à un inventaire dans 68 villages de 6 provinces de Chine, l'agroforesterie n'était pratiquée que sur environ 1% des terres arables et 1% de la superficie des plantations et des terres forestières. Par ailleurs et contrairement aux affirmations de certains rapports, les auteurs déclarent que l'agroforesterie chinoise ne paraît pas décliner pour autant. La mécanisation apparaît cependant comme un facteur démotivant alors que l'abondance de la main d'œuvre a toujours favorisé cette orientation.

66.3 - Aspect sociaux et culture clonale

En dehors des aspects purement agroforestiers, la culture des clones améliorés peut être particulièrement intéressante pour les populations rurales proches des zones forestières concernées. Nous citerons deux cas où cet intérêt est flagrant.

66.31 - Système des taungyas et culture clonale

L'avantage des clones améliorés est de libérer un maximum de surface par la faible densité de plantation et la réduction des éclaircies. Dans le système des taungyas, les paysans pourront compter sur un nombre plus élevé d'années de culture à chaque rotation forestière (passer de 2 à 3 ans par exemple pour des rotations de 15 à 20 ans) grâce à un espacement plus grand et donc à la fermeture plus tardive du couvert. De plus, l'excellente forme des arbres et la finesse de leurs branches réduira les besoins d'élagage pour un éclairage au sol plus élevé, toutes conditions plus favorables aux cultures intercalaires.

66.32 - Cas particulier de la Côte d'Ivoire

En Côte d'Ivoire où les Forêts classées (Forêts domaniales) sont très dégradées et fortement occupées illégalement par des populations souvent étrangères, occupées à des travaux d'entretien de cultures illégales (cacao). L'apurement de ces forêts (expulsion de ces populations) n'a jamais vraiment pu être réalisé, faute de trouver à les reloger ailleurs. A la fin des années 90, nous avions proposé un compromis visant à échanger un statut de "paysans forestiers" aux familles infiltrées, contre des travaux d'entretiens de plantations agroforestières. Il est regrettable que cette solution n'ait pu être retenue car l'usage de clones améliorés de Teck (alors disponibles) eut été l'occasion de mettre sur pied un système gagnant-gagnant pour chaque partie. Dans ce projet, les travaux d'entretien des arbres par les paysans devaient être considérés comme un loyer en échange d'une autorisation d'occupation contrôlée, avec la possibilité de poursuivre la culture du cacao en association avec les clones de teck plantés à grands espacements et avec la même durée de rotation (30 ans) ainsi que celles de cultures vivrières en taungyas sur une surface annuellement bien délimitée, dans les zones de reboisement plus classique.

67 - Le Problème étique

En 1987, nous écrivions. « *Jamais élément de foresterie n'a soulevé autant de polémiques que celui de la foresterie clonale. Avec l'avènement des technologies nouvelles (bouturage herbacé, culture in vitro), la culture intensive de clones d'arbres est devenue une réelle possibilité mais elle rencontre une forte opposition. Certains y voient le remplacement des forêts naturelles par des peuplements monoclonaux. D'autres pensent que les risques sont trop élevés, Enfin certains considèrent que l'économie de tels systèmes est douteuse* ».

Par contre, on a pu trouver des idées inverses, parfois fausses et souvent exagérées. On pense parfois que le clonage est une révolution technologique universelle, que la culture in vitro en particulier ajoute un gain à l'individu sélectionné. Il n'en n'est rien, bien sûr. Le clonage n'est qu'un moyen de copier à grande échelle certains individus sélectionnés pour leurs qualités particulières, encore faut-il que cette multiplication soit bien conforme à l'original (l'ortet initial). Rappelons une fois de plus que la multiplication de l'arbre moyen n'apporte aucun gain pour un coût plus élevé.

Trente-cinq ans après, nous pouvons affirmer que, pour que le clonage des arbres forestiers apparaisse réellement comme un changement de paradigme il est nécessaire qu'il s'adresse à des espèces relativement aptes au bouturage herbacé et qu'il soit appliqué à des arbres de grande valeur issus d'un programme d'amélioration génétique ou à des hybrides particulièrement vigoureux et bien adaptés par rapport aux populations mères habituellement utilisées. Dans tous les cas le processus de clonage devra être conforme et suffisamment bon marché pour ne pas représenter de handicap économique. Enfin c'est dans la ligniculture à plus ou moins court terme qu'il trouvera son application et très peu dans les reboisements traditionnels où la diversité génétique est sans aucun doute un atout important, tout particulièrement face aux changements d'environnement.

Nous avons tenté de montrer, à maintes reprises (MARTIN 1977, 1982, 1985, 1986, 2002, 2014) que la culture forestière clonale était simplement une forme particulière de sylviculture intensive, proche de l'agriculture, *la ligniculture*, et qu'elle n'en différait vraiment que par la hauteur des arbres et le temps de production. C'est l'agriculture pour le bois (TOUZET, 1884[296]) mais ce qui rend cependant cette foresterie dite "intensive" très distante de l'agriculture, c'est la faiblesse de ses intrants, le très petit nombre de passages et la longueur du temps d'attente, la rapprochant plus des jachères que des cultures avec un aspect très positif concernant la restauration des sols surtout quand il s'agit d'arbres fixateurs d'azote.

La ligniculture est complémentaire du reste de la foresterie qu'elle libère des risques de surexploitation face aux demandes croissantes de bois. Son développement doit rester prudent, en accord avec le développement technologique et l'avancement de l'amélioration génétique, et, vu sous cet angle, la culture clonale présente trois types d'avantages très importants pour le futur.

67.1 - Avantage économique

La culture des clones d'arbres à bois présente, par rapport à la foresterie classique des avantages économiques très élevés :

- Forte réduction du temps de production (révolution)
- Maintien des coûts d'installation et d'entretien à un niveau acceptable,
- Grande homogénéité du matériau bois produit.
- Forte production,
- Rationalisation poussée de toutes les opérations,
- Réduction importante des coûts d'exploitation et de transport.

On entre dans un domaine économique plus classique, moins aléatoire que celui de l'économie forestière traditionnelle, très difficile pour les investisseurs. On s'approche des conditions agricoles et bon nombre d'agriculteurs devraient pouvoir s'y adonner sur leurs terres les plus marginales, à condition toutefois qu'ils ne soient pas trop éloignés des usines de transformation.

67.2 - Avantage écologique

La culture clonale représente un investissement élevé et ne peut être réalisée que dans des sites à forts potentiels et des milieux à faibles charges (pentes faibles, sols homogènes, travail du sol possible). Cette culture doit être fortement assistée et la maîtrise du milieu doit pouvoir être grande.

De ce fait, les terrains forestiers correspondants étant plutôt rares, son extension en sera forcément limitée aux anciennes zones agricoles abandonnées ou aux savanes inutilisées à cause de sols jugés trop pauvres pour l'agriculture. Pas plus à Pointe Noire (Congo) qu'à Aracruz (Brésil) les plantations clonales d'Eucalyptus n'ont empiété sur la forêt naturelle et c'est le cas pour presque toute la ligniculture.

D'autre part, la forte production de bois sur de faibles surfaces contribue à réduire la pression parfois insupportable sur les forêts naturelles et en particulier sur celles dont la valeur écologique est la plus élevée. L'exemple des séries de protection d'Aracruz (aujourd'hui Suzano) est très significatif puisqu'elles couvrent un tiers des surfaces des domaines forestiers de l'entreprise.

Le développement de réseaux de protections écologiques et génétiques (MARTIN 1986) est nécessaire dans l'intérêt général mais leur financement reste le plus souvent problématique. La forêt ne peut compter que sur ses propres ressources. La foresterie clonale est une dimension nouvelle, plus rémunératrice, constituant un vaste relais de production dont toute la forêt a grand besoin pour sa reconstitution, sa protection et sa conservation.

67.3 - Avantage technologique

Notre époque est caractérisée par le développement très rapide des sciences et des techniques et le monde forestier n'y échappe pas. Cependant, dans ce domaine particulier, les nouveautés restent généralement dans les laboratoires car elles sont très difficiles à utiliser en foresterie classique, à usage multiple, en particulier en forêt régénérée naturellement. Le plus souvent, le progrès entre en forêt naturelle sous forme d'une meilleure connaissance des divers constituants de l'écosystème et de leurs interactions mais la traduction économique n'en est pas évidente. C'est au niveau des plantations que le progrès pénètre le plus facilement la foresterie. La culture clonale en est l'expression la plus forte.

Disposer d'un secteur où l'on puisse laisser le champ libre à la plus haute sophistication technique n'est pas seulement intéressant pour les scientifiques et les techniciens, c'est devenu aujourd'hui une nécessité absolue pour le bien de l'ensemble. Qui peut parler des risques de la culture clonale sans les avoir jamais rencontrés ? L'essentiel est de trouver les remèdes et la réponse existe souvent au sein même de la foresterie clonale, comme en agriculture, toujours plus sophistiquée mais avec beaucoup de prudence c'est-à-dire en s'entourant de toute la science.

***

7 - CONCLUSIONS SUR L'AMÉLIORATION GÉNÉTIQUE

A l'issue de ce vaste chapitre de l'Amélioration génétique on peut affirmer qu'il représente la clé de la ligniculture. Le choix de l'espèce, et souvent de la (ou des) meilleures provenances, est fondamental car c'est à ce niveau que se situe l'adaptation à l'environnement, aspect crucial de toute culture d'arbres à plus ou moins long terme. Disposer d'une base génétique très large sous forme d'une vaste collection de populations variées, à commencer par un bon échantillonnage des provenances naturelles, est une nécessité absolue et cela est de plus en plus évident face aux changements climatiques.

Dans la quatrième partie ci-après, nous passerons en revue les espèces et les provenances les plus propices à un développement lignicole surtout pour le domaine tropical - subtropical, avec une trentaine d'espèces pour 15 genres, auquel nous avons ajouté, une quinzaine d'espèces principales pour 9 genres pour le domaine tempéré. Cet éventail peut paraitre déjà très grand pour les qualités de bois recherchées, plutôt restreintes, où l'homogénéité prime sur les qualités intrinsèques. De plus, il est indispensable d'optimiser les combinaisons interspécifiques pour les genres polyspécifiques, avant d'ajouter d'autres essences pour lesquelles l'exigence en recherche sera très grande avant de parvenir à une utilisation significative et c'est pourquoi les nouvelles variétés lignicoles seront avant tout issues d'hybridations, intra et/ou interspécifiques, au sein de cette première liste.

Les populations choisies permettront la sélection des meilleurs arbres, suivie de leurs croisements, conduisant peu à peu à de nouvelles familles de plus en plus performantes englobant les critères de production, de qualité du bois et de résistances aux adversités. De plus, les croisements entre espèces différentes pourront conduire à de nouvelles variétés hybrides très performantes non seulement en terme de vigueur mais avant tout en terme de plasticité vis à vis des nouveaux milieux d'introduction. C'est alors que le clonage pourra apporter un avantage décisif à ces cultures d'arbres, en ne reproduisant que les meilleurs individus des meilleures familles. Il en résultera un saut productif important, lié autant à la qualité intrinsèque du clone qu'à la très grande homogénéité des cultures.

La culture clonale, très avantageuse au début, peut cependant perdre de son intérêt, à mesure de l'avancement de l'amélioration génétique. L'homogénéité des meilleures familles, grandissant, l'écart entre meilleurs individus et moyenne des meilleures familles, pourra s'avérer insuffisant surtout quand la production industrielle de ces meilleures familles par croisements contrôlés à grande échelle est possible. Par contre avec une technologie du clonage simple et sûre (facilité technologique, et bonne conformité du clonage) et lorsque les densités de plantations sont faibles (objectifs bois d'œuvre) l'avantage des clones peut se maintenir, surtout quand il s'agit d'hybrides interspécifiques difficile à propager par voie générative et lorsque la manipulation des fleurs est difficile ou encore quand des clones résistants aux parasites ont pu être sélectionnés.

La ligniculture n'est pas obligatoirement dépendante du clonage mais celui-ci en est un élément important, en particulier au début du programme d'amélioration. Par la suite ce sont les progrès de l'amélioration ou des technologies de multiplication qui orienteront les ligniculteurs dans le choix entre cultures familiales ou cultures clonales, les deux pouvant être parfaitement complémentaires, les secondes étant issues des premières.

***

4ème PARTIE.

MEILLEURES ESPÈCES ET MEILLEURES PROVENANCES

Loudima (Congo – 1975). Parcelle 7 R à 15 mois. Premier essai mondial de Provenances d'*Eucalyptus urophylla*. Croissance initiale très rapide (7 m à 1 an) et massive (feuillage très épais et excellente couverture du sol). **A droite :** parcelle de même âge : *Pinus caribaea*.

Meilleures espèces et meilleures provenances

Les espèces les plus aptes à la ligniculture sont originaires des régions tropicales, subtropicales et tempérées douces. Nous nous bornerons d'abord à donner les résultats les plus pertinents pour les **Eucalyptus**, les **Pins** et les **Acacias,** qui sont, de loin, les 3 genres les plus utilisés car ayant donné le plus de satisfaction, en relation avec leur grande plasticité, leur relative résistance à la sécheresse (pendant la saison sèche), leur vitesse de croissance et la qualité de leur bois. On ajoutera quelques espèces à croissance rapide dont on a pu développer le clonage et qui sont cultivées pour le bois d'œuvre : le **Teck,** le **Gmélina** et les **Acajous.**

On signalera à l'occasion, quelques espèces potentiellement intéressantes qui mériteraient une plus grande attention de la part des planteurs et des améliorateurs, en commençant par une expérimentation au niveau espèces / provenances. Enfin, on présentera quelques espèces tempérées déjà utilisées en ligniculture avec une mention particulière pour **les Peupliers** dont la culture bien que très ancienne est encore un des meilleurs exemples de ligniculture mais aussi pour **le Paulownia** qui présente bien des aspects intéressants.

Pour chacun des genres considérés, on examinera les espèces qui ont le plus attiré les planteurs, que ce soit au fil d'introductions plus ou moins aléatoires, parfois très anciennes, ou plus récemment d'essais plus systématiques et de plus en plus intégrés aux essais de provenances. On tentera pour chacune d'elles de donner la liste des meilleures populations naturelles, c'est-à-dire les plus plastiques et ayant la plus grande variabilité génétique, présentant donc le plus fort potentiel d'adaptation dans la zone climatique considérée tout en offrant une forte prise à la sélection pour un maximum de caractères.

***

1 - LES EUCALYPTUS

On donne classiquement trois limites écologiques à l'extension du genre Eucalyptus : le froid, la sécheresse et la forte humidité tropicale.

Le froid. C'est sans doute la limite la plus sévère stoppant les possibilités de transfert vers les pays tempérés froids. Pour transgresser cette limite, les recherches peuvent prendre l'une des 2 voies suivantes :

- **Sélection et hybridation** à partir de l'espèce *E. gunnii* (*gunnii x dalrympleana*), réalisé par FCBA France (MELUN 2011[297]),
- **Création d'OGM** comme cela a commencé aux USA à partir d'un clone brésilien d'urograndis (voir plus haut, Arborgen et FuturaGen, 2ème partie, point 83.4).

La sécheresse. Beaucoup d'espèces sont capables de supporter une très faible hygrométrie à condition de disposer d'un peu d'eau dans le sol. On a dénoncé l'Eucalyptus comme un gaspilleur d'eau, en particulier un "assécheur" de nappes perchées ce qui lui a valu de nombreux ennemis (POORE & FRIES, 1985[298]). Il est vrai que peu d'espèces peuvent accepter des sols sans nappes superficielles, en particulier dans la zone tropicale sous pluviométrie inférieure à 500 mm. DELWAULLE (1979) signale quelques individus d'*E. microtheca* ayant résisté à 300 mm de pluie, ce qui semble la limite du genre en zone sahélienne. L'*E. microtheca* est très utilisé au Soudan mais le plus souvent avec irrigation.

Type de production	m3 d'eau par Kg de production
Bois d'eucalyptus	0,43
Canne à sucre	0,5
Blé	0,9
Maïs	1
Bois de la forêt naturelle atlantique	1,3
Soja	1,65
Riz	1,9
Bois de la savane arborée (Cerrado)	2,5
Viande de Poulet	3,5
Café	7,1
Viande de bœuf	15

Source : Aracruz celulose, octobre 2008

Dans ces zones très sèches, les acacias semblent mieux adaptés. On ne peut cependant complètement éliminer les eucalyptus étant donné leurs nombreuses qualités (croissance rapide, excellente forme, bois dense) et les possibilités de création variétales par hybridation interspécifique. D'autre part, la consommation d'eau par les eucalyptus est très relative. Il faut noter en effet que la production de bois d'eucalyptus est relativement très économe en eau en comparaison des autres productions végétales comme l'indique le tableau précédent tiré du rapport d'Aracruz "l'Eucalyptus et l'environnement" (2008[299]).

La très forte hygrométrie des zones tropicales humides de basse altitude. Il faut dire que le genre ne s'aventure guère naturellement, dans cette zone climatique. Dans les pays d'introduction, sur plus de 50 espèces essayées, peu d'entre elles ont donné des résultats satisfaisants et, moins encore, sont utilisées en plantations à grande échelle. L'hygrométrie très élevée limite en effet l'adaptation et la production des eucalyptus. Seules deux espèces (non australiennes) y sont bien adaptées : *E. deglupta* qui est une espèce de forêt dense humide et *E. urophylla* qui s'adapte assez bien en zone de forêt dense. L'inadaptation des Eucalyptus australiens subtropicaux vers les zones tropicales humides de basse altitude, se manifeste rapidement.

Essais d'espèces d'eucalyptus en zones subtropicales et tropicales humides de basse altitude. 1 : Mauvaises adaptations en zone de savane (Pointe Noire - Congo) ; 11 : *E. grandis* d'Afrique du Sud âgés de 12 ans, très inadaptés (gommose et chancres généralisés), presque tous morts ; **12 : *E. viminalis*** de zone tempérée, à Klabin do Parana (Brésil) âgés de 10 ans, (forte gommose et chancre sur quelques arbres). **2 : Bonnes adaptations. 21 : *E. urophylla*** de Flores, 7 m18 à l'âge de 1 an malgré la faible pluviométrie (1100 mm) en savane de Loudima (Congo). **22 : *E. deglupta*** âgés de 12 ans, très bien adaptés en zone de forêt dense (San Pedro - Côte d'Ivoire).

Ainsi au Congo, après 3 ans de bonne croissance, l'*E. saligna* et l'*E. grandis* du Sud Queensland sont brusquement atteints de gommose puis de chancres et dépérissent rapidement. Il s'agit d'un phénomène général, bien observé en Amérique du Sud.

L'agent du chancre est *Cryphonectria cubensis* (ex *Diaporthe cubensis*) décrit par BRUNER en 1917 et signalé par HODGES *et al.* (1974[300]). Il ne survient qu'en cas d'inadaptation, laquelle commence toujours à se manifester par une gommose plus ou moins importante. Il est possible que l'arbre accumule ses terpènes dans l'écorce, ne pouvant les excréter par les feuilles à cause de l'air trop humide, si l'on s'en tient à la thèse du Dr E. L. RICE et Dr, THIBAULT (+ comm. pers. in MARTIN 1980[301]). En 1980, à Aracruz (Brésil), E. CAMPINHOS (1980[302]) indique que les provenances d'*E. grandis* du Sud-Queensland sont toutes sensibles au chancre alors que celles du Nord-Queensland (Atherton) sont beaucoup plus résistantes. En zones subtropicales on peut trouver ce même genre d'inadaptation sur d'autres espèces comme l'*E. viminalis* par exemple (voir série de photos précédentes).

11 - Résultats des essais spécifiques

Globalement ce sont toujours les mêmes espèces qui se sont révélées les plus performantes dans chacune des zones climatiques (tableau ci-dessous).

Zone climatique	Caractéristiques principales	Espèces principales	Espèces secondaires
Tempérée humide assez froide	-15°C (minimum absolu : -19°C)	*E. gunnii*	*E. dalrympleana*
			E. viminalis
			E. macarthurii
Tempérée douce et humide	-4°C (minimum absolu : -7°C)	*E. globulus*	*E. nitens*
			E. smithii
			E. badjensis
			E. delegatensis
			E. regnans
Méditerranéenne	-2°C + sécheresse d'été	*E. camaldulensis**	*E. gomphocephala*
			E. goniocalyx
			E. astringens
Subtropicale	Climat sans gel et à pluies régulière	*E, grandis**	*E. saligna*
			E. dunnii
			*Corymbia citriodora***
			E. robusta
			E. fastigata
			E. deanii
Tropicale semi-aride	Longue saison sèche et faible hygrométrie	*E. camaldulensis**	*E. alba*
			E. microtheca
Tropicale humide à longue saison sèche	Longue saison sèche et hygrométrie élevée	*E. tereticornis**	*E. brassiana*
			E. cloeziana
Tropicale humide à courte saison sèche	Pluviométrie de 1100 à 1800 mm forte hygrométrie	*E. urophylla*	*E. pellita*
			E. resinifera
			*Corymbia torelliana***
Equatoriale	Zone de forêt dense humide pluviométrie > 1600mm	*E. deglupta*	0

**Espèces dont l'aire naturelle s'étend de part et d'autre du tropique et qui présentent une double réponse, selon le climat des zones d'introduction.*

Corymbia : *E. torelliana* et *E. citriodora* sont maintenant rattachés au genre *Corymbia.*

Pour chaque zone on distingue une espèce principale (qui peut d'ailleurs servir à caractériser la zone climatique) et des espèces que nous qualifions de secondaires, même si, localement, elles peuvent rendre de très grands services. De plus, ces espèces secondaires peuvent servir également à créer des hybrides avec l'espèce principale ou avec d'autres espèces comme on le verra plus loin au chapitre sur l'hybridation.

La liste ci-dessus est présentée par zone climatique. Les zones à climat doux (tempéré humide ou subtropical) sont les plus favorables aux eucalyptus. Les zones sèches, tempérées (méditerranéenne) ou tropicales (sahélo-soudaniennes) peuvent aussi leur convenir, à condition toutefois de rester au-dessus de l'isohyète 600 mm. E zone tropicale humide l'*E. urophylla* réussit bien, mais plus souvent utilisé comme hybride que comme espèce pure. En zone forestière équatoriale, l'*E. deglupta* est seul mais les espèces de la zone urophylla peuvent s'adapter.

12 – Principaux résultats par espèce

Eucalyptus gunnii Hook F. (Cider gum)

L'*Eucalyptus gunnii* est l'espèce la plus résistante au froid. Son aire naturelle, située sur le plateau central de Tasmanie s'étend de 600 à 1 200 m d'altitude. L'espèce n'est pas très productive et sa forme est plutôt médiocre mais elle résiste à -15°C et s'hybride facilement avec des espèces moins résistantes mais plus productives.

En France, l'AFOCEL (aujourd'hui FCBA) s'y est intéressée depuis 1975 dans l'espoir de créer des variétés à croissance rapide aptes à répondre aux exigences de la ligniculture. La voie fut celle de la sélection individuelle dans des sites montagnards exposés au gel.

Les structures génétiques testées furent des descendances issues des provenances d'origine puis assez rapidement des descendances hybrides obtenues à partir de croisements contrôlés entre les arbres les plus performants des espèces *E. gunnii* et *E. dalrympleana*. Dans ces hybridations à fort hétérosis, l'*E. gunnii* fournit les gènes de résistance au froid, et l'*E. dalrympleana* la vigueur et la rectitude.

Le matériel végétal de base fut celui des récoltes réalisées par J.N. MARIEN en 1984 et B. CAUVIN en 1987 comptabilisant 30 provenances d'*E. dalrympleana* et 25 d'*E gunnii.*

Aujourd'hui, les meilleures variétés clonales hybrides sont utilisées en plantations intensives dans le Sud-Ouest de la France à des fins papetières et énergétiques. On se reportera à l'excellent article publié en 2012 par F. MELUN et N. NGUYEN THE dans la Revue forestière française (2012[303]).

Eucalyptus camaldulensis Dehnh. (River red gum)

Cette espèce, que l'on a précédemment pris pour exemple est surtout intéressante pour les pays méditerranéens souhaitant produire du bois de feu ou d'industrie. Toutefois, dans les pays de la zone sahélo-soudanienne, l'*E. camaldulensis* sert également comme source d'énergie et bois de service. Outre sa bonne résistance à la sécheresse, son intérêt réside dans son excellente aptitude à rejeter de souche, son assez bonne forme et à sa relative tolérance à la salinité des sols.

Meilleures provenances :

Provenance	Meilleurs résultats par pays
Lake ALBAKUTYA (V.)	Maroc, Tunisie, Italie
KATHERINE (N.T.)	Nigeria, Australie
PETFORD (QLD.)	Nigeria, Australie, Thaïlande
GIBB RIVER (W.A.)*	Australie, Thaïlande

La provenance PETFORD s'est révélée très supérieure, à Afaka au Nord-Nigéria (ELDRIDGE *et al.* 1993). Au Congo, elle s'est montrée également en tête de toutes les provenances d'*E. camaldulensis,* en restant toutefois inférieure aux Meilleures provenances d'*E. tereticornis,* en particulier au "12ABL" importée de Madagascar. GIBB River s'est souvent révélée très performante dans les régions tropicales (Australie, Thaïlande, Malawi, Equateur, Nord-Côte d'Ivoire (LOUPPE 1998[304]), etc.).

Les pays ayant enregistré les meilleurs résultats, et les plus intéressés, ont installé des plantations conservatoires de provenances (MARTIN 1977).

Espèces du Groupe *globulus*

La super espèce *E. globulus* (Groupe) comprend 4 sous espèces assez proches : *globulus, maïdeni, bicostata* et *pseudoglobulus* dont le centre de diversification serait centré sur l'aire naturelle du *maïdeni* (Jones _2013[305]). La migration et la dérive génétique à partir de ce centre permettrait d'expliquer la situation des diverses espèces actuelles.

Eucalyptus globulus Labill. *ssp. globulus* (Tasmanian blue gum)

C'est l'espèce qui a le mieux réussi dans les zones tempérées douces et humides. Cependant, il ne résiste guère au froid et est sévèrement touché dès que la température descend en dessous de -3°C (jusqu'à -6°C pour de courtes durées).

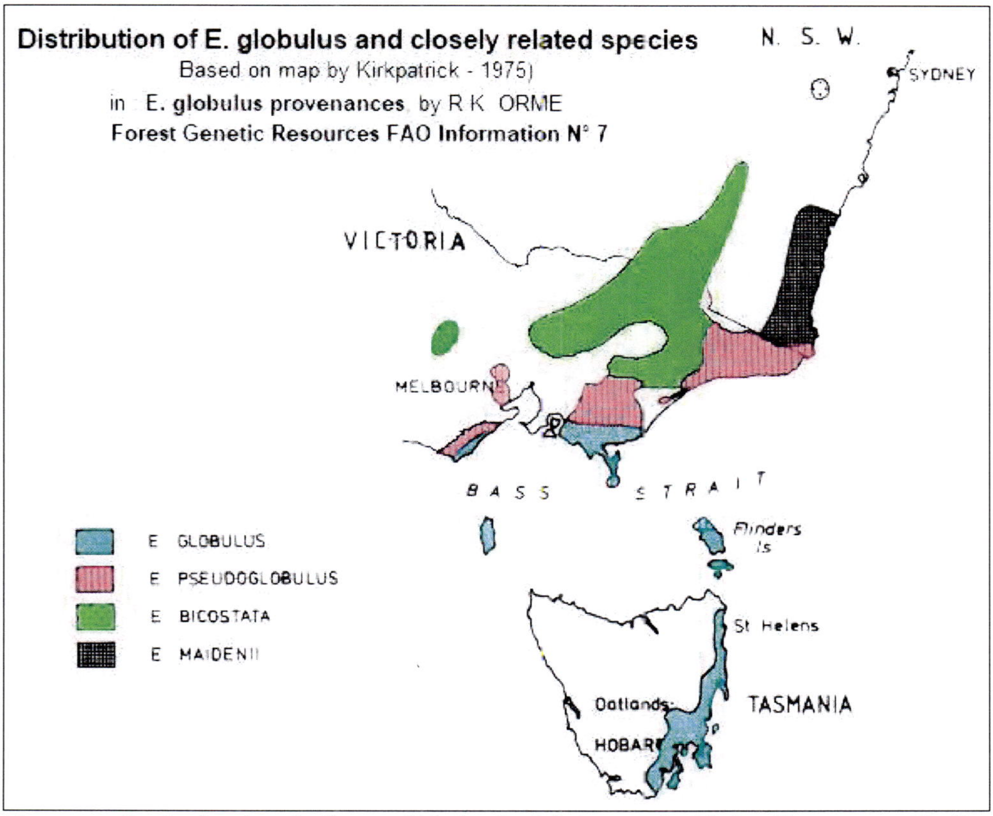

Aires naturelles des 4 espèces du Groupe *Globulus (E. globulus, pseudoglobulus, bicostata et maïdenii)*

Il réussit particulièrement bien au Chili (où il peut atteindre 50 m³/ha/an), au Portugal et en Espagne, avec des plantations industrielles largement développées, lesquelles restent toutefois en dessous d'une certaine altitude à cause du gel (400 m en Cantabrie, dans le Nord-Ouest de l'Espagne). L'espèce est également utilisée dans les plantations industrielles papetières d'Uruguay (climat subtropical) et rend des services entre 1000 et 2000 m dans certains pays tropicaux, comme l'Inde, le Pérou, l'Ethiopie, le Rwanda, le Burundi, etc., avec la sous espèce *globulus* ou *maïdeni* qui donnent un bois assez dense et très prisé car à multiples usages.

Caractéristiques. L'espèce est à forte croissance et produit un bois dense et de très grande qualité (meilleur bois pour la pâte à papier mais bon également pour la parqueterie et la menuiserie). Très apprécié par les papetiers, le globulus est cependant menacé par plusieurs adversités (insectes et champignons). Concernant les insectes, le phoracantha (*Phoracantha semipunctata*) est finalement assez peu dangereux car il agit comme un parasite de faiblesse, limitant l'espèce dans les zones sèches (cas du Portugal) ce qui peut cependant s'avérer pénalisant si le climat devient plus sec. Au Congo, l'insecte est apparu uniquement en saison sèche sur les arbres abattus, non écorcés, avant le séchage complet des rondins qui dure 3 mois.

***E. globulus ssp. globulus* en Cantabrie (Espagne). A gauche :** Jeune *E. globulus* résistant au Mycosphaerella âgé de 1 an (Bosques 2000 - Torrelavega). **A droite :** Parcelle d'*E. globulus* âgés de 15 ans, en cours d'exploitation.

Par contre, le goniptère, coléoptère *cucurlionidae* défoliateur (*Gonipterus scutellatus*), apparu en Galice en 1992 et en Cantabrie en 1999, est autrement plus dangereux. En Espagne et au Portugal, il attaque fortement le feuillage du globulus entraînant des pertes de productivité pouvant aller jusqu'à 30 à 50 %.

Pour ce qui est des champignons, la maladie des taches foliaires (*Mycosphaerella sp.*) apparue en Cantabrie en 2000, détruit les jeunes peuplements jusqu'à l'âge de 2 ans (de semis ou de rejets) en s'attaquant aux feuilles de jeunesse. L'*E. globulus* tend donc à être remplacé par l'*E. nitens*, encore plus productif et plus résistant mais moins apprécié des papetiers à cause de son bois moins dense et donc d'un rendement papetier inférieur.

Meilleures provenances. Les résultats enregistrés avec la sous espèce *globulus*, sont assez variables d'un essai à l'autre avec des écarts entre provenances pas toujours très significatifs.

Selon plusieurs auteurs et en particulier K, ORME, les provenances proches du **Cap Ottway** (Victoria), de **King Island** (Détroit de Bass) du Sud de la Tasmanie (**Huon valley**, **Geeveston**) et un peu moins fréquemment de l'Est de la Tasmanie (**Hunty river**) se sont révélées les meilleures, surtout dans les essais réalisés en Australie (K. ELDRIDGE *et al.* 1993). Cependant, une autre particularité du globulus est que les provenances locales se montrent souvent aussi vigoureuses et plastiques que les Meilleures provenances australiennes comme c'est le cas en Espagne et au Portugal. A notre avis, un tel résultat peut être attribué à une consanguinité élevée dans les aires naturelles et donc à la rupture des cercles de consanguinité dans les zones d'introduction (à la génération suivante), venant confirmer l'hypothèse de la dérive génétique des sous-espèces à partir de la sous espèce *E. maïdeni.*

***E. maïdeni* au Rwanda (2011). 1 : District de Burera**, belle plantation *âgée* de 1 an. **2 : District de Nyabihu**, très belle plantation de 2 ans dans une ancienne plantation de *Pinus patula* dévastée pendant la guerre**. 3 : District de Karongi,** magnifique plantation de reconversion âgée de 1 an, après une première rotation de *Pinus patula.*

Eucalyptus nitens *Deane & Maiden. (Shining gum)*

L'intérêt de cette espèce (voir la carte de l'aire naturelle à la page suivante) vient de ses excellentes performances, nettement supérieures à celles du globulus.

Non seulement il peut facilement remplacer ce dernier en dessous de 400 m d'altitude mais il permet surtout d'étendre largement les plantations vers les hautes terres (jusqu'à 800 m d'altitude en Cantabrie).

En effet, dans le Nord-Ouest de l'Espagne, le nitens, plus productif que le globulus, y est nettement plus résistant, au froid (jusqu'à -7°C et même -10°C en courte durée), mais aussi au *Mycosphaerella* ainsi qu'au goniptère.

En Espagne les planteurs découvrent peu à peu le potentiel considérable de l'*E. nitens* et il n'est donc pas étonnant qu'ils se détournent de plus en plus du globulus, au grand dam des industriels. En dehors d'une densité du bois plus faible, son défaut majeur tient à sa mauvaise aptitude à rejeter de souche mais il semble bien que ce ne soit pas le cas de toutes les provenances.

Aire naturelle de l'*E. nitens*

(d'après Pederick in K Eldridge & al.)
(Oxford SC. Publication)

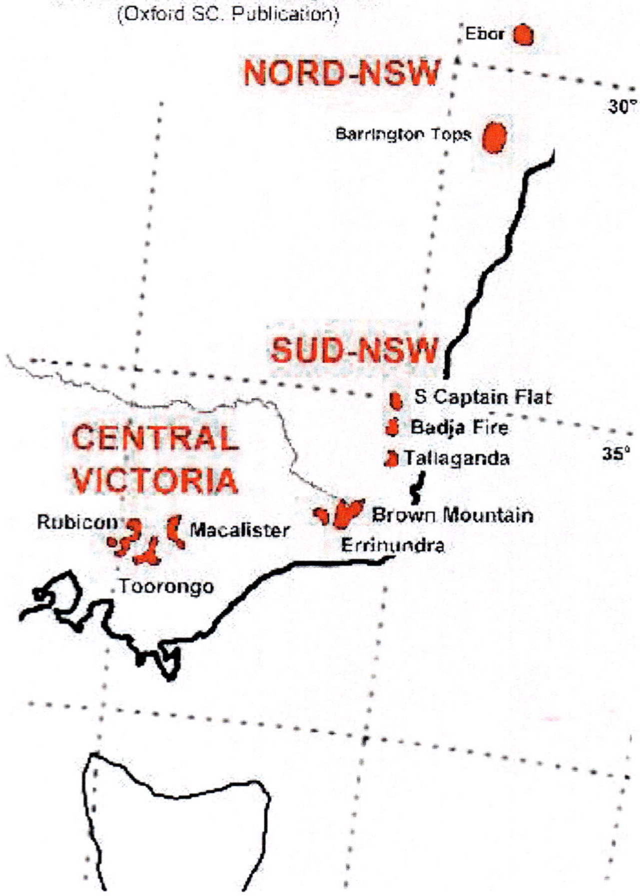

Meilleures provenances. Les essais ont montré des différences importantes entre 3 groupes distincts, lesquels se différencient en plusieurs sous-groupes. Les provenances testées en Cantabrie se répartissent comme suit :

1. **Victoria Central (800-1200 m)**
   - **Rubicon** à l'Ouest
   - **Macalister**, Blue range RD, MT Useful, au Nord-Est
   - **Toorongo**, Thomson Valley, et MT Erica, au Sud-Est

2. **Sud-Nouvelles Galles du Sud (1000-1200 m)**
   - S Captain Flat, Badja Fire et **Tallaganda** au Nord
   - Brown Mountain et **Errinundra**, au Sud

3. **Nord-Nouvelles Galles du Sud (1500 m)**
   - **Ebor** au Nord
   - **Barrington Tops** au Sud

Il est tout d'abord intéressant de constater que les régions naturelles des provenances, sont situées à des altitudes relativement élevées et que leur bonne adaptation à basse altitude est inhabituelle. L'espèce a surtout fait l'objet d'essais en Australie (Victoria et Tasmanie). Des essais de provenances ont cependant également été réalisés au Zimbabwe (à 1900 et 2300 m) et en Afrique du Sud (1700 m). En Espagne, des essais très complets et plus récents ont été réalisés en Galice (1980) par la CEASA et repris par l'ENCE et en Cantabrie par BOSQUES 2000 du groupe SNIACE (2010).

Tous les essais effectués en dehors de l'Australie avaient pour objectif la recherche d'une espèce capable de résister au gel lors des pointes de froid hivernales. Le comportement des provenances diffère totalement lorsque l'on passe de l'Australie (espèce autochtone) aux pays d'introduction (espèce exotique). Alors qu'en Australie ce sont les provenances du "Victoria Central" qui arrivent toujours en tête, en Afrique et en Espagne, au contraire, les provenances de NSW (et notamment celles du Nord des NSW (SWAIN *et al.* 2004[306]), dépassent toujours plus ou moins largement celles du Victoria, sensibles au Mycosphaerella et moins vigoureuses.

On peut attribuer ce résultat au fait qu'en Afrique australe (Zimbabwe, Afrique du Sud), les essais ont été réalisés sous climat à pluies d'été contrairement aux climats à pluies surtout hivernales du Sud Est australien. Cela n'est cependant pas le cas en région tempérée comme en Cantabrie (pluies d'hiver et hygrométrie très élevée) où la provenance locale et celles des NSW (notamment Tallaganda) surpassent celles du Victoria, beaucoup plus sensibles à la maladie des taches foliaires. Il est à noter que la provenance Errinundra (Est du Victoria), dont la résistance est très grande, réussit mal en Cantabrie ; en particulier, la variété dite "denticulata" à feuilles étroites y est moins vigoureuse, malgré son assez bonne résistance au Mycosphaerella. Par contre, les provenances du Nord des NSW y sont les meilleures.

E. nitens en Espagne. 1 : Bel *E. nitens* âgé de 1 an (Cantabrie). **2 :** Belle plantation d'*E. nitens* âgée de 2 ans à la période du changement de feuilles (Bosques 2000 - Cantabrie). **3 :** Magnifique peuplement d'El Garmo (Vizcaya) âgé d'environ 50 ans (arboretum Gaspar de la Lama).

**

E. grandis W. Hill. (Flooded gum)

E. saligna Smith. (Sydney blue gum)

E. grandis et *E. saligna* sont deux espèces proches dont les aires naturelles se répartissent le long de la côte-Est australienne. Le saligna est moins tropical (de 36° à 19° de latitude Sud) mais il s'étend plus à l'intérieur des terres avec en particulier la provenance Carnavon (Centre Queensland) qui se trouve à 450 km de la mer. Le grandis est plus tropical ; il s'étend de 33° à 16° Sud et comprend, au Nord Queensland, des provenances sous climat tropical avec des peuplements proches des forêt denses (Ravenshoe, Atherton, etc.).

L'*E. gandis* est l'espèce majeure des régions subtropicales. Il est largement planté au Sud-Brésil (1 million d'ha, surtout dans les états côtiers du Sud, de Porto Allegre à San Paulo) ainsi qu'en Afrique du Sud (Zoulouland).

Son bois, plus léger que celui du globulus n'est pas seulement utilisé pour la pâte ; il trouve des emplois variés dans plusieurs pays. En Afrique du Sud il fournit une grande partie des bois de mine, remarquablement préassemblés avec du gros fil de fer, dans des usines utilisant beaucoup de main d'œuvre. En Argentine le bois de grandis est généralement déroulé pour faire des cagettes de fruits et légumes ou pour la fabrication de contreplaqué. On l'utilise aussi pour le sciage, en Argentine, en Australie, en Inde, en Uruguay en Zambie et au Zimbabwe.

Un des problèmes récents est sa sensibilité à la rouille foliaire (*Puccinia psidii*) qui fait des ravages sur les plantations. Au Brésil 30.000 ha seraient attaqués (selon DIANESE *et al. in* ELDRIDGE *et al.* 1993). Heureusement, comme c'est souvent le cas avec les champignons, on trouve des génotypes résistants. Selon une étude brésilienne, le déterminisme de cette résistance tiendrait à la qualité des cires foliaires (DOS SANTOS *et al.* 2018[307]). De plus, beaucoup d'hybrides y sont moins sensibles.

La croissance de l'*E. grandis* est en général meilleure que celle de l'*E. saligna*, sauf en altitude (de 1500 à 1800 m), quand les conditions deviennent plus fraiches, comme c'est le cas en Afrique du Sud et en Angola (DELGADO-MATAS and PUKKALA 20°19[308]).

Bien que plus productif mais avec un bois nettement plus léger (0,360 contre 0, 410 pour le saligna) le rendement en pâte du bois du grandis reste cependant inférieur.

Meilleures provenances. Il est important de souligner que pour une espèce aussi importante que l'*E. grandis,* les provenances sont restées longtemps mal représentées, souvent par un très petit nombre de descendances, voire une seule, d'où le manque de fiabilité des résultats. Il a fallu attendre 1980 et l'impulsion de l'IUFRO pour que de véritables essais de provenances soient mis en place dans 13 pays (PEDERICK 1983[309]). Comme l'*E. camaldulensis*, l'espèce présente 2 types de réponse selon la zone climatique des provenances d'origine (subtropicales ou tropicales) :

- **Pour la zone subtropicale,** les écarts entre provenances ne sont pas considérables mais les améliorateurs s'accordent à souligner l'infériorité fréquente des "landraces" sur les provenances naturelles et la supériorité de la provenance **Coffs Harbour** des NSW (MATHESON and MULLIN (1987)[310] ainsi que (ROEDER 1980[311]). Il est vrai que c'est dans cette région que l'on trouve les plus beaux exemplaires de l'espèce, comme le "Vincent tree", le plus gros grandis du monde qui dépasse 70 m de haut et plus de 2,20 m de diamètre.

Dans la zone subtropicale, il faut signaler aussi les provenances de **Gympie** et **Kyogle** qui donnent souvent d'assez bons résultats, respectivement en Afrique du Sud et au Brésil.

- **Pour la zone tropicale,** par contre, seules les provenances du Nord Queensland (**Atherton Tableland**) sont capables de s'adapter à la forte hygrométrie. Ce fut particulièrement le cas au Congo, comme on l'a vu plus haut avec les introductions d'Afrique du Sud, et au Brésil avec les essais d'Aracruz Florestal (Espirito Santo) à partir de graines récoltées dans l'arboretum de Rio Claro (Sao Paulo). Les provenances subtropicales ne s'adaptent pas aux climats tropicaux humides de basse altitude.

Signalons au passage que dans un essai comparant 42 descendances de 7 provenances du Nord Queensland, installé en 1989 au Congo par l'UAIC, nous avons observé des niveaux de consanguinité très élevés en liaison avec la moindre viabilité des graines (de 80 à 100 plants/g pour certains lots) et surtout la grande fréquence de "dwarfs" dans les descendances. Cela n'est pas surprenant puisque l'on se trouve à l'extrémité Nord de l'aire naturelle de l'espèce avec des arbres, pénétrant parfois en forêt dense, et pouvant se trouver en situation très isolée.

D'une manière plus générale, une étude brésilienne a d'ailleurs montré que les sources locales d'*E. grandis* étaient plus hétérozygotes que les provenances importées directement d'Australie, ce qui est un résultat plutôt classique (MIRANDA *et al.* 2019[312]).

Enfin, il faut remarquer que les conditions climatiques deviennent vite marginales pour le grandis, (trop froides, trop sèches ou trop humides) et d'autres espèces doivent nécessairement le remplacer ou l'améliorer par hybridation :

1 - Australie (Nord-Queensland), Provenance naturelle d'E. grandis d'Atherton-Tableland, 450 m d'altitude. **2 et 3 : Corrientes (Argentine). 2 :** Très belle plantation d'*E. grandis* de Ciriaco d'Agro Alba (Groupe Tapebicua) de 11 ans pour le sciage. **3 :** Belle plantation d'*E. dunnii* à 11 ans après éclaircie - Pomera Maderas, Ituzaingo. **4 : Pointe Noire (Congo)** - Assez bonne adaptation de la provenance d'Atherton (11 ans).

- **Froid** : Dans le Sud du Brésil, en Argentine et dans le Centre-Sud, les dégâts de gel sont assez fréquents et, dans les sites les plus exposés, les planteurs préfèrent souvent utiliser l'*E. dunnii* plus résistant au gel malgré sa timidité à produire des graines. En Afrique du Sud, pour Sappi Forest, en particulier dans la Province du Mpumalanga (Eastern Transvaal), c'est la seconde espèce de plantation (23% des surfaces) derrière *Pinus patula* (44%) et avant *E. grandis* (16%) avec près de la moitié des surfaces plantées. D'autre part, en Floride, les "landraces" d'*E. grandis* contiennent un grand nombre d'hybrides notamment avec *E.*

tereticornis, lesquels montrent généralement une meilleure résistance au froid (A. FRANKLIN 1986[313]).

- **Sècheresse :** Lorsque les conditions deviennent trop sèches, comme au Maroc, on lui préfère l'*E. camaldulensis*, bien que nettement moins productif mais l'hybride "camalgrandis" s'est montré encore meilleur.
- **Humidité** : Lorsque l'on se rapproche des tropiques humides, l'hygrométrie croissante réduit les chances d'une bonne adaptation, même pour les provenances du Nord Queensland. Ce fut le cas au Brésil, à Aracruz (Espirito Santo) avec l'échec des premières plantations réalisées par la Société Aracruz Florestal, dans les années 70, à partir des graines d'*E. grandis* récoltées dans l'arboretum de Rio Claro. Par la suite, la provenance d'Atherton se montra beaucoup moins sensible au chancre mais c'est l'*E. urophylla* qui sauva le projet grâce à la création, en 1975, des hybrides "urograndis" et au magnifique développement qui en a suivi.

Eucalyptus pellita F. Muell. (Large-fruited red mahogany)

L'*Eucalyptus pellita* est avec l'*E. urophylla* et l'*E. resinifera*, une des rares espèces d'eucalyptus bien adaptées aux zones tropicales humides de basse altitude. En Guyane, c'est l'espèce qui a donné les meilleurs résultats en plantation (essais de Paracou, NICOLINI ET MOREL, 2016[314]). De plus sa bonne aptitude à la multiplication végétative ainsi que sa bonne résistance aux maladies comme le chancre (*Cryphonectria cubensis*), la rouille foliaire (*Puccinia psidii*) et le (*Ceratocystis fimbriata*), maladie grave proche de celle du chancre coloré du platane, en font une espèce précieuse.

Elle est utilisée comme espèce pure dans des plantations industrielles papetières principalement en Indonésie (Sumatra et Kalimantan) en remplacement de l'*Acacia mangium* lorsque les attaques de *Ganoderma philippii* ("Pourridié rouge") et de *Ceratocystis sp.* ("maladie du flétrissement") se montrent trop sévères. De plus, son amélioration se poursuit dans plusieurs pays (Australie, Brésil, Malaisie, Chine, Vietnam, etc.), orientée le plus souvent vers la création d'hybrides performants avec des espèces comme *E. urophylla*, *E. grandis*, *E. resinifera*, *E. brassiana* et même *E. deglupta.* Ce dernier croisement, exploité jusqu'en 2007 par la Société PICOP aux Philippines est assez étonnant car, bien que les deux espèces appartiennent au genre *Symphiomyrtus*, la distance génétique semble assez grande entre l'*E. deglupta*, relativement isolé dans la section *Equatoria* (PRYOR & JOHNSON 1971[315]) et l'*E. pellita* classé dans la section des *Transversaria* avec beaucoup d'autres espèces : *E. urophylla*, *E. resinifera*, *E. robusta*, etc.).

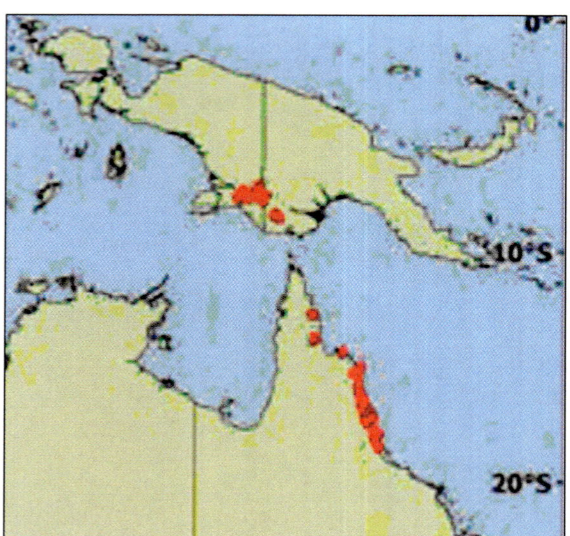

Source : "Trees for life in Oceania" L. Thomson, J. Doran & Br.Clarke ACIAR

Morphologiquement, l'*E. pellita* présente certaines affinités avec l'*E. urophylla*, avec qui il partage les mêmes qualités de bois (assez bon bois d'œuvre, plutôt léger, facile à scier et à sécher, également bon pour la pâte). Son bois de cœur est brun rouge d'où l'appellation d'"Acajou rouge".

Aire naturelle. Elle est conforme à la carte ci-dessus, extraite de l'article de Chris Harwood (pages 108 à 111 in ACIAR - Trees for life in Oceania). Signalons qu'*E. pellita* était reconnu également dans le Sud des NSW, régions subtropicales au Sud Est des NSW (autour de 35°Sud), mais que depuis 1990, cette partie de l'aire naturelle a été attribuée à une nouvelle espèce (*E. scias*), comprenant trois sous-espèces.

L'*E. pellita*, relativement côtier, peut monter jusqu'à 800 m d'altitude. Il s'étend sur 2 zones climatiques très distinctes :

1. En région tropicale au Nord Queensland, entre Townsville et le Cap York (de 18°30 à 13° Sud).
2. En région tropicale humide du Centre-Sud de la Nouvelle Guinée (à cheval sur la Papouasie-N^elle^ Guinée (PNG) et l'Irian Jaya, à 7 - 8°Sud).

D'après les auteurs, l'*E. pellita* se mêle de plus en plus souvent à la forêt dense à mesure que l'on avance vers le Nord. En Nouvelle Guinée, il peut atteindre de grandes dimensions (jusqu'à 40 m) avec un fût droit et une écorce rugueuse à grandes plaques. Ses feuilles sont pointues et coriaces. Dans le Sud de son aire, il est commun dans la strate supérieure des forêts les plus sèches mais on le rencontre aussi sous forme d'arbustes branchus, sur sites pauvres et peu forestiers.

Sur l'île de Nouvelle-Guinée, en Irian Jaya (Indonésie), on ne l'a découvert qu'en 1986 à la suite d'une mission de l'ATSC (VERCOE & MCDONALD 1990[316]). On le rencontre surtout sur le plateau d'Oriomo et dans le bassin de la rivière Fly dans une zone dite "Plate-forme Fly-Digoel", sous une pluviométrie supérieure à 2000 mm. L'aire naturelle dans cette région reste toutefois mal connue. Les sites de récoltes sont les suivants :

- **Papouasie Nouvelle Guinée (PNG)** :
  Fly River, Boset, Obo, Morehead, Kiriwo, Serisa et Keru.
- **Irian Jaya (IJY)** :
  Erambu, Merauke, Bupul et Muting.

Meilleures provenances. Pour l'utilisateur, ces deux entités se traduisent par des variations considérables d'adaptation de l'espèce dans les pays d'introduction avec une meilleure résistance aux cyclones pour les provenances australiennes qui conviennent aux régions subtropicales (Sud de la Chine, Zones d'altitudes d'Indonésie) alors que les provenances de Nouvelle Guinée (THOMSON *et al.*[317]) s'adaptent bien aux conditions tropicales de basse altitude, chaudes et humides.

Eucalyptus resinifera Smith. (Red mahogany)

L'*Eucalyptus resinifera*, comme l'*E. grandis*, a une aire naturelle double, avec une partie subtropicale, du 25ème au 35ème degré de latitude Sud, et une partie plus au Nord, entre le 15ème et 17ème parallèle. C'est, avec l'urophylla et le pellita, une des rares espèces à s'adapter aux conditions tropicales humides de basse altitude, à condition toutefois d'utiliser les provenances du Nord de l'aire naturelle. Il n'est pas planté en grandes plantations, probablement à cause de son bois lourd, plus intéressant pour le sciage et la menuiserie que pour la production de pâte. Par contre, comme le pellita, il donne des hybrides vigoureux avec *E. urophylla*, *E. grandis*, *E. pellita*, *E. brassiana, etc.).* Il faut donc maintenir un certain intérêt pour cette espèce qui constitue une réserve de variabilité génétique et pourrait donc à ce titre rendre de grands services dans le futur.

Eucalyptus tereticornis Smith. (Forest red gum)

Morphologiquement, l'*Eucalyptus tereticornis* ressemble beaucoup à l'*Eucalyptus camaldulensis,* avec lequel il partage une zone d'introgression dans la région de Petford au Nord Queensland. Cependant, écologiquement, il en est très différent. D'une part, c'est l'eucalyptus qui a l'aire naturelle la plus étendue en latitude (BOLAND *et al.* 2006), depuis les côtes du Victoria (38°) jusqu'au Sud-Est de la Papouasie-Nouvelle Guinée (6°). D'autre part, contrairement à l'*E. camaldulensis* que l'on rencontre en zones sèches, un peu partout à l'intérieur du continent australien, l'*E. tereticornis* au contraire le remplace sur la façade Est, en situation plus ou moins humide. Dans les zones tropicales, il est capable de s'adapter aux conditions de savanes à hygrométrie élevée.

Bien que souvent utilisé en plantation, l'*Eucalyptus tereticornis*, en tant qu'espèce pure, intéresse rarement les grandes compagnies industrielles. Sa forme, bien que meilleure que celle du camaldulensis, n'est pas parfaite. Sa croissance est moins rapide que celle du grandis ou de l'urophylla. Enfin son bois rouge est très lourd et difficile à scier. Excellent bois de feu et de service, il peut cependant être utile pour la production de bois de pâte, grâce à ses hybrides, en particulier avec l'E. grandis (comme les hybrides naturels "HS2" du Congo). Son feuillage pendant, s'apparente plutôt à celui d'arbres de "woodland" couvrant mal le sol. De ce fait, en plantation il peut être sujet à l'envahissement par le recru herbacé, ce qui retarde sa croissance et le fragilise beaucoup vis-à-vis des feux de brousse. En zone humide sa culture est donc plus difficile ; il y occupe néanmoins une bonne place pour la production de bois énergie.

Meilleures provenances. Au Congo Brazzaville, dans les savanes du Sud du pays (4°30 Sud), la première introduction date de 1956 (parcelle 568 de la station de Pointe Noire).

Il s'agissait d'une descendance maternelle appelée "12 ABL" (arbre n° 12 de la station Ambila-Lemaitso, sur la côte Est de Madagascar) sous l'appellation "*rostrata*" ancien nom de l'*E. camaldulensis* et dont l'appartenance à l'espèce tereticornis ne fut certaine qu'après l'essai international de camaldulensis en 1986, ainsi que nous l'avons déjà relaté.

L'adaptation du 12ABL a été considérée comme bonne mais sa production est restée faible malgré les améliorations culturales et la fertilisation (maximum de 10 m^3/ha/an à Pointe Noire et de 20 m^3/ha/an à Loudima), ce qui explique les nombreux essais de provenances d'*E. tereticornis* installés entre 1971 et 1975 (14 provenances du Nord-Queensland et 6 de Nouvelle Guinée) visant à trouver mieux que le 12ABL. Deux d'entre elles (MT. Coolon et MT. Garnet), ont fait l'objet de tests par descendances séparées, en 1974 et 1975 (VIGNERON 1986)[318].

Les résultats furent assez décevants dans l'ensemble car aucune n'a significativement surpassé le 12ABL. Les Meilleures provenances sont les suivantes :

12ABL, W Cooktown, Atherton, MT Coolon, Monto, Gympie, Kuplana (PNG), Coomingham.

Aucune liaison performance-latitude n'a pu être mise en évidence. D'autre part, ces provenances se caractérisent par une très grande variabilité intra et inter-familles, ce qui peut laisser supposer une très grande latitude pour la sélection familiale et individuelle mais on peut aussi s'interroger sur les niveaux de consanguinité de ces populations surtout si l'on se réfère au 12ABL dont les descendances locales contiennent des pourcentages souvent très élevés de "dwarfs".

Remarques : Les 3500 ha plantés à Loudima (vallée du Niari) avec la source locale de 12ABL n'ont pas jusqu'ici attiré d'industriels du bois mais ont seulement étés utilisés pour la production de bois de feu ou de charbon de bois.

Cependant l'intérêt de cette espèce réside davantage dans sa capacité à engendrer d'excellents hybrides interspécifiques, notamment avec l'*E. grandis*, l'*E. urophylla* et l'*E. pellita.*

Eucalyptus cloeziana F. Muell. (Gympie messmate)

Son aire naturelle, limitée au Queensland, est très morcelée, depuis Gympie (26°15.S) jusqu'à Cooktown (15°28.S). On le rencontre à la fois :

- en zone côtière (touchant même la côte à Cardwell)
- à l'intérieur des terres jusqu'à Tamboo (550 km de la mer)
- en altitude, sur le Plateau d'Atherton (1000 m).

L'*E. cloeziana (D.J.* Boland *et al. 2006* et D. Lee 2018, p. 100 à 103 *in* ACIAR-Trees for life in Oceania) est un arbre à écorce tesselée ou fissurée longitudinalement qui se présente sous des aspects variés mais n'est vraiment très beau que dans la région de Gympie, en particulier à la station de Como au Sud de la Toolara State Forest, avec des arbres très droits, pouvant attendre 60 m de haut et 2 m de diamètre. Ailleurs il se présente comme un arbre de moyenne grandeur voire un arbre buissonnant d'à peine 10 m de haut, en condition climatique semi-aride (jusqu'à 550 mm de pluie et 7 mois de saison sèche) et sur des sols plus ou moins squelettiques.

Outre sa bonne adaptation et son assez bonne couverture du sol, sa croissance relativement lente au début, se poursuit longtemps.

L'intérêt pour cette espèce tient aussi à sa bonne résistance à la concurrence intraspécifique, à son excellente rectitude et à la bonne qualité de son bois, mi-lourd, apte au sciage et au déroulage et à de nombreux emplois y compris aux travaux portuaires car il résiste aux tarets (densité sèche moyenne de 0,625 Kg/dm^3). Il a la réputation de meilleur producteur de poteaux en Australie et en Afrique australe. Au Brésil, grâce à sa bonne densité il est également utilisé pour la fabrication de charbon de bois.

Il présente cependant un certain nombre d'inconvénients :

- Les semis, très sensibles à la fonte, nécessitent un ombrage à 25% et des traitements fongicides,

- Il rejette de souche mais la conduite des rejets exige des dépressages bien adaptés.
- Le bouturage est difficile, rendant le clonage peu envisageable,
- Il est très sensible à la rouille des feuilles (*Puccinia psidii*) en particulier au Brésil,
- Les croisements contrôlés sont difficiles (fleurs minuscules, maturations décalées, coulures, etc.),
- Il ne s'hybride pas avec les autres eucalyptus à cause de son isolement dans le Sous-Genre *IDIOGENES*.

L'espèce a été introduite avec succès dans de nombreux pays africains (Afrique du Sud, Kenya, Madagascar, Malawi, Nigeria, Swaziland, Uganda, Zambie et Zimbabwe), mais aussi au Brésil et en Chine. Cela concerne en général des zones à pluviométrie allant de 1000-1500 mm avec une saison sèche de 4 à 5 mois (FAO 1974 ; POYNTON 1979[319]).

Meilleures provenances. Des essais de provenances complets ont été établis dans plusieurs pays depuis 1977. Les expérimentateurs de nombreux pays (Australie, Brésil, Congo, Inde, Afrique du Sud) s'accordent généralement pour désigner les provenances côtières comme très supérieures aux provenances de l'intérieur, en particulier :

- **Sud-Queensland côtier : Monto, Gympie, Hungry hills.**
- **Nord-Queensland côtier : Paluma, Cardwell.**

Il existe cependant des exceptions comme par exemple dans un essai de provenance brésilien réalisé dans l'État de Sao Paulo, une provenance de la Zone "Blackdown Tableland" (Intérieur-Sud) a connu la croissance la plus rapide parmi les huit provenances testées (TIMONI *et al.*, 1983)[320]. De plus, la plupart de ces essais ont également montré des écarts considérables entre familles au sein des provenances ainsi qu'au sein des familles pour les essais réalisés par descendances séparée. Enfin, au Congo un essai de provenance de 1977, contenant un témoin local, a montré une très forte supériorité du témoin local (+30%) sur toutes les autres provenances, y compris les provenances côtières. Le témoin consistait en une petite parcelle de 1963, originaire de Gympie plantée à côté d'un témoin local de 1957, lui-même récolté dans la région de Gympie, 6 ans auparavant (Thèse B. MARTIN 1987).

Pour nous, tous ces écarts dénoncent la plus ou moins grande consanguinité des provenances naturelles et les grandes possibilités d'accroître la vigueur par restitution de l'hétérozygotie dès la première génération, à partir de croisements entre arbres non apparentés et tout particulièrement entre arbres appartenant aux deux groupes côtiers, Nord et Sud.

Eucalyptus urophylla S.T. Blake. (Timor mountain gum)

On pourra se reporter à l'article de Bill DVORAK *et al.* (2018) p. 112-115 in ACIAR-Trees for Live in Oceania. Abondamment décrite plus haut, nous ne reviendrons sur cette très importante espèce que pour les qualités de son bois. Rappelons seulement que les provenances les moins élevées, et notamment celles des îles de l'arc nord de la Sonde, sont les plus intéressantes, car elles s'adaptent parfaitement aux régions tropicales humides de basse altitude. Nous insistons, sur les trois recommandations ci-après, s'appliquant aussi à bien d'autres espèces, au départ d'un programme d'amélioration efficace et rapide :

- Les peuplements sélectionnés doivent être de bonne qualité et suffisamment denses pour espérer une bonne panmixie.
- Les arbres à récolter doivent être dominants et de la meilleure forme possible, caractère toujours très héritable.
- Ils doivent être distants de plusieurs centaines de mètres, afin d'éviter au maximum les apparentements entre descendances.

Photo C. Cossalter, 1979 - Peuplement naturel d'*E. urophylla* - Monte Lewotobi (Flores)

Caractéristiques du bois. Le Viet Nam est un des pays qui utilise le plus l'*E. urophylla* comme espèce pure en plantation avec des débouchés très variés pour le bois. Une étude réalisée par le CIFOR en 2011 nous en donne les caractéristiques (SEIN & MITÖHNER 2011[321]) et dont nous résumons les résultats comme suit :

- **Densité** : bois léger pour un eucalyptus (densité basale moyenne de **0,540 à 0,570**). Il existe cependant des arbres à bois plus lourd.
- **Couleur** : bois de cœur brun clair à rougeâtre ; aubier blanc rosâtre clair (20–60 mm d'épaisseur).
- **Fil** : droit à imbriqué.
- **Texture** : modérément grossière à grossière.
- **Figuration** : souvent rubanée lorsque scié sur quartier
- **Séchage** (jusqu'à 12% d'humidité) : retrait modéré à élevé, 1,8–3,0% (-4,4%) radial et 3,4–7,0% (-8,9%) tangentiel (Il est important d'assurer un empilage étroit pour le séchage).
- **Clouage et vissage** : nécessite un pré-alésage pour éviter le fendage en extrémité.
- **Collage** : facile, se colore et se peint bien.
- **Déroulage** : bon lorsque le bois a une forte humidité.
- **Tranchage** : bon avec des placages à séchage facile et à présentation attrayantes.

- **Résistance naturelle** : Traitement conservateur nécessaire (aubier perméable).
- **Fibres** : relativement courtes (environ 1 mm).
- **Pâte chimique :** bonne qualité. Rendement moyen **:** 49,5% (augmentation possible par sélection).

Au Vietnam, le bois d'urophylla, principalement utilisé pour la pâte, le bois de feu et le charbon, est également destiné au sciage et à la fourniture de poteaux téléphoniques. Comme bois d'œuvre, il peut convenir à de très nombreux emplois (construction légère et lourde, ébénisterie, menuiserie, contreplaqué). Il convient aussi très bien à l'industrie du déroulage et du contreplaqué ainsi qu'à celle des panneaux. Il peut aussi rendre d'autres services (protection des berges, ombrage, production de miel et de tanin). Pour l'*E. urophylla*, dont le bois est très largement utilisé par les populations locales dans son aire naturelle (MARTIN et COSSALTER 1976), il était nécessaire d'examiner les qualités de son bois en plantation. Avec une large possibilité de sélection et d'hybridation, et à la lumière des résultats actuels, il est clair que l'*E. urophylla* est amené à devenir une excellente espèce pour la production à court terme (15-20 ans) d'un bois d'œuvre de bonne qualité, loin d'égaler cependant le bois de Teck.

Eucalyptus deglputa Blume (Mindanao gum ; Rainbow eucalypt).

L'aire naturelle de cette espèce est à cheval sur l'équateur comme le montre la carte ci-après, extraite de notre thèse de 1987 et empruntée à PRYOR (1976). Elle s'appuie à l'Ouest sur la ligne de Huxley (ligne Wallace modifiée) dont elle confirme en partie la limite à l'Ouest de Mindanao (M) aux Philippines. On la rencontre en forêt dense humide, en bordure de rivière. C. COSSALTER (1977[322]) a précisé la situation de beaucoup de peuplements naturels dans les îles Célèbes (S) et à Céram (C).

Schéma n° 9 : Essais de provenances d'*E. deglupta* (DAVIDSON, 1980)

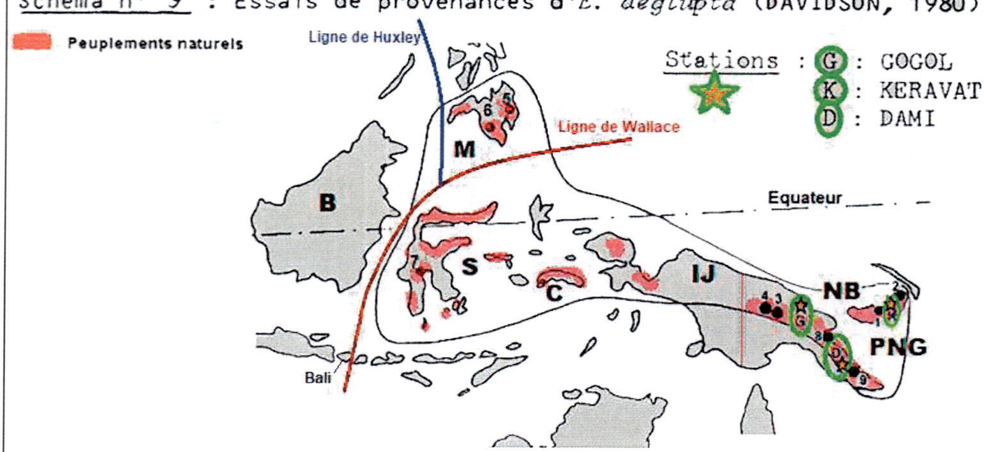

Provenances de PNG

N°	Nom	Alt.	Pluv.
1	Wilelo	10	3 800
2	Keravat	5	2 656
3	Hagen	1 800	2 622
4	Mingende	2 500	2 500

Provenances étrangères

N°	Nom	Alt.	Pluv.
5	Philippines	510	2 600
6	Philippines	390	2 550
7	Célèbes	20	3 000
8	Raba Raba	150	1 494
9	Pota Galai	30	4 200

Cette espèce était bien connue des Australiens en Papouasie-Nouvelle-Guinée (PNG), en particulier à la station de Keravat (Nouvelle Bretagne - NB). On pourra consulter l'article de John DAVIDSON (2018), p. 104-107 in ACIAR-Trees For Live in Oceania). Le deglupta est un grand arbre à écorce lisse et multicolore d'où son nom d'Eucalyptus "arc en ciel" (photo, page suivante).

Il peut atteindre 75 m de haut et 2 m de diamètre. Son aire naturelle potentielle correspond surtout aux zones de forêt dense humide, ce qui en limite l'usage en plantation. Son bois est léger ; dans son aire naturelle il est utilisé comme bois d'œuvre (sciage) et sert à de nombreux travaux (construction, menuiserie, construction navale).

Base d'un Eucalyptus déglupta de plantation avec début de contreforts

En plantation, l'*E. deglupta* a une croissance très rapide et il commence à fructifier à 1 an, mais il exige une forte pluviosité (>1500 mm, correspondant aux zones de forêt dense). De plus, il nécessite des entretiens suivis, ne rejette pas très bien de souche et son écorce très fine le rend très sensible aux feux. Ces inconvénients ajoutés à une sensibilité croissante à différentes adversités (maladies et insectes), font qu'il a perdu l'estime des industriels de la pâte. C'est ainsi qu'il a été remplacé par le gmélina puis par l'urograndis dans le Projet JARI (Brésil), sur la rive du fleuve Jari, non loin de l'embouchure de l'Amazone (projet de l'Américain D. K. Ludwig de 1967 à 1981, repris aujourd'hui par le Groupe brésilien ORSA).

En Indonésie, à la suite des grands incendies de 1997-98 au Kalimantan, qui détruisirent 50.000 ha de plantations, principalement de deglupta, il a été remplacé par l'*Acacia mangium* (PIRARD & COSSALTER 2006)[323].

Aux Philippines le deglupta servait à alimenter l'usine de pâte de la société PICOP, laquelle est arrêtée depuis 2007 mais, selon J. DAVIDSON, l'espèce y était très sensible à un bupreste foreur des tiges.

Enfin aux îles Salomon, il n'est plus qu'en 5ème position après le *Gmelina arborea*, le *Campnosperma brevipetiolata* (espèce locale), le teck (*Tectona grandis*) et l'acajou d'Amérique (*Swietenia macrophylla*). Il faut dire que dans ce pays, le deglupta est devenu très sensible à l'hémiptère *Amblypelta cocophaga* provoquant le dépérissement des jeunes arbres (BIGGER 1995[324]).

Essais de Provenances. Sa variabilité intra-spécifique reste encore assez mal connue car on dispose de peu d'essais de provenances en dehors de ceux réalisés en 1980 en Papouasie-Nouvelle-Guinée par J. Davidson (1980[325]), dans 3 sites différents, Gogol, Keravat et Dami (voir encadré ci-dessus).

Remarquons que s'agissant d'essais effectués dans l'aire naturelle ou à proximité, leurs résultats ne sont pas forcément extrapolables aux autres essais réalisés en dehors de l'aire naturelle. A 7 ans, les différences entre provenances sont assez réduites.

Il ne semble pas y avoir de lois évidentes de variabilité ; les provenances d'altitude peuvent cependant être assez mal classées, sans être les dernières. Ainsi, la provenance Mingende (PNG), récoltée à 2500 m d'altitude, dépasse dans les 3 stations la provenance Sud-Raba-Raba (Sud PNG) située à 150 m d'altitude. Cette dernière est classée partout la dernière et on peut penser à la hauteur de pluie comme facteur principal de variation car elle est originaire du site le plus sec (1494 mm) alors que les huit autres provenances viennent toutes de régions très arrosées (2500 à 4200 mm).

Il est à noter que les provenances des Philippines (M) et des Célèbes (C) semblent aussi bien placées que les provenances locales.

Meilleures provenances. D'après ELDRIDGE *et al.* (1993), et après examen des rares essais réalisés en Côte d'ivoire, au Kalimantan et à Puerto Rico, il semble que l'on puisse accorder une certaine supériorité aux provenances suivantes :

- **PNG** : Nouvelle Bretagne, en particulier la Côte Nord-Ouest (**Wilelo).**
- **Philippine**s (Mindanao) : **Bataan, Cabadbaran et Bislig.**

Signalons enfin que l'espèce peut, elle aussi, souffrir de consanguinité, détectable par la présence de "dwarfs" dans les descendances ainsi que nous l'avons observé dans les premières plantations de San Pedro en Côte d'Ivoire, faites à partir de la provenance locale Dabou, constituée par quelques arbres isolés, produisant probablement des familles de pleins ou demis frères.

***

2 - Les Pins subtropicaux et tropicaux

Par rapport à celle des eucalyptus, la production ligneuse des pins est sans aucun doute plus coûteuse car, du fait d'une croissance initiale moins rapide, l'entretien initial est plus long (3 à 5 ans contre 1 à 3 ans pour les eucalyptus). D'autre part ces espèces ne rejettent pas de souche, sinon de manière insuffisante (*Pinus oocarpa* par exemple). Il n'est donc pas économiquement envisageable de planter des pins dans le seul but de produire de la pâte. L'objectif est donc avant tout la production de bois d'œuvre, le bois de trituration étant une production secondaire (éclaircies, sous-produits des coupes finales et résidus de scieries).

21 – Développement et importance actuelle

A cause de la bonne qualité de leurs bois, la culture industrielle des pins est plus ancienne que celle des eucalyptus. De plus, le caractère relativement pionnier des pins et leur grande rusticité ont orienté les forestiers à utiliser très généralement les espèces locales pour le reboisement des terrains difficiles (trop pauvres, trop secs, trop humides) et avec des objectifs variés. Ainsi, en Europe et tout particulièrement en France, le pin sylvestre fut très utilisé pour la reconstitution des forêts de plaine (développement de "séries résineuses" sur les terrains sableux ou hydromorphes, trop pauvres pour le chêne), et le pin noir d'Autriche pour la restauration des terrains en montagne (RTM) et de toutes les zones dévastées pendant les 2 guerres mondiales.

Dans les régions à climat doux, la grande rusticité des pins et leur croissance souvent très rapide a attiré l'attention des forestiers. En particulier, lorsque des forêts naturelles de pins existaient on a cherché à les cultiver puis à en améliorer génétiquement la forme et la production, comme ce fut le cas pour le pin maritime en France dans les landes de Gascogne ou aux USA dans le Sud-Est du Pays avec les "yellow pines" ou "pitchpines" qui regroupent 4 espèces de pins : *Pinus taeda* ("loblolly pine"), *Pinus elliottii* ("slash pine"), *Pinus palustris* ("longleaf pine") et *Pinus echinata* ("shortleaf pine"). Ces plantations, le plus souvent privées, dont la production était avant tout dédiée aux usines locales, ont peu à peu concentré beaucoup d'efforts, ce qui a conduit, au travers des améliorations, génétique et culturale, à une véritable ligniculture, de plus en plus éloignée de la sylviculture traditionnelle.

Certains pays ont également développé de larges plantations à partir d'espèces locales de pins comme l'Indonésie (*Pinus merkusii*) et la Chine (*Pinus massoniana*). Cependant, les réussites les plus spectaculaires furent celles de pays à climats doux cherchant à palier localement le manque de bois d'œuvre. Après une phase plus ou moins longue d'introduction de diverses espèces, c'est l'excellente adaptation et le grand potentiel de productivité de quelques espèces de pins qui finirent par générer localement de véritables "filières industrielles Forêt-Bois" de plus en plus sophistiquées, véritables moteur du développement rural dans des zones faiblement actives et peu peuplées. Ce fut le cas en particulier, en Australie (*Pinus radiata*, *Pinus pinaster*, *Pinus elliottii* et *Pinus caribaea*), en Nouvelle Zélande (*Pinus radiata*), au Chili (*Pinus radiata*) et en Afrique du Sud (*Pinus patula* et *Pinus elliottii*).

Enfin il faut ajouter *Pinus oocarpa* et surtout ***Pinus tecunumanii***, nouvelle espèce, distincte de *Pinus patula* et de *Pinus oocarpa* depuis peu (1980) et qui est apparue comme très intéressante dans de nombreux pays tropicaux (Australie, Afrique du Sud, Congo, Zimbabwe, Colombie, Brésil, Venezuela), En résumé nous passerons en revue les espèces de pin suivantes, classées par zones climatiques :

1- Régions tempérées douces et humides

- Pin américain (***Pinus radiata***)
- Pin européen (***Pinus pinaster***)

2- Régions subtropicales

- Pins américains (***Pinus elliottii, Pinus taeda, Pinus patula***)
- Pins asiatiques (***Pinus massoniana***)

3- Régions tropicales :

- Pins américains (***Pinus caribaea, Pinus oocarpa*** et ***Pinus tecunumani***)
- Pins asiatiques (***Pinus merkusii, Pinus Kesya***)

Mais avant d'examiner chacune de ces différentes espèces, il est bon de s'imprégner de l'histoire du développement et de l'état économique actuel des massifs de pins les plus productifs dans le monde et de bien comprendre comment ils ont révolutionné la production de bois de conifère tout en apportant aux pays concernés un important développement, à la fois rural et industriel, ainsi qu'une remarquable dynamique économique avec des retombées sociales et environnementales incontestables.

Nous examinerons donc le développement des plantations commerciales de pins suivantes :

- Le pin maritime en France,
- Les pins du Sud-Est des Etats-Unis,
- Les plantations de pins en Afrique du Sud,
- Les plantations de pins en Nouvelle Zélande en Australie et au Chili,
- Les plantations de Pin au Brésil

Le pin maritime en France

Bien que cette espèce soit de climat tempéré doux, nous la faisons figurer à bonne place sur cette liste car elle fut utilisée par les pionniers de la ligniculture dans le Sud-Ouest de la France. L'histoire de son développement est particulièrement intéressante. Depuis 1857, après fixation des dunes du cordon littoral, et drainage de l'ensemble de la région, l'installation du **pin maritime** par semis put réussir, ce qui transforma radicalement cette immense zone de landes pauvres, insalubres et improductives. Peu à peu, la culture du pin se développa jusqu'à la création du **massif des landes de Gascogne** (**environ 600.000 ha**) dont on a déjà parlé plus haut (point 32.62, 1ère partie). Le pin maritime fait l'objet depuis 1960 d'importants programmes de recherches qui ont conduit à une véritable ligniculture, encouragée en particulier par la Coopérative de propriétaires (CAFSA, devenue "Alliance") appuyée par les organismes de Recherche (INRAE ex INRA et FCBA ex AFOCEL).

La race locale landaise, malgré sa mauvaise forme, fut choisie comme population de base à cause de sa meilleure résistance au froid. Les améliorations, tant culturales que génétiques, ont conduit à un triplement de la productivité en 50 ans et à une amélioration de la forme de 40%. Pour en connaître l'histoire, on se reportera aux nombreux documents existants et en particulier à celui édité en 2007 par la CAFSA à l'occasion de son cinquantenaire (CAFSA 2007[326]).

Malheureusement le massif a subi deux très graves tempêtes en 1999 et 2009 qui lui firent perdre près de 50% de son capital sur pied nécessitant un énorme effort d'exploitation de commercialisation et de stockage ainsi que la replantation de 200.000 ha. Depuis, les rotations ont été révisées à la baisse. En 2018, le massif a produit **6,2 millions de m^3** de bois dont 3,3 de bois d'œuvre (53,2%), 2,3 de bois d'industrie (37%) et 0,6 de bois énergie (9,6%).

Avec 3 usines de pâte, 6 de panneaux (dont 2 de contreplaqués), environ 30 scieries et 70 usines de seconde transformation, le pin maritime du Sud-Ouest procure **38.000 emplois** dont 10.200 emplois directs (FRANCE-FORET-BOIS 2019) [327]). C'est dire l'importance économique de ce massif qui déborde largement vers le Nord (Charentes, Centre, Pays de la Loire, et Bretagne). En terme de volume prélevé c'est aujourd'hui la première essence française avec 6,8 millions de m^3./an soit 14% des récoltes françaises de bois pour 6% des surfaces (https ://inventaire-forestier.ign.fr/essence/pin_marit ime/).

Les pins du Sud-Est des USA

Dans les années 50, après une longue période d'exploitation minière, le Sud Est des USA s'est retrouvé avec de vastes superficies de terres forestières déboisées et de terres agricoles dégradées. Les 800.000 ha de plantations résiduelles de pins ne produisaient guère que 6 m^3/ha/an.

Un vaste effort de recherche développement fut alors entrepris, animé par une forte coopération entre le Département américain de l'Agriculture, le Service forestier, les Ecoles forestières du Sud, les Agences forestières d'État et l'Industrie forestière (FOX *et al.* 2004[328]). La recherche a porté sur le classement des sols, l'amélioration génétique, la gestion des pépinières, la préparation du terrain, le contrôle des mauvaises herbes et la fertilisation.

Le succès fut à la hauteur des travaux : à la fin du XXe siècle, les pins du Sud Est couvraient près de 13 millions d'ha avec une productivité moyenne de 13 m^3/ha/an et une production annuelle de près de 170 millions de m^3 de bois ronds/an dont les 2/3 alimentent les 75 unités de pâtes de la région (PRESTEMON & ABT 2003 [329]). Le sciage n'utilise que la partie la plus noble de cette production, correspondant à environ 46 millions de m^3 de bois sciés par 240 scieries. Enfin, une demande de pellets (surtout européenne) s'ajoute à hauteur de 10 millions de m^3, d'où la conclusion des auteurs :

« *Les plantations de pins du Sud-Est font actuellement partie des forêts les plus intensivement gérées au monde. La croissance des plantations gérées selon des régimes sylvicoles modernes, intégrés et spécifiques au site, rivalise avec celle des plantations d'espèces non indigènes à croissance rapide dans l'hémisphère sud. Des gains supplémentaires de productivité sont probables avec la mise en œuvre de la foresterie clonale dans le Sud. Les progrès de la biotechnologie forestière augmenteront considérablement la croissance et la qualité des futures plantations. Il semble probable que le Sud restera l'une des principales régions productrices de bois du monde ».*

Les cartes de 1999, ci-après, montrent l'importance régionale de la filière bois.

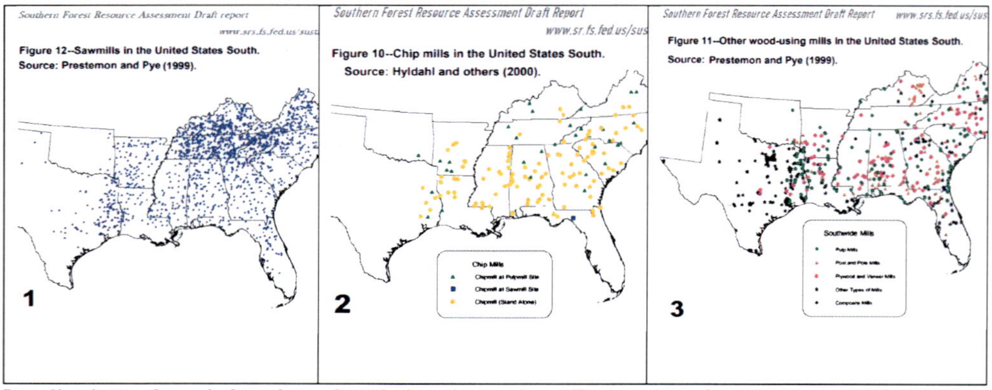

Localisation des industries du bois dans les Etats du Sud-Est des USA (https ://www.srs.fs.usda.gov/sustain/draft/timbr1/timbr1.pdf). **1 :** Scieries, **2 :** usines de Copeaux et Panneaux, **3 :** Usines de Pâte, Contreplaqué, Poteaux et Panneaux composites.

Les Plantations de pins en Afrique du Sud

Les ressources en bois des forêts naturelles se montrèrent rapidement insuffisantes pour le développement du pays. Les introductions d'espèces forestières ont commencé au XIXe siècle et furent l'œuvre de quelques fermiers pour répondre à des besoins de bois de feu et de service. Après 1910, l'afforestation s'accentua jusqu'à 100.000 ha avec les acacias dans le Natal et les eucalyptus en courte rotation pour les bois de mine. Depuis 1900, elle a suivi étroitement la production de l'or, surtout entre 1950 et 1970 (MARTIN 1991[330]). La poursuite de l'afforestation et la transformation des bois de plantation ont été fortement stimulés (avec la participation de l'Etat) pendant les deux guerres mondiales à cause de la rupture des importations en bois par les guerres sous-marines. Les grandes plantations industrielles n'ont cependant commencé qu'en 1970.

En 2018, les plantations couvraient 1.212.639 ha, soit 1% de la surface du pays. Les pins représentaient 48% de cette surface soit : 584 000 ha. Les principales espèces utilisées, résultat de nombreux essais depuis le début du XXème siècle, étaient : *Pinus patula*, *P. elliotti* et *P. pinaster*.

Afrique du Sud (2018)*	Limpopo		Mpumalanga		KkwaZulu-Natal		Eastern Cape		Western Cape		Total RSA	
Surface plantations forestières	ha	%	ha	%	ha	%	ha	%	ha	%	ha	%
Pins	28 527	56,1%	295 576	58,1%	106 315	22,5%	117 800	83,1%	36 119	96,4%	584 337	48,2%
Eucalyptus	22 215	43,7%	179 088	35,2%	297 646	62,9%	21 931	15,5%	1 161	3,1%	522 041	43,0%
Acacias	20	0,0%	11 827	2,3%	68 406	14,4%	1 659	1,2%	31	0,1%	81 943	6,8%
Essences diverses	97	0,2%	22 582	4,4%	1 058	0,2%	430	0,3%	151	0,4%	24 318	2,0%
Surfaces totales plantées	50 859	100,0%	509 073	100,0%	473 425	100,0%	141 820	100,0%	37 462	100,0%	1 212 639	100,0%

*Source : https://www.forestysouthafrxca.co.za/info-graphic/homepage/introducing-commercial-forestry/

Pinus patula, espèce subtropicale de montagne assez résistante à la sécheresse est surtout concentrée vers le Nord (Province de Limpopo et de Mpumalanga, entre 1500 et 1900 m d'altitude). Il cède graduellement la place à *Pinus elliottii* en descendant vers le Sud et les régions plus basses (Provinces du KwaZulu-Natal et de l'Eastern Cape).

Le tableau ci-après, tiré des statistiques forestières de 2018, situe l'importance des plantations Sud-africaines, à hauteur de 18 millions m^3 de bois en 2015 (dont 7 de pins et 11 de feuillus et 2/3 de bois de pâte et 1/4 de bois de sciage).

Le secteur employait 165.000 personnes dont 115.000 en emplois directs (55% dans la foresterie et 45% dans l'industrie). Fin 2014, grâce à la pâte, très exportée, et malgré une forte dépréciation du Rand, la balance commerciale de la filière bois était bénéficiaire à hauteur de 5.889 milliards de Rands (= 503 millions d'US$-2014 (LEDGER 2017[331]).

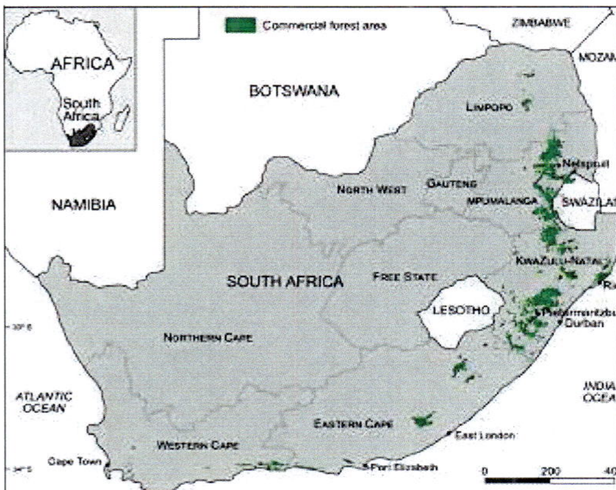

Distribution of plantation forests in South Africa (SIFISO Xulu *et al.*)

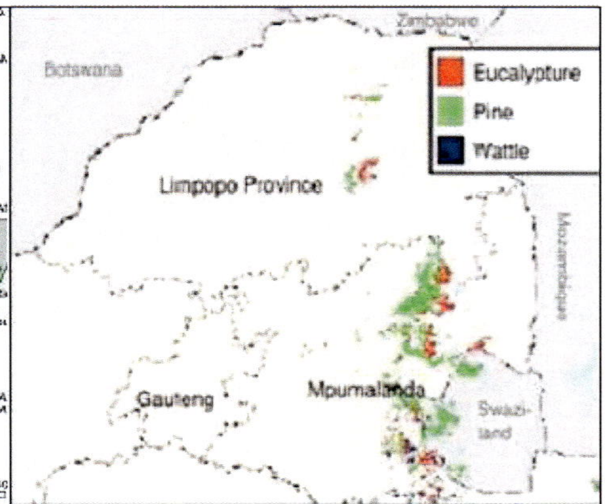

Plantations forestry in the Northern provinces of the South Africa

Source : RSA Nord-Est. Plantations forestières ; cartographie par genre. Site : http ://www.fao.org/3/y5744e/y5744e0a.htm

Les cartes ci-dessus situent géographiquement ces plantations. La première ne distingue pas les essences mais celle de droite (FAO 1997[332]) distingue nettement les 3 genres mais ne concerne que les 2 provinces (Mpoumalanga et Limpopo) qui concentrent les plus grandes surfaces de pins.

Pin maritime dans les Provinces du Cap. Après 40.000 ha de plantations commerciales de pin maritime, dans les Provinces Ouest et Est du Cap, et un important travail d'amélioration génétique incluant des vergers à graines de $1^{\text{ère}}$, $2^{\text{ème}}$ et $3^{\text{ème}}$ génération, cette espèce a finalement été abandonnée malgré les qualités technologiques supérieures reconnue de son bois, comparées à celles de toutes les autres espèces testées, (DE RONDE 2007[333]) et l'industrie n'ayant pas voulu le valoriser par un prix d'achat supérieur. De plus, il a été reconnu comme plante potentiellement invasive dans les zones qui lui étaient réservées (bandes côtières sur sols pauvres, superficiels et sableux).

Les Plantations de pins en Australie, N^{elle} Zélande et Chili

En Australie. La première plantation date de 1876 (Bundaleer, au nord d'Adélaïde).

Assez rapidement 4 espèces de pins se sont distinguées par leurs bonnes performances :

- ***Pinus radiata*** au Sud-Est (Sud South-Australia, Sud New-South-Wales, Sud-Est et Sud Victoria),
- ***Pinus pinaster*** au Sud-Ouest (S-Western Australia),
- ***Pinus elliottii*** au Sud et ***Pinus caribaea*** au Centre-Est, du Queensland.

L'objectif initial était la reconstitution des terrains dégradés par les extractions minières et la fixation des dunes en Australie de l'Ouest (Bunbury). Mais l'intérêt pour les pins grandit rapidement dans un pays qui manquait totalement de bois de conifère ("softwood"). Les plantations commerciales de *Pinus radiata*, commencèrent en 1880 dans le Victoria, suivi en 1914 par les NSW. Le Queensland a démarré plus tardivement (1925) avec *Pinus elliottii*, et *Pinus caribaea*. Comme en Afrique du Sud, l'Etat australien (représenté tout particulièrement par le très dévoué **Walter GILL**, Conservateur des Forêts de 1890 à 1923), dût se lancer dans le sciage pour vaincre les réticences à utiliser les petits bois de plantation.

Ce n'est qu'après la 2ème Guerre mondiale que la superficie en pins a significativement augmenté après que l'Australian Paper Manufacturers Ltd. (**APM**) ait décidé d'établir des ressources en bois de pâte dans le Victoria et le Queensland. Concernant le secteur public, la loi sur l'**Accord du Commonwealth sur la foresterie de résineux** permit à l'Etat de lancer un programme de 30.000 ha/an entre 1967 et 1977, l'objectif étant l'autosuffisance en produits forestiers.

Selon le rapport de juin 2020 de l'ABARES* à la fin de la campagne 2018-2019, la surface totale plantée avait atteint **1.933.400 ha,** répartis grossièrement à égalité entre pins et eucalyptus.

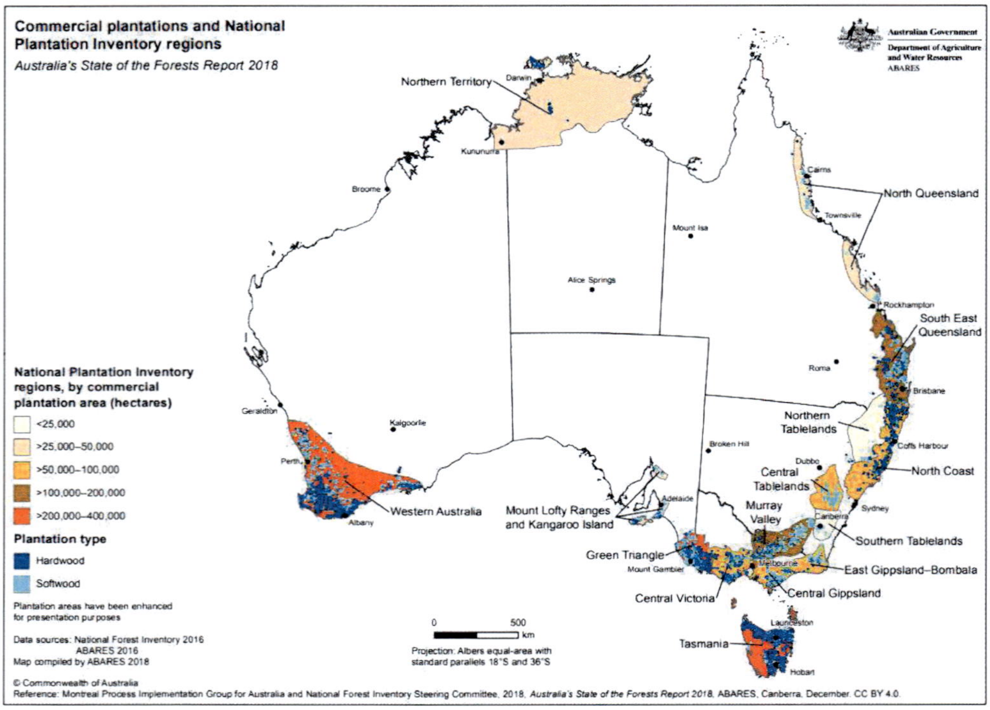

Au cours de cette dernière campagne on a planté 61.300 ha dont 2.800 seulement correspondaient à de nouvelles extensions (réalisées presque totalement avec des **pins** et à 92% pour l'État). Les 58.500 ha restant, composés à 42% d'eucalyptus, étaient des replantations.

Le massif planté australien a cependant subi une érosion de 4% (-90.000 ha) au cours de la dernière décennie, à cause principalement des incendies (surtout dans le Sud-Est). Les importants feux de

* **ABARES :** Australian Bureau of Agricultural and Resource Economics and Sciences, the science and economics research division of the Department of Agriculture, Water and the Environment.

brousse de 2019-2020 ont détruit 6,7% des plantations commerciales australiennes (130.200 hectares, principalement des eucalyptus). De plus, 12.100 ha de plantations (99% d'eucalyptus) ont été convertis en une autre utilisation des terres en 2018-2019. La moitié de ces conversions se trouvaient en Australie-Méridionale (52%), suivie de l'Australie-Occidentale (29%) et du Victoria (19%).

La carte précédente, empruntée au rapport forestier national de 2018 situe les plantations forestières australiennes dans chaque Etat. Le centre australien étant aride ou désertique les plantations sont toutes installées dans les zones côtières correspondant également aux zones habitées.

Les plantations fournissent plus de la moitié des matières premières nécessaires à la filière bois et procurent également une gamme importante de services environnementaux et sociaux. De plus, le secteur des plantations reconnu comme élément essentiel de l'économie et de l'environnement australiens (stockage du carbone, emploi en zone rurale, réduction du déficit commercial) (ALLEN 2011[334]), s'est vu récemment renforcé (privatisation des plantations de pins et renforcement des industries basées sur les plantations).

Les plantations forestières restent cependant sous la contrainte du changement climatique. D'une part certaines nouvelles maladies graves augmentent les risques, comme le "Pitch canker ' (chancre des pins dû au champignon *Gibberella circinata*). D'autre part, les grands incendies comme ceux de 2020 ont conduit à un vaste programme d'exploitation des pins brûlés, suivi de replantation des zones détruites (avec le meilleur matériel génétique possible), l'objectif étant maintenu à 3 millions d'ha de forêts plantées.

Enfin, des plantations industrielles sont également développées au Queensland, au Nord avec *Pinus caribaea var. hondurensis* (Pch) au Centre et surtout au Sud (85,5% des surfaces) où l'on a développé un hybride ***Pinus elliottii var. elliottii x P. caribaea var. hondurensis* (Pee x Pch),** mieux adapté, plus vigoureux et au bois de meilleure qualité. Cet hybride est actuellement déployé commercialement dans le Queensland via des semis de familles de demi-frères, issues de vergers à graines de F1, en fécondations libres. Rappelons que depuis juin 2010, les plantations forestières du Queensland sont gérées (sous contrat à long terme) par le Groupe Hancock Queensland Plantations Pty Limited (HQPlantations).

Au Queensland, le Gouvernement finance par ailleurs un programme de plantation de feuillus à bois d'œuvre (Corymbias hybrides et *Khaya senegalensis*).

Queensland (Australia) - Forest plantations x species and geographic region (april 2021)								
Type of Plant.	**Species/Taxa Group**		**Nord-QLD**	**Centre-QLD**	**Sud-QLD**	**Total**	**%**	**%**
State QLD Plantations *under licence* HQPlantations	Hybrid (PEExPCH)			6 900	105 200	112 100	58,7%	56,8%
	Carribean Pine PCH (*P. caribaea*)		11 600	1 300	10 000	22 900	12,0%	11,6%
	Slash Pine PEE (*P. elliottii*)				2 300	2 300	1,2%	1,2%
	Other Pinus Species				3 300	3 300	1,7%	1,7%
	Pinus (sub-total)		**11 600**	**8 200**	**120 800**	**140 600**	**73,6%**	**71,2%**
	A, cunninghamii		650	3 100	39 000	42 750	22,4%	**21,6%**
	Hardwoods (mostly spoted gum - *Corymbia sp.*)				7 600	7 600	4,0%	**3,8%**
	Total HQPlantations		**12 250**	**11 300**	**167 400**	**190 950**	**100%**	**96,7%**
Non-HQPlantations	Hardwoods	*Eucalyptus* (mainly)	3 000	1 620	1 450	6 070	92,4%	**3,1%**
		Khaya senegalensis	500			500	7,6%	**0,3%**
	Total Hardwood (Non-HQPlantations)		**3 500**	**1 620**	**1 450**	**6 570**	**100%**	**3,3%**
TOTAL PLANTATIONS QLD			**15 750**	**12 920**	**168 850**	**197 520**	**100%**	**100%**
Source : Ian LAST (HQP) and David LEE & Alex LINDSAY			8,0%	6,5%	85,5%	100,0%		

Cette privatisation du secteur a été accompagnée par une adaptation de la stratégie du Gouvernement de l'Etat en matière de plantations forestières, laquelle « *reconnaît les plantations de bois comme une forme légitime de culture agricole pouvant entrer dans la planification des terres* » (loi de 2009 sur la planification durable), ce qui, à notre avis, est un progrès très important pour le développement des plantations forestières et du partenariat entre propriétaires et industriels, très souhaitable dans un Etat à fort déficit bois de sa balance commerciale.

Le retard du Queensland en matière de plantations forestières par rapport aux Etats du Sud-Est (NSW et Vict.) tient d'abord à plusieurs points désavantageux comme le développement plus faible et l'éloignement des zones industrielles.

D'autre part, l'adaptation des espèces forestières y fut plus difficile ; la recherche des meilleures espèces, provenances et hybrides y a été plus longue que dans le Sud du Pays où le *Pinus radiata* a montré d'emblée une forte croissance. Il faut également ajouter les destructions par les cyclones qui sont intenses et fréquents au QLD.

En 2021, comme l'indique le tableau précédent, que nous a aimablement communiqué G. NIKLES, le Queensland comptait au total un peu moins de 200.000 ha de plantations, représentant environ 10% du domaine forestier planté australien (QUEENSLAND TIMBER PLANTATION, 2020[335]) avec une grande majorité (93%) de conifères, composés à 77% de pins (140.600 ha) et à 23% d'*Araucaria cunninghamii* (42.750 ha).

En Nouvelle Zélande et au Chili

Dans ces deux pays, l'histoire australienne s'est répétée avec *Pinus radiata* qui est devenu un élément majeur de leur économie. Le "radiata" représente près de 90% des plantations forestières néozélandaises (1,5 sur 1,71 million d'hectares) et 62% des plantations chiliennes (1,8 sur 2,9 millions d'ha). C'est sa remarquable adaptation, son incroyable rapidité de croissance (7 fois plus vite qu'en Californie) et sa très forte productivité (jusqu'à 50 m^3/ha/an) qui ont conduit ces pays a en faire un champion de leur économie.

Nouvelle Zélande. Alors que les forêts naturelles ne sont pratiquement plus exploitées, le rapport NZIER* de 2017 a révélé que le secteur de la foresterie et de l'exploitation forestière contribuait pour 1,4 milliard de dollars au PIB national (participation bien supérieure à celle des secteurs de la viande ovine ou bovine), que sa production était passée de 10 millions à 28,7 millions de m^3 de 1989 à 2017, correspondant à une croissance supérieure à celle de l'horticulture. Ce rapport a souligné également que la foresterie de plantation était extrêmement importante pour de nombreuses économies provinciales (jusqu'à 5,5% du PIB de certaines régions).

Par ailleurs, le ministère des Industries primaires prévoyait que les recettes d'exportation de produits forestiers de la Nouvelle-Zélande atteindraient 6,15 milliards de dollars en 2020, contre 5,14 milliards de dollars en 2016, les augmentations de recettes des sciages, des panneaux de bois, de la pâte et du papier contribuant toutes à la croissance.

Remarquons que le chiffre de + 6,15 milliards de NZ$ est très inversé par rapport à celui de notre balance commerciale bois, française. Signalons au passage que le rapport NZIER, a attiré l'attention sur une double nécessité pour l'industrie néozélandaise :

---

* NZIER : New Zealand Institute for Economic Research, an independent economic consultancy. Le rapport 2020 était demandé par la "New Zealand Forest Owners Association" et par la "Farm Forestry Association" https ://www.nzfoa.org.nz/resources/file-libraries-resources/discussion-papers/602-nzierreport-2017/file)

1. ajouter sa contribution environnementale à la valeur économique de la foresterie,
2. avoir un ministère ou un département dédié à la foresterie.

Enfin, les statistiques forestières nationales nous donnent les chiffres suivants pour 2020* :

- Surface totale de plantations de production : 1,710 million ha (90% en *Pinus radiata*)
- Volume total exploité : 36,6 millions de m^3
- Productivité moyenne : 21,40 m^3/ha/an
- Essences : Pin radiata : 90%, Douglas : 6%, Cyprès macrocarpa : 1%, Eucalyptus : 1%, divers conifères : 1%, divers feuillus : 1%.

Concernant seulement *Pinus radiata* en 2020 :

- Surface totale de plantations : 1,526 million ha,
- Récolte annuelle : 34,038 millions de m^3 (93% du volume total récolté),
- Productivité moyenne sur 29 ans : 22,30 m^3/ha/an (BF sous écorce)
- Production moyenne à l'ha : 646 m^3 (éclaircies éventuelles comprises),
- Surface exploitée et replantée en 2020 : 42.000 ha (classes d'âges encore déséquilibrées).

L'objectif affiché est d'atteindre 30 m^3/ha/an pour une rotation de 28 ans, soit une production moyenne à l'ha de 840 m^3! Il est certain que la Nouvelle-Zélande montre avec sa culture de pin radiata, le meilleur exemple de ligniculture de conifère dans le monde, à la fois en terme de surface, de productivité, de production, de qualités des produits (objectif bois d'œuvre de haute qualité recherché), de commercialisation, d'exportation ainsi que d'incidence sur la balance commerciale.

Chili. Bien que les premières introductions datent de la fin du XIXe siècle, les plantations forestières n'ont guère démarré qu'après la seconde guerre mondiale (SCOTT 1954[336]) et ne se sont vraiment développées rapidement qu'à partir de 1974, grâce à une loi forestière favorable au développement des plantations privées. Un récent rapport sectoriel de la Banque mondiale (2020[337]), nous permet d'établir le tableau suivant :

CHILI - 2020*	Surfaces			Production		
	Km2	ha	%	m3/an	%	m3/ha/an
Surface totale pays	748 954	74 895 400	100,0%			
Surface forestière	179 000	17 900 000	23,9%			
Forêts naturelles	148 780	14 878 000	83,1%			
Forêts mixtes	1 790	179 000	1,0%			
Plantations forestières	30 400	3 040 000	17,0%	42 600 000	100,0%	14,0
Pinus radiata	17 649	1 764 900	58,1%	24 100 000	56,6%	13,7
Eucalyptus	10 680	1 068 000	35,1%	18 500 000	43,4%	17,3
E. globulus	7 334	733 400	24,1%			
E. nitens	3 288	328 800	10,8%			
Autres	2 161	216 100	7,1%			

*World Bank. 2020. "Chile Forest Note." Washington, DC: World Bank,

La Forêt, qui couvre 23,9% du pays (17,9 millions ha), est composée à 82% de forêts naturelles (14,6 millions ha) peu exploitées et 17% de plantations (3,1 millions d'ha)

* National Exotic Forest Description as at 1 April 2020, https ://www.mpi.govt.nz/forestry/new-zealand-forests-forest-industry/forestry/new-zealands-forests-statistics/ ; https ://www.mpi.govt.nz/dmsdocument/43540-2020-NEFD-report

Les plantations forestières satisfont 99% de la demande intérieure en bois. L'espèce la plus cultivée est *Pinus radiata* avec près de 1.770.000 ha (58%). C'est la plus grande surface de plantation de Pin radiata dans le monde. Elle tend toutefois à se stabiliser, contrairement aux surfaces d'eucalyptus qui augmentent rapidement depuis 1990, notamment pour l'*Eucalyptus nitens* dont l'engouement est croissant depuis les grands incendies de 2017 (surtout des pins) et les attaques de goniptère sur le globulus.

Grâce aux plantations, la filière forêt-bois chilienne en apportant 2,1% du PIB national, est devenu un des piliers de l'économie du pays. En 2018 elle a procuré 413.000 emplois dont 113 000 emplois directs, soit 1,5% des emplois du pays. L'industrie du bois, en exportant pour 6,8 milliards $US (9,1% de l'export total) a pris la 3ème place des industries exportatrices, après les mines et la pêche.

Les plantations forestières au Brésil (y compris les pins)

Situation générale

Le tableau et le graphique qui suivent, résument l'évolution de la production brésilienne de bois de 2010 à 2017 (Sources : statistiques IBBE/PEVS de 2017).

Le Brésil a fortement développé ses plantations forestières jusqu'à atteindre près de **10 millions d'ha** plantés en 2016. Parallèlement, la production des forêts naturelles diminuait de 62,8 à 37,2 millions de m^3 (-3,2 Mm^3/an en moyenne) alors que celle des plantations forestières progressait rapidement, compensant très largement cette perte puisqu'elle est passée de 191,4 à **238,7 millions de m^3** pendant la même période (+6 Mm^3/an).

Brésil 2010-2017 - Production annuelle de bois ronds (en milliers de m3)

		2010	2011	2012	2013	2014	2015	2016	2017
Forêt naturelle	Energie	50 230	48 384	43 591	39 005	37 076	33 336	29 311	24 931
	Industrie	12 655	14 117	14 926	13 519	13 804	12 309	11 451	12 332
	TOTAL	**62 885**	**62 501**	**58 517**	**52 524**	**50 880**	**45 645**	**40 762**	**37 263**
Plantations	Energie	75 689	84 764	97 544	100 058	105 922	97 617	92 959	98 865
	Industrie	115 752	125 853	131 879	129 641	132 724	123 868	133 651	139 826
	TOTAL	**191 441**	**210 617**	**229 423**	**229 699**	**238 646**	**221 485**	**226 610**	**238 691**

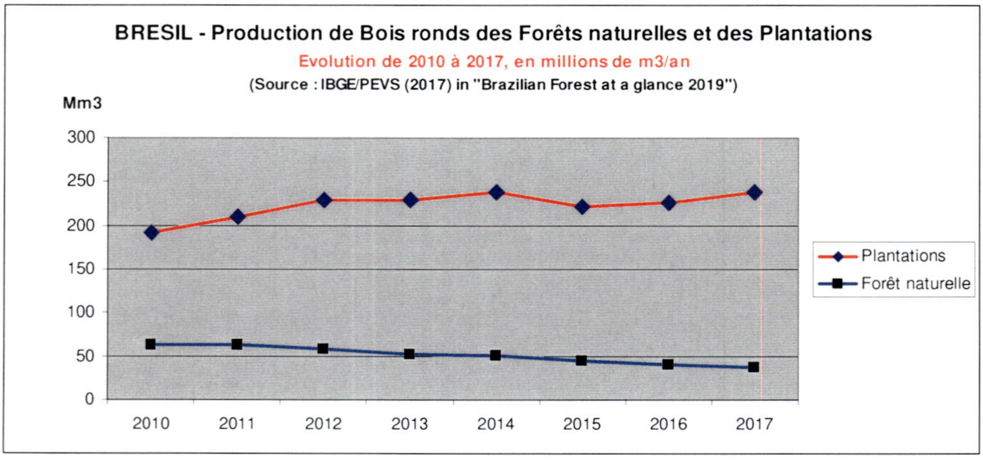

Le Brésil est surtout connu pour ses plantations d'Eucalyptus dont on a déjà parlé à propos du développement du bouturage par la société Aracruz Florestal en 1975 (voir point 62.22, 3ème partie). Ces plantations, hautement productives, sont presque toutes des plantations intensives, telles que l'entend la FAO. Elles correspondent parfaitement à ce que nous appelons «ligniculture» et bien que n'atteignant même pas 2% de la surface totale forestière (498 millions d'ha), elles fournissent, 86,5% de la production nationale de bois rond (Source : "2019 Brazilian Forests at a glance"[338]).

La réduction de production des forêts naturelles est surtout liée à l'accroissement des surfaces protégées et à la gestion durable des forêts naturelles de production (plans d'aménagement forestier), plutôt qu'à la réduction de la déforestation qui semble se maintenir à une moyenne de 600.000 ha /an depuis les années 2009 alors qu'auparavant les moyennes annuelles se situaient plutôt autour de 1,8 million d'ha/an (voir graphique précédent)*. De plus, l'exportation de grumes étant interdite depuis 1980, l'industrie du bois de forêt naturelle transforme la totalité des 37 millions de m^3, mais sa relative obsolescence lui donne un niveau très inférieur aux 13,5% restants, en raison d'un mauvais taux de transformation (35% seulement).

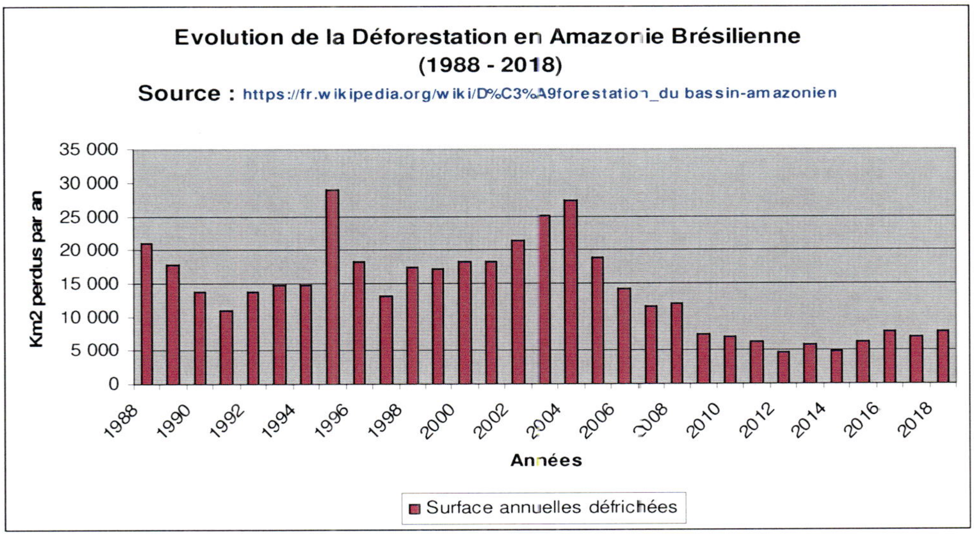

L'industrie forestière, alimentée principalement par le secteur des plantations est devenue un des éléments moteur de l'économie brésilienne. Selon ORMS Today[339], alors que l'économie brésilienne n'affichait qu'une légère croissance de 0,11% du PIB en 2018, le secteur des plantations forestières industrielles a progressé de 13,1% en 2017 pour atteindre un revenu total de 22 milliards d'US$. L'industrie forestière (sciages, panneaux, pâtes et charbon de bois) a connu une croissance beaucoup plus importante que la performance des grands secteurs comme la construction et l'agriculture.

En 2018, l'industrie des plantations forestières représentait 1,3% du PIB brésilien et 6,9% du PIB industriel. La très grande productivité des plantations brésiliennes (**30 à 40 m^3/ha/an**) a sans aucun doute été un des moteurs de cette forte croissance, en particulier de celui du secteur des pâtes à papier (+ **5,9% par an au cours des 15 dernières années!),** le second moteur étant la forte demande mondiale en pâte à papier qui selon la FAO devrait continuer à croître de 2,7% par an, pour atteindre

---

* Si une partie de cette destruction est légale (dans la limite des taux de protection des formations forestières naturelles arrêtés dans chaque Etat) il n'en reste pas moins vrai qu'une grande partie est frauduleuse et devrait, bien évidemment, être stoppée,

747 millions de tonnes en 2030. En 2018, selon l'Industrie brésilienne de l'arbre (IBA)[340], le secteur brésilien des produits forestiers a exporté 10,7 milliards de $US (dont 90% viennent des plantations), en hausse moyenne de 25,5% par rapport à 2017 (+31,5% pour la pâte, +7,3% pour les panneaux de bois et +8,3% pour le papier). La part principale de l'excédent commercial (environ 1/3) revient à la vente à la Chine de 3,5 milliards d'US$ de pâte (en augmentation de 37,7% par rapport à 2017).

Espèces plantées

Le tableau qui suit, construit à partir des mêmes sources, montre clairement que **les eucalyptus** avec 72% des surfaces plantées (soit **5,7 millions d'ha** en 2016) constituent de très loin le fer de lance des plantations forestières au Brésil.

Bien qu'en seconde position avec 20% des surfaces plantées, **les pins** sont loin d'être négligeables au Brésil puis qu'ils couvraient **1,6 million d'ha** en 2016, soit, comme nous l'avons vu précédemment, à peu près autant qu'au Chili et en Nouvelle Zélande, et nettement plus qu'en Australie, en France ou en Afrique du Sud. On note cependant que la surface en pins a régressé de 10%, cédant la place aux eucalyptus, qui eux, continuent à s'accroitre (+2,63%/an depuis 2010).

Brésil - Surfaces plantées (ha) par espèce de 2010 à 2016

Essence	Nom scientifique	2010		2016		accroisst. sur 6 ans		accroisst. moy. annuel	
		ha	%	ha	%	ha	%	ha/an	% annuel
Eucalyptus	*Eucalyptus spp.*	**4 900 950**	68,8%	**5 673 784**	72,3%	**772 834**	15,8%	**128 806**	2,63%
Pins	*Pinus sp.*	**1 756 359**	24,7%	**1 584 333**	20,2%	**-172 026**	-9,8%	**-28 671**	-1,63%
Hévéa	*Hevea brasiliensis*	**159 500**	2,2%	**229 964**	2,9%	**70 464**	44,2%	**11 744**	7,36%
Acacia	*Acacia mearnsii/mangium*	**127 600**	1,8%	**159 877**	2,0%	**32 277**	25,3%	**5 380**	4,22%
Parica	*Schizolobium amazonicum*	**85 470**	1,2%	**90 047**	1,1%	**4 577**	5,4%	**763**	0,89%
Teck	*Tectona grandis*	**65 440**	0,9%	**87 502**	1,1%	**22 062**	33,7%	**3 677**	5,62%
Araucaria	*Araucaria angustifolia*	**11 900**	0,2%	**11 114**	0,1%	**-786**	-6,6%	**-131**	-1,10%
Peupliers	*Populus sp.*	**4 221**	0,1%	**4 216**	0,1%	**-5**	-0,1%	**-1**	-0,02%
Autres	Espèces diverses	**8 969**	0,1%	**6 641**	0,1%	**-2 328**	-26,0%	**-388**	-4,33%
TOTAL	9 groupes	**7 120 409**	100%	**7 847 478**	100%	**727 069**	10,2%	**121 178**	1,70%

file:///C:/Users/Utilisateur/Documents/COURS%20INFORMATIQUE/Brazilian_Forests_2019_Ingl%C3%AAs.pdf

L'**Hévéa**, avec 230.000 ha en 2016, se place en 3ème position, quoique très loin derrière les pins. Les **acacias** et principalement *A. mearnsii* dans l'extrémité Sud du Pays arrivent ensuite avec 160.000 ha. Il faut encore citer le **Teck** qui atteignait 87.000 ha en 2016. Les autres espèces ne représentent ensemble que 1,5% des surfaces et surtout n'augmentent pas ou régressent.

Situation géographique des plantations forestières

Dans ce pays, les plantations forestières sont situées principalement dans le sud tempéré ou subtropical. La remontée vers les régions tropicales se fait grâce à l'*Eucalyptus urophylla* et ses hybrides ainsi que nous l'avons déjà abondamment précisé.

D'autre part, les zones côtières abandonnées par l'agriculture, depuis Rio Grande do Sul jusqu'à Bahia, furent des zones privilégiées pour étendre les eucalyptus car elles étaient les plus favorables à l'industrie de la pâte à papier orientée vers l'exportation.

Les Situations plus à l'intérieur, permirent également de forts développements, en particulier au Minas Gerais avec la fabrication du charbon de bois nécessaire à la métallurgie, à commencer par la "Companhia Vale do Rio Doce" (=CVRD).

Enfin, le Mato Grosso do Sul détient la plus forte concentration d'usine de pâte au monde avec en particulier une très grande compétition entre les Sociétés FIBRIA (Aujourd'hui Suzano) et ELDORADO pour une capacité totale installée de 7 millions de t/an de pâte au même site de Tres Lagoas, soit 35% de toute la production brésilienne de pâte, laquelle atteint 20 millions de t/an.

22 - Principaux pins pour la ligniculture. Espèces et provenances

Pins européens

Pinus pinaster Ait. (Pin maritime), pin à 2 aiguilles

Aire naturelle

Cette espèce, très présente dans la péninsule ibérique, se rencontre naturellement dans de nombreux pays méditerranéens (voir carte ci-contre) lesquels l'utilisent, soit à l'état naturel, soit dans des reboisements plus ou moins intensifs.

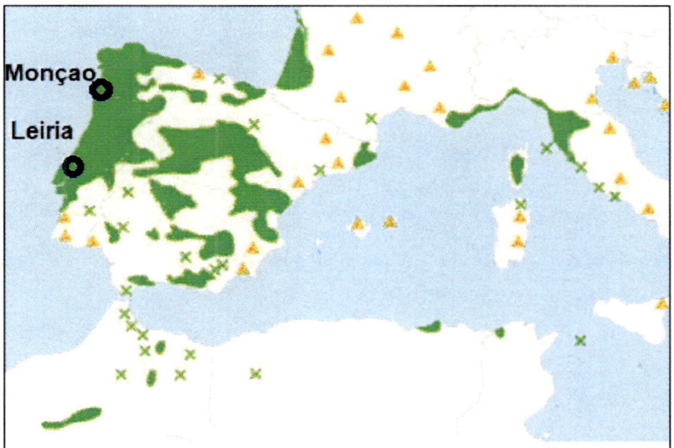

Aire naturelle de Pinus pinaster
Source : https://fr.wikipedia.org/wiki/Pinus_pinaster

Amélioration génétique

En France, il faut signaler que la provenance côtière de Leiria (Portugal), reconnue comme la plus vigoureuse et de bonne forme a fait l'objet d'interdiction à cause de sa grande sensibilité au gel, lequel a causé d'importants dégâts lors des grands froids (1956, 1985). L'amélioration par voie récurrente de la variété landaise se poursuit. Les sylviculteurs utilisent, en plantation, les graines de la 3ème génération avancées alors que les chercheurs en sont à la fabrication de la 4ème. De plus on a ajouté aux variétés améliorées de pin maritime landais, des variétés hybrides "Landes x Corse" à la fois vigoureuses, droites et plus résistantes au vent CPFA (CNPF, FCBA, INRA, ONF 2016[341]), ce qui apporte également de la diversité. On plante aussi du *Pinus taeda* dans les zones les plus riches (DE BOISSESON 2014[342]).

En Australie, les plantations dans le Sud-Ouest du "Western Australia" (WA) se sont faites par transfert de matériel amélioré de pin maritime de la zone Atlantique. 50.000 ha de plantations ont été établies depuis le début des années 70 sur le "Swan", étroite bande côtière de sables d'origine marine s'étendant sur environ 150 km, principalement au sud de Perth.

En Afrique du Sud. Après 40.000 ha de plantations commerciales de pin maritime dans la **Province du Cap** et un important travail d'amélioration génétique incluant des vergers à graines de 1ère, 2ème et 3ème génération, cette espèce a finalement été abandonnée malgré les qualités technologiques supérieures reconnues de son bois, comparées à celles de toutes les autres espèces testées (De RONDE - 2007) et que l'industrie n'a pas voulu valoriser par un prix d'achat supérieur. De plus, il a été reconnu comme plante potentiellement invasive dans les zones qui lui étaient réservées (bandes côtières sur sols pauvres, superficiels et sableux).

Meilleures provenances

En France. La meilleure provenance est celle des **Landes**. Les autres provenances, trop sensibles au froid, ne peuvent être utilisées que pour créer des hybrides avec la provenance landaise. L'intérêt d'autres provenances est donc d'apporter des caractères intéressants à un hybride :

- provenance **Corse** : rectitude.
- provenances **Espagne** et **Maroc** : résistance à la sécheresse.
- provenances **Maroc :** résistance à *Matsucoccus feytaudii* (SE), et tolérance à *Armilaria mellea.*

En Australie. Les premières plantations de *P. pinaster* en Australie occidentale (en 1896) utilisaient des semences originaires de France, mais à partir de 1926, on a préféré la provenance de **Leiria** au Portugal qui présentait à la fois une plus grande vigueur et une meilleure forme. (Butcher 2007[343]).

En Espagne. Les essais ont montré des différences très importantes d'adaptation entre les provenances atlantiques et continentales (DE LA MATA *et al.* 2010[344]). Les populations côtières ne s'adaptant pas bien vers l'intérieur du pays. Les provenances côtières présentent une meilleure croissance mais une forme médiocre sont déclassées dans les sites les plus secs et ne peuvent s'exprimer que dans les sites les plus doux. Par contre, les provenances de montagne se sont bien adaptées dans tous les sites. En site intermédiaires (Galice) les provenances **Serranía de Cuenca** et **Albarracín** ont montré une bonne vigueur et bonne forme dans tous les sites testés. Les comparaisons avec les variétés améliorées de Galice côtière et d'Australie de l'Ouest ont montré que les variétés améliorées étaient légèrement supérieures aux provenances méditerranéennes et constituaient une alternative possible pour le reboisement dans cette région climatique de transition.

Au Portugal. Des essais récents portant sur 22 provenances portugaises 2 espagnoles 3 françaises (2VAG) et 3 australiennes (VAG) ont donné les résultats suivants (CORREIA *et al.* 2010[345]) :

- Les écarts entre les 30 populations sont significatifs pour la croissance et la forme,
- Les provenances de **Monção** et **Leiria** et les descendances de **VAG** sont supérieures pour la vigueur et la forme et peuvent être utilisées pour le reboisement en général.
- L'interaction G-E a été détectée pour tous les caractères, ce qui souligne probablement des différences de plasticité phénotypique entre les populations.
- Certaines populations de haute altitude se classent mieux dans les sites élevés, ce qui suggère une adaptation à l'altitude, intéressante pour les sites les plus élevés.
- Les populations provenant de la même région de provenance montrent une grande variabilité ce qui présage d'une bonne efficacité de la sélection.
- Les provenances méditerranéennes Corse et Cuenca ont une bonne forme mais une vigueur réduite.

Pins d'Asie du Sud Est, importance et utilisation

Les pins tropicaux et subtropicaux d'Asie du Sud-Est, dont les aires naturelles sont représentées sur la carte ci-contre, sont au nombre de trois : ***Pinus merkusii*** (en vert), ***Pinus keysia*** (en rose) et ***Pinus yunnanensis*** (en jaune).

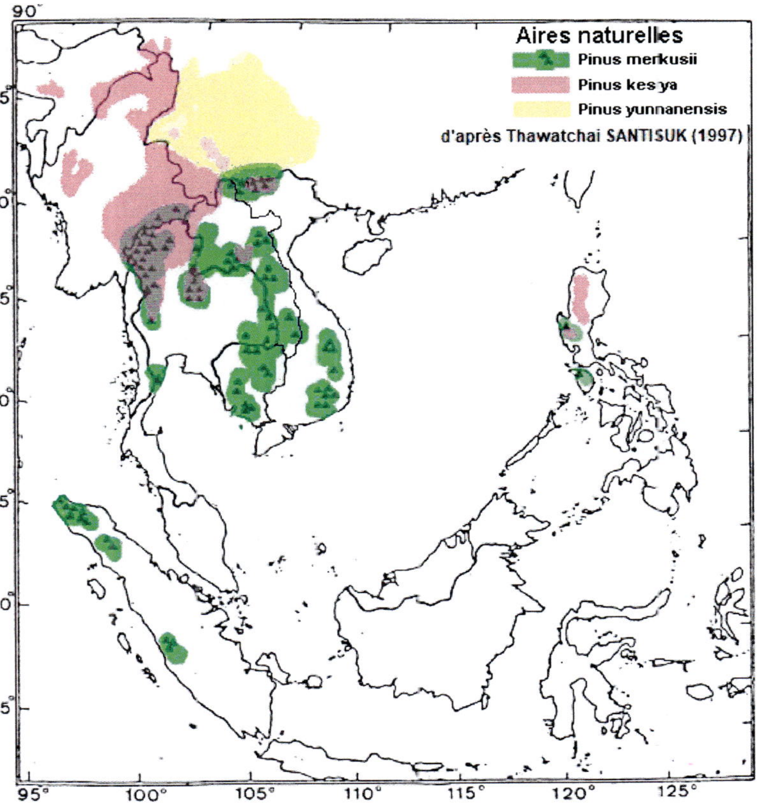

Ce sont des espèces de montagne, absentes des zones basses. On rencontre *Pinus merkusii*, le plus tropical des trois, à partir de 500 m et à jusqu'à 1200 m d'altitude où il cède la place à *Pinus Keysia* dont l'optimum se situe vers 1500 m d'altitude. Quant à *Pinus yunnanensis* sa tendance est nettement plus subtropicale, voire tempérée.

Les trois espèces sont utilisées localement avec des incidences économiques variables. Presque partout, les peuplements naturels ont été surexploités, incendiés et défrichés pour les cultures vivrières et les conversions. De plus, dans les pays qui ont réalisé le plus de plantations, ces peuplements ont subi un appauvrissement génétique ainsi que des contaminations au contact de plantation issues de graines allochtones.

Pinus yunnanensis Franch. (Pin du Yunnan), pin à 3 aiguilles

Le pin du Yunnan n'est pas utilisé en tant qu'exotique et n'a guère qu'une importance locale. C'est une espèce à multiple usage des communautés locales (voir carte précédente).

Pinus keysia Royle ex Gordon. (Pin de Benguet), pin à 3 aiguilles

Le pin de Benguet est un pin de montagne, rustique et qui semble supporter le calcaire aux Philippines où il fut longtemps appelé *Pinus "insularis"*. Il est sous forte pression des populations riveraines des forêts qui utilisent toutes les parties de l'arbre (bois, aiguilles, sève et résine comprises) ainsi que les litières. Il est souvent aussi utilisé comme arbre d'ombrage en agroforesterie.

En tant qu'exotique, c'est une espèce subtropicale qui ne réussit pas dans les régions tropicales humides de basse altitude. Elle a été introduite dans bon nombre de pays mais a rarement réussi à s'imposer face à ses deux principaux rivaux subtropicaux que sont *Pinus elliotti* et *Pinus patula*, sauf en Zambie et à Madagascar.

En Malaisie on lui a trouvé une trop grande sensibilité des semis à la fonte, une assez faible résistance aux feux de brousse, une croissance juvénile plutôt faible ne s'accélérant qu'à partir de 5 ans pour freiner à nouveau vers la vingtième année et, pour finir, des arbres trop branchus (YAHYA and KOTER 2000[346]).

A Madagascar, les premières introductions de *Pinus Keysia* semblent venir du Vietnam. Sa réussite, ainsi que celle de *Pinus patula*, fut jugée excellente sur les hauts plateaux, à climat subtropical plutôt sec. Les graines issues de ces premières introductions ont permis la création d'importants massifs comme celui de Mandoro (82.000 ha). Au total, il se partage avec *Pinus patula* près de la moitié des 150.000 ha de pins plantés dans ce pays. Son bois mature est de bonne qualité et peut être utilisé pour la construction en général. Il reste considéré dans ce pays comme une essence d'avenir, même si les populations préfèrent de loin les eucalyptus et si les objectifs futurs vont vers une certaine diversification (CHAIX et RAMAMONJISOA 2001[347]). Au début des années 1970, *Pinus kesiya* a fait l'objet d'un programme d'amélioration génétique débouchant sur la production de graines améliorées. Au niveau provenances, un essai daté de 1974, (SARAMÄKI 1992[348]), comparant 32 sources malgaches à 7 provenances des Philippines, a confirmé en partie ceux de Zambie :

- **Provenances locales :** plus productives mais grosses branches ; volume et fourchaison très variables.
- **Provenances des Philippines** : peu productives avec beaucoup de fourches basses, mais branches fines.

En Afrique du Sud, les essais de provenances datent de 1972 (DAROW 1984[349]). Vingt provenances (17 des Philippines, 2 de Zambie et 1 d'Afrique du Sud) ont été testées dans 3 régions. Les résultats à 7-9 ans ont montré une bonne production en volume mais une forme médiocre, avec des fourches fréquentes et un grand nombre de branches relativement grossières. De plus, l'espèce était sensible au puceron lanigère du pin (*Pineus pini*). Les provenances artificielles (zambiennes et sud-africaines) combinaient une forte productivité (40 m^3/ha/an à 9-10 ans dans les peuplements non éclaircis) avec une forme de tige améliorée et une ramification plus fine, montrant une grande efficacité de l'amélioration génétique. Toutefois l'espèce est peu utilisée, contrairement à *Pinus patula* et *Pinus elliottii*.

En Zambie, (SARAMÄKI 1992). Les plantations commerciales de *Pinus kesiya* ont commencé en 1961 dans la province minière du Copperbelt, voisine du Katanga en RDC. Des provenances du Vietnam, des Philippines et de Madagascar, sélectionnées sur la base des résultats d'essais préalables, permirent de réaliser environ 40.000 ha de plantations de *Pinus keysia* sur les 60.000 ha plantés en pins. La forme des arbres **était meilleure pour la source vietnamienne que pour celle des Philippines**.

Une évaluation réalisée en 2001 (CHILESHE 2001[350]), montrait pour *Pinus Keysia* une production moyenne de 15 m^3/ha/an pour des rotations de 20-25 ans. L'exploitation par coupe rase concernait environ 1000 ha/an et fournissait 300.000 m^3/an pour les scieries locales. Avec la forte augmentation de la population (+3,5%/an), la pression s'est amplifiée et le renouvellement des plantations s'est imposé. Un verger à graines avait été installé dès 1960 et un véritable essai de provenances est venu confirmer plus tard les sélections initiales.

Les travaux d'amélioration génétique des arbres ont remarquablement amélioré la mauvaise forme de la tige, mais la provenance d'**Angeles** de *P. oocarpa* s'est finalement révélée très supérieure et a maintenant remplacé *P. kesiya* comme première espèce de pins (MIKKOLA 1989 [351]).

Pinus merkusii Junghuhn et Vriese. (Pin de Sumatra), pin à 2 aiguilles

Principales caractéristiques et aire naturelle (IMANUDDIN *et al.* [352])

L'aire naturelle de cette espèce tropicale s'étend de l'Inde à la Chine en passant par la Birmanie, la Thaïlande et le Vietnam. On le trouve aussi à Sumatra (Indonésie) et aux Philippines (Luçon et Mindoro). Dans le Sud de son aire, il monte jusqu'à 2000 m tandis que vers le Nord, à partir de 1200 m, il laisse la place au *Pinus kesiya*, plus subtropical, lequel est remplacé en Chine par *Pinus yunnanensis*. A Sumatra, on distingue trois populations naturelles : Aceh, Tapanuli et Kercini. Cette dernière population, située au Sud de l'équateur fait du pin de Sumatra la seule espèce de pin à passer en hémisphère Sud. A Sumatra, tous les peuplements naturels se trouvent entre 500 et 2000 m d'altitude, sauf à Jantho (Aceh) où ils sont situés à 200-300 m.

Sauf lorsqu'elles sont difficilement accessibles (cas de Jantho), presque toutes ces populations naturelles sont dégradées et appauvries génétiquement par surexploitation ("coupe sélective" des plus beaux arbres) ou défrichement (cultures vivrières ou conversion).

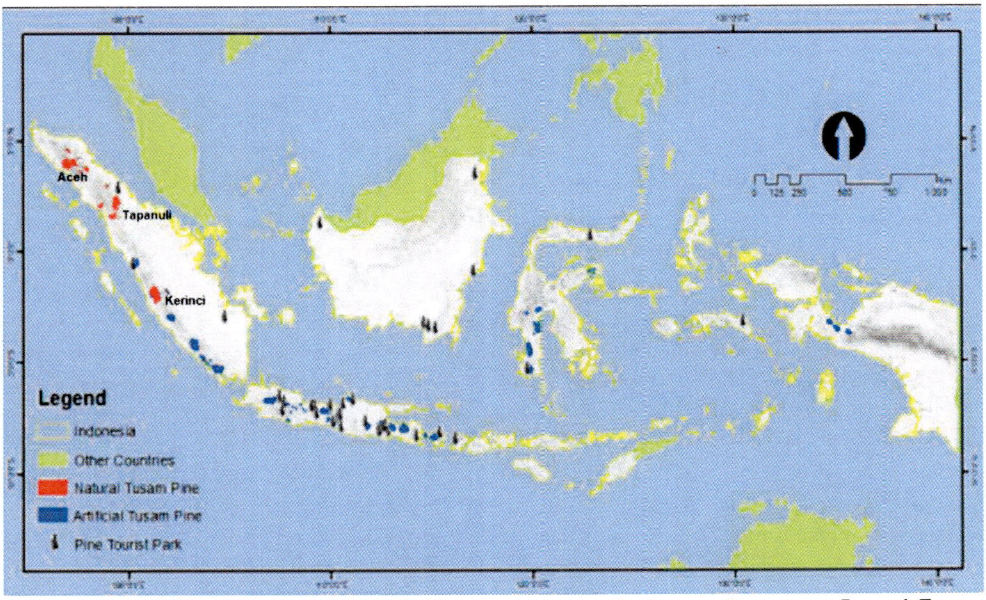

"**Natural and artificial distribution of Sumatran pine in Indonesia** (Source : IMANUDDIN R. *et al.* Forests 2020, 11, 1235, à partir de "Observation de la Terre - (SPOT) 2018 Image".

C'est surtout le cas des peuplements de Kerinci, très dispersés au sein des forêts feuillues. De plus, la reconstitution par plantation de matériels génétiques non contrôlés (insuffisance des sources locales de semences) a entraîné de sérieux risques de contamination de ces provenances.

En tant qu'exotique, *Pinus merkusii* a rarement donné de bons résultats. Dans nos essais du Congo nous avons attribué cet échec à une saison sèche trop longue mais il est possible que la raison en soit tout autre (comme par exemple le besoin d'une mycorhization très spécifique).

En Indonésie, par contre, *Pinus merkusii*, qui s'est révélé très performant en plantation, aussi bien à basse qu'à haute altitude, a fait l'objet d'un important programme d'amélioration génétique et de conservation. C'est la seconde espèce de reboisement après le Teck. Depuis 1970, de vastes plantations se développent dans tout le pays et plus particulièrement à Java, sous la responsabilité de "Perum Perhutani", société forestière d'Etat œuvrant dans cette île. Sur les bases du document de Forests 2020, on peut estimer les surfaces plantées comme suit :

- Java : 900.000 ha (dont 1/3 de plantations de protection),
- Sumatra : 300.000 ha,
- Sulawesi : 165.000 ha,
- Reste du pays : 55.000 ha
- **Total : 1.420.000 ha**

Son bois de couleur claire est assez lourd, solide et relativement durable. C'est un bois à multiples usages (construction, parquets, construction navale, menuiserie, moulures, allumettes, pâte à papier, artisanat). Son caractère "antichocs" le rend très approprié pour la fabrication de mobilier. C'est également un bois de feu. La production écoulée sur le marché intérieur était estimée par Perum Perhutani en 2018 à 160.000 m^3.

En outre, il fournit de la gomme et une oléorésine de bonne qualité. La gomme (70.000 t/an) est extraite de la sève alors que la résine (115.000 t/an) sert à fabriquer l'essence de térébenthine. Ces produits, exportés à 80%, trouvent actuellement une multitude de débouchés dans diverses industries et sont devenus des piliers de l'économie de Perum Perhutani qui possède 8 usines de traitement de ces produits à Java.

Agroforesterie : En Indonésie, *P. merkusii* convient bien aux cultures intercalaires en particulier de pommes de terre. L'arbre sert également d'ombrage dans les pâturages. Cet aspect permet d'améliorer les rapports avec les communautés rurales dans un rapport gagnant-gagnant, les paysans pouvant profiter des terres domaniales et l'Etat d'une importante main d'œuvre agricole pour l'entretien des arbres (à commencer par le système "taungya"♣ pour l'installation des plantations).

Aspect récréatif : Perum Perhutani utilise également le pin de Sumatra pour installer des points d'accueil pour le public. En 2018, on comptait ainsi à Java 724 sites touristiques, généralement très appréciés ("Pine Tourist Park" sur la carte) et dont la société d'Etat tire 5% de son chiffre d'affaire (écotourisme).

Amélioration génétique

Bien avant l'étude des provenances, 1000 arbres + avaient été sélectionnés dans les populations de Sumatra (surtout d'Aceh). La sélection des meilleures familles, sur des critères de vigueur de forme

♣ voir explications pages 389 et 480

puis de qualité du bois, a été suivie par la mise en place, par grande région, de vergers à graines de clones greffés, lesquels approvisionnent les chantiers de reboisement. Toutefois, à partir de 2006, la production de résine et de sève est venue s'ajouter à cette sélection ce qui s'est traduit par une nouvelle sélection (dans certaines plantations de Java et des Célèbes) d'arbres à haute production de résine. Les familles issues de ces nouveaux arbres + servirent à installer des vergers à graines de familles (SSO), ainsi que des tests de descendances maternelles pour identifier rapidement les meilleurs candidats à hauts rendement en bois et en résine. Enfin des études de structure génétique des populations (SIREGAR 2004[353]) ont montré que le verger à graines de Java était très proche des populations de la seule région de provenance d'Aceh, laquelle ne présentait pas beaucoup de variabilité, ce qui repose pour le futur, la question de la stratégie d'amélioration.

Mycorhizes

Il est à noter que chez *Pinus merkusii,* la mycorhization en pépinière est indispensable pour assurer la symbiose mais aussi pour protéger les plants des nombreuses espèces pathogènes du sol, comme les fusariums responsables de la fonte des semis. De nombreuses espèces de champignons ectomycorhiziens existent en Asie du Sud-Est (*Amanita, Astraeus, Russula, Lactarius, Boletus, Suillus, Lepiota, Thelepora, Scleroderma* et *Pisolithus sp.*) avec pour chaque genre souvent plusieurs espèces. L'échec de l'introduction de *Pinus merkusii* en Afrique ainsi que nous avons pu le constater au Congo, est peut-être due à une mycorhization particulière ou insuffisante.

Pinus massoniana Lamb. (Pin de Masson), pin à 2 aiguilles

Aire naturelle et écologie

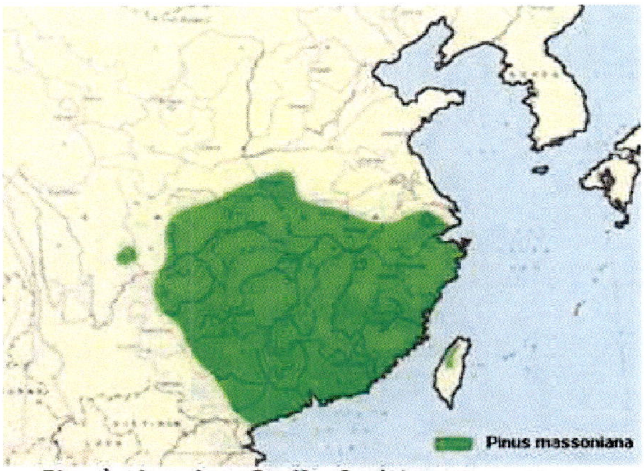

D'après American Conifer Society
https://conifersociety.org/conifers/pinus-massoniana/

Le pin de Masson (*Pinus massoniana*) est une espèce indigène importante du Sud-Est de la Chine. Sa large zone de distribution s'étend sur 1300 km en latitude (de 26°10 à 38°30 N) et 1700 km en longitude (de 105° à 111°6 E). On le rencontre du niveau de la mer jusque vers 2000 m d'altitude sur des sols souvent pauvres. C'est la seconde espèce forestière de Chine par son étendue (12 millions d'ha, soit 7,7% des forêts chinoises). Il s'agit d'une espèce pionnière **subtropicale** des formations secondaires de moyenne montagne, exploitée depuis longtemps par les populations locales qui l'utilisaient pour de multiples usages.

Importance économique

Pinus massoniana très peu connu en tant qu'exotique (sauf au Vietnam), est considéré en Chine comme une espèce à croissance rapide et fait partie du "top 10" des essences chinoises de reboisement. Il fait l'objet d'importants programmes annuels et la surface plantée dépasse 3 millions d'ha avec un stock sur pied de 172 millions de m^3 (56,2 m^3 /ha, HOU Yuanzhao, comm. pers.).

Avant que les Forêts naturelles ne soient fermées à l'exploitation c'était la première espèce par sa production de bois d'œuvre et de pâte (20 millions m^3/an), mais aussi de résine, laquelle sert à produire de la **colophane de résine*** dont la Chine est le premier fournisseur (450.000 t/an soit 58% de la production mondiale dont 400.000 t/an (90%) viennent du *Pinus massoniana*.

Région de San Ming (Province de Fujian) – 1988. Forêt montagneuse de *Pinus massoniana.*

A titre indicatif, le prix de la colophane était en 2017 de 1.400 €/tonne ("GEMME LA FORET D'AQUITAINE" 2017[354]).

Le tableau suivant, qui dressait pour 2010, la liste par ordre d'importance (par la surface plantée) des principales espèces de reboisement en Chine, montre que le Pin de Masson, avec 3,060 millions

CHINE - Plantations forestières	2 010	2018	Extensions forestières	
Espèces	2010 (ha)	ha	ha	ha/an
Cunninghamia	8 950 000			
Peuplier	8 540 000			
Eucalyptus	4 600 000			
Mélèze	3 140 000			
Pinus massoniana	3 060 000			
Pinus tabuliformis	1 610 000			
Cyprès	1 460 000			
Pinus elliottii	1 340 000			
Robinia pseudoacacia	1 230 000			
Quercus	610 000			
Total	**34 540 000**	**79 542 800**	**45 002 800**	**5 625 350**

D'après les données fournies par HOU Yuanzhao

* La colophane (ou «rosine») a de nombreux usages. On la trouve notamment dans les peintures antifouling où elle se substitue au tributylétain, maintenant interdit (Wikipedia).

d'ha plantés, tient la 5ème place après le "Sapin de Chine" (*Cunninghamia lanceolata*), les Eucalyptus (dans le Sud) et les Mélèzes (dans le Nord).

Bien que ces chiffres restent à confirmer, il est intéressant de souligner que le Robinier parvient à la 9ème place, avec 1,2 million d'ha.

Pour les espèces comme le Peuplier et le Paulownia (qui ne figure pas au tableau) la surface indiquée est très élevée et semble intégrer la surface agricole dans laquelle l'espèce est utilisée sous forme agroforestière). Les plantations de chênes sont récentes et entrent dans le programme de "reconstitution des forêts naturelles".

Aujourd'hui, l'assez bonne aptitude au bouturage du Pin de Masson poussent les chercheurs à en faire un bon candidat pour la ligniculture avec des sélections individuelles fortes (KONGSHU *et al.* 2007[355]), suivie de pollinisations dirigées en vergers à graines de 2ème génération et de clonage des meilleurs individus (culture clonale), l'objectif étant la production massive de bois de pâte à courte rotation (17 ans), contre 50 ans en sylviculture classique (KONGSHU 2014[356]).

Amélioration génétique

La sélection a commencé dans les années 1970, axée sur la survie, la croissance rapide, la production de résine, la forme de la tige et la qualité du bois. Au niveau provenances, 50 à 70 sources de graines récoltées dans toute l'aire naturelle ont été testées dans deux sites différents, l'un sec et l'autre humide, Les résultats sont les suivants (ZHEN et al 2020[357]) :

- les provenances **méridionales** ont une croissance plus rapide,
- les provenances du **Guangdong** et du **Guangxi** présentent une forte croissance en diamètre et des pousses annuelles polycycliques.
- les provenances **nordiques**, qui ont une saison de croissance plus courte, sont plus rustiques et plus résistantes à la sécheresse.

Enfin, selon QINGHUA LIU *et al.* (2020[358]), bien que la variabilité au niveau provenance ne soit pas aussi grande que ne le laissait espérer la fragmentation de l'aire naturelle en nombreux îlots (après la glaciation), les variabilités individuelles et familiales restent fortes, offrant une prise importante à la sélection. De plus, (comme chez *Pinus merkusii*), les sélections pour la production de bois et pour la production de résine **peuvent être associées** car il existe une solide corrélation génétique entre les deux caractères, le diamètre étant le meilleur critère de sélection.

Pins Américains

Pinus taeda L. (Loblolly pine, Pin à l'encens), pin à 2 aiguilles

Aire naturelle et écologie

Large aire naturelle dans le Sud-Est des Etats-Unis (2400 km, du Washington D.C. au Texas), sous climats variés (tempéré froid à subtropical humide).

Essayé depuis 1980 en France dans les Landes de Gascogne, il a fait l'objet de reboisements plus étendus après la tempête de 1999. La demande des sylviculteurs est croissante et la disponibilité en bonnes graines, insuffisante, surtout depuis la fermeture à l'exportation des graines par les USA, ce qui a tari nos meilleures sources de semences qui étaient les Vergers du Maryland et du Nord-Virginie.

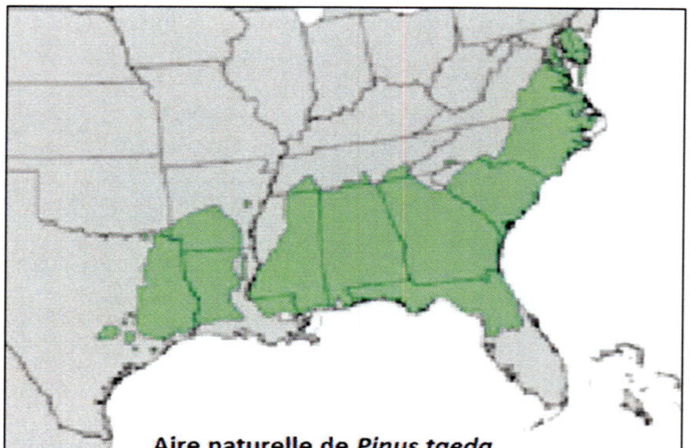

Aire naturelle de *Pinus taeda*

Source : https://en.wikipedia.org/wiki/Pinus_taeda

Selon la fiche espèce du Ministère de l'Agriculture[359], il résiste bien au vent grâce à son puissant système racinaire mais reste assez sensible à la sécheresse des sols (exige 800 mm de pluie bien répartie). Parfaitement adapté aux landes riches et bien drainées, à fougère haute (G. CHANTRE comm. pers.), c'est un excellent challenger du pin maritime en bons sites et il peut être étendu au-delà des landes de Gascogne. Il en existe un très bel exemplaire dans l'arboretum de Balaine au Nord de Moulins (Allier) montrant bien sa relative résistance au froid (-20°C?).

Meilleures provenances

En Afrique du Sud, comparées aux meilleures familles issues des vergers à graines locaux, les origines américaines se sont souvent montrées supérieures (à l'exception des sources les plus au Nord et au Nord-Est, nettement plus faibles) et présentent de grandes variations entre origines et entre descendances. Les résultats de divers essais de provenances s'énoncent comme suit (HAGEDORN 1994[360]) :

- Ecart du simple au double entre la meilleure et la moins bonne des provenances,
- Fortes corrélations négatives **Volume↔latitude du lieu d'origine.** Provenances les plus adaptées : côtières **Sud-Texas, Sud-Louisiane et Floride**. Les meilleures sont :
  - **Livingstone Parish – Louisiane** (vigoureuse et bonne forme)
  - **Comté de Marion - Floride** (vigoureuse mais forme médiocre)
- *P. taeda* moins productif que *P. elliottii* dans tous les essais, sauf à Tweefontein,
- Croissance exceptionnelle de ***P. taeda* à Tweefontein** (32 à 44 m^3/ha/an à l'âge de 35 ans).
- Peu d'interaction **G↔E ; Espèce stable** par rapport aux variations environnementales.
- Assez bonne corrélation **Juvénile↔Adulte** (**2-3ans↔35ans**) d'où prédiction possible des Meilleures provenances dès l'âge de 3ans (au plus tard 9 ans).

Aptitude à la ligniculture

Le Pin taeda est une bonne espèce pour la ligniculture. Grâce à sa croissance rapide et à la bonne qualité de son bois. On peut envisager des révolutions très courtes (25 ans), voire moins dans les zones subtropicales comme c'est le cas dans le Sud du Brésil où il est parfois récolté après seulement 2 éclaircies systématique Lors de notre visite en 1980 de la société RIGESA-Celulose (Santa Catarina) avec le groupe IUFRO des essences à croissance rapide[361], le schéma sylvicole suivant avait été présenté, pour un objectif papetier du Pin taeda :

- Plantation à racines nues (1600/ha, soit 2,5 m x 2,5 m)
- Eclaircie systématique 1 ligne sur 4 à 9 ans (20%),
- Eclaircie systématique à 14 ans (suppression de la ligne médiane, soit 33%)
- Coupe rase à 20 ans (HT environ 20 m) avec une production totale proche de 500 m^3/ha (25 m^3/ha/an).

Pinus elliottii Engelm. (Slash pine), pin à 2 aiguilles

C'est le plus tropical des pins du Sud-Est des USA. On distingue 2 races de *Pinus elliottii* :

- ***P. elliottii var. elliotti*** **(PEE)**. Caroline du Sud, Louisiane, Nord-Floride (2- 3 aiguilles ; cônes de 7-15 cm),
- ***P. elliotti var. densa*** **(PED).** Sud de la Floride dont les Everglades, (2 aiguilles ; cônes 5-12 cm).

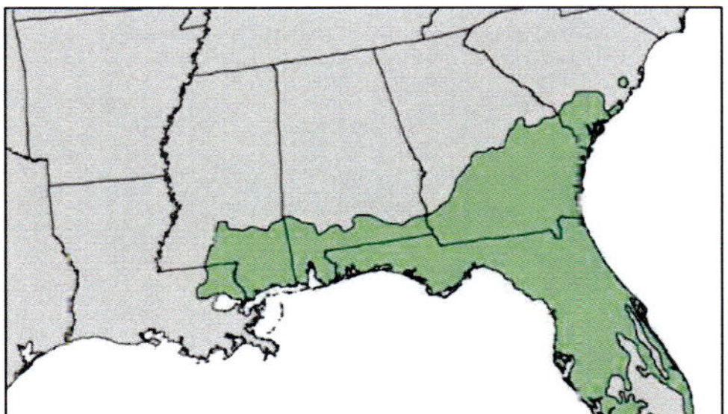

Aire naturelle de *Pinus elliottii*
d'après : https://en.wikipedia.org/wiki/Pinus_elliotti

Meilleures provenances

En Afrique du Sud, le premier essai de provenances fut réalisé en 1937 et a été suivi pendant 35 ans. (FALKENHAGEN 2012[362]).

La collection de graines fournies par la Southern Forest Experiment Station (USA) comprenait 6 provenances de *P. elliottii* et 11 de *P. taeda* et fut installée dans 7 sites (Tweefontein, Dukuduku, Kwa-Mbonambi, Border North, Border South, Kleinplaat et Lottering). **Résultats pour *P. elliottii*** :

- Aucune différence significative entre provenances à aucun des essais.
- Forte corrélation **Juvénile↔Adulte** d'où prédiction possible des Meilleures provenances dès l'âge de 4 ans.
- Corrélation **négative volume↔latitude du lieu d'origine**. **Les provenances du Sud** sont mieux adaptées aux conditions Sud-africaines ce qui semble logique (sauf pour les situations d'altitude, les plus froides).

Au Sud-Brésil (Parana et Santa Catarina) et en Argentine du Nord-Est (Corrientes et Missiones), des essais comparant 172 familles issues des Vergers à graines américains, des 4 régions de Provenances de l'espèce :

A Plaines boisées côtières de l'Atlantique,
B Plaines boisées côtières du Centre-Est de la Floride,
C Plaines boisées côtières du Centre-Est du Golfe,
D Plaines côtières du Sud,

D.L. Rokwood (2001[363]) nous en donne les principaux résultats qui nous résumons comme suit :

1. Dans les deux pays les différences entre régions de provenances sont très significatives
    - **Meilleure provenance à 8 ans : Région B (Centre-Est de la Floride),**
    - Moins bonne provenance : Région D (Plaine côtière du Sud).

2. Les familles de vergers étaient généralement supérieures aux témoins locaux dans les deux pays.

Ce second résultat soulignait le retard local en amélioration génétique pour cette espèce,

Pinus radiata D. Don. (Pin de Monterey), pin à 3 aiguilles

L'aire naturelle de *Pinus radiata* est californienne, côtière, très réduite et dispersée en 5 sites, comme le montre la carte ci-après. Sur les 5 sites, 3 sont continentaux en Californie (USA) et 2 sont insulaires en Basse Californie (Mexique).

Aire naturelle de *Pinus radiata* (d'après Ledig *et al.* 1988)

C'est une essence océanique qui ne supporte ni la sécheresse ni le froid. Pour une bonne croissance il lui faut au moins 1000 mm d'eau par an. Ces conditions étant réunies, il est capable d'une très forte croissance (jusqu'à 50 m^3/ha/an en Nouvelle-Zélande et au Chili).

Par contre en conditions marginales il devient sensible aux parasites. C'est ce qui se passe au Pays Basque espagnol depuis 2018 où l'on enregistre de graves attaques de la maladie des bandes marron (*Mycosphaerella dearnessii*) suite à des étés très chauds

Meilleures provenances

<u>En Australie et en N^elle^-Zélande</u> (GAPARE *et al.* 2002 [364]) et (BURDON 2008[365]). Le programme d'amélioration a démarré en 1950 à partir d'une base très étroite et c'est seulement à partir de 1978 que des essais de provenances ont été réalisés à partir de la collection de ELDRIDGE qui comprenait 466 descendances maternelles appartenant aux 5 provenances existantes dont 3 continentales et 2 insulaires :

- **Año-Nuevo**, **Monterey** et **Cambria** (continentales),
- **Guadalupe** et **Cedros** (insulaires).

Autres résultats :

- Survie : 90% pour toutes les provenances, sauf pour Cedros (60%) probablement consanguine.
- Vigueur : **Monterey** et **Año Nuevo** : les plus performants sur presque tous les sites. **Cambria** sur certains sites seulement.
- Forme : **Guadalupe** : bonne rectitude surtout sur certains sites.
- Héritabilité :
    - diamètre : 0,22 (juvénile) et 0,32 (mature)
    - rectitude et ramification : de 0,22 à 0,55
- Corrélation J-A : forte pour le diamètre (> 80%)
- Interaction G-E : forte pour le diamètre entre tous les sites, sauf les plus frais et arrosés.

Au Chili (comme en Australie), la base génétique du pin radiata introduit en 1892 était très mal connue jusqu'à l'étude de C. ESPINOZA *et al.* (2011[366]) qui donnent les précisions suivantes :

- La base génétique des plantations de *P. radiata* au Chili ne provient que de la provenance **Monterey**.
- La diversité génétique du massif chilien n'a pas changé par rapport à celle de la population d'origine,
- Les différences génétiques entre les diverses populations naturelles sont faibles.
- La variation génétique présente chez le pin radiata au Chili est dispersée et mal différenciée.

C'est à partir de la seule provenance de Monterey que le programme d'amélioration génétique a été lancé au milieu des années 1970. Ce programme est bien avancé puisqu'aujourd'hui on en est à la 3ème génération d'amélioration.

Remarque : Les espèces californiennes, lorsqu'elles sont installées dans d'excellentes conditions, sont capables d'une très forte croissance.

Province de Neuquén (Argentine-1987). Placettes de 50 ans. 1 : *Pinus lambertiana*, **2 :** *P. ponderosa*, **3 :** *Pseudotsuga mienziesii*

Nous avons pu le constater en 1987, lors d'une mission dans la Province de Neuquén en Patagonie du Nord (Argentine). A cette occasion, nous avons visité un essai de divers conifères californiens installé sur des parcelles de l'Estancia "Cerro de los Pinos" appartenant aux frères de LARMINAT (VIDAL 1960 [367]) admirables pionniers de cette région (photos précédentes). On y a observé d'incroyables placettes de *Pinus lambertiana* (50 m de haut et 1 m de diamètre à 50 ans), mais aussi de *Pinus ponderosa, Pinus radiata, Pseudotsuga menziesii* (50 m^3/ha/an, avec une magnifique régénération naturelle), alors que le Pin maritime ne s'adapte pas. Il faut dire que le sol est constitué, sur une grande profondeur, de cendres volcaniques très riches en minéraux et présentant une grande réserve d'eau.

Le plus curieux est que la végétation naturelle est plutôt basse et de type steppique. Ce fait est relaté dans la biographie de F. COLMET-DAAGE (2014[368]), pédologue de l'ORSTOM, qui nous assistait.

Pinus patula Schiede. (Pin pleureur du Mexique), pin à 5 aiguilles

Aire naturelle et Ecologie

Pinus patula est un pin mexicain de montagne que l'on rencontre, à partir de 1490 jusqu'à 3100 m d'altitude, dans la Sierra Madre Orientale[369]. Comme on peut le voir sur la carte ci-contre (extraite de la Thèse de D.A. CERDA-GRANADOS[106]), son aire naturelle très morcelée s'étend du Nord au Sud sur environ 950 km, depuis l'Etat de Tamaulipas jusqu'à celui d'Oaxaca.

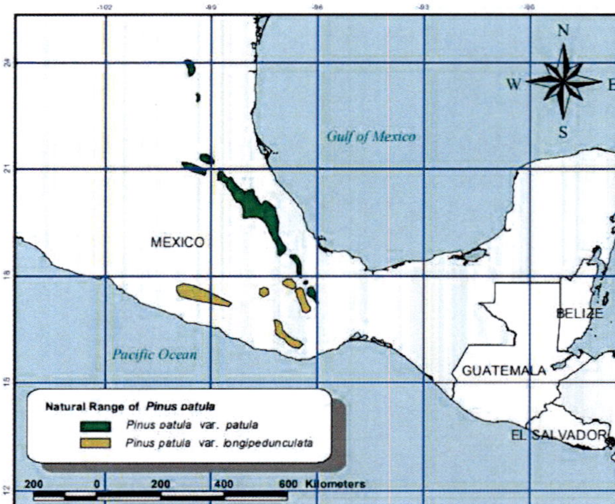

Source : These de David Alberto-GRANADOS (janv, 2012)
Université du Nicaragua
///C :/Users/Utilisateur/Documents/MSFThesis-FinalVersion.pdf

De plus, il existe **deux variétés** de *Pinus patula*, assez différentes morphologiquement et séparées géographiquement (reportées sur la carte de l'aire naturelle) :

- ***Pinus patula var. patula*** (vert) au Nord
- ***Pinus patula var. longipedunculata*** (jaune), au Sud, plus sensible au froid.

Les deux variétés se chevauchent un peu dans le Nord-Est d'Oaxaca.

Pinus patula est une **espèce subtropicale à pluies d'été** qui affectionne les climats doux, assez frais pouvant comporter des jours de gel modéré pendant de courtes périodes.

Dans son habitat naturel, la moyenne pluviométrique annuelle est assez élevée (**750 - 2000 mm**) avec **3 à 4 mois** secs, sauf dans l'arrière-pays de Veracruz, bien arrosé toute l'année, ce qui n'empêche pas l'espèce d'être **assez résistante à la sécheresse** (plus que *Pinus taeda*).

Il est, par ailleurs, peu exigeant vis-à-vis du sol. Enfin, il faut souligner que *Pinus patula* fructifie précocement et abondamment et que ses **cônes "sérotineux"** dispersent les graines pendant longtemps, ce qui contribue à rendre l'**espèce invasive**. En Afrique du Sud, en particulier, il fait l'objet de mesures de surveillance, voire d'éradication.

Utilisation

Pinus patula est utilisé en région tropicale pour des plantations de hautes altitudes (Bolivie Colombie, Equateur, Kenya, Angola, Tanzanie, Zimbabwe, Zambie, Papouasie-N^elle^ Guinée et Hawaï). Il réussit cependant bien à des altitudes plus basses (Madagascar, Brésil, Argentine, Inde). Son introduction en Afrique australe est relativement ancienne (1907 en Afrique du Sud, 1920 au Zimbabwe et un peu plus tard en Zambie).

Il faut ajouter qu'en Afrique australe l'espèce est très invasive (RICHARDSON *et al.* in FAO 2001[370]) estimait les surfaces conquises naturellement par cette espèce, à 100.000 ha au Zimbabwe et à 17.000 ha en RSA.

<u>En Afrique du Sud</u>. C'est ce pays qui en détient le plus grand massif planté (300.000 ha), situé principalement dans la Province du Mpumalanga (à une altitude moyenne de **1700 m**), comme nous l'avons vu plus haut.

<u>Au Zimbabwe</u>. Il a remplacé *Pinus radiata* gravement attaqué en 1934 par la maladie du desséchement des rameaux (*Sphaeropsis*) et la maladie des bandes brunes (*Dothistroma*). C'est désormais la principale espèce de conifères avec 60% des **80.000 ha** plantés en pins (in FAO 2001). Cependant le chancre résineux des pins (*Fusarium circinatum*) commence à attaquer cette espèce et des solutions sont maintenant trouvées sous forme d'hybrides tolérants (*Pinus Patula x Pinus tecunumanii*).

<u>En Colombie</u>. Selon E. A. GOMEZ (2012[371]) ***Pinus patula*** est de loin la première essence de reboisement. En 1999 il occupait environ **53.000 ha** sur les 145.000 ha de plantations forestières commerciales existantes, ce qui est très peu eu égard aux 17 millions d'ha identifiés avec un fort potentiel pour l'établissement de nouvelles plantations forestières industrielles dans ce pays (PROFOR, 2017[372]). *Pinus patula* dont la réussite est jugée excellente dans ce pays tropical très montagneux, a sans aucun doute un avenir important en Colombie, en particulier dans le Département d'Antioquia.

Essais de provenances

Comme beaucoup d'autres espèces, *Pinus patula* a fait l'objet d'essais de provenances dans les années 70 dans divers pays subtropicaux (1959 : Nouvelle Zélande, 1969 : Afrique du Sud, 1971 : Zimbabwe et 1972 Argentine.) Une seconde série d'essais fut entreprise par CAMCORE à partir des années 90 au Brésil, en Colombie et en Afrique du Sud à la suite de récoltes plus complètes, organisées dès 1986. Une première série de 33 tests de provenances/descendances, fut suivie par des dispositifs de conservation qui inclurent également le Chili, le Mexique, et le Zimbabwe. Au total les collections de CAMCORE comptaient 23 provenances et 510 descendances

Résultats : Ils nous sont donnés par E.R. FALKENHAGEN pour l'Afrique du Sud (1979[373]) et par R.D. Barnes et L.J. MULLIN pour le Zimbabwe (1984[374]). W.S. DVORAK en fait la synthèse (CAMCORE, 1998) :

- En Nouvelle-Zélande : la meilleure provenance : **La Venta**, vient du Centre, près de Mexico.
- En Argentine, sous climat tempéré doux : la meilleure provenance est : **El Cielo** (Tamaulipas).
- Au Brésil et en Afrique du Sud, les provenances les plus vigoureuses étaient celles du centre de l'aire naturelle : **Potrero de Monroy** (Veracruz), **Zacualtipan** (Hidalgo) et **Pinal de Amoles** (Queretaro).
- En Colombie, les provenances du **Sud de Oaxaca** se sont montées très vigoureuses en altitude.
- En Afrique du Sud, ces mêmes sources du Sud d'Oaxaca (Cuajimoloyas, Manzanal et Tlacuache) ont montré une grande sensibilité au froid (26% de survie contre 70% pour les autres sources) alors qu'elles réussissent bien dans des zones plus chaudes.
- Nulle part les provenances des très hautes altitudes (2750-2950 m) n'ont eu un bon développement.
- L'écart de volume entre les meilleures et les pires provenances pour tous les sites était de 37%
- En comparaison avec *Pinus tecunumanii*, *P. patula* semble présenter une faible interaction G-E pour le climat, ce qui le rend très précieux en cas d'instabilité climatique (dans la zone subtropicale).

D'autre part, dans la première série de tests de CAMCORE, il a été observé que dans 29 des 33 tests installés, certaines familles open étaient aussi bonnes ou meilleures que les lots témoins de génération avancée locale de *P. patula*, *P. taeda* ou *P. elliottii*. De même, dans la seconde série de tests, plusieurs nouvelles populations de l'Etat de Veracruz ont montré, sur 50 sites de comparaison, une supériorité en volume de 14 à 18% par rapport à la moyenne de toutes les provenances.

Ce résultat souligne, une fois de plus, l'insuffisance fréquente de l'échantillonnage des provenances au départ des programmes d'amélioration plus ou moins anciens. Dans ce cas, le retour à des collections plus précises dans les aires naturelles, s'avère indispensable afin de reprendre ou compléter l'amélioration démarrée sur des bases génétiques tronquées ou trop réduites.

Pinus tecunumanii Eguiluz et J.P. Perry. (Pin de Tecun Uman) pin à 4 aiguilles

Historique

Cette importante espèce n'est connue que depuis peu. Elle n'a été correctement décrite qu'en 1983 (EGUILUZ 1983[375]). Son histoire, très intéressante, est bien retracée par STYLES (1986[376]) dans le bulletin n°13 des Ressources forestières de la FAO : elle commence en 1953 avec le rapport de SCHWERDTFEGER, entomologiste allemand qui parle d'une nouvelle espèce remarquable qu'il a appelée "***Pinus tecunumanii*"**, en hommage à TECUN UMAN, le dernier chef des Indiens Quiché du

Guatemala, tué en 1524 par Pedro de Alvarado d'Espagne pendant la conquête de l'isthme central-américain.

L'appartenance botanique de ce pin fut longtemps l'objet d'intenses discussions entre botanistes, certains pensant qu'il s'agissait d'une variété dite **"ochoterenaï"** de *Pinus oocarpa*, d'autres optant plutôt pour une variété de *Pinus patula*, avant d'admettre d'en faire une nouvelle espèce à part entière, incluse dans la sous-section Oocarpa et faisant partie des pins à cônes sérotineux. La question a pu être tranchée grâce aux marqueurs moléculaires, à commencer par les études de Mac CARTER *et al.* (1985[377]). Selon DVORAK (1998), les données RAPDs ont nettement séparé *Pinus tecunumanii* et *Pinus patula* en deux sous-groupes, soutenant fermement la classification de *P. tecunumanii* en tant qu'espèce distincte.

Il est à noter que les peuplements du Bélize (Mountain Pine Ridge), autrefois répertoriés comme "*Pinus ocarpa var. ochoterenaï*", restent classés comme *P. tecunumanii*. Par contre, les études de FURMAN *et al.* (1996[378]) rapprochent *P. tecunumanii* de *Pinus oocarpa* et, étonnamment, de *Pinus caribaea*, ce qui soulève de nouvelles questions phylogéniques. L'auteur suggère que l'espèce pourrait partager une histoire évolutive étroite avec *P. oocarpa* et *P. caribaea var. hondurensis*. D'ailleurs, les observations de terrain montrent des formes introgressives avec les autres espèces en mélange (*P. patula var. longipedunculata*, *P. oocarpa* et *P. caribaea var. hondurensis*). De plus, les croisements artificiels entre ces diverses espèces réussissent tous.

Enfin, une étude plus récente (TIJERINO *et al.* 2014)[379], utilisant des marqueurs microsatellites, a été réalisée sur les provenances nicaraguayennes. Elle montre à la fois de faibles écarts inter-provenances et une grande variabilité génique intra populations mais aussi des taux élevés de consanguinité dans toutes les populations, probablement liés à leur fragmentation.

Aire naturelle et écologie

Pinus tecunumanii est une espèce très intéressante, connue depuis peu des planteurs tropicaux mais qui fut rapidement l'objet de nombreuses études et expérimentations. Il est inscrit sur la liste rouge de l'UICN des espèces en danger. La carte ci-après représente l'aire naturelle selon la Société américaine des conifères.

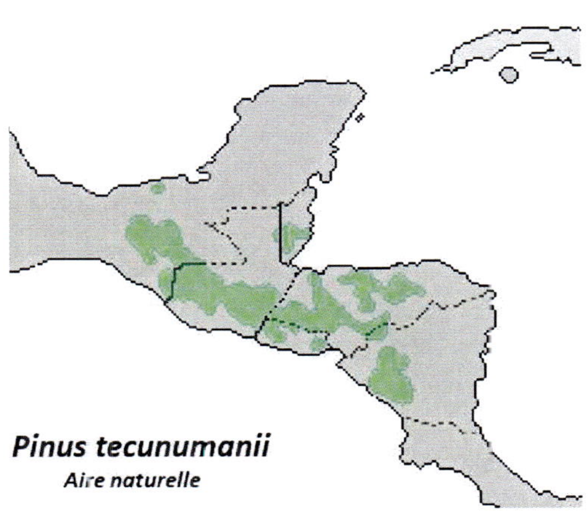

Source : données de American Conifer Society
https ://conifersociety.org/conifers/pinus-tecunumanii/

Pour DVORAK (2002[380]), c'est une espèce de première grandeur pouvant atteindre 55 m de haut et 1,40 m de diamètre. Son aire naturelle (carte ci-contre), surtout montagneuse, s'étend sur 1000 km, du Mexique (Chiapas) au Nicaragua à travers le Guatemala, le Honduras, le Salvador et atteint même le Belize.

Selon DVORAK, l'altitude de 1500 m sépare l'espèce en 2 sous-ensembles, ce que les analyses aux marqueurs génétiques (RAPDs) ont confirmé :

- Populations de basse altitude, de 450 à 1500 m (Nicaragua, Honduras et Bélize,)
- Populations de haute altitude, de 1500 à 2900 m (toute la zone centrale montagneuse)

De plus, les analyses ont permis de fixer l'extrémité Ouest de l'aire naturelle en excluant les régions de Oaxaca et de Guerrero, les arbres y étant apparentés à *P. patula* ou à *P. herrerae* et non pas à *P. tecunumanii.*

Effort expérimental

Il a été très important dans les pays subtropicaux mais l'effort le plus remarquable vient sans aucun doute de CAMCORE. DVORAK (2002) en fait le bilan pour la période 1980-2000 :

- Nb de provenances échantillonnées : 48
- Nb d'arbres + sélectionnés : 1 473
- Nb d'essais de Provenances / Descendances installées : 153
- Nb de parcelles conservatoires mises en place : 50
- Nb de pays concernés : 9
- Nb d'arbres sélectionnés dans les essais de descendances : 357

Caractéristiques forestières

Pinus tecunumanii est une espèce aux nombreuses qualités (DVORAK 2002) :

- Croissance initiale très rapide,
- Excellente résistance à la sécheresse,
- Remarquable résistance au chancre suintant des pins[381] (*Gibberella circinata),*
- Forte Productivité,
- Ecorce fine, bois plus dense et plus homogène que les autres pins tropicaux
- Pâte de bonne qualité avec peu d'extractibles.
- Hybrides vigoureux avec *Pinus patula, P. oocarpa, P. caribaea.*

Il est donc normal qu'il gagne rapidement en importance dans les plantations à croissance rapide, en Australie (QLD), en Amérique latine (Brésil, Colombie, Venezuela) mais aussi en Afrique (Afrique du Sud, Zimbabwe).

On lui a cependant trouvé plusieurs inconvénients (DVORAK 2002) :

- Grande sensibilité au froid, ce qui est normal pour un pin à tendance nettement tropicale,
- Assez forte sensibilité au vent, se caractérisant par la rupture de nombreuses tiges au niveau des verticilles supérieurs (éviter les sites exposés).
- Prédisposition aux chignons racinaires, imposant l'usage de conteneurs adaptés en pépinière.

Utilisations

Dans les essais de CAMCORE, DVORAK (2002) donne des chiffres de productivité moyenne pour les populations non améliorées de *Pinus tecunumanii :*

- Egal aux bonnes sources de *Pinus caribaea var hondurensis* au Venezuela et au Brésil (14 m^3/ha/an),
- Supérieur à *Pinus taeda* au Brésil subtropical (+ 15%),

- Supérieur à *Pinus patula* en Afrique du Sud (15 m³/ha/an) et en Colombie (25 m³/ha/an)

Au Congo Brazzaville : *Pinus oocarpa var. ochoterenaï*, en provenance du Bélize (District de Cajo - Mountain Pine Ridge), a largement surpassé tous les autres pins, notamment dans la Vallée du Niari (Centre-Sud du pays) et sur les Plateaux Batéké à 600 m d'altitude au Nord de Brazzaville où il atteint 35 m de haut et 50 cm de diamètre à 20 ans.

Malolo (Congo) 1971. *Pinus "oocarpa var. ochoterenaï"* du Belize (MPR) à 1 an.

En 1971, à l'occasion du programme de plantation de l'Office Congolais des Forêts, nous avons fait planter plus de 700 ha de cette variété dans les stations de Loudima et de Malolo (Niari).

La réussite fut remarquable et de nombreuses parcelles existent encore malgré le passage régulier des feux de brousse. Selon toute vraisemblance, il s'agit de ***P. tecunumanii*** originaire du Belize (basse altitude) et ces parcelles constituent une base génétique très intéressante, à sauvegarder. Il serait urgent de créer un verger à graines de clones par greffage des plus beaux arbres.

En Colombie. Le tableau qui suit résume les informations données par G. RESTREPO URIBE (1988[382]) suite à l'essai de Yolombo installé à 1400 m d'altitude.

Espèces de pins essayées à Yolombo (Colombie)	Provenances	Données sur les provenances				Station de Yolombo (alt. : 1400m)			
		Latitude	Longitude	Altitude (m)	Temp. (°C)	Pluvio (mm)	HT (m)	Dbh (cm)	Vol/ha (m3)
P. patula ssp. tecunumanii	Mt. Pine Ridge, Cayo, Belize	17°00'N	88°55'W	700	23.9	1 558	10,25	14,5	69,46
P. oocarpa v. ochoterenaï	Pinalón, Jalapa, Guatemala	14°45'N	89°40'W	1 300	20.0	1 600	7,43	13,8	34,54
P. caribaea v. hondurensis	Poptun, Peten Guatemala	16°15'N	89°30'W	350	23.0	1 690	6,98	12	32,61
P. oocarpa	El Lobo, Zacapa Guatemala	16°15'N	89°21'W	950	22.0	1 600	7,55	11,8	32,44
P. oocarpa v. ochoterenaï	Malpaso, Zacapa Giatemala	15°10'N	89°20'W	850	22.0	1 650	6,83	10,5	26,01
P. caribaea v. hondurensis	Jocón, Yoro, Honduras	15°15'N	86°53'W	570	23.0	2 000	6,3	10,8	24,17

Source : à partir des données de l'article de G. RESTROPO URIBE (1998)

On voit que *P. patula ssp. tecunumanii* (syn. *P. tecunumanii*), en provenance du Bélize (Mountain Pine Ridge) est de loin l'essence la plus prometteuse (+ 100% en volume par rapport à la seconde source). Elle est suivie par *P. oocarpa var. ochoterenaï* du Mexique puis par la provenance Poptun (Guatemala) de *P. caribaea* et la provenance El Lobo (Guatemala) de *P. oocarpa.*

Meilleures provenances :

Provenances de basse altitude (450 – 2900 m) :

- **Montain Pine Ridge 450-1300 m – (Cajo - Belize),**
- **Villa Santa (Honduras),**
- **San Rafael del Norte et Yucul (Nicaragua)**

Provenances de haute altitude (1500-2900 m) pour les sites élevés :

- **Montebello (Chiapas - Mexique),**
- **San Jeronimo (Guatemala).**
- **Las Camelias et Apante (Nicaragua)**

Selon DVORAK (2002), les moins bonnes provenances sont celles des très hautes altitudes (centre du Chiapas) qui sont très sensibles au chancre suintant ou celles de l'extrémité méridionale de l'aire naturelle quand l'espèce se mélange à *P. oocarpa* au Nicaragua. D'autre part les provenances de basse altitude sont beaucoup plus plastiques que celles de haute altitude, lesquelles montrent de fortes interactions G-E, ce qui est en accord avec les résultats généraux sur les études de provenances chez les arbres forestiers.

Pinus oocarpa Schiede. (Ocote, Pin jaune mexicain) pin à 4-5 aiguilles

Aire naturelle

Pinus oocarpa est l'arbre national du Honduras.

C'est une espèce de montagne dont l'aire naturelle, très vaste (carte-ci-contre) s'étend sur 3000 km, du Mexique au Nicaragua en passant par le Guatemala, le Honduras et le Salvador. C'est dans la partie Sud de son aire naturelle qu'il descend le plus bas en altitude (600 m au Honduras)

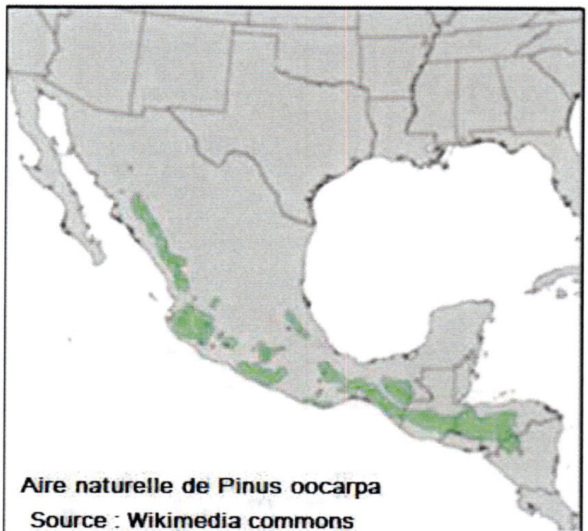

Aire naturelle de Pinus oocarpa
Source : Wikimedia commons
https://commons.wikimedia.org/wiki/File:
Pinus_oocarpa_range_map_2.png

Caractéristiques

L'arbre peut atteindre 45 m de haut et 1 m de diamètre lorsqu'il est planté sur de bons sites. Par contre les peuplements naturels, situés généralement à des altitudes élevées, dépassent rarement 20 à 30 m (ROBBINS 1983[383]).

Souvent mélangé aux chênes il s'accommode des incendies qui stimulent sa régénération et réduisent la concurrence avec les espèces feuillues.

C'est un arbre droit et à ramification bien équilibrée. Son architecture peut être presque parfaite quand il est jeune (photo ci-après) alors que d'autres arbres peuvent présenter des insertions de branche très obliques. Certaines populations peuvent même présenter des fourches très aiguës, parfois multiples. Enfin les jeunes arbres sont capables de rejeter de souche, les rejets paraissant cependant très frêles.

PK45 Brazzaville, 1969. Jeune P. oocarpa à la forme parfaite

Qualité du bois

Au Mexique et en Amérique centrale, on utilise le bois de *Pinus oocarpa* pour le contreplaqué, le bois de construction, les caisses d'emballage, le bois de chauffage. L'arbre produit aussi de la résine.

Le bois de plantation a été examiné par H, Resch[384] à partir d'arbres âgés de 4 à 17 ans des plantations brésiliennes. Il présentait une rigidité et une résistance à la flexion et à la compression un peu supérieures à celles de *Pinus caribaea*, en corrélation positive avec l'âge, tout comme la longueur des trachéides et la densité qui est un bon prédicteur de nombreuses propriétés du bois.

Génétique des populations

Des études aux marqueurs microsatellites, faites sur 51 provenances de *Pinus oocarpa* (ainsi que 17 provenances de *P. patula* et *P. tecunumanii*), ont montré que les populations de *P. oocarpa* présentaient toutes une forte diversité génétique mais également un degré élevé de consanguinité et qu'il existait des flux géniques entre *P. oocarpa* et *P. tecunumanii* dans les provenances de basse altitude. De plus, toutes les populations de *Pinus oocarpa* présentaient une résistance élevée au chancre suintant, ce qui n'est pas le cas de *P. patula* et *P. tecunumanii*, nettement plus sensibles en altitude (DVORAK *et al.* 2007[385]).

Provenances

Dans les essais du CFI d'Oxford, sur les 17 provenances de *P. oocarpa* testées, 5 étaient en fait des *Pinus tecunumanii* ce qui a fortement biaisé les résultats puisque ces 5 provenances ont affiché presque partout leur supériorité. Les essais de CAMCORE ont par la suite permis de retrouver ces différences en distinguant les lots de *P. oocarpa* des autres sources.

En zones basses, la vigueur générale de *Pinus oocarpa* diminue avec l'altitude de la provenance (depuis le Honduras jusqu'au Mexique), ce qui est bien en accord avec la génétique des populations des arbres forestiers.

Au Congo, à Pointe Noire (MARTIN 1971[386]) dans les savanes côtières, où la variété "ochoterenaï" n'a pas été introduite, la meilleure provenance venait du Honduras (Siguatepeque 1000 m) et la moins bonne, du Mexique (Calzonzin 1600 m) avec des différences considérables comme le montre la photographie ci-dessous.

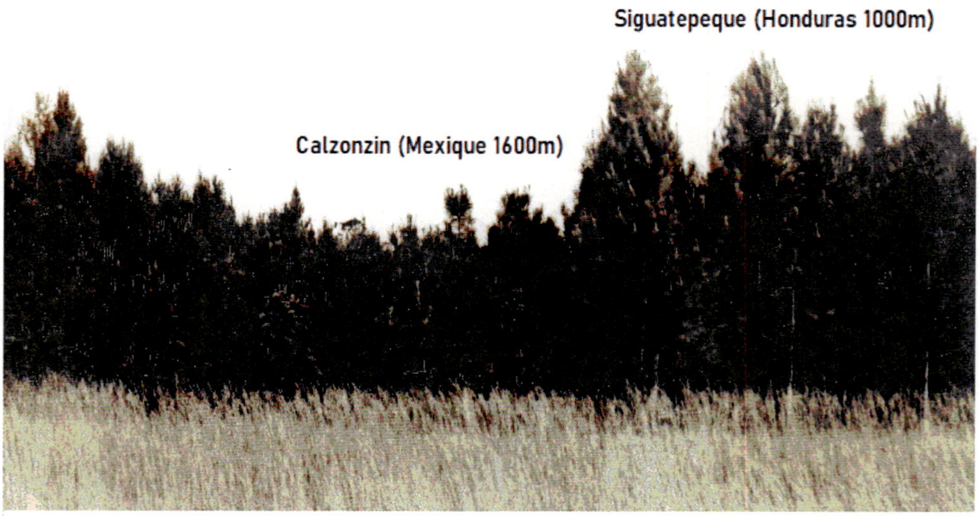

Pointe Noire (Congo) 1971 - Essais de Provenances de Pinus oocarpa à 5 ans

Meilleures provenances

Le fait que les Meilleures provenances soient celles du Sud de l'aire a bien été confirmé par G.O. OTEGBEYE (1991[387]) avec la provenance **San Fernando** (Nicaragua) qui s'est montrée la meilleure dans les savanes du Nigeria. Il en a été de même en Tanzanie à la station forestière de Buhindi (alt. 1200 m) où A.G. MUGASHA *et al.* (1998[388]) ont bien fait la distinction avec les provenances de *P. tecunumanii* et signale que si celles-ci surpassent presque toutes les provenances de *P. oocarpa*, il existe quelques exceptions comme **Bucaral** (Guatemala-1100 m) et **Zapotillo** (Honduras-1000 m) qui sont aussi performantes, soulignant que la diversification avec *P. oocarpa* est possible (d'autant plus que l'hybridation ne pose pas de problème).

Performances en plantation

Dans les zones tropicales humides de basse altitude, *Pinus oocarpa* tend à être remplacé par *Pinus tecunumanii*, plus productif et au bois de meilleure qualité (MOURA *et al.* 1998[389]). C'est pourquoi cette espèce est finalement **peu utilisée**.

Pinus oocarpa reste cependant intéressant dans les plantations des hautes terres et ce, malgré des **performances décroissantes avec l'altitude de la provenance**. Au Malawi, NDEMA *et al.* (2015[390]), nous donne les résultats suivants à 18 ans pour des peuplements éclaircis à 9 et 15 ans :

Altitude du site de plantation	HT moy. (m)	Dbh (cm)	Vol.moy/arbre à 18 ans (m^3)
1900	15,4	20,8	0,243
1700	17,1	22,9	0,322
1500	19,2	24,5	0,417

Station d'IBI – Plateaux Batéké (RDC - 2005). Excellente adaptation de *Pinus oocarpa* âgés de 20 ans. Grande hauteur (35 m), bonne forme et bonne résistance aux feux de brousse annuels.

Pinus caribaea Morelet. (Pin des Caraïbes) pin à 3 aiguilles

Généralités

On se reportera à la page 224 pour consulter la carte de l'aire naturelle de *P. caribaea*. Rappelons que l'on distingue 3 variétés :

- ***P. caribaea var. bahamensis*** (W.H. Barrett & Golfari) que l'on ne rencontre que sur 4 des Îles Bahamas (Andros, Great Abaco, Grand Bahama et New Providence) et sur 2 des îles Caïques (Nord et Middle Caïcos).
- ***P. caribaea var. caribaea*** (W.H. Barrett & Golfari) : limitée à l'Ouest de l'Île de Cuba (Province de Pinard del Rio et Île de la Juventud),
- ***P. caribaea var. hondurensis*** (W.H. Barrett & Golfari) : Amérique Centrale (Nicaragua, Honduras, Guatemala et Belize) avec quelques peuplements au Salvador et dans l'Etat de Quintana Roo (Mexique)

Il s'agit d'une espèce de basse altitude (de 0 à 600 m dans son aire naturelle) qui s'adapte facilement à toute les zones chaudes et humides jusqu'à une altitude de 1000 m. C'est une espèce à croissance rapide et très rustique qui semble bien résister aux insectes.

Pointe Noire (Congo 1991) – Vue aérienne de parcelles de Pinus caribaea attaquées par le pourridié.

Il est cependant très sensible au pourridié du manioc (*Phaeolus manihotis* R. Heim) ainsi que le montre la photo aérienne c-dessus, que nous avons prise en 1991 au dessus des plantations de *P. caribaea* de l'UAIC à Pointe Noire (Congo).

Comme on le voit distinctement, les parcelles, âgées de 10 ans, présentent de nombreux "ronds" de pourridiés (aux emplacements d'anciennes cultures de manioc) où les arbres ont disparu, mais qui continuent à s'agrandir. Ces dégâts, apparus vers l'âge de 5ans, ne concernaient au total que 4% des surfaces plantées mais allaient cependant jusqu'à 28% dans les parcelles les plus touchées, condamnant celles-ci à ne plus pouvoir être plantées en pin mais en eucalyptus, beaucoup moins sensibles.

Qualité du bois

Initialement réputé pour la pâte à papier, le bois de *Pinus caribaea* est de plus en plus utilisé comme bois d'œuvre. On se reportera à la fiche technique du CIRAD qui en donne toutes les caractéristiques[391]. Le bois est à grain fin et à fil droit mais contient beaucoup de résine. On peut l'utiliser de façon très large, sauf pour le déroulage et le tranchage à cause de la résine qui empêche le collage.

Sa densité est très variable (de 0,4 à 0,8) selon les provenances, les sites de plantation et l'âge des arbres. Les bois de plantation ont des caractéristiques inférieures à ceux de forêt naturelle. De plus, s'ils ne sont pas mis à sécher très rapidement, les débits doivent être traités contre les termites mais aussi contre les champignons car dans les zones très humides il est très sensible au bleuissement.

Par ailleurs, comme en Tanzanie, en Malaisie (et au Congo dans les années 90), on peut utiliser les arbres droits pour fabriquer des poteaux dont l'imprégnation est convenable et bien supérieure à celle des eucalyptus.

Enfin c'est un bon bois de trituration (pâte et panneaux).

Utilisations

Toutes ses qualités font de *P. caribaea* le conifère le plus utilisé par les planteurs des régions tropicales humides malgré les difficultés pour produire des graines dans les pays les plus chauds et humides.

Les plantations sont souvent réalisées avec des objectifs multiples. Rare espèce à s'accommoder de sols très pauvres, abandonnés par l'agriculture ou plus ou moins dégradés, il est souvent utilisé pour reconquérir des zones où l'on ne sait plus cultiver et pas quoi planter. Le premier objectif est donc la couverture du sol et sa protection contre l'érosion. En plus de son bois utilisé de façons très variées, il produit une oléorésine estimée, riche en colophane et en térébenthine. Son écorce est également riche en tanin.

Essais de provenances

Ils correspondent aux deux grandes séries expérimentales réalisées depuis 1970 qui sont :

- 1ère Les essais du **CFI d'Oxford** (**1970-75**), concernant 27 prov. et 113 essais dans 26 pays.
- 2èmeLes essais de **CAMCORE** (**1990-96**), concernent 23 prov. et 48 essais dans 4 pays.

Principaux résultats : De nombreux auteurs ont publié des résultats relatifs à ces **deux séries d'essais de provenances.** Un bon résumé en a été donné par M.J. DIETERS et D.G. NIKLES (1997[392]) à l'occasion de la Réunion IUFRO d'Orlando. Selon les auteurs, les différences entre provenances commencent à apparaître significativement dès l'âge de 3 à 4 ans et la sélection peut commencer à partir de 5 ans.

1°) - Comparaison entre les 3 variétés :

- Variabilité interpopulations :
    - o Var *bahamensis* et var *caribaea* : peu d'écart entre provenances mais var *bahamensis* un peu plus variable, Abaco Island étant légèrement supérieure (ZHENG *et al.* 1994[393]).
    - o Var *hondurensis* : grande variabilité interprovenances.
- Croissance en hauteur : classement par ordre de performance :
    - o 1 : var. *hondurensis*, 2 : var. *bahamensis*, 3 : var. *caribaea**.
- Forme de la tige et du houppier : classement par ordre de performance :
    - o 1 : var. *caribaea*, 2 : var. *bahamensis*, 3 : var. *hondurensis*.
- Résistances aux maladies : classement par ordre de résistance :
    - o 1 var. *caribaea*, 2 var. *bahamensis*, 3 : var. *hondurensis* (sensible à la pyrale)
- Résistance au vent : classement par ordre de performance des 3 variétés
    - o 1 : var. *bahamensis*, 2 : var. *caribaea*, 3 : var. *hondurensis*.

2°) – Comparaison entre les provenances de la variété *hondurensis* :

- Floraison :
    - o Provenances des basses terres côtières : très peu précoces
    - o Provenances de l'intérieur (plus élevées et plus sèches) fleurissent dès 3,5 ans, sauf en zones équatoriales chaudes et très humides.
- Forme de la tige : provenances côtières plus droites,
- Formation de "foxtails"** provenance Poptun, la plus susceptible (56%).
- Résistance au vent : les provenances côtières plus résistantes, + Guanaja.
- Densité du bois : les meilleures : Guanaja (très faibles variation intra), Poptun et Santa Clara.

Meilleurs provenances. (Synthèse des deux séries d'expérimentation)

Les régions côtières, du Honduras (y compris l'île de Guanaja), du Belize, du Nicaragua, ou relativement proches de la côte du Guatemala, fournissent les meilleures provenances :

- Nicaragua : **Laguna el Pinar, Karawala, Alamicamba, Santa Clara**
- Honduras : **île de Guanaja, Brus Lagoon, Limon**
- Belize : **Melinda, Mountain Pine Ridge**
- Guatemala : **Poptun**

---

* Le classement entre var. *bahamensis* et var. *caribaea* peut différer selon les sites. A Pointe Noire (Congo), la variété "*caribaea*" était nettement plus vigoureuse que la variété "*bahamensis*".

**"Foxtail" ou "queue de renard" : Dérèglement de la croissance des jeunes arbres qui s'accélère mais sans se ramifier formant de longues tiges flexibles (jusqu'à 10 m) et finissant souvent par se coucher.

Erosion des ressources génétiques et augmentation de la consanguinité

Beaucoup de peuplements de basse altitude (Bélize en particulier) sont en grand danger (surexploitation, défrichement, transformation). Il est à noter que la provenance de l'île Guanaja (Honduras), qui s'est révélée une des meilleures, a été complètement détruite par l'ouragan Mitch en 1998 et sa reconstitution faite avec des provenances différentes.

Hybridation

Pinus caribaea var. hondurensis peut être croisé avec les 2 autres variétés de *Pinus caribaea* mais aussi avec *Pinus oocarpa* et *Pinus tecunumanii*. Rappelons qu'un hybride de *Pinus caribaea var. hondurensis* avec *Pinus elliottii*, est devenu important dans les plantations du Queensland (Australie) en raison de sa croissance, sa forme et sa qualité de bois. Un autre hybride de *Pinus caribaea var. hondurensis* avec *Pinus tecunumanii* s'est révélé très intéressant au Zimbabwe (P. MUTETE *et al.* 2015[394]).

Station d'IBI – Plateaux Batéké (RDC - 2005). Excellente adaptation de *Pinus caribaea ssp. hondurensis.*

Région de Gympie, Sud-Queensland (Australie - 2007). Parcelle monoclonale de pin hybride "Pee x Pch" (*Pinus elliottii ssp elliottii x Pinus caribaea ssp hondurensis*). Dr Garth NIKLES devant le clone 545.

***

3 - LES ACACIAS TROPICAUX

L'Acacia est un genre pantropical très diversifié que l'on rencontre surtout dans les zones semi-arides et arides. On compte en effet 1200 espèces dont 950 en Australie, 130 en Afrique, 55 en Amérique latine et 12 en Asie. Ce sont des légumineuses fixatrices d'azote qui rendent de grands services aux populations des zones sèches en leur offrant de l'ombre ainsi que des bois de feu et de service mais aussi de nombreux autres produits (gomme, miel, écorces, gousses, graines, fourrage, etc.). Pour les forestiers, leur grande efficacité à fixer l'azote (jusqu'à 213 Kg/ha à 18 mois pour l'*Acacia mangium* (WIBISONO *et al.* 2015[395]) est un énorme avantage. D'une part cela rend inutile la très couteuse fertilisation azotée (MAYDRA *et al.* 2019[396]) et d'autre part on obtient une amélioration gratuite des sols. Ce double avantage, renforce très significativement l'attrait des planteurs vers ces espèces.

Acacias australiens subtropicaux. Parmi les acacias australiens des régions subtropicales, ***Acacia mearnsii*** a fait l'objet de plantations privées en Afrique du Sud et au Sud du Brésil (Rio Grande do Sul) dans un but d'usages multiples (bois, écorce à tan, miel, etc.). Toutefois l'engouement pour cette espèce s'est quelque peu réduit face à la concurrence des eucalyptus améliorés, plus productifs et dont le bois est préféré par les producteurs de pâte. *Acacia melanoxylon* est une autre espèce intéressante des régions subtropicales et tempérées douces et dont le bois est précieux mais qui a été introduit dans de nombreux pays où il est devenu souvent subspontané voire invasif (Nouvelle Zélande, Afrique du Sud, Zimbabwe, Tanzanie, Kenya, Brésil). Il est encore un peu utilisé au Rwanda et au Burundi mais surtout utilisé contre l'érosion, comme brise vent et arbre ornemental. En Afrique du Sud on l'utilise comme essence secondaire dans la réhabilitation des forêts naturelles.

Acacias australiens des zones tropicales sèches. Eu égard au très grand nombre d'espèces pour cette zone climatique, très peu sont cultivées de manière intensive, ce qui suggère que le potentiel de nombreuses espèces reste inexploré. Suite à la collecte du CTFT (C. COSSALTER 1972-73), une trentaine d'espèces australiennes avait été essayée en Afrique sahélienne (Sénégal, Burkina-Faso, et Niger). Au Sénégal, quelques espèces comme *Acacia holocericea* et *Acacia tumida* (bois, brise-vent), *Acacia trachycarpa* (bois, fourrage), *Acacia bivenosa* et *Acacia sclerosperma* (protection du sol) ont montré une bonne adaptation et une croissance initiale rapide mais leur faible longévité (4 à 10 ans) ne les rend utilisables que pour des objectifs à court terme (GAYE *et al.* 1996[397]). Certaines espèces, comme *A. holocericea*, peuvent cependant être utilisés à des fins sylvicoles, comme arbres de "bourrage", pour accompagner les essences principales, en particulier celles qui sont utilisées sous forme de plantations clonales (Teck ou Gmélina par exemple) à faibles espacements.

Acacias des tropiques chauds et humides. Il existe quelques rares espèces d'acacias originaires de régions chaudes et humides d'Australie et d'Océanie. Il s'agit surtout de trois espèces à phyllodes :

- ***Acacia mangium,***
- ***Acacia auriculiformis***
- ***Acacia crassicarpa.***

Ce sont des essences de forêts dense secondaires, assez peu longévives mais à croissance rapide et qui s'adaptent bien en en tant qu'exotiques. Bien que poussant moins vite que les eucalyptus, ils finissent par être très compétitifs au plan productif (30 à 40 m^3/ha/an) du fait de leur grande aptitude à pousser serrés (forte surface terrière). De plus, un très gros avantage pour le planteur est leur très bonne couverture du sol, contribuant à réduire très significativement les entretiens.

***Acacia mangium* (ha)**		
Indonésie	1 200 000	42,9%
Vietnam	1 100 000	39,3%
Malaisie	250 000	8,9%
Thaïlande	250 000	8,9%
Total	**2 800 000**	**100%**

Source : ACIAR technical Reports 84

Depuis les années 90, c'est surtout ***Acacia mangium*** qui a fait l'objet de vastes programmes de plantations en Asie du Sud-Est (Indonésie, Malaisie et Vietnam) ainsi que le montre le tableau ci-contre tiré de l'ouvrage de l'ACIAR (HARWOOD & NAMBIAR 2014[398]) qui fait état des surfaces plantées en 2014, soit 2,8 millions d'ha en deux décennies. On doit ajouter les 100.000 ha d'*Acacia crassicarpa* à Sumatra sur sols marécageux (S. J. MIDGLEY 2002[399]).

Si l'on plante surtout l'*Acacia mangium* dans les zones très humides pour répondre à la demande en bois de pâte, on utilise également *A. auriculiformis* dans les zones plus sèches pour la production de bois de feu et de charbon de bois. Ces deux espèces peuvent également être utilisées comme espèces de "bourrage" pour accompagner certaines essences à moyenne révolution ayant des difficultés à lutter contre le recru d'espèces pionnières.

En Indonésie et en Malaisie les plantations papetières d'*A. mangium*, concentrées à Sumatra et à Bornéo (Kalimantan et Sabah), sont surtout l'œuvre des grandes compagnies papetières. Ce n'est pas le cas au Vietnam où ces plantations ont un objectif beaucoup plus diversifié, avec une orientation première vers le bois d'œuvre. D'autre part, 35% des plantations d'Acacia y sont réalisées avec des clones hybrides *A. mangium x A. auriculiformis* (HARWOOD et *al.* 2014) et concerne plus souvent de petits propriétaires privés et de petites compagnies d'où un impact direct sur l'économie locale.

Graduellement, l'attrait pour les acacias s'accroît avec une meilleure connaissance des espèces. Plantés dans plus de 70 pays, on estime aujourd'hui que les plantations d'acacias australasiens occupent environ 3 millions d'hectares dans le monde.

Importance économique. En Indonésie, l'impact économique des plantations d'*Acacia mangium* est très grand. Les plantations commerciales qui ont été établies pour fournir un approvisionnement durable en matières premières pour l'industrie de la pâte et du papier représentent une utilisation importante des terres à Sumatra et au Kalimantan. Les industries forestières contribuent à environ 3,5% du PIB de l'Indonésie, et la récolte des plantations à elle seule contribue à environ 1,3% des recettes fiscales du gouvernement. L'industrie forestière est l'une des principales activités permettant de faire vivre et de développer les populations rurales des régions concernées.

Le secteur des pâtes et papiers, à lui seul, en représentait 60%. En 2010, il exportait pour 7 milliards de US$, soit 4% des exportations nationales. Enfin, ce secteur emploie plus de 1,5 million de personnes, fournissant des moyens de subsistance à 15 millions de personnes, soit à un sixième de la population totale de Sumatra et Kalimantan. Cependant, au-delà de sa contribution à l'économie un point très intéressant est son fort potentiel de croissance. Cette industrie a en effet continué à croître depuis 2001, y compris lors des crises financières mondiales de 2008-2009 (SANTOSA 2013[400]).

Acacia mangium Willd. (Mangium, Black wattle)

Aire naturelle.

La distribution naturelle de l'*Acacia mangium* est donnée par la carte ci-après, extraite de l'article de R.J. ARNOLD inclus dans le Livre de l'ACIAR (Trees For Live in Oceania).

En latitude, il s'étend de 1 à 18°S.

On rencontre des peuplements :

- **en Indonésie :** dans les Moluques (îles SULA, île de SERAM, îles ARU), en Papousie Occidentale, dans le Sud de la Papouasie.
- **en Papouasie-Nouvelle-Guinée** : au Sud-Ouest-PNG.
- **en Australie** : au Nord-Queensland (Cap York et Région de Cairns).

Ces régions qui jouissent d'un climat tropical chaud et humide, correspondent le plus souvent à des zones basses, couvertes de forêts denses (pluviométrie allant de 1500 à 3000 mm).

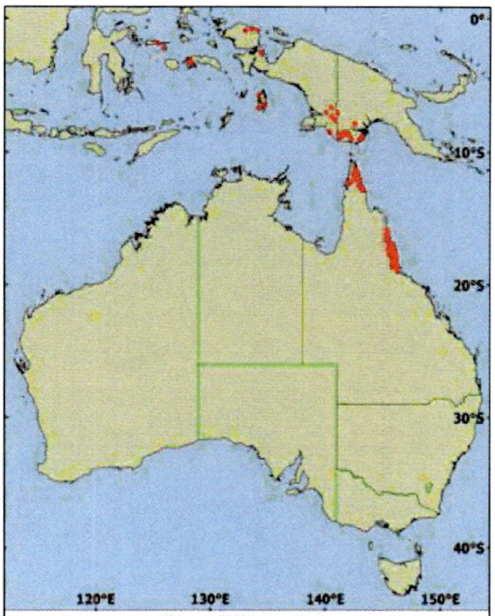

Aire naturelle de l'*Acacia mangium*
Source : R.J. ARNOLD "Tress for life in Oceania "(ACIAR 2018)

Potentiel de l'espèce

L'espèce est intéressante pour toutes les zones tropicales humides de basse altitude jouissant d'une pluviométrie supérieure à 1200 mm. Sa croissance est rapide (jusqu'à 25 m de haut et 25 cm de diamètre à 5 ans) et sa productivité élevée (jusqu'à 45 m^3/ha/an). Le mangium s'est révélé le plus productif en plantation comparative en Amazonie sur zone déforestée et abandonnée (BRUM ROSSI *et al.*[401]) et de plus, il a la capacité de restaurer le cycle des nutriments dans les systèmes dégradés et il peut combattre le tapis graminéen même aussi puissant que celui de l'*Imperata cylindrica* (OTSAMO *et al.* 1997[402]).

C'est un arbre très utile en agroforesterie (bois de feu et de service, ombre, fourrage). Enfin, son écorce est riche en tanin (de 18 à 39 %), selon le World Agroforestry Ceter (LISAN B.[403]).

L'amélioration génétique est une nécessité, surtout pour la production de bois d'œuvre (à la rotation de 15 à 20 ans) trop dépendante des éclaircies sélectives.

Le bois de pâte est produit en 5 à 7 ans, sans éclaircie et la pâte, d'excellente qualité, vaut largement celle d'eucalyptus, Très prisées en Asie du Sud-Est, elle commence à être connue des marchés occidentaux

Intérêt sylvicole

Un usage possible des acacias (notamment du mangium) est de les utiliser en bourrage de plantations clonales à larges espacements d'une espèce précieuse à croissance rapide.

Station de Mapire (Forestal Orinoco - Venezuela) - 2002. Belle parcelle d'*Acacia mangium* à 4 ans

.

Adversités

En Indonésie, les menaces sanitaires ont suivi l'accroissement des surfaces. L'*Acacia mangium* s'est révélé sensible au "Pourridié rouge" (*Ganoderma philippii*) (OLD *et al.* 2000[404]) parasite des racines ainsi qu'à la "maladie du flétrissement" (*Ceratocystis spp.*) dont la sévérité conduit à le remplacer par l'*Eucalyptus pellita*, heureusement bien adapté aux zones humides et résistant à ces parasites.

Qualité du bois

Selon l'étude du CIFOR au Vietnam (SEIN & MITLÖNER 2011[405]), le bois d'*Acacia mangium* est un excellent bois bien adapté à tous les usages. Les principales caractéristiques sont les suivantes :

1. Bois d'œuvre (WAGENINGEN UNIVERSITY [406]) :

- Densité basale : (420–480 kg/m^3).
- Couleur : variable selon la provenance :
    - bois de cœur : brun aux teintes variées, et fonçant au brun rougeâtre.
    - aubier : blanc jaunâtre, très distinct du bois de cœur.
- Caractéristiques technologiques : fil droit, grain fin, texture moyenne, retrait moyen à faible.
- Séchage : facile à l'air, plus délicat en séchoir.
- Durabilité : moyenne sauf au contact du sol.
- Imprégnation : facile de l'aubier mais incomplète du duramen.
- Principaux défauts : fréquences assez élevées de bois de tension et de fibre torse.
- Mise en œuvre : se travaille facilement (rabotage, ponçage, perçage, tournage, clouage).

Pour l'industriel, le principal inconvénient est la jeunesse des arbres (rotations courtes) et donc la rareté des gros diamètres et les taux élevés de bois juvénile. Au-delà du choix indispensable des provenances, le retard dans l'amélioration génétique laisse de trop nombreux défauts de forme (manque de rectitude et de cylindricité, tiges multiples, arbres fourchus, etc.). Ces éléments militent pour l'amélioration génétique, voire la culture clonale.

2. Bois de pâte :

- Rendement en pâte : supérieur à celui obtenu avec le bois d'eucalyptus.
- Qualité de la pâte obtenue : fibres courtes à haute densité, meilleures caractéristiques de lissage, de résistance à la traction et à l'éclatement, que la pâte d'eucalyptus.

1. Bois de feu :

- Valeur énergétique : élevée, allant de 5,58 à 5,69 KW/Kg (PROSEA 1995).
- Charbon de bois : excellente qualité.

Usages de l'*Acacia mangium*

Les premières plantations commerciales d'*Acacia mangium* au Sabah (Malaisie) datent de 1976. Les conditions d'établissement étaient difficiles (plantations manuelles sur terrain en pente après défrichement de la forêt naturelle (photo ci-après) :

La réussite de l'*Acacia mangium* tient surtout à sa capacité à résister à une très forte concurrence du recru forestier et herbacé (imperata) qu'il parvient à dominer complètement, ce dont les eucalyptus sont incapables (à condition toutefois de l'entretenir activement au cours de la première année). Cette grande qualité, s'ajoutant à toutes les autres, a rapidement permis l'établissement de plantations à grande échelle, pour la pâte à papier et le bois d'œuvre, principalement en Asie du Sud-Est et tout particulièrement au Vietnam qui a récemment développé 200.000 ha d'hybrides interspécifiques.

Sabah (Malaisie) 1990. Plantations manuelles de la S.F.I. (*Acacia mangium* en conditions difficiles)

Utilisations du bois. Selon le CIFOR Sein & Mitlöner (2011), le bois d'*Acacia mangium* est incroyablement multifonctionnel et peut être utilisé pour les meubles et l'ébénisterie, la construction légère à lourde, les moulures, les poteaux, les lambris, les bois de mine, la construction navale, la fabrication de chariots, la menuiserie, le tournage, la fabrication de manches d'outils, d'allumettes, d'attelles, de panneaux de particules, de panneaux durs et de placages pour le contreplaqué, la pâte à papier. Le bois est dur et résilient et particulièrement adapté aux manches de hache et équipements sportifs.

La pâte convient à la fabrication de plateaux isolants pour circuits imprimés, de sacs, de papiers d'emballage et de sacs multi-parois. Du fait de sa haute valeur énergétique, c'est un bon bois de feu qui donne également un bon charbon de bois. Enfin, la sciure du bois constitue un bon substrat pour la production de champignons "shiitake".

Usages autres que le bois. D'autres utilisations non ligneuses comprennent la production de miel, les adhésifs et on l'utilise comme pare-feu, brise-vent, arbre d'ornement et d'ombrage pour les bords de routes ainsi qu'en foresterie urbaine (PROSEA 1995).

Agroforesterie. Le mangium est un arbre très utile en agroforesterie (bois de feu et de service, ombre, fourrage, miel, tanin - jusqu'à 39 % dans l'écorce, selon le World Agroforestry Center (WAGENINGEN UNIVERSITY). Cependant le premier intérêt pour les paysans c'est son utilisation dans les jachères productrices de bois, pour améliorer la fertilité du sol de leurs champs (à l'image du Projet de la Fondation HANNS SNEIDEL de Mampu sur les Plateaux Batéké, au Nord de Kinshasa – RDC, qui utilise *A. auriculiformis* et non pas *A. mangium*) ou de leurs pâturages, ainsi que pour la récupération des terres envahies par l'imperata.

Inconvénients

L'espèce a été signalée comme envahissante en Asie, en Indonésie, dans les îles du Pacifique, dans les îles de l'Océan Indien, en Afrique australe et au Brésil. (KOUTIKA & RICHARDSON 2019[407]). Il est donc important de vérifier sa propension à se disséminer hors des zones plantées. Dans les cas les plus graves, des mesures d'éradication seront nécessaires. En Afrique équatoriale, nous n'avons jamais observé ce problème.

Amélioration génétique

Selon ROGER L. ARNOLD (ACIAR, Trees for Life in Oceania 2018) les études de génétique moléculaire, ont révélé chez le mangium une faible diversité génétique globale mais de grands écarts dans les taux de croisement intra-populations. De plus, la Province-Ouest de la PNG (WP-PNG) apparaît comme le centre de diversification de l'espèce. C'est là en effet que les populations présentent à la fois la plus grande diversité génique et les plus forts taux de croisements. Enfin, les essais de terrain ont montré que les provenances les plus hétérozygotes et à la diversité la plus élevée, étaient les plus vigoureuses. HARWOOD *et al.* (1991 [408]) dans son analyse des divers essais comparatifs de provenances, a souligné l'existence de différences très significatives :

- entre sites expérimentaux
- entre régions de provenance
- entre provenances locales au sein des régions de provenance

De plus, la croissance en hauteur est maximale sur les sites de basse altitude proches de l'équateur, chauds et humides (jusqu'à 4 m/an), ces performances pouvant se réduire à 1 à 2 m/an en situation subtropicale moins arrosée, plus favorable aux provenances australiennes du Nord-Queensland.

Remarque : les programmes d'amélioration génétique sur cette espèce sont finalement assez rares et encore peu avancés c'est pourquoi les programmes de plantation utilisent majoritairement des lots de semences de bonnes provenances récoltées en vrac dans les aires naturelles.

Meilleures provenances

En zone tropicale humide de basse altitude, les meilleures provenances d'*Acacia magium* viennent de PNG et d'Irian Jaya (Indonésie). De nombreux essais le confirment :

En Indonésie :

- à Sumatra, pour le bois de pâte : **Muting** Irian Jaya (Indonésie) (BUDI LEKSONO 1996[409])
- à Java, pour le bois d'œuvre (NURHASYBI *et al.* 2009[410]) :
  - **Kini, Keru Village, Derideri R. Morehead, Kiriwo/Serisa** (WP-PNG),
  - **Claudie River,** Pointe du Cap York, au nord de Coen – (QLD - Australie).

En Malaisie (Sabah) : (JAVED 2017[411]) comme à Java : **West of Morehead** (WP-PNG), et **Claudia River** (QLD-Austr.).

Au Congo (RDC) : Le vaste essai que nous avions lancé en 2006 à IBI, sur les plateaux Batéké, a bien confirmé la supériorité des provenances de PNG sur celles du QLD. Les résultats à 7 ans (YUSUFU KACHAKA E. *et al.* 2021[412]) montrent que la provenance : **Lake MURRAY** (WP-PNG) est la plus productive des provenances naturelles, légèrement dépassée cependant par les descendances de vergers à graines de familles du Queensland (Australie), issus de provenances de PNG.

En Côte d'Ivoire : (SOUVANNAVONG 1990)[413] un essai installé à San Pedro (zone forestière) a montré la supériorité des provenances **Oriomo River**, **Morehead** (PNG) et **Claudia River** (QLD-Australie)

En Amérique centrale : Divers essais de provenances installés par le CATIE (PARRAGUIRRE LEZAMA 1991[414]) dans 5 pays (Honduras, El Salvador, Panama, Guatemala, Panama et Costa-Rica) ont montré la forte vigueur du mangium à partir d'une pluviométrie de 2000 mm (Costa-Rica et Salvador), les meilleures étant exactement les mêmes qu'en Côte d'Ivoire :

- **Oriomo River** et **Morehead** (PNG)
- **Iron Range/Claudia River** (QLD-Australie).

Les autres provenances (QLD, et artificielles), sont toutes, inférieures.

Acacia auriculiformis A. Cunn. (Northern black wattle, Acacia auriculé)

Aire naturelle et écologie (ACIAR, THOMSON *et al.* 2018)

Acacia auriculiformis est plus répandu en Australie que le mangium (cf. la carte de l'aire naturelle ci-après). Il y occupe des sites plus variés, côtiers et insulaires mais aussi beaucoup plus secs à l'intérieur, au Nord–Queensland (N-QLD) et dans le Territoire du Nord (NT) d'où son nom commum australien. En Papouasie-Nouvelle-Guinée (PNG), il ne s'éloigne jamais très loin de la côte. Présent dans la province de l'Ouest (WP) on le trouve aussi dans la Province Centrale, en situation relativement côtière. En Indonésie, il est présent dans le Sud de la Papouasie dans la Région de Merauke. On le trouve aussi sur l'île de Keï.

C'est une espèce très ubiquiste qui occupe aussi bien des zones de forêt dense très arrosées (jusqu'à 3400 mm) que des dunes côtières très sèches (700 mm). Il est donc nettement plus résistant à la sécheresse que l'*Acacia mangium*. Vis-à-vis du sol, *A. auriculiformis* est très rustique et très tolérant, tant à la structure du sol (de sableuse à hydromorphe) qu'au pH (de 3 à 9) et à la teneur en calcaire et en sel. En PNG, alors que certains peuplements sur terre ferme peuvent avoir une très bonne forme (**Bensbach River**). Il occupe le plus souvent des zones inondables en arrière des mangroves. A l'opposé, en Australie, en zones plus sèches (NT), les arbres à tiges multiples sont fréquents allant jusqu'à donner aux peuplements naturels une apparence de taillis.

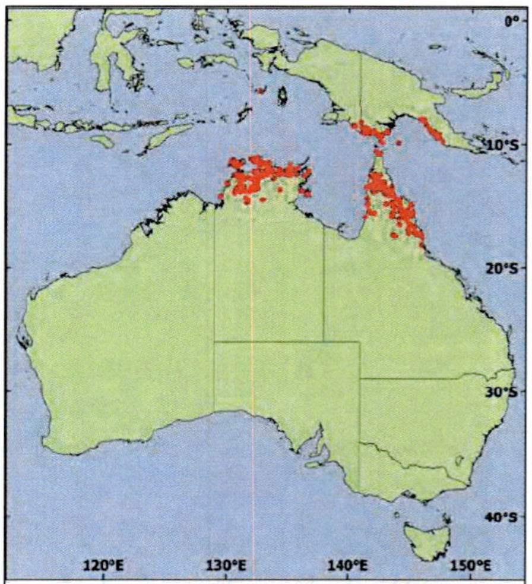

Aire naturelle de l'Acacia auriculiformis
Source : Khongsak Pinyopusarerk, Stephen Midgley and Lex Thomson in "Tress for life in Oceania (ACIAR 2018)

Diversité génétique

On distingue facilement 3 groupes correspondant aux diverses zones territoriales de l'aire naturelle (PNG, QLD et NT). Les programmes de sélection ont tiré profit de ces variations. De bons résultats d'amélioration ont été enregistrés en Inde, Thaïlande, Vietnam et Fidji.

Meilleure provenance : **Morehead River** (PNG), vigoureuse et bonne forme.

Qualité du bois

Comme chez le mangium, le bois d'*Acacia auriculiformis* est de bonne qualité et apte à de nombreux usages à condition d'avoir des billes bien conformées. Le bois de cœur est brun clair à rouge foncé et l'aubier est de couleur crème à jaune. C'est un bon bois d'œuvre à grain fin, attrayant en menuiserie et ébénisterie. Sa densité basale élevée (500 à 650 kg/m^3) et son bon pouvoir calorifique le rendent idéal comme bois de feu et de charbon de bois. Les arbres de plantation conviennent à la production de pâte kraft non blanchie et semi-chimique de haute qualité.

Congo-RDC, *Acacia auriculiformis* sur les Plateaux Batéké – 2006. MAMPU. De gauche à droite : **1** : Plantation familiale et exploitation à 8 ans. **2** : Essai de provenances ; à droite 1 ligne de bonne qualité (provenance à définir). **3** : **IBI** - Arbre de 20 ans, très vigoureux, montrant le potentiel énorme de l'espèce.

Potentiel de l'espèce

D'une croissance moins rapide et d'une plus mauvaise forme que le mangium, l'*Acacia auriculiformis* est peu utilisé en plantations industrielles papetières, sauf en Inde et au Vietnam, mais rend de grands services aux populations rurales sous formes de plantations agroforestières à multiples usages (bois de feu et de service, jachères améliorantes, lutte contre l'érosion, miel, ornement, etc.), comme c'est le cas à Mampu sur les Plateaux Batéké (RDC).

Hybridation

Le fait qu'*A. auriculiformis* engendre de bons hybrides avec *Acacia mangium*, intéresse le ligniculteur à la recherche de gènes n'existant pas chez le mangium (résistance à la sécheresse, densité plus élevée du bois, tolérance aux maladies, etc.). Cette voie de l'hybridation interspécifique est en particulier remarquablement suivie au Vietnam avec des gains substantiels sur la vigueur, la forme et la qualité du bois (LE DINH KHA 2009[415]). C'est de toute évidence un exemple à suivre.

Acacia crassicarpa A. Cunn. (Northern wattle, Carpa en Indonésie)

Aire naturelle. Son amplitude latitudinale va de 8 à 20°S avec une distribution naturelle assez proche de celle du mangium. Il descend un peu plus au Sud au Queensland et reste plus côtier en Nouvelle Guinée (PNG et Irian Jaya où il est très peu présent).

Principales caractéristiques. Il a un bois de densité basale élevée (480-530 Kg/m^3) très bon pour la pâte avec un rendement élevé (52%). Il est excellent pour la fabrication de meubles.

Cependant, en Indonésie et en Malaisie, il semble assez sensible au "Pourridié rouge" (*Ganoderma philippii*) (OLD *et al.* 2000) et à la "Maladie du flétrissement" (*Ceratocystis spp.*) avec, semble-t-il, quelques cas de résistance.

Utilisations. C'est surtout dans l'île de Sumatra qu'il est utilisé en plantations papetières. Sa croissance très rapide (5 m/an) et sa forte productivité (30 m^3/ha/an), alliées à un bois dense et à un rendement élevé en pâte, ont rapidement conduit à l'établissement de 200.000 ha de ces plantations, comme alternative à l'*Acacia mangium*, dans des sites inondables, tourbeux et très acides qu'il parvient à supporter (St. MIDGLEY and L. THOMSON in ACIAR Trees for Life in Oceania, 2018 p. 35-38). Par rapport au mangium, il doit apporter de la diversité génétique, comme espèce pure mais peut-être aussi sous forme d'hybrides interspécifiques.

Meilleures provenances. LEKSONO *et al.* (1996[416]), nous indique les meilleures provenances : **Oriomo, Wemenever, NE of Balamuk (PNG) ; Pongaki E Morehead WP (PNG) ; Samlleberr (Irian Jaya) ; Chili Beach, Olive River et Jardine River-Bamaga (QLD).**

***

4 - LE TECK.

TECTONA GRANDIS L.F.

Une essence de bois précieux à croissance rapide

41 - Aire naturelle et Ecologie

Aire naturelle

Ainsi que le montre la carte ci-contre, extraite de MIDGLEY *et al.* (2007[417]), le Teck est originaire d'Asie du Sud (Inde, Birmanie, Thaïlande, Cambodge et Laos). De plus, suite à d'anciennes introductions, on le considère "pseudo naturel" en Indonésie, au Sri Lanka et même au Vietnam.

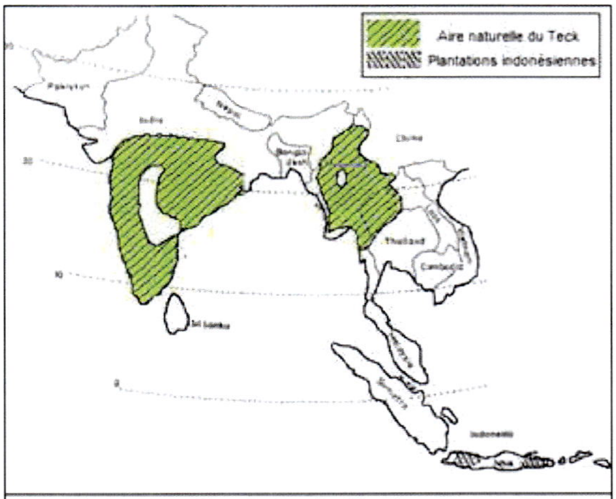

Aire naturelle du teck *Tectona grandis*
d'après Gyi & Kyaw Tint - 1998, in St. Midgley *et al.* at :
https://www.researchgate.net/publication/267306553

Ecologie

Les Teckeraies naturelles se présentent sous forme d'arbres plus ou moins dispersés dans la forêt semi-décidue mélangée (mixed deciduous forests) entre 10-et 25° de lat. N. sous climat de mousson (1700 à 3000 mm de pluie). On peut aussi le rencontrer plus au sud, dans le nord de la forêt à Dipterocarpacées, lorsque le sol lui convient (TANAKA *et al.* 1998[418]). C'est vers l'Ouest qu'il présente son maximum d'adaptation à la sécheresse (Inde) alors que vers l'Est, dans son aire "pseudonaturelle", il supporte plus de 3000 mm de pluie, en Indonésie et en Malaisie. Il préfère les climats à saison sèche courte mais bien marquée, ce qui correspond aux zones de forêt dense semi-décidue. Cependant, il est capable de s'adapter aux zones de forêt dense sempervirente à condition que le site soit bien drainé. Du point de vue pédologique, le Teck est une espèce exigeante qui redoute à la fois l'hydromorphie et les sols trop sableux (trop acides, trop pauvres et trop secs). Il préfère les sols profonds et frais, peu compactés, neutres ou légèrement calcaire, limoneux, riches en bases (Ca, K, Mg) et en matière organique.

42 - Caractéristiques générales

Espèce forestière d'Asie du Sud, le teck appartient à la famille des Verbénacées. Son bois précieux fait partie de la culture asiatique et sa grande réputation est partagée dans le monde entier. Essence héliophile cultivée depuis très longtemps sur les sols riches de Java (Indonésie), le Teck était traditionnellement considéré par les planteurs comme un bois d'œuvre, à longue révolution (60-70 ans). Cependant, à partir des années 90, le clonage des meilleurs arbres et leur culture intensive, en abaissant la révolution à 20-25 ans, en a fait une espèce à croissance rapide (SASIDHARAN and RAMASAMY 2021[419]). Enfin, l'excellente qualité des bois de plantation et leurs prix élevés ont définitivement fait du Teck une essence très attractive, que l'on peut qualifier aujourd'hui de "bois précieux à croissance rapide". Cette appellation paradoxale illustre bien tout l'intérêt des ligniculteurs actuels qui cherchent à « produire vite du bois de la plus grande valeur possible ». Il explique aussi leur attirance, depuis la fin des années 90, vers cette remarquable espèce qu'est le Teck dont les extensions restent cependant limitées par ses exigences pédologiques.

43 - Importance économique et menace sur les ressources

De nombreuses données peuvent être trouvées dans l'excellent document de l'IUFRO (KOLLERT W., KLEINE M. 2017[420]). Les Forêts naturelles de Teck, bien que très fortement surexploitées et dégradées, couvrent encore environ 29 millions d'ha dont près de la moitié au Myanmar (SASIDHARAN *et al.* 2021). Elles restent cependant très menacées car les réductions de surfaces par défrichement, l'écrémage des meilleurs arbres et la fragmentation des aires naturelles contribuent à l'appauvrissement génétique des peuplements résiduels.

La ressource est encore très significative. Selon les mêmes auteurs, et pour la période 2005-2014, les importations mondiales de teck se sont élevées à 1,07 million de m^3/an, soit 487 millions de $US/an (455 $US/$m^3$). Cependant, à la forte érosion des ressources naturelles, s'ajoute l'importation croissante de bois de Teck par les anciens pays producteurs comme l'Inde, mais aussi et de plus en plus par la Chine, ces deux pays représentant ensemble plus des deux tiers des importations mondiales de Teck.

Malgré l'émergence des plantations, le marché mondial du Teck reste soumis au marché asiatique qui détient plus de 90 % des ressources mondiales. Selon l'OIBT, l'interdiction d'exporter des grumes du Myanmar (depuis avril 2014) a réduit l'offre de Teck de qualité, issu de forêts naturelles.

44 – Plantations

Selon l'OIBT (2017), les plantations de Teck couvrent un peu moins de 7 millions d'ha, soit 4,5% des plantations forestières productives mondiales dont près des ¾ sont en Inde et en Indonésie avec une productivité variable et souvent faible. Il existe cependant des Plantations modernes, très intensives, généralement privées, en Amérique latine (Brésil, Panama, Equateur, Costa Rica, Guatemala, Colombie.) en Afrique (Ghana, Nigéria, Tanzanie) mais aussi publiques (Malaisie, Indonésie, Chine...). Le tableau ci-contre, issu de FRA-2005 et révisé par l'OIBT, évalue les plantations par pays.

Surface des plantations de Teck par pays

Pays	Rang	ha	% continental	% global
Inde	1°	2 561 000	42,2%	37,2%
Indonésie	2°	1 470 000	24,2%	21,3%
Thaïlande	3°	836 000	13,8%	12,1%
Birmanie	4°	390 000	6,4%	5,7%
Bangladesh	7°	73 000	1,2%	1,1%
Laos	16°	15 000	0,2%	0,2%
Autres		726 000	12,0%	10,5%
Total Asie		**6 071 000**	**100%**	**88,2%**
Ghana	5°	214 000	39,8%	3,1%
Nigeria	6°	146 000	27,1%	2,1%
Côte d'Ivoire	8°	66 000	12,3%	1,0%
Benin	14°	26 000	4,8%	0,4%
Soudan	15°	25 000	4,6%	0,4%
Tanzanie	17°	10 000	1,9%	0,1%
Autres		51 000	9,5%	0,7%
Total Afrique		**538 000**	**100%**	**7,8%**
Brésil	9°	65 000	23,4%	0,9%
Panama	10°	55 000	19,8%	0,8%
Equateur	11°	45 000	16,2%	0,7%
Costa Rica	12°	32 000	11,5%	0,5%
Guatemala	13°	28 000	10,1%	0,4%
Autres		53 000	19,1%	0,8%
Total Amérique latine		**278 000**	**100%**	**4,0%**
TOTAL MONDE		**6 887 000**		**100,0%**

Source OIBT-IUFRO-FAO (2017)

En Asie, le Teck constitue un secteur étatique traditionnel avec 88% des plantations mondiales. En général, les rotations y sont longues (50-80 ans) et les productivités moyennes (7-10 m^3/ha/an), mais la qualité du bois est grande. C'est cependant moins le cas en Inde où les petites plantations agroforestières villageoises sont nombreuses, pas toujours bien suivies et exploitées à court terme.

Quoiqu'il en soit, les plantations mondiales sont insuffisantes face à la demande croissante en bois de Teck et il y a place pour de nouvelles plantations. De nombreux investisseurs s'y intéressent allant jusqu'à lancer des offres à forte rentabilité sur le Web.

45 – Qualité du bois

Bois de forêt naturelle :

Bois précieux de grande réputation, brun jaune avec un aubier très clair. Bois de cœur très durable, densité variable (0,480 à 0,850). Bois gras et stable qui sèche lentement sans se déformer. Sa richesse en huile (anthraquinones) lui assure diverses propriétés (les clous n'y rouillent pas ; il résiste aux termites, aux champignons et assez bien aux tarets).

Très utilisé en Asie en particulier dans la construction et la décoration des temples. Irremplaçable en construction navale. Se travaille facilement mais avec des outils en aciers traités (silice). Très recherché pour le tranchage. Diverses nuances de couleur.

Bois de plantation :

De couleur plus claire, ils conservent un faible retrait, non influencé par la vitesse de croissance d'où la bonne qualité des bois de plantations, même intensives. Ils restent cependant inférieurs aux bois de forêt naturelle car souvent dévalorisés par de nombreux défauts, d'autant plus graves que les tiges sont de petits diamètre (fourches, manque de cylindricité, cannelures, bosses, nœuds, chicots, etc.).

Teck Côte d'Ivoire 1999. 1 Bouaké : Belle plantation de 3 ans, issue de graines sur sol travaillé manuellement. **2 La Téné** : Puissants rejets de souche âgés de 1 an. **3 Bamoro :** Futaie sur souche de 3 ans après dépressage sélectif des rejets.

Marché du bois

Le bois de Teck fait partie de la culture asiatique d'où son utilisation universelle en extrême orient. De plus, il est également très prisé au niveau international rendant sa promotion inutile et une demande dépassant largement l'offre ce qui explique les prix très élevés du bois. D'ailleurs, les pays asiatiques (même la Birmanie) ont interdit l'exportation des grumes issues des forêts naturelles dont la ressource est fortement menacée (fragmentation des populations et surexploitation).

A Java, Perum Perhutani qui gère les importantes Teckeraies de l'Etat indonésien, dispose de nombreuses scieries et menuiseries orientées vers l'exportation (photos ci-dessous).

CEPU - Centra Java (Indonésie), 1999. Installations industrielles de Perum Perhutani. **A gauche :** Scierie de billons de Teck issus des Teckeraies locales d'Etat. **A droite :** Menuiserie, Préparation d'éléments de mobiliers en vue de l'exportation.

Face à l'érosion des forêts naturelles de Teck, les plantations resteront le seul moyen de satisfaire l'offre croissante de bois Dans cette perspective, la majorité des pays intéressés a mis en place des programmes de conservation génétique (in situ et ex situ) pour cette très importante espèce.

46 – Graines et Plants

Phénologie. Espèce caducifoliée et à floraison précoce (2 à 3 ans), cause fréquente de fourches.

Floraison. Inflorescences en cymes volumineuses et terminales (jusqu'à 1000 boutons floraux). Fleurs très nombreuses, hermaphrodites, réceptives un seul jour. Espèce entomophile, sensible à la consanguinité.

Fruit. Drupe globuleuse poilue ne contenant que 1 à 2 graines restant enveloppées par le calice et exigeant 4 à 6 mois pour parvenir à maturité. En Côte d'Ivoire la fructification est étalée de septembre à décembre.

Graines. Confondues avec les fruits. Les vraies graines sont petites (6 x 4 mm), ovoïdes, et sans albumen. Les fruits se conservent à la température ambiante pendant 2 à 5 ans et au-delà à 4°C.

Germination. Dormance des graines difficile à lever ; faible taux de germination (25-30%). Ne pas compter sur plus de 600 plants/kg.

Stumps. Réussissent bien chez le Teck. Souvent utilisés pour simplifier la plantation. Possibilité de conservation en cave fraiche, stratifiés verticalement dans du sable.

47 - Amélioration génétique

Il faut signaler l'excellent article de A.N. CALLISTER (2021[421]) récemment paru dans l'ouvrage collectif "The Teak Genome" https ://www.springer.com/gp/ book/9783030793104

Variabilité génétique. Une étude récente (HANSEN *et al.* 2015[422]) aux marqueurs ADN microsatellites, portant sur 29 provenances de teck représentant toute l'aire naturelle, a conduit les auteurs au dendrogramme ci-après.

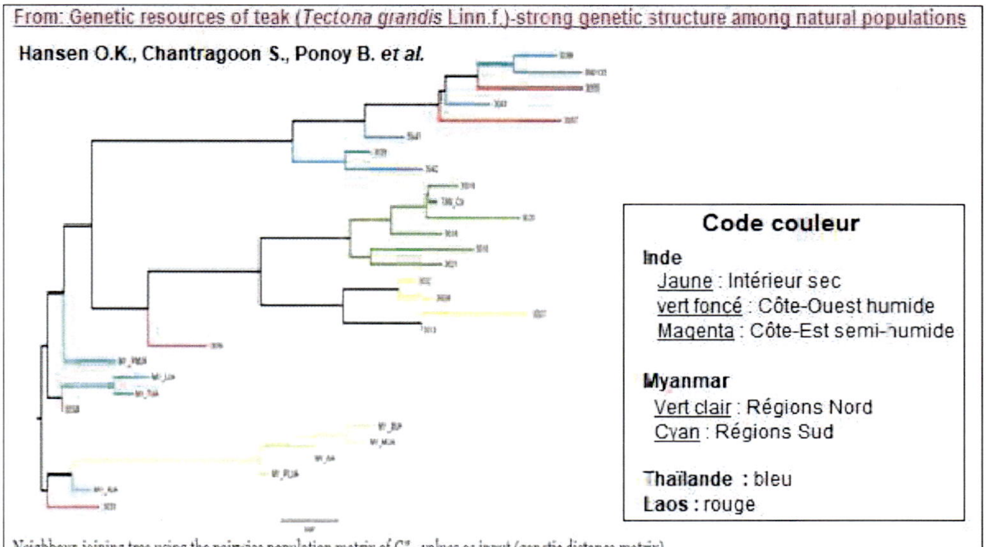

Neighbour-joining tree using the pairwise population matrix of G''_{st} values as input (genetic distance matrix).

Les conclusions étaient que la variabilité diminue sensiblement d'Ouest en Est, le long d'un gradient partant de la Côte-Ouest de l'Inde jusqu'au Laos en passant par l'intérieur sec de l'Inde, le Myanmar et la Thaïlande.

Le centre de diversification du Teck se situe donc très probablement dans la région de la côte-Ouest semi-humide de l'Inde, là où la diversité génétique est la plus grande. Il aurait migré ensuite vers l'Est. De plus, le dendrogramme distingue les 3 groupes suivants :

1. les provenances de Thaïlande et du Laos,
2. les provenances indiennes de l'intérieur sec et de la côte ouest humide,
3. les provenances du nord du Myanmar.

Enfin, les provenances du Sud du Myanmar, et celles de la côte-Est semi-humide de l'Inde, bien que distinctes, ont été rattachées directement « *par une branche proche de l'origine de l'espèce* ».

Essais de Provenances. Les pays d'Asie du Sud et du Sud-Est ont installé depuis longtemps des essais de provenances à partir de leurs propres ressources.

Les différences inter-provenances étaient généralement fortes et dans le meilleur des cas, les résultats ont débouché sur la définition de Régions de Provenance (programme d'amélioration adapté à chaque région avec restriction de transferts d'une région à l'autre, ce qui est classique au sein des aires naturelles et en principe le cas en Thaïlande (GRAUDAL *et al.* 1999[423]).

Au début des années 70, un large essai international avait été coordonné par le DANIDA (Forest Seed Centre, Danemark), comme partie du programme d'action formulé en 1969 par le Groupe d'experts de la FAO sur les Ressources Génétiques Forestières. Cet essai intéressait surtout les pays utilisant le teck comme exotique. Les caractéristiques des provenances naturelles étaient conformes au tableau qui suit. On remarque une très large amplitude des pluviométries (de 600 à 3900 mm) en liaison avec la grande flexibilité de l'espèce vis-à-vis de la sécheresse.

N°	Type de Forêt de Teck	Pluviométrie (mm/an)	Provenances récoltées		
			Nb	Pays	région
1	Teck de Forêt très sèche	600-900	1	Inde	Intérieur sec
2	Teck de Forêt sèche	900-1300	5	Inde	Intérieur sec
			1		Côte Ouest, Humide
			6	Thaïlande	
			2	Laos	
			2	Indonésie	
3	Teck de Forêt semi-humide	1300-1600	2	Inde	Intérieur sec
			5		Côte Est, semi-humide
			3	Laos	
4	Teck de Forêt humide	1600-2500	1	Thaïlande	
			1	Inde	Intérieur sec
			4	Laos	
			6	Inde	Côte Ouest Humide
			2	Indonésie	
5	Teck de Forêt très humide	2500	3	Inde	Côte Ouest Humide
		3900	1	Indonésie	

Caractéristiques des Provenances naturelles de Teck collection du DANIDA (1969).

L'évaluation en a été faite par le DANIDA entre 1981 et 1983 (KEIDING *et al.* 1986[424]) qui a résumé les résultats de 21 essais âgés de 9-10 ans installés sur une large gamme de sites. Au total 75 provenances avaient été collectées (45 naturelles mais aucune du Myanmar et 30 artificielles) Sur les 44 essais installés, seulement 24 ont été pris en compte dans cette évaluation à cause des effectifs trop déséquilibrés dans la majorité des essais, suite à la mauvaise germination des graines (levé de dormance des graines sans doute mal prise en compte).

Résultats sur les provenances. A l'issue de nombreux essais effectués au cours des 60 dernières années, la variation inter-provenances de caractères tant écologiques qu'économiques s'est avérée très grande, et loin d'être pleinement explorée. Il semble d'ailleurs qu'une partie de la diversité génétique perdue dans les forêts naturelles détruites ou dégradées puisse être retrouvée dans les plantations, soulignant le très grand intérêt de ces essais internationaux et de leur conservation. Il a été difficile d'établir des règles générales à cause des grandes différences de réponses dans chaque site ce qui renforce l'aspect crucial du choix des populations de départ.

<u>Essais installés dans l'aire naturelle du Teck</u> :

<u>En Indonésie</u> (SUHAENDI 1995[425]) : Commencés en 1932 les essais de provenances ont montré que les sources locales étaient les meilleures en sites très arrosés mais qu'en zones venteuses ou sèches,

il était préférable d'utiliser les provenances de Malabar (Inde-Côte Ouest), du Myanmar ou de Thaïlande.

Au Myanmar[426] : Les provenances locales se sont montrées les meilleures ce qui semble normal pour des essais réalisés au sein de l'aire naturelle.

En Thaïlande : Les essais de provenances sont anciens dans ce pays qui dispose d'un centre d'amélioration du Teck depuis 1965. Un essai de provenance de teck âgé de 18 ans a montré que les provenances thaïlandaises et indonésiennes ont obtenu de bien meilleurs résultats, en termes de croissance et de qualité de la tige, que les provenances indiennes.

Enfin, on doit signaler l'étude de E. D. By KJAER *et al.* (1999[427]) qui indique une grande variabilité des teneurs du bois en silice et en calcium, aussi bien inter, qu'intra-provenances.

Essais installés en dehors de l'aire naturelle :

En Côte d'Ivoire, (DUPUY ET VERHAEGEN 1993[428]) les provenances d'Afrique de l'Ouest (de la zone semi-décidue) bien que vigoureuses, avaient une mauvaise forme, en relation avec la précocité de la floraison et les récoltes de graines souvent de mauvaise qualité pour les reboisements (graines tout venant, arbres bas branchus, isolés, etc.). De plus, le choix de la meilleure provenance était difficile à cause d'une forte corrélation entre vigueur et mauvaise qualité des tiges. Finalement les Meilleures provenances étaient celles offrant le meilleur compromis, à savoir : **Bigwa** (**Tanzanie** - 900 mm), **Ban Cham Pin** (**Thaïlande** - 1200 mm) et **Purunakote** (**Inde** - 1350 mm). Le gain reste cependant modeste (6% sur le diamètre et 5% sur la forme).

Au Ghana (S. ADU-BREDU *et al.* 2019[429]) les résultats à 28 ans d'un essai installé sur 2 sites (humide et sec) sont les suivants :

- La production est liée à la pluviosité du site (0,75 m^3/arbre en site humide contre 0,34 m^3 en site sec),
- Meilleure prov. en site humide : **Nilambur** (Inde Côte-Ouest, 2565 mm) et **Savannakhet II** (Laos),
- Meilleure provenance en site sec : **Temandsang** (Indonésie - 1200 mm)

En Malaisie : Un essai comparatif installé en 1997 au Sabah sous 2500 mm de pluie dans 2 sites (Luasong et Taliwas) comparait respectivement 42 et 41 structures génétiques, réparties respectivement comme suit (GOH & MONTEUUIS 2009[430]) et (CHAIX G. & MONTEUUIS *et al.* 2011[431]) :

- 10 et 14 provenances identifiées de l'aire naturelle (9 et 13 indiennes et 1 thaïlandaise)
- 6 et 1 lots de graines récoltées en plantation ("Provenances artificielles")
- 26 familles à pollinisation libre, du verger à graines de clones de La Sangoué (Côte d'Ivoire)

Dans le tableau suivant, GOH *et al* (2013[432]), donnent les résultats à 9 ans :

Supériorité des descendances de VAG sur les provenances (en %)

Site expérimental	en hauteur totale	en diamètre	en volume
Luasong	+ 18,0%	+ 20,0%	+ 67,9%
Tallwas	+ 11,2%	+13,5%	+ 40,3%

Source : Doreen K.S. Goh *et al* (2013)

Dans les deux sites, la majorité des descendances maternelles du verger à graines de Côte d'Ivoire était supérieure aux provenances et aux sources de graines, pour les principaux caractères (HT, Diamètre et Volume). Il y a au moins deux raisons à cette supériorité :

1. La sélection sur ces caractères est très efficace,
2. L'interfécondation entre arbres génétiquement éloignées est source de vigueur.

Il faut signaler que les deux lots de graines venant des îles Salomons sont classés au même niveau que les descendances du verger, ce qui est exceptionnel. Selon Olivier MONTEUUIS (comm. pers.) cette provenance artificielle serait originaire du Myanmar ce qui expliquerait sa supériorité à la fois pour la vigueur et la forme des arbres tout à fait remarquable (absence de branches pendant les 2 premières années, conduisant à des arbres columnaires). Remarquons que les arbres de ce type ne sont cependant pas limités à cette origine des îles Salomon. Nous en avons observé en 1999, dans les tests clonaux de la SODEFOR de La Téné en Côte d'Ivoire (photo ci-après).

D'autre part, l'analyse de l'essai de Luasong (MONTEUUIS & GOH 2011 [433]) a montré que dans l'ensemble, les familles de vergers à graines étaient plus droites, moins fourchues et présentaient un meilleur développement vertical que les provenances (naturelles ou artificielles) de même origine.

Côte d'Ivoire - La Téné 2000. Clone columnaire âgé de 2 ans (sans branche)

Concernant la forme des arbres, les résultats sont bien meilleurs en zone humide qu'en zone sèche où les fûts commerciaux sont, en moyenne, beaucoup plus courts à cause de la floraison (terminale) précoce qui engendre des fourches. Les climats humides sont donc beaucoup plus favorables à une forte production de longues billes de bonne qualité obtenues avec un minimum d'élagage artificiel.

Enfin, dans l'essai de Taliwas, les arbres (dont la croissance initiale moyenne était plus faible malgré un site plus fertile) présentaient curieusement, et en forte proportion, des fourches basses au niveau de verticilles de grosses branches. Selon les auteurs, la raison n'était pas la floraison précoce mais le sol rendu superficiel à cause d'une nappe phréatique jamais très éloignée de la surface. Dans ces conditions, le manque de pivot aurait réduit la dominance apicale et stimulé les pousses axillaires, hypothèse qui nous semble très judicieuse et qui souligne bien l'inadaptation du Teck aux sols hydromorphes.

<u>Remarques finales relatives aux essais de Malaisie :</u>

1. Les climats humides sont très bénéfiques à la culture intensive du teck de qualité, à condition de disposer d'un sol profond, fertile et non engorgé.
2. La voie classique de la sélection des Meilleures provenances, suivie de la sélection individuelle (sur des critères de vigueur et de forme) et de la constitution de vergers à graines, est efficace chez le Teck, comme avec la plupart des espèces forestières.

3. La sélection individuelle et le clonage, relativement facile, conduit à la culture clonale, voie encouragée et pilotée par YSG Bioscape Sdn Bhd* (http://www.ysgbioscape.com/).

4. Les résultats spectaculaires de ces plantations clonales, presque indépendamment des milieux d'introduction tendent cependant à court-circuiter les programmes classiques d'amélioration génétique, ce qui risque, à terme, de poser des problèmes à cause de l'étroitesse de la base génétique de ces nouvelles plantations clonales. A.N. Calilster (2021) le souligne bien dans son récent article. Il serait bon de disposer d'une base génétique beaucoup plus large, sous forme en particulier d'un bon essai de provenances naturelles et artificielles, ces dernières pouvant avantageusement venir de vergers à graines.

Brésil, Caceres MG (début de saison sèche). Comparaison à 3 ans entre clones du Sabah, à gauche et familles sélectionnées localement, à droite (Photo courtoise F. TORRES).48 – Conduite des plantations.

48 – Conduite des Plantations

Particularités. Le teck est une excellente essence de reboisement, très rustique et facile à manipuler. Il rejette puissamment, d'où sa conduite traditionnelle à long terme, avec de nombreuses éclaircies faibles, seule pratique permettant d'affaiblir le taillis par manque de lumière.

* Le projet initial ("Plant Biotechnology Laboratory") a débuté en 1989 par une coopération avec le CIRAD (France) avec pour objectif la multiplication par culture in vitro de clones sélectionnés de Teck. Le Projet est devenu "YSB Bioscape Sdn Bhd", filiale du "Groupe Yayasan Sabah", spécialisée dans la production industrielle de vitroplants de clones supérieurs de Teck.

Modalités. Pour un objectif de production de haute qualité, une sylviculture de précision est indispensable : bonne préparation du sol, choix de très bonnes familles ou clones, espacements judicieux, entretiens soignés, fertilisation étudiée, éclaircies et élagages bien adaptés.

Elagage artificiel. Il peut s'avérer nécessaire à faible densité. Il dépend cependant des clones (certains n'émettent des branches qu'à partir de la 3ème année). Planter 1 ligne sur 3 en acacia peut se révéler très avantageux (plantation clonale à espacement définitif avec le minimum de plants/ha, possibilité de passer à la futaie sur souche en seconde rotation sans avoir besoin de dévitaliser les souches de l'éclaircie). L'acacia doit cependant rester subordonné au Teck d'où le choix judicieux de l'espèce et de la provenance.

Production. En plantations traditionnelles il peut atteindre 10 m^3/ha/an à 35 ans. Aujourd'hui, les meilleurs clones plantés à 4 m x 4 m arrivent à 40 cm de diamètre à 20 ans, après 1 ou 2 éclaircies avec une productivité d'au moins 15 m^3/ha/an.

A gauche : Thaïlande, 1988, Essai international de Provenances de Teck de 1974, à 14 ans. **Au centre et à droite : Indonésie (CEPU - Central Java, 1999). Au centre :** Teckeraie âgée de 70 ans en fin de rotation. **A droite :** Dévitalisation des arbres avant abattage, par les paysans sous contrat de taungya.

Futaie sur souche. Pour les bonnes parcelles clonales, la reconstitution par sélection et conduite des rejets, conduira à une futaie sur souche, peu onéreuse, stable, et à croissance plus rapide. Pour un tel objectif, on se limitera aux rejets issus des racines (voir point 65.33, 3ème partie).

Taungyas. Pratiques habituelles en Asie pendant les 2 premières années au cours desquelles les paysans préparent les sols à planter et réalisent la plantation des tecks (avec les plants produits par le Service forestier), ainsi que les premiers entretiens. Pendant ce délai et avant que les arbres ne soient trop grands, ils réalisent leurs cultures vivrières. En fin de révolution, les rejets de souches sont évités grâce à une dévitalisation des arbres sur pied réalisée par les paysans par "ceinturage" au ras du sol, avant l'abattage, ce qui leur permet d'avancer d'un an leur culture vivrière par rapport à la plantation.

Plantations clonales. Le clonage d'individus génétiquement supérieur a souvent donné des résultats spectaculaires, dès lors que la sélection est de qualité, et que la mobilisation des clones permet de récupérer un maximum de juvénilité (microbouturage par culture de méristème),

Photo courtoisie O. MONTEUUIS – La Marina, Equateur. Plantation polyclonale de Teck âgée de 1,5 an (mélange TG 1-8 du programme YSG/Cirad – Malaisie fournis par NEOFOREST). On remarquera la très grande régularité de l'architecture ainsi que l'efficacité du Pueraria en couverture.

Ce fut en particulier le cas en 1990 en Malaisie orientale avec le programme de la division "Biotech" du groupe Yayasan Sabah (1990), en coopération avec des chercheurs du CIRAD-Forêt (GOH & MONTEUUIS 2012[434]).

Les plantations qui en résultent sont souvent d'une très grande qualité comme le montre la photo (précédente) d'une plantation polyclonale âgée d'un an et demi en Equateur. L'absence de branche à 1 an et demi fait penser aux "foxtails" des pins.

Agroforesterie. Cette pratique est fortement encouragée par la culture clonale à grands espacements. L'usage est courant au Costa Rica en association avec la culture du café sous forme de lignes clonales de teck largement espacées. Nous la recommandons aussi avec le cacao, et les bananes. Il est certain que les espacements doivent être très larges pour que les deux cultures soient compatibles. L'intérêt est grand pour des associations entre des paysans sans terre et des propriétaires ne souhaitant pas gérer de gros effectifs de main d'œuvre.

Sylvopastoralisme. Au Brésil, des plantations clonales de teck dans les pâturages ont donné d'excellents résultats comme le montre la photo suivante.

Il est certain qu'avec une essence aussi précieuse que le teck et d'aussi bons clones, la revalorisation des pâturages est maximale.

Les espacements restent à étudier avec soin pour éviter une concurrence excessive sur les lignes et donc l'excentricité des troncs (DANIELLY Y FELIX DA SILVA 2018[435]).

Alta Floresta - Mato-Grosso (Brésil). Photo coutoisie Fernando TORRES. Pâturages avec lignes monoclonales de Teck de 3 ans.

49 – Maladies et ravageurs

Dans son aire naturelle le teck a de très nombreux parasites, réduisant beaucoup le potentiel de l'espèce en plantation mais, en tant qu'exotique, il est rarement attaqué. On signale des cas de Pourridiés en Afrique de l'Ouest et de Gommose ("water blister") sur sols hydromorphes. Les jeunes plantations peuvent être attaquées par des défoliateurs, sans gravité jusqu'ici.

410 – Perspectives lignicoles

Le teck est sans aucun doute l'espèce la plus attractive pour les planteurs forestiers tropicaux cherchant à rentabiliser leurs investissements. Les très belles réussites obtenues après introduction de clones sélectionnés poussent à éviter les essais de provenances-descendances. Cette stratégie peut paraître risquée mais elle constitue sans aucun doute le moyen le plus rapide et le moins cher pour capter immédiatement un maximum de gain génétique. Elle correspond tout à fait à ce que D. LINDGREN (2002[436]appelle une « ***Stratégie d'Amélioration à faible input*** » parfaitement adaptée aux petites entreprises et aux planteurs indépendants pour lesquels un programme d'amélioration de grande envergure reste hors de portée. Nous conseillons cependant de disposer dès le départ d'une large base génétique afin de pouvoir faire face à d'éventuelles adversités futures (inadaptations tardives, attaques parasitaires, etc.). Les Etats doivent aider à la constitution de ce réservoir génétique.

***

5 – LE GMÉLINA.

GMELINA ARBOREA ROXB. EX SM. (GMÉLINA, MÉLINA)

Le Gmélina appartient également à la famille des Verbénacées, mais son bois, bien que de bonne qualité, est beaucoup moins précieux que celui de son espèce cousine. La couleur claire du bois est à l'origine de son appellation de "*Teck blanc*". Certains l'appellent aussi : "*Peuplier d'Afrique"* à cause de sa croissance rapide et de sa préférence pour les sols bien pourvus en eau. On peut donc le considérer comme une "essence de bois d'œuvre à croissance rapide". Grâce à sa forte productivité à sa bonne plasticité et à son bois polyvalent, certains pays tropicaux humides comme le Costa Rica l'ont adopté comme espèce commerciale de reboisement pour toutes les zones qui ne conviennent pas au Teck (pas assez riches ou trop humides).

51 – Aire naturelle et aspects écologiques

C'est un arbre d'Asie tropicale, dont l'aire naturelle s'étend depuis le Pakistan jusqu'au Vietnam et aux frontières du Sud de la Chine, ainsi que le montre la carte ci-contre. Selon le rapport annuel 2009 de CAMCORE (2009 [437]), l'espèce a pu être divisée en 3 "clusters" selon une étude statistique en composantes principales (1 : Inde ; 2 : Thaïlande-Myanmar et 3 : Chine).

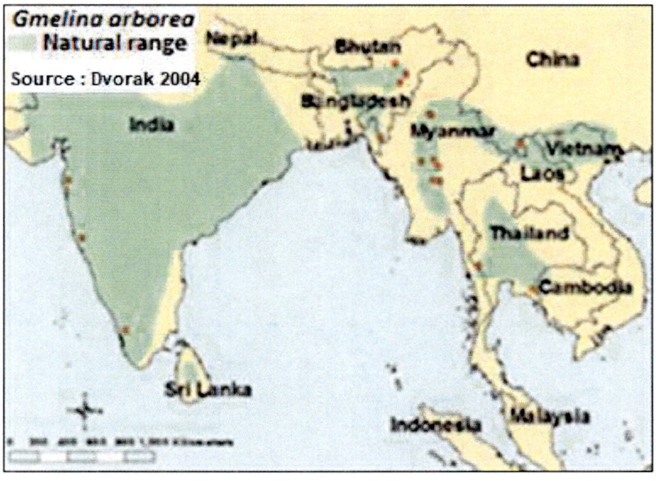

Son développement est optimal dans les vallées fertiles, sur sols alluviaux avec nappe phréatique. On le rencontre également plus loin des rivières, sous pluviométrie élevée (1800 à 2300 mm). Enfin, il s'adapte bien aux climats plus secs à condition qu'il trouve de l'eau dans le sol, en profondeur.

52 – Plantations

Bien que très connu des planteurs tropicaux et considéré comme une bonne essence à croissance rapide, le Gmélina est relativement peu planté dans le monde (700.000 ha, soit 0,35% des plantations productives). Il couvre environ 130.000 ha en Afrique où on l'a planté dans de nombreux pays, du Sénégal au Malawi. C'est cependant le Costa Rica qui l'utilise le plus. Avec 65.000 ha en 2005, le massif costaricain représentait près de 10% des plantations mondiales de Gmélina.

53 – Qualité du bois

Le bois, de couleur blanc-beige nacré, doux au toucher, plutôt léger (d = 0,4 à 0,6) mais relativement durable est d'excellente qualité et très polyvalent (avec une utilisation qui va de la charpente aux instruments de musique) (PROTA 2009[438]).

Au Costa Rica c'est l'espèce qui, après une adaptation complète de l'industrie à la transformation des bois de plantation, alimente le marché intérieur et contribue largement à économiser les bois de la forêt naturelle.

La quasi-totalité du tronc est utilisée : la partie inférieure de la grume va à l'industrie du meuble et du contreplaqué, la partie médiane à la construction, et l'extrémité aux palettes. On l'utilise aussi pour les constructions traditionnelles en bois rond. Très réputé localement, le bois de Gmélina commence à être connu sur le marché international.

Forêt classée de SUBRI (Ghana - 2008). Rondins de Gmélina destinés au Sciage.

54 – Graines et Plants

L'espèce est caducifoliée et fructifie précocement (dès 3-4 ans). Le Gmélina est entomophile (abeilles) et auto-incompatible. Il est très fructifère et les fruits mûrissent vite (38 jours) mais ils présentent une épaisse pulpe et ne contiennent qu'une ou deux graines (660 à 3.000 noyaux/kg).

Les graines demandent de nombreuses manipulations et des traitements particuliers pour en assurer une bonne conservation puis une bonne germination, laquelle reste lente (2-3 semaines). Après repiquage, au stade de la première paire de feuilles, la croissance initiale est assez lente (5 mois). Comme pour le Teck, l'emploi de stumps est possible et peut grandement faciliter la plantation.

55 - Amélioration génétique

Plus de 60 essais de provenances de Gmélina ont été mis en place au milieu des années 1970, dans un projet conjoint entre 20 pays, organisé par le Danemark (DANIDA). Les résultats ont montré une grande variabilité et ont mis l'accent sur l'intérêt du choix initial des bonnes provenances (E.B. LAURIDSEN *et al.* 2002[439]). Celles du **Nord-Est de l'Inde** se sont souvent trouvées en tête, quoique souvent dépassées par des **provenances artificielles,** probablement moins consanguines. Cela paraît bien confirmé par l'étude de WEE *et al.* (2012[440]) qui montre que les populations naturelles présentent d'importants déficits en hétérozygotes.

La priorité de l'amélioration génétique est donc de restituer rapidement un bon niveau d'hétérozygotie, ce qui se trouve souvent réalisé avec les provenances locales, par rupture des cercles de consanguinité. C'est sans doute le cas pour la provenance classée de Bamoro en Côte d'Ivoire et celle de Sao Miquel au Brésil, lesquelles se sont révélées les meilleures, surpassant toutes les provenances naturelles.

Au-delà des essais de provenances, certains pays ont initié un programme d'amélioration génétique allant jusqu'à créer des vergers à graines de clones greffés, comme le Ghana en Forêt classée de Subri (photo centrale de la Série ci-après).

Enfin, l'auto-incompatibilité devrait conduire à une bonne efficacité des petits vergers biclonaux entre arbres supérieurs sélectionnés au sein de provenances différentes. Les croisements contrôlés sont difficiles, cependant, CARTON DE COLOMBIA au Venezuela, qui s'est lancé dans un programme d'amélioration du Gmélina, a essayé avec succès la technique de pollinisation (OSP) développée sur eucalyptus (STOCK *et al.* 2004).

Forêt classée de SUBRI (Ghana) 2008. A gauche : Beau Gmélina de 12 ans (parcelle 35). **Au centre :** Gros Gmélina greffé du verger à graines de clones. **A droite** : Belle descendance du verger à graines de clones.

En comparaison avec les techniques traditionnelles, la technique (OSP) s'est révélée très prometteuse sur le Gmélina, avec un taux de réussite d'environ 30 %. Cette technique très rapide, puisqu'il suffit de couper le style et d'appliquer immédiatement du pollen sur la section, est également moins coûteuse que les méthodes de pollinisation traditionnelles pour cette espèce. Il reste que chaque fleur ne produit au maximum que deux graines ce qui est très limitant pour les croisements contrôlés.

Remarque : Si l'usage des graines peut représenter un handicap pour les planteurs, par contre, la grande aptitude du Gmélina au bouturage est un atout certain, autorisant une sélection individuelle très efficace chez une espèce dont les populations sont le plus souvent très hétérogènes. Le bouturage est très facile à partir de rejets de souche ou de racines (Costa-Rica). La technique des mini-pieds-mère devrait pouvoir être appliquée sans grande difficulté.

Des tests clonaux installés en Inde (KUMAR 2007[441]) et aux Philippines[442] ont montré d'excellentes performance (jusqu'à 24 m de haut pour 29 cm de diamètre et 0,7 m^3, à 6 ans) et mis en évidence des possibilités très prometteuses de sélection sur des critères de vigueur, de forme et de qualité du bois. De son côté, le Costa Rica qui a un programme avancé de sélection clonale, propose des plants clonés à l'export.

Cependant, rien ne peut remplacer la constitution d'une large base génétique en début de programme. On importera des graines de diverses sources de la meilleure qualité possible (Meilleures provenances naturelles et descendances issues de peuplements artificiels réputés ou encore de vergers à graines de clones ou de familles). La sélection d'arbres de grande qualité dans des populations variées et génétiquement distantes, suivie de la constitution de vergers à graines de clones, devraient aboutir à d'excellentes sources locales de graines améliorées. La sélection des meilleurs arbres au sein de cette descendance devrait alors conduire à des plantations clonales très performantes.

San Pedro (Côte d'ivoire - 1982). Plantation de Gmélina âgée de 10 ans. **A gauche :** arbre en pleine croissance. **A droite :** arbre en mauvaise situation et dont la croissance est très ralentie.

56 – Sylviculture

Comme dans toute plantation intensive, le terrain doit être particulièrement bien préparé. Le sous-solage peut s'avérer très utile pour faire descendre rapidement les racines vers les horizons profonds et humides. Les densités de plantation varient de 1600 à 800/ha selon la qualité génétique du matériel végétal utilisé et l'objectif poursuivi. En plantation forestière classique, on pratique 2 ou 3 éclaircies précoces à chaque rotation (14 à 20 ans selon la qualité du site). Les 2 premières éclaircies doivent être suivies d'un élagage et si possible d'une dévitalisation des pieds coupés car le Gmélina dispose d'un système racinaire très puissant et rejette très vigoureusement de souche. En site favorable, l'accroissement en diamètre à hauteur d'homme est en moyenne de 2,6 cm/an et le rendement varie de 25 à 40 m^3/ha/an.

Toutefois la productivité baisse vite et il est préférable de viser des rotations courtes (14 ans sur de bons sites). L'observation des fûts et de la couleur de l'écorce, permet de détecter facilement les plantations en bonne forme de celle dont la croissance est faible, comme le montre les deux photos précédentes. La sélection de bons clones peut conduire à des gains très importants de productivité, y compris en site acide où des clones à croissance supérieure ont pu être sélectionnés (HERNANDEZ CASTRO *et al.* [443]). Ce choix nécessite cependant une ou plusieurs campagnes de tests clonaux pouvant s'étaler sur quelques années, seule voie pour éviter les plantations de matériel mal adapté.

Plantations mélangées. En Côte d'Ivoire, les plantations en mélange avec l'Ayous (*Triplochyton scleroxylon*) ont bien réussi. Le Gmélina bénéficie également d'un bourrage d'*Acacia auriculiformis* qui empêche le recru naturel et améliore le sol tout en produisant du bois de feu à l'éclaircie. Enfin, le Gmélina est recommandé en agroforesterie (plantation de bois d'œuvre à larges espacements avec cultures intercalaires) où l'usage de clones est alors particulièrement conseillé.

Autres objectifs. Le Gmélina est planté comme arbre d'ornement, d'alignement et d'ombrage dans les zones urbaines et péri-urbaines. En Asie tropicale, les racines, l'écorce, les feuilles, les fruits et les graines sont employés dans la médecine hindoue. Les feuilles sont largement utilisées comme fourrage pour le bétail, et pour l'élevage des vers à soie. Les fleurs produisent un abondant nectar, qui donne un miel de qualité.

57 - Maladies et ravageurs

En tant qu'exotique, le Gmélina a peu d'ennemis en dehors d'attaques fongiques en pépinière. On a cité des attaques d'insectes défoliateurs (*Apophylia* et *Zonocerus sp.*).

58 – Perspectives

Le Gmélina est très intéressant dans les zones tropicales bien pourvues en eau. On devra toutefois accorder une grande importance à la qualité des arbres, donc aux provenances, aux familles (non consanguines), à la sélection individuelle et au clonage pour parvenir à une véritable ligniculture.

***

6 – Les Acajous.

(*Swietenia*, *Khaya*, *Cedrella*, *Toona*, etc.)

61 – Espèces correspondant aux "bois d'Acajou".

Le Mahogany à petites feuilles

Les premières espèces connues furent les Acajous américains découverts avec le nouveau continent dès le début du XVIème siècle, histoire remarquablement bien relatée par le spécialiste des bois tropicaux Didier Normand (1992[444]). Le plus réputé de tous est l'"Acajou des Antilles" (*Swietenia mahagoni*) ou "Mahogany à petites feuilles", ou encore "Caoba", dont l'aire naturelle était limitée aux Grandes Antilles (Cuba, Haïti et République dominicaine, Jamaïque, Porto Rico) aux Bahamas et à l'extrême Sud de la Floride. Bois d'ébénisterie par excellence à l'Epoque du Directoire et de l'Empire, il fut commercialisé pendant plus de 400 ans et donc très largement surexploité jusqu'à sa presque extinction puisqu'il est aujourd'hui inscrit sur liste des espèces en grand danger et a disparu du marché (en dehors de petits lots issus de plantations). Il reste considéré comme le plus beau bois du monde, réservé aux meubles de haute qualité. Sa popularité est due en particulier à son bel aspect aux teintes chaudes, brun rose et rouge à reflets orange, sa facilité de travail, son magnifique poli et sa grande stabilité dimensionnelle.

Le Mahogany à grandes feuilles

C'est l'Acajou du Honduras ou Mahogany à grandes feuilles (*Swietenia macrophylla*) dont l'aire naturelle est très étendue en Amérique latine, depuis le Mexique (Yucatan), jusqu'au Pérou, à la Bolivie et au Brésil. Bien qu'avec un bois, moins réputé, car plus rouge, moins figuré et un peu plus léger, il a été largement planté en Indonésie, au Sri Lanka et aux Îles Fidji (PROTA[445]).

L'Acajou du Pacifique

Il existe une troisième espèce de Swietenia, *Swietenia humilis* ou "Acajou du pacifique". C'est un petit arbre jamais très droit, ne dépassant pas 20 m et dont le bois a moins de valeur. L'espèce monte plus haut en altitude (jusqu'à 1200 m) et gagne les savanes où il prend des formes plus arbustives, plus résistantes à la sécheresse.

Remarque relative aux acajous américains :

Les 3 espèces de Swietenia sont assez difficiles à distinguer. Génétiquement proches, elles s'hybrident facilement. Les aires naturelles sont presque totalement disjointes mais dans les rares zones de recouvrement elles contiennent des hybrides. Des essais de croisements artificiels, nous semblent intéressants à entreprendre car ils peuvent déboucher sur des hybrides vigoureux et plus résistants aux insectes.

Le Cedrela (Cédrèle)

Une autre espèce, le Cedrela (*Cedrela odorata*) ou "Cedro Americano" ou encore "Acajou amer" est également exploitée comme acajou d'Amérique, bien que son bois beaucoup plus léger soit surtout utilisé pour la fabrication des boites à cigares à cause de son odeur poivrée.

Les "Bois rouges" d'Afrique

Plus tard, les "acajous d'Amérique" furent remplacés par les "acajous d'Afrique" qui englobent toutes les méliacées à bois rouge comme les *Entandrophragma sp.* (Sapelli, Sipo, Kossipo Tiama), grands arbres de la forêt dense africaine, souvent très âgés, et les *Khaya sp.* ("vrais Acajous d'Afrique"). On peut également y ajouter le dibétou (*Lovoa trichilioïdes*) méliacée à beau bois rubané qui a donné parfois de belles réussites en plantation. Enfin, pour une bonne mémorisation, nous reproduisons ci-dessous le schéma de DANQUAH *et al.* (2019[446]) qui situe bien ces 3 groupes d'espèces de méliacées toutes aussi intéressantes pour la qualité de leurs bois :

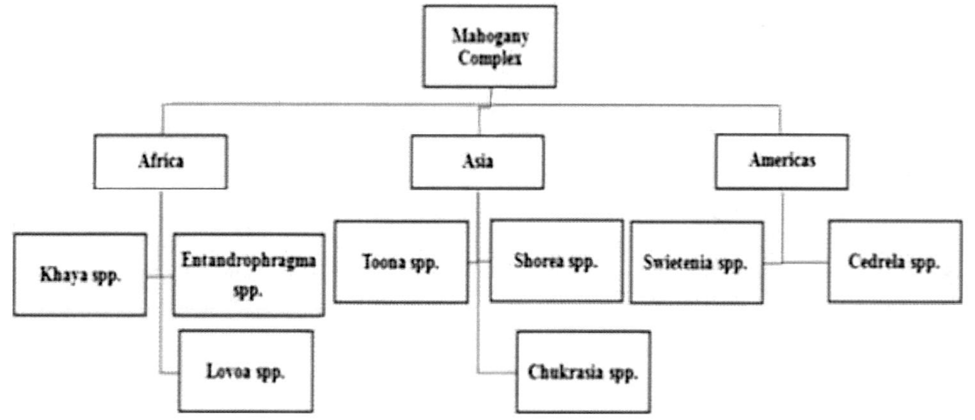

Commercial timber species from Africa, Asia and the Americas with the trade name mahogany

Danquah et al.: ARRB, 34(3): 1-22, 2019; Article no.ARRB.54075

62 - Aires de répartition et sensibilité au "borer"

Les acajous appartiennent tous à la famille des **Méliacées** qui comprend une grande majorité d'espèces à bois précieux et qui est bien connue des forestiers tropicaux Américains et Africains.

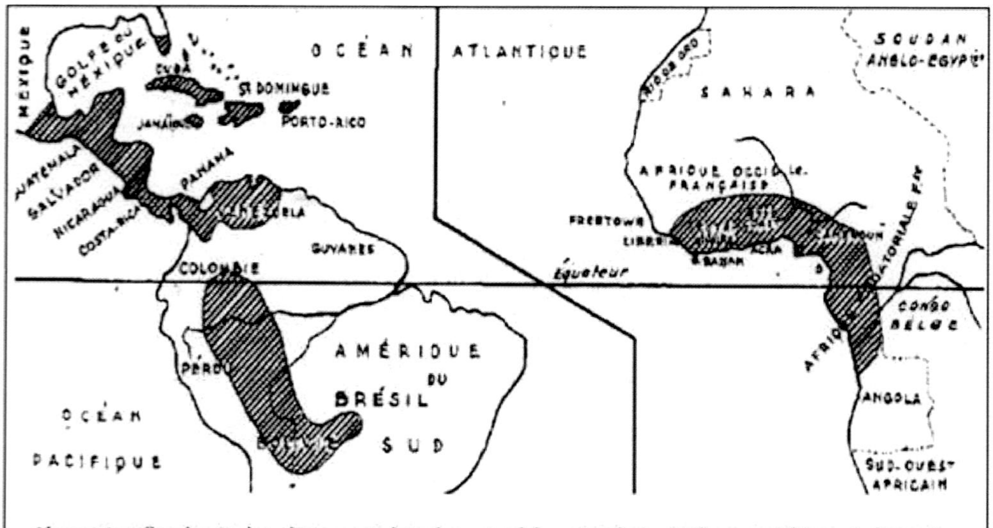

Aires naturelles des Acajous (Genres *Swietenia* en Amérique tropicale et *Khaya* en Afrique de l'Ouest extrait de l'article de Louis HUGUET et Ernest MARIE, Bois et Forêts des Tropiques 1er Tr. 1951 ; p12-25.

Les Acajous proprement dits correspondent aux espèces des genres *Swietenia* et *Khaya* (voir la carte précédente des aires naturelles) mais d'autres espèces de méliacées à bois rouge sont également considérées comme des Acajous au sens large (*Entandrophragma*, *Toona* et *Cedrela*).

Ces essences dont le bois est particulièrement apprécié en ébénisterie ont été longtemps surexploitées et leurs réserves mises en danger, voire anéanties pour certaines d'entre-elles. De plus, les reboisements sont restés incapables d'en renouveler la ressource à cause de l'extrême sensibilité des diverses espèces à un papillon local du genre *Hypsipyla*, existant aussi bien en Amérique latine qu'en Afrique et en Asie du Sud, les deux espèces majeures étant :

- ***Hypsipyla robusta***, inféodé à l'Asie du Sud et l'Océanie, à l'Afrique tropicale de l'Ouest et du Sud-Est ainsi qu'à Madagascar.
- ***Hypsipyla grandella***, inféodé à l'Amérique tropicale

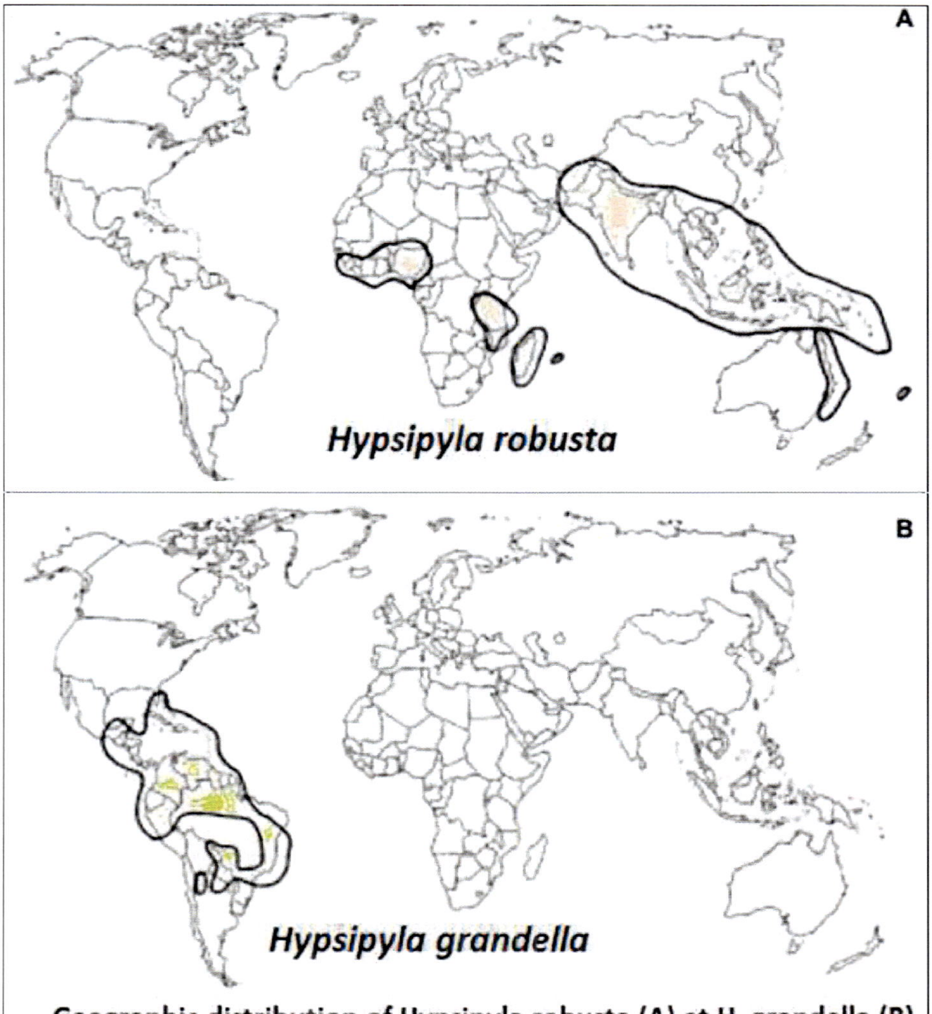

Geographic distribution of Hypsipyla robusta (A) et H. grandella (B)

Source : M.W. Griffiths. The Biology and Ecology of Hypsipyla Shoot Borers (1996)

Les larves de ces insectes forent les pousses des jeunes arbres (d'où leur nom commun de **"borer"**) et altèrent très sérieusement leur développement entraînant des fourches, des déformations et d'autres défauts très graves, compromettant la qualité des tiges et du bois donc rendant impossible les plantations, surtout industrielles. Dans certaines régions ces ravageurs se nourrissent également des fleurs, des fruits et parfois de l'écorce de leurs hôtes (GRIFFITS 1996[447]).

Les Hypsipylas se limitent aux Meliacées mais la dureté des attaques, très fortes sur les espèces indigènes, sont beaucoup plus faibles sur les espèces exotiques (en Amérique latine, Khaya et Toona sont plus résistants que les Swietenias locaux à *Hypsipyla grandella* et inversement les Swietenia résistent mieux à *Hypsypila robusta* en Asie). Cette tolérance vis-à-vis des espèces introduites est cependant loin d'être parfaite et dépend beaucoup des sites de plantation et de la sylviculture.

Les acajous sont en général des essences de demi-ombre que l'on rencontre sous forme plus ou moins disséminée en Forêt naturelle. C'est la raison pour laquelle les plantations d'enrichissement ou en layon (difficiles et peu rentables) réussissent mieux que les plantations en plein, car les fortes concentrations d'arbres entraînent la pullulation des papillons ce qui conduit le plus souvent à des dégâts considérables, interdisant la poursuite des plantations.

Un atelier international sur les Borers des Méliacées, organisé par l'ACIAR, s'est tenu du 20 au 23 août 1996 au Sri Lanka et a tenté de faire point de la situation dans le monde. Le spécialiste R.D. FLOYD[448] en a présenté les conclusions finales et a notamment établi le tableau ci-après, très intéressant :

Table 1. *Hypsipyla robusta* (Moore) damage on species of Meliaceae (subfamily Swietenioideae) grown in various Asian and Pacific countries. Empty cells in the table indicate that there are no records of a tree species in a country. The number of ticks indicates the severity of damage and a cross indicates no damage observed. Countries with a single tick against all species recorded for that country indicates damage has been observed but no indication of relative severity of damage.

Tree species	Bang	Sri L	India	Phil	Viet	Laos	Thai	Mala	Indon	PNG	Sol I	Aust
Cedrela ordorata L.		✓					✓	✓			✗	✓
Cedrela lilloi C. DC.							✓					✓
Chukrasia tabularis A. Juss.	✓				✓	✓	✓✓	✓				✓✓
Khaya anthotheca (Welw.) C. DC.									✓			
Khaya grandifoliola C. DC.									✓			
Khaya ivorensis A. Chev.								✓				
Khaya nyasica Stapf. Ex Baker												✓
Khaya senegalensis (Desr.) A. Juss.		✓			✓			✗	✓			✓
Swietenia macrophylla King	✓	✓	✓	✓	✓	✓	✓✓	✓✓	✓✓	✓	✓✓	✓✓
Swietenia mahagoni Jacq.	✓	✓	✓				✓✓	✓✓	✓			
Toona ciliata Roem.	✓	✓	✓			✓	✓✓		✓	✓		✓✓✓
Toona calantas Merr. & Rolfe				✗								
Toona sinensis (A. Juss.) M. Roem.								✓				
Toona sureni (Blume) Merr.					✓	✓	✓	✓✓	✓	✓		
Xylocarpus moluccensis (Lam.) M. Roem.							✓✓					

Country abbreviations: Bang = Bangladesh; Sri L = Sri Lanka; Phil = Philippines; Viet = Vietnam; Laos = Lao PDR; Thai = Thailand; Mala = Malaysia; Indon = Indonesia; PNG = Papua New Guinea; Sol I = Solomon Islands; Aust = Australia

Source : R.B. FLOYD (1996). International Workshop on Hypsipyla Shoot Borers in Meliaceae : General Conclusions and Research Priorities

Il a indiqué que sur 15 espèces (indigènes et exotiques) testées dans 12 pays du Sud asiatique, seul le "Cedrela des Philippines" (*Toona calantas*) semblait indemne dans son aire naturelle. Toutes les autres espèces présentaient une sensibilité plus ou moins grande à *Hypsipyla robusta,* conformément au tableau précédent extrait de son rapport.

Ce tableau montre que sur 15 espèces indigènes ou exotiques de Swietenioidées, plantées dans la grande région **Asie-Pacifique**, seulement trois d'entre elles étaient signalées comme non affectées **par *H. robusta*** :

- *Cedrela odorata* aux Îles Salomon,
- *Khaya senegalensis* en Malaisie,
- *Toona calantas* aux Philippines.

En résumé, bien qu'il existe d'importantes plantations de *Swietenia macrophylla,* en Indonésie, aux Philippines, aux îles Salomon, au Bangladesh, en Inde et au Sri Lanka, l'investissement dans la production d'acajou de plantation reste risqué car on a noté l'extension d'*Hypsipyla robusta* vers ces régions. Il apparaît donc que tant que des recherches sur la résistance génétique, la lutte biologique, voire la création d'AGM résistants n'auront pas donné plus de résultats, il n'est guère possible d'envisager des cultures industrielles d'acajous, sauf en dehors des aires naturelles et d'extension de ces parasites.

Finalement, seules quelques espèces utilisées comme exotiques permettent de fonder des espoirs pour la production de bois d'Acajou, à condition de s'assurer que les zones envisagées pour les plantations ne soient pas devenues des aires d'extension des *Hypsipyla sp.*

63 – Meilleurs résultats en plantation

Parmi les plantations déjà anciennes et considérées comme réussies, on peut citer :

- ***Swietenia macrophylla*** **:** Indonésie, Philippines, Sri Lanka, Îles Fidji et Îles Salomon),
- ***Cedrela odorata*** **:** Afrique (Ghana et Côte d'Ivoire, Uganda), et Îles Salomon,
- ***Khaya senegalensis :*** Australie (NT et QLD).

Swietenia macrophylla King. *(Acajou à grandes feuilles)*

L'acajou à grandes feuilles réussit bien en Asie du Sud et du Sud-Est, en l'absence de son principal prédateur, *Hypsipyla grandella.* Malheureusement, comme *Hypsipyla robusta* s'y attaque de plus en plus, l'engouement vis à vis de cette espèce précieuse se réduit.

Introduite en Indonésie depuis 1870, en provenance du Guatemala, il a été largement développé et couvre aujourd'hui environ 50.000 ha (surtout à Java et de façon croissante à Kalimantan), correspondant peut-être à la plus large plantation de "mahogany" au monde (HARDIYANTO 2009[449]). Les performances de l'espèce sont excellentes surtout pour un bois aussi précieux. Dans les sites les plus riches, il peut atteindre 20 m^3/ha/an à 30 ans (éclaircies comprises) avec un diamètre moyen de 35 cm et une hauteur de 25 m. Sa croissance dépend des hauteurs d'eau et de la qualité de la sylviculture appliquée (KRISNAWATI *et al.* 2011[450]). Certains ont proposé des plantations en mélange avec le Neem (*Azadirachta indica*) et l'*Acacia mangium* pour réduire l'incidence des attaques de borer (in CIFOR, p8180). Quoiqu'il en soit, cette magnifique espèce mériterait que l'on s'y intéresse d'avantage, en particulier en Afrique, là où l'on sait que les méliacées locales sont extrêmement sensibles à *Hypsypila robusta.*

Au Sri Lanka, *Swietenia macrophylla* est considéré comme une très bonne espèce de plantation depuis les années 1890. Les forestiers locaux y ont développé de bonnes pratiques sylvicoles. Pour éviter les attaques d'*Hypsipyla robusta*, ils maintiennent des abris dans les jeunes plantations.

Cedrela odorata L. *(Cédrela, Cèdre, Acajou amer)*

Cette espèce dont l'aire naturelle est très vaste (du Mexique à l'Argentine) est très sensible au borer (*H. grandella*) dans toute l'Amérique latine ce qui n'est pas le cas en Afrique humide, *H. robusta* ne semblant pas l'attaquer. Son adaptation y est en général très bonne, avec peu d'adversité. Le principal problème est celui du choix des bonnes sources de graines, ce qui n'est pas surprenant du fait de l'immensité de son aire naturelle et de la difficulté à s'approvisionner en graines issues des peuplements naturels, souvent très érodés par une exploitation trop intensive et très sélective.

<u>En Côte d'Ivoire</u> (KOFFI KONAN 1987[451]). Il existe 8000 ha de Cedrela, plantés par la SODEFOR entre 1975 et 1985. On n'a pas observé d'attaque de borer mais une grande fréquence de défauts de forme. L'essai de provenances installé en Forêt de la Sangoué à partir de la collection du CFI d'Oxford (essai international de 1969) a confirmé l'origine génétique de ces défauts tout en révélant l'existence de très bonnes populations comme les provenances de **Chiquibil** (Bélize) et de **Ste Mary** (Jamaïque). Selon J. DELAUNAY (1977[452]), les récoltes réalisées au Bélize auraient été faites sur arbres sélectionnés, ce qui expliquerait la bonne qualité des descendances et inciterait à la sélection individuelle. Un second essai (Sangoué - 1982) comparait 19 provenances de *Cedrela sp.*, réparties comme suit :

- ***Cedrela odorata*** : 14 provenances (Nicaragua 1, Guatemala 1, Bélize 1, Honduras 5, Costa Rica 2, Equateur 1, Jamaïque 1, Colombie 1, Panama 1)
- ***Cedrela angustifolia*** : 2 provenances (Venezuela)
- ***Cedrela fissilis*** : 3 provenances (Argentine).

Les premiers résultats, reportés par J.C. KOFFI KONAN (1987), à l'âge de 4 ans ½, ont montré la faible vigueur de *Cedrela fissilis* (et donc un désintérêt pour cette espèce) mais, au contraire, **une nette supériorité de la provenance Santa Barbara du Venezuela de <u>*Cedrela angustifolia*</u> sur toutes les autres provenances.** Ce résultat étonnant montre tout l'intérêt d'une espèce négligée par les planteurs et qui présente de toute évidence un fort potentiel.

Pour *Cedrela odorata*, la meilleure provenance était **Apartado** (Colombie), combinant à la fois vigueur et bonne forme. Les provenances de **Chilaton** (Guatemala), **Range cayo** (Belize), **Coyote** et **Taulabe (Honduras)** et **La laguna** (Panama) étaient moyennes pour la forme et la vigueur. Toutes les autres provenances étaient déclassées car présentant trop de fourches et de chicots. Suite à ces résultats, un programme d'amélioration de *C. odorata* avait débuté avec la mise en place de parcelles conservatoires de provenances à MOPRI, dans lesquelles 60 arbres + avaient été sélectionnés, puis mobilisés par greffage et installés en parc à clones à l'Anguédédou, près d'Abidjan (Bena 1994[453]). Cependant, les résultats de l'étude technologique des jeunes plantations, réalisée par Patrick DURAND (1979[454]), ayant souligné la très faible densité du bois (0,26 à 0,34) et la présence assez fréquente de piqûres de platypes (*Doliopyqus conradti*), n'ont pas encouragé la poursuite des plantations, l'espèce semblant, de plus, assez invasive (régénération naturelle très abondante). Toutefois, dans les années 90, la mise en exploitation de ces plantations a montré une bonne qualité du bois avec un écoulement sur le marché africain, ce qui aurait dû inciter à reprendre l'amélioration.

<u>Au Ghana</u>. Il faut signaler une expérience similaire avec une très bonne adaptation de l'espèce, une bonne réponse à un début de programme de sélection (arbres de très bonne forme et à très fort développement, notamment en forêt domaniale de SUBRI (voir photo n° 2 ci-après) où, malheureusement, l'essence a finalement été abandonnée au profit du Gmélina alors que le bois trouvait un débouché sur le marché américain.

Photo n° 1 et 2 : Plantations de *Cedrela odorata*. Ghana (Forêt de SUBRI - 2008). 1 : Mauvaise provenance 10 ans, **2 :** Excellente descendance 10 ans. **Photo 3 (Côte d'Ivoire),** Excellente forme de la provenance Belize à 2 ans (FC de MOPRI).

<u>Au Costa Rica</u>. Plus récemment, il faut signaler l'étude du CATIE (Costa Rica) (NAVARRO *et al.* 2004[455]) qui reprend les essais de provenances et de descendances sur cette espèce très sensible au borer local (*H. grandella*) mais cette fois en plantations agroforestières sous formes de lignes introduites dans les plantations de café.

L'étude porte sur 115 descendances maternelles appartenant à 21 provenances d'Amérique centrale (du Mexique au Panama) représentant des conditions de sol et de climat très variées (allant de 1500 à 3500 mm de pluviométrie, pour 7 à 0 mois de saison sèche).

Les plantations ont été installées fin 1999 à 625 m d'altitude, sous 2650 mm de précipitation et seulement 1 mois de saison sèche.

Les principaux résultats à 25 mois donnés par C. NAVARRO *et al.* (2004), sont les suivants :

- Il existe des provenances/familles de bonne croissance, plus résistantes à l'attaque du borer.
- Certaines provenances produisent moins de repousses après attaque du bourgeon terminal :
    - **Gualaca (Panama),**
    - **Pacifico Sur (Costa Rica)**
    - **Tulum (Mexique).**
- Les familles les plus performantes (jusqu'à 2 m/an en hauteur et 3,7cm/an en diamètre) appartenaient aux provenances suivantes :
    - **Perez Zeledon, Pacifico Sur, Talamanca (Costa Rica)**
    - **Almirante, Gualaca (Panama).**
- L'effet des lignes de café sur les cedrelas était d'autant plus positif (moins d'attaques et moins de repousses post-attaques) que les caféiers étaient plus hauts et donc plus âgés,
- En conditions mésiques, les "provenances mésiques" sont supérieures aux provenances xériques.
- Les provenances xériques sont moins vigoureuses mais tolèrent mieux l'insecte.

- L'effet familial est très significatif sur la vigueur (+100% sur la hauteur) et la tolérance à l'insecte,
- Les familles les plus résistantes doivent être analysées chimiquement, afin de déterminer la présence d'éventuels produits chimiques qui empêchent l'attaque du papillon.
- *Cedrela odorata* apparaît comme auto-incompatible (taux d'allogamie multilocus proche de 1),
- Avec une intensité de sélection de 5%, le gain espéré est de 25% sur le diamètre et 45% sur la hauteur.

Nous estimons que chez *Cedrela odorata*, la consanguinité (suite à l'érosion des patrimoines génétiques naturels) peut avoir des effets délétères et la recherche de croisements éloignés (y compris interspecifiques) est probablement une bonne voie pour des gains de vigueur, importants et rapides, ce qui n'empêche pas bien au contraire, la sélection familiale et individuelle sur des critères hautement héritables, de forme, de densité du bois et de résistance à l'insecte.

On peut en conclure que le potentiel d'amélioration reste très élevé pour cette espèce, en particulier pour des plantations intensives en Afrique humide, d'autant plus que le bouturage herbacé semble possible (SAMPAYO-MALDONADO 2016[456]).

Khaya senegalensis Desr. A.Juss. (Caïlcédrat)

Aire naturelle et écologie

Quelques pays ont développé des plantations avec cette espèce résistante à la sécheresse. Originaire de la zone soudano-sahélienne où il occupe une large zone depuis le Sénégal jusqu'au Soudan (voir la carte ci-après, d'après NIKLES *et al.* (2008[457]).

Aire naturelle du Caïlcedrat (*Khaya senegalensis*), d'après la carte préparée par Wade MILNE et Wendy CASEY (DPI et F, Brisbane) in D.G. Nikles (2008)[458]

Une bibliographie existe dans la Revue "Bois et Forêt des Tropiques" (n° 218, 4e Tr 1988).

L'espèce est très intéressante pour trois raisons majeures :

- **résiste à la sécheresse** (< 800 mm et 7 mois de saison sèche),
- **peu sensible à** *Hypsipyla robusta* en Asie du Sud et en Océanie,
- **bois de très bonne qualité** (convient bien à l'ébénisterie).

Il est à noter que, Selon GRIFFITHS ET WYLIE (2006), **les espèces d'Hypsypila présentes en Afrique, d'une part, et en Asie-Pacifique, d'autre part, ne seraient pas les mêmes**. De plus, les travaux récents (morphologiques et moléculaires) de Marianne Horak du CSIRO, Canberra (Australie) ont révélé l'existence de trois espèces de borer africains, tous différents de *H. robusta* de la région Asie-Pacifique, ce qui expliquerait la faiblesse des attaques enregesistrées sur les *Khaya sp.* dans ces zones (UNDERWOOD and NIKLES[458]).

<u>En Asie</u>. *Khaya senegalensis* a été introduit au Sri Lanka il y a environ 50 ans et est devenu, à la fin des années 90, l'une des espèces prioritaires pour l'établissement de plantations de bois d'œuvre dans les zones sèches de l'île (pluviométrie < 1400 mm). Avec plus de 500 ha en 2000, le programme était d'environ 200 ha par an, limité par le manque de semences. L'intérêt pour *K. senegalensis* a également récemment émergé en Malaisie.

<u>En Australie</u> : (NIKLES *et al.* 2008). L'expérience australienne avec le "Caïlcedrat' est très intéressante car elle se poursuit de façon classique et moderne (Sélection de Provenances, de Familles, d'Individus suivi du clonage des meilleurs arbres). L'espèce suscite beaucoup d'espoir en Australie en particulier dans le Nord Territoire et au Queensland où il fait l'objet d'un important programme de plantations, à la fois expérimentales et commerciales (NIKLES *in* Brown *et al.* 2018[459]).

A la suite de quelques introductions dans le Territoire du Nord (réalisées par l'ancien FTB dans les années 1960-1970), l'espèce s'est révélée, bien adaptée malgré une forme du tronc souvent défectueuse, et présentant un haut potentiel pour des plantations de bois précieux en région tropicale chaude et relativement sèche.

Une base génétique très large de plus de 100 provenances venant de 17 pays africains avait été constituée dans le Nord du Pays (NT et QLD) offrant d'excellentes perspectives d'amélioration génétique pour cette espèce d'avenir en coordination avec CAMCORE (Dvorak 2012), en particulier pour la conservation ex-situ des ressources génétiques (meilleurs arbres des meilleures provenances).

Les plus grandes plantations se trouvent dans la région de Douglas Daly, NT où plus de **14.000 ha** avaient été plantés depuis 2006. Ce programme a subi des pertes sévères lors du cyclone de 2009 mais à partir de 2012, de nouvelles plantations privées ont été lancées dans le NT et le Queensland (plus de 1700 ha / an).

Les résultats des divers essais et plantations commerciales ont montré que l'espèce combinait trois excellentes caractéristiques :

- bonne adaptation à la sécheresse,
- croissance relativement rapide,
- production de bois de haute qualité.

De plus, de nombreux caractères d'importance économique présentent une grande variabilité et sont susceptibles d'amélioration génétique, laquelle doit porter en priorité sur la longueur et la rectitude du fût afin d'augmenter le rendement marchand des grumes et donc des plantations.

Les risques à prendre en compte dans la stratégie de développement ont été identifiés comme suit :

- le feu,
- le gel,
- les cyclones sévères dans les zones côtières,
- la sécheresse,
- l'émergence possible de ravageurs et de maladies graves.

La diapositive suivante, extraite d'un Diaporama (PWP) présenté en 2005 par le Dr NIKLES et présentée ici avec sa permission, illustre tout l'intérêt de cette espèce en Australie (rapidité de croissance et bois d'excellente qualité).

Présentation PWP – 2011, courtesy Dr GARTH NIKLES. *Khaya senegslensis* – Exemples de peuplements et de produits obtenus en Australie.

La vitesse de croissance dépend de la qualité des sites mais on peut obtenir de très bonnes productions dans chacun des trois Etats tropicaux concernés (Northern Territory, Queensland et Western Australia) à condition d'éviter les zones trop sèches et les sols superficiels.

Programme d'Amélioration génétique (Nikles *et al.* - 2012)[460].

À partir du milieu des années 2000, de grandes quantités de graines de Caïlcedrat ont été importées d'Afrique chaque année pour soutenir les plantations industrielles dans le cadre de programmes d'investissements, ce qui a contribué à largement enrichir la base génétique de cette espèce en Australie, la plus large en dehors de l'Afrique (plus de 140 provenances de 17 pays africains, et de races locales) (NIKLES *et al.* 2015[461]).

C'est en 2001 que les Etats du NT et du QLD ont commencé à domestiquer le Caïlcedrat. Des arbres + ont été sélectionnés, greffés et plantés dans de petits vergers à graines de clones (142 dans le NT en 2001, puis 68 au QLD en 2003).

***Khaya senegalensis*. Plantation privée près de Bowen (Centre Queensland, pluviométrie < 1000 mm) août 2006.** Bel arbre + âgé de 8 ans (dbh : 28 cm, longueur du fût : 6 m). Photo by GEOFF DICKINSON, commentary by GARTH NIKLES.

Ces vergers ont alimenté des essais de descendances installés respectivement dans ces deux Etats entre 2009 et 2012. D'autre part certains arbres + ont été utilisés comme matériel de base pour la constitution de parcs à pieds-mères (PPM) installés dans le NT en 2004, puis au QLD en 2005. De 2005 à 2012, des tests clonaux ont suivi dans chacun des deux Etats.

Selon G. NIKLES, une seconde phase de domestication a récemment commencé, menée par le secteur privé et basé principalement sur des arbres sélectionnés dans les essais de provenances et de descendances les plus récents.

Remarques finales : Le Caïlcedrat devrait continuer à se développer en Australie et dans quelques Etats du Sud de l'Asie. Cependant, malgré des promesses de rentabilité élevée pour les planteurs, le développement n'entrera dans une phase réellement significative que si les investissements en R&D se poursuivent et même s'intensifient.

Cette espèce, particulièrement intéressante, puisque capable de produire assez rapidement du bois de grande qualité dans les zones tropicales relativement sèches, mérite que l'on s'y intéresse davantage, en particulier au Brésil. En Afrique de l'Ouest, elle est oubliée des programmes de plantation et de R&D et il est nécessaire de vérifier la sensibilité des plantations au Borer.

64 – Les autres espèces d'acajou (Acajous d'Afrique) *Khaya grandifoliola C.DC., K. ivorensis A.Chev., K. anthoteca Welw.*

En Afrique. Les essais anciens sont nombreux mais les plantations "en plein" sont rares car très attaquées par *Hypsypila robusta.* On l'installe donc en forêts secondaires très dégradées, en "plantations d'enrichissement", en layon, mais cette pratique est de plus en plus rare à cause du suivi difficile car nécessitant beaucoup trop de main d'œuvre qualifiée.

Au Ghana, des essais de provenances-descendances sur *K. ivorensis* et *K.* anthoteca ont mis en évidence une forte héritabilité de la croissance en hauteur, les familles classées en tête montrant des écarts de croissance inter familles très supérieurs (jusqu'à 100% chez *Khaya anthoteca*), écarts attribués par les auteurs, en partie à des différences de résistance génétique à *Hypsipyla robusta* (OFORI *et al.* 2007[462]). Un tel résultat devrait conduire à un programme de sélection pour la résistance à l'insecte.

En Asie du Sud (Sri Lanka, Malaisie, Indonésie). Les plantations en plein d'acajous d'Afrique (*Khaya anthoteca* et *K. ivorensis*), trop fortement endommagées par le borer local, sont généralement délaissées au profit de plantations mélangées, d'enrichissement ou d'accompagnement, mais la recherche doit encore se poursuivre pour mettre sur pied des systèmes de culture efficaces (FLOYD *et al.* 1996).

Au Brésil. L'introduction, en 1976, de ces espèces par l'EMBRAPA, ne fut pas suivie de grandes extensions, bien que la réussite fût jugée bonne du fait d'une bonne résistance des arbres au borer. Plusieurs raisons ont freiné l'ardeur des planteurs :

- Les graines sont récalcitrantes, donc très difficiles à conserver. Il faut les faire germer dès qu'elles tombent au sol, sinon elles ne survivent pas. Les bonnes graines sont donc très rares.
- Les plants sont sensibles à certains insectes comme les fourmis et l'abeille Arapuá (***Trigona spinipes***), ce qui oblige à des traitements chimiques.
- Les arbres ont souvent une forme médiocre et les populations sont rarement homogènes,

Malgré tout, désireux de retrouver un bois proche de l'acajou local, si précieux et devenu très rare car interdit d'exploitation, des professionnels et des entrepreneurs de divers secteurs, ont essayé la culture commerciale des acajous africains dans de nombreuses régions du pays (AL, BA, DF, GO,

MG, MS, PA, PI, RJ, RO, RR, RS, SC, TO.)* Selon eux et malgré les difficultés, la plantation restait rentable grâce au prix très élevé du bois et à la croissance relativement rapide des acajous africains comparés aux acajous locaux (+30%).

Il a fallu attendre 2010 pour voir émerger un nouvel intérêt pour les Acajous africains, suite à la mise au point, par certains planteurs, du clonage de quelques arbres remarquables, mal identifiés et dénommés "**Mogno africano".** Signalé par "Painel Florestal", le clonage des meilleurs arbres a une nouvelle fois changé la donne après avoir conduit à de magnifiques parcelles suscitant beaucoup d'espoir et relançant rapidement cette culture de bois noble (voir photo ci-contre publiée par Painel Florestal).

Mudas Nobres Goiânias, Goias (Brésil). Plantation clonale de Khaya sp.
Source : Painel Florestal 07/06/2013

En particulier, une société du Goias (Centre-Ouest), "MUDAS NOBRES" s'est lancée résolument dans de telles plantations clonales à la rotation de 15 ans avec une éclaircie à 10 ans. Selon l'EMBRAPA (APARECIDA FIORAVANTE *et al.* 2019[463]), l'espèce peut s'adapter dans de nombreuses régions du Brésil avec des performances, variables suivant la qualité des sols et la pluviométrie, mais en moyenne excellentes (HT de 19 à 35 m et diamètre de 39 à 60 cm) ce qui correspond à des largeurs moyennes de cerne pouvant aller jusqu'à 2 cm. La production correspondante en bois d'œuvre utile, espérée à 15 ans, varie de 10 à 15 m^3/ha/an, soit une récolte de 150 à 225 m^3/ha de bois noble à 15 ans.

On compte aujourd'hui environ 50.000 ha de plantations d'Acajous africains au Brésil. L'intensification de la recherche sur cette essence a cependant souligné certains problèmes de fond comme l'identification des espèces de Khaya correspondant à l'appellation "Mogno africano". En particulier, une étude récente de A.C. FERRAZ FILHO *et al*, (2021[464]) a montré que, sous cette appellation, toutes les espèces de Khaya étaient représentées au Brésil, mais à des pourcentages très différents. Selon ces auteurs, les plantations brésiliennes sont composées principalement de l'acajou à grandes feuilles (*K. grandifoliola* à 66%) et du caïlcédrat (*K. senegalensis* à 33%) et non pas de *K. ivorensis* comme on le pensait. Les autres espèces d'acajou d'Afrique sont également plantées (*K. anthotheca,* l'acajou blanc et *K. ivorensis,* l'acajou de Bassam), mais sur une bien plus petite échelle (1%). On voit donc que les acajous d'Afrique qui se sont bien adaptées au Brésil sont les acajous des franges nord de la Forêt semi-décidue guinéo-soudanienne ainsi que des galeries forestières et des savanes arborées des régions soudano-sahéliennes (AUBREVILLE 1950[465]). Les espèces des zones forestières semi-décidue (*K. anthoteca*) et sempervirentes (*K. ivorensis*) sont beaucoup moins utilisées.

Ces plantations, dont l'âge moyen est inférieur à 10 ans, sont réparties dans le Sud-Est (50%), le Centre-Ouest (25 %), le Nord (13 %), le Nord-Est (6 %) et le Sud (6%) du Brésil. L'expérience Brésilienne fondée en partie sur ***K. senegalensis*** (caïlcedrat) se rapproche donc finalement de

* AL : Algoas ; BA : Bahia ; DF : District Federal ; GO : Goias ; MG : Mato Grosso ; MS : Matogrosso do Sul ; PA : Para ; PI : Piaui ; RJ : Rio de Janeiro ; RO : Rondônia ; RR : Roraima : RS : Rio grande do Sul ; SC : Santa Catarina ; TO : Tocantins

l'expérience australienne. Quoiqu'il en soit, la distinction entre les bois des différentes espèces de Khaya n'est pas facile. En particulier, ***K. grandifoliola*** et ***K. senegalensis*** sont proches génétiquement et affichent des densités de bois plus élevées que *K. ivorensis* et il est probable que le marché confonde les bois dénommés globalement "Mogno africano".

Toona ciliata M.Roem. (Cèdre rouge, Australian red cedar)

Aire naturelle. Le "Cèdre rouge d'Australie" fut jadis appelé *Toona australis*.

Si l'on se réfère à la carte suivante, trouvée sur internet, l'espèce se rencontrerait en fait dans une grande partie de l'Asie. Cependant, la distribution de *Toona ciliata* M. Roem., est sans doute plus large encore, comme l'indique en particulier l'article de WEI ZHOU *et al.* (2020[466]) qui inclut la carte ci-après, pour la partie chinoise de l'aire.

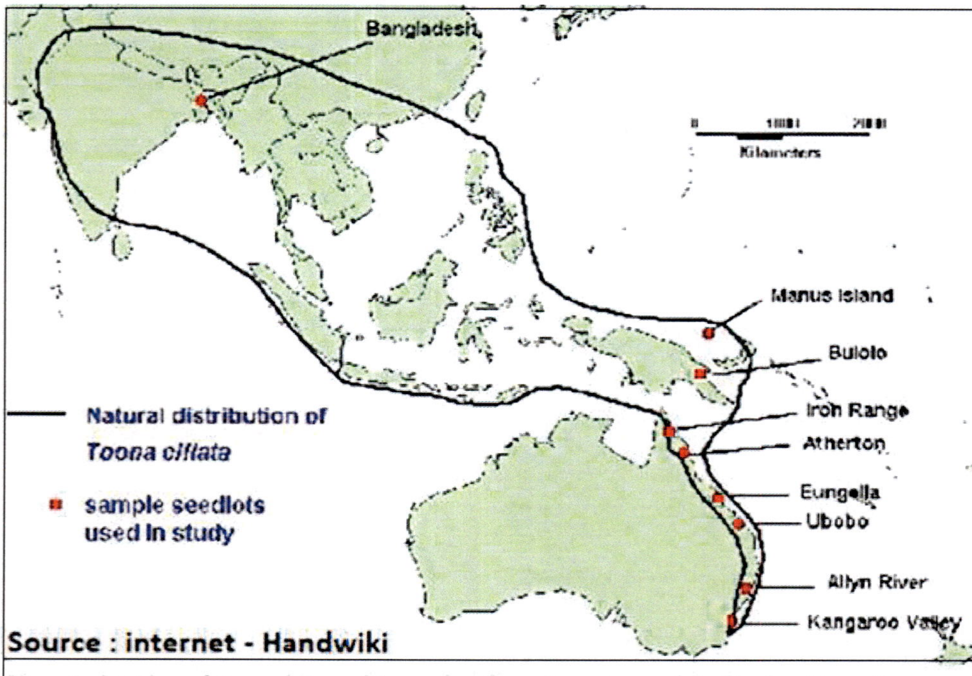

Figure 1. Locations of six populations of *Toona ciliata* for mating system analysis (Baoshan, Simao, Yongren, Tianlin, Guanshan and Nanping). The approximate natural geographical distribution of this species (in green) was plotted using Adobe Photoshop 2018 according to the distribution of 234 specimens available from https://www.cvh.ac.cn/ and a reference to Chen et al.[1]. The natural distribution of *T. ciliata* covers the regions of eastern, southern, central and southwest China. **Source : https://doi.org/10.1038/s41598-020-74123-8**

En fait, cette aire s'étend jusqu'à la Nouvelle Zélande (Île du Nord) et quelques Îles du Pacifique (carte précédente, tirée de "Atlas of living Australia"). Comme on le voit, cette espèce a la particularité d'occuper des situations aussi bien tempérées que tropicale, allant de 30° de latitude Nord jusqu'à 40° de latitude Sud, ce qui est considérable et présume d'une très grande diversité génétique.

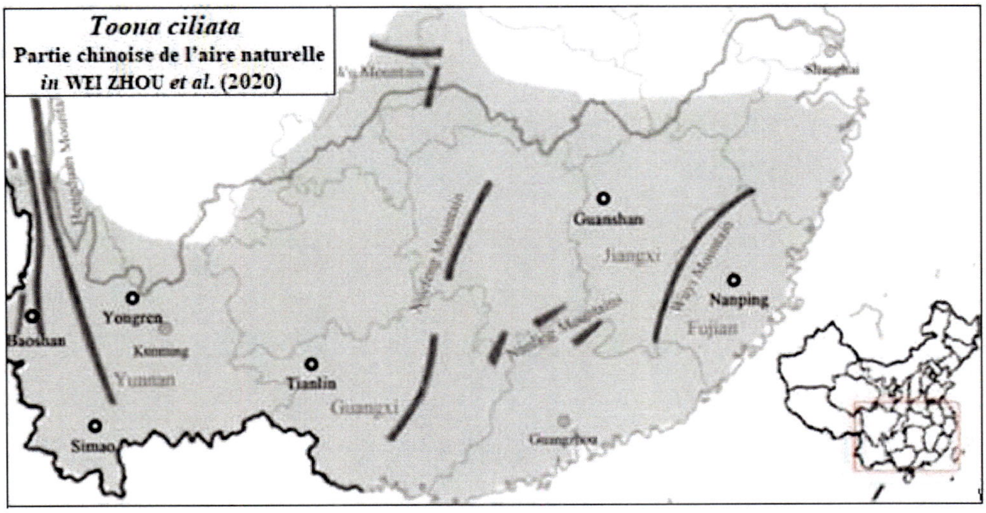

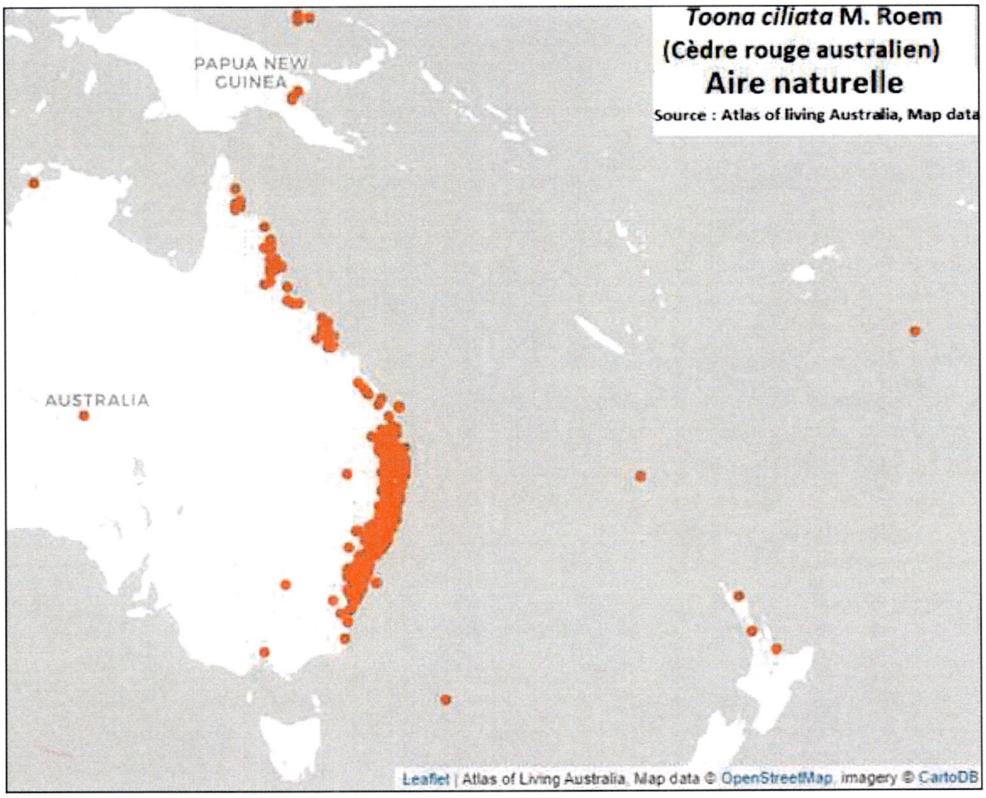

Très probablement, de nombreuses variétés se rattachent à la même espèce pour donner un très vaste ensemble, allant du Nord de l'Inde à l'Est de la Chine et, vers le Sud, jusqu'au Sud-Est de l'Australie en passant par les Philippines, l'Indonésie et la Papouasie-Nouvelle-Guinée.

Ecologie. Selon PROTA (Plant Resources of Tropical Africa), dans son aire naturelle, *Toona ciliata* est présent aussi bien en forêt primaire que secondaire, souvent en bordure de rivières et dans les vallées, jusqu'à 1500 m d'altitude, dans des régions où la pluviométrie annuelle est de 800 à 1800 mm. Il est capable de se régénérer en plein soleil. Il préfère les endroits bien drainés sur des sols profonds, fertiles, et ne pousse pas bien en sols sableux. Il tolère relativement bien la sècheresse si l'arbre est bien installé. Il présente une certaine résistance au gel, variable selon la provenance.

Développement au Brésil

L'introduction des acajous exotiques (*Khaya sp.* et *Toona ciliata*) avait pour but de trouver un substitut à l'acajou local (*Swietenia macrophylla*), surexploité et trop sensible à *Hypsypila robusta* pour pouvoir être planté. Alors qu'en Australie les plantations de *Toona ciliata* se sont vite révélées impossibles à cause du borer, l'histoire fut très différente au Brésil où cette très belle espèce semble ignorée par *Hypsypila grandella.*

Aracruz Cellulose SA (1980). Parcelle de *Toona ciliata* âgée de 7 ans Première introduction au Brésil. Bon résultat sous 1400 mm de pluie

Une société en particulier, "**Bela Vista Forestal (BVF)**", installée à Campo Belo (Mato Grosso) s'est lancée depuis 2010 dans un ambitieux et très prometteur programme de R&D et de plantations de *Toona ciliata*. Dans une annonce de Painel Florestal (2014)* Ricardo VILELA, Directeur général de BVF, explique l'histoire brésilienne de la formidable ascension de cette magnifique espèce, que nous résumons comme suit :

Le "Cèdre rouge australien" fut introduit en 1973 dans le Nord de l'Etat d'Esprito Santo par la Société Aracruz Celulose** (voir la photo ci-dessus que nous avons prise en 1980 à l'occasion du Congrès IUFRO). Malgré sa bonne adaptation, la culture à grande échelle de cette espèce n'a pas été retenue comme objectif de la société, fortement orientée sur la ligniculture des eucalyptus hybrides grâce au clonage à grande échelle de l'hybride urophylla x grandis.

Toona ciliata fût cependant considérée comme une espèce à revenu élevé et prometteuse pour les agriculteurs, lesquels furent encouragés à le cultiver par des dons de plants issus de graines. Jusque-là, le matériel génétique utilisé était seulement sélectionné pour s'adapter à la région spécifique. Par la suite, les producteurs de bois de cèdre eux-mêmes ont continué son extension à partir de collectes

* Ricardo Vilela Steinmetz. "Le cas du Cèdre australien de Forest MG à Bela Vista" in Painel Florestal Brazil, News Online & Events (07/2014) que l'on peut retrouver sur le site de la compagnie (https ://belavistaflorestal.com.br/) :

** La Société Aracruz Celulose, devenue Fibria Celulose par fusion avec Votorantim Celulose e Papel (VCP) en 2009 puis rachetée par SUZANO Celulose en 2019 pour devenir **Suzano**, plus gros producteur de pâte du monde avec 11 millions de tonnes/an.

de semences faites sans critères, y compris réalisées dans d'autres pays, aux conditions écologiques parfois très différentes, ce qui a conduit à beaucoup d'erreurs et à une certaine "dérive génétique".

En 2003, Bela Vista Forest (BVF)*, qui disposait déjà de plantations, a commencé à s'intéresser sérieusement à cette espèce recommandée par les enseignants forestiers de l'Université fédérale de Viçosa (MG). Cependant, en 2005, en raison de l'absence de matériel génétique de qualité, BVF a réalisé qu'elle était la seule entreprise pour traiter sérieusement d'un programme sur le Cèdre rouge. La raison était que la Recherche et l'Amélioration des arbres étant considérées comme des processus coûteux, lents et risqués, que seules les grandes entreprises (de la cellulose et de l'acier) étaient de taille suffisante pour ce type d'approche, et seulement pour leurs produits spécifiques, et en aucun cas pour le bois d'œuvre. BVF, percevant cette "culture du handicap" comme une "opportunité d'affaires", et ignorant complètement tout de l'effort qui l'attendait, a décidé d'investir dans un projet de multiplication.

BVF a alors considéré que le clonage du Cèdre australien était le moyen le plus rapide et donc le plus économique pour accéder rapidement à un maximum de gain génétique, suivant en fait une "Stratégie à faible input" (D. LINDGREN 2002*)*. Mais pour choisir de bon arbres +, il fallait disposer de bonnes populations de sélection c'est alors que le manque de semences de qualité s'est vite révélé un problème majeur. Heureusement, dans les années précédant la crise économique de 2008, l'euphorie avait saisi le secteur forestier avec des prix élevés et une forte demande. Ainsi, grâce à cette opportunité, le besoin sur le marché de plants de qualité, avait atteint un niveau très élevé.

BVF s'est alors lancé en 2006 dans une campagne de récolte de graines de *Toona ciliata*, (variété *australis*) avec l'aide de l'Université fédérale de Lavras (Minas Gerais), et du Centre australien de semences forestières du CSIRO (ATSC) pour le choix du matériel génétique.

Une équipe de l'Université de Bela Vista s'est rendue en Australie pour y sélectionner une centaine de semenciers, du Nord au Sud du continent, sur une distance de plus de 2500 km (entre le 10e et le 35e parallèle), correspondant à une base génétique très large pour permettre à l'espèce de s'adapter à divers Etats du Brésil : Mato Grosso, Mato Grosso do Sul, Goiás, Bahia, São Paulo, Espírito Santo, Rio de Janeiro, Minas Gerais, Paraná et Santa Catarina.

Les arbres + ont été sélectionnés dans des endroits allant de 40 m (bord de mer) à 1100 m d altitude, et avec une pluviométrie comprise entre 900 mm et 2500 mm, sous différents climats et biomes australiens, correspondant donc à une large gamme génétique.

Malgré le coût exorbitant de ce lot de semences et la perte d'une année pour divers problèmes administratifs, l'essai de Provenances-Descendances fut installé en 2007 dans 2 régions biogéographiques distinctes :

- **en plein cerrado**, à João Pinheiro (nord-ouest des Minas), à 670 mètres d'altitude, au climat sec et aux sols sablonneux, faiblement fertiles.
- **en cerrado de transition** (forêt de Campo Belo), à 850 m d'altitude, avec une fertilité moyenne et sous une pluviométrie de 1500 mm et sans déficit en eau.

---

* Pour plus d'informations sur l'entreprise, consulter le site suivant : (https ://belavistaflorestal.com.br/en/our-edge/

Le test de Campo Belo a porté sur 63 descendances appartenant à 12 provenances largement réparties le long de la côte Est de l'Australie.

Campo Belo, Minas Gerais (Brésil). Photos courtoisie Ricardo VILELA. A gauche : Ensemble des installations et pépinière industrielle de *Toona ciliata*. **A droite :** Ricardo VILELA, Directeur de Bela Vista Florestal dans une de ses serres de bouturage de *Toona ciliata*,

L'étude et l'analyse de ces deux tests, par le Département forestier de l'Université de Bela Vista ont été suivis d'une sélection individuelle dans le but de trouver des cultivars (clones), à partir de 1600 arbres candidats, réduits finalement à 39 "ortets" prometteurs.

Après cette phase, les tests génétiques clonaux ont été installés dans quatre municipalités du Minas Gerais : Jequitai, João Pinheiro, Piumhi et Campo Belo.

Campo Belo, Minas Gerais (Brésil). Photos courtoisie Ricardo VILELA. A gauche : Récolte des boutures sur les parcs à pieds-mères. **A droite :** examen des boutures enracinées sur fond de brumisation.

Après six années de recherche, la sélection finale est arrivée à 6 clones avec une bonne adaptation et des gains de productivité allant jusqu'à 200% par rapport à la moyenne des populations commerciales de cèdre australiens existant au Brésil et dont la productivité moyenne est d'environ 12 m^3/ha/an, alors que les clones sélectionnés atteignent 30 m^3/ha/an, le meilleur clone testé allant jusqu'à 37 m^3/ha/an.

La sélection a également pris en compte la résistance aux principaux ravageurs et maladies du cèdre, comme le psylle blanc, le champignon "filácora" parasite des feuilles ainsi que les acariens. Les études ont également porté sur la gestion de l'espèce, avec un certain nombre de gains :

- élagages plus faciles (coûts plus faible et main d'œuvre réduite),
- densité de plantation réduite de moitié (ramenée de 1 660 à 800 arbres par hectare),
- éclaircie beaucoup plus rentable (grande homogénéité intra-parcelles).

Campo Belo, Minas Gerais (Brésil). Photos courtesy Ricardo VILELA. Amélioration génétique du *Toona ciliata*. A gauche : Observation de la floraison des pieds greffés. **Au centre** : Fleurs bientôt prêtes pour les croisements contrôlés. **A droite :** Test de descendances installé en 2008.

Finalement, **RICARDO VILELA** conclut comme suit :

« Tout ce que nous faisons, c'est suivre la voie du succès tracée par l'eucalyptus. Il est important de souligner que le travail se fait dans la réalité financière des entreprises qui se consacrent à cette espèce. Et pourtant, les résultats ont été spectaculaires ».

Il présente également son programme et ses collaborations :

« En ce qui concerne notre cèdre australien, la deuxième génération de cultivars est déjà en cours de production. Lors de l'élaboration du projet ont participé des enseignants Edson POZZA (Phytopathologie), Antonio Eduardo FURTINI (Sols), Sebastian ROSADO (Elevage), Fausto WEIMAR JUNIOR Acerbi et Natalino CALEGARIO (Foresterie), Tarcisio LIMA et Reinaldo José MOREIRA DA SILVA (Technologie du bois), entre autres, montrant que grâce à son initiative, l'UFLA est devenue un centre d'excellence pour le Cèdre australien, et que l'interaction entre les Universités et les Entreprises privées est toujours bénéfique pour le pays ».

« Récemment, "Symbiosis Investimentos" et "Groupo Seculus" se sont lancés dans les plantations de cèdre, ce qui montre que l'attractivité économique et la sécurité technologique, intéressent également les grandes entreprises, et pas seulement les agriculteurs ».

« C'est ainsi que le Cèdre australien, une espèce qui était arrivée au Brésil avec un énorme potentiel mais qui avait vu sa carrière flirter avec l'échec, a finalement pu réécrire son histoire après avoir surmonté tous les obstacles ».

Campo Belo (Minas Gerais – Brésil). Photo courtoisie Ricardo VILELA. Jeune plantation clonale de *Toona ciliata* âgée de 1,5 ans. Très belles tiges avec une excellente rectitude et de très fines branches.

Aujourd'hui, la R&D se poursuit activement (sélection pour la qualité du bois, minibouturage, sélection de nouveaux clones, etc.).

Campo Belo, Minas Gerais (Brésil). Photos courtoisie Ricardo VILELA. Quelques aspect de R&D : A gauche : Mesure d'un arbre candidat au resistographe pour estimer la qualité du bois. **Au centre :** Essais de minibouturage. **A droitre :** Sélection de nouveaux ortets.

et Ricardo VILELA déclare : « *Grâce à l'homogénéité de la plantation clonale, il est aujourd'hui possible de planter seulement 816 cèdres australiens par hectare, dont la moitié est pré-plantée (pour conserver une bonne avance). À 18 mois, on sélectionne ainsi très facilement les arbres qui, à maturité, seront dirigés vers les scieries. La première éclaircie se fait à 8 ans, date à laquelle l'investissement est remboursé* ».

Campo Belo, Minas Gerais (Brésil). Photos courtoisie Ricardo VILELA. Plantations clonales de *Toona ciliata*. Magnifique parcelle monoclonale âgée de 6 ans.

Exploitation et Transformation du bois

L'objectif étant la transformation sur place. Fin 2014, **BVF** s'est doté d'une scierie et de séchoirs et s'est lancé dans la production de sciages.

Campo Belo (Minas Gerais - Brésil). Photos courtoisie Ricardo VILELA. Exploitation des plantations clonales de *Toona ciliata*. A gauche : Magnifique bille de coupe finale ; absence de différenciation entre aubier et bois de cœur. **Au centre** : Billons de coupe finale. **A droite :** Billons d'éclaircies.

Ecoutons encore Ricardo VILELA nous parler de sa production de bois de Cèdre australien : « *Au Brésil, le bois de Toona ciliata n'a rencontré qu'un marché du bois médiocre et n'a donc pas eu de difficulté à s'y faire une place* ».

Belo (Minas Gerais - Brésil). Photos courtoisie Ricardo VILELA. Sciage des grumes de *Toona ciliata* et fabrication de bois lamellés. A gauche : Sciage en planches d'un équarri de grume ; absence apparent de défauts. **Au centre** : Classement des bois sciés, qui ont changé de couleur (plus acajou et moins rose). **A droite :** Confection des colis de bois sciés pour les expéditions.

Campo Belo (Minas Gerais - Brésil). Photos courtoisie Ricardo VILELA. Usinage du bois de *Toona ciliata* : Rabotage des planches, confection d'éléments de panneaux et de panneaux entiers. A gauche : Atelier de rabotage des petits éléments de panneaux. **Au centre :** Eléments de panneaux prêts à être assemblés. **A droite :** Fabrication d'un panneau par collage de plusieurs éléments.

Ricardo VILELA poursuit : *« Dans notre scierie, nous travaillons exclusivement avec du bois de cèdre australien. C'est encore un produit rare qui combine de nombreuses caractéristiques : Usinabilité / Faible retrait / Stabilité dimensionnelle / Résistance mécanique / Légèreté / Beauté visuelle ».*

Campo Belo (Minas Gerais - Brésil). Photos courtoisie Ricardo VILELA. Produits finis de *Toona ciliata*. A gauche : Chargement d'un camion de sciages pour la livraison. **Au centre :** Fabrication d'une Fenêtre. **A droite** : Panneaux lamellés.

« Son utilisation est recommandée pour une grande variété de produits tels que la fabrication de meubles, les finitions fines dans la construction, les portes et fenêtres, les encadrements, les instruments de musique, etc. ».

Agroforesterie.

Campo Belo (Minas Gerais - Brésil). Photos courtoisie Ricardo VILELA. Parcelle agroforestière de *Toona ciliata* complantée de caféiers. A gauche : Dispositif comprenant 3 rangées de caféiers dans l'interligne des *Toona ciliata,* dont une au centre, et les deux autres très proche des arbres pour leur servir de sous-étage à but sylvicole. Les interlignes de caféier sont utilisés pour une production agricole annuelle de préférence légumineuse, comme le soja, qui permet un apport d'azote profitable aux arbres. lesquels, visiblement semblent en excellente santé. **A droite :** Ricardo VILELA nous montre la grande qualité des fûts des arbres et en même temps l'excellente fructification des caféiers.

Comme le montre les photographies précédentes, l'entreprise cherche également à améliorer sa rentabilité dans des solutions agroforestières. S'agissant du début de la production, le pourcentage très élevé de petits bois, pousse à la recherche de systèmes permettant à la fois d'éviter les éclaircies tout en gagnant sur la rentabilité. Cette apparente contradiction semble trouver sa résolution dans l'application d'un système agroforestier avec une plantation clonale de "cèdre" à écartement définitif mais avec des cultures intercalaires (caféier et même soja entre les lignes de caféier. Cette solution agroforestière permet de compenser financièrement le manque d'éclaircie et la récolte précoce du café qui permet d'attendre la production de grosses grumes avec la qualité souhaitée.

Rentabilité de la culture du Cèdre australien

On peut trouver des éléments de rentabilité de cette culture dans divers documents comme par exemple le rapport d'étude SIMA-PECAT de 2013, en perspective du projet biomasse de Guyane (SIMA-PECAT, H2E ET GUYANE CONSULT 2013[467]) qui fournit des chiffres sur la culture du "Mogno africano", sans doute assez proche de celle du *Toona ciliata*.

Simulation Production et Valorisation d'1 ha de Cèdre australien au Brésil

Récolte	âge	Volume récolté			destination	productivité	prix sur pied	valeur /ha
unité	ans	m^3	%	%		m^3/ha/an	€/m3	€/Ha
Eclaircie (1/3)	10	70	23,3%	23,3%	bois d'œuvre	7	200	14 000
		30	10,0%	26,7%	biomasse	3	20	600
Coupe finale	15	50	16,7%			3,33	20	1 000
		150	50,0%	50,0%	bois d'œuvre	10	500	75 000
		300	**100,0%**	**100%**	**Bi + Bo**	**20**	**302**	**90 600**

Pour une rotation de 15 ans et avec une éclaircie à 10 ans et pour une productivité de 20 m^3/ha/an dont la moitié en bois d'œuvre (500 euros/m^3), on aurait les résultats fournis par le taleau précédent.

Concernant plus spécialement le *Toona ciliata*, le Site de la société Bela vista Florestal, Ricardo VILELA nous donne des informations plus précises sur cette culture, menée à 15 ans avec une éclaircie à 8 ans, permettant de calculer la rentabilité prévisionnelle que nous examinerons en fin de 5ème partie (point 81.56). Il intègre le sciage de tous les bois d'œuvre sur place avec une vente sur le marché Brésilien. Les prix sont plus modestes mais font tout de même apparaître une recette de 70.000 euros/ha de bois sciés pour un investissement initial de 6000 euros/ha (prix 2015).

Cet exemple remarquable montre que l'amélioration génétique peut enregistrer d'excellents résultats très rapidement par le raccourci du clonage et, dans le cas de BVF, sans éviter la constitution initiale d'une large base génétique. C'est sans aucun doute le projet intégré qui, jusqu'ici, a abouti le plus rapidement et avec des résultats aussi exceptionnels.

65 – Les espèces du genre Entandrophragma sp.

Il s'agit des grandes espèces de méliacées d'Afrique tropicale. Ce sont les fameux "bois rouges" qui ont fait la richesse des forêts denses africaines de l'Ouest et qui restent encore bien présentes dans tout le bassin du Congo (le Sapelli en particulier). Il s'agit généralement d'arbres immenses aux fûts énormes et très droits, à la valeur commerciale très élevée et donc activement exploités depuis près d'un siècle et maintenant surexploités, appartenant aux 5 espèces suivantes : ***Entandrophragma cylindricum*** (Sapelli), ***E. utile*** (Sipo), ***E. candollei*** (Kossipo), ***E. angolense*** (Tiama) ***et E. congoense*** (Acuminata). Ces arbres magnifiques sont souvent très âgés (jusqu'à plus de 500 ans) et leur régénération naturelle ou artificielle a toujours posé de nombreux problèmes. En forêt naturelle, on constate souvent un fort déficit en jeunes bois et l'aménagement durable de ces espèces reste hypothétique.

Comme chez toutes les méliacées, les essais de plantation se sont heurtés aux attaques d'*Hypsypyla robusta*, auxquelles aucune de toutes ces espèces n'échappent. Il n'est donc pas surprenant qu'elles aient rapidement disparu des programmes de reboisements en Afrique. Ce qui est plus étonnant c'est que ces espèces soient restées inconnues des planteurs d'Amérique tropicale où elles devraient en principe résister à *Hypsypyyla grandella* (et réciproquement pour les planteurs africains).

Ces grandes méliacées mériteraient que l'on s'y intéresse davantage. En particulier, des essais de plantation devraient être entrepris dans les régions tropicales américaines. On se reportera au récent article paru dans la revue Bois et Forêts des Tropiques en 2019 et qui fait le point sur la situation des *Entandrophragma* (KASONGO YAKUSU *et al.* 2019[468]).

***

7 – LES CASUARINAS.

CASUARINA SPP. (“BOIS DE FER”)

71 – Caractéristiques générales des “bois de fer”

Les Casuarinas appartiennent à la famille des Casuarinacées qui font partie des Angiospermes dicotylédones. Ils ont la particularité d'avoir des feuilles très réduites, les cladodes, insérées sur de fin rameaux chlorophylliens, les ramilles (comme chez les prêles). Ce sont des espèces pionnières, à actinorhizes. Leurs racines portent des nodules, lieux d'une symbiose racinaire avec des bactéries du groupe Frankia pour la fixation de l'azote atmosphérique (comme chez les Aulnes). Cette symbiose s'ajoute à une double symbiose mycorrhyzienne à endo et ecto-mycorrhyzes. Les racines des Casuarinas sont donc particulièrement bien équipées pour affronter les sols pauvres.

Rameau fructifère de *Casuarina equisetifolia*. Photo shutterstock_2161598115

Les casuarinas sont des espèces à fort potentiel, (CHONGLU *et al.* 2010[469]) très résistantes, capables de coloniser des sols dépourvus de matière organique, rocheux ou sableux. Ils résistent aux sols salés et aux embruns et peuvent pousser jusqu'en bordure de mer. Ils sont très utilisés pour la restauration des terres érodées (Nouvelle Calédonie) ou pour la fixation des dunes (Chine, Inde, Vietnam, Sénégal). D'autre part, les casuarinas font partie des essences à croissance rapide. Ils peuvent en effet croître de 3 m/an pendant les 3 premières années et atteignent facilement une productivité de 10 à 15 m^3/ha/an, ce qui est remarquable, avant toute amélioration génétique et sur des sols souvent très pauvres. De plus, grâce à la très forte densité de leur excellent bois de feu, certaines espèces sont très performantes pour la production de biomasse et de bois énergie (SRIVASTAVA 1996[470]) et il apparait qu'en additionnant, rusticité, bonne forme, croissance rapide et bois dense, les casuarinas sont d'excellents candidats pour la ligniculture énergétique, voire papetière, ainsi que pour la construction, sans oublier de nombreux autres usages qui en font des espèces très prisées en agroforesterie rurale.

72 – Principales espèces

Sur les 68 espèces décrites que comprend le genre *Casuarina*, seules 3 espèces semblent intéressantes pour le ligniculteur :

- ***C. equisetifolia*,**
- ***C. cunninghamiana*** et
- ***C. Junghuhniana*.**

Une 4ème espèce, ***C. glauca*,** est à signaler bien que trop faible pour intéresser les planteurs et très invasive en Floride mais elle peut générer d'excellents hybrides, en particulier avec *C. equisetifolia.*

Aires naturelles. Les casuarinas sont originaires d'Asie du Sud-Est et d'Océanie (cartes ci-après) :

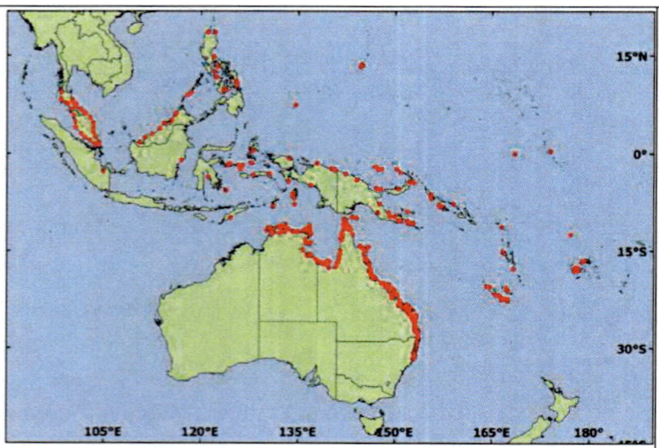

Casuarina equisetifolia. **Source : "Trees for life in Oceania" https ://www.aciar.gov.au/publication/books-and-manuals/trees-life-oceania-conservation-and-utilisation-genetic-diversity**

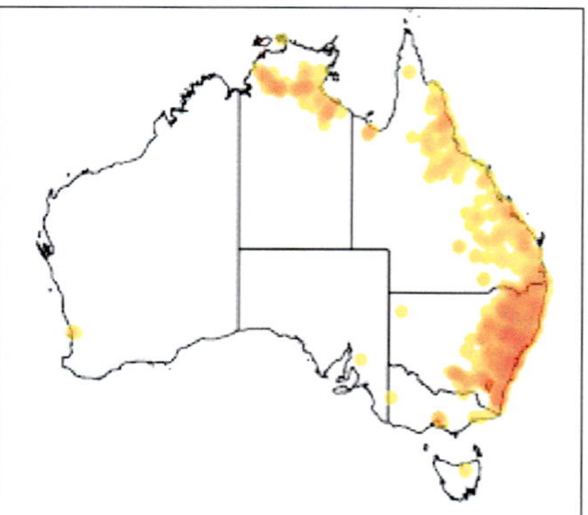

Casuarina cunninghamiana. **https ://wtlandcare.org/casuarina-cunninghamiana-subsp-cunninghamiana-flora-location-map/**

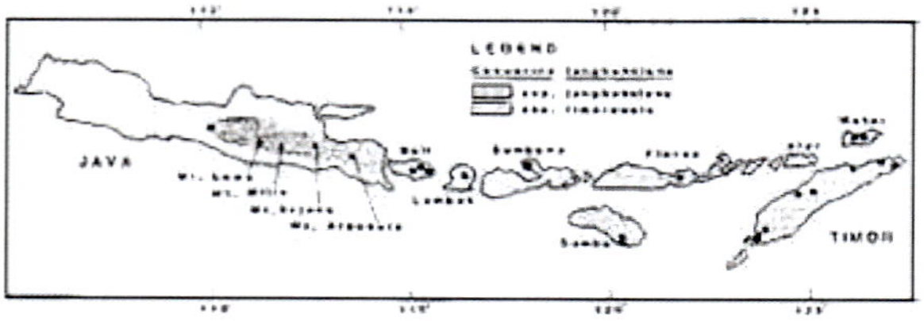

Casuarina Junghuhniana. The New Zealand humanity development library. NFTA 90-05 November 1990 http ://www.nzdl.org/cgi-bin/library?e=d-00000-00---off-0hdl--00-0----0-10-0---0---0direct-10---4-------0-1l--11-en-50---20-about---00-0-1-00-0-0-11----0-0-&a=d&c=hdl&cl=CL2.14.7&d=HASH011ec19a37bb817d72319187.5

Casuarina glauca. Source : Atlas of living Australia

https ://bie.ala.org.au/species/https ://id.biodiversity.org.au/node/apni/2893120

Ces trois principales espèces se répartissent comme suit, selon les zones climatiques :

Espèces de *Casuarina*	Types de Climat			
	Tropical	Subtropical	Méditerranéen	Tempéré
C. junghuhniana	XXXX			
C. equisetifolia	XXX	XXX		
C. cunninghamiana		XXX	X	XX

72.1 - Casuarina junghuhniana Miq. (Ru de montagne ; Ru à pointe rouge)

C'est la seule des trois espèces à être strictement tropicale. On la rencontre en Indonésie depuis Java jusqu'à Wetar, la plus à l'Est des îles de la Sonde.

Elle pousse sur les pentes des volcans à des altitudes de 1.500 à 3.100 mètres, mais aussi à des altitudes plus basses dans des endroits secs. C'est une espèce pionnière des terres déboisées telles que pentes rocheuses et zones perturbées.

C. junghuhniana a été introduit au Pakistan et au Bangladesh pour restaurer les zones forestières dégradées (FERN 2014[471]).

Amélioration génétique. L'espèce a fait l'objet de plusieurs essais de provenances :

L'essai de Chachoengsao (Thaïlande) installé en 1996 à très basse altitude, faisait partie d'un essai international et comportait 28 provenances. Les résultats à 56 mois (SENGLOUNG *et al.* 2003[472]) ont montré une très bonne adaptation de l'espèce avec une HT moyenne de 9m à 56 mois (2 m/an) et un diamètre moyen de 7,24 cm (1,5 cm/an). Par ailleurs, comme chez l'*Eucalyptus urophylla*, la réussite était très conditionnée par l'altitude de la provenance, les provenances de basse altitude de Timor et de Wetar ayant montré les meilleures performances. Enfin, si la dioïcité est générale, la monoïcité existe.

L'essai de Karunya (**Inde**), installé en 2003 à la pointe Sud du pays, comportait 20 provenances appartenant à 6 espèces différentes (*C. cristata, cunninghamiana, equisetifolia glauca, junghuhniana* et *obesa*). L'analyse à 12 ans (NICODEMUS *et al.* 2015[473]) des nombreuses données enregistrées (croissance, forme, rectitude, épaisseur de l'écorce et qualités du bois) a montré que *C. junguhniana*, l'espèce la plus tropicale, était la mieux adaptée et la plus productive, devançant de 54% en volume *C. equisetifolia*, espèce la plus plantée en Inde dont la meilleure source locale ne parvenait qu'à la moyenne *de C. junguhniana.* Quant à la meilleure provenance de *C. junguhniana*, elle venait de **SOE** (Timor indonésien.) et présentait un gain de 36% en volume sur la moyenne de *C. junguhniana*, correspondant à la meilleure source de *C. equisetifolia.* Les auteurs ont conclu que les espèces testées manquaient beaucoup de représentativité en matière de provenances principalement pour *C. cunnighamiana* et *C. glauca* dont les provenances les moins tempérées manquaient. Concernant la qualité du bois, les paramètres étudiés (épaisseur de l'écorce, densité, teneur en eau, qualité des fibres) ont montré une grande variabilité et l'absence de corrélation avec les critères d'adaptation et de production, laissant un vaste champ libre à l'amélioration génétique pour la qualité du bois.

L'essai de Lingao (**Chine,**) sur l'Île tropicale de Hainan, comportait 27 provenances de *C. junghuhniana.* A 7 ans, les 18 Meilleures provenances présentaient des écarts significatifs de hauteur, diamètre et volume et 3 provenances optimales ont pu être sélectionnées pour la production et les croisements (HAN *et al.* 2017[474]). Il s'agit, sans surprise, des provenances de basse altitude de Timor Ouest (500-600 m) les autres provenances étant toutes originaires de sites d'altitude supérieure à 1.500 m.

72.2 - Casuarina equisetifolia L. (Filao, Bois de fer, Pin australien)

Aire naturelle. Cette espèce tropicale et subtropicale a une distribution naturelle très étendue, depuis la Malaisie et les Philippines au Nord, jusqu'aux Nouvelles Galles du Sud en Australie au Sud et une large partie des îles océaniennes au large de la Nouvelle Guinée ainsi que la Nouvelle Calédonie et jusqu'aux Îles Fidji à l'Est. Il reste limité aux sites sableux, le long des côtes ou des estuaires où il résiste aux vents violents et aux embruns salés, grâce à son feuillage très fin.

Caractéristiques (Kh. PINYOPUSARERK and St. MIDGLEY, in Tress for Life in Oceania, p. 77-80, ACIAR 2018). Il s'adapte à tous les sols y compris alcalins et salés qu'il améliore rapidement (1 cm d'humus/an), à condition de laisser les litières en place. Bien adapté à la sécheresse il résiste aux longues périodes sèches (6 à 8 mois). C'est un arbre à feuilles persistantes et dont la hauteur moyenne varie de 5 à 35 mètres de haut selon les sites, mais peut atteindre 60 mètres ce qui montre son fort potentiel et sa capacité à trouver l'eau du sol, même très profonde. Le fût droit et cylindrique peut être exempt de branches sur 10 m ou plus pour un diamètre de 20 à 100 cm, avec parfois des contreforts.

En Inde. Introduit depuis longtemps, il y est abondamment cultivé où il couvre 500.000 ha de plantations productives dans le Sud. A. NICODEMUS (2009[475]) a rédigé en 2009 un excellent guide de culture consacré à *C. equisetifolia.* Cette production est très appréciée des agriculteurs qui répondent à la forte demande locale en bois de service (perches et poteaux) mais aussi en bois de pâte lorsque les usines sont proches. Avec des rotations très courtes de 6 à 8 ans (4 ans en culture irriguée), la rentabilité est très élevée d'où l'appellation de "Money Spinning Trees". Il s'agit bien de ligniculture, laquelle pourrait être encore largement optimisée par l'amélioration génétique et le clonage.

Inde. ***Casuarina equisetifolia*** **en plantation clonale dense dans la zone agricole.** Photo shutterstock_1812481306

En Chine (FAO[476]). Un brise-vent vert de *C. equisetifolia* a été édifié le long de la côte Sud sur une longueur de 3.000 km et une largeur de 0,5 à 5 km, couvrant au total 1 million d'ha. Les travaux ont commencé en 1949 et se sont intensifiés en 1954 pour bloquer les dunes de sables qui s'avançaient continuellement vers l'intérieur. Pour intégrer la bonne adaptation. les graines sont récoltées sur des arbres + locaux. Cette forêt de protection est exploitée avec prudence (4 à 5 m^3/ha/an à la rotation de 10 à 15 ans). Elle fournit du bois de construction et du bois de feu utilisé pour les fours à briques, le combustible domestique étant fourni par les litières et les brindilles (4 t/ha/an). Dans certaines zones on a constaté des mortalités attribuées à une bactérie s'attaquant aux racines du genre *Pseudomonas*, et on a remarqué que *C. glauca* y était moins sensible.

Amélioration génétique. Des essais internationaux de provenances ont révélé une diversité génétique considérable chez *C. equisetifolia* de différentes régions y compris dans la morphologie, la forme de la tige et l'âge jusqu'à la première floraison (de 1 à 5 ans) (PINYOPUSARERK *et al.* 2004[477]). Les provenances d'Asie du Sud-Est se sont montrées souvent supérieures à celles du Pacifique, y compris dans des sites éloignés des côtes.

D'autre part, les descendances issues des plantations sont restées supérieures (en vigueur et en forme des tiges) et plus florifères. Nous pensons que la cause en est la rupture des cercles de consanguinité présents dans les peuplements naturels. D'ailleurs, des essais d'autofécondation chez cette espèce partiellement monoïque (bien que considérée comme dioïque) ont montré une forte dépression de consanguinité[478]. De plus, une récente étude aux marqueurs génétiques de ces provenances a mis en évidence un grand déficit d'hétérozygotie et la présence de consanguinité chez de nombreuses populations par ailleurs très diverses sur le plan génétique (Zhang *et al.* 2020[479]).

La sélection des Meilleures Provenances sur des critères d'adaptation, suivie de sélections individuelles sur de nombreux critères (hauteur totale, rectitude des tiges, résistance aux ravageurs et aux maladies, densité et qualité du bois) et de croisements entre arbres + de provenances éloignées, sont des voies conseillés pour des applications industrielles.

Enfin, les hybrides interspécifiques sont possibles et peuvent présenter des avantages. DOMMERGUES *et al.* (1999), signale en particulier une grande profusion de la nodulation chez *C. equisetifolia* x *C. junghuhniana*. La voie de l'hybridation interspécifique est donc également à essayer.

Usages. *C. equisetifolia* est un arbre largement utilisé en agroforesterie et dont les populations utilisent toutes les parties de l'arbre, y compris l'écorce, riche en tanin et en colorant. En dehors de cet aspect, l'espèce est très utilisée pour contrôler l'érosion le long des côtes, des estuaires, des berges et des cours d'eau. Sa tolérance générale aux vents forts a encouragé son utilisation dans les plantations de protection (brise vent, protection contre les typhons, voire même contre les tsunamis (FAO 2006[480]).

***Casuarina equisetifolia.* Plantation de protection de bord de mer.**
Photo shutterstock_2207016571

Inconvénients. Un inconvénient dans l'emploi des filaos est leur invasivité potentielle. *C. equisetifolia* s'est montré particulièrement invasif en Afrique du Sud, en Floride, en Inde, au Brésil, à la Réunion. On doit donc l'utiliser prudemment en contrôlant éventuellement la régénération naturelle.

Sensibilité aux maladies. *C. equisetifolia* a montré une certaine sensibilité aux parasites racinaires en particulier au *Phytoptora*, comme ce fut le cas à Pointe Noire (Congo), où il fut abandonné dans les années 50 malgré une excellente productivité. Cependant, selon CH. NARAYANAN *et al.* (2003) (NARAYANAN *et al.* 2003[481]), la menace la plus importante pour *C. equisetifolia* est le "Blizter Bark Disease" qui est causée par le champignon hyphomycète *Subramanianospora vesiculosa*. Les arbres infectés meurent rapidement après des symptômes de flétrissement foliaire et de fissuration de l'écorce avec formation de cloques remplies de spores noires. La maladie, présente partout en Inde, a également été signalée en Indonésie, à Maurice, au Sri Lanka, en Thaïlande et au Vietnam. Nous pensons qu'il s'agit peut-être d'un parasite de faiblesse s'attaquant aux provenances subtropicales mal adaptées car déplacées vers des zones tropicales trop chaudes et surtout trop humides. En effet, en Inde, les cultures irriguées ne craignent pas la maladie et d'autre part il existe une certaine résistance génétique selon les provenances, les familles et les individus, mais également suivant les sites (NICODEMUS *et al.* [482]). Les autres espèces ne semblent pas affectées par cette maladie.

72.3 - Casuarina cunninghamiana Miq. (Beef wood, River She-Oak)

Cette espèce australienne qui peut atteindre 35 m de haut et 1,5 m de diamètre, se rencontre dans tous les Etats et sous tous les climats, de la Tasmanie au Territoire du Nord et du Queensland à l'Australie de l'Ouest, soulignant une variation génétique considérable, incluant au moins une sous espèce (*C cunninghamiana subsp. miodon*) présente dans le Territoire du Nord (L. JOHNSON 1989[483]). L'espèce est par ailleurs, dioïque et anémophile, et peut s'hybrider avec *C. glauca,* avec laquelle elle est étroitement apparentée (TURNBULL *et al.* 1986[484]), Selon (ROCKWOOD *et al.* 1980)[485], en Californie, ces hybrides se sont révélés plus vigoureux que les deux espèces parentes.

Ecologie (D.J. Boland *et al.* 1987, p. 96-97, Forest trees of Australia). L'espèce préfère les sols sablonneux ou graveleux bien drainés et à texture légère et moins les sols argileux. Elle n'est que modérément tolérante au sel et deviendrait chlorotique sur les sols très calcaires (TURNBULL *et al.* 1986). Les précipitations dans l'aire naturelle varient de 600 à 1 100 mm, Cependant, selon BULLOCH (1986[486]), en tant qu'exotique, *C. cunninghamiana* ne serait que modérément tolérante à la sécheresse. Selon TURNBULL *et al.* (1986), dans le Sud de l'aire, en altitude, l'espèce peut subir jusqu'à 50 jours de gelées par an et des températures descendant jusqu'à -8°C.

Amélioration génétique. *C. Cunninghamiana* faisait partie des espèces testées en Inde du Sud en 200. L'espèce ne s'est pas révélée la plus vigoureuse mais par contre elle a obtenu, à 12 ans, la meilleure note de forme. Sa très bonne rectitude, l'oriente donc automatiquement vers les bois de service (perche et poteaux, très employés en Inde pour les échafaudages) et devient donc un sérieux compétiteur de *C. equisetifolia* dans ce domaine.

Des essais de provenances, réalisés en 1988 en Californie par descendances séparées (13 provenances de 10 descendances chacunes) et au Bangladesh, en comparaison avec un témoin local de *C. equisetifolia* ont montré la supériorité de cette dernière source sur les 11 provenances testées de *C. cunnighamiana* (HOSSAIN *et al.* 1995[487]).

Usages. *C. cunninghamiana* a été introduite avec succès dans plusieurs pays, dont l'Argentine, la Chine, l'Égypte, Israël, le Kenya, l'Afrique australe, les États-Unis et le Zimbabwe (NRC 1984). Comme pour *C. equisetifolia* on l'utilise comme brise-vent, pour contrôler l'érosion et comme bois de feu. Son système racinaire dense et fibreux est très efficace pour capter les nutriments des eaux usées (STEWART *et al.* 1988[488]).

Sylviculture. *C. cunninghamiana* étant intolérant à la compétition lorsqu'il est jeune (BULLOCH 1986), le contrôle des mauvaises herbes est vital pour une bonne survie du peuplement jusqu'à la fermeture du couvert. Par la suite, les mauvaises herbes sont supprimées par l'ombrage et l'effet "mulch" des litières. C'est pourquoi, l'importance du houppier, généralement corrélé à la croissance en diamètre (à condition d'un bon élagage naturel) sera un critère de sélection réduisant le coût des entretiens.

Thaïlande - Plantation clonale de Casuarina. On remarquera l'importance de la litière très riche en azote et dotée d'un veritable effet de mulch. Photo shutterstock_1059079121

Qualités du Bois. Avec une densité de 800 à 900 kg/m^3 et un pouvoir calorifique d'environ 4544 Kcal/Kg (ROCKWOOD 1980) le bois de *C. cunninghamiana*, est un excellent combustible. Comme bois d'œuvre, il est résistant, durable et à fil droit mais se fend très facilement. Son séchage délicat limite son utilité aux poteaux et aux bois sciés de petites dimensions (petits meubles, tournage, bardage, parquets, emballage, manches, douelles de tonneaux), (TURNBULL *et al.* 1986).

Multiplication. L'espèce se multiplie facilement à partir de graines (1,8 million/kg). Elle est également apte au bouturage. Bien que le drageonnement des racines des arbres plus âgés ait été signalé, il est moins fréquent que chez *C. glauca* (TURNBULL *et al.* 1986).

Inconvénients. L'espèce peut devenir envahissante là où elle est introduite. Comme *C. equisetifolia*, *C. cunninghamiana* s'est montrée invasive dans la partie Sud-Ouest du Cap occidental en Afrique du Sud et des mesures restrictives ont été énoncées, pas faciles à suivre (POTGIETER *et al.* 2014[489]).

73 – Conclusion : Intérêt lignicole des Casuarinas

Outre leur grand intérêt pour les plantations de protection (contre le vent et l'érosion des sols), les trois espèces de casuarinas passées en revue, présentent un intérêt certain pour la ligniculture, spécialement pour la production de bois de service et de bois de feu. En effet ils additionnent un grand nombre de qualités, toutes plus ou moins cruciales pour le développement de plantations industrielles productives sur sols pauvres et dans des zones tropicales déficitaires en pluie (longue saison sèche). Pour le groupe d'espèces dont il est question, ces qualités sont résumées dans le tableau qui suit.

Principales caractéristiques du genre *Casuarina*, favorables pour la ligniculture

Adaptation climatique (résistance aux adversités climatiques)	Résistent à la sécheresse (jusqu'à 600 mm).
	Résistent aux vents forts et même aux tempêtes.
	Résistent au froid, voire au gel (jusqu'à -8°C, selon les espèces et les provenances).
Adaptation édaphique (accepte les sols pauvres, voire très pauvres)	S'adaptent aux sols pauvres (acides, sableux, calcaires et même salés).
	Améliorent le sol car fixateurs de l'azote atmosphérique (actinorhizes).
Productivité élevée (produisent vite un bois très lourd)	Forte production de biomasse (25t/ha/an) grâce à la très haute densité du bois.
	Bonne production de bois (10 m3/ha/an à 7 ans, correspondant à 35% de la biomasse).
Multiplication facile par voie générative	Produisent très tôt une grande quantité de petites graines.
	S'hybrident facilement naturellement et artificiellement (inter et intra espèces).
	Hybrides souvent plus vigoureux que les parents (hétérosis).
	Hybrides combinant les caractères sélectionnés chez les parents.
Multiplication facile par voie végétative	Grande aptitude à la multiplication végétative (greffage, marcottage et bouturage).
	Bouturage facile, y compris à partir de drageons (pour les espèces qui drageonnent).
	Multiplication industrielle possible par bouturage et mini bouturage.
	Clonage possible par culture in vitro.
Sélection de souches de Frankia (nodosités)	Recherche de souches performantes adaptées à chaque clone hybride
	Inoculation en pépinière de chaque clone avec des souches performantes.

Une fois franchie l'étape espèces/provenances, la sélection de clones hybrides interspécifiques très productifs et parfaitement adaptés aux objectifs poursuivis, sera la voie royale avec les casuarinas. De bons hybrides existent déjà en Inde (*C. junghuhniana x C. equisetifolia*) (FAO[490]). Cependant, tout au long de cette création variétale, on devra rester très attentif à la résistance aux maladies, laquelle sera facilement récupérée par voie génétique (sélection, hybridation et clonage).

On peut donc conclure que les Casuarinas, sont des candidats de premier rang pour participer à l'effort lignicole mondial, dans les pays tropicaux relativement secs et avec un objectif surtout énergétique.

***

8 - LE PAULOWNIA.

PAULOWNIA SPP. (ARBRE IMPÉRIAL)

Le Paulownia est un genre polyspécifique de la famille des Paulowniacées. Essentiellement d'origine chinoise, il présente quelques extensions au Sud (Nord du Vietnam et du Laos) et à l'Ouest (Taïwan, Corée). Cultivé depuis plusieurs siècles au Japon, en Corée, et depuis beaucoup plus longtemps en Chine, il a fait l'objet en 1986 d'une monographie très complète, (ZHU *et al.* 1986[491]) rédigée par les chercheurs de l'Académie Forestière de Chine. Les auteurs indiquent qu'un document, datant de 1049 av JC (avant la dynastie des Song du Nord), décrivait déjà la méthode de culture et l'utilisation du bois de Paulownia, avec des données souvent exactes, ce qui est tout à fait extraordinaire. Cette monographie a été actualisée en 2007 par les chercheurs néozélandais qui ont étudié l'intérêt du Paulownia pour leur Pays après une visite en Chine des plantations de Paulownia et des activités agroforestières liées à cette essence, très utilisée en zone rurale (BARTON et al. 2007[492]).

81 - Usages traditionnels du Paulownia

En Chine. Le Paulownia est d'abord un arbre multi-usages de l'autarcie rurale chinoise (croissance rapide, bonne rectitude, bois léger et facile à travailler, feuilles très riches en minéraux utilisées comme fourrage, essence améliorant le sol, ombre épaisse, etc.). Mais c'est aussi, et surtout, un arbre très employé en agroforesterie (de 2 à 3 millions d'ha en 2016 selon les sources) et associé à de nombreuses cultures. En plus de sa croissance rapide, de sa grande aptitude au bouturage, de son indifférence au pH du sol et de ses qualités améliorantes, il débourre tardivement, sa ramification est clairsemée et son système racinaire, profond. Toutes ces qualités en font un arbre exceptionnel pour les très nombreuses cultures intercalaires dont il fait l'objet (surtout blé et colza), et auxquelles il apporte en particulier un microclimat très favorable (grandes plaines du Centre et du Centre-Nord de la Chine).

En tant qu'exotique. C'est pour la beauté de ses fleurs violettes que l'espèce a été introduite au Japon, en Europe et en Amérique du Nord où il est surtout planté en ville comme un arbre ornemental. On s'est également aperçu qu'il résistait à la pollution et colonisait rapidement les zones très perturbées. Cette essence de pleine lumière ne semble cependant pas dangereuse pour les formations forestières en place, même si la question de son invasivité peut se poser (ESSL 2007[493]).

82 - Intérêt des plantations de Paulownia

Le genre Paulownia est très adaptable et sa croissance est très rapide (jusqu'à 5 à 6 m/an). Une des caractéristiques étonnantes de ce genre est sa photosynthèse qui est très efficace car de type C4, ce qui est très rare chez les arbres, cette modalité concernant seulement 3% des espèces végétales et surtout certaines graminées tropicales comme le sorgho, la canne à sucre, le mil ou le maïs. D'autre part, certains hybrides de Paulownia sont tétraploïdes. Ils ont alors une résistance plus élevée au stress hydrique (ENKAI *et al.* 2014[494]) et salin (ZHENLI 2017[495]) que leurs parents diploïdes.

Qualité du bois. Le bois de Paulownia, de couleur claire, est à la fois léger et solide. Il est facile à sécher, de grain fin, ne se fissure pas et ne se déforme pas facilement malgré sa grande flexibilité. Certains l'appellent : "bois aluminium". De plus, bien que très léger, il est extrêmement résistant aux attaques d'insectes et à la pourriture et sa durabilité à l'extérieur est très grande. Enfin il brûle avec un grand dégagement de chaleur. Excellent bois de déroulage, son principal débouché est le contreplaqué mais il est également apprécié comme bois d'œuvre. Outre la fabrication de meubles, et d'instruments de musique, de planches de surf, il peut remplacer le Balsa pour le modélisme et l'isolation et peut entrer dans la fabrication des pales d'éoliennes, nouveau marché prometteur.

Autres usages. En dehors des nombreuses utilisations du Paulownia en Chine par les paysans et les phytothérapeutes traditionnels, des principes actifs très intéressants viennent d'être isolés (SCHNEIDEROVA and ŠMEJKAL 2014[496]). En plus d'activités antioxydantes, antibactériennes et anti-inflammatoires, ces substances auraient une certaine efficacité dans la lutte contre les coronavirus et même contre le cancer.

Conduite des plantations. Le Paulownia se bouture facilement et notamment à partir de racines. Il pousse très vite en pépinière. On peut le manipuler comme le peuplier et notamment l'installer sous forme de grandes barbatelles (comprenant le collet et les départs de racines). Ce type de production est obtenu à partir de plantations très denses (1 m x 1 m) débouchant sur une production maximale de 10.000 barbatelles/ha.

D'autre-part, le recépage à 1 an provoque l'apparition de rejets très vigoureux qui, après sélection, uniformisent la plantation et rattrapent la croissance de 1ère année. Cette pratique est très courante en Chine lorsqu'en fin de première année les parcelles sont irrégulières.

De plus, la ramification est de type sympodial (au débourrement, un bourgeon axillaire prend très souvent le relais du bourgeon terminal) et non monopodial comme chez de nombreux arbres forestiers. De ce fait, la tige a une tendance à la formation de pousses latérales et donc à pousser en zigzag ce qui oblige à pratiquer des tailles de formation et plusieurs élagages successifs. On comprend pourquoi, on cherche à stimuler au maximum la croissance initiale afin de réduire le nombre de ces interventions, toujours très coûteuses en main d'œuvre. C'est aussi la raison pour laquelle les objectifs de production sont généralement l'obtention, le plus rapidement possible, de grumes de gros diamètre mais courtes (6 m).

Autres particularités. Il faut signaler également deux qualités très intéressantes :

- La tardiveté qui lui permet d'échapper aux gelées tardives en zone tempérée.
- La formation d'excellents drageons, après la coupe des arbres, notamment très près de la souche.

Cette dernière particularité est très avantageuse car elle permet la reconstitution sans replantation, du peuplement clonal à l'identique, et à moindre frais.

83 - Aires naturelles

Selon la monographie chinoise (ZHU *et al.*, 1986), le genre comprend 10 espèces dont deux espèces endémiques : une de Taïwan (*P. taïwaniana*) et une de Corée du Sud (*P. coreana*). Les aires naturelles présentées sur les cartes de la page suivante sont produites à partir des 2 monographies citées plus haut.

Selon ZHU *et al.*, la migration serait partie du Centre-Sud, de part et d'autre du fleuve Yangtze Kiang, englobant la zone du barrage des 3 gorges (Province de Guizhou au Sud, du Sichan au Nord et du Hunan à l'Est), et aurait évolué comme suit :

- Centre de diversification du genre : ZHU *et al.* (1986) situe ce Centre à l'Ouest de la Province de Hubei et à l'Est du Sichuan, en rouge sur la carte ci-dessous où l'on rencontre presque toutes les espèces et surtout : ***P. albiphloea, P. fargesi, P. fortunei***, et ***P. kawakamii***.
- Migration vers le Nord avec adaptation au froid :
    - jusqu'à la péninsule de Liadong (***P. tomentosa***),
    - jusqu'au Nord du Shandong (***P. elongata***),
    - jusqu'à la péninsule de Jiaodong (***P. catalpifolia***),
- Migration vers le Sud (***P. australis***), et le Sud-Ouest avec passage au Vietnam (***P. fortunei***),
- Migration vers le Sud et franchissement du détroit de Taïwan (***P. fortunei, P. kawakamii*** et ***P. taïwaniana,*** endémique de Taïwan, selon ZHU (1884) mais qui serait en réalité un hybride entre *P. fortunei* et *P. kawakamii selon* LIN, TSAN-PIAO *et al.* (1991[497]).

Aires naturelles des diverses espèces de Paulownia (Sources : Monographie chinoise et néozélandaise). Les cartes suivantes regroupent les aires naturelles approximatives par groupe de 2 et 3 espèces.

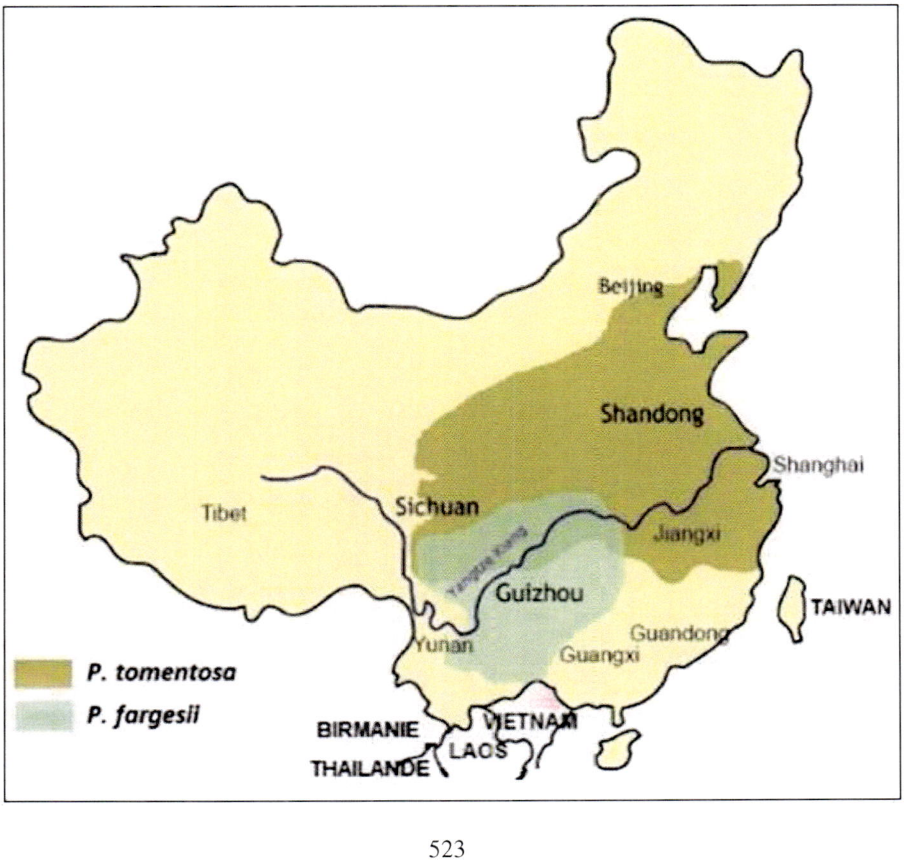

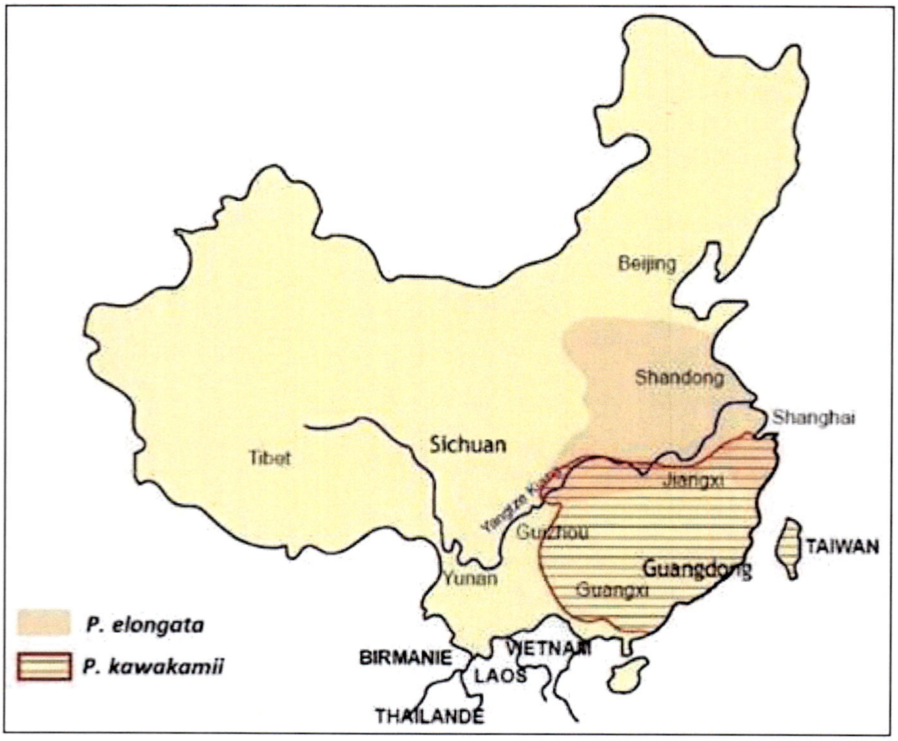
Beijing
Shandong
Shanghai
Tibet
Sichuan
Yangtze Kiang
Jiangxi
Guizhou
TAIWAN
Guangdong
Yunan
Guangxi
P. elongata
P. kawakamii
BIRMANIE
VIETNAM
LAOS
THAILANDE

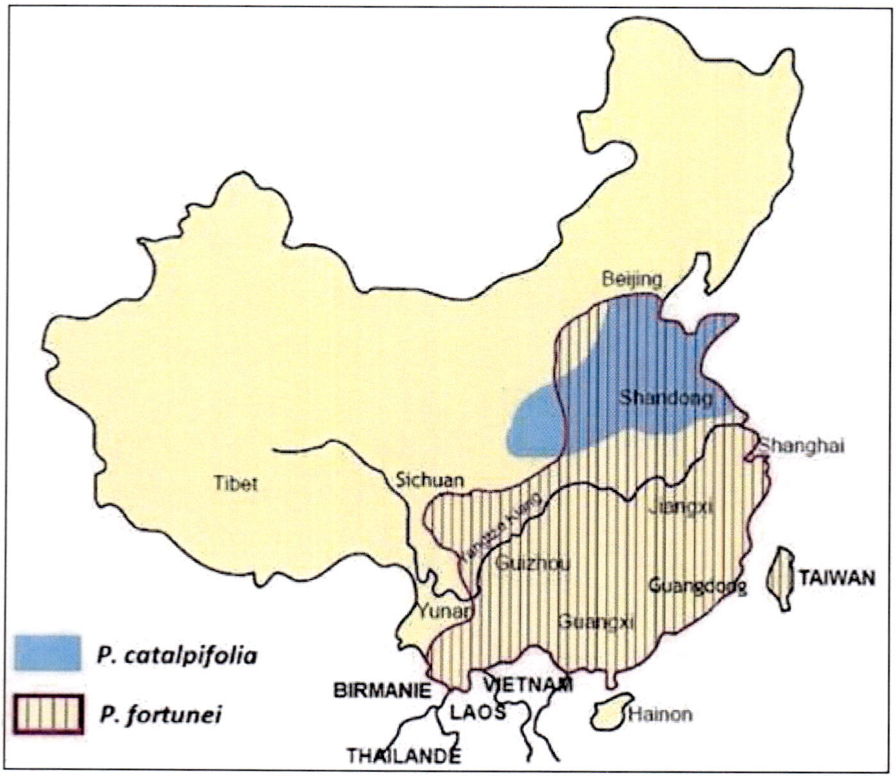
Beijing
Shandong
Shanghai
Tibet
Sichuan
Yangtze Kiang
Jiangxi
Guizhou
TAIWAN
Guangdong
Yunan
Guangxi
P. catalpifolia
P. fortunei
BIRMANIE
VIETNAM
LAOS
Hainon
THAILANDE

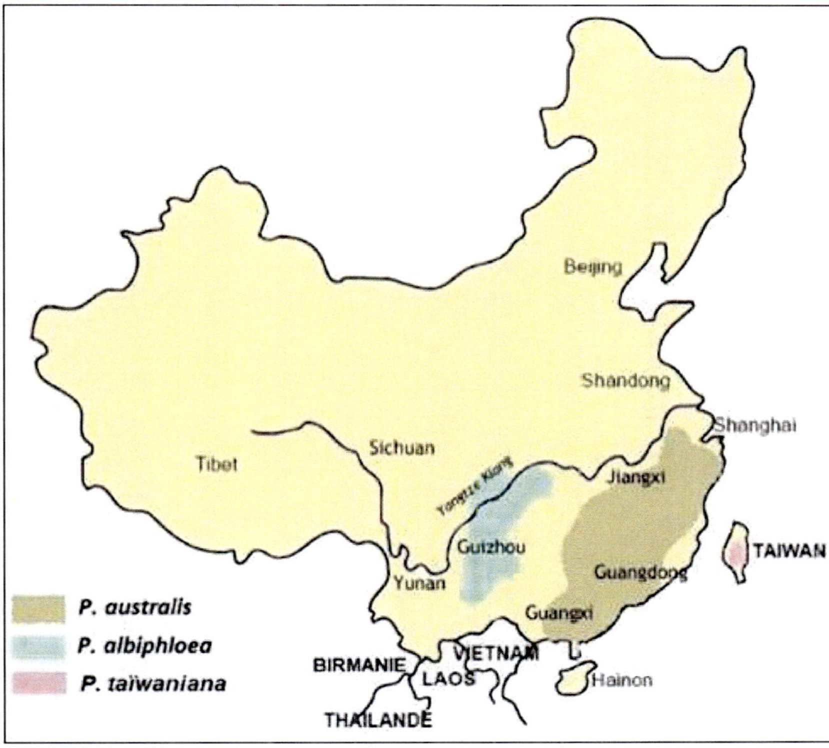

La diversification du genre s'est arrêtée face aux zones trop froides, trop sèches et trop hautes. Selon ZHU *et al.* (carte ci-après), la limite Nord est proche de l'isotherme de -5°C de janvier. Au Sud, le Paulownia s'arrête à 2400 m d'altitude et ne monte pas au-dessus de 1900 m vers l'Ouest.

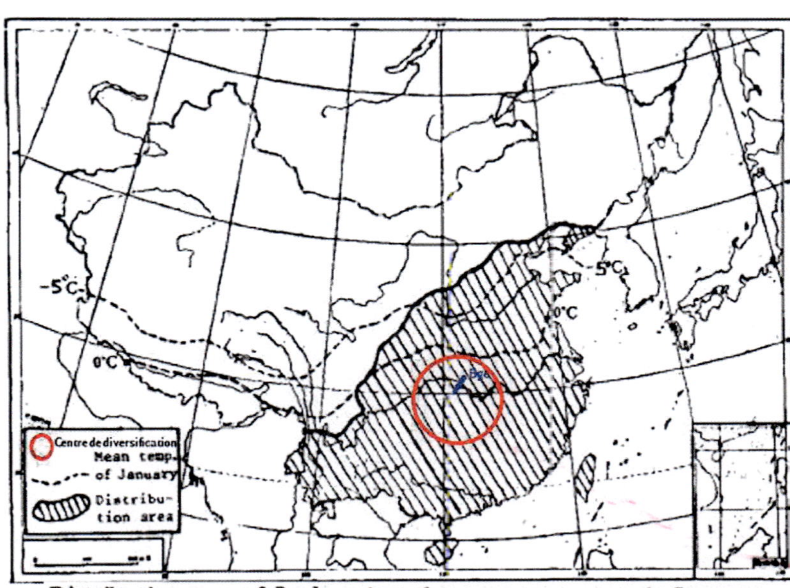

Distribution area of *Paulownia* and mean temperature in January.
Source : ZHU *et al.* (1986)

C'est dans le cercle rouge, tracé sur la carte, que la diversité est maximale. On y trouve presque toutes les espèces, ainsi que de nombreux hybrides. L'aire de *P. australis*, au Sud-Est tangente le cercle rouge. Finalement, la seule espèce vraiment absente de ce centre est *P. catalpifolia*, dont l'aire est plus nordique et relativement limitée.

84.- Ecologie

En rapportant les cartes des distributions naturelles des différentes espèces à la carte des climats chinois de Köppen, ci-dessous, il apparaît clairement que le Paulownia est une essence subtropicale à tendance chaude, puisque le genre (dont la limite Nord est marquée par la courbe rouge sur la carte) se situe surtout dans les zones climatiques suivantes :

- Au Nord, il s'agit de climats continentaux à hivers froids et étés très chauds.
- Au Sud, il s'agit de climats subtropicaux, classés en chine comme :
    - Tempérés à étés chauds et très chauds,
    - Tempérés à hivers secs (saison sèche) et à étés chauds ou très chauds.

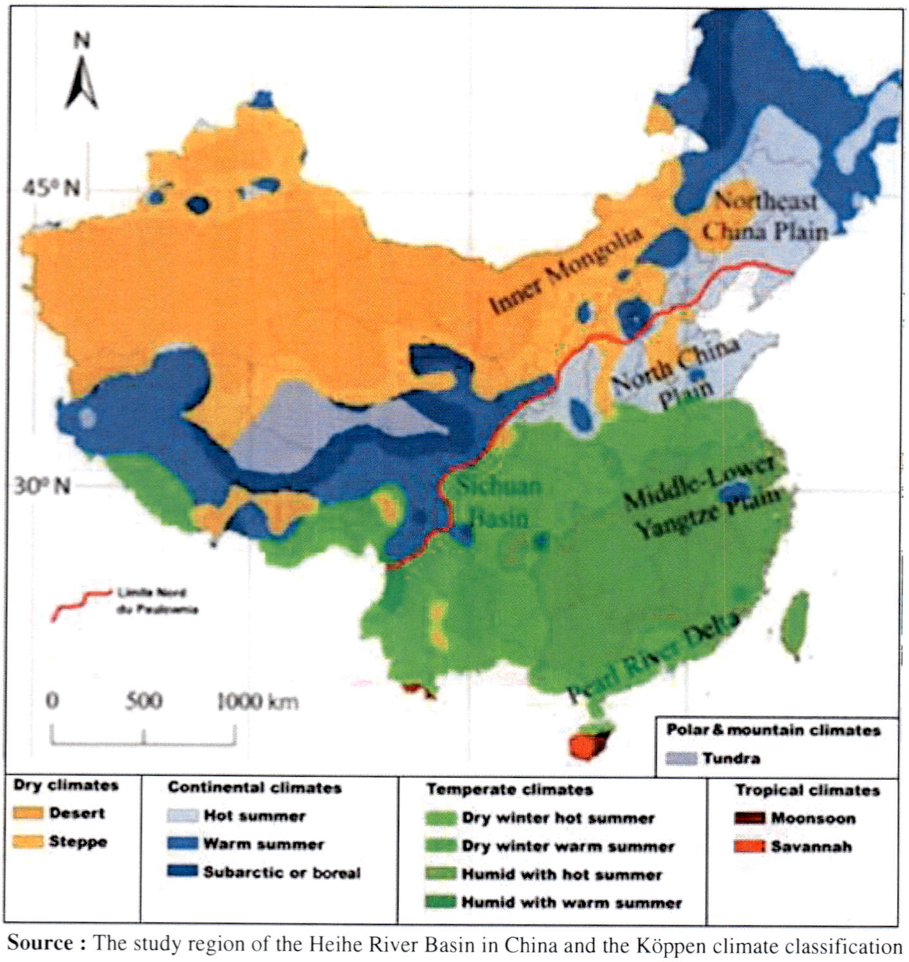

Source : The study region of the Heihe River Basin in China and the Köppen climate classification (from Peel *et al.* - 2007).

Les espèces les plus nordiques sont cependant capables de résister aux grands froids (jusqu'à -20°C pour *P. tomentosa* et -15°C pour *P. elongata et P. catalpifolia*).

La plasticité des espèces est liée à l'étendue de leurs aires naturelles et donc à la diversité des provenances. Ainsi, *P. fortunei* dont l'aire naturelle est très vaste (de l'extrême Sud à l'extrême Nord) présente de très grandes différences de résistance au froid en fonction de la provenance mais aussi des types de froid, très différents selon les régions (froid humide dans les montagnes du Sud et froid sec dans le Nord).

Le tableau qui suit rassemble les données écologiques des 9 principales espèces.

Principales caractéristiques écologiques de 9 espèces de Paulownia

Espèces de Paulownia	Aires naturelles		Zone climatique	Latitudes N maxi (°)	Altitudes maxi (m)	Températures mini (°C)	Pluviométrie (mm/an)	Nb de mois secs
	en Chine	hors de Chine						
P. tomentosa	Centre-Nord		Tempérée chaude	28-40	1500	-20°C	500-1500	3-8
P. elongata	Centre-N-E			28-36	1200	-15°C	600-1500	3-8
P. catalpifolia				32-36	800	-15°C	700-1300	4-8
P. fargesii	Sud-Ouest		Subtropicale	23-31	2000	-11°C	1200-1900	1-2
P. fortunei	Sud	Taiwan		18-30	1100	-10°C	1200-2500	2-3
P. kawakamii	Centre S-E	Taiwan		22-30	800	-8°C	1100-2000	2-4
P. australis	Sud-Est			22-30	700	-6°C	900-2100	2-3
P. albiphloea	Centre-Est			28-30	600	-3°C	900-1400	3-4
P. tawaniana		Taiwan		22-25	1000	+2°C	1800-2300	2-3

Source : ZHU *et al.* (1986)

Il sépare les espèces des zones tempérées chaudes avec *P. elongata* comme espèce principale, de celles des zones subtropicales, l'espèce principale étant *P. fortunei*. Les espèces secondaires sont celles qui acceptent plus facilement les zones collinaires sans nappes phréatiques à condition que le sol soit de bonne qualité.

Besoin en eau. Le Paulownia est en général très exigeant en eau, surtout quand la croissance est forte. L'espèce la plus résistante à la sécheresse semble être *P. catalpifolia*, en dehors des espèces nordiques qui supportent de longs mois d'hiver sec (*P. tomentosa* et *P. elongata*). Il n'est donc pas étonnant qu'en Europe, les nouveaux ligniculteurs de Paulownia irriguent généralement leurs plantations en été.

Besoin en lumière. Selon Zhu *et al.* (1986), des mesures faites sur *P. elongata* et *P. taiwaniana* ont montré un point de saturation par la lumière à partir de 60.000 lux (60% de plein soleil), une valeur très élevée par rapport à celui de la plupart des autres espèces d'arbres (20.000 à 30.000 lux, soit 20 à 30% de plein soleil) ce qui est probablement en relation avec le mode C4 de photosynthèse.

85 - Aptitude à la plantation intensive

L'intérêt principal de la culture du Paulownia vient de sa croissance très rapide, permettant de produire en peu de temps (5 à 10 ans) du bois d'œuvre très apprécié par certaines industries (marchés de niches). C'est donc typiquement un arbre bien adapté à la ligniculture, même si en Chine son intérêt est surtout agroforestier. Dans le tableau suivant, on a rassemblé, pour chaque espèce de Paulownia, quelques caractéristiques pouvant intéresser les planteurs :

Aptitudes en plantation de 9 espèces de Paulownia

Espèces de Paulownia	Zones de prédilection pour les plantations	Intérêt de l'espèce		Résistance aux adversités			Tolérances pédologiques			Précautions spéciales
		P : principale s : secondaire	intérêt spécifique	froid	sec	insectes	argile	acidité	calcaire	
P. tomentosa	Z. tempérées chaudes Sols profonds, poreux et bien alimentés en eau	s	froid + plasticité	+++	++		+	++	+++	Provenances
P. elongata		P	production	++	++			++	+++	Provenances
P. catalpifolia		s	z. de collines	+	+++					Choix du sol
P. fargesii	Z. subtropicales Sols profonds, poreux et bien alimentés en eau	s	z. de collines	0	+++			+++		Choix du sol
P. fortunei		P	production	0	+++		++	++	++	Provenances
P. kawakamii		s	resist. insectes	0	+++	++				Petites surfaces
P. australis		s	hybridation (?)	0	+++					Hybridation
P. albiphloea		s	hybridation (?)	0	+++		++	+++		hybridation
P. tawaniana		s	hybridation (?)	0	+++					

Source : ZHU *et al.* (1986)

Le Paulownia peut subsister dans une large gamme de sols mais il préfère cependant les sols profonds, bien drainés et bien aérés. Peu d'espèces de Paulownia supportent des sols contenant plus de 25% d'argile et dont la porosité est inférieure à 50% (Hu 1959[498]). Selon ZHU *et al.*, *P. fortunei* et *P. tomentosa* sont plus tolérants aux sols argileux que *P. elongata*. Le Paulownia ne pousse pas si le drainage est insuffisant et les arbres meurent si le sol, relativement sec en été, se gorge d'eau en hiver. Enfin, il ne tolère pas la salinité du sol au-delà de 1 % (Zhu *et al.* 1986).

86 - Amélioration génétique

Essais d'espèces et de provenances

En l'absence d'expérience locale, ces essais sont primordiaux. Du fait de sa grande diversité spécifique, le Paulownia est sans doute capable de s'adapter à de nombreux sites tempérés et subtropicaux, encore faut-il savoir choisir la bonne espèce pour le bon endroit. Les essais spécifiques, en intégrant si possible les niveaux provenances et descendances, sont donc indispensables si l'on veut pouvoir bénéficier d'une adaptation optimale, et de disposer au départ d'une base génétique suffisamment large pour y trouver les qualités les plus recherchées de chaque espèce : vigueur, résistance aux parasites, qualité du bois, etc. Par la suite, l'hybridation et le clonage permettront la création de nouvelles variétés clonales très performantes. En effet, avec le Paulownia, l'apparition d'hybrides interspécifiques est fréquente. Bien que difficiles à identifier, ils sont faciles à produire et à multiplier par voie végétative, ce qui augmente beaucoup les possibilités d'adaptation du genre à des sites nouveaux.

Au départ des projets, on trouvera facilement des clones hybrides, proposés par les pépinières commerciales ou des sociétés spécialisées. Ces clones souvent déjà très améliorés peuvent très bien court-circuiter les essais d'espèces et de provenances ce qui peut faire gagner du temps à très court terme mais en faire perdre beaucoup à long terme, faute de base génétique et en cas de mauvaise adaptation de ces quelques clones hybrides. Certains franchissent le pas et bâtissent de vastes projets à partir d'un petit nombre de clones importés de régions aux climats apparemment similaires. Le risque est limité par les rotations courtes, mais, en cas d'échec, le redémarrage des programmes sera difficile par manque de clones alternatifs.

Ceux qui, en Europe, consentent à se lancer vers les comparaisons d'espèces se limitent généralement à trois espèces : *P. tomentosa P. elongata* et *P. fortunei*. Tester ces trois espèces est peut-être suffisant en zone tempérée froide puisque seuls *P. tomentosa* est capable de résister à -

20°C, *P. elongata* allant jusqu'à -15°C et *P. fortunei* ne dépassant pas -10°C. Dans ce cas, pourquoi ne pas introduire également *P. catalpifolia* qui résiste à -15°C et *P. fargesi* à -11°C.

D'autre part, le niveau provenances est encore mal exploré. Il est très souvent remplacé directement par le niveau clones ce qui est regrettable car risqué sur le plan de l'adaptation à l'environnement et notamment de la résistance aux éventuels parasites. Il faudrait pouvoir disposer d'une collection de provenances pour chacune des espèces testées. On sait que cela est difficile à réaliser et assez aléatoire puisque dans les aires naturelles, les arbres résiduels sont très dispersés et pas de la meilleure qualité à cause de la surexploitation.

Pour bien comprendre les capacités d'adaptation du Paulownia, il faudrait des tests complets comparant une bonne gamme de provenances pour chacune des 9 espèces, dans des sites très variés (tempérés froids, tempérés doux, méditerranéens, subtropicaux tropicaux à saison sèche assez courte, etc.). Le paulownia est une essence assez difficile ; il a besoin de sols fertiles et bien drainés, des températures constantes et des précipitations estivales fréquentes. Les sites exposés au vent et aux gelées hors saison doivent être évités. C'est ainsi qu'en Nouvelle Zélande, les résultats des essais, se sont montrés plutôt médiocres et n'ont pas permis de considérer le Paulownia comme une grande espèce de reboisement, l'adaptation s'étant finalement révélée plus complexe que prévu.

Parmi les essais classiques d'espèces et de provenances il faut citer un essai installé en 2010 dans l'Est Américain au Sud des Appalaches, E. BERG *et al.* (2020[499]) a comparé *P. elongata*, *P. fortunei* et *P. tomentosa*. A 9 ans, *P. fortunei*, le plus tropical des 3, est resté le plus petit, à la fois en HT et en DHP alors *que P. elongata* surpassait *P. tomentosa* pour la survie, la HT et le diamètre.

Hybridation et clonage

On peut bien sûr profiter des sélections déjà existantes avec l'acquisition de clones auprès d'organisations spécialisées ou proposés par le marché. La voie normale est cependant d'utiliser ses propres sélections d'arbres + pour commencer un programme d'hybridation puis de clonage.

Hybridation : Ce programme est facilité par plusieurs caractéristiques avantageuses du Paulownia :

- Espèces compatibles génétiquement
- Existence de nombreux hybrides naturels.
- Maturité sexuelle précoce (entre 2 et 5 ans selon les espèces)
- Grosses fleurs (de 5 à 10 cm de long), faciles à manipuler et à émasculer,
- Bonne viabilité du pollen stocké, même après six mois à 15-20°C et plus d'un an à basse température,
- Plusieurs centaines de graines par fruit (hauts rendements des croisements contrôlés)
- Très petites graines (5 à 6 millions / kg)
- Bonne fréquence d'hétérosis dans les descendances hybrides

Selon ZHU et *al.*, l'hétérosis se manifeste à la fois pour la vigueur et pour la plasticité. Il cite notamment l'hybride de Shan Tong : *P. fortunei* x *P. tomentosa* dont la croissance est supérieure à celle des deux parents et qui tolère mieux les conditions défavorables. D'autres formules ont été testées *P. kawakamii* × *P. fortunei*, *P. elongata x P. fortunei*, *P. catalpifolia* × *P. fortuneii*, *P. fortunei* × *P. fargesii*, ainsi que des back cross ou des hybrides triples.

Clonage : Tous les auteurs soulignent la grande aptitude du Paulownia au bouturage, lequel peut revêtir de nombreuses modalités :

- **Boutures de racines** (non destructives pour l'arbre + et très juvéniles)
- Boutures ligneuses de tiges (risque de maturation)
- Boutures herbacées à partir des rejets de souche ou des pousses épicormiques,
- Culture in vitro d'explants nodaux ou de méristèmes,

Par conséquent, les diverses sélections (massale, familiale, individuelle, clonale, etc.), la pollinisation contrôlée, et d'autres méthodes, doivent être combinées pour l'obtention de bons clones. Le schéma d'un tel programme est donné par ZHU *et al.* (p. 27 de la monographie chinoise – repris ci-dessous).

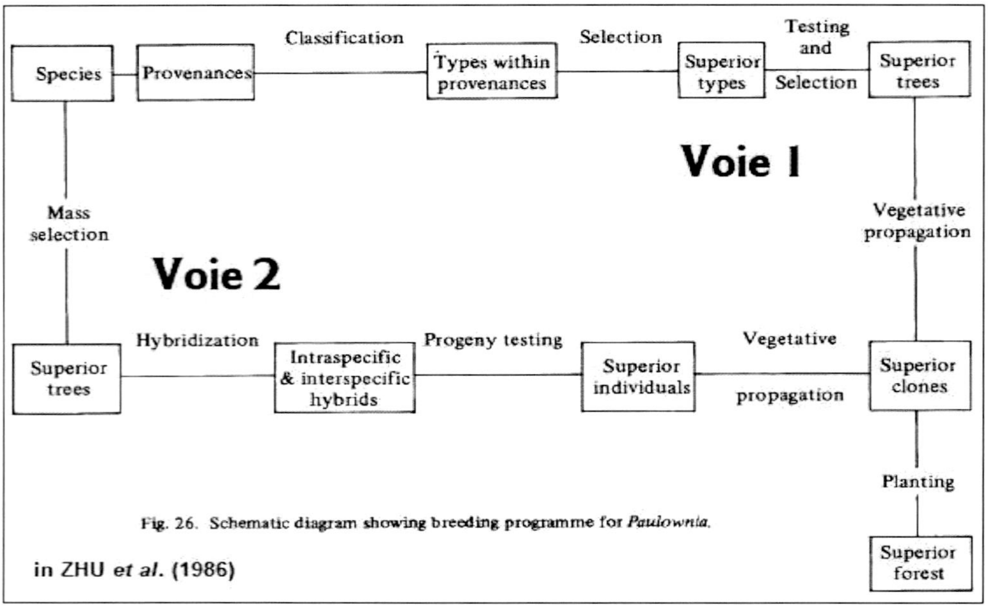

Fig. 26. Schematic diagram showing breeding programme for *Paulownia*.

in ZHU *et al.* (1986)

Remarques :

- La voie 1 qui ne conduit qu'à des clones d'espèces pures est la plus longue mais elle intègre une large base génétique et présente donc moins de risques environnementaux pour les développements futurs.
- La voie 2 ne débouche que sur des clones hybrides intra et interspécifiques. Elle est plus rapide et très prometteuse à court terme mais peut présenter des risques si l'on ne dispose pas d'une base génétique suffisante.
- Les 2 voies sont très complémentaires. Elle se renforçent mutuellement et constituent un ensemble très complet, la voie 1 fournissant à la voie 2 d'excellents parents d'hybrides.

87 – Promotion du Paulownia et commerce des clones

Les nombreuses qualités du Paulownia sont à l'origine d'une publicité considérable (*«arbre à la croissance la plus rapide du monde», «arbre miracle», «arbre puits de pétrole», «arbre de l'avenir, «arbre qui absorbe le plus de CO2»*, etc...) d'où l'émergence, surtout en Europe, de nombreuses compagnies se lançant dans la promotion des plantations intensives de Paulownia, plus ou moins

Jeune plantation clonale de Paulownia, Photo shutterstock_2257578767

spécialisées dans la multiplication (moins dans la création) commerciale de clones performants, avec en général un accompagnement technique et un suivi des essais et/ou des plantations commerciales.

Les multiplications se font généralement par culture in vitro mais la diffusion du matériel sur de longues distances se fait aussi par boutures de racines, très faciles à conditionner et à manipuler.

Dans les zones à été chaud (Espagne, Italie, Bulgarie, Roumanie Moldavie, Grèce, etc.), il existe actuellement de nombreux projets de culture intensive de Paulownia avec des objectifs variés (bois de déroulage, bois d'œuvre spéciaux, production de biomasse énergétique, fixation de CO2, etc.). Concernant la biomasse, des études comparatives précises semblent nécessaires car la très faible densité du bois est un certain handicap pour la production d'énergie qui ne représente, rappelons-le, qu'une faible valeur ajoutée en comparaison avec la production de bois d'œuvre.

Pays les plus dynamiques pour la R&D et la promotion des plantations

<u>Chine</u> : Selon le "Magazine et Portail Francophone des Bioénergies" (bioenergie-promotion.fr), la Chine a reconverti 28 millions ha de champs en forêts en 10 ans. Il existe, en Chine, plusieurs institutions orientées sur la recherche et la promotion du Paulownia :

- Le "**Centre Chinois de Recherche sur le Paulownia"** à Zhengzhou. Cet institut fait partie de l'Académie forestière de Chine.
- Le "**Centre de Recherche et de Promotion du Paulownia de Weinan"**[*]. Il s'agit d'une plate-forme professionnelle pour la création et la promotion des variétés de Paulownia (conception, planification, conseils techniques sur le terrain pour le boisement de Paulownia dans de nombreuses régions de Chine et à l'étranger).
- **"Heze Fortune International Co., Ltd"**, Heze (Shandong) Créée en 2004, la Société fournit des graines de Paulownia, des racines, des souches et de l'artisanat en bois. Elle répond à la demande locale et internationale pour la réalisation de programmes de plantation.

<u>USA</u> : Le "**World Paulownia Institute**" (WPI)[**], basé, depuis 25 ans, à Lenox en Géorgie (USA) propose, les sélections suivantes (hors plantes ornementales) :

---

[*] https ://www.chinesepaulownia.com/about-our-center/
[**]https ://worldpaulownia.com/

- Super Select *'ELONGATA'*, variété familiale résistante à la sécheresse et au froid (-23°C).
- Super Select *'FORTUNEI'*, variété clonale pour les régions aux climats doux et subtropicaux.
- Super Select *'ARCTIC™'*, variété clonale pour les régions aux climats froids (-26°C).

<u>Europe :</u> Beaucoup de de sociétés proposent leur savoir-faire, notamment sur internet :

<u>Bulgarie</u> : La Société "**BIO Tree**"* a inclu dans ses programmes la sélection de cultivars de Paulownia à haute valeur commerciale. Quatre clones, enregistrés au catalogue bulgare des espèces cultivées sont proposés à ses clients, conformément à la fiche publicitaire suivante, à laquelle nous avons ajouté les formules génétiques de chacun de ces cultivars :

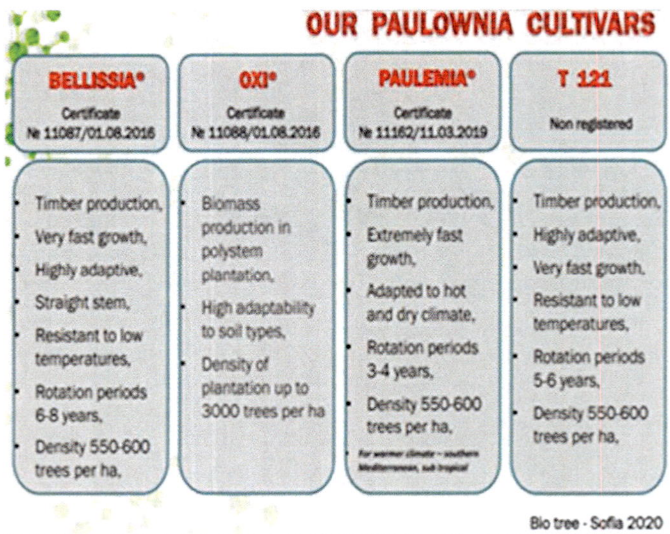

Origine génétique des clones :

- **<u>cv *'BELLISSIA'*</u> :** [(*elongata* x *fortunei*) x *elongata*] (-20°C)
- **cv *'OXI'*** : [(*elongata* x *fortunei*) (-20°C)
- **<u>cv *'PAULEMIA*</u> ' :** [(elongata x fortunei) x kawakamii] (-25°C)
- **cv *'T121'* :** [(*elongata x fortunei*) x *tomentosa*] (-22°C)

Signalons que le clone 'OXI', très productif mais aussi très branchu et à tiges multiples, a été sélectionné pour la biomasse. Les 3 autres clones sont sélectionnés pour la production de bois d'œuvre.

<u>Allemagne</u> : La Société "**We Grow**" (Tönisvorst), issue de l'Université de Bonn, avec 2000 ha de plantations (en Allemagne mais surtout en Espagne) https ://www.wegrow.de/en/kiri/. Elle produit ses propres clones et notamment :

- cv *'NordMax21'* (*P. tomentosa* x *P. fotunei*), adapté aux climats froids allemands (résiste à -22°C),

---

* http ://paulowniatrees,eu/research-and-development-projects/

- cv '*Phoenix One*' (*P. elongata* x *P. fotunei*), adapté aux climats chauds d'Espagne (résiste à -10°C),
- cv 'H2F3' et cv 'H2F4' (*P. catalpifolia* x *P. fotunei*), qui font peu de branches la première année.

Le savoir-faire apparaît très élevé si l'on en juge la remarquable vidéo sur YouTube que l'on peut visualiser sur le site suivant : https ://www.youtube.com/watch?v=QJd6ycT6RDA

La société WeGrow développe des partenariats dans de nombreux pays et notamment en Inde.

La Société "**Cathaia International GmbH & Co. KG**" (Munich et Holm)* Cathaia s'est fixé pour objectif de «diffuser le Paulownia en Europe et dans le monde, de le promouvoir et d'en faire une essence d'arbre économique».

La Société "**iPaulonia GmbH & Co. KG**" *:* basée à Hanovre avec de nombreuses succursales (Espagne, Pologne, Grande Bretagne, Grèce, Roumanie). Elle propose le cultivar *'COTEVISA 2"*, un hybride *P. elongata x P. fortunei*, annoncé comme "le meilleur cultivar pour l'Europe".

Espagne : La Société "**Paulownia pro**" située à Alcainz (Teruel) propose ses services et plusieurs variétés :

- *'P. Shan Tong' (P. fortunei x P. tomentosa)*
- *'Pao Tong Z07'*, un clone chinois triple : [(*P. fortunei* x *P. tomentosa*) x *P. kawakamii*]

Italie : Plusieurs sociétés s'intéressent au Paulownia et proposent leurs services pour des plantations "clé-en-main" comprenant la fourniture de semis ou de clones multipliés en Italie ou une assistance en matière de production des plants, d'installation et de suivi des plantations, ainsi que d'exploitation et de transformation du bois :

- "**Paulownia Italy**" : https ://www.paulowniaitaly.com/?lang=en
- "**Paulownia Center**" : https ://www.paulowniacenter.com/

France : "**Paulownia France**" (Arès-Gironde) :
(https ://www.paulowniafrance.c om/) , diffuse 2 variétés :

- *'Empress Dynamite'* un clone de *P. tomentosa*
- *'PAO Tong Z07'* : un clone chinois triple [(*P. fortunei x P. tomentosa*) x *P. kawakamii*].

88 - Remarques finales à propos du Paulownia

Le Paulownia est une remarquable essence de régions tempérées chaudes, qui a toutes les qualités requises pour la ligniculture.

Le choix le plus délicat nous semble celui des sites de production en liaison avec les nouveaux cultivars.

Il semble également que le développement soit souvent en avance sur la création variétale qui se fait principalement en Chine. Malgré quelques déconvenues locales inévitables, nous pensons

* https ://www.cathaia.com/fr/

néanmoins que l'émergence graduelle de variétés synthétiques, à haut niveau d'hétérozygotie et concentrant une grande variété génique, très résistantes, notamment à la sécheresse, se fera au grès des multiples hybridations et sélections successives.

La résistance aux parasites devra également être très sérieusement prise en compte, et dans cette perspective, il est indispensable de disposer d'une large base génétique, au moins à l'échelle européenne.

Sueca, Valencia, Spain (2018). Paulownia clonal plantation. www.schuterstock.com. 1058077517.

***

9 – LE BALSA.

OCHROMA PYRAMIDALE CAV. EX LAM. URB.

Un bois d'œuvre à très courte révolution

91 – Données générales

Le Balsa (*Ochroma pyramydale,* syn. : *Ochroma lagopus*), appartient à la famille des Bombacacées, comme le Fromager, et le Kapokier, mais aussi le Baobab. C'est une espèce pionnière tropicale des forêts secondaires d'Amérique latine et des Antilles, qui colonise rapidement les zones perturbées. On le rencontre depuis le Sud du Mexique jusqu'au Paraguay en évitant toutefois la plus grande partie du bassin amazonien (voir la carte ci-contre de son aire naturelle. C'est un arbre à croissance très rapide, pouvant atteindre 40 m de haut en quelques années. Il occupe des sites de basse altitude, fertiles et bien drainés et devient parfois invasif, en particulier dans les îles du Pacifique.

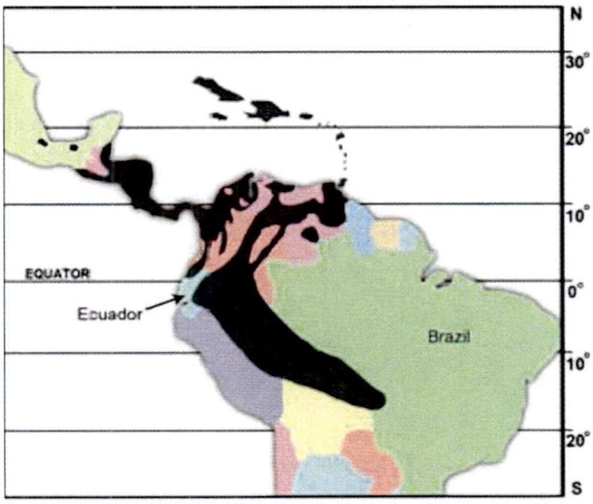

Figure 3. Natural distribution of balsa (shown in black) (after Francis 1991) in : St. Midgley et al. ACIAR - Canberra 2010.

Comme le fromager, son fruit contient du Kapok (laine végétale) qui est utilisé localement pour confectionner des matelas mais ce sont les remarquables qualités de son bois à la fois très léger (130 Kg/m^3) et très résistant, utilisé en modélisme, qui en ont fait la réputation. Son nom de "balsa" ("radeau" en Espagnol) vient de son utilisation pour la construction des radeaux, très utilisés localement. On l'emploie depuis longtemps pour la construction des bateaux de plaisance ainsi que dans l'isolation thermique et phonique. Remarquons qu'il est deux fois plus léger que le bois de Paulownia mais qu'il est loin de l'égaler pour ses autres qualités, mécaniques et de durabilité.

Autrefois, on utilisait de grandes quantités de Balsa pour l'isolation des méthaniers (transport maritime du gaz naturel) mais il est actuellement remplacé dans cet usage par de la mousse de polyuréthane. Cependant, le marché du bois de Balsa connaît à nouveau un très grand dynamisme grâce à son emploi dans l'aérospatiale, la défense, l'automobile, la construction navale. Il y a une demande croissante pour les matériaux légers, en particulier, dans les filières éoliennes, du fait d'un rapport résistance/poids, unique en matière de bois (plus les pales sont longues plus la quantité de balsa utilisée est grande).

Bien que de plus en plus recherché, le balsa est relativement peu planté en régions tropicales en dehors de l'Equateur qui est de loin le premier pays producteur parvenant à couvrir plus de 90% de la demande mondiale, de plus en plus chinoise. Les raisons sont nombreuses (marché de niches, accès difficile aux ressources génétiques, plantations en zones très humides, manque de connaissances sur la variabilité génétique intraspécifique et absence de multiplication végétative).

92 – Données disponibles

92.1 - Expérience de Papouasie-Nouvelle Guinée (PNG)

Principales données. Elles sont rares sur cette espèce, pourtant à haut potentiel. Cependant on dispose de quelques documents. Le plus ancien est celui d'un chercheur américain J.K. FRANCIS (1968[500]) qui donne une carte de l'aire naturelle du Balsa en Amérique latine. Par la suite, deux documents importants ont été rédigés par les chercheurs australiens, le premier par N.H.S. M. PHIL. HOWCROFT (2002[501]) dans le cadre d'un projet OIBT de soutien à l'industrie du bois de Balsa pour le compte du service Forestier de Papouasie- Nouvelle Guinée (PNG). Le second par ST. MIDGLEY *et al*, pour le compte de l'ACIAR (2010[502]). Enfin, un article récent a été publié par B. JENKIN *et al.* (2019[503]), relatif à l'organisation de la filière bois de Balsa en Papouasie Nouvelle Guinée. Nous résumons ci-après, les principales données contenues dans ces documents :

Intérêt du Balsa en PNG. Grande importance pour l'économie villageoise. Les plantations apportent un complément de revenu très apprécié car précoce, grâce à la croissance très rapide du Balsa. La production est dirigée vers les scieries locales mais les sciages sont exportés à 95%. Selon MIDGLEY *et al*, le volume ainsi exporté en 2008 était de 12.700 m^3 (8% du marché mondial) pour une valeur de 4,2 millions US$ (moyenne de 330 US$/$m^3$), les principaux acheteurs étant la Chine, l'Inde et les USA.

Introduction du Balsa en PNG. De 1947 à 1974, on compte 10 introductions de graines, toutes d'origines artificielles (Australie, Inde, Sri Lanka, Indonésie, Honduras), même celle du Honduras (Jardin botanique) et une de Colombie (sans précision). Les origines sont donc variées mais sans qualité génétique contrôlée.

Démarrage d'un programme d'amélioration génétique. Cela date de 1982 avec la sélection de 100 arbres + et l'installation d'un verger à graines de familles (SSO).

Potentiel productif. Dans son aire naturelle, on peut trouver des arbres allant jusqu'à 50 m de haut et 1,80 m de diamètre (PROTA). Dans les plantations de PNG, dans de bonnes conditions, on peut compter sur 23 m de haut et 50 cm de diamètre en 30 mois avec un potentiel de production pouvant varier de 40 à 100 m^3/ha/an. HOWCROFT (2002) donne des rendements de 200 à 500 m^3/ha à 5ans, parfois plus. Ces chiffres énormes montrent le très grand potentiel représenté par le Balsa, d'autant plus que le prix du m^3 est élevé.

Ecologie. Le Balsa est un arbre de forêt dense humide. Il lui faut une pluviométrie d'au moins 1.500 mm et si possible 2000 mm/an pour se développer correctement avec des températures moyennes de 25 à 29°C.

Ramification et feuillage. La ramification est régulière avec de longs entrenœuds. Les feuilles sont simples, très larges (jusqu'à 2 m avec des pétioles de 1 m chez les jeunes sujets en forte croissance).

Biologie florale.[*] L'espèce est monoïque. Les premières floraisons apparaissent à 3 ans. Les fleurs, isolées ou par 2 ou 3, au bout des branches, sont tubulaires et très grandes (13 à 15 cm de long sur 8 à 10 cm de large). Les anthères sont fusionnées à un spadice (organe tubulaire enroulé autour du style et du stigmate), les deux, dépassant légèrement de la corolle. La Pollinisation est assurée par les chauves-souris ou les insectes. Le fruit est une gousse atteignant 30 cm de long avec de petites graines ovoïdes (160.000/kg) incrustées dans la masse du kapok. On compte entre 500 à 600 graines par gousse ce qui est considérable et très avantageux pour la réalisation de croisements contrôlés. Les graines sont dispersées par le vent entraînées par ce kapok.

Papouasie Nouvelle Guinée (2002). Fleurs et Fruits du Balsa. Photos courtoisie Neville H.S. Howcroft, reprises de son Manuel sur le Balsa (ITTO 2002). A gauche : Fleur ouverte avec pistil émergeant au milieu d'une colonne staminale cylindrique. Plus bas, bouton floral. **Au centre :** Gousses proches de la maturité. **A droite :** Gousse ouverte avec importante bourre de kapok, facilitant la dissémination des graines par le vent.

Besoin en graines. Pour un pouvoir germinatif moyen de 60%, on calcule rapidement qu'à la densité de 1.100/ha, planter 1 ha ne nécessite que 11,5g de graines correspondant à la production de 1 gousse et demi.

Production des plants. (N. Howcroft 2002) et (PROTA[504]) nous donnent les informations suivantes :

- Les graines sont traitées contre une dormance tégumentaire (trempage dans l'eau bouillante). Le semis se fait sous un léger ombrage dans un sol stérilisé pour éviter la fonte.
- L'élevage des plants, en conteneurs, dure 3 à 4 mois jusqu'à atteindre 20 à 25 cm. Les planteurs doivent prendre beaucoup de précautions pour ne pas blesser les racines ce qui entrainerait beaucoup de mortalité. Cette difficulté pousse au semis direct "en potet" sur le terrain avec 15 à 20 graines par potet, pour ne laisser plus tard qu'une plante par trou.

Critères de sélection. La sélection doit porter sur des arbres dominants en parfait état sanitaire. Les critères de forme viennent ensuite : rectitude, élagage (au moins 12 m sans branches), longs entre-nœuds, cylindricité. L'absence de défauts (fourches, etc.) est plus importante que la vigueur dont l'héritabilité est moins grande que pour la forme.

---

[*] https ://www.boutique-vegetale.com/p/balsa-ochroma-pyramidale-ochroma-lagopus

Obtention de semences de PNG. Les graines les plus intéressantes sont celles issues des vergers à graines de familles du programme de 1982 ou à défaut, récoltées sur divers arbres + des meilleures plantations.

Balsa – Papouasie-Nouvelle Guinée (2002). Photo courtoisie Neville HOWCROFT. A gauche : Arbre + n° 40, âgé d'environ 8 ans. **Au centre :** une des meilleures descendances à 2,5 ans. **A droite :** Exploitation d'un essai de descendances âgé de 4 ans, sur terrain privé.

Plantations. Il faut choisir des sites peu ventés, avec des sols relativement riches et profonds et surtout bien drainés. La préparation doit être complète au moins sur lignes travaillées. La densité de plantation ne doit pas descendre en dessous de 1.100/ha sauf si on dispose de clones. L'arbre est sensible à la concurrence herbacée en début de croissance mais si l'entretien est bon, il couvre rapidement le sol. Avec une bonne sélection, on doit pouvoir baisser la densité de plantation, sans pour autant être obligé d'élaguer.

Exploitation du Balsa en Nouvelle Bretagne (Est de la Papouasie-Nouvelle Guinée). Photos Courtoisie Braden JENKIN. A gauche : Bel arbre de 6 ans, avant abattage. **A droite :** Exploitation et débardage manuels.

Récolte. Les révolutions sont très courtes. Certains villages de PNG coupent leur plantation à 3-4 ans ce qui ne semble pas optimal au plan de la qualité des grumes, sauf si la qualité génétique est très supérieure. Par contre, pour atteindre de gros diamètres, on devra repousser l'âge de la coupe qui pourra alors se situer entre 5 et 6 ans. Les blessures aux arbres étant cause fréquente de mortalité, les éclaircies sont à éviter ce qui pousse aux larges écartements d'où le très grand intérêt de disposer de matériel génétique de très haute valeur, voire de clones sélectionnés si possible.

Importance économique pour la Papouasie-Nouvelle Guinée. Signalons tout d'abord, l'interdiction d'exporter les grumes de balsa (loi de 1990). Tout doit donc être transformé sur place, ce qui est d'ailleurs impératif pour une essence comme le basa dont le bois très léger est très sensible aux attaques fongiques.

Selon Braden JENKINS *et al.* (2019), la plantation de Balsa est très attrayante pour les petits exploitants car elle ne nécessite pas beaucoup de main d'œuvre et se récolte précocement. L'auteur indique qu'il y a 6.200 ha de plantations de balsa en PNG, y compris 1.900 ha cultivés et gérés par 1.500 petits agriculteurs individuels. Environ 2.500 à 3.000 personnes sont engagées dans la récolte, le transport, la transformation et l'exportation de balsa. Un besoin d'organisation restait cependant nécessaire. La totalité des récoltes est transformée sur place (Sciage et déroulage ainsi qu'en assemblage de petits bois).

Sciage du Balsa en Nouvelle Bretagne (Est de la Papouasie-Nouvelle Guinée). Photos Courtoisie Braden JENKIN. A gauche : sciage d'une petite grume. **Au centre :** Etat brut d'une planche après séchage. **A droite :** Etat d'une planche avant (à droite) et après rabotage (à gauche).

Selon Braden JENKINS et *al.*, des contraintes existent tant au niveau cultural qu'industriel :

- **Au niveau des plantations :**
    - Résidus trop importants (50%) à cause de l'excès de petits bois et des pourritures dues à des blessures auxquelles l'espèce est très sensible.
    - Exportation des résidus utilisés comme combustible par les riverains, ce qui fait craindre des baisses de fertilité des sols de plantation (en particulier pour les écorces très riches en nutriments).
- **Au niveau industriel :**
    - Séchage rapide obligatoire pour éviter les attaques fongiques d'un bois très sensible (pas plus de 48 heures entre la coupe et le séchage des planches) ce qui, dans un pays à très forte hygrométrie, demande de l'organisation et interdit le stockage en forêt,

92.2 - Expérience de l'Equateur

Données générales. Dans le manuel de MIDGLEY *et al.* (2010) on trouve des informations sur l'économie du Balsa. Avec près de 18.000 ha de plantations en 2008, l'Equateur exportait environ 138.000 m^3 de bois de balsa générant une valeur approximative de 35 millions US$ (253 US$/m^3).

A la même époque, le marché mondial était estimé à 155.000 m^3 ne laissant que 4.300 m^3 pour tous les autres pays exportateurs, en dehors de la PNG (Colombie, Brésil, Venezuela, Costa Rica et Indonésie). Pour la même année 2008, l'OIBT annonçait un prix FOB des sciages de 400 US$/$m^3$. Aujourd'hui, le marché mondial s'établit à environ 146 millions US$, après 10 ans de croissance à 10%/an sous l'effet d'une forte demande. Selon l'OIBT[♣] la prévision de croissance n'est plus que de 6%/an jusqu'en 2027, portant le marché à 217 millions d'US$ à cette date. Cette baisse de croissance venant des difficultés d'approvisionnement et de la concurrence des matériaux polymères.

Développement des plantations. Les données sur les plantations de Balsa en Equateur sont rares.

St Midgley (2010) nous donne les informations ci-après :

- Les plantations doivent être désherbées 2 à 3 fois au cours de la première année. Lorsque les arbres ont environ 4 ans, la densité doit être d'environ 400 arbres/ha, pour une croissance rapide. Les éclaircies sont à réaliser avec grand soin pour ne pas blesser même légèrement les arbres restants, ce qui est une forte contrainte.
- La majorité de la production est le fait de petits paysans agroforestiers qui trouvent la plantation de balsa très rentable. Ils sont encouragés par le gouvernement qui les incite à planter non loin des routes pour faciliter l'évacuation des bois. IL existe également de grandes plantations qui appartiennent à des groupes industriels intégrés (Alcan Baltek avec 13.000 ha, DIAB, etc.).
- La croissance semble moins rapide qu'en PNG mais on doit **récolter avant 8 ans** pour éviter tout développement de bois de cœur dont la densité est beaucoup plus élevée et la couleur, plus foncée, ne répondant plus aux besoins du marché ; en 2008 la récolte moyenne à 6 ans était de 200 m^3/ha (33,3 m^3/ha/an).
- D'autres inconvénients existent dans les plantations sud-américaines : L'arbre est sujet aux attaques de champignons et d'insectes par endommagement de l'écorce. De plus, un foreur des pousses (*Anadasmus porinodes*) cause de graves dégâts dans les plantations. Enfin, le bois, très sujet au bleuissement, doit être rapidement transformé après l'abattage.

Remarque : On peut en déduire que la plantation du Balsa en tant qu'exotique, donc en dehors de son cortège parasitaire, et en cas de succès du clonage peut devenir très attrayante pour un investisseur. Dans de telles conditions, on pourrait viser un objectif de 300 tiges de 1 m^3 à 5 ou 6 ans (50 ou 60 m^3/ha/an), en plantant seulement 350 tiges/ha pour une récolte de 300 tiges. Une telle densité réduirait beaucoup les frais de pépinière et de plantation, renforçant encore d'avantage l'intérêt du clonage.

92.3 - Essais de bouturage

L'amélioration génétique du Balsa marque un retard important. L'absence de clonage apparait comme un lourd handicap et le manque d'essai est à déplorer. On doit cependant signaler la thèse récente de R.M. Modenezi à Piracicaba (Brésil) (2019[505]) qui met en évidence des résultats positifs de bouturage, bien que l'amélioration de la technique soit largement nécessaire.

♣ iCrowdNewswire https ://www.icrowdfr.com/2021/10/14/le-marche-du-bois-de-balsa-devrait-croitre-de-21723-millions-usd-avec-un-tcac-de-589-jusquen-2027/

Nous pensons qu'il faut s'orienter d'emblée vers le mini bouturage ou la culture in vitro. Si les rejets sont rares, on peut partir de pousses axillaires, très fréquentes (photo suivante) ou bien de méristèmes (in vitro).

Jeune tige de balsa avec pousses axillaires en début de développement. Photo shutterstock_2179847765

92.4 - Perspectives

Le marché du Balsa est en croissance très rapide mais la demande brutale de l'éolien risque de déstabiliser un secteur fragile et incapable de répondre à de tels à-coups. Le prix du Balsa aurait doublé en 2021 soulignant la grave pénurie et boostant la recherche dans les produits concurrents (PET, PVC, PU, PE, PIR*, fibres de carbone etc.), peut-être moins "verts", mais plus performants, et capables de s'ajuster immédiatement au marché, surtout pour des pales de plus en plus grandes pour lesquelles le balsa devient moins performant (DEMPSEY and LONG 2019[506]).

Le Balsa est sans aucun doute très intéressant à cultiver intensivement. Nous l'avons essayé au CTFT-Congo dans les années 70 mais le climat de Loudima (1.100 mm) s'est révélé beaucoup trop sec. C'est en zone forestière qu'il convient, comme au Gabon par exemple.

Cependant, force est de constater qu'il manque encore trop de connaissances dans la génétique de l'espèce. La maîtrise de variétés performantes reste la clé d'un tel développement et la possibilité de cloner le balsa pallierait en partie cette lacune en ouvrant la voie à son développement lignicole, à l'image de ce qui se passe avec le Paulownia.

Un tel progrès peut-être très rapide. D'ailleurs, avec cette espèce, tout est raccourci. Deux ans, c'est le tiers de la révolution et c'est le temps suffisant à l'obtention de résultats pour les tests de descendances ou les tests clonaux.

---

* Polyethylene terephthalate (PET), Polyvinyl chloride (PVC), Polyuréthane (PU), Polyéthylène (PE), Polyisocyanurate (PIR).

En attendant la mise au point du clonage, les croisements contrôlés à grande échelle pourraient grandement améliorer la situation, d'autant plus que cela semble à portée de main, tant la biologie florale de l'espèce est favorable. Il suffirait en pratique de manipuler 1 ou 2 fleurs pour obtenir suffisamment de graines pour planter 1 ha. Dans cette perspective, la création de parcs à clones greffés est incontournable et la mise au point d'une technique de greffage en est la première étape♣. En cas de réussite du clonage les deux techniques deviendraient complémentaires, réduisant encore le temps d'obtention de cultivars de haute valeur.

***

♣ L'espèce étant très sensible aux blessures, il est possible que le greffage soit très difficile à réussir. Des essais sont nécessaires avec toutes les techniques disponibles.

10 – LE CUNNINGHAMIA.

CUNNINGHAMIA LANCEOLATA LAMB. HOOK.

(Cunninghamia, Sapin de Chine, Chinese fir. Shamu, Zhengmu)

10.1 - Taxonomie

Cunninghamia lanceolata (famille des Taxodiaceae) est une espèce chinoise, découverte en 1702 par James CUNNINGHAM, qui lui a donné son nom de genre. BUCHHOLZ (1940[507]) a montré qu'il était très étroitement lié aux genres *Taxodium* et *Cryptomeria*, l'hybridation semblant possible avec le Cryptomeria. De plus, il existe à Taïwan la variété ***konishii*** de *Cunninghamia* proche de *C. lanceolata* mais morphologiquement distinct (CHUNG J.-D. 2011[508]). On a donc :

- ***C. lanceolata***, largement répandu dans le Sud, le Centre et l'Ouest, chinois
- ***C. lanceolata var. konishii***, endémique de Taïwan.

Le Cunnninghamia qui est un grand arbre (jusqu'à 30 m de haut et 2,5 à 3 m de diamètre) est une essence très utilisée, y compris la variété *konishii* à Taïwan.

10.2 - Importance forestière

En Chine. *C. lanceolata* est cultivé en Chine depuis des milliers d'années. L'espèce a une bonne forme et une croissance rapide, et c'est, avec plus de 8,9 millions d'ha (en 2018), la première espèce de reboisement en Chine, alors qu'en tant qu'exotique elle est très peu utilisée sauf comme arbre d'ornement en régions subtropicales. Dans les années 90, les programmes étaient de 400.000 ha/an et sa production représentait 20 à 30% de l'ensemble de la production commerciale chinoise de bois. La raison d'un tel engouement vient en premier lieu des qualités de son bois dont l'emploi est universel mais aussi de l'excellente forme de sa tige et de sa grande facilité de culture.

Le Cunninghamia comme exotique. *Le sapin de Chine* a fait l'objet de nombreux essais d'introduction (Japon, Malaisie, Afrique du Sud, Argentine, Brésil, Nouvelle Zélande, etc.). Bien que prometteuse, l'espèce n'a pas fait l'objet d'extensions commerciales en dehors de quelques plantations à petite échelle au Brésil (Santa Catarina et Sao Paulo), (GOLFARI *et al.* 1978[509]).

10.3 - Aire naturelle et écologie

Cunninghamia lanceolata est une essence subtropicale très étendue dans le Sud de la Chine (voir la carte ci-après extraite de l'article de Y. LU *et al*, (2015[510]) où il figure comme élément principal de la forêt sempervivente de conifères (voir ci-dessous, à droite, la carte forestière de la Chine - YUE *et al.* 2016[511]). On le rencontre en mélange dans les forêts feuillues, principalement semi-décidues au Nord et au Centre de l'aire et sempervirentes au Sud (WU, 1984, in Y. LU *et al.* 2015). La présence du Sapin de Chine, figurée en vert sur la carte de gauche, est le résultat d'une étude fine de télédétection.

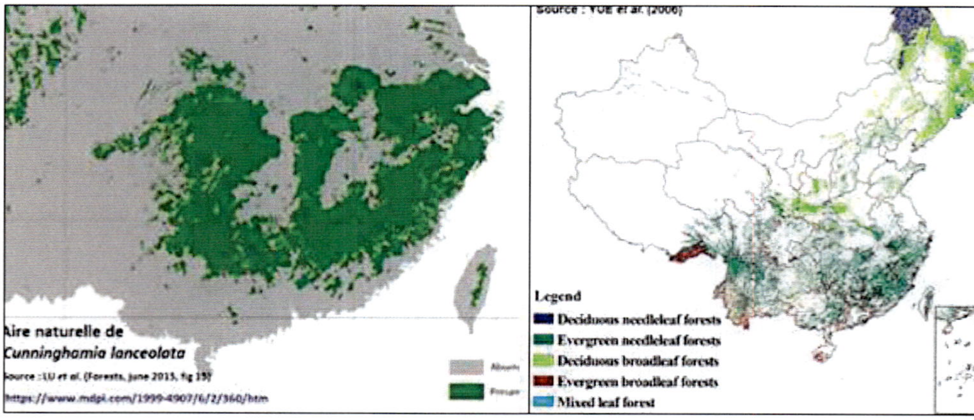

Elle englobe donc toutes les plantations qui sont très majoritaires par rapport aux peuplements naturels, très réduits au cours d'une longue histoire de surexploitation.

Située entre le 19ème et le 34ème parallèle Nord, cette aire naturelle reste donc difficile à définir. Selon Y. LU *et al.* (2015), les limites altitudinales varient en fonction de la zone climatique : Le sapin de Chine s'arrête à 800 m dans le Sud-Est (Province de Fujian) mais monte jusqu'à jusqu'à 2500 m dans le Sud-Ouest (Yunnan).

Exigeances climatiques. Le Cunninghamia supporte les étés chauds mais peut aussi résister au froid (limite de -15°C) après fermeture des bourgeons en fin de végétation. D'autre-part, il est sensible à la sécheresse et nécessite une hauteur d'eau annuelle de 800 à 2.000 mm (Y. LU *et al.* 2015).

Exigeances pédologiques. Le Sapin de chine préfère les sols acides (pH 4,5 à pH 6,5) mais accepte aussi les sols légèrement alcalins (X.T. YU, *in* BI *et al.* 2007[512])

10.4 - Aspects biologiques

Feuillage. Les feuilles aciculaires, persistantes, sont disposées en spirale et restent longtemps sur l'arbre (5 ans vivantes et plusieurs années mortes).

Inflorescences et fleurs. Les principales caractéristiques sont les suivantes :

- **Espèce monoïque** qui fleurit dès l'âge de 6 à 8 ans.
- **Fleurs mâles petites, subterminales,** en grappe à l'extrémité des pousses, murissent début mai.
- **Fleurs femelles, terminales**, près des extrémités des pousses, s'épanouissent en avril.

Fructification. Les cônes et les graines présentent les particularités suivantes (Z.L. Wu, 1955, 1984)[513] :

- **Cônes terminaux**, ovoïdes, de 2,5 à 5 cm de long, mûrs fin novembre,
- **Graines** : **3 par écaille**, de 7-8 mm de long et entourées d'une fine aile membraneuse, produites en un an, ce qui est beaucoup plus court que chez les pins. De type orthodoxe, elles sont faciles à sécher et à conserver.

Province de Fujian (Chine - 1988) - Pépinière en pleine terre de Cunninghamia. Semis de 9 mois sans repiquage, prêts pour la plantation.

Pépinière de semis. Il est facile de produire des plants de *C. lanceolata* en pépinière. Le semis est fait directement en pleine terre et les plants sont bons à planter au bout de 9 mois de croissance soit une seule année de végétation (plants 1-0, photo précédente). Il s'agit de plants à racines nues qui sont rustiques et faciles à transporter.

Multiplication végétative. *C. lanceolata* est relativement facile à multiplier par greffage et bouturage.

Klabin do Parana (Brésil – 1980). Rejets de souches de Cunninghamia après exploitation d'une ligne de cloisonnement (atteignent 1,30 m à 8 mois).

Aptitude à rejeter. Elle est excellente, ce qui est inhabituel chez les conifères (photo ci-contre) et permet la régénération après exploitation (futaie sur souche) ainsi que la multiplication par bouturage des rejets ou des racines proches de la souche.

Bouturage. Avant les années 1950, on se contentait de mettre directement en terre des rejets fraîchement coupés de 30 à 50 cm. Etant donné les pertes et l'hétérogénéité des plantations obtenues, on en est venu à réaliser des plantations classiques avec des plants issus de graines, conduits en pépinière.

Depuis les années 80, afin de retrouver l'avantage des clones, des techniques ont été développées pour produire du matériel végétal à partir de boutures de racines, lesquelles servent d'abord à fabriquer des pieds-mères

(PM) destinés à la production en masse des boutures. Celles-ci sont des rejets de 10 cm prélevés au niveau du collet des PM.

L'enracinement a lieu directement dans le sol de la pépinière, amélioré pour qu'il soit bien drainant. Les taux de réussite sont très élevés (90-95%). Le clonage semble conforme, à condition de choisir des rejets bien orthotropes et très proches des racines.

Greffage. Le Sapin de Chine est facile à greffer par greffage en fente. On utilise des plants vigoureux comme porte-greffes et les scions sont des extrémités de pousses de l'année. Les taux de réussite dépassent souvent 90%.

10.5 - Variabilité et Amélioration génétique

Variabilité. Au cours des années 1970, deux programmes d'essais de provenances ont été mis en place en Chine par le Groupe National de Recherche Coopérative sur le Sapin chinois :

1. Essai de 1976 : 20 lots de semences venant de 12 provinces ont été testés dans 25 sites.
2. Essai de 1979 : 207 lots de semences venant de 14 provinces ont été testés dans plusieurs sites dans lesquels 46 lots communs ont été testés dans 55 sites.

Une variation géographique clinale significative, principalement avec la latitude, a été observée pour les caractères suivants :

- Date de fin de période de croissance (plus précoce vers le Nord)
- Résistance au gel (meilleures vers le Nord),
- Densité du houppier,
- Importance de la biomasse juvénile,
- Vigueur (plus grande vers le Sud).

Un schéma de variation plus compliqué, probablement associé à des caractéristiques climatiques (principalement la température et les précipitations) et écologiques, a été observé pour les caractères suivants :

- Age de maturité,
- Résistance à la sécheresse,
- Potentiel de croissance au cours des stades plus anciens,
- Propriétés du bois (FUNG 1994[514]).

Meilleures provenances. Les provenances les plus vigoureuses et les plus stables sont les suivantes

Rongshui (Guangxi), Datian et Jian'ou (Fujian), Lechang (Guangdong), Lingshui (Sichuan) et Tonggu (Jiangxi). Ces provenances présentent un gain génétique de 16% en volume et sont devenues les principales sources de graines pour le développement de plantations à croissance rapide et à haut rendement. D'autre part, la consanguinité est élevée dans les populations naturelles, les croisements consanguins constituant le système de reproduction dominant (cercles de consanguinité) (FUNG 1994).

Amélioration génétique. Les recherches, menées par le Groupe National de Recherche Coopérative sur le Sapin chinois, comprennent la sélection d'arbres +, l'installation de tests génétiques et de vergers à graines (de familles et de clones bouturés), les études sur la multiplication végétative et la réalisation de tests clonaux ainsi que le choix des meilleurs clones pour chaque région.

A partir de 5.000 arbres + sélectionnés dans toute l'aire naturelle, plusieurs milliers d'ha de vergers à graines ont été établis au cours de 4 générations avancées successives (BO *et al.* 2020[515]), obtenues par croisements contrôlés. Les gains génétiques obtenus sur la production de bois, ont été les suivants :

- 1ère génération : + 15%
- 2ème génération : + 20% (total 38%)
- 3ème génération : + 20% (total 65%)
- 4ème génération : en cours d'estimation en 2020.

En outre la résistance à la sécheresse a été prise en compte au niveau de la 4ème génération et des progrès en matière d'amélioration sur la qualité du bois ont été enregistrés (ZHI et CHEN - 1994[516]).

Enfin, la production moyenne de graines a atteint de façon stable 60 à 70 kg/ha sous réserve des 3 conditions suivantes (WANG et ZHANG, 1996) :

1. Réaliser les éclaircies génétiques au bon moment,
2. Fertiliser les vergers de façon optimale,
3. Combattre les ravageurs et les maladies.

À la fin de 1995, plus de 150 ha de tests clonaux avaient été installés dans 11 provinces ou régions autonomes, et plus de 300 clones supérieurs avaient été identifiés avec un gain moyen de 50 %.

10.6 - Sylviculture

Considérations générales. *Cunninghamia lanceolata* supporte l'ombre lorsqu'il est jeune, mais préfère rapidement la pleine lumière. Il ne tolère ni la sécheresse, ni l'engorgement, ni les vents forts. Comme il rejette abondamment, la pratique du taillis est fréquente en particulier en zone montagneuse. Cependant, avec l'élévation du niveau de la souche, la vigueur des rejets diminue tandis que leur conicité augmente, ce qui ne permet pas d'aller au-delà de deux rotations de taillis. Ensuite, on replante avec des plants issus de graines ou de boutures.

Il est à remarquer que des baisses de rendements ont fait l'objet d'une étude en 2007 (BI J. *et al*)[517]. Selon les auteurs, la cause principale en serait une diminution de la fertilité des sols à la suite du brûlage des rémanents, en liaison avec des rotations de plus en plus courtes. Les remèdes proposés seraient d'éviter les sols trop pauvres et d'allonger les rotations.

Densité et conduite des plantations. De petites zones de plantations de *C. lanceolata* sont généralement abattues à blanc, puis régénérées à l'aide de plants d'1 an issus de semis ou de boutures. Les densités de plantation sont très élevées, de 2.500/ha (sites riches) à 3.600/ha (sites pauvres).

Les durées de rotation varient généralement de 20 à 30 ans. Le volume total à la récolte est d'environ 500 à 800 m^3/ha avec des volumes moyens de 0,5 à 0,6 m^3 par arbre.

Dans la zone centrale de la Chine, la hauteur moyenne est de 15-18 m à 20 ans pour une productivité de 20 à 30 m^3/ha/an.

Chine (1988). Plantations manuelles récentes de Cunninghamia ("Sapin de Chine") en zone très pentue, dans la région des collines proches de San Ming (Province de Fujian).

Préparation du terrain. En dessous de 20° de pente, la préparation peut inclure le labour en plein jusqu'à une profondeur de 20-30 cm, après défrichement de la végétation résiduelle. Lorsque la pente dépasse 20° (>36%), les sites sont préparés en bandes ou en lignes, avec alignement des rémanents en cordons antiérosifs, suivant les courbes de niveau (photo p).

Fertilisation. Les engrais ne sont généralement pas appliqués dans les plantations de Sapins de Chine. Cependant, sur les sites à faible fertilité, comme les dunes ou les hautes terres, l'application initiale de phosphate ou d'engrais composés, augmente la croissance.

Entretien. Il doit être effectué soigneusement, 2 ou 3 fois pendant les trois premières années de croissance. Il consiste à désherber et à éliminer les tiges multiples. On ne pratique pas l'élagage artificiel, les arbres finissant par s'auto-élaguer lorsque les cimes des arbres se ferment.

Coût des plantations (B. MARTIN[518]). En 1988, l'installation d'1 ha de Cunninghamia dans la région de Fujian revenait à 680 yuans, soit environ 1.000 FF, répartis comme suit (hors coût des plants) :

- Préparation (18HJ) : ....250 FF
- Trouaison (3300/ha) : ....485 FF
- Plantation (250 plants/HJ) : ....176 FF
- Entretiens, 5 passages (3, 2, 1) : ......89 FF

Les potets, faciles à creuser dans le lœss, sont cependant très gros (au moins 50 x 50 x 50 cm) et, à raison de 3300/ha, il en résulte un terrassement de 412 m^3/ha, d'où l'importance du poste trouaison.

Eclaircies. Il est recommandé d'éclaircir 2 ou 3 fois en fonction de la densité et de la croissance initiale, pour arriver à **1.200 arbres exploités par hectare** à la récolte finale, ce qui est très élevé.

Bilan économique, Le tableau qui suit, tiré des données de notre fiche Info-Forêt-AFOCEL de 1989, montre la rentabilité extrêmement élevée de la plantation du Sapin de Chine (TIR>30%) en 1988, malgré une productivité relativement basse (10,5 m³/ha/an) et grâce au prix de vente du bois bord de route très élevé (900 yuans = 1.323 FF/m³) et au coût très bas de la main d'œuvre (9,5 yuans = 6,5 FF/HJ). On comprend pourquoi le Sapin de Chine est la 1ère espèce de Reboisement en Chine.

10.7 - Protection

L'espèce est plutôt résistante aux parasites, lesquels sont cependant assez nombreux.

Insectes. On lui connaît quelques insectes foreurs de tiges et ravageurs des bourgeons. En pépinière il peut être nécessaire de protéger les plants contre les Termites, les Grillons coupe-tiges ainsi que contre la Noctuelle ou Ipsilon (*Agrotis ipsilon*). Des méthodes détaillées de lutte contre les ravageurs de *C. lanceolata* sont décrites par LAN (LAN *et al.* 2015[519]).

Champignons. Les principales maladies de *C. lanceolata* sont les Pourritures de racines à *Rhizoctonia solani*, et l'Anthracnose causée par *Glomerella cingulata.* On doit aussi signaler le Rouge cryptogamique des aiguilles (*Lophodermium uncinatum*). Ces agents pathogènes qui augmentent avec l'accroissement des surfaces plantées, sont souvent des parasites secondaires profitant d'arbres affaiblis dans les sites les plus difficiles. La description de ces maladies et les méthodes de lutte sont documentées dans LI H, ZHOU G.Y. (2011[520]).

10.8 - Usages

Plantations de production. Première espèce de reboisement en Chine, le Cunninghamia répond principalement à des objectifs de production plus ou moins extensive en zone de colline ou de moyenne montagne avec des productivités de 15 à 17 m³/ha/an Il est également utilisé dans des zones plus propices à des fins de production plus intensive (ligniculture) avec des productivités pouvant atteindre 30 m³/ha/an. Toutefois, en Chine, ces zones sont souvent réservées à l'agriculture.

Agroforesterie. En dehors des plantations purement forestières, *C. lanceolata* est largement utilisé dans les systèmes agroforestiers. Dans certaines zones de montagne, il est fréquemment intercalé avec des cultures ou mélangé à d'autres espèces d'arbres. Les systèmes agroforestiers augmentent les revenus des agriculteurs pendant les premiers stades des plantations (taungyas), diminuent les coûts d'entretien et maintiennent la fertilité des sols, notamment avec des légumineuses.

Forêts de Protection. Le sapin de chine est largement utilisé dans la lutte contre l'érosion (végétalisation, remise en état des terres, conservation des sols) et l'atténuation des effets du vent (brise-vents, haies, etc.).

Arbres d'ornement. *C. lanceolata* est largement utilisé pour l'aménagement paysager dans les jardins publics, les parcs et les temples en raison de sa croissance rapide, de sa belle forme de couronne et de sa résistance aux ravageurs et aux maladies.

10.9 - Produits

Le bois. En Chine, le bois de *C. lanceolata* se caractérise par un fil droit et une texture uniforme. Le bois est résistant au gauchissement, au fendillement et à la pourriture. Bien que sa densité soit assez faible (0,39) il est assez résistant et flexible ce qui en fait un bois très polyvalent.

Très demandé pour la confection des poteaux téléphoniques, il est aussi largement utilisé comme petits bois ronds (photo ci-après), pour la construction des maisons, des ouvrages d'art, des bateaux, des charrettes et des meubles. Même les plus grosses branches sont utilisées en tournage. Par ailleurs les caractéristiques du bois varieraient selon les provenances (YAN *et al.* 2021[521]) et les clones (LINFENG *et al.* 2021[522]), ce qui augure d'une bonne réponse à la sélection.

Chine – 1988. Région de san-Ming (Province de Fujian).
Récolte à 20 ans de rondins de bois d'œuvre de Cunninghamia.

En tant qu'exotique, une étude de FUNG (1993 [523]), en Nouvelle Zélande, a montré que la densité basale des arbres plantés localement était inférieure à celle de la plupart des *C. lanceolata* cultivés en Chine et très inférieure à celle de *Pinus radiata*, entraînant des valeurs de résistance plus faibles pour les propriétés mécaniques (essais de flexion, de compression et de cisaillement) et malgré un taux de séchage (à l'air ou au four) équivalent à celui de *P. radiata*, l'espèce n'a pu été considérée comme un réel challenger, sauf pour des usages où la résistance mécanique n'a pas d'importance (bardage, lambris et menuiserie).

Les autres produits. Le sapin de Chine est également source des produits suivants :

- **L'écorce** est une source de tanin. On l'utilise aussi pour fabriquer du papier et des textiles traditionnels, et comme matériau isolant.
- **La résine blanche (sous l'écorce)** est utilisée en médecine chinoise.
- **Les huiles essentielles du bois**, constituées à 76% de Cédrol, ont une forte activité antimicrobienne (YE, 2005[524]).

10.10 - Conclusions sur le Sapin de Chine

En Chine, *Cunninghamia lanceolata* est une excellente essence de reboisement. Elle est de plus, très largement utilisée en agroforesterie et rend de précieux services aux populations locales. Enfin, elle possède toutes les qualités pour la rendre apte à la ligniculture. Elle fait l'objet de programmes d'amélioration génétique avancés, se traduisant par des plantations clonales très productives.

Cependant, en tant qu'exotique, les meilleures promesses sous climat subtropical, n'ont pas donné lieu à beaucoup d'extensions, face à des compétiteurs comme les pins, à croissance plus rapide et à densité de bois plus élevée. Elle reste une essence potentiellement très intéressante.

***

11. LES ESPÈCES TROPICALES POTENTIELLES

Il est probable que bon nombre d'essences forestières tropicales puissent être cultivées de manière intensive. Cependant, pour figurer sur la liste des espèces lignicoles potentielles, une espèce doit réussir au moins deux des trois niveaux de tests successifs suivants :

1er niveau : présenter des caractéristiques intéressantes pour les producteurs, à savoir :

- une croissance rapide offrant l'espoir d'une récolte précoce (20 ans pour le bois d'œuvre),
- une forme intéressante au moins pour certains arbres (rectitude, architecture),
- une qualité de bois suffisante (bois d'œuvre, bois de pâte ou bois d'énergie).

2ème niveau : présenter des qualités intéressantes de reproduction et de sélection :

- Bonne plasticité en liaison avec la qualité du bois :
    - espèce très rustique mais à bois de pâte (supportant 5 mois de saison sèche et un sol pauvre),
    - espèce moyennement exigeante mais à bois d'œuvre classique (supportant 4 mois de saison sèche et un sol moyennement fertile),
    - espèce exigeante mais à bois précieux (supporte 3 mois de saison sèche).
- Bonnes caractéristiques de pépinière :
    - graines faciles à récolter et à faire germer,
    - semis vigoureux, peu sensibles aux fontes et poussant vite en pépinière.
- Bonnes aptitudes à la multiplication végétative :
    - greffage facile avec taux de réussite élevés,
    - bouturage facile avec taux de réussite élevés,
    - plants issus de boutures, homogènes et apparemment conformes.
- Bonne aptitude aux croisements contrôlés :
    - fruits contenant de nombreuses fleurs,
    - fleurs unisexuées (dioïcité ou monoïcité),
    - fleurs hermaphrodites mais faciles à manipuler (émasculation, pollinisation).

3ème niveau : présenter des possibilités intéressantes de recombinaison :

- Grande diversité génétique :
    - genre plurispécifique (hybridations interspécifiques envisageables),
    - espèces très étendues avec de nombreuses provenances (hybridations intraspécifiques envisageables).

Toutes ces caractéristiques ne sont pas indispensables pour devenir une espèce lignicole. Cependant, l'absence de certaines d'entre est vite rédhibitoire. Il en est ainsi de la qualité du bois, comme on vient de le voir pour *Cunninghamia lanceolata* qui répond pourtant à de nombreux points de la check-list précédente. L'amélioration génétique pour la densité du bois est possible et souvent couronnée de succès comme c'est le cas pour l'*Eucalyptus globulus* et l'*E. nitens*, en Cantabrie

(Espagne) dans le cadre de la R&D de la SNIACE. Cette sélection demande cependant un peu de temps et doit s'appuyer au départ sur une bonne variabilité génétique pour ce caractère.

Parmi les espèces tropicales, certaines peuvent attirer l'attention, mais nécessitent de nombreux tests supplémentaires avant de pouvoir se prononcer sur leur réelle capacité à devenir de bonnes espèces lignicoles ; par exemple **le Sobu** (*Cleistopholis glauca,* Annonacée) espèce pionnière, testée à la Station de l'Anguédédou (Côte d'Ivoire) à la fin des années 70, avait montré une productivité spectaculaire (> 40 m^3/ha/an avant toute sélection) mais cela ne permettait pas d'en savoir plus sur son aptitude à la ligniculture. Dans cette même station, une Diptérocarpacée du Sud-Est asiatique, ***Hopea odorata***, au bois renommé, a montré une excellente adaptation et une très bonne croissance mais s'est révélée invasive dans le Parc national du Banco ce qui a entraîné son abandon alors que l'espèce pouvait s'avérer très intéressante en plantation.

Par contre, nous pouvons citer le **Limba** (*Terminalia superba*) et l'**Okoumé** (*Aucoumea klaineana*) dont les bois sont très appréciés par l'industrie et qui ont fait l'objet par le passé d'études et de plantations à grande échelle, sans que l'on puisse cependant les considérer comme des essences lignicoles, par manque de variétés améliorées.

- Le Limba a été planté dans les années 50 dans le massif du Mayombe, aussi bien au Congo Brazzaville qu'en RDC Il a également bénéficié d'études de génétique et de clonage, de 1980 à 1986, à N'Gouha-2 (département du Niari) mais dont le développement n'a finalement pas été poursuivi.
- L'Okoumé, considéré comme la meilleure essence de déroulage au monde, a fait également l'objet de plantations au Gabon (30.000 ha, de 1953 à 1992 dans la région de l'Estuaire), avec des résultats moyens, suite à des entretiens coûteux et une sylviculture difficile.

Il est certain qu'il existe pour chacune de ces deux espèces un important déficit de R&D avant de pouvoir reprendre des plantations à la fois moins coûteuses et plus productives.

11.1 – Le Limba (*Terminalia superba* Engl. & Diels)

Une essence locale de bois d'œuvre à croissance rapide

Caractéristiques générales

On consultera la monographie de J. Groulez et P.J. Wood (1984[525]).

Botanique et aire naturelle : Le *Terminalia superba* est grand arbre tropical à contreforts, de la famille des Combrétacées. Son aire (carte ci-après) est beaucoup plus étendue en hémisphère Nord (Afrique de l'Ouest et du Centre) qu'en hémisphère Sud (Congo, RDC et Angola).

Appellations : "**Limba**" ou "Noyer du Mayombe". L'espèce est appelée "**Fraqué**" dans l'hémisphère Nord et Limba dans l'hémisphère Sud. Il semble que les deux espèces cohabitent dans la région de Ouesso (Nord-Congo) et que les prospecteurs savent les différencier.

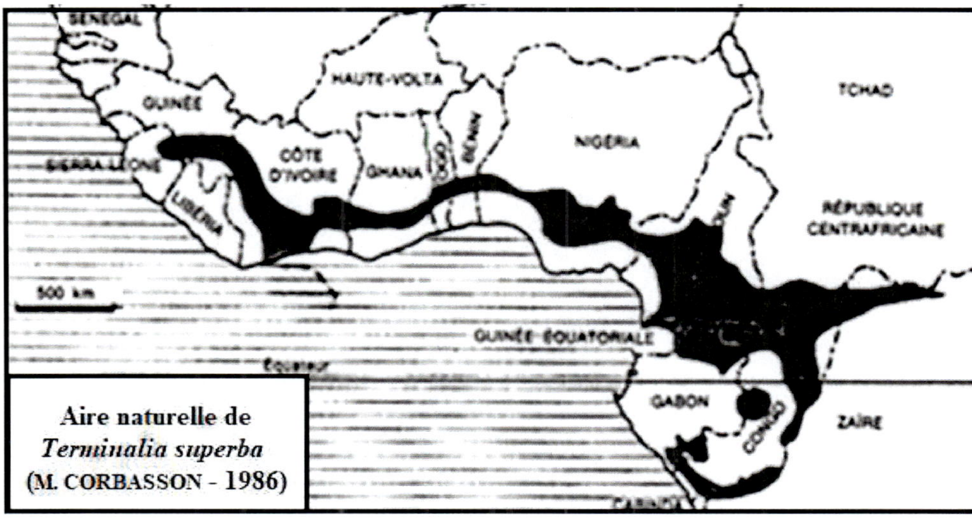

Aire naturelle de
Terminalia superba
(M. CORBASSON - 1986)

<u>Importance</u> : Très bonne essence de bois commercial au Congo, autour du bassin du Niari. Bois très apprécié au Congo mais ressources en forte réduction malgré une régénération naturelle assez abondante.

<u>Ecologie</u> : Espèce décidue de forêt semi-décidue mais relativement plastique. Essence de type pionnière qui colonise rapidement les zones de forêt dégradée et persiste en forêt secondaire.

Valeur en Plantations

<u>Caractéristiques de l'essence</u> : Considérée comme une bonne essence tropicale de reboisement, le Limba a une croissance rapide. On peut le planter à grands espacements jusqu'à 12 m x 12 m. Il faut cependant disposer d'excellentes descendances et assurer un parfait entretien. En bon site, il atteint à 20 ans, 60cm de diamètre, un houppier très circulaire de 12 m de diamètre et une hauteur totale de 30 m. L'arbre pousse très droit et s'élague bien, même à l'état isolé. On peut envisager des rotations de 30 ans.

<u>Défauts</u> : Les grumes de plantation présentent des nœuds noirs liés à un élagage naturel tardif comme c'est le cas des peuplements naturels très clairs à grosses branches. Cependant, des essais d'élagage artificiels, réalisés par le CTFT dans les années 70, se sont révélés très efficaces grâce à un recouvrement rapide des plaies d'élagage.

<u>Agroforesterie</u> : Comme pour toute plantation à grands écartements, la pratique des cultures intercalaires est possible, avec des bananiers (RDC) ou des cacaoyers (essai du Congo Brazzaville).

<u>Extensions</u> : Le Limba a été essayé dans de nombreux pays avec souvent de bons résultats (Uganda, Tanzanie, Zimbabwe, Madagascar, Indonésie, Malaisie, Philippines, Fiji, Samoa, Iles Salomon, Australie, Colombie, Brésil et Argentine). Il n'a cependant pas fait l'objet de plantations très étendues en dehors de la Côte d'Ivoire (15.000 ha de Fraqué), du Congo (10.000 ha) et de la RDC (7.500 ha).

Production de bois

Bois de forêt naturelle : excellente qualité, aubier indistinct, couleur blanc crème à gris clair, moyennement dense (d = 0,40 à 0,65), mi-dur (proche du chêne clair), peu nerveux, facile à scier et à usiner, à peindre et à vernir. Il est très polyvalent (menuiserie intérieure, ou extérieure après traitement de protection, contreplaqué, etc.).

Il faut souligner le fait que le Limba du Congo est beaucoup plus prisé que le Fraqué (hémisphère Nord), ce dernier présentant de nombreuses piqûres, dues en général aux Platypes (*Doliopygus dubius*).

Bois de plantation : très bonne qualité au Congo, à condition d'élaguer convenablement les arbres. Cet élagage pourrait être fait naturellement grâce à des plantations de bourrage (*Acacia mangium* en particulier) et pourrait conduire à l'orientation commerciale suivante :

- Marché local : apte à de nombreux emplois.
- Marché international : promotion faite depuis longtemps à condition que les rendements à la transformation soient bons (peu de défauts) ; il faut donc que les peuplements soient élagués.

Production secondaire

Pharmacopée locale : l'écorce de Limba est très utilisée par les populations locales (hémorroïdes, diarrhées, dysenterie, malaria, etc.). Les feuilles seraient diurétiques et les racines laxatives.

Station de Guena (Mayombe - Congo Brazzaville) 1974 – Plantation de Limba à grands espacements à l'âge de 20 ans.

Aspects biologiques

Phénologie : espèce caducifoliée, à cime ronde et régulière (parapluie). Floraison tous les 2 à 3 ans.

Fructification : très tardive (pas avant 40 ans) ce qui, à défaut d'anciennes parcelles grainières de grande qualité, impose la création de vergers à graines greffés, ou la multiplication par bouturage.

Fécondation des fleurs : Espèce entomophile : petites fleurs hermaphrodites fécondées par les insectes donc croisements contrôlés difficiles.

Graines : assez légères et ailées disséminées par le vent (5000 à 7000 graines/kg). Se conservent à 4°C après séchage à l'air libre. Germent facilement (pas de dormance). Semis direct possible.

Stumps : l'usage de stumps ou de grandes barbatelles est possible mais le succès n'est pas total et pose des problèmes de pépinière.

Boutures : le Limba se bouture bien à condition de disposer de pieds-mères issus d'arbres + bien rajeunis. Le minibouturage est vivement recommandé.

Amélioration génétique

Provenances : Large essai international organisé par le CTFT dans les années 80. Au Congo : préférence pour la provenance locale de Limba.

Programme d'AG : Démarré au Congo en 1975 avec la sélection de 100 arbres +, en forêt naturelle autour de la vallée du Niari, il s'est poursuivi à NGOUA 2 (CORBASSON et SOUVANNAVONG 1984[526]) et (FARGEOT. 1987[527]).

N'Goua II (CTFT-Congo) 1991. Premier test clonal à l'âge de 10 ans (début de défoliation de saison sèche).

La sélection a été faite sur la forme des tiges et sur la qualité du bois. La mobilisation, réalisée par greffage, a permis la mise en place de vergers à graines de clones (CSO) et d'essais variés. L'entrée en production de ces vergers était prévue pour 2020. La récolte de graines améliorées devrait pouvoir commencer.

Clonage : Le Limba est une essence facile à bouturer. Le rajeunissement des pieds greffés a été réalisé par arcure. Des tests clonaux ont été mis en place à N'Goua II. Le choix des meilleurs clones et le bilan des tests restent à faire. Les meilleurs clones sont à réactiver (in vitro et minibouturage) avant de pouvoir les utiliser en plantations. Le choix de nouveaux clones dans les meilleures descendances du Verger serait l'étape suivante (2ème génération).

Ressources génétiques : La protection du périmètre de N'Goua II complétée par la création d'un conservatoire à mettre en place dans le Mayombe (parc à pieds-mères et verger à graines) est conseillée.

Sylviculture

Densités de plantation : préférer les grands espacements : de 70 à 100 pieds/ha (maximum).

Conduite des plantations : entretiens difficiles mais possibilité de bourrage avec *Acacia auriculiformis* ou *A. mangium* ou développement de cultures intercalaires (agroforesterie). Pas d'éclaircie mais élagage artificiel indispensable en l'absence de plantation de bourrage.

N'Goua II (CTFT-Congo) 1991. A gauche : Parc à pieds-mères de macroboutures (arbres + sélectionnés en forêt naturelle et mobilisés par greffage). **A droite** : Test clonal âgé de 2 ans.

Croissance : Rapide en site favorable, les arbres peuvent atteindre 2 m^3 de bois d'œuvre à 20 ans.

Productivité : maximum de 10 m^3/ha/an (200 m^3/ha à 20 ans) du fait de la très faible densité de plantation (GUERIN J-L. 1974[528]).

Agroforesterie : les plantations clonales à larges espacements conviennent particulièrement bien à une association avec le cacao, le café, les bananes.

Maladies et ravageurs

On ne signale que quelques rares attaques d'insectes :

- Défoliateurs sur jeunes arbres en Côte d'Ivoire et au Nigéria (*Epicerura sp.* et *Zonocerus variegatus*).
- Perforateurs des tiges dans le jeune âge (*Doliopygus sp.*).
- Termites sur les stumps, après plantation.

Perspectives

L'espèce est très intéressante en zone semi-décidue (assez bonne production à court terme) à condition de se limiter aux meilleurs clones et de pratiquer l'élagage artificiel ou le bourrage avec une légumineuse comme l'acacia. L'agroforesterie est particulièrement recommandée avec cette essence qui se plante à grands espacements et qui apporte un ombrage haut, léger et très régulier. Le Congo qui est le seul pays à disposer d'une expérience Limba complète est particulièrement bien placé pour conduire de telles plantations. Un complément de recherche sur le rajeunissement et le minibouturage est recommandé.

11.2. L'Okoumé *(Aucoumea klaineana* Pierre*)*

"Le meilleur bois du monde pour le déroulage"

Caractéristiques générales (BRUNCK *et al.* 1990[529]).

Botanique : *Aucoumea Klaineana*, famille des Burséracées.

- Feuilles composées et jeunes pousses très rouges.
- Espèce grégaire des forêts denses humides secondarisées d'Afrique centrale.
- Durée de vie assez courte (200 ans).
- Grand arbre à contreforts (HT : 50 m ; Ø : 2 m), disparaissant avec le vieillissement des forêts.

Aire naturelle : Presque entièrement limitée aux frontières du Gabon. Ne déborde que légèrement au Sud (Congo) et au Nord (Guinée Equatoriale et Cameroun). Au Gabon, seul le Nord-Est est sans Okoumé. La limite de cette aire apparaît généralement comme très tranchée, en particulier à Okondja (Est-Gabon) où les peuplements très riches en Okoumé, s'arrêtent net.

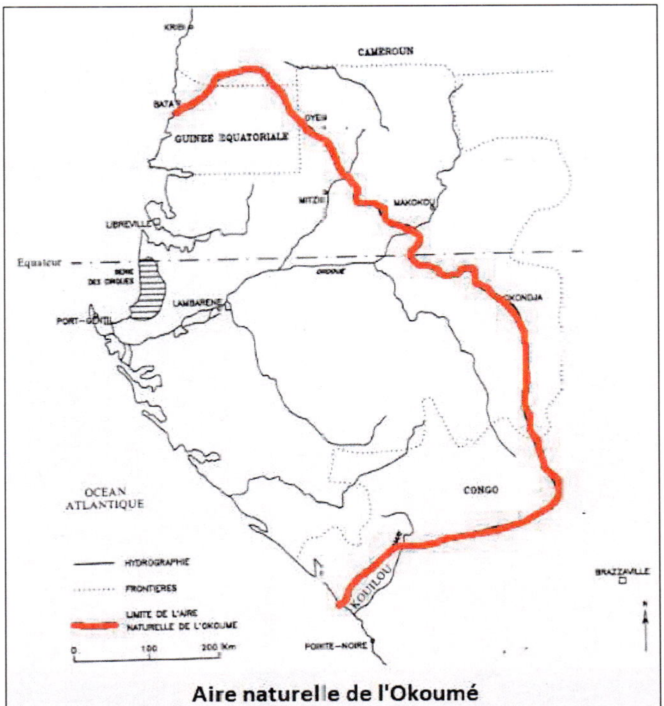

Aire naturelle de l'Okoumé
D'après CTFT , J. GROULEZ et J.-M. CAPDEVIEILLE

Régénération naturelle : L'Okoumé se régénère abondamment dans les trouées et les défriches agricoles (pour peu que les ouvertures coïncident avec la dispersion des graines, en février) mais aussi en bordure de forêt, par auréoles successives, à la lisière des savanes, incluses, ou limitrophe des massifs forestiers, donnant alors de véritables brosses de semis, rarement de belle forme.

Particularités : Essence forestière majeure au Gabon, alimentant en grande partie l'industrie forestière. Bois idéal pour le déroulage (aubier et bois de cœur). Ecorce exsudant une résine à odeur de térébenthine, utilisée localement pour faire des torches, mais aussi en parfumerie.

Données écologiques :

- Zone de Forêt équatoriale humide
- Températures stables (22°C à 27°C selon les saisons).
- Pluviométrie très forte (1.700 à 3.000 mm de pluie) avec 2-4 mois de saison sèche.
- Hygrométrie stable et très élevée toute l'année (taux moyen d'humidité de 85%).
- Altitude basse mais pouvant s'élever à 980 m (Monts de Cristal et Chaillu).
- S'adapte à tous les types de sol.

Valeur en Plantations

Caractéristiques générales : Essence peu utilisée en reboisement. Croissance assez lente (2 m/an). Espèce héliophile mais très sensible à la lumière latérale (troncs sinueux avec gourmands).

Graves déformation des tiges des jeunes arbres isolés en pleine lumière. De plus, divers parasites peuvent aussi causer des déformations du tronc lorsque les densités sont trop fortes.

Optimum : densité faible (350/ha) et arbres gainés par la végétation, deux conditions difficiles à réunir à cause des essences pionnières (Parasoliers, etc.) plus rapides que l'Okoumé et finissant par l'éliminer.

Extensions : Plusieurs essais de plantation d'Okoumé réalisés dans le monde : Indonésie, Malaisie, Surinam, Guyane, Côte d'Ivoire, Ghana, Cameroun, Congo (N'Goua II), Madagascar, Sénégal, etc.

Gabon – 2012 (Département de l'Estuaire).
Périmètre de Reboisement de la M'Voum.
Beaux Okoumés de plantation, âgés de 40 ans.

Résultats assez peu concluants et développements limités, sauf au Gabon (30.000 ha de 1953 à 1992 dans la région de l'Estuaire), au Cameroun où les résultats ont été les meilleurs (plusieurs milliers d'ha près de Kribi, en limite d'aire naturelle) et en Côte d'Ivoire (1000 ha à l'Anguédédou).

Région de Lastourville (Est-Gabon - 1996). Compagnie Equatoriale des Bois. Exploitation de l'Okoumé en Forêt naturelle. Chargement d'un camion grumier avec des billes de première qualité.

Qualités du bois

Bois de forêt naturelle : assez léger (d = 0,44), de couleur rose clair. Première qualité pour le déroulage et la fabrication de contreplaqué. Bois de plantation de qualité équivalente car les contraintes de croissance et les défauts de forme, influencent peu la qualité du bois.

Objectif des plantations : Placages de premier choix et /ou contreplaqués pour le marché international (grumes à haut rendement en déroulage). Sciage pour la qualité seconde.

Productions secondaires

Résine : importante production secondaire à partir de blessures de l'écorce pratiquée au cours de l'année qui précède l'abattage. Recherche de marchés dans le secteur de la parfumerie.

Aspects biologiques

Cycles végétatifs : Espèce caducifoliée. Les feuilles tombent en saison sèche mais les nouvelles feuilles apparaissent rapidement, la saison sèche étant très courte

Reproduction sexuée : Espèce entomophile et dioïque (arbres mâles et arbres femelles). En conséquence, seuls 50% des arbres sont fructifères (moyenne de 20 litres de graines par arbre, de janvier à mars). Peu de risques d'autofécondation et contrôle possible des croisements par petits vergers biparentaux.

Fructification : floraison irrégulière de décembre à février, tous les 2 ou 3 ans, parfois massive.

Graines : ailées, dispersées par le vent. Pouvoir germinatif fugace (2-3 semaines). Séchage à l'air avant conservation au froid à 4°C avec actigel. Conservation : 3 ans maximum. Besoins : 2 litres/ha (800 graines/litre),

Semis direct en conteneurs : germination rapide (5-6 jours) puis croissance relativement lente. Plants de 4 mois, prêts pour la plantation.

Multiplication végétative : Greffage assez facile permettant la mobilisation d'arbres sélectionnés en forêt et l'installation de vergers à graines. Par contre, bouturage plutôt difficile avec enracinement assez lent, interdisant le clonage à grande échelle sans un effort important de Recherche-Développement (à commencer par le minibouturage).

Amélioration génétique

Provenances : Essais de Provenances réalisés au Gabon à la fin des années 70. Résultats peu concluants.

Obtention de graines améliorées : Forte variabilité individuelle poussant à la récolte de graines sur les plus beaux arbres, au moment de l'abattage. Récolte de greffons sur arbres + (mâles et femelles) et greffage sur jeunes plants. Installation de vergers à graines évitant les récoltes difficiles en forêt naturelle. Pas de risque d'autofécondation dans ces vergers (dioïcité).

Ressources génétiques : Récoltes sur arbres sélectionnés et plantations conservatoires sous forme de vergers à graines de familles avec possibilité d'éclaircie génétique.

Sylviculture

Itinéraire : En forêt naturelle, il existe beaucoup de jeunes peuplement naturels très denses qui mériteraient des travaux d'amélioration sylvicole mais pour lesquels la faisabilité des éclaircies reste problématique (NASI R. 1997[530]). Pour les plantations, il faut s'orienter vers une modalité intensive plutôt que vers des schémas traditionnels nécessitant beaucoup de main d'œuvre, trop difficiles à contrôler en zone forestière. La rentabilité des plantations est difficile pour des révolutions dépassant 35 ans. (voir l'article du CIRAD : "Etude Coût et Bénéfices des Plantations d'Okoumé au Gabon", déc. 2010 [531]). Point essentiel : contrôler le recru, d'où nécessité d'utiliser une essence de bourrage *(Acacia auriculiformis)* couvrant bien le sol et protégeant les fûts mais restant subordonnée à l'Okoumé planté à basse densité (300/ha).

Densités de plantation : 300 Okoumés/ha (1 ligne/3) + 600 acacias/ha (2 lignes/3) soit 900 emplacements/ha (3,3 m x 3,3 m).

Entretiens : très suivis pendant la 1ère année, jusqu'à couverture complète du sol par les acacias.

Rotations : 30 ans avec 1 seule éclaircie sélective à 50% (des emplacements), entre 10 et 15 ans.

Production commerciale : récolte de 150 arbres/ha, de 2 m^3, soit 300 m^3/ha (10 m^3/ha/an à 30 ans).

Agroforesterie : Pratique possible des taungyas avec cultures vivrières (manioc non souhaitable à cause du pourridié).

Maladies (J. LEROY DEVAL 1976[532]).

Chancre noir, psylles et xylophages, sont à redouter en début de croissance (déformation des troncs). Les plantations à faible densité et avec bourrage d'acacias devraient y échapper.

Perspectives

L'espèce peut s'avérer intéressante aux trois conditions suivantes :

1. Concentrer les plantations (programmes intensifs sur surfaces limitées),
2. Sélectionner et/ou créer de bonnes sources de graines,
3. Bien maîtriser la sylviculture à faible densité, avec bourrage d'accompagnement.

***

12. LES ESPÈCES TEMPÉRÉES ADAPTÉES À LA LIGNICULTURE

Concernant les feuillus, c'est en zone tempérée et notamment en France que l'expérience de la ligniculture est la plus ancienne et la plus avancée avec la culture des salicacées et plus particulièrement des peupliers (ou **populiculture**) qui est sans aucun doute le meilleur exemple existant de ligniculture. C'est aussi le cas des **Saules,** de la même famille, beaucoup moins utilisés mais qui ont connu un regain d'intérêt lors du lancement des cultures énergétiques. On doit maintenant ajouter **le Merisier** à cette liste, qui grâce à la mise au point du bouturage de racines dans les années 80 a bénéficié d'un programme de sélection ayant conduit à la production de clones performants.

Pour ce qui est des conifères, on doit citer en premier lieu le Cryptomeria, grand conifère japonais, cloné dans son pays depuis des millénaires et qui fait l'objet d'une culture très sophistiquée. Par ailleurs, et malgré la grande difficulté du clonage, plusieurs essences classiques peuvent être utilisées en plantation relativement intensive car on dispose aujourd'hui de matériels génétiques améliorés de grande valeur et plus particulièrement pour le **Pin maritime** (premier modèle lignicole en France pour les conifères et que nous avons déjà examiné au chapitre des Pins). Il en est de même pour **le Douglas** (première essence de reboisement, et sans doute essence la plus étudiée en Europe), l'Epicéa, le Pin laricio, mais aussi le Mélèze (en particulier hybride). Toutefois on ne peut réellement parler de ligniculture que si la révolution est courte, voire très courte pour parvenir à des taux de rentabilité élevés, ce qui est loin d'être toujours le cas.

Enfin, nous examinerons quelques espèces potentielles, dont les qualités peuvent en faire de bons candidats à la ligniculture, comme le **Robinier**, le **Séquoia toujours vert,** le **Tulipier** et l'**Aulne**, mais qui demandent cependant encore un important travail de R&D pour attirer l'intérêt des planteurs.

**

121 – LES PEUPLIERS

(*POPULUS SPP.*)

1 - Bibliographie

Nous ne nous étendrons pas par ailleurs sur la populiculture car il existe de très nombreux ouvrages sur ce sujet. La liste ci-après fait référence aux principaux titres existants, certains très complets et qui sont soit des documents scientifiques de base, soit des manuels à l'usage des planteurs locaux :

- POURTET J. Arboriculture. La culture du Peuplier. 261 p. Editions Baillère, 1965.
- TARIS B. Peupliers et Populiculture. 207 p. Editions EYROLLES, 1966.
- BARNEOUD Cl. et BONDUELLE P. La culture du Peuplier. AFOCEL, 1979, 274p.
- BARNEOUD Cl., BONDUELLE P. et DUBOIS J. M. Manuel de Populiculture. AFOCEL, 1982, 274p
- SOULERES G. Les milieux de la populiculture. IDF, 1992.
- Unasylva n° 213. n° spécial "Peupliers et Saules", Vol. 56 2005/2.
- https ://www.fao.org/3/a0026f/a0026f00.htm
- FORTIER J. *et al.* Le Guide de Populiculture au Québec, Réseau ligniculture Québec.
- CARAH, CPH et CRPF-Hauts-de-France, Peuplier & Populiculture Pour une culture pérenne et responsable des peupleraies 2.0, en France du Nord et en Belgique,
- CRPF. Guide du Populiculteur Breton - CRPF Bretagne-Pays de la Loire, déc. 2019.
- VAN LERBERGHE Ph. et PARIZEL A. Le peuplier agroforestier. IDF 06/2020 2e édition.
- HUAXIN Zh. (1999). Poplars, breeding, cultivation technologies and extension in China. APAFRI publication Série 4.
- FAO - Damaging poplar insects : Internationally important species. Guide to insect species of international importance, main types of damage, impact and integrated pest management methods. IPC publications
- Poplars and Willows : Cultivation, Applications and Environmental Benefits ; Plant Science Research and Practices. Madeline V. Desmond (Editor) BISAC : NAT034000
- ISEBRANDS J.G. and RICHARDSON J. (2014). Poplars and Willows Trees for Society and the Environment, Published by CAB International and FAO 624 p.
- SOULERES G. Les peupliers forestiers. R.F.F XXXVI - 6 - 1984

Il est également intéressant de consulter certains sites internet :

- https ://peupliersdefrance.org/page/55-les-cultivars-de-peuplier
- https ://www.bois-et-vous.fr/peuplier/ressource-populicole
- /www.fiboisalsace.com/files_upload/documentation/201501081103160.Rapport%20final %20SU%20109.pdf
- https ://www.cnpf.fr/n/comment-choisir-un-cultivar-de-peuplier/n :1152
- https ://www.cnpf.fr/n/fiches-stations-peuplier/n :1151

Il faut par ailleurs signaler l'existence de la Commission internationale du Peuplier (CIP) créée en 1947 dans le cadre de la semaine internationale du peuplier organisée par le Gouvernement français et encadrée par la FAO depuis 1959. La CIP dispose d'un comité exécutif qui en est à sa 50ème réunion (20-22 oct. 2021) alors que la 25ème session technique s'est réunie du 5 au 8 octobre 2021*. Par ailleurs le 7ème symposium sur les peupliers a eu lieu en novembre 2018 à Buenos Aires (Argentine).

2 - Aires naturelles

Les peupliers sont des espèces pionnières, hydrophiles et héliophiles, douées d'un grand pouvoir d'adaptation aux conditions climatiques et édaphiques. Elles font partie des associations riveraines des grands bassins hydrographiques comme le montre très bien la carte de la page suivante.

https://europanels.org/wp-content/uploads/2021/04/EPF-Position-Paper-on-European-Plywood-Industry-and-Climate-Change.pdf

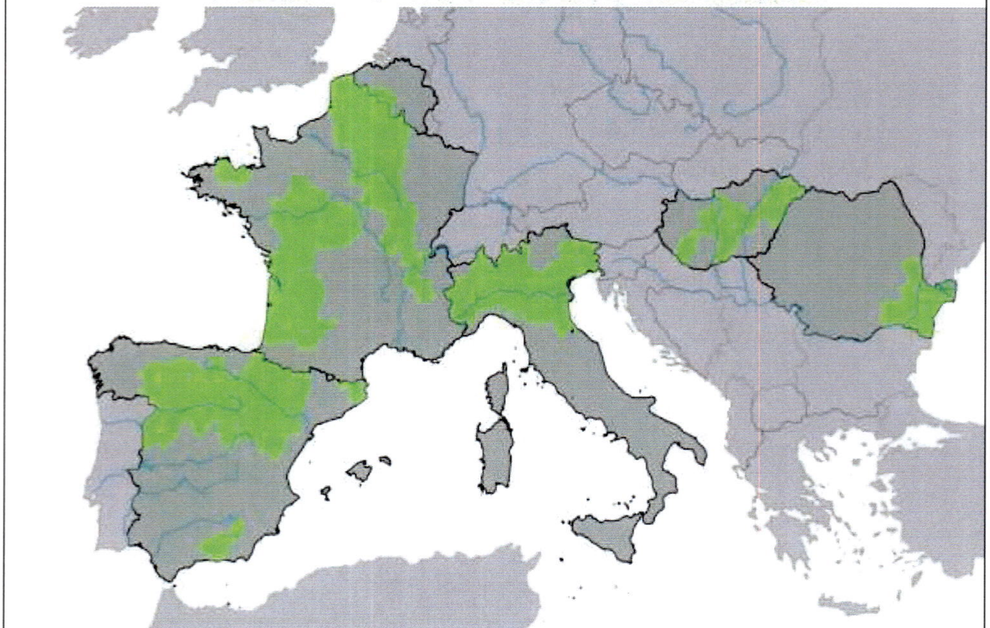

Figure 1. Map of the main areas for poplar plantations in Europe as well as the main European rivers.

Selon Ball J. *et al.* (2005[533]), les forêts naturelles de peupliers couvraient 70 millions d'hectares (FAO 2004), dont 97% se trouvent au Canada, en Russie et aux USA où elles sont majoritairement des forêts de production. Le graphique suivant, construit d'après ces données, montre qu'en Europe, les peupleraies naturelles sont beaucoup moins étendues et constituent des forêts riveraines, en mélange avec d'autres feuillus (frênes, saules, aulnes, etc.), lesquelles sont surtout des forêts de conservation. Depuis cette date, les surfaces ont été révisées à la baisse (64 millions d'ha en 2016).

* Ces deux réunions se sont tenues par internet à cause de la Pandémie de Covid-19.
https ://www.fao.org/3/cb7747en/cb7747en.pdf et https ://www.fao.org/3/cb2070fr/cb2070fr.pdf

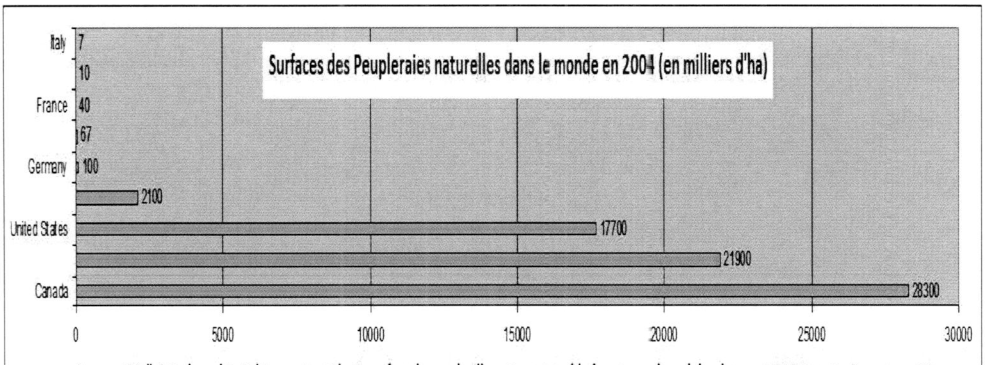

Source : J Ball, J. Carle and A. Del Lungo. Contribution of poplars and willows to sustainable forestry and rural development. FAO Forestry Department Rome.

3 - Qualité du bois (FAO 2014[534])

Chez les peupliers, l'aubier est blanc-crème et le bois de cœur varie du brun jaunâtre au vert olive. De densité moyenne avec d'assez faibles valeurs de résistance mécanique (flexion, chocs, rigidité compression). De plus, le bois de peuplier a une texture moyenne à fine et un fil droit. C'est un **bois très polyvalent**, facile à usiner, raboter, tourner, percer, clouer, coller, teindre et peindre mais plus difficile à scier et à poncer. Il convient donc à une très large gamme de produits :

- Bois d'œuvre :
  - en déroulage (contreplaqué),
  - en sciage (construction légère, meubles, menuiseries intérieures, moulures, panneaux collés divers, tournages et sculptures),
- Bois de trituration (panneaux MDF, OSB, composites etc., pâtes et papiers, viscose, etc.),
- Bois d'énergie (pellets, etc.),
- Matière première du bio raffinage (méthanol, éthanol, méthane, etc.).

Globalement les débouchés des bois de peupliers sont à 60% le contreplaqué, 21,7% les panneaux, 11,7% les pâtes, 5,6% les sciages et le reste (1,1%) étant dévolu à l'énergie et à des emplois divers.

4 - Aspect génétique

Genre *Populus*. Il comprend une quarantaine d'espèces différentes, typiques des zones tempérées et froides de l'hémisphère nord (bien qu'une espèce existe au Kenya, en hémisphère Sud). Ces espèces se regroupent en 6 sections dont 5 principales assez distinctes les unes des autres :

Sections taxonomiques de peupliers	Dénominations	Caractéristiques principales	Aptitude au bouturage ligneux	Orientations économiques	Potentiel d'amélioration
Abaso	Peuplier "mexicain"	1 seule espèce (entre tremble et deltoïde)	B	Agroforesterie	?
Turanga	P. "blancs"	3 espèces de zones chaudes et arides	Moyen	FN et Plantations	élevé
Tacahamaca	P. "baumiers"	Peupliers forestiers, éloignés des rivières	TB	FN et Plantations	élevé
Aegeiros	P. "noirs"	Populiculture traditionnelle	TB	Plantations	élevé
Leuce	P. "trembles"	Gestion des FN* + TCR** et TTCR***	Difficile	FN	élevé
Leucoïdes	P. "de montagne"	Exploitation de grumes et Agroforesterie	Difficile	FN	?

* FN : Forêts naturelles ** TCR : Taillis à courte révolution *** : TTCR Taillis à très courte révolution

On visualisera les aires naturelles de ces différentes sections sur les cartes ci-après, associées à un arbre phyllogénétique du Genre *Populus*. Ce document très intéressant est extrait de l'excellente publication de (WANG *et al.*[535]) qui ont expliqué l'évolution du genre *Populus* par des analyses d'ADN nucléaire réalisées sur 80 individus soigneusement répartis suivant les sections.

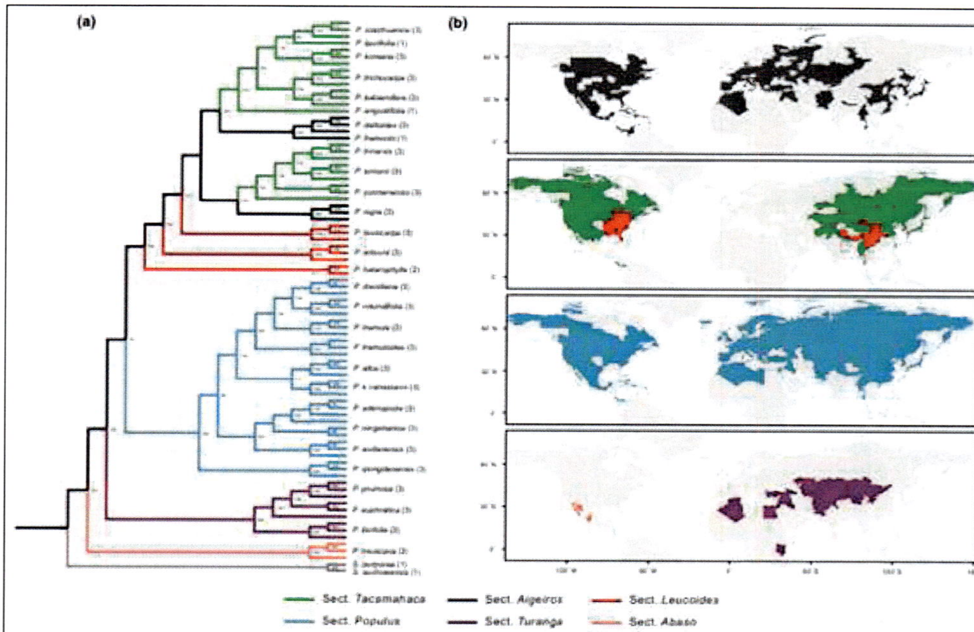

Fig. 1 (a) Phylogenetic relationships among 29 *Populus* taxa (80 samples) and two *Salix* species rooted on *S. purpurea* and *S. suchowensis* based on the first and second codon positions of 5305 single-copy genes analysed with ASTRAL species tree methods. Numbers at each node represent bootstrap values. The numbers in parentheses next to the taxa names represent the number of samples for each taxon. (b) The geographical distributions of six intragenic sections of genus *Populus*.

Proposition d'arbre phylogénétique du Genre *Populus* et recherche des divisions par Section et Sous-section, en liaison avec les **aires naturelles** de chacune d'elles. Extrait de la publication de WANG, MINGCHENG *et al.* (2020).

Il est intéressant d'observer que les auteurs ne sont pas parvenus à séparer compétemment les sections Aigeiros et Tacamahaca qui restent intriquées, *P. nigra* restant proche des baumiers asiatiques et P. deltoïdes des baumiers américains.

<u>Espèces de peupliers</u>. Pour chacune des 6 sections de peupliers, le tableau synoptique de la page suivante dresse la liste des principales espèces par grande région géographique. La section Aigeiros des peupliers dits "noirs", qui ne contient que 2 espèces importantes, est cependant celle qui a conduit, jusqu'en 1975 au développement de toute la populiculture grâce aux hybrides intrasectionnaux dits "euraméricains" (*P. deltoïdes* x *P. nigra*) (RICODEAU 2019[536]). A partir de 1975[♣], un nouveau bond a été fait avec l'utilisation des peupliers baumiers en plantation à partir de sélections de *P. trichocarpa* naturels.

[♣] Il s'agit des dates d'inscription des cultivars au catalogue et non pas du démarrage des programmes qui sont très antérieurs.

Tableau synoptique des principales espèces de Peupliers, par sections taxonomiques et par régions géographiques

Sections	Sous sections	Précisions sur la Zone Géographique	Catactéristiques particulières	Espèces par Zones géographiques		
				Europe/ Afrique	Amérique	Asie
1 - Abaso		Peupliers méxicains	Zones côtières du Méxique. Peu utilisé sauf par les paysans (clôtures vivantes et lutte contre l'érosion fluviale).		*P. mexicana*	
2 - Turanga		Aire discontinue, du Maroc jusqu'en Chine du Nord en passant par l'Asie centrale et le Moyen Orient	En Chine, considéré depuis 2000 comme une des espèces de base dans les programmes d'Amélioration génétique.			***P. euphratica***
		Afghanistan, Iran, Kazakhstan, Kirghizistan	Peuplier des zones arides. Zones ripicoles étroites, Espèce importante mencée			*P. pruinosa*
		Kenya (Tana river), Tanzanie. Seul peuplier tropical et d'hémisphère Sud.	Bois de type peuplier, Usages multiples, Pirogues, Se bouture facilement	*P. ilicifolia*		
3 - Tacamahaca		Montagnes rocheuses	1200-2400m		*P. angustifolia*	
		Canada (de la Côte Est aux Montagnes Rocheuses) et Nord-Est des U.S.A	Très résistant au froid, au vent et à la sécheresse, Grande importance économique,		***P. tacahamaca***	
		Ouest Amérique du Nord ; avec le douglas	Très gros arbres dans l'aire naturelle,		***P. trichocarpa***	
		Régions boréales de l'Amérique du Nord	Avec le sapin baumier et les épinettes		***P. balsamifera***	
		Montagnes du Nord de la Chine	Bons hybrides avec *P. nigra* en Chine du Nord			***P. simonii***
		Sud de la Chine Tendance subtropicales	Craint le gel d'automne, Résiste à la sécheresse			***P. yunnanensis***
		Montagnes de Chine (Centre et Sud-Ouest)	Espèce très vigoureuse (plus grand peuplier de Chine)			***P. szechuanica***
		Nord, Sud-Ouest et Centre de la Chine (1500 - 2300m alt.)	Très résistant (Plateau tibétain). Excellents hybrides avec P. nigra et deltoïdes en Chine.			***P. cathayana***
		Japon, Manchourie, Corée,Extrême orient russe, (Très proche de *P. suaveolens*)	Génétiquement proche de *P. suaveolens*. Très grand arbre. Le cultivar 'Androscogyn' est un de ses hybrides avec *P. trichocarpa*,			***P. maximowiczii***
		Corée	Espèce à débourement très précoce			*P. koreana*
		Chine (Altaï, Kazakhstan, Mongolie, Xinjiang)	Les hybrides avec *P. nigra sont intéressants aux USA dans les TTCR**.			*P. laurifolia*
		Chine du Nord-Est et du Centre-Nord				*P. suaveolens*
4 - Aegeiros		Europ, Turquie et Asie centrale	Populiculture en zone tempérée à tendance froide	***P. nigra***		
		Sud-Est des USA (bassin du Mississipi)	Populiculture en zone tempérée à tendance chaude. Bon hybride avec *P. maximowiczii* au Québec.		***P. deltoïdes***	
		Grandes plaines américaines (USA et Canada), Ouest Canadien	C'est le "cottonwood" des grandes plaines.		*P. sargentii*	
		Sud-ouest des États-Unis et du Nord au Centre du Mexique,	Arbre ornemental, brise-vent, restauration des zones ripariennes.		*P. fremontii*	
5 - Leuce	Albidae	Du Maroc au Pays baltes et au lac Baïkal (Russie). Autour de la méditérranée, en Asie mineure et centrale,	Très gros arbres dans la région de Voronezh (Russie), On le trouve aussi en Afrique du Nord. Les grisards (x *canescens*, etc.) sont des hybrides spontanés avec *P. tremula*. *P. alba x grand dentata* réussit bien aux USA.	***P. alba***		***P. alba***
	Tomentosae	Chine - Centre Nord, principalement dans le bassin du fleuve jaune	Peuplier "blanc de Chine". Les clones triploïdes sont supérieurs aux diploïdes.			*P. tomentosa*
	Tremulae	Nord-Est des USA et Sud -Est du Canada. Région des grands lacs.	Hybrides *P. alba* x canescens vigoureux mais se bouturent mal. L'hybride triple se bouture mieux.		*P. grandidentata*	
		Tout le Nord de l'Amérique du Nord, Descend largement par les Montagnes rocheuses jusqu'au Méxique,	Très vaste aire naturelle. Jusqu'à 3000m d'altitude dans le Colorado. S'hybride naturellement avec *P. alba, angustifolia, balsamifera, deltoïdes et grandidentata*. *P. tremula x tremuloïdes* et son réciproque sont multipliés par drageons.		***P. tremuloïdes***	
		Toute l'Europe, la Russie et la Chine, On le rencontre aussi un peu en Afrique du Nord, Jusqu'à 2000 m dans les Alpes.	Trempble : peuplier eurasien des zones froides. Supporte de très grands écarts de températures. En mélange avec les autres espèces forestières. En France, races montagnardes de meilleures formes.	***P. tremula***		***P. tremula***
		Chine continentale, Mongolie, Corée et Extrême-Orient Russe,	Les hybrides avec *P. rotundifolia*, sont vigoureux.		*P. davidiana*	
		Japon. Zones montagneuses	Tremble du Japon. Tolère les sols lourds et humides, l'hybride avec *P. alba* est performant au Canada.			*P. sieboldii*
		Chine du Sud, du Centre et de l'Est	Grand arbre dans les zones montagneuses.			*P. adenoptera*
6 - Leucoïdes		Sud-Est des USA (Côte Est, Nord de la Floride et Cours moyen du Mississipi)	Peuplier argenté. Inférieur à *P. deltoïdes*. Pas d'utilisation commerciale.		*P. heterophylla*	
		Peuplier "baumier chinois" ou "chinese necklace poplar". Chine du Centre-Sud (Guizhou, Hubei, Shaanxi, Sichuan, Yunnan)	Fait l'objet d'une importante exploitation grumière. Très grandes feuilles à pétioles rouges. Appelé "baumier sans être en section Tacamahaca.			*P. lasiocarpa*
		Chine du Centre et du Centre-Est (Ganzu, Hubei, Shaanxi Sichuan, Xizang, et Yunnan)	Peuplier d'altitude, très rustique.			*P. wilsonii*
		Pakistan, Inde, Népal, Bhoutan et Myanmar.	Peuplier de l'Hymalaya. Utilisé en agroforesterie locale.			*P. ciliata*

* **TTCR** : Taillis à très courtes rotations

Références :

- POURTET J. Les peupliers baumiers et leurs hybrides, RFF 1950, n° 6. pp. 317-322.
- PROTA4U. Populus ilicifolia (Engl.) Rouleau. https://prota4u.org/database/protav8.asp?fr=1&g=pe&p=Populus+ilicifolia+(Engl.)+Rouleau
- ZIL Yang et *al*, Les ressources génétique des peupliers en Chine du Nord. in FAO Ressources Génétiques forestières n° 27 (1999)
- EBBEN Trees since 1862, Populus lasiocarpa, P. baumier de Chine à fruits velus, https://www.ebben.nl/fr/treeebb/polasioc-populus-lasiocarpa/pdf/
- FAO : Poplars and Willows. Trees for Society and Environment. Edited by J. G. Isebrands and J. Richardson. Published by FAO and CABI.
- Qiang Han *et al.* Response of tree growth, crown, and branch development to planting density in four *Populus tomentosa* clones. Austrian Journal of Forest Science, 137, (2020), pp. 179-198

('Columbia River', 'Fritzy Pauley') suivis de croisements *P. trichocarpa* x *P. trichocarpa,* avec par exemple le clone 'Trichobel' de la Station de Grammont en Belgique.

Ce programme s'est poursuivi par la création d'hybrides entre les sections Tacamahaca et Aegeiros, dits "interaméricains", plus tolérants aux maladies et très vigoureux, avec en particulier les croisements *P. trichocarpa* x *P. deltoïdes* ('Unal' en 1975 et 'Raspalje' en 1980).

De plus, il faut signaler les inscriptions suivantes :

- **en 1991**, le clone 'Villafranca' de *P. alba* par l'Institut italien de Casale Monferrato,
- **en 1993**, le clone 'Rajane' de *P. tremula x P. alba* par l'INRAE d'Orléans (France),
- **en 2005**, les deux clones Belges 'Bakan' et 'Skado' de *P. maximowiczii* x *P. trichocarpa*, tous deux baumiers, l'un asiatique et l'autre américain.

Le tableau synoptique précédent nous montre que la variabilité du genre *Populus* est considérable. De plus, bien que l'essence soit une des plus étudiée et manipulée parmi toutes les essences forestières, nous pouvons voir également sur ce tableau, qu'il reste encore un énorme réservoir de variabilité et d'espoir pour les futures générations de populiculteurs, face à de nouvelles adversités mais aussi à la recherche de débouchés nouveaux pour une plus grande valeur ajoutée.

C'est la démonstration évidente que la culture clonale exige une création variétale en continu, d'autant plus dynamique que la base génétique est grande.

A ce stade on peut remarquer que la très grande facilité du clonage ligneux a sans doute trop fortement orienté l'améliorateur vers les croisements "*deltoïdes* x *nigra*" en même temps qu'il a beaucoup trop court-circuité le niveau provenances. Alors que ce niveau est considéré aujourd'hui comme incontournable chez toutes les espèces forestières, il manque significativement au niveau de l'adaptation des cultivars de peupliers aux divers milieux d'introduction.

Aptitude au bouturage. Les sections n'ont pas toutes la même aptitude au bouturage ligneux lequel est une des caractéristiques déterminantes du développement de la populiculture. Les espèces qui se bouturent difficilement par portions de tige restent peu plantées, même lorsque des hybrides très vigoureux existent, comme les grisards par exemple. Le bouturage à partir de drageons ou de jeunes rejets herbacés, et plus particulièrement le minibouturage comme c'est le cas aujourd'hui pour les eucalyptus, est sans doute très facile à mettre au point chez toutes les espèces de peuplier. Cette technique, très au point sur l'eucalyptus, devrait conduire à développer la culture des espèces de peupliers inaptes au bouturage ligneux. Il est vrai que le coût des plants sera plus élevé.

Faisabilité des croisements intersectionnaux. Les hybrides interspécifiques présentent souvent de l'hétérosis. Cependant, si les croisements intrasectionnaux sont possibles, il peut exister des barrières plus ou moins grandes entre les sections et bon nombre de croisements restent difficiles, voire impossibles par les techniques traditionnelles.

Le schéma classique (ci-après) indique les possibilités de croisements interspécifiques entre les 5 principales sections taxonomiques. Pour les croisements intersectionnaux difficiles, voire théoriquement impossibles, on peut cependant recourir à la technique du "pollen mentor" (voir point 72.32, 2ème partie). La photographie de droite, prise en 1977 à Canberra, illustre les travaux du

Professeur PRYOR et de son assistant, R.R. WILLING, relatifs à cette technique grâce à laquelle ils avaient réussi à produire des hybrides *P. deltoïdes* x *P. alba* alors que ces deux espèces appartiennent à des sections réputées incompatibles.

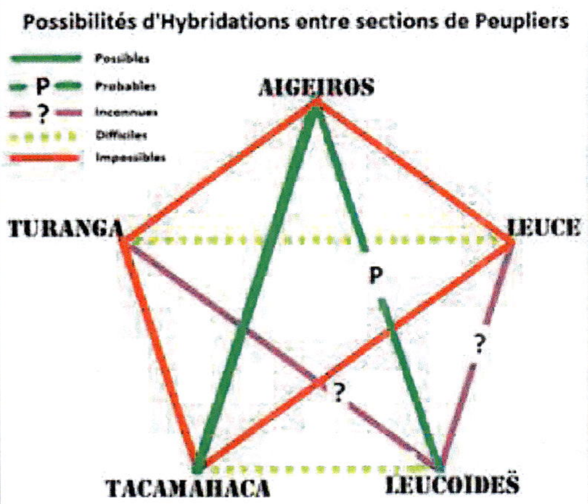

Université de Canberra (1977). Prof. L.D. Pryor et R.R. Willing devant des hybrides *Populus deltoïdes* x *P.alba* obtenus par pollen mentor.

Remarquons cependant que les hybrides obtenus par cette technique ne présenteront pas toujours les caractères recherchés, et que l'hétérosis ne sera pas toujours au rendez-vous, mais c'est sans aucun doute une nouvelle voie vers une exploitation plus large de la variabilité naturelle sans abandonner les variétés améliorées en désaffection à cause d'un nouveau parasite ou d'une faiblesse technologique. Le clonage sera alors un outil précieux permettant de multiplier à grande échelle les rares individus exceptionnels.

Comme on l'a vu plus haut, la génétique moléculaire et les études phylogénétiques tentent aujourd'hui d'expliquer la nature et le fonctionnement des barrières génétiques entre espèces. Grâce à cette puissante technologie, l'identification des clones sélectionnés rend déjà de grands services et on attend une amélioration des programmes traditionnels de sélection du peuplier (compréhension des barrières à l'hybridation et assistance à la sélection des meilleurs parents.).

5 - Importance de la Populiculture

Surfaces. Il y a environ 9,6 millions d'ha de peupliers plantés par 70 pays dans le monde (FAO 2016) mais la moitié de ces surfaces est chinoise. En effet, la Chine, avec ses formidables campagnes de plantations, en particulier depuis l'an 2000, est devenu le leader mondial de la populiculture ainsi que le montre le graphique de gauche (page suivante), avec près de 1,5 million d'ha de plantations productives en 2004* et 3,44 millions en 2016 (EPFWBP 2016[537]).

Cet accroissement considérable est le résultat d'une politique nationale déjà ancienne qui encourage la plantation de peupliers et de saules en agroforesterie pour lutter contre l'érosion des sols (MAOYI

*Il est à noter que sur ce graphique il manque le Pakistan qui serait le troisième pays pour la surface de peupliers plantés.

& SASTRY 1991[538]) et plus récemment en foresterie urbaine et périurbaine, sous forme forestière ou agroforestière (HE *et al.* 2018[539]).

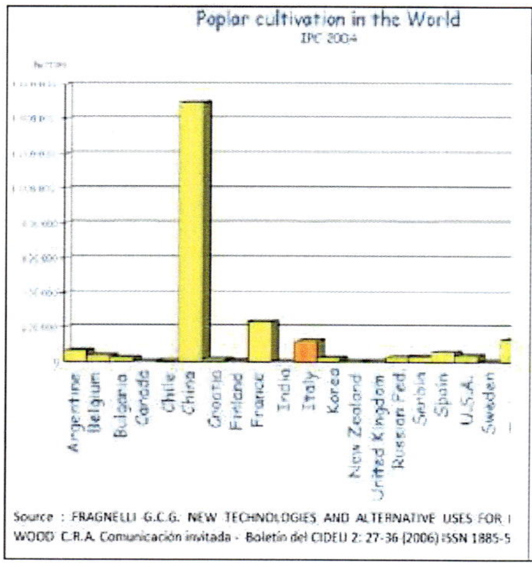

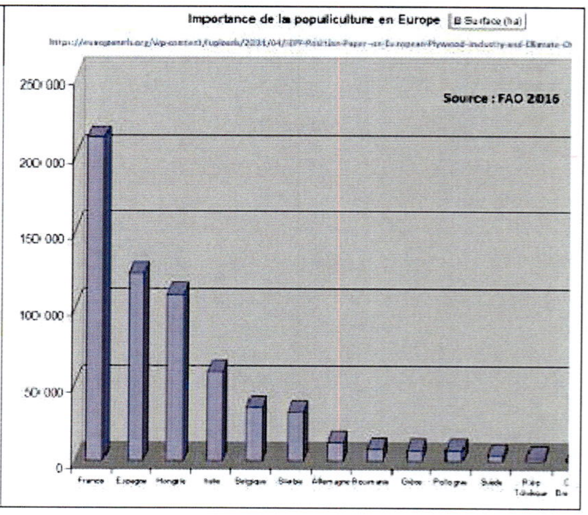

La populiculture, commencée au XVIIIème siècle (DDE DE L'OISE 2008[540]), est décrite en France depuis 1875. Avec ses nombreuses vallées, ses bons sols et son climat tempéré doux et relativement bien arrosé, la France fut longtemps le leader en populiculture, suivie de l'Espagne de la Hongrie et de l'Italie. Il faut signaler également la Turquie avec des surfaces de peupliers proches de celles de l'Italie. Le graphique précédent, à droite, fait état des surfaces de peupliers plantés en Europe en 2000.

Production. Avec 86,55 millions de m^3 en 2008 (9m^3/ha/an en moyenne), la Chine domine tous types de produits à base de bois de peuplier et de saule, représentant 91% du total mondial (FAO, 2008) soit 60% du contreplaqué, 21% des panneaux, 11% de la pâte et 5% du sciage.

En Europe, on manque de statistiques de production de bois de peuplier mais, selon QIANG M. *et al.* (2014[541]), la production des 8 pays les plus importants serait de 5 millions de m^3. Cette production est très insuffisante et la filière espère une aide de l'Union européenne dans le cadre du projet : "3 milliards d'arbres supplémentaires d'ici 2030".

En France, la production qui était de 3,2 millions de m^3 en 1988 (supérieure à celle du Chêne et du hêtre), a beaucoup baissé jusqu'à arriver à 1,5 million de m^3 en 2018. Le tableau qui suit, inspiré du memento FCBA de 2020, lui-même basé sur les statistiques de l'inventaire forestier national, nous montre qu'en France, la peupleraie reste cependant beaucoup plus productive que les autres forêts :

France 2018 Forêts de production	Surfaces		Volume sur pied		Age moyen théorique* de récolte (années)	Prod. annuelle biologique Bois Fort (BF)			Récolte 2018 (BO+BI+Bé)				Récolte BO 2018				
	10^3ha	%	10^6m^3	m^3/ha		10^6m^3/an	m^3/ha/an	%	10^6m^3	%	m^3/ha/an	R/BF %	10^6m^3	%	BO/(tot R) %	m^3/ha/an	Peupl. X
F. feuillues	9 722	75,0%	1 758	181	68,54	51,3	5,3	60,6%	14,4	37,1%	1,48	28,1%	3,9	19,5%	7,6%	0,40	19,5
F. résineuses	3 045	23,5%	1 003	329	64,09	31,3	10,3	37,0%	22,8	58,8%	7,49	72,8%	14,6	73,0%	46,6%	4,79	1,6
Peupleraies	192	1,5%	25	130	25,00	2,0	10,4	2,4%	1,6	4,1%	8,33	80,0%	1,5	7,5%	75,0%	7,81	1,0

Source : mémento FCBA 2020

* l'âge moyen théorique est grossièrement égal au rapport entre le double du volume sur pied et la production biologique annuelle

Ces chiffres mettent en évidence le grand intérêt économique de la populiculture :

- Sur **1,5%** de la surface, elle fournit **3,9%** de la récolte de bois d'œuvre (2,6 fois plus que les autres forêts de production),
- Avec **130 m³/ha**, le volume moyen sur pied est 2,5 fois inférieur à celui des résineux et 1,4 fois à celui des feuillus,
- L'âge moyen théorique de récolte n'est que de **25 ans** (69 ans pour les feuillus taillis compris et 64 ans pour les résineux),
- Sa productivité biologique est de **10,4 m³/ha/an**, égale à celle des résineux et le double de celle des feuillus,
- La récolte en bois fort est de **8,33 m³/ha/an**, soit 1,1 fois celle des résineux et 5,6 fois celle les feuillus.
- La récolte en bois d'œuvre est de **7,81 m³/ha/an**, soit **1,6** fois celle des résineux et **19,5** fois celle des feuillus,

Il n'en reste pas moins vrai que cette culture a subi depuis quelques années de graves difficultés qu'il est important d'analyser

6 - Problèmes de la populiculture française et remèdes

Problèmes actuels. Malgré son ancienneté et l'expérience dont elle jouit, la populiculture n'en demeure pas moins une culture clonale dont la fragilité doit être compensée par une amélioration génétique continue. Avec l'accroissement des surfaces et les changements climatiques, les attaques parasitaires se sont rapidement multipliées et ont contribué à l'abandon de nombreux clones à commencer par les plus anciens.

A ces facteurs biotiques se sont ajoutés des facteurs météoriques tels que les ouragans et les orages d'été qui ont entrainé de très importants dégâts depuis l'an 2000, non compensés par un prix de vente plus élevé du bois. D'où le découragement des propriétaires et une forte réduction, depuis la fin des années 90, des surfaces de peupleraies, en Europe du Sud (Italie, France, Espagne).

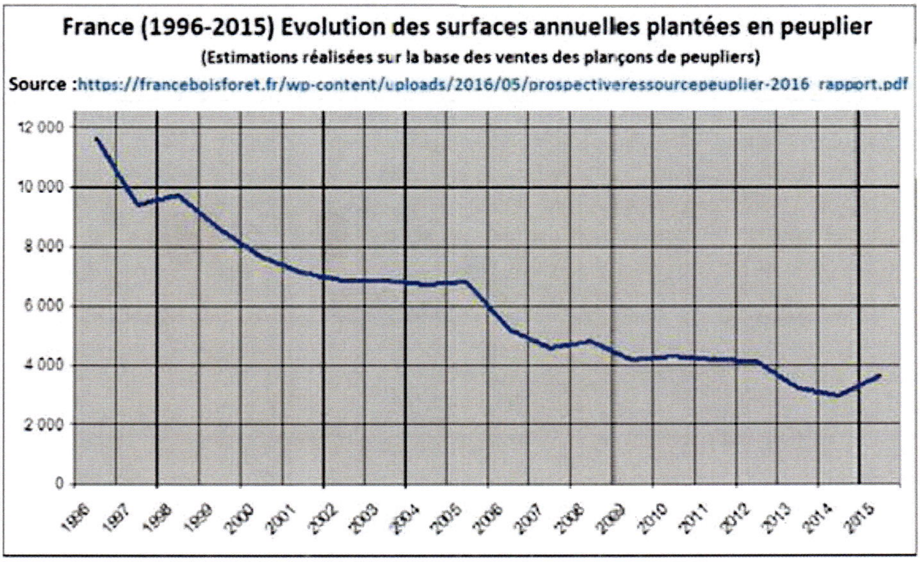

France (1996-2015) Evolution des surfaces annuelles plantées en peuplier
(Estimations réalisées sur la base des ventes des plançons de peupliers)
Source : https://franceboisforet.fr/wp-content/uploads/2016/05/prospectiveressourcepeuplier-2016 rapport.pdf

Selon la CIP, les chiffres ont dû être révisés à cause d'un manque d'harmonisation des inventaires forestiers nationaux, le peuplier n'étant pas considéré par tous les pays membres comme une essence forestière, mais agricole par certains (Italie). Cette révision n'a cependant fait que confirmer la tendance à la baisse, bien illustrée par le graphique précédent de l'évolution des surfaces plantées en France entre 1996 et 2015, extrait du rapport du Conseil National du Peuplier (CNP 2016[542]).

Cet important rapport a alerté les responsables sur le manque de reconstitution des peupleraies exploitées représentant une perte d'au-moins 25.000 ha, correspondant en moyenne à un tiers des surfaces exploitées non reboisées. L'Inventaire forestier national (IFN 2017[543]) a bien confirmé cette tendance : les surfaces des peupleraies sont passées de 212.000 ha en 1998 à 171.000 ha en 2013 (-20% en 15 ans). Cette réduction de la ressource est d'autant plus grave qu'elle se combine à une augmentation de la demande d'où un déficit estimé en 2016 à 30% des besoins (environ 500.000 m^3/an d'ici 2025). Dans son analyse, ÉRIC PAILLASSA (2014[544]) souligne le désintéressement des propriétaires pour de nombreuses raisons. Le tableau suivant, établi d'après cet article, en dresse la liste et en esquisse les causes et les remèdes.

Désintérêt des propriétaires pour les peupliers. Raisons et remèdes possibles

Problèmes		Origine des problèmes	Remèdes possibles
Attaques parasitaires	Chancre bactérien Marsonnina Rouille du Mélèze Puceron lanigère	Manque de cultivars Déficit de R&D	Création variétale en continu Sélection et testage de nouveaux clones Importation de clones plus résistants Coopération internationale
Destructions	Ouragans Orages saisonniers	Certains sites trop risqués ?	Cartographie des zones à risque Sélection de clones plus résistants au vent
Oppositions des écologistes aux plantations en zones humides		Déficit de communication Réglementation excessive Faible intérêt politique	Concertation Information Groupements de défenses d'intérêts
Prix de vente trop faibles		Disparition d'usines proches	Rapprochement Producteurs / Transformateurs Recherche des meilleures formules d'intégration

Bien que le rapport du CNP souligne « *une tendance lourde due essentiellement à des facteurs économiques (prix des bois, disparition des aides) et réglementaires* », nous pensons que la cause principale (et initiale) reste le manque de résistance des cultivars utilisés face aux attaques parasitaires croissantes. Même les dégâts des tempêtes n'auraient pas découragé à ce point les propriétaires si les variétés avaient continué à leur offrir une forte croissance et un bois apprécié et il est certain que la difficulté à trouver de bonnes variétés alternatives aux clones devenus sensibles, souligne une création variétale trop lente en Europe, face aux nouveaux parasites.

Cependant, en dehors des problèmes sanitaires, il n'en demeure pas moins que les fermetures d'usines de déroulage et la réduction des ressources en bois de peuplier sont entrainées dans le même cercle vicieux alors qu'elles dépendent l'une de l'autre et que la demande en grumes, par les industries plus éloignées et par les pays étrangers, s'accroît.

<u>Remèdes</u>. Face à une telle situation, des efforts importants ont été consentis. La création en 2001 d'un Groupement d'intérêt scientifique (INRAE et FCBA) a permis le démarrage d'un ambitieux programme d'amélioration génétique beaucoup plus classique sur le peuplier.

En particulier, un programme de croisements contrôlés a été lancé pour la création d'hybrides euraméricains (*P. nigra x P. deltoïdes*) et interaméricains (*P. deltoïdes x P. trichocarpa*), mais aussi de croisement interaméricains (intra *P. deltoïdes et* intra *P. trichocarpa*) auxquels il faut ajouter le testage de clones étrangers proches de la sortie variétale, évalués au fur et à mesure de leur réception (BERTHELOT 2005[545]).

La facilité de bouturage chez le peuplier avait fait oublier la nécessité d'un programme classique d'amélioration mais les cultures pauciclonales et les risques phytosanitaires qu'elles entraînent ont fini par imposer le retour à un véritable programme d'amélioration qui débouchera sur le testage de très nombreux clones, génétiquement variés, et sur l'émergence de cultivars plus résistants et de meilleure qualité, ce qui est le propre de toute amélioration génétique.

Les premiers résultats concernent la sortie de clones issus de croisements intraspécifique de *Populus deltoïdes*, sélectionnés par l'INRA avant la création du GIS. Il s'agit de clones prometteurs comme 'Delvignac', 'Dellinois', 'Delgas' et 'Alcinde', dont la résistance aux maladies s'est avérée souvent supérieure à celle des clones anciens comme l''I214', par exemple (BARDET *et al.* 2017[546]), notamment vis-à-vis de la rouille du mélèze (*Melampsora larici-populnea*) (PINON *et al.* 2011[547]).

Peupleraie de la plaine du Pô (Italie). Photo shutterstock_1645965877

La recherche intègre également la sélection sur la qualité du bois dans le but d'améliorer les qualités mécaniques, ouvrant le bois de peuplier aux emplois de structure, mieux valorisés. C'était le cas d'anciens clones ('Robusta', 'I45/51', 'Koster' et plus récemment 'Beaupré') malheureusement devenus trop sensibles aux maladies.

Par ailleurs, pour tenter d'encourager les propriétaires à la replantation, une concertation entre propriétaires et transformateurs a été initiée depuis 2011 dans 7 régions de l'Ouest de la France, laquelle a débouché sur la Charte nationale "*Merci le Peuplier*" (mercilepeuplier.org), mise en place et animée par le Conseil national du peuplier et soutenue par France-Bois-Forêt, charte qui a été étendue en avril 2014 à tout le territoire français. En pratique, l'industriel et le propriétaire signent une convention lors de la vente du bois aux termes de laquelle le propriétaire s'engage à replanter avec la promesse de recevoir de l'industriel 2,5 euros par plant (soit 500 euros/ha). La formule semble fonctionner, 1000 ha ayant déjà été replantés fin 2017 et le mouvement étant en plein expansion (FRANCE BOIS FORET 2018[548]).

7 - Les leçons de la Populiculture

Par son ancienneté c'est le meilleur exemple de ligniculture. L'utilisation des clones de grande qualité à larges espacements a orienté toute la production vers celle des grumes, les éclaircies étant remplacées par des élagages. Orientée vers le bois d'œuvre, nettement plus valorisant que le bois de trituration, elle bénéficie en général d'une assez bonne rentabilité. Développée sur des terres agricoles plus ou moins marginales à cause de leur excès d'humidité, les petits propriétaires, souvent des paysans, s'y intéressent d'autant plus que les options agroforestières ou sylvopastorales sont souvent possibles pendant les premières années de croissance, avant la fermeture du couvert. Enfin, les peupliers (et les saules) « *filtrent les eaux polluées, freinent les courants de crues dans les zones inondables, réduisent les friches et réclament finalement beaucoup moins d'engrais que d'autres cultures comme le maïs*[♣] ».

La longue expérience de la populiculture doit éclairer et encourager les améliorateurs et les développeurs engagés dans des projets lignicoles avec d'autres espèces :

- La production clonale de bois de peuplier, principalement orientée vers la production de grumes de déroulage, avec ses rotations courtes et son absence d'éclaircie, se rapproche de la production de type agricole. Beaucoup plus productive que la sylviculture classique, elle s'intègre facilement avec l'agriculture, qu'elle complète, en particulier avec ses formes agroforestières.
- A l'image de la populiculture, la ligniculture, souvent rejetée par les forestiers et mal comprise des agriculteurs, est en fait un trait d'union entre les deux. Elle est nécessaire pour aider les forêts à faire face à la demande grandissante en bois et en besoin de nature. Sous forme de cultures intercalaires ou non, elle permet d'améliorer l'économie des entreprises agricoles ainsi que l'environnement des cultures dans le cas de formules agroforestières bien pensées et bien conduites.

En guise de conclusion sur la populiculture il faut **citer en exemple la société chilienne "CAF El Alamo" (Compañía Agrícola y Forestal El Alamo Ltda)**, orientée, depuis 1939, vers une gestion agro-sylvo-pastorale, la production principale étant le bois de peuplier et sa transformation.

La production secondaire, agricole, consiste surtout en une culture intercalaire pendant les 2 premières années de croissance des peupliers.

Un 3ème type de production correspond à un élevage de bovins, au pâturage dans la peupleraie dès sa 3ème année, ce qui diminue significativement les coûts d'entretien, fertilise les plantations, et réduit beaucoup les risques d'incendie, tout en procurant de l'argent frais.

De plus, une partie du troupeau est utilisée comme animaux de trait pour le débardage. Les 2.664 ha de plantations ont une productivité moyenne de 14,26 m^3/ha/an, et parviennent à approvisionner toute une filière à partir d'une récolte annuelle de 38.000 m^3 sur la base théorique d'une coupe annuelle de 222 ha (révolution : 12 ans).

[♣] Article de Marie DEPECKERT : https ://www.observatoire33.fr/une-s%C3%A9lection-d-articles-rang%C3%A9s-par-th%C3%A8me/la-for %C3%AAt-et-les-hommes/peupliers-de-garonne

En 2004, la Commission internationale du peuplier a émis un très intéressant rapport dans lequel, J. B. ULLOA et Z. L VILLACURA (2004[549]) soulignent tous les aspects d'une excellente gestion durable et faisant de cette entreprise un modèle pour bon nombre de ligniculteurs. La photographie suivante extraite du document de la FAO est pour nous une magnifique illustration de la ligniculture du peuplier (la populiculture).

Source : J. ULLOA et L. VILLACURA
(://www.fao.org/3/a0026f/a0026f04.htm)

***

122 – LES SAULES

(*SALIX SPP.*)

1 - Principales espèces et aires naturelles

Bien que naturellement au moins aussi aptes à la multiplication végétative que les Peupliers, les Saules n'ont pas du tout la même importance économique. Jadis très utilisés en vannerie, les saules sont aujourd'hui surtout destinés aux plantations de protection dans les zones sensibles à l'érosion. Les Sauleraies productives sont plus rares et cantonnées dans les zones humides.

Comme les peupliers, les saules (genre *Salix*) appartiennent à la famille de salicacées à laquelle ils ont donné leur nom. Ce genre est également très diversifié (environ 330 à 500 espèces, selon la FAO (2014) et comprend de nombreux arbres et arbustes dont les aires naturelles sont surtout situées dans les régions tempérées de l'hémisphère nord, en zones fraiches et humides.

Il existe de rares espèces en hémisphère Sud, comme *Salix humboldtiana*, (Saule de Humboldt) qui pousse le long des cours d'eau au Chili, en Uruguay et en Argentine (voir carte ci-après) mais, étant sensible au gel, on l'utilise peu en dehors de quelques hybrides avec *S. babylonica* que l'on cultive en Argentine sous la dénomination 'Hibrido', 'Mestizo' et 'Mestizo Amos' (FAO, 1980).

Pour les espèces nord-américaines on pourra se reporter à l'article de G. W. ARGUS (2007[550]) qui trace des cartes des aires naturelles pour 125 espèces de Saules indigènes d'Amérique du Nord.

Aires naturelles de quelques espèces de Saule. Les cartes de la page suivantes donnent l'aire naturelle de quelques espèces parmi les plus importantes :

- ***Salix alba*** est un grand arbre dont l'aire naturelle s'étend de l'Europe de l'Ouest jusqu'en Asie centrale alors que *Salix nigra* est une espèce d'Amérique du Nord et plus particulièrement de l'Est des Etats-Unis mais aussi de Californie et d'Arizona.

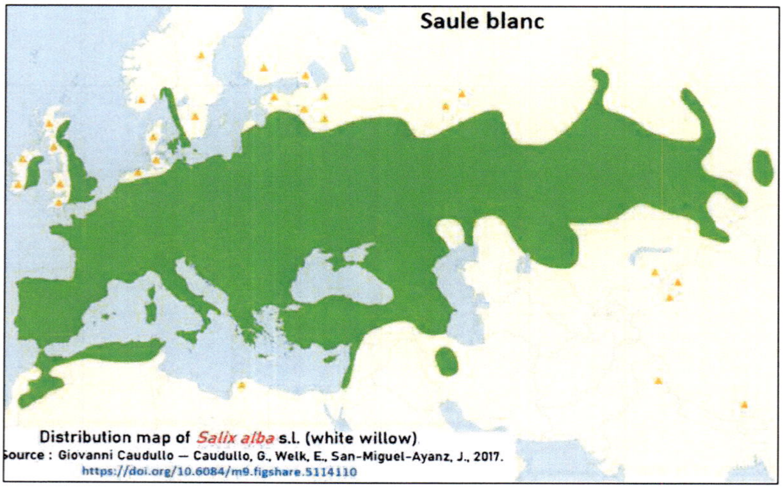

Distribution map of *Salix alba* s.l. (white willow)
Source : Giovanni Caudullo – Caudullo, G., Welk, E., San-Miguel-Ayanz, J., 2017.
https://doi.org/10.6084/m9.figshare.5114110

- ***Salix nigra*** est un arbre d'Amérique du Nord. Son aire est très étendue dans la Moitié Est des USA et atteint également l'Ouest au niveau de la Californie. De taille variable (10 à 45 m), il forme des hybrides naturels avec *S. alba*, *S. amygdaloides*, *S. caroliniana*, *S. gooddingii* et *S. lucida*.

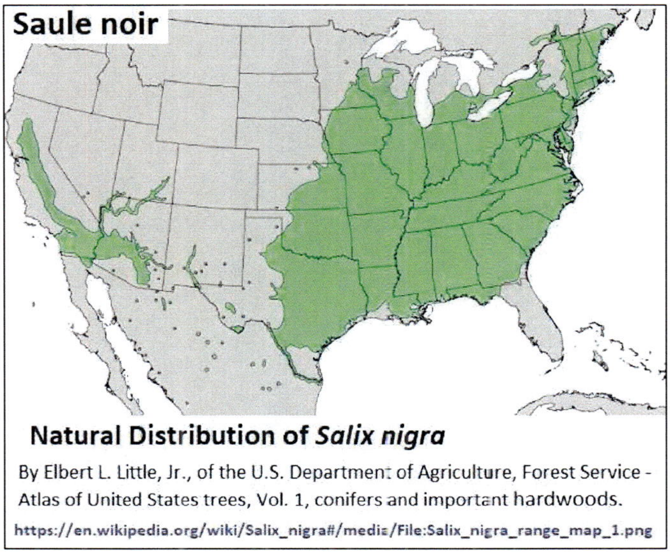

La carte suivante concerne deux espèces dont les aires naturelles sont très vastes et très éloignées :

- ***Salix viminalis***, le saule des vanniers, bien connu en Europe passe graduellement par introgression avec *Salix swchwerinii* (voir carte ci-après, extraite de S. BERLIN *et al.* (2011[551]), Signalons que cette carte a été complétée par FOGELQVIST *et al.* (2015[552]) en y ajoutant l'aire de l'espèce *S. dasyclados*, intermédiaire.
- ***Salix swchwerinii*** couvre une grande partie de la Russie, se mélange à *Salix dasyclados* dans une grande partie de la Sibérie et se retrouve seul dans l'extrême orient russe (FOGELQVIST *et al.* 2015).

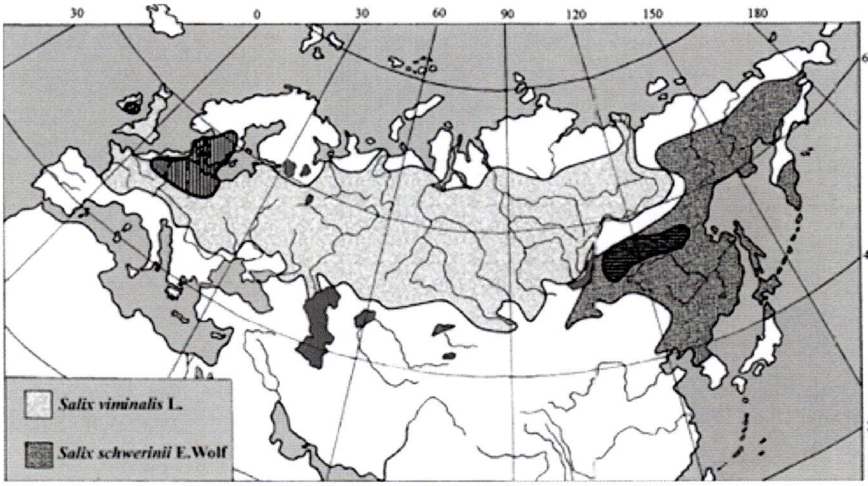

Aires naturelles de *S. viminalis* et *S. schwerinii*.
Source : S. BERLIN *et al.* (2011) d'après SKVORTSOV (1968).

Enfin nous donnons ci-après la carte de l'aire naturelle de ***Salix humboldtiana*** très largement représenté en Amérique latine.

Salix humboldtiana
Source : FAO Poplars and Willows
Plate 10 (A)
https://www.fao.org/3/i2670e/i2670e.pdf

D'autre espèces doivent être citées :

- ***Salix dasyclados*** en Sibérie orientale, ainsi que le montre FOGELQVIST *et al.* (2015).
- ***Salix babylonica*** (Saule pleureur). C'est une espèce originaire du nord de la Chine et cultivée sous formes clonales depuis des millénaires. C'est le saule pleureur que chacun connaît avec ses branches flexibles et retombantes.
- ***Salix matsudana*** (Saule tortueux). Cette espèce est proche de *Salix babylonica*. Originaire du Nord de la Chine, elle se caractérise par ses rameaux tortueux (il en existe cependant des formes non tortueuses).
- ***Salix miyabeana*** = *Salix sachalinensis* (île de Sakhaline - Russie) ou Saule de Sapporo (Hokkaïdo - Japon). Son aire naturelle va de l'Est de l'Asie au Japon où elle très fréquente dans l'île de Hokkaïdo. Cette espèce s'est montrée la plus vigoureuse dans les essais de TCR en Amérique du Nord avec un clone particulièrement renommé le 'SX67' (SUNY-ESF 2007[553]).

2 – Particularités des saules

La très grande flexibilité des jeunes tiges (âgées de 1 an) de certaines espèces est à l'origine de leur utilisation en vannerie, avec surtout *S. viminalis* (osier vert des vanniers), *S. purpurea* (osier rouge) et le très vigoureux *S. triandra* (osier brun), ce qui a donné naissance à une ligniculture particulière l'osiériculture. Les jeunes tiges de saules servent aussi à confectionner des fascines dans les travaux de restauration des terres en montagne (RTM) et ce, d'autant plus que de nombreuses espèces arbustives sont capables de s'adapter aux terrains difficiles, hydromorphes et calcaires.

Les saules, comme les peupliers, ont la capacité de rejeter vigoureusement de souche et de se bouturer avec une très grande facilité. De plus, ils étaient jadis taillés en têtards ce qui permettait une exploitation régulière de jeunes tiges souples utilisées en vannerie.

Concernant la production de bois, les saules sont surtout utilisés dans les zones humides (bordures de rivières et deltas des fleuves). Les régions de production importantes sont donc sans surprises la Roumanie avec le Delta du Danube et l'Argentine avec le Delta du Paraná.

3 - Qualité du bois

Usages traditionnels. Selon Wikipédia, le bois des Saules était autrefois utilisé en France en menuiserie, et servait à la fabrication des emballages et des allumettes. De plus, comme le bois d'aulne, le bois de saule brûle rapidement donnant "un coup de feu" apprécié des boulangers. D'autre-part, la commission internationale du Peuplier (FAO-CIP 2008[554]) indique qu'en Chine on utilise toujours les saules pour « *le tressage de l'osier, le papier, les panneaux de fibres, les manches d'outils agricoles et les piquets de mines. Dans le nord et le nord-ouest de la Chine, les saules sont principalement utilisés comme bois de chauffe, certains d'entre eux pour le charbon de bois* ».

Bois d'œuvre industriel. Peu de documents traitent de ce sujet. Dans ce domaine, l'expérience argentine est intéressante. Dans ce pays où 85% des cultures de salicacées sont des Saules, Maria Elena ATENCIA de la Société ROSBACO SA, installée à San Martin (BA), sur le bord du Paraná c'est-à-dire non loin de la matière première, parvient à utiliser le Saule en menuiserie et déclare que le bois des clones sélectionnés ne présente pas de problèmes de séchage, à condition de bien suivre le programme approprié (ATENCIA 2015[555]). Bien que de dimensions limitées, et de densité assez faible (0,478 à 0,500), le bois sec est apte à de nombreux emplois (panneaux de particules, contreplaqués, panneaux lattés, meubles, emballage, tournage, planchers et moulures). Elle recommande une offre de bois plus unifiée parallèlement à l'avancement de la sélection clonale et la promotion des cultivars.

4 - Amélioration génétique des Saules

Comme chez les peupliers, la grande aptitude au bouturage des saules a retardé l'amélioration par voie générative (niveau espèces et provenances). L'Argentine est un des rares pays qui améliore les saules pour la production de bois d'œuvre. Il faut dire que le site du Delta du Paraná (peu adapté aux Peupliers) s'y prête bien avec ses zones inondables et la demande en bois de déroulage des industries proches de Buenos Aires sont une forte motivation à cette culture.

D'autre part, avec le nouvel intérêt pour les taillis à très courtes révolution (initiés par la Suède dans les années 70), la recherche de nouvelles formules hybrides s'est renforcée et des introductions de nouvelles espèces (échanges de boutures) ont conduit à des essais spécifiques à faible base génétique suivis d'essais de croisements interspécifiques. Les objectifs étaient la très forte croissance de plantations très serrées pour des récoltes mécanisées tous les 2 à 3 ans. Il est certain que ce type de sélection est très différent de celle sur le bois d'œuvre. Il n'en demeure pas moins que des progrès sont enregistrés dans le domaine de l'écologie des saules, de leur résistance à la concurrence ainsi qu'aux principaux parasites.

Choix des Espèces et des Provenances. Cette sélection se fait le plus souvent par des échanges internationaux de boutures, en sautant plus ou moins le niveau provenances. Le tableau qui suit fait état des espèces testées dans les divers pays concernés :

Principales espèces de Saules utilisés dans les programmes d'amélioration génétique

1 - Production de bois d'oeuvre

Argentine	***S. alba, S. babylonica, S. matsudana, S. nigra,*** *S. amygdaloides, S. bondplandiana, S. humboldtiana, S. jessoensis, S. fragilis.*

2 - Production de bois d'énergie (TCR)

Suède	***S. viminalis, S. dasyclados, S. triandra, S. schwerinii,*** *S. burjatica, S. caprea, S. daphnoides, S. eriocephala, S. humboldtiana.*
Allemagne	*S. viminalis, S. daphnoides, S. purpurea,*
Roumanie	***S. alba, S. fragilis, S. matsudana***
Croatie	***S. alba, S. matsudana***
Nouvelle-Zélande	***S, alba, S. matsudana,*** *S. viminalis, S. lasiolepis, S. reichardtii, S. opaca, S. purpurea, S. daphnoides, S. lasiandra.*
Bélgique	***S. alba, S. fragilis, S. urubens.***

Source : Commission internationale du Peuplier(CIP 2008[556]).

Soulignons que les espèces les plus utilisées sont *S. alba* et *S. matsudana* et qu'elles le sont, aussi bien pour le bois d'œuvre que pour les TCR et notons que *S. humboldtiana,* utilisé dans les croisements en Argentine a également été testé en Allemagne dans le cadre des TCR (BUBNER *et al.* 2018[557]).

<u>Hybridations et sélections clonales.</u> Les sorties étant végétatives (boutures), l'amélioration se poursuit par des croisements entre espèces visant à cumuler la vigueur hybride éventuelle avec une plus grande plasticité et certaines qualités particulières de chacune des deux espèces parentes (résistances aux maladies mais aussi s'agissant de saules, la teneur des feuilles en acide acétylsalicylique).

Certains hybrides présentent de forts hétérosis comme le croisement *S. masudana* x *S. alba* avec un gain de 100% sur le diamètre et de 30% sur la hauteur (HATHAWAY, 1977[558]).

Palmerston-North (N^elle^-Zélande) mars 1977. Hybride *Salix matsudana x alba* (Test clonal)

Dans les meilleures descendances hybrides, la sélection des meilleurs individus conduit à l'établissement de tests clonaux (photo précédente), le choix final des meilleurs clones se faisant sur l'adaptation, la productivité, la résistance à la concurrence intraparcelle et la tolérance aux parasites, laquelle présente généralement une forte interaction avec les clones et les sites.

Il est à noter que le clone 'Tangoio' (*S. matsudana x alba*), sélectionné en Nouvelle-Zélande (FFNZ 2022[559]) pour sa croissance plutôt faible, est assez résistant à la sécheresse. Il y est utilisé pour lutter contre l'érosion (stabilisation des pentes). On le plante également sous forme de bouquets dans les pâturages car il peut fournir de l'ombre et même un bon fourrage pour le bétail sans nuire à l'herbe. Il a été importé en Australie et largement planté comme brise-vent dans le Sud-Est de ce pays. Cependant, en Nouvelles Galles du Sud, il est rapidement devenu envahissant au même titre que *S. nigra* et *S. cinerea* et des mesures doivent être prises pour endiguer sa propagation (CREMER 2011[560]).

<u>Sélections argentines (production en futaies clonales)</u> :

Selon ANAHI S. LOVAL *et al.* (2018[561]), des tests clonaux dans ces sites humides et dans des sites relativement secs ont montré des écarts d'adaptation importants ainsi que de fortes interactions clone x site, tant au niveau croissance que qualité du bois (densité en particulier). Les 6 clones étudiés sont classés comme suit :

<u>Variétés plus résistantes au stress hydrique</u> :

Salix babylonica x S. alba

- 'Ragonese 131-25 INTA'
- 'Ragonese 131-27 INTA'
- '250-33'

Hybrides *S. matsudana x S. alba*

- 'Barrett **13-44** INTA'

<u>Variétés plus résistantes au stress par inondation</u> :

Salix babylonica var. sacramenta

- 'Soveny Americano'

Hybrides *S. matsudana x S. alba*

- 'NZ **26992**'

Selon Teresa CERRILLO (EEA Delta INTA)[*] il faut distinguer, les anciens, des nouveaux clones (tableaux ci-après).

Nouveaux clones de Saules du Programme INTA - Areentine (Obtenteur : Teresa CERRILLO)

Nom du clone	Formule génétique	Sexe	Forme du tronc et des branches			Résistance à l'engorgement	Sensibilité au renversement	Qualités du bois			Miel
			Rect.	Particularités	Elag. nat.			Densité b.	Pâte à p.	Sciage	
'GEMINIS'	*S. matsudana ?*	♀	+	fourches	-	+	0	0,408	+	+	
'YAGUARETE'	*S. alba*	♂	+	branches fines	+	++	+	0,436	+	+	pollen
'AGRONALES'	*S. matsudana x alba*	♂	+	cylindrique	-	+	+	0,405	+	+	pollen
'LOS ARROYOS'		♂	+	cime étroite	+	++	++	0,364	+	+	
'CARAPACHAY'		♂	+	nombreuses br.	+	+++	+++	0,36	+	+	
'IBICUY'	*S. nigra*	♂	+	cime large	+	+++	0	0,427	0	++	pollen
'LEZAMA'	*S. matsudana x nigra*	♀	+	branches rares	-	+++	+	0,353	+	+	nectar

---

[*] Instituto Nacional de Tecnologia Agropecuaria – Delta del Parana

La différence entre ces 2 niveaux de sélection porte d'une part sur la productivité (10 à 30 m^3/ha/an pour les nouveaux clones contre 5 à 20 m^3/ha/an pour les anciens) la réduction des rotations (de 8 à 12 ans au lieu de 14 à 25 ans) et d'autre part sur la qualité du bois. De ce point de vue, les nouveaux clones sont de type mixte (valables à la fois pour le bois d'œuvre et le bois de trituration) alors que les anciens clones étaient surtout orientés vers le bois de trituration, sauf le clone 'Soveny Americano' qui est de type mixte mais avec une productivité plus faible.

Les nouveaux clones sont inscrits au Catalogue argentin des variétés cultivées (INTA-ARGENTINA 2021[562]) et nous en avons résumé les principales caractéristiques dans le tableau précédent.

Lorsque l'objectif est mixte, les plantations se font aux écartements de 4x4 m ou 4x3 m avec des rotations de 10 à 12 ans, les deux premiers billons étant destinés au bois d'œuvre et le reste à la pâte. Par contre, pour une production exclusive de copeaux, on plante à 1000/ha et on coupe à 8-9 ans.

Argentine – Photo courtoisie Teresa CERRILLO (INTA-Delta del Parana. Nouveaux clones de Saules de l'INTA à l'essai dans le Delta.). https ://inta.gob.ar/noticias/presentaron-nuevos-clones--de-sauces

Concernant ces nouveaux clones, nous reproduisons également ci-après le schéma présenté par Teresa CERRILLO dans son document d'information de mars 2021[563] :

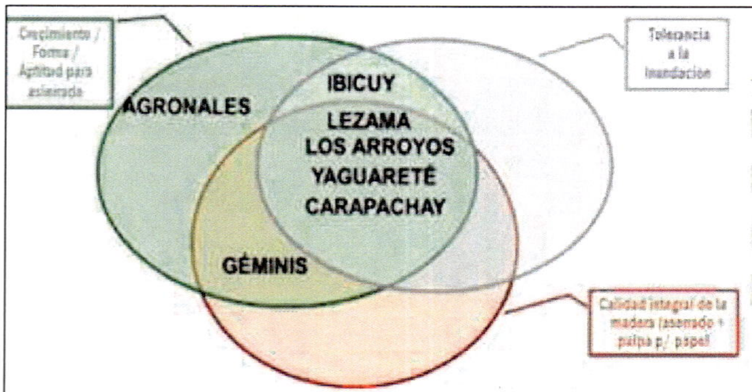

CLON	CRUZAMIENTO
LOS ARROYOS INTA CIEF	*S. matsudana x S. alba*
AGRONALES INTA CIEF	*S. matsudana x S. alba*
CARAPACHAY INTA CIEF	*S. matsudana x S. alba*
LEZAMA INTA CIEF	*S. matsudana x S. nigra*
YAGUARETÉ INTA CIEF	*S. alba x ?*
GÉMINIS INTA CIEF	*S. matsudana x ?*
IBICUY INTA CIEF	*S. nigra x ?*

Tableau : Courtesy Teresa CERILLO (INTA-Delta del Parana - Argentina)

Cette présentation permet de choisir les clones en fonction des 3 tendances suivantes :

1. Croissance, forme et aptitude au sciage
2. Tolérance à l'inondation
3. Qualité intégrale du bois (sciage et pâte à papier et papier)

Il est à remarquer que 4 des 7 clones satisfont aux 3 tendances et que ces 4 clones appartiennent à des formules génétiques très différentes (*S. matsudana x alba ; S. matsudana x nigra* et *S. alba pur*) ce qui est encourageant au plan de la variabilité.

Cela montre aussi que beaucoup de pistes peuvent conduire au but recherché et que la création variétale est loin d'être achevée pour le genre *Salix*.

Enfin, selon Teresa Cerrillo, ce sont les hybrides *S. matsudana x S. alba* qui montrent la plus grande adaptabilité dans des sites plus secs (Nord de la Patagonie, Province de Salta et de Chubut) où les résultats sont très prometteurs.

Sélections européennes (production en TCR)

On se reportera au document (traduit en Français) de "Short Rotation Coppice" (SRC plus 2016[564]). L'objectif des TCR ou plutôt des TTCR est de répondre à la transition énergétique en réduisant les besoins en énergie fossile (les spécialistes estiment que la production d'un ha de TCR ferait économiser environ 3.500 L à 4.500 L de fioul par an).

Le tableau 6 de la page 24 dresse la liste de clones de Saules couramment utilisés (modifiée de CASLIN *et al.*, 2012[565]), produits par le partenariat européen de production de saule (EWBP) en UK et par le programme de production suédois à Svalöf Weibull AB («SW»). On voit que la plupart des clones sont des hybrides de *S. viminalis* et de *S. schwerinii,* certains plutôt complexes, comme le clone 'Resolution' (S. *viminalis* x (*S. viminalis x S. schwerinii*) x (*S. viminalis x S. schwerinii*).

En fait l'hybridation complexe ne semble pas apporter énormément d'avantages pour ces clones utilisés en taillis à très courtes rotations puisque parmi les meilleurs clones, **'Beagle'** est un *Salix viminalis* pur et **'Tora'** un hybride simple (*S. schwerinii x S. viminalis*). Ce dernier hybride semble très plastique puisque, selon les auteurs, il a un rendement élevé dans presque toutes les situations et reste peu sensible à la rouille. L'hybridation multiple n'est cependant pas à rejeter car elle permet d'ajouter aux variétés existantes des gènes rares gènes (résistance, traits particuliers, etc.).

Sélections nord-américaines (production en TCR)

Les recherches sur la production intensive de plaquettes forestières sous forme de TCR ont conduit à des sélections clonales d'autres espèces :

Espèce	Cultivar	Productivité
Salix miyabeana	*('SX64')*	*19 t/ha/an*
	('SX61')	*17 t/ha/an*
Salix eriocephala	*('S25')*	*13-15 t/ha/an*
Salix discolor	*('S365')*	

Salix miyabeana est un arbrisseau de 5 à 6 m de haut, originaire de Sibérie, de Mongolie et du Japon (Hokkaido). C'est cependant cette espèce qui présente les meilleures productivités en Amérique du Nord. Elle surpasse souvent en production les espèces indigènes comme *Salix eriocephala* (le «saule du Missouri) originaire de la moitié Est des USA et *Salix discolor* moins étendu et surtout concentré dans la région des grands lacs avec une extension canadienne aussi bien vers l'Ouest que vers l'Est (LABRECQUE et LOUIS 2017[566]).

Remarque : Il est à noter que des saules triploïdes obtenus en hybridant des *Salix viminalis* diploïdes avec des *Salix miyabeana* tetraploïdes ont affiché les plus hauts niveaux d'hétérosis pour la biomasse récoltable, en comparaison aux diploïdes interspecifisques et surtout intraspecifiques (CARLSON and SMART - 2022[567]).

5 - Autres applications des Saules

Rôle d'épuration : L'intérêt des Saules ne se situe pas uniquement au niveau de la production durable d'énergie décarbonée. On s'est aperçu qu'ils pouvaient avoir aussi un rôle épuratoire.

En Suède, l'épandage de boues d'épuration dans les plantations améliore considérablement la production (multiplication par 2 ou par 3 des rendements) tout en jouant un rôle de filtre vis-à-vis de certains éléments toxiques comme les métaux lourds (VERWIJST *et al.* - 2013[568]).

En France on a repris cette expérimentation dans le Projet "Wilwater" (Grand-Ouest) qui est un projet Life Environnement de l'Union Européenne, initié en 2004, et qui a pour but de démontrer l'intérêt épuratoire de la culture de Saule en TTCR. On se reportera à la note de novembre de l'AILE[♣] (2007[569]) qui détaille cette expérience et en donne les résultats. Les conclusions sont que les Saules ont un effet épurateur, en particulier grâce à une fertirrigation avec les effluents domestiques de petites communes (< 500 habitants) mais dans des limites précises dont il faut tenir compte pour éviter tout disfonctionnement. Concernant l'épandage des boues d'épuration, le manque d'eau et les risques d'apport excessifs en certains éléments comme le Phosphore, sont patents, mais le Saule n'étant pas une plante alimentaire un épandage limité peut s'avérer utile pour les communes qui présentent un excès de boues face à des surfaces insuffisantes de cultures conventionnelles.

Systèmes sylvopastoraux : les clones à canopée plus étroite sont plus adaptés à cet usage, de sorte que l'ombre est moindre dans l'interligne : (*Agronales, Los Arroyos et Lezama*). *Geminis, Yaguareté, Carapachay* et *Ibicuy* (de canopée plus feuillue), sont des options lorsque l'objectif est de générer de l'ombre pour le bien-être des animaux (CERRILLO *et al.* 2016[570])

Environnement : Les clones *'Los Arroyos', 'Géminis' et 'Agronales'* s'appliquent dans la restauration des carrières, le traitement des effluents et l'installation de rideaux forestiers pour atténuer les impacts.

***

[♣] AILE : Association d'Initiatives Locales pour l'Energie et l'Environnement

123 - LE CRYPTOMÈRE

(*CRYPTOMERIA JAPONICA* D. DON.)

(SUGI, CRYPTOMÈRE)

1 - Généralités

Le Cryptomère (appelé "Sugi" au Japon) est une espèce de conifère de la famille des Taxodiacées, proche du Cunninghamia du Métaséquoia, du Séquoia et du Taxodium. Il s'agit d'une espèce endémique du Japon, de première importance économique, où elle constitue plus de la moitié des forêts de conifères et est à l'origine de près de la moitié de la production nationale de bois de ce pays qui était de 40 millions de m^3 en 1981, pour une importation de plus de 60 millions de m^3.

2 - Aire naturelle

Le Cryptomère est endémique du Japon où il est présent à l'état naturel dans des peuplements purs et mixtes de Kyushu à Honshu à des altitudes allant de 400 m dans le Nord à 1800 m dans le Sud. Cultivé depuis des millénaires, son aire naturelle est difficile à préciser. Selon J. PARDE (1983[571]) les quelques peuplements de l'extrême Sud de Hokkaido sont tous d'origine artificielle, le climat de cette île étant trop froid. Selon H. MARCHAND (1981[572]) il existe au moins 300 "races" de Sugi au Japon aux aires bien délimitées et avec interdiction de transférer le matériel végétal d'un habitat à l'autre.

3 - Ecologie

Il s'agit d'une espèce de type océanique exigeante en eau. Dans son aire naturelle, le cryptomère reçoit des hauteurs de pluies allant de 2.000 à 4.000 mm/an. Il a également besoin d'un climat frais et pas trop chaud avec des températures moyennes annuelles allant de 8 à 14°C. D'autre part, il résiste bien au froid hivernal, mais reste sensible aux gelées tardives (CRPF Bretagne[573]). Par contre c'est une espèce édaphiquement peu exigeante, indifférente à la nature de la roche mère et supportant les sols pauvres mais aussi hydromorphes. Selon J. PARDE (1983) son tempérament océanique marqué et son exigence en eau explique pourquoi cette espèce n'a pas été développée en France.

4 - Sylviculture

Le cryptomère présente deux particularités intéressantes. D'une part il dispose d'une bonne capacité à rejeter de souche et d'une excellente aptitude au bouturage.

Cryptomère dans la région de Kyoto (Japon) - mai 2006. Belle Forêt plantée

D'autre part, il est très résistant à la concurrence intraclonale ce qui conduit à des surfaces terrières très élevées et donc à des volumes sur pied considérables (jusqu'à 3000 m^3/ha au Japon) (PARDE 1983).

Le clonage du Sugi est légendaire au Japon ce qui conduit à des plantations très régulières et très productives à condition d'utiliser de bons clones. La sélection clonale y est très ancienne et les clones sont très nombreux (voir photos). Selon H. MARCHAND, la croissance est rapide et la coupe relativement précoce (40-50 ans). Les éclaircies fréquentes trouvent en général des débouchés. La pratique de l'élagage artificiel comprend de nombreux passages (jusqu'à 10 à 12 fois) et jusqu'à une grande hauteur ne laissant parfois qu'un plumet de cime très réduit, ce qui freine la croissance en diamètre et améliore la qualité du bois. La production moyenne est de l'ordre de 12 m^3/ha/an).

5 - Essais de plantations en France métropolitaine

Selon le CRPF de Bretagne, les plantations peuvent atteindre des surfaces terrières de 80 m^2/ha et une production de 13 m^3/ha/an à 20 ans, et 22 m^3/ha/an à 33 ans. Pour FCBA (2015[574]) qui a expérimenté plusieurs essences résineuses nouvelles en Aquitaine, c'est au Pays Basque que le Cryptomère réussit le mieux avec une productivité qui peut aller à 24 m^3/ha/an à 29 ans, alors que dans l'Entre-deux mer la production maximale à 32 ans n'était que de 10 m^3/ha/an, ce qui montre bien sa grande sensibilité à la pluviométrie.

Cryptomère dans la région de Kyoto (Japon) - mai 2006. Excellent clone, parfaitement élagué.

6 - Le cryptoméria à la Réunion (ONF la Réunion[575])

Selon l'article de l'ONF, le "sapin créole" comme on l'appelle à la Réunion, y a été introduit à la fin du XIXème siècle. Il y a été utilisé dans les années 50 comme essence de reboisement d'altitude (entre 900 et 1800 m). Outre sa croissance rapide, il présentait l'intérêt de s'adapter aux sols volcaniques et aux climats montagnards avec une certaine résistance aux vents forts, sans toutefois résister aux cyclones très violents. Malgré leur bonne croissance, ces reboisements, souvent très décriés par les écologistes, n'ont pas été étendus et restent limités à 2.500 ha soit 1,8% des surfaces forestières mais dont 1.000 ha seulement sont considérés comme des forêts productives. Sa production de bois est cependant intéressante puisqu'il alimente la seule scierie de l'île qui produit environ 2.500 m^3 de sciages/an avec autant de déchets, valorisés localement sous forme de copeaux pour l'horticulture et l'énergie[576].

Selon REYNAUD J.F. (1991[577]). Les débouchés son nombreux (charpentes, structures, lambris, meubles d'intérieur) mais les besoins sont loin d'être satisfaits puisque 90% du bois (soit 60.000 m^3/an) est importé (Indonésie, Afrique du Sud, France,..). Bien que la production actuelle moyenne ne dépasse guère 10 m^3/ha/an (101.000 m^3 pour 1000 ha), nous pensons qu'une bonne ligniculture de Cryptomeria, limitée à 3.000 ha (dans des sites bien choisis, pourrait théoriquement satisfaire les besoins locaux (3.000 ha à 20 m^3/ha/an = 60.000 m^3/an).

***

13. NOUVELLES ESPÈCES LIGNICOLES TEMPÉRÉES ET ESPÈCES POTENTIELLES

Nouvelles Espèces lignicoles tempérée

A partir des années 1980, quelques espèces faciles à multiplier par bouturage ont bénéficié de programmes suivis d'amélioration. Le **Merisier** (*Prunus avium*), qui a fait l'objet d'une importante sélection clonale en France, suivie d'inscription de quelques cultivars au catalogue des espèces cultivées, en fait partie. Bien que de bons résultats aient pu être enregistrés dans plusieurs régions françaises, cette culture a cependant quelque peu perdu de son intérêt du fait d'une certaine désaffection du public pour les meubles en bois rouge, la mode évoluant régulièrement vers les meubles de couleur claire, bon marché, démontables et faciles à transporter.

On doit ajouter le **Robinier faux-acacia** (*Robinia pseudoacacia*) espèce introduite en Europe depuis longtemps et qui drageonne abondamment mais qui n'a vraiment fait l'objet de culture clonale qu'en Hongrie alors que cette légumineuse a toutes les qualités d'une bonne espèce lignicole.

Espèces potentielles

En régions tempérées d'autres espèces peuvent être utilisées en ligniculture à condition toutefois qu'elles fassent l'objet d'un programme d'amélioration génétique plus ou moins accéléré et que des cultivars soient sélectionnés. Pour l'Europe de l'Ouest, nous ne parlerons ici que de quelques espèces parmi les plus prometteuses : le **Douglas vert**, le **Séquoia toujours vert**, le **Tulipier** et **les Aulnes** sur lesquels nous avions travaillé à l'ENGREF de 1979 à 1987

Il existe sans aucun doute d'autres espèces potentiellement intéressantes pour la ligniculture. Dans chaque pays, des essences autochtones ou exotiques bien adaptées, peuvent présenter les qualités requises (vigueur, qualité du bois, bonne aptitude au bouturage et/ou aux croisements contrôlés). Ainsi en France, on peut citer, le Cyprès de Leyland et même le Châtaignier. Cependant, la domestication de ces espèces nécessitera des efforts d'autant plus grands que l'avancement en matière d'amélioration génétique et de physiologie des arbres sera faible.

Certaines régions climatiques sont plus favorables au développement de la ligniculture. C'est le cas des régions subtropicales (absence de gel, pluviométrie bien répartie). Cependant la forte concurrence pour la maîtrise du foncier pousse les investisseurs vers des climats plus difficiles et la zone intertropicale peut offrir de bonnes alternatives mais il faut s'attendre à devoir investir dans la Recherche-développement à commencer par l'amélioration génétique qui apparaît comme la clé la plus importante pour la réussite de la ligniculture.

***

131 - LE MERISIER

(*PRUNUS AVIUM L.*)

1 - Aire naturelle

Le Merisier se rencontre partout en Europe, mais préférant les zones tempérées et fraîches, il est beaucoup plus rare en région méditerranéenne où il occupe des zones de moyenne altitude (600-1400 m) (ILYES DJILALI 2021[578]). Son aire s'étend cependant jusqu'en Afrique du Nord et au Caucase (carte ci-après).

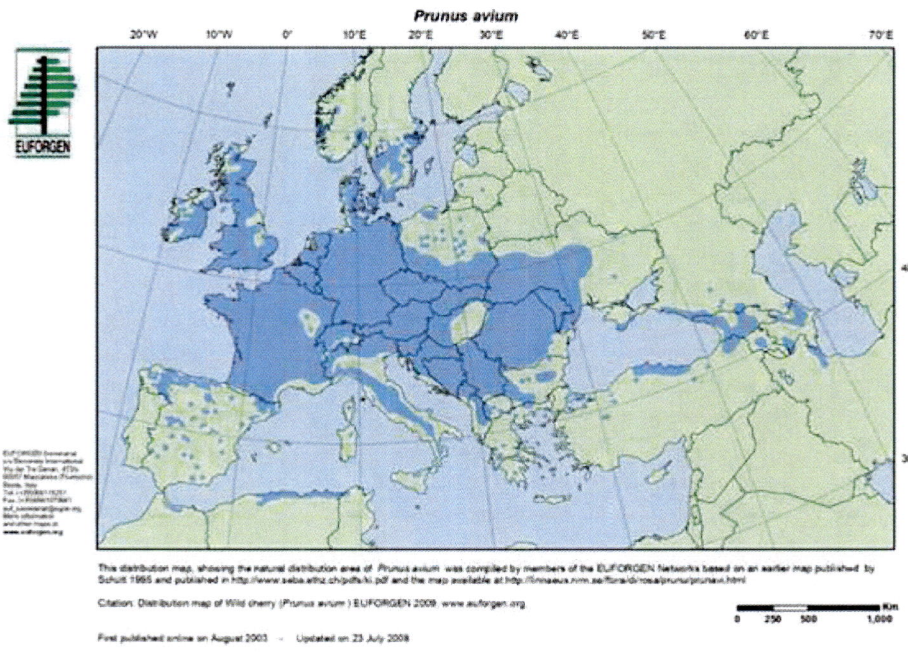

Distribution map of wild cherry (Prunus avium) EUFORGEN 2009. www.euforgen.org

2 - Principales caractéristiques

Ecologie. Bien qu'on le trouve en montagne jusqu'à 1700 m d'altitude, il est surtout présent en plaine et moyenne montagne, en dessous de 800 m où il s'associe aux Chênes (pédonculé et sessile) mais aussi au Hêtre. On le rencontre le plus souvent sur sols, brun calcaire, brun calcique, brun ou brun lessivé. Il résiste très bien au froid et son amplitude écologique est très vaste. En plantation, on évitera cependant les sols, chimiquement pauvres et hydromorphes.

Physiologie. Il s'agit d'une espèce disséminée en Forêt qui se reproduit par graines (noyaux des merises disséminés par les renards et les oiseaux) mais aussi par drageons conduisant à des bouquets naturels d'arbres souvent polyclonaux, voire parfois monoclonaux. C'est une espèce héliophile de type pionnière et assez peu longévive (ne dépasse pas 100 ans). C'est une essence asociale qui craint beaucoup la concurrence.

Adversités. Le Merisier est sujet au Balai de sorcière (*Taphrina cerasii*), au Chancre bactérien (*Pseudomonas mors prunorum*) ainsi qu'à la cylindrosporiose (*Blumeriella jaapii*) et à la criblure (*Stigmina carpophila*) qui provoquent la chute des feuilles. De plus, il peut subir des attaques d'insectes défoliateurs (Puceron noir, Chenilles arpenteuses). D'autre part, l'espèce est sensible aux coups de soleil sur les jeunes écorces ce qui arrive sur certains sujets lorsqu'ils sont très exposés (lignes de bordures). Enfin, l'espèce est très attaquée par le gibier (lapin et chevreuil) et doit impérativement faire l'objet de protection après plantation.

3 - Qualité du bois

Bois rose à rouge, de très bonne qualité (solide, élastique, peu fissile et se travaillant bien). Bonne aptitude au tranchage, déroulage et sciage. Utilisation en ébénisterie, ameublement et sculpture. La vitesse de croissance ne nuit pas à la qualité du bois mais l'épaisseur de l'aubier est un handicap auquel on peut en partie tenter de remédier en supprimant les éclaircies au cours des 10 dernières années avant l'exploitation.

4 - Aspects génétiques (programme de l'INRAE en France)

Particularités et Programme d'Amélioration. En plus d'une reproduction partiellement asexuée (drageons), le merisier est auto-incompatible et Selon S. STOECKEL *et al.* (2006[579]), il présenterait un excès d'hétérozygote (indice de fixation FIS, négatif) ce qui serait plutôt rare car le Fis qui mesure l'écart à la panmixie (déficit d'hétérozygote) est en principe toujours positif et compris entre 0 et 1. Les auteurs forment l'hypothèse d'une liaison entre Fis négatif et "clonalité" partielle des populations. D'autres cas semblables sont recherchés. Concernant l'amélioration génétique du Merisier en France, on se reportera à la fiche du Ministère de l'agriculture et de l'Alimentation relative à l'utilisation des Ressources forestières (MAAF[580]). Commencé en 1987, la sélection des peuplements classés par le CEMAGREF puis l'étude de leurs descendances et des clones n'ont pas fait apparaître d'adaptations régionales et finalement les divers peuplements classés ont été regroupés au sein d'une seule et unique région de provenance (étiquette verte).

En 1978, l'INRA d'Orléans a entrepris, à travers toute la France, une sélection d'arbres + sur différents critères (croissance, rectitude, finesse des branches, absence de fibres torses) ce qui a permis, après mobilisation végétative, d'obtenir une collection d'environ 350 clones lesquels ont permis l'installation de 2 vergers à graines et 41 tests clonaux.

Vergers à graines. 2 vergers ont été installés dans les sites suivants :

- **Avessac** en Loire-Atlantique (mélange de 36 clones),
- **Cabrerets** dans le Lot (mélange de 19 clones),

Une des difficultés importantes présentée par ces vergers est due à la grande irrégularité des fructification face aux variations climatiques annuelles et à la prédation par les oiseaux.

Cultivars. À l'issue de nombreux tests effectués (45) dans des conditions écologiques variées, **12** cultivars (clones) ont été inscrits au catalogue français des variétés améliorées, homologués en catégorie testée.

Parmi les plus performants, on peut citer les clones suivants : '**Ageyron**', '**Ameline**', '**Beautémon**', '**Boutonne**', '**Gardeline**' et '**Monteil**'.

Dans un article de 2012, Jean DUFOUR *et al.* (2012[581]), nous donne quelques résultats sur la comparaison de 3 types de matériels génétiques testés dans de nombreuses régions françaises :

A Descendances des Peuplements classés
B Descendance des vergers à graines (récolte par clone séparé)
C Cultivars (clones sélectionnés sur tests clonaux)

L'évaluation est basée sur plusieurs critères :

- Adaptation : plasticité, résistance à la cylindrosporiose,
- Vigueur : Hauteur et diamètre,
- Forme des arbres : Rectitude et finesse des branches.

Van den Berk Pépinières. Très beau clone de merisier.
Photo Courtoisie Johan van den Berk. https ://www.vdberk.fr/fr_FR/login

Les écarts de performances sont très importants (de 1 à 3) dans l'ordre de la sélection (de A à C) et parallèlement à la diminution de la variabilité génétique, ce qui cadre bien avec la règle générale. L'analyse des diverses descendances séparées de chaque verger montre qu'en moyenne ces descendances sont supérieures à celles des peuplements classés, ce qui permet de programmer des éclaircies génétiques dans ces vergers. Les variétés de ces vergers ont des performances qui restent cependant inférieures à celles des cultivars mais leur diversité génétique est largement supérieure à celle des peuplements classés, par recombinaisons entre leurs divers composants.

Remarque : Dans le but d'améliorer l'évaluation des descendances dans le contexte de changement climatique et afin d'élargir cette expérimentation tout en encourageant la plantation de cette essence, les auteurs proposent aux planteurs intéressés de participer à l'expérimentation en intégrant leurs plantations dans le réseau expérimental sous conditions de contraintes mineures relatives aux dispositifs et aux observations régulières. Cette initiative nous semble particulièrement intéressante et constructive, la coopération entre toutes les parties étant toujours souhaitable

5 - Plantations et développement

Les objectifs sont d'abord une bonne adaptation et une croissance rapide (au moins 65 cm de diamètre en 30 ans). Les plantations se développent autant en conditions forestières, agricoles, voire agroforestières. Les cultivars se révèlent bien adaptés à la ligniculture (300 à 400/ha) et à l'agroforesterie (50 à 100/ha) avec des dispositifs variés. On manque cependant encore beaucoup de connaissances sur les performances et l'adaptation aux sites des divers cultivars alors que les recommandations de plantation abondent dans la littérature (RASSE *et al.* 2005[582]), (DUFOUR *et al.* 2011[583]).

Pour favoriser la diversité génétique, il est recommandé de planter plusieurs cultivars en mélange, ce qui conduira à une meilleure adaptabilité aux sites, toujours plus ou moins hétérogènes ainsi qu'à la possibilité de récolte des graines.

D'autre part, il faut prévoir au moins une éclaircie pour éliminer les plus mauvaises tiges, suite à des accidents ou des attaques toujours possibles. Enfin pour les plantations situées en zone agricole, une plantation d'accompagnement est souhaitable en recherchant plusieurs avantages :

- Éviter l'envahissement par des plantes pionnières à croissance rapide et très concurrentes,
- Couvrir le sol pour garder la fraicheur en été et réduire les frais d'entretien,
- Améliorer le sol par fixation de l'azote (légumineuses ou plantes à actinorhiziens),
- Assurer le couvert sur les troncs pour améliorer l'élagage naturel et éviter les coups de soleil sur les jeunes écorces.

6 - Remarque finale

Bien que tous les paramètres de cette culture ne soient pas encore maitrisés, le Merisier est bien une espèce typique des nouvelles essences lignicoles, parfaitement adaptée à la culture clonale intensive, notamment pour les zones agricoles, et, de plus, bénéficiant d'un programme d'amélioration génétique bien adapté. Malheureusement cette essence n'a pas eu l'engouement attendu des planteurs, à cause du désintéressement du marché pour le bois de Merisier mais aussi parce que les planteurs préfèrent les plants très bon marché, donc issus de semis plutôt que de bouturage ou de culture in vitro.

***

132 - LE ROBINIER

(*ROBINIA PSEUDOACACIA L.*)

(BLACK LOCUST, ROBINIER-FAUX ACACIA)

1 – Caractéristiques générales

Le **Robinier faux-acacia**, appelé couramment "acacia" en France, est une espèce introduite en Europe depuis longtemps. Il a été introduit en 1601 en France par Jean Robin, jardinier du Roi Henri IV d'où il tient son nom. Le premier arbre introduit a été transplanté au Jardin des Plantes où il vit encore.

Le Robinier est un arbre épineux qui présente une écorce très épaisse (17 à 20% en volume) ce qui peut le protéger des feux courants mais qui est un facteur de baisse de production. Sa qualité sylvicole principale est sa grande faculté à drageonner ainsi que sa bonne aptitude au bouturage ligneux et herbacé. Il n'a cependant fait l'objet de culture clonale qu'en Hongrie, alors que cette légumineuse a toute les qualités pour devenir une bonne espèce lignicole (croissance rapide et bois de bonne qualité).

D'autre part, le Robinier par ses grandes grappes de fleurs blanches très odorantes est une plante très mellifère et le miel correspondant, dit "miel d'acacia", est très renommé.

Enfin, les jeunes plants ou rejets, très riches en azote, sont très appréciés du gibier et peuvent même être utilisés comme fourrage dans des pays comme la Bulgarie mais aussi la Corée du Sud (B. KERESZTESI 1980)[584] ou encore la Chine. Le feuillage de Robinier et plus particulièrement celui de clones tétraploïdes (à très grandes feuilles et plus riche en protéines) permet de fabriquer des aliments du bétail pouvant remplacer la luzerne et formant un excellent ensilage avec le maïs (ZHANG *et al.* 2010 [585]).

2 - Aire naturelle et écologie

Le Robinier est originaire de la région de l'Est des USA. Son aire naturelle (carte ci-contre) est séparée en 2 ensembles disjoints sur le plateau des Appalaches et dans les monts Ozarks à l'Ouest du fleuve Mississipi. Il s'agit d'une espèce pionnière, colonisatrice des zones dévastées et des lisières, qui, bien qu'assez longévive, laisse les espèces d'ombre ou de demi-ombre comme le Tulipier de Virginie (*Liriodendron tulipifera*), le dominer rapidement et le remplacer. Cependant à la moindre trouée, l'espèce peut réapparaitre grâce aux drageons ou aux semis, les graines se conservant très longtemps dans le sol grâce à une forte dormance tégumentaire.

En reboisement il est très utilisé pour la réhabilitation des terrains miniers. Il est à noter que bien que l'arbre n'ait que peu de parasites, il est tout de même attaqué par la Cyllène du Robinier, un coléoptère cérambycide (*Megacyllene robiniae*) qui fore des galeries dans les troncs y compris dans le bois de cœur ce qui peut dégrader considérablement le bois. Toutefois, l'insecte ne s'attaque qu'aux arbres stressés par la sécheresse ou la trop grande pauvreté des sols. Autrefois strictement inféodé à l'aire naturelle, l'insecte a fini par suivre le Robinier en Amérique du Nord, partout où il a été planté, en particulier pour la restauration des sites érodés, usage classique pour cette espèce (FOREST PEST INSECTS IN NORTH AMERICA [586]).

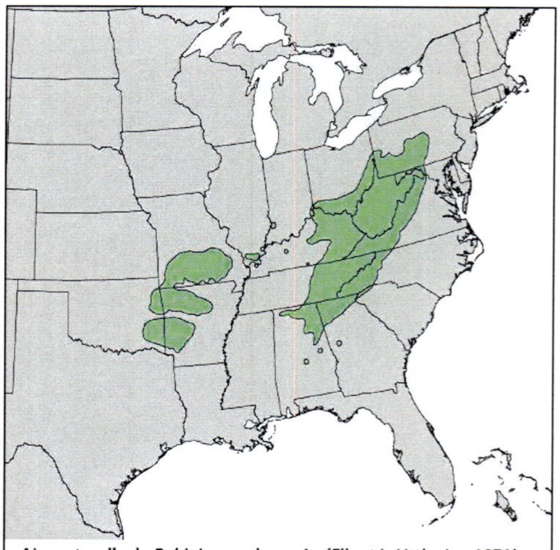

Aire naturelle de *Robinia pseudoacacia* (Elbert L. Little, Jr. - 1971)
Source : https://commons.wikimedia.org/w/index.php?curid=29169867

3 - Qualités du Bois

Selon Caroline POLLET *et al.* (2013[587]). Le bois de Robinier est un bois de couleur jaune qui fonce avec le temps, très dur, lourd (0,840 à 12% d'humidité) et réputé imputrescible, c'est la seule espèce européenne à être classé comme bois très durable (classe 1). Il peut donc être utilisé en extérieur sans traitement de préservation. Au contact du sol humide, il peut résister longtemps aux champignons lignivores et aux termites d'où son emploi traditionnel pour la confection de piquets non traités, grandement recherchés aujourd'hui par les viticulteurs. La nervosité du bois peut être contrôlée par un séchage lent et prudent jusqu'à un taux d'humidité suffisamment bas. Il est à noter que la dureté augmente au cours du séchage. Grâce à sa bonne résistance mécanique et à sa haute durabilité naturelle, il est très recommandé pour les menuiseries extérieures, les terrasses ou le mobilier de jardin. Par ailleurs les différences entre arbres semblent assez grandes, présageant d'une bonne prise à la sélection individuelle sur les critères de qualité du bois. On lui reproche cependant une certaine instabilité (voir fiche CIRAD-FCBA "bois de France" relative au Robinier*

4 – Plantations en tant qu'exotique

Le Robinier est une espèce très plastique, résistante au froid et capable de s'adapter à des sites secs (<550 mm de pluie), sableux (sauf trop calcaire et trop argileux) mais restant limitée à la température moyenne de 8°C correspondant en Europe à l'altitude de 700 m et à la latitude de 55°N, (WIKIPEDIA[588]). Comme nous l'avons vu précédemment, il est très utilisé en Chine où, avec 1,2 million d'ha, il est la 9ème espèce de reboisement. En Europe, on le plante également dans les sites difficiles qu'il colonise et qu'il améliore efficacement (réhabilitation des terrains miniers) mais il peut devenir envahissant ; il est d'ailleurs souvent considéré comme une plante invasive (WIKIPEDIA[589]). De plus, en cas de changement d'espèce, la destruction efficace des drageons nécessite l'usage de débroussaillant.

* Fiche CIRAD-FCBA "bois de France : site : (https ://preferezlesboisdefrance.fr/wp-content/uploads/2018/02/ BF_robinier.pdf).

Les pays les plus utilisateurs sont ceux d'Europe centrale et du Sud (Hongrie, Roumanie, Bulgarie, Tchéquie) auxquels il faut ajouter la Russie et la Corée mais aussi l'Argentine, l'Afrique du Sud, l'Australie et la Nouvelle-Zélande. Il est traditionnellement géré en taillis simples pour la production de bois de feu et de piquets grâce à la grande durabilité de son bois. Aujourd'hui, les belles billes sont recherchées pour fabrication de menuiseries extérieures mais à défaut de gestion en futaies, celles-ci sont rares. D'ailleurs, pour produire du bois d'œuvre de qualité, il est préférable d'éviter les stations trop marginales.

Pour les plantations françaises on trouvera de nombreuses informations régionales publiées par les CRPF les plus concernés (Picardie, Rhône-Alpes, etc.)[590] et FCBA (FAUCONNIER 2018[591]). Enfin le Robinier se prête bien aux plantations mélangées : on a remarqué en Hongrie que les pins plantés en mélange avec des robiniers étaient plus sains et plus vigoureux parallèlement à une décomposition beaucoup plus rapide de la litière (B. KERESZTESI). C'est en Hongrie que la sylviculture du Robinier est la plus développée et cela, depuis le 19ème siècle. Actuellement, selon Tamas ABRI *et al.* (2021[592]), le robinier couvre 24% des surfaces forestières hongroises et produit 25% du bois. Dans ce pays, les plantations de Robinier permirent la stabilisation de la grande plaine centrale envahie par le sable.

C'est là que l'espèce a acquis sa large réputation, ce qui lui a valu d'être plantée dans de nombreuses autres régions avant de devenir la première essence de reboisement du pays (400.000 ha). Selon K. REDEI (2007[593]) la sélection clonale démarrée en 1970 avait abouti à la sélection de cultivars (monoclonaux et polyclonaux) pour 3 sortes d'objectifs :

- Production de grumes (**'Nyirségi'**, **'Kiskunsági'**, **'Jaszkiséri'**, **'üllöi'**, **'Appalacha'**, etc.).
- Production de poteaux, perches et piquets (**'Zalaï'**, **'Császartöltési'**, **'Szajki'**, **'Vati-46'**).
- Pâturages apicoles et décoration (**'Rózsaszin-AC'**, **'Mátyusi 1-3'**).

Par la suite, 5 cultivars furent inscrits, en 2003, en tant que "candidats" au catalogue des espèces cultivées de Hongrie (R.p. '**Bacska**', '**Homoki**', '**Sz_as**', '**Oszlopos**' et '**Vacsi**').

Enfin dans une étude récente (REDEI *et al.* 2018[594]), le même auteur attire l'attention sur plusieurs points :

1. La culture clonale de Robinier peut réussir dans des conditions de site semi-marginal,
2. La multiplication par boutures s'est montrée bien adaptée à la sélection du Robinier,
3. L'emploi de bons clones améliore de 25 à 30% les taux de transformation industrielle des grumes,
4. L'amélioration permet de réduire les freins à l'utilisation du Robinier dans les reboisements.

De plus, il donne les résultats pour 4 clones testés en plantations comparatives dans la plaine centrale hongroise (R.p. 'Zalai', 'Kiskunsági', 'Nyírségi' et 'Jászkiséri'). Les résultats montrent qu'à 35 ans, le cultivar **'Jászkiséri'** avait la meilleure productivité et le cultivar **'Zalai'**, la meilleure forme.

5 - Amélioration génétique, clonage et perspectives

Malgré ses nombreux avantages et la bonne qualité de son bois, le Robinier n'a pas eu le développement lignicole que l'on aurait pu en attendre. La raison est bien évidemment l'absence de programme d'amélioration, la pauvreté génétique des populations introduites en Europe et leur grande hétérogénéité conduisant à une sylviculture à nombreuses éclaircies et donc coûteuse.

Pour espérer passer à une phase plus intensive, bien adaptée aux producteurs privés, on ne pourra se dispenser de revenir aux indispensables essais de provenances dans des sites variés. Par la suite, la création de vergers à graines (le greffage de cette espèce réussit particulièrement bien) à partir d'arbres 'plus' sélectionnés dans les meilleures familles des meilleures provenances permettra de disposer, pour chaque grande région écologique, des populations de qualité avec un maximum de diversité génétique.

Van den Berk Pépinières. Photo Courtoisie **Johan van den Berk.** Très beau clone hongrois **'Nyirségi'** de robinier.

Parallèlement, on pourra suivre la voie hongroise (mais avec un bien plus grand nombre de cultivars monoclonaux) : bouturage des arbres sélectionnés et installation de tests clonaux débouchant, à court terme, sur des cultivars bien adaptés localement et répondant à l'attente des ligniculteurs afin de satisfaire la demande croissante en bois très durable. Pour y parvenir, un effort sur la maitrise du bouturage et en particulier du minibouturage est nécessaire, ce qui a toutes les chances de réussir par l'une des nombreuses voies possibles (bouturage de racines, minibouturage herbacé de tiges, et culture in-vitro).

Remarque : Il faut signaler la réussite de croisements contrôlés intraspécifiques par OLYMPIA DINI-PAPANASTASI and ARAVANOPOULOS F. A. (2008[595]) qui visait à améliorer la qualité fourragère des feuilles de Robinier. Il est certain que la possibilité de croiser les arbres + entre eux est sans aucun doute le meilleur moyen d'obtenir rapidement des descendances supérieures avec des arbres distants génétiquement et combinant de bons critères (forme et qualité du bois par exemple). D'ailleurs, le genre Robinia comprenant au moins 4 espèces différentes (*R. pseudoacacia*, *R. hispida*, *R. neomexicana*, *R. viscosa*), voire même 10 espèces (WIKIPEDIA[596]) pour certains auteurs, on peut même penser aux hybridations interspécifiques pour ajouter des qualités supplémentaires, de la plasticité, et peut-être de la vigueur hybride.

En conclusion : le Robinier est sans doute une espèce à fort potentiel lignicole mais beaucoup reste à faire pour une domestication complète.

***

133 - LE DOUGLAS VERT

(*PSEUDOTSUGA MENZIEZII SSP. MENZIEZII* MIRB.)

(Douglas, Pin d'Oregon, Sapin de Douglas)

C'est une espèce de l'Ouest des USA et, dans une moindre mesure, du Sud-Ouest du Canada comme le montre la carte de l'aire naturelle, ci-jointe.

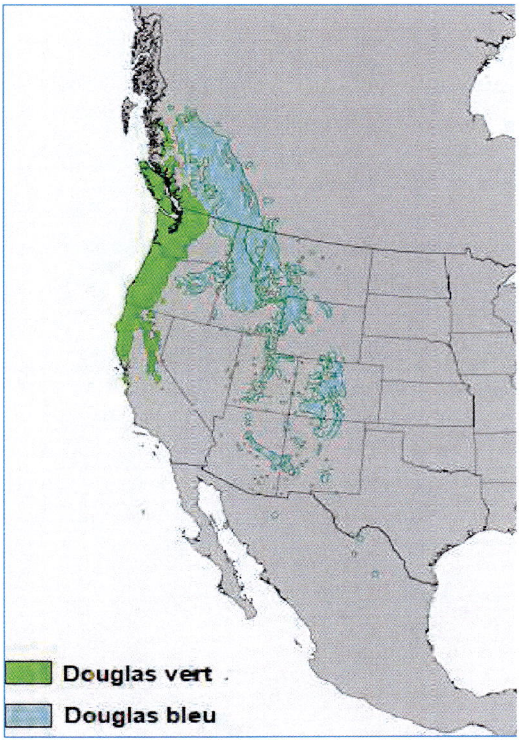

In Wikipedia ; Par U.S. Geological Survey — Digital representation of &quot ;Atlas of United States Trees&quot ; by Elbert L. Little, Jr. [1], Domaine public, https ://commons.wikimedia.org/w/index.php?curid=10253966

Introduit en France depuis 1842, son emploi à grande échelle dans les reboisements ne date que du FFN c'est-à-dire de la fin de la dernière guerre mais il est devenu rapidement la première essence de reboisement en Europe et tout particulièrement en France, en Allemagne et en Grande Bretagne.

Son succès est à attribuer à sa bonne adaptation, à sa forte productivité et à la très bonne qualité de son bois. Avec 400.000 ha plantés en France c'est la seconde essence de reboisement après le pin maritime. Avec une récolte de plus de 3,15 millions de m^3 (AGRESTE 2020), il devrait facilement devenir, à partir de 2030, la première source de bois résineux en France (6 millions de m^3 prévus, dépassant l'épicéa qui plafonne à 4 millions de m^3/an). C'est une essence très étudiée, tant au plan de l'amélioration génétique, de la sylviculture que de la technologie du bois. On se reportera aux nombreux documents existants, à commencer par l'ouvrage de l'AFOCEL coordonné par J. DE CHAMPS (1997[597]).

1 - Aire naturelle et aspects écologiques

La carte, précédente, différencie deux variétés :

- le Douglas vert avec une aire naturelle relativement côtière
- (*Ps. menziezii var. menziezii*).
- le Douglas bleu ((*Ps. menziezii var. glauca*), nettement plus continental et montagnard, à la fois plus nordique (Canada) et plus méridional (jusqu'en Arizona et Nouveau Mexique).

Seul le Douglas vert est bien connu des forestiers en Europe mais le Douglas bleu, probablement plus résistant à la sécheresse, devrait faire l'objet d'essais de provenances multi-stationnels dans le cadre de la recherche d'essences mieux adaptées, face au changement climatique.

Le Douglas vert (ou plus simplement "Douglas") est une espèce assez plastique pourvu qu'il reçoive au moins 700 mm d'eau. Il préfère les sols acides profonds et bien drainés. Il ne supporte ni le calcaire ni l'hydromorphie. On doit également éviter de l'utiliser au-dessus de 1000 m d'altitude (sauf si l'on introduit les provenances adaptées). Disposant d'un enracinement très profond, il résiste assez bien à la sécheresse d'été. En France, il est surtout utilisé dans le Massif central et les meilleures productions se trouveraient dans le Limousin et le Morvan mais certaines petites régions, comme le Beaujolais, sont également très renommées pour la qualité de leurs peuplements.

2 - Amélioration génétique.

Les essais de provenances ont montré la grande qualité des provenances de la région des Cascades (Ouest de l'Etat du Washington et Nord-Ouest de l'Oregon) et venant de sites de basse altitude (moins de 700 m). La variabilité est également forte au niveau familial. Des collections de descendances maternelles ont été réalisées par l'INRA en 1985 et complétées par des collections américaines (800 familles au total). Des vergers à graines de première génération ont été mis en place dans le département du Lot. Le plus utilisé est celui de la Luzette (près de Sousceyrac). Il est composé à 78% de clones issus de nombreuses provenances du Washington dont Darrington et Humptulips, ainsi que de quelques peuplements classés français (17%). Ce verger greffé a subi 2 éclaircies génétiques et, selon la fiche de Vilmorin*, comprenait en 2006, 2.837 arbres résiduels pour 136 clones.

La poursuite de l'Amélioration devrait se faire, logiquement, par croisements contrôlés entre meilleurs géniteurs éloignés génétiquement. Par contre, le bouturage s'est révélé difficile avec des plants issus de boutures, souvent plagiotropes, ce qui ne permet pas de passer à une stratégie clonale, sauf si la faisabilité de l'embryogénèse somatique s'avérait finalement possible.

3 - Qualité du bois

Selon diverses sources (CIRAD), le bois de Douglas présente de nombreuses qualités, aujourd'hui reconnues au plan commercial. C'est un bois à duramen coloré d'où sa qualification de "résineux rouge" avec un aubier bien différencié. C'est un bois de densité moyenne (0,540) à la fois rigide et tendre. Plus résistant que les autres conifères européens, il est aussi durable que le Mélèze et le Red Cedar (*Thuya plicata*). Il ne résiste cependant pas aux termites et doit être utilisé hors sol. Ses défauts

---

* On se reportera à la Fiche de Vilmorin. Site : https ://www.france-douglas.com/assets/components/francedouglas/images/actus/fichiers/douglas-la-luzette_fr.pdf

mineurs sont la présence de quelques rares poches de résine et une faible acidité du bois. Son défaut le plus important, comme tous les bois de plantations, est lié aux nœuds, incompatibles avec l'emploi en menuiserie. D'autre part, il est évident que l'aubier, très différencié, doit être aussi réduit que possible. Ces problèmes s'estompent avec la durée de production mais s'accentuent pour des révolutions courtes et donc des croissances très rapides.

Le Douglas de plantation n'a pas toutes les qualités du bois du "pin d'Oregon" issu des Forêts naturelles d'Amérique du Nord mais il s'en apparente cependant. Il est apte à toutes les transformations (sciage, déroulage et tranchage) et répond comme bois d'œuvre à de nombreux usages (lamellé collé, menuiseries intérieure, charpente, ossature, contreplaqué, poteaux). Comme bois de trituration, il convient pour la pâte kraft. Il convient bien aussi pour les panneaux (OSB). D'ailleurs, on peut lire dans un récent document de "France Douglas"[598] : « *Le Douglas s'affirme comme l 'un des produits de construction les plus prometteurs des prochaines décennies et sa valorisation apparaît comme un enjeu majeur pour l'économie nationale* »,

Pour des révolutions courtes, on devra donc pratiquer l'élagage artificiel (ce qui augmente beaucoup le coût et n'apparait pas très rentable) et freiner la croissance en diamètre avant la coupe finale. Il faudrait surtout, améliorer par la sélection, les proportions de duramen tout en réduisant la proportion de bois juvénile (amélioration pour la qualité du bois).

Bossican (10 - France). Photo courtoisie FCBA. Belle plantation de Douglas âgée de 46 ans (ancien essai d'éclaircie FCBA).

4 - Aptitude à la Ligniculture

Malgré ses grandes qualités, le douglas reste une essence coûteuse à installer à cause d'une mécanisation difficile en zone de moyenne montagne et la nécessité de soins particuliers comme l'élagage artificiel si l'on veut des révolutions courtes. Le manque d'aptitude au bouturage ne permet pas d'avancées très significatives en amélioration génétique qui reste donc relativement lente. De plus, l'espèce est très sensible aux dégâts de gibier, en particulier au frottis du chevreuil, obligeant souvent à des frais de protection très élevés (clôtures). Enfin, les plants sont relativement chers à l'achat, ce qui augmente encore le montant de l'investissement initial et réduit d'autant la rentabilité.

***

134 - LE SEQUOIA SEMPERVIRENT

(*SEQUOIA SEMPERVIRENS D. DON.*)

(Coastal Redwood)

1 - Aire naturelle et aspects écologiques

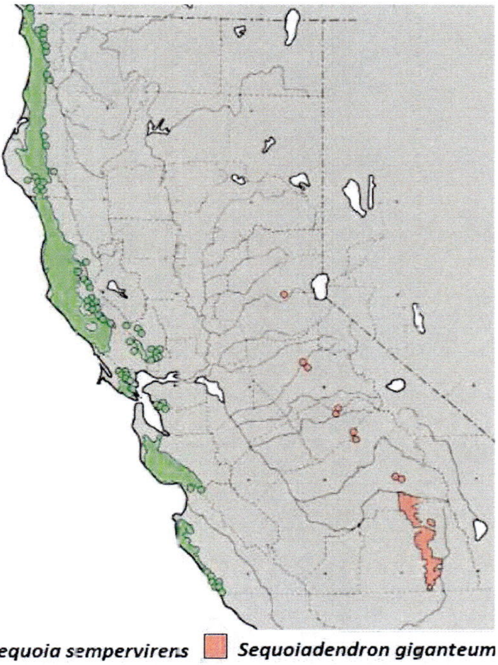

Aires naturelles des Sequoias (Wikipedia)

Les deux séquoias sont très connus par leurs légendaires parcs nationaux californiens (Redwood national park pour *Sequoia sempervirens* et Sequoia national Park pour *Sequoiadendron giganteum*).

Le séquoia sempervirent est une espèce de type océanique dont l'aire naturelle s'étend au Nord-Ouest de la Californie tout en restant à faible distance de la mer (< 60 km). On y trouve les plus grands arbres du monde ("Hyperion", 116 m de haut).

Le Séquoia géant (*Sequoiadendron giganteum*) a une aire un peu plus continentale et montagneuse (Sierra Nevada) avec les plus gros arbres du monde ("General Sherman", 1400 m^3). Il est à souligner que ces deux espèces sont incroyablement longévives, certains sujets dépassant 3000 ans.

En fait les deux Séquoias qui faisaient partie de la flore européenne depuis cent millions d'années auraient été éliminés par les glaciations du quaternaire il y a environ 1 million d'années (GOURDIN et FAUCONNIER 2015[599]). Il n'est donc pas étonnant qu'ils s'adaptent assez bien aux conditions européennes.

2 - Particularités

Selon HARVENGT *et al.* (FCBA, 2013)[600]), le Séquoia sempervirent est une espèce à croissance rapide et très résistante à la concurrence intraparcelle, accumulant une forte surface terrière et un fort volume à l'ha. De plus, il présente une excellente capacité à rejeter de souche et se bouture assez facilement. Toutefois le rajeunissement par culture in vitro est nécessaire pour les arbres de plus de 10 ans ainsi que l'avait démontré l'AFOCEL dans les années 80 en parvenant à multiplier des arbres très âgés (FRANCLET 1981[601]). On peut donc envisager des variétés clonales avec cette espèce ce qui en fait un excellent candidat à la ligniculture. Ses inconvénients sont d'abord sa limitation aux zones bien arrosées et relativement douces car il souffre beaucoup des gelées précoces et tardives. D'autre part, il produit peu de graines, lesquelles germent mal et les semis obtenus sont fragiles d'où l'importance de réussir le bouturage d'arbres bien rajeunis si l'on veut assurer une production de plants en pépinière. Par ailleurs, la faible densité de son bois et son écorce très épaisse, sont des éléments réducteurs pour la production de biomasse. Par contre son bois imputrescible le rend particulièrement apte aux usages extérieurs (bardages en particulier) et son écorce le protège des incendies.

Cabezon de la Sal (Cantabrie – 2013). Magnifique Peuplement de Séquoia sempervirent.

3 – Peuplements remarquables

Il existe quelques peuplements remarquables en Europe. Nous citerons celui de Cabezon de la Sal en Cantabrie (Espagne) que nous connaissons bien et qui est exceptionnel. Il a été édifié en 2003 en "Monument Naturel des Séquoias de la Forêt de Cabezón". Il s'agit d'un peuplement de 2,5 ha comportant 847 arbres (338/ha) plantés en 1937. Les plus grands arbres atteignaient déjà 35 m de haut et 70 cm de diamètre à 38 ans, lors de notre visite avec les élèves de l'ENGREF, le 29 mai 1975. Aujourd'hui, certains arbres atteignent 50 m à l'âge de 84 ans. Ils n'ont jamais subi d'éclaircie et leur volume sur pied, avec plus de 1000 m^3/ha, est considérable (photo précédente) La qualité du site n'a rien d'exceptionnel et ces résultats pourraient s'appliquer à une grande partie du Nord-Ouest espagnol. Il est donc clair que le potentiel présenté par le Séquoia sempervirent est très élevé dans cette région.

4 - Programme d'amélioration génétique

Peu de pays se sont intéressés au Séquoia sempervirent. En France l'AFOCEL a mis en place un important test clonal dans de nombreuses régions à l'exception du Grand-Est et nous renvoyons le lecteur à l'article de HARVENGT *et al.* (2013) qui donne de nombreux détails et références. Entre 1973 et 1990, l'AFOCEL avait réussi à rassembler plus de 1.100 clones de 3 collections :

1. **436 clones** issus d'arbres sélectionnés en France et dans quelques sites européens,
2. **530 clones** sélectionnés à 3 ans sur tests de provenances-descendances issus de graines de l'aire naturelle (Récolte André FRANCLET, en particulier),
3. **180 clones** issus de 90 provenances de l'aire naturelle et diffusés par John KUSER ("collection KUSER").

Le réseau d'essai FCBA consiste en de nombreux tests, comparant une centaine de clones sélectionnés avec des clones témoins, dans toute la France (hors zones montagneuses et trop froides). Les résultats montraient une production moyenne de 6 à 10 t/ha/an de matière sèche avec une tendance à la hausse les années suivantes. Un groupe de 5 clones se détache des autres (dont un nettement, le n° 770365) avec un gain de biomasse de l'ordre de 25% par rapport à la moyenne générale. Il est très intéressant de constater que les comportements clonaux ne changent pas entre les régions atlantique et méditerranéenne, ce qui souligne bien la grande plasticité de l'espèce (hors zones froides). Les sites doivent cependant être bien alimentés en eau pour assurer une haute production.

En dehors de la France, la Nouvelle Zélande, où l'adaptation de cette espèce est remarquable (photo ci-après), a mis en place un vaste réseau de tests clonaux avec l'objectif de produire du bois pour l'exportation donc après une sélection rigoureuse sur la qualité du bois. Remarquons que le fait de supporter l'absence d'éclaircies facilite la production de bois d'œuvre en réduisant la largeur des cernes et le pourcentage d'aubier, sans perte de production, en retardant simplement l'âge de la récolte.

5 - Production

Selon BERTHELOT *et al.* (2014[602]), le Séquoia toujours vert peut atteindre 10 à 12 tonnes/ha/an de matière sèche, nettement au-dessus du Douglas qui ne dépasse pas 8 t/ha/an.

Dans le réseau d'essais FCBA, il n'est dépassé que par le Cryptomère du Japon et le Cyprès de Leyland dont la productivité peut monter à 15 t/ha/an dans de très bonnes conditions.

Selon HARVENGT *et al.* (2013), les essais de taillis à courte rotation (TCR) de l'AFOCEL, n'ont été exploités qu'à 20 ans avec une productivité de 14 à 18 t/ha/an en Centre-Ouest et 10 à 28 t/ha/an en Languedoc-Roussillon.

Les essais de futaies, plantés à 1.250 arbres/ha, doivent subir au moins 4 éclaircies espacées de 10 ans pour parvenir à 200-250 tiges/ha. Les rejets sont éliminés au débroussaillant et l'élagage naturel étant faible et les branches mortes, persistantes, un élagage artificiel jusqu'à 8 m est nécessaire. Il ne semble pas y avoir d'effet du débroussaillant sur la croissance des arbres restants, car la production de bois est importante (25 m^3/ha/an à 50 ans).

FRI Rotorua (Nouvelle-Zélande) mars 1977. Superbes Séquoias sempervirents âgés de 20 ans (plus de 35 m de haut et près de 90 cm de diamètre)

***

135 - Le Tulipier

Liriodendron tulipifera ('Yellow poplar') et *Liriodendron chinense* ('Tulipier de Chine')

1 – Aspect botanique.

Le Tulipier appartient à la famille des Magnoliacées, limitée à 2 genres (*Magnolia* avec 218 espèces et *Liriodendron* avec seulement 2 espèces) et présentant des caractères primitifs (sépales et pétales indistincts appelés tépales ainsi que le maintien de quelques caractères de gymnosperme. D'après les fossiles, le genre *Liriodendron* serait apparu vers -90 à -65 millions d'années*.

2 – Aires naturelles

Elles sont représentées par les 2 cartes suivantes, tirées d'internet :

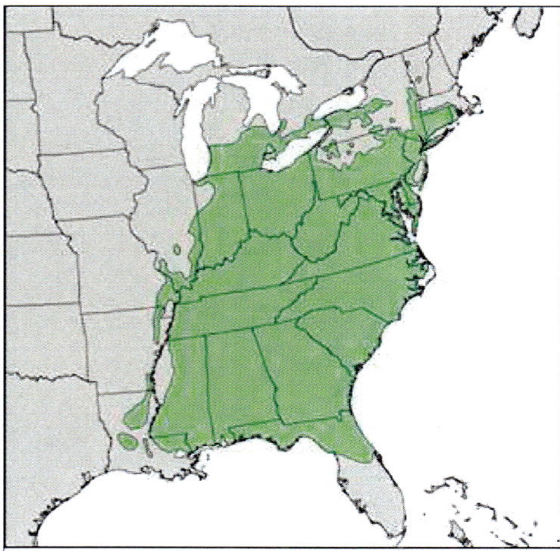

Aire naturelle du Tulipier de Virginie
(https://fr.wikipedia.org/wiki/Liriodendron_tulipifera)

Aire naturelle du tulipier de Chine
https://doi.org/10.3389/fpls.2016.00698

Source : d'après la carte de A.H. YANG *et al.*[603]

21 - Tulipier de Virginie (*Liriodendron tulipifera*)

C'est une espèce pionnière de la partie Est des USA dont l'aire naturelle s'étend à l'Est du fleuve Mississippi. Cette essence couvre la région des plateaux (le Piedmont) et la chaîne montagneuse des Appalaches. On la rencontre jusqu'à 300m d'altitude au Nord et à 1350m d'altitude au Sud.

* https://lepeupledacote.com Tulipier - Liriodendron

22 - Tulipier de Chine (*Liriodendron chinense*).

Il est considéré comme une essence pionnière du Centre et du Sud de la Chine. C'est une espèce des Forêts mélangées de moyenne montagne (900–1000 m). Son aire naturelle s'étend du Sichuan à l'Ouest au Fujian à l'Est. Au Nord, on la trouve depuis le Hubei jusqu'au Yunnan et au Gangzi, au Sud. On en retrouve même quelques peuplements au Nord du Vietnam dans la Région de Ha Giang.

3 – Données sylvicoles générales

On se reportera à diverses fiches techniques des CNPF

31 - CNPF Nouvelle Aquitaine

https://nouvelle-aquitaine.cnpf.fr/sites/nouvelle-aquitaine/files/2023-07/FICHE%20ESSENCE-Tulipier%20de%20Virginie.pdf

Cette fiche donne notamment une indication intéressante du potentiel de croissance de cette espèce : "*sur une station favorable, il a atteint près de 40 m de haut et 50 cm de diamètre moyen (à 1,3 m) en une quarantaine d'années*".

32 - CNPF Bretagne

(https://bretagne-paysdelaloire.cnpf.fr/sites/bretagne-paysdelaloire/files/2022-01/tulipier_20virginie_1.pdf)

Cette fiche indique que l'espèce s'est parfaitement adapté aux conditions du Sud-Ouest de la France et notamment à Oloron Sainte Marie (64) où il occupe une quarantaine d'hectares de la forêt communale avec un excellent développement. Cependant ses possibilités d'adaptation vont bien au-delà puisque, dans la région de Nancy, il était un des plus hauts arbres de l'arboretum d'Amance (installé en 1900 sur sol argileux) jusqu'à la tempête de 1999. On le trouve également sur des sites beaucoup plus secs vers le haut des coteaux calcaires de Nancy sur sol plus superficiels et en exposition Sud.

4 – Qualités du bois

41 - Tulipier de Virginie

On trouvera de nombreux articles sur la qualité du bois de Tulipier qui est un bois d'essence feuillue ("hard wood ") relativement léger et considéré comme très polyvalent. De grain très fin il se travaille remarquablement bien et prend un beau poli.

Selon Ecotree : https://ecotree.green/blog/focus-sur-le-tulipier-de-virginie
« Son bois tendre n'est pas d'un usage recommandé en extérieur. En revanche, il est apprécié en ***menuiserie et en ébénisterie****, de même en tranchage, déroulage, caisserie, tournerie, pour la fabrication de jouets et la lutherie. Il présente un retrait très faible au sciage, et facile à sécher et supporte des températures de séchage particulièrement élevées (150°C). Il est facile à usiner et à travailler ».*

On pourra également consulter le site suivant : **Tulipwood (Liriodendron tulipifera) - Mitch's World of Woods** https://www.youtube.com/watch?v=LiQntfEAu2Y, tout en se rappelant que les bois issus de forêt naturelles ont des propriétés mécaniques probablement supérieures à celle des bois de plantation où la croissance est plus rapide. La corrélation négative entre densité du bois et largeur des cernes semble en effet bien effective.

Récemment des chercheurs de l'Université Jagellon de Cracovie (Pologne) et de Cambridge (USA) ont déclaré que "l*e secret de cet arbre se cache dans la structure de son bois*"*. Dans la revue New Phytologist, et selon les auteurs : « *les angiospermes - les feuillus dont le bois est dur - qu'ils ont analysées présentent des macrofibrilles, les caractéristiques élémentaires que l'on trouve dans les parois de leurs cellules, de l'ordre de 15 nanomètres. Celles des gymnospermes - des résineux au bois plus tendre - atteignent 25 nanomètres. Mais les macrofibrilles des tulipiers, qui bien que primitives, appartiennent en principe à la famille des angiospermes, mesurent seulement... 20 nanomètres !* »

Les chercheurs pensent que leur structure particulière leur permettraient d'être « *plus efficaces à stocker le carbone - parce qu'ils ont appris à le faire dans un environnement où il en manquait* », il y a 30 à 50 millions d'années et en font un bon candidat potentiel pour la création de puits de carbone.

42 - Qualité du bois de l'hybride sino-américain

Un article récent de XINHAO Feng *et al*[604] indique que l'hybride a des vaisseaux de plus petits diamètre (-19%) et une densité du bois plus élevée (+37%). Avec des caractéristiques généralement supérieures à celles du Tulipier de Virginie (YP), le "Peuplier jaune hybride" (YP-h) est considéré par les auteurs comme un candidat idéal pour l'utilisation dans la construction et l'ameublement :

5 - Propriétés chimiques particulières

Selon Gilles LABAT**, le tulipier contiendrait de nombreux "actifs" avec diverses propriétés aux vertus le plus souvent médicinales :

51 - Emollient pour la peau :
https://cosmileeurope.eu/fr/inci/ingredient/8357/liriodendron-tulipifera-leaf-wax/
https://www.myrevea.com/ingredient-explorer/liriodendron-tulipifera-leaf-wax/

52 - Constituants antioxydants et anticancéreux (feuilles):
https://pmc.ncbi.nlm.nih.gov/articles/PMC6271038/

53 - Constituants biofonctionnels aux propriétés antioxydantes et anti-mélanogènes :
https://www.mdpi.com/1422-0067/14/1/1698

54 - Activité antiplasmodiale des alcaloïdes aporphiniques et des lactones sesquiterpéniques :
https://pmc.ncbi.nlm.nih.gov/articles/PMC3010440/

55 - Agent apoptotique pour le glioblastome humain (huile essentielle de feuille) :
https://www.researchgate.net/publication/335367232_Exploring_new_applications_of_tulip_tree_Liriodendron_tulipifera_L_leaf_essential_oil_as_apoptotic_agent_for_human_glioblastoma

56 - Extraits foliaires pour la parfumerie
L'entreprise BIOLANDES, implantée à Le Sen (40) produit des extraits de feuilles de Tulipier pour la prestigieuse Maison CHANEL en vue de la création de "crèmes anti-âge "***.

---

* https://www.futura-sciences.com/planete/actualites/arbre-secret-cet-arbre-bois-moyen-ni-dur-ni-tendre-revele-scientifiques-114997/

** **Gilles LABAT** Responsable Recherche Chimie et Matériaux biosourcés Pôle BIOSENSE **FCBA** Allée de Boutaut 33028 Bordeaux Tél : 05 56 43 63 46 FCBA : https://www.fcba.fr/

*** https://www.futura-sciences.com/planete/actualites/arbre-secret-cet-arbre-bois-moyen-ni-dur-ni-tendre-revele-scientifiques-114997/

6 - Orientations pour l'amélioration génétique

61 - Particularités florales

Le tulipier a de grosses fleurs, faciles à manipuler (photos suivantes) et avec certaines particularités :

- Nombreuses et très grosses étamines facilitant les émasculations et la récolte du pollen.
- Nombreux carpelles avec autant de stigmates facile à atteindre.
- Fruits ressemblant aux cônes de conifères avec de nombreuses graines assurant une bonne productivité aux croisements contrôlés et ouvrant la voie aux croisements contrôlés industriels.

Fleur de Tulipier de Virginie. Grosse fleur, facile à manipuler. Nombreuses étamines et nombreux carpelles plus ou moins fusionnés. Depositphotos_26548765.

Fruit du tulipier avant déhiscence. Ressemble à un cône avec de nombreuses graines ailées. Depositpotos_705918686.

62 - Essais de provenances

Du fait de leurs très vastes aires de répartition, les deux espèces de Tulipier possèdent très vraisemblablement une grande variabilité génétique et donc de grandes possibilités d'adaptation, à condition toutefois de tenir le plus grand compte des provenances. Il est donc indispensable de disposer d'**essais de provenances** les plus complets possible pour chacune des deux espèces. On doit donc vérifier de quel réseau expérimental on dispose déjà en France (en premier lieu pour *L. tulipifera*, le Tulipier de Chine n'ayant pas, à notre connaissance, fait l'objet d'introductions significatives). En cas d'insuffisance (comme c'est probablement le cas pour le Tulipier de Chine), on devra commencer par obtenir une collection de semences, américaine (*L. tulipifera*) et chinoise (*L. chinense*). De telles collections seront optimales si elles sont réalisées par descendances séparées (récoltes sur arbres + dans chaque région identifiée).

63 - Sélection individuelle et Essais de descendances

Selon la littérature, les peuplements naturels présentent une forte consanguinité, De plus, l'espèce serait plus ou moins rebelle à l'autofécondation ce qui pousse aux croisements inter-provenances et aux essais d'hybridation entre les deux espèces.

Pour chaque région choisie, à partir de très bonnes descendances sélectionnées dans les meilleures provenances, l'opération suivante consistera à y sélectionner des arbres de très bonne qualité (arbres +). Leurs descendances doivent en principe faire l'objet de tests de descendances afin de sélectionner les meilleurs AGC (aptitude générale à la combinaison, correspondant à la valeur moyenne des croisements de chaque arbre avec bon nombre de ses voisins). Cela suppose cependant que les arbres + soient entourés d'une population assez large ce qui sera rarement le cas dans les essais de provenances. C'est pourquoi, les essais de provenances par descendances séparées seront bien préférables, les arbres + de départ étant sélectionnés au sein des peuplements naturels.

64 - Greffage, Parc à clones et Croisements contrôlés

Le greffage ne semble pas poser de problème et permet en particulier aux horticulteurs de multiplier les cultivars de Tulipiers de Virginie ('Edward Gursztyn', 'Fastigiata', 'Integrifolium'). La récolte de greffons sur les arbres + et le greffage sur semis (si possible de la même descendance pour réduire les incompatibilités) permettra de constituer des parcs à clones.

La conduite des arbres greffés (taille et fertilisation adaptée) et leur induction au paclobutrazol conduira à une floraison massive en 2 ou 3 ans. La manipulation des fleurs permettra la réalisation de croisements contrôlés, intra-spécifiques (arbres + de diverses provenances plus ou moins éloignées et complémentaires (adaptations diverses, qualités du bois diversement intéressantes, etc.) et la création de descendances supérieures (vigueur, forme et qualité du bois).

65 - Hybridations

Selon certains auteurs, et en particulier les auteurs chinois, les hybrides interspécifiques de Tulipier* montrent un bon niveau d'hétérosis.

- Aux Etats-Unis, les très rares essais d'hybrides de Tulipier n'ont pas été suivis de développement, bien que les arbres plantés à l'université de Madison aient donné de très bons résultats avec une croissance apparemment très supérieure à celle du pur Tulipier de Virginie.
- En Chine, où les essais ont été systématiques, il en est très différemment. Le Tulipier hybride s'étant révélé plus vigoureux est plus plastique que l'espèce pure locale (*L. chinense*), les plantations de Tulipier hybride (souvent clonales) sont assez bien développées, allant jusqu'à faire craindre une pollution génétique des peuplements naturels de *L, chinense* par ces hybrides[605]

66 - Clonage

En France, les essais de l'INRAE de Bordeaux[606] ont conduit les auteurs à formaliser en 2000, une technique de bouturage herbacé, laquelle serait cependant à actualiser dans le sens du minibouturage (miniaturisation des pieds-mères) afin de réduire au maximum les risques de maturation des clones.

En Chine, la multiplication en masse des clones hybrides est une opération courante, les clones étant généralement obtenus par embryogénèse somatique (ES) à partir d'embryons immatures[607], technique dont l'application au tulipier semble d'ailleurs d'origine américaine. Il s'agit d'une "bulkpropagation" des meilleures descendances, sans possibilité de sélection des ortets au sein des familles. Il serait donc à priori plus intéressant de partir de bourgeons végétatifs des meilleurs ortets sélectionnés, en appliquant au départ la technique des cultures de méristèmes. Par contre, si l'on ne parvenait pas à l'embryogénèse somatique par ce procédé, la technique chinoise resterait intéressante pour produire les plants somatiques au prix des semis, l'élevage des microboutures (mB) pouvant se révéler trop coûteuse.

Remarque : dans le cas du Tulipier, les croisements contrôlés industriels (CCI) pourraient s'avérer moins coûteux puisque débouchant sur de très bonnes familles hybrides et donc de plants relativement homogènes issus de semis. On devra cependant vérifier que les fécondations artificielles réalisées avec du pollen de bonne qualité conduisent bien à l'obtention d'un grand nombre de graines, contrairement à ce que l'on observe généralement dans la nature (probablement à cause de la consanguinité). Dans tous les cas la production de clones issus d'ortets sélectionnés à l'âge adulte dans les meilleures familles hybrides restera une option intéressante mais demandera un

* https://news.uga.edu/this-spring-its-time-for-a-hybrid-tulip-tree-to-shine/

délai supplémentaire (temps de croissance des familles hybrides, augmenté du temps de croissance des tests clonaux) comme le montre le schéma ci-après).

Les CCI permettraient de produire très rapidement de bonnes quantités de graines à partir des meilleures familles hybrides, alors que les clones issus des meilleurs ortets de ces familles demanderont un délai supplémentaire d'au moins 3 à 5 ans et ne seront avantageux que s'ils présentent des qualités supérieures notamment en ce qui concerne la qualité du bois ce qui est probable au début de l'amélioration. De toutes façon les plantations de familles hybrides issues de CCI constitueront des populations de sélection très intéressantes pour y détecter des ortets de haute qualité (taux de sélection très élevés).

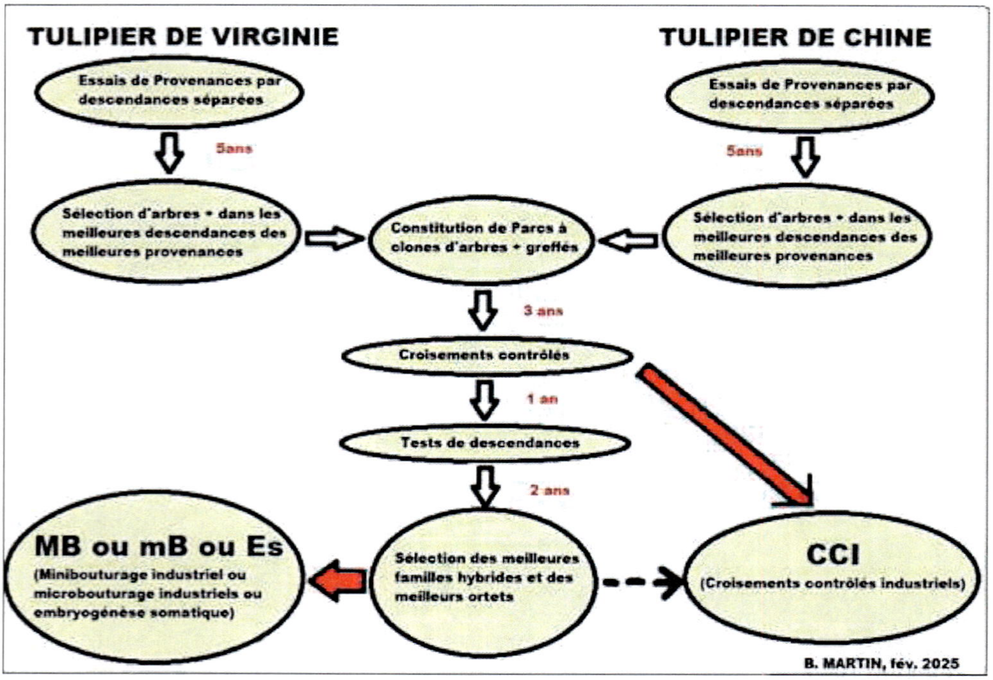

Schéma d'Amélioration génétique du Tulipier avec sorties de variétés hybrides clonales ou familiales.

7 – Perspectives

Par ses nombreuses qualités, le Tulipier semble un excellent candidat pour la ligniculture et la création de variétés hybrides interspécifiques à hauts rendements. Il est donc tout à fait conseillé de l'inclure dans les programmes de Recherche-Développement (R&D) avec des résultats à attendre dans un délai d'une dizaine d'années et avec des raccourcis possibles (5 ans), grâce à l'existence en France de très beaux sujets de *L. tulipifera* et, parallèlement aux importations de collections de semences, à l'introduction de pollens chinois sélectionnés (*L. chinense*). Une bonne collaboration avec la Chine est donc à établir dans ce domaine.

***

136 – LES AULNES *(ALNUS SPP.)*

Les aulnes (B. MARTIN 1985[608]) sont des espèces forestières de second rang mais ils présentent certaines particularités intéressantes, en particulier les suivantes :

- Espèces **s'adaptant à des conditions très difficiles,**
- Espèces **fixatrices d'azote** grâce à la symbiose actinorhizienne,
- Espèces **monoïques, anémophiles,** produisant beaucoup de pollen et faciles à hybrider.

Le genre qui fait partie de la famille des Bétulacées est très diversifié puisque, selon Z. CHEN *et* LI. (2004[609]), il comporte 4 sous-genres et 44 espèces. Les possibilités d'hybridation sont multiples et grandement facilitées par la monoïcité des espèces.

1 - Aires naturelles

Selon les cartes de MURAÏ (1964[610]), reprises par CHEN et LI (2004), le genre *Alnus* est très largement réparti dans le monde. On y voit que les aulnes sont très étendus en hémisphère Nord et beaucoup moins en hémisphère Sud où une seule espèce est présente dans les zones montagneuses d'Amérique latine (***Alnus jorullensis***) in RESTROPO URIBE G. (1996[611]). Les cartes ci-après nous donnent les aires naturelles de 4 des principales espèces : *A. glutinosa*, *A. incana*, *A. cordata* et *A. rubra.*

2 - Aspects écologiques

Les aulnes sont des espèces capables de s'adapter à des conditions très variées et souvent difficiles. Le tempérament de ces espèces est très variable.

Par exemple **l'aulne glutineux** est bien adapté aux zones humides et hydromorphes car il est capable de développer ses racines dans les gleys et les pseudogleys.

Alnus glutinosa **(Source : Wikipedia)**

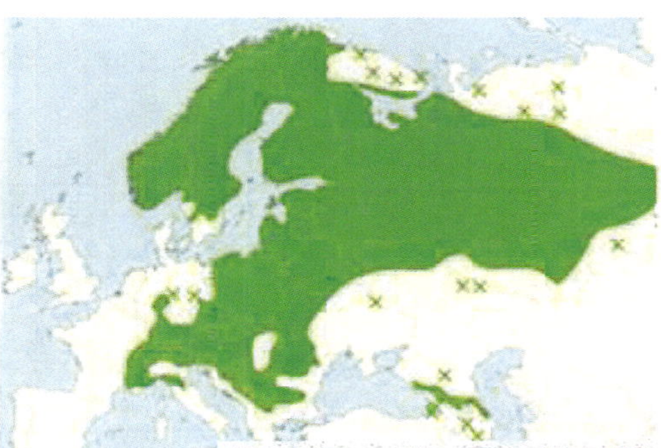

Alnus incana **(Source : wikipedia)**

Il en est de même de **l'aulne blanc** (*Alnus incana*) mais celui-ci supporte également les sols secs et dépourvus de matière organique ce qui explique qu'il soit utilisé comme restaurateur des sols très dégradés comme ce fut le cas pour les zones de combats de la 1ère guerre mondiale.

L'aulne à feuilles en cœur (*Alnus cordata*) est une espèce importante de moyenne montagne méditerranéenne qui s'adapte à de nombreuses situations tout en ayant une bonne croissance et en produisant un bois d'assez bonne qualité. Il engendre des hybrides vigoureux avec son cousin iranien *Alnus subcordata* dont l'aire naturelle se situe au Sud de la Mer Caspienne.

Quant à **l'aulne rouge** (*Alnus rubra*) il s'agit d'une espèce, relativement côtière, de l'Ouest américain qui s'étend de l'Alaska à la Californie et s'adapte à des conditions variées de sols, même si dans le Sud de son aire il devient ripicole (HARRINGTON 2006[612]) alors que dans l'Etat du Washington, c'est un compagnon du Douglas (*Pseudotsuga menziezii*) et des grands conifères (*Tsuga heterophylla*, *Abies grandis*, *Thuja plicata* et *Picea sitchensis*).

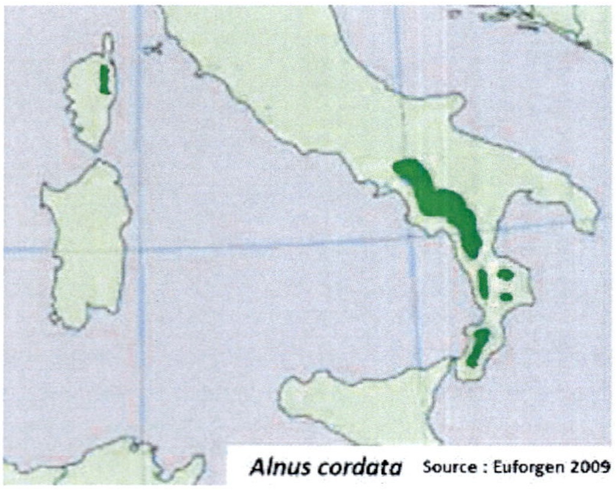

Alnus cordata Source : Euforgen 2009

Alnus rubra Source : Wikipedia

3 - Aspects génétiques

Dans les années 80, dans notre laboratoire de l'ENGREF*, nous avions commencé un programme d'amélioration génétique sur le genre *Alnus*. L'objectif était triple :

1. Production de biomasse sur les sols difficiles,
2. Accompagnement des plantations clonales de bois d'œuvre à grands espacements,
3. Production de bois d'œuvre à partir de clones améliorés.

Nous pouvons ici en donner les principaux résultats bibliographiques et expérimentaux.

Niveau inter-spécifique. Les essais d'espèces sont nécessaires et peuvent montrer une certaine supériorité des espèces exotiques tout particulièrement dans les zones perturbées.

Niveau intra-spécifique. Les essais de Provenances ont montré presque partout une grande variabilité des espèces, en particulier chez celles dont l'aire naturelle est vaste. Les perspectives de gain, par la sélection des Meilleures provenances, sont encourageantes. Les quelques essais effectués

* Les recherches sur l'Aulne ont duré de 1979 à 1987. Les travaux étaient réalisés par le Dr. Daniel PRAT et le Technicien Jean GUILLOT.

dans ce sens nous le confirment comme le montrent les tableaux suivants issus de mensurations effectuées à 2 et 4 ans dans l'essai du "Bois des Epées" non loin de Sézanne (Seine et Marne), sur sol limoneux :

Provenances *A. rubra*	**Hauteurs totales (en cm.)**			
	HT moy. à 2 ans	**HT moy. à 4 ans**	**HT4 - HT2**	**HT maxi**
Prov. 'Hoh'	118	357	239	412
Prov. 'Huntly'	**121**	**342**	**221**	**478**
Prov. 'Cascade Head'	114	333	219	346
Prov. 'Wind River'	67	266	199	389
Moyenne générale / HT maxi	**105**	**325**	**220**	**478**

Provenances *A. incana*	**Hauteurs totales (en cm.)**			
	HT moy. à 2 ans	**HT moy. à 4 ans**	**HT4 - HT2**	**HT maxi**
Croisement contrôlé IxI	**128**	**288**	**160**	**490**
Prov. 'Angleterre'	112	275	163	283
Moyenne générale / HT maxi	**120**	**282**	**162**	**490**

Provenances *A. glutinosa*	**Hauteurs totales (en cm.)**			
	HT moy. à 2 ans	**HT moy. à 4 ans**	**HT4 - HT2**	**HT maxi**
Prov. Gatinais	108	307	199	440
Prov. 'Nancy - Jardin Botanique'	108	283	175	430
Croisement contrôlé GxG	**98**	**268**	**170**	**490**
Prov. 'Pologne'	100	254	154	381
Prov. 'Yonne'	98	244	146	414
Prov. 'Bulgarie'	98	243	145	341
Moyenne générale / HT maxi	**102**	**267**	**165**	**490**

Provenances *A. cordata*	**Hauteurs totales (en cm.)**			
	HT moy. à 2 ans	**HT moy. à 4 ans**	**HT4 - HT2**	**HT maxi**
Prov. 'Restonica'	87	239	152	355
Croisement contrôlé CxC	**74**	**233**	**159**	**389**
Prov. 'Vizzavona'	49	127	78	186
Moyenne générale / HT maxi	**62**	**180**	**119**	**389**

L'essai ne compare que quelques provenances pour chaque espèce, ce qui est très insuffisant pour des espèces dont l'aire naturelle est souvent très vaste. Les écarts selon les provenances ne sont pas toujours très grands mais le fait que les croisements contrôlés détiennent des individus très vigoureux semble indiquer que la consanguinité joue un rôle important dans les populations existantes et les croisements éloignés semblent très prometteurs. D'autre part, la grande variabilité des populations naturelles laissent présager une forte prise à la sélection individuelle.

Hybridations interspécifiques. Les programmes d'amélioration génétique sont assez peu développés et peu coordonnés avec les Aulnes qui ne sont en Foresterie que des essences de seconde importance. Il est à signaler qu'ils ont souvent donné lieu à des essais de croisements entre espèces avec des résultats souvent remarquables. Dans les années 80, nous avions entamé un programme d'hybridations, lequel avait souvent révélé des vigueurs importantes (tout au moins au stage juvénile) notamment pour les croisements suivants :

- *rubra x A. glutinosa*
- *cordata x A. subcordata*
- *cordata x A. incana*
- *incana x A. cordata*
- *cordata x A. matsumurae*
- *japonica x A. inokumae*
- *japonica x A. hirsuta*

La confirmation de la vigueur hybride dans le temps pourrait permettre la création de variétés nouvelles, à la fois plus vigoureuses et plus plastiques, pouvant servir, soit pour la production de biomasse à court terme dans des terrains difficiles, soit pour servir de mélanges améliorants, en accompagnement de plantations clonales pour le bois d'œuvre (plantées à larges espacements).

Les résultats à 4 ans de l'essai du Bois des Epées qui comparait 14 descendances (dont 8 hybrides), montraient que cette supériorité se maintenait bien à cet âge. La photographie précédente montre la vigueur remarquable de l'hybride *A. cordata* x *A. incana* à l'état juvénile.Les croisements contrôlés comparés au Bois des Epées obéissaient au plan de croisements ci-contre, relatif à 4 espèces d'Aulnes (*A. rubra, incana, cordata, et glutinosa*).

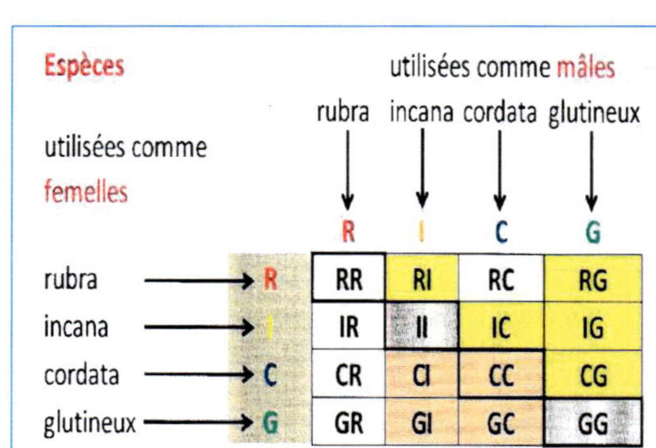

On avait obtenu 5 types d'hybrides sur les 6 possibles. (RI, RG, IC, IG, et CG) et 3 hybrides réciproques (CI, GI et GC). Les témoins étaient de 2 types : d'une part, une bonne provenance naturelle de chaque espèce (R, I, G, I et C) et d'autre part, un croisement contrôlé pour deux espèces (II et GG). Il est à noter l'absence de graines pour les croisements de père rubra, suite à une carence en pollen d'*Alnus rubra.*

Cet essai, qui malheureusement n'a pas été suivi, montrait à 4 ans d'intéressantes vigueurs chez au moins 4 types d'hybrides et les résultats bruts de l'essai du Bois des Epées, à 4 ans, sont donnés par le tableau suivant :

4 types d'hybrides

- Alnus rubra x incana
- Alnus rubra x glutinosa
- Alnus cordata x incana
- Alnus incana x glutinosa

Variété d'Alnus	Sigle	Effectif	Hauteur totale à 4 ans (en cm.)		
			Moyenne	Minimale	Maximale
A. rubra x incana	RI	59	412	114	631
A. rubra x glutinosa	RG	240	379	58	642
A. cordata x incana	CI	106	362	159	589
A. Incana x glutinosa	IG	34	357	41	504
A. rubra	R	40	339	122	478
A. Incana x cordata	IC	5	325	286	415
A. glutinosa x cordata	GC	6	291	199	349
A. incana x incana	II	36	289	177	403
A. glutinosa	G	96	275	119	440
A. incana	I	2	275	267	283
A. cordata x glutinosa	CG	133	272	30	568
A. glutinosa x glutinosa	GG	746	269	27	490
A. cordata	C	30	210	14	389
A. glutinosa x incana	GI	3	186	154	221
Total /Moyenne	**14**	**1536**	**303**	**14**	**642**

ENGREF/AFOCEL (1984), Bois des Epées (Seine et Marne) - Résultats des essais d'Aulnes à 4 ans

Cet avantage des hybrides sur les espèces pures est très net à cet âge précoce. Cette supériorité a continué à se manifester au moins jusqu'à la dixième année mais nous n'avons pas les résultats des mensurations. Le graphique qui suit, illustre cette variabilité et l'intérêt des hybrides (seuls les arbres dépassant 4 m à 4 ans ont été pris en compte).

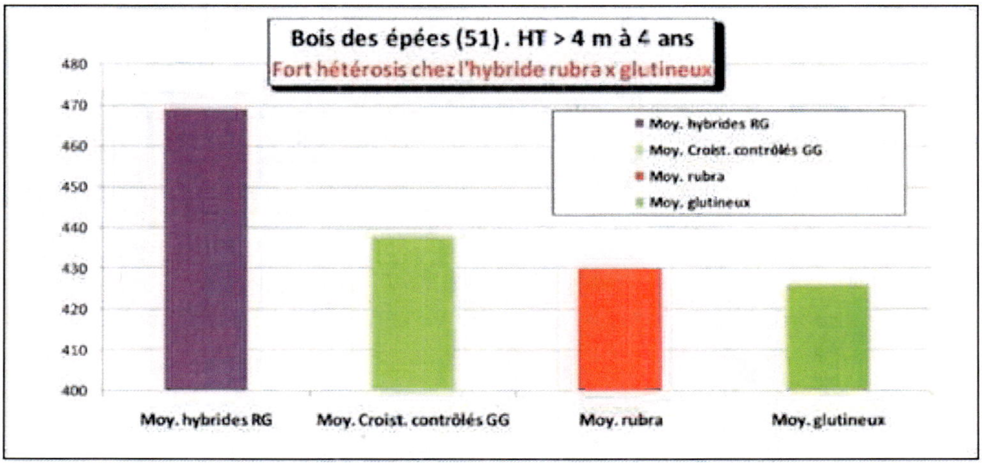

4 - Multiplication végétative

Les essais de bouturage que nous avions réalisés sur l'aulne glutineux en 1981 (B. MARTIN 1981[613]) bien que très positifs, n'ont pu être appliqués à grande échelle à cause du manque de conformité des clones. En effet, les plants issus de bouturage, bien que très facilement enracinés, conservaient un important plagiotropisme et un manque de vigueur. Ce défaut, fréquent avec le clonage, n'a pas permis de se lancer dans la mise sur pied de clones performants à partir des meilleurs individus hybrides apparaissant dans les croisements contrôlés entre espèces. Nous restons persuadés que cette voie est possible à condition d'améliorer le clonage notamment au moyen du minibouturage et après un éventuel rajeunissement par culture in vitro (culture de méristèmes). En attendant, la voie sexuée classique est de toute façon indispensable, d'autant plus qu'elle présente beaucoup d'espoir, en particulier à partir des croisements contrôlés, qui, chez le genre *Alnus,* sont plutôt faciles à réaliser.

5 - Développement lignicole avec Alnus rubra dans le Nord-Ouest américain

Il faut signaler un important programme de R&D sur *Alnus rubra* par la "Western Hardwood Association" qui, à l'occasion de son meeting annuel de 2005, a présenté un intéressant diaporama sur le développement du Projet de "Red alder Tree Farm Program" dans le Washington et l'Oregon♣. Le programme est orienté vers une sélection d'arbres + multicritères, les croisements contrôlés, et le clonage des meilleurs descendants hybrides. L'objectif est de faire de l'Aulne rouge une espèce lignicole à production rapide de bois d'œuvre et les résultats étaient très prometteurs.

14 - CONCLUSIONS DE LA 4EME PARTIE

En conclusion, le tableau récapitulatif suivant montre une palette d'espèces offrant un choix relativement large pour un développement lignicole centré sur une très vaste zone climatique :

Meilleures espèces pour la ligniculture

Climat	Potentiel lignicole	Dénomination	Nb de genre	Nb d'espèces principales	Hybrides possibles
Tempéré doux à équatorial	élevé	Eucalyptus	1	12	nombreux
	//	Pins	1	11	nombreux
	//	Acacias	1	4	plusieurs
	//	Teck	1	1	-
	//	Gmélina	1	1	-
	//	Acajous	4	9	plusieurs
	//	Casuarinsa	1	3	possibles
	//	Paulownia	1	6	nombreux
	//	Balsa	1	1	-
	//	Cunninghamia	1	1	-
	moyen / conditionnel*	Limba/Fraké	1	1	-
	//	Aucoumea	1	1	-
Tempéré	élevé	Populus	1	10	nombreux
		Salix	1	7	nombreux
		Cryptomère	1	1	-
	élevé probable	Merisier	1	1	-
	conditionnel*	Robinier	1	1	-
	//	Douglas vert	1	1	-
	//	Sequoia semper	1	1	-
	//	Tulipier	1	2	1
	//	Aulnes	1	7	-
TOTAL TOUTES ZONES			24	82	pour un peu moins de la moitié des esssences

* sous conditions de compléments de R&D

***

♣ Le diaporama de la "Western Hardwood Association" est intitulé «Development and Implementation of a "Red Alder Tree Farm Program" Il est consultable sur le site : https ://slideplayer.com/slide/7903306/

5ème PARTIE.

LE PROJET LIGNICOLE.

CONCEPTION, RÉALISATION ET GESTION DES PLANTATIONS

UAIC (Congo). 1987. Hommage à Georges QUILLET (en médaillon), Directeur technique de l'UAIC.
Exploitation à 9 ans des premières plantations clonales d'eucalyptus (ici un clone de PF1).

LE PROJET 'LIGNICOLE'.
CONCEPTION, RÉALISATION
ET GESTION DES PLANTATIONS

1 – PRODUCTION DE PLANTS DE QUALITÉ.
OBJECTIF MAJEUR DU PÉPINIÉRISTE

11 - Qualité génétique

La qualité génétique est le premier critère de qualité des plants. Elle doit être **en concordance avec l'objectif poursuivi**, comme le montrait le schéma du point 41 de la 1ère partie et que l'on peut à la fois résumer et expliciter comme suit :

Objectif général	Objectif de reboisement	Matériel génétique	Aspect technique
Forêt de Conservation ou de Protection	Reconstitution écologique (suite à une catastrophe)	Graines des espèces locales (écotypes en place)	Reconstitution naturelle ou plantation claire en mélange (principales espèces locales)
Sylviculture naturelle assistée (Forêt à multiples usages)	Plantations complémentaires à la régénération naturelle	Provenances locales des espèces principales	Plantation manuelle dense, (dans les trous de régénération)
Sylviculture artificielle (Forêt de production)	Plantations d'essences autochtones ou exotiques (bien adaptées et productives)	Matériel génétique sélectionné (Meilleures descendances des meilleures provenances)	Plantation monospécifique en plein et à moyenne densité (avec, ou sans, travail du sol)
Ligniculture (Plantation de production)	Plantations à cycles courts (hautement productives)	Meilleures Familles contrôlées ou meilleurs clones (hybrides intra ou interspécifiques)	Plantation familiale ou clonale à faible densité (avec travail du sol)

La ligniculture s'intègre dans ce schéma, au rang des plantations les plus intensives. Son objectif est principalement la production de bois avec, pour le producteur, la meilleure rentabilité possible (haute production et cycles courts), pouvant ainsi répondre à la demande en bois en approvisionnant au mieux les usines locales tout en abaissant la pression sur les forêts naturelles. Cette haute productivité permettra de réduire les surfaces correspondantes, cultivées de plus en plus par les agriculteurs, en partenariat avec les industriels.

Il est certain que les objectifs les plus ambitieux en matière de production ne pourront être satisfaits qu'avec du matériel génétique très performant, résultat d'une excellente sélection, et éprouvé au préalable par des tests de terrain multi-stationnels. L'absence de ce type de matériel ne permettra pas d'atteindre les objectifs recherchés et risquera fort de conduire à un échec par manque de rentabilité. Une grande entreprise, se verra ainsi fortement incitée à se lancer dans la R&D.

12 - Réglementation

Dans les pays développés, la filière "Graines et Plants" qui correspond au "Matériel Forestier de Reproduction" (MFR), fait en général l'objet d'une réglementation de plus en plus complexe et contraignante. C'est le résultat des mauvaises expériences du passé qui ont conduit à des échecs cuisants (pins maritimes sensibles au gel, pins sylvestres de très mauvaise forme, mélèzes d'altitude en plaine, etc.), suite à l'utilisation de semences non contrôlées, pas du tout adaptées aux régions d'introduction, ne permettant pas de répondre aux objectifs poursuivis ou conduisant à polluer des massifs de forêts naturelles à la suite de regarnis diffus dans les parcelles en cours de régénération.

La réglementation européenne en matière de MFR a pour but de garantir aux utilisateurs un minimum de qualité génétique dans les graines ou les plants, qu'ils achètent, ou qu'ils commercialisent. En Europe et particulièrement en France, on distingue 4 niveaux de réglementation relative à la commercialisation des MFR et 2 règlements particuliers concernant les entrepreneurs et les agents chargés du contrôle :

1. TEXTES COMMUNAUTAIRES (1 directive, 5 règlements, 2 décisions et 1 recommandation)
2. TEXTES NATIONAUX (2 chapitres du code forestier, 1 décret, 16 arrêtés et 1 instruction technique)
3. TEXTES RÉGIONAUX RELATIFS AUX ORGANISMES D'EXPÉRIMENTATION FORESTIÈRE (2 arrêtés)
4. SYSTÈME OCDE DE CERTIFICATION DES M.F.R. POUR LE COMMERCE INTERNATIONAL (1 notice et 3 modèles de certificat)
5. DÉCLARATION D'ACTIVITÉ POUR UNE ENTREPRISE EXERÇANT LE COMMERCE DE M.F.R. (1 formulaire)
6. CONTRÔLE ET CERTIFICATION (3 listes des contrôleurs en DRAAF, des correspondants ONF et de l'UE, 1 lexique multilingue)

L'ensemble des textes, communautaires et nationaux, est consultable sur le site suivant : https ://agriculture.gouv.fr/graines-et-plants-forestiers-reglementation -contrôle-et-certification

Au niveau européen cette réglementation a fait l'objet d'une révision complète en 2003. Le nombre d'essences de reboisement concernées est passé brutalement à 65. Chacune d'elles est divisée en "Régions de provenances" (**RP**).

1. **Catégorie Identifiée** (**I, couleur jaune**) Matériel le moins bien connu ; il s'agit d'essences mineures (aulne, bouleau…) ou celles pour lesquelles les peuplements sélectionnés sont encore insuffisants ; néanmoins les récoltes se font sur la base de régions de provenances autorisées, on parle de source de graines.
2. **Catégorie Sélectionnée** (**S, couleur verte**), Matériel issu de peuplement classé (sélection phénotypique) et identifié par sa région de provenance mais non testé. Cette catégorie concerne la majorité des essences (chêne, hêtre, épicéa, sapin…).
3. **Catégorie Qualifiée** (**Q, couleur rose**) Matériel amélioré en cours de testage ; vergers à graines pour lesquels on attend les résultats des essais.
4. **Catégorie Testée** (**T, couleur bleue**) : Matériel amélioré et testé ; vergers à graines (douglas) et clones (peupliers…), quelques rares peuplements classés et testés (cèdre).

En France, le contour des RP s'adapte désormais aux régions de l'Inventaire forestier national (**IFN**) plus ou moins affiné selon les espèces et après concertation entre les nombreux services concernés. Outre le contrôle des qualités physiologiques, les graines des essences réglementées font l'objet d'un contrôle de qualité génétique. Elles peuvent appartenir aux 4 catégories du tableau précédent, qui coexistent, ou non, selon les essences :

La récolte de graines, assortie d'un scellage des sacs en forêt se fait ainsi selon un dispositif très encadré qui donne lieu à l'édition d'un Certificat Maître (CM) qui suivra la graine jusqu'à la mise en place du plant correspondant. La traçabilité de cette filière est à la charge de l'Administration et de ses "Contrôleurs des ressources génétiques forestières" (Techniciens forestiers). Chaque mouvement est contrôlé (des sécheries aux pépinières et des pépinières aux plantations avec l'émission d'un document officiel appelé "document du fournisseur").

L'un des objectifs est d'éviter les pollutions génétiques par introduction de MPR venant de RP éloignées, désormais non autorisées. Soulignons que cela ne concerne pas les plantations par transformation, avec du MPR incompatible (plantation en forêt feuillue, de feuillus exotiques ne s'hybridant pas avec les feuillus locaux, ou de conifères par bouquets ou par parcelle entière).

Cette contrainte est une mesure de Conservation des ressources génétiques forestières. Elle permet de mieux préserver génétiquement les écotypes en place dans les forêts dites "naturelles". En France, ce type de pollution existait depuis longtemps mais s'était intensifié depuis l'admission des essences feuillues au financement du Fonds forestier national (1980).

Remarque : Dans de nombreux pays une telle réglementation n'existe pas ou est très sommaire. Il appartient alors à chaque entreprise d'assurer elle-même la qualité génétique de ses plants en cohérence avec son programme de plantation et ses propres objectifs.

Dans de telles conditions, cette absence va souvent de pair avec une carence locale en plants améliorés et c'est la raison pour laquelle les entrepreneurs devront nécessairement se lancer dans un programme d'amélioration génétique adapté à leurs ambitions avec l'espèce qui lui convient. Il s'agit d'une attitude pionnière qui comprend des risques mais généralement aussi de bonnes perspectives, à partir des expériences locales les plus pertinentes. Ce fut le cas de la plupart des grandes entreprises forestières des pays subtropicaux et plus récemment tropicaux (Congo en particulier),

13 - Qualité physiologique des plants

Quelle que soit leur qualité génétique, les plants forestiers doivent être, morphologiquement et physiologiquement, sans reproche. Il s'agit de la "qualité extérieure" des plants qui fait aussi l'objet, dans les pays développés, d'une réglementation dont le but est le respect d'une "qualité loyale et marchande" à la sortie des pépinières ou à l'arrivée sur le chantier de plantation. On se reportera au Guide technique du Ministère de l'agriculture et de l'Alimentation "Contrôle et Réception des travaux de reboisement" (MAAF 2014[614]).

Outre l'absence de défauts, les meilleurs plants seront toujours les plus grands et les moins âgés. C'est pourquoi, les barèmes de contrôle s'appuient d'abord sur l'âge, et les dimensions des plants ; pour chaque classe de hauteur, il est défini un âge maximal et une hauteur minimale. De plus la qualité loyale et marchande des plants est définie suivant des critères, de forme et d'état sanitaire adaptés à chaque espèce et selon leur mode d'élevage qui peut-être de 2 types :

1. **Production de plants cultivés en pleine terre** (livraison à racines nues).
2. **Production de plants, élevés en conteneurs** (quel que soit l'état de végétation).

Notons que le type 2 comprend 2 modalités : les conteneurs proprement dits et les mottes.

13.1 – Optimisation des systèmes racinaires

La survie des jeunes plants et leur vigueur initiale sont des facteurs essentiels de réussite des plantations. Ces facteurs dépendent avant tout de la qualité des systèmes racinaires au moment de la mise en terre des plants.

Nous avons vu plus haut (chapitre 5 de la 2ème partie) que la croissance racinaire suivait des lois bien particulières dont les pépiniéristes doivent tenir le plus grand compte, tant pour l'élevage de plants à racines nues que pour l'élevage en conteneurs ou en mottes, et nous résumons ci-après les recommandations et les problèmes à éviter lors de l'élevage des plants :

Recommandations pour les plants à racines nues.

- Disposer d'un chevelu important,
- Eviter les traumatismes lors de l'arrachage,
- Eliminer les plants à système déformé,
- Pratiquer l'habillage du système racinaire avant plantation,
- Maintenir un niveau d'humidité convenable.

Problèmes posés par l'élevage des plants en conteneurs

- Coût supérieur à cause de l'infrastructure nécessaire mais automatisation possible de certains segments de la chaîne de production,
- Grand risque de déformations racinaires ("chignons"),
- Besoin de "dispositifs antichignon",
- Choix crucial d'un bon conteneur, parfaitement adapté à l'espèce sélectionnée.

Avantages et Inconvénients de l'élevage de plants forestiers en mottes.

- Dispositif permettant d'éviter tous les inconvénients du conteneur,
- Absence de déformation mais attention aux parois des caissettes d'élevage,
- Reprise immédiate grâce aux boutons racinaires,
- Mise en terre sans nécessité d'enlever le conteneur.
- Pas de résidus sur le terrain.
- Bons exemples : motte Melfert, motte Fertis, mottes de tourbe, et Jiffy pot.

En zones tempérées et boréales, on produit souvent les plants à racines nues. Les plants cultivés en pleine terre sont naturellement au repos pendant l'hiver. Cette période de repos est mise à profit pour pratiquer l'arrachage, le conditionnement, le transport et la mise en place définitive dans les sites de plantation. Toutefois, les périodes de gel sont exclues de toute manipulation des plants, les périodes les plus propice à la plantation étant l'automne et bien sûr le printemps. Cependant, les hivers très froids entraînent des mortalités très importantes des plants installés à l'automne et les printemps secs conduisent à de très mauvaises reprises si l'on ne peut arroser les plants. Les plantations d'automne restent valables en cas d'hiver doux et humide car elles permettent un démarrage racinaire et une très bonne reprise au printemps, même relativement sec.

En région chaude, l'usage des godets est généralisé. On doit cependant distinguer entre les régions tropicales sèches et humides :

<u>En régions tropicales sèches</u>, l'absence de pluie s'accompagne d'une hygrométrie très faible et la saison sèche peut durer de 5 à 7 mois. La sécheresse y est donc très importante ce qui entraîne un long arrêt de végétation. La saison favorable à la croissance des végétaux en est réduite aux 5 à 7 mois de saison des pluies et les espèces locales présentent des rythmes de croissance calqués sur cette alternance des saisons.

Il est alors théoriquement possible d'utiliser des plants à racines nues ce qui s'est révélé possible avec des espèces suffisamment rustiques comme l'*Eucalyptus camaldulensis* mais aussi (bien que beaucoup plus difficile à réussir) avec des espèces comme le Caïlcédrat, le Gmélina, le Teck ainsi que *Cassia Siamea* (DELWAULLE 1979). Toutefois, dans ces régions, l'élevage des plants forestiers se fait presque toujours en sachets plastiques ce qui limite beaucoup leur transport et n'exclut pas les déformations racinaires mais assure une bonne reprise.

<u>En régions tropicales humides</u> (proches de l'Equateur), il y a alternance de deux saisons des pluies et de deux saisons sèches (petites et grandes). Les saisons des pluies coïncident avec le passage du soleil au zénith qui se produit 2 fois par an dans ces zones. Inversement, les saisons sèches ont lieu lorsque le soleil arrive à la verticale des tropiques à chacun des solstices. Au total, la durée des périodes sèches est plus courte et la sécheresse moins sévère car fortement atténuée par la petite saison des pluies mais aussi par l'hygrométrie beaucoup plus élevée (y compris en saison sèche) à mesure que l'on se rapproche de l'équateur.

Dans ces régions, il n'y a pas vraiment d'arrêt de végétation mais simplement une réduction de la croissance pendant la saison sèche, laquelle s'accroît en s'éloignant de l'équateur. Dans la zone dite semi-décidue, il y a un mélange d'espèces sempervirentes et décidues (comme le Limba qui perd ses feuilles pendant une courte période au cours de la grande saison sèche).

	Avantages	Inconvénients
Plants à racines nues	Faible prix d'achat des plants	Nécessité de disposer de bons terrains agricoles
	Arrachage mécanisé rapide	Tri des plants et habillage des racines obligatoires
	Conditionnement facile	Perte partielle de Mycorhization et/ou de nodulation
	Transport sous faible volume	Stockage délicat jamais très long
	Transport peux coûteux et possible sur de longues distances	Protection impérative vis à vis du vent et du soleil
	Facilité de plantation semi-mécanisée en sol profond	Respect impératif des périodes de plantation
		Mise en jauge obligatoire
		Plantation délicate, déformations possible des racines
		Plus grande pénibilité du travail manuel de plantation
		Reprise aléatoire (gel et sécheresse)
Plants élevés en Godets	Conditions optimales pour la mycorrisation et la nodulation.	Installations sophistiquées des pépinières
	Mise en jauge remplacée par un arrosage avant mise en place	Prix d'achat plus élevé des plants
	Plants beaucoup moins sensibles au vent et au soleil	Danger de spiralisation des racines
	Plantation manuelle facile et rapide à la canne sur potets travaillés	Programmation rigoureuse de l'élevage
	Possibilité de plantation semi-mécanisée en sol profond	Conditionnement exigeant des dispositifs spécifiques
	Plantation rapide avec peu de soins (plants de bonne qualité)	Transport plus délicat et plus coûteux (gros volume)
	Reprise immédiate des plants, même en pleine croissance.	Spiralisation des racines en cas de long stockage
	Conditions optimales pour une croissance initiale très rapide	Plantation délicate des plants à racines spiralées

Dans les régions tropicales humides, l'élevage en conteneur est généralisé car la plupart des essences utilisées ne présente pas de repos racinaire et dans ce type d'élevage, le fait physiologique important est celui de la formation de **boutons racinaires** (point 55.2 - 2ème partie) vers lesquels l'effort du pépiniériste doit se concentrer. Quant à la plantation, elle a toujours lieu en début de saison des pluies. Pour les grands chantiers, elle doit se prolonger en saison sèche. Dans ce cas, l'arrosage après plantation est obligatoire au cours de la petite saison sèche afin d'assurer la reprise et une grande vigueur initiale

On doit souligner à cette occasion que la croissance de première année est étroitement liée à la hauteur d'eau reçue après plantation et que le déficit de croissance initiale dû à un manque d'eau au départ sera très difficile à combler par la suite. Les plantations de saison sèche seront donc moins productives que celles faites en début de saison des pluies. En conclusion, le tableau précédent rassemble les avantages et les inconvénients des deux types de plants (racines nues et conteneurs) :

Progression de l'élevage des plants en conteneurs en Zone tempérée. Pour certaines essences résineuses (Pin maritime, Cèdre de l'Atlas, Pin d'Alep et Pin à l'encens♣), l'élevage en godet est souvent considéré comme l'unique solution car la reprise des plants à racines nues est problématique, en particulier à cause des printemps de plus en plus secs (graphique ci-après). Pour le Pin maritime qui, en France, est de très loin la première essence de reboisement (environ 40 millions de plants/an), l'usage des godets s'est généralisé et a fini par remplacer complètement le semi direct qui posait beaucoup de problèmes d'entretien et de dépressage.

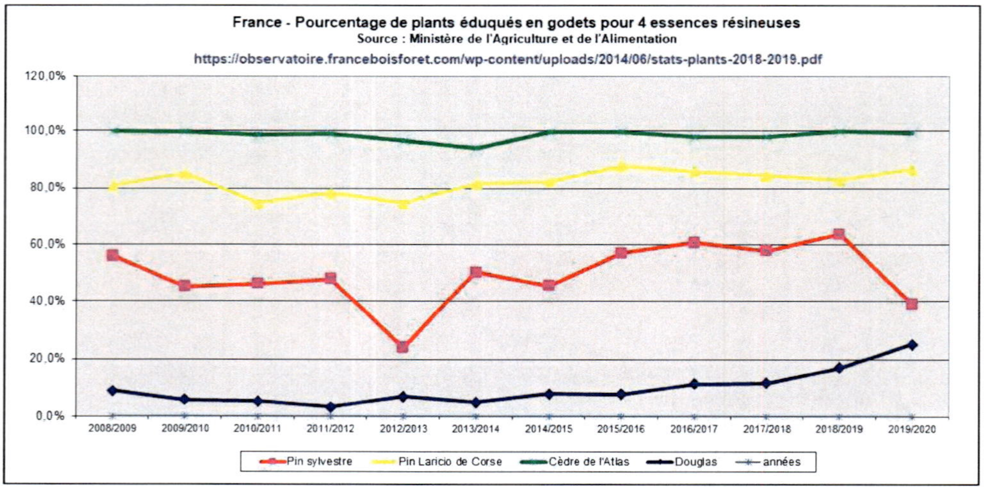

Chez d'autres espèces de pins, et malgré leur coût plus élevé, les plants en godets sont devenus majoritaires (100% chez le Pin à l'encens et 80% chez le Laricio de Corse). Pour le Pin sylvestre le pourcentage de plants en godets qui atteignait 60% en 2018/2019 est retombé à 40% en 2019/2020. Pour le Douglas, dont la reprise est assez délicate, l'usage des godets ne concerne que 25% des plants mais est en nette croissance. Toutefois, selon FCBA (CHAUMET, EISNER, PEUCH 2018[615]), les fréquents dégâts d'insectes (hylobes) et de gibier sont plutôt en défaveur des plants les plus petits et les plus chers.

♣Pour le Pin à l'encens il est à noter que les Américains reviennent aux racines nues afin de réduire les coûts des plants issus de l'embryogénèse somatique (voir plus loin, point 21, GROSSNICKLE 2008).

Pour les autres espèces, l'élevage traditionnel de plants à racines nues perdure, tant pour les résineux que pour les feuillus comme l'atteste le graphique suivant, montrant qu'en France au cours de la période 2008-2020, l'élevage des plants en godets a oscillé entre 5 et 20% des plants produits (pour les feuillus et les autres espèces de conifères) :

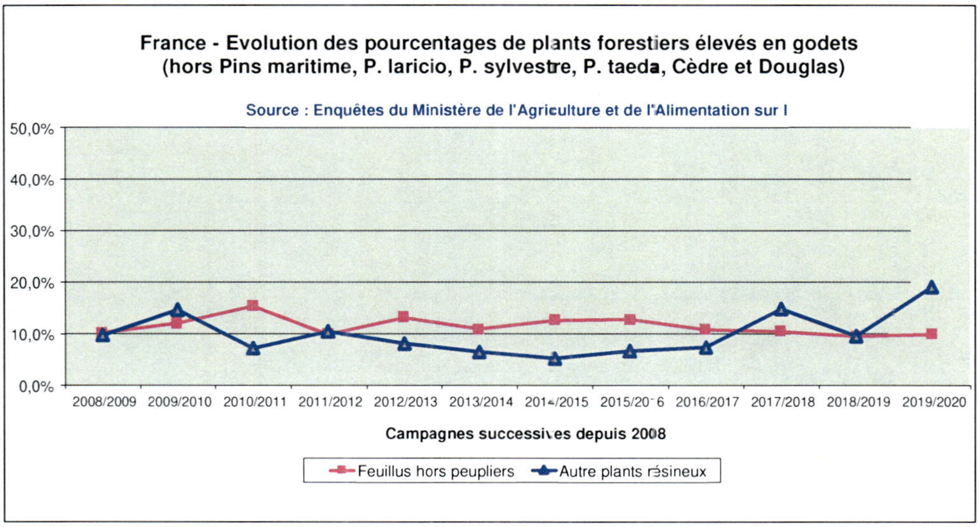

Le principal défaut des plants à racines nues est le côté assez aléatoire de la reprise face aux aléas du climat en fin d'hiver. C'est cependant l'élément majeur de la réussite de la plantation d'où la grande attention apportée aux plants, depuis la sortie de pépinière jusqu'à la mise en place sur le terrain. La production des plants en godets exige des installations plus sophistiquées et de bons conteneurs, bien adaptés à chaque espèce. De plus, une programmation très rigoureuse de l'élevage est indispensable pour éviter la spiralisation des racines. Par contre, la reprise des plants élevés en godet est excellente, peu dépendante des conditions climatiques et des dates de plantation et leur démarrage est immédiat.

Sachant qu'une croissance initiale optimale est le premier facteur de réussite des plantations, on comprend que l'usage des godets pour l'élevage des plants, tend à se généraliser y compris en zone froide. C'est bien ce que l'on constate pour les principales espèces de conifères les plus utilisés en France. C'est systématiquement le cas en région chaude et tout particulièrement dans le domaine de la ligniculture.

Incidence de l'usage des conteneurs sur le prix des plants. Le prix d'achat des plants est assez discriminant. Les plants élevés en godets étant plus coûteux sont désavantagés malgré une reprise plus sûre et une plantation plus étalée au printemps. Dans les pays tempérés les plants en godet se vendent souvent au double du prix des plants à racines nues, voire plus, c'est pourquoi, avec de bons sols forestiers normalement pourvus en champignons mycorhiziens, on comprend l'hésitation des planteurs. Dans les régions chaudes, l'élevage en godet est souvent obligatoire. De ce fait, la réduction du coût de production des plants est à rechercher à deux niveaux :

1. **Optimisation de la qualité génétique et physiologique des plants** (meilleures familles ou meilleurs clones, mycorhization, nodulation, etc.).

2. **Réduction du coût de production unitaire,** par :

- augmentation de la taille des pépinières,
- automatisation des opérations, de remplissage des godets, de semis, de distribution, d'irrigation et de fertilisation (fertirrigation).

D'ailleurs, l'avantage des plants de haute qualité génétique et physiologique est très rentable, même pour des coûts unitaires très élevés comme le montre la simulation approchée suivante :

Paramètres	unités	Modalité sylvicoles				
		1 - extensif	2 - semi extensif	3 - semi-intensif	4 - intensif	5 - très intensif
		Graines de vergers	Familles contrôlées		Clones	
Densité à l'ha	plants/ha	1 000	800	700	600	500
Prix du plant	euros/plant	1	2	3	4	5
Coût des plants /ha	euros/ha	1 000	1 600	2 100	2 400	2 500
Différentiel	euros/ha		600	1 100	1 400	1 500
Productivité	m3/ha/an	10	15	20	25	30
Rotation	ans	30	25	20	18	17
Production	m3/ha	300	375	400	450	510
Valeur du bois	euros/m3	100	100	100	100	100
Revenu brut	euros/ha	30 000	37 500	40 000	45 000	51 000
Coût total de la Plantation	euros/ha	4 000	4 600	5 100	5 400	5 500
Revenu net	euros/ha	26 000	32 900	34 900	39 600	45 500
Différentiel	euros/ha	-	6 900	8 900	13 600	19 500
TRI relatif au surcoût des graines	%/an		10,7%	11,6%	14,3%	17,4%
TRI moyen des plantations par modalité	%/an	6,7%	8,6%	10,7%	12,5%	14,1%

Cette simulation est faite sans actualiser les coûts mais il apparaît clairement qu'en multipliant les prix des plants par 2 à 5, l'incidence ne dépasse pas 1.500 euros/ha car avec une productivité qui passe de 10 à 30 m^3/ha/an, on réduit graduellement de moitié les densités de plantations. D'autre part, l'augmentation de la production va de pair avec une diminution sensible de la rotation qui passe de 30 à 17 ans, ce qui a une forte incidence sur la rentabilité. De plus, pour un même prix du bois au m^3, le revenu brut passe de 30.000 à 51.000 euros/ha, correspondant à un gain de rentabilité très significatif (TRI passant de 6,7% à 14,1%). Dans ce schéma et d'un point de vue économique, le surcoût dû à la seule qualité des plants est très rentable (TRI s'élevant jusqu'à 17,4%, supérieurs aux TRI des plantations respectives).

En conclusion, on retiendra qu'en ligniculture, l'optimisation du plant est cruciale.

13.2 – Qualité extérieure des plants

Plants à racines nues. Il s'agit de plants cultivés en pleine terre. Lorsque les plants arrivent en fin de culture, on profite de la période d'arrêt de végétation pour réaliser la succession des opérations suivantes :

1. **extraction** sans risque des plants en fin de culture en pleine terre,
2. **stockage** des plants à racines nues avant leur acheminement vers les chantiers de reboisement,
3. **"mise en jauge"** des plants sur le chantier avant plantation,
4. **distribution** des plants sur le terrain,
5. **mise en place** aux emplacements déterminés.

<u>En France</u>, les opérations 1 et 2 sont du ressort du pépiniériste alors que les opérations 3, 4 et 5 sont à la charge de l'entreprise de reboisement, après réception des plants sur le chantier, contradictoirement entre le pépiniériste et l'entrepreneur de reboisement, et éventuellement avec le

propriétaire. Naturellement, les sociétés complètement intégrées réalisent toutes les opérations et en sont responsables. Dans les autres cas, la vérification de la qualité des plants à la livraison est une impérieuse nécessité et l'indispensable réception des plants sur le terrain permet de vérifier les conditions de transport, le bon état de fraîcheur et la bonne conformité des plants à leur arrivée. La formule du pépiniériste entrepreneur de reboisement peut paraître plus sûre pour le propriétaire qui ne s'attachera alors qu'au pourcentage de reprise. Cependant la vérification de la qualité des systèmes racinaires à la livraison reste nécessaire car les déformations racinaires compromettent l'avenir des arbres sans pour autant nuire à la reprise des plants.

Dans cette technique, l'arrachage des plants élimine d'emblée les extrémités des racines avec leurs "boutons racinaires" (pointes blanches). Les plants à racines nues présentent donc un handicap sérieux puisqu'ils doivent d'abord refaire leurs boutons racinaires pour que les racines puissent reprendre leur croissance. La plante doit donc disposer d'assez de réserves pour y parvenir. De plus, le sol doit être suffisamment chaud et humide pour que ce processus ait lieu sans perte de temps. La reprise des plants à racines nues est donc tributaire de la **qualité des systèmes racinaires** mais aussi de la **séquence climatique après planting**. Si cela ne pose pas trop de difficultés pour des chantiers de petite taille, il en est autrement des grands chantiers sous climat pouvant présenter des sécheresses de printemps parfois très importantes. Le sauvetage de la plantation dépendra alors de l'arrosage des plants, lequel n'est pas toujours possible mais toujours très coûteux.

Outre l'obligation de protéger les plants (sous plastique) dès l'arrachage, la bonne qualité physiologique des plants à racines nues doit répondre aux critères suivants :

Age des plants et itinéraire d'élevage. C'est le premier critère de qualité. Il doit être indiqué clairement sur le document accompagnant les lots de plants. Cette indication de l'âge des plants est transcrite sous forme d'un **code** qui traduit également certains traitements appliqués aux plants pendant leur élevage (repiquage et soulevage). En fonction de leur rapidité de croissance (et donc de l'espèce), les plants pourront avoir entre 1 et 5 ans à leur sortie de pépinière. Cet âge est toujours vérifiable en repérant les zones d'arrêt de végétation sur l'écorce ou en comptant les cernes de quelques plants sur une coupe transversale de tige un peu au-dessus du collet.

Code d'élevage des plants à racines nues. Classiquement on utilise un code permettant de visualiser rapidement l'itinéraire d'élevage suivi des plants considérés.

Exemples : **1-0G 1S0 1+1 1+2 0-1G**.

Il comporte un chiffre suivi d'un signe puis d'un chiffre et se déchiffre comme suit :

- **Premier chiffre** : correspond au nombre de saisons de végétation passées à l'état de semis. (Le 0 placé en 1ère position indique que le plant n'est pas issu d'une graine mais d'une bouture).

- **Signe suivant** : indique les traitements subis par le semis ou la bouture :
    - **+** : correspond à une opération de repiquage (le semis est arraché puis installé à une autre place),
    - **S** : correspond à un soulevage des racines par passage d'une lame coupante dans le sol.
    - **–** : signifie que le plant n'a subi aucun repiquage.

- **Deuxième chiffre** : indique le nombre d'années passées en pépinière après ces précédentes opérations.
- **Lettre G en fin de code** : signifie que le plant a été élevé en godet.

Les codes des exemples ci-dessus se lisent donc comme suit :

1-0G : Semis de 1 an, jamais repiqué et éduqué dans un godet.

1S0 : Semi de 1 an, soulevé au cours de sa première année de végétation et vendu en fin de saison.

1+1 : Plant de 2 ans, issu de semis repiqué après la 1ère année de végétation (1 an de croissance en pleine terre après repiquage).

1+2 : Plant de 3 ans, issu de semis repiqué après la 1 ère année de végétation (2 ans de croissance en pleine terre après repiquage).

0-1G : Plant de 1 an, issu de bouture et élevé en godet.

Normes qualitatives. En France, ces normes étaient celles utilisées par le FFN jusqu'en 1999. Pour les principales espèces résineuses, on peut les retrouver sur internet en consultant, l'arrêté du 29 novembre 2003 modifié par l'arrêté du 13 septembre 2020 et applicables à la production sur le territoire national de matériels forestiers de reproduction. Le site est le suivant :

https ://www.legifrance.gouv.fr/loda/id/LEGI ARTI000042327681/2020-09-13/

On peut constater que pour chaque espèce il est fixé des classes de hauteurs et des minimas de diamètre au collet pour chacune des classes avec, à chaque fois, un âge maximum car en règle générale, les meilleurs plants sont ceux qui passent **le moins de temps en pépinière**. On vise donc un bon équilibre entre hauteur totale et diamètre au collet pour un âge aussi réduit que possible.

L'essentiel n'en demeure pas moins l'absence de déformation et le développement du **chevelu racinaire** c'est pourquoi, les opérations de soulevage (ou cernage) ont beaucoup d'intérêt car en coupant les pivots en cours de croissance, on oblige les plants à produire un nombre plus élevé de racines latérales constituant le chevelu, très recherché (GIRARD 2003[616]).

Cela peut cependant conduire à ajouter une année d'élevage aux plants. Inversement, la rapidité de croissance permet de réduire le temps passé en pépinière. L'amélioration génétique y contribue. Les conifères sont habituellement repiqués au printemps, sauf le douglas qui est repiqué à l'automne du fait d'une activité racinaire tardive. Ce repiquage a lieu après une année de végétation pour les essences à croissance initiale assez rapide (Pins, Mélèzes, Douglas, etc.) ou deux années pour les plus lents (Sapins, Epicéas, Pins à crochets, Pin Weymouth, etc.).

L'objectif principal est d'obtenir des plants plus trapus et mieux équilibrés en leur donnant davantage d'espace pour se développer. L'effet du repiquage est identique à celui du soulevage des racines car on commence par soulever les bandes de semis avant de les extraire et de les stocker en chambre froide. De plus, à leur sortie, les racines des semis sont taillées (habillage) ce qui permet de réduire les déformations racinaires au repiquage. Celui-ci est réalisé semi-mécaniquement, par bandes de 5 lignes, espacées de 20 cm, à la densité de 50 plants/m^2 (espacement de 10 cm sur les lignes), sous protection du vent et du soleil.

On se reportera à la vidéo, au site : https ://www.youtube.com/watch?v= Ku1ki9zE0QM).

Pépinière NAUDET de Préchac (Gironde-France). Photo courtoisie Vincent Naudet - 2019. Production de plants à racines nues. Douglas de 2 ans (1+1).

Chez les feuillus et certains conifères à croissance plus rapide comme le cyprès chauve, on pratique de préférence le soulevage sans recourir au repiquage, en passant à une profondeur de 10 à 20 cm, une lame coupante de la largeur de la bande de plants. Ce soulevage coupe tous les pivots ainsi que les racines latérales obliques. Le site suivant donne plus de détails techniques : https ://www.coserwa.com/modules/wsContent/index.php?location_id=177&page=75#Lame%20soulev euse

Un arrosage doit suivre cette opération qui entraîne toujours quelques pertes mais aussi un tri plus sévère lors de l'arrachage.

Défauts à éliminer. Une bonne qualité physiologique des plants à racines nues ne peut être obtenue qu'à l'issue d'un tri sévère après l'arrachage des plants et avant conditionnement pour le transport vers le chantier de plantation. Les plants éliminés doivent être détruits. Ce peut être pour des questions de taille trop faible comme on vient de le voir (l'origine pouvant être génétique) mais aussi de défauts possiblement liés aux manipulations de pépinières :

- Lésions diverses,
- Tiges malformées et multiples,
- Déformation racinaires,
- Mauvais état sanitaire (dessèchement, échauffement, moisissures, attaques parasites etc.)

Protection des plants au cours du stockage et du transport. L'arrachage des plants, même en hiver est toujours un traumatisme pour les plants à racines nues dont la reprise reste relativement aléatoire et très dépendante de la sécheresse de printemps. Pour réduire les risques de mortalité après plantation, le système racinaire doit présenter un abondant chevelu de fines racines et être bien hydraté. De nombreuses racines, bien turgescentes, permettent aux plants de survivre sur leurs réserves, le temps de refaire des bourgeons racinaires et de démarrer jusqu'à la reprise de fonctionnement des racines.

On devra donc s'assurer :

- de l'efficacité de la **protection au cours du stockage puis du transport**.
- du **bon conditionnement des plants sur le chantier** (zone protégée, mise en jauge, etc.)
- de la **bonne préparation du sol** avant la mise en place des plants.
- d'une **séquence climatique locale acceptable** pendant toute la période de plantation.

***

2 – La Pépinière industrielle

21 - Pépinière de plants à racines nues

Ce type de pépinière est rarement utilisé en ligniculture sauf dans les pays tempérés. Il fait en effet que les espèces présentent un repos racinaire saisonnier pour supporter les repiquages et transplantations successives. Il est certain que les productions réalisées en pleine terre sont beaucoup moins coûteuses que celles utilisant des conteneurs, à condition toutefois que le temps d'élevage reste limité, ce qui est toujours le cas des espèces à croissance rapide utilisées pour les plantations à forte productivité comme le douglas par exemple qui est de loin la première espèce de reboisement en France et en Europe (photo précédente).

Si certaines espèces tempérées, comme le pin maritime (à tendance subtropicale), peuvent présenter des difficultés pour la plantation de plants à racines nues, ce qui a conduit pendant longtemps à la pratique des semis directs (remplacés aujourd'hui par l'usage de plants en conteneurs), par contre, certaines espèces subtropicales comme le Pin à l'encens (*Pinus taeda*) ou le Pin d'Elliott (*Pinus elliottii*), peuvent supporter l'arrachage et la replantation. C'est en particulier le cas de *Pinus taeda,* en Argentine, cultivé dans les Provinces de Corrientes et Misiones (photos de 1987, suivantes).

M.B.M. Inc, Misiones - Argentine (aujourd'hui coopérative) - 1987 - Pépinière d'Eldorado (*Pinus taeda* élevés à racines nues).

La pratique est très différente pour les plants issus de boutures (clones), lesquels exigent des installations beaucoup plus sophistiquées (avec brumisation et ombrage) ainsi que l'usage de conteneurs pour l'enracinement des boutures, leur sevrage et l'élevage des boutures enracinées. Toutes ces manipulations conduitsent à des plants nettement plus coûteux, souvent boudés par les planteurs.

Toutefois, la nouvelle technologie de l'embryogénèse somatique utilisée en particulier pour les pins (*Pinus radiata* en Nouvelle Zélande *et Pinus taeda* aux USA[617]) permet de concilier les technologies les plus modernes avec les pratiques des pépinières rustiques à racines nues, conduisant à ne pas ajouter au coût élevé de la graine, celui de l'élevage des plants hors sol.

Dans la pratique de production de plants à racines nues, toutes les opérations sont mécanisées :

- **Préparation des terrains** (travail du sol, amendement et fertilisation),
- **Semis** en ligne au semoir de précision,
- **Soulevage des plants,** pour augmenter le chevelu racinaire,
- **Arrachage des plants** et conditionnement en bottes.

Dans de telles conditions, le coût de fabrication des plants est minimum. Ce qui n'empêche cependant pas la mécanisation de la plantation (usage de planteuses tractées).

22 – Pépinière de semis élevés en godets

22.1 – Pépinières volantes

Il s'agit de pépinières très rustiques que l'on déplace au rythme d'avancement des plantations. L'objectif est de réduire très significativement le coût de transport des plants et donc de pouvoir utiliser un élevage très rustique en sachets plastique remplis d'un substrat fabriqué au maximum avec des matériaux prélevés sur place (terre humifère, sable, terre argileuse,...). Une telle technique convient en particulier pour les plants dits "de bourrage" correspondant par exemple à la "complantation" d'une légumineuse (acacias par exemple) dans une plantation clonale de Teck installée à grands espacements, la qualité des acacias étant tout à fait secondaire, la condition principale étant de ne pas concurrencer les tecks tout en améliorant leur forme et en assurant leur élagage. L'avantage est de supprimer les éclaircies et l'élagage, peu rentables, tout en améliorant le sol (couverture et fixation azotée).

22.2 - Semis automatisés

Les chaînes automatisées de semis constituent le moyen le plus simple et le plus économique pour produire des plants forestiers en conteneurs.

SNIACE-FORESTAL (ex "BOSQUES 2000") – Pépinière de Torrelavega (Cantabrie - Espagne) avril 2012. A gauche : Chaîne de production de semis d'eucalyptus élevés en conteneurs (cuve à substrat et remplissage des plaques alvéolées, tapis roulant, semis automatisé, arrosage et surfaçage). **A droite** : Rouleau pneumatique à semer (aspiration d'une graine par trou puis dépôt par soufflage).

Il s'agit de plants 1-0G élevés industriellement à l'image des pépinières d'ALLIANCE, la Grande Coopérative forestière française de l'Ouest. Le semis automatisé ne pose guère de problème pour les graines de grandes tailles comme chez les pins mais il est également possible de l'adapter pour les très petites graines d'eucalyptus comme c'est le cas à "SNIACE Forestal" (Cantabrie, Espagne) pour le *globulus* (croisements contrôlés) et le *nitens* (vergers à graines).

La Pépinière FORELITE d'Alliance du Domaine de Sivaillan à Moulis-en-Médoc (Gironde) illustre bien cette technologie parfaitement maîtrisée (photo suivante) qui permet de produire 17 millions de plants par an avec seulement 10 personnes (soit 1,7 million de plants par personne et par an).

La relative rareté des graines améliorées et la nécessité de réduire les coûts de production ont conduit les responsables de FORELITE à moderniser sensiblement les opérations de pépinières, « *largement héritées des techniques scandinaves et du maraîchage* » (ALLIANCE FORET-BOIS 2015[618]), en coopération étroite avec la Recherche (Afocel puis FCBA et INRA) dont la qualité est maintenant garantie par la certification.

Domaine de Sivaillan, Moulis en Médoc (Gironde - France) sept. 2016. Pépinière FORELITE (Alliance). Production automatisée de Plants de *Pinus pinaster* en plaques alvéolées sur palettes avec arrosage et fertirrigation par pont roulant.

22.3 – Education sur tables

Le désherbage, le reconditionnement et la manipulation des plants et des caissettes, exige une main d'œuvre abondante. Afin de réduire la pénibilité des travaux, on peut disposer les caissettes sur des tables ce qui nécessite l'installation préalable d'une infrastructure adaptée pour laquelle le bois est généralement le matériau le moins onéreux.

Les photos suivantes illustrent cette possibilité. Le milieu très humide de la pépinière impose de trouver localement des bois très résistants (en Afrique : Wengue, Bilinga, Niové, etc.). Il est à noter que la disposition des tables doit tenir compte de la circulation des engins, non seulement lors de l'évacuation des plants en fin d'élevage mais également pour l arrosage comme cela est réalisé astucieusement dans le projet en cours BaCaSi* sur les Plateaux Batéké au Nord de Brazzaville où les points d'eau sont rares. L'eau est apportée par citerne tractée et l'arrosage est fait automatiquement à la rampe avec un complément manuel comme le montrent les photos suivantes :

Plateaux Batéké - Projet BaCaSi - Total Energies (Congo). Photos B. CASSAGNE, oct. 2022. *Acacia mangium* éduqués en portoirs sur tables. Il s'agit du système suédois **BCC**, de caissettes alvéolées **Insert Frame 128** (à 128 alvéoles) et de godets amovibles **XLCell 85** (vol : 85cc) à section carrée, avec rainures antichignon. Ce système permet de réduire les pertes de surface en pépinière en éliminant les godets vides et en regroupant les plants.

Projet BaCaSi (Congo) oct. 2022 – Photos B. CASSAGNE. Apport d'eau par citerne tractée et arrosage à la rampe avec complément manuel. Signalons que la capacité annuelle de cette pépinière est de **4,5 millions** de plants plantables pour un programme annuel de **4500 ha/an**.

La solution de la SNIACE à Torrelavega (Espagne) est à la fois peu coûteuse (rondins de robinier), rapide à poser et très efficace, à condition toutefois de disposer localement de grilles métalliques

* **BaCaSi** ("Batéké Cabon Sink") est un grand projet de reboisement sur les plateaux Batéké en cours de réalisation pour le compte de TotalEnergies, en partenariat avec La République du Congo, et le Groupe Forêt Ressources Management. L'objectif est de réaliser un puits de carbone de 40.000 ha visant à capturer 12 millions de tCO_2 sur 35 ans, dans le cadre du Programme National d'Afforestation, ProNar, initié par le Congo.

galvanisées. De plus, un système d'arceaux fixé aux grilles permet d'ajouter des protections plastiques (tunnels) ou des ombrières, ainsi que des rampes d'arrosage et de brumisation permettant de simplifier les opérations d'arrosage et éventuellement de sevrage des plants bouturés à leur sortie de serre (cas des clones d'*E. globulus*). Finalement, la production peut-être relativement élevée avec un minimum de main d'œuvre (500.000 plants/an issus de semis avec 3 ouvriers permanents).

Torrelavega 2012 (Cantabrie Espagne). Pépinière de semis d'*Eucalyptus nitens* éduqués en portoirs sur tables grillagées (pieds en robinier).

23 – Pépinière industrielle de bouturage

Le bouturage herbacé industriel des eucalyptus a été mis au point, parallèlement, au Congo (UAIC) et au Brésil (ARACRUZ SA) dans les années 70. Le tableau suivant compare les caractéristiques des pépinières de chacune de ces deux entreprises :

		UAIC Pointe Noire (Congo)	ARACRUZ SA (Espirito Santo - Brésil)
Variétés utilisées		PF1* et HS2**	urograndis***
Parc multiplicatif	type	très extensif	semi-intensif
Pieds-mères	densité	400 à 600/ha	5000 à 10.000/ha
	âge à la coupe	au moins 2 ans	1 an
	hauteur de coupe	30 cm	12 cm
	âge des rejets récoltés	45 jours	45 à 50 jours
Installations	ombrage	Ombrière amovible	Ombrière fixe modulable
	brumisation	Rampe haute	Rampe haute
Conteneurs		Mottes MELFERT	Multitubes avec rainures longitudinales
Supports		Caissettes Stamp	Caissettes ajourées porte-tubes
Boutures	site de fabrication	air libre sous ombrière	en salle climatisée
	mise en godets	//	//
	rangement boutures en godets	sous brouillard	sous brouillard
	réglage de la brumisation	manuelle, à l'estimation d'un surveillant	automatique par programmateur
Enracinement des boutures	temps d'enracinement	25 jours	25 jours
	zones de sevrage	sur place après tri des plants	sur place après tri des plants
	temps de sevrage	10 jours	10 jours
Education des plants enracinés	durée d'élevage	20 jours	20 à 40 jours
	situation	plein air	plein air
	dispositif	sur support latté à 30 cm du sol	au sol
	particularité	autocernage des plants en mottes	racines canalisées dans les rainures
	boutons racinaires	nombreux	uniquement au bout des tubes
Durée totale de la production des plants bouturés		100 jours	120 à 130 jours
* : PF1 = *E. alba* x *E. urograndis*		** HS2 = *E. tereticornis* x *E. grandis*	*** urograndis = *E. urophylla* x *E grandis*

A cette époque les gains génétiques issus du clonage des meilleurs individus hybrides étaient à la fois très grands et indispensables au développement de ces entreprises. Le prix de revient des plants, beaucoup plus élevé que celui des semis en godet, n'était donc pas la priorité (et bien que les moyens locaux n'autorisaient pas les installations luxueuses). Les photographies qui suivent illustrent ces installations pionnières qui ont eu le mérite de fonctionner efficacement tant au Congo qu'au Brésil.

Au Congo, la Pépinière était l'œuvre de Georges QUILLET, Directeur Technique de l'UAIC. Les moyens étaient limités. Les Pieds-mères étaient des parcelles classiques (plantées à grands espacements) et coupées à 2 ans.

UAIC - Congo 1988 - Bouturage industriel des Eucalyptus. A gauche : Parc multiplicatif extensif (semblable à une jeune plantation mais coupée à 2 ans ; rejets de 1,5 mois proches de la récolte). **Au centre et en haut :** Découpage des rejets en boutures. **A droite** : enroulement des Melfert autour des boutures et rangement en caissettes. **Au centre et en bas :** Aire de brumisation (phase d'enracinement).

UAIC - Congo 1988 - Bouturage industriel des Eucalyptus (2 millions de plants/an). A gauche : Jeunes boutures, juste enracinées en motte MELFERT. **Au centre et en haut :** Installation de bouturage (phase de sevrage sans ombrière). **Au centre et en bas :** Zone d'auto-cernage des plants sur lattis surélevé. **A droite** : Plant en fin d'élevage, avec de nombreux boutons racinaires sortant des mottes, donc bon à planter.

Les rejets étaient récoltés 45 jours après la coupe des pieds-mères, au stade du début de lignification. Les boutures une fois façonnées étaient enroulées dans des mottes MELFERT ne contenant que de la vermiculite avec un peu d'engrais retard de type "Osmocote". Les boutures en mottes, disposées en planches, au sol, étaient noyées dans du sable blanc fin et très pur, abondant localement, ce qui maintenait l'humidité des mottes de façon constante et homogène

A Aracruz. La technique fut évolutive. Les rampes hautes pour la brumisation furent remplacées en partie par une tuyauterie verticale. Les sachets plastique furent vite remplacés par des styroblocs et surtout par des plateaux alvéolés contenant les tubes coniques rainurés et amovibles devenus habituels au Brésil. Les installations d'ARACRUZ SA furent les premières à fonctionner et firent l'objet d'une visite des participants au Congrès IUFRO* de 1980. Les photos suivantes datent de cette même époque historique.

ARACRUZ SA 1980 – Début du bouturage industriel des Eucalyptus : A gauche : Confection des boutures en salle. **A droite** : Aire d'enracinement des boutures sous rampe de brumisation haute, et ombrière.

ARACRUZ SA - 1980 – Début du bouturage industriel des Eucalyptus. A gauche : Aire d'enracinement avec brumisation par tuyauterie verticale. **Au centre :** Zone d élevage ; plants prêts pour la plantation. **A droite :** Plant sorti de son tube d'élevage.

Modernisation des installations. Avec la généralisation du clonage industriel, en particulier pour les eucalyptus, les parcs à pieds-mères et les pépinières de bouturage se sont modernisés un peu partout dans le monde. On a cherché à rationaliser les installations pour plus d'efficacité tout en

*IUFRO : Union internationale des Organismes de Recherche Forestières

économisant la main d'œuvre. Mais notre technique initiale des **macroboutures** est restée longtemps sans grande amélioration malgré des défauts importants se révélant graduellement avec la pratique :

- Façonnage coûteux des boutures car demandant beaucoup de main d'œuvre,
- Manque de juvénilité des boutures,
- Pourcentage d'enracinement toujours un peu faible,
- Taille nécessaire d'une partie des boutures à tiges multiples.

L'adaptation au **minibouturage** fut progressive (photos suivantes, plus récentes - 2002 à 2009).

Pépinières de bouturage industriel des eucalyptus. Venezuela (2002). A gauche : Smurfit Carton. Pépinière d'El Hierro (proche Osino – Estado PORTUGUESA). **A droite : DEFORSA ("Papeles Venezolanos" - San Carlos, Estado COJEDES).** Elevage en tubes sur plaques alvéolées.

Pépinières modernes de bouturage industriel des eucalyptus. A gauche : Chine (Région de Guangzhu) 2002 : Dispositif sous serre avec rampes hautes de brumisation et automatisation du microclimat. **A droite : Brésil (Minas Gerais) 2009. PLANTAR** : Mini parc à pieds-mères, d'*E. urograndis*.

ArcelorMittal (Minas Gerais, Brésil). Photo B. CASSAGNE - 2009. Minibouturage industriel. A **gauche et au centre :** enracinement. **A droite :** plants prêts pour la plantation.

Comme nous l'avons vu précédemment (2ème partie, point 82.5-6), ce n'est qu'à partir de 1990 que les Brésiliens ont mis au point le mini-bouturage, ce qui a entraîné quelques modifications dans la conception des pépinières de clonage industriel et plus particulièrement des parcs à pieds-mères, beaucoup plus concentrés, plus artificialisés et donc beaucoup plus intensifs.

Pépinières modernes de bouturage industriel d'eucalyptus : Brésil, Projet ORSA, ex JARI (GREISSING 201[619]). Photo B. CASSAGNE - 2006 : A gauche : Grande serre équipée de tables. Brumisation par rampe haute. **A droite :** Elevage en plein air, sur tables, avec irrigation par tuyaux fixes, verticaux.

Adaptation à d'autres espèces. Le bouturage herbacé a également été appliqué à d'autres espèces, à commencer par les Conifères. Il faut signaler le travail remarquable réalisé à l'échelle industrielle par les Australiens au Queensland (2ème partie, point 83.1-7 et photos ci-après).

Les meilleures descendances de pins hybrides *Pinus elliotti elliotti* x *Pinus caribaea honduresis* (PEE x PCH) étaient bouturées en vrac. Les pieds-mères étaient cultivés sous forme de haies clonales issues de semis des meilleures descendances contrôlées, ou de clones sélectionnés précocement. Ces pieds-mères ne peuvent perdurer longtemps en pépinière à cause du vieillissement physiologique rapide des conifères (phénomène de maturation).

Pépinière de Toolara, QLD (Australie 2007). Clonage industriel des pins hybrides PEE x PCH. **A gauche :** PPM en haie clonales sur films plastiques. **A droite :** Elevage des boutures enracinées en plaques alvéolées, sur tables. Irrigation par aspersion.

Le bouturage avait lieu en serre, sous brumisation, et les boutures enracinées étaient éduquées sur tables avec irrigation par aspersion. La technique était bien au point mais le coût de production, resté assez élevé, a conduit à l'abandon du bouturage au profit des croisements dirigés qui permettent d'atteindre un bon niveau d'amélioration tout en conservant une production de plants bon marché (semis). Il faut dire que l'abandon du bouturage herbacé des pins (pour raisons économiques) a été assez général. Certains poursuivent cependant l'effort au moyen de la micro-propagation (in vitro) et surtout de l'embryogénèse somatique (USA, Nouvelle-Zélande).

On doit également citer le bouturage herbacé du Teck à partir de pieds-mères, tel que pratiqué dans les années 90 en Indonésie (photos suivantes).

Indonésie Centre forestier de Cepu (Central Java) 1999. Bouturage herbacé du Teck. A gauche : Installation extérieure de bouturage à grande échelle, en tubes sur tables alvéolées, avec rampe de brumisation haute et ombrières. **A droite** : Plant en fin d'élevage, sorti de son tube conique rainuré. On remarquera la taille importante des plants et les grosses racines canalisées vers le bas par les rainures.

Il est à noter que la conduite des pieds-mères se faisait avec arcure afin de produire de jeunes pousses juvéniles (tiges rondes et poilues), en réduisant l'excès d'orthotropie, ce que nous avions observé avec OFFI KOFFI en 1998 à la SODEFOR à Abidjan (Côte d'Ivoire) qui imitait les techniques utilisées pour bouturer le caféier.

Les macro-boutures herbacées furent cependant assez vite remplacées par des vitroplants. L'opération était en cours de développement lors de notre visite du Centre de Cepu en 1999 (photos suivantes).

Centre de Cepu (Central Java, Indonésie - 1999). Micro-bouturage herbacé du Teck. A gauche : arrachage avant repiquage des micro-boutures et enracinées en caissettes dans un substrat traité à l'AIB. **A droite :** Elevage des plants repiqués, en portoirs alvéolés.

La pépinière d'Agroforesteca à Cuiaba (Brésil) que nous avons visitée en 2006 (photo ci-dessous, à droite) en est un autre exemple.

A gauche : PROTECA 2014 (Photo courtoisie Fernando TORRES). Installation des boutures de Teck dans l'aire de bouturage. **A droite : Agroforesteca (Cuiaba - Brésil, juin 2006).** Elevage de vitro-plants enracinés (plaques alvéolées posées sur câbles tendus et arrosage par aspersion).

Les vitro-plants utilisés étaient produits localement par BIOTECA (2ème partie, point 83.2-3). L'enracinement était acquis après un mois, et les plants ainsi obtenus subissaient une phase de sevrage de quelques jours, avec réduction progressive du brouillard. Ils étaient ensuite triés d'où l'intérêt des tubes amovibles et des plaques alvéolées permettant le regroupement des plants. Ce reconditionnement, une fois effectué, la pépinière était de type tout à fait classique. Toutefois, les sorties d'in vitro, l'installation en tube et l'enracinement des micro-boutures restaient des opérations délicates et donc coûteuses.

Cas des microboutures exportées par la Malaisie. Pour le Teck la production à grande échelle de vitro-plants tend aujourd'hui à se généraliser, fortement encouragée par les résultats remarquables du programme de "YSB Bioscape Sdn Bhd" (Groupe Yayasan Sabah) en coopération avec le CIRAD (O. MONTEUUIS) et qui débouche sur l'exportation de clones de grande qualité.

Plusieurs compagnies se sont dotées d'installations permettant d'acclimater et d'éduquer de tels vitroplants importés. Ce fut le cas, en particulier du Projet FRM au Gabon (photos ci-après).

M'Voum (Gabon) 2013. Projet PFM sous contrat FRM (Photos courtoisie O. MONTEUUIS). A gauche : Réception des colis de microboutures en provenance de Malaisie. **A droite :** Salle d'enracinement des microboutures sous nébulisation.

M'Voum (Gabon) 2013. Projet PFM sous contrat FRM – A gauche : Plant prêt pour la plantation (**Photo courtoisie O. MONTEUUIS**). **A droite :** Pépinière d'élevage des boutures enracinées (**Photos courtoisie B. CASSAGNE**).

Minibouturage. Cette technique nécessite de partir de matériel végétal bien rajeuni, prélevé précocement sur des mini-pieds-mères, issus eux-mêmes de micro-boutures ou de jeunes pousses, récoltées à proximité des racines. Les avantages sont nombreux :

- Parcs à pieds-mères de faible surface,
- Façonnage simplifié des boutures (uniquement de petites boutures terminales)
- Plants très juvéniles, morphologiquement et physiologiquement assez proches des semis,
- Plants sans pousses latérales, ne nécessitant aucune taille de formation,
- Taux de reprise élevé, croissance rapide et donc temps d'élevage raccourci.

Les installations diffèrent surtout par les pieds-mères dont il faut bloquer le développement des pivots. La récolte des boutures se fait par furetage journalier avec des prélèvements moyens de 1 bouture/jour et par pied. Les photos ci-après illustrent ces mini-parcs à pieds-mères (Mini-PPM).

Mini-parcs à pieds-mères. Argentine (Corrientes) 2009, Garruchos SA (Groupe POMERA Madera) : A gauche : Pépinière de bouturage d'*Eucalyptus grandis*. Mini-parc-à-pieds-mères sous protection plastique. **Au centre :** Fertirrigation automatisée en ligne. **A droite :** Mini-pieds-mères.

Cette technique a été transposée au Congo par le CIRAD en 2008 (2ème partie, point 82.56). Le passage à l'étape industrielle avait été réussi.

Les photographies qui suivent montrent la pépinière de Kissoko, à proximité de Pointe Noire, telle qu'elle se présentait en 2013. On voit clairement l'état des parcs multiplicatifs avec les mini-pieds mères élevés dans de petits conteneurs cubiques de 10 cm de côté (<1 litre). La récolte des boutures était journalière et se faisait sous forme de furetage. L'élevage des boutures enracinées avait lieu dans des caissettes à alvéoles carrées.

Kissoko (Congo – août 2013). Minibouturage sur *Eucalyptus 'urograndis'* (CIRAD 2008). A gauche : Parc à mini-pieds-mères. **Au centre :** Zone d'élevage en extérieur ; plants éduqués en godets pyramidaux sur portoirs ajourés. **A droite :** Plant bon à planter,

Malheureusement cette installation qui fonctionnait encore assez bien lors de notre visite en août 2013 fut rapidement abandonnée.

Enfin, nous finirons par quelques photos de la pépinière de SNIACE-Forestal (ex Bosques 2000) à Torrelavega (Cantabrie – Espagne), orientée en partie vers le bouturage de l'*Eucalyptus globulus* avec une technique assez proche de celle de celle du minibouturage.

SNIACE-Forestal (ex Bosques 2000) à Torrelavega (Cantabrie – Espagne - 2013). De gauche à droite : 1 : Parc à pieds-mères. **2 :** Boutures installées en jiffy-pots, en serre et sous brumisation. **3 :** Plants du clone 'CZ-11-281' en fin d'élevage. **4 :** Plant prêt à être planté avec boutons racinaires.

En Conclusion, on peut dire qu'au cours des 20 dernières années, les pépinières industrielles de production de plants forestiers en godets ont beaucoup évolué et qu'elles sont arrivées à un bon niveau de technicité et d'automatisation. Concernant la ligniculture, ces installations sont le plus souvent intégrées dans les chaînes de production forestière des entreprises, elles-mêmes souvent intégrées en amont de leurs industries. S'agissant d'une production maximisée, les plants sont toujours de très haute qualité, tant génétique que physiologique, et sont, soit des semis issus de croisements contrôlés, soit des boutures des meilleurs clones.

Avec les progrès technologiques, il est apparu, selon les espèces, une certaine compétition entre clonage et croisements contrôlés industriels. Dans ce contexte, le plant issu de bouture, dont le coût est 3 à 4 fois plus élevé que celui issu de graine, présente un handicap certain, même quand la graine est produite par fécondation artificielle, et surtout quand l'aptitude au bouturage n'est pas parfaite.

De plus, comme on l'a vu précédemment aux chapitres de la Physiologie des arbres et de l'Amélioration génétique, à ce handicap économique, s'en ajoute un autre, plus fondamental, le retard des clones sur les familles, puisque les clones se situent en aval des croisements contrôlés (les nouveaux clones sont issus des meilleurs croisements). Les avancées en matière d'amélioration génétique et de biotechnologies, ainsi que les progrès relatifs aux croisements contrôlés, feront la différence, mais les aptitudes de chaque espèce resteront déterminantes.

***

3 – RÉALISATION DES PLANTATIONS

31 - Principales règles en matière de ligniculture

Rappelons que les plantations lignicoles ont pour but d'alimenter une industrie du bois aussi proche que possible et avec la meilleure rentabilité pour le producteur. La productivité doit donc être élevée et l'offre de bois de la meilleure qualité possible pour l'industrie utilisatrice.

On peut donc énumérer les conditions de cette production comme suit :

1. un climat suffisamment doux et humide,
2. des zones libres très peu boisées (déprise agricole ou savanes),
3. des terrains à faible pente rendant possible les travaux mécanisés,
4. des sols assez profonds et faciles à travailler,
5. une situation proche des usines utilisatrices
6. l'accès à du matériel génétique amélioré (variétés bien adaptées)

La satisfaction du point 6 par du matériel végétal local ou importé permettra de démarrer très vite les plantations mais ne dispensera pas de poursuivre l'effort d'amélioration génétique, soit par le lancement d'un programme propre soit par la participation à un programme existant.

De plus, le besoin d'amélioration technique étant indispensable dans les autres domaines (pépinières, installation, sylviculture, gestion et exploitation des plantations), la création d'une unité de Recherche-Développement (R&D) est vivement recommandée sauf si de telles structures existent localement et peuvent apporter l'assistance nécessaire.

Enfin, il est tout à fait vital pour la production de bois, qu'un débouché local existe, à distance relativement faible (100 km maximum). Cette production peut être réalisée sous contrat ou non avec l'industrie utilisatrice. L'intérêt d'un contrat est d'avoir un prix sécurisé mais aussi certains avantages comme par exemple la fourniture des plants, voire de fertilisants ainsi que des conseils par le groupe industriel partiellement intégré en amont de sa transformation comme c'est souvent le cas au Brésil où les industries travaillent de plus en plus avec de nombreux producteurs locaux de bois qui sont souvent des agriculteurs consacrant une partie de leur activité à la production de bois (généralement limitée à 25% de leur SAU).

Signalons que, dans les années 60, les premières plantations à grande échelle du Congo, réalisées en savane argileuse de la vallée du Niari (Station forestière de Loudima), ont fait l'objet d'importantes mises au point techniques, fruit d'une active collaboration entre Recherche (CTFT) et Développement (ONAF*), consignées dans des documents techniques très détaillés par Georges QUILLET (1968[620]) et François GONIN (1970[621]).

* **ONAF :** Office National des Forêts du Congo. Fonctionnait dans les années 60 et devenu SNR (Service Nationl de reboisement) dans les années 70.

32 – Aspect environnemental

Cet aspect est devenu un des points essentiels des plantations industrielles et plus particulièrement lignicoles, lesquelles doivent jouer un rôle de plus en plus positif dans l'environnement local, voire régional, rôle qui doit être reconnu par les populations et par les instances locales, régionales et nationales. Nous ne pouvons que nous reporter à l'excellente présentation réalisées en 2005 conjointement par la FAO et l'association des producteurs brésiliens de pâte que l'on retrouvera sur internet[*] au site suivant et dont nous reproduisons ci-après la dernière diapositive qui résume parfaitement les points principaux de la réussite de l'intégration de la ligniculture dans le paysage forestier local.

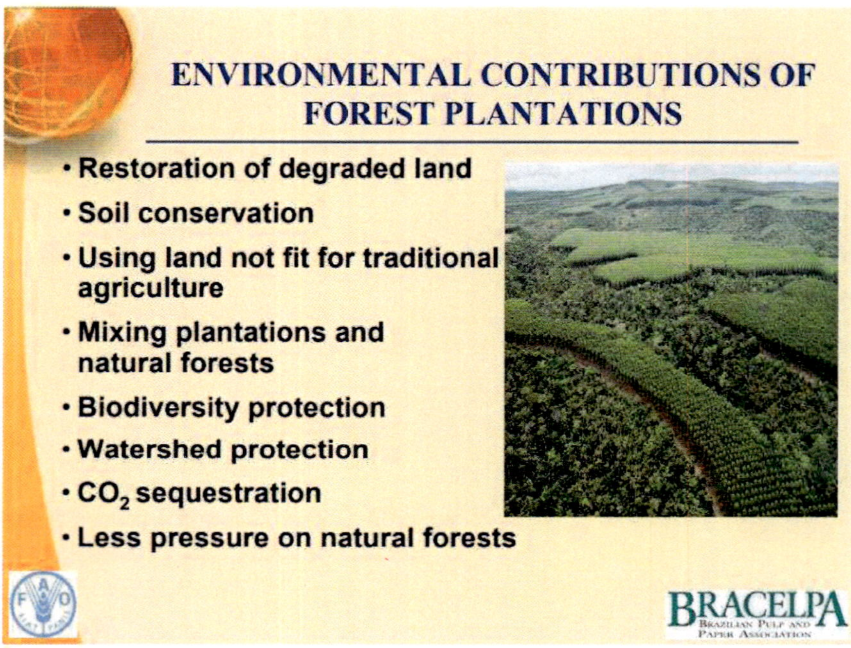

Cette intégration a été parfaitement suivie par les grandes compagnies papetières brésiliennes (ARACRUZ SA en tête) qui ont examiné très tôt la possibilité de répondre raisonnablement aux revendications des écologistes, tout en maintenant leurs objectifs économiques de production.

Rappelons qu'Aracruz SA a été la première grande Société forestière industrielle à avoir signé la charte mondiale sur la nature par laquelle elle s'est engagée à faire de l'écologie une de ses priorités. Très tôt, les responsables d'ARACRUZ Cellulose SA s'étaient rendu compte qu'il n'y avait aucun intérêt à planter les zones en pente, occupées par des forêts naturelles plus ou moins dégradées et en particulier toutes les forêts galeries du domaine foncier de l'entreprise.

Les coûts très élevés de déforestation, les grandes difficultés de travailler mécaniquement et les risques d'érosion, ajoutés aux oppositions écologistes, ne compensaient pas la plus grande fertilité des sols forestiers. Le domaine fut donc rapidement subdivisé comme suit :

---

[*]**PWP BACELPA - FAO** (2005). Site : https ://www.fao.org/forestry/10549-04d0032732a0fb01893b5eef4 82eb6de7.pdf

- **Série de production** (environ 200.000 ha) : Zones de plateaux, couvertes de savanes, très faciles à travailler mécaniquement et à planter, consacrées aux plantations clonales d'eucalyptus très intensives (ligniculture)
- **Série de Conservation** (environ 100.000 ha) : Zones en pente plus ou moins boisées et forêts galeries le long des cours d'eau, orientées vers la protection et la reconstitution des forêts naturelles, orientant cet espace vers un parc naturel et des zones de couloirs forestiers pour la libre circulation de la faune sauvage.

Dans son discours de 1984, à l'occasion de la remise du Prix Marcus Wallenberg, le Dr Leopoldo Garcia BRANDÃO, Directeur Général d'ARACRUZ cellulose SA avait déjà précisé les orientations prises pour cette Série de conservation, avec réintroduction d'animaux et de plantes et en particulier d'espèces fruitières autochtones. Reprenons ses termes que nous traduisons comme suit :

« *Préserver plus de 20% de la superficie brute des terres à Aracruz en peuplements naturels dans lesquels un programme est en cours pour l'enrichissement biologique et la plantation d'arbres fruitiers pour augmenter la disponibilité de nourriture pour la faune. Ce programme, visant à maintenir un équilibre biologique, permet de contrôler les ravageurs par leurs ennemis naturels, réduisant et/ou éliminant ainsi le besoin de substances agro toxiques dans la protection des forêts* ».

Vingt après cet engagement, l'image ci-dessus, reconnue par la FAO et érigée en modèle d'aménagement, en souligne la réussite. La Série de conservation a même été ajoutée à la liste des parcs naturels mais un tel effort environnemental n'a été possible financièrement que grâce à la haute productivité de la série de production.

33 – Organisation générale des plantations

33.1 - Définitions des sites

Les projets lignicoles dépendent avant tout des sites de plantation. Du fait de leurs bonnes potentialités forestières et de leur grand intérêt industriel, les vocations évidentes de certains sites peuvent constituer une véritable synergie pour de tels projets. Classiquement, on distingue deux types de projets :

Projet industriel intégré. Il se définit par rapport à un objectif de production et un marché (local ou à l'exportation). Ce fut le cas de bon nombre de projets industriels papetiers dans les nouveaux potentiels forestiers (à commencer par le Brésil) qui se sont installés à des sites stratégiques, réunissant plusieurs caractéristiques intéressantes et plus particulièrement :

- Voies de communication importantes et/ou proximité d'un port ;
- Environnement industriel intéressant,
- Source en eau suffisante,
- Agriculture en perte de vitesse à cause de sols trop difficiles et de marchés trop aléatoires,
- Surfaces disponibles importantes pour le développement de plantations proches de l'usine,
- Expériences locales intéressantes en matière de plantations forestières,
- Main d'œuvre locale existante.

Développement de projets agroforestiers en partenariat avec un industriel du bois. Ce genre de projets intéressent bon nombre d'agriculteurs dans la zone d'attraction d'une industrie locale plus ou moins ancienne et qui cherche à s'agrandir. Ce peut être le cas de nombreuses régions dans le monde avec des agriculteurs en difficulté et intéressés d'ajouter la production de bois à leurs activités. La recherche de partenariats entre industriels et propriétaires (agricoles ou forestiers) peut alors conduire à un développement lignicole sous forme de contrats avec les industriels qui s'assureront ainsi d'un approvisionnement sûr pour une partie sensible (car proche) de leurs besoins. Cette proximité de la ressource est essentielle car elle les dispensera de transports terrestres sur de longues distances, source de dépenses insupportables pour les industries. Pour les agriculteurs, ce sera l'occasion de diversifier leur production avec l'assurance de vendre localement et à prix garantis.

33.2 - Paramètres de production et Unités de gestion

Les sites, une fois définis, en adéquation avec les surfaces nécessaires à la production envisagée, sont subdivisés en unités de gestion (les "Stations") sous la responsabilité d'un ingénieur forestier dont le programme ne dépassera généralement pas 3000 ha de plantations/an. Les paramètres de production ainsi que les programmes de plantation pourraient se présenter comme suit :

Paramètres de Production		**Pâte à papier**		**Sciage conifères**	
Capacité de l'usine		**t de pâte/an**	**1 000 000**	**m3 de bois scié /an**	**200 000**
Bois	Densité du bois	t/m3 à 20% d'humidité	0,70		
	Rendement en bois sec	tde pâte / t de bois sec	50%	m3 sciage/m3 grume	60%
	en bois vert	tde pâte / m3 bois	0,35		
Besoin en bois écorcé		**m3/an**	**2 857 143**	**m3/an**	**333 333**
Ecorce	Taux d'écorce (en volume)	écorce / b non écorcé	15%	écorce / b non écorcé	15%
	Volume d'écorce	m3/an	504 202	m3/an	58 824
Besoin en bois non écorcé		m3/an	**3 361 345**	m3/an	**392 157**
Productivité	(bois fort sur écorce)	m3/ha/an	40	m3/ha/an	30
	(bois d'oeuvre sur écorce)	m3/ha/an		m3/ha/an	20
	(bois de trituration sur écorce)	m3/ha/an	40	m3/ha/an	10
Surface productive nécessaire		**ha**	**84 034**	**ha**	**19 608**
Rotation		années	7	années	20
Assiette annuelle		**ha**	**12 005**	**ha**	**980**
Volume récolté	bois de trituration	m3/ha	**280**	m3/ha	**200**
		m3/an	**3 361 345**	m3/an	**196 078**
	bois d'oeuvre	m3/ha	**0**	m3/ha	**400**
		m3/an	**0**	m3/an	**392 157**
	récolte totale	m3/ha	**280**	m3/ha	**600**
		m3/an	**3 361 345**	m3/an	**588 235**
Volume de l'arbre moyen à la récolte		m3/arbre	0,280	m3/arbre	1,053
Nombre d'Unités de gestion		**3000 ha/an/unité**	**4**	**1000 ha/an**	**1**
Production de plants	Densité de plantation	plants/ha	1000	plants/ha	400
	Capacité des pépinières	**plants/an**	**12 004 802**	**plants/an**	**392 157**

La surface totale de l'unité dépendra donc du type de production. Ainsi, en région de savane tropicale ou subtropicale, pour une production de bois de pâte à court terme (7 ans) sous forme d'une futaie suivie de 3 rotations de taillis, la surface totale de la station serait alors de 21.000 ha. Il faudrait donc au moins 4 stations pour alimenter une usine de pâte d'une capacité de 1 million de tonnes/an. L'assiette annuelle de coupe serait donc de 4 x 3.000 = 12.000 ha.

Pour une unité de sciage dont la capacité serait de 200.000 m^3/an de bois scié, la surface nécessaire à la production du bois d'œuvre serait proche de 20.000 ha, pour une seule Station (avec une productivité bois d'œuvre de 20 m^3/ha/an à la rotation de 20 ans). Le programme annuel serait proche de 1000 ha/an. Il est à noter qu'une production d'environ 200.000 m^3/an de bois de trituration viendrait s'ajouter à la production principale de bois d'œuvre, pour un total de 400.000 m^3/an.

Remarque : Le besoin annuel en plants varierait donc, considérablement, de 15.000.000 (bois de pâte à haute densité, sur sol riche), à 400.000 (clones de bois d'œuvre à faible densité, sur sol profond).

33.3 - Infrastructure routière et parcellaire

Une fois délimitées les unités de gestion, les responsables de chacune d'elles (les "chefs de Station") auront à définir sur le terrain, chaque année les assiettes annuelles de plantations (en accord avec les programmes établis), lesquelles deviendront plus tard des assiettes annuelles d'exploitation (sauf en cas d'écarts trop importants de fertilité ce qui pourrait conduire à des changements dans l'ordre de passage en exploitation des parcelles correspondant alors à des révisions d'aménagement des plantations).

Il est à souligner que le tracé des routes doit se faire non pas en pensant à la réalisation des plantations mais à leur exploitation. En effet ces routes seront empruntées par les camions lourdement chargés de bois et leur profil doit en tenir le plus grand compte. En particulier, les pentes ne devront pas dépasser 4 à 5% dans le sens : sortie de forêt (à pleine charge), quitte à les rallonger et à ajouter quelques virages sans épingle à cheveux (G. QUILLET, comm. pers.).

Levé des pistes et implantation des parcelles sur le terrain. Les opérations suivantes seront projetées sur un fond de carte des zones à reboiser. Ces cartes pourront être complétées par des images satellites récentes permettant une stratification selon la couverture du terrain : savane herbeuse, savane faiblement arborée, savane arborée, îlots forestiers, **microzones non plantables** (zones rocheuses ou mouilleuses). Les éléments prévus sur les cartes seront ensuite matérialisés sur le terrain. Ce travail sera fait dès le départ pour les 2 ou 3 campagnes à venir.

1. Définitions des blocs annuels de plantation. Il s'agit de délimiter l'enveloppe des surfaces annuelles correspondant aux programmes prévus.
2. Tracé optimal des grandes routes principales permettant d'accéder aux différents blocs (longueurs minimales, desserte maximale, minimum de pente et d'ouvrages d'art éventuels),
3. Découpage du bloc de la campagne à venir en parcelles de 20 ha (souvent sans séparation entre parcelles ou simplement séparées par des lignes non plantées pour l'établissement de certaines pistes inter-parcellaires),
4. Tracé optimal des pistes secondaires, desservant toutes les parcelles.

A un tracé approximatif sur carte, doit suivre un travail topographique de terrain (repérages des points principaux, levés routiers, implantation des parcelles). A la fin de chaque campagne, après création des nouvelles pistes et plantation des parcelles, une carte des reboisements sera établie, comprenant toutes les corrections éventuellement faites par rapport aux implantations prévues. En général, un tel travail est grandement facilité par le faible relief.

A la création des plantations, l'ouverture des pistes sera sommaire (réduisant d'autant l'investissement initial), **l'important étant un tracé, permettant l'évacuation des bois lors de l'exploitation.** Ce n'est qu'à cette occasion que les routes seront définitivement aménagées.

Surface productive nette / surface totale. En plus de la surface purement productive, divisée en parcelles et regroupées en blocs, on doit compter les pistes, desservant chaque parcelle et les pare-feux, entourant chaque bloc et périmétraux (contre les feux de brousse). Routes et pare-feux représentent une surface non négligeable qu'il est nécessaire d'estimer. En général, le calcul montre que ces surfaces nécessaires de routes et de pare-feux, augmentent la surface nette à planter de 13 à 20%, selon la configuration du terrain et donc la forme des blocs de parcelles et leur hétérogénéité

D'un point de vue théorique, le schéma est le suivant :

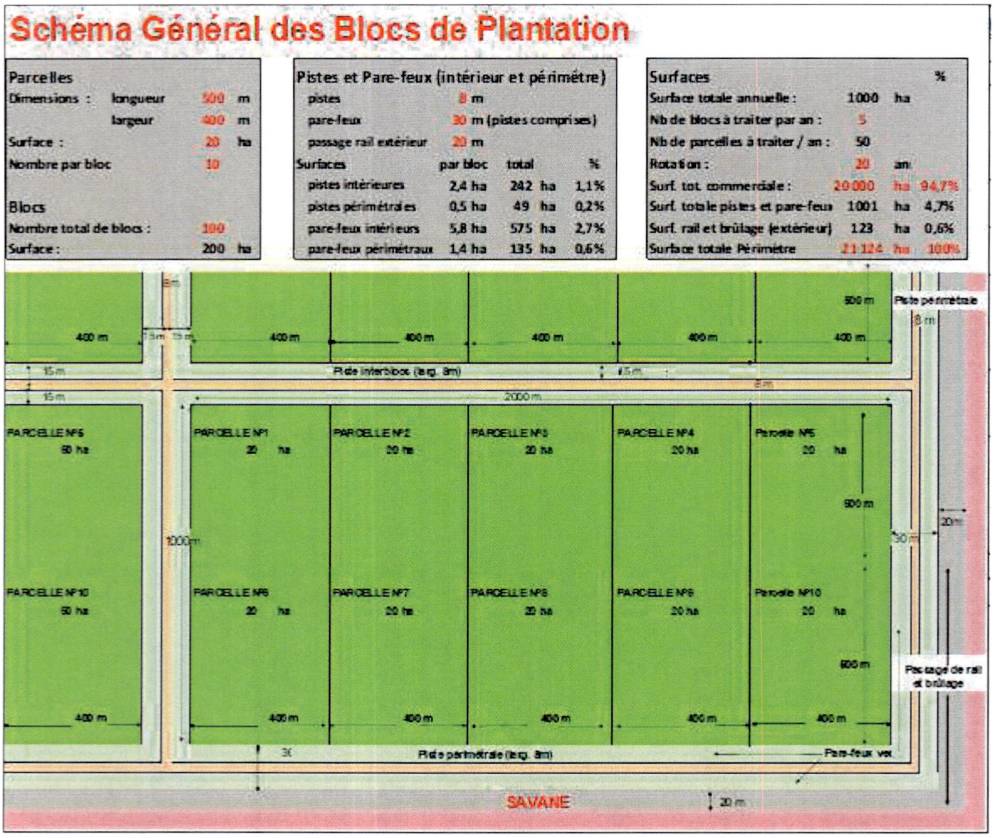

Dans ce schéma, pour une question de lisibilité, la largeur des routes et des pare-feux ne respecte pas l'échelle. L'application de ce schéma à un massif de 20.000 ha (option 2 - tableau page 644), nous donne les chiffres présentés dans le tableau de la page suivante.

On voit que par rapport aux surfaces nettes productives (surfaces plantées), il faut prévoir 5,6% de surface supplémentaire (4,2% pour les pare-feux, y compris les zones de brûlage en périphérie du massif et 1,5% pour les pistes). Pour ce projet de 21.124 ha (20.000 ha plantés), on devra compter sur 833 ha de pare-feux dont 85,2% de pare-feux "verts" (soit 710 ha), entretenus au moins 2 fois par an par pulvérisage (ou gyrobroyage là où les risques d'érosion sont trop sévères) et 14,76% de pare-feux brûlés (en milieu de saison sèche) en périmètre du massif.

Quant aux pistes leur longueur totale sera de 364 km, soit 1,82 km/100 ha ce qui est assez élevé mais réduit les distances de débardage (250 m, en moyenne, pour des parcelles de 500 m de long).

Paramètres Surfaces			unités	Quantités		Pourcentages	
				annuelles	totales	/S. plantée	/S. totale
Surfaces	Surface totale plantée		ha	1 000	20 000	100,0%	94,7%
	Surface totale projet		**ha**	**1 000**	**21 124**	**105,6%**	**100,0%**
Pare feux	intérieurs	vets	ha	28,8	575	2,9%	2,7%
	périmétraux	verts	ha	6,8	135	0,7%	0,64%
		brûlés	ha	6,2	123	0,6%	0,58%
	total	verts	ha	35,5	710	3,6%	3,4%
		brûlés	ha	6,2	123	0,6%	0,6%
		total	**ha**	**41,7**	**833**	**4,2%**	**3,9%**
Pistes	intérieures	surface	ha	12,1	242	1,2%	1,1%
		longueur	km	15,1	303	1,5%	
	périmétrales	surface	ha	2,5	49	0,2%	0,2%
		longueur	km	3,1	61	0,3%	
	total	**surface**	**ha**	**14,6**	**291**	**1,5%**	**1,4%**
		longueur	**km**	**18,2**	**364**	**1,8%**	
		densité routes	**km/100 ha**		**1,82**		
S. Pistes + pare-feux /S.T. plantée			**ha**	**56,2**	**1 124**	**5,6%**	**5,3%**

Remarque : La construction des pistes et leur entretien représentent un coût important mais toute réduction de la longueur du réseau routier aura comme incidence une augmentation des distances de débardage avec une répercussion financière élevée sur la rentabilité des plantations.

33.4 – Etude écologique des blocs

Il est important à ce stade d'avoir une meilleure connaissance des blocs à planter dans les 3 domaines suivants :

- Environnement économique
- Topographie
- Aspects microclimatiques
- Aspects pédologiques
- Aspect phytosociologique
- Etablissement de Cartes des sols et de la végétation naturelle

Environnement économique. Il s'agit de recenser tous les éléments existants dans la zone des plantations et susceptibles d'influencer positivement ou négativement le développement du Projet. On identifiera donc de nombreux éléments : cours d'eau, infrastructure routière existante, lignes électriques, villages, habitations dispersées, activités artisanales et industrielles, etc. On positionnera avec précision les terrains du Projet par rapport à tous ces éléments. Chaque point pouvant poser problème devra être examiné avec l'administration locale et les propriétaires et usagers avant de lancer les travaux.

Topographie. L'existence de cartes en courbes de niveau sera extrêmement utile. A défaut on devra estimer les pentes maximales dans chaque bloc et vérifier si les sols sont bien mécanisables.

Aspect microclimatique. La surveillance microclimatique est un élément important d'accompagnement du contrôle de la croissance des plantations. Concernant le climat, on récoltera toutes les données disponibles relatives aux diverses zones du Projet. En cas de manque flagrant de données, on s'orientera vers l'acquisition de petites stations météo à enregistrement automatique, que l'on pourra installer à proximité des bureaux des chefs de Station. Il existe aujourd'hui des appareils perfectionnés et accessibles.

Aspect pédologique. La connaissance des sols est essentielle pour le choix du type de préparation des terrains ainsi que pour le calcul des fertilisations. On commencera par une étude géomorphologique de la zone du projet. Les données géologiques, et éventuellement pédologiques, existantes, seront rassemblées. Pour se faire une idée plus précise de la nature des sols, de leur niveau de fertilité ainsi que de leur état hydrique, on réalisera des sondages à la tarière pédologique. Des échantillons seront prélevés à cette occasion. On définira un budget annuel pour réaliser des analyses de sol permettant d'assurer une bonne complémentation par la fertilisation. On pourra par exemple choisir un échantillon de sol par parcelle correspondant donc à 100 analyses par an. Les résultats seront compilés dans une base de données,

Aspect phyto-sociologique. Cet aspect est double. D'une part, l'étude de la savane et de la composition floristique des strates arbustives et graminéennes est importante pour compléter la stratification réalisée à partir des images satellite. Le rapprochement avec les analyses de sols apportera également des éléments de compréhension de la dynamique de cette strate arbustive. D'autre part la détermination des autres plantes existantes (dicotylédones) bien que moins essentielle, peut se révéler intéressante, pour celles de ces plantes qui seraient indicatrices de certaines caractéristiques écologiques locales (climat et sol). On pourra s'adresser à d'éventuels spécialistes locaux. Si de telles plantes existent, des dénombrements pourront être faits dans des placettes de sondage.

Cartographie à partir des éléments recueillis. Le positionnement sur la carte, au moyen de GPS, des éléments relevés sur le terrain, permettra de créer des cartes pédologiques et phyto-sociologiques qui seront des éléments de compréhension écologique de toute la zone du projet, laquelle s'enrichira chaque année de nouvelles données, facilitant les prévisions de productivité, les prises de décision ainsi que les révisions du plan d'aménagement (voir plus loin point 73).

34 - Dispositifs de plantation

Densité de plantation et espacements. La densité de plantation est un paramètre essentiel et les espacements en sont directement dépendants. La densité dépend de nombreux facteurs et d'abord du type de production. Nous en distinguerons 4 :

- Le bois énergie (biomasse)
- Le bois de carbonisation (charbon de bois)
- Le bois de trituration (pâte ou panneaux de particules)
- Le bois d'œuvre

Bois énergie : Pour la biomasse, il n'y a pas de limitation de diamètre et on récoltera l'ensemble de la tige, des branches et des écorces, voire même des feuilles en région tropicale. En région tempérée, on ne récolte qu'en hiver pour éviter d'avoir des tiges trop riches en eau et d'exporter les matières minérales contenues dans les feuilles qui en sont très riches.

D'autre part, au plan économique on sera donc conduit à rechercher les rotations très courtes (TCR - taillis à courtes rotations) et même entraîné vers les rotations très très courtes (TTCR). On doit noter immédiatement que ce type de production sera constitué de jeunes tiges avec très peu ou pas de bois de cœur, des pourcentages très élevés de fines branches et d'écorces et que dans ces conditions, très proches de l'agriculture, la question de la fertilisation sera essentielle puisqu'il sera nécessaire de compenser les pertes minérales très élevées par un apport équivalant d'engrais minéraux dès la première récolte et ainsi de suite à chaque rotation.

Enfin, le rapprochement avec les productions agricoles conduit à se demander si les arbres sont bien les meilleurs végétaux pour répondre à très court terme à une très forte production. En dehors de la question de la fertilisation que nous venons d'évoquer, se pose celle de la concurrence entre les arbres qui devient considérable à de très faibles espacements et qui peut engendrer des pertes de production alors que certaines graminées comme, par exemple, le miscanthus (*Miscanthus sinensis*), semblent mieux répondre à une telle sollicitation, d'autant plus qu'il s'agit d'une culture pérenne pouvant durer jusqu'à 15 ou 20 ans ce qui est tout à fait comparable à un taillis forestier à courte révolution, lequel ne manquera pas de perdre des souches à chaque rotation.

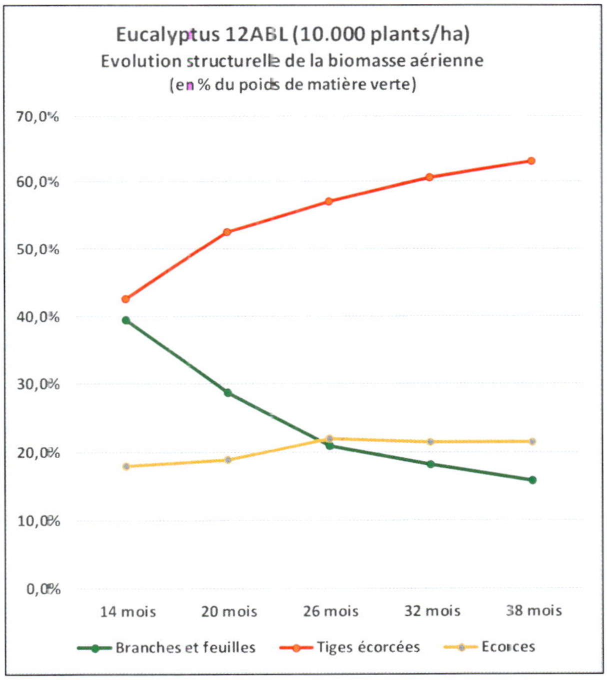

<u>En zone tropicale</u>. Dans les années 70, à la Station de Loudima (Congo), nous avions lancé des essais d'eucalyptus, plantés à très faibles espacements, dans le but de savoir si l'on pouvait concentrer les plantations pour augmenter la production, raccourcir les rotations et économiser de la surface.

Nous rappelons que les variétés utilisées à cette époque poussaient de 5 à 6 m/an ce qui correspondait à la hauteur de récolte des TTCR des pays tempérés.

Tout d'abord, un essai à 10.000 plants/ha nous a permis de voir comment évoluaient les divers composants de la biomasse produite (feuilles, rameaux, écorce et tiges écorcées). Les mesures effectuées tous les 6 mois nous ont permis de construire le graphique ci-dessus et amenés aux conclusions suivantes :

- Très tôt vers 14 mois, il y a égalité entre la masse de branches + feuilles et celle de tiges écorcées,
- La proportion de branches et feuilles décroît rapidement avec l'âge et vers 26 mois, on arrive à égalité avec la proportion d'écorce,
- Les tiges écorcées constituent la majeure partie de la biomasse verte à partir de 1 an1/2,
- L'équilibre semble atteint vers l'âge de 4 ans et serait le suivant :
    - Branches et feuilles : 10%
    - Tiges écorcées : 70%
    - Ecorces : 20%

D'autre part, cet équilibre ne serait pas influencé par la densité de plantation. Par contre, en récoltant plus tôt, le taux de bois diminue au profit des feuilles et des branches.

Enfin, la comparaison entre 3 niveaux très différents de densité nous a conduits aux résultats suivants

Eucalyptus (Loudima - Congo - 1975). Variations de la production et des Surfaces nécessaires suivant l'espacement

Densité de plantation	Surface unitaire	Age à la coupe	Espacements		Bois écorcé, sec à l'air			Convers. Bois/pâte		Besoin total annuel			
			Interlignes	Interplants	productivité		récolte	pâte /bois	pâte/ha	Surface /an		Surf. totale	
plants/ha	m2/plant	années	(m)	(m)	t/ha/an	gain (%)	t/ha	t/t	t /ha	ha	gain (%)	ha	gain (%)
3200	3,13	**3**	1,77	1,77	**15**	25,0%	**45**	0,4	18	**13 889**	33,3%	**41 667**	-20,0%
1600	6,25	**5**	2,50	2,50	**12**	-	**60**	0,4	24	**10 417**	-	**52 083**	-
800	12,50	**7**	3,54	3,54	**10**	-16,7%	**70**	0,4	28	**8 929**	-14,3%	**62 500**	20,0%

On voit que la forte densité de 3.200/ha apporte un gain de productivité de bois de 25% par rapport à la densité de plantation de l'époque (qui était de 1.600/ha), alors que la densité de 800/ha (densité des plantations clonales des années 80) faisait perdre 16,7% en productivité.

Concernant les surfaces nécessaires à l'approvisionnement d'une usine de pâte de 250.000 t/an de capacité, la forte densité conduit à une économie de surface de 20% mais à des assiettes annuelles de récolte et donc de rénovation (taillis) bien plus grandes (+ 1/3), avec une augmentation très significative des coûts. Il est clair que l'on se rapproche de l'agriculture tout en conservant des conditions forestières d'exploitation.

L'alternative serait de pouvoir utiliser des machines agricoles pour récolter de petites tiges très serrées mais avec une proportion beaucoup plus grande de feuilles et de branches (comme on l'a vu plus haut). Cette expérience met en relief tout l'intérêt de la production forestière dont les "longues" révolutions (par rapport à l'agriculture) réduisent d'autant les interventions puisque la production de bois s'accumule au fil du temps pour ne concentrer les activités que sur 1 ou 2 années à chaque rotation, alors que l'agriculteur doit traiter tous les ans, l'ensemble de ses surfaces, avec un matériel très conséquent.

<u>En zones tempérée</u>. Les expériences de production de biomasse ont été importantes à partir des années 2000 et on peut en tirer quelques règles pratiques relatives aux densités et aux espacements de plantation.

<u>Cas des TCR</u>. Les densités pratiquées en production forestière classique de biomasse se situent entre 1.600 (2,5 x 2,5 m) et 2.500 plants/ha (2 m x 2 m). Etant donné l'obligation de passer entre les plants pour assurer l'entretien mécanisé durant la première année, et malgré l'utilisation de petits tracteurs (60 ch.) les interlignes ne pourront guère descendre en dessous de 2 m50. Dans ce cas, la densité de 2.500/ha sera obtenue avec un espacement de 2,5 x 1,6 m. On arrive donc très vite à des espacements très serrés sur la ligne et donc très déséquilibrés.

<u>Cas des TTCR</u>. En région tempérées, avec les Saules et les peupliers, on traite les arbres comme des cultures à la rotation de 3 à 8 ans, maximum, à des densités allant de 5.000 à 13.000 boutures/ha ('SRC plus') et l'on ne récolte que de l'aubier, des écorces et de fins rameaux. L'exportation de matière minérale est très élevée et la densité sèche est faible. Les espacements sont en général très déséquilibrés avec des implantations en simples rangs (peupliers) ou doubles rangs (saules) et des interlignes de 1,5 à 2 m permettant de passer en entretien avec des mini-tracteurs.

Les espacements correspondants sont donc conformes au tableau suivant :

TCR et TTCR - Densités de plantation et espacements

Interlignes	densité	Surface unitaire	Intervalles entre plants sur la ligne est Espacements de plantation			
			simples lignes		doubles lignes	
			I. entre plants	espacements	I. entre plants	espacements
m	plants/ha	m2/plant	(m)	de plantation	(m)	de plantation
1,5	5000	2,00	1,33	1,5 x 1,33m	0,67	1,5 x 0,67m
	15000	0,67	0,44	1,5 x 0,44m	0,22	1,5 x 0, 22
2,0	5000	2,00	1,00	2 x 1m	0,50	2 x 0,50m
	15000	0,67	0,33	2 x 0,33m	0,17	2 x 0,17m

Bois de carbonisation : L'expérience la plus ancienne et la plus significative est sans aucun doute brésilienne (MONBEIG 1937[622]) avec les plantations d'eucalyptus dédiées à la production de charbon pour la sidérurgie et plus particulièrement dans l'Etat de Minas Gerais. L'eucalyptus est très prisé pour sa forte productivité, sa croissance rapide et son bois très dense. Le clonage a fortement encouragé ces plantations en permettant des gains élevés de productivité mais aussi une grande homogénéité des bois, ce qui a une forte incidence sur la qualité du charbon (BRITO *et al.* 2006[623]).

Pour cette production, les contraintes de diamètre sont plus faibles que pour la pâte qui rejette les bois dont le fin bout est inférieur à 6,5 cm sous écorce. On peut donc augmenter les densités de plantation qui peuvent aller de 1666 plants/ha (3 x 2 m) ou 1333/ha (3 x 2,5 m) et récolter plus précocement (rotation de 5 ans au lieu de 7 pour la pâte à papier) ce qui entraîne une productivité supérieure à celle obtenue pour le bois de pâte. Toutefois, le clonage peut conduire à réduire les densités de plantation afin d'éviter les trop fortes concurrences intraclonales.

Bois de pâte :

Au Brésil, premier producteur mondial de pâte d'Eucalyptus, les densités de plantations utilisées sont très généralement de 1000 plants/ha (3,2 x 3,2 m), Cette densité, relativement forte pour des plantations clonales récoltées à 7 ans, est permise par les excellentes conditions naturelles que rencontre cette essence au Brésil. Elle est également intéressante car elle permet de conduire facilement les taillis à un seul brin après un dépressage précoce, comme on l'a vu précédemment lors de notre approche de la culture du taillis (point 65.2, 3ème partie).

Au Congo, En savanes côtières, sur sols sableux très pauvres, les plantations clonale d'eucalyptus hybrides étaient plantées à des densités beaucoup plus faibles, allant de 400 à 800 plants/ha avec une moyenne de 666/ha (5 m x 3 m) qui était la densité la plus couramment admise pour tous les clones sélectionnés et pour chacune des 3 variétés utilisées ('PF1', 'HS2' et 'urograndis').

Bois d'œuvre :

La ligniculture pour le bois d'œuvre correspond aux plantations clonales anciennes (peupliers et Saules), ou récentes (Teck et Acajous). Les densités utilisées dépendent des variétés choisies et des diamètres demandés par le marché (et plus particulièrement des diamètres de bois de cœur) mais aussi de la sylviculture pratiquée c'est-à-dire de l'âge à la coupe finale et du nombre d'éclaircies pratiquées.

Pour les peupliers, l'orientation est à la plantation à l'espacement définitif, de plançons de grandes dimensions (3,5 à 4,5 m) conduits sans éclaircies et récoltés aussi vite que possible à un diamètre de 40 cm à hauteur de poitrine, ce qui peut arriver au plus tôt vers l âge de 14 ans dans les régions les plus propices comme la vallée de la Garonne ou la plaine du Pô (Italie). En moyenne la récolte se fera vers l'âge de **20 ans** quand l'arbre atteint 25 m de hauteur avec un volume de 1 m^3, soit 200 m³/ha (Alliance Forêt-Bois 2016[624]). En cas de croissance moins rapide, l'âge de récolte peut être allongé à 25 ans, rarement plus. Les densités pratiquées varient de 156 à 200 plants/ha, selon que l'on se trouve en station pauvre ou riche et les espacements correspondants dépendent du dispositif (en quinconce ou non) comme le montre le tableau suivant :

Densité	**Surf. unit,**	**Côté de la maille (m)**	
nb/ha	m2	carrée	triangulaire
200	50	7,07	7,60
156	64	8,00	8,60

Pour les feuillus tropicaux précieux, (Teck, Acajous), les densités appliquées sont plus fortes, compte tenu d'un souhait d'éclaircie venant du besoin de couvrir le sol pour éviter la concurrence des adventices, de la nécessité de réaliser des récoltes intermédiaires pour améliorer la rentabilité des plantations et enfin d'une révolution identique mais de la nécessité de réduire l'épaisseur d'aubier à la récolte.

35 - Mécanisation des plantations

35.1 - Principes

Dans certains pays où la main d'œuvre est encore abondante en zone rurale, la réalisation manuelle des travaux de reboisement (voir photo ci-après) peut présenter certains avantages grâce à la **douceur des interventions.**

Province de Jiangsi (Sud-Est de la Chine - Photo Christian Cossalter - 2009). Travaux de re-plantation de sapin de Chine (*Cunninghamia lanceolata*) après exploitation. Préparation du terrain entièrement manuelle, intégrant une action antiérosive avec alignement des rémanents et bandes travaillées suivant les courbes de niveau.

On doit cependant reconnaître que cette situation se raréfie et la mécanisation des travaux de plantation s'avère de plus en plus indispensable tout particulièrement en matière de ligniculture dont le développement se calque de plus en plus sur le modèle agricole. En effet, quand on dispose de matériels bien adaptés aux sites, la mécanisation présente beaucoup d'avantages. Outre son intérêt économique croissant dans les pays en fort développement, c'est l'aspect très rapide des réalisations ainsi que la grande qualité de l'exécution des travaux qui sont décisifs et ceci, grâce à la puissance des tracteurs et la parfaite adaptation aux conditions de terrain des outils existants, de plus en plus variés et performants, par ailleurs. Il est certain que, manuellement, on ne peut atteindre de tels résultats, tout particulièrement pour les travaux lourds de préparation du sol.

35.2 - Tendances actuelles

Si les opérations chimiques (préparation du terrain en vue de la plantation ainsi que passages en entretien) ont pu trouver, dans un passé proche, un fort développement, comme par exemple le "labour chimique" au glyphosate, moins coûteux et très efficace, la tendance actuelle est à la réduction des intrants et en particulier des produits phytopharmaceutiques. S'agissant également de réduire les émissions de carbone, le compromis n'est toutefois pas facile à trouver, la seule alternative étant le travail mécanisé, impliquant des dépenses importantes de carburant, donc des émissions de CO_2.

35.3 - Limites de la mécanisation

Il existe de nombreux obstacles à la mécanisation et le choix de sites "mécanisables" est une nécessité d'où l'élimination de tous les sites présentant des obstacles naturels incompatibles avec la bonne marche des tracteurs (fortes pentes, présence de nombreuses "microzones" rocheuses, indurées ou marécageuses, zones boisées, galeries forestières, etc.) alors qu'il faut pouvoir préparer les terrains avec un maximum de soins pour faciliter les passages ultérieurs d'engins.

Un **UAIC-Congo – Station IV de la CDF - 1990**. Plantations clonales d'eucalyptus âgées de 6 mois (Directeur Technique : Georges QUILLET ; Chef de Station : Christian MOKA). La nature très sableuse du sol, bien visible, impose un travail en courbes de niveau afin de réduire les risques d'érosion.

Le relief, lorsqu'il s'accentue devient très vite un obstacle à la mécanisation. Lorsque les terrains ne sont pas plats mais que la pente permet encore le déplacement des tracteurs, on choisira toujours les réalisations suivant les courbes de niveau, ce qui complique les dispositifs de plantation mais aide efficacement à la lutte contre l'érosion (photo précédente).

Inversement, on bannira les travaux dans le sens de la pente qui aggravent les risques d'érosion, tout particulièrement dans les zones sableuses. Certaines pistes trop pentues sont souvent l'objet de départ dangereux d'érosion et c'est alors que des précautions s'imposent. Les accotements doivent être entretenus par gyrobroyage pour conserver une couverture herbacée. De plus, en saison des pluies, des chenaux de dérivation sont à réaliser en travers des pistes pour envoyer les flux d'eau dans les parcelles voisines et empêcher le ruissellement sur les zones de roulement. Enfin, lors de fortes pluies, une surveillance s'impose afin de corriger les départs d'érosion, ce qui nécessite le déplacement d'engins de terrassement (orages nocturnes fréquents en région tropicale).

35.3 – Bases journalières de travail

Pour le calcul des rendements des diverses opérations, nous sommes partis des bases suivantes :

- **Travaux manuels en région chaude : 6 heures de travail effectif par journée de 8 heures** (coef. : 75%)
- **Homme-jour (HJ)** : Travail d'un homme par jour de 8 heures dont 6 effectives.
- **Travaux mécanisés** : 7 heures effectives sur 8 (coef. : 87,5%)

On doit en effet tenir compte des temps d'arrêt pour raisons techniques liées à l'usage d'engins sur le terrain (pleins en carburant ou en autres produits, réglage des machines etc.) ainsi que d'incidents toujours possibles (petites pannes etc.). En fait cette durée journalière effective de travail est variable selon chaque chantier. Pour la mise en place des plants sur le terrain elle peut aller à 7 heures car cette opération doit être la plus concentrée possible dans le temps afin de respecter les plannings, Dans le cas particulier de l'UAIC au Congo, Georges QUILLET comptait en moyenne seulement 80% de 8 heures, soit 6,4 heures effectivement travaillées. C'est ce chiffre que nous utiliserons dans ce cas particulier.

36 - Préparation des terrains

36.1 - Généralités

La préparation des terrains est une opération importante dont dépend le démarrage rapide des plantations, En effet, on ne doit pas oublier la judicieuse maxime affirmant que : "ce qui n'a pas été dépensé avant plantation, le sera après (entretiens) et pour un résultat nettement moindre".

L'importance des travaux est directement liée aux difficultés du terrain et en premier lieu à l'importance de la végétation. D'autre part, la destruction d'une formation plus ou moins arborée, entraîne presque systématiquement une dégradation du sol ce qui est contraire à l'objectif recherché et c'est pourquoi, les nouveaux projets lignicoles évitent presque toujours toutes les parties boisées en se concentrant, d'une part, sur les zones agricoles en reconversion, les jachères ou les friches récentes et, d'autre part, sur les savanes herbeuses, ou peu arborées, des zones tropicales et subtropicales humides (photos suivantes).

Au Congo, les savanes côtières, très sableuses sont les plus faciles à préparer mais aussi les plus pauvres. La végétation est surtout herbeuse mais assez faible (l'Andropogon ne dépassant pas 1 m50 de haut.

Congo Brazzaville. Les 3 types de savanes congolaises. A gauche : Savanes côtières, sableuses à Andropogon, au Nord du Fleuve Kouilou. **Au centre :** Savane argileuses à Hyparrhenia, de la vallée du Niari avec au Fond les "Monts de la Lune" non loin de Mila-Mila. **A droite :** Savane intermédiaire des Plateaux Batéké, à 600 m d'altitude (Nord de Brazzaville).

A l'opposé, les savanes argileuses du Niari présentent des arbustes solidement enracinés dans le sol argileux et la végétation herbacée est beaucoup plus puissante (l'Hyparrhenia atteint facilement 3 m de haut). Enfin les Savanes des Plateaux Batékés sont intermédiaires, sableux en surface et plus argileux en profondeur, avec une végétation plus variable et des arbustes présents seulement par taches plus ou moins denses. Les covercrops utilisés seront d'autant plus lourds que les sols seront plus argileux. Il est à souligner que dans la vallée du Niari le labour à la charrue à disques (qui retourne la bande travaillée) peut être employée avec les eucalyptus qui enfoncent très rapidement leurs racines pivotantes et sont beaucoup plus sensibles à la concurrence du recru herbacé qu'au maintien ou non des horizons quelque peu humifères en surface. Le fait de planter sur un labour retourné est même très avantageux pour l'eucalyptus qui bénéficie du retard important de redémarrage de l'herbe sur une surface relativement stérile Il en est très différemment pour les pins, pour lesquels le covercrop est indispensable (maintien de la couche humifère en surface) mais conduit à un entretien plus important après le "planting"*.

Pour les rares projets de plantations en zones forestières (plantations et replantations), l'importance des rémanents d'exploitation, ou de la végétation arbustive résiduelle, oblige à utiliser des moyens beaucoup plus importants, ce qui entraîne un surcoût élevé. Le brûlage étant parfois difficile en région humide et de plus en plus proscrit, et l'andainage au bull étant une solution trop dégradante pour le sol, il reste la solution du broyage que nous évoquerons plus loin.

La végétation résiduelle ayant été éliminée, les modalités de préparation des terrains avant plantation peuvent dépendre des plusieurs paramètres :

- Importance de la main d'œuvre locale,
- Moyens disponibles,
- Possibilité de maintenance locale du matériel,
- Types de sol,
- Espèces choisies et objectifs poursuivis (bois d'énergie, bois de trituration, bois d'œuvre).

---

*Nous utiliserons le mot anglais 'planting' pour désigner l'opération de mise en place des plants, le mot 'plantation' étant réservé à l'ensemble des opérations ou plus généralement à l'ensemble des zones plantées.

Pour des questions d'économie et de facilité de réalisation, cette préparation sera en général assez simple. On peut prévoir la succession des 4 opérations suivantes, la tendance étant cependant de les réduire en une seule par combinaison entre-elles :

1. Ouverture mécanique en plein, ou en bandes
2. Traçage et piquetage
3. Sous-solage des lignes
4. Fertilisation.

36.2 – Elimination des arbustes

Lorsque l'on souhaite éliminer sur place le bois des arbustes, l'opération doit se faire 2 ans à l'avance pour que les rémanents subissent 2 brûlages successifs au cours des saisons sèches suivantes. Par contre si l'on décide de récupérer le bois d'arrachage, 1 an d'avance suffit. Au cours de la saison sèche qui suit l'arrachage on pratiquera un brûlage suivi de la récupération des résidus (dans le cas où les bois verts n'auraient pas été récupérés après l'arrachage).

Dès les premières pluies suivantes on pourra donc commencer le travail du sol, suivi immédiatement du planting. L'opération ne concerne que les zones éligibles comportant le plus d'arbustes mais, étant donné la facilité, la rapidité et le faible coût de l'opération mécanique, elle sera largement préférée à l'opération manuelle, trop vite limitée par la dimension des arbustes (Vallée du Niari, en particulier).

Le terrain à préparer pourra être divisé en 3 parties comme suit :

1. Zones avec de gros arbustes épars, nécessitant un arrachage mécanique (2 tracteurs de préférence),
2. Zones avec quelques petits arbustes, à éliminer manuellement,
3. Zones de savanes herbeuses, sans opération de dessouchage.

L'évaluation des surfaces de chacune de ces zones sera nécessairement effectuée à partir des images satellites récentes, avant le lancement des opérations d'arrachage des arbustes. Le bois sera éventuellement récupéré (souvent alors carbonisé) pour alimenter, en charbon de bois, le marché local (quand il existe).

36.21 - Arrachage mécanisé

Il doit se faire en saison des pluies, quand le sol est meuble et que les herbes ne sont pas encore trop hautes, pour que le dessouchage soit effectif (G. QUILLET 1968). Quand on dispose du matériel nécessaire (2 bulls de type D6H et une chaine de 50 à 100 m environ), la technique à la chaîne est à la fois la moins coûteuse et la plus efficace. Généralement on peut fabriquer la chaîne avec plusieurs morceaux assemblés de vieilles chaînes de navire). Les bulls, distants de 25 à 30 m, sont attelés à cette chaîne qu'ils traînent à la vitesse d'environ 3,5 à 4 km à l'heure.

On doit cependant compter beaucoup de "temps morts" en fin de cheminement. Le rendement reste inférieur à 6 ha à l'heure, soit environ 40 ha/jour (7h effectives/jour). En considérant que les 3 zones ci-dessus sont de surface équivalente et pour une campagne de 2.000 ha/an, ce travail représenterait donc 2.000 x 33% = 660 ha/40 $\simeq$ 18 jours de travail par an, ce qui est relativement faible.

Le bois peut-être, soit mis en tas et brûlé sur place, soit sorti des parcelles et stocké en bordure en attendant d'être vendu comme combustible, soit être carbonisé localement (voir plus loin).

36.22 - Abattage manuel

Comme il ne se pratique que dans les zones les moins denses, il peut être programmé 1 an seulement à l'avance (1 seul brûlage des bois résiduels peut suffire). Elle ne concerne que les parties éligibles comportant le moins d'arbustes. Dans la modalité étudiée, les surfaces sont assez réduites (1/3 des blocs à planter, soit 660 ha/an pour un programme annuel de 2.000 ha). Les équipes de 10 personnes coupent les petits arbustes au ras du sol, à la machette (ou éventuellement à la tronçonneuse pour les plus gros d'entre eux) et les assemblent en tas, à raison de 2 à 8 tas à l'ha environ. Les plus gros arbustes seront éventuellement découpés à la tronçonneuse en morceaux manipulables. Les tas brûleront au cours de la saison sèche suivante, après plusieurs mois de séchage à l'air. Les résidus éventuels seront regroupés et rebrûlés avant les opérations d'ouverture des terrains. Le rendement moyen est de 2,5 Hommes-Jour/ha (HJ/ha). Comme 1 équipe traite 4ha par jour, il faut donc 2 équipes pendant 3,3 mois pour un programme de 660 ha/an). Ce bois peut aussi être récupéré comme bois de feu ou être carbonisé (comme on vient de le voir dans la version mécanisée).

36.23 - Carbonisation des bois (après arrachage à la chaîne)

Elle a lieu pendant la saison sèche suivant la destruction des arbustes à la chaîne (après le passage des feux de brousse). L'opération manuelle consiste à charger sur remorque les bois résiduels et à les débarder jusqu'à un site de carbonisation (1 tous les 200 ha environ). Le travail est confié à des équipes de 10 hommes sous la responsabilité d'un chef d'équipe. Chaque équipe dispose de 2 petites tronçonneuses. Le rendement est d'environ 10 ha/jour et par équipe, soit 1 HJ/ha. Pour une campagne de 2.000 ha/an, la surface à parcourir est de 1.333 ha ; il faut donc 1.333 HJ/an, (soit 2 équipes de 10 hommes pendant 67 jours, c'est à dire environ 3 mois). Il faut également 2 tracteurs agricoles et 2 remorques basculantes (1 par équipe). Les tracteurs d'entretien, non utilisés en saison sèche conviennent parfaitement à ce travail. Le volume de bois ainsi récupéré peut être évalué à 4.000 stères/an (soit une moyenne de 2 stères/ha).

36.24 - Brûlage des herbes avant labour

Le brûlage des herbes est destiné à faciliter le travail du sol et n'est nécessaire que lorsque celles-ci sont trop hautes. Cette opération peut être controversée à cause des libérations de CO2 mais il faut souligner qu'en région tropicale, le brûlage des savanes fait partie des pratiques habituelles et qu'il est fait chaque année, Par contre, la plantation (avec ou sans brûlage) mettra un terme à cette pratique.

Le brûlage est facilement réalisé en saison sèche, avant le labour (précédant le début du planting) qu'il est préférable de faire en saison des pluies. Par la suite, brûlage, travail du sol et planting, doivent se succéder très rapidement pendant toute la saison des pluies. En effet, un long délai entre labour et planting n'est jamais bon car il augmente très significativement le recru herbacé et donc les travaux d'entretien après planting.

On peut aussi réaliser le travail du sol à la fin de la saison des pluies précédente et réaliser une façon superficielle rapide, juste avant le planting à l'aide d'un outil de type déchaumeuse à disque, à la cadence d'environ 2 ha/heure soit 14 ha/jour (7 heures effectives) et donc correspondant à 143 jours de travail (un peu plus de 7 mois) pour une campagne de 2.000 ha.

Il est à noter que le brûlage de la savane herbeuse pendant la saison pluvieuse nécessite un fauchage grossier et rapide afin d'assurer le séchage rapide des herbes puis leur brûlage complet. Dans la vallée argileuse du Niari (Congo), cette opération était rendue nécessaire par la grande vigueur des herbes et la puissance du tapis herbacé (l'Hyparrhenia atteint facilement 3 m). Ce "pseudo-fauchage" était réalisé par traînage transversal, rapide, de 3 rails de chemin de fer, soudés entre eux et tirés par des câbles. Pour une meilleure stabilité, on ajoutait à l'arrière du dispositif, une lourde chaine reliée en arc à chacune des extrémités des rails. Il fallait un aller et retour pour briser les herbes et assurer le séchage qui était effectif en 4 ou 5 jours ensoleillés.

En savane sableuse, la préparation des terrains peut se faire en saison sèche, immédiatement après brûlage ce qui permet le démarrage du planting dès le début de la saison des pluies.

36.3 - Broyage des rémanents

Comme on l'a évoqué plus haut, dans certaines zones ou dans quelques rares projets de plantations en zones forestières, ou encore en cas de replantations après exploitation de plantations anciennes, la solution du broyage semble attrayante avec plusieurs avantages :

- Libération complète du terrain y compris par l'arasage des souches
- Réduction des pertes en matière organique
- Protection du sol et apport de matière organique par compostage rapide sur place,
- Important mulch, contribuant à ralentir la végétation adventice,

Il existe aujourd'hui des engins de broyage forestiers très puissants et très efficaces mais ils sont très coûteux. Ainsi dans le Projet M'Voum Gabon (FRM) dont l'objectif est la replantation après exploitation des anciennes plantations d'Okoumé, Michel TAPONO déclarait : « *Les arbres non commercialisables de 25 à 45 cm de diamètre sont abattus, pour être soit andainés au bull, soit broyés sur place. Les souches, branchages, arbustes sont broyés à l'aide d'un broyeur de marque FECON d'une puissance de 600 ch* » (photos ci-après).

M'VOUM Gabon (FRM) 2012. Photos courtoisie B. CASSAGNE (à gauche) et M. TAPONO (à droite).
Nettoyage du terrain par broyage des rémanents d'exploitation. Broyeur FECON FTX 600 (puissance 600 ch.). Importante couche de mulch au sol.

Comme le coût du broyage est très élevé, l'andainage partiel des plus gros troncs, non commercialisables, est privilégié. Le sol est parfaitement propre (entre les quelques rares andains) laissant le libre passage aux engins de culture qui risquent moins de s'accrocher dans les souches.

36.4 - Travail du sol

Labour Chimique. Nous mentionnons pour mémoire ce type d'opération qui tend à disparaître au profit des opérations mécanisées. L'opération consiste à dévitaliser l'herbe en place (et plus particulièrement à tuer le "pied d'herbe", très puissant dans ces zones de savane), juste un peu avant le planting, réalisé en général sur lignes de sous-solage, donc aussi facilement qu'après un labour mécanique. Le démarrage des plantations après labour chimique est très rapide car les conditions sont optimales, hors concurrence herbacée, celle-ci étant de plus, très retardée (5-6 mois), d'où :

- une réduction du coût des entretiens,
- la suppression des premiers passages, les plus délicats, alors que les plants sont petits,
- des plants déjà grands lors du premier passage.

Pratique du labour chimique : Après brûlage, la repousse de la savane est rapide, même en saison sèche. Au bout d'un mois environ de reverdissement, les conditions sont réunies pour un traitement très efficace au Glyphosate (herbicide systémique) à raison de 4 à 7 litres/ha (dans 250 litres d'eau) avec adjonction d'un adjuvant*, améliorant la pénétration dans les feuilles et d'un colorant. L'opération est très rapide grâce aux engins modernes actuels dont la circulation est facile dans ce type de savane, une fois bien débarrassée de ses arbustes. On utilisera un pulvérisateur à rampe repliable de 21 mètres d'envergure, montée sur une cuve de 3.200 litres. L'ensemble, tracté par un tracteur agricole de 110 chevaux à 4 roues motrices, avance à la vitesse de 8 km/h. Le rendement est de l'ordre de 17 ha à l'heure, soit 119 ha/jour pour une journée de 8 heures (dont 7 effectives). Pour une campagne de 2.000 ha, 17 jours suffiront, soit 0,75 mois de travail pour un seul engin. Pour les pays qui l'autorisent, le glyphosate est aujourd'hui un produit relativement peu coûteux (6 US$/litre, environ, correspondant à une dépense de 25 à 40 US$/ha).

Remarque : En cas de sols très sableux, et afin d'éviter tout risque de diffusion de produit chimique dans les eaux d'infiltration, on préférera les solutions mécanisées pour préparer les terrains.

Pseudo-labour en plein. Le "pseudo-labour", est un travail relativement superficiel (rarement à plus de 15 cm) et sans retournement. On obtient une destruction du pied d'herbe tout en laissant en surface les horizons humifères. L'opération est réalisée avec des "cover-crops" qui sont des engins relativement lourds mais dont on adapte le poids au type de travail et à la nature du sol. Il en existe de nombreux modèles (portés, semi-portés ou tractés) utilisés classiquement en agriculture pour le déchaumage des céréales et dont on peut facilement trouver les caractéristiques sur internet. Les modèles forestiers sont plus robustes, plus lourds et moins larges car utilisés pour l'ouverture des terrains à planter. Ceci est rendu nécessaire par la fréquence d'obstacles comme les souches qui sont, soit détruites (petites souches), soit escamotées (l'engin se soulève alors en roulant sur les grosses souches arasées). Pour l'entretien des plantations, les modèles sont plus légers, adaptés aux interlignes, proches des petits modèles agricoles. Les cover-crops sont des engins équipés d'une double rangée de disques (crénelés à l'avant et lisses à l'arrière) disposés en "offset" ce qui signifie que les 2 trains de disques forment un angle d'ouverture variable (20 à 50° environ).

---

*On pourra consulter l'index phytosanitaire de l'ACTA mais on trouvera aussi sur internet les nombreux adjuvants utilisés en agriculture : http ://www.ile-de-france.chambagri.fr/pro77/rep-agronomie/agroequipement/files/140626_Adjuvants.pdf

Selon Georges QUILLET : « *Plus l'angle est ouvert, plus le travail du sol est profond et plus il faut de puissance de traction (donc de consommation). Les angles du train avant de disques et du train arrière sont en opposition : les disques crantés de l'avant découpent le sol et le déplacent latéralement tandis que les disques arrière, lisses, reprennent la terre en sens inverse et égalisent l'ensemble. L'intérêt majeur de ce type d'ouverture est le maintien de la structure du sol, gardant en surface la fine couche humifère permettant un bon développement racinaire et facilitant donc l'installation et la croissance des plants* ».

« *A la réception du covercrop, on doit effectuer les essais de réglages avec différents angles entre les trains de disques, en adéquation avec le type de sol (compacité), la fréquence des souches d'arbustes et la puissance de traction disponible, mais aussi en fonction du rapport coûts/bénéfice. Il est inutile d'effectuer une ouverture plus profonde, nettement plus coûteuse, si le gain de développement des plants est très faible* ».

« *Signalons également que les réglages doivent aboutir à un positionnement neutre du covercrop au travail, le vecteur développé par les disques avants, devant être compensé par le vecteur contradictoire des disques arrière. Le covercrop est alors stable dans l'axe du tracteur et les bandes de travail sont droites sans tirant oblique, (facteur de perte d'énergie, d'usure des pneus, de fatigue des différentiels...) et avec un bon confort de conduite. Cela est une constante à suivre pour la profondeur de travail du sol recherchée lors des réglages* ».

« *Le bon réglage étant obtenu, les boulons (avec rondelle autobloquante) sont fortement serrés, si possible à la clé dynamométrique pour éviter les mauvaises surprises. Un conducteur ne repère pas forcément un déréglage (jamais sans conséquences avec ce type d'engin). Une fois établi, le réglage est acquis pour toutes les surfaces de même type* ».

En savane argileuse (Loudima - Congo, années 60-70), on a utilisé un covercrop lourd (3t) travaillant sur une largeur de 3 m. La traction était assurée par un chenillard Caterpillar D4 de 130ch marchant à la vitesse de 4 km/heure. La profondeur de travail, proche de 25 cm, permettait de détruire le pied d'herbe, très puissant dans cette zone. Le rendement moyen était de 1 heure de travail pour 1,2 ha (4000 m x 3 m), soit 8,4 ha par jour (7 heures effectives).

Remarque : L'adjonction d'un poste supplémentaire peut s'avérer nécessaire en période de labour, lorsque celle-ci coïncide avec le temps du planting. Dans ce cas l'engin pourra fonctionner pendant au moins 10 heures effectives/jour, correspondant à 12 ha/jour. L'ouverture en plein de 2.000 ha/an de terrain requerra donc 167 jours c'est-à-dire près de 7 mois de travail pour 1 seul tracteur et 2 chauffeurs et donc un peu plus de 3,5 mois avec 2 attelages et 4 chauffeurs, ce qui permettra d'installer les plantations en première partie de la saison des pluies, dans de bonnes conditions.

En savane sableuse (Pointe Noire, Congo - années 80). L'opération était réalisée à la même vitesse d'avancement du tracteur, 4 km/h, mais avec un engin moins large (2,60 m) de marque RCM* de 14/28 disques (crantés à l'avant et lisses à l'arrière), et moins lourd (2 t) tiré par un tracteur MF de 120 chevaux, à 4 roues motrices (voir photo ci-après).

Le rendement était de 1h20' /ha avec une consommation de 9 litres de gazole à l'heure (+20% en zone collinaire). Un programme de 2.000 ha/an nécessitait donc 2 machines et 3,5 mois de travail.

---

* **RCM :** Retheloise de construction métallique (n'existe plus aujourd'hui).

Congo (savanes herbeuses) – Travaux d'ouverture des terrains au cover-crop. A gauche : UAIC – Pointe Noire 1990. Pseudo-labour au covercrop autoporté à 28 disques (poids 2 t, largeur 2 m,60, tracteur de 120ch.). **A droite :** Plateaux Batéké. Projet BaCaSi, sept 2022 (photo B. CASSAGNE). Terrain parfaitement travaillé à la charrue à disques, suivi d'un pulvérisage au covercrop léger.

Labour sur terrain ensouché. Lorsque le terrain est ensouché (replantations), il faut être sûr que les engins de pseudo-labour ne s'accrocheront pas dans les souches. Ainsi, pour le Projet M'Voum (Gabon), après l'opération de broyage, le choix s'est porté sur le "Timberdisque" fabriqué par la Société "GREGOIRE et BESSON". Selon Michel TAPONO (comm. pers.) : « *C'est un peu le principe du Cover-Crop, mais chaque disque et indépendants et peut s'escamoter sur un obstacle. J'ai choisi des disques "Fléau" qui sont assez agressifs pour les terrains difficiles* » (voir photos suivantes).

Projet M'Voum (FRM – Gabon 2012) - Photos courtoisie Michel TAPONO. Pseudo labour en plein au "Timberdisque" de la Société "GREGOIRE ET BESSON". On remarquera les disques "fléau", très mordants de 810 mm de diamètre, spécialité de l'entreprise,

Labour en plein. Le labour avec retournement est un travail plus profond qui a l'avantage de décompacter le sol et de retarder la repousse des herbes. De plus, il permet un meilleur développement de l'enracinement traçant, donc une meilleure croissance et moins de dégâts aux racines lors des entretiens mécaniques. Il est souvent accompagné d'une fumure de fond (P ou PK).

Le travail se fait à la charrue à socs ou à disques à une profondeur variant de 20 cm (labour superficiel) à 40 cm (labour profond). En savane sableuse et avec une charrue à faible nombre de corps, le tracteur peut être relativement léger (100 chevaux) à condition d'être lesté à l'avant pour éviter un patinage excessif des roues avant. Pour cela, le remplissage des pneus à l'eau est la solution la plus simple, tout en réduisant les risques mécaniques dûs au surpoids à l'avant.

Le labour reste cependant une opération plus lente (largeur moindre) et donc plus coûteuse que le passage du covercrop. Le retournement est très efficace pour détruire le pied d'herbe mais le travail est plus grossier (photos ci-après) et il sera souvent nécessaire de repasser avec un pulvérisateur à disques (engin d'entretien) pour obtenir une meilleure façon superficielle, facilitant le planting.

Plateaux Batéké (Congo) sept 2020 (photos courtoisie Paul Bertaux (à gauche) et Bernard Cassagne (à droite). 1 : Labour à la charrue à 3 disques (largeur : 1 m20) tracté par un tracteur MF de 110 ch. (profondeur 25 à 30 cm). **2 :** Terrain labouré avec retournement après mortalité des herbes.

Travail en terrain humide. Lorsque l'on se trouve en zone hydromorphe et que l'on redoute un excès d'eau pour le démarrage des plantations (zones tropicales très arrosées et espèces sensibles à l'excès d'eau), le labour ou le pseudo-labour (qui n'inverse pas les horizons du sol) se fait le plus souvent "en ados" c'est-à-dire que l'on crée un billon avec la terre travaillée, évitant ainsi aux racines du jeune plant, une asphyxie rapide et lui assurant un bon démarrage en attendant la saison sèche.

Projet M'Voum (FRM - Gabon 2012). Billonneur "Culti-3B" de GRENIER FRANCO. Photos courtoisie Michel Tapono. A gauche : Engin vu de profil avec sa dent de sous-solage bien visible. **A droite :** vue de l'arrière, dent de sous-solage plantée et billon formé entre les 4 disques.

Le travail est généralement concentré sur les futures lignes de plantation et complété par un sous-solage, lequel assure un décompactage en profondeur par "éclatement" du sol. Dans le cas du projet

M'Voum (Gabon) le travail était réalisé au Billonneur **Forestier Culti 3B** (conçu et réalisé par la Société GRENIER FRANCO) (photos précédente).

L'appareil avait été amélioré spécialement à la demande de Michel TAPONO qui déclare : « *La dent de sous-solage était montée sur vérin de façon à pouvoir l'escamoter ; un rouleau émietteur avait été ajouté à l'arrière (qui reste à améliorer) et il avait été prévu de pouvoir installer un distributeur d'engrais électrique relié à la dent de sous-solage. Après plusieurs tests sur terrain très compact, j'ai décidé de travailler en 2 passages. 1er passage avec la dent de sous-solage plantée au maximum. 2ème passage, dent relevée juste avant la plantation, pour bien billonner et ameublir le sol. C'est mieux si les 2 passages sont décalés dans le temps* ». Le résultat était triple :

- un sous-solage d'une profondeur d'environ 55 cm, au centre de la ligne,
- une bande pseudo-labourée par disquage sur 1,20 m de large,
- la formation d'un billon surélevé de 50 cm au-dessus du sol.

Bien qu'avec un sol très différent, le résultat était finalement assez proche de celui obtenu dans les landes de Gascogne par la CAFSA en 2009 avec la charrue forestière multifonctionnelle*.

36.5 – Traçage (matérialisation des lignes de plantation)

Il est à noter que cette opération tend à disparaître car souvent combinée à un travail du sol localisé sur les lignes (sous-solage). Dans ce cas, la matérialisation des lignes orientées par GPS est faite par cette dernière façon culturale. L'objectif du traçage est d'obtenir une plantation aux plants bien alignés sur des lignes bien équidistantes. Cette opération indispensable n'est pas aussi simple qu'on pourrait le penser et peut même devenir compliquée car d'autres exigences peuvent apparaître :

36.51 - Alignement dans les deux sens

L'alignement des plants dans les deux sens (sur les lignes et perpendiculairement) autorise des entretiens croisés, ne laissant à la main d'œuvre qu'un petit carré à désherber au pied de chaque plant.

Projet BaCaSi-TotalEnergies (Congo) oct. 2022. Alignement des plantations dans les 2 sens. L'équipe comprend 25 planteurs en action et 4 hommes pour l'alignement, avec de chaque côté, un homme à la pige et un au cordeau étiré devant les planteurs, soit 30 personnes/équipe avec le chef.

* voir la vidéo : https ://www.youtube.com/watch?v=soRc9fMGG_M)

Ce résultat, obtenu classiquement au cordeau, est de plus en plus réalisé au GPS.

Il existe cependant des solutions mixtes en cas de plantation manuelle (photos précédentes). C'est ainsi que sur les Plateaux Batéké (Congo), pays où s'imposent les solutions à haute intensité de main d'œuvre ("HDMO"), FRM♣, (Projet "BaCaSi TotalEnergies") réalise des plantations alignées dans les 2 sens pour des entretiens croisés. Les lignes de base sont tracées au GPS et chaque planteur s'aligne devant un câble comportant des repères fixés tous les 3,16 m (1000 plants/ha), avant de planter un plant derrière le repère le concernant (photo ci-après). Les intervalles entre plants sont déterminés à chaque repositionnement du câble, donc de la pige posée au sol sur la ligne de base.

Traçage mécanisé. Dans certaines plantations brésiliennes pour le bois d'œuvre, particulièrement soignées (plantations clonales de Teck), on effectue un traçage au tracteur par deux passages croisés de barres transversales, équipées de petits disques placés aux bonnes distances.

Sur l'excellente vidéo de PROTECA♣♣, société spécialisée dans le Teck (multiplication et plantation) on peut voir l'application d'un tel traceur sur un terrain bien travaillé (photos ci-après). L'outil traçant appelé "**sketcher**" par Fernando TORRES♣♣♣, est équipé de 5 disques dont 1 central. Cela représente donc une barre de plus de 15 m pour des espacements de 3,80 m et une largeur prise en compte de 19 m (en considérant qu'aucun disque ne passe deux fois sur la même ligne), soit 9,5 m pour deux passages croisés).

PROTECA Mato Grosso (Brésil) - 2022 – Photo courtoisie Fernando TORRES. PROTECA - A gauche : Tracteur équipé d'un GPS et traçant 5 lignes de plantation à la fois. **A droite :** Traçage orthogonal des lignes, au "**sketcher**", sur terrain sous-solé. L'engin équipé de 5 petits disques repasse sur les lignes de sous-solage pour une très grande précision du marquage des emplacements à planter.

A la vitesse de 10 kmh, cela représente 9,5 ha/heure et donc 66,5 ha/jour de 7 heures effectives. En définitive le résultat est une préparation du terrain extrêmement bien soignée pour une plantation très précise, très facile à entretenir, à éclaircir et à exploiter, comme le montre la vidéo.

♣FRM : Forêt Ressources Management, PDG Bernard CASSAGNE - 60 Rue Henri Fabre, 34130 Mauguio, Grand-Montpellier (France)

♣♣ Vidéo Proteca intitucional : https ://www.youtube.com/watch?v=LgoOqWQml-0

♣♣♣ Fernando TORRES fondateur de Forest Biotechnology en 2008 qui devient PROTECA Group en 2014, dont il est Directeur Général Adjoint. Site : http ://proteca.com.br/fernando-torres/?lang=en. Selon Fernando TORRES, le "sketcher" de **PROTECA** ainsi que leurs sous-soleuses, ont été produits par une petite marque d'équipement forestier nommée "**Crocodilo**" (Crocodilo Industria e Empreendimentos Florestais).

PROTECA Mato Grosso - 2022 – Photo courtoisie Fernando TORRES. Terrain prêt pour la plantation, On admirera l'excellente préparation réalisée avec le plus grand soin et en respectant tous les ilots forestiers.

Ce très grand soin est d'ailleurs une politique constante de la société PROTECA ainsi que l'affirme son PDG : « *Dans notre projet, nous prêtons attention à chaque détail : de la sélection du site au matériel génétique, de la gestion des plantations au sciage des grumes. Je suppose que toute cette attention portera ses fruits. L'innovation est également un ingrédient important de notre recette, l'alignement mécanisé de nos lignes de plantation en est un bon exemple* ».

36.52 - Plantations en Quinconce

Pour les plantations à très larges espacements comme pour les peupliers, on peut chercher à optimiser l'arrangement des houppiers et donc des systèmes racinaires en adoptant un dispositif "en quinconce" c'est-à-dire en lignes avec décalage des plants à chaque ligne. Les arbres sont alors alignés dans 4 directions (2 à 90° et 2 à 60°). La maille unitaire est un losange régulier composé de 2 triangles équilatéraux, conformément au schéma ci-après :

En fait, dans ce schéma, on peut considérer 2 types de maille, la maille carrée (en jaune) et la maile losangique (en vert).

<u>En considérant la maille carrée</u>

- L'interligne I est égal à la moitié du côté du triangle équilatéral ($2I$).
- L'intervalle D, entre-plants, vaut 2 fois la hauteur du triangle équilatéral, soit : $D = 2I\sqrt{3}$

Chaque arbre se trouve au centre d'un hexagone régulier dont le côté est égal à 2 fois l'interligne.

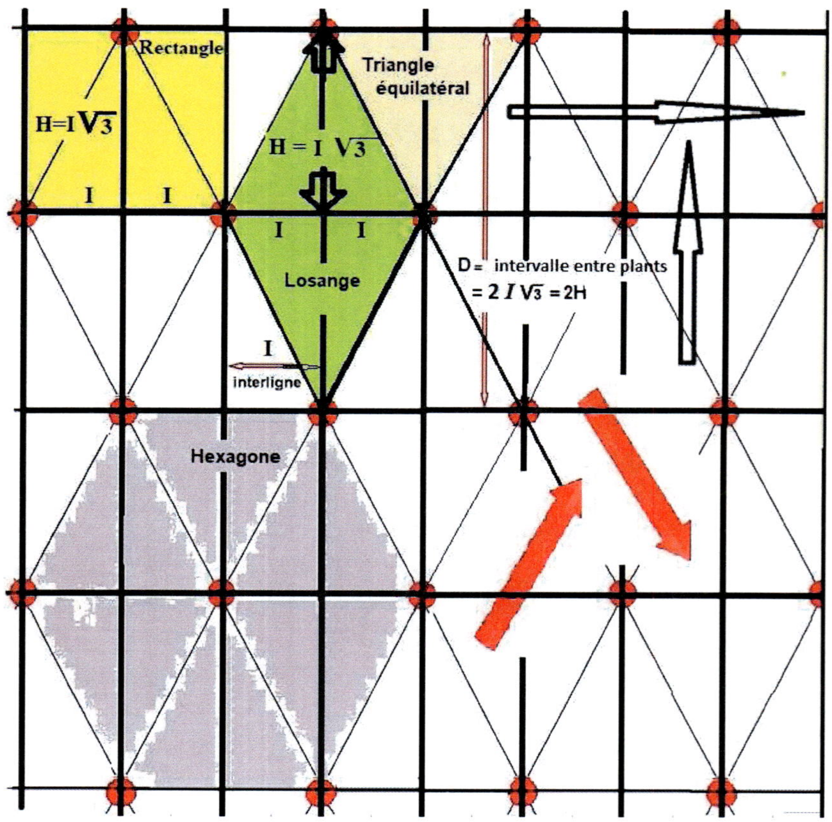

Schéma du dispositif en "quinconce vrai"

Quant à la surface unitaire par arbre elle est égale au double de la surface du triangle équilatéral, correspondant à celle du rectangle (jaune) ou du losange (vert), soit :

$$\mathbf{S} = 2(IH) = 2I^2\sqrt{3} \quad \text{avec } \boldsymbol{H} = 2I\tfrac{\sqrt{3}}{2} = I\sqrt{3} \quad \text{et } \boldsymbol{I} = \sqrt{\frac{S}{2\sqrt{3}}} = \sqrt{\frac{S}{3{,}46}}$$

Par exemple, pour une densité de 200 arbres /ha, on a les chiffres suivants :

- **S** (surface unitaire) = 10.000/200 = 50 m^2/arbre,
- ***I*** = 3,80 m
- ***D*** = 2 ***H*** = 2 x 6,58 = 13,16 m

<u>En considérant la maille triangulaire (ou losangique)</u> :

Il y a équidistance entre tous les arbres de la maille et l'intervalle est égal à ***2I,*** côté du triangle équilatéral c'est-à-dire 6,80 m.

L'alignement étant valable dans 4 directions, on peut passer en entretien mécanique suivant des directions orthogonales (les deux flèches perpendiculaires en haut et à gauche du graphique) mais aussi suivant la maille triangulaire (les deux flèches rouges à 60° en bas et à droite du graphique).

L'arrangement des houppiers, et donc des systèmes racinaires, et donc nettement supérieur dans ce modèle en quinconce puisque les houppiers peuvent théoriquement atteindre un diamètre de 7,60 m avant de se toucher, alors que pour la même densité de 200 arbres/ha, ce diamètre maximum ne serait que de 7,07 m, avec la maille carrée, soit 53 cm de moins comme le montrent les schémas suivants :

$I = \sqrt{50} = 7{,}07$ m

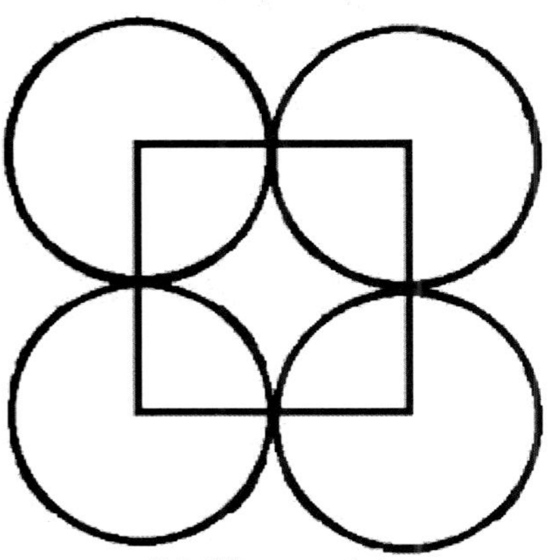

Maille carrée

S = 50m² / arbre 200 arbres/ha

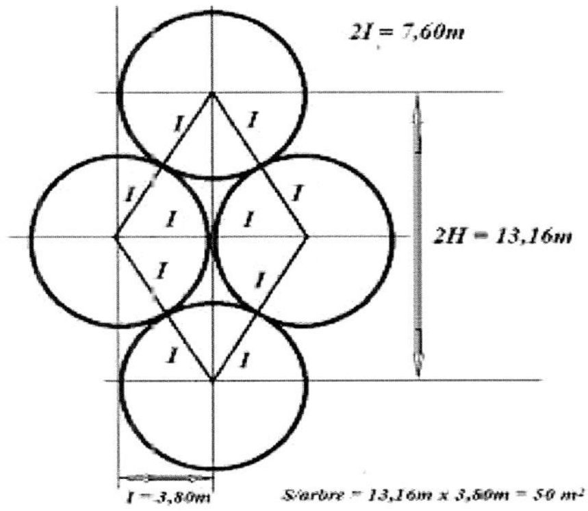

Maille triangulaire ou losangique

Plantation en Quinconce)

S= 50 m²/arbre 200 arbres /ha

Notons qu'il serait possible de tracer un tel dispositif à l'aide du "sketcher" de PROTECA, à condition de changer l'espacement des disques lors du passage dans l'autre sens. Pour une densité de 200 arbres/ha, l'espacement des disques serait de ***H*** dans le 1er sens, soit de 6,58m et de ***I*** dans le second, soit de 3,80 m. La difficulté serait de ne planter qu'en suivant les lignes inclinées à 60° (maille triangulaire) car si l'on suit les lignes orthogonales, il faut laisser, vide, un emplacement sur 2 sur chaque ligne.

36.53 - Piquetage généralisé

Dans les années 60 (G. QUILLET - 1972), lors des premières grandes plantations d'eucalyptus de la vallée du Niari (3.000 ha en 6 ans) à la station de Loudima (Congo), on effectuait un piquetage en s'aidant de câbles métalliques de 50 m de long sur lesquels des repères étaient fixés, tous les 2,5 m, matérialisant l'emplacement des plants aux espacements choisis (2,5 m x 2,5 m à l'époque, correspondant à la densité de 1.600 plants/ha). Il était donc nécessaire de préparer à l'avance de petits piquets matérialisant l'emplacement de chaque plant, soit 1.600 piquets/ha et donc 800.000 piquets pour les 500 ha du programme annuel. On commençait par matérialiser des lignes de base espacées de 50 m et piquetées à 2,50 m. Ce travail, assez fastidieux exigeait 1,66 HJ/ha mais l'alignement était parfait dans les 2 sens. Les trous de plantation étaient ensuite réalisés manuellement à la place de chaque piquet (trouaison) au prix de 3 HJ/ha, encadrement inclu.

36.54 - Alignement au GPS

Aujourd'hui les alignements se font le plus souvent au GPS. C'est en particulier le cas pour la plantation de la vigne, des arbres fruitiers ou de l'olivier. L'ensemble des actions suivantes est réalisé en un seul passage :

- direction exacte d'avancement du tracteur,
- interligne à respecter
- distance inter-plants, réglée automatiquement lors de la plantation mécanisée (planteuse)
- plantation d'un plant et d'un tuteur par emplacement (2 opérateurs)
- arrosage des plants après plantation pour une reprise assurée.

On pourra se reporter aux vidéos suivantes, très démonstratives*. Concernant les plantations forestières, le GPS est presque toujours utilisé chez les ligniculteurs, et pour certaines essences comme les peupliers, la technicité n'est pas moindre que pour les arbres fruitiers. Il en est ainsi de la technique remarquable de la coopérative "Alliance" pour la plantation de peupliers avec "l'autoplant", planteuse mécanisée autonome capable de mettre en place (en potets travaillés de plus de 1 m de profondeur) 1,5 ha/jour de plançons de peupliers avec 1 seul opérateur, à voir sur la vidéo existante**.

Quoiqu'il en soit, des techniques aussi sophistiquées semblent encore trop coûteuses pour être appliquées à toutes les plantations sur terrain plat mais l'augmentation des coûts de la main d'œuvre et/ou sa raréfaction conduisent de plus en plus à profiter des équipements modernes pour mettre au point des techniques efficaces et rapides, et finalement moins coûteuses.

36.55 – Alignements en ligniculture

Les interlignes étant mesurés automatiquement, le piquetage est donc devenu inutile. Même en cas de plantation manuelle ce qui est encore le plus fréquent aujourd'hui, les interlignes sont directement mesurés par les planteurs équipés de cannes à planter. Il est nécessaire de retracer un peu l'historique pour en comprendre l'évolution.

Au Congo, Georges QUILLET (UAIC 1978) avait inventé les remorques de traçage. La traction était assurée par un tracteur d'entretien (faible puissance) équipé à l'avant d'une double pige de 5 m de chaque côté, équivalant à l'interligne. A chacune des extrémités pendait une chaine permettant au chauffeur de garder la bonne direction en s'appuyant sur la ligne précédente et au départ sur la ligne de base orientée à la boussole.

La remorque de traçage (photo ci-après) consistait en un plateau (dont la largeur était adaptée à l'interligne) avec deux postes de travail, assis. Le plateau était chargé d'engrais (engrais complet de formule starter) et de sable blanc très pur (très abondant localement). Chacun des 2 postes était équipé de 2 goulottes pourvues d'un entonnoir, permettant de disposer sur le terrain, manuellement et de façon alternative, de petits tas d'engrais et de sable correspondant à des doses bien définies.

---

*Vidéo plantations mécanisées : Vigne : https ://www.youtube.com/watch?v=pcB6ISghpfs
Arbres fruitiers : https ://www.youtube.com/watch?v=KjOwSamSlbc
Olivier : https ://www.youtube.com/watch?v=JlMX9t9MwiM

** Vidéo Alliance Plantation de Peupliers : https ://www.youtube.com/watch?v=2Ybtjoabz_g

UAIC - Congo 1988. Remorque de traçage- Fertilisation (invention G. QUILLET). L'opération traitait 2 lignes à la fois avec 2 ouvriers et 1 chauffeur. On voit bien au premier plan les deux petits tas, tout juste déposés, à gauche l'engrais et à droite le sable blanc. Les deux goulottes du poste de gauche sont bien distinctes ainsi que la roue dentée sous le plateau à l'avant de la roue gauche.

L'engrais était déposé sur la ligne de plantation (à sous-soler ultérieurement) et le sable sur une ligne parallèle distante d'environ 60 cm. Une roue métallique (équipée de dents anti dérapage) et dont la longueur de circonférence équivalait exactement à l'intervalle entre plants, déclenchait un son métallique à chaque tour, donnant aux ouvriers le signal pour alimenter en même temps leurs deux entonnoirs, l'un avec une dose d'engrais et l'autre une dose de sable.

Par la suite, le sous-solage (peu profond) sur la ligne d'engrais permettait d'enterrer grossièrement celui-ci tout en laissant la marque de sable blanc lequel désignait au planteur l'emplacement du plant à installer sur la ligne sous-solée et à l'endroit fertilisé. Ce système peu coûteux et rapide permettait une implantation suffisamment régulière, tout en évitant la distribution manuelle de l'engrais autour de chaque plant. Pour une densité de 666/ha (5 m x 3 m), et avec une vitesse du tracteur de 5 km/h, le rendement de cette opération à 2 lignes à la fois, était de 5 ha/heure, soit 32 ha/jour pour des journées effectives de 6,4 heures.

Au Brésil, il y a longtemps qu'Aracruz SA, dans ses plantations d'eucalyptus, utilise des planteuses forestières adaptées aux espacements de 3,16 m, en suivant les lignes travaillées et orientées en direction de lignes de bases faites à la boussole, remplacées rapidement par le GPS. Aujourd'hui les tracteurs sont équipés de GPS pour l'ouverture des lignes (qui sont le plus souvent sous-solées et fertilisées à la fois) ou pour le traçage préalable à la plantation (cas de PROTECA, ci-dessus).

La question des espacements sur la ligne ne se pose donc que pour les plantations manuelles. Le respect de l'intervalle entre plants peut être fait par le planteur qui tire derrière lui une pige légère donnant la distance depuis le dernier plant planté (voir la vidéo*).

* Vidéos Plantation Brésil : https ://www.youtube.com/watch?v=-FO_CyS7Dhk

Cependant, le plus souvent, ces opérations sont intégrées au sous-solage et à la distribution d'engrais. Plusieurs fabricants locaux proposent des machines bien adaptées à l'ouverture des lignes de plantations forestières plus ou moins lourdes. La Société BIZMAQ*, en particulier, présente tout une gamme de "sous-soleurs-cultivateurs-fertiliseurs" de capacités variées, nécessitant des tractions allant de 70 à 160 chevaux. Les plus perfectionnées de ces machines (la BGR 1100 HI et la BCA 1100 HI) ont des distributeurs en continu ou intermittents ainsi qu'un système de marquage, par trouaison en fin d'opération, des emplacements à planter. Ces trous sont réalisés à l'aide d'une petite pelle actionnée pneumatiquement (BGR 1100 HI) ou plus simplement au moyen d'un rouleau traceur (BCA 1100 HI) (voir le PWP **). Il est à noter que dans ces machines lourdes, le chauffeur peut changer à volonté l'espacement sur la ligne (de 1,60 à 4,20 m).

Le marquage peut également se faire latéralement par distribution intermittente d'une poudre de couleur claire. Les photographies suivantes montrent une machine à double réservoir d'engrais, le plus gros étant destiné à l'engrais de fond (PK...) distribué régulièrement par tube, derrière la dent de sous-solage, alors que le plus petit, décalé à droite laisse tomber régulièrement des doses de gypse (ajout de S) ou de calcaire broyé (ajout de Ca) sur le côté de la bande travaillée, marquant les emplacements à planter comme c'était le cas au Congo avec la remorque traçante de Georges QUILLET. Notons que l'on pourrait avantageusement y ajouter un bon engrais starter (NPK...) permettant de booster la croissance initiale.

Brésil 2014. Mécanisation de la préparation des lignes à planter à la **machine BIZMAQ avec l'aimable autorisation de** Lázaro Ferreira Bizmaq Ind. Implem. Agroflorestal Eireli – Epp. Ouverture des lignes en sous-solage, double fertilisation et marquage, combinés. **A gauche :** Les marques blanches, à droite de la ligne sous-solée, désignent les endroits à planter (entre les lignes laissées par les disques). **A droite :** Deux machines en action qui se suivent. Le second attelage dispose à l'avant d'une pige avec chaine pendante à son extrémité afin de conserver le parallélisme entre lignes.

Tout est donc fait en un seul passage. Le terrain est relativement propre et les interlignes seront travaillés par les premiers entretiens. Il paraît difficile de faire moins coûteux puisqu'il n'y a qu'un seul passage sur seulement 50% de la surface et avec un seul ouvrier, le chauffeur du tracteur. Il s'agit donc d'une opération combinée permettant à la fois les 5 actions suivantes :

1. Alignement de la ligne au GPS réalisé automatiquement par le tracteur.
2. Sous-solage à moyenne profondeur (50 cm).

---

* **BIZMAQ** Industria de Implementos Agroflorestal. São Mateus, Espírito Santo – Brasil. https ://www.bizmaq.com.br/
et : https ://www.youtube.com/watch?v=3nR5W3JH-9w
** **PWP BIZMAQ** : https ://www.bizmaq.com.br/subsolador-bgr-1100-hi?lightbox=dataItem-kg2k8wf7

3. Fertilisation profonde dans la raie à l'engrais PK + Ca + S + Mg + oligoéléments (si besoin).
4. Travail de la ligne au cover-crop,
5. Marquage des emplacements à planter par épandage en surface de 100 gr de NPK granulés (engrais starter permettant un démarrage très rapide de la croissance) avec gypse en mélange (apport de S).

Cette quintuple opération est réalisée à la vitesse de 7 km/h, avec un tracteur 130 ch. équipé de 4 roues motrices. Avec des interlignes de 3,16 m (1.000 plants/ha) ce qui est une densité classique pour les plantations papetières d'eucalyptus au Brésil, le rendement est de 7.000 m x 3,16 m = 2,212 ha/h, soit 15,5 ha/jour de 7 heures effectives. Pour un programme de 2000 ha/an et pour un seul attelage, la préparation complète du terrain demande donc 129 jours, soit 6,5 mois. On voit que pour éviter autant que possible de planter en saison sèche, on doit disposer de 2 attelages.

En France (Plantation mécanisée de pin maritime par Alliance). Dans le massif landais les re-plantations se font généralement sur terrain dessouché puis travaillé au double rouleau landais ("tandem"). La plantation est faite manuellement à la canne à planter L'alignement n'est précis que sur les lignes, le plus important étant la densité de plantation et surtout le libre passage des engins dans les interlignes (entretien, fertilisation et éclaircies). On pourra se reporter à la vidéo existante*.

36.6 –Sous-solage

Comme on l'a vu précédemment, ces deux opérations sont souvent couplées, voire même regroupées avec le traçage. Le but recherché est toujours de réduire le nombre de passages, tout en assurant un démarrage très rapide des plantations conduisant à un gain de productivité et à une réduction significative des entretiens, grâce à la fermeture accélérée du couvert. Techniquement le sous-solage est une opération dont le but est une amélioration importante du sol en profondeur par les 5 actions suivantes réalisées simultanément :

1. Suppression de la concurrence par élimination des systèmes racinaires existants,
2. Décompaction du sol,
3. Aeration du sol,
4. Amélioration de l'infiltration des eaux de pluie,
5. Amélioration de la rétention d'humidité du sol.

Alors qu'en agriculture, le sous-solage vise à améliorer le sol sur la totalité de la surface cultivée, en plantation forestière, on se contentera généralement d'un travail localisé sur les lignes de plantation. Si les sous-soleuses agricoles sont équipées de plusieurs dents (fréquemment 3 ou 5), ce qui a un important effet de décompaction**, l'usage de machines à une seule dent pour l'ouverture des lignes de plantations forestières est moins efficace et présente toujours un risque de lissage des parois en particulier dans les zones argileuses.

Sous-soleuse 3 dents essayée en juin 90 à l'UAIC-Congo

* Pin maritime : https ://www.youtube.com/watch?v=t7gyev3xDRI
** Nous encourageons le lecteur à regarder la vidéo suivante : https ://www.youtube.com/watch?v =SgPtx4K2CFA

Nous pensons que l'ajout d'ailerons pourrait améliorer l'effet de la dent unique, sans être cependant aussi efficace que le sous-solage à 3 dents, lequel avait été essayé avec succès au Congo (photo précédente) mais, tenté trop tardivement, il n'a pas été développé.

Il existe des machines avec davantage de dents, comme la sous-soleuse à 7 dents qui travaille à 70 cm de profondeur avec la traction d'un MF 6480 de 140 chevaux*. Pour une décompaction maximale sur sols profonds et non pierreux. Il est intéressant de voir que ce type ne machine ne semble pas bouleverser les horizons du sol. La sous-soleuse à 3 dents semble un bon outil bien que peu employée. La raison en est certainement le coût à l'ha qui peut rapidement doubler avec une vitesse plus faible et un tracteur plus puissant. Le couplage avec la fertilisation est de toute façon nécessaire, ce qui peut être réalisé par certains fabricants.

Au niveau des lignes de plantation, la profondeur de travail varie en général de 40 à 70 cm de profondeur, mais peut aller jusqu'à 1,60 m dans les zones présentant un horizon induré (alios) comme c'est souvent le cas, par exemple, dans les Landes de Gascogne (voir la vidéo**). Il faut dire que ce type de préparation concerne surtout les sols agricoles à cause du prix trop élevé et de la reconstitution plutôt rapide de l'alios.

Parfois contesté, le sous-solage, quand il est fait correctement, est souvent très positif sur la croissance initiale des plants et leur installation. Couplé à une fertilisation de fond, il permet d'enfouir l'engrais PK sous les futurs jeunes plants, grâce à un tuyau placé juste derrière la dent à des profondeurs variables. Plusieurs techniques existent selon la nature du sol et des moyens disponibles :

36.61 - Décompactage des lignes, en sols sableux

C'est le cas des savanes côtières du Congo où l'UAIC effectuait un sous-solage des lignes tracées et fertilisées à la remorque traçante, comme on l'a vu plus haut. La sous-soleuse utilisée était à dent unique de 70 cm (équipée d'un sabot, remplaçable, en acier au carbure pour mieux résister à l'abrasion du sable). Installée sur l'attelage 3 points du tracteur elle était pourvue de 2 versoirs ouvrant un sillon pour une meilleure récupération des eaux de pluie en vue de réduire l'érosion, l'opération étant toujours effectuée en suivant les courbes de niveau, dès que la pente dépassait 7%.

Pointe Noire (Congo). UAIC - 1988. Sous-solage des lignes marquées et fertilisées à la remorque traçante (visible au loin). Sous-soleuse à ailerons, à 1 dent de 70 cm, pour une profondeur de 55 cm. Tracteur MF 298 de 90 ch. Vitesse : 5 km/h. Rendement : 16 ha/jour, avec interlignes de 5 m, et pour des journées de 6,4 heures.

---

*https ://www.grostracteurspassion.com/forum/viewtopic.php?t=44095

** Vidéo sous-solage profound : fgilio07 : https ://www.youtube.com/watch?v=snkmmF1rXXY

En fait ces versoirs, mieux adaptés aux terres argileuses qui se soulevaient au passage de la dent, étaient peu efficients en sol sableux mais, avec cependant un effet anti-érosion dans les zones pentues (G. QUILLET, comm. pers.).

Le sous-solage (ou plutôt le décompactage) à 55 cm de profondeur, était réalisé à 5 km/heure, avec un tracteur de 110 ch, en suivant les lignes espacées de 5 m. Pour une campagne de 2.000 ha/an et à raison de 2,5 ha/h et 16 ha/jour, l'opération complète nécessitait 125 jours, soit un peu plus de 6 mois. On voit qu'il fallait disposer de 2 sous-soleuses pour suivre le traçage, doublement rapide car traitant 2 lignes à la fois.

36.62 - Sous-solage rapide et de profondeur moyenne

Théoriquement, l'utilisation d'un tracteur à chenilles permettrait d'aller plus vite en sous-solant 2 lignes à la fois, mais, d'une part, les engins disposant de dents espacées de plus de 2,5 m sont très rares voire inexistants et, d'autre part, les chenillards sont beaucoup plus coûteux, surtout pour des puissances élevées. Ce type de sous-solage est cependant utilisé en Espagne pour la préparation des anciens taillis après la dernière rotation qui se fait sans dévitalisation chimique des souches. S'agissant de terrain en pente, l'opération exige beaucoup de savoir-faire de la part des conducteurs. Les photographies suivantes montrent le matériel utilisé sur les chantiers de la SNIACE en 2005.

Cantabrie (Espagne avril 2005) - Chantier de la SNIACE. Préparation des terrains à planter par passage d'un chenillard KOMATSU D65EX de 220 chevaux, équipé d'un ripper à 3 dents. Largeur des chenilles : 61cm. Largeur totale du ripper 2,17 m. Hauteur des dents : 63 cm. Sabots changeables.

Dans la majorité des autres cas, et en particulier sur terrains plats, avec des interlignes dépassant 3m, on se contente de ne sous-soler qu'une seule ligne à la fois. On utilise des tracteurs moins puissants (140-160ch) mais plus rapides, ce qui est la solution généralisée au Brésil pour l'ouverture des lignes qui est alors toujours couplée avec la distribution d'engrais de fond. Les photographies de la page suivante montrent des machines auto-portées couramment utilisées dans les plantations d'eucalyptus (PLANTAR) et plus récemment dans le cas des plantations clonales de Teck (BIOTECA).

Le Matériel de PLANTAR, (photos suivantes), est un matériel lourd qui a fait ses preuves mais les constructeurs ont perfectionné leurs nouvelles machines dans le sens de la légèreté, pour une meilleure maniabilité, une plus grande précision et surtout une plus grande vitesse d'exécution en intégrant si possible le marquage du positionnement des plants sur la ligne. Dans ce domaine, les machines brésiliennes ont fait leur preuve ainsi que nous l'avons déjà vu précédemment avec la sous-soleuse BIZMAQ.

PLANTAR - Minas Gerais (Brésil) – 2009. Photos courtoisie B. CASSAGNE. Ouverture des lignes à planter au moyen d'un gros sous-soleur fertiliseur tracté. **A gauche :** engin vu de profil (coutre circulaire, dent de sous-solage manœuvrée par vérin hydraulique et réservoir d'engrais). **Au centre :** vue arrière (doubles lames en V pour décaper la bande, suivies d'un double train de 2 disques placés en opposition pour refermer l'ouverture et travailler le sol). **A droite :** Etat du terrain après passage de l'engin. Lignes prêtes pour la plantation avec ses lignes travaillées et fertilisées.

La photographie ci-après, extraite de la vidéo de PROTECA (avec l'aimable autorisation de Fernando TORRES) montre la sous-soleuse utilisée par PROTECA pour ses plantations de Teck au Mato Grosso. Il s'agit d'un modèle semi-lourd auto-porté.

PROTECA (Brésil) - Sous-solage réalisé avant plantation. L'outil à la verticale est une partie du "Sketcher". La sous-soleuse, auto-portée, de marque Crocodilo, distribue également l'engrais dans les 20 premiers cm, derrière la dent de sous-solage qui descend à 60 cm. On remarque le réservoir d'engrais et le coutre circulaire à l'avant. La ligne fertilisée est remuée par les disques à l'arrière.
https https ://www.youtube.com/watch?v=JVDq7pqZVTc

Il existe également des engins portés, moins lourds, installés sur le système de relevage 3 points du tracteur. On se reportera à la vidéo réalisée par Belavista Florestal (Campo Belo – MG) pour l'établissement de ses plantations clonales de Cèdres australiens, présentant le sous-solage couplé à la fertilisation, exécuté de façon rapide et soignée♣. Tous ces sous-soleurs sont pourvus d'un coutre circulaire à l'avant permettant de fendre les souches éventuelles avant le passage de la dent. La

♣Videéo Youtube par Belavista Florestal : https ://www.youtube.com/watch?v=YsurpDdQNjs&list=TLPQMjMxMDIwMjKXNJPXb4dLdQ&index=6

profondeur du sous-solage est de 80 cm à 1 m20 et la traction est assurée par un tracteur de 140 à 250 ch assurant une bonne rapidité d'exécution. Enfin, la vidéo 'Youtube' de Wagner Nonato* nous présente une succession de matériels de sous-solage utilisés au Brésil avec des variantes de profondeurs et donc de puissances de traction mais aussi avec la présence, ou non, d'un rouleau arrière placé après les disques et permettant, d'une part, grâce à ses dents antidérapantes, une finition de surface de la ligne sous-solée ainsi que le piquetage de l'endroit à planter au moyen d'un trou effectué par une fourchette insérée sur le tambour et qui fait un trou à chaque tour de rouleau, correspondant à la longueur d'un intervalle entre-plants.

36.63 - Sous-solage profond en zone difficile

C'est en particulier le cas des replantations que l'on souhaite réaliser en changeant d'espacements (voire d'orientation des lignes) et sans dessouchage préalable qui plus est sur terrain lourd et hydromorphe.

"Smurfit Carton de Venezuela" - 2002. CAT. D7 H, équipé d'une lame coupante en V à l'avant et d'un ripper-mounder Savannah à l'arrière.

"Smurfit Carton de Venezuela" - 2002. A gauche : Ripper-mounder Savannah. On remarquera le coutre circulaire, le vérin hydraulique et les disques crénelés à l'arrière. **A droite :** Terrain difficile, préparé à la lame coupante suivie du Ripper-mounder Savanah.

Les solutions pour ce genre de situation exigent une très grande puissance de traction et des engins très adaptés aussi bien à l'avant (lame coupante en V) qu'à l'arrière du tracteur (ripper-mounder Savannah) ainsi que le montrent les photos précédentes. On notera l'énormité de cette machinerie

---

* Vidéo Youtube (Wagner Nonato) : Sous Soleurs utlisés au Brésil : https ://www.youtube.com/watch?v =D5usr8DWQhE)

qui permet une reprise complète des parcelles après un seul passage mais à un coût prohibitif pour la plupart des Sociétés forestières.

Le ripper-mounder Savannah, ne diffère des appareils brésiliens que par les dimensions et le poids beaucoup plus élevé. Le travail est réalisé en un seul passage. Il y a suppression de toute concurrence arbustive et création d'un ados, permettant de planter hors d'eau. Selon les responsables, il est préférable de laisser reposer un peu le sol travaillé avant de planter. Notons qu'avec une telle puissance, on aurait pu ajouter un gros distributeur d'engrais de fond.

36.7 – Fertilisation

La fertilisation a comme principe de maintenir la fertilité des sols et si possible de l'améliorer. On ne devrait donc être tenu de fertiliser qu'au début de la seconde rotation après avoir calculé l'exportation de matières minérales correspondant à la récolte de bois (après avoir retranché tout ce qui est restitué au sol par les résidus d'exploitation : feuilles, branches et écorces). Toutefois, les terrains forestiers étant des sols pauvres et la ligniculture visant à produire, aussi vite que possible un maximum de bois, une fertilisation sera très généralement effectuée dès la première rotation.

36.71 – Documentation

Parmi les ouvrages relatifs à la fertilisation des plantations forestières nous citerons l'excellent livre de B. BAULE et C. FRICKER (1969[625]) qui résulte d'une coopération entre le Dr. Wittich de l'Université allemande de Göttingen et M. Bonneau, alors directeur de la Station INRA des sols Forestiers de Nancy. On consultera également l'important ouvrage de Maurice Bonneau édité par l'ENGREF (1995[626]). Les praticiens pourront trouver, sur internet, des éléments plus simples et très pédagogiques, comme par exemple *"La fertilisation des cultures"*♣, ou le cours de Pédologie de J. Y. Massenet (2013[627]). du Lycée Agricole de Mesnières-en-Bray (76).

36.72 - Principe d'une fertilisation initiale

Les objectifs recherchés se situent à 3 niveaux :

1. Obtenir un démarrage très rapide des plants (effet starter),
2. Réduire au maximum les entretiens après plantation par la fermeture rapide du couvert,
3. Optimiser la croissance des arbres dans les sites considérés.

On distingue en général la fertilisation de fond de la fertilisation starter. La fertilisation de fond (PK) correspond aux éléments qui migrent peu (Phosphore et Potassium) et que l'on installe en général en profondeur, le plus souvent à l'occasion du sous-solage. La fertilisation starter, riche en azote, est appliquée dès la plantation, à proximité immédiate du plant qui en bénéficie très vite. On pratique également la fertilisation mixte, à mi-profondeur (0-20 cm) et non au fond de la raie de sous-solage, ce qui permet d'alimenter au mieux le système racinaire superficiel.

Les engrais sont de plus en plus coûteux mais le seuil de rentabilité d'une fertilisation est généralement faible. En effet, le gain annuel de productivité peut se prolonger pendant longtemps

---

♣ "La fertilisation des cultures", sur le site : http ://frantsesenia.com/wp-content/uploads/2020/06/La-fertilisation-Le-cours.pdf

surtout si le démarrage est rapide. De plus, dans le cas des taillis papetiers d'eucalyptus, la puissance de l'ensouchement a des conséquences directes sur la productivité des rotations suivantes. Il n'est pas rare de voir la productivité augmenter lors de la seconde rotation, les rejets poussant plus vite que les plants.

36.73 – Formules de fertilisation

Les formules de fertilisation seront naturellement calculées en fonction des résultats des analyses de sol, programmées initialement comme on l'a vu plus haut (point 32.4). On recherchera également tous les résultats des études pédologiques réalisées dans le secteur, mais aussi des expériences locales agricoles existantes. Naturellement la priorité sera donnée à des résultats d'essais de fertilisation effectués antérieurement par la R&D de l'entreprise ou par des organismes spécialisés ou des entreprises privées situées dans la région, sur des sites identiques.

Certains comme PROTECA au Brésil utilisent les analyses foliaires (F. TORRES, comm. pers.) pour faire un bilan nutritionnel des arbres et détecter d'éventuelles carences en certains oligoéléments. C'est certainement une approche très rigoureuse mais elle requiert de vrais spécialistes. Il faut réaliser régulièrement de nombreuses analyses et disposer d'un solide référentiel ainsi que des résultats expérimentaux locaux, permettant d'évaluer la sensibilité des analyses qui dépendent des sols, du climat local, des espèces et des réponses aux engrais, effectivement enregistrées.

36.74 - Fertilisation "starter"

Cette dernière est indispensable dans les sols pauvres et plus particulièrement ceux dépourvus d'humus. Les engrais starter sont des engrais "coup de fouet", riches en azote, qui doivent être placés près des plants pour une alimentation immédiate et un démarrage rapide.

Au Congo dans les années 60, la fertilisation initiale des plantations d'eucalyptus s'était révélée indispensable. Elle consistait à mettre une dose de 150g de 10-10-20 au fond de chaque trou de plantation correspondant à 15 Unités de N et P et 20 de K par ha. Il faut dire que les sols des savanes côtières étaient très pauvres et manquaient avant tout de Potassium. L'effet de l'engrais était remarquable. Dans les plantations clonales de l'UAIC, à partir de 1978, les doses étaient à peu près les mêmes, mis à part un enfouissement grossier, lors du sous-solage.

36.75 - Pertes d'azote

L'azote est un élément facile à perdre, par lessivage, nitrification et évaporation.

Lessivage. Les formes, nitrique ($NO3^-$) et ammoniacale ($NH4^+$), sont directement assimilables par les végétaux mais, étant peu retenues par le sol, le ruissellement, lors des pluies, provoque des pertes qui contribuent à la pollution des cours d'eau et des nappes phréatiques. Ce lessivage des nitrates est important lors des fortes pluies en particulier en région tropicale.

Dénitrification. C'est un processus biologique qui fait partie du cycle de l'azote. Il concerne le passage des nitrates à l'azote atmosphérique (N_2). Les bactéries dénitrificantes réduisent l'ion nitrate (NO_3^-) successivement en ion nitrite (NO_2^-), puis en monoxyde d azote (NO), en protoxyde d'azote (N_2O), et enfin en diazote (N_2). Le phénomène peut être incomplet, c'est-à-dire que la dénitrification peut être arrêtée à différents stades, d'où la production possible de N_2O lequel est un puissant gaz à effet de serre*.

Volatilisation. La volatilisation dans l'atmosphère des formes ammoniacales de l'azote peuvent conduire à des pertes pouvant aller jusqu'à 30%, notamment sous climat chaud (COHAN et LE SOUDER 2013[628]). Pour ces deux raisons et comme l'azote est l'élément fertilisant le plus coûteux, les quantités déposées au pied de chaque plant seront aussi réduites que possible. Cette "mini-fertilisation" doit cependant rester efficace en prolongeant autant que possible le coup de fouet recherché.

Pour économiser l'azote, on a mis au point de nouvelles formules d'engrais permettant "une bonne conservation de l'azote" suivant plusieurs voies, notamment :

- La diffusion lente. Elle est assurée par les engrais dits "retard", encapsulés dans de mini-poches de résines aux parois plus ou moins perméables en fonction de l'humidité et de la température. La diffusion lente peut durer de 3 à 9 mois selon la nature de la membrane et le climat. Les spécialités commerciales sont nombreuses : "Osmocote", "Nutricote", "Multicote", etc.
- La recherche d'un bon équilibre entre azote nitrique et ammoniacal. Pour limiter la disponibilité en nitrates, on apporte aussi de l'azote ammoniacal, mieux retenu par le sol et tout aussi assimilable par les plants (GAGNON 2009[629]). C'est un bon complément à la fertilisation nitrique, prolongeant son action et réduisant son lessivage. Avec le mélange nitrate/ammonium, on parle d'une forme "protectrice" de l'azote.

Il est à noter que les engrais à diffusion lente tiennent compte de cette nécessité de mélanger ces deux formes azotées mais les molécules utilisées seraient plus complexes que la forme nitrique ou ammoniacale simple (Wikipedia**).

Application des engrais "retard"

Ils sont coûteux mais on peut en réduire significativement les doses tout en gardant une bonne efficacité. Pour les plantations d'Eucalyptus de la SNIACE (Cantabrie, Espagne) Carlos TEJEDOR, applique l'engrais au pied de chaque plant, comme suit :

1. fertilisation initiale, à la plantation (25 g de multicote 11-22-9).
2. 2ème fertilisation au 1er printemps suivant la plantation (100 g de 8-24-16).
3. 3ème fertilisation au 2ème printemps suivant la plantation initiale (150 g de 15-15-15).

Au total, au cours des 20 mois qui suivent le planting et pour une densité de 1000 plants/ha, la formule de fertilisation est donc, à l'ha : 33 Unités de N + 52 Unités de P + 40 Unités de K, correspondant à 25 kg/ha de multicote, 100 kg/ha de 8-24-16 et 150 kg/ha de 15-14-15.

Nous en profitons au passage pour souligner une fois de plus que, par rapport à l'agriculture, ces quantités appliquées pour une durée de 14 ans sont très faibles, ce qui montre à quel point **l'aspect "intensif" de la ligniculture n'est que très relatif.**

---

*https ://www.infometha.org/pour-aller-plus-loin/le-cycle-de-lazote/nitrification-denitrification

** Wikipedia : Les produits les plus courants seraient : l'urée formaldéhyde/isobutilène, le diurée/urée enrobée de soufre, l'urée/nutralène https ://fr.wikipedia.org/wiki/Engrais_%C3%A0_diffusion_lente#

36.76 - Fertilisation de fond

Lorsque l'on pratique le sous-solage c'est une bonne occasion de distribuer l'engrais dans la ligne travaillée. Il s'agit de la fertilisation de fond qui consiste à localiser en profondeur les macroéléments les plus indispensables et qui migrent assez peu, tel le Phosphore et le Potassium mais aussi le Calcium et le Soufre. Le Phosphore est essentiel pour le développement racinaire des cultures et le Potassium joue un rôle majeur dans l'adaptation des plantes aux stress climatiques et leur résistance aux maladies (YARA[630]).

36.77 - Fertilisation mixte

Il s'agit d'une fertilisation distribuée à faible profondeur. C'est ainsi que procède PROTECA dans ses plantations de Teck du Mato Grosso (Brésil) sur terrain riche (agricole).

Fernando TORRES déclare (Comm. pers.) : « *Dans notre projet, nous mettons en œuvre à la fois une fertilisation pré-plantation (ou basale) et post-plantation (top-dressing). La fertilisation pré-plantation est réalisée lors de l'opération de sous-solage. L'engrais est distribué de façon continue, mais pas au fond du sillon de sous-solage. Il est étalé sur toute la largeur de l'ouverture (environ **1** mètre), jusqu'à une profondeur de 20 cm. De cette façon, il couvre la zone facilement exploitable par les jeunes plants de teck, dont les racines ont 12 cm de profondeur lorsqu'elles sont plantées. Le principal engrais appliqué à ce stade est le phosphate, afin de supprimer la forte capacité d'adsorption de nos sols argileux. Nous appliquons généralement 105 Kg/ha de phosphate monoammonique ($NH_4H_2PO_4$) avec la formulation : 10-48-00, mais testons des engrais de nouvelle génération avec de belles perspectives - comme l'engrais "+ PASTO P 4.0" produit au Brésil par la société française TIMAC Agro. D'une manière générale, nos sols sont très fertiles. Nous plantons dans des sols agricoles. Ils coûtent plus cher au début, mais comme le teck est une culture de longue durée, cet investissement est compensé au fil des ans par la moindre fertilisation nécessaire et par la forte productivité des plantations* ».

La fertilisation apportée comprend donc 10 U de N et 48 U de P. Il s'agit bien d'une fertilisation mixte, bien que très faible en azote. Le Phosphore permet aux argiles de libérer plus facilement les éléments adsorbés (dé-sorbtion). L'absence de Potassium souligne bien la grande richesse du sol agricole.

36.78 - Cas des sols salés.

Il existe dans certaines régions du monde des étendues de sols plus ou moins salés, chargés en sodium, et qui ne conviennent pas à l'agriculture. Par contre, il est encore possible d'y cultiver des arbres, moyennant de la sélection et une fertilisation spécifique. On peut en effet trouver des variétés d'arbres capables d'une certaine production dans de telles zones, à condition toutefois que la salinité ne soit pas excessive.

C'est en particulier le cas de la région de Carlos TEJEDOR* (Province de Buenos Aires) à 450 km à l'Ouest de la capitale argentine, dans la zone des Pampas. Le climat est de type subtropical plutôt humide (pluviométrie : 718 mm, surtout en été). Notre amis Luis CARPINETI, spécialiste de la culture in vitro et de l'amélioration des eucalyptus hybrides, y réalise quelques expériences en vue d'y

* Le nom de cette ville est le même que celui de notre ami chercheur espagnol mais c'est une pure coincidence.

installer des systèmes agro-sylvapostoraux. La photographie ci-contre montre le résultat de l'application d'urée sur un clone hybride d'*Eucalyptus grandis x camaldulensis* à l'âge de 3 ans. Si la croissance n'est pas considérable on peut tout de même constater qu'une partie des sols salés peuvent certainement convenir à la production de bois à condition d'y appliquer un processus de fertilisation adapté et, dans ce domaine, de grands progrès sont sans doute encore possibles.

Carlos TEJEDOR (B.A. Argentine) (févr. 2023). Photo courtoisie LUIS CARPINETI. Clone d'*Eucalyptus grandis x camaldulensis* à l'âge de 3 ans. Effet très net d'une application d'urée sur la ligne de doite

Conditions de l'essai

Hybride sélectionné. C'est le même que celui donnant les meilleurs résultats au Maroc. L'*Eucalyptus camaldulensis* apporte sa résistance à la sécheresse et au sel et l'*Eucalyptus grandis* ajoute son excellente forme et sa bonne qualité de bois.

Niveau de salinité. Le sol contient 4,4 meq. de Na dans 100 gr, soit 29 x 4,4 = 127 mg de sodium par 100 g de sol ou 1,27 g/kg. Ce qui est relativement élevé.

Pratiques culturales. Elles ont été les suivantes :

- Début septembre :
  - Sous-solage croisé à 50 cm de profondeur
  - Plantation puis fertilisation au Phosphate di-ammoniaque localisé autour du plant (10 cm du plant et 15 cm de profondeur).

- Courant décembre puis février :
  - 2 applications espacées de 2 mois (pour éviter les pertes d'azote,) à chaque fois, de 50 g. d'urée /plant de façon localisée de part et d'autre de la plante
  - Renouvellement de cette double application au cours des 3 premières années.

Luis CARPINETI indique par ailleurs qu'il faut éviter les applications en mars pouvant conduire à un durcissement intense du sol. En fin de première année, les arbres font 2 mètres de haut et peuvent résister au premier hiver. Leur croissance est cependant sans comparaison avec les mêmes clones plantés sur bon sol agricole, lesquels affichent des croissances plus de 2 fois plus fortes.

D'autres essais sont en cours avec l'utilisation de sulfate de calcium (poudre de gypse) dans le but de réduire l'activité du sodium, en le chassant des argiles par floculation de celles-ci, avec comme avantage supplémentaire, une meilleure aération et rétention en eau du sol (VERA & DUFUMIER 2022[631]).

Remarquons également que le soufre améliore l'utilisation de l'azote car la conversion du nitrate ingéré, en amides, ou en acides aminés, dans la plante, est contrôlée par des enzymes contenant du soufre (CALCIUM FERT AG [632]).

36.8 - Trouaison

Comme son nom l'indique, la trouaison consiste à faire les trous pour y installer les plants. Traditionnellement, c'est une tâche qui revient au planteur, lequel ouvre le terrain pour mettre les plants en terre. L'opération peut être faite à la bêche ; on parle alors de plantation "en fente" (sols sableux ou très ameublis) mais, étant donné sa faible efficience, elle est plutôt remplacée par le travail à la pioche large (pioche de plantation) ou plus généralement aujourd'hui par la plantation à la "canne à planter" dont le mérite est de rendre le planting beaucoup moins fatiguant et beaucoup plus rapide, à condition toutefois de disposer d'un sol bien ameubli.

Rappelons qu'au Congo, dans les années 60, la trouaison consistait à réaliser des trous à la 'bêche ronde' à l'endroit précis des emplacements marqués par des piquets (voir plus haut) sur terrain préparé. Cette opération facilitait le travail des planteurs qui pouvaient aller plus vite et parfaire les soins apportés aux plants lors du planting. Elle permettait aussi la mise de l'engrais au fond des trous pour une meilleure disponibilité aux plants (mis en place après les premières pluies).

37 – Transport des Plants, Planting et Arrosage

37.1 – Transport des plants

37.11 - Conditionnement des plants pour le transport

Lorsque le planting est en cours, les commandes de plants (établies en fonction de l'inventaire hebdomadaire des plants disponibles), sont passées chaque jour par le chef de chantier au chef de pépinière. En fin de journée, le personnel de pépinière dispose (conformément aux commandes) les plants dans des caissettes, les arrose, puis les charge dans les véhicules de transport de plants. Chaque caissette possède une étiquette d'identification de la variété (n° du clone en particulier).

37.12 - Véhicule de transport

En cas de transport sur de longues distances, on utilise des camions à 4 roues motrices recouverts d'une toile assurant une protection contre les fortes pluies et le desséchement (vent et soleil).

Ces camions 4 x 4 sont capables de circuler dans les parcelles pour assurer la distribution des plants sur toute la surface à planter et pendant toute la durée du planting.

UAIC (Congo) 1988. Camion 4 x 4 (Renault JE13) adapté au transport des plants, recouvert d'une ombrière. Caissettes placées sur la plate-forme arrière, à la disposition des planteurs.

A l'UAIC (Congo), depuis les années 80 la protection des plants était obtenue grâce à des toiles d'ombrage disposées sur la structure des camions (photo ci-contre). Les plants étaient rangés en caissettes "Stamp" à 60 alvéoles. Les camions étaient chargés de 147 caisses, soit 8.820 plants, couvrant les besoins pour une tâche journalière de 13 ha.

Pour de courtes distances de transport, on utilise en général des remorques agricoles, comme c'est le cas pour les projets en cours sur les Plateaux Batéké avec une capacité de 15.000 plants, soit de 15ha (photos ci-dessous). C'était également le cas au Brésil mais dans ce pays la plantation semi-mécanisée remplace la plantation manuelle, apportant des changements au niveau du transport des plants (voir plus loin).

Projet BaCaSi-TotalEnergies - Plateaux Batéké (Congo). Photos B. Cassagne oct. 2022. De gauche à droite : 1 : Remorque de transport de plants, chargée de bacs, en route vers les terrains à planter. **2 :** Bacs de plants en godets, chargés dans la remorque. **3 :** Plants en godets, bons à planter.

*37.2- **Planting***

La mise en place des plants aux emplacements désignés (planting), doit être rapide mais soignée. Le travail du sol est un des facteurs important permettant d'atteindre cet objectif. L'installation des plants en terrain meuble facilite grandement l'opération qui gagne à la fois en rapidité et en qualité d'exécution. Diverses techniques peuvent être utilisées. On distinguera le planting manuel, semi-mécanisé et mécanisé. Notons que même dans le cas d'un travail à la planteuse (plantation mécanisée), l'homme reste nécessaire.

Diverses opérations pour 4 modalités de Planting

Modalité de planting	**Planting manuel classique**	**Planting manuel Congo (années 60)**		**Planting manuel (canne à planter)**
Type de plants	racines nues	pots en terre	sachets plastique	conteneur
Outil	pioche	petite pelle	lame tranchante	canne à planter
Trouaison	à faire	déjà faite		à faire
Fertilisation	postérieure	déjà faite (engrais au fond du trou)		déjà faite ou postérieure
Spécial	éventuellement habillage racines	mettre un peu de terre sur l'engrais	terre sur engrais et coupe fond du sachet	planter la canne
"Planting"	dépôt du plant	dépôt du plant	dépôt du plant et élimination du plastique	dépôt du plant
	remettre avec soin la terre autour du plant en respectant sa verticalité			
	tasser un peu la terre avec les pieds			

Plantation manuelle. C'est la technique traditionnelle. Elle succède à la trouaison et parfois à la fertilisation, laquelle se fait plutôt après plantation par dépôt, à côté, ou autour des plants. Nous devons bien insister ici sur le fait que la plantation manuelle est la garante d'une très bonne qualité de mise en place, mais que le soin apporté aux plants prend du temps, surtout en terrain difficile et avec des plants à racines nues. Le tableau précédent tente de comparer diverses modalités de planting comprenant plusieurs types de plants et met en relief tout l'intérêt de bien ameublir le sol avant plantation et d'utiliser des plants en conteneurs permettant l'utilisation de cannes à planter.

La mise en place de plants à racines nues est longue car elle nécessite beaucoup de travail et un réel savoir-faire de la part des planteurs. En matière de ligniculture elle est remplacée graduellement par la plantation mécanisée ou semi-mécanisée, grâce à la très bonne préparation du terrain.

A partir de la fin des années 70, au Congo, l'UAIC (G. QUILLET) avait mis au point des équipes de plantations de 12 personnes avec la compositon suivante :

- 1 chauffeur
- 1 distributeur de caissettes (dans le camion)
- 3 distributeurs de plants (1 par ligne)
- 6 planteurs (2 par ligne)
- 1 chef d'équipe

"Planting" manuel (UAIC-Congo 1990).

En comptant une moyenne de 12 ha/jour, un programme de 2000 ha/an demandait 167 jours, soit 7 mois (à 5 j/semaine), la période de plantation couvrant 9 semaines, soit 7 mois (du 15 octobre au 15 mai, avec les deux saisons des pluies et la petite saison sèche). Le rendement individuel était donc de 12 ha pour 11 ouvriers (hors chauffeur) soit 1,1 ha/J./ouvrier (= 1,1 ha/HJ) correspondant donc à 733 plants/HJ. La photo suivante illustre l'opération qui est très rapide, le camion avançant à la vitesse moyenne de 1,17 km/h.

La plantation concerne 3 lignes simultanément (10,50 m de large) et commence le plus tôt possible dans la journée, dès le lever du jour (6h30). Les distributeurs de plants en tête de chaque ligne, placent 1 plant à côté de chacun des jets de sable, disposés tous les 3 m, sur le côté de la raie de sous-solage. Les planteurs (2 par ligne) plantent directement dans la raie (en face du jet de sable) en aménageant une petite cuvette autour du plant pour concentrer les eaux de pluie (photo précédente).

Remarque : Avec les mottes Melfert, l'usage de cannes à planter aurait permis d'augmenter les rendements mais la réalisation des cuvettes autour des plants, n'aurait pas été possible, d'où une qualité moindre et une efficience réduite de l'arrosage en saison sèche.

Evolution de la pépinière de Kissoko. En fait, depuis sa création en 1978, la pépinière industrielle de bouturage de Kissoko n'avait cessé d'évoluer sous la direction technique de Georges QUILLET, à la recherche d'une plus grande faisabilité et d'un plant moins coûteux.

UAIC (Congo) - Région de Pointe Noire 1988. Technique Georges QUILLET. Equipe de plantation au travail. Trois lignes sont plantées simultanément. Le Camion de transport de plants chevauche la ligne centrale. En tête de ligne on distingue les distributeurs de plants qui prennent les caissettes dans le camion (présentées par l'ouvrier distributeur de caissettes) puis, sur leur ligne respective, distribuent les plants aux emplacements désignés. Suivent les planteurs (2 par lignes). L'homme en veste à droite est le chef d'équipe. Vitesse : 1,17 km/h. Rendement de l'équipe : 12 ha/jour.

Le tableau ci-après en retrace les 5 étapes :

Evolution de la fabrication des plants à la pépinière de Kissoko (Pointe-Noire (Congo)

Etape	Type de conteneur	Année	Contenu	Volume (cc)	Réduction de poids (%)		Réduction de prix (%)	
					sur étape précédente	sur 1ère étape	sur étape précédente	sur 1ère étape
1	Sachets plastique	1978	Mélange terreux local	1100	-	-	-	-
2	Mottes MELFERT	1980	Melange MELFERT	360	-67,3%	-67,3%	-18,5%	-18,5%
3	Mottes MELFERT ref. "Congo"	1982	Vermiculite pure	200	-44,4%	-81,8%	-19,4%	-34,3%
4	Styroblocs AFS	1991	Vermiculite importée	30	-85,0%	-97,3%	-53,6%	-69,5%
5	Styroblocs AFS	1992	Vermiculite fabriquée*	30			-9,6%	-72,4%

Source : Georges QUILLET DT-UAIC

*fabriquée à Kissoko après importation de la machine à expanser la vermiculite

L'étape n° 2 fut essentielle, l'utilisation des mottes MELFERT ayant apporté les avantages suivants :

- Concentration de toute la production en une seule unité centrale, la pépinière industrielle de Kissoko entraînant une économie considérable, tant en investissement qu'en fonctionnement,
- Division par 5,5 du poids et du volume du plant permettant la constitution d'une équipe de planting à 3 lignes, très rapide et très efficace.

C'est cependant l'étape n° 4 qui apporta le plus grand changement :

- Remplacement de l'enroulement des mottes autour des boutures par un simple piquage dans les avant-trous effectués rapidement à la planche à clous dans la vermiculite humidifiée (pour préserver l'apport d'AIB),
- Réduction de 25% de la surface utile de la pépinière (1,5 ha au lieu de 2) amenant un grand confort pour la circulation et les diverses manipulations des plants, en particulier les regroupements par clone,
- Simplification et meilleur remplissage des camions de transport de plants dont la capacité maximale est passée de 15 ha à 20 ha, soit de 10.000 plants à 16.360 plants (5 niveaux de plants au lieu de 3),
- Distribution / Plantation sur 5 lignes à la fois au lieu de 3, l'équipe passant à 20 personnes au lieu de 11 en ajoutant 5 distributeurs (1 dans le camion et 4 sur le terrain pour les 2 lignes extrêmes) et bien sûr 4 planteurs pour les 2 lignes supplémentaires,
- Augmentation du rendement journalier de l'équipe qui passe de 12,3 à 20,5 ha/jour pour 666 plants/ha et de 8,6 à 14,3 ha/jour pour 816 plants/ha soit 2/3 en plus, correspondant à 5.454 plants de plus à la densité de 666/ha et de 4.680 de plus à 816 plants/ha,
- Réduction de l'effort humain, de 8,9% (passage de 1,12 à 1,02 ha par HJ pour 666 plants/ha), et de 7,7% (passage de 0,78 à 0,72 ha/HJ pour 816 plants/ha) avec, il est vrai, 9% de plus de main d'œuvre (+0,08 HJ/ha pour 666 plants/ha et +0,12 HJ/ha pour 816 plants/ha),
- Réduction de 40%, du parcours des camions à l'ha planté, soit une économie de 540 km/an pour 2.000 ha/an, pour une densité de plantation de 816/ha et de 760 km/an pour une densité de 666/ha. Une telle economie influait beaucoup sur l'entretien des camions, en particulier au niveau de l'embrayage (toujours en 1ère, avec arrêts multiples).

Concernant l'effet du passage d'une mise en place de 3 à 5 lignes à la fois, on retrouvera tous ces éléments dans le tableau ci-après :

Vitesse du tracteur (km/h)
1,17

Heures de travail	
heures de travail/jour	8
heures effectives de planting	7

NB de lignes à la fois	Densité de plantation	Espacements		Surface /plant	Effectif de l'équipe	Distance parcourue	Surface plantée		Plants plantés	Rendements par ouvrier			
										horaires	journaliers		
		inter-lignes	inter-plants	m2		km/ha	ha /heure	ha /jour	Nb/jour	plants/ H/h	plants/HJ	ha/HJ	HJ/ha
3	**666**	5	3	15	11	0,67	1,755	12,3	**8 182**	106	**744**	1,12	0,90
	816	3,5	3,5	12,3		0,95	1,229	8,6	**7 019**	91	**638**	0,78	1,28
5	**666**	5	3	15	20	0,40	2,925	20,5	**13 636**	97	**682**	1,02	0,98
	816	3,5	3,5	12,3		0,57	2,048	14,3	**11 699**	84	**585**	0,72	1,40

UAIC-Congo (1980-91). Rendements journaliers pour 2 modalités de Planting (3 et 5 lignes plantées à la fois)

On doit donc souligner l'énorme incidence du changement de conteneur sur la faisabilité et le coût, non seulement des pépinières, mais aussi du planting.

L'étape 2 avait rendu possible le passage à la phase industrielle en réduisant par 5,5 le poids du plant. L'étape 4, en divisant à nouveau par 6,66 ce même poids, a donné au Projet une toute autre faisabilité et une dimension économique plus attractive. Au total le poids du plant avait été divisé par 36 et le prix du plant planté par 3,6.

L'aspect R&D dans les entreprises est crucial car seule l'innovation permet de faire face à la concurrence. Georges QUILLET, qui vient de la Recherche (CTFT-Congo), le sait parfaitement. Laissons-le, nous parler de son organisation relative au transport des plants :

« Le camion chargé de plants le matin en pépinière, arrivait l'après-midi à 'sa' station où il était abondamment arrosé pour que l'eau accède aux 5 niveaux de caissettes. Il partait tôt le matin sur le lieu de plantation. Les plants étaient parfaitement frais. Le camion de plants en caissettes AFS suffisait à la journée de plantation (15 ha maximum à 5X3 mais capacité de 20 ha). Chaque station avait deux camions de transport des plants : un à la plantation, le 2ème en chargement à la pépinière (arrosage - vérification de qualité des plants et de l'absence de manquants dans les caissettes, soin au chargement avec identification des clones...) soit 5 camions en chargement simultané en pépinière (50.000 plants/jour) ».

« A noter que le rythme de plantation pouvait fluctuer en cas de décalage de développement des plants en pépinière. On ne plantait pas pendant le temps d'attente, ou bien une ou plusieurs stations ne plantaient pas, leurs équipes allant aux entretiens. Le chef de pépinière indiquait en "Réunion technique" son programme de "livraisons" et les chefs de station organisaient en conséquence leur prochaine semaine. Par contre la reprise était toujours par journée complète de tous les intervenants : chargements en pépinière la veille, plantation, arrosage... C'était un fonctionnement très souple et sans perte d'ouvrage, avec l'exacte réplique des opérations dans chaque station ».

Plantation manuelle à la canne à planter. C'est la technique employée actuellement par FRM dans le projet BaCaSi. Le matériel finlandais PottiPutki est utilisé et les cadences obtenues sont de l'ordre de 0,5 ha/HJ mais pour une densité de 1.000 plants/ha, soit 500 plants/Homme/jour (photos ci-après).

Projet BaCaSi TotalEnergies - Plateaux Batéké (Congo). Photos B. CASSAGNE – oct. 2022. Planting à l'aide du matériel finlandais PottiPutki. De gauche à droite : 1 : Plants extrait des styroblocs d'élevage ; **2 :** Sacoches portées par les planteurs et **3 :** Planteur en action utilisant la canne à planter.

Plantation semi-mécanisée. Dans cette modalité de saison sèche, très brésilienne, on utilise un camion-citerne car le planting est combiné avec l'arrosage et souvent l'adjonction d'adjuvants comme l'hydrogel, ou une fertilisation starter. La citerne-remorque est équipée, à l'arrière, d'une rampe de distribution sur laquelle est branchée, au moyen d'un tuyau souple, chacune des cannes à planter. L'équipe est donc limitée de 3 à 5 planteurs (1 par ligne) qui restent alignés au niveau de la rampe d'arrosage.

PROTECA plante 5 lignes à la fois (photos suivantes) alors que les remorques de PLANTAR (Minas Gerais) n'ont que 3 postes de planteurs. Il est à noter que chez PLANTAR la mesure de l'intervalle entre-plants se fait à l'aide d'une pige-ficelle, attachée en bas du tube planteur, et traînée par le planteur. Ce dernier doit donc, à chaque fois, bien se positionner en s'arrêtant lorsque l'autre extrémité de la ficelle arrive au niveau du plant précédemment installé.

Chez PROTECA, après le double traçage orthogonal, la plantation est semi-mécanisée. Elle est efficace et ergonomique.

En saison sèche, le réservoir fournit de l'hydrogel* aux plantes au moment du planting, ce qui aide à la reprise en saison sèche et réduit au minimum la mortalité. En saison des pluies, le planting peut se faire aussi, citerne vide ou sans citerne et seulement à la canne à planter.

PROTECA Mato Grosso – 2016. Photos courtoisie Fernando TORRES. Planting "semi-mécanisé" en cours. Arrosage combiné avec ajout d'hydrogel. Les 5 planteurs, alignés derrière la rampe, sont munis d'un tube planteur relié à la citerne par un tuyau souple. Les caissettes de plants sont situées sur les côtés de la remorque et chaque planteur vient y remplir sa sacoche. Le rendement est de 4ha/jour, soit de 0,8 ha/HJ, avec une très bonne qualité de travail.

La dilution de l'hydrogel dans l'eau du réservoir est de 50g/1000 litres d'eau jusqu'à dissolution totale. La distribution de 3 litres par plant, correspond à 0,15g /plant et à 104g/ha (à 692 plants/ha).

Il existe de nombreuses spécialités à base d'hydrogel (Stocksorb, Polyter, Florateck, Alquera,...). Au Brésil, PROTECA utilise Hydroplan-EB, type HB10. Un arrosage de 3 litres par plant correspond à 104 g d'hydrogel sec/ha. C'est un produit qui peut paraître assez coûteux mais qui n'est pas utilisé en période pluvieuse qui est la saison normale de plantation. Par contre, lorsque les pluies deviennent rares ou très irrégulières, l'hydrogel permet de poursuivre le planting en continu sans se préoccuper des périodes sèches.

Bien que les quantités ajoutées soient très faibles (0,15g/plant) diluées dans 3 litres d'eau ce produit qui a le mérite de retenir 300% de son poids d'eau maintient pendant longtemps de l'humidité au

* Les hydrogels sont généralement des "*Copolymères d'acrylate et d'acrylamide de potassium réticulé*" dont on trouvera les propriétés sur divers sites : https ://www.youtube.com/watch?v=z0CNBdvciko, https ://www.hydrozone.fr/gel-retenteur-d-eau/209-eau-plante.html# :~ :text et https ://www.plantruffe.fr/PBSCProduct.asp?ItmID=27434192&AccID=122919&PGFLngID

pied du plant assurant une meilleure reprise et une plus grande résistance à la sécheresse. D'après le fournisseur♣ ce produit présente les avantages suivants :

- Lutte contre l'érosion des sols,
- Améliore la distribution et l'utilisation de l'eau par les plantes,
- Réduit les pertes de nutriments par ruissellement ou par lessivage,
- Augmente l'efficacité de l'irrigation,
- Réduit, de 20 à 50 %, la quantité d'eau utilisée pour l'irrigation.

PLANTAR (Minas Gerais - Brésil) avr. 2009. Phots B. CASSAGNE. De gauche à droite : 1 : Remorque à planter à 3 postes + sacs d'engrais avec hydrogel et caissettes de plants sur le côté. **2 :** Haut du tube à planter avec 2 poignées et 2 manettes (libération du plant et dose d'engrais liquide, **3 :** Base du tube : arrivée du tuyau et attache de la pige-ficelle.

Remarque : Si l'on s'en tient aux annonces commerciales trouvées sur internet, l'hydrogel ne semble pas très coûteux puisque, pour des ventes au détail, les prix s'échelonnent entre 23,2 et 34,8 €/kg de produit sec, soit, pour 104g /ha, des coûts additionnels allant de 2,41 à 3,62 €/ha. Dans ces conditions, on peut se demander s'il ne serait pas intéressant d'ajouter de l'hydrogel en toute saison (puisque son action se prolonge pendant plusieurs années) et d'en profiter pour y ajouter d'autres adjuvants comme, en particulier, des activateurs de racines, très souvent proposés par le marché contenant de nombreux oligoéléments, mais aussi des substances de croissance et des extraits d'algues.

Il s'agit d'une voie pour la R&D d'autant plus attirante que l'application est immédiate et sans frais d'application supplémentaire puisqu'il suffit d'ajouter la bonne dose du produit sélectionné dans le réservoir.

Plantation mécanisée (planteuse forestière). Cette technique est utilisée au Brésil, en particulier par certaines grandes compagnies papetières comme "Suzano Papel e Celulose", ex Fibria, ex Aracruz. Les machines utilisées sont semblables à celles utilisées en Europe. Elles ressemblent en tous points aux repiqueuses horticoles mais en plus robustes mais ne traitent qu'une ligne à la fois, ce qui s'accompagne d'une certaine lenteur. Pour les ligniculteurs, il s'agit d'un sérieux handicap qui explique pourquoi la plantation semi-mécanisée remplace la plantation mécanisée.

♣ Site Fournisseur "Hydroplan"(http ://www.hydroplan.com.br/espanhol/hb10.html),

ARACRUZ SA (Brésil) 2004. Plantation à la planteuse mécanique. Une seule ligne et 1 seul planteur. Opérateur assis, chargé de placer les plants dans les ergots de la roue planteuse. Espacement de 3,16 m, scrupuleusement respecté, mais les alignements transversaux peuvent différer quelque peu.

De plus la qualité du planting reste inférieure à celle de la plantation à la canne à planter car l'opérateur peut toujours ajouter la petite correction nécessaire au dernier moment (tassage avec les pieds permettant de redresser le plant.

Rappelons la pratique de la Coopérative forestière "Alliance" dans l'Ouest de la France (voir plus haut, point 36.54) pour planter mécaniquement les plançons de peupliers et signalons aussi les vidéos de plantations mécanisées d'arbres comme le noyer ou d'autres arbres fruitiers*.

37.3 – Arrosage

Le planting se faisant normalement en saison des pluies, l'arrosage est inutile d'autant que les plants sont bien arrosés avant de quitter la pépinière. Cependant, lors de vastes campagnes annuelles, il est fréquent que le programme déborde plus ou moins largement sur la petite saison sèche, voire parfois la grande saison sèche quand celle-ci est avancée. Dans ce cas, l'arrosage est indispensable. Il s'agit d'une opération assez lourde qui exige un matériel spécifique (remorques-citernes et tuyauterie adaptée).

UAIC (Congo) - Savanes côtières (1989). Arrosage post-planting, à la remorque tractée, 3 lignes à la fois (3 l/plants, soit 2 m^3/ha et 3,5ha/plein).

Au Brésil, pour les plantations lignicoles, l'arrosage est le plus souvent intégré avec le planting semi-mécanisé, comme on vient de le voir chez PROTECA. Elle peut être combinée à une fertilisation ou

* Vidéo de plantations mécanisées : Noyer : https ://www.youtube.com/watch?v=MgQANOCA5ig
Arbres fruitiers : https ://www.youtube.com/watch?v=23iytYzZrxg

éventuellement à un traitement insecticide, voire à l'adjonction d'un adjuvant comme l'hydrogel ce qui renforce l'action du simple arrosage. L'arrosage post-planting de saison-sèche ne concerne donc que les plantations manuelles ou mécanisées. Aracruz Florestal l'avait intégré dès le départ dans ses plantations clonales d'eucalyptus. L'UAIC (Congo) l'avait également adopté dès le début des plantations en période sèche (photos précédentes et suivantes).

Selon Georges QUILLET : « *les citernes de 10.000 litres (marque JOCQUIN) et de 13 tonnes en charge, ne comportaient qu'1 seul essieu, pour un maximum de manoeuvrabilité en bout de ligne. Les pneus étaient montés en basse pression pour une large bande roulante. Malgré le poids, les pneus ne fendaient pas le sable mais restaient bien aplatis avec une surface de contact pneu/sol 3 fois supérieure à celle d'un pneu classique. La citerne était équipée à l'arrière d'une vanne de vidange, suivie d'un Té desservant un tuyau métallique transversal fixe (diamètre 1"1/4) avec 3 sorties : une, centrale et une, à 1 m de chaque côté avec vanne individuelle permettant d'arroser 3, 2 ou 1 ligne (en fin de parcelle) à l'aide de longs tuyaux souples à chaque sortie afin d'atteindre les 3 lignes de plants, la citerne chevauchant les plants de la ligne centrale* ».

« *L'opération était rapide, l'eau coulant de façon continue, à débit constant. La dose de 3 l/ plant suffisait à assurer reprise et démarrage rapide, même en saison sèche, à condition d'être vite appliquée après le planting (pas plus de 20 à 30 minutes entre les deux opérations). La création par le planteur d'une petite cuvette autour du plant facilitait l'arrosage en concentrant l'eau au pied de chaque plant. Enfin, en cas de fortes chaleurs ou de vent desséchant et s'il ne pleuvait pas dans les 7 jours, on arrosait une seconde fois par un apport identique* ».

UAIC (Congo) - 1989. De gauche à droite : **1 et 2 :** Arrosage après planting, 3 lignes à la fois. **A droite :** cuvette pour bien concentrer l'eau au pied du plant.

<u>Rendement</u>. L'arrosage (type UAIC-Congo) se déroulait de façon continue, à la vitesse de 3,5 km/h (2ème vitesse moyenne du tracteur) correspondant à 5,25 ha/heure pour des interlignes de 5 m, soit 33,6 ha/jour de 6,4 heures. A raison de 3 l/plant et pour une densité de 666/ha, il fallait 2.000 litres/ha toutes les 12 minutes. Un plein permettant d'arroser 5 ha en 1 heure, il fallait 7 pleins par jour, avec 2 citernes, alternativement à l'arrosage et au remplissage. Signalons enfin que le remplissage des citernes, limité à 1 heure (transport compris), nécessitait un point d'eau à moins de 2 km du chantier, ce qui était en général le cas dans la région de Pointe Noire.

En conclusion. L'arrosage post-planting (en saison sèche) est efficace, simple et facile à réaliser, sous réserve de disposer de points d'eau bien répartis dans la zone du Projet. C'est en général le cas des zones à fort potentiel lignicole. A défaut, le chantier doit être approvisionné par camions citernes.

38 – Entretiens des jeunes plantations

Les entretiens consistent à supprimer la concurrence des plantes adventices ("recru") vis à vis des espèces plantées. On sait d'expérience que les jeunes arbres craignent beaucoup la concurrence herbacée et que celle-ci a des effets dépressifs très importants sur leur vigueur, voire même sur leur survie. Cette concurrence peut survenir très précocement et doit être contrôlée, plus par anticipation que trop tardivement car, dans ce dernier cas, la dépense est finalement supérieure pour un résultat moindre. Une telle situation nécessite une grande vigilance de la part des responsables de terrain car tout l'investissement réalisé jusqu'au planting peut être mis en échec par un manque d'entretien.

38.1 - Méthodologie

D'un point de vue théorique, il y a 3 façons d'opérer :

1. Nettoyage manuel : Supprimer manuellement le tapis herbacé avec des outils adaptés,
2. Traitement chimique : Traiter chimiquement la végétation adventive,
3. Traitement mécanique : Eliminer mécaniquement la végétation herbacée en passant entre les lignes et manuellement autour des plants (sur les lignes).

38.2 - Entretiens manuels

Si les entretiens manuels sont très généralement réalisés en terrains escarpés c'est-à-dire dans les reboisements classiques, ce ne peut être le cas en ligniculture pour diverses raisons et d'abord économiques. Cette opération, très coûteuse en main d'œuvre, doit être réduite au maximum pour ne pas venir grever le bilan déjà lourd des investissements réalisés. D'autre part, la maîtrise absolue de l'herbe sur l'arbre ne pourrait se faire qu'avec un volant énorme de main d'œuvre car il faut pouvoir parcourir très rapidement les parcelles les plus urgentes. Enfin, le rendement des travailleurs baisse très rapidement avec la hauteur des herbes ce qui entraîne des besoins encore plus importants. C'est donc mission impossible ! En matière de ligniculture l'entretien manuel ne vient donc qu'en complément de l'entretien chimique ou mécanisé pour lesquels on doit toujours rechercher un maximum d'efficacité pour ne laisser à la main d'œuvre qu'une part aussi réduite que possible.

38.3 - Entretiens chimiques

Pour des raisons écologiques, ce type d'intervention se raréfie. Personne n'utilise de gaîté de cœur les produits phytopharmaceutiques et d'ailleurs, dans un certain nombre de pays, l'usage des herbicides est très réglementé, mais il faut bien reconnaître que les herbicides peuvent rendre de grands services car leur action est très respectueuse des racines traçantes des jeunes arbres alors que le passage d'engin de sarclage, même très superficiel, détruit quantité de jeunes racines particulièrement utiles à la croissance des arbres et notamment à leur alimentation minérale. Nous l'avons constaté en 1989, lors de la mission DE CHAMPS -AFOCEL (1989[633]), qui a dénoncé un travail du sol trop superficiel suivi d'un entretien mécanisé dévastateur des racines traçantes.

En résumé, le triple intérêt de l'entretien des plantations au glyphosate s'énonce comme suit :

1. Réduction du coût des entretiens,
2. Réduction du nombre de passages en retardant très significativement la repousse des herbes,
3. Respect des racines horizontales des plants, très souvent détruites par le passage des engins à disques, entraînant un important déficit de croissance.

Traitements. Dans ces conditions un certain nombre de compagnies ont mis au point des traitements au Glyphosate, très efficients sur les adventices car il s'agit d'un produit systémique, non sélectif, qui pénètre par les tissus chlorophylliens et tue la plante en allant par translocation jusqu'aux racines. Une telle destruction est assez durable car il faut attendre de nouvelles levées de graines pour que le tapis herbacé se reconstitue, contrairement à un fauchage, par exemple, derrière lequel l'herbe reprend presque immédiatement sa croissance. De plus, les traitements tardifs créent souvent un mulch (herbes sèches) qui protège le sol du recru et de l'érosion pendant un certain temps. En fin de compte, le traitement chimique permet d'économiser au moins un, voire deux, passages mécaniques.

Pour allonger ce temps de latence avant repousse, et donc réduire encore davantage les entretiens mécaniques, certains utilisent des herbicides de pré-émergence (ou de prélevée) comme le Sulfométuron par exemple qui tue les plantes dès la nouvelle germination des adventices. Dans ce cas l'entretien des plantations peut se limiter uniquement à ces deux seuls traitements chimiques. Cependant l'usage de ces herbicides de prélevée peut être restreint voire interdit (Europe) et requiert de toute façon beaucoup de savoir-faire. L'association des deux traitements Post et Pré-émergence, quand elle est autorisée, exige les services d'un spécialiste[634].

Précautions. D'un point de vue pratique, ces traitements requièrent beaucoup de précautions, vis-à-vis des hommes, autant que vis-à-vis des arbres. De nombreuses règles de sécurité doivent être respectées :

Vis-à-vis des hommes : Les produits doivent être stockés dans des pièces sécurisées. Les ouvriers chargés des traitements doivent avoir suivi une formation spéciale et être dotés des équipements nécessaires. Leur mode opératoire doit respecter les protocoles établis par les fabricants et les règlements intérieurs de la Compagnie, en accord avec la législation locale. Le matériel de traitement doit être parfaitement opérationnel et être nettoyé après chaque usage, D'autre part, un effort d'étiquetage doit être fait et l'information doit circuler.

Brésil - A gauche PLANTAR 2009. Photo B. Cassagne – A droite ARACRUZ 2004. Photo E. Campinhos Junior. Matériel destiné au traitement d'entretien au Glyphosate : Cuve tractée avec rampe de pulvérisation adaptée aux interlignes et cache de protection autour de la rampe.

Vis-à-vis des arbres :

Les traitements au Glyphosate, ou avec un autre produit de post-émergence, peuvent être très dommageables aux jeunes arbres tant que leurs parties basses sont chlorophylliennes.

Le glyphosate n'étant pas sélectif, il est nécessaire de protéger soigneusement les espèces cultivées contre les pulvérisations excessives. Des précautions importantes sont donc à prendre pour ne pas avoir l'effet inverse de celui recherché. Ces précautions seront de deux types :

1. Au niveau des doses à appliquer : Le glyphosate s'utilise pendant la phase active de la croissance des mauvaises herbes à la dose de 2 à 3%[635], correspondant à des quantités de 4 à 6 l/ha avec une consommation d'eau de 200 à 300 l/ha.
2. Au niveau des modalités d'application : En général, on utilise de petites rampes de pulvérisation dirigées vers le sol et dont la longueur est adaptée à l'interligne. Pour éviter toute projection sur les feuilles basses des arbres, ces rampes sont protégées par un cache en plastique comme le montre les photos précédentes :

38.4 - Entretiens mécaniques avec compléments manuels

Cette technique est généralisée en ligniculture. Elle consiste à passer un pulvérisateur à disques dans les interlignes pour détruire les herbes jusqu'à la prochaine repousse, rapide à venir (1 à 2 mois) en zone subtropicale et pendant la saison des pluies.

Le passage mécanique dans les interlignes, précède de peu l'entretien manuel, consistant à détruire les herbes sur les lignes de plants. Ce travail se fait généralement à la houe et peut devenir rapidement fastidieux en cas d'excès d'herbe. C'est pourquoi on cherche à réaliser les entretiens mécaniques dans les deux sens (passages croisés) pour ne laisser aux ouvriers qu'un petit carré à désherber au pied de chaque plant, la condition nécessaire étant d'avoir un alignement dans les deux sens.

Il existe des matériels de différentes largeurs, les plus légers étant portés sur l'attache 3 points, les plus lourds, auto-portés. Au Congo, on utilisait principalement des pulvériseurs légers 'RAZOL' d'une largeur de 1,80 m (photo, ci-dessous). Ce matériel léger, porté par un tracteur de 100 chevaux, autorisait un travail à vitesse élevée (12 km/h) conduisant à un élargissement à 2 m de la bande effectivement travaillée grâce aux projections latérales de terre sableuse. Selon G. QUILLET : « *Les portés légers ont été les "bons à tout faire" des entretiens, toujours opérationnels, déplacements sur routes rapides, interventions en cas d'incendies, nettoyage des bords de routes, etc.* ».

A gauche : UAIC (Congo – 1978) - Photo Y. LAPLACE : Réception des Tracteurs MF 98 ch. équipés de pulvériseurs portés RAZOL (1,80 m) à disques. On distingue, en 4ème position un pulvériseur autoporté de 3 m de large avec sa roue à pneu. **A droite : Plateaux Batéké (Congo - 2022) - Photo Bernard CASSAGNE :** Entretien mécanisé des plantations d'*Acacia mangium*. La terre est violemment déjetée à gauche vers les plants.

Un tel passage mécanisé dans les interlignes, sans endommager les arbres, doit laisser une "bande manuelle" (axée sur la ligne) aussi étroite que possible. Avec des interlignes de 5 m, un aller et retour est nécessaire, laissant environ 50 cm de chaque côté des lignes. Pour des interlignes de 3,5 m (816/ha), 1 seul passage suffit mais la distance aux plants passe à 0,75 m, laissant donc 1,5 m à désherber manuellement sur la ligne. Pour des interlignes de 3,16 m (1000/ha), la largeur de la bande manuelle restante est réduite à 1,16 m (distance disques-plants de 58 cm).

Au Congo pour l'entretien manuel sur les lignes, il fallait compter 1 journée avec 3 ouvriers (soit 3HJ/ha). Il est certain qu'il s'agit d'un travail humain important qu'il faut chercher à réduire. Les photographies qui suivent montrent les travailleurs manuels en action.

Entretien manuel des jeunes plantations âgées de 6 mois. A gauche : UAIC (Congo – 1988). Entretien des Eucalyptus, sur la ligne. **A droite : PROTECA Brésil (2017).** Teck ; entretiens autour des jeunes arbres.

Le recru est souvent très fort mais, grâce à la grande valeur du matériel génétique utilisé, à l'excellente préparation du sol ainsi qu'à la fertilisation initiale, la couverture du sol par les arbres est très rapide et le nombre de passages, réduit. La photo ci-après montre l'excellent résultat des entretiens mécaniques des interlignes, suivi au début d'un entretien manuel sur la ligne ou uniquement autour des plants (passages mécaniques croisés).

UAIC-Congo (1990) - Plantations clonales d'eucalyptus. Efficacité de l'entretien mécanique des interlignes. Un clone hybride de la variété HS2 *(E. tereticornis x grandis)* à 6 mois.

Planification des entretiens. Classiquement, en zone pauvre comme les savanes sableuses de Pointe Noire et pour des plantations à croissance très rapide, les principaux entretiens se situent au cours de la saison des pluies qui suit le planting (année 1) et nécessitent 3 passages (tableau suivant).

Entretiens de 1ère année	Année de végétation (S. des pluies)	Période	Mécanique dans les interlignes	Manuels sur les lignes	
				%	type
1er passage	1	décembre à janvier	100%	100%	en plein
2ème passage	1	février à mars	100%	50%	selon les zones
3ème passage	1	avril à mai	100%	ponctuels	selon les taches

Entretiens de 2ème année	Année	Période	Mécanique dans les interlignes	Manuels sur les lignes	
				%	%
4ème passage	2	nov. à décembre	100%	50%	selon les zones
5ème passage	2	février à mars	50%	50%	selon les zones

Entretiens de 3ème année	Année	Période	Mécanique dans les interlignes	Manuels sur les lignes	
				%	%
6ème passage	3	nov. à décembre	ponctuels	-	-

Les 3 premiers passages après planting ne souffrent d'aucun retard. Au cours des saisons des pluies suivantes (année 2 et 3) ces besoins diminuent sensiblement et sont de plus en plus ponctuels. En effet, comme l'indiquent les tableaux précédents, les entretiens manuels ne sont nécessaires que dans les zones les plus atteintes par certaines espèces de graminées très envahissantes et donc très dommageables aux jeunes plantations (*Pennisetum*, *Carex*, *Imperata*, voire même arbustes).

De plus, il est à remarquer que la vivacité de ce recru est en corrélation étroite avec les périodes et l'intensité des pluies, souvent très irrégulières à Pointe Noire (de 600 à 1600 mm) d'où l'importance du suivi des parcelles et donc de l'attention de la part des responsables de terrain (chefs de travaux tout particulièrement) qui sont les véritables décideurs des passages en entretien comme le souligne bien Georges QUILLET :

« *Les listes de parcelles et l'ordre d'urgence des interventions sont établies par les chefs de travaux et vérifiées par les chefs de station. Certaines portions de terrain pouvaient nécessiter 4, voire 5 interventions la* 1ère *année si le recru était abondant et tenace. Il fallait impérativement que le développement initial des jeunes plants ne soit pas gêné par un recru herbacé dense. S'il y avait un retard et que le feuillage des eucalyptus jaunissait, le couvert ne s'effectuait pas et la tache devenait définitive. C'était dans ces zones aux terrains les moins pauvres, où l'on aurait dû avoir la plus forte production, qu'on obtenait la moins bonne, tout en ayant couru après les entretiens, sans aucune chance de rattraper le retard initial ! On ne rattrape pas un entretien manqué au démarrage. Cela peut se jouer à une dizaine de jours !* »

Sur la base des tableaux précédents et pour mieux se représenter la répartition des travaux dans le temps, on peut, à titre d'exemple, construire le planning théorique suivant, à partir d'un planting de fin octobre (début des pluies) pendant 2 semaines. Au total, on compte donc 6 passages en entretien, étalés sur 3 années calendaires successives, d'où la séquence mécanique (<u>1 - 3 – 0,7</u>) et la séquence manuelle (<u>0 - 2,2 - 0,5</u>).

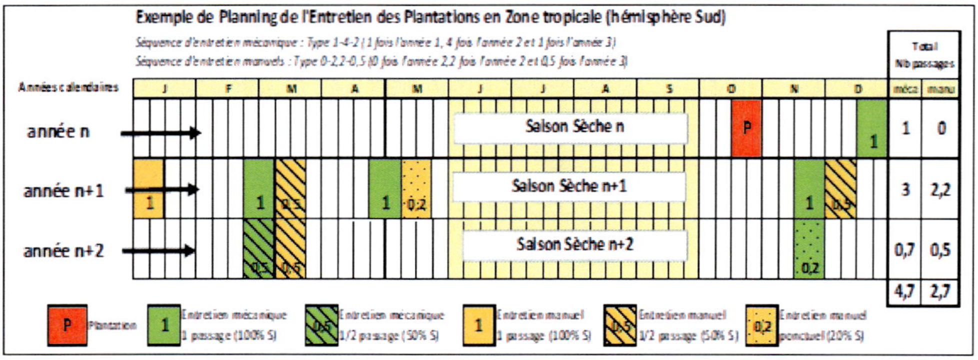

Remarque : Pour un programme de 2.000 ha/an, le planting à une seule équipe, se fait en continu de mi-octobre à fin mai et les entretiens, à cheval sur 3 campagnes, doivent donc suivre en continu, en dehors de la saison sèche. La programmation, qui reste de toute façon très théorique, est donc plus difficile que ne l'annonce le schéma précédent car plus on se rapproche de la saison sèche, moins les plantations ont besoin d'entretien mais plus elles risquent un retard de croissance, lequel peut se prolonger si les racines n'atteignent pas suffisamment vite les horizons encore humides, ou si le stock d'eau réellement disponible dans le sol est insuffisant pour passer la saison sèche, ce qui dépend de la hauteur d'eau tombée pendant la saison des pluies précédente.

Le besoin d'entretien se décide toujours après examen des parcelles, et très mal par une programmation préalable. Il faut aussi éviter de trop étaler le planting, ce qui pour les très gros programmes, conduit à multiplier les équipes et à augmenter les moyens d'entretien, mais aussi la capacité de la pépinière.

Rendements des tracteurs d'entretien et calcul des besoins en matériel. Le temps nécessaire pour entretenir mécaniquement 1 ha dépend de la vitesse du tracteur, de la largeur du pulvériseur à disques, et de celle des interlignes. A titre d'exemple, pour un Projet de 2.000 ha/an à la rotation de 7 ans en savane sableuse, dans un pays comme le Congo, la quantification des travaux d'entretien mécanique s'établit conformément au tableau de la page suivante, à partir de 3 paramètres de base :

- **Pour le tracteur** (interlignes) : 0,333 heure/ha/passage soit : 3 ha/h et 21 ha/jour de 6,4 h,
- **Pour le complément manuel** (lignes) : 3 HJ/ha/passage + le chef d'équipe (1 pour 10 ouvriers),
- **Avec des interlignes de 5 m** (espacements : 5 m x 3 m pour une densité de 666/ha).

Le projet est donc de 2.000 x 7 = 14.000 ha, mais on a considéré une montée en puissance avec seulement 1.000 ha la 1ère année, compensés par 200 ha de plus au cours des 5 dernières campagnes. A raison de 6,4 heures effectives de travail par jour et pour 160 jours/240 ouvrés par an (8 mois sur 12 avec une grande saison sèche de 4 mois), le temps de travail par tracteur est de 160 x 6,4 = 1.024 heures/an et la surface travaillée correspondante de 3.447 ha. Les surfaces annuelles maximales totales à travailler étant de 10.340 ha (années calendaires 4 à 7) cela nécessitera donc 4 tracteurs de 100 chevaux (3,37 arrondi à 4). Toutefois pour tenir compte de la maintenance des tracteurs et des pannes, il faut prévoir 42% de matériel en plus, correspondant à un coefficient de 0,7 à appliquer au nombre d'engins dont on dispose. (G. QUILLET, comm. pers.). On pourra donc acheter un cinquième tracteur pour faire face à toute éventualité.

PLANNING THEORIQUE DE L'ENTRETIEN MECANIQUE DES PLANTATIONS

Discage des interlignes au covercrop de 2m50 Séquence : 0,5-3-0,5

Vitesse du tracteur :	12	Km/h
Largeur de travail et % de la Surface	2	m
Interlignes :	5	m
Distance parcourue à l'ha (manoeuvres incluses)* :	4	Km/ha
Temps pour travailler 1 ha (par passage) :	0,333	h/ha
Temps total pour entretenir 1 ha (4,7 passages)	1,57	h/ha
Surface travaillée par heure et par tracteur :	3,0	ha/h

* avec un covercrop de 2m on passe 2 fois dans chaque interligne de 5m

I - Effort d'entretien en Ha par an (de l'année 1 à l'année 8)

Années calendaires	surf plantée	Tranche 1		Tranche 2		Tranche 3		Tranche 4		Tranche 5		Tranche 6		Tranche 7		TOTAL
	ha	nb	ha	nb	ha	nb	ha	nb	ha	nb	ha	nb	ha	nb	ha	ha/an
n+1	1 000	1	1000													1 000
n+2	2 000	3	3000	1	2000											5 000
n+3	2 200	0,7	700	3	6000	1	2200									8 900
n+4	2 200			0,7	1400	3	6600	1	2200							10 200
n+5	2 200					0,7	1540	3	6600	1	2200					10 340
n+6	2 200							0,7	1540	3	6600	1	2200			10 340
n+7	2 200									0,7	1540	3	6600	1	2200	10 340
n+8												0,7	1540	3	6600	8 140
n+9														0,7	1540	1 540
Total	14 000		4 700		9 400		10 340		10 340		10 340		10 340		10 340	64 260

II - Besoins en Heures de tracteur

Années calendaires	surf plantée	Tranche 1		Tranche 2		Tranche 3		Tranche 4		Tranche 5		Tranche 6		Tranche 7		TOTAL
	ha	nb	h	nb	h	nb	h	nb	h	nb	h	nb	h	nb	h	h/an
n+1	1 000	1	333													333
n+2	2 000	3	1000	1	667											1 667
n+3	2 200	0,7	233	3	2000	1	733									2 967
n+4	2 200			0,7	467	3	2200	1	733							3 400
n+5	2 200					0,7	513	3	2200	1	733					3 447
n+6	2 200							0,7	513	3	2200	1	733			3 447
n+7	2 200									0,7	513	3	2200	1	733	3 447
n+8												0,7	513	3	2200	2 713
n+9														0,7	513	513
Total	14 000		1 567		3 133		3 447		3 447		3 447		3 447		3 447	21 933

III - Calcul du nombre de tracteurs nécessaires

	Années	1	2	3	4	5	6	7	8	9
Heures tracteur	heures /années	333	1667	2967	3400	3447	3447	3447	2713	513
Nb jours de tracteur	6,4 heures/jour	52	260	464	531	539	539	539	424	80
Nb mois de tracteur	20 jours/mois	2,6	13,0	23,2	26,6	26,9	26,9	26,9	21,2	4,0
Nb de mois d'entretien/an	saison des pluies	8	8	8	8	8	8	8	8	8
Nb de tracteurs	théorique	0,33	1,63	2,90	3,32	3,37	3,37	3,37	2,65	0,50
	pratique (+42%)	1,00	2,03	3,62	4,15	4,21	4,21	4,21	3,00	1,00

Compléments manuels sur les lignes. Le tableau qui suit présente le calcul des besoins en main d'œuvre. Dans cet exemple du Congo, le travail est fait par des ouvriers saisonniers dont le nombre est d'un peu plus de 170, en vitesse de croisière. L'entretien de 7 campagnes successives de 2.000 ha de plantations requiert donc, au maximum, 16 équipes de 10 ouvriers et donc de 16 chefs d'équipe (176 personnes).

Il s'agit d'un effectif important pouvant poser des problèmes de gestion surtout lorsque le recru herbacé est très abondant. C'est pourquoi des solutions de désherbage sur la ligne ont été essayées.

Essai de travail mécanique sur la ligne. En 1990, l'UAIC-Congo a testé une machine "à effacement" pour l'entretien des lignes plantées. L'appareil, de marque italienne, conçu pour l'entretien des rangs de vigne était équipé d'un palpeur qui déclenchait le retrait de la barre de disques vers l'interligne dès qu'il entrait en contact avec la tige de chaque arbre. Malgré de nombreux essais de réglage, le résultat ne fut pas concluant et dut être abandonné. L'effacement des disques restait incertain, insuffisant et lent... provoquant des blessures à la base des plants.

PLANNING THEORIQUE DES ENTRETIENS

Complément manuel aux entretiens mécaniques

Desherbage manuel sur les lignes

Equipes de 10 hommes + 1 chef d'équipe		
Durée de la saison : 8 mois =	167	jours ouvrés
Rendement de l'Entretien manuel :	3	HJ/ha
Rendement journalier de l'équipe de 10 :	3,3	Ha/jour

Besoin en main d'œuvre

Campagnes	Surf plantée	Tranche 1			Tranche 2			Tranche 3			Tranche 4			Tranche 5			Tranche 6			Tranche 7			TOTAL	TOTAL
	ha	nb	ha	HJ	nb	ha	HJ	nb	ha	HJ	nb	ha	HJ	nb	ha	HJ	nb	ha	HJ	nb	ha	HJ	ha/an	HJ/an
1	1000	0,5	500	1500																			500	1500
2	2000	3	3000	9000	0,5	1000	3000																4000	12000
3	2200	0,5	500	1500	3	6000	18000	0,5	1100	3300													7800	22800
4	2200				0,5	1000	3000	3	6600	19800	0,5	1100	3300										8700	26100
5	2200							0,5	1100	3300	3	6600	19800	0,5	1100	3300							8800	26400
6	2200										0,5	1100	3300	3	6600	19800	0,5	1100	3300				8800	26400
7	2200													0,5	1100	3300	3	6600	19800	0,5	1100	3300	8800	26400
8																	0,5	1100	3300	3	6600	19800	7700	23100
8																				0,5	1100	3300	1100	3300
Total	14000		4000	12000	4	8000	24000	4	8800	26400	4	8800	26400	4	8800	26400	4	8800	26400	4	8800	26400	56000	168000

Années	1	2	3	4	5	6	7	7	8
Besoins total en HJ	1 500	12 000	22 800	26 100	26 400	26 400	26 400	23 100	3 300
Nombre d'ouvriers / 8 mois	8,98	71,86	136,53	156,29	158,08	158,08	158,08	138,32	19,76
Nb d'équipes de 10 ouvriers	0,90	7,19	13,65	15,63	15,81	15,81	15,81	13,83	1,98
Nb chefs d'équipe (pratique)	0,00	7,00	13,00	16,00	15,00	16,00	16,00	13,00	1,00
Total personnel entretien	9	79	160	172	173	174	174	161	21

Au total : de 9 à 16 équipes d'entretien

39 – Reprise des plantations

Grâce à la haute qualité des plants, aux importants travaux de préparation du sol ainsi qu'aux soins apportés lors du planting, les taux de reprise des plantations sont en général très élevés (supérieur à 95%). De plus, le démarrage étant très rapide pour des plants en pleine croissance, les regarnis n'auraient aucun intérêt car trop concurrencés par leurs voisins. Tout doit donc être optimisé pour un démarrage massif et homogène des parcelles et c'est bien ce que l'on constate partout avec ce type de plantation, notamment avec les parcelles monoclonales.

La croissance initiale des plantations clonales est toujours spectaculaire comme le montre la photo ci-après :

1989 - Région de Pointe Noire (Congo). Parcelle monoclonale d'eucalyptus hybride 'PF1' (clone 1-41), âgée de 3 mois. Sol parfaitement entretenu et croissance initiale très rapide.

***

4 – CONDUITE ET CROISSANCE DES PLANTATIONS

La sylviculture adaptée aux plantations lignicoles, et plus particulièrement clonales, est une sylviculture courte mais de précision. Le terme "sylviculture de précision" a été adopté depuis peu par les Brésiliens toujours très en avance dans ce domaine.

Cette sylviculture courte, voire très courte, dépend étroitement de l'objectif de production qui est double :

- **Bois de trituration ou d'énergie** (pâte, panneaux, charbon de bois). Rotation moyenne : 5-7 ans (maximum 14 ans)
- **Bois d'œuvre** (construction, menuiserie). Rotation moyenne : 15-20 ans (maximum 25 ans)

Nous distinguerons donc ces deux sylvicultures bien différentes :

41 - Plantations à très court terme

41.1 - Contexte général

En dehors du Balsa qui se récolte à 5 ou 6 ans pour le bois d'œuvre pour des productions très spécifiques (maquettisme, isolant, pales d'éoliennes), il s'agit de produire en masse du bois de trituration (pâte ou panneaux) ou du bois destiné à la production d'énergie (feu ou carbonisation). C'est l'orientation SRWC des américains ("*Short rotation woody crop*") semblables aux programmes TCR européens, dans le but d'espérer rivaliser avec les courtes rotations d'eucalyptus des "*nouveaux potentiels forestiers d'hémisphère Sud*".

Un tel objectif de production de bois, habituellement "fatal" c'est-à-dire lié automatiquement à la production de bois noble (bois d'œuvre), n'est pas une orientation normale pour les sylviculteurs qui cherchent des prix de vente élevés. C'est cependant l'objectif des grandes industries de la pâte qui ont besoin d'un approvisionnement massif et proche des usines. La capacité des grosses unités moderne de pâte est aujourd'hui au moins de 1 million de tonnes de pâte par an, nécessitant 3 millions de m^3 de bois écorcés par an, ce qui est tout à fait considérable.

Pour ces industries très automatisées, toutes les charges sont fixes, les seuls paramètres sur lesquels elles peuvent espérer peser pour améliorer leur économie sont le prix du bois et celui de l'énergie. En fait comme le prix de l'énergie, sans cesse croissant, est devenu problématique, il ne reste que le prix du bois avec deux composantes, la production et le transport. Le transport routier étant très vite insupportable, comme on l'a déjà souligné, les plantations dédiées à proximité des usines se sont vite imposées. On en arrive donc au modèle brésilien, grandement optimisé (clonage aidant) par la

Société ARACRUZ SA dans les années 80. Rappelons que ces plantations sont aujourd'hui, majoritairement et de façon croissante, le fait d'agriculteurs locaux en contrat avec les industriels.

Dans les pays européens, avec une occupation complète de l'espace et une grande concurrence sur les terres, la formule ne peut-être que celle du partenariat avec les agriculteurs et la rentabilité d'une telle production bon marché se poserait avec acuité. D'ailleurs dans une étude d'août 96 pour la Société Modo Paper à propos de l'usine ALICEL d'Alisay (Eure) nous avions montré que la rentabilité pouvait augmenter très sensiblement en produisant 20% de bois d'œuvre dans une production à court terme de bois de peuplier, ce qui semblait possible (taillis sous futaie dans les meilleurs sites, lignes de bordure, etc.) en laissant à l'agriculteur une marge de manœuvre pour améliorer sa rentabilité. Un allongement des rotations est alors probable, malgré une incidence rapidement négative sur la rentabilité.

41.2 - Sylviculture et Production

Les plantations correspondantes appartiennent surtout aux deux catégories suivantes :

- Plantations clonales d'eucalyptus, à très court terme, gérées en taillis dès la seconde rotation.
- Plantation familiales d'acacias, gérées à très court terme puis renouvelées à chaque rotation,

41.21 - Plantations d'eucalyptus pour la pâte à papier

Il s'agit principalement de plantations clonales (espèces pures ou hybrides) à très court terme (7 ans) dans les pays subtropicaux et tropicaux. Elles sont gérées sans éclaircie jusqu'à l'exploitation qui se fait par coupe rase. A partir de la seconde rotation, on passe à des taillis exploités à peu près à la même cadence c'est dire tous les 6 ou 7 ans, suivant la productivité des parcelles. Après les entretiens qui durent environ 2 ans, les plantations ne font plus l'objet de travaux particuliers en dehors de la surveillance sanitaire et du suivi de la production (voir plus loin).

Le graphique suivant compare l'évolution de la hauteur des arbres, au Brésil et au Congo. Il a été construit grâce aux diverses sources disponibles au Brésil[636] et au Congo (inventaire de l'UAIC en 1989 et étude de l'INRA (GOMAT et *al.* 2011[637]).

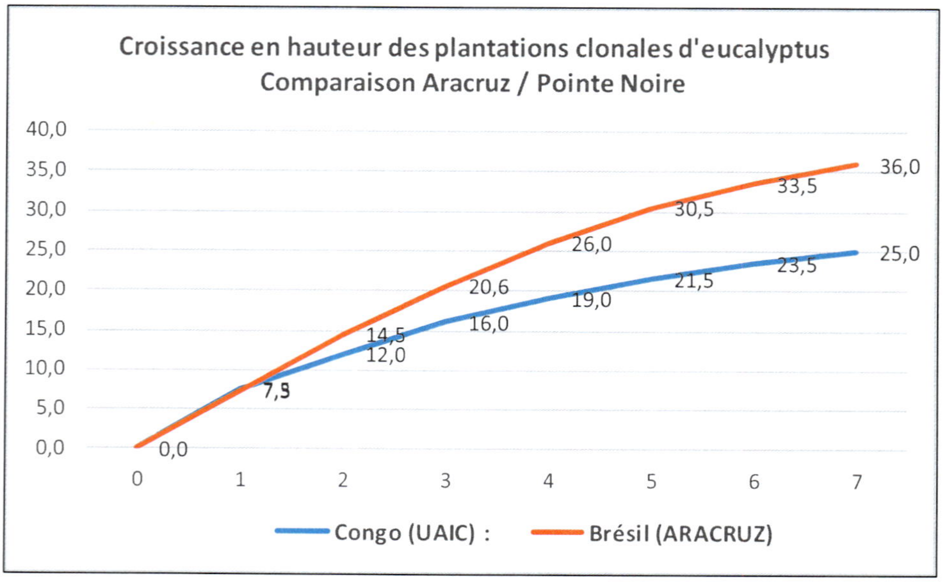

Au Brésil :

La croissance en hauteur est très forte (20 m à 1000 jours, selon ARACRUZ (1984), soit 2 cm/jour et plus de 7 m à 1 an et 14 m à 2 ans. Elle ralentit un peu ensuite pour atteindre 36 m, à 7 ans, âge de la coupe. A cet âge, le diamètre à hauteur de poitrine (Dbh) est voisin de 25 cm et la productivité moyenne très élevée (40 m^3/ha/an, pouvant dépasser 60 m^3/ha/an dans les meilleurs sites). Il faut dire que les conditions au Brésil sont excellentes pour l'eucalyptus avec des pluies assez régulières et des sols fertiles. Les plantations sont relativement denses (1000/ha).

Evolution des couronnes des arbres au Brésil. Un point intéressant concerne l'évolution des couronnes des arbres au cours des 7 années de croissance des plantations papetières brésiliennes. Sur sol riche et en conditions de forte densité (1000 pieds/ha), la couverture du sol est complète, ce qui limite beaucoup la lumière à l'intérieur des parcelles et ne permet pas aux branches basses de survivre longtemps. De plus, la forte croissance en hauteur pendant les 3 premières années, provoque une forte concurrence intraclonale, « *forçant une dynamique d'auto-élagage* » comme l'affirment L. NETTO *et al.* (2006[638]). L'élagage naturel se poursuit ainsi très régulièrement, conduisant à des tiges très cylindriques (optimisant l'exploitation de rondins papetiers), surmontées d'une couronne verte de hauteur constante d'environ 7 mètres Lorsque les arbres sont arrivés à maturité, les couronnes forment une canopée très uniforme, perchée, entre 28 et 35 m du sol rappelant l'image de la plantation à la fin de sa première année de croissance (photo suivante).

Brésil. A partir d'une photo extraite d' internet (auteur inconnu).
Plantation clonale d'eucalyptus à l'âge d' exploitation. Aspect "perché" caractéristiqe des houppiers.

Par contre, selon les auteurs, lorsque les espacements augmentent, l'élagage est moins actif et les houppiers s'allongent, conservant davantage de branches vivantes (base restant plus proche du sol, jusqu'à mi-hauteur) ce qui entraîne une croissance en diamètre plus forte, adaptée à la production de bois d'œuvre.

ARACRUZ SA (Espirito Santo - Brésil) 2008. Photo courtoisie Edgard CAMPINHOS. Magnifiques plantations papetières clonales d'eucalyptus parvenues à l'âge d'exploitation c'est-à-dire à seulement 7 ans depuis la plantation. Toutes les zones en pentes sont restaurées et intégralement conservées et font partie d'un réseau de conservation de plus de 100.000 ha couvrant les 2/3 du domaine forestier de la Société en Espirito Santo, ainsi que dans l'Etat de Bahia où la Société était en partenariat avec "Stora Enso".

Au Congo :

Dans les savanes côtières sableuses et avec des densités faibles (656/ha), la croissance initiale, bien qu'également très rapide (photo ci-après) ralentit assez vite, à cause de la grande pauvreté des sols. La hauteur dépasse difficilement 25 m à 7 ans pour un diamètre moyen de seulement 17 cm.

Pointe Noire UAIC - Congo (1988). Plantations clonales d'eucalyptus. Au 1er plan, plantation âgées d'1 an (7 m). Au fond, plantations de 2 ans (13 m).

Nous donnons, ci-après, quelques résultats des inventaires de l'UAIC en 1989, réalisés régulièrement et dépouillés suivant le modèle informatique mis en place par Marc CHAUVIERE. L'échantillon de parcelles pris en compte concerne les deux variétés hybrides multi-clonales utilisées (PF1 et HS2) à raison de 924 et 200 ha, respectivement. Les mesures ont eu lieu à un âge proche de 6 ans, soit 1 an avant exploitation. On voit que les deux variétés ont une croissance voisine mais que le PF1 a une écorce plus fine (14% en volume), ce qui se traduit par un écart de 10% sur le volume commercial. Cette même variété PF1 présente cependant davantage d'arbres fourchus (24% contre 6% pour le HS2). La productivité moyenne reste en dessous de 25 m^3/ha/an, ce qui est faible par rapport aux 40 m^3/ha/an du Brésil et n'a pas encouragé les investisseurs à poursuivre vers l'industrialisation.

*UAIC : Div Aménag * 08-03-89 * Inventaire KISSOKO 83: Mensurations Janv./ Fév. 89*

Tot PF1 / clone: TOUS surface: 924.73 667 plt/ha plantn: 04-83
TOTAL Reprise : 81.9% 24.7% Fourchu 6.6% Jumelle 12.7% Petit-D
Vol-tarif: 115 m3/ha 19.7 m3/ha/an en 02-89 à 5 ans 10 mois

nTig /ha	Diam Tig cm	HautT Tig m	%ecor Tig/V	Vtarif Tig m3	Emplacmt type	nEmp /ha	Vmarc Emp m3	Vmarc m3/ha	Tmarc m3
583	15.0	23.7	13.9	0.197	Global	546	0.167	91	84592
482	16.1	25.0	13.4	0.222	horsPeti	476	0.180	86	79391

Tot HS2 / clone: TOUS surface: 200.57 667 plt/ha plantn: 05-83
TOTAL Reprise : 78.6% 6.0% Fourchu 5.3% Jumelle 18.2% Petit-D
Vol-tarif: 105 m3/ha 18.4 m3/ha/an en 02-89 à 5 ans 9 mois

nTig /ha	Diam Tig cm	HautT Tig m	%ecor Tig/V	Vtarif Tig m3	Emplacmt type	nEmp /ha	Vmarc Emp m3	Vmarc m3/ha	Tmarc m3
555	15.0	21.9	16.2	0.190	Global	524	0.159	83	16692
436	16.5	23.5	15.7	0.225	horsPeti	429	0.181	78	15563

41.22 - Plantations d'eucalyptus pour l'énergie

La dynamique est la même mais la densité de plantation peut être supérieure pour une rotation plus courte (5 ans) et une production plus élevée de bois de plus petits diamètre. L'inconvénient est une exploitation plus coûteuse à cause en particulier d'une obligation d'écorçage pour une meilleure qualité du charbon mais surtout pour une forte économie de nutriments visant à réduire la fertilisation minérale.

41.23 - Plantations d'acacias pour la pâte à papier

Il s'agit des plantations du Sud-Est asiatique (Indonésie et Vietnam, Malaisie et Thaïlande) mais seules celles d'Indonésie (Sumatra et Kalimantan) et de Malaisie (Sabah) concernent l'objectif purement papetier. Ces plantations papetières ne sont pas clonales mais familiales (plants issus de graines). D'autre part, comme les acacias rejettent mal de souche, elles sont nécessairement renouvelées à chaque rotation. Les densités de plantations sont souvent fortes (1.650/ha) avec de nombreuses tiges multiples mais également un taux élevé de mortalité ce qui est normal avec des populations toujours assez hétérogènes. La pratique d'une sélection d'1 seule tige par pied à l'âge de 8 mois, suivie d'un élagage à 18 mois, fait perdre de la production de biomasse mais améliore la forme des arbres (valable pour l'objectif bois d'œuvre).

Exploitées à très court terme (6-7 ans) par coupes rases, les productivités sont souvent fortes de 20 à 33 m^3/ha/an, mais peuvent dépasser 40 m^3/ha/an dans les meilleurs sites (ARISMAN and HARDIYANTO *in* ACIAR Proceedings N° 124 (2006[639]). Concernant les plantations de Sumatra, E.B. HARDIYANTO *et al.* (2000[640]) nous donne les chiffres suivants pour une très belle parcelle âgée de 6 ans :

- Densité de plantation : 1.111 passant rapidement à 1.700 tiges (tiges multiples),
- Densité à 6 ans : 1.382 (19% de mortalité),
- Hauteur totale moyenne : 22 m,
- Diamètre moyen : 17,7 cm,
- Volume marchand (Dbh > 10 cm sur écorce) : 228 m^3/ha,
- Productivité : 38 m^3/ha/an.

La productivité est très élevée grâce au grand nombre de tiges et à une récolte précoce, malgré des arbres plutôt courts. Il faut dire que le diamètre moyen est assez élevé, soulignant le fait que le mangium résiste à la concurrence intra-parcelle (30 m^2 de surface terrière). Les productivités moyennes sont cependant plus faibles.

Selon le rapport de l'ACIAR (2014), au Sabah (Malaisie), les inventaires ont donné les chiffres de 24,1 m^3/ha/ an en première rotation et 26,7 m^3/ha/an en seconde rotation, cette dernière ayant bénéficié de meilleures semences (provenances) et de meilleures pratiques culturales. On sait qu'à Bornéo les sols sont moins riches qu'à Sumatra.

C'est l'Indonésie, avec ses programmes papetiers, qui plante le plus de mangium. L'article de E.B. HARDIYANTO indiquait 860.000 ha (ATIBT 2009) et l'ouvrage de l'ACIAR (2014), 1.200.000 ha en 2014, correspondant à 42% de toutes les plantations de mangium du Sud-Est asiatique. Dans ce pays, le maintien de la productivité après chaque rotation est une préoccupation importante. Selon E.B. HARDIYANTO (2009), on peut y parvenir en associant des mesures conservatoires (perturbation minimale du site, préservation de la matière organique, entretien approprié) à des mesures d'amélioration (utilisation de matériel génétiquement amélioré, apport de nutriments).

Le fait d'être obligé de replanter à chaque rotation est un lourd handicap économique, sauf quand le gain génétique permet de financer cette replantation par une plus grande productivité, ce qui ne peut durer très longtemps, à moins de poursuivre l'amélioration par l'hybridation et le clonage comme cela est fait au Vietnam. On sait cependant qu'en Indonésie les attaques parasitaires (*Ganoderma sp.* et *Ceratocistis sp.*) sur l'*Acacia mangium* ont conduit les responsables à le remplacer par l'*Eucalyptus pellita* qui, heureusement résiste à ces champignons.

42. Plantations de bois d'œuvre à court terme

42.1 – Plantations classiques, productives, de bois d'œuvre

Traditionnellement, le bois d'œuvre est une production de long terme. Ainsi, le Chêne de qualité en France est cultivé avec une rotation de 180 ans (autrefois 220 ans). Il est certain que des délais aussi longs ne peuvent guère intéresser les planteurs, sauf lorsqu'il s'agit d'assister la régénération naturelle d'une forêt déjà établie et bien aménagée et dont les récoltes permettent de financer les éventuelles replantations.

Pour le Douglas en France, qui est la principale essence de Rebcisement, les itinéraires sylvicoles sont assez flexibles car l'espèce est très longévive et très souple quant à la façon d'être conduite. Toutefois on ne prévoit guère de récolte avant 40 ans, la bonne qualité des bois étant liée au % de duramen, ce qui pousse au contraire à des récoltes plus tardives (45-60 ans), voire jusqu'à 70 ans (RIOU-NIVERT 2020[641]).

Même en région tropicale, les plantations traditionnelles de Teck de Java sont aménagées avec une rotation de 70 ans. Certaines espèces appelées "bois d'œuvre à moyenne révolution" comme le Limba (Congo), le Samba (Côte d'Ivoire, Nigéria,) ou l'Okoumé (Gabon) étaient plantées pour des rotations de 30 à 40 ans ce qui est très long pour un investisseur.

Les plantations d'Acajou à grandes feuilles (*Swietenia macrophylla*) en Indonésie, qui couvrent plus de 50.000 ha, sont conduites selon des révolutions de 30 à 50 ans en Forêt d'Etat et rarement en dessous, en dehors de quelques sites très fertiles ou les coupes définitives peuvent se faire à 25 ans. Selon le CIFOR (KRISNAWATI *et al.* 2011[642]). Ces plantations de bois de grande qualité, sur site classique, atteignent en moyenne une hauteur de 24 m et un diamètre de 35 cm pour un volume total (incluant l'éclaircie) de 580 m^3/ha correspondant à une productivité moyenne de 19 m^3/ha/an. Cependant, cette moyenne à 30 ans masque des écarts de productivité considérables entre les sites les plus pauvres (7 m^3/ha/an à 50 ans) et les plus fertiles (38,1 m^3/ha/an à 15 ans). Il est à signaler que les plantations des propriétaires privés sont en général exploitées à plus court terme (15-30 ans).

Il existe d'autres espèces à croissance plus rapide, comme le Gmélina (appelé aussi "peuplier d'Afrique") que l'on peut espérer récolter entre 15 et 20 ans, ce qui correspond aux rotations des peupliers dans les bons sites d'Europe du Sud (Plaine du Pô, Vallée de Garonne, etc.).

Certaines espèces de bois d'œuvre comme le Sapin de Chine (*Cunninghamia lanceolata*) peuvent-être exploitées très tôt pour le bois d'œuvre car la tradition chinoise est d'utiliser de petits bois d'œuvre dont une bonne partie sous forme de bois ronds (en particulier les bois d'éclaircie) très utilisés dans la construction des maisons. Cependant, l'administration peut interdire les rotations trop courtes. C'est ainsi que Christian COSSALTER indique, à propos du Projet du County de Fuliang dont il avait la charge : « *Pas de coupe finale à moins de 22 ans sur notre projet (règlementation de l'administration forestière locale). Le bois de Sapin de Chine trouve de très nombreuses utilisations dans son aire d'origine. Par exemple chez les minorités Miao et Dong des régions montagneuses du Sud-Guizhou / Nord-Guangxi, tous les éléments des constructions traditionnelles : charpentes, piliers, planches de façades, cloisons, plancher, ameublement mais également, piquets de clôture, ustensiles de cuisine, manches d'outils, etc... sont en bois de Cunninghamia. Un usage traditionnel dans les campagnes du sud de la Chine : fabrication de cercueils (en voie d'extinction avec le recours accru à la crémation). En dehors des régions d'origine, le bois de Sapin de chine est utilisé comme bois de construction (charpentes, colonnes) poteaux télégraphiques/électriques, et en menuiserie (ameublement)* ».

Quant aux Pins, les très courtes rotations sont destinées à la production papetière comme c'est le cas avec *Pinus taeda* dans le Sud du Brésil (MARTIN 1980) et dont une production importante vient des éclaircies, en partie systématiques. Rappelons qu'il s'agit généralement de plantations intégrées aux usines de Pâte à papier.

Gestion des plantations de *Pinus taeda* pour la pâte à papier au Sud-Brésil (1980)

Etat (Brésil)	Compagnie	Âge à la coupe	Nb d'éclaircies	Ages aux éclaircies	Objectif	HT	Productivité
						m	m3/ha/an
Parana	Klabin	**25 ans**	4	7, 12, 16 et 20 ans	Pâte à papier	32	**14**
Santa Catarina	Rigesa	**20 ans**	2	9 et 14 ans	Pâte à papier	27	**20**

Cependant, l'intérêt des propriétaires est de maintenir un objectif de production mixte (production principale de bois d'œuvre et production annexe de bois de trituration). Pendant longtemps les plantations de Pin maritime du Sud-Ouest de la France étaient conduites à un terme de 50 ans pour une production optimisée de bois d'œuvre. Cependant, les tempêtes du début du siècle ('Lothar' et 'Martin', 27 et 28 décembre 1999) et 'Klaus' 24 janvier 2009), qui avaient abattu respectivement 23 et 41 millions de m^3 de bois, ont conduit à réduire ces révolutions, sans toutefois abandonner l'objectif bois d'œuvre.

Remarque : Avec l'amélioration génétique on peut réduire à la fois la rotation et le nombre d'éclaircies et c'est une des clés de la ligniculture.

42.2 - Plantations familiales de pin à plus court terme

C'est le cas de la plupart des plantations de pins conduites à terme relativement court, en dehors de quelques plantations clonales, gérées de façon très intensives à partir d'embryons somatiques en Nouvelle Zélande et aux USA (point 83.4, 2ème partie).

En Nouvelle Zélande, les révolutions adoptées pour la production de bois d'œuvre de *Pinus radiata* sont plutôt courtes (25 à 30 ans) et la poursuite de l'amélioration génétique conduit à abaisser la révolution vers la limite basse de 25 ans (WOOLLONS *et al* - 20012[643]). Toutefois la possibilité de droits d'échange pour les émissions de CO2 institué dans ce pays depuis 2008 pousse à retarder sérieusement les coupes, voire à les annuler dans les secteurs où l'exploitation est la plus coûteuse. Selon les auteurs, « *il y a des situations fréquentes où des terres reculées et escarpées sont plantées dans le seul but de gérer les crédits carbone* »

En France. Un des meilleurs exemples que nous ayons est celui du Pin maritime, pour lequel le terme "ligniculture" a été inventé (MAUGE et LÉONARD 1969[644]). Cultivé depuis la fin du 19ème siècle dans les Landes de Gascogne, l'évolution lignicole fut rendue possible grâce à un important effort de la Recherche (INRA devenu INRAE et AFOCEL devenu FCBA) tant en matière d'amélioration génétique que culturale.

Les résultats sont parfaitement présentés par le schéma suivant extrait du PPT présenté par la CAFSA à la conférence FOGEFOR de 2010 (sur les bases scientifiques de l'AFOCEL). La productivité a été augmentée de 150% en 55 ans ce qui est une remarquable performance (extrait ci-après, de la diapositive n° 8).

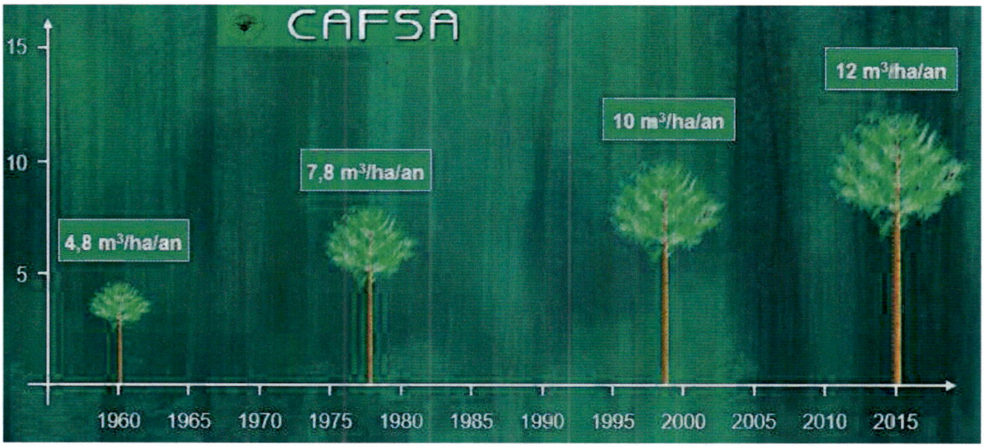

D'autre part, après la tempêtes de 2009, on s'est interrogé sur la possibilité d'orienter la sylviculture du pin maritime vers des plantations à très courtes rotations (9 et 15 ans) à objectif de bois énergie (biomasse) à 100% (plantations dédiées à l'énergie) ou 50% (plantations semi-dédiées à l'énergie et au Bois d'œuvre).

Cependant, ces études n'ont pas été concluantes. En effet, d'une part, l'augmentation de la densité de plantation freine significativement la croissance en diamètre et réduit le volume unitaire. D'autre part, le prix du bois énergie ne permet pas de rentabiliser une telle production.

Selon M. PUYAL (2020[645]) : « *Dans les peuplements semi-dédiés, la production de biomasse, valorisée au cours actuel du bois énergie, ne permet pas de compenser le surcoût de plantation et le bilan économique est bien moins favorable que celui d'un itinéraire bois d'œuvre standard. Quant aux modalités dédiées, elles ne sont jamais rentables avec une valorisation bois énergie (cours du bois 2020). Elles sont rentables à 20 ans pour une valorisation bois d'industrie/bois d'œuvre* ». Finalement ces expérimentations n'ont pas été suivies.

Les recommandations actuelles de la Coopérative Alliance (ex CAFSA) en matière de conduite sylvicole, intègrent, à la fois, les 3 objectifs suivants :

1. Produire le bois d'œuvre demandé par l'industrie,
2. Réduire les risques face aux tempêtes,
3. Offrir une rentabilité intéressante aux propriétaires.

Ce compromis figure dans le PPT FOGEFOR de 2010, lequel propose aux propriétaires 4 scénarios possibles avec une certaine souplesse de décision, en proposant un rythme d'éclaircie plus ou moins soutenu et modulable suivant le souhait du propriétaire, avec des éclaircies à 12, 17 et 23 ans et des coupes rases allant de 25 à 36 ans.

Il est indiqué d'autre part que le choix du scénario peut changer après chaque éclaircie (poursuivre vers une nouvelle éclaircie ou se diriger vers la coupe rase) :

Densité de plantation : 1250 plants/ha		Nb de tiges restantes			Coupes rases	
		1ère éclaircie	2ème éclaircie	3ème éclaircie	âge	Nb
N° de scénario	Nb d'éclaircies	12 ans	17 ans	23 ans	ans	de tiges
1	0	-	-	-	25	1000
2	1	800	-	-	30	800
3	2	800	530	-	32	530
4	3	800	530	336	36	336

Source: CAFSA PPT du 16 juillet 2010 - FOGEFOR (sur bases AFOCEL)

<u>Performances.</u> Les performances du pin maritime "amélioré et accéléré" sont données dans le diaporama FOGEFOR. Entre 10 et 36 ans, les circonférences moyennes du peuplement sur pied s'échelonnent de 50 à 120 cm à 1m30 du sol. Le schéma ci-après récapitule les hauteurs et les diamètres à 1m30, aux âges des éclaircies et des coupes rases. Les arbres colorés simulent les coupes rases aux termes les plus courts (0, 1 et 2 éclaircies seulement).

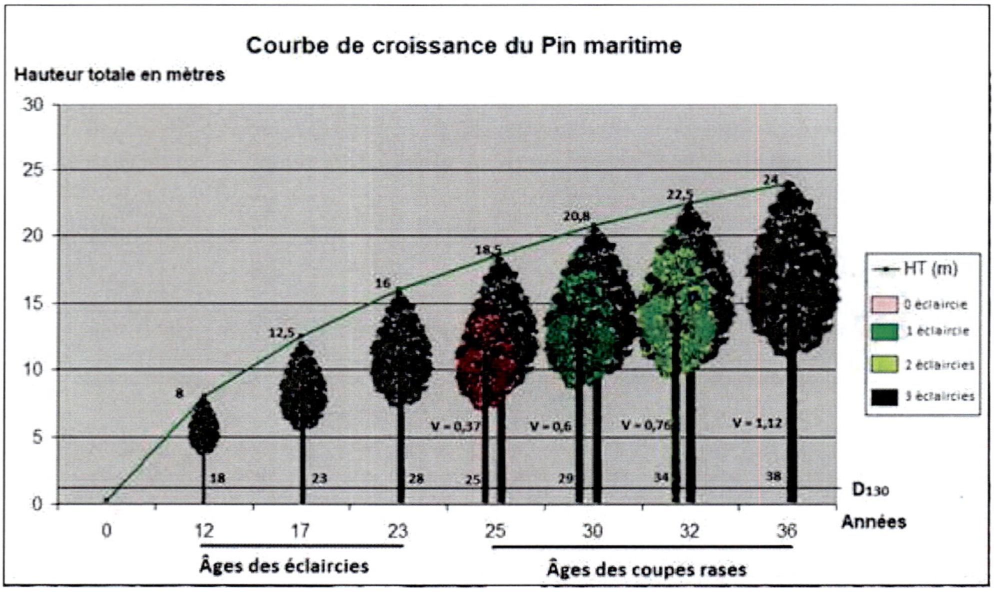

Quant aux hauteurs totales elles restent assez limitées à ces âges précoces (de 8 m à 12 ans jusqu'à 24 m à 36 ans correspondant à une croissance moyenne de 0,66 m/an). La hauteur totale reste donc en dessous de 25 m, ce qui est inscrit dans l'objectif (minimiser les risques en offrant moins de prise aux vents). La seule façon de pouvoir exploiter des tiges dont le volume dépasse 1 m^3 à 36 ans est de réaliser 3 éclaircies successives (schéma CAFSA ci-après). Les peuplements n'ayant subi que 2 éclaircies ne parviennent qu'à des volumes unitaires de 0,76 m^3.

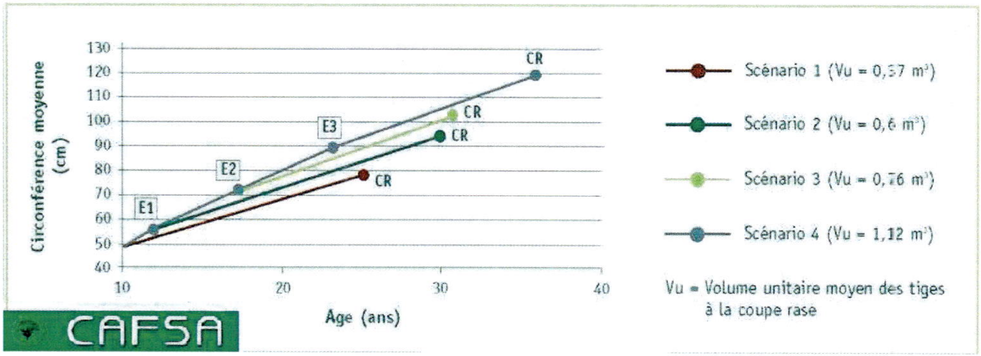

Source : extrait du PPT CAFSA du 16 juillet 2010 FOGEFOR (sur bases AFOCEL).

Rentabilité pour le propriétaire. D'après le diaporama de la CAFSA (2010), on peut voir que le prix unitaire du bois est lié au volume unitaire jusqu'à un plafond à partir de 1,30 m^3 par tige. Par contre, le passage de la qualité moyenne à la qualité supérieure conduit à une augmentation du prix de 37%, ce qui pousse le propriétaire à une meilleure conduite sylvicole (qualités des entretiens et des éclaircies). D'autre part, le bois de trituration est peu valorisant à cause du coût d'exploitation qui varie du simple au double suivant qu'il s'agit d'une coupe rase ou d'une coupe d'éclaircie. Comme 42% de tous les bois ronds sont des bois de trituration, le propriétaire n'est donc pas incité à faire de nombreuses éclaircies peu rentables d'autant plus que ce sont les coupes rases précoces qui rapportent le plus vite et malgré une moindre valorisation à l'ha. La CAFSA soulignait bien en 2010 que « *la coupe rase apportait 80% des revenus pour 60% du volume total récolté. C'est donc la valorisation de la coupe rase qu'il faut optimiser quelle que soit l'option choisie* ».

Alors que le temps de production est l'élément le plus défavorable à la rentabilité, la qualité du bois pèse autant que le volume produit. Le propriétaire a donc tout intérêt à apporter un maximum d'attention à ce paramètre et avant tout à la qualité des plants d'autant plus que l'élagage ne peut être rentabilisé qu'à long terme. La qualité génétique des plants apparaît bien comme fondamentale, surtout si la sélection ne porte pas seulement sur la forme des troncs mais aussi sur la qualité du bois. Il reste cependant un vrai compromis à cause des deux tendances opposées suivantes :

- **Faire peu d'éclaircies** et couper tôt pour réduire les coûts d'exploitation des petits bois.
- **Retarder la coupe finale** en faisant plus d'éclaircies pour augmenter le volume et la qualité du bois.

Remarque : Dans le cadre d'un aménagement durable*, pour une propriété bien équilibrée (revenus réguliers), la surface à replanter chaque année est également à considérer. En effet, les révolutions longues présentent l'avantage de réduire les programmes de plantation. Par exemple pour une Surface totale de 100 ha, la superficie à replanter annuellement passe de 4 à 2,8 ha/an, du scénario 1 (coupe rase à 25 ans) au scénario 4 (coupe rase à 35 ans). En fin de compte, il est possible que ce soit la fréquence des tempêtes qui fasse pencher la décision vers les coupes rases très précoces. La très grande qualité des plants peut aussi pousser dans ce sens en permettant de vendre plus cher des rondins d'œuvre plus petits.

* Pour les forestiers, le mot aménagement durable est un pléonasme car tout aménagement forestier est par principe basé sur la durabilité. En Europe, les forestiers, depuis plus de 2 siècles, pratiquent l'aménagement forestier et, pour en parler, utilisent seulement le terme "aménagement" malheureusement trop général. Avec les pressions écologistes, le mot durable a été ajouté sans changement fondamental sur l'avenir des forêts bien aménagées.

42.3 – Plantations clonales de bois d'œuvre à très court terme

Ce n'est que depuis l'avènement du bouturage, à partir de la fin des années 90, qu'est venue l'idée de produire à court terme du bois d'œuvre de haute qualité. Plusieurs espèces tropicales et subtropicales le permettent aujourd'hui comme on l'a vu au chapitre 4 (Teck, Acacias, Acajous, Gmélina, Paulownia, etc.) mais le Teck est rapidement devenu le modèle dans ce domaine, en particulier grâce au Projet «YSB Bioscape Sdn Bhd» du Groupe Yayasan du Sabah qui propose, comme on l'a vu, les meilleurs clones de son programme de sélection aux planteurs du monde entier.

42.31 – Plantations clonales de Teck à court terme

Il est difficile de trouver des chiffres réels de production de ce type de plantations privées.

Clones	Site 1			Site 2		
	N	H (m)	DBH (cm)	N	H (m)	DBH (cm)
D	20	15.61	15.31	30	13.79	17.73
X	20	14.81	13.67	30	13.42	17.18
Z	20	13.88	14.44	30	13.71	17.82
O	20	16.8	15.58	30	15.31	14.62
C	20	15.26	16.82	30	13.54	17.26
E	20	15.66	18.06	30	13.7	17.88
K	20	17.45	15.34	30	13.27	14.88
S	20	17.28	17.99	30	13.54	17.23
Mean	**160**	**15.84**	**15.90**	**240**	**13.78**	**16.82**
MAI		**3.2**	**3.2**		**2.8**	**3.4**

Doreen Goh (YSB - Malaisie) - Webinar du 16 juillet 2021. Résultats à 5 ans, de 8 clones de Teck sélectionnés au Sabah. Comparaison des performances en diamètre et en hauteur entre 2 sites très arrosés (2.500 mm/an, sans saison sèche marquée)

Les premières données nous sont fournies par le projet YSB lui-même à l'occasion de ses sélections clonales au Sabah. A l'occasion d'une récente conférence par internet (Webinar) qui a eu lieu le 16 juillet 2021, Doreen GOH, responsable du Projet 'YSB' en a présenté les principaux éléments, y compris certains résultats des plantations dans quelques pays tropicaux (Brésil, Tanzanie, Australie, Cambodge, Indonésie et Mexique) et relatée dans l'ITTO newsletter d'octobre (2021[646]).

Dans ce PPT, Doreen GOH présente les résultats au Sabah de 8 clones testés dans deux sites très arrosés (2500 mm) sans saison sèche marquée (tableau ci-dessus, extrait du PPT). On voit que les performances des meilleurs clones sont excellentes, dépassant 17 m de hauteur totale et 18 cm de diamètre à 5 ans (soit une moyenne de 3,5 m/an avec des largeurs de cernes de 2,5 cm).

Parmi les résultats des plantations réalisées dans d'autres pays avec les clones de YSB et notamment les clones originaires des Iles Salomon, la Société PROTECA figure en bonne place avec des plantations au Mato Grosso (Brésil), commencées en 2012. Les plus vieilles plantations ont maintenant 10 ans et ont franchi les étapes des éclaircies et s'acheminent vers la coupe finale dont l'âge n'est pas encore parfaitement défini mais que Fernando TORRES estime pouvoir se faire vers 17 ans.

Les courbes ci-après, produites par PROTECA (extraites du PPT de Doreen Goh) comparent les performances des meilleurs clones aux meilleurs semis issus des sélections locales (réalisées à Caceres – Mato Grosso). La comparaison est sans appel avec un gain en volume, à 9 ans, de plus de 50% par rapport aux semis.

PROTECA
Croissance en volume
Plantations de Teck
Comparaison
clones / semis

(in Webinar 16 july 2021 Production, Cultivation and Conservation of teak clones. PPT Doreen Goh) www.ysgbioscape.com).

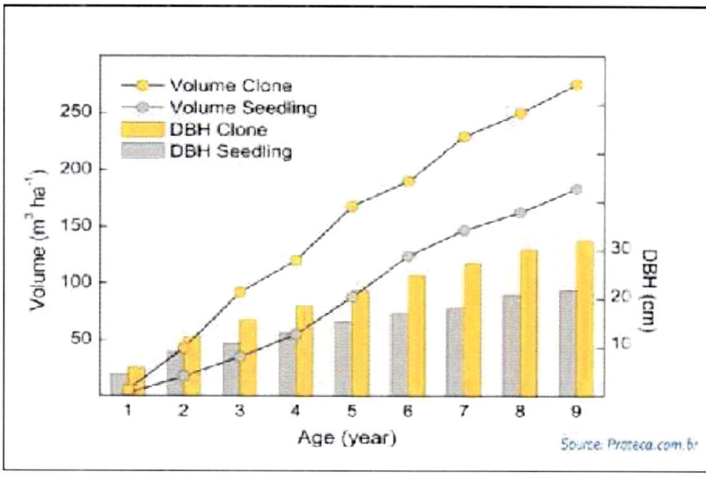

Soulignons qu'à ces performances exceptionnelles, s'ajoutent, d'une part, les critères de qualité des tiges d'excellente forme, tant en rectitude qu'en cylindricité, ainsi que ceux de qualité du bois avec un aubier mince et une très bonne qualité intrinsèque, résultant de la sélection effectuée en coopération avec le CIRAD (France) sur échantillons destructifs et non destructifs (O. MONTEUUIS & DKS GOH - 2011). De plus, s'ajoute la très grande homogénéité des parcelles monoclonales qui réduisent presque à zéro les emplacements improductifs (manquants et arbres déficients) ainsi que le montrent les photographies ci-dessous, extraites de la "Vidéo institucional" de PROTECA. Il est certain que tous ces avantages cumulés constituent une perspective particulièrement attractive.

PROTECA - Mato Grosso (Brésil 2017). Photo courtoisie F. TORRES. Plantations monoclonales de Teck à 10 mois. Démarrage très rapide des plants sur terrain très bien préparé, fertilisé et entretenu. On notera l'absence de branches à cet âge.

PROTECA - Mato Grosso (Brésil 2017). Photo courtoisie Fernando **TORRES**. Vue aérienne des plantations de Teck à l'âge de 2 ans ½ (âge du début des élagages, non encore commencés sur cette parcelle). Très grande régularité des parcelles monoclonales. Parfaits alignements. Excellente qualité des cimes. On notera quelques emplacements vides, facile à compter, tant la régularité de la plantation est grande.

42.32 - Plantations de clones hybrides d'Acacia au Vietnam

Bois d'œuvre, ou bois à usage multiples, c'est l'orientation qu'a prise le Vietnam pour ses plantations d'acacias. On sait que les chercheurs de ce pays ont développé des hybrides interspécifiques multipliés par graines et surtout par bouturage ce qui a permis de ne retenir que d'excellents ortets et donc de développer quelques bons clones.

Développement des hybrides. Selon le Professeur LE DINH KHA dans son article de 2009 (in "La Lettre de l'ATIBT"), ces clones hybrides ont donné des résultats tout à fait remarquables, suivis d'un fort développement des surfaces plantées depuis 2000, lesquelles sont passées de 390 ha en 1996 à près de 4.500 en 2000, 22.430 en 2002, 37.900 en 2004 et déjà 182.000 ha en 2006. En 2009 L'auteur indiquait une production annuelle de 30 millions de plants hybrides issus de boutures.

Acacia hybride, provenance Quy Nhon. Petites grumes de sciage, âgées de 8 ans. District de Phuoc My. (Photo Tran Lam Dong, 2008) courtoisie Le Dinh Kah, in proposed article for ATIBT 2019, n° spécial.

Cet hybride est devenu un élément économique important au Vietnam qui exporte une quantité considérable de bois transformés (sciages et mobilier). On peut s'en rendre compte au rayon "salon de jardin" pour lequel l'acacia est devenu une alternative presque systématique au Teck, beaucoup plus cher. Sur la photo-ci-contre, reprise de l'article original du Professeur LE DINH KHA, on constate que les rondins présentent très peu d'aubier ce qui est un facteur de rendement élevé au sciage.

Performances. Nous avons déjà indiqué les performances des meilleurs clones hybrides dans le chapitre sur l'Amélioration génétique (2ème partie, point 53). Nous rappelons dans le tableau suivant les écarts très importants par rapport aux populations d'espèces pures parentes, nettement moins vigoureuses, moins plastiques et présentant des taux de survie beaucoup plus bas (variabilité intrafamiliales et consanguinité toujours possible).

Performances à 5 ans des meilleurs clones d'*Acacia mangium x auriculiformis*, à Bau Bang (Vietnam)

Clones et espèces	Dbh	HT	Vol unitaire	Survivants	Productivité
	cm	m	dm3	%	m3/ha/an
BV10	14,3	21,1	164,8	84%	41,1
BV33	14,1	18,8	153,3	87%	39,8
A. mangium	12,9	16	120	41%	14,5
A. auriculiformis	9,4	12,2	52	27%	4,1

Source : Prof. Le Dinh Kha (2009). La Lettre de l'ATIBT, n° spécial plantations en zones tropicales, pp. 22-23.

Les performances à 5 ans (à Bau Bang dans le Centre du Pays) de ces clones hybrides, sont remarquables. Avec 21 m à 5 ans, ils dépassent en hauteur les clones de Teck de PROTECA, un peu en dessous de 17 m à 6 ans (sur très bons sols). Selon SANG-HYUN *et al.* (2022[647]), la production de cet hybride au Sud-Vietnam est de 350 m^3/ha à 10 ans (35 m^3/ha/an). Ces bonnes performances des hybrides ont conduit le Ministère de l'Agriculture et du Développement rural (MARD) à publier, en 2006, une "norme technique" pour la multiplication végétative et la plantation d'hybrides d'acacia.

D'autre part, la plasticité de ces hybrides interspécifiques est surprenante. Le Dinh KHA indique que les meilleurs clones, dont BV10 et BV33, ont été exportés par la Société suédoise Stora Enso, vers la Malaisie, l'Indonésie, la Thaïlande, le Laos et le Cambodge pour des plantations expérimentales avec une perspective intéressante pour certains d'entre eux. Enfin, bien que la croissance soit plus faible et la résistance aux vents, moindre, à mesure que l'on monte vers le Nord (ce qui explique pourquoi l'hybride est surtout utilisé dans le Centre et le Sud du pays), cet effet d'hétérosis varie assez peu suivant les conditions écologiques et fait que les clones hybrides sont très prisés des planteurs et des entreprises forestières, dans tout le Vietnam.

Impact économique. L'ACIAR (VAN BUEREN 2004[648]), s'est penché sur l'impact économique de ces plantations au Vietnam et a souligné dans ses conclusions la forte rentabilité des plantations d'acacias hybrides, en particulier dans le Sud du Pays, où la haute productivité et l'adaptation aux sols pauvres, permettent de rivaliser avec d'autres productions comme la Noix de Cajou ou le Caoutchouc. De plus, bien que les plantations à haute productivité ne concernent que les entreprises privées, les populations rurales, qui sont concernées par 23% des surfaces, y trouvent beaucoup d'intérêt, soit comme culture de rente pour les plus aisées (avec ces rotations très courtes, pouvant dans certains cas descendre à 3 ans), soit parce qu'elles offrent, pour les plus pauvres, de nombreux emplois mieux rémunérés que dans le secteur purement agricole, et dans beaucoup de secteurs (culture, récolte, transport et transformation du bois).

Remarque : Le schéma que nous avons suivi dès 1973 pour les hybrides d'eucalyptus au Congo (Hybridation et clonage) a donc finalement été repris avec succès au Vietnam pour les acacias tropicaux des zones humides, démontrant, une fois de plus, la valeur de cette voie pour la ligniculture. Cette réussite est d'autant plus remarquable que les acacias sont des espèces difficiles à hybrider et à bouturer. Ces difficultés sont bien évidemment des freins à l'amélioration génétique (croisements contrôlés) et au développement (bouturage). Il est certain qu'en poursuivant activement l'amélioration pour chacune des espères parentes, il sera possible de créer des hybrides encore plus performants d'autant plus que les sélections peuvent porter sur de très nombreux caractères, à commencer par l'adaptation aux conditions environnementales, dans chaque pays, à partir des meilleures provenances.

43 – Fertilisation en cours de croissance

Bien que ce type de fertilisation ne commence vraiment qu'en seconde rotation, bon nombre de compagnies brésiliennes suivent de près la croissance de leurs plantations initiales (eucalyptus et pins en particulier) aux moyens d'analyses foliaires qui complètent les analyses de sol.

Compléments nutritionnels. Les analyses foliaires sont très précises mais demandent beaucoup de savoir-faire pour parvenir à un diagnostic juste et des protocoles de fertilisation efficaces. C'est ainsi que PROTECA, qui utilise les services de spécialistes, apporte des compléments nutritionnels dans les zones ou les besoins se font sentir (applications ponctuelles), dès que les Tecks atteignent 2 ans.

PROTECA - Image extraite de la Vidéo PROTECA institutional 2017. Courtoisie Fernando Torres. Apport aérien de Bore sur les jeunes peuplements carencés en cet élément.

Les nutriments concernés sont aussi bien les macro-éléments (N, P, K, Ca, Mg, et S,) que les oligo-éléments (B, Zn, Cu, Fe et Mn). En général, les apports sont faits mécaniquement (macro-éléments) et manuellement autour des arbres (oligo-éléments).

Parfois, selon les zones et les éléments, il est économiquement possible, plus simplement et plus rapidement de faire cet épandage par voie aérienne comme le montre la photo ci-contre, extraite de la vidéo de PROTECA "institucional" qui montre un épandage aérien d'acide borique dans certaines parcelles.

Autres traitements. L'application d'autres produits de stimulation de la croissance est devenu assez courant en agriculture et internet fourmille de propositions et de brevets pour des adjuvants biologiques à base d'oligoéléments mais aussi d'autre composés (vitamines, acides aminés, extraits d'algues, de matière organique, et autres "bio-stimulants"). L'objectif est multiple : activation de la croissance, renforcement des résistances, maintien d'un bon équilibre minéral, renforcement du chevelu racinaire, etc.

Dans ce domaine peu étudié, le champ est libre pour de nombreux essais. Cependant, chez les arbres, ce type de traitement concerne avant tout les jeunes plants, juste avant ou après le planting, et le couplage avec l'arrosage (avec ou sans hydrogel) nous semble le moment de traitement privilégié.

44 – Elagages

L'élagage est une pratique qui vise à produire du bois sans nœuds pour une qualité supérieure de bois d'œuvre. C'est en populiculture que l'expérience est la plus ancienne, l'élagage étant indispensable par la pratique de la plantation à "espacements définitifs" (absence d'éclaircies).

44.1 - Pratique des élagages en Europe

44.11 - Elagage classique des peupliers

La populiculture "intensive" est une culture monoclonale à court terme (12 à 25 ans). Il n'y a pas d'éclaircie et l'objectif est une production de bois de déroulage sans nœuds. L'élagage artificiel est donc une nécessité, les arbres largement espacés produisant inévitablement de grosses branches depuis leur base. De plus, des corrections de formes (taille de formation) sont à apporter en début de croissance, à la fois pour corriger les défauts d'origine génétique (selon les clones) et accidentelle sur la pousse terminale (vent, gel, insectes, oiseaux etc.).

Ces pratiques (tailles de formation et élagages) sont abondamment documentées dans les ouvrages sur la populiculture. En culture intensive dans le Sud de la France, C. BARNEOUD *et al.* (1982[649]), conseille un élagage jusqu'à 8 m et insiste sur les tailles de formation pour les clones sans forte dominance apicale comme l'I214 qui ont tendance à former de grosses branches dans la cime. Par contre dans le livre "Peupliers et populiculture 2.0" (CARAH, CPH et CRPF Hauts de France 2014[650]), adapté à la Belgique et aux régions du Nord de la France, on conseille, pour des raisons économiques, de limiter l'élagage à 6 m, l'usage de nacelles étant généralement non rentable.

Taille de formation. Elle a pour but d'assurer la rectitude de la tige jusqu'à 6-7 m. Elle se pratique avant l'élagage et commence très tôt dès la première année, l'idée directrice étant qu'il est toujours préférable d'agir par anticipation plutôt qu'en rattrapage. Elle consiste à supprimer toutes les pousses obliques à commencer par les fourches pour « *éviter toute concurrence à la flèche* ». A cela s'ajoute la suppression des grosses branches dans la cime dont la croissance nuirait au développement du fût, ce qui facilite et « *prépare les élagages ultérieurs* ». L'opération se fait plutôt l'hiver pour bien voir la cime.

Élagage. L'élagage est toujours un compromis entre la production de bois sans nœuds et la bonne croissance en diamètre qui dépend d'un maximum de branches vivantes. C'est pourquoi il doit être *modéré* (une ou deux couronnes par passage) et *progressif* (passer plusieurs fois, tous les 2 à 3 ans).

L'élagage ne commence qu'à partir d'un Dbh* de 7-9 cm (soit environ 25 cm de circonférence), correspondant en pratique au futur noyau de déroulage (cœur du billon non déroulé). Jusqu'à 6 m, il est réalisé manuellement, à partir du sol, à l'aide d'outils emmanchés (émondoir, scie à élaguer...). Au-delà de 6 m, l'usage d'une nacelle est nécessaire mais rarement rentable.

Recommandations pratiques : L'élagage est une opération coûteuse et qui demande de la précision dans l'exécution. Aussi, les recommandations suivantes sont très importantes (CARAH *et al.* 2014) :

- Ne pas élaguer tardivement. Le rattrapage coûte cher et n'est jamais valorisé.
- Opérer en juillet-août ; possible aussi en hiver (sauf par grand gel).
- Ne jamais élaguer sur plus de la moitié de la HT (sinon : gourmands, bris de cime et faible croissance).
- Ne jamais laisser de chicot, ni couper trop rez-tronc (respecter le bourrelet cicatriciel)
- Ne couper que des branches de diamètre inférieur à 4 cm pour une bonne cicatrisation.

---

* Dbh : en anglais : Diameter Breast Height (diamètre à hauteur de poitrine, soit à 1,30m, environ, du sol.

44.12 - Elagage des résineux

L'élagage artificiel des grosses branches basses des arbres d'avenir a également été recommandé dans les plantations de conifères en Europe (FLAMMARION 1986[651]).

Il nécessite un important travail humain (environ 10 HJ/ha). Les robots élagueurs (FLAMMARION 1984[652]) ont été utilisés avec un certain handicap, lié au coût élevé du matériel et au créneau d'emploi, plutôt étroit, car, selon l'auteur : « *il faut des arbres assez gros pour être grimpés suffisamment haut, mais assez maigres pour produire le maximum de bois net de nœud (Dbh entre 20 et 25 cm)* ». Ces éléments n'ont guère poussé à en généraliser l'emploi, d'autant plus que leur rendement ne s'est pas montré tellement supérieur, pas plus que le prix de revient de l'opération parfois, plus coûteux que l'élagage manuel (FLAMMARION *et al.* 1989[653]).

Finalement les élagages manuels de tous les arbres après éclaircies sont restés les pratiques les plus fréquentes et ne se font raisonnablement que sur des hauteurs de 6 m, à réaliser en 1 fois après la 1ère éclaircie, ou en 2 fois, la première étant faite lorsque les arbres ont 8 m ce qui est un peu tôt pour désigner les arbres d'avenir (CNPF 2013[654]).

Remarque : Nous pensons, pour l'avoir essayé, que l'élagage des seuls arbres d'avenir reste problématique car une fois élagués, ces arbres réduisent leur croissance en diamètre et risquent donc se voir concurrencés par leurs voisins les plus branchus. Il faut donc, soit éclaircir plus fortement les arbres d'avenir une fois élagués, soit élaguer tous les arbres après éclaircie, ce qui en alourdit significativement le prix.

44.2 - Elagage du Teck (zone tropicale)

Il existe peu de références dans ce domaine. L'élagage reste cependant une question importante pour la production à court terme des espèces à bois précieux et à croissance rapide et pour lesquels, la production de bois sans nœuds est impérative. Il est vrai que le plus souvent, les clones de YSB (îles Salomon) ne forment des branches que très tardivement.

Au Mato Grosso (Brésil), les clones de Malaisie (originaires des Iles Salomon) forment assez rapidement des branches à cause du stress hydrique déclenché par la saison sèche qui dure 3 mois dans cette région. Selon O. MONTEUUIS (comm. pers.) : « *l'arrêt végétatif des leaders entraîne le départ de pousses axillaires au niveau des nœuds d'où un développement plus précoce du houppier*».

Après de nombreuses observations, PROTECA, qui a le souci de produire du bois de grande valeur, a entamé un programme d'élagage particulier, suivi d'une suppression des repousses. Fernando TORRES a développé un intéressant modèle d'élagage. Ecoutons-le :

« *L'élagage occupe une place particulière dans notre gestion forestière. Nous pensons qu'éviter les nœuds dans le bois pendant toute la rotation est une exigence pour obtenir des produits forestiers à plus haute valeur ajoutée, qui répondront aux marchés les plus exigeants. Nous avons donc décidé de sortir de l'élagage traditionnel des branches avec des scies à main ou du matériel d'élagage motorisé, conduisant à des opérations à faible rendement d'exploitation et à l'efficacité douteuse. Au lieu de cela, nous avons développé une nouvelle opération d'élagage des pousses et d'anticipation du développement des branches* ».

Le premier élagage, à partir de 2 ans ½, reste une suppression des branches basses qu'on laisse se développer librement jusqu'à cet âge pour garantir une bonne surface foliaire et donc une bonne croissance.

PROTECA - Mato Grosso (Brésil 2017). Photo courtoisie Fernando Torres. Equipe d'élagage en action dans les parcelles monoclonales de Teck. Il s'agit du second passage en élagage à 4 ans après la première éclaircie qui a enlevé ¼ des arbres à 2,5 ans. Cette seconde éclaircie comprend la coupe des branches entre 3 à 5 mètres de hauteur et des repousses éventuelles pouvant résulter du 1er élagage.

La Compagnie dispose d'une équipe très spécialisée, d'employés permanents et parfaitement formés. La taille des pousses et des repousses est réalisée de façon continue, chaque parcelle étant parcourue tous les 2 mois. L'effectif de l'équipe varie selon les besoins, de sorte que la fréquence des visites est maintenue, même dans les saisons où les repousses sont les plus vigoureuses (photo précédente).

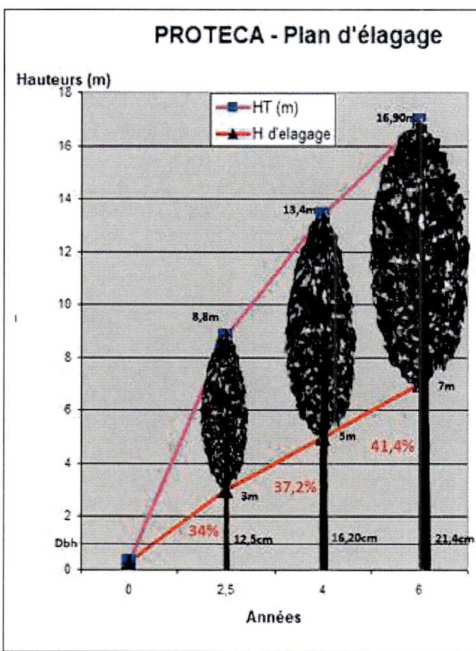

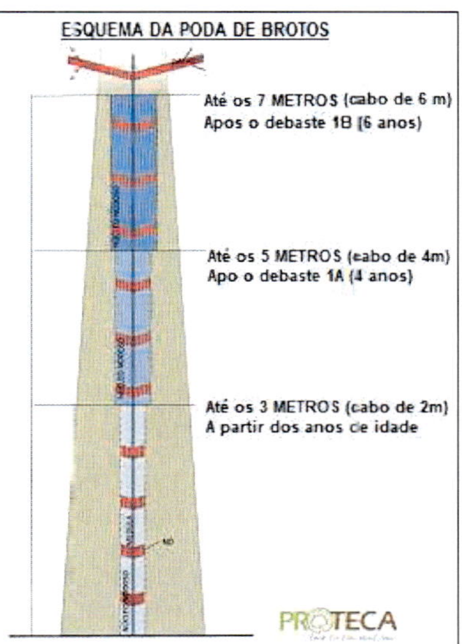

PROTECA - Fiche Technique d'élagage
Courtoisie Fernando TORRES

Au départ, à 2 ans ½, la hauteur totale des arbres est de 8,80 m et l'élagage porte sur les 3 premiers mètres de hauteur du fût, soit sur 34% de la tige. Cette première intervention est toujours un élagage de branches. L'élimination des pousses ou des repousses ne vient qu'ensuite. Après la première éclaircie, les arbres mesurent 13,40 m et la hauteur d'enlèvement des pousses passe à 5 m (37,2%). (Ci-dessus, la fiche technique correspondante).

La deuxième éclaircie marque la dernière étape d'enlèvement des pousses qui se fait jusqu'à à 7 m pour des arbres de 16,90 m (41,4%). L'élagage ne dépasse jamais 50% de la hauteur totale de l'arbre. La première opération est toujours la taille des branches, suivie d'une taille constante des bourgeons.

Fernando TORRES ajoute : « *Au début, nous étions préoccupés par le coût de cette opération. Mais après plus de 4 ans de mise en pratique, je peux affirmer que c'est effectivement moins cher que la taille traditionnelle car son efficacité opérationnelle est bien supérieure, sans oublier le gain en qualité du bois* ».

Soulignons qu'à PROTECA, l'élagage se fait, après éclaircie, et **sur tous les arbres**, pour éviter tout biais dans la croissance des arbres élagués et donc dans le choix des arbres désignés pour les coupes d'éclaircies.

Il faut dire aussi qu'il s'agit de parcelles monoclonales, avec une grande régularité intra-parcelle et que même les petites tiges peuvent se trouver valorisées par cet élagage. Le schéma précédent (à gauche) et la fiche technique de PROTECA (à droite) résument et documentent les opérations d'élagage de PROTECA.

PROTECA (Mato Grosso Brésil). Photo courtoisie Fernando TORRES. Parcelle monoclonale de Teck âgée de 5 ans. Taille des repousses ("ébourgeonnement") jusqu'à 5 à 7 mètres de hauteur. Le manche en aluminium mesure 6 m.

45 - Dépressage et éclaircies

Contrairement aux peupliers plantés à espacements définitifs, les plantations clonales à révolution courte, voire extra-courte, pour la production de bois d'œuvre des régions tropicales, sont plantées à densité relativement fortes (400 à 700/ha) et subissent en générale au moins 1 éclaircie et souvent plusieurs.

Paramètres des éclaircies. Dans les plantations clonale de Teck de Proteca, le régime d'éclaircies est assez agressif au départ mais s'adoucit dès la 3ème et s'arrête à 10 ans après la 4ème éclaircie. Le tableau ci-après fait état du planning, tel que nous l'a communiqué Fernando TORRES. Toutes les éclaircies sont sélectives afin d'éviter tout gaspillage qualitatif dans les peuplements, pourtant monoclonaux. Les caractéristiques de chaque éclaircie sont les suivantes :

- 1ère éclaircie à 4 ans : 25% des emplacements initiaux sont enlevés (produits vendus en biomasse),
- 2ème éclaircie à 6 ans : 25% des emplacements initiaux sont enlevés (produits sciés en carrés/biomasse)
- 3ème éclaircie à 8 ans : 12,5% des emplacements initiaux sont enlevés (produits sciés en carrés/biomasse)
- 4ème éclaircie à 10 ans : 12,5% des emplacements initiaux sont enlevés (produits sciés / biomasse)

Après la 4ème et dernière éclaircie, il reste donc 25% du peuplement initial c'est-à-dire 173 arbres que l'on pense pouvoir exploiter entre 17-18 ans avec un Dbh de 45-50 cm. La production totale attendue est de 300 m^3/ha, la récolte finale correspondant à 65-70% de ce total. La productivité moyenne est donc de 17,6 m^3/ha/an. Le tableau ci-dessous récapitule les paramètres de chaque éclaircie et estime la production à la coupe finale.

Données de Sylviculture et de Production du teck clonal au Mato Grosso (Brésil). Source : PROTECA

Teck clonal	unités	Planting	1ère éclarcie	2ème éclarcie	3ème éclarcie	4ème éclarcie	Coupe finale*
Age	ans	0	4	6	8	10	17
% de la densité initiale	%	-	25%	25%	12,50%	12,50%	25%
Nb de tigessupprimées	nb	-	173	173	87	87	173
Nb de tiges restantes	nb	692	519	346	260	173	0
Dbh moyen	cm	-	16,2	21,4	26,0	30,1	45-50
HT moyenne	m	0,20	13,40	16,90	19,80	22,10	27,00
Volume / tige*	m3	-	0,12	0,14	0,29	0,35	1,16
Volume par récolte*	**m3**	-	**20**	**25**	**25**	**30**	**200**
Volume total récolté*	**m3**	-	**20**	**45**	**70**	**100**	**300**
Productivité moyenne*	m3/ha/an	-	20	15,8	18,1	16,0	**17,6**

*estimation par rapport aux prévisions de Fernando TORRES

Fernando TORRES ajoute les commentaires suivants : « *Avant de commencer le projet, le plan original était d'effectuer une éclaircie systématique. Malheureusement, dans la pratique, nous avons découvert que cela ne serait pas faisable même avec des peuplements monoclonaux* ». « *Je crois que quelque chose d'intéressant s'est produit lorsque nous avons commencé les plantations 100 % clonales : nos yeux sont devenus plus exigeants et nous sommes devenus plus pointilleux sur l'uniformité des arbres. Par conséquent, nous avons commencé à prêter attention aux variations et aux détails qui n'auraient probablement pas été observés dans les plantations de semis. Quoi qu'il en soit, la mortalité (minimale) des arbres après la plantation et les dommages causés à certaines cimes par le vent durant les premières années nous ont fait opter pour l'éclaircie sélective* ».

Pratique des éclaircies. Proteca s'est orienté vers la réalisation d'éclaircies dites "numériques". Le martelage se fait à l'intérieur de mini-placettes virtuelles comprenant un nombre constant d'emplacements. Pour la première éclaircie, ces miniplacettes sont linéaires et ne comprennent que 4 arbres. Pour les 3 autres éclaircies, les placettes sont carrées et comprennent 16 emplacements (4 x 4). Tout emplacement vide est considéré comme un arbre à abattre. La sélection à chaque éclaircie s'effectue donc comme suit :

- **1ère éclaircie (carré 1) :** Sélection de 1 arbre à abattre dans des placettes linéaires de 4 emplacements (en noirs) Il reste donc 3 arbres sur 4.

- **2ème éclaircie (carré 2)** : Sélection dans des carrés de 4 x 4 arbres, en gardant les 8 meilleurs à l'intérieur et en enlevant le reste (en gris).
- **3ème éclaircie** : Sélection dans des carrés de 4 x 4 arbres, en gardant les 6 meilleurs à l'intérieur et en enlevant le reste (2 maxi en bruns).
- **4ème éclaircie** : Sélection dans des carrés de 4 x 4 arbres, en gardant les 4 meilleurs (en jaune) à l'intérieur et en enlevant le reste (2 maxi, en bleus).

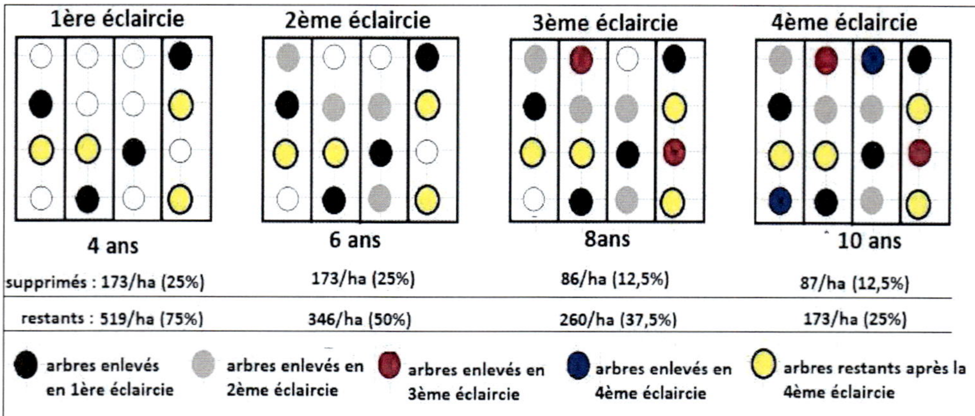

Proteca Brésil). Plan des éclaircies sélectives dans les parcelles monoclonales de Teck. Les arbres en jaunes iront jusqu'à la coupe finale

Selon Fernando Torres : « *Les avantages de ce processus sont (1) de garder un contrôle parfait du nombre d'arbres restants par hectare et (2) de toujours garder les meilleurs sur pied. Les inconvénients sont de devoir garder une équipe d'employés qualifiés pour présélectionner ces arbres avant l'éclaircissage, ainsi que les coûts associés. Mais les résultats sont très satisfaisants !* »

Exploitation des éclaircies. La première éclaircie est faite manuellement (photo ci-dessous) après quoi la densité moyenne à l'ha passe de 692 à 519/ha et les trois éclaircies suivantes (ainsi que la coupe finale) sont toutes réalisées mécaniquement à l'abatteuse-empileuse (photo ci-après).

PROTECA - Mato Grosso (Brésil 2017). Photo courtoisie Fernando TORRES. 1ère éclaircie manuelle en cours dans les parcelles monoclonales de Teck âgées de 4 ans (HT 13,40 m ; Dbh 16,2 cm Vol.u. 0,12 m3). Parcelle n° 07, plantée fin 2013 et éclaircie mi-2018.

PROTECA - Mato Grosso (Brésil 2017). Photo courtoisie Fernando TORRES. 2ème éclaircie en cours dans les parcelles monoclonales de Teck âgées de 6 ans (HT 16,90 m ; Dbh 21,4 cm ; Vol.u. 0,14 m3). Exploitation mécanisée au Feller-Buncher Tigercat 720G (abatteuse-empileuse canadienne).

Suivi des peuplements et ajustement des éclaircies. Le suivi dendrométrique des plantations prend pour base un inventaire forestier annuel réalisé à partir de placettes permanentes de 520 m² (6 x 6 arbres) réparties dans les parcelles à raison de 1 placette tous les 4,6 hectares (taux de sondage de 1,13%). Après traitement, les données recueillies permettent d'améliorer les tarifs de cubage et les tables de production, de lisser les courbes de croissance, et d'ajuster les prévisions de rendement. Elles permettent aussi d'anticiper ou de retarder l'éclaircie dans certaines zones particulières. Enfin, ces données permettent de vérifier et d'ajuster le suivi nutritionnel.

Dévitalisation des souches. En accord avec nos observations faites au point 65.22-4 (3ème partie), si l'on veut que l'éclaircie soit utile, il est indispensable de dévitaliser les souches, faute de quoi les rejets seraient tellement puissants que les arbres coupés continueraient à concurrencer les arbres restants, et l'éclaircie n'aurait pas d'effet. C'est pourquoi, la Compagnie PROTECA procède systématiquement au traitement des souches au débroussaillant, immédiatement après la coupe des arbres.

PROTECA - Mato Grosso (Brésil 2017). Photo courtoisie Fernando TORRES. Dévitalisation des souches au Piclorame après éclaircie. **A gauche :** blessures mécaniques sur le pourtour des souches. **Au centre :** pulvérisation du produit. **A droite :** souche traitée teintée en bleu.

Le produit utilisé est un arboricide à base de 2% de **Piclorame** et la dose de 200 ml de solution, soit 4 ml d'herbicide pur par souche, ou 0,692 g/ha pour une éclaircie à 25%, correspondant à 2,768 g/ha pour la totalité des souches.

Pour une meilleure pénétration et de meilleurs résultats, les souches sont blessées mécaniquement tout autour, sur le cambium. Les quelques souches qui poussent encore après ce traitement sont traitées une seconde fois. Un colorant est ajouté à la solution pour bien repérer les souches traitées (photos précédente). Il en sera fait de même après la coupe finale qui portera sur les 173 tiges restantes, soit 25% de l'effectif initial. Le terrain sera donc exempt de rejets de souche après la coupe et prêt pour la replantation.

Coût de la dévitalisation. Le coût du Piclorame (sans l'application) est de l'ordre de 35 euros/ha (voir plus loin, point 63).

***

5 – EXPLOITATION

51 - Généralité

L'exploitation en ligniculture correspond à la récolte par coupe rase des parcelles parvenues au terme de leur croissance. Cette opération est capitale car c'est la récolte de toute la production escomptée depuis l'investissement initial. De plus, il s'agit de livrer un produit répondant aux exigences technico-économiques de l'industrie locale, du marché régional ou encore du marché mondial en cas d'exportation des grumes.

L'aspect technique n'est donc pas le seul facteur à prendre en compte, le coût de l'exploitation est un paramètre très important, d'autant plus que, rapporté à l'ha, ce coût est beaucoup plus élevé que celui de la plantation, entretien et gestion comprise. En effet, le coût de la plantation se calcule à l'ha alors que celui de l'exploitation s'établit au m^3 de bois produit. Ainsi, l'exploitation d'une plantation dont le coût direct s'élève à 1.000 euros/ha et produisant 25 m^3/ha/an soit 175 m^3/ha au terme de 7 ans, coûtera environ 2.000 euros/ha, soit le double de celui de l'établissement de la plantation et peut être bien davantage si la productivité est plus forte. L'organisation des chantiers d'exploitation est donc un des points clé de l'économie de la ligniculture et mérite une réflexion approfondie, tant au plan de l'organisation que du choix des matériels, de la formation des équipes d'ouvriers spécialisés et des conducteurs de machine. Le soin apporté dans l'exécution de chacune des tâches élémentaires doit aboutir à des parcelles parfaitement ordonnées, des bois bien rangés, des souches respectées, des sols peu perturbés et des rémanents bien répartis, ne gênant pas la circulation. D'autre part la bonne rationalité du travail est une garantie de sécurité pour l'ensemble du personnel engagé et des machines en fonctionnement.

Enfin, bien que l'exploitation mécanisée progresse de plus en plus, il reste une place importante pour l'exploitation manuelle y compris en ligniculture. C'est en particulier le cas de nombreux pays en voie de développement où le coût des machines peut sembler prohibitif et l'environnement peu propice à la maintenance du matériel, alors que le chômage demeure à un niveau très élevé.

52 - Exploitation manuelle

52.1 - Organisation de l'exploitation

Nous prendrons comme modèle celui de l'UAIC (Congo), mis au point par Georges QUILLET en 1987 à l'occasion de l'entrée en production du massif de plantations clonales d'eucalyptus, destiné à la production de bois de pâte à papier. La photographie ci-après ainsi que le schéma de la page suivante donnent une bonne idée de l'organisation du chantier qui a fonctionné au Congo pendant près de 25 ans et qui a donné entière satisfaction. L'industrialisation n'ayant pas suivi la réalisation des plantations industrielles, les bois exploités ont dû être exportés sous forme de fardeaux de rondins écorcés, secs à l'air.

UAIC-Congo 1988. Parcelle exploitée suivant le modèle Georges QUILLET. Rondins écorcés et empilés pour le séchage à l'air libre pendant 3 mois. Rémanents rassemblés dans un interligne sur 4. A cette époque les rondins étaient empilés sur 2 gros rondins posés au sol, et qui séchaient mal. Ils furent remplacés par 4 "gaulettes", trop petites pour la pâte à papier, déposées avec les rémanents et vendus comme bois de feu ou de service.

La succession des opérations était la suivante :

1. **Abattage dirigé et élagage** à la scie à chaîne (par groupe de 4 lignes, cimes dans l'interligne central),
2. **Ecorçage des tiges abattues** (avant tronçonnage),
3. **Tronçonnage** en billons de 2,6 m,
4. **Rangement des rémanents** dans les interlignes désignés (1 sur 4),
5. **Rangement des rondins** (1 interlignes sur 4) en tas d'environ 1,5 stère, en disposition de séchage,
6. **Séchage à l'air des rondins pendant 3 mois**, jusqu'à un taux d'humidité de 25%,
7. **Débardage des rondins,**
8. **Cerclage des fardeaux (fardelage),**
9. **Transport des fardeaux jusqu'au port de Pointe Noire,**
10. **Stockage des fardeaux au port,**
11. **Chargement des bateaux.**

Abattage dirigé. Il se fait par groupe de 4 lignes d'arbres (et donc 3 interlignes). Les houppiers de ces arbres sont envoyés vers l'interligne central à raison de 2 lignes d'arbres d'1 côté et 2 lignes de l'autre (schéma ci-après). Ainsi après ébranchage, le rangement des rémanents ne demande qu'un effort minimum et ceux-ci n'occupent qu'1 interligne sur 4, soit 25% de la surface.

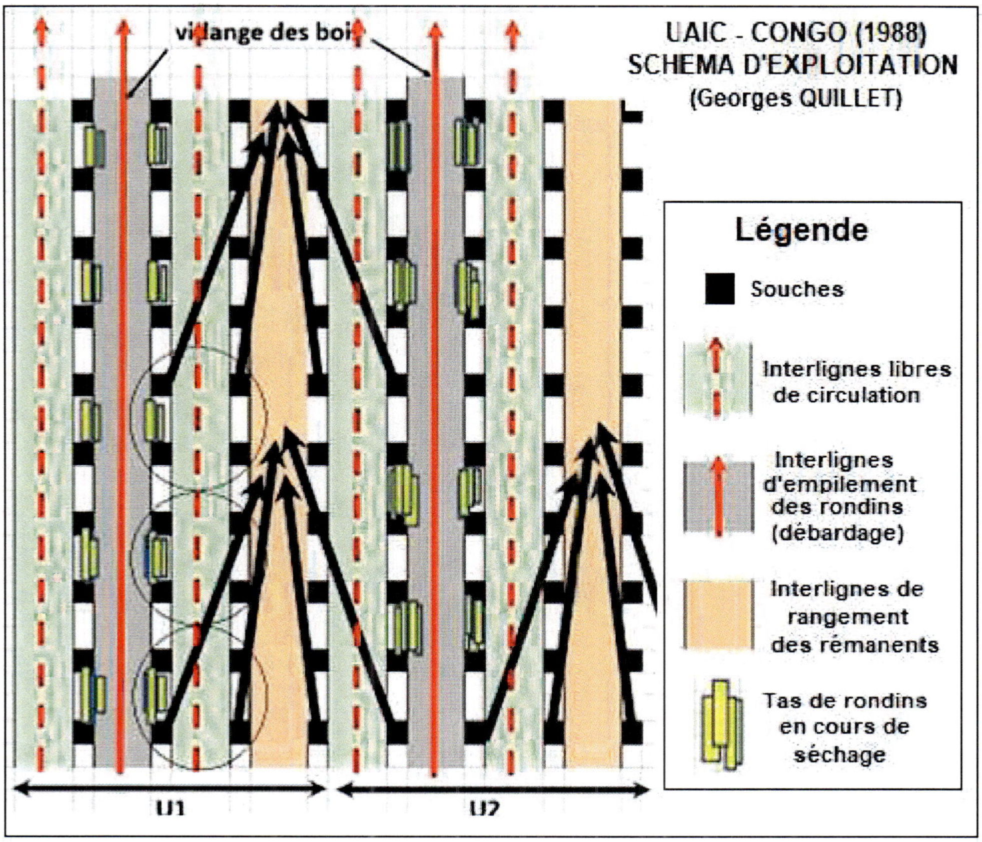

Après écorçage et tronçonnage, les rondins sont empilés par tas d'environ 1 stère, laissant 2 interlignes libres. Cette bonne répartition constitue l'élément de base de l'organisation de l'exploitation (facilité de circulation dans les parcelles). Pour y parvenir à moindre prix, le déplacement des rémanents (branches et feuilles) et des rondins doit être le plus réduit possible, ce qui est obtenu grâce aux abattages dirigés.

La sequence d'interlignes est la suivante :

- 1 interligne rempli de rémanents,
- 1 interligne vide,
- 1 interligne libre avec piles de rondins de chaque côté (débardage normal),
- 1 interligne vide.

Il y a donc 3 interlignes libres sur 4, permettant la circulation dans les parcelles en cours de séchage pour des contrôles mais aussi pour éteindre d'éventuels incendies,. Ils peuvent être aussi utilisés pour la vidange des bois, situés à gauche et à droite des doubles lignes de rondins conformment au schéma.

Formation des abatteurs. C'est le fondement de la bonne organisation des chantiers, il constitue le second point clé de l'exploitation. Des séances de formation sont indispensables. Un consultant externe est nécessaire au début. Outre les consignes personnelles de sécurité, les règles en matière d'abattage directionnel, les distances à respecter entre ouvriers, la gestion et le maniement des scies à chaîne doit faire l'objet de beaucoup d'attention. Les lames ne doivent pas toucher le sable et l'ouvrier doit parfaitement savoir affuter sa chaîne sur le chantier. La dimension des scies est à définir avec soin. S'agissant d'arbres relativement petits, on a intérêt à choisir des machines légères mais robustes. La marque STIHL est bien adaptée aux bois durs.

UAIC – Pointe Noire (Congo – 1990). Exploitation manuelle des eucalyptus. De gauche à droite : 1 : exploitation de la futaie clonale, **2 :** Abattage directionnel. **2 :** Ecorçage difficile en saison sèche : l'ouvrier frappe les troncs à la batte avant d'écorcer. **3 :** Tronçonnage des grumes écorcées,

Sécurité. C'était la règle en matière d'exploitation à l'UAIC où aucun accident à l'abattage ne fut à déplorer. Ecoutons Georges QUILLET nous en parler :

« *Pour la sécurité, une distance minimale de 60 m était maintenue entre tout lieu d'abattage et tout autre travail. Ainsi l'équipe d'écorçage intervenait-elle en décalage sans franchir la distance de sécurité. Ce décalage était maintenu en toute circonstance avec attention, notamment dans les parcelles à périmètre irrégulier : il fallait parfois attendre 15 à 20 minutes pour que la distance de sécurité soit effective ; mais c'était assez rare car un bon chef de travaux parvenait rapidement à une bonne organisation dès lors que les bases avaient été rigoureusement établies et expliquées* ».

L'application des règles de sécurité s'appuie sur un protocole très précis :

- 16 lignes sont affectées à l'abatteur et son aide ("pousseur"),
- 4 lignes sont abattues, comme l'indique le schéma,
- 12 lignes demeurent en l'état, avant d'arriver à l'abatteur suivant (équipe suivante).

Il n'y a donc pas de risque, même lorsqu'un arbre ne tombe pas dans la direction voulue, ce qui arrive de temps à autre.

Lorsque l'abattage du jour est terminé, soit après 1/4 de la journée de travail, l'abatteur et son aide reviennent au début de la coupe pour le tronçonnage-ébranchage. L'abatteur tronçonne tandis que son aide le précède au marquage de 2,6 m à l'aide d'une "règle gabarit" à pointes. Le tronçonnage occupe les 3/4 restants de la journée de travail.

Avec une organisation rigoureuse, les risques d'accident sont réduits et les rendements maxima. Les parcelles, parfaitement propres et bien rangées et les interlignes libres à la circulation, facilitent considérablement le débardage ainsi que la surveillance, le contrôle et la lutte contre un éventuel incendie, à l'intérieur d'une parcelle exploitée ainsi que la sylviculture de la rotation suivante.

Ecorçage. L'écorçage était rendu nécessaire pour 3 raisons :

1. Laisser les écorces sur le parterre des coupes pour réduire les exportations de matière minérale
2. Exporter les rondins sans écorce
3. Accélérer le séchage à l'air des rondins.

En pratique, l'écorçage est réalisé manuellement avant le tronçonnage car l'écorce des eucalyptus se détache en longues lanières et l'expérience a montré que ce type d'écorçage manuel est beaucoup plus rapide que de passer les rondins, les uns après les autres, dans une écorceuse mécanique. Au Congo, les ouvriers sont équipés de machettes, outils universels en région tropicale.

La facilité de réaliser l'écorçage dépend de l'espèce. Si l'E. *globulus*, et l'*E. grandis* s'écorcent toujours très facilement, il peut en être différemment pour d'autres espèces comme l'*E. tereticornis* dont l'écorce, plus épaisse, adhère plus ou moins en saison sèche.

Au Congo, il était parfois difficile, voire impossible, d'écorcer certains clones en fin de saison sèche, période pendant laquelle, seuls les clones les plus aptes étaient exploités, avec obligation pour les ouvriers de frapper l'écorce à la batte pour pouvoir la décoller.

D'une manière générale, les écorceurs devaient intervenir dans les heures suivant l'abattage alors que l'écorce est encore humide et n'adhère pas au bois (maximum 24 heures).

Tronçonnage et empilage des rondins. Les grumes écorcées sont marquées tous les 2.6 m puis tronçonnées (longueur requise pour les rondins à l'UAIC). Les rondins sont empilés au plus près, à raison d'environ 4 arbres par pile, soit 1,5 stère par pile en moyenne (0,262 m^3/arbre ; 666 arbres/ha ; 175 m^3/ha à 7 ans ; 25 m^3/ha/an). Les piles sont alignées entre les souches, à droite et à gauche, de l'"interligne rondins" (1 sur 4 interlignes) et à raison d'une pile toutes les deux souches (voir schéma).

Il est à noter que les petits rondins, de diamètre < à 7 cm sur écorce, en principe non écorcés, étaient déposés le long de l'interligne des rémanents. Ces petits rondins venaient de l'extrémité des houppiers et d'environ 5% de petits arbres dont le diamètre à 1 m30 était inférieur à 7 cm sur écorce (ce faible développement venait de la mauvaise qualité des racines de certaines boutures). Récupérés après la vidange de la coupe ils ont d'abord été carbonisés (passage de charbonniers avec des fours métalliques ronds) puis, après abandon de la carbonisation (non rentable, difficile à contrôler et source d'incendies), ils ont été débardés et vendus localement comme bois de feu ou de services (petits bois ronds appelées "gaulettes") avant d'être vendus par lots à des marchands qui venaient les enlever après le débardage des parcelles. Ces lots comprenaient alors les 5% d'arbres trop petits qui n'étaient plus coupés pour éviter des pertes de temps aux abatteurs.

Il faut ajouter que chaque pile était installée au départ sur 2 gros rondins placés en travers et posés au sol. Ce système s'est révélé rapidement problématique pour 2 raisons importantes :

1. Après ramassage, les 2 rondins placés se révélaient, sales et humides, attirant le regard des contrôleurs d'humidité des rondins à l'arrivée des cargaisons en Europe ce qui déclenchait des conflits et, finalement, des réfactions de prix, très dommageables à l'UAIC.

2. Le ramassage au sol de ces rondins avec le grappin de l'engin de débardage, ne pouvait éviter d'accrocher des rémanents d'exploitation et surtout des morceaux d'écorce (éparpillés sur le parterre de coupe), la conséquence étant des fardeaux "sales", incluant beaucoup de ces "corps étrangers" mélangés aux rondins.

UAIC - Congo - 1990 - Exploitation manuelle des eucalyptus. Empilement des rondins sur berceaux de petits bois.

Pour mettre fin à cet inconvénient les 2 gros rondins ont été remplacés par 4 petits, pris parmi ceux abandonnés le long des interlignes de rémanents. Après confection d'un berceau (photo-ci-dessus), les piles pouvaient être enlevées au grappin sans toucher le sol, rendant les fardeaux homogènes et très propres.

Débardage des rondins. Pour parvenir à un taux d'humidité des rondins de 25% (en zone tropicale humide), il est nécessaire de laisser les rondins écorcés sécher à l'air pendant 3 mois. C'est le temps maximum pendant lequel on peut laisser les rondins sur coupe car au bout de 3 mois le taillis est déjà haut et le débardage peut poser problème à cause de la circulation difficile dans le taillis (voir photos ci-dessous).

A l'UAIC, le débardage était assuré par tracteurs-grues MF 129 pour le chargement des piles de rondins (rendement : 200 t/jour) et de "remorques-gabarits" (capacité 5t), auto-fabriquées à l'atelier de Kissoko.

UAIC - Pointe Noire (1990). Débardage des rondins. De gauche à droite : 1 : Chargement au tracteur-grue. **2 :** transport par remorques-gabarits. **3 :** Queue occasionnelle de Tracteurs et leur remorques-gabarits devant le quai mobile de fardelage montrant l'importance du matériel mais dénonçant un manque de coordination des responsables du débardage, entrainant des pertes de temps, des retards et des surcoûts (G. QUILLET comm pers.).

Chaque gabarit était calculé pour une charge de 5 tonnes de bois écorcé, sec à l'air, correspondant à un volume de 6 m^3 (d = 0,83 et coef. d'enstérage : 0,73). Ce gabarit (vol. apparent : 8,2 m^3), de forme cylindrique, préparait la confection de fardeaux de 2 m de diamètre et de 2,6 m de long, pour l'embarquement sur navires au port de Pointe-Noire, tout proche.

UAIC – Pointe Noire (Congo – 1988). Exploitation manuelle des eucalyptus. Au premier plan : Débardage 3 mois après abattage. Les rejets de 3 mois sont déjà hauts et commencent à gêner les tracteurs chargeurs ainsi que les petits camions-gabarit (sous-traitants). Au second plan, taillis de 6 mois, déjà haut et bien fourni. Le chargeur à gauche passe bien dans l'interligne des rondins. A droite, un autre petit camion de débardage.

Fardelage. Le débardage qui se faisait sur une distance moyenne de 300 m, se terminait devant un "quai de fardelage", mobile, équipé de compresseurs, et devant lequel se présentaient toutes les remorques-gabarit (photos ci-après).

UAIC (1990). Fardelage des rondins sur le terrain. De gauche à droite : 1 : Quai mobile de fardelage avec 2 postes de cerclage. **2 :** Passage des feuillards autour des rondins. **3 et 4 :** Serrage des feuillards.

Des terre-pleins de 3/4 d'ha étaient aménagés au bull, en bordure de parcelle, régulièrement distribués par groupe de parcelles contigües à raison d'environ 1 pour 100 ha ; ils permettaient l'installation du quai mobile et la circulation des engins (tracteurs + remorques gabarits, chargeurs, et camions de transport). La durée d'utilisation de chaque terre-plein était d'environ 10 à 15 jours (10 à 15.000 m^3 de bois) et le déménagement d'un terre-plein à l'autre ne prenait que 2 heures, rendant pratiquement continues les opérations de débardage-fardelage-chargement sur camion répondant ainsi à l'orientation générale donnée par Georges QUILLET : « *Pas de discontinuité de la ligne opérationnelle !* ».

Le cerclage des fardeaux se faisait au moyen de 2 feuillards d'acier, d'une résistance de 10 t chacun, posés en même temps (2 postes de cerclage) à l'aide d'outils pneumatiques.

L'opération prenait 1,8 minute par fardeau, soit 33 fardeaux à l'heure, et 210 fardeaux ou 1000 t/jour, pour une journée de 6,4 heures effective. Il fallait donc 20 jours de travail par mois pour assurer 1 cargaison de 20.000 t. On comptait 1 mois, en tenant compte des imprévus pouvant survenir tout au long de la chaîne d'exploitation ainsi que des heures supplémentaires en cas de gros navires ou d'un navire supplémentaire.

UAIC (1990). Reprise des fardeaux et chargement sur camion. A gauche enlèvement au charriot élévateur d'un fardeau cerclé, de la remorque-gabarit. A droite chargement direct sur un camion de transport dont la capacité était de 4 fardeaux, soit 19 t de bois écorcé, sec à l'air.

Après quoi les fardeaux, ainsi constitués, étaient repris par un chariot élévateur et rechargés immédiatement sur camion pour un transport jusqu'au port de Pointe Noire, situé à distances variables, selon les stations forestières de l'UAIC (10 à 70 km). Les camions de transport emportaient 4 fardeaux. Il s'agissait de semi-remorques suédois de la marque "Scania" 112H, à double essieu autotractés par moteurs hydrauliques indépendants sur chaque roue, transportant 4 fardeaux de 4,76 t (19 t).

Selon Georges QUILLET (comm. pers.), les fardeaux de 3 m de long, 6,87 m^3 (5,5 t) s'étant finalement révélés trop lourds et insuffisamment serrés, se désolidarisaient souvent lors du chargement sur les navires et il fallut réduire à 2,60 m (6 m^3 ou 4,76 t) en modifiant légèrement les gabarits et en demandant aux conducteurs des tracteurs-grues de veiller à ce que l'arrondi des chargements se prête mieux au fardelage.

Avec l'allongement du transport, on a cherché à augmenter le chargement des camions allant jusqu'à l'usage de véritables trains routiers de 8 fardeaux (4 fardeaux sur le camion semi-remorque et 4 sur la remorque), soit 38t par voyage. L'UAIC s'était doté de 3 ensembles comme celui que l'on peut voir sur la photo ci-dessous, à droite. Cela était rendu nécessaire par l'entrée en exploitation des stations les plus éloignées (Station IV, proche de Diosso) et Station V, au nord du fleuve Kouilou.

UAIC (1990).Transport des fardeaux jusqu'au port de Pointe Noire. **A gauche :** Camion "Scania", transportant 4 fardeaux de 4,76t (= 19 tonnes de chargement). **A droite (photo G. QUILLET) :** Ensemble camion + remorque assurant le transport de 4 +4 = 8 fardeaux de 4,76 t (38 tonnes de rondins).

Le tracteur était de marque Renault, les semi-remorques et les remorques ont été construites "à façon" dans les ateliers du port. Les pneus étaient des Michelin type "Sahara" grande largeur et basse pression, déjà utilisés sur les semi-remorques Scania. Un des avantages était le montage facile sur une seule roue en bout d'essieu, remplaçant les doubles roues habituelles avec lesquelles les changements de pneus étaient beaucoup plus difficiles. L'autre élément était la pression, vérifiée chaque matin *(« trop gonflés = perte d'adhérence ; pas assez = flancs fragilisés et risques d'éclatement »*, selon Georges QUILLET).

L'exportation du bois de pâte de l'UAIC se faisait à raison d'une cargaison de 18 à 25.000 tonnes par mois. Le stockage des fardeaux au port était donc nécessaire pendant au moins 3 semaines, la dernière semaine les fardeaux pouvaient être livrés directement sur le quai de chargement du Navire. Les destinations étaient variées (Norvège, Maroc pour la pâte à papier et, Italie, Espagne, pour la pâte à dissoudre et la viscose).

Port de Pointe Noire 1990. Navire au chargement de 20.000 tonnes de rondins d'eucalyptus à destination de l'Europe (environ 2.900 fardeaux). **A droite : photo Georges QUILLET DT UAIC**. Photo historique (1987) du premier navire quittant le port de Pointe Noire, chargé de 30.000 t de rondins.

<u>Sous-traitants locaux pour le débardage et le transport</u>. Une partie du débardage-transport fut sous-traitée à des transporteurs congolais. L'UAIC modifiait un peu leurs petits camions pour qu'ils puissent supporter un fardeau et servir de gabarit (plaque d'appui en tôle, derrière la cabine et ajout de ranchers), après quoi, ils devenaient opérationnels et travaillaient à la demande, en cas de gros navires ou d'un navire supplémentaire. Ils s'ajoutaient aux remorques gabarits de l'UAIC pour le

débardage et après être passés au quai de fardelage, emportaient directement leur fardeau jusqu'au port de Pointe Noire. Cela évitait à l'UAIC de trop investir dans des matériels qui n'auraient pas fonctionné en continu. Les pointes d'activité étaient ainsi couvertes par une quinzaine de petits entrepreneurs locaux (photo ci-après).

UAIC (1995). Photo Georges QUILLET. Sous-traitant local et son camion chargé d'1 fardeau de 5 tonnes à l'arrivée au port de Pointe-Noire, après avoir assumé, en continu, le débardage et le transport et en étant passé par le quai de fardelage pour la pose des 2 feuillards.

52.2 – Rendement de l'exploitation manuelle

52.21 - Rendement de l'équipe d'exploitation

Paramètres. Chaque équipe comporte un chef et 16 ouvriers : 1 abatteur-scieur, 1 aide, 14 manœuvres dont 8 pour l'écorçage. L'équipement complet est donc de 1 scie à chaîne (plus 1 de secours pour 2 équipes). Dans un premier temps, l'abatteur-scieur abat les arbres, assisté de son aide ("pousseur"). Lorsque l'abattage du jour est terminé, soit après 1/4 de la journée de travail, l'abatteur et son aide reviennent au début de la coupe pour le tronçonnage-ébranchage. L'abatteur devient élagueur-scieur, élague les arbres et découpe les tiges (déjà écorcées ou non) en rondins de 2,50 m, tandis que son aide le précède au marquage à l'aide d'une "règle gabarit" à pointes. Le tronçonnage occupe les 3/4 restants de la journée de travail. Les manœuvres rangent les rémanents, écorcent les tiges et empilent les rondins. L'empilage doit être soigné pour un chargement rapide et propre. Les activités et les rendements des ouvriers sont les suivants (pour des jours de 7 heures effectives) :

	Nb	Tâche	m3/jour	m3/HJ
Abatteurs	0,25	abattage et ébranchage	64	256
Pousseur	0,25	poussage de l'arbre	64	256
manœuvres	3	rangement des rémanents	64	21
manœuvres	8	écorçage	64	8
marqueurs	0,75	marquage des rondins	64	85
scieurs	0,75	découpage en rondins	64	85
manœuvres	3	empilement des rondins	64	21
chef	1	surveillance et contrôles	64	64
TOTAL	**17**		**64**	**3,8**

L'abatteur-scieur et son aide réalisent donc leur double opération dans les temps suivants :

- abattage (25% du temps)
- élagage, mesurage et tronçonnage (75% du temps)

Pour une équipe de 17 personnes (y compris le chef d'équipe) la production de 64 m^3/jour correspond à un rendement moyen de 3,8 m^3 de bois écorcé/HJ (environ 5 stères/HJ).

Rendement à l'hectare. Le volume de 64 m^3/jour de bois écorcé correspond à 51 t de bois sec à l'air à 25% d'humidité (d= 0,83). A raison de 0,262 m^3/arbre, ce volume correspond à l'exploitation de 244 arbres soit 300 emplacements (y compris 18% d'emplacements improductifs, vides ou en dessous du diamètre papetier de 7 cm sur écorce). A la densité de 666 emplacements/ha, 64 m^3 correspondent donc à l'exploitation de 0,45 ha/jour ce qui correspond à une production de 142 m^3/ha de bois écorcé soit environ 167 m^3 de bois avec écorce (taux d'écorce de 15%) correspondant à une productivité de 23,8 m^3/ha/an à 7 ans de bois avec écorce (auquel il faut ajouter les petits bois écorcés de diamètre < à 6 cm pour parvenir à 25 m^3/ha/an).

Nombre d'équipes d'exploitation. Compte tenu de quelques temps morts, l'équipe précédente a un rendement annuel moyen de 15.000 m^3 de bois écorcé (240 jours ouvrés/an) correspondant à 105,6 ha/an. Pour exploiter 2.000 ha/an, soit 284.000 m^3/an de bois écorcé, il faut donc 19 équipes d'exploitation, soit un total de 323 ouvriers, effectif variable suivant le volume sur pied de chaque parcelle. Il s'agit d'un effectif très important dont la gestion peut s'avérer délicate d'autant plus que le timing est crucial puisqu'il s'agit d'alimenter en continu des navires pour lesquels tout retard dans le chargement entraîne des frais très élevés de surestaries.

Coût de l'exploitation manuelle. Si l'on prend 10 euros comme prix de revient de l'HJ (ce qui est largement supérieur au SMIG en cours au Congo Brazzaville), le prix actualisé, au m^3 de bois exploité sur coupe, serait de 2,6 €/m^3 et donc de 370 €/ha auquel il faut ajouter le coût des scies à chaîne, que l'on peut estimer à 50 €/ha, soit au total, 420 €/ha, proche de 3 €/m^3. Ce "coût direct" peut paraître assez faible mais il ne comprend pas de frais généraux et, de plus, il faut lui ajouter celui du débardage, du fardelage (dans le cas de l'UAIC), ainsi que celui du transport. Soulignons à nouveau que ce coût à l'ha est fonction du volume à exploiter et donc de la productivité. Il change donc selon les sites et les clones.

52.22 – Rendement du débardage

Paramètres techniques et rendement. Le rendement du débardage est de 200 t/jour pour le tracteur-grue et il faut 3 tracteurs avec remorques pour un chargement en continu. Il faut donc compter 4 tracteurs (dont 1 grue et 3 remorques) pour débarder 200 t de bois jusqu'au quai de fardelage, pour la confection de 42 fardeaux par jour, soit 14 par tracteur-remorque. Les rendements s'établissent comme suit :

- Temps de rotation : 28 minutes soit 3 rotations/heure
  - Temps de chargement : 10 minutes,
  - Temps moyen de transport 10 minutes (aller et retour),
  - Temps d'attente moyen au quai de fardelage : 8 minutes.
- Nb de rotations par jour de 6,4 heures : 14
- Tonnage débardé par rotation : 4,76 t
- Rendement journalier d'1 tracteur avec remorque-gabarit : 67 t/j
- Tonnage chargé par jour au tracteur-grue : 200 t

Nombre d'engins pour 2.000 ha/an

- Tonnage annuel de bois à vidanger : 284.000 m^3 /6 * 4,76 = 225.306 t
- Tonnage chargé par an au tracteur-grue : 200 x 240 = 48.000 t
- Nb de tracteurs-grues nécessaires : 225.306/48.000 = 4,7 arrondi à 5
- Nb de tracteurs avec remorques-gabarits : 5 x 3 = 15

Coût du débardage à l'ha. Ce calcul n'est qu'approximatif et n'est donné qu'à titre indicatif. Pour un volume de 142 m^3/ha, le tonnage est de 118 t/ha de rondins écorcés, secs à l'air. Les besoins pour 1 hectare, en conducteur/jour (CJ) et en heure de tracteurs (HE), sont les suivants :

- Nb de conducteurs/jour (CJ) : 4 pour 200 t, soit : 0,02 CJ/t et 0,02 x 118 = 2,36 CJ/ha
- Nb d'heures de tracteur/ha (HE/ha) : 6,4 h x 4 E = 25,6 HE/jour, soit 25,6/0,45 = 56,9 HE/ha

En considérant les coûts suivants :

- Coût journalier d'un conducteur de tracteur (CJ) : 15 €
- Coût d'une heure de tracteur (HE) : 20 € d'engin + 15 € de carburant = 35 €

On arrive à :

- Coût du débardage à l'ha : (2,36*15€) + (56,9*35€) = 2027 €/ha
- Coût du débardage au m^3 : (2,36*15€) + (56,9*35€)/142 = 14,3 €/m^3

Coût total de l'exploitation manuelle et du débardage. En ajoutant le coût de l'exploitation manuelle, on arrive au coût total de l'exploitation de bois écorcé, sec à l'air (25% d'humidité).qui est de :

2447 €/ha ou **17,3 €/m^3**

53 - Exploitation mécanisée

53.1 – Exploitation mécanisée des eucalyptus au Brésil

53.11 - Abatteuses combinées

Aujourd'hui, face aux pénuries de main d'œuvre rurale dans les pays développés, l'exploitation est de plus en plus mécanisée en particulier dans les plantations où les arbres sont droits et de forme régulière. L'exploitation dite "mécanisée" se fait à l'aide de machines dérivées de pelleteuses mécaniques auxquelles on adapte, en bout de bras, une tête d'abattage, véritable concentré de technologie, capable de réaliser, rapidement et en une fois, toutes les opérations d'exploitation :

1. abattage,
2. ébranchage,
3. écorçage,
4. mesurage des billons,
5. tronçonnage des grumes en billons,
6. rangement en piles, prêtes à être débardées.

Il existe actuellement sur le marché de nombreux type de machines d'origine canadienne, américaine, scandinave, japonaise et Sud-africaine. Les grandes marques rivalisent pour proposer des machines toujours plus performantes et offrant un maximum de confort aux conducteurs, quel que soit le climat.

Aujourd'hui dans les pays de grande ligniculture comme le Brésil, les exploitations sont le plus souvent mécanisées. C'est aussi de plus en plus le cas en Europe à condition que les difficultés des terrains ne soient pas trop grandes pour permettre l'acheminement et le passage en sécurité de ces engins très lourds. En Espagne et au Portugal, les eucalyptus sont pratiquement toujours exploités mécaniquement, malgré les sites montagneux, exigeant de la part des conducteurs une très grande dextérité. Il faut dire que l'*E. globulus* s'écorce particulièrement bien avec les têtes d'abattage.

Process. Pour un arbre, l'opération complète se mesure en secondes. De nombreuses vidéos circulent sur internet. On peut, par exemple, voir évoluer la machine H845C de la maque canadienne Tigercat dans une plantation clonale d'eucalyptus au Brésil*

La machine met 20 secondes pour réaliser toutes les opérations avec découpage de l'arbre en 3 billons écorcés de 8 m correspondant à l'exploitation complète de 1 ha/jour, pour des densités de plantation de 1000/ha (y compris les temps d'arrêt, compensés par les emplacements vides et non productifs). Notons toutefois que l'écorçage est imparfait, l'usine destinataire disposant probablement d'un tambour écorceur. Dans le cas où l'on souhaite un écorçage très soigné, il est nécessaire de passer plus de temps (40 à 50 secondes) à forcer la tige à faire plusieurs allers et retours et davantage de rotations entre les rouleaux. On pourra par exemple voir la machine suédoise "Eco log 7000B" en action sur la vidéo suivante**. L'arbre est abattu dans le peuplement, perpendiculairement à l'axe de progression de la machine. Il est tiré vers la parcelle déjà exploitée et les tronçons successifs sont mis en tas, alignés régulièrement et prêts pour le débardage. Au Brésil, la tendance est à la découpe en grande longueur (6 à 7 m). En effet, la longueur des billons influence très positivement le rendement des machines, tant pour l'abattage que pour le débardage. Selon, une étude brésilienne récente de A.V. BELISARIO *et al.* (2022[655]) en passant d'une longueur de rondins de 6 à 7 m, les gains de productivité étaient de 28% pour l'abattage combiné et de 48% pour le débardage. Il en est de même pour le chargement sur camion et le transport jusqu'à l'usine.

Les longueurs maximales des rondins sont déterminées par les industriels, en accord avec leurs installations de parc à bois souvent équipées d'une chaîne de tronçonnage automatisée découpant les grumes en petits rondins avant leur acheminement vers un éventuel tambour écorceur pour un passage rapide en vue d'un complément d'écorçage, selon la qualité de la pâte recherchée. L'écorçage (dépendant du bon réglage des couteaux d'ébranchage) est l'opération qui prend le plus de temps car elle peut exiger plus d'un aller et retour de la tige dans la machine. L'écorce est évacuée avec les branches et abandonnée sur place avec le reste du houppier, dès que le diamètre de la tige est inférieur à 5 ou 6 cm (selon les industries).

Organisation des chantiers. Au Brésil, la récolte organisée dans les champs d'eucalyptus clonaux prend l'allure d'une récolte agricole à la moissonneuse. C'est tout à fait l'idée que peuvent donner certaines photographies réalisées à l'aide de drones, telle l'image publiée sur la revue "Forestmachinemagazine" du 8 août 2022 et que nous reproduisons ci-après. C'est une des meilleures images de la ligniculture moderne. Les abatteuses alignent parfaitement les piles de

* Vidéo maxhine d'exploitation canadienne Tigercat H845C : https ://www.youtube.com/watch?v=_s6W7Hh-ZfA

** Vidéo machine d'exploitation suédoise Eco log 7000B (https ://www.youtube.com/watch?v=lbsxIl4sZuM)

rondins, écorcés et tronçonnés en grandes longueurs. Les rémanents sont concentrés entre les rangées de billons.

Le séchage à l'air, facilité par l'écorçage, permettra un allégement des chargements, tant pour le débardage que pour le transport jusqu'à l'usine. De plus, pour les parcelles les plus proches, il s'agit d'un stockage "au champ" qui évite le stockage à l'usine, réduisant d'autant les parcs à bois, coûteux et plus ou moins difficile à gérer. A la grande régularité des plantations clonales, succède la même régularité des piles de rondins. On retrouve la bonne organisation des exploitations manuelles du Congo, sauf que c'est le résultat du travail de seulement quelques conducteurs d'engin, pour 10 fois moins de temps.

"Moisson" des champs d'eucalyptus au Brésil (Photo tirée d'internet, d'auteur inconnu, avec l'accord de Forestmachinemagazine).

Remarque : Il est à noter que pour rentabiliser le matériel, il est fréquent d'organiser la journée en 3 x 8, les machines travaillant 24 heures sur 24 avec 3 conducteurs par machine. Le travail de nuit ne pose pas de problème en terrain plat comme c'est souvent le cas au Brésil.

Petits bois de biomasse et de carbonisation. Pour les plantations à fortes densités, il existe des machines capables de couper et de fabriquer des "javelles" de 10 tiges avant de les déposer en tas sur le terrain, ce qui est fait à vitesse maximale (49 secondes pour 10 tiges). Elles sont particulièrement adaptées aux fortes densités de plantation, correspondant à la production de biomasse à carboniser ou à transformer en pellets. La vidéo suivante permet d'observer ce mode de récolte par la machine canadienne Tigercat 860C*.

De plus, le débardage des tiges complètes peut être très rapide avec des matériels de type ' skidder", cependant, il n'y a ni écorçage ni ébranchage, ni tronçonnage, c'est pourquoi, étant donné l'importance de laisser les écorces, les branches, et les feuilles, en forêt, on peut penser que ce type de machine présente un moindre intérêt, sauf à re-fertiliser fortement à chaque rotation.

53.12 – Débardage au "Forwarder"

Types de machine. Ce sont des engins tout terrain disposant d'une grue pour auto-chargement. Le mot anglais est souvent traduit par "porteur" mais nous préférons garder le terme "forwarder" qui indique mieux sa capacité d'auto-chargement et de transport tout terrain. Il existe de nombreux types de machines fabriquées par différentes marques. Leurs caractéristiques sont variées mais celle qui est le plus directement liée à la productivité est le volume de stockage (largeur x hauteur) pour des rondins d'au moins 6 m de long

Rendement des Forwarders. Le débardage est donc parfaitement préparé à la fin des chantiers d'exploitation. Il est assuré par des machines modernes, capables, de rouler à pleine charge dans les parcelles à la cadence maximum de 75 m^3/heure pour des rondins de 7 m non écorcés (A. V. BELISARIO *et al.* 2022). Il est certain que le transport de bois écorcé serait beaucoup plus avantageux puisqu'il éviterait de perdre 15% de ce volume (11,25 m^3) à chaque voyage, correspondant à un produit riche en matière minérale dont dépend la fertilité des sols.

D'autre part, le débardage se fait bord de route, c'est-à-dire bord de parcelle, donc sur des distances assez faibles (125 m dans le cadre de cette étude). De ce fait, le rendement du débardage peut dépasser celui des machines d'abattage qui plafonnent à 45 m^3/heure (pour des rondins de 7 m non écorcés) et donc très probablement à 25 m^3/heure pour des bois écorcés, l'écorçage consommant près de 50% du temps total du process. En considérant une journée de 24 heures et pour du bois écorcé, on arrive aux rendements approximatifs suivants :

- Abattage combiné : 25 x 24 = 600 m^3/jour
- Débardage : 75 x 24 = 1800 m^3/jour

Dans cet exemple, on voit donc qu'il faut, 3 abatteuses pour 1 forwardeur.

Coût du débardage par forwarder. Dans une étude de 2010, D. SIMÕES D. & P.T. FENNER (2010[656]) se sont attachés à rechercher le coût opérationnel de ces engins en comparant, comme dans l'étude précédente, l'incidence de l'allongement des rondins sur les rendements et les coûts.

Les conditions de travail étaient les suivantes :

- Type de bois à extraire : rondins non écorcés empilés sur parcelles

* https ://www.youtube.com/watch?v=tGabH6RvrAg

- Distance moyenne de débardage : 175 m

Le débardage se fait par cycles comptant chacun les 4 opérations suivantes :

1. Chargement du forwarder
2. Trajet jusqu'en bordure de parcelle (175 m)
3. Déchargement bord de route
4. Trajet jusqu'aux piles de bois sur parcelle (175 m)

Résultats dans les conditions expérimentales :

- coût estimé de l'extraction en 2010 : 0,97 US$ /m^3.
- efficacité opérationnelle effective du forwarder : 94,89 m^3/h
- temps de chargement et déchargement : 80% du temps total.

Par ailleurs, les auteurs ont noté :

- des coûts d'exploitation fortement influencés par les coûts d'entretien et de réparation des forwarders, composantes les plus lourdes du coût opérationnel.
- un coût d'extraction diminuant de façon exponentielle en fonction des facilités de terrain et de l'efficacité opérationnelle effective des conducteurs mais aussi des entreprises. Cette variation était considérable (de 9,25 $ US/m^3 à 0,92 US$/m^3) pour des rendements d'exploitation de 10 m^3/h à 100 m^3/h, avec de meilleures conditions de fonctionnement.
- un coût de l'exploitation forestière, inversement proportionnel au revenu d'exploitation.
- une diminution des coûts de débardage avec l'allongement des rondins
- une baisse de productivité due à l'augmentation de la distance d'extraction.

53.2 – Exploitation mécanisée des eucalyptus en Cantabrie

Production de bois d'eucalyptus en Cantabrie. Selon l'ICANE, Institut de statistiques de Cantabrie, la production totale de bois d'eucalyptus de 2002 à 2021 (20 ans) était en moyenne d'environ 360.000 m^3/an (1/3 publique et 2/3 privée) et correspond surtout à l'espèce *E. globulus*. Malgré une grande irrégularité annuelle, la tendance est plutôt plate en terme de volume de coupe. Par contre, le volume de bois à l'hectare dans les différents inventaires diminue terriblement à cause des problèmes sanitaires sur cette espèce et cela ne concerne pas seulement la Cantabrie mais tout le Nord-Ouest Espagnol d'où une probable pénurie de bois de globulus dans le futur avec un passage au bois de nitens que les industries devront nécessairement accepter. De plus, les bois de Cantabrie qui se trouvaient à seulement 50 km de l'Usine de la SNIACE à Torrelavega, se trouvent, depuis sa fermeture en 2017, très éloignés des autres usines de pâte (tableau suivant) ce qui pourrait être très pénalisant en période de bas prix de la pâte.

Entreprise (Pâte à papier)	Capacité t/an	Site industriel	Distance depuis Torrelavega
Papelera Guipuzcoana de Zicunaga SA (Groupe IBERPAPEL)	240.000	San Sebastián (Pays basque)	219 km
LECTA	230.000	Saragosse	423 km
Groupe ENCE	572.000	Navia (Asturies)	250 km

Par ailleurs, l'Espagne n'échappe pas à la raréfaction de la main d'œuvre en zone rurale ce qui conduit inévitablement à la mécanisation des travaux et en premier lieu pour l'exploitation.

Exploitations mécanisées de l'*E. nitens* en Cantabrie (Espagne). Photos courtoisie Carlos TEJEDOR (sept. 2016). A gauche : Exploitation en zone pentue, bois en longues piles, prêtes pour le débardage. **A droite :** Abatteuse Hyundai en action (écorçage difficile en période sèche).

Volumes à exploiter. Les volumes à exploiter à l'ha, sont différents selon qu'il s'agit de globulus ou de nitens (plantations plus récentes faites en remplacement du globulus victime de la maladie des taches foliaires). D'autre part, les volumes moyens à l'ha, sur écorce, sont très variables selon les sites et le matériel génétique utilisé. En moyenne ils sont de l'ordre de 190 m^3 pour le globulus et de 270 pour le nitens. Pour des révolutions de 14 ans, cela correspond à des productivités de 13,5 m^3/ha/an pour le globulus, et de 19,3 m^3/ha/an pour le nitens, (soit 42% de plus que le globulus).

Coût de l'abattage mécanisé. Il est réalisé par des entreprises spécialisées et, selon Carlos TEJEDOR, en 2017, le prix au m^3, de l'exploitation avec les machines d'abattage combiné, s'élevait de 13,5 à 15 €/m^3 écorcé, pour des récoltes en billons de 2 m. Aujourd'hui la tendance est à récolter en billons de 5 m de long, ce qui fait baisser les coûts d'exploitation, alors que tous les autres coûts ont augmenté.

Exploitation de l'*E. nitens* en Cantabrie. Photos courtoisie Carlos TEJEDOR (sept. 2016). Petit camion 6 x 6, adapté localement pour le débardage.

Débardage. Il est souvent effectué avec du matériel reconditionné localement par de petits constructeurs, à partir de petits camions tout terrain (voir photo précédente). Sans doute moins performants que les forwarders modernes, leur coût d'acquisition, d'adaptation et de fonctionnement reste cependant accessible aux petites entreprises.

Le prix au m^3 écorcé, payé aux entreprises, se situait en 2017, entre 9,1 et 9,6 €/m^3 en 2 mètres de longueur (incluant le coût de réfection des pistes et le chargement des camions de transport).

Transport routier : Les petits entrepreneurs de transport ne manquent pas. Les chargements sont de 30 tonnes. Le coût du mètre cube kilométrique est dégressif suivant la distance à l'usine, mais cela ne change pas le fait que le transport routier sur de grandes distances, soit économiquement très lourd, pour les industriels, mais aussi pour les propriétaires qui peuvent éprouver des difficultés à vendre leur bois quand ils sont trop éloignés des industries.

C'est sans doute un problème aussi pour les transporteurs, eux-mêmes, obligés de réduire les prix au km s'ils veulent conserver une part de ce marché. La fermeture de l'Usine de la SNIACE, seule usine de pâte en Cantabrie, n'a fait qu'aggraver la situation. Le tableau suivant fait état des prix en 2017.

Coût du Transport routier en Cantabrie (2017)

Distances Forêt-usine		m3 kilométrique	coût total du transport
		€/m3/km	€/m3
courte	<5km	0,45	2,25
moyenne	36 km	0,13	4,68
longue	Jusqu'à 130 km	0,07	9,1

Prix de revient du bois rendu usine. Pour un industriel éloigné de la ressource, le bois est cher. Il comprend 4 composantes, à commencer par le prix du bois sur pied, qui est très élevé actuellement (30 €/m^3 à payer au propriétaire). Il faut ajouter le prix de l'abattage combiné, du débardage et du transport. En admettant que les prix actuels sont 15% plus élevés qu'en 2017 (sauf pour l'abattage en billons de 5 m) et pour une usine située en moyenne à une distance de 50 km de sa ressource, le prix de revient à l'usine pour un industriel du Nord-Ouest espagnol s'élèverait à plus de 60 €/m^3 avec la structure présentée par le tableau suivant :

Prix de revient d'1m3 de bois rendu usine

Composantes	euros/m3
Bois sur pied (fin 2022)	30,00
Abattage mécanisé	13,00
Débardage	10,75
Transport (50 km en moyenne)	7,48
TOTAL	**61,23**

Si une telle situation est possible lorsque le prix de la pâte est à son plus haut niveau (+86% par rapport à 2010), cela risque de changer car pour la pâte à papier ce cours est cyclique.

***

6 – RENOUVELLEMENT DES PLANTATIONS

61 - Considérations générales

Après l'exploitation et la vidange des bois, il s'agit de renouveler les parcelles. Deux moyens s'offrent au sylviculteur : le Renouvellement par rejets de souches ou la Replantation.

Cas des Eucalyptus. Ils ont en général une grande aptitude à rejeter de souche. C'est bien le cas des variétés sélectionnées au Congo et au Brésil. En Espagne, si l'*E. globulus* rejette parfaitement il n'en n'est pas toujours ainsi pour l'*E. nitens*, sauf pour certaines provenances sélectionnées par la SNIACE en Cantabrie.

L'éducation des rejets conduit au taillis, qui est souvent plus productif que la futaie. Le nombre de rotations de taillis possible après l'exploitation de la futaie est variable suivant la fertilité du site et l'âge de la coupe. Le nombre de rotations de taillis est en général au moins égal à 3, aux conditions suivantes :

- Assez bonne fertilité du site
- Rotations courtes (7 ans)
- Forte densité de souches.

Cependant, l'effort important d'amélioration génétique permet d'espérer des gains rapides en début de programme et il peut être avantageux de changer de clone, voire même de type d'hybride, surtout si celui que l'on vient d'exploiter est plutôt médiocre tant au niveau de la productivité et la résistance aux maladies que de la qualité du bois (densité et rendement en pâte).

Remarques : Plusieurs observations s'imposent :

1. Bien que les opérations de piquetage soient simplifiées (plantation entre les souches dévitalisées, en conservant les lignes), la replantation est plus coûteuse que la plantation, à cause des intrants (arboricide et engrais à niveau élevé comme après chaque exploitation).
2. Le dessouchage est à éviter et c'est là que le parfait alignement dans les 2 sens présente un grand intérêt puisqu'il permet de passer en sous-solage, perpendiculairement aux lignes de souches.
3. Le démarrage des nouveaux plants installés entre les souches est très rapide grâce à un important développement racinaire, empruntant souvent le même chemin que les anciennes racines et bénéficiant de l'augmentation de matière organique, venant de l'ancien peuplement, dans le sol (racines) et au niveau des horizons supérieurs du sol (litières et rémanents d'exploitation).
4. L'apport d'engrais est indispensable pour compenser les exportations minérales et cet apport est conséquent, calculé sur les quantités contenues dans les bois écorcés extraits des parcelles (600 kg/ha de 15-15-15 dans le cas du Congo). Comme il faut minimiser les pertes d'azote par lessivage, il est préférable de réaliser l'opération en 3 passages durant la rotation, lesquels sont à réaliser en début de saison des pluies, au cours des 3 premières années de croissance des rejets, car après la 3ème année, la réponse des arbres n'est plus significative.

Cas des Pins. Pour les espèces qui ne rejettent pas (comme les pins) ou mal (comme les acacias) ou pour la plupart des espèces de bois d'œuvre, le problème du taillis ne se pose pas et il conviendra de renouveler par replantation après chaque révolution. La question des souches se posera donc toujours. Dans le cas des pins, l'exploitation de la coupe finale est parfois suivie d'un dessouchage comme c'est le souvent le cas avec le Pin maritime dans les landes de Gascogne (France), le coût élevé de l'opération étant supporté par la récupération du bois des souches comme bois énergie. Cette pratique présente cependant l'inconvénient de perturber les sols et de perdre une importante source de matière organique que représentent les souches.

Cas du Teck. Pour cette espèce de bois précieux qui rejette abondamment, le taillis est exclu mais la reconstitution peut être envisagée selon deux modalités, comme cela a déjà été évoqué précédemment :

- Reconstitution par replantation (modèle PROTECA)
- Reconstitution par futaie sur souche (Essais de 1995 en Forêt Classée de Bamoro - Côte d'Ivoire.

Dans le modèle PROTECA, les arbres sont coupés rez-terre, très proprement, et les souches sont dévitalisées après chaque éclaircie et après la coupe définitive. De plus, comme les alignements sont parfaits, le passage de la sous-soleuse en croisé ne pose aucun problème ce qui fait que l'interversion entre lignes et interlignes peut se faire sans difficulté. On peut donc profiter à chaque nouvelle révolution du gain génétique et le coût de la replantation est proche de celui de la plantation.

Dans l'essai de Côte d'Ivoire, après la sélection des rejets (à raison de 2 par souche) puis de l'éclaircie à 3 ans du rejet le plus faible (surtout s'il ne vient pas des racines) la très grande vitesse de croissance des rejets permet de gagner au moins 2 ans de croissance et une amélioration significative de la forme des tiges (comme on peut le voir sur la photo de droite (3ème partie, point 65.33). De plus, le coût est beaucoup plus faible que celui d'une plantation mais on ne peut profiter du gain génétique. Enfin, il est préférable que les arbres soient coupés bas et proprement et il faut une attention particulière pour la sélection de rejets qui proviennent des racines, à la base de l'arbre en excluant ceux qui viennent de la souche elle-même.

62 - Renouvellement par Rejets de souches

Nous reprenons le modèle des eucalyptus du Congo. La programmation des diverses opérations est à ajuster avec soin, selon les variétés, l'importance des rémanents et leur vitesse de dégradation. Après la coupe, les opérations suivantes sont à prévoir :

- Sélection des rejets vers l'âge de 8 mois.
- Fertilisation à l'épandeur centrifuge derrière remorque.
- Broyage à la landaise des rémanents (1 interligne sur 4).
- Entretien au covercrop à raison d'1 ou 2 passages dans les lignes libres (3 lignes sur 4) après fertilisation.

Sélection des rejets. On se reportera au point 65.2 (3ème partie), pour ce qui concerne la conduite des taillis clonaux. Rappelons que lorsque la densité de plantation est suffisante (de 800 à 1.000/ha), on peut sans inconvénient ne laisser que le meilleur brin sur chaque souche et le risque de repousse à la base des rejets est faible (comme c'est le cas à ARACRUZ au Brésil). Ceci est un grand avantage et cela simplifie beaucoup la gestion du taillis.

Par contre, quand la densité est plus faible comme c'était le cas dans les savanes sableuses de la région de Pointe Noire (Congo) on peut être conduit à sélectionner 2 brins par souche et dans ce cas, on doit envisager d'accompagner la sélection de rejets par une éclaircie de souches (par dévitalisation) afin de maintenir à l'ha une densité acceptable de tiges.

Broyage des rémanents à la landaise. L'accumulation des rémanents dans un interligne sur 3 a grandement facilité les opérations de débardage des rondins mais elle peut présenter des difficultés pour le passage des tracteurs dans ces interlignes en particulier pour la fertilisation (regonflage) qu'il faut nécessairement appliquer pendant les 3 premières années de croissance du taillis. C'est dans cette optique que l'UAIC a importé une débroussailleuse landaise à 3 rouleaux en tandem (voir photos ci-après). L'outil est à la fois efficace et rapide. S'agissant de l'interligne des rémanents, le sol n'est pas très touché et donc les racines assez peu blessées mais cela reste à vérifier.

Notons qu'on peut éviter à priori de passer en fertilisation dans cet interligne (protégé du recru par la couverture de rémanents) en ne passant qu'au centre du groupe de 3 interlignes situé entre 2 alignements de rémanents. Si l'on ne peut augmenter le rayon de distribution de l'engrais d'un demi-interligne, nous pensons que la concentration des rémanents dans cet interligne peut suffire à compenser l'absence de fertilisation, ce qui reste à démontrer.

UAIC (Congo – 1991). A gauche : Landaise en tandem à 3 rouleaux. **A droite :** Landaise en action sur interligne de rémanents dans un taillis de 2 ans.

Fertilisation. Dans les plantations de l'UAIC, elle se faisait à l'aide d'une remorque de 3 m^3, de marque "ROCK MY Vandel", équipée d'un distributeur centrifuge (photos ci-après). Ce "regonflage" nécessitait 600 Kg/ha d'engrais complet (15-15-15), correspondant donc à 90 U/ha pour chacun des 3 éléments NPK. La distribution de l'engrais se faisant sur 15 m de large (3 interlignes à la fois) et à la vitesse de 10 km/heure, le rendement était donc d'environ 15 ha à l'heure, soit 96 ha/jour pour 6,4 heures effectives. Pour un programme de 2.000 ha/an, la fertilisation du taillis demanderait donc, à chaque passage, la mobilisation d'un tracteur de 130 ch et de la remorque Rock pendant 1 mois, soit 3 mois tous les 7 ans, pour les 3 passages.

UAIC (Congo - 1991). A gauche : Georges QUILLET réceptionne l'épandeur d'engrais "Rock MY Vandel" de 3 m^3. Le disque de distribution est replié. **A droite :** Vue de l'avant de l'épandeur avec les câbles électriques, à brancher sur la prise électrique du tracteur, et qui alimentent, en outre, le tapis de distribution de l'engrais en direction du disque situé à l'arrière de la remorque. Sur le côté de l'appareil, on distingue deux disques de rechange.

Entretiens. Ils sont 2 ou 3 fois moins nombreux qu'en première installation. La reconstitution des parcelles étant très rapide (photos, point 65 - 3ème partie) le sol peut être très vite couvert sans nécessiter d'entretien lequel peut être différé après le dépressage. La concurrence vient plutôt des rejets du recru ligneux (favorisé par l'abri des eucalyptus), plus ou moins envahissant selon les sites et que l'on pourrait très bien envisager de dévitaliser. Chaque passage au cover-crop est suivi d'un nettoyage manuel des lignes, lequel peut être réalisé en même temps que la sélection des rejets. Ces seules interventions suffisent car les rejets d'eucalyptus ont une très forte croissance et couvrent très vite le sol

Coût du renouvellement. Qu'il s'agisse de renouvellement par rejets de souche ou par replantation, le coût des engrais est le déterminant principal du coût de l'opération. En 2009, on estimait le prix de l'engrais complet à 0,5 €/Kg et sur cette base, le coût du renouvellement par rejets de souches ne se montait guère qu'à 60% du coût de la première installation, et à 108% pour une replantation. Cependant, aujourd'hui, ces opérations sont devenues beaucoup plus onéreuses, suite à la très forte augmentation du prix des fertilisants. Au prix 2022 (environ 1 €/kg, rendu port africain), l'achat d'engrais reviendrait à lui seul à 600 x 1 = 600 €/ha, soit plus de la moitié du coût direct de la plantation initiale (évolution du prix à observer).

63 - Renouvellement par Replantation

La replantation diffère du renouvellement par rejets de souche par les 2 points essentiels suivants :

- Dévitalisation chimique obligatoire de toutes les souches vivantes, immédiatement après abattage,
- Perturbation des travaux par l'ensouchement qui gêne le passage des engins

Problème de l'ensouchement. La replantation consiste à renouveler le peuplement par une nouvelle plantation. Tout d'abord, si l'espèce précédente rejette de souche, il sera indispensable de dévitaliser les souches, opération à réaliser par voie chimique, immédiatement après l'abattage et donc à programmer avec l'exploitation. Il est à noter que dans les parcelles qui doivent faire l'objet de replantation, l'abattage sera réalisé le plus bas possible ; au besoin on peut faire précéder quelques manœuvres pour faire le tour des pieds d'arbres à la houe.

Après dévitalisation des souches, on est revenu à la situation initiale, sauf que l'ensouchement et l'accumulation des rémanents dans 1 inter-ligne sur 4, sont des obstacles pouvant gêner les travaux.

Choix d'une modalité de renouvellement. Divers paramètres peuvent rendre difficile la prise de décision. En effet les situations sont très différentes selon que :

- L'espèce rejette ou non de souche
- On souhaite changer de matériel génétique
- On souhaite changer d'espacements

Replantation sans modifier les intervalles de plantation. Dans le cas où l'on choisit de garder le même objectif et les mêmes espacements, on peut facilement changer de matériel génétique, tout simplement en mettant en place les plants de la bonne variété dans les intervalles des souches de la variété précédente (schéma ci-après).

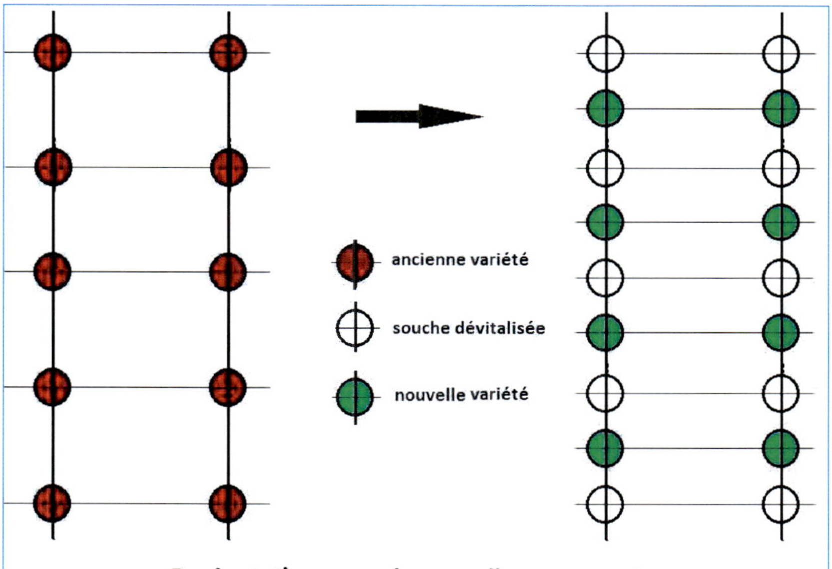

Replantation sans changer d'espacements

On peut cependant distinguer trois possibilités selon que l'on accepte ou non de recourir à la trouaison manuelle :

- Conserver les mêmes lignes de plantation et planter entre les souches.
- Soussoler en travers en éliminant au passage un certain nombre de souches mal placées.
- Ouvrir de nouvelles lignes dans les interlignes et araser les lignes de souches au milieu des interlignes.

<u>La plantation entre les souches</u>, semble la solution la plus simple et la moins contrariée. Elle pose cependant le problème de l'impossibilité de travailler mécaniquement le sol au niveau de chaque

plant avec l'obligation de recourir au travail manuel à la pioche pour aménager un potet entre chaque souche. Même exécutée sommairement, la trouaison manuelle exige un surcoût de main d'œuvre estimée à 2 HJ/ha à la densité de 666/ha (1 minute par trou en moyenne). Pour le reste, les opérations sont identiques à la création du taillis :

Le sous-solage en travers, d'un inter-plant à l'autre, ne pose pas de problème si les alignements de plants sont réalisés dans les deux sens. Dans le cas contraire, il faudra passer au préalable un broyeur avec un tracteur puissant (équipé d'un GPS) pour arasez les souches mal placées au maximum (environ 25% des souches peuvent être concernées). La sous-soleuse devra être escamotable équipée d'un coutre circulaire surdimensionné pour bien couper les souches en deux et éviter les incidents.

Le sous-solage dans l'interligne correspond à une interversion ligne-interligne. Par rapport au sous-solage initial, il présente deux difficultés importantes. D'une part, il nécessite, comme dans la modalité précédente, un arasement de toutes les souches afin de rendre possible le passage des engins d'entretien sur les anciennes lignes. D'autre part, l'accumulation des rémanents, 1 interligne sur 3, peut ne pas permettre le passage de la sous-soleuse dans cet interligne et donc nécessiter également le passage au préalable du broyeur. Cette solution qui peut sembler techniquement très bonne, est probablement la plus coûteuse à cause du passage d'un broyeur, toujours lent et gourmand en énergie.

Replantation en changeant d'espacement. Si l'on souhaite changer les intervalles de plantation, l'ensouchement devient alors un obstacle important. On peut toutefois conserver l'interligne initial en modifiant l'intervalle entre plants. On peut, soit augmenter la densité, soit la diminuer, et en profiter pour changer de variété.

Augmentation de la densité de plantation en conservant les mêmes lignes. Dans l'exemple du schéma ci-dessous, on passe de la densité de 666/ha (5 m x 3 m) à 1000/ha (5 m x 2 m) comme le montre le schéma ci-dessous. Pour cela, on plantera entre les souches alternativement 1 puis 2 plants. Le plant unique est à planter au milieu de l'interplant, puis dans l'interplant suivant, les 2 plants sont situés à 0,5 m du centre des souches, laissant un intervalle de 2 m entre eux. Ainsi les nouveaux plants sont régulièrement espacés de 2 m sur les anciennes lignes. Ce dispositif conviendra par exemple à une replantation dans le même objectif papetier ou énergétique mais avec une variété beaucoup plus productive et résistante à la concurrence intraclonale.

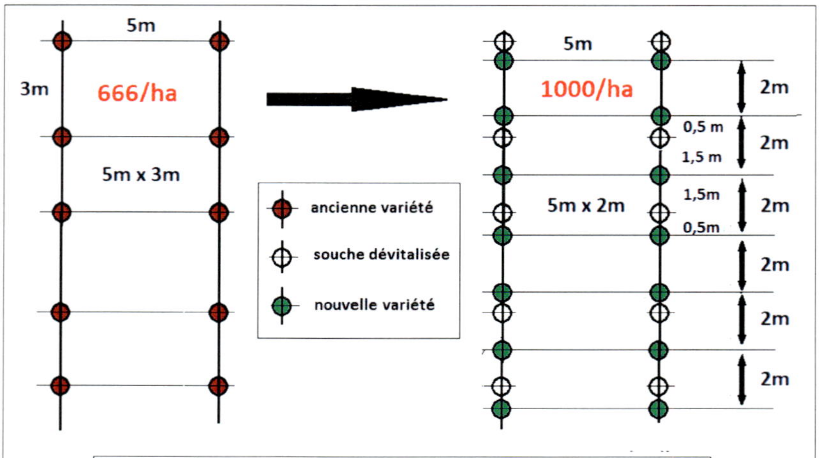

Replantation avec une nouvelle variété, en conservant les lignes mais en changeant de densité

Diminution de la densité de plantation en conservant les mêmes lignes. Pour cela, on ne plantera qu'un interplant sur deux et le plant sera placé au milieu de l'espace. On diminue par 2 le nombre de plants sur les lignes ce qui réduit d'autant la densité. Dans l'exemple du schéma ci-dessous, on passe de la densité de 666/ha (5 m x 3 m) à 333/ha (5 m x 2 m). Ce dispositif conviendra par exemple à une replantation avec un objectif bois d'œuvre avec une sylviculture sans éclaircie, comme pour le peuplier.

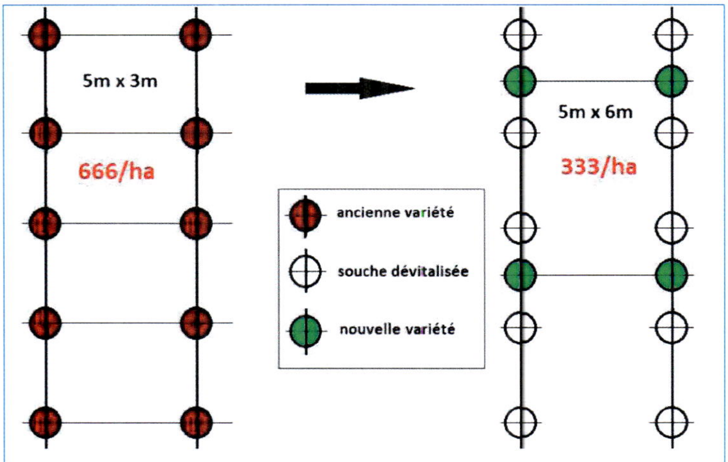

Replantation en conservant les lignes et diminuant par deux l'espaçement interplant et donc la densité

Remarque. La replantation exige un effort de programmation supplémentaire car il faut planter très rapidement après la vidange des bois et éviter de le faire en saison sèche. L'exploitation se déroulant régulièrement toute l'année, on devra concentrer l'effort de replantation pendant toute la saison des pluies en doublant le programme au début de cette saison pour ajouter les parcelles exploitées en saison sèche.

Coût de l'herbicide. Le Garlon (9% de Trichlopyr + 3% de Fluoxypyr) est efficace mais coûteux (au moins 100 €/l, prix de gros) et très réglementé. Le Piclorame, utilisé par PROTECA dans ses tecks au Mato Grosso (Brésil) semble, par contre, bon marché ainsi que le montre le tableau comparatif suivant :

Spécialité commerciale	Matière active	Prix du Produit commercial		Traitement par souche				Traitement par ha	
				Solution	Dilution	Qté/souche	Coût	Nb de souches	Coût
		euro/litre	euro/ml	ml/souche	%	ml	€/souche	Nb/ha	€/ha
TORDON	Picloram	12,59	0,01259	200	2%	4	0,05	650	32,7
GARLON	Triclopyr	100	0,1	200	2%	4	0,40	650	260

Remarques :

- Concernant le Garlon, nous avons considéré que la dilution à 5% dans la solution à pulvériser était aussi efficace qu'avec le Tordon, ce qui n'est pas certain.
- Selon Fernando Torres (PROTECA) le prix du Picloram (12,59 €/litre), serait le même au Brésil qu'en Europe. Par contre, par rapport au traitement au Garlon, il faut ajouter un second ouvrier chargé de blesser les souches (avec un fer adapté) avant l'application de l'arboricide

(il reste à démontrer que cela n'est pas également nécessaire pour le Garlon). En comptant 2 HJ/ha, et pour une dévitalisation de 650 souches/ha, les coûts de main d'œuvre se monteraient donc à 20 €/ha portant le coût total à 52,73 €/ha pour le traitement au Tordon contre 270 €/ha pour le traitement au Garlon, c'est-à-dire plus de 5 fois moins.

Entretien. Les plants démarrant beaucoup moins vite que les rejets, le nombre de passages en entretien est doublé (3-4 passages au lieu de 1-2) et chaque passage au cover-crop est suivi d'un nettoyage manuel des lignes de plantation (comme lors de la première plantation).

Conclusion. La replantation est donc nettement plus coûteuse que la plantation (dévitalisation des souches, arasement des souches et fertilisation) mais elle peut-être plus rentable si le matériel génétique est plus performant.

***

7 – SUIVIS ET CONTRÔLES

Nous distinguons les suivis exécutés en interne et les contrôles réalisés à la demande par des consultants extérieurs à l'Entreprise.

71 - Les Suivis

Les suivis font partie intégrante des programmes de la R&D de l'Entreprise, Dans le cas où l'Entreprise ne dispose pas de R&D, les suivis peuvent être réalisés par des consultants externes à une périodicité fixée par l'Entreprise. Ils prennent alors la forme de contrôles.

Les suivis sont des mesures et/ou des enquêtes, réalisées périodiquement pour connaître, le plus précisément possible, l'état des plantations qui se décline en 4 chapitres :

- Evolution de la production (aspect quantitatif),
- Etat sanitaire du massif,
- Evolution de la fertilité des sols,
- Impact des plantations sur l'environnement humain et écologique.

Ils sont réalisés pour chaque Parcelle et récapitulés pour chaque Station, chaque Campagne de plantation et pour l'Ensemble du Massif. Toutes ces données, après compilation, sont archivées dans la base de données plantation (BDP). La manipulation de cette base permet de répondre à de nombreuses questions et fournit en particulier tous les éléments nécessaires à la rédaction du document d'aménagement durable du massif planté et à ses révisions périodiques.

Le suivi dendrométrique régulier de chaque parcelle et variété fait partie intégrante de la cellule aménagement, incluse ou non dans la R&D. L'Entreprise doit nécessairement disposer d'une "Cellule aménagement".

72 - Les contrôles

Ce sont des expertises (externes) réalisées par des cabinets extérieurs dont la compétence est reconnue dans leurs domaines et qui travaillent, soit à la demande de l'Entreprise ou de ses clients potentiels, soit à la demande d'instances extérieures. Lorsque l'Entreprise ne dispose pas d'un service de R&D, ces contrôles peuvent revêtir l'aspect d'aides extérieures pour les problèmes techniques les plus importants qui se posent à l'Entreprise.

Ils sont de 4 types :

1. **Contrôles techniques divers** (Analyses de sols, Analyses foliaires, Détection parasitaire, Qualité du bois, Rajeunissement des clones, Aides diverses au niveau de la R&D).

2. **Impact sur l'environnement** (à la demande d'instances régionales, nationales ou internationales, liées ou non à des demandes d'aides financières).

3. **Ecocertification.**

4. **Certification du CO2 fixé.**

73 – Aménagement durable

L'aménagement durable est une nécessité dès le départ du Projet. Il se fonde sur le plan d'aménagement, document essentiel à la gestion à long, et moyen terme du massif planté incluant un plan de gestion plus précis pour les blocs de plantation exploités régulièrement.

Son application permettra d'atteindre les objectifs fixés, tant au plan économique, écologique que social. Un tel tableau de bord n'existe pas au départ, mais il est à élaborer, en parallèle, avec le développement du projet.

Vu de l'extérieur, le plan d'aménagement durable est un document agréé par l'autorité forestière nationale faisant la preuve de la durabilité des peuplements dans tous leurs aspects (productif, environnemental, social) à condition bien sûr de le respecter.

Au départ du projet, la rédaction n'est pas possible, mais on doit commencer à rassembler les informations, et à les archiver sérieusement, pour en disposer de façon exploitable à la fin de la constitution du massif.

Le nombre de données est considérable et ne cesse de croître avec le temps et avec l'extension du massif (empilement des opérations, des observations et des mensurations). Elles doivent être traitées sous SIG (Système d'Information Géographique) avec une base de données extensible et adaptable.

Un aménagement forestier classique est structuré classiquement en 8 titres :

Titre I.........Situation, limites et contenance du massif.

Titre II.........Analyse du milieu.

Titre III.......Traitements passés (constitution du massif).

Titre IV........Etat actuel de la Forêt (résultat des inventaires)

Titre V.........Plan de gestion (Séries et parcelles, cycle de production et de travaux)

Titre VI........Mesures en faveur des populations locales

Titre VII.......Mesures conservatoires (biodiversité)

Titre VIII......Bilans (économiques, écologiques et sociaux).

L'aménagement durable est un préalable indispensable à l'écocertification, laquelle n'est qu'un ultime contrôle vérifiant si l'aménagement est sérieux et s'il est respecté. Ecocertifier une forêt non aménagée n'a aucun sens. S'il est facile d'écocertifier une forêt aménagée, on ne peut écocertifier une forêt sans l'aménager au préalable. Aménager pour la première fois une forêt est un travail considérable surtout si la forêt est ancienne et que les archives sont rares ; mais s'agissant d'un massif à planter, il est facile de réaliser l'aménagement, parallèlement à sa constitution.

Les éléments majeurs des travaux d'aménagement sont : la structuration des massifs, les inventaires, le suivi des parcelles et les bilans annuels.

73.1 - Structuration des massifs en Séries et parcelles

73.11 - Unité forestière d'aménagement

Dans le cas d'un grand Projet de plantations industrielles dédiées à l'alimentation d'une industrie proche, le massif constitué ou projeté constitue l'unité forestière d'aménagement (**UFA**) qui doit comprendre l'ensemble des surfaces plantées, et naturelles, appartenant à l'entreprise et situé à l'intérieur d'un périmètre au limites bien identifiées.

73.12 - Séries d'aménagement

Le massif sera divisé en autant de séries que d'objectifs assignés à certaines parties, plantées ou naturelles. Les **Séries,** ou **Sous-Séries**, sont des sous unités d'aménagement, considérées comme des ensembles suffisamment homogènes pour être assignés à même objectif et définis par 4 types de critères :

- Caractéristiques écologiques (en particulier, édaphiques).
- Objectifs (production, expérimentations, conservation, etc.).
- Structure des peuplements et orientation sylvicole.
- Distance moyenne à l'usine,
- Surface et desserte.

Très souvent les Unités Forestières d'Aménagement comprennent :

- Une **Série de Production** avec 2 sous-Séries :
    - o Une Sous Série d'Eucalyptus pour le bois de pâte,
    - o Une sous-Série de Pins pour la production de bois d'œuvre et de pâte ou de trituration,
    - o Une sous-série d'eucalyptus pour le bois d'énergie
- Une **Série de Conservation** (ilots de forêts naturelles englobés dans les plantations),
- Une **Série de Recherche**, correspondant aux parcelles d'essais de la R&D, plus ou moins éparpillées dans le massif.

73.13 – Unités de gestion (parcelles)

La surface totale forestière est en principe gérée par une seule Entité de Gestion qui est l'Entreprise propriétaire du projet et plus spécialement son "**Unité Aménagement**". Les plantations sont réalisées autant que possible par parcelle unitaire de 20 ha (si possible de 400 m x 500 m conformément au schéma donné plus haut (point 32.3). Les parcelles sont distribuées entre deux routes forestières utilisables par les camions de transport des grumes et espacées de 500 m. Le débardage se faisant par moitié de parcelle, jusqu'à ces deux routes, la distance moyenne de débardage est de 125 m (schéma page suivante).

Bien que regroupées au sein des Séries forestières, les parcelles restent les unités de gestion. Toute information entrant dans la base de données doit impérativement rester attachée au n° de la parcelle d'origine. Ainsi, le classement des parcelles, qui est la seconde étape de l'aménagement, en sera grandement facilité.

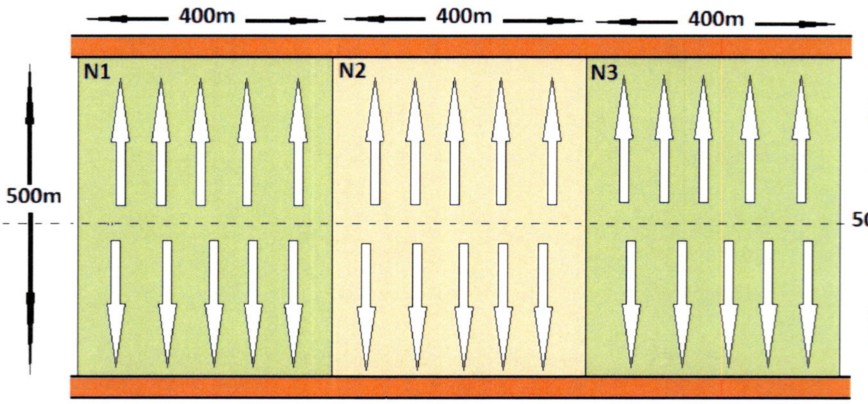

Schéma de parcelles ; Distance moyenne de débardage : 500/4 = 125m

73.2 - Inventaires

Cet aspect est traité par la "**Cellule Biométrie**" dépendant directement de l'Unité Aménagement. Le responsable de l'Unité Aménagement devra mettre au point la méthodologie d'évaluation des parcelles par leurs inventaires. Dans les productions à court terme, il sera bon de faire ces inventaires, une fois par an, ce qui permettra un suivi très précis par clone ou variété et pour chaque parcelle. Si pour le diamètre ou la circonférence à 1 m30, le mètre ruban est toujours le meilleur outil, il existe aujourd'hui des instruments très perfectionnés pour mesurer les hauteurs totales (dendromètres à ultrasons de type Vertex V) ce qui permet à l'équipe d'inventaire d'aller plus vite tout en réduisant les erreurs. L'épaisseur d'écorce est simple à mesurer et la densité du bois est estimée au pilodyn (point 51.4 - 3ème partie).

Réseau de placettes permanentes. Les inventaires, réguliers, s'appliqueront sur un réseau de placettes permanentes, installées dans toutes les parcelles à la densité de 1 à 10 %. La petitesse de ces placettes réduira le travail des équipes mais leur forte densité, augmentera la précision de l'inventaire. D'autre part, la grande régularité du dispositif et la préparation des inventaires, avec indication des placettes sur cartes, améliorera le travail de l'équipe de mensuration qui est très répétitif et qui ne peut souffrir d'erreur de placettes. Enfin, les placettes doivent se trouver à cheval sur au moins 3 lignes consécutives pour éviter les effets d'auréoles à partir des lignes de bordure (dus à la concurrence, d'une ligne à la suivante, dans les parcelles clonales très homogènes).

Taux de sondage. Avec un taux moyen de 3%, et pour une surface à inventorier de 14.000 ha (7 x 2000), la surface totale de placettes à mesurer annuellement sera donc de 420 ha, ce qui devrait correspondre à une moyenne de 2 ha/jour d'inventaire en plein pour l'équipe d'inventaire. Ces mesures seront faites en toutes saisons mais, la date de passage pour chaque parcelle devra être respectée afin d'avoir toujours un écart d'1 an entre deux mesures.

Eléments à mesurer. Ils peuvent être nombreux :

A Critères stationnels et adaptatifs liés à la placette

- nombre d'emplacements vides
- nombre d'arbres morts
- état sanitaire des arbres (identification des parasites connus éventuels),
- densité du feuillage,
- importance du recru herbacé et ligneux.

B Critères quantitatifs (arbres vivants)

- hauteur totale (mesurée au dendromètre à ultrason),
- diamètre à 1 m30 du sol (au ruban),
- épaisseur d'écorce (à la jauge),
- densité du bois (mesurée au pilodyn).

C Critères qualitatifs

- forme des arbres (note de fût, de 1 à 5).
- qualité de l'élagage naturel,
- grosseur des branches (note de 1 à 5).
- angle d'insertion des branches (90° = branches horizontales).
- importance des verticilles (grosseurs des "nœuds" et longueur des "entre-nœuds").
- hauteur sous première grosse branche (importance des houppiers).

Remarque : Pour les clones, les critères qualitatifs (C) sont en principe déjà connus par les tests clonaux antérieurs. Il n'y aura donc pas, en principe, à les répéter, ce qui allégera le travail des équipes.

Eléments environnementaux. L'objectif est de disposer d'une excellente connaissance écologique du massif planté est d'en connaître l'évolution, sous pressions environnementale et humaine. Cette connaissance devra faire l'objet d'une synthèse avec des mises à jour régulières. Toutes les composantes de l'écologie locale devront d'abord être rassemblées à partir des données bibliographiques (climatologie, géologie, pédologie, phytosociologie, etc.) puis complétées de façon continue par les données recueillies par l'Entreprise.

La volonté de disposer d'une base complète sur l'interaction entre les plantations et l'environnement demande une évaluation spécifique basée sur 2 types d'observations :

- Les observations occasionnelles faites par toute personne du Projet en activité dans les plantations découvrant des éléments inhabituels et qui doivent les signaler (régénération naturelle, animaux sauvages, dégâts divers, attaques parasitaires, présence humaine, coupes illicites, etc.). La sensibilisation à l'observation des plantations, et à remarquer des événements inhabituels, doit faire partie des consignes données à tous les employés.
- Le suivi d'un réseau de placettes permanentes situées à des endroits particuliers des plantations (endroits favorables à la faune terrestre et aviaire, endroits difficiles pour les plantations, zones voisines de zones habitées, zones proches des forêts naturelles, etc.). La densité des placettes de ce réseau particulier sera beaucoup plus faible que pour les inventaires classiques ci-dessus. Ce dispositif allégé et beaucoup plus souple, pourra être modifié au fur et à mesure d'une connaissance plus précise du domaine planté (changement

de place de certaines placettes, ajout ou suppression de placettes particulières). Des caméras d'observation pourront être utilisées pour vérifier la présence de certains animaux.

L'équipe d'observation environnementale sera composée de 2 personnes, une plus spécialisée sur la faune (faune terrestre, oiseaux et insectes), et l'autre sur la flore et les champignons (y compris les parasites). Leur formation sera assurée par des stages bien identifiés mais aussi par la visite annuelle de consultants. Des mesures particulières pourront être faites sur l'épaisseur et la qualité des litières, l'importance du couvert sous plantation, ainsi que la force et l'identification des espèces du recru herbacé et ligneux.

Pointe Noire (Congo) 1987. Ramassage des branches mortes dans les plantations clonales

Dans les parcelles proches des zones habitées, l'attention des observateurs portera sur les pressions éventuelles venant des populations riveraines (ramassage de bois morts, de menus produits, dégâts éventuels aux arbres, coupes illicites, divagation d'animaux, etc.). Le dialogue avec les villageois sera toujours engagé afin de connaître leurs sentiments vis-à-vis des plantations et leurs besoins éventuels, dans l'optique de trouver des formes de collaboration Villages/Entreprise.

Remarque : Quelques placettes devront également être installées en dehors des plantations pour servir de placettes témoins. On pourra ainsi suivre par exemple l'évolution des savanes (avec ou non passage de feux de brousse), et faire la comparaison avec les plantations.

Précision des mesures. Toutes les mesures doivent être faites avec toute la précision autorisée par les appareils de mesure, ce qui exige que les opérateurs en aient une parfaite connaissance. Chaque donnée doit faire l'objet d'un enregistrement précis dans la base de données et d'un traitement bien adapté pour en tirer tous les informations. Le cheminement informatique de chacun des critères et les résultats que l'on en attend doivent être parfaitement connus par tous les membres des équipes d'inventaire qui doivent, tous, bénéficier de formations initiales et continues.

Enregistrement des données. Les données peuvent être enregistrées manuellement sur des fiches préparées à l'avance, lesquelles conservent la position de chaque arbre. Cette façon de faire, traditionnelle, garde donc l'original de la saisie et permet son contrôle. Cependant la nécessité de faire une seconde saisie pour entrer les données dans la base, consomme énormément de temps et entraîne de nouvelles erreurs de saisies. On est donc conduit à l'enregistrement direct de toutes les données sur de petits ordinateurs de terrain. Les chefs d'équipe devront donc être formés tout spécialement au maniement de ces outils informatiques. Au retour des équipes, ces enregistreurs seront branchés sur les ordinateurs de la cellule biométrique pour y déverser les données et enrichir la base. Il est à noter qu'en 1990, les équipes d'inventaire de l'UAIC enregistraient déjà directement les données sur des "Hunter" de terrain, lesquels pouvaient être rechargés au moyen des batteries des voitures ce qui augmentait leur autonomie sans être obligé de revenir recharger les batteries à la base.

Traitement des données. Le traitement statistique des données exigera l'aide d'un spécialiste biométricien pour définir les meilleurs logiciels ainsi que les sorties automatiques pour chacun des critères pris en compte. L'application des formules les mieux adaptées à chaque variété (tarifs de cubages) permettra le calcul des résultats souhaités (volumes, production et productivité), par parcelle, par groupe de parcelles (campagnes, séries, stations, massif, espèce, variétés et clones). En dehors de ces résultats classiques des inventaires, la base de données permettra de répondre également à toutes les interrogations venant de l'aménagiste ou des responsables de l'Entreprise, d'autant plus que la base sera riche d'informations.

Remplacement des mesures au sol par la télédétection. Depuis quelques années, la télédétection a fait de grands progrès. On parvient à mesurer, quelle que soit la couverture nuageuse, la hauteur des arbres et la densité du couvert grâce à ces émissions laser envoyée depuis un avion ou un drone (LIDAR). De nombreuses applications existent déjà en agriculture et en viticulture. En foresterie des expériences sont en cours (OMBOUTS 2008[657]) et même si les précisions ne sont pas encore suffisantes pour remplacer les inventaires au sol, on espère bien pouvoir contrôler régulièrement la hauteur des arbres (donc cartographier la fertilité des sites) mais aussi le volume des arbres ce qui pourrait être une alternative partielle aux inventaires au sol. On pourra trouver des éléments sur internet[♣].

73.3 - Tarifs de cubage et tables de production

L'évaluation du volume de "bois fort" (7 cm fin bout sur écorce, pour les eucalyptus) exige la création de tarifs de cubage à chaque âge de l'inventaire. Pour chacun de ces âges et pour chaque niveau de fertilité, il sera nécessaire de créer graduellement des tarifs de cubage adaptés. Chaque tarif est créé à partir d'un échantillon de 100 arbres représentatifs, à abattre. Les tiges seront tronçonnées en billons de 1 m puis chaque billon sera mesuré (diamètre, sur et sous écorce, aux extrémités et au milieu) puis cubé au moyen de la formule de Simpson. Le volume de chaque tige (sur et sous écorce) ainsi que le volume d'écorce sont obtenu par addition des volumes de tous les billons constitutifs.

73.4 - Base de données parcellaires et Suivi sous SIG

La gestion sous SIG permettra une cartographie par repérage de toutes les placettes inventoriées et donc des parcelles sur le parcellaire général, reliant chaque donnée enregistrée à chaque point de la carte.

♣ Sites relatifs au systeme LIDAR :
-Site : "Forestys" (AgroparisTech est partenaire - Ch. PIEDALLU) : https ://www.forestys.fr/savoir-faire/inventaire-forestier-lidar/
-Site "CADDEN" fabriquant de materiel : https ://www.cadden.fr/fonctionnement-technologie-lidar/
-Vidéo youtube : Martin RIOPEL, "Cartographie LIDAR (Quebec)) : https ://www.youtube.com/watch?v =5PaOlVzW73Q ;

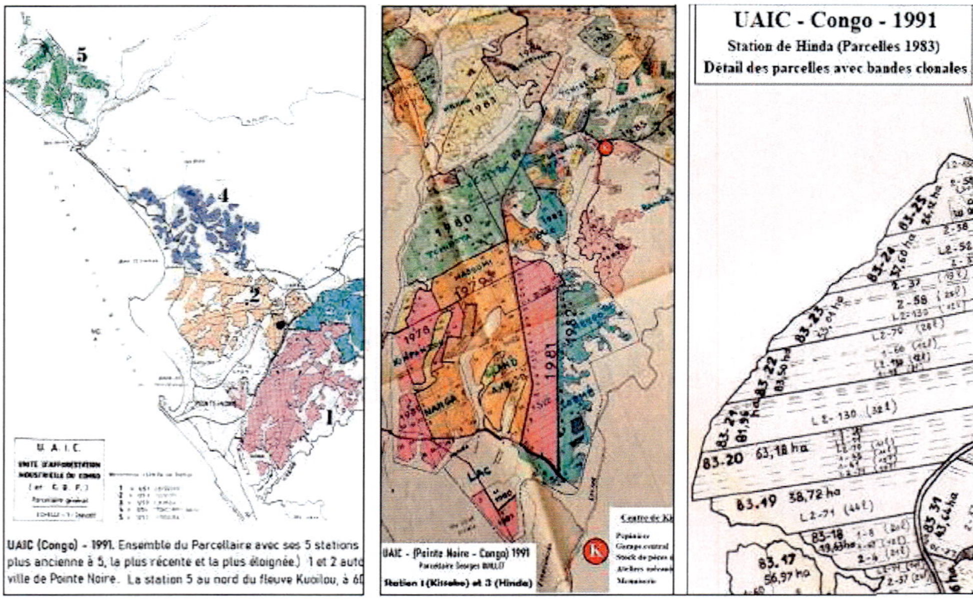

Parcellaire UAIC en 1991. **A gauche :** Carte générale des plantations, réparties en 5 stations forestières. **Au Centre :** Station 1 (Kissoko), à l'Est de Pointe-Noire. **A droite :** Partie de la Station de Hinda (campagne 1983), montrant des parcelles de fin de campagne, composées de nombreuses bandes monoclonales (les plants sont des reliquats de pépinière). Il s'agit de parcelles très longues et à surfaces élevées (de 30 à 92 ha).

A titre d'exemple, les cartes ci-dessus sont celles du Parcellaire UAIC en 1991. Elles ont servi de base pour la gestion informatisée des plantations lancées en 1991 et poursuivi par J.P. LACLAU à partir de 1992.

La Base de données parcellaires liées à la carte du massif est un excellent outil de gestion, permettant de répondre en temps réel, par des tableaux chiffrés et des cartes thématiques aux innombrables questions que peuvent se poser, le gestionnaire, le propriétaire ou divers interlocuteurs (écologistes en particulier).

Dans le cas de l'UAIC différentes questions devaient trouver des réponses immédiates :

- Connaître la situation des parcelles correspondant au chargement d'un navire annoncé au moins 5 mois à l'avance et répondant au souhait du client industriel européen, tant en quantité qu'en qualité (variété, voire clones particuliers*).

- Obtenir une carte représentant la biomasse à l'ha (qui devrait correspondre à une carte de fertilité, en accord avec les données pédologiques), etc. Connaître la dynamique, du recru naturel, ou éventuellement d'une espèce d'insecte, d'oiseau, voire de mammifère (date d'apparition dans les plantations et progression dans le massif).

* Dans les années 1990, le Norvégien TOFTE achetait du bois de la variété HS2 et rejetait le PF1 (sauf le clone 1-41)

- Produire des cartes correspondantes pourra permettre la réalisation de nombreuses études et bilans (annuels, sectoriels ou généraux) sur le massif, à condition que les mensurations et les observations soient bien faites dès la création des parcelles, et suivies très régulièrement.

La bonne gesstion d'une telle base implique une contrainte permanente : enregistrer très régulièrement dans la base, toutes les données relatives à la création des parcelles, à leur entretien, à leur exploitation et à leur reconstitution, y compris les données économiques. Le schéma ci-après est conforme à celui que nous avions présenté à l'UAIC en novembre 1989[658] dans la perspective d'une gestion informatisée des plantations.

Le rapprochement des Bases de données Aménagements (BDA) et économiques (BDE) est la dernière phase du processus. Il existe aujourd'hui des logiciels de gestion informatisés très performants. Cependant la reprise des anciennes données n'est pas toujours simple et nécessite la présence d'un spécialiste.

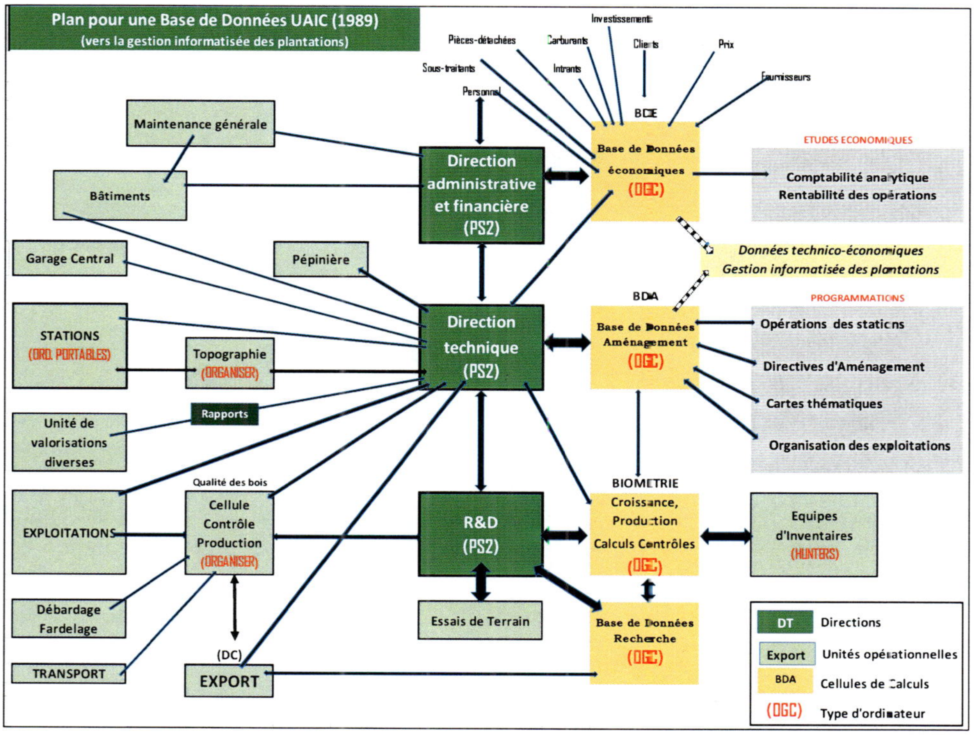

Remarques :

1. Sur ce schéma, l'"Unité de valorisation diverse" (UVD) correspondait à la vente des sous-produits des plantations, constitués essentiellement par la vente des petits bois refusés par les usines de pâte (diamètre sous écorce inférieur à 6 cm). Au début carbonisés, ils étaient valorisés sous forme de bois ronds vendus dans des dépôts en ville, à des fins de bois de construction, de service ou de feu et ont même pu satisfaire une grande partie des besoins énergétiques de la population (600 000 personnes), dans des conditions économiques satisfaisantes pour l'UAIC et à un prix de vente acceptable ainsi que l'ont montré O. HAMEL et J.P. LACLAU (1996[659]).

2. La gestion technique des plantations, sous "ArcMap", a été réussie, en 2011, par la SNIACE-Forestal en Cantabrie (Espagne), et s'est constamment améliorée. Elle rend de grands services grâce à la traduction cartographique de nombreuses données (âge des parcelles, qualité génétique, images aériennes par année, pentes dans chaque parcelle, etc.) Il restait encore à relier la carte aux résultats des inventaires statistiques par parcelle, ainsi qu'à faire le rapprochement avec la "Base de Données Economiques".

74 – Ecocertification

L'écocertification concerne la production de bois (ou éventuellement de produits non ligneux). L'objectif est de pouvoir éventuellement commercialiser sa production forestière, sous label vert afin de pénétrer les marchés "écologistes" soucieux d'une certaine sécurité en matière d'exploitation forestière. Même si cela ne semble pas intéressant au départ de certains projets, il sera bon de rester écocertifiable.

L'écocertification de la production pourra être d'autant plus souhaitable qu'elle sera facile à obtenir puisque, s'agissant également d'un puits de carbone, elle aura déjà satisfait aux critères environnementaux et sociaux. Il suffira de fixer les termes de durabilité de la production dans le cadre d'un plan de gestion fiable et bien intégré dans l'aménagement forestier. Certaines règles élémentaires seront naturellement à respecter, à savoir, que les récoltes doivent toujours rester en deçà de la productivité des plantations, et que les techniques d'exploitations soient "à faible impact" (évident en plantation, avec un parcellaire rationnel). Cette éco-certification devra être faite par une société spécialisée dont le système est reconnu par les instances internationales (PEFC, FSC).

75 – Biomasse et Bilan Carbone

Cet aspect est important lorsque le Projet souhaite valoriser le carbone fixé par les plantations, sous forme d'"actifs carbone" à vendre à des industriels en excès d'émission de CO_2. Ces actifs intéressent d'autant les industriels qu'il s'agit généralement de gisements forestiers à faible coût pour la plupart des industries. Notons que cette vente de "crédits carbone" sera à la fois bon marché pour l'acheteur et très intéressante pour le projet, surtout si les plantations ne sont pas réalisées uniquement dans ce but mais de répondre avant tout à une forte demande locale en bois. La vente de crédits carbone est donc très positive pour les projets lignicoles à forte productivité (donc à taux élevé de fixation) qui peuvent donc jouer le rôle de "puits de carbone", à condition toutefois d'être évaluée, vérifiée et certifiée par un organisme tiers, indépendant.

L'évaluation peut être confiée à un Expert externe reconnu mais il est important que le projet puisse faire sa propre estimation. Il s'agit de connaître le tonnage de carbone fixé par les plantations. A cette évaluation physico-chimique, s'ajoutent des critères environnementaux et sociaux liés aux critères d'éligibilité des puits de carbone tels que fixés par les accords issus du protocole de KYOTO lesquels ne sont pas à négliger car ils seront également pris en compte par l'organisme certificateur. D'ailleurs la plupart de ces critères fait déjà partie de l'Aménagement forestier (Titre VI, VII et VIII) et de l'écocertification.

75.1 – Biomasse (Coefficient d'expansion)

La biomasse comprend la masse totale des arbres vivants (tronc + écorce + branches + feuilles + racines) et des plantes adventices vivantes. Pour obtenir la biomasse totale, il faut encore y ajouter le bois mort sur pied et gisant au sol ainsi que la litière. On exprime la biomasse en tonnes de matière sèche :

- **Biomasse des arbres plantés** = Poids de bois (tige) sec + Poids d'écorce (tige) sèche + Poids de branches (non écorcées) sèches + Poids de feuilles sèches + Poids de racines sèches,
- **Biomasse des adventices** = Poids sec des plantes adventices,
- **Biomasse additionnelle** = Poids de bois mort (sur pied et gisant au sol) sec + poids de la litière sèche.

Les inventaires ne donnent que les diamètres à 1 m30 (sur et sous écorce), la hauteur totale et l'épaisseur d'écorce à 1 m30.

Le volume sous écorce, des tiges (Vol-souséc.) découle de l'application d'un tarif de cubage à 2 entrées (diamètre à 1 m30 et hauteur totale) ou de tables de productions (ensemble de tarifs préétablis par espèce, par classe d'âge et par classe de fertilité).

Le volume d'écorce (V-écorce) découle de l'application du même tarif de cubage, appliqué au diamètre sur écorce et sous écorce.

La densité du bois (dens) dépend de l'espèce, de l'âge de l'arbre et varie de la base au sommet de la tige. Des échantillonnages préalables par espèce et par classe d'âge permettent d'établir des coefficients donnant la densité moyenne du bois de ces arbres (abattage d'arbres-échantillons, prélèvement de carottes tous les mètres, passage à l'étuve et pesée finale à l'état sec). Ces coefficients à appliquer à chaque mesure de Pilodyn donnent finalement les densités moyennes de chaque arbre.

Le poids de bois sec des tiges (Psec-boistiges), par espèce et par classe d'âge, est, pour chaque arbre, le produit du volume Bois fort sous écorce, par la densité moyenne de l'arbre.

Le poids d'écorce sèche des tiges (Psec-écorce), par espèce et par classe d'âge, sera obtenu en multipliant le volume d'écorce par sa densité moyenne sèche. Celle-ci est tirée de nombreuses mesures au laboratoire, sur des échantillons de différents âges, récoltés sur les billons servant à l'établissement des tarifs de cubage. Pour chaque espèce et pour chaque classe d'âge on obtient donc finalement une densité moyenne de l'écorce sèche.

Le bois mort concerne surtout les parcelles d'espèces en mélange de la Série C1. Le poids de bois mort, (Psec-bois mort) sera calculé par référence à la collecte de bois mort dans des parcelles unitaires d'âges variés (installées dans chaque type de boisement) et à sa densité sèche mesurée au laboratoire, sur échantillons homogènes.

Pour le reste de la biomasse, le poids sec (Psec-branches, Psec-feuilles, Psec-racines), des branches, des feuilles et des racines, ne peut être obtenu directement, mais seulement grâce à des tables (par espèce) basées sur des corrélations avec la masse des tiges sèches.

On part d'échantillons d'arbres complets pour lesquels on pèse séparément les grosses branches, les petites branches, les feuilles, les grosses et les petites racines (à l'état anhydre).

La constitution de ces tarifs demande des moyens et du temps (abattages d'arbres, dessouchage mécanique, découpages minutieux, cueillettes de feuilles, extraction de racines, lavage sous pression, nombreux séchages à l'étuve, pesées).

On arrive à des coefficients par compartiment puis finalement à un **"coefficient d'expansion"**, qui fait **passer du volume forestier à la biomasse totale sèche** (volume forestier = volume de la tige avec écorce, calculé à partir du diamètre à 1 m30).

On dispose également, pour chaque espèce et pour chaque classe d'âge, de la structure de la biomasse (% en masse sèche de chaque compartiment). Pour les eucalyptus sélectionnés au Congo, on pouvait admettre la structure de biomasse suivante :

Bois fort (avec écorce)	65%
Branches	10%
Racines	15%
Feuilles	6%
Sous étage et bois mort	4%
TOTAL BIOMASSE	**100%**

On en déduit un coefficient d'expansion moyen en Biomasse de **1,538** à partir de la masse de Bois fort.

Remarque : Ce coefficient, bien que basé sur des chiffres tirés d'études réalisées dans les plantations du Congo, ne peut être applicable directement à d'autres projets. Il faudra refaire toutes les mesures pour disposer de coefficients adaptés à chaque variété dans les conditions locales de culture. On devra également y incorporer la biomasse des adventices, et trouver le bon coefficient à partir du seul Volume Bois fort, unique paramètre facile à mesurer.

75.2 - Carbone réellement fixé

75.21- Principe

Le carbone réellement fixé (CF) à l'année n (**CF_n**) est donné par la formule suivante :

$$CF_n = C_n - C_0$$

avec : C_0 = masse totale de carbone existant au départ (avant le projet).

C_n = masse totale de carbone existant à l'année n.

Comme on vient de le voir, une bonne évaluation de la biomasse sèche s'appuiera d'abord sur les inventaires statistiques décrits précédemment et sur des taux d'expansion adaptés. Pour passer, ensuite, de la biomasse sèche au stock de carbone, il faudra utiliser des "coefficients carbone" adaptés. Ceux utilisés dans le tableau de la page suivante ne sont que des estimations. Le coefficient faisant passer de la biomasse totale en carbone, estimé à 0,451, dépend de la variété, du site de production et probablement du compartiment. Pour tout projet nouveau, ils seront à recalculer.

75.22 - Etablissement des "coefficients carbone"

La masse Cn correspond à la somme des masses de carbone existant dans chacun des compartiments de l'écosystème (tiges, branches, feuilles, racines, bois mort, litière et sol) conformément à la formule ci-après :

C_n = Cbois-tiges +Cécorce+Cbranches+Cfeuilles +Cadventices+Cracine+Cbois mort +Clitière+Csol

Calcul du Taux de Conversion de la Biomasse en CO2

Calcul pour le BOIS du Projet : 70% de PF1 + 20% d'E. urophylla + 10% d'e. uro x grandis
Densité du bois anhydre des variétés d'Eucalyptus du Projet (densité : 0,537 avec écorce)
Bois Fort = grume jusqu'à 7 cm de diamètre sur écorce

Volume Bois Fort (bois vert)	V. sous écorce	87
	V. écorce	13
	V. avec écorce	**100**
Densité Bois Fort (bois sec)	Densité bois écorcé sec	0,565
	Densité écorce sèche	0,350
	Densité bois sec avec écorce sèche	**0,537**
Masse sèche en tonnes	Bois fort (avec écorce)	65%
	Branches	10%
	Racines	15%
	Feuilles	6%
	Sous étage et bois mort	4%
	TOTAL BIOMASSE	100%

C dans CO2					
C	12	1	12	27,27%	1
O	16	2	32	72,73%	2,667
CO2			**44**	**100,00%**	3,667

			1 m3 de Bois Fort correspond à :	
	Volume Bois Fort en masse bois fort	0,537	0,537 t	Masse Bois Fort sec avec écorce
Coef. d'expansion M>M	Masse Bois Fort en Biomasse	1,538	0,826 t	Biomasse totale
Coef. d'expansion V>M	Volume Bois Fort en Biomasse	0,826	0,826 t	//
	Biomasse en carbone	0,451	0,373 t	Carbone
	Volume Bois Fort en carbone	0,373	0,373 t	//
	Carbone en gaz carbonique	3,667	1,368 t	CO2
	Masse Bois Fort en stock de Carbone	0,695	0,373 t	Carbone
	Masse Bois Fort en stock de CO2	2,547	1,368 t	CO2
	Volume Bois Fort en stock de Carbone	0,373	0,373 t	Carbone
Coef. CO2 forestier	Volume Bois fort en stock de CO2	1,368	1,368 t	CO2

Biomasse

70% cellulose et hémicellulose : $(C_6H_{12}O_6)_n$					
	C	12	6	72	40,00%
	H	1	12	12	6,67%
	0	16	6	96	53,33%
				180	**100,00%**
30% de lignine : $(C_{10}H_{10}O_5)_n$					
	C	12	10	120	57,14%
	H	1	10	10	**4,76%**
	0	16	5	80	**38,10%**
				210	**100,00%**

C dans Biomasse
45,14%

t CO_2/ha/an
41,04

CONCLUSION : 1m3 de bois produit = 1,37 tonnes de CO2 fixé
30m3/ha/an = 41 t de CO2 fixé par ha et par an (dans toute la biomasse)

Remarques relatives au calcul de la Biomasse
1°) - Il faut déterminer le volume et la densité sèche de chaque compartiment (tronc, branches, racines, feuilles, litière et bois mort)
2°) - On doit tenir compte de l'écorce (ce qui réduit la densité du bois avec écorce).
3°) - Il faut aussi réduire un peu le volume vert (rétraction pendant le séchage).
(B.MARTIN - déc 2008)

Pour chaque compartiment, la masse de carbone est le produit du poids sec par le taux de carbone dans l'élément correspondant. Par exemple :

Cbois-tiges = Psec-boistiges x taux de carbone dans le bois sec des tiges.

Ces calculs sont fastidieux et on prend souvent des raccourcis considérables en estimant que la masse de carbone contenue dans un arbre est égale à la moitié de sa masse sèche (WIGNERON et CIAIS 2021[660]).

Le tableau précédent présente le calcul pour un projet comprenant 3 des variétés congolaises d'eucalyptus avec une composition bien particulière. Pour un nouveau projet, tout dépend de la composition du peuplement en chacune de ces variétés et pour chaque variété, de la densité sèche de chacun de ses compartiments.

Concernant les litières et le carbone contenu dans le sol, l'évaluation des taux doit se faire par analyse directe d'échantillons représentatifs déshydratés. Les prélèvements de sol sont à réaliser pour chaque horizon du sol et dans des placettes de références bien échantillonnées (type de boisement, âge). Le carbone stocké dans le sol, très important en zone tempérée (supérieur à celui de la biomasse) mais peu variable, sera beaucoup plus faible en région tropicale. Il faudra cependant préciser l'effet de la plantation sur le stockage de carbone dans le sol, même si on sait, à priori, qu'il est faible.

75.23 - Remarques

De nombreuses remarques peuvent être faites :

1. On voit que la détermination du carbone réellement fixé par un massif forestier n'est pas simple; c'est pourquoi les expertises rapides ne peuvent se faire qu'en appliquant des tarifs préétablis. En l'absence de laboratoires nationaux spécialisés, on peut estimer en première approximation que la masse de carbone séquestrée dans la biomasse, est de l'ordre de 70% de la masse de bois fort sec. On ne pourra se limiter à appliquer des tarifs européens (ou des tarifs à priori) à ses plantations. S'agissant d'écosystèmes artificiels nouveaux, pratiquement jamais analysés au préalable, la réalisation d'un minimum d'études de biomasse est nécessaire.
2. D'un point de vue pratique, d'une part il s'agit typiquement d'études à confier à des étudiants en stage et, d'autre part, l'outil informatique peut aujourd'hui simplifier la collecte des données (enregistrement direct sur le terrain et déversement automatique dans les PC de bureau). De toute façon, l'accroissement du volume des arbres sur pied est à suivre régulièrement; le supplément de travail ne concernera donc que les tables permettant de traduire cet accroissement, en biomasse totale, puis en carbone total. L'établissement de ces tables sera progressif, avec l'affinement des corrélations dont on vient de parler. En définitive, cette approche analytique se soldera par l'établissement d'un jeu de formules simplifiées (ci-après) dont il faudra préciser les limites d'emploi :
3. Indépendamment des expertises externes relatives au carbone, les équipes de mensurations (suivi interne) doivent donc ausculter en permanence le massif et alimenter les bases de données parcellaires, indispensables à l'aménagement durable et à toute prise de décision. Après chaque mensuration, un bilan sera fait par rapport à la mesure précédente, et à la situation de départ.

4. Concernant les taux de carbone, **l'analyse de la situation de départ** (masse de carbone à l'ha avant le démarrage du projet) est un préalable incontournable. Pour chacune des campagnes de plantation, elle sera à coupler avec l'étude et le compartimentage du terrain, précédant l'implantation parcellaire. Pour le passage de la biomasse à la masse de carbone, le mieux sera de s'aider des services d'un laboratoire spécialisé.

75.24 - Respect des critères écologiques

Qu'il s'agisse de puits de carbone ou de gestion durable, certains critères de gestion forestière sont maintenant unanimement reconnus et font partie des critères d'évaluation internationale. Il en est ainsi des critères environnementaux et sociaux. Ces deux points ont déjà été traités plus haut ; nous nous bornons ici à énumérer les types de critères que doivent satisfaire les puits de carbone.

En matière d'environnement les plantations forestières doivent aujourd'hui répondre à une étude d'impact portant sur les trois points fondamentaux suivants :

- Conservation des eaux et du sol
- Stabilité des peuplements
- Effets sur la biodiversité

75.25 - Respect des critères sociaux

En matière sociale, surtout s'il s'agit d'un puits de carbone, tout grand projet de plantation doit répondre à des critères concernant aussi bien le personnel de l'entreprise créant et/ou gérant les plantations, que les populations riveraines en contact avec les nouveaux massifs créés.

Ces aspects portent sur :

- les emplois créés et la formation.
- les conditions de vie dans l'entreprise et la sécurité.
- les avantages apportés, par les plantations, aux communautés locales.
- l'impact des plantations sur le développement régional.

***

8 – ETUDE FINANCIÈRE

Au-delà des aspects techniques et organisationnels, la faisabilité d'un projet lignicole se termine nécessairement par une approche financière démontrant toute la faisabilité économique de l'entreprise.

Au départ il s'agit de l'établissement de ce que l'on appelle couramment le "**Business plan**" fondé sur les données de base du Projet et sur les estimations de dépenses et de recettes échelonnées pendant toute la durée du projet. L'établissement des "runs financiers" comme certains les nomment, nous donnent l'évolution du **Cash-flow annuel** et de la rentabilité par l'expression du **Taux de rentabilité interne** (TRI), lesquels ne deviennent réellement positifs qu'à partir des premières récoltes significatives.

Par la suite, avec le démarrage du projet, le business plan se transforme en suivi de réalisation puis en gestion informatisée des plantations par l'intermédiaire des bases de données (BDE et BDA) et de la comptabilité analytique,

81 – Business plan

A titre d'exemple nous prendrons un Projet de plantation industrielle de Teck en région tropicale visant à établir un massif de 10.000 ha en 20 ans soit donc un chantier d'une capacité de 500 ha/an qui répond à la fiche ci-contre, comprenant 3 objectifs majeurs :

1. Produire un bois de haute valeur destiné à une industrie locale ou pouvant intéresser un industriel du bois ou à défaut, pouvant être vendu sur le marché local et international,
2. Etre éligible comme puits de carbone (vente de permis d'émission de CO2 selon les accords de KYOTO),
3. Aboutir à une production de bois certifiés par un organisme certificateur reconnu (PEFC ou FSC)

PLANTATION TRES INTENSIVE DE TECK

Fiche Technico-économique

1ère ROTATION

- **Dispositif de plantation**
  - Densité totale (Acacias + Teck) = 1000 pieds/ha
  - Maille carrée : 3,16 m x 3,16 m
  - Densité en Teck : 500 plants/ha (1 ligne sur 2), soit 50%
- **Rythme des éclaircies**
  - 3-6 ans : 1ère éclaircie, très forte (50% : coupe des acacias)
  - Il reste 500 teck/ha
  - 12-13 ans : 2ème éclaircie, très forte (50% coupe d'un teck sur 2) Dévitalisation des souches
  - Densité en Teck : 500 plants/ha (1 ligne sur 2), soit 50
  - Il reste 250 teck/ha
  - 20 ans : Récolte finale des 250 tecks restant
- **Volumes prévisionnels de bois récolté**
  - 1ère éclaircie : Acacias abandonnés sur place
  - 2ème éclaircie : 250 tecks de 0,30 m3/unité, 74 m3/ha
  - 20 ans : 250 tecks de 0,91m3/unité, soit 226 m3/ha
- **Productivité des plantations**
  - Teck : 15m3/ha/an (bois commercial à 20 ans)
  - Acacia: (rôle sylvicole ; faible production à 5 ans de petits bois

1ère RECONSTITUTION APRES COUPE RASE

Reconstitution à l'identique (changement éventuel de clone)
Après dévitalisation des 250 souches restantes
et replantation des 500 acacias

ASPECT ECONOMIQUE

- **Recettes prévisionnelles (valeur des bois sur pied)**
  - Bois d'éclaircie (13ème année) :
    74 x 200 US$/m3 = 14.800 US$/ha
  - Récolte finale (21ème année) :
    226 x 400 US$/m3 = 90.400 US$/ha
  - Recette totale : 105.000 US$/ha
- **Dépenses prévisionnelles**
  Le prix d'achat des terres est estimé à 600US$/ha
  On estime le coût des plantations à 4000 US$/ha

La création du Business plan passe par le rassemblent de tous les paramètres du projet tels qu'on a pu les décrire au cours de cette 5ème partie. Concernant la partie strictement financière, les éléments de dépense se structurent suivant quatre composantes :

1. **Investissements,**
2. **Fonctionnement annuel.**
3. **Coûts unitaires directs (par opération),**
4. **Coûts standard à l'ha,**

Sur ces bases, les "runs" financiers conduisent au calcul de la rentabilité des plantations, laquelle dépend des nombreux facteurs suivants : du coûts du personnel et en particulier de l'encadrement, de la productivité des variétés, des rendements de l'exploitation, du débardage, du transport et enfin du prix de vente des produits.

Le modèle informatique ainsi créé autorise de nombreuses simulations permettant d'optimiser le Projet à commencer par le rythme de constitution du massif, bien représenté par le graphique ci-après qui distingue les acacias très éphémères, les tecks d'éclaircies, et ceux de la coupe finale.

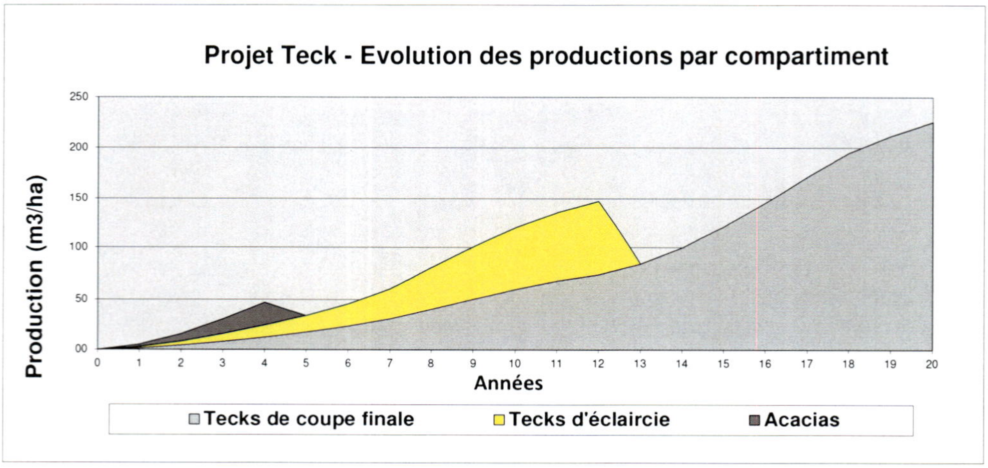

81.1 - Investissements

Il s'agit de l'acquisition des Matériels et de l'Infrastructure dont on établira la liste complète à acquérir au titre des investissements. Cette liste inclut la date d'acquisition prévisionnelle (à ne pas dépasser si l'on souhaite respecter le plan de développement du projet). On remarque une très forte concentration d'achats en début de Projet puis un renouvellement périodique tous les 6 ans compte tenu de l'acquisition fréquente de matériels à l'état d'occasion.

81.11 - Matériels

La définition des matériels nécessaires sera d'autant plus difficile et donc moins précise, que la date d'achat sera plus reculée. D'une part, de nouveaux matériels peuvent arriver sur le marché, aussi bien du neuf que de l'occasion, et d'autre part, des changements peuvent survenir au cours du développement du projet obligeant les responsables à modifier les options prévues au Business plan.

L'achat de certains matériels à l'état d'occasion est très avantageux au plan financier et ne devrait pas être un handicap du fait d'une utilisation seulement saisonnière (bulldozer, camions et gros matériels de travaux publics de l'Unité routière). Pour les tracteurs qui seront tout de même très sollicités surtout à l'occasion des exploitations (débardage), il faut en contrôler l'état avec précision.

Soulignons qu'en Afrique, il est préférable d'acquérir des tracteurs peu sophistiqués (avec peu d'électronique), sans doute plus faciles à trouver en occasion qu'à l'état neuf. Les prix seront en général le résultat d'appels d'offres entre plusieurs fournisseurs mais la qualité des matériels et leur parfaite convenance pour le projet primeront toujours sur le prix.

81.12 - Infrastructures

Elles correspondent à la pépinière et à ses annexes (Aires, Installations, Parcs multiplicatifs), au Garage central et au Groupe électrogène, ainsi qu'aux logements des Personnels d'encadrement (en cas de sites éloignés des centre urbains). Dans les équipements de pépinière on a vu qu'une grande attention devait être portée au système de conteneur qui peut représenter un investissement très élevé. Toute erreur aurait des conséquences financières et techniques, graves.

81.13 - Amortissements

Pour l'établissement des coûts standards (voir plus loin, point 81.21), les coûts unitaires par intervention (et donc par opération) n'incluent généralement pas les amortissements. Ceux-ci sont indiqués au niveau du résultat final afin d'en situer l'importance. De même, pour l'établissement des "runs financiers", les deux éléments ont été dissociés (investissement à la date, d'une part, et coût de fonctionnement à l'ha, hors amortissement, par type de matériel, d'autre part).

Ces investissements (acquisition et renouvellement) sont donc réalisés tout au long du Projet, avec une très forte concentration lors du démarrage. Les sommes à consacrer (chacune de ces années) à ces acquisitions, (en euros) sont représentées sur le graphique suivant à allure sinusoïdale :

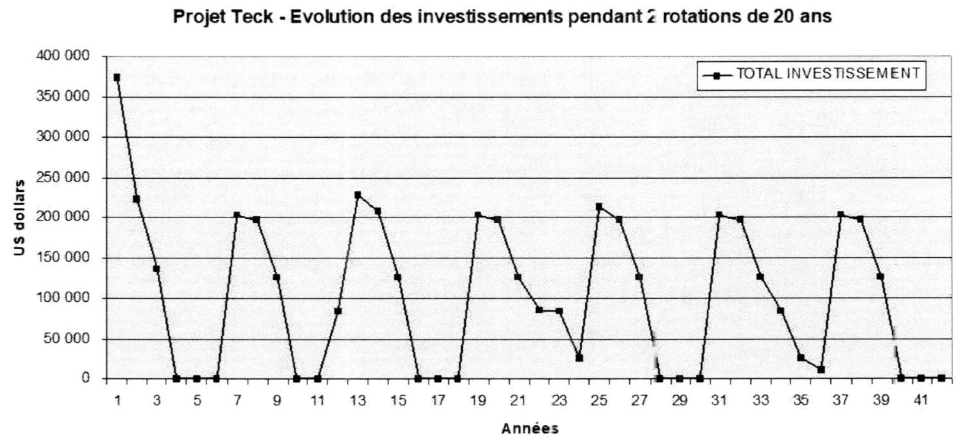

Ces sommes figurent donc comme investissements dans les runs financiers, aux dates prévues pour l'achat de chaque matériel, dans le respect du plan de développement. Le graphique qui suit donne une idée des dépenses correspondantes pour un projet (datant de 2005) portant sur un massif de 10.000 ha de Teck installé en 20 ans et renouvelé au bout de 20 ans, soit pendant 40 ans (2 rotations de futaie).

Tableau des Amortissements. Il s'agit d'une étude qui ne peut rentrer dans le cadre d'un avant-projet car il faut préciser la durée de chaque type de matériel afin d'établir les états suivants :

- Taux d'amortissement pour les constructions et les installations.
- Taux d'amortissement retenus pour chaque type de matériel.
- Tableau des amortissements et plan de remplacement du matériel

Ce tableau permettrait de planifier l'investissement avec une grande précision. Cependant, son établissement imposant une connaissance précise de l'état du matériel (dont une partie est d'occasion), on devra attendre son acquisition effective avant de pouvoir procéder à cette évaluation. Concernant les récoltes qui commencent la 7ème année, l'étude détaillée indispensable pour préciser le matériel nécessaire à l'exploitation et le transport du bois ne peut qu'être reportée à la 5ème ou à la 6ème année. On le voit, le Business plan n'est qu'une estimation initiale destinée à une présentation devant les instances de décision. Lors de la réalisation effective du projet, le Business plan deviendra un guide qui subira de multiples corrections face aux réalités et aux événements conjoncturels.

81.2 - Fonctionnement

81.21 - Coûts Standard

Les Coûts Standard sont des coûts théoriques moyens prévisionnels, donnant des ordres de grandeur de prix et permettant des comparaisons objectives entre projets. Bien que proche de la réalité ils ne peuvent être l'exact reflet de la réalité, pour de nombreuses raisons (plus ou moins explicitées au point 81.22 ci-après) et c'est pour cela qu'ils sont appelés "Coûts Standard". Le tableau de la page 769 correspond au Coût Standard pour l'établissement d'1 ha du Projet de teck étudié mais avec des prix de 2005. Ce coût est élevé car il inclu tous les frais de gestion des parcelles pendant au moins les 20 ans de la première rotation (hormis les coûts relatifs à l'exploitation) c'est pourquoi, selon les définitions officielles, il s'agit plus précisément d'un "coût standard rigide".

Les Coûts Standard ne sont utilisés dans le calcul des runs financiers que pour les coûts directs. Cependant, pour avoir des Coûts Standard à l'ha (permettant d'établir des comparaisons entre projets) on doit élargir le calcul à la totalité des dépenses, sur au moins la durée de la première rotation (20 ans) et les rapporter à la surface totale du massif créé. En effet les coûts non strictement liés à la création des plantations continuent à augmenter pendant toute la durée du Projet et sont de 3 types :

- **Coûts directs annuels,** (protection, évaluation et surveillance),
- **Coûts directs liés aux rotations** (renouvellement des plantations),
- **Coûts indirects** (création et entretien du réseau routier, frais d'encadrement et frais généraux tels que frais de R&D, d'expertise, etc.).

81.22 - Coûts Standard par opération (ou par type de travaux)

Ils ne concernent que les Coûts directs c'est à dire les coûts directement liés aux surfaces plantées. Il faut d'abord décomposer l'ensemble de la création des plantations par poste et par opération. Le coût pour chaque opération nécessite la décomposition en 3 types d'interventions :

1. **Les interventions mécanisées** (gros et petits engins, machines forestières), l'unité étant l'heure d'engin (HE ou He)
2. **Les interventions manuelles** (l'unité étant l'Homme-jour : H/J).
3. **Les produits divers** (graines, clones, plants, mottes, hormones, fongicides, insecticides, herbicides, engrais, etc.).

1. Pour chaque opération, on doit estimer le nombre d'heures d'engin, la vitesse d'avancement, le nombre d'H/J et les quantités éventuelles de produits utilisés, le tout rapporté à l'ha de plantation. Le nombre d'unités à l'ha peut varier très significativement selon les difficultés rencontrées. Aussi, à ce niveau de l'étude, on ne peut faire que des estimations. Il est certain que pour chaque type de matériel, il faudrait disposer d'une fiche de coûts détaillés pour chaque intervention, incluant le coût des conducteurs et des mécaniciens, ainsi que celui des carburants, des pièces, des filtres, des lubrifiants (huiles et graisse) et des pneus, toutes choses que l'on ne connaît vraiment que lors de la réalisation. Soulignons enfin que dès le départ, un suivi précis et régulier des dépenses par poste et par opération (comptabilité analytique), doit déboucher rapidement sur des Coûts Standard par opération.

81.23 - Coût total Standard à l'hectare

Dr E. MARTIN 2005

Projet de Plantations de 10.000 ha Teck en 20 ans

Estimation du prix de revient d'un ha de Plantation en fin de projet

Capacité annuelle du projet : 500 ha/an

Opérations	Description des travaux	Unité ou type	Surf. à traiter ha	Travaux mécanisés					Travaux manuels							Produits divers					Coût total unit.
				Unité (U)	Qté en U/ha	Coût en $ à l'unité $/km	Coût en $ à l'unité $/H	Coût en $ à l'ha $/ha	Unité (U)	Qté en U/ha	Coût en $ à l'U $/U	Coût en $ à l'ha $/ha	Equivalents Emplois Niveau de qualif	Nb de Perm.	Nb d' Occas.	Nature	Unité (U)	Qté en U/ha	Coût en $ à l'U $/U	Coût en $ à l'ha $/ha	$/ha
	Prospection (Délimit. blocs)	Manu	500						HJ	0,5	10	5,0	MO	0	0,8						5
PREP.	Piquetage des parcelles	Manu	500						HJ	1,0	10	10,0	MO	0	1,7						10
	Défrichement mécanisé (2,5%)	Méca	500	HE	0,10		75	7,50													8
	Défrich.manuel (2,5%) et brûlage	Manu	500						HJ	0,5	10	5,0	MO	0	1,0						5
DU	Ripper-mounder + fertilisation	Méca	500		0,67		75	50,00		0,67			Conduct.	0	1,1	PK	kg	179	0,4	71	121
		machine	500	He	0,67		20	13,33	HJ	0,67	10	6,7	Aide	0	1,1	NPK	kg	71	0,5	36	56
		Tract+remorq	500	He	0,05		20	1,00		0,67			Conduct.	0	1,1	Chaux	t	1	33,5	34	35
TERRAIN	Herbicide en plein (rampe 15m)	Méca+ chim,	500	HE	0,70		75	52,50	HJ	0,10	10	1,0	Aide	0	0,2	glyphosate	litre	7	6	42	96
	Total préparation du terrain			$/ha				124,33	HJ/ha	##	ut/an/pe	27,7	NB perm.	0	7					183	335
	Achat de boutures	vitro-boutures	500													Clones	$/pl.	500	1	500	500
	Achats graines	graines acacias	500													Gr. acacia	kg	0,01	300	3	3
	Installations	multipl. + sélect	500													Pépinière	$	500	0,15	75	75
PLANTS	Fonctionnement annuel	$	500													Energie et produ		500	0,05	25	25
ET	Production plants sophistiqués	Parcs multipl.	500	He	0,5		20	9,60	Chef. Pép	1	12 000	24	Ingénieur	1	0	Hormones	kg/ha	250	0,05	13	46
			500						Pépiniéristes	5	6 000	60	O.S.	5	0						
			500						HJ	8	3 000	48		0	8						
PLANTING	Production plants rustiques	Acacias	500						Chefs éq.	1	10 000	20	Ch. d' équ	1	0	Petit matériel		1000	0,01	10	30
			500						HJ	8	3 000	48	MO	0	8						
	Transport des plants	1 camion/500ha	500	He	1		20	20	Chauff.	1	6 000	12	Chauff	0	1						32
	Distribution et planting	4 x 4 (personnel	500	He	2		4	8	Chauff.	1	6 000	12	CHauff	0	1						20
		1 équ. de 10 (10 ha/j)	500						HJ	0	3 000	60	MO	0	10						60
			500						Chef éq.	1	10 000	20	Ch équ	0	1						
	Regarnis (5%)	en moyenne	500	%	5%			0,88	%		5%	15				Regarnis	%	5%		31	47
	Total plants et plantation			$/ha				38,48	HJ/ha	##		319,2	NB perm.	7	29					657	838
	Entr. 1ère année (1 passage)	T-110 + rampe	500	He	0,66		20	13,2	HJ/ha/an	6,0	10	60	Conduct	4	0						73
ENTRETIEN	Entr. 2ème ann. (1 chim +3 manu)	//	500	He	0,66		20	13,2	//	9,0	10	90	Mecanicier	1	0						103
	Entr. 3ème année (1 passage)	//	500	He	0,66		20	13,2	//	3,0	10	30	MO	0	60						43
	Elagage artificiel	1er élag. 3 ans	500						HJ/ha/an	15,0	10	150		33							150
		2ème élag. 6 ans	500							12,0	10	120		42							120
		3ème élag. 8 ans	500							17,0	10	170		29							170
	Dévitalisation des souches	250/ha	500						HJ/ha	2	10	20				glyphosate (50%)	litre	8,0	6	48	68
	Total Entretien			$/ha	1			39,6	HJ/ha	##		640	NB perm.	109	60						728
PROTEC,	Surveillance générale	Equipe interv.	10000	HE	0,28		30	8,4	Equ. 30 p.	5,4	6	32	MO	0	30						41
	Clotures	Clotures	500	3km par parcelle de 50 ha												Pose cloture	Km	0,06	1 000	60	60
	Total protection			$/ha				8,4	HJ/ha	##		32	NB perm.		30						101
RESEAU	Création de nouvelles pistes	Pistes de 7 m	500	km	0,01	5000		50													50
ROUTIER	Entretien réseau (tous les 2 ans)	Entretien réseau	10000	Km	0,10	300		30													30
	Total réseau routier			Unité	Nb	$/km		80					NB perm.		0						80
INVEST.	Dépenses de gros matériel au cours des 20 ans du projet et incidence à l'ha															2429000	###				243
ENCADR.	Gérant du Projet	Cadre national	10000						Sénior	1	#####	100	Ingénieur	1	0						100
(Charges	Directeur des Opérations	Cadre national	10000	4 x 4	1	0,5		20	Junior	1	#####	80	Ingénieur	1	0						100
incluses)	Resp. Génétique et Multiplication	Cadre national	10000	4 x 4	1	0,5		20	Junior	1	#####	50	Ingénieur	1	0						70
	Techniciens R&D + éq. de récolte	Nationaux	10000	4 x 4	1	0,5		20	Techn.	3	15 000	90	Assistants	2	0						110
		Equip. mens.	10000	4 x 4	1	0,5		20	Techn.	3	15 000	90	Mensurat.	3	0						110
	Administratifs	Nationaux	10000	4 x 4	1	0,5		20	Juniors	2	15 000	60	Administr	2	0						80
	Chef de Chantier	Nationaux	10000	4 x 4	1	0;5		20	Sénior	1	#####	50	Ingénieur	1	0						70
	Chefs de Travaux	Nationaux	10000	4 x 4	2	0,5		40	Techn.	2	15 000	60	Assistants	2	0						100
FRAIS	Fonctionnt de l'encadrement	Forfait annuel	10000	4 x 4	1	0,5	4	20	Aides	3	3 650	22	MO	3		conso/an			####	60	102
GENERAUX	Controles	Consultations	10000						Missions	4	10 000	80	Superviseurs								80
		Expertises	10000						Missions	2	10 000	40	Spécialistes								40
		Certif. carbone	10000						Mission	1	#####	40	Contrôleurs								40
	Total encadrement et frais généraux			$/ha				180	$/ha			762	Nb permar	16	0		$/ha			60	1 002
TOTAL INSTALLATION (Hors achat de la terre)				$/ha				471	$/ha			1781		132	126		$/ha			899	3 326
Achat des terres				$/ha												10000 ha	$/ha		600	600	600
TOTAL INSTALLATION DE LA PLANTATION				$/ha				471	HJ/ha	111		1 119								1499	3 926

Fiche d'établissement du Coût standard d'un ha de plantation de Teck pour un projet de création d'un massif de 10.000 ha, créé en 20 ans (500 ha/an) et exploité à la rotation de 20 ans puis replanté au même rythme. Ce coût comprenant les investissements nécessaires (matériels et infrastructures), ainsi d'ailleurs que l'acquisition des terrains nécessaires, est un "coût **total** standard".

Le Coût Standard est ici calculé sur de nombreuses années et il est basé sur des coûts et des prix actualisés à 1% par an. Le tableau suivant donne le détail du calcul pour un projet de 10.000 ha de plantation de Teck à raison de 500 ha/an pendant 20 an (année 2005).

Soulignons que dans les composantes du coût standard, on distingue les coûts directs, liés aux surfaces établies (et qui peuvent être calculés sur la base d'un seul ha ou sur une tranche annuelle de 500 ha) et les coûts indirects, qui n'y sont pas directement liés, lesquels doivent être rapportés à la surface totale plantée en fin de rotation ou de projet.

Dans cet exemple, le coût total Standard à l'ha (2005) se monte donc à 3.926 US$/ha et se structure comme suit :

Composantes du Coût standard

Coûts directs	liés aux surfaces	1	Préparation du terrain	$ 335	8,5%
		2	Plants et planting	$ 838	21,3%
		3	Entretien	**$ 728**	**18,5%**
	Total coûts directs			**$ 1901**	**48,4%**
Coûts indirects	liés aux surfaces	4	Protection	$ 101	2,6%
		5	Réseau routier	$ 80	2,0%
	non liés aux surfaces	6	Encadrement	$ 740	18,8%
		7	Frais Généraux	$ 262	6,7%
	liés aux surfaces	8	Investissements	**$ 242**	**6,2%**
		9	Achat des terres	**$ 600**	**15,3%**
Total coûts indirects				**$ 2025**	**51,6%**
TOTAL				**$ 3 926**	**100%**

Le poste le plus important est "Plants et Planting" qui représente plus du cinquième du coût total. Cela vient de l'acquisition des micro-boutures de Teck auprès de la Fondation YSB de Malaisie, mais, bien qu'à 1 US$/plant, le coût d'acquisition des clones de YSB est très rentable car il permet d'accéder immédiatement à une forte productivité, ce qui, en fait, conditionne le projet.

Viennent ensuite les postes suivants, par ordre d'importance : Encadrement, Entretien et Acquisition des Terrains. L'achat des terres n'est pas toujours inclu dans les projets et son montant reste très aléatoire et toujours en forte augmentation, surtout lorsqu'il s'agit de bonnes terres, ainsi qu'il est fortement recommandé pour cultiver du Teck ou des bois précieux comme les Acajous.

Remarque : Les Coûts Standard sont calculés hors amortissements car leur report dans les runs financiers fausserait les calculs prévisionnels. En effet, les investissements sont faits avant la création des plantations et il est préférable d'inscrire les achats de renouvellement aux dates où ils sont réellement effectués. Par contre, en ajoutant le coût des amortissements au coût Standard ainsi calculé*, on obtient le "Coût total Standard".

* Ici, les amortissements correspondent aux sommes totales dépensées pour acquérir le matériel ou le remplacer (hors matériels d'exploitation), divisées par le nombre d'années du Projet.

81.24 - Coûts directs

Coûts directs liées à la création des plantations. Il s'agit des coûts générés par les travaux découlant de l'ensemble des travaux sylvicoles. L'évaluation est faite sur la base des "coûts standard par opération" (coûts unitaires). Lors de la réalisation du projet ces coûts unitaires doivent être mis à jour régulièrement.

81.25 - Coûts indirects

Coûts indirects annuels. Ils correspondent à des opérations liées aux plantations mais pas directement aux surfaces plantées. Ce sont :

- **La Construction et l'entretien des pistes.** Il s'agit des pistes principales à créer, auxquelles s'ajoutent des pistes de liaison existantes à améliorer ainsi que de nouvelles pistes d'accès aux parcelles. Rappelons que ces pistes sont établies sommairement pendant la phase d'installation des plantations et que la véritable amélioration du réseau routier sera surtout réalisée à l'occasion de l'exploitation des parcelles.

- **La Protection (lutte contre l'incendie et surveillance phytosanitaire).** Bien que la zone soit, chaque année, systématiquement soumise aux feux de brousse, la DFCI peut être assez limitée grâce à l'absence de relief, la compacité des périmètres et à l'excellent entretien des plantations. De plus, si les cadres du projet savent se faire les alliés des populations, les feux ne devraient pas être allumés à l'intérieur des périmètres plantés. La surveillance concerne également l'aspect phytosanitaire. Celle-ci devrait également être très réduite grâce à la bonne adaptation et à la qualité de la sélection.

- **Le renouvellement des parcelles après exploitation.** Ces coûts directs, liés aux replantations, concernent la seconde rotation et n'ont pas été pris en compte dans le coût standard. Ils figurent dans les runs à partir de l'année 21.

Encadrement et Frais généraux. L'Encadrement et les Frais Généraux représentent les coûts indirects (non directement proportionnels à la dimension du Projet). Ils comprennent :

- Les salaires et charges de tous les cadres du Projet,
- Les frais d'Audit externes (Consultations, Expertises et Bilans),
- Les coûts d'une éventuelle Recherche-Développement (R&D).

81.3 - "Runs" financiers

Les runs financiers sont une estimation des réalités annuelles financières (budget de fonctionnement et d'investissement pour ce qui concerne les dépenses) et de leur succession, année après année, tout au long du Projet. En y ajoutant les recettes issues de la production espérée, on peut facilement en déduire la rentabilité financière. Pour notre exemple de Projet de Teck sur 2 fois 20 ans (datant de 2005), on trouvera le détail des calculs dans le tableau suivant (présenté sur 3 pages successives) et qui s'étale donc sur 40 années consécutives.

Ce tableau se décline en 5 points : **Paramètres de base, Production, Recettes, Dépenses** et **Rentabilité**.

PROJET PLANTATION INTENSIVE DE TECK - BUSINESS PLAN (RUN = TABLEAU DE BORD ECONOMIQUE)

Niveau de productivité **15** **Début de la 1ère éclaircie (suppression des acacias)** **5 ans**

	taux/coef	sous-titre	PARAMETRES	unité calcul										
1 - PARAMETRES DE BASE														
1			**Dates**		**2006**	**2007**	**2008**	**2009**	**2010**	**2011**	**2012**	**2013**	**2014**	**2015**
2			**Dates**	**2005**	**1**	**2**	**3**	**4**	**5**	**6**	**7**	**8**	**9**	**10**
3			**N° d'ordre (2ème rotation)**											
4	1,01		Evolution prix de vente t. carbc	%/an	1,0000	1,0100	1,0201	1,0303	1,0406	1,0510	1,0615	1,0721	1,0829	1,0937
5	1,01		Evolution du prix de vente bois	%/an	1,0000	1,0100	1,0201	1,0303	1,0406	1,0510	1,0615	1,0721	1,0829	1,0937
6	1,01		Evolution des dépenses	%/an	1,0000	1,0100	1,0201	1,0303	1,0406	1,0510	1,0615	1,0721	1,0829	1,0937
	taux/coef		**SURFACES**											
7			Plantation	ha/an	50	200	300	400	500	500	500	500	500	500
8			Cumul plantation	ha	50	250	550	950	1450	1950	2450	2950	3450	3950
9			Replantation											
10			Cumul replantation											
2 - PRODUCTION														
		VOLUME INVENTAIRES												
11	**Accroiss' courant**		V. tot. annuel / ha	m3/ha/an	1	5	10	15	17	10	12	15	20	20
12	**Bois d'Acacia**	**sur pied**	V. tot./pied (Acacia)	m3	0,50	3,00	8,00	15,50	24,00	0	0	0	0	0
13		**coupé**	V. cédé gratuitement	m3						**24**				
14	**Bois de Teck**	**sur pied**	V. tot./pied (Teck)	m3	0,50	3,00	8,00	15,50	24,00	34	46	61	81	101
15		**récolté**	V. exploité	m3										
16	**Production /ha**		Production cumulée / ha	m3	0,00	3,00	8,00	15,50	24,00	34,00	46,00	61,00	81,00	101,00
	taux/coef		**RECOLTES**											
17	BO	**éclaircies**	Vol. Bois d'éclaircie	m3	0	0	0	0	0	0	0	0	0	0
18			cumulé (depuis l'origine)	m3	0	0	0	0	0	0	0	0	0	0
19	BO	**coupes finales**	Vol. Bois de coupes rases	m3	0	0	0	0	0	0	0	0	0	0
20			cumulé (depuis l'origine)	m3	0	0	0	0	0	0	0	0	0	0
21			**Récolte Totale / an)**	m3	0	0	0	0	0	0	0	0	0	0
22			**Recolte Totale cumulée**	m3	0	0	0	0	0	0	0	0	0	0
23		**Bilan**	**Stock BF annuel restant**	m3	60	540	2 160	9 180	13 740	15 240	18 480	27 300	34 080	39 360
24		**Bois Fort**	**Stock BF restant**	**m3**	**60**	**600**	**2 760**	**11 940**	**25 680**	**40 920**	**59 400**	**86 700**	**120 780**	**160 140**
25	1,5385	**Carbone**	**TOTAL BIOMASSE**	t/an	92	831	3 323	14 123	21 138	23 446	28 431	42 000	52 431	60 554
26				**t cumulées**	**92**	**923**	**4 246**	**18 369**	**39 508**	**62 954**	**91 385**	**133 385**	**185 815**	**246 369**
27	0,2500		**TOTAL CARBONE**	t/an	23	208	831	3 531	5 285	5 862	7 108	10 500	13 108	15 138
28				**t cumulées**	**23**	**231**	**1 062**	**4 592**	**9 877**	**15 738**	**22 846**	**33 346**	**46 454**	**61 592**
29	3,6667		**TOTAL CO2**	t/an	85	762	3 046	12 946	19 377	21 492	26 062	38 500	48 062	55 508
30				**t cumulées**	**85**	**846**	**3 892**	**16 838**	**36 215**	**57 708**	**83 769**	**122 269**	**170 331**	**225 838**
3 - RECETTES														
	($/m3)		**RECETTES**											
31	5		Ventes Quotas de CO2	$	423	3 846	15 537	66 692	100 819	112 943	138 324	206 386	260 219	303 540
32	150		Ventes Bois d'éclaircie	$	0	0	0	0	0	0	0	0	0	0
33	300		Ventes Bois de coupes finales	$	0	0	0	0	0	0	0	0	0	0
34			**Recettes totales annuelles**	$	423	3 846	15 537	66 692	100 819	112 943	138 324	206 386	260 219	303 540
35			**RECETTES CUMULEES**	**$**	**423**	**4 269**	**19 806**	**86 498**	**187 316**	**300 260**	**438 584**	**644 970**	**905 189**	**1 208 728**
4 - DEPENSES														
	$	sous-titre	**DEPENSES**	$										
36	334,6	**Plants et Planting**	Préparation du terrain	année 0	16 730	67 589	102 398	137 895	174 093	175 834	177 592	179 368	181 162	182 974
37	838,5		Plants et plantations	année 0	41 923	169 368	256 592	345 544	436 250	440 612	445 018	449 469	453 963	458 503
38	73,2	**Culture**	année 1	$		3 697	14 934	22 625	30 469	38 467	38 852	39 240	39 633	40 029
39	103,2		année 2	$			5 264	21 265	32 217	43 386	54 774	55 322	55 875	56 434
40	43,2		année 4	$				2 225	8 991	13 621	18 343	23 158	23 390	23 624
41	150,0	**Elagage**	année 4	$				7 727	31 218	47 295	63 691	80 410	81 214	82 026
42	120,0		année 7	$							6 369	25 731	38 983	52 497
43	170,0		année 9	$									9 204	37 185
44	68,0	**Dévitalisation après éclaircie**		$										
45	100,8	**Equip' du massif**	Cloture et Protection	$	5 040	20 362	30 848	41 542	52 446	52 971	53 501	54 036	54 576	55 122
46	50,0		Réseau routier	$	2 500	10 100	15 302	20 606	26 015	26 275	26 538	26 803	27 071	27 342
47	30,0		Entretien du réseau	$	1 500	6 060	9 181	12 364	15 609	15 765	15 923	16 082	16 243	16 405
48			**Total Dépenses directes**	**$**	**67 693**	**277 175**	**434 518**	**611 795**	**807 308**	**854 227**	**900 602**	**949 620**	**981 315**	**1 032 141**
49	370000	**Coûts indirects**	Cadres + Rech.	$	123 333	186 850	377 437	381 211	385 023	388 874	392 762	396 690	400 657	404 664
50	50 950		Fonctionnement	$	16 983	25 730	51 974	52 494	53 019	53 549	54 084	54 625	55 172	55 723
51	80 000		Expertises	$	80 000	80 800	81 608	82 424	83 248	84 081	84 922	85 771	86 629	87 495
52			**Total Dépenses indirectes**	**$**	**220 317**	**293 380**	**511 019**	**516 129**	**521 291**	**526 503**	**531 769**	**537 086**	**542 457**	**547 882**
53			TOTAL DEPENSES ANNUELLES	$	288 009	570 555	945 537	1127924	1328599	1380730	1432370	1486706	1523772	1580023
54			TOTAL DEPENSES CUMULEES	$	288 009	858 564	1 804 102	2 932 026	4 260 625	5 641 355	7 073 725	8 560 431	10 084 203	11 664 225
55	5 ans	**Invest.**	Matériel	$	203 500	197 500	125 500	**0**	**0**	**0**	203 500	197 500	125 500	0
56	10 ans		Infrastructure	$	84 000	25 000	10 000							
57	10 ans		Pépinière	$	85 000									
58			**TOTAL INVESTISSEMENT**	**$**	**372 500**	**222 500**	**135 500**	**0**	**0**	**0**	**203 500**	**197 500**	**125 500**	**0**
59	600		**Achat terrains (avant plantation)**	$	30000	121200	183618	247272	312181	315303	318456	321641	324857	328106
60			**Dépenses totales annuelles**	**$**	690509	914255	1264655	1375196	1640780	1696033	1954326	2005847	1974129	1908128
61			**COÛT TOTAL CUMULE**	**$**	**690509**	**1604764**	**2869420**	**4244616**	**5885396**	**7581430**	**9535756**	**11541602**	**13515731**	**15423859**
5 - RENTABILITE														
62	**CASH-FLOW**		Cash-Flow annuel	**$**	-690086	-910409	-1249118	-1308504	-1539962	-1583090	-1816002	-1799461	-1713910	-1604588
63			Cash-Flow cumulé	**$**	-690086	-1600496	-2849614	-4158118	-5698080	-7281170	-9097172	-10896632	-12610542	-14215131
64	TRI (Taux de Rentabilité Interne			%	-	-	-	-	-	-	-	-	-	-
65	Prix de revient de l'ha planté				13 810	6 419	5 217	4 468	4 059	3 888	3 892	3 912	3 918	3 905
66	Prix de revient du m3 de bois récolté				-	-	-	-	-	-	-	-	-	-

BUSINESS PLAN (Suite)

12 ans | Début de la seconde éclaircie (1 Teck sur 2) | Début de Cash flow positif | Projet bénéficiaire | Début des récoltes finales | 20 ans

2016	**2017**	**2018**	**2019**	**2020**	**2021**	**2022**	**2023**	**2024**	**2025**	**2026**	**2027**	**2028**	**2029**	**2030**	**2031**
11	**12**	**13**	**14**	**15**	**16**	**17**	**18**	**19**	**20**	**21**	**22**	**23**	**24**	**25**	**26**
											1	**2**	**3**	**4**	**5**
1,1046	1,1157	1,1268	1,1381	1,1495	1,1610	1,1726	1,1843	1,1961	1,2081	1,2202	1,2324	1,2447	1,2572	1,2697	1,2824
1,1046	1,1157	1,1268	1,1381	1,1495	1,1610	1,1726	1,1843	1,1961	1,2081	1,2202	1,2324	1,2447	1,2572	1,2697	1,2824
1,1046	1,1157	1,1268	1,1381	1,1495	1,1610	1,1726	1,1843	1,1961	1,2081	1,2202	1,2324	1,2447	1,2572	1,2697	1,2824
550	550	550	550	550	550	550	550	550	550	550	50	200	300	400	500
4500	5050	5600	6150	6700	7250	7800	8350	8900	9450	10000					
											50	200	300	400	500
											50	250	550	950	1450
19	16	12	10	16	21	25	26	23	17	14	1	5	10	15	17
0	0	0	0	0	0	0	0	0	0	0	1	3	8	16	24
120	136	148	84	100	121	146	172	195	212	226	1	3	8	16	24
			74								226				
120,00	136,00	148,00	84,00	100,00	121,00	146,00	172,00	195,00	212,00	226,00	0,00	3,00	8,00	15,50	24,00
0	0	0	3 700	14 800	22 200	29 600	37 000	37 000	37 000	37 000	37 000	37 000	40 700	40 700	40 700
0	0	0	3 700	18 500	40 700	70 300	107 300	144 300	181 300	218 300	255 300	292 300	333 000	373 700	414 400
0	0	0	0	0	0	0	0	0	0	0	11 300	45 200	67 800	90 400	113 000
0	0	0	0	0	0	0	0	0	0	0	11 300	56 500	124 300	214 700	327 700
0	0	0	3 700	14 800	22 200	29 600	37 000	37 000	37 000	37 000	48 300	82 200	108 500	131 100	153 700
0	0	0	3 700	18 500	40 700	70 300	107 300	144 300	181 300	218 300	266 600	348 800	457 300	588 400	742 100
47 640	57 840	68 040	74 220	73 920	75 420	76 380	78 660	90 840	103 320	117 280	111 960	78 180	49 200	18 240	-13 200
207 780	**265 620**	**333 660**	**407 880**	**481 800**	**557 220**	**633 600**	**712 260**	**803 100**	**906 420**	**1 023 460**	**1 135 620**	**1 213 800**	**1 263 000**	**1 281 240**	**1 268 040**
73 292	88 985	104 677	114 185	113 723	116 031	117 508	121 015	139 754	158 954	180 369	172 246	120 277	75 692	28 062	-20 308
319 662	**408 646**	**513 323**	**627 508**	**741 231**	**857 262**	**974 769**	**1 095 785**	**1 235 538**	**1 394 492**	**1 574 462**	**1 747 108**	**1 867 385**	**1 943 077**	**1 971 138**	**1 950 831**
18 323	22 246	26 169	28 546	28 431	29 008	29 377	30 254	34 938	39 738	45 092	43 062	30 069	18 923	7 015	-5 077
79 915	**102 162**	**128 331**	**156 877**	**185 308**	**214 315**	**243 692**	**273 946**	**308 885**	**348 623**	**393 715**	**436 777**	**466 846**	**485 769**	**492 785**	**487 708**
67 185	81 569	95 954	104 669	104 246	106 362	107 715	110 931	128 108	145 708	165 338	157 892	110 254	69 385	25 723	-18 615
293 023	**374 592**	**470 546**	**575 215**	**679 462**	**785 823**	**893 538**	**1 004 469**	**1 132 577**	**1 278 285**	**1 443 623**	**1 601 515**	**1 711 769**	**1 781 154**	**1 806 877**	**1 788 262**
371 068	455 021	540 616	595 617	599 141	617 412	631 524	656 879	766 178	880 154	1 008 722	972 926	686 174	436 139	163 307	-119 365
0	0	0	631 642	2 551 833	3 866 027	5 206 249	6 572 890	6 638 618	6 705 005	6 772 055	6 839 775	6 908 173	7 674 980	7 751 730	7 829 247
0	0	0	0	0	0	0	0	0	0	0	4 177 809	16 878 347	25 570 696	34 435 204	43 474 445
371 068	455 021	540 616	1 227 259	3 150 974	4 483 439	5 837 773	7 229 769	7 404 797	7 585 159	7 780 776	11 990 510	24 472 694	33 681 815	42 350 241	51 184 327
1 579 796	**2 034 818**	**2 575 434**	**3 802 692**	**6 953 666**	**11 437 105**	**17 274 878**	**24 504 647**	**31 909 443**	**39 494 602**	**47 275 378**	**59 265 888**	**83 738 582**	**#########**	**#########**	**#########**
203 284	205 316	207 370	209 443	211 538	213 653	215 790	217 948	220 127	222 328	224 552	20 618	83 296	126 194	169 941	214 551
509 397	514 491	519 636	524 832	530 080	535 381	540 735	546 142	551 604	557 120	562 691	51 665	208 728	316 222	425 846	537 631
40 429	44 917	45 366	45 820	46 278	46 741	47 208	47 680	48 157	48 638	49 125	49 616	4 556	18 405	27 883	37 550
56 999	57 568	63 959	64 598	65 244	65 897	66 556	67 221	67 893	68 572	69 258	69 951	70 650	6 487	26 207	39 704
23 860	24 098	24 339	27 041	27 312	27 585	27 860	28 139	28 420	28 705	28 992	29 282	29 574	29 870	2 743	11 080
82 847	83 675	84 512	93 893	94 832	95 780	96 738	97 705	98 682	99 669	100 666	101 672	102 689	103 716	9 523	38 473
66 277	66 940	67 610	68 286	68 968	69 658	77 390	78 164	78 946	79 735	80 533	81 338	82 151	82 973	83 802	84 641
56 336	75 865	95 780	96 738	97 705	98 682	99 669	100 666	111 840	112 958	114 088	115 229	116 381	117 545	118 720	119 907
			3 870	15 633	23 684	31 894	40 266	40 669	41 076	41 486	41 901	42 320	47 018	47 488	47 963
61 240	61 853	62 471	63 096	63 727	64 364	65 008	65 658	66 314	66 978	67 647	6 211	25 093	38 017	51 196	64 635
30 377	30 681	30 988	31 298	31 611	31 927	32 246	32 568	32 894	33 223	33 555	3 081	12 447	18 857	25 395	32 061
18 226	18 409	18 593	18 779	18 966	19 156	19 348	19 541	19 736	19 934	20 133	1 849	7 468	11 314	15 237	19 236
1 149 271	**1 183 814**	**1 220 622**	**1 247 692**	**1 271 894**	**1 292 507**	**1 320 441**	**1 341 699**	**1 365 283**	**1 378 936**	**1 392 725**	**572 412**	**785 355**	**916 618**	**1 003 982**	**1 247 431**
408 710	412 797	416 925	421 095	425 305	429 559	433 854	438 193	442 575	447 000	451 470	455 985	460 545	465 150	469 802	474 500
56 280	56 843	57 412	57 986	58 566	59 151	59 743	60 340	60 944	61 553	62 169	62 790	63 418	64 052	64 693	65 340
88 370	89 253	90 146	91 047	91 958	92 878	93 806	94 744	95 692	96 649	97 615	98 591	99 577	100 573	101 579	102 595
553 360	**558 894**	**564 483**	**570 128**	**575 829**	**581 587**	**587 403**	**593 277**	**599 210**	**605 202**	**611 254**	**617 367**	**623 540**	**629 776**	**635 074**	**642 434**
1702632	1742708	1785105	1817820	1847723	1874094	1907844	1934976	1 964 493	1 984 138	2 003 979	1 189 779	1 408 895	1 546 394	1 640 055	1 889 866
13 366 857	15 109 565	16 894 670	18 712 490	20 560 212	22 434 307	24 342 151	26 277 127	28 241 620	30 225 758	32 226 738	33 419 517	34 828 412	36 374 806	38 014 862	39 904 727
0	0	203 500	197 500	125 500	0	0	0	203 500	197 500	125 500	0	0	0	203 500	197 500
	84 000	25 000	10 000	0	0	0	0	0	0	0	0	84 000	25 000	10 000	0
											85 000	0	0	0	0
0	**84 000**	**228 500**	**207 500**	**125 500**	**0**	**0**	**0**	**203 500**	**197 500**	**125 500**	**85 000**	**84 000**	**25 000**	**213 500**	**197 500**
364525	368171	371852	375571	379326	383120	386951	390820	394729	398676	402663					
2067157	2194878	2385457	2400891	2352549	2257214	2294795	2325797	2562722	2580314	2532742	1274779	1492895	1571394	1853555	2087366
17491016	19685894	22071352	24472242	26824791	29082006	31376801	33702598	36265319	38845633	41377775	42652555	44145450	45716844	47570399	49657765
-1696089	-1739857	-1844842	-1173632	798425	2226225	3542978	4903972	4842075	5004845	5248634	10715731	22979799	32110421	40496686	49096962
-15911220	-17651077	-19495918	-20669550	-19871125	-17644901	-14101923	-9197951	-4355876	648969	5897603	16613334	39593132	71703553	112200239	161297200
-	-	-	-	-	-	-	-	-	-	-	-	-	-	15,4%	16,8%
3 887	3 898	3 941	3 979	4 004	4 011	4 023	4 036	4 075	4 111	4 133	4 244	4 307	4 333	4 344	4 337
-	-	-	6614,1	1450,0	714,5	446,3	314,1	251,3	214,3	189,3	160,0	126,6	100,0	83,8	66,9

BUSINESS PLAN (Fin)

2032	2033	2034	2035	2036	2037	2038	2039	2040	2041	2042	2043	2044	2045	2046
27	28	29	30	31	32	33	34	35	36	37	38	39	40	41
6	7	8	9	10	11	12	13	14	15	16	17	18	19	20
1,2953	1,3082	1,3213	1,3345	1,3478	1,3613	1,3749	1,3887	1,4026	1,4166	1,4308	1,4451	1,4595	1,4741	1,4889
1,2953	1,3082	1,3213	1,3345	1,3478	1,3613	1,3749	1,3887	1,4026	1,4166	1,4308	1,4451	1,4595	1,4741	1,4889
1,2953	1,3082	1,3213	1,3345	1,3478	1,3613	1,3749	1,3887	1,4026	1,4166	1,4308	1,4451	1,4595	1,4741	1,4889
500	500	500	500	500	550	550	550	550	550	550	550	550	550	550
500	500	500	500	500	550	550	550	550	550	550	550	550	550	550
1950	2450	2950	3450	3950	4500	5050	5600	6150	6700	7250	7800	8350	8900	9450
10	12	15	20	20	19	16	12	10	16	21	25	26	23	17
0	0	0	0	0	0	0	0	0	0	0	0	0	0	0
24														
34	46	61	81	101	120	136	148	84	100	121	146	172	195	212
								74						
34,00	46,00	61,00	81,00	101,00	120,00	136,00	148,00	84,00	100,00	121,00	146,00	172,00	195,00	212,00
40 700	40 700	40 700	40 700	40 700	40 700	40 700	40 700	3 700	14 800	22 200	29 600	37 000	37 000	37 000
455 100	495 800	536 500	577 200	617 900	658 600	699 300	740 000	743 700	758 500	780 700	810 300	847 300	884 300	921 300
113 000	113 000	113 000	113 000	113 000	124 300	124 300	124 300	124 300	124 300	124 300	124 300	124 300	124 300	124 300
440 700	553 700	666 700	779 700	892 700	1 017 000	1 141 300	1 265 600	1 389 900	1 514 200	1 638 500	1 762 800	1 887 100	2 011 400	2 135 700
153 700	153 700	153 700	153 700	153 700	165 000	165 000	165 000	128 000	139 100	146 500	153 900	161 300	161 300	161 300
895 800	1 049 500	1 203 200	1 356 900	1 510 600	1 675 600	1 840 600	2 005 600	2 133 600	2 272 700	2 419 200	2 573 100	2 734 400	2 895 700	3 057 000
3 360	240	-3 060	-9 540	-15 540	-31 200	-30 480	-27 120	20 940	6 480	-8 400	-23 220	-36 660	-37 140	-33 360
1 271 400	**1 271 640**	**1 268 580**	**1 259 040**	**1 243 500**	**1 212 300**	**1 181 820**	**1 154 700**	**1 175 640**	**1 182 120**	**1 173 720**	**1 150 500**	**1 113 840**	**1 076 700**	**1 043 340**
5 169	369	-4 708	-14 677	-23 908	-48 000	-46 892	-41 723	32 215	9 969	-12 923	-35 723	-56 400	-57 138	-51 323
1 956 000	**1 956 369**	**1 951 662**	**1 936 985**	**1 913 077**	**1 865 077**	**1 818 185**	**1 776 462**	**1 808 677**	**1 818 646**	**1 805 723**	**1 770 000**	**1 713 600**	**1 656 462**	**1 605 138**
1 292	92	-1 177	-3 669	-5 977	-12 000	-11 723	-10 431	8 054	2 492	-3 231	-8 931	-14 100	-14 285	-12 831
489 000	**489 092**	**487 915**	**484 246**	**478 269**	**466 269**	**454 546**	**444 115**	**452 169**	**454 662**	**451 431**	**442 500**	**428 400**	**414 115**	**401 285**
4 738	338	-4 315	-13 454	-21 915	-44 000	-42 985	-38 246	29 531	9 138	-11 846	-32 746	-51 700	-52 377	-47 046
1 793 000	**1 793 338**	**1 789 023**	**1 775 569**	**1 753 654**	**1 709 654**	**1 666 669**	**1 628 423**	**1 657 954**	**1 667 092**	**1 655 246**	**1 622 500**	**1 570 800**	**1 518 423**	**1 471 377**
30 688	2 214	-28 509	-89 771	-147 693	-299 492	-295 506	-265 560	207 096	64 728	-84 746	-236 603	-377 288	-386 050	-350 227
7 907 540	7 986 615	8 066 481	8 147 146	8 228 618	8 310 904	8 394 013	8 477 953	778 430	3 144 858	4 764 460	6 416 140	8 100 376	8 181 380	8 263 194
43 909 189	44 348 281	44 791 764	45 239 681	45 692 078	50 763 899	51 271 538	51 784 253	52 302 096	52 825 117	53 353 368	53 886 902	54 425 771	54 970 028	55 519 729
51 847 416	52 337 110	52 829 736	53 297 057	53 773 003	58 775 311	59 370 044	59 996 646	53 287 622	56 034 703	58 033 082	60 066 438	62 148 859	62 765 358	63 432 696
##########	**##########**	**##########**	**##########**	**##########**	**##########**	**##########**	**##########**	**##########**	**762 503 612**	**820 536 695**	**880 603 132**	**942 751 991**	**###########**	**###########**
216 696	218 863	221 052	223 262	225 495	250 525	253 030	255 561	258 116	260 697	263 304	265 937	268 597	271 283	273 996
543 007	548 437	553 922	559 461	565 055	627 776	634 054	640 395	646 799	653 267	659 799	666 397	673 061	679 792	686 590
47 406	47 880	48 359	48 843	49 331	49 825	55 355	55 909	56 468	57 032	57 603	58 179	58 761	59 348	59 942
53 468	67 504	68 179	68 860	69 549	70 244	70 947	78 822	79 610	80 406	81 210	82 023	82 843	83 671	84 508
16 787	22 606	28 540	28 825	29 114	29 405	29 699	29 996	33 325	33 658	33 995	34 335	34 678	35 025	35 375
58 287	78 493	99 097	100 088	101 089	102 100	103 121	104 152	115 713	116 870	118 038	119 219	120 411	121 615	122 831
85 487	7 849	31 711	48 042	64 697	81 680	82 496	83 321	84 155	84 996	85 846	95 375	96 329	97 292	98 265
121 106	122 318	123 541	11 343	45 827	69 428	93 496	118 039	119 219	120 411	121 615	122 832	124 060	137 830	139 209
48 443	48 927	49 416	49 910	50 410	50 914	51 423	51 937	4 769	19 266	29 188	39 306	49 624	50 120	50 621
65 281	65 934	66 593	67 259	67 932	75 472	76 227	76 989	77 759	78 536	79 322	80 115	80 916	81 725	82 543
32 381	32 705	33 032	33 363	33 696	37 437	37 811	38 189	38 571	38 957	39 346	39 740	40 137	40 538	40 944
19 429	19 623	19 819	20 018	20 218	22 462	22 687	22 913	23 143	23 374	23 608	23 844	24 082	24 323	24 566
1 307 778	**1 281 139**	**1 343 261**	**1 259 275**	**1 322 412**	**1 467 266**	**1 510 345**	**1 556 222**	**1 537 646**	**1 567 471**	**1 592 875**	**1 627 301**	**1 653 499**	**1 682 564**	**1 699 389**
479 245	484 037	488 878	493 766	498 704	503 691	508 728	513 815	518 953	524 143	529 384	534 678	540 025	545 425	550 880
65 993	66 653	67 320	67 993	68 673	69 360	70 053	70 754	71 461	72 176	72 898	73 627	74 363	75 107	75 858
103 621	104 657	105 703	106 760	107 828	108 906	109 995	111 095	112 206	113 328	114 462	115 606	116 762	117 930	119 109
648 859	**655 347**	**661 901**	**668 520**	**675 205**	**681 957**	**688 777**	**695 664**	**702 621**	**709 647**	**716 744**	**723 911**	**731 150**	**738 462**	**745 846**
1 956 637	1 936 486	2 005 161	1 927 794	1 997 617	2 149 223	2 199 122	2 251 886	2 240 266	2 277 118	2 309 619	2 351 212	2 384 649	2 421 025	2 445 236
41 861 364	43 797 850	45 803 011	47 730 806	49 728 422	51 877 645	54 076 767	56 328 653	58 568 920	60 846 038	63 155 657	65 506 869	67 891 518	70 312 544	72 757 779
125 500	0	0	0	203 500	197 500	125 500	0	0	0	203 500	197 500	125 500	0	0
0	0	0	0	0	0	0	84 000	25 000	10 000	0	0	0	0	0
0	0	0	0	0	0	0	0	0	0	0	0	0	0	0
125 500	**0**	**0**	**0**	**203 500**	**197 500**	**125 500**	**84 000**	**25 000**	**10 000**	**203 500**	**197 500**	**125 500**	**0**	**0**
2082137	1936486	2005161	1927794	2201117	2346723	2324622	2335886	2265266	2287118	2513119	2548712	2510149	2421025	2445236
51739902	53676388	55681549	57609343	59810460	62157183	64481805	66817691	69082958	71370076	73883195	76431907	78942056	81363081	83808317
49765280	50400624	50824574	51369262	51571886	56428587	57045423	57660760	51022355	53747584	55519964	57517726	59638710	60344333	60987460
211062480	261463104	312287678	363656941	415228827	471657414	528702837	586363597	637385952	691133536	746653500	804171226	863809936	924154268	985141728
17,8%	18,4%	16,8%	17,2%	17,6%	17,9%	18,1%	18,3%	18,4%	18,5%	18,6%	18,7%	18,8%	18,8%	18,9%
4 330	4 311	4 300	4 283	4 287	4 287	4 285	4 283	4 278	4 274	4 283	4 294	4 302	4 305	4 309
57,8	51,1	46,3	42,5	39,6	37,1	35,0	33,3	32,4	31,4	30,5	29,7	28,9	28,1	27,4

81.31 - Paramètres de base

Ils comportent 12 lignes numérotées comme suit :

- **Dates et N° d'ordre des années pour chaque rotation** : 3 lignes (**1-3**).
- **Actualisations :** 3 lignes (**4-6**) : prix de vente de la tonne de carbone et du m^3 de bois, dépenses. Remarquons que l'on pourrait ajouter des lignes pour actualiser différemment

certaines dépenses ou recettes lorsque l'évolution des prix diffère nettement de la moyenne (distinguer par exemple les bois d'éclaircie des bois de coupe finale, etc.).

- **Surfaces de plantation et de replantation après exploitation** : 4 lignes (**7-10**), en distinguant à chaque fois la surface annuelle et le cumul de surface depuis le début.

81.32 - Production

Elle comporte 20 lignes numérotées comme suit :

- **Volumes inventaires** : 6 lignes (**11-16**), Accroissement courant, Volumes sur pied et exploités (Acacia et Teck), Volumes cumulés / ha.
- **Récoltes** : 8 lignes (**17-24**), Volumes bois d'éclaircie et de coupe rase (par année et cumulés), Récolte totale (par année et cumulée), Stock total de Bois Fort restant sur pied (par année et cumulé).
- **Biomasse, carbone et CO2 :** 6 lignes (25 à 30), Tonnage par année et cumulés.

81.33 - Recettes

Elles comportent 5 lignes numérotées comme suit :

- **Ventes de quotas de CO2, de bois d'éclaircie et de bois de coupe rase** : 3 lignes (**31-33**).
- **Recettes totales annuelles et cumulées** : 2 lignes (**34 et 35**).

81.34 - Dépenses

Elles comportent 26 lignes numérotées comme suit :

- **Coûts directs :** 13 lignes : (**36-48**), Plants et planting, Culture, Elagage, Dévitalisation des souches, Equipement du massif, Total dépenses directes,
- **Coûts indirects** : 4 lignes : (**49-52**), Cadres et R&D, Fonctionnement des cadres, Expertises, Total coûts indirects (annuels et cumulés).
- **Total Fonctionnement :** 2 lignes : (**53-54**), Dépenses annuelles et cumulées,
- **Investissements :** 4 lignes : (**55-58**), Matériels, Infrastructures, Pépinière, Total,
- **Achat des terrains :** 1 ligne : (**59**), Dépenses totales : 2 lignes : (60-61), Dépenses totales annuelles et cumulées,

Le tableau qui suit résume les runs aux dates principales du Projet et en particulier aux deux dates les plus importantes :

- 12 ans : début des éclaircies de Teck.
- 20 ans : début des coupes finales de la 1ère rotation.

Projet Teck rotation de 20 ans - Résumé des Runs financiers (en US $)

n° années	1	2	5	7	12	15	20	25	30	40
Dépenses par année	690 509	570 555	1 328 599	1 432 370	1 742 708	1 847 723	1 984 138	1 640 055	1 927 794	2 421 025
Cumul dépenses	690 509	858 564	4 260 625	7 073 725	15 109 565	20 560 212	30 225 758	38 014 862	47 730 806	70 312 544
Recettes annuelles CO2	423	3 846	100 819	138 324	455 021	599 141	880 154	163 307	-89 771	-386 050
Recettes annuelles Bois d'œuvre	0	0	0	0	0	2 551 833	6 705 005	42 186 934	53 386 828	63 151 408
TOTAL RECETTES ANNUELLES	423	3 846	100 819	138 324	455 021	3 150 974	7 585 159	49 423 954	53 297 057	62 765 358
TOTAL RECETTES CUMULEES	423	4 269	187 316	438 584	2 034 818	6 953 666	39 494 602	159 770 638	421 266 284	1 005 517 350
TRI	#NOMBRE!	#NOMBRE!	#NOMBRE!	#NOMBRE!	#NOMBRE!	#NOMBRE!	0,3%	13,0%	17,2%	18,9%
Prix de revient de l'ha géré	13810	6419	4059	3892	3898	4004	4111	4344	4283	4305
Prix de revient du m3 de bois	-	-	-	-	-	1450	214	81	42	28

Ce projet apparait très rentable. Le TRI très élevé tient à la fois à la rotation très courte (20 ans) et à l'excellent prix du bois de teck sur pied, estimé, en 2005, à 130 US$/m^3 pour le bois d'éclaircie et à 350 US$/m^3 pour le bois des coupes finales. Ces chiffres demandent à être actualisés.

S'agissant d'un projet, il ne s'agit que d'une prévision mais qui permet de nombreuses simulations. Le tableau suivant est le résultat de 10 simulations de prix de vente des permis d'émission, des bois d'éclaircie et de coupe finale. On voit par rapport à la modalité 7, qui est celle de l'étude, que les crédits carbone (à 5 US$/t de CO2), ne jouent que sur 0,7% du TRI (modalité 1) et le prix des bois d'éclaircie, que sur 2,4% (modalité 2). Les modalités 3 à 6, sont des simulations avec des degrés croissants d'optimisme, mais même si les recettes se limitent au seul bois des coupes finales à 100 US$ /m^3 le TRI reste élevé (9,2%).

Prix en US$	1	2	3	4	5	6	7	8	9	10
tonne de Co2	0	5	0	2	3	4	5	5	5	5
m3 de bois d'éclaircie	150	0	0	50	100	100	150	150	200	200
m3 de bois de coupe finale	300	300	100	100	200	300	300	350	350	400
TRI	18,18%	16,2%	9,2%	11,4%	16,0%	17,9%	18,86%	19,5%	20,3%	20,8%

Il est certain qu'une bonne actualisation des prix est nécessaire. Par exemple, le prix du CO2 est passé de 10 à 30 €/tonne entre 2012 et 2019 et a fortement grimpé à partir de 2020 (jusqu'à 90 €/t[661]) ce qui pousse à la spéculation et peut aller jusqu'à faire oublier leur rôle premier de production de bois aux plantations forestières, même lignicoles.

En effet, comme le montre les graphiques suivant, le fait d'exploiter régulièrement à terme, les plantations, conformément à l'aménagement durable, réduit sensiblement le carbone stocké au-dessus du sol. Il devient donc rapidement plus rentable d'oublier les clients industriels et de ne plus exploiter. A 32 euros la tonne de CO2, le TRI augmente de 4,5 points pour les plantations exploitées alors que pour les plantations inexploitées, le TRI serait du même ordre avec beaucoup moins de frais.

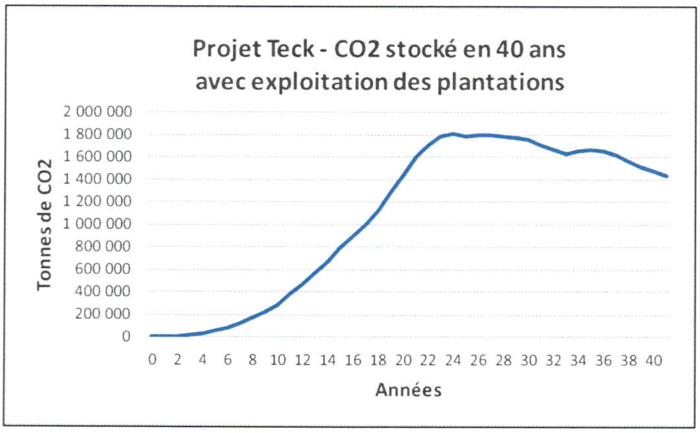

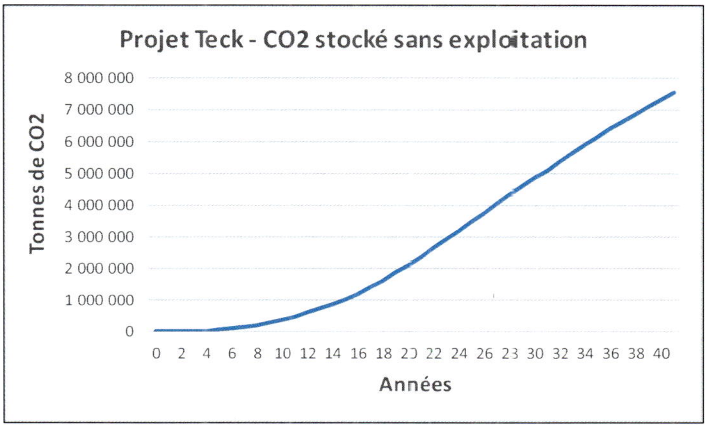

Concernant le stock de bois sur pied, l'exploitation régulière ne le réduit pas à zéro à chaque rotation, même si c'est bien le cas à l'échelle de l'ha planté (graphiques ci-dessous, en haut) ou de chaque parcelle. A l'échelle du massif il y a un équilibre et le graphique ci-dessous (bas), en montre l'image. Il est à noter que le stock de bois suit rigoureusement celui du stock de CO_2 au coefficient d'expansion près.

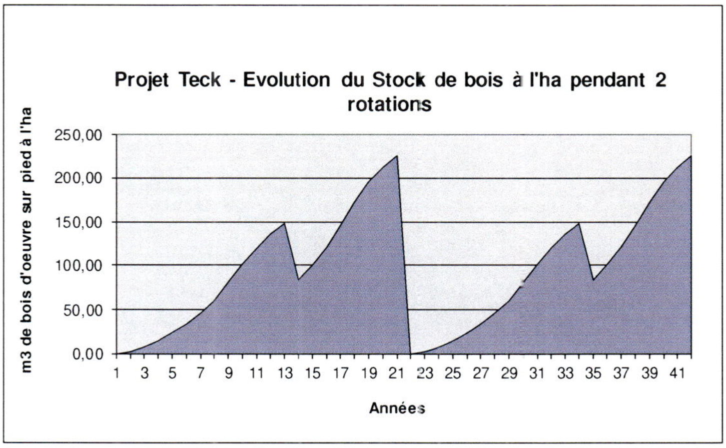

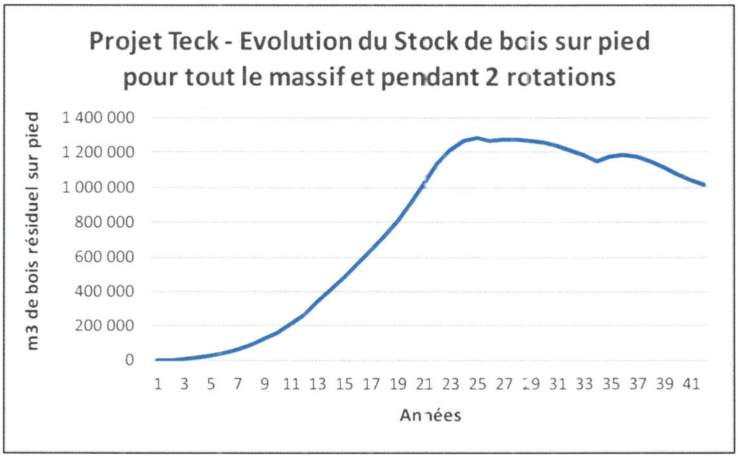

81.4 – Auscultation du tableau des "runs financiers"

Le tableau des runs n'est qu'une prévision mais il permet de faire de nombreuses simulations en modifiant les paramètres de base (productivité, coefficients divers, surfaces, coûts par opération, prix de vente des produits, etc.) et permet d'optimiser le Projet. D'autre part, ce tableau est un véritable tableau de bord économique, pouvant mettre en évidence l'évolution de tous les paramètres et d'établir de nombreuses comparaisons. On peut facilement imager par des graphiques l'évolution de chacune de ses composantes. Par exemple, dans notre projet Teck de 2005, les graphiques ci-après en sont une bonne illustration.

Dépenses et recettes. Les 2 graphiques ci-après, à deux axes, présentent à la fois les recettes et les dépenses enregistrées chaque année et cumulées. Une faible partie de l'allure croissante des courbes est due à l'actualisation de 1% (dépenses et recettes). On voit que les deux courbes se complètent, les dépenses longtemps seules, sont suivies des recettes, très rapidement croissantes à partir des premières récoltes de bois d'éclaircies (année 13) et surtout des bois des coupes finales (année 21).

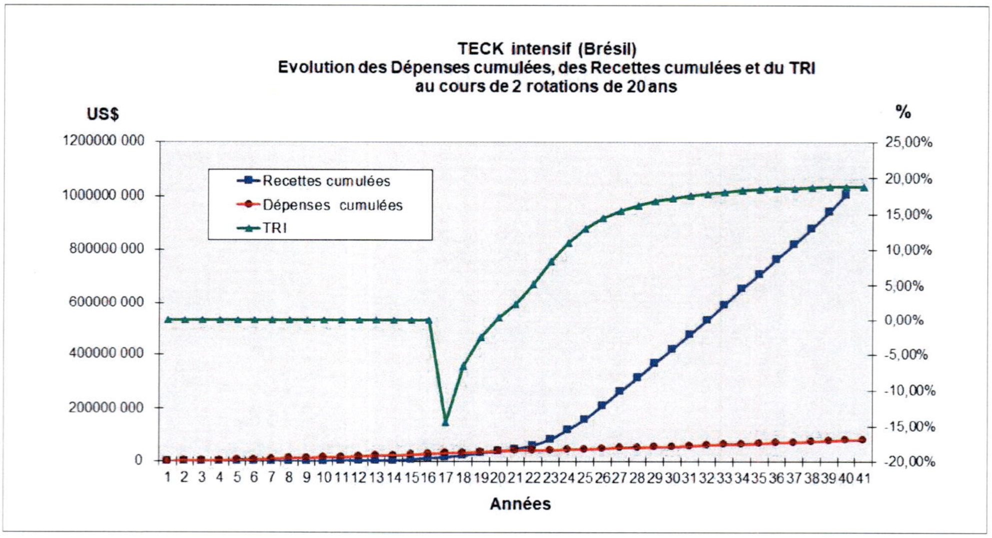

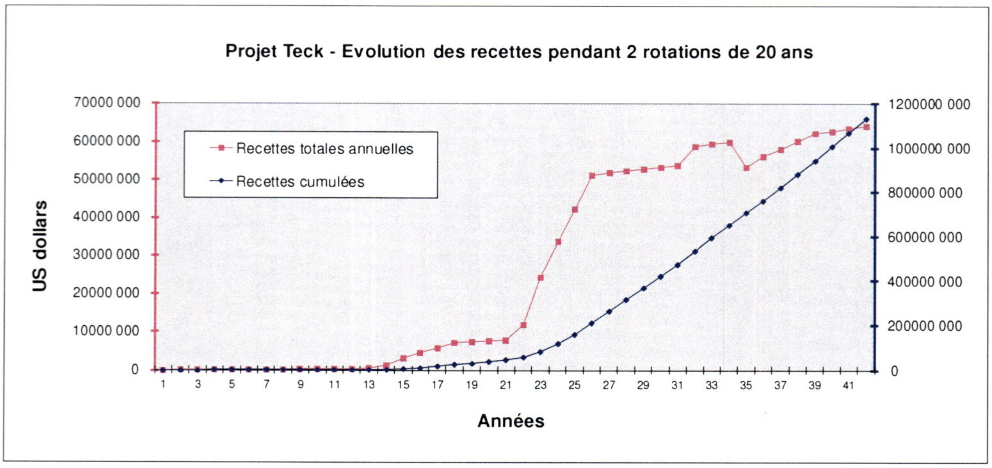

Le graphique ci-après, à un seul axe, donne une meilleure comparaison entre recettes et dépenses. Il est certain que les dépenses annuelles, qui paraissaient très importantes au départ du projet, parfois excessives aux yeux des investisseurs, sont rapidement remboursées par des recettes annuelles plus de 30 fois plus importantes.

Cash-flow. Le Cash-flow annuel (graphique du haut) suit de près les recettes avec des irrégularités entre les années 31 et 36, dues à la seconde rotation qui entre à son tour en exploitation avec les coupes d'éclaircies à partir de l'année 32.

Malgré un certain lissage, le graphique reproduit quelque peu la forme obtenue entre les années 13 et 21. La forte accélération de recettes se fait sur 5 ans suivant l'entrée en vitesse de croisière des plantations à grande échelle qui étaient étalées sur 5 ans dans ce projet (ligne 7 du tableau des runs).

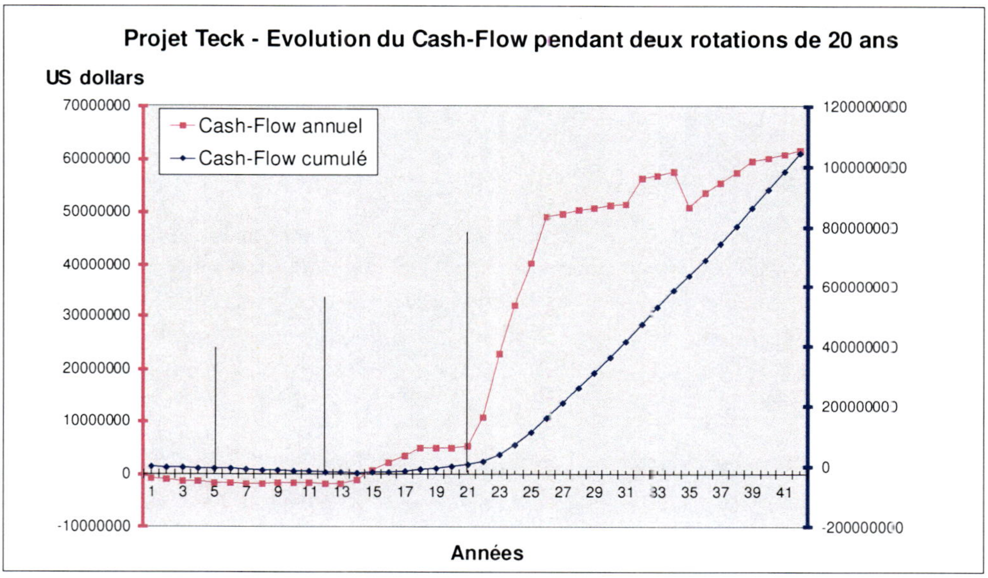

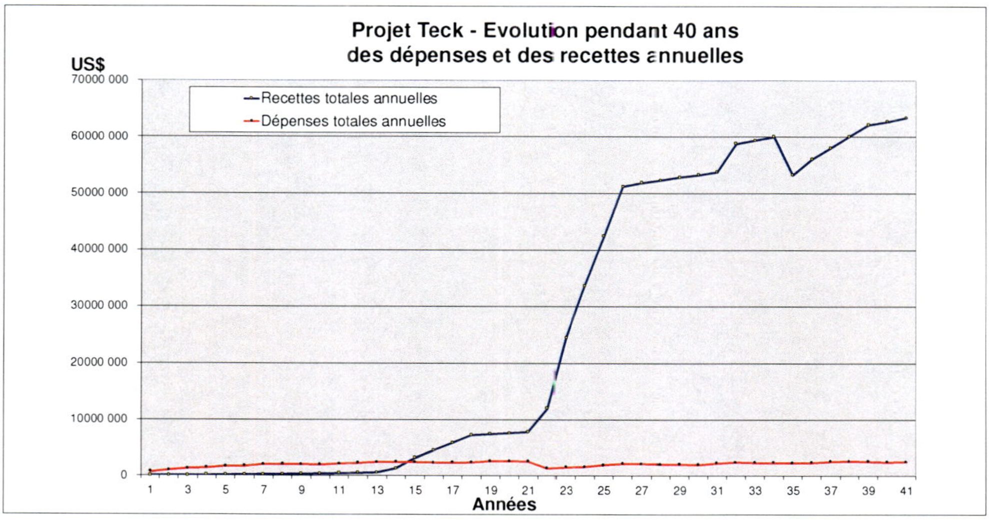

Rentabilité du Projet. Le graphique suivant, comporte le taux interne de rentabilité (TRI) lié à l'évolution du cash-flow et qui s'exprime en pourcentage.

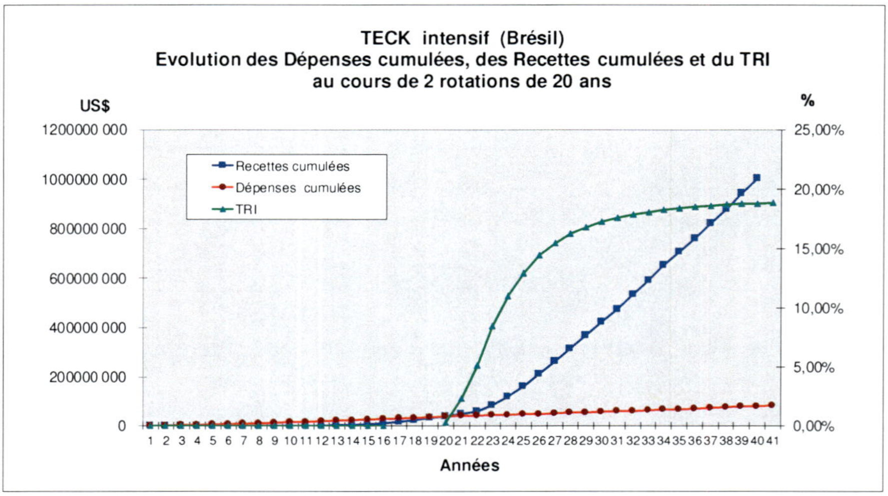

On voit que le rendement financier tend vers 19 % dans les conditions du projet. Le TRI devient positif à partir de l'année 19 et décolle rapidement. Il faut donc attendre les premières coupes finales pour espérer une certaine rentabilité mais les coupes d'éclaircie ont permis de rembourser toutes les dettes en 5 ans (entre l'année 13 et l'année 18) tout en couvrant les dépenses courantes, ce qui dans un projet de bois d'œuvre à haute valeur comme le Teck, met en relief tout l'intérêt des coupes d'éclaircies tant au plan sylvicole qu'économique.

Prix de revient de l'hectare planté et du m^3 de bois récolté. Finalement, (lignes 65 et 66) on s'est attaché à calculer ces deux critères très importants pour un tableau de bord. On en tire les deux courbes du graphique suivant :

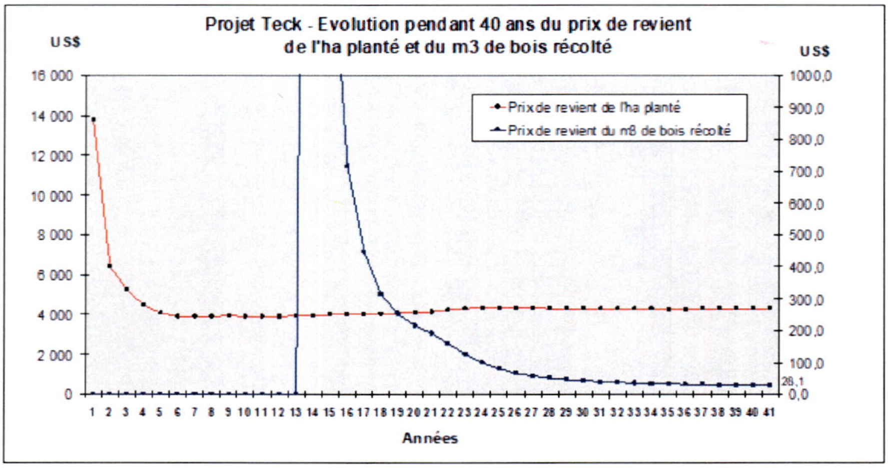

Le prix de l'ha planté rejoint le coût standard tout en restant légèrement supérieur surtout à partir des replantations qui sont plus coûteuses à cause des frais élevés de fertilisation. Quant au prix de revient du m^3 sur pied, excessivement élevé dès les premières récoltes (6.600 US$/m^3), s'abaisse rapidement jusqu'à tendre vers 28 US$/m^3 ce qui est loin des prix de vente avec une espèce comme le Teck dont la première qualité est celle de son bois, très recherché par les marchés.

Biomasse, Stock de CO2 et vente de quotas d'émission. Le graphique ci-dessous rassemble les courbes correspondantes.

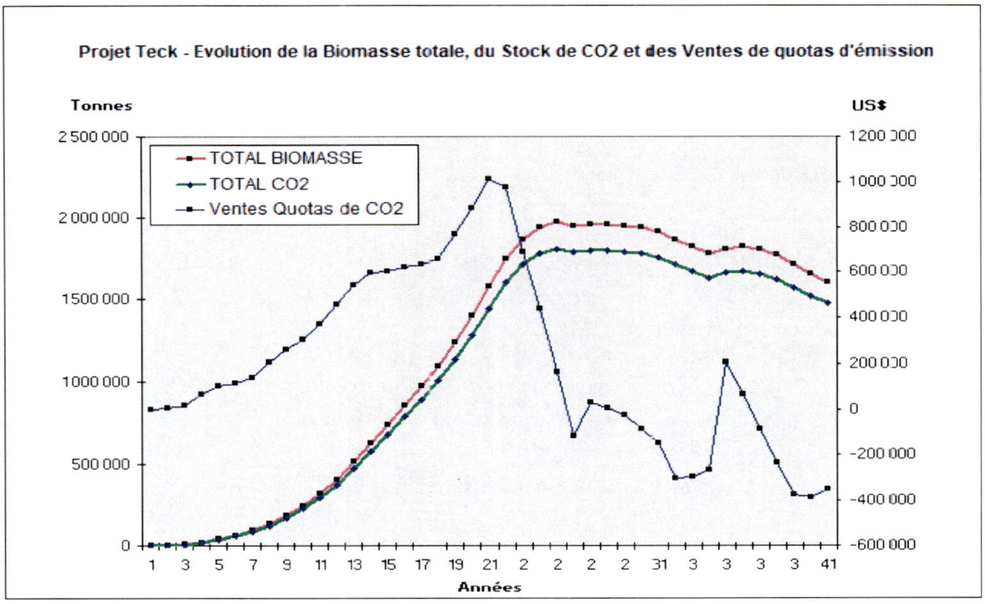

Du fait des exploitations, on enregistre un arrêt de croissance (et même une réduction) de la biomasse et donc du Stock de CO2 correspondant. Les ventes de permis d'émission s'effondrent dès les premières coupes finales, les bois récoltés s'inscrivant en négatif dans le tableau, alors qu'une certaine partie (20-30%?) restera pendant longtemps dans les produits finis (meubles, construction, etc.).

82 - Application aux modèles européens et tropicaux

A titre indicatif, nous comparons les modèles tempérés bien connus en France (Peuplier, Pin maritime et Douglas) aux meilleurs modèles tropicaux (eucalyptus pour le bois d'industrie, teck et acajou pour le bois d'œuvre).

82.1 – Plantations clonales de Peuplier à court terme

En s'inspirant de divers documents et notamment de la fiche peuplier du CRPF Bourgogne-Franche-Comté[662] ainsi que de l'indicateur 2022 du prix de vente (selon marché 2021) des bois sur pied en forêt privée* (ces prix avaient subi une hausse d'environ 20% par rapport à ceux de 2020, et il n'est pas sûr qu'ils restent à ce niveau).

On a établi le tableau simplifié des runs, ci-après qui nous donne les résultats bruts pour une plantation intensive de 156 peupliers /ha, conduite en station fertile avec une révolution de 18 ans.

*Prix de vente des bois sur pied en forêt privée, consultable sur le site :
https ://franceboisforet.fr/2022/05/04/indicateur-2022-prix-de-vente-des-bois-sur-pied-en-foret-privee/

Peuplier

n/ha	m3/ha/an	m3/ha	m3/u	Valeur sur pied	
156	18	324	2,08	50	16200

Coût taille de formation et élagage en euro/tige							
0,75		1,5		2,5			2,5

Recettes	Industrie	sciage	déroulage
%	20%	10%	70%
euros/m3	5	30	50
euros/ha	324	972	11340

	0	1	2	3	4	5	6	7	8	9	10	11	12	13	14	15	16	17	18	TOTAL	%
Plantation	1000	1800																		2800	59,2%
Entretien			200	200	200	200														800	16,9%
Elagage			117		234		390			390										1131	23,9%
Total dépenses	1000	1800	317	200	434	200	390	0	0	390	0	0	0	0	0	0	0	0	0	4731	100,0%
Recette																			12636	12636	
cash flow	-1000	-1800	-317	-200	-434	-200	-390	0	0	-390	0	0	0	0	0	0	0	0	12636	7905	
TRI	#####	######	######	######	#####	######	#####	###	####	#####	####	####	####	####	####	###	####	###	6,4%		

On parvient à une rentabilité de 6,4 %/an. Ce chiffre modéré malgré une révolution courte, tient à un investissement assez élevé, à l'absence de recettes intermédiaires et à des prix de vente plutôt bas pour les bois autres que le déroulage.

82.2 - Plantations familiales de Pin maritime en scénario court terme

Les tableaux ci-après récapitulent les éléments technico-économiques de chacun des 4 scénarios présentés plus haut (FOGEFOR 2010, point 42.2). Des chiffres complémentaires ont été apportés par FCBA (février 2023). Pour les prix, comme précédemment, on s'est inspiré de l'indicateur 2022 du prix de vente (selon marché 2021) des bois sur pied en forêt privée.

Les tableaux qui suivent font état de la production pour chacun des 4 scénarios envisagés avec la répartition entre les coupes d'éclaircies et les coupes rases ainsi que la ventilation entre bois d'industrie et bois d'œuvre, pour chacune des exploitations effectuées.

ECLAIRCIES													
Rang de l'éclaircie	Age	Nb de tiges à exploiter	Volume arbre moyen	BOIS D'INDUSTRIE				BOIS D'ŒUVRE				TOTAL	Production totale des éclaircies
				Volume/ha		Prix bois sur pied	Valeur	Volume/ha		Prix bois sur pied	Valeur	Valeur	
	ans	n	(m3)	%	m3	(€/m3)	(€/ha)	%	(m3)	(€/m3)	(€/ha)	(€/ha)	m3/ha
1ère éclaircie	12 ans	450	0,15	80%	54,0	15	810	20%	13,5	30	473	1 283	67,5
2ème éclaircie	17 ans	270	0,36	55%	53,5	18	962	45%	43,7	35	1 750	2 712	97,2
3ème éclaircie	23 ans	194	0,72	24%	33,5	22	738	76%	106,2	40	4 777	5 515	139,7

COUPES RASES (finales)													
Scénario	Age	Nb de tiges à exploiter	Volume arbre moyen	BOIS D'INDUSTRIE				BOIS D'ŒUVRE				TOTAL	Production totale des coupes rases
				Volume/ha		Prix bois sur pied	Valeur	Volume/ha		Prix bois sur pied	Valeur	Valeur	
	ans	n	(m3)	%	m3	(€/m3)	(€/ha)	%	(m3)	(€/m3)	(€/ha)	(€/ha)	m3/ha
1	25	1 000	0,37	60%	222,0	20	4 440	40%	148,0	30	4 440	8 880	370,0
2	30	800	0,60	40%	192,0	20	3 840	60%	288,0	35	10 080	13 920	480,0
3	32	530	0,76	20%	80,6	20	1 611	80%	322,2	38	12 245	13 856	402,8
4	36	336	1,12	10%	37,6	20	753	90%	338,7	40	13 548	14 300	376,3

Scénario	Coût de la plantation	Revenu des éclaircies			Revenu des Coupes rases				Valorisation totale et rentabilité			Production totale (m3/ha)	Productivité (m3/ha/an)
		12 ans	17 ans	23 ans	25 ans	30 ans	32 ans	36 ans	Prix moyen (€/m3)	Valeur totale (€/ha)	Rentabilité TRI %		
1	1 200 €	-	-	-	8 880	-	-	-	32	8 880	6,1%	370	14,8
2	1 200 €	1 283	-	-	-	13 920	-	-	43	15 203	7,5%	548	18,3
3	1 200 €	1 283	2712	-	-	-	13 856	-	52	17 851	7,4%	568	17,7
4	1 200 €	1 283	2712	5515	-	-	-	14 300	63	23 809	7,1%	681	18,9

Le calcul de la rentabilité résulte des tableaux simplifiés des runs financiers présentés ci-après :

Les 4 scénarios du pin maritime

Scénario 1	1	2	3	4	5	6	7	8	9	10	20	21	22	23	24	25
Dépenses	1000	100	100													
Recettes																8 880
Cash flow	-1000	-100	-100	0	0	0	0	0	0	0	0	0	0	0	0	8880
TRI	#####	#####	#####	###	###	###	###	###	###	###	###	###	###	#####	###	8,8%

Scénario 2	1	2	3	4	5	6	7	8	9	10	20	21	22	23	24	25	26	27	28	29	30
Dépenses	1000	100	100																		
Recettes																					13 920
Cash flow	-1000	-100	-100	0	0	0	0	0	0	0	0	0	0	0	0	0	0	0	0	0	13 920
TRI	#####	#####	#####	###	###	###	###	###	###	###	1%	1%	1%	1%	1%	1%	1%	1%	1%	1%	10,6%

Scénario 3		2	3	4	5	6	7	8	9	10	20	21	22	23	24	25	26	27	28	29	30	31	32
Dépenses	1000	100	100																				
Recettes																							13 856
Cash flow	-1000	-100	-100	0	0	0	0	0	0	0	0	0	0	0	0	0	0	0	0	0	0	0	13 856
TRI	#####	#####	#####	###	###	###	###	###	###	###	9%	9%	9%	9%	9%	9%	9%	9%	9%	9%	9%	9%	12,3%

Scénario 4		2	3	4	5	6	7	8	9	10	20	21	22	23	24	25	26	27	28	29	30	31	32	33	34	35	36
Dépenses	1000	100	100																								
Recettes														5 515													14 300
Cash flow	-1000	-100	-100	0	0	0	0	0	0	0	0	0	0	5 515	0	0	0	0	0	0	0	0	0	0	0	0	14 300
TRI	#####	#####	#####	###	###	###	###	###	###	###	9%	9%	9%	13%	###	13%	###	###	###	###	13%	###	12,5%	###	###	###	13,6%

Conclusions et choix d'un objectif pour le Pin maritime

La forte rentabilité est due au faible coût de l'installation de la plantation grâce aux efforts considérables et conjugués de la Recherche (INRAE et FCBA) et de la Coopérative Alliance.

La version la plus courte est de loin la moins rentable. La raison est triple :

- Moindre production à cause d'une plus grande quantité de petits bois non commerciaux.
- Absence d'éclaircie ; il faut attendre la coupe rase à 25 ans pour enregistrer l'unique recette.
- Moindre valeur des bois du fait des petits diamètres et d'une plus grande proportion de bois d'industrie.

Pour les autres scénarios, il est intéressant de voir que, contrairement à la théorie, la rentabilité s'accroit avec la longueur de la révolution ; on passe successivement de 8,8% à 10,6%, 12,3% à 13,6% selon les 4 scénarios. Cette apparente anomalie vient des éclaircies, très rentables car elles apportent précocement des recettes ce qui améliore très vite le cash-flow et donc la rentabilité. On passe à 9% dès la 2ème éclaircie et à 13% dès la 3ème. Il est certain que ces résultats demandent à être validés en fonction des prix réels. On voit que ce genre d'approche est très intéressante pour le producteur qui peut réaliser de nombreuses simulations en fonction de sa situation propre et donc de définir ses propres orientations de production.

C'est à ce niveau que le partenariat entre l'industriel utilisateur et le producteur de bois peut jouer un grand rôle au niveau de l'orientation de la production car c'est le prix du bois selon son diamètre (et sa qualité intrinsèque) qui finalement déterminera les recettes intermédiaires et finales entrainant la décision du producteur vers une révolution plus ou moins courte. L'industrie doit définir les qualités qu'elle recherche le plus, et en fixer un prix supérieur, afin que le producteur en fasse son objectif, sachant que les révolutions longues seront de plus en plus difficiles car moins rentables et plus risquées (face aux adversités).

82.3 - Plantations familiales de Douglas en version court terme

Comme nous l'avons vu précédemment (point 12.3, 4ème Partie) le Douglas en Europe est une essence à croissance relativement rapide et qui pourrait devenir une essence de ligniculture, à condition d'améliorer la qualité du bois juvénile à larges cernes. Grâce à l'élagage (coûteux) on peut éliminer les nœuds mais pour les larges cernes il faudrait mettre au point une variété à faible proportion de bois final (est-ce possible?). Pour une faible proportion d'aubier, outre une éventuelle possibilité de sélection, il faudrait arrêter les éclaircies au moins 8 ans avant la coupe finale ce qui ne laisse guère de place que pour 2 éclaircies. Malgré tout, la productivité élevée peut conduire à une gestion accélérée comme le montre la modélisation ci-après, faite à partir des chiffres obtenus par les chercheurs de FCBA dans une expérience réalisée en 1980 dans le Morvan.

Source: FCBA Nord-Est Essai - 58015 LAROCHEMILLAY

Programmation des coupes						
Densité/ha plantés : 1250 plants/ha avant 1ère éclaircie : 1090/ha		Tiges exploitées		Nb de tiges restantes		Coupe Rase
		Volumes unitaires		1ère éclaircie	2ème éclaircie	Volume unitaire m3
N° de scénario	Nb d'éclaircies	1ère éclaircie 17 ans	2ème éclaircie 29 ans	17 ans	29 ans	36 ans
06	2	0,241	1,026	361	321	**1,757**

Eclaircies (Bois d'industrie + bois d'oeuvre)						
Rang de l'éclaircie	Age	Nb de tiges à exploiter	Nb de tiges restantes	BOIS D'INDUSTRIE + BOIS D'ŒUVRE		
				Volume/ha (m3)	Prix de vente sur pied (€/m3)	Valeur (€/ha)
1ère éclaircie	17 ans	729	361	175,7	20 €	3 514 €
2ème éclaircie	29 ans	40	321	41,0	60 €	2 462 €

Coupes rases (Bois d'industrie + bois d'oeuvre)						
Scénario	Age	Nb de tiges à exploiter	Vol. arbre moyen (m3)	Vol/ha (m3)	Prix de vente sur pied (€/m3)	Valeur (€/ha)
06	36	321	1,757	564	80 €	45 120 €

Valeur totale et rentabilité								
Scénario	Production totale	Productivité moyenne	Prix plantation (€/ha)	Revenu des coupes (€/ha)			Valeur totale et Rentabilité	
				éclaircies		coupe rase	Valeur totale (€/ha)	Rentabilité TRI %
	m3/ha	m3/ha/an		12 ans	17 ans	36 ans		
06	780,7	**21,7**	**6 500 €**	3 514 €	2 462 €	45 120 €	51 096 €	**7,5%**

Tableau des récoltes et des revenus estimés, d'après les données FCBA. L'indicateur 2022 a servi de base d'estimation des prix des bois sur pied.

Pour les prix, nous avons également tenu compte de l'indicateur 2022 du prix de vente des bois sur pied en forêt privée. Nous avons estimé à 6.500 euros, le coût de la plantation, compte tenu de l'aspect manuel de nombreuses opérations et d'un élagage à 1.500 euros réalisé l'année 12. Le tableau très simplifié des runs s'établit comme suit :

DOUGLAS	1	2	3	4	5	6	7	8	9	10	11	12	13	14	15	16	17	18	19	20	…	30	31	32	33	34	35	36	TOTAL
Dépenses	3500	500	500	500								1 500																	6 500
Recette																	3 514											45120	51 096
Cash flow	-3500	-500	-500	-500	0	0	0	0	0	0	0	-1 500	0	0	0	0	3 514	0	0	0		0	0	0	0	0	0	45120	
TRI	#######	######	######	######	###	###	###	###	###	###	###	######	###	###	###	###	-5%	-5%	-5%	-5%		-1%	-1%	-1%	-1%	-1%	-1%	7,3%	

On voit qu'avec une productivité moyenne à 36 ans de 21,7 m^3/ha/an et après une très forte éclaircie à 17 ans, suivie d'une seconde, faible, à 29 ans, la récolte totale de 780 m^3 de bois dont 564 en coupe rase (arbres de 1,75 m^3), conduit à une recette totale d'environ 51.000 euros/ha dont 45.000 venant de la coupe finale. Malgré cette recette très importante la rentabilité brute n'est que de 7,3% à cause des revenus d'éclaircies assez faibles et surtout d'un coût élevé de la plantation surtout manuelle en zone escarpée, nécessitant des entretiens et de la protection, ainsi qu'un élagage. A ce titre les situations sont sans doute très variables selon les conditions locales. L'espèce reste très prometteuse parce que d'une part elle réagit fortement à l'éclaircie et d'autre part, le bois d'œuvre est de plus en plus apprécié des marchés avec des prix de vente élevés. Dans cette perspective, un aubier plus mince et des branches plus fines devraient permettre de récolter plus tôt ou tout au moins de faire une bonne éclaircie valorisante à mi rotation permettant une amélioration décisive de la rentabilité. Un objectif de 10% de rentabilité (brute) digne d'une essence lignicole semble possible.

82.4 - Plantations clonales d'Eucalyptus à très courte rotation (bois d'industrie)

Le prix de revient d'un hectare d'eucalyptus en région tropicale est relativement élevé puisque le total des coûts directs avoisine le coût de la plantation de pin maritime en France. Il faut dire qu'il faut y ajouter généralement des frais généraux très élevés dû à l'éloignement et au besoin d'assistance technique, de l'expertise et de la R&D. Cependant comme le montre le tableau très simplifié des runs (ci-dessous), la rentabilité est rapidement très élevée (16%) à cause des très courtes rotations (7 ans) et de la haute productivité (30 m^3/ha/an) et malgré la faible valeur du bois sur pied puisqu'il s'agit de bois d'industrie.

Eucalyptus 7 ans (bois de pâte)	Productivité m3/ha/an		Volume récolté m3/ha		Prix du m3 sur pied euros/m3		
	30		210		15		
Années	1	2	3	4	5	6	7	8
Dépenses	585	455	100	100	50			
Recettes								3150
Cash flow	-585	-455	-100	-100	-50	0	0	3150
TRI	#NOMBRE!	#NOMBRE!	#NOMBRE!	#NOMBRE!	#NOMBRE!	#NOMBRE!	#NOMBRE!	16%

Il faut bien sûr, souligner, qu'un tel projet n'a d'intérêt que s'il est associé à un projet industriel ou si la demande locale en bois d'industrie existe (zone d'attraction d'une usine de pâte ou de panneaux).

82.5 - Plantations clonales de Teck à courte révolution (bois d'œuvre)

Pour une comparaison objective, et en se limitant aux seuls coûts directs de la fiche de coût standard, ainsi que les éléments correspondants du tableau des runs du projet de "Teck-intensif", précédent, on obtient le tableau des runs ci-après :

Teck rapide	1	2	3	4	5	6	7	8	9	10	11	12	13	14	15	16	17	18	Total
Préparation du sol	335																		335
Plants et Plantation	838																		838
Entretiens	73	103	43																219
Elagages				150			120		170										440
Eclaircies				14		14		7		7							14		56
Routes	40	3	3	3	3	3	3	3	3	3	3	3	3	3	3	3	3		88
Protection			7	7	7	7	7	7	7	7	7	7	7	7	7	7	7		105
Amortisst Matériel	81						81						81						243
Total Dépenses	1367	106	53	174	10	24	211	17	180	17	10	10	91	10	10	10	24		2324
Recettes				0		3 750		3 750		4 500								70 000	
Cash flow	-1367	-106	-53	-174	-10	3726	-211	3733	-180	4483	-10	10	-91	-10	-10	-10	-24	70000	-2324
TRI	######	######	######	######	######	18%	17%	30%	30%	35%	35%	35%	35%	35%	35%	35%	35%	39%	39%

La très forte rentabilité vient du cumul de la très grande valeur du bois, de la forte productivité et de la révolution très courte, faisant du teck l'espèce lignicole, de loin la plus attractive.

82.6 - Plantations familiales de Toona ciliata à courte révolution (bois d'œuvre)

Le site internet de Bela vista nous donne le calcul des coûts d'installation, d'exploitation et de transformation des plantations de cèdre australien récolté à 15 ans, après une seule éclaircie à 8 ans. De plus, Ricardo VILELA nous donne une estimation du calcul économique de cette culture basée sur des chiffres réels à partir des études faites dans son exploitation à partir des premiers bois plantés avant le démarrage des grandes plantations clonales. A partir des prix de vente des produits obtenus (sciages et bois d'énergie) il présente le calcul de la rentabilité de cette culture orientée vers le marché intérieur. Les chiffres sont exprimés en réals brésilens et le calcul est fait en se référant à l'année 2015. Après conversion en euros (1 euros = 0,23 réals 2015), nous obtenons le tableau des runs ci-après :

Toona ciliata Bela vista Florestal (Minas Gerais - Brésil)	année référence	Taux de conversion (réals en euros)	Coûts de l'exploitation en €/m3		Coûts du sciage en €/m3	Prix de vente du bois en €/m3		
			Eclaircies	Coupes rases	Eclaircie et coupes rases	Bois de feu	Sciages d'éclaircie	Sciages de coupe rase
	2015	0,23	6,90	9,20	34,50	13,8	345	575

Source : https://belavistaflorestal.com.br/produtividade-e-retorno/

				rendement	1	2	3	4	5	6	7	8	9	10	11	12	13	14	15	TOTAL
Plantation et entretien				moyenne	1840	575	575	460	230	230	230	230	230	230	230	230	230	230	230	5 980
Productivité (m3/ha/an)				25,3	30	30	30	30	30	30	30	30	20	20	20	20	20	20	20	380
Production (m3/ha)					30	60	90	120	150	180	210	240	140	160	180	200	220	240	260	2 480
Récoltes	taux d'éclaircie		50%									120							260	380
Eclaircie	m3	BO	70%	33%								28								28
		BF	30%									36								36
Coupe rase	m3	BO	80%	50%															104	104
		BF	20%																52	52
Coût de l'exploitation	€/m3	BO+BF	100%									828							2 392	3 220
Coût de la transformation		BO	€/m3									956							3 588	4 544
TOTAL DEPENSES		€/ha			1840	575	575	460	230	230	230	2 014	230	230	230	230	230	230	6 210	13 744
Recettes		BO	€/ha									9 563							59 800	69 363
		BF	€/m3									497							718	1 214
TOTAL RECETTES		BO	€/m3		0	0	0	0	0	0	0	10 060	0	0	0	0	0	0	60 518	70 578
CASH FLOW					-1840	-575	-575	-460	-230	-230	-230	8046	-230	-230	-230	-230	-230	-230	54308	56 833
TRI					########	########	########	########	########	########	########	13%	12%	12%	11%	11%	10%	10%	28%	

On voit que la rentabilité est très forte (28%). Les raisons sont multiples : intégration production-transformation, révolution très courte, haute productivité, éclaircie précoce (8 ans) avec forte proportion de bois d'œuvre (70%). On voit aussi que malgré un assez faible rendement au sciage (33%), la vente des sciages à 8 ans fait émerger brutalement le TRI à 13% lequel ne diminue que légèrement ensuite, jusqu'au coupes finales qui le font bondir à nouveau à 28%, ce qui est considérable.

Cet exemple de ligniculture très rentable est d'autant plus remarquable que le projet de se lancer dans un tel projet à l'échelle industrielle avec R&D et transformation intégrée ne date que de 2010.

***

9 – CONCLUSIONS SUR LE PROJET LIGNICOLE

Disposant d'un matériel végétal, parfaitement adapté au site et de très haute valeur, tant d'un point de vue physiologique que génétique, la culture correspondante ne peut-être que de grande qualité comme le veut la règle agronomique de base appliquée aux plantations forestières. Ce chapitre sur la réalisation des plantations lignicoles le confirme parfaitement. Entre sylviculture et agriculture la ligniculture exige une grande connaissance des arbres mais aussi beaucoup de précision dans les pratiques de terrain. La réussite ne peut-être que le fruit de cette association.

Le domaine de la pépinière industrielle s'est largement développé avec des productivités tout à fait considérables en liaison avec la robotisation des opérations. Il est probable que les innovations se poursuivront encore longtemps, grâce à la disponibilité d'un matériel génétique de plus en plus performant (graines de croisements contrôlés, mini ou micro-boutures, embryons somatiques) avec un objectif de réduction des coûts, lequel passera obligatoirement par un nouvel effort de robotisation.

La réduction de l'usage des produits chimiques et des quantités appliquées, déjà très faibles et sans commune mesure avec le niveau d'intrants utilisés en agriculture, est accompagnée d'une augmentation de la mécanisation, de plus en plus sophistiquée, mais conduisant à réduire autant que possible le nombre de passages pour finalement aboutir à diminuer le prix de revient des plantations. Dans ce domaine, si des progrès considérables ont été faits au cours des 3 décennies passées, il semble que la Recherche-développement ait encore un large futur devant elle, grâce notamment à l'automatisation des opérations.

La rapidité de croissance, la forte productivité et les récoltes précoces des plantations lignicoles permettent une rentabilité très élevée en particulier avec les espèces à bois précieux en régions tropicales. De plus, les très courtes rotations (5 à 25 ans), réduiront d'autant les risques, face aux nombreuses adversités auxquelles sont soumises les plantations forestières. On ne peut cependant se passer d'un suivi permanent et d'un système de protection, qu'il s'agisse de manque de fertilisation, de problèmes parasitaires, d'incidents météoriques, ou d'incendies. Une observation, régulière et professionnelle, sera toujours la première étape incontournable dans la résolution de ces problèmes.

Enfin, dans un tel projet, l'aspect économique est fondamental c'est pourquoi la conception de tout nouveau projet exige une approche technico-financière suffisamment précise pour être crédible mais avec des limites certaines, car des changements de tous ordres ne manqueront pas de survenir lors de la réalisation, conduisant à réviser le "business plan initial" Ce programme opérationnel est malgré tout indispensable car il sera la structure de la gestion informatisée des futures plantations.

***

CONCLUSIONS GÉNERALES

A l'issue de cet ouvrage qui nous a permis de rassembler les résultats de notre expérience personnelle, pendant près de 50 années au service des plantations forestières, mais aussi d'y ajouter les principaux résultats de nombreux chercheurs et développeurs dans le monde, nous pouvons répondre oui et sans aucune hésitation à la question de savoir si les plantations forestières pouvaient satisfaire à la demande croissante en bois. Cela sera d'autant plus facile, que la ligniculture, sur surfaces limitées, sera une culture à haut rendement. Avec seulement 100 millions d'ha de plantations supplémentaires à 30 m³/ha/an, on peut faire face à une augmentation de 75% de la production mondiale de bois. Or, ce niveau de productivité est considéré comme le seuil de rentabilité par les grandes entreprises forestières et cette surface ne représente que 2,5% des surfaces forestières mondiales. De plus, on peut facilement trouver ces 100 millions d'ha en zone non forestière (savanes et zones agricoles abandonnées). Mais c'est surtout la zone agricole qui peut répondre à cette demande, du fait de la haute productivité attendue et de l'intérêt que portent déjà les agriculteurs à la production de bois dans de nombreux pays.

Concernant la haute productivité, nous avons longuement démontré sa forte dépendance à la qualité du matériel végétal, tant aux niveaux physiologique que génétique. Dans ces domaines, la Recherche-développement est, comme on l'a vu, déterminante. Elle débouche déjà sur des résultats très significatifs. On connaît les meilleures provenances pour la plupart des espèces lignicoles et les progrès en matière de clonage et de croisements contrôlés se poursuivent. Le bouturage s'est montré tout à fait décisif pour la multiplication des variétés hybrides d'eucalyptus, de pins et même d'acacias. Il faudra compter aussi sur les croisements contrôlés industriels, souvent très performants chez les espèces à grosses fleurs et à fruits renfermant de nombreuses graines. Le gain génétique augmente rapidement pour de nombreux caractères, y compris pour la qualité du bois, tant recherché par l'industrie.

La ligniculture peut donc parfaitement répondre à la demande en bois mais elle doit être dédiée à des demandes locales d'industries partenaires. C'est la meilleure formule garantissant des prix à long terme aux producteurs, sous la condition d'une certaine proximité des usines car il faut éviter, avant tout, le transport routier sur de longues distances, qui fait perdre au producteur et au transformateur tout l'intérêt des hauts rendements. Dans ces conditions, la ligniculture est appelée à un fort développement donnant lieu le plus souvent à de magnifiques plantations, parfaitement suivies, assurant un bon niveau de rentabilité aux investisseurs et donnant satisfaction aux petits producteurs. Souvent agriculteurs, ces derniers trouveront une bonne complémentarité avec l'agriculture, sans grand besoin de matériels supplémentaires ni de beaucoup de main d'œuvre. Ils devront simplement être aidés jusqu'aux premières récoltes.

La Ligniculture devra trouver sa place dans le paysage rural comme la viticulture l'a fait, sur des bases écologiques et économiques. Elle sera un nouvel élément du paysage, entre agriculture et sylviculture. De la forêt elle n'aura peut-être pas toute la biodiversité mais elle aura la 3ème dimension. C'est ce qui la distinguera de l'agriculture, une capitalisation sur pied, laissant la nature travailler seule pendant une ou deux décennies avant de recueillir ce capital accumulé pour le plus grand bien de l'exploitation et de l'industrie proche, évitant les longs transports au matériau écologique dont on a le plus grand besoin.

Nous sommes persuadés depuis longtemps que la production en plantations intensives hors forêt conduira à protéger davantage de surfaces de forêts naturelles en les soustrayant de l'objectif de production. La ligniculture est un complément indispensable à la conservation des forêts naturelles car on ne peut vouloir, en même temps, tout protéger et privilégier le bois dans la construction. C'est à la fois un nouveau chapitre de la foresterie avec des règles forestières différentes et un domaine nouveau pour l'agriculture.

***

*

Et pour finir, nous voudrions adresser un message aux jeunes s'intéressant à la foresterie :

« Le métier de forestier est passionnant à condition de le vivre de façon dynamique. Le monde doit protéger une part croissante de ses forêts mais il y a un énorme besoin en bois auquel les forêts "naturelles" ne peuvent plus répondre. Le bois futur viendra des plantations. Le reboisement réussi est ce qui procure le plus de satisfaction mais c'est aussi ce qui demande le plus d'investissements, financier, technique et scientifique. L'amélioration des arbres n'est pas aussi lente qu'on veut bien le dire et il y a dans la diversité génétique de ces espèces encore "sauvages" des caractères fantastiques, à sélectionner et à amplifier. La ligniculture n'est rien d'autre qu'une arboriciulture appliquée aux arbres forestiers. L'agriculteur ne s'intéresse qu'aux arbres de très grande qualité et c'est pourquoi l'agroforesterie, sous forme lignicole ou sylvo-pastorale, sera, pour une bonne part, synonyme de foresterie clonale. Il ne s'agit pas de remplacer les forêts naturelles par des plantations, mais bien, en partenariat entre l'industrie locale et les agriculteurs, de produire le bois futur sur une partie des terres agricoles les plus marginales, dégradées, abandonnées ou simplement déclassées par l'agriculture ».

Dr. Bernard MARTIN, le 1er mars 2025

REFERENCES

1 JAUDON J.L. (1970). Le Bois, matière première des panneaux de particules. R.F.F. XXII – 6 - 1970.

2 ATIBT. (2001). Un membre ATIBT à la pointe de la gestion forestière durable au Gabon. Les contributions p. 24. La lettre de l'ATIBT, 2001 n° 14.

3 COULMIER X. et DEMARQUEZ B. (2001). CEB, Groupe THANRY. Aménagement durable Pourquoi ? Comment ? Plaquette d'information, SGIT Imprimerie de Louis, Libreville Gabon. 2001. 24 p.

4 CASSAGNE B., BAYOL N. et ROUGIER F. (2004). La mutation des concessionnaires forestiers en gestionnaires d'écosystèmes: le cas de Rougier Gabon. BFT. 2004, N° 281 (3).

5 AGRESTE. (1998). Infos rapides. Bois et dérivés — Octobre 2018 - n° 2018 – 144.

6 FAO. (2016). Global Forest Product, Facts and Figures, 2016.

7 EUROSTAT. Agriculture, forestry and fishery statistics. https://ec.europa.eu/eurostat/statistics-explained/index.php/Wood_products_-_production_and_trade

8 LOOZEN R. (2005). Le Charbon de bois est-il un combustible satisfaisant ? 1991, publié sur Internet en 2005. www.codeart.org

9 DOUARD F. (2010). Le Charbon de bois est-il un bon combustible ? 11 juillet 2010 in BIO ENERGIE le magazine XXL de la biomasse-énergie, n° 65 janv – fév 2020. site: http://bioenergi.es/s/8t

10 AGRESTE. (2018). Note de conjoncture – Commerce extérieur - octobre 2018 - bois et dérivés.

11 STASSI Fr. (2018). L'Usine Nouvelle - Bois - Ameublement, Matériaux bois. Emmanuel Macron appelle la filière bois à se réorganiser - publié le 20/04/2018 à 16H38.

12 MARTIN B. (2014). Le Bois futur viendra des plantations. Revue Forestière Française LXVI – 3 – 2014.

13 MARTIN B. (1978). Importance des Reboisements en France. ENGREF, Centre de Nancy – 1978.

14 IF. (1978). (2017). La Forêt plantée en France. In "La Feuille", revue de l'IF n° 40 de mai 2017.

15 AFOCEL. (1991). L'Emergence des nouveaux potentiels forestiers dans le monde. Colloque AFOCEL, 10e Congrès forestier mondial. 7e Rencontres internationales des Industries papetières, 25 septembre 1991, Grenoble, France, 79 p.

16 FAO. (2020). Global Forest Resources Assessment 2020: Main report. Rome. http://www.fao.org/3/ca9825en/CA9825EN.pdf

17 MORMICHE A. (1984). La notion d'Aménagement forestier. Revue Géographique des Pyrénées et du Sud-Ouest. Tome 55, Fascicule 2 ; 12p 129-140. Toulouse 1984.

18 COSSALTER C., PYE-SMITH C. (2003). Fast-Wood Forestry, Myths and Réalities. Bogor (Indonésie): CIFOR, 2003.

19 LE TACON F. (2013). La Déforestation, Essai sur un problème planétaire, Edition Quae RD 10 78026 Versailles ; 118 p. mars 2021.

20 MARTIN B. (1980). "L'enjeu de la ligniculture". La Forêt privée n° 138 ; janv. 1980 (12p).

21 MARTIN B. (1979). Intégration de la réflexion génétique dans la gestion forestière. Document distribué aux élèves de l'ENGREF, sept. 79.

22 NISSON S. (1996). Do we have enough forests ? in: Leader Forest Resources Project. – Laxenburg Australia . IUFRO 1996 (Occasional Paper n° 5).

23 MARTIN B. (1995). Impact de l'Homme sur la Forêt. Ecologie ou Economie ? R.F.F. XXXVII - 1 - 1995.

24 MARIAUX A. (1969). La périodicité des cernes dans le bois de Limba. BFT n° 128 nov-déc 1969.

25 EDELIN Cl. (1986). Stratégie de Réitération et édification de la cime chez les conifères - Naturalia monspeliensia - Colloque international sur l'Arbre - p. 139 à 158.

26 JEAN F. *et al.* (2017). Suivis de la phénologie en continu à différentes échelles en milieu forestier. Des caméras comme outils d'expertise. Le Cahier des Techniques de l'INRA 2017 (90).

27 JAOUEN G. Les Régulateur de croissance végétaux. UMR EcoFoG jaouen_g@kourou.cirad.fr

28 MARTIN B. (1977). Le bouturage des arbres forestiers: progrès récents, perspectives de développement. RFF XXIX - 4 – 1977.

29 BONNET-MASIMBERT M., VILLAR M. (1986). La Maîtrise de la Reproduction sexuée. R.F.F. XXXVIII - n° sp. 1986

30 LE TACON F. et OSWALD H. (1977). Influence de la fertilisation minérale sur la fructification du Hêtre ; sci. forest., 1977 , 34 (2), 89-109.

31 MARTIN B. (1977). Traduction de la présentation faite à Rotorua (Nouvelle Zélande) par G.B. SWEET en mars 1977. "Problèmes posés par les vergers à graines" ENGREF - 1977.

32 OWENS J.N. et BLAKE S.T. (1985). Production de semences forestières. Revue bibliographique et Suggestion de Recherche. Rapport d'Information PI-X-53F. Petawawa National Forestry Institute Canadian Forestry Service.

33 **WILLIAMS D.R. *et al.*** (2003). Promotion of flowering in *Eucalyptus nitens* by paclobutrazol was enhanced by nitrogen fertilizer.
34 **CAUVIN B.** (1992). Les effets du Paclobutrazol applicables à la gestion intensive des vergers à hybridation d'eucalyptus. Symposium Bordeaux 14-18 sept 1992. Tome 2 p.117-123.
35 **GRIFFIN A.R. *et al.*** (1993). Effect of paclobutrazol on flower-bud production and vegetative growth in two species of *Eucalyptus*. Revue canadienne de recherche forestière, 1993, 23(4): 640-647. https://doi.org/10.1139/x93-084
36 **DEMBI F.** (1994). Application de Paclobutrazole sur des greffes de différentes espèces d'eucalyptus. Effets du PBZ sur la croissance végétative et la floraison de l'*E. urophylla* et réponse de 6 espèces d'eucalyptus au PBZ. UAIC-Congo, de janv. 1993 à déc. 1994.
37 **MARTIN B.** (1991). Les croisements contrôlés industriels. Appui majeur à la voie clonale. Nouvelle stratégie pour les plantations forestières intensives. Contribution volontaire au 10ème Congrès Forestier Mondial (Paris) ; sept 1991 (7p.).
38 **GURIES R.P. and STETTLER R.F.** (1996). Pre-fertilization barriers to hybridization in the Poplars. Silvae Genetica 25, 2 (1976).
39 **HORSLEY T. and JOHNSON S.D.** (2008). Is Eucalyptus Cryptically Self-incompatible? Annals of Botany 100(6):1373-8.
40 **HODGSON L.M.** (1976). Some aspects of flowering and reproductive behaviour in *Eucalyptus grandis* (Hill) Maiden at J.D.M. Keet Forest Research Station. Part 1: Flowering, controlled pollination methods, pollination and receptivity. Part 2: The fruit, seed, seedlings, self-fertility, selfing and inbreeding effects. South African Forestry Journal, N° 97 june 1976 and N° 98 sept. 1976.
41 **ELDRIDGE K. *et al.*** (1993). Eucalyptus Domestication and Breeding. Oxford Science Publication (1993).
42 **MARTIN B.** (1987). Amélioration génétique des Eucalyptus tropicaux, Contribution majeure à la Foresterie clonale. Thèse de Doctorat (1987) Université de Paris Sud – Centre d'Orsay.
43 **PHILIPPE G. *et al.*** (2006). Reproduction sexuée des conifères et production de semences en vergers à graines. CEMAGREF 2006, QUAE Editeur.
44 **SINOIR M.** (1985). L'hybridation contrôlée des eucalyptus au Congo. CTFT-Congo, document interne (1985). Cirad – Agritrop.
45 **GIRIJASHANKAR V.** (2011). Pollen Isolation Method Affects Interspecific Hybridization in Eucalyptus Journal of Horticulture and Forestry Vol. 3(1). pp. 7-12, January 2011.
46 **VERDEIL L. et PANNETIER C.** (1990), Optimisation des conditions de germination in vitro du pollen de cocotier (Cocos nucifera L.) pour la mise au point d'un test de viabilité. Oléagineux, Vol. 45, n" 4. avr.90.
47 **LAIADI Z. *et al.*** (2018). Impact de la composition du milieu de culture sur la viabilité des grains de pollen du palmier dattier (Phoenix dactylifera L.), type Ghars, cultivés in vitro. Agriculture Journal, Université de Sétif (Algérie). http://revue -agro.univ-setif.dz/
48 **MESQUIDA J. *et al.*** (1987). Etude préliminaire sur la germination "in vitro" du pollen de colza (Brassica napus L. var. oleifera Metzger) et sur l'évolution dans le temps de son aptitude à germer, Agronomie, 1987, 7 (6), pp.409-416.
49 **VAN WYK G.** (1977). Pollen handling, controlled pollination and grafting of *E. grandis*. South African Forestry Journal. N° 101, p. 47-57.
50 **CAUVIN B.** (1988). Pistil treatments for improved fertility in hybridization of *E gunnii* (Hook). Sexual reproduction in higher plants. 1988, University of Sienna, Italy, 321-325. https://link.springer.com/chapter/10.1007%2F978-3-642-73271-3_51
51 **HARBARD J. L. GRIFFIN A.R. and ESPEJO J.** (1999): Mass controlled pollination of Eucalyptus globulus: a practical reality. Canadian Journal of Forest Research 29: 1457–1463.
52 **TRINDADE H., BOAVID L., BORRALHO N. *et al.*** (2001): Successful fertilization and seed set from pollination on immature non-dehisced flowers of Eucalyptus globulus. Annals of Botany 87: 469–475.
53 **STOCK J., VARGAS M., ANGARITA K. *et al.*** (2004). Seed production of Gmelina arborea by controlled pollination. New Forests 28, 167–177 (2004). https://doi.org/10.1023/B:NEFO.0000040943.56887.30
54 **PATTERSON *et al.*** (2004). Advances in pollination techniques for large-scale seed production in Eucalyptus globulus.. Australian Journal of Botany 2004, 52, 781-788.
55 **TEJEDOR C.** (2012). Campagna de Cruces controlados – Mycosphaerella. Bosques-2000 (SNIACE Forestal) Document interne.
56 **DE ASSIS T., WARBURTON P. and HARWOOD C.** (2005). Artificially induced protogyny: an advance in the controlled pollination of Eucalyptus. Australian Forestry 2005 Vol. 68 No. 1 pp. 27–33.
57 **DRENOU Ch.** ((2006). Coordonnateur. Les Racines, Face cachées des arbres. Institut pour le développement forestier. CNPFF - 2006.
58 **BLAISE T et GARBAYE J.** (1993). Effet de la fertilisation minérale sur les ectomycorhizes d'une hêtraie. Acta Oecologica/Oecologia plantarum 4 (18) n2, p165-169 - 1993.

59 ATGER Cl. (2015). Le système racinaire des arbres. Jardin de France, n° 634 mars-avril 2015. https://www.jardinsdefrance.org/le-systeme-racinaire-des-arbres/
60 KÖSTLER J.N. ***et al.*** (1968). Die Wurzeln der Waldbäume, 1968.
61 ATGER Cl. et EDELIN Cl. (1993). Premières données sur l'architecture comparée des systèmes racinaires et caulinaires Can. J. Bot. 72: 963-975.
62 ZHIYUAN He, YONG T., XIAOBAO D., and MIN C. (2013). Buttress trees in a 20-hectare tropical dipterocarp rainforest in Xishuangbanna, SW China. Journal of Plant Ecology, Volume 6, Issue 2, April 2013, Pages 187–192. https://doi.org/10.1093/jpe/rts031
63 KAHN F. (1977). Analyse structurale des systèmes racinaires des plantes ligneuses de la forêt tropicale dense humide. ORSTOM Côte d'Ivoire 1977.
64 TIMBAL J. (1981). Un arbre méconnu: L'orme lisse (Ulmus laevis Pallas), R.F.F. XXXIII • 2-1981.
65 D.O.R.I.S. (2009). Données d'Observations pour la Reconnaissance et l'identification de la faune et la flore subaquatiques. Le Palétuvier gris, Avicennia marina (Forsk.) Vierh.
66 BOUDOURESQUE C.F. (2010) Structure et fonctionnement des écosystèmes benthiques marins. Master d'Océanographie UE 104 - Centre d'Océanologie de Marseille.
67 ALAPPATT J.P. (2018). Structure and Species Diversity of Mangrove Ecosystem, in Biodiversity and adaptation to climatic change in tropical Islands. Academic Press, April 2018.
68 ATGER Cl. (2011). Le Système racinaire des arbres: Influences du milieu et de la taille, mécanismes de réponses aux contraintes. In "Système racinaire et Influence du milieu ' - Plante & Cité - Pousse conseil.
69 RIEDACKER A. (1974). Un nouvel outil pour l'étude des racines et de la rhizosphère: le minirhizotron. Ann. Sci. For. 31 (2), 129-134 – 1974.
70 RIEDACKER A. (1978). Etude de la déviation des racines horizontales ou obliques issues de boutures de peuplier qui rencontrent un obstacle: applications pour la conception de conteneurs. Ann. Sci. For. 35 (1), 1-18, 1978.
71 MARIEN J.N. et DROUIN G. (1977). Etudes sur les conteneurs à parois rigides (leur action sur les végétaux). Ann. AFOCEL 137-161.
72 FORELITE. (2016). Godets ajourés adoptés dans la pépinière de Sivaillan. Site: www.allianceforetsbois.fr/wcontent/uploads/2016/09/Plaquette-Forelite.pdf
73 HEVIA CABAL A. ***et al.*** (2007). Efecto de la intensidad de poda y typo de contenedor sobre la morphologia y typologia radical de Pinus pinatster. SERIDA - 2o Congreso Forestal Catalán. Tarragona. 26-28 de Septiembre de 2007.
74 FRANCLET A. (1980) La Motte Roulée. Utilisation des écorces en pépinière ornementale à travers un nouveau système alliant étroitement le conteneur et le substrat de culture. Hortiforum 1980, Orléans, Hortimat (4-2) 1-17.
75 CHEVALIER G. (1985). Une nouvelle méthode de production de plants mycorhizés par la truffe : l'inoculation en motte roulée Melfert. Journal Agronomie, vol.4, n°2, p.211 (1984) ou R.F.F. XXXVII.2-85.
76 LEMAIRE F. et PAPIN J.L. (1989). Influence des caractéristiques physiques du substrat sur les systèmes racinaires de plantes ornementales cultivées en conteneurs ou en pots. Agronomie, EDP Sciences, 1989, 9 (8), pp.795-901. ffhal-00885250.
77 LE TACON F., MOUSAIN D., GARBAYE J., BOUCHARD D., CHURIN J.L., ARGILLIER C., AMIRAULT J.M., GENERE B. (1997). Mycorhizes, pépinières et plantations forestières en France. Revue Forestière Française, 49 (sp), 131-154. https://prodinra.inra.fr/record/140871.
78 LOUISIANA E., DE GRANDCOURT A., GARBAYE J., BEREAU M. (2003). Symbiose mycorhizienne et nutrition minérale. Rev. For. Fr. LV - numéro spécial 2003, p. 74-83.
79 DELWAULLE JC., DIANGANA D., GARBAYE J. (1987). Augmentation de la production du Pin des Caraïbes dans la région côtière du Congo par introduction du champignon ectomycorhizien *Pisolithus tinctorius*. RFF XXXIX – 5, 1987.
80 DOMMERGUES Y., DUHOUX E., DIEM H.G. (199). Les Arbres Fixateurs d'azote. *Caractéristiques fondamentales et rôle dans l'aménagement des écosystèmes méditerranéens et tropicaux.* ISBN: 2-907 293-57-5. Editions Espace 34 – 1999.
81 CALLAHAM D., DEL TREDICI P. and TORREY J.G. (1978). Isolation and cultivation in vitro of the actinomycete causing root nodulation in Comptonia. Science, 199, 899-902.
82 PRAT D. (1989). D. Effects of some pure and mixed Frankia strains on seedling growth in different Alnus species. Plant and Soil, Vol. 113, No. 1 (January (I), 1989), pp. 31-38.
83 BAWA K.S., PERRY D.R. and BEACH J. (1995). Biology of Tropical Lowland Rain Forest Trees. I. Sexual Systems and Incompatibility Mechanisms American Journal of Botany 82(5): 596-606. 1995.
84 GRISON F. (1978). Amélioration génétique de l'okoumé. B.F.T. n° 179 - Mai-Juin 1978.
85 MARTIN B. (1988). Les Bénéfices de l'hybridation, comment les obtenir ? Congrès IUFRO - Breeding Tropical Trees – Population structure and genetic improvement strategies in clonal and seedling forestry. Pattaya 28 nov. – 3 déc. 1988.

86 KNOX B., WILLING R.H. and PRYOR L.D. (1972). Interspecific Hybridization in Poplars Using Recognition Pollen. Sylvae Genetica 21, 3-4 (1972).
87 PRYOR L.D., WILLING R.H. (1983). Growing and breeding poplars in Australia. – National Library of Australia Canberra, Australie.
88 WANG MINGCHENG *et al.* (2020). Phylogenomics of the genus Populus reveals extensive interspecific gene flow and balancing selection, in New Phytologist (2020) 225: 1370–1382.
89 GAGET M. *et al.* (1989). The mentor pollen phenomenon in poplars: a new concept. Theor Appl Genet (1989) 78:129-135 9 Springer-Verlag 1989.
90 MARTIN B. (1970). Premières greffes de Limba et d'Okoumé. Porte ouverte sur l'Amélioration génétique. CTFT-Congo - déc. 1970. 7p.
91 MONTEUUIS O. (1995). *In Vivo* Grafting and *In Vitro* Micrografting of *Acacia mangium:* Impact of Ortet Age. Sylvae Genetica. 1995.
92 MARTIN B. (1979). Les Noyers. Ecole Nationale du Génie Rural des Eaux et des Forêts. Physiologie, Génétique Reboisement. Février 1979.
93 GARAVEL L. (1959) La Culture du Noyer. J.-B Baillière et Fils, Editeurs PARIS, 1959.
94 MONTEUUIS O. (2012). In Vitro Grafting of Woody Species. Propagation of Ornamental Plants. Vol. 12, № 1, 2012: 11-24.
95 CAUVIN B. (1981). Réjuvénilisation. Multiplication d'ortets séniles chez quelques eucalyptus. Annales de l'AFOCEL – 1981, p. 73-105.
96 FRANCLET A. (1977). Manipulation des Pieds-mères et Amélioration de la qualité des boutures. AFOCEL – Etudes et Recherches n° 8 -12/77.
97 FRANCLET A. (1978). Rajeunissement par microgreffage du Séquoia Géant. Annales de l'AFOCEL. Annales de l'AFOCEL – 1978.
98 MONTEUUIS O. (1984). Microgreffage du Séquoia Géant. Annales de l'AFOCEL. Annales de l'AFOCEL - 1984.
99 AFOCEL. (1993). Le Projet d'Amélioration des Eucalyptus au Maroc 1987-1993.114p.
100 FRANCLET A. (1970). Techniques de bouturage des *Eucalyptus camaldulensis.* Note technique n° 12, I.N.R.F. Tunis - oct 1970.
101 MARTIN B. et QUILLET G. (1973). Bouturage des arbres forestiers au Congo. Résultats des essais effectués à Pointe-Noire de 1969 à 1973. Bois et Forêts des Tropiques n° 154-155-156-157 ; déc. 1973.
102 CAMPINHOS Jr. E. (2009). Clonal planting of eucalypts in Brazil an, amazing accomplishment in: La lettre de l'ATIBT – Spécial plantations en zones tropicales, décembre 2009.
103 MARCUS WALLENBERG FOUNDATION. (1984). The New Eucalypt Forest. Lectures given by the 1984 Marcus Wallenberg Prize Winners at the Symposium in Falun, Sweden, on September 14, 1984. The Marcus Wallenberg Foundation Symposia Proceedings.
104 HALLE F. et OLDEMAN R.A.A. (1970). Essai sur l'architecture et la dynamique de croissance des arbres tropicaux.- Masson, Paris: 178 p.
105 MARTIN B. (1981). Quelques essais de bouturage de l'aulne. Rev. Forest. Fr. n° 2 ; mai 1981.
106 CHAPERON H. *et al.* (1983). Influence de la Qualité du pied-mère sur le bouturage de l'eucalyptus. Annales de l'AFOCEL 1983.
107 DE ASSIS T.F. (2001). Evolution of technology for cloning eucalyptus in large scale. Conférence IUFRO Valdivia (Chile) 2001.
108 SAYA R.A., MANKESSI F., TOTO M., MARIEN J.N., MONTEUUIS O. (2008). Advances in mass clonal propagation of Eucalyptus urophylla x E. grandis in Congo. BFT, 2008, N° 297 (3).
109 CHAPERON H. (1977). Amélioration génétique de *Pinus caribaea* au Congo Brazzaville. 3ème Consultation mondiale sur l'Amélioration génétique des arbres forestiers. Canberra 1977.
110 CHAPERON H., MONTEUUIS O. (1980). Les nouvelles perspectives d'amélioration génétique induite par le bouturage du pin maritime. Annales AFOCEL 1979, pp. 31-55.
111 CLAIR J.B.Sr., KLEINSCHMIT J. and SVOLBA J. (1985). Juvenility and Serial Vegetative Propagation of Norway Spruce Clones (Picea abies Karst.) Silvae Genetica, 01 Jan 1985, 34(1):42-48.
112 NIKLES D.G. (2017). Southern pines in: Woods wiki short stories. Compiled by Brown, AG, 2017.
113 MOREL G., MARTIN C(1952). Guérison de dahlias atteints d'une maladie à virus. C.R. Acad. Sci., 235. 1324-1325.
114 MOREL G., MARTIN C. (1955). Guérison de pommes de terre atteintes de maladies à virus. C. R. Acad. Agric. Fr., 41, 472-475.
115 JACQUIOT Cl. (1971). Culture de tissus de *Quercus, Fagus, Fraxinus.* Etude anatomique de colonies. Comptes-Rendus du 96ème Congrès National des Sociétés Savantes. Toulouse 1971 – Section des Sciences. TOME IV.
116 MONTEUUIS O. and GOH D.K.S. (2015). Field growth performances of teak genotypes of different ages clonally produced by rooted cuttings, in vitro microcuttings, and meristem culture. Can. J. For. Res. Vol. 45, 2015.

117 **REYMOND I., Francis CANLET F. et Luc HARVENGT L.** (2018). Production par Culture in vitro. L'Eucalyptus: De l'introduction à l'enracinement. Eucalyptus: Production History. FCBA INFO août 2018.

118 **KOYO J.P.** (1985). Bouturage et variabilité morphogénétique de clones de Terminalia superba Engler et Diels ou Limba du Sud-Congo. Thèse de doctorat en Développement et amélioration des végétaux. Sous la direction de Yvette Dattée. 1985, Université de Paris-Sud.

119 **PRAT D. et MARTIN B.** (1986). Amélioration génétique de l'Aulne. Hybridations interspécifiques et Variétés clonales. 2p. ENGREF 1986.

120 **OLE HERUD-SIKIMIC *et al.*** (2021). A biosensor for the direct visualization of auxin. Nature (2021), DOI: https://dx.doi.org/10.1038/s41586-021-03425-2

121 **TSUYOSHI E., MARUYAMA T.E. and YOSHIHISA H.** (2019). Progress in Somatic Embryogenesis of Japanese Pines. Frontiers in Plant Science, 28 January 2019 https://doi.org/10.3389/fpls.2019.00031.

122 **LELU-WALTER M.A., THOMPSON D., HARVENGT L., SANCHEZ L., TORIBIO M. and PAQUES L.E.** (2013). Somatic embryogenesis in forestry with a focus on Europe: state-of-the-art, benefits, challenges and future directions. TGG 9: DOI:10.1007/s11295-11013-10620-11291.

123 **TRONTIN J.F., TEYSSIER C., MOREL A., HARVENGT L. and LELU WALTER M.A.** (2016). Application of vegetative propagation of forest trees. Prospects for new variety deployment through somatic embryogenesis in maritime pine. *In*: Y. S. Park, J. M. Bonga and H. K Moon. (*eds*) Vegetative propagation of Forest Trees. National Forest Institute, Seoul, Korea, pp 573 – 606.

124 **CARSON M.S. and TE RIINI CH.** (2015). Successful varietal forestry with radiata pine in New Zealand. NZ Journal of Forestry, May 2015, Vol. 60, No. 1.

125 **LELU-WALTER MA., KLIMASZEWSKA K., MIGUEL C., ARONEN T., HARGREAVES C.L., TEYSSIER C., TRONTIN JF.** (2016). Somatic Embryogenesis for More Effective Breeding and Deployment of Improved Varieties in Pinus spp.: Bottlenecks and Recent Advances. in Somatic Embryogenesis: Fundamental Aspects and Applications pp 319-365.

126 **FCBA Info, INRA.** (2013) Sciences et Impact. L'embryogenèse somatique: une méthode de multiplication végétative du pin maritime pour demain ? Sept. 2013.

127 **LELU-WALTER MA., THOMPSON D., HARVENGT L., SANCHEZ L., TORIBIO M., PAQUES L.E**(2013). Somatic embryogenesis in forestry with a focus on Europe: state-of-the-art, benefits, challenges and future direction. Tree Genetics & Genomes DOI 10.1007/s11295-013-0620-1. Springer.

128 **EGERTSDOTTER U.** (2019). Plant physiological and genetical aspects of the somatic embryogenesis process in conifers. Scandinavian Journal of Forest Research 2019, Vol. 34, N° 5, 360–369.

129 **CARRON M.P., ENJALRIC F.** (1985). Embryogenèse somatique à partir du tégument interne de la graine d'Hevea brasiliensis (Kunth., Müll., Arg.). CR Acad. Sci. III-Vie 300 (17):653–658.

130 **MONTEUUIS O. et MASSON A.** (2017). Rubber tree clonal plantations: grafted vs self-rooted plant material. BFT 2017 n° 332 (2).

131 **BAYER.** (2019). OGM: une situation mondiale contrastée https://www.bayer.fr/biotechnologies

132 **NANSON A.** Génétique et amélioration des arbres forestiers. Les presses agronomiques de Gembloux Belgique, 712p, 2005.

133 **GROULEZ J.** (1961). T1 - Expériences et travaux de reboisements forestiers et de restauration des sols, Centre d'essais forestiers de Loudima, Centre Technique Forestier Tropical. 19 p.

134 **GROULEZ J.** (1961). T2 - Expériences et travaux de reboisements forestiers et de restauration des sols, Centre de création de boisements de Pointe Noire, Boisements d'Eucalyptus. Centre Technique Forestier Tropical, 24 p.

135 **CTFT.** (1958). Deuxième Session de la Conférence interafricaine forestière Pointe Noire 3-11 juillet 1958, BFT n° 62, nov-déc 1958.

136 **POURTET J.** (1979). Les arboretums du Ministère de l'Agriculture, leur intérêt actuel. R.F.F. XXXI- 3

137 **CORDIER S.** (2000) Sibang - L'histoire d'un arboretum en Afrique. La lettre de l'OCIM n° 72, 2000.

138 **DELWAULLE J-C.** (1979). Plantations en Afrique tropicale sèche. Techniques et Espèces à utiliser, Revue Bois et Forêts des tropiques, n° 188, Novembre-décembre 1979.

139 **OWONA NDONGO P.A. *et al.*** (2009). Plantations de bois d'oeuvre en zone équatoriale africaine: cas de l'arboretum de l'Enef de Mbalmayo au Sud du Cameroun, Bois & Forêts des Tropiques 299 (299), 37-48.

140 **GUILLARD J.** (2016). Au Service des Forêts Tropicales. Histoire des Services forestiers français d'outre-mer 1896-1960. AgroParisTech, 2016. Centre de Nancy Service des Éditions.

141 **BAUWENS S.** (2007-08). Caractérisation de l'agroforêt LIMBA-bananier de la Réserve de Biosphère de Luki (Mayumbe, Bas-Congo), Travail de fin d'études, Année académique 2007-2008 (Gembloux Belgique). file:///C:/Users/Utilisateur/Documents/TFE-2008_Bauwens_Sebastien.pdf .

142 **MARTIN B. et COSSALTER C.** (1975-76). Les Eucalyptus des îles de la Sonde, Bois et Forêts des Tropiques, n° 163, p. 3-25 ; n° 164, p. 3-14 ; n° 165, p. 3-20 ; n° 166, p. 3-22 ; n° 167, p. 3-24 ; n° 168, p. 3-17 ; n° 169, p. 3-13 – 1975-1976.

143 MAAF. (2014). Ministère de l'Agriculture, de l'Agroalimentaire et de la Forêt R.F. (2014). Rapport de la France pour l'état des Ressources Génétiques Forestières dans le monde (FAO). – 1ère édit. 21 Mars 2014.

144 FAO. (1982). Les Eucalyptus dans les Reboisements, Collection FAO Forêts n° 11.

145 BOLAND DJ., BROOKER MIH., CHIPPENDALE GM., Hall N., HYLAND BPM., JOHNSTON RD., KLEINIG DA., Mc DONALD MW., TURNER JD. (2006). Forest Trees of Australia. Fifth Edition. CSIRO, Australia 2006.

146 CLARKE B., MCLEOD I. and VERCOE T. (2009). TREES FOR FARM FORESTRY: 22 PROMISING SPECIES. A report for the RIRDC/ Land & Water Australia/ FWPRDC Joint Venture Agroforestry Program Revised and Edited by March 2009.

147 DORAN J.C. and TURNBULL J.W. (1993). Australian Trees and Shrubs: Species for land rehabilitation and farm planting in the tropics. ACIAR Monograph No. 24, viii + 384 p.

148 THOMSON L., DORAN J., CLARKE B. (2018). Trees for Life in Oceania. 278p. Monograph. n° 201, ACIAR.

149 LEFEVRE F. (2020). Dynamic conservation and utilization of forest trees genetic resources. EFI-Euforgen (2020).

150 EUFORGEN. (2020). Fiches Espèces. European Forest Genetic Programme,

151 MAAF. (2013). Ministère de l'Agriculture. Graines et plants forestiers: Conseils d'utilisation des ressources génétiques forestières.

152 KABOGGOZA J. (2011). Forest Plantations and Woodlots in Uganda, African Forest Forum. Vol 1 Issue 17, déc. 2011.

153 DVORAK W.S., HODGE G.R. and PAYN K.G. (2008). The conservation and breeding of *Eucalyptus urophylla*: a case study to better protect important populations and improve productivity. Southern Forest 2008 70(2): 77-85. South Africa.

154 KEMP R.H. (1973). Central American Pine Research Project. Commonwealth Forestry Institute, Oxford, in FAO Forest Genetic Resources. Information – No.1 Forestry occasional paper 1973/1.

155 G. (1981). Inbreeding Effects in *Eucalyptus grandis* in Relation to Degree of Relatedness. Paper prepared for presentation to IUFRO Symposium and Workshop on Genetic Improvement and Productivity of Fast-growing Tree Species, Brazil, 1980. - South African Forestry Journal Volume 116, 1981 - Issue 1.

156 SINOIR M. (1984). Résultats à Pointe Noire des essais de provenances et descendances d'*E. urophylla* de 1973 et de 1975. CTFT-Congo 1984.

157 NGULUBE MZOMA R. (1989). Provenance variation in *Eucalyptus urophylla* in Malawi Forest Ecology and Management, Volume 26, Issue 4, March 1989, Pages 265-273.

158 HODGE G.R. and DVORAK W.S. (2015). Provenance variation and within-provenance genetic parameters in *Eucalyptus urophylla* across 125 sites in Brazil, Colombia, Mexico, South Africa, and Venezuela. *Tree Genetics and Genomes.* 2015.

159 MIDGLEY St. and BUSH D. (2009). Australian tree species ; their global importance and the role of the Australian Seed Centre in "La Lettre de l'ATIBT" n° spécial plantation en zones tropicales , déc. 2009.

160 DVORAK W.S. (2009). How Private Industry has met the challenge of Conservation of Forest Genetic resources of tropical and subtropical tree species in "la Lettre de l'ATIBT" n° special Plantations forestières en zones tropicales, déc 2009.

161 DVORAK W.S. (1998). The Improvement and Breeding of *Pinus Patula* ' CAMCORE Cooperative, College of Forest Resources, North Carolina State University, Raleigh, NC, 27695 USA.

162 LEIBING C. (2013). Selection of Provenances to Adapt Tropical Pine Forestry to Climate Change on the Basis of Climate Analogs. Forests 2013, 4, 155-178. (http://www.mdpi.com/journal/forests).

163 HARDNER C and TIBBITS W. (1998). Inbreeding depression for growth, wood and fecundity traits in Eucalyptus nitens. Forest Genetics 5(1):11-20 1998.

164 WU H.X., IVKOVIC M., GAPARE W.J., MATHESON A.C., BALTUNIS B.S. (2008). Breeding for Wood Quality and Profit in Pinus radiata: A Review of Genetic Parameter Estimates and Implications for Breeding and Deployment, New Zealand Journal of Forestry Science 38(1): 56–87.

165 FOURNIER M. *et al.* (1998). Estimation de la qualité des arbres sur pied. Série FORAFRI 1998, Document 9, CIRAD Forêt Montpellier France.

166 CHANTRE G. (1993). L'eau dans le bois, AFOCEL, Fiche Information-Forêt, N° 453.

167 PERRIN J.R., FERRAND J.Ch. (1994). Automatisation des mesures sur carottes de sondage de la densité du bois, de son retrait et des contraintes de croissance. Annales des Sc. Forest. 84. 41(1), p. 69-86

168 GREAVES B.L. (1995). Assessment and prediction of fibre trails Use of a Pilodyn for Indirect Selection of Basic Density in Eucalyptus nitens. CRC for Temperate Hardwood Forestry - IUFRO, Hobart, 1995.

169 GUITARD D. et GACHET C. (2004). Paramètres structuraux et/ou ultrastructuraux facteurs de la variabilité intra-arbre de l'anisotropie élastique du bois Ann. For. Sci. 61 (2004) 129–139 129 © INRA, EDP Sciences, 2004 DOI: 10.1051/forest: 2004.

170 CHEN Z.Q. ***et al.*** (2015). Estimating solid wood properties using Pilodyn and acoustic velocity on standing trees of Norway spruce. Annals of Forest Science, Springer Nature (since 2011)/EDP Science (until 2010), 2015, 72 (4), pp.499-508. ff10.1007/s13595-015-0458-9ff. ffhal-01284196f.

171 BAYNE K. (2015). Wood quality considerations for radiata pine in international markets. NZ Journal of Forestry, February 2015, Vol. 59, No. 4.

172 GOH D.K.S, CHAIX G., BAILLÈRES H., and MONTEUUIS O. (2007). Mass production and quality control of teak clones for tropical plantations: the Yayasan Sabah Group and CIRAD joint project as a case study. *BFT*, *293* (3), 65–77.

173 BAILLERES H. et DURAND P. (2000). Non destructives techniques for wood quality assessment of plantation grown teak. BFT, 2000, N°263 (1).

174 NIAMKÉ B.F. (2012). 40, 50 -Dihydroxy-epiisocatalponol, a new naphthoquinone from Tectona grandis L. f. heartwood, and fungicidal activity. International Biodeterioration & Biodegradation Volume 74, October 2012, pages 93-98.

175 NIAMKÉ B.F. ***et al.*** (2014). Rapid prediction of phenolic compounds as chemical markers for the natural durability of teak (Tectona grandis Linn f.) heartwood by near infrared spectroscopy, JNIRS (Journal of Near Infrared Spectrosc). 22, 35–43 (2014).

176 AKPENE A.D. ***et al.*** (2014). Mise au point d'une stratégie d'amélioration des plantations de teck au Togo. Conférence Matériaux 2014 – Colloque Ecomatériau, Nov. 2014, Montpellier, France. Collection ECOMATERIAU, 2014, Collection ECOMATERIAU. <hal-01144499>

177 TOLLEFSRUD M.M. ***et al.*** (2008). Genetic consequences of glacial survival and postglacial colonization in Norway spruce: combined analysis of mitochondrial DNA and fossil pollen. Molecular Ecology (2008) 17, 4134–4150.

178 DEMARLY Y. (1977). Génétique et Amélioration des Plantes, Paris: Masson 287p, (Sciences Agronomiques).

179 ELDRIDGE K.G. et al. (1976). Breeding systems, variation and genetic improvement of tropical eucalypts. In Tropical trees: variation, breeding and conservation. Edited by J. Burley and B. Styles. London: Academic press, p. 101-108.

180 MARTIN B. (1971). Premiers travaux d'amélioration génétique des arbres forestiers en République populaire du Congo. Les Eucalyptus. BFT, n° 137 p. 3-17 et n° 138 p. 3-26.

181 BARTOLI M. (1970). Résultats des Tests de descendances maternelles d'Eucalyptus 12ABL. Pointe Noire, CTFT-Congo, 23 p.

182 HODGSON L.M. (1974). Breeding of Eucalypts in South Africa. J.S. Africa For Ass. N°89, p. 13-15.

183 KAGEYAMA P.Y. (1983). Seleção precoce a diferentes idades em progênies jovens de Eucalyptus grandis W. Hill ex Maiden. 1983. 147 f. Tese (Livre Docência) -Escola Superior de Agricultura "Luís de Queiroz", Piracicaba, 1983.

184 MESKINEN G. (1983). Realized gain from breeding *Eucalyptus grandis* in Florida. US Forest Service. Pacific Southwest Forest and Range Exp. Stn. Ge, Tech, Rep. PSW-69, Workshop on Eucalyptus in California p.121-128.

185 FRANKLIN C. (1986). Four generations of selection in Eucalyptus grandis demonstates valuable methodology for minor timber species. Raleigh State University.

186 MESKINEN G. and FRANKLIN E.C. (1984). Hybridity in the *Eucalyptus grandis* breeding population in Florida. USDA Forest Service, Pacific Southeastern Forest Experimentation Station. Research Paper SE-242, 15p.

187 FAIA J. ***et al.*** (2022). Impact of inbreeding on growth and development of young open-pollinated progeny of Eucalyptus globulus. In F o r e s t Biogeosciences and Forestry Research Article. vol. 15, pp. 356-362.

188 VIGNERON Ph. (1986). Essai descendances d'*Eucalyptus urophylla* P. 81.35 Mensurations de septembre 1985 à 43 mois, fevr. 1986, CTFT-Congo.

189 PAYN K.G. ***et al.*** (2008). Microsatellite diversity and genetic structure of the commercially important tropical tree species Eucalyptus urophylla, endemic to seven islands in eastern Indonesia. Tree Genetics & Genomes DOI 10.1007/s11295-007-0128-7.

190 SHELBOURNE C.J.A. (2019). Maintaining genetic variation in breeding populations of Radiata pine in New Zealand. Silvae Genetica 2019 68 9. 13.

191 WHITE T.L. ***et al.*** (2017). Genetically Improved Pines for Reforesting Florida's Timberlands Original publication date June 1997. Revised December 2017 in: UF IFAS Extension, University of Florida CIR1 190.

192 GRATTAPAGLIA D., RESENDE M.D.V. (2011). Genomic selection in forest tree breeding. Tree Genetics & Genomes 7, 241–255 (2011). https://doi.org/10.1007/s11295-010-0328-4

193 AHMAR S. ***et al.*** (2021). Achievements and Challenges of Genomics-Assisted Breeding in Forest Trees: From Marker-Assisted Selection to Genome Editing *Int. J. Mol. Sci.* 2021, *22*(19), 10583.

194 DENIS M., BOUVET JM. (2013). Efficiency of genomic selection with models including dominance effect in the context of Eucalyptus breeding. Tree Genetics & Genomes 9, 37–51 (2013).

195 O'NEILL M. ***et al.*** (2018). Genome diversity of commercially grown Eucalyptus species and hybrids: Towards landscape genomics for genetic resource management and molecular breeding. In: 17-21 September 2018, Le Corum, Montpellier - France Eucalyptus 2018. Abstracts Book Managing Eucalyptus plantations under global change
196 PRYOR L.D. (1976). The biology of Eucalypts. London: Arnold, 82 p. (Studies in biology ; 61).
197 KIRKPATRICK J.B. (1975) Geographic variation in E. globulus. Bulletin N° 47, Forestry and Timber Bureau Canberra.
198 ELDRIDGE K.G. and GRIFFIN A.R. (1983). Selfing effect in *Eucalyptus regnans*. Sylvae genetica vol. 32, p. 216-220.
199 MARTIN B. ***et al.*** (1971) – Extension industrielle des reboisements dans les savanes congolaises, Pointe Noire. CTFT-Congo, 54p.
200 MARTIN B. (1972). Perspectives d'industrialisation papetière au Congo-Brazzaville. Problèmes de multiplication d'un hybride d'Eucalyptus à haut rendement. 7ème Congrès forestier mondial, Buenos-Aires, p, 2255 à 2260.
201 MARTIN B. (1977). L'Eucalyptus comme exotique. Récents progrès dans le choix des espèces et des provenances. Invited paper - 3ème Consultation mondiale FAO/IUFRO sur l'Amélioration génétique des arbres forestiers - Canberra, mars 1977.
202 OCDE-Environnement. (2014). Consensus Document on the Biology of Eucalyptus spp. OECD Environment, Health and Safety Publications Series on Harmonisation of Regulatory Oversight in Biotechnology No. 58 ENV/JM/MONO(2014)27.
203 BOUVET J.M(1982). Pollinisation contrôlée des Eucalyptus et Production d'hybrides interspécifiques en République Populaire du Congo. – Pointe Noire: CTFT-Congo 128 p, (Mémoire ENITEF).
204 SINOIR M. (1984). Pollinisation contrôlée des Eucalyptus en 1978 (parcelles 78-20 et 78-21): mensurations d'août 1984 à l'âge de 65 mois. Pointe Noire, CTFT-Congo 5p.
205 LEE D., NIKLES G. ***et al.*** (2005), *Corymbia* species and Hybrids: a solution to Queensland Hardwood plantations? Corymbia Research Meeting Gympie (QLD).
206 WARBURTON P.M. (2005). Breeding Spotted Gums for winter-dominant rainfall regions of Australia: an overview. Corymbia Research Meeting Gympie (QLD- janv. 2005).
207 WALLACE H. ***et al.*** (2005). *Corymbia torelliana* hybrids for hardwood forestry without the weediness. Corymbia Research Meeting Gympie (QLD- janv. 2005).
208 KAMALAKANNAN R. ***et al.*** (2018). Evaluation of *Corymbia torelliana x C. citriodora* hybrids for growth and pulp wood traits in: conférence de Montpellier 2018. https://agritrop.cirad.fr/589039/1/ID589039.pdf
209 THALIYAKULA S. ***et al.*** (2018). Micropropagation of *Corymbia torelliana* × *C. citriodora* hybrid for improved rooting in: conférence de Montpellier 2018 https://agritrop.cirad.fr/589039/1/ID589039.pdf
210 BISON O ***et al.*** (2007). Combining ability of elite clones of *Eucalyptus grandis* and *Eucalyptus urophylla* with *Eucalyptus globulus*. Genetics and Molecular Biology, 30, 2, 417-422 (2007).
211 TORRES-DINI D. ***et al.*** (2016). A Clonal selection of Eucalyptus grandis x Eucalyptus globulus for productivity, adaptability, and stability, using SNP markers· Silvae Genetica (2016) 65-2, 30-38.
212 VAN DEN BERG G. J. A. (2017). Comparative Study of two Eucalyptus Hybrid Breeding Strategies and the Genetics Gains of the Strategies. PHD UNIVERSITY OF PRETORIA August 2017.
213 GRATTAPAGLIA D. (2014). Breeding Forest Trees by Genomic Selection: Current Progress and the Way Forward. In: Tuberosa R (ed), Genomics and Plant Genetic Resources: 651 – 678.
214 MARTIN B. (1988). Projet de développement de la culture clonale de l'eucalyptus au Maroc, Evaluation au 31 août 1988. AFOCEL, Direction des Eaux et Forêts, Cellulose du Maroc, 75 p.
215 MARTIN B. (1991). Les Croisements Contrôlés Industriels ; Appui majeur à la Foresterie clonale. Nouvelle stratégie pour les plantations forestières intensives. Contribution volontaire. 6 p. 10ème Congrès forestier mondial Paris – 17-26 septembre 1991.
216 DIETERS M., BRAWNER J. (2007). Productivity of *Pinus elliottii, P. caribaea* and their F1 and F2 hybrids to 15 years in Queensland, Australia. *Ann. For. Sci.* 64, 691–698 (2007).
217 NIKLES G. (2009). Coniferous plantations in Queensland - now approaching 190.000 ha, in La Lettre de l'ATIBT ; n° spécial "Plantations en zones tropicales", en partenariat avec FRM - p. 18-21).
218 BRAWNER J.T, ***et al.*** (2005). Mid-rotation performance of Pinus caribaea var. hondurensis hybrids with both P. oocarpa and P. tecunumanii: hybrids superiority, stability of parental performance and potential for a multi-species synthetic breed. For Genet 12:1–13, .
219 KIM K.H. and ZSUFFA L. (2011). Reforestation of South Korea: The history and analysis of a unique case in forest tree improvement and forestry.
220 LEE C.Y. ***et al.*** (1987). The suitable site for planting Pinus rigida x P. taeda [1987]. Journal of Korean Forestry Society (Korea R.), https://agris.fao.org/agris-search/search.do?recordID=KR8835959

221 **BYUN K.K. *et al.*** (1989). Review of Pitch-Loblolly Hybrid Pine *Pinus rigida x Pinus taeda* Breeding Researches in Korea and future stategy. TreeGenes (1989). https://treegenesdb.org/Publication/60235
222 **KANZLER A. *et al.*** (2014). Development and commercialisation of the Pinus patula x P. tecunumanii hybrid in response to the threat of Fusarium circinatum. New Forests (2014) 45: 417–437 DOI 10.1007/s11056-014-9412-1.
223 **POMERAYI MUTETE *et al.*** (2015). Genetic parameters in subtropical pine F1 hybrids: heritabilities, between-trait correlations and genotype-by-environment interactions. Tree Genetics & Genomes 11:93.
224 **BELABER E.C.** (2018). Genetic Parameters for Growth, Stem Straightness, and Branch Quality for Pinus elliottii var. elliottii × Pinus caribaea var. hondurensis F1 Hybrid in Argentina. Forest Science • December 2018 p. 595-608.
225 **SCION.** (2014). Are hybrid pines the super trees of the future? Scion. https://www.scionresearch.com/about-us/about-scion/corporate-publications/scion-connections/past-issues-list/issue-11, -march-2014/are-hybrid-pines-the-super-trees-of-the-future
226 **PHILIPPE G. *et al.*** (2006). Premiers enseignements d'un réseau européen de plantations comparatives de variétés de mélèze hybride (Larix x eurolepis Henry). *Ingénieries eau-agriculture-territoires*, Lavoisier ; IRSTEA ; CEMAGREF, 2006, p. 73 - p. 86.
227 **PHILIPPE G. *et al.*** (2012). Specific purity of hybrid larch Forest Reproductive Materials: how much does it matter?. Larix 2012: Larch in a warm climate, 8th international symposium of IUFRO Working Group S2.02.07 "Larch breeding and genetic resources", Sep 2012, Hallormsstadur, Iceland. pp.2.
228 **PAQUES L. et PHILIPPE G.** (2022). Fiche: *Larix x eurolepis* Henry, Mélèze hybride Hybrid Larch sept 2021, in "Graines et plants forestiers: conseils d'utilisation des ressources génétiques forestières". Ministère de l'Agriculture et de l'Alimentation, mars 2022.
229 **LONGMAN K.A., LEAKEY R.R.B.** (1995). La "domestication" du samba. L'expérience écossaise. Ann. Sci. For. (1995) 52, 43-56 Elsevier/INRA
230 **DELWAULLE J.C., LAPLACE Y., QUILLET G.** (1980). Production massive de boutures d'Eucalyptus en République Populaire du Congo, Pointe Noire: Centre technique Forestier Tropical du Congo, 8 p, (document préparé pour le symposium IUFRO d'Aguas de Sao Pedro).
231 **DELWAULLE J.C., GARBAYE J., LAPLACE Y.** (1981). Ligniculture en milieu tropical: les reboisements en Eucalyptus hybrides de la savane côtière congolaise Revue Forestière Française, vol. 33 n°3, p. 248-255.
232 **COSSALTER C.** (1982). Production de boutures d'Eucalyptus à l'échelle industrielle en République Populaire du Congo. Techniques, équipement, coûts. Pointe Noire: Centre Technique Forestier Tropical du Congo, 29 + 12 p. (rapport interne).
233 **MARTIN B., PRAT D.** (1985), Biotechnologie et forêt: Quelle place pour la foresterie clonale. Biofutur, n° 40, p. 39-45.
234 **MARTIN B.** (1988). L'UAIC, Pilote lignicole, pionnier de la foresterie clonale, Fiche information Forêt AFOCEL ; mai 1988 (16 p).
235 **LAPLACE Y.** (1987). L'Unité d'Afforestation Industrielle du Congo. Plaquette publicitaire préfacée par M. le Président de la République du Congo, oct. 1987.
236 **DELWAULLE J.C., MARTIN B.** (1983). Stratégie d'Amélioration des Eucalyptus au Congo. Document volontaire Réunion AFOCEL/CSIRO/ IUFRO, Bordeaux - sept 1983 (20p).
237 **CORBASSON M.** (1986). Eucalyptus Hybrides Tropicaux au Congo. RFF XXXVIII, n° sp. 1986, p. 176-180
238 **ARACRUZ Florestal.** (1986). Forestry Prductivity in the tropics. Aracruz Experience , Aracruz florestal S.A. Spring meeting.
239 **CAMPINHOS Jr. E. and IKEMORI Y. K.** (1976). Tree Improvement Program of Eucalyptus spp. Preliminary Results. Réunion IUFRO Oslo juill. 1976.
240 **IKEMORY Y.K.** (1975). Resultados Preliminares sobre Enraizamento de estacas de Eucalyptus spp. Aracruz Centro de Pesquisas Florestais da Aracruz. Informativo Technico N°1 Novembro 1975. 12p.
241 **ARACRUZ Celulose Pulp Mill.** (2018) Aracruz Celulose Modernizes, Upgrades Production at World's Largest Pulp Producer using multi Invensys Solution.
242 **SILVEIRA J.** (1976). O projeto Aracruz e o desenvolvimiento nacional, Manchete n° 1250, 3 avril.
243 **SPECTRUM** (2020). No. 41 / 2-2020. SUZANO, Smart bleaching. Major chemical savings at pulp mills.
244 **CAMPINHOS Jr E. *et al.*** (1990). Development of the eucalyptus tree of the future. Paper presented at ESPRA Spring Conference. May 1990, Seville Spain.
245 **ARACRUZ Cellulose SA.** (1988). Technology, Social Progress and the Evironment. Plaquette publicitaire.
246 **MARTIN B.** (2007). Renforcement technique d'Eucaforest. Création d'une unité de R&D au sein de l'Entreprise. Avant-projet (suite à une mission exploratoire). Eucaforest - La Cellulose du Maroc.
247 **TRARI I.** (2013). Fin de l'aventure pour Cellulose du Maroc, "La Vie Echo" du 24 déc. 2013.

248 MARIEN J.N. et IDRISSI A.A. (2011). Le développement des plantations clonales d'eucalyptus au Maroc Une dynamique toujours plus actuelle. Forêt méditerranéenne t. XXXII, n° 1, mars 2011 (pp. 31-38).

249 THINH H.H., HAI N.D., KHA L.D. KIEN N.D., BALTUNIS B. AND HARWOOD C. (2008). Testing the performance of acacia hybride clones in different regions of Vietnam. Project ACIAR 2008/007 between Forest Science Institut of Vienam and CSIRO. (PWP) https://slideplayer.com /slide/4048234/

250 GHAZALI M. *et al.* (2007). Growth of Acacia Hybrid (A. mangium × A. auriculiformis) on coastal sandy soil. Journal of Tropical Forest Science 19(4): 243–244 (2007).

251 WONOGIRI H.P. (2015). Variation of Anatomical Features between Two Acacia Hybrids (Acacia mangium x auriculiformis) and (Acacia auriculiformis x mangium). Proceedings of The 7th International Symposium of IWoRS 5-6 November 2015, Bandung.

252 SEIN C.C. and MITLÖHNER R. (2001). Acacia hybrid Ecology and silviculture in Vietnam. CIFOR (2011).

253 GALIANA A. *et al.* (2003). Micropropagation of Acacia mangium x A. auriculiformis hybrids in Sabah, Bois et Forêts des Tropiques, 2003, N° 275.

254 SON LE. *et al.* (2019). Patterns of hybrid seed production in adjacent seed orchards of Acacia auriculiformis and A. mangium in Vietnam. Annals of Forest Science 76, 46 (2019).

255 ANTONIO C. (2020). Are maternal and reciprocal effects important in breeding the inter-specific hybrid between Acacia auriculiformis and A. mangium? *Euphytica* 216, 176 (2020).

256 LE DINH KHA. (2000). Studies on natural hybrids of *Acacia mangium* and *A. auriculiformis* in Vietnam. Journal of Tropical Forest Science 12 (4):794-803 (2000).

257 SON DH. *et al.* (2018**).** Evaluating Approches For Developping Elite Acacia Hybrid Clones in Vietnam: Towards an Updated Strategy. Journal of Tropical Forest Science 30 (Anniversary Issue): 476–487 (2018).

258 SEDGLEY M. *et al.* (1992). Reproductive Biology and Interspecific Hybridisation of Acacia mangium and Acacia auriculiformis A. Cunn. ex Benth. (Leguminosae: Mimosoideae), Aust. J. Bot., 1992, 40, 37-48.

259 GRIFFIN A.R. *et al.* (2010). Improving controlled pollination methodology for breeding Acacia mangium Willd. New Forests (2010) 40:131–142.

260 OTSUKA J. *et al.* (2010) Application of hot water emasculation to Acacia auriculiformis for controlled pollination, Journal of Forest Research, Japan, 15:3, 210-216, DOI: 10.1007/s10310-009-0174-0

261 KATO K. *et al.* (2012). Tube Pollination Using Stored Pollen for Creating Acacia auriculiformis Hybrids**.** Journal of Tropical Forest Science ; Kuala Lumpur Vol. 24, N° 2, (Apr. 2012): 209-216.

262 SRI SUNARTI *et al.* (2013). Breeding Strategy of Acacia Hybrid (Acacia mangium × A. auriculiformis) to Increase Forest Plantation Productivity in Indonesia JMHT Vol. XIX, (2): 128-137, August 2013.

263 DVORAK W. (2004). World view of Gmelina arborea: opportunities and challenges. New Forests 28, 111–126 (2004).

264 MOYA ROQUE R. (2004). Gmelina arborea en Costa Rica. BFT 2004 n° 279 (1).

265 ANTONIO C. (2020). African Mahogany Plantation Highlights in Brazil Short Communication, Forest Management Floresta Ambient. 28 (3) 2021, https://doi.org/10.1590/2179-8087-FLORAM-2020-0081

266 DELWAULLE J. C. (1982). Critères de sélection papetière des Eucalyptus. Application au test clonal 75, Pointe-Noire: CTFT-Congo (document interne).

267 DELWAULLE J. C. (1985). Production papetière des peuplements clonaux d'Eucalyptus au Congo. BFT, n° 208, p, 43-48.

268 MARTIN B. (1985). Quelle place pour la Foresterie clonale ? Biofutur n°40, p. 39-49.

269 LABATE C., DE ASSIS *et al.* (2008). "Eucalyptus". JWBK245-Kole k0902 May 10, 2008 14:1

270 MARTIN B. et LAVABRE E. M. (1986). Lutte contre la punaise de l'Eucalyptus en République populaire du Congo, Aspect technique du Projet. Conclusions et Recommandations. TCP/RPC/4506 (E) Rapport technique 1 - FAO – Rome ; janvier 1986. (26 p. +annexes).

271 MARTIN B. (1986). Lutte contre la punaise de l'Eucalyptus en République populaire du Congo. Deuxième mission. Précisions techniques, Conclusions et Recommandations. TCP/RPC/4506 (E) Rapport technique 1 - FAO – Rome ; mai 1986. (36 p. + annexes).

272 DIABANGOUAYA, M., et GILLON, Y (2001). Adaptation d'Helopeltis schoutedeni Reuter (Heteroptera: Miridae) aux eucalyptus plantés au Congo: dégâts et moyens de lutte. BFT. *267* (267), 5–20.

273 RUIZ F. and LOPEZ G. (2010). Review of cultivation, History and Uses of Eucalypts in Spain. 2010/09/15 Conference of Eucalyptus species management, history, status and trends in Ethiopia Addis Ababa (Ethiopia) 15th-17th September 2010.

274 TEJEDOR MARDOMINGO C., MARTIN B. Tercera generación de mejora de *Eucalyptus globulus* Labill., tras sucesivas selecciones para la tolerancia a la enfermedad de las manchas foliares. Revista Montes N° 149 Tercer trimestre 2022, pp. 40-47.

275 BARROS *et al.* (1991). Fertilizing Eucalypt Plantations on the Brazilian Savannah Soils. IUFRO Symposium Intensive Forestry. The role of Eucalypts Durban South Africa 2-6 sept, 1991.

276 LOUBELO E. Etude comparative de quelques éléments du fonctionnement de deux peuplements d'eucalyptus au Congo – 150p. Th: Sciences biologiques: Rennes 1, Vol.1 ; N° 485.
277 LACLAU J.P. (2001). Dynamique du fonctionnement minéral d'une plantation d'eucalyptus. Effet du reboisement sur un sol de savane du littoral congolais : conséquences pour la gestion des plantations industrielles. Sciences de la Terre. INAPG (AgroParisTech), 2001.
278 SPANGENBERG A. *et al.* (1996). Nutrient store and export rate of Eucalyptus urograndis plantations in eastern Amazonia (Jari), Forest Ecology and Management (1996), p. 225-234.
279 LACLAU J.P. *et al.* (2000). Dynamics of biomass and nutrient accumulation in a clonal plantation of Eucalyptus in Congo. Forest Ecology and Management. Volume 128, Issue 3, 1 April 2000, Pages 181-196.
280 HERBERT M.A. and ROBERTSON M.A. (1991). Above-Ground Biomass Composition and Nutrient Content for Eucalyptus Species in the Southern Transvaal. IUFRO Symposium Intensive Forestry. The role of Eucalypts Durban South Africa 2-6 sept, 1991.
281 SARAVANAN S. (2019). Nutrient Use Efficiency in Eucalyptus Clones. Journal of Physiology & Biochemistry. Vol 15, N° 4, 2019, pp. 5-14.
282 ZHANG P. *et al.* (2022). Above-Ground Biomass and Nutrient Accumulation in Ten Eucalyptus Clones in Leizhou Peninsula, Southern China. Forests 2022, 13, 530. https://doi.org/ 10.3390/f13040530
283 FORRESTER D.I. *et al.* (2006). Mixed-species plantation of Eucalyptus with nitrogen fixing trees: a review. Forest Ecology and Management 233 (2006) 211-230.
284 HAKAMADA R. *et al.* (2014). Mixed-species plantations of Eucalyptus and Acacia mangium as an alternative for bioenergy production in tropical regions. 2014. *International Forestry Review*, 16 (5): p. 359. IUFRO World Congress. Sustaining Forests, Sustaining People: The Role of Research. 24, 2014-10-05/2014-10-11, Salt Lake City (USA).
285 CHAMBRE D'AGRICULTURE DE L'ISERE. (2017). Concevoir sa rotation culturale pour réduire l'utilisation d'intrants. Guide technique, juin 2017.
286 MARTIN B. (1986). L'utilisation des clones. Rev. forestière française, AgroParisTech, 38 (S). pp.81-88.
287 MOUKANDI N'KAYA G.D. (2012). Etude hydrogéologique, hydrochimique in situ et modélisation hydrodynamique du système aquifère du bassin sédimentaire côtier de Pointe Noire. Thèse de doctorat de l'Université Marien NGOUABI (Brazzaville), 3 juil. 2012.
288 DESTREMAU D.X. (1981). Quelques Espèces méconnues...: Ginkgo biloba, Cunninghamia lanceolata, Metasequoia glyptostroboïdes,) AFOCEL. Fiche Information Forêt n° 186 (4), 267-281.
289 MARTIN B., KADIO A. et OFFI K. (1999). Vers une intensification de la culture du Teck en Côte d'Ivoire. Communication au Séminaire régional: "Site, Technology and Productivity of Teak Plantations". FAO Chiang Maï (Thaïlande), janv. 1999 (8p.).
290 MARTIN B. *et al.* (1999). Rapport de Mission en Thaïlande et en Indonésie (23 janvier au 5 février 1999). SODEFOR (14-02-1999), 15 p.
291 KUMAR B.M. *et al.* (2012). South Asian Agroforestry: Traditions, Transformations, and Prospects. January 2012 DOI:10.1007/978-94-007-4676-3_19. In book: Agroforestry: The Future of Global Landuse (pp.359-389). Publisher: Springer Science+Business Media Dordrecht 2012.
292 ZOU X. and SAFORD R.L.Jr. (1990). Agroforestry Systems in China: a survey and classification. In Agroforestry System II: 85-94, 1990. Kluwer Academic Publishers. Printed in Netherland.
293 ZHAOHUA Z., MANTANG C., SHIJI W. and YOUXU J. (1991). Agroforestry in China Published jointly by: Chinese Academy of Forestry, People's Republic of China and International Development Research Centre, Canada.
294 FAO. Humanity Development Library 2.0. Resource Management for upland areas in Southeast Asia.
295 HONG Y. *et al.* (2017). Intercropping and agroforestry in China – Current state and trends, Agriculture, Ecosystems & Environment, Volume 244, 2017, Pages 52-61.
296 TOUZET G. (1984). La culture d'arbre à bois. Pour la Science, n° 34 p. 67-77.
297 MELUN F. (2011). Eucalyptus Gundal : une espèce remarquable pour la production de biomasse, Copyright FCBA INFO, Mars 2011.
298 POORE M.E.D. and FRIES C. (1995). The ecological effects of Eucalyptus. FAO - Forestry paper n° 59, 87. Rome, 1985.
299 ARACRUZ SA. (2008). Eucalyptus trees and the environment, in times of global warming. 37 p. oct. 08.
300 HODGES C.S. and REIS M.S. (1974). A influencia do cancro basal causado por *Diaporthe cubensis* Bruner na brotacao de *Eucalyptus saligna* Sm. Brasil Florestal 5 : 25–28, 1974.
301 MARTIN B. (1980). Compte-Rendu de Mission au Québec. 16 sept. au 14 oct. 1980. Collaboration forestière franco-quebecoise ; ENGREF - 1980.
302 CAMPINHOS Jr. E. (1980). More Wood of better quality : intensive silviculture with rapid-growth improved Eucalyptus spp. for pulpwood. ARACRUZ Florestal - Espirito Santo (Brésil), 7 p. 1980.

303 MELUN F. et NGUYEN THE N. (2012). L'Eucalyptus en France, une espèce remarquable pour la production de biomasse, Rev. For. Fr. LXIV – 1.

304 LOUPPE D. (1998), Recherches sur les Eucalyptus Nord-Côte d'Ivoire. CIRAD-Forêt – 8è réunion informelle Bobo-Dioulasso mai 1998.

305 JONES R.C. (2013). Multiple evolutionary processes drive the patterns of genetic differentiation in a forest tree species complex. Ecol. Evol. 2013 Jan. ; 3(1) : 1–17.

306 SWAIN T. and VERRYN S. (2004). Realised gains and heritabilities of *Eucalyptus nitens* in a South African Breeding Programme. IUFRO conference 11-15 oct. 2004, Aveiro, Portugal.

307 DOS SANTOS I.B. *et al.* (2019). The Eucalyptus Cuticular waxes contribute in preformed defense against *Austropuccinia psidii*. Fr. Pl. Sci. 9/1/2019.

308 DELGADO-MATAS C. and PUKKALA T. (2011). Comparison of the growth of six eucalyptus species in Angola. Intern. Journ. of For. Research, 2011.

309 PEDERICK L.A. (1983). IUFRO international provenance trials with *Eucalyptus grandis* and *E. tereticornis*. Sylvicultura, Sao Paulo 31, 3p. 1983.

310 MATHESON A.C. and MULLIN L.J. (1987). Variation among neighbouring and distant provenances of Eucalyptus grandis and Eucalyptus tereticornis in Zimbabwean field trials. Australian Forest Research.

311 ROEDER K.R. (1980). Provenance variation in growth features of Eucalyptus grandis and E. saligna, in South African Forestry Journal (112) : 36-41, 1980.

312 MIRANDA A.C. *et al.* (2019), Investigating the origin and genetic diversity of improved *Eucalyptus grandis* populations in Brazil. Forest Ecology and Management, Volume 448, 15 Sept. 2019, p. 130-138.

313 FRANKLIN E.C. (1986). Estimation of genetic parameter through four generations of selection in Eucalyptus grandis. School of Forest Resources, North Carolina State University, Raleigh USA.

314 NICOLINI E., MOREL H. (2016). Etude du développement et des propriétés du bois de plantation des espèces forestières guyanaises. POFEDER 2007-2013. CIRAD.

315 PRYOR L.D. and JOHNSON L.A.S. (1971). Classification of the Eucalypts. The Australian National University, Canberra. 102 p.

316 VERCOE T.K. and Mc DONALD M.W. (1990). Eucalyptus pellita F.Muell and Acacia seed collections in New Guinea sept-oct 1990. Australian Tree Seed Centre CSIRO Division of Forestry in FAO Forest Genetic Resources Information No. 19.

317 THOMSON L., DORAN J., CLARKE B. (2018). Trees for life in Oceania. ACIAR 2018.

318 VIGNERON Ph. (1986), *Eucalyptus tereticornis* ; Synthèse des résultats de provenances réalisées par le CTFT-Congo. CTFT, juin 1986.

319 POYNTON R.J. (1979). Tree planting in Southern Africa: The eucalypts. Depart. of Forestry. 882 p.

320 TIMONI J. *et al.* 1980. Teste de procedencia de Eucalyptus spp. Na regiao de Moji-Guacu (SP). Silvicultura, Sao Paulo 31, 505–507.

321 SEIN C.C. and MITLÖHNER R. (2011). Eucalyptus urophylla S.T. Blake : ecology and silviculture in Vietnam. CIFOR, Bogor, Indonesia.

322 COSSALTER C. (1977). Localisation et données écologiques de quelques provenances d'Eucalyptus deglupta Blume des Iles Célèbes et de Ceram : aspect des peuplements naturels. Informations sur les Ressources génétiques forestières. FAO, n° 6. 17-25.

323 PIRARD R. and COSSALTER C. (2006). The Revival of Industrial Forest Plantations in Indonesia's Kalimantan Provinces. Will they help eliminate fiber shortfalls at Sumatran pulp mills or feed the China market? European Commission and CIFOF. Working Paper No. 37.

324 BIGGER M. (1995). The effect of attack by *Amblypelta cocophaga* China (Hemiptera : Coreidae) on growth of *Eucalyptus deglupta* in the Solomon Islands. Bulletin of Entomological Research, 75(4) :595-608.

325 DAVIDSON J. (1980), Provenance trials of *Eucalyptus deglupta* in Papua New Guinea, in Silvicultura, n° 31 IUFRO Symposium on genetic improvement and productivity of fast-growing tree species, Aguas de Sao Pedro, p 434-440.

326 CAFSA (2007). 50 ans de forêt cultivée. Histoire d'hommes – Histoires d'arbres au service de l'économie et de la nature. CAFSA Coopérative Agricole et Forestière Sud-Atlantique.

327 FRANCE-FORET-BOIS. (2019).
https ://franceboisforet.fr/2019/01/28/ la-foret-des-landes-de-gascogne/)

328 FOX T.R., JOKELA E.J., and ALLEN H.L. (2004). The Evolution of Pine Plantation Silviculture in the Southern United States ; in : Gen. Tech. Rep. SRS–75. Asheville N C. : U.S. Department of Agriculture, Forest Service, Southern Research Station. Chapter 8. p. 63-82.
329 PRESTEMON J.P. and ABT R.C. (2003). TIMBR-1 : Timber Products Supply and Demand. Southern Forest Resource Assessment Draft Report. www.srs.fs.fed.us/sustain
330 MARTIN B. (1991). La Forêt en Afrique du Sud. Emergence des nouveaux potentiels forestiers dans l'hemisphère Sud. AFOCEL - 41 p.
331 LEDGER T. (2017). TIPS Report for the Department of Trade and Industry Case study on the forestry regional value chain in Southern Africa : South Africa, Mozambique and Tanzania. February 2017.
332 FAO. (1997). Drought impact mitigation and prevention in the Limpopo river.Land tenure, Land use and Farming Systems.
333 DE RONDE C. (2007). The rise and fall of Pinus pinaster plantations in South Africa : from a significant commercial timber source to a declared exotic weed in Proceedings of the international workshop MEDPINE 3 : con Bari CIHEAM.
334 ALLEN N. (2011). Australia's forestry industry in 2040 : Three plausible scenarios Submission n°. 114 Inquiry into the Australian forestry industry.
335 QUEENSLAND TIMBER PLANTATION. (2020). Strategy. Growing the future of Queensland's timber plantations. Department of Employment, Economic Development and Innovation.
336 SCOTT C.W. (1954). Pinus radiata au Chili Unasylva - Vol. 8, No. 4 - www.fao.org.
337 WORLD BANK. (2020). "Chile Forest Note." Washington, DC : World
338 BMA. (2019) Brazilian Ministry of Agriculture. Livestock and Food Supply. "Brazilian Forests at a glance".
339 ORMS INFORM. (2020). Forest Plantations in Brazil | ORMS Today ;
340 IBA. (2019). Brazilian Tree Industry - PaperAge. Brazil's Forest Products Sector Exported $10.7 Billion in 2018, Up 25.5% over 2017.
341 CPFA, CNPF, FCBA, INRA, ONF. (2016). Les Cahiers du Groupe Pin Maritime du Futur. 20 ans de progrès et d'innovation. N°5 nov. 2016.
342 DE BOISSESON J.M. (2014). La sylviculture du pin taeda en Aquitaine. FCBA INFO, janvier 2014
343 BUTCHER T.B. (2007). Achievements in forest tree genetic improvement in Australia and New Zealand 7: Maritime pine and Brutian pine tree improvement programs in Western Australia. Australian Forestry 2007 Vol. 70 No. 3 pp. 141–151.
344 DE LA MATA R. *et. al.* (2010). Performance of Maritime Pine Spanish Mediterranean Provenances at Young Ages in a Transitional Region Between Atlantic and Mediterranean Climates in NW Spain. Silvae Genetica (2010) 59-1, 8-17
345 CORREIA I. *et al.* (2010). Genotype × Environment interactions in Pinus pinaster at age 10 in a multi-environment trial in Portugal: a maximum likelihood approach. INRA, EDP Sciences. Ann. For. Sci. 67 (2010) 612 Available online at : www.afs-journal.org
346 YAHYA Z.A. and KOTER R. (2000). Pinus insularis a promising exotic conifer for commercial plantations? Jour.For. Sc. 12(2): 410-413.
347 CHAIX G. et RAMAMONJISOA L. (2001). Production de semences pour les reboisements malgaches, Bois et Forêts des Tropiques, N° 269 (3).
348 SARAMÄKI J. (1992). Growth and yield prediction model of Pinus keysia in Zambia. In Acta Forestalia Fennica 230.
349 DAROW W.K. (1984). International provenance trials of Pinus kesiya in South Africa: results at first thinning South African Forestry Journal, No. 129 21-30.
350 CHILESHE A. (2001). Director of Forestry Forestry Department, Ministry of Environment and Natural Resources, Lusaka Zambia. A Brief on the Forestry Outlook Study. Forestry Outlook Studies in Africa (FOSA)
351 MIKKOLA L. (1989). Pinus kesiya on the Copperbelt of Zambia - a short history about introduction of an exotic species. Research Note - Division of Forest Research (Kitwe), No.41, 8 pp.
352 IMANUDDIN R. *et al.* (2020). Reforestation and Sustainable Management of Pinus merkusii Forest Plantation in Indonesia: A Review. MDPI *Forests* 2020, *11*(12), 1235 ; https ://doi.org/10.3390/f11121235

353 SIREGAR I.Z. and HATTEMER H.H. (2004). Pattern of genetic structure and variation of Merkus Pine (Pinus merkusii) in Indonesia Jour. of Trop. For Sci. (FRI-Malaysia) 160-172.
354 GEMME, LA FORET D'AQUITAINE. (2017) :
https ://www.gemme-la-foret.fr/pdf/gemme_projet..pdf
355 KONGSHU J. *et al.* (2007). Selection, propagation and cultivation of *Pinus massoniana* clones for pulp in Frontiers of Forestry in China, volume 2, pages 94–98.
356 KONGSHU J. (2014). Genetic improvement and breeding of Pinus massoniana in China. IUFRO Forest Tree Breeding Conference, August 25–29, 2014, Prague Czech Republic. OB 48, p. 36.
357 ZHEN ZHANG *et al.* (2020). Joint influence of genetic origin and climate on the growth of Masson pine (*Pinus massoniana* Lamb.) in China Scientific Reports, volume 10. Article number: 4563.
358 QINGHUA L. *et al.* (2012). Genetic variation and correlation among resin yield, growth, and morphologic traits of *Pinus massoniana* Silvae Genetica Volume 62: Issue 1-6.
359 MAAF. (2010), Fiche Espèce *Pinus taeda*,
https ://agriculture.gouv.fr/sites/default/files/151218_pta_fiche.pdf
360 HAGEDORN S.F. (1994). Results of a *Pinus taeda* Progeny/Provenance Type Trial in Natal, South Africa in South African Forestry Journal, Vol 170 – Issue 1
361 MARTIN B. (1980). Rapport de mission au Brésil à l'occasion du symposium IUFRO en Amélioration génétique et Productivité des Espèces forestières à croissance rapide. Aguas de Sao Pedro, Brésil 25-30 août 1980. ENGREF Nancy, 100p.
362 FALKENHAGEN E.R. (2012). Thirty five-year results from seven Pinus elliottii (Engelman.) and Pinus taeda (L.) provenance trials in South Africa. South African Forestry Journal Volume 107, 1978 - Issue 1.
363 ROCKWOOD D.L. *et al.* (2001). Provenance and family variability in slash pine (Pinus elliottii var. elliottii Engelm.) grown in southern Brazil and north-eastern Argentina. March 2001, New Forests 21(2) :115-125
364 GAPARE W.J. *et al.* (2002). Genetic parameters and provenance variation of Pinus radiata D. Don. 'Eldridge collection' in Australia 1: growth and form traits. Tree Genetics & Genomes 8 :391–407
365 BURDON R.D. (2008). Breeding radiata pine - historical overview. NZ Journal of Forestry, February 2008. Vol 52 N°4.
366 ESPINOZA C. *et al.* (2012). Genetic diversity and differentiation of Chilean plantations of Pinus radiata D. Don using microsatellite DNA markers. Silvae Genetica 61-6, 221-228.
367 VIDAL J.P. ((1960). Une Estancia en Patagonie. Les Cahiers d'Outre-Mer / Année 1960 / 13-50 / pp 227-238. https ://www.persee.fr/doc/caoum_0 373-5834_1960_num_13_50_2160
368 COLMET–DAAGE F. (2014).Vie et travaux d'un agronome-pédologue. De la recherche sur les sols au développement.
https ://horizon.documentation.ird.fr/exl-doc/pleins_textes/divers14-11/010050440.pdf
369 CERDA-GRANADOS D.A. (2012). Geographical Variation of Cold Hardiness in Pinus patula Provenances and Genetic Inheritance of Cold Hardiness in Pinus patula × Pinus tecunumanii Hybrids. Thèsis under the direction of William S. Dvorak and Gary R. Hodge. National Autonomous University of Nicaragua, León. 2012
370 FAO. (2001). Case studies of two invasive alien tree SPECIES in Southern Africa.
(http ://www.fao.org/3/AC846E/ac846e09.htm)
371 GOMEZ E.A. *et al.* (2012). Madera, un Potencial Material Lignocelulósico para la Producción de Biocombustibles en Colombia. Inf. tecnol. vol.23 no.6. La Serena 2012.
372 PROFOR. (2018). Commercial Reforestation Potential in Colombia
(https ://www.profor.info/knowledge/commercial-reforestation-potential-colombia)
373 FALKENHAGEN, E.R. (1979). Early assessment of four half-sib families trials of Pinus patula Schiede et Deppe in Schlectendal et Chamisso. South African Forestry Journal. No. 109. pp. 7-13.
374 BARNES R.D. and MULLIN L.J (1984). Pinus patula provenance trials in Zimbabwe : seventh year results. In : R. D. Barnes & G. L. Gibson (Eds.) Provenance and Genetic Improvement Strategies in Tropical Forest Trees. Proc. IUFRO. Mutare. April 9-14. pp. 151-152.
375 EGUILUZ T. *et al.* (1983). Pinus tecunumanii: una especie nueva de Guatemala. Ciencia Forest. 8 (4) 3–22.

376 STYLES B.T. (1986). Identité du Pin d'Amérique centrale de Schwerdtfeger. Informations sur les Ressources Génétiques Forestières N° 13 – FAO.

377 MC CARTER P.S. ***et al.*** 1985). Pinus patula subspecies tecunumanii: The Application of numerical techniques to some problems of its taxonomy. Commonw. For. Rev. 64(2).

378 FURMAN B.J. ***et al.*** (1997). Analysis of genetic relationships of Central American and Mexican pines using RAPD markers that distinguish species, Molecular Ecology 1997, 6, 321–331

379 TIJERINO A. ***et al.*** (2014). Molecular characterization of Nicaraguan Pinus tecunumanii Schw. ex Eguiluz et Perry populations for in situ conservation - in Trees (2014) 28:1249-1253.

380 DVORAK W.S., HODGE G.R. et ROMERO J.L. (2002). Résultats de vingt années de recherche sur Pinus tecunumanii par la Coopérative CAMCORE in FAO. http ://www.fao.org/3/y2316f/y2316f02.htm

381 HODGE G.R. and DVORAK W.S. (2000). Differential responses of Central American and Mexican pine species and Pinus radiata to infection by the pitch canker fungus. *New Forests* **19,** 241–258 (2000)

382 RESTREPO URIBE G. ***et al.*** (1988) Quelques résultats d'espèces et de provenances dans le département d'Antioquia (Colombie) in Information sur les Ressources génétiques forestières n° 16 - FAO.

383 ROBBINS A. M. J. (1983). Pinus oocarpa, Schiede. Seedleaflets, (3). Danida Forest Seed Centre.

384 RESCH H. ***et al.*** (1978). Some wood properties of plantation pines Pinus caribaea and Pinus oocarpa. Wood and Fiber, 1W3, 1978, pp. 210-217.

385 DVORAK W.S. POTTER K.M., HIPKINS V.D., HODGE G.R (2009). Genetic Diversity and Gene Exchange in Pinus oocarpa, a Mesoamerican Pine with Resistance to the Pitch Canker Fungus (Fusarium circinatum). International Journal of Plant Sciences, Volume 170, Number 5.

386 MARTIN B. (1971). Premiers travaux d'amélioration génétique des arbres forestiers en République populaire du Congo, 2ème Partie : Les pins tropicaux. BFT n° 139 sept-oct. 1971.

387 OTEGBEYE G.O. (1991). Variation among Pinus oocarpa provenances tested in the Savanna region of Nigeria. Forest Ecology and Management, vol. 43, Issues 1–2, Sept. 1991, p. 61-68.

388 MUGASHA A.G ***et al.*** (1998). Survival, Growth, Yield, Stem Form and Wood Basic Density of Pinus oocarpa Provenances at Buhindi, Mwanza, Tanzania. Silvae Genetica 47, 2–3 (1998).

389 MOURA V.P.G. ***et al.*** (1998). Provenance and family performances of Pinus tecunumanii at 12 years of age in the Cerrado Region of Brazil Forest Gentetics 5(3): 137-145.

390 NDEMA A. and MISSANJO E. (2015). Tree Growth Response of Pinus oocarpa Along Different Altitude in Dedza Mountain Forest Plantation. Agriculture, Forestry and Fisheries. Vol. 4, No. 1, pp. 24-28.

391 CIRAD. (2012). Fiche Essence Pin des Caraïbes - Tropix 7.

392 DIETERS M.J. and NIKLES D.G. (1997). The Genetic Improvement of Carribbean pine (*Pinus caribaea* Morelet) - Building on a firm foundation. 24th Biennial Southern Forest Tree Improvement Conference in Orlando USA, FL from June 9-12, 1997.

393 ZHENG Y. ***et al.*** (1994). Provenance variation and genetic parameters in a trial of Pinus caribaea Morelet var. bahamensis Barr. and Golf. For. Genet. 1: 165-174.

394 MUTETE P. ***et al.*** (2015). Genetic parameters in subtropical pine F1 hybrids: heritabilities, between-trait correlations and genotype-by-environment interactions. Tree Genetics & Genomes (2015) 11 :93

395 WIBISONO G. ***et al.*** (2015). Nitrogen fixation of Acacia mangium Willd. from two sources grown at different levels of phosphorus in an Ultisol, South Sumatra, Indonesia South. For. J. For. Sci., 77, 59–64.

396 MAYDRA A.I. ***et al.*** (2019). Growth Responses of Eucalyptus pellita F. Muell Plantations in South Sumatra to Macronutrient Fertilisers Following Several Rotations of Acacia mangium Willd. In Forests 2019, 10, 1054 ; doi :10.3390/f10121054 www.mdpi.com/journal/forests

397 GAYE ***et al.*** (1996). Bilan des recherches sur les introductions d'acacias australiens au Sénégal. IRD.

398 HARWOOD C.E. and NAMBIAR E.K.S. (2014). Sustainable plantation forestry in South-East Asia. ACIAR Technical Reports 84.

399 MIDGLEY S.J. (2002). Industrial Acacias in Asia: Small brother or big competitor? Eucalyptus Plantations Research, Management and Dévelopment - Proceeding of International symposium IUFRO, sept 2002 - Guangzhou, China.

400 SANTOSA L. (2013). Defending Indonesia's Pulp and Paper Industry: A review on corporate responsibility communications. Jurnal Selulosa, Vol. 3, No. 1, Juni 2013 : 9 – 13.

401 BRUM ROSSI L.M. ***et al.*** (1999). Potential forest species for plantations in Brazilian Amazonia.in FAO

402 OTSAMO A. *et al.* (1997). Evaluation of reforestation potential of 83 tree species planted on Imperata cylindrica dominated grassland – A case study from South Kalimantan, Indonesia. New Forests 14, 127–143 (1997). https ://doi.org/10.1023/A :1006566321033

403 LISAN B. Invasive Species Risk, Fiche présentation arbre : *Acacia mangium* http ://www.doc-developpement-durable.org/fiches-arbres/Fiche-presentation-arbre-accacia-mangium.pdf

404 OLD K.M. *et al.* (2000). A manual of diseases of tropical acacias in Australia, South-East Asia and India. 104 p © 2000 CIFOR.

405 SEIN C.C., MITLÖNER R. (2011). Acacia mangium Willd. Ecology and silviculture in Vietnam, CIFOR.

406 WAGENINGEN UNIVERSITY. Tree Factsheet, : https ://www.w ur.nl/upload_mm/5/f/c/44d1414c-2d1c-4f9a-9552-fa41ec04 9c7_acamanf.pdf

407 KOUTIKA L.S., RICHARDSON D.M. (2019). Acacia mangium Willd: benefits and threats associated with its increasing use around the world. Published 2019, Geography Forest Ecosystem.

408 HARWOOD C.E. (1991). Review of Provenance variation in growth of *Acacia mangium* Willd, in FAO-Forest Genetic Resources Information N° 19. http ://www.fao.org/3/u5380e/U5380E05.htm

409 BUDI LEKSONO. (1996). Provenance Trial of Acacia mangium and Acacia crassicarpa In Riau Province, Indonesia Proceeding Intemational Seminar on "Tropical Plantation Establishment: Improving Productivity through Genetic Practices. 19-21 December 1996, Yogyakarta, Indonesia.

410 NURHASYBI *et al.* (2009). Identification of Acacia mangium Provenances for solid-wood forest plantations. Journal of Forestry Research Vol.6 No. 1, 2009 : 2 1-16

411 JAVED A.M. (2017). Characterization of natural provenances of *Acacia mangium* Willd. and *Acacia auriculiformis* A. Cunn. ex Benth. in Malaysia based on phenotypic traits. J. FOR. SCI., 63, (12): 562–576.

412 YUSUFU KACHAKA E. *et al.* (2021). Evaluation of an *Acacia mangium* Provenance Trial after Seven Years, on the Ibi - Batéké Plateau, Democratic Republic of the Congo. *Tropicultura* [En ligne], Volume 39 (2021), Numéro 1, URL :

413 SOUVANNAVONG O. (1990). Recherches sur *Acacia mangium* Willd., espèce de plantation d'avenir, en zones tropicales humides d'Afrique Centrale et Occidentale. In : IUFRO World Congress. 19, Montréal, Canada, 5-11 august 1990.

414 PARRAGUIRRE LEZAMA C. (1991). Comportamiento junenil de varias fuentes de semillas de *Acacia mangium* Willd., en America central. Tesis por el grado de Magister Scientiae. C.A.T.I.E. Turrialba (Costa-Rica) 1991.

415 LE DINH KHA. (2009). Development of *Acacia mangium* x *A. auriculiformis* hybrid clones in Vietnam, in "La lettre de l'ATIBT" N° spécial Plantations en Zones Tropicales. Décembre 2009.

416 LEKSONO B., SUSILAWATI S. and ROSIAWAN H. (1996). Provenance trial of Acacia mangium and Acacia crassicarpa in Riau Province, Indonesia. Intemational Seminaron "Tropical Plantation Establishment: Improving Productivity through Genetic Practices. 19 - 21 December 1996, Yogyakarta, Indonesia.

417 MIDGLEY St. *et al.* (2007). Towards improving profitability of teak in integrated smallholder farming systems in northern Laos. ACIAR, Technical Reports Series, No. 64, 95p. 2007.

418 TANAKA N. *et al.* (1998). Distribution, Growth and Site Requirements of Teak. JARQ 32, 65-77 (1998).

419 SASIDHARAN S. and RAMASAMY Y. (2021). Teak: The King of Timbers in Yasodha Ramasamy Esteban Galeano Thwe Win Editors. The Teak Genome. Springer – 2021.

420 KOLLERT W. and KLEINE M. (2017). The Global Teak Study Analysis, Evaluation and Future Potential of Teak Resources. IUFRO World Series Vol 36. Analysis.

421 CALLISTER A.N. (2021). Genetic Improvement of Teak in "The Teak Genome" ; Yasodha Ramasamy, Esteban Galeano and Thwe Thwe Win Editors. Compendium of Plant Genomes. Spinger.

422 HANSEN O.K., CHANGTRAGOON S., PONOY B. *et al.* (2015). Genetic resources of teak (Tectona grandis Linn. f.)—strong genetic structure among natural populations. Tree Genetics & Genomes 11, 802. https ://doi.org/10.1007/s11295-014-0802-5

423 GRAUDAL L. *et al.* (1999). Conservation of Genetic Resources of Teak (Tectona grandis) in Thailand. Danida Forest Seed Centre. Technical Note no.52.

424 **KEIDING H., WELLENDORF H., and LAURIDSEN, E.B.** (1986). Evaluation of an International Series of Teak Provenance Trials. Forskningscentret for Skov & Landskab. Research and Documentation.
425 **SUHAENDI H.** (1995). Teak improvement in Indonesia. Second Regional Seminar "Teak for the Future", Yangon, Myanmar, 29 May- 2 June 1995 in FAO : http ://www.fao.org/3/AC773E/ac773e0c.htm
426 **OHN L. *et al.*** (2012). Assessment of Teak (Tectona grandis Linn.f) Provenance Test in the Bago Yoma Region, Myanmar, Forest Research Institute February 2012.
427 **KJÆR E.D. *et al.*** (199). Heartwood, Calcium and Silica Content in Five Provenances of Teak (Tectona grandis L.) Silvae Genetica 48, 1 (1999).
428 **DUPUY B. et VERHAEGEN D.** (1993). Le Teck de plantation (Tectona grandis) en Côte d'Ivoire. BFT n° 235 1er TR.
429 **ADU-BREDU ST. *et al.*** (2019). Trait variations in 28-year-old teak (*Tectona grandis*) provenance field trials in Ghana, West Africa, Southern Forests: a Journal of Forest Science, 81 :1, 57-68.
430 **GOH D.K.S. and MONTEUUIS O.** (2009). Status of the YSG Bioteck program of builing teak genetic Resources in Sabah. BFT 2009 N°301 (3).
431 **CHAIX G. and MONTEUUIS *et al.*** ((2011). Genetic variation in major phenotypic traits among diverse genetic origins of teak (Tectona grandis L.f.) planted in Taliwas, Sabah, East Malaysia. Annals of Forest Science (2011) 68 :1015–1026 DOI 10.1007/s13595-011-0109-8.
432 **GOH D.K.S., BACILIERI R., CHAIX G. *et al.*** (2013). Growth variations and heritabilities of teak CSO-derived families and provenances planted in two humid tropical sites. Tree Genetics & Genomes 9, 1329–1341 (2013). https ://doi.org/10.1007/s11295-013-0642-
433 **MONTEUUIS O. and GOH D.K.S.** (2011). Genetic variation of growth and tree quality traits among 42 diverse genetic origins of Tectona grandis planted under humid tropical conditions in Sabah, East Malaysia. Tree Genetics & Genomes · December 2011.
434 **GOH D.K.S., MONTEUUIS O.** (2012). Behaviour of the "YSG Biotech TG1-8" teak clones under various site conditions: first observations. Bois et Forêts des Tropiques. 2012, n° 311.
435 **DA SILVA D.D.F.** (2018). Desempenho de Clones de Teca em Sistema Agrosilvipastoral. Universidade Federal de Mato Grosso Faculdade de Engenharia Florestal.
436 **LINDGREN D.** (2002), Low-Input Tree Breeding Strategies ; in Proceedings of the International Symposium on Eucalyptus Plantations Guangzhou, China 1-6sept 2002.
437 **CAMCORE.** (2009) – Annual Report.
https ://camcore.hostedwordpress.oit.ncsu.edu/files/2015/04/AnnReport-2009-Online.pdf
438 **PROTA.** Timbers/bois d'œuvre 1 Affichage de Fiche. Monographie du Gmelina.
439 **LAURIDSEN E.B. *et al.*** (2002). Provenance research in Gmelina arborea. A summary of results from three decades of research and a discussion of how to use them. International Forestry Review 4(1). 15 p.
440 **WEE A.K.S. *et al.***) (2012). Genetic diversity in natural populations of Gmelina arborea: implications for breeding and conservation *New Forests* 43, 411–428 (2012).
441 **KUMAR A.** (2007). Growth Performance and Variability in Different Clones of Gmelina arborea (ROXB.), Silvae Genetica 56, 1.
442 **PADUA F.M.** (2003). Clonal Corremation in growth and stem quality of Gmelina arborea. XII Congrès forestier mondial, Quebec City, Canada 21-28 sept. 2003.
443 **HERNANDEZ CASTRO W. *et al.*** (2021). Comportamiento de clones de Gmelina arborea Roxb. en condiciones de suelo ácidos. Revista de Ciencias ambientales, Universidad Nacional (UNA), Costa Rica Vol. 55 Num 2 (2021): julio-Diciembre 2021. https ://doi.org/10.15359/rca.55-2.11
444 **NORMAND D.** (1992). Le commerce des bois d'Amérique tropicale. Les Cahiers d'Outre-Mer, Année 1992 45-179-180 pp. 249-261.
445 **PROTA.** Swietenia macrophylla. https ://uses.plantnet-project.org/fr/Swietenia_macrophylla_(PROTA).
446 **DANQUAH J.A. *et al.*** (2019). Geographic Distribution of Global Economic Important Mahogany Complex : A Review. Annual Research & Review in Biology 34(3) : 1-22, 2019 ;
447 **GRIFFITHS M.W.** (1996). The Biology and Ecology of Hypsipyla Shoot Borers. In "Hypsipyla Shoot Borers in Meliaceae" Proceedings of an International Workshop held at Kandy, Sri Lanka 20–23 Aug. 1996.
448 **FLOYD R.B.** (1996). International Workshop on Hypsipyla Shoot Borers in Meliaceae: General Conclusions and Research Priorities - Sri Lanka 20–23 August 1996.

449 HARDIYANTO E.B. (2009). Forest Plantation in Indonesia. La lettre de l'ATIBT, Spécial Plantations en Zones Tropicales ATIBT-FRM, Déc. 2009.

450 KRISNAWATI H., KALLIO M. and KANNINEN M. (2011). Swietenia macrophylla King : ecology, silviculture and productivity. CIFOR, Bogor, Indonesia.

451 KOFFI KONAN J.C. (1987). Elements de Sylviculture pour le Cedrela odorata L. (Méliacées) en Côte d'Ivoire. ENGREF-Nancy, CTFT-CI, mai 1987.

452 DELAUNAY J. (1977). Resultats d'un essai international de provenances de Cedrela odorata, sept ans et demi après sa mise en place en Côte d'Ivoire. IIIe Consultation Mondiale sur l'Amélioration des arbres forestiers Canberra, mars 1977.

453 BENA G. (1994). Parcelles conservatoires de provenances de Cedrela odorata Mopri 1983 : fichiers des arbres-plus sélectionnés et implantés dans le parc à clones de l'Anguédédou. Abidjan : IDEFOR, 30 p.

454 DURAND Y.P. *et al.* (1979). Propriétés physiques du Cedrela - Plantations de Mopri 1964 (Résultat des essais 112-04 et 112-05), CTFT CI.

455 NAVARRO C. *et al.* (2004). Genetic variability of Cedrela odorata Linnaeus: results of early performance of provenances and families from Mesoamerica grown in association with coffe. Forest Ecology and Management 192 (2004) 217–227.

456 SAMPAYO-MALDONADO S. (2016). Cedrela odorata L. mini-cutting rooting Agrociencia vol. 50 no.7 México oct./nov. 2016.

457 NIKLES D.G. (2008). Developing African mahogany (Khaya senegalensis) germplasm and its management for a sustainable forest plantation industry in northern Australia: progress and needs. Australian Forestry 2008 Vol. 71 No. 1 pp. 33–47.

458 UNDERWOOD R. and NIKLES G. (2009). The status of the domestication of African mahogany (Khaya senegalensis) in Australia – as documented in the CD ROM Proceedings of a 2006 Workshop (Bois et Forêts des Tropiques, 2009, N ° 3 0 0 (2).

459 NIKLES D.G. (2018). African mahogany (*Khaya senegalensis*) and teak (*Tectona grandis*). P 3-4 *in* : **BROWN A. *et al.*** 2018. Woods Wiki : Stories of trees in Australia and related topics. Friends of ACT Trees Inc. (FACTT), Canberra, Australian Capital Territory.

460 NIKLES D.G. *et al.* (2012). African mahogany (*Khaya senegalensis*) plantations in Australia – status, needs and progress. Paper presented to the Australian Forest Growers Conference, Gympie.

461 NIKLES D.G. *et al.* (2015). Inventories and significance of the genetic resources of an African mahogany species (*Khaya senegalensis* (Desr.) A. Juss.) assembled and further developed in Australia. In : Small-scale and community forestry and the changing nature of forest landscapes, IUFRO Research Group 3.08, 11-15 October 2015, Sunshine Coast, Australia.

462 OFORI D.A. *et al.* (2007). Provenance variation in Khaya species for growth and resistance to shoot borer Hypsipyla robusta. Forest Ecology and Management 242 (2007) 438–443.

463 APARECIDA FIORAVANTE Ch., BATISTA DE OLIVEIRA R.E., MOURA SANTOS A. (2019). Mogno-africano (Khaya spp.): atualidades e perspectivas do cultivo no Brasil Book · EMBRAPA. D.F. October 2019.

464 FERRAZ FILHO A.C. *et al.* (2021). African Mahogany Plantation Highlights in Brazil. Floresta e Ambiente 2021 ; 28(3) : e20200081.

465 AUBREVILLE A. (1950). Flore Forestière soudano-guinéenne. Société d'Editions Géographiques, Maritimes et Coloniales, p. 377-381.

466 WEI ZHOU *et al.* (2020). Mating system and population structure in the natural distribution of Toona ciliata (Meliaceae) in South China(2020) 10 :16998 https ://doi.org/10.1038/s41598-020-74123-8

467 SIMA-PECAT, H2E ET GUYANE CONSULT. (2013). Recherche, enquête terrain, benchmark, compilation et synthèse des expériences et connaissances acquises dans les Etats brésiliens voisins de la Guyane sur les plantations forestières à vocation de biomasse. Etude n°2 – Expériences du Brésil. Déc. 2013.

468 KASONGO YAKUSU E. *et al.* (2019). Enjeux et amélioration de la gestion des espèces du genre *Entandrophragma*, arbres africains devenus vulnérables. BFT. Vol. 339 – 1er trim. – janv. 2019 – p. 75-94.

469 CHONGLU Z. *et al.* (2010). Potential Casuarina species and suitable techniques for the GGW. In "Le projet majeur africain de la Grande Muraille Verte" © IRD, 2010 ISBN : 978-2-7099-1696-7.

470 **SRIVASTAVA A.K.** (1996). Biomass and energy production in Casuarina equisetifolia plantation stands in the degraded dry tropics of the Vindhyan Plateau, India. Biomass and Bioenergy 9(6): 465-471, 1996.
471 **FERN K.** (2014). Useful Tropical plant. Database 2014.
http ://tropical.theferns.info/viewtropical.php?id=Casuarina+junghuhniana
472 **SENGLOUNG R.** ***et al.*** (2003). Provenance variation on growth performance and some floral biology of *Casuarina junghuhniana* Miq. at Chachoengsao, Thailand. Volontary paper XIIème Congrès Forestier Mondial Québec Canada (sept. 2003).
473 **NICODEMUS A.** ***et al.*** (2015). Species-Provenances Variation In Growth, Stem Form And Wood Traits of Casuarina. The Indian Forester Vol 141 N°2 pp.203-210.
474 **HAN Q.** ***et al.*** (2017). Genetic variation and selection of *Casuarina junghuhniana* provenances at Linghao, Hainan. Forest Research Beijing (2017), Vol. 30, N°4 pp. 595-603, ref. 26.
475 **NICODEMUS A.** (2009). Casuarina, a Guide for Cultivation. Institute of Forest Genetics and Tree Breeding (Indian Concil of Forestry Research and Education), Coimbatore – 641 002.
476 **FAO.** Humanity library. Innovations in tropical reforestation Casuarinas : Nitrogen-Fixing Trees for Adverse Sites.
477 **PINYOPUSARERK** ***et al.*** (2004). Evaluation of international provenance trials of Casuarina equisetifolia. ACIAR Technical Report No. 58.
478 **ZHANG Y.** ***et al.*** (2016). Reproductive biology and breeding system in Casuarina equisetifolia (Casuarinaceae) implication for genetic improvement. Australian Journal of Botany 64(2) 120-128.
479 **ZHANG Y.** ***et al.*** (2020). Analyses of Genetic Diversity, Differentiation and Geographic Origin of Natural Provenances and Land Races of Casuarina equisetifolia Based on EST-SSR Markers. Forests 2020, 11, 432 ; doi: 10.3390/f11040432.
480 **FAO.** (2006) : Role of Coastal Forests in the Mitigation of Tsunami Impacts – RAP Publication 2006-07/1 www.fao.org/forestry/site/coastalprotection/en.
481 **NARAYANAN C.** ***et al.*** (2003). Subramanianospora vesiculosa: a hyphomycete causing wilt disease of Casuarina equisetifolia. Indian Phytopath. 56 (2): 159-163.
482 **NICODEMUS A.** ***et al.*** (2014). Incidence of Blizter Bark Disease of Casuarina across Taxa and locations in South India. Fifth International Casuarina IUFRO Workshop. Mamallapuram, Chennai, India 03-07 Fbr.
483 **JOHNSON L.** (1989), in Flora of Australia vol. 3, Hamamelidales to Casuarinales, p. 200.
484 **TURNBULL J.** ***et al.*** (1986). Notes on leswr-known Australian trees and shrubs with potential for fuelwood and agroforestry". in Multipurpose trees and shrubs: lesser known species for fuelwood and agroforestry. J.W. Turnbull (ed). ACLAR, Canberra, Australia. pp. 81-90.
485 **ROCKWOOD** ***et al.*** (1980). Potential of Casuarina spp. for biomass production in Florida. Silvicultura 8(30): 376-377.
486 **BULLOCH B.T.** (1986). Management and uses of Casuarina species (She@-oaks), in Plant materials handbook for soil conservation. Vol. 2 Introduced plants. C.W.S. Van Kraayenoord and R.L. Hathaway (cds). Nati. Water and Soil Conservation Authority, Wellington, New Zealand. pp. 32-37.
487 **HOSSAIN** ***et al.*** (1995). Casuarina cunninghamiana and C. equiset folia provenance trial in Bangladesh, in Nitrogen Fixing Trees Report. Vol 13, 1995. The New Zealand Digital Library.
488 **STEWART H.T.L.** ***et al.*** (1988). Evaluation of irrigated tree crops for land disposal of municipal effluent at Wodonga. Tech. Rep. 7. Albury-Wodonga Development Corp., Albury, Australia. 31 pages.
489 **POTGIETER L.** ***et al.*** (2014). Casuarina cunninghamiana in the Western Cape, South Africa : Determinants of naturalisation and invasion, and options for management South African Journal of Botany 92, 134–146
490 **FAO.** Humanity Library. Innovations in tropical reforestation Casuarinas: Nitrogen-Fixing Trees for Adverse Sites,. Chapter 2: Experiences with Casuarinas
491 **ZHU Z.H., CHAO C.J., LU X.Y. and XIONG Y.G.** (1986). Paulownia in China : Cultivation and utilization, Singapore, Asian Network for Biological Sciences ; Canada, International Development Research Centre, 1986
492 **BARTON I.L., NICHOLAS I.D. and ECROYD C.E.** (2007). Paulownia Handbook Forest Research Bulletin No. 231. New Zealand.
493 **ESSL F.** (2007). From ornamental to detrimental? The incipient invasion of Central Europe by Paulownia tomentosa. Preslia 79 : 377–389.

494 ENKAI X. ***et al.*** (2014). Transcriptome-Wide Profiling and Expression Analysis of Diploid and Autotetraploid Paulownia tomentosa Ã - Paulownia fortunei under Drought Stress. Science.gov (United States) PLoS One. 2014 ; 9(11): e113313.
495 ZHENLI Z. (2017). Genome-wide expression analysis of salt-stressed diploid and auto-tetraploid Paulownia tomentosa. CNKI, www.cnki.com.cn.
496 SCHNEIDEROVÁ K. and ŠMEJKAL K. (2014). Phytochemical profile of Paulownia tomentosa (Thunb). Steud. Phytochem Rev. 2015 ; 14(5): 799–833. Published online 2014 Aug 29. doi: 10.1007/s11101-014-9376-y PMCID: PMC7089068 PMID: 32214918.
497 LIN T.P. and YING-SENG W. (1991). Paulownia Taiwaniana, a Hybrid between P. Fortunei and P. Kawakamii (Scrophulariaceae). Plant Systematics and Evolution, vol. 178, no. 3/4, Springer, 1991, pp. 259–69, http ://www.jstor.org/stable/23674872
498 HU S.Y. (1959). A monograph of the genus Paulownia. Taiwan Museum XII, No. 1 and 2., in ZHU *et al*, (1986).
499 BERG E. ***et al.*** (2020). Survivorship, attained diameter, height and volume of three Paulownia species after 9 years in the southern Appalachians, USA. J. For. Res. (2020) 31(6): 2181–2191.
500 FRANCIS J.K. (1968). Monografía de la balsa o leñero. Inst. Nac. de Desarollo y Aprovechamiento Forestales, Bogota, Colombia.
501 HOWCROFT N.H.S. M. Ph. (2002). The Balsa Manual, Techniques for establishment & the management of Balsa (*Ochroma lagopus*) plantations in Papua New Guinea. ITTO East New Britain Balsa Industry Stengthening Project. PD 7/99 REV. 2(F)
502 MIDGLEY St. ***et al.*** (2010). Balsa : biology, production and economics in Papua New Guinea. ACIAR, Technical reports 73 - Canberra 2010
503 JENKIN B. ***et al.*** (2019). Improving the smallholder balsa value chain in East New Britain Province, Papua New Guinea. Australian Forestry 2019, Vol. 82, NO. S1, 23–31.
504 PROTA. (2012). Plant Ressources of Tropical Africa 7 (2).
https ://uses.plantnet-project.org/en/Ochroma_pyramidale_(PROTA)
505 MODENEZI R. M. (2019). Propagação por estaquia de Ochroma pyramidale (Cav. ex Lam.) Urban. (Pau de balsa). Escola Superior de Agricultura Luiz de Queiroz Piracicaba (Brésil) 2019-01-28.
506 DEMPSEY H. and LONG G. (2019). The rollout of new wind power projects could be delayed by a shortage of balsa wood, 21-11-2019.
507 BUCHHOLZ JT. (1940). The embryogeny of Cunninghamia. American Journal of Botany, 27 :877-883.
508 CHUNG J.D. ***et al.*** (2011). Genetic Variation and Tree Improvement of Konishii fir (Cunninghamia lanceolata (Lamb.) Hook. var. konishii) in Taiwan. Silvae Genetica 60, 5 (2011).
509 GOLFARI L., Caser R.L., MOURA V.P.G. (1978). Ecological zoning scheme for afforestation in Brazil. Second approxim. [Zoneamento ecologico esquematico para reflorestamento no Brasil. 2.a aproxim.] FAO Report, No. PNUD-FAO-IBDF-BRA-45, Serie Tecnica 11, 66 pp., 37 pl., 6 maps., 72 ref.
510 LU Y. ***et al.*** (2015). A Process-Based Approach to Estimate Chinese Fir (Cunninghamia lanceolata) Distribution and Productivity in Southern China under Climate Change. Forests 2015, 6(2), 360-379 ;
511 YUE T.X. ***et al.*** (2016). Analysing the uncertainly of estimating forest carbon stocks in China. Biogeosciences, 13, 3991–4004, 2016.
512 YU X.T. (2007). Silviculture of Chines-fir. Science and Technology Press of Fujian, Fuzhou, Fujian Province, in BI J. et al. Canadian Journal of Forest Research. 26 sept 2007.
513 WU Z.L. (1984). Chinese fir. Beijing, China: Chinese Forestry Publishing House.
514 FUNG L.E. (1994). A literature review of Cunninghamia lanceolata. The Commonwealth Forestry Review, Vol. 73, No. 3, pp. 172-192.
515 BO Z. ***et al.*** (2020). Improvements in timber production of Chinese fir (Cunninghamia lanceolata) per unit forest area in China via tree breeding: Status and challenges. Dendrobiology · January 2020.
516 ZHI J.W., CHEN Y.T. (1994). Combining ability for main characters of wood qualities in Chinese fir. Forest Research, 7(5) : 531- 536. Agroforestry Database 4.0 (Orwa et al.2009)
517 BI J. ***et al.*** (2007). Yield decline in Chinese-fir plantations : A simulation investigation with implications for model complexity. Post-print of Canadian Journal of Fest Research 37 (2007) 1615-1630.

518 MARTIN B. (1989). Grands traits de la Foresterie Chinoise. La Province de Fujian. AFOCEL information Forêt n° 2 – 1989, fascicule 383 p. 41-55.
519 LAN X. *et al.* (2015). Main Species and Prevention Research on Diseases and Pests of Cunninghamia lanceolata. Guangxi Forestry Year 2015 Issue 2, Page 162-167.
520 LI H., ZHOU G.Y. (2011). Several Important Diseases of Chinese Fir Plantations and their Control Measures. KEM 2011; 480–481: 727–32.
521 YAN Y. *et al.* (2021). Comparative Study on Wood Characteristics of *Cunninghamia lanceolata* from different Provenances. Forest Research, 202, 34(5): 49-57.
522 LINFENG Z. *et al.* (2021). Comparative study on physical and mechanical properties of different fast growing clones of Cunninghamia lanceolata. Pakistan Journal of Agricultural Sciences. Apr. 2021, Vol. 58 Issue 2, p777-782. 6p.
523 FUNG L.E. (1993). Wood Properties of New Zealand-grown Cunninghamia lanceolata. N. Z. Journal of Forestry Science 23(3): 324-338.
524 YE Z. *et al.* (2005). [Chemical components and antimicrobial activity of essential oils in Cunninghamia lanceolata heartwood]. Ying Yong Sheng Tai Xue Bao. 2005 Dec; 16 (12): 2394-8. Chinese. PMID: 16515195. https ://pubmed.ncbi.nlm.nih.gov/16515195/
525 GROULEZ J. et WOOD P.J. (1984). Monographie du Terminalia superba. Edition CTFT.
526 CORBASSON M. et SOUVANNAVONG O. (1986) Terminalia superba Engl & Diels. Recherches engagées concernant la biologie et l'amélioration génétique in Ressources génétiques forestières. FAO n 16.
527 FARGEOT C. (1987). Station de N'Gouha 2 : centre pilote d'afforestation Limba 1980-1986 : quelques réflexions sur les travaux effectuées. Pointe-Noire : CIRAD-CTFT, 37 p.
528 GUERIN JL. (1974). Le Limba du Mayombe. Croissance en peuplements artificiels. CTFT Congo.
529 BRUNCK F., GRISON F., MAITRE HF. (1990). L'Okoumé. Centre Technique Forestier Tropical.
530 NASI R. (1997). Les Peuplements d'Okoumé au Gabon. BFT n° 251.
531 CIRAD-FORÊT. (Montpellier -2010). Etude Coût et Bénéfices des plantations d'Okoumé au Gabon.
532 LEROY DEVAL J. (1976). La sylviculture de l'Okoumé" et "Maladies et défauts de l'Okoumé", CTFT.
533 BALL J. *et al.* (2005). Contribution des Peupliers et des Saules à la valorisation durable des forêts et au développement rural. In Unasylva n° 213. n° special "Peupliers et Saules", Vol. 56 2005/2.
534 ISEBRANDS J.G., RICHARDSON J. (2014). Poplars and Willows, Trees for Society and the Environment. CAB International and FAO 624 p.
535 WANG M. *et al.* (2020). Phylogenomics of the genus Populus reveals extensive interspecific gene flow and balancing selection, in New Phytologist (2020) 225 : 1370–1382.
536 RICODEAU N. (2019). Peupliers cultivés. MAAF. Fiche aux populiculteurs.
537 EPFWBP. (2016). European Panel Federation, Wood based panels. European Poplar and Poplar Plywood Industry: a multi-tool to tackle the climate change and to contribute to the achievement of the objectives of the European Green Deal.
538 MAOYI F. and SASTRY C.B. (1991). Agroforestry in China – An Overview, in Agroforestry Systems in China-CAF and IDFRC.
539 HE D., WAN X., WANG B., and LU M. (2018). Poplars and willows, sustaining livelihoods in urban and periurban forests in China. Rome, FAO. 20 pp. Licence : CC BY-NC-SA 3.0 IGO.
540 DDE DE L'OISE. 2008), Le peuplier : de l'apparition de l'arbre à la populiculture, "Les Feuillets de l'Oise". n°190 - août 2008.
541 QIANG M. and ARVOYDAS L. (2014) Markets, Trends and Outlook. in 'Poplars and Willows' FAO 2014 (pp. 562-576).
542 CNP. (2016). Sécurisation des approvisionnements en Peuplier : étude prospective de la ressource française. Union des Industries du Panneau Contreplaqué, Mars 2016.
543 IGN. (2017). La Forêt plantée en France. Etat des lieux. L'IF mai 2017 = 40. https ://inventaire-forestier.ign.fr/IMG/pdf/if40_plantations.pdf
544 PAILLASSA É. (2014). Les peupleraies : Quels enjeux pour l'avenir de la populiculture française? RFF. LXVI - 3-2014 - © AgroParistech, 2014.
545 BERTHELOT A. (2005). Le GIS Peuplier, 4 ans après sa création. Information - Forêt Afocel, N°2-2005, Fiche n° 708.

546 BARDET P. *et al.* (2017). Les variétés deltoïdes du GIS Peuplier, une opportunité pour diversifier les cultivars utilisés en populiculture in Forêt-entreprise - p. 54-60, N° 233 - mars 2017.

547 PINON J. BERTHELOT A. et FABRE B. (2011). Comportement des cultivars de Peuplier envers la rouille. Rev. For. Fr. LXIII - 3-2011

548 FBF. France Bois Forêt. (2018). Assurer l'avenir du peuplier - 16 MARS 2018.

549 ULLOA J.B., VILLACURA Z.L. (2004). Compañía Agrícola y Forestal El Alamo Ltda. Un Sistema de Producción Integral y Sostenible. IPC 2004

550 ARGUS G.W. (2007). Salix (Salicaceae), Distribution Maps and a Synopsis of their Classification in North America, North of Mexico. Harvard Papers in Botany, Vol. 12, No. 2, 2007, pp. 335–368.

551 BERLIN S. *et al.* (2011). Polymorphism and Divergence in Two Willow Species, Salix viminalis L. and Salix schwerinii E. L. Wolf. G3-Genes Genomes Genetics. Oct. 2011.

552 FOGELQVIST J. *et al.* (2015). Genetic and morphological evidence for introgression between three species of willows. BMC Evolutionary Biology (2015) 15 :193

553 SUNY-ESF. (2007). The State University of New York College of Environmental Science and Forestry Salix miyabeana 'SX67'. The Research Foundation of State University of New York. Published 06/2007. https ://studylib.net/doc/10492081/the-state-university-of-new-york-college-of-environmental.

554 FAO. (2008). Les Peupliers, les Saules et le bien-être des populations. Commission Internationale du Peuplier, 23ème Session Beijing, Chine, 27 - 30 oct. 2008. Synthèse des rapports d'activité nationaux. Document de travail IPC/6F FAO, Rome, Italie - 2008.

555 ATENCIA M.E. ROSBACO S.A. (2015). Madera de Sauce, Potencial tecnologico y aptitud, para diferentes usos industriales. Jornada técnica en EEA INTA DELTA : "Empleo de madera para usos sólidos y estructurales con valor agregado" sept. 2015. https://maderamen.com.ar/desarrollo-forestal/wp-content/uploads/sites/2/2017/07/ForSeptiembre15-baja.pdf.

556 CIP. (2008). Commission internationale du Peuplier : 23ème Session Beijing, Chine, 27 – 30 octobre 2008. Les Peupliers, les Saules et le bien-être des Populations.

557 BUBNER B. *et al.* (2018). Breeding of multipurpose willows on the basis of Salix daphnoides Vill., Salix purpurea L. and Salix viminalis L. Appl Agric Forestry Res · 1/2 2018(68)53-66.

558 HATHAWAY R.L. (1977). Early growth of Salix matsudana x alba hybrids. New Zealand Journal of Forestry Science Vol 7 p. 207-203.

559 FFNZ. (2022). Farm Forestry New Zealand. https ://www.nzffa. org.nz/farm-forestry-model/species-selection-tool/species/willow/tangoio-willow/

560 CREMER K.W. (2011). Introduced willows can become invasive pests in Australia. December 2011. Biodiversity 4(4)

561 LOVAL. S.A. *et al.* (2018). Wood Structure, Xylem functionality and Growth of Six Salix Clones in Two Sites with Different Environmental Stress in Argentina. Revista Árvore. 2018 ;42(1): e420110. https://www.scielo.br/j/rarv/a/wdcbvQFhKnq3b7WG58CPmym/?format=pdf&lang=en

562 INTA-ARGENTINA. (2021). Programa de Mejoramiento Genético de Sauces de INTA. Proyecto Estructural 2019-PE-E6-I146-001. Caracteristicas principales de nuevos clones mejorados. Material inscripto en el Registro Nacional de Cultivares del INASE - Actualización noviembre de 2021. https ://mail.google.com/mail/u/0/?tab=wm#search/lcarpineti%40yahoo.com.ar?projector=1

563 CERILLO T. (2021). El sauce: un forestal estratégico para el Delta y con potencial para otras regiones del país. INTA - HOJA Informativa n° 26 Marzo 2021. :///C :/Users/Utilisateur/Downloads/hi_n_26_crecimiento_de_nuev os_sauces.pdf

564 SRC +. (2016). Production durable de bois déchiqueté à partir de Taillis à (très) Courte Rotation Manuel d'utilisation. SRC+ www.srcplus.eu. https ://www.srcplus.eu/images/Handbook/FR_Handbook.pdf

565 CASLIN B., FINNAN J., Mc CRACKEN A. (2012). Willow Varietal Identification Guide. ISBN: 10 1-84170-590-X.

566 LABRECQUE M. et LOUIS S. (2017). Guide de Production de Saules en Cultures Intensives sur Courtes rotations. Institut de recherche en biologie végétale. RPBQ (Réseau des Plantes Bio-industrielles du Québec). https ://www.agrireseau.net/documents/Document_96859.pdf

567 CARLSON C.H., SMART L.B. (2022). Heterosis for Biomass-Related Traits in Interspecific Triploid Hybrids of Willow (Salix spp.). Bioenerg.Res. 15, 1042–1056 (2022). https ://doi.org/10.1007/s12155-021-10305-0

568 **VERWIJST T. *et al.*** (2013). Development of Sustainable Willow Short Rotation Forestry in Northern Europe Biomass Now - Sustainable Growth and Use. ACADEMIC EDITOR Miodrag Darko Matovic, Queen's University, Canada.
569 **AILE.** (2007). Projet Wilwater LIFE04 ENV/FR/320 – Le rôle épuratoire des TTCR de saules : Bilan du suivi expérimental – Novembre 2007.
570 **CERRILLO T. *et al.*** (2016). *Salix spp)* Breeding Programm in Argentina for different wood applications. September 2016 Conference: 25TH Session of International Poplar Commission (IPC), Berlín, Germany.
571 **PARDE J.** (1983). Sylviculture et Production de Sugi, Cryptomeria Japonica (D, Don), in RFF, n° spécial Forêts et Bois au Japon, 1983, pp. 39-47.
572 **MARCHAND H.** (1981). Le Sugi blanc de Kitayama : une sylviculture de tradition. Bulletin technique de l'ONF n°57 janv, 1981 pp. 19-25.
573 **CRPF BRETAGNE.** Le Cryptomère du Japon.
574 **FCBA.** (2015). Quelques réussites d'espèces forestières introduites en Aquitaine. FCBA INFO.
575 **ONF RÉUNION.** Cryptomeria japonica, le sapin créole. http ://www1.onf.fr/la-reunion/@@index.html
576 **COPOBOIS LA REUNION.** https ://copobois.fr/presentation
577 **REYNAUD J.F.** (1991). Les Problèmes d'approvisionnement de la filière bois de la Réunion. BFT n° 229 3°Tr 1991.
578 **ILYES DJILALI A. M.** (2021). Situation du Merisier (Prunus avium L.) dans le Parc National de Chréa (Blida), Mémoire de Master en Foresterie. Université Abou Bekr Belkaid de Tlemcen, Algérie.
579 **STOECKEL S. *et al.*** (2006). Heterozygote excess in a self-incompatible and partially clonal forest tree species Prunus avium L. *Molecular Ecology*, Wiley, 2006, 15 (8), pp.2109-2118. https ://onlinelibrary.wiley.com/doi/abs/10.1111/j.1365-294X.2006.02926.x
580 **MAA.** Ministère de l'Agriculture et de l'Alimentation. Graines et plants forestiers : Conseils d'utilisation des ressources génétiques forestières, Fiche Merisier,
581 **DUFOUR J. *et al.*** (2012). Des plants de merisiers issus des vergers à graines disponibles! Forêt Entreprise, Forêt Privée Française, 2012, pp.50-54.
582 **RASSE N. *et al.*** (2005). Adaptation et performance de merisiers testés dans et hors de leur région d'origine. Conséquences pour l'utilisation de variétés. Rev. For. Fr. LVII - 3-2005.
583 **DUFOUR *et al.*** (2011). Supériorité des cultivars de merisier sélectionnés : la réponse d'un dispositif âgé de 20 ans. Forêt Entreprise, Forêt Privée Française, 2011, pp.6-10.
584 **KERESZTESI B.** (1980). Le Robinier faux-acacia. Unasylva n° 127 (1980), pp. 23-33.
585 **ZHANG G., MI W.J., *et al.*** (2010). Effects of different supplements on tetraploid black locust (*Robinia pseudoacacia* L.) silage. *For. Stud. China* **12**, 176–183 (2010). https ://doi.org/10.1007/s11632-010-0402-x
586 **FOREST PEST INSECTS IN NORTH AMERICA.** A Photographic Guide. Locust borer. https ://www.forestpests.org/vd/387.html
587 **POLLET C. *et al.*** (2013). Le Bois de robinier faux-Acacia : Propriétés mécaniques et de durabilité naturelle. Forêt Wallonne, n° 26 – sept/oct 2013. https ://orbi.uliege.be/bitstream/2268/157677/1/fw126_3-16robinier.pdf
588 **WIKIPEDIA.** https ://fr.wikipedia.org/wiki/Robinia_pseudoacacia
589 **WIKIPEDIA.** Liste d'espèces envahissantes classées parmi les plus nuisibles au XXIe siècle
590 **CRPF RHONE-ALPES.** (2014). Le Robinier faux acacia, un feuillu dur à valoriser (2014).
591 **FAUCONNIER T.** (2018). Le Robinier-faux acacia. Fiche info FCBA, Chambres d'agriculture d'Occitanie et de l'Aude, Arterris, et Alliance.
592 **ÁBRI T. *et al.*** (2021). Stand structure and growth of Robinia pseudoacacia 'Jászkiséri' – Jászkiséri' black locust. Journal of Forest Science, 67, 2021 (10): 489–497 Short Communication.
593 **REDEI K.** (2007). Clonal selection of black locust (*Robinia pseudoacacia* L.) in Hungary: a review. Sept. 2007. International Journal of Horticultural Science 13(3).
594 **REDEI K. *et al.*** ((2018). Promising black locust (*Robinia pseudoacacia* L.) cultivars in Hungary. International Journal of Horticultural Science 2018, 24 (3-4): 18-20.
595 **DINI-PAPANASTASI O. and ARAVANOPOULOS F.A.** (2008). Artificial hybridization between Robinia pseudoacacia L. and R. pseudoacacia var. monophylla Carr. Forestry, Vol. 81, No. 1, 2008.
596 **WIKIPEDIA.** "Robinia" : https ://fr.wikipedia.org/wiki/Robinia

597 DE CHAMPS J. ***et al.*** (1997). Le Douglas, AFOCEL, 416 p., Imprimerie Dips 21800 Quetigny.
598 FRANCE DOUGLAS. Le douglas recommandations sylvicoles en vue de la production de bois d'œuvre. https://nouvelle-aquitaine.cnpf.fr/sites/socle/files/cnpf-old/fd_plaquette_dv.pdf
599 GOURDIN H. et FAUCONNIER T. (2015). Les Séquoias, champions de la biomasse. La Forêt Privée n°344 Juillet - Août 2015
600 HARVENGT L. ***et al*** (2013). Le Sequoia sempervirens : un géant de la biomasse. FCBA Info, 7 p.
601 FRANCLET A. (1980). Rajeunissement et propagation végétative des ligneux. Ann AFOCEL80:12–40.
602 BERTHELOT A. ***et al.*** (2014). Potentialité de Production de Biomasse de quelques Essences résineuses en conditions forestières : Douglas, Epicéa commun, Epicéa de Sitka, Cyprès de Leyland, Séquoia toujours vert, Cryptomère du Japon, Pin maritime. Rev. For. Fr. LXVI – 5 – 2014 – AgroParisTech, 2014.
603 YANG A.H. ***et al.*** (2016). AFLP Genome Scanning Reveals Divergent Selection in Natural Populations of *Liriodendron chinense* (Magnoliaceae) along a Latitudinal Transectin in Front. Plant Sci. 26 May 2016. Sec. Evolutionary and Population Genetics Volume 7 - 2016.
604 XINHAO Feng ***et al.*** (2021). Evaluation of the properties of hybrid yellow poplar (*Liriodendron sino americanum*). A comparison study with yellow poplar (*Liriodendron tulipifera*). Maderas. Ciencia y technologia, vol. 23 , 23 , 2021. Universidad del Bio Bio (Chile).
https://www.redalyc.org/journal/485/48565417023/html/
605 HONGLIAN Zhang, HUOGEN Li (2010), Detection of interspecific introgressive hybridization in Liriodendron with EST-SSR markers.
https://www.biodiversityscience.net/EN/10.3724/SP.J.1003.2010.125/
606 LAGARDERE O., PASTUSZKA P. (2000). Le bouturage horticole du tulipier de Virginie (*Liriodendron tulipifera*). Colloque Ste Catherine 2000 (https://agritrop.cirad.fr/488946/1/ID488946.pdf).
607 JAE-SOON Lee ***et al.*** Mass Propagation of *Liriodendron tulipifera* L. via Somatic Embryogenesis. Journal of Plant Biotechnology. December 2003.
608 MARTIN B. (1985). Les aulnes. AFOCEL-ARMEF information Forêt n° 2. 1985 ; fascicule 268 p 177.
609 CHEN Z. and LI J. (2004). Phylogenetics and Biogeography of alnus (Betulaceae) Inferred from Sequences of Nuclear Ribosomal DNA its Region. International Journal of Plant Sciences 165(2) :325–335.
610 MURAI (1964), **CHEN** (1994), **SCHRADER AND GRAVES** (2000)**.** Geographic distribution of four subgenera of Alnus.
611 RESTREPO URIBE G. (1996). L'aulne des Andes de Colombie. BFT (247), 1°TR 1996, 53–68. https ://doi.org/10.19182/bft1996.247.a19892
612 HARRINGTON C.A. (2006). Biology and Ecology of Red Alder. A state of knowledge. General Technical Report PNW-GTR-669. Portland, OR : U.S. Department of Agriculture, Pacific Northwest Research Station.
613 MARTIN B. (1981). Quelques essais de bouturage de l'aulne. RFF, n° 2, mai 1981 (11p.).
614 MAAF. (2014). Ministère de l'Agriculture, de l'Agroalimentaire et de la Forêt. Réussir la Plantation forestière. Contrôle et Réception des Travaux de Reboisement. 3ème Edition Décembre 2014.
615 CHAUMET M., EISNER N., PEUCH D(2018). Eclairage sur les performances des plants de Douglas en godet. FCBA Info, n°19-juin 2018.
616 GIRARD S. (2003). Le Système racinaire des plants forestiers élevés en pépinière. Forêt-Entreprise n°153/2003, p. 24-26.
617 GROSSNICKLE S. (2008). Somatic embryogenesis technology for applying varietal forestry to conifer species. January 2008 Conference: National Proceedings: Forest and Conservation Nursery Associations—2007. Vol. : USDA Forest Service, R. M. R. S. Proceedings RMRS-P-57.
618 ALLIANCE FORET-BOIS. (2015). Coopérative forestière. Alliance info, Note n° 8 ; nov. 2015.
619 GREISSING A. (2011). 50 ans d'histoire du projet JARI : d'un grand projet contesté à un modèle d'éthique entrepreneuriale? in L'Espace politique, n° 15/2011-3,
https ://doi.org/10.4000/espacepolitique.2118
620 QUILLET G. (1968). Techniques des travaux d'Afforestation en eucalyptus et en pins, utilisées à Loudima en 1968. Centre technique forestier tropical du Congo, mai 1968 ; Document interne ; mise à jour : octobre 1972. 81 p.
621 GONIN F. (1970). Reboisement en Savane dans le Niari. République populaire du Congo. ONAF - Dolisie.

622 **MONBEIG P.** (1937). La métallurgie dans l'État de Minas Geraes (Brésil). Annales de Géographie. Année 1937, 262 pp. 442-444.

623 **BRITO J. O. *et al.*** (2006). Le charbon de bois au Brésil. Bois et Forêts des Tropiques, 2006, N° 288 (2).

624 **ALLIANCE FORET-BOIS.** (2016). Fiche 4. https ://www.alliance foretsbois.fr/wp-content/uploads/2016/08/RTG-MP-Fiche-4-La-peupleraie.pdf

625 **BAULE H. et FRICKER C.** (1969). La Fertilisation des arbres forestiers, 1969, BLV. Verlagsgeselllslschaft mbH, München. 2556 p.

626 **BONNEAU M.** (1995). Fertilisation des Forêts dans les pays tempérés. Théorie, bases du diagnostic, conseils pratiques, réalisations expérimentales. Ecole Nationale du Génie Rural des Eaux et des Forêts.

627 **MASSENET J.Y.** (2013). Cours de Pédologie, sur le site : http ://jymassenet-foret.fr/cours/pedologie/PEDO5.pdf

628 **COHAN J.P. et LE SOUDER C.** (2013). Formes d'azote, ammonitrate, solution azotée ou urée : les bons critères de choix. Perspectives Agricoles. N°396 - 36 Agronomie, janv. 2013.

629 **GAGNON J.** (2009). Impact des différentes formes d'azote (Urée, NH 4 +, NO 3 -) sur la croissance des plants et sur le lessivage des engrais. Présentation PWP lors de la Session de formation sur la nutrition minérale des plants forestiers. (DRF, MRNF, Québec) 15 avril 2009.

630 **YARA.** Knowledge grows. Rôle du Potassium dans la production du Colza. https ://www.yara.fr/fertilisation/solutions-pour-cultures/colza/role-potassium-production-colza/

631 **VERA O. et DUFUMIER A.** (2022). Le GYPSE : véritable "trésor" pour la vie du sol. BioFab. https ://www.biofab.fr/le-blog/52-le-gypse-veritable-tresor-pour-la-vie-du-sol.html

632 **CALCIUM FERT AG.** Dix bonnes raisons d'utiliser le sulfate de calcium (Calcium soufré, Ca 28, S 20) BIO info@calciumfert.ch

633 **DE CHAMPS J.** (1989). Etude du Système racinaire des Eucalyptus de l'UAIC. Compte-rendu de mission en R.P. du Congo (12-19 févr. 1989). UAIC - AFOCEL. Rapport interne, 20 p. + 15 p. annexes

634 **SEIFERT J.R. *et al.*** (2007). Weed Competition Control in Hardwood Plantations FNR-224. New 3/2007. 8 p. Hardwood Improvement and Regeneration Center. Northern Research Station USDA Forest Service. Department of Forestry and Natural Resources, Purdue University.

635 **VASIC V. *et al.*** (2012). Weeds in Forestry and Possibilities of Their Control. Research Gate Chapter · February 2012 DOI: 10.5772/34792 · Source: InTech.

636 **MARINHESKI F.A. *et al.*** (2015). Growth and yield of Eucalyptus sp. in tropical region of Brazil. Australian Journal of Basic and Applied Sciences, 9(33) October 2015, Pages: 286-293.

637 **GOMAT H. et *al.*** (2011). What factors influence the stem taper of Eucalyptus: growth, environmental conditions, or genetics? INRA - Annales des Sciences forestières (2011) 68:109–120.

638 **NUTTO L. *et al.*** (2006). Management of Individual Tree Diameter Growth and Implication for Pruning for Brazilian Eucalyptus grandis Hill ex Maiden. FLORESTA, Curitiba, PR, v. 36, n. 3, set./dez. 2006.

639 **ARISMAN H. and HARDIYANTO E.B.** (2006). Acacia mangium - a historical perspective on its cultivation. Heart rot and root rot in tropical Acacia plantations in Yogyakarta, Indonesia, 7–9 February 2006. Canberra ACIAR Proceedings No. 124.

640 **HARDIYANTO E.B. *et al.*** (2000). Effects of Site Management in Acacia mangium Plantations at PT. Musi Hutan Persada, South Sumatra, Indonesia. Site Management and Productivity in Tropical Plantation Forests. Proceedings of a workshop held in Kerala (India) ; Report of CIFOR (2000).

641 **RIOU-NIVERT P.** (2020). Des itinéraires sylvicoles diversifiés pour le douglas, 40 ans d'expérience en forêt privée. CNPF

642 **KRISNAWATI H *et al.*** (2011). Swietenia macrophylla King. Ecology, silviculture and productivity. CIFOR

643 **WOOLLONS R.C., MANLEY B.R.** (2012). Examining growth dynamics of Pinus radiata plantations at old ages in New Zealand. Forestry, Volume 85, Issue 1, January 2012, Pages 79–86.

644 **MAUGE JP. et LÉONARD J.** (1969). La Ligniculture du Pin maritime. RFF XXI – n° spécial "Sylviculture".

645 **PUYAL M.** (2020). Analyse de la croissance et de la rentabilité d'itinéraires, semi-dédiés et dédiés à la production de bois énergie, mis en place pour le Pin maritime (Pinus pinaster Ait.), dans le cadre du programme CLIMAQ. Mémoire de fin d'études. Ecole Nationale Supérieure des Sciences Agronomiques de Bordeaux - Aquitaine. Etude réalisée dans le cadre du CRPF Aquitaine.

646 ITTO. Teak in Mekong. bi monthly online. https://mail.google.com/mail/u/0/?tab=wm#inbox/QgrcJHsNqMDPHQzPVfjShBvBdqbwXGwxTZb?projector=1&messagePartId=0.1

647 SANG-HYUN L. *et al.* (2022). Developing a Yield Table and Analyzing the Economic Feasibility for Acacia Hybrid Plantations in Achieving Carbon Neutrality in Southern Vietnam. Forests 2022, 13, 1316.

648 VAN BUEREN M. (2004). Acacia Hybrids in Vietnam. Centre for International Economics, Canberra & Sydney Impact Assessment Series Report No. 27. ACIAR Project FST/1986/030.

649 BARNEOUD Cl., BONDUELLE P. et DUBOIS J.M. (1982). Manuel de Populiculture. AFOCEL, 1982, 274p.

650 CARAH, CPH ET CRPF-HAUTS-DE-FRANCE. (2014). Peuplier & Populiculture. Pour une culture pérenne et responsable des peupleraies 2.0, en France du Nord et en Belgique.

651 FLAMMARION JP. (1986). Comment produire économiquement du bois résineux de qualité. R.F.F. XXXVIII - 5-1986.

652 FLAMMARION JP. (1984). Elagage au robot des résineux à croissance rapide. R.F.F. XXXVI - 4 – 1984.

653 FLAMMARION JP. *et al.* (1989). Quelques nouveaux matériels de grimpage et leur utilisation pour l'élagage des arbres d'avenir. Rev. For. Fr. XLI - 4-1989.

654 CNPF-FRANCE. (2013). L'élagage artificiel des résineux. Fiche Technique n° 28, déc. 2013.

655 BELISARIO A.V. *et al.* (2022). Influence of log length on the productivity of wood harvesting and transportation. FLORESTA, Curitiba, PR, v. 52, n. 1, p. 017-024, jan/mar/2022.

656 SIMÕES D. and FENNER P.T. (2010). Avaliaçao Téchnica e Economica do Forwarder na Extracao de Madeira em Povoamento de Eucalypto de Primeiro Corte. FLORESTA, Curitiba, PR, v. 40, n. 4, p. 711-720, out./dez. 2010.

657 OMBOUTS J. (2008). Variability of LiDAR volume prediction models for productivity assessment of radiata pine plantations in South Australia. SilviLaser 2008, Sept. 17-19, 2008 – Edinburgh, UK 39

658 MARTIN B. (1989). Bases de Données UAIC. Document interne. Recherche- Développement, UAIC.

659 HAMEL O., LACLAU JP. (1996). Création d'une filière Bois-Energie à Pointe Noire. BFT n°250, 4 Tr.

660 WIGNERON J.P. et CIAIS P. (2021). Rôle des forêts dans le bilan de carbone de la planète. Planète Vie ENS, 06-12-2021.

661 ENERGIE DEV CONSULTING. (2022). https ://energiesdev.fr/prix-carbone-co2/

662 CNPF. (2014). Les essences forestières. Fiche peuplier – CRPF Bourgogne Franche-Comté 3 p.

***
*

Made in United States
North Haven, CT
21 October 2026

20820085R00458